Doris Quinten/Frank Malkusch

Tiermedizinische Fachangestellte

Dr. med. vet. Doris Quinten studierte an der LMU in München Tiermedizin. Von 1989 bis 2020 praktizierte sie als niedergelassene Tierärztin in eigener Praxis und bildete Tiermedizinische Fachangestellte aus. Sie ist Autorin verschiedener Gesundheitsratgeber für Tiere, Imkerin und setzt sich politisch für Tier- und Artenschutz ein.

Dr. med. vet. Frank Malkusch studierte vor seinem Tiermedizinstudium in München Philosophie und Germanistik. Er ist Yogalehrer, hat Gesundheitsratgeber für Heimtiere geschrieben und hält Vorträge und Seminare über Erste Hilfe bei Tieren. Seit 1986 bildet er als niedergelassener Tierarzt Tiermedizinische Fachangestellte aus.

Doris Quinten/Frank Malkusch

TIERMEDIZINISCHE FACHANGESTELLTE

3., aktualisierte Auflage

243 Farbfotos
74 Abbildungen
10 Tabellen

Inhaltsverzeichnis

Allgemeiner Teil 19

9 Betriebsverwaltung und Abrechnung

10 Die Tierärztliche Hausapotheke

14 Röntgen und Strahlenschutz

15 Notfallmanagement

Medizinischer Teil 19

Vorwort

Dieses Buch ist als Schulbuch für die Ausbildung zur/m Tiermedizinischen Fachangestellten, als Nachschlagewerk für tiermedizinisches Fachpersonal im Berufsleben sowie als Hilfe und Anregung zur Vorbereitung des Unterrichts für Berufsschullehrer/innen konzipiert. Es beinhaltet alle wichtigen Informationen, die nach dem Ausbildungsrahmenplan für Tiermedizinische Fachangestellte gefordert werden, sowie umfangreiches Wissen zum Körperbau (Anatomie), den Organfunktionen (Physiologie), Untersuchungsmethoden (Diagnostik) und Krankheitslehre (Pathologie) von Nutz- und Haustieren. Besondere Aufmerksamkeit wurde auch den in den letzten Jahren immer mehr an Bedeutung gewinnenden Themen „Strahlenschutz" und „Kommunikation" gewidmet. Die einzelnen Kapitel sind so aufgebaut, dass ein Gesamtüberblick über das jeweils behandelte Thema geboten wird.

Die beiden Autoren (niedergelassene Tierärzte) bilden seit über 20 Jahren Tiermedizinische Fachangestellte (früher Tierarzthelfer/innen) in ihrer Praxis aus und sind dadurch mit vielen Lernproblemen junger Menschen vertraut. Die Texte sind daher leicht verständlich formuliert und werden durch zahlreiche Abbildungen und Farbfotos veranschaulicht.

Unterstützt wurden die Autoren durch die Bayerische Landestierärztekammer, insbesondere durch Frau Röhlig und Herrn Stoltenhoff, die umfangreiches Informationsmaterial zum Ausbildungsrahmenplan sowie Urkunden- und Zeugnismuster zur Verfügung gestellt haben.

Die Autoren

Service für alle Besitzer der 3. Auflage:

- Eine E-Book-Version dieses Buches können Sie unter **www.ulmer.de** ISBN-978-3-8186-1257-3 erwerben. Dort können die Inhalte des Buches auch nach Lernfeldern durchsucht werden, damit Sie gezielt auf Prüfungen lernen können.
- Berufsschullehrer können alle Abbildungen im Buch zur Veranschaulichung des Unterrichts nutzen. Unter **www.ulmer.de/zusatzdaten** können Sie den Download anfordern.
- Außerdem gibt es dort anschauliche Videoclips zu typischen Tätigkeiten in der Tierarztpraxis.

Allgemeiner Teil

1 Geschichte des Berufes

1.1 Gehilfen

Bereits Ende des 18. Jahrhunderts beschäftigten Tierärzte Gehilfen. Diese wurden individuell nach den Erfordernissen der Praxis und des jeweiligen Arbeitsschwerpunktes ihres Arbeitgebers für Hilfsarbeiten angelernt. Eine allgemeingültige Ausbildung für die Gehilfen des Tierarztes mit praxisübergreifenden Inhalten gab es damals noch nicht. Bevorzugte Helfer des Tierarztes waren Hufschmiede, die aufgrund ihrer Erfahrung im Umgang mit Pferden für den Tierarzt besonders nützlich waren. Meist arbeiteten die Hufschmiede nebenberuflich neben ihrer eigentlichen Tätigkeit in der Schmiede beim ortsansässigen Tierarzt mit.

Historisches Bild eines Veterinärgehilfen bei der Behandlung eines Kriegspferdes.

1.2 Veterinärgehilfen

Während des Ersten Weltkrieges (1914–1918) wurden erstmals Veterinärgehilfen speziell ausgebildet, die den Tierarzt bei der Behandlung kranker und verletzter Kriegspferde unterstützten. In der kurzen Friedenszeit zwischen den beiden Weltkriegen, sowie auch während des Zweiten Weltkrieges (1939–1945), arbeiteten die Veterinärgehilfen Hand in Hand mit den Militärtierärzten. Nach dem Zweiten Weltkrieg wurden die Militärpferde im Zuge des technischen Fortschrittes nach und nach durch motorisierte Fahrzeuge ersetzt, wodurch die meisten Veterinärgehilfen ihre Arbeit verloren. Bis dahin waren die Hilfsberufe (Gehilfe des Tierarztes und Veterinärgehilfe) ausschließlich Männerberufe.

1.3 Tierarzthelfer(in)

In den Jahren nach dem Krieg betreuten die niedergelassenen Tierärzte neben Nutztieren (z. B. Rinder, Schweine, Schafe) mehr und mehr auch Kleintiere (z. B. Hunde, Katzen). Nebenberufliche Gehilfen reichten nun für die Bewältigung der Arbeit nicht mehr aus. Aus diesem Grund wurden ab 1950 die ersten Tierarzthelferinnen in der Praxis niedergelassener Tierärzte angelernt. Der frühere Männerberuf wandelte sich damit zu einem Frauenberuf um. Ähnlich wie bei der Ausbildung der Hufschmiede im 18. Jahrhundert zu Tierarztgehilfen war auch die Ausbildung der Tierarzthelferinnen abhängig von den Bedürfnissen der einzelnen Praxen und nicht einheitlich geregelt. Dies führte zu einer großen Abhängigkeit der Tierarzthelferinnen von ihrer Lehrpraxis. Ein Wechsel nach der Ausbildung zu einem anderen Tierarzt war nicht so leicht möglich, da der neue Arbeitgeber oft nicht das gleiche Behandlungsspektrum und die gleichen Behandlungstechniken und damit andere Anforderungen an die Helferin hatte als der Lehrtierarzt, sodass die angelernten Fähigkeiten der Tierarzthelferin am neuen Arbeitsplatz vielfach nicht ausreichten. 1970 wurde daher die Ausbildung der Tierarzthelferin einheitlich geregelt. Grundlage waren nun die Bestimmungen, die bereits seit längerer Zeit für Arzthelferinnen galten. Die Lehrzeit betrug zwei Jahre und bestand aus einer praktischen Ausbildung (in der Praxis des Tierarztes) sowie einer theoretischen Ausbildung (in der Berufsschule). Dieses Prinzip (Praxis und Berufsschule im Wechsel über einen festgelegten Zeitraum) wird als **duale Berufsausbildung** bezeichnet. Die Auszubildenden (damals noch Lehrlinge genannt) besuchten die gleiche Berufsschulklasse wie die Arzthelferinnen. Auch die Prüfungsinhalte der Abschlussprüfung, die nach zwei Jahren Lehrzeit abgelegt werden musste, waren denen der Arzthelferinnen angeglichen.

Der Beruf des Tierarztes und der des Arztes unterscheiden sich jedoch in Vielem. Somit sind auch die Anforderungen an Tierarzthelferinnen und Arzthelferinnen verschieden. Im gemeinsamen Unterricht mit Arzthelferinnen konnte auf die besonderen Erfordernisse, die an eine Tierarzthelferin in der Praxis gestellt werden, nicht ausreichend eingegangen werden. Aus diesem Grund schalteten sich die Landestierärztekammern ein und legten zunächst nur in einigen Bundesländern (ab 1968 in Bayern und Niedersachsen; ab 1970 auch in Baden-Württemberg) die Lehrinhalte für die Ausbildung der Tierarzthelferinnen fest. Im August 1986 wurde dann eine staatlich anerkannte Ausbildungsverordnung für die Berufsausbildung von Tierarzthelferinnen beschlossen und in Kraft gesetzt, die für alle Bundesländer galt. Die Tierarzthelferinnen teilten zwar noch einige Zeit die Berufsschulklassen mit den Arzthelferinnen. Sie erhielten jedoch einen speziellen Fachkundeunterricht, bezogen auf ihr Arbeitsfeld beim Tierarzt. 1995 wurden die ersten Fachklassen allein für

Tierarzthelferinnen eingerichtet. Zuständig für alle Belange der Ausbildung sowie für die abzulegenden Prüfungen waren und sind bis heute die Landestierärztekammern.

1.4 Tiermedizinische(r) Fachangestellte(r)

Im Jahre 2006 wurden die Inhalte des Ausbildungsberufes Tierarzthelferin reformiert. Dabei wurden die Themen Krankheitsvorbeugung (Prävention), Wiederherstellung nach einer Erkrankung (Rehabilitation), Strahlenschutz, Tierschutz, Tierernährung, EDV, Praxismarketing, eigenverantwortliches Handeln, Teamarbeit und Kommunikation verstärkt berücksichtigt. Obwohl der Zugang zur Ausbildung auch für männliche Bewerber offen steht, entscheiden sich auch heute noch überwiegend junge Frauen für diesen Beruf. Die Berufsbezeichnung wurde in **Tiermedizinische Fachangestellte/ Tiermedizinischer Fachangestellter (TFA)** geändert.

Tiermedizinische Fachangestellte bei der Arbeit

2 Ausbildung

2.1 Voraussetzungen

2.1.1 Schulische Voraussetzungen

Rechtlich ist für die Ausbildung zur TFA **keine** bestimmte schulische oder berufliche Vorbildung vorgeschrieben. Das bedeutet, dass man theoretisch auch ohne abgeschlossene Schulbildung TFA werden kann. Allerdings sind die Lehrinhalte der Ausbildung sehr anspruchsvoll, sodass die Beherrschung der deutschen Sprache sowie gute Vorkenntnisse in Rechnen, Biologie, Chemie und Physik für einen erfolgreichen Abschluss häufig ausschlaggebend sind. Viele Arbeitgeber bevorzugen daher bei der Wahl ihrer Azubis Bewerber mit guten Schulnoten. Manchmal wird sogar die Mittlere Reife als Voraussetzung für die Vergabe eines Ausbildungsvertrages gefordert. Da es für einen Ausbildungsplatz häufig viele Bewerber gibt, sind ein Schulabschluss (mindestens Qualifizierter Hauptschulabschluss) mit guten Noten in Deutsch und naturwissenschaftlichen Fächern sowie Grundkenntnisse in einer Fremdsprache (zumeist Englisch) von Vorteil.

2.1.2 Körperliche Voraussetzungen

Der Arbeitsalltag einer(s) TFA erfordert eine gute körperliche Konstitution und Durchhaltevermögen. Die Patienten eines Tierarztes sind Lebewesen, deren Leiden sich nicht immer in die vorgegebenen Sprechzeiten einer Praxis pressen lassen. Daher können zeitlich festgelegte Arbeitspausen und ein pünktlicher Feierabend (v. a. bei der Behandlung von Notfällen) nicht immer eingehalten werden. Zudem ist eine TFA die meiste Zeit des Tages „auf den Beinen“. Ein großer Teil der Arbeiten (z. B. Assistenz bei der Behandlung von Tieren, Reinigungsarbeiten) wird im Stehen ausgeführt. Das ist anfänglich ungewohnt und ermüdend. Allerdings gewöhnt man sich sehr schnell an die Anforderungen und wird durch den Abwechslungsreichtum der täglichen Arbeiten, der niemals Langeweile aufkommen lässt, belohnt.

Personen mit bestimmten gesundheitlichen Problemen, (z. B. eine Allergie gegen Tierhaare, Erkrankungen der Wirbelsäule und des Bewegungsapparates, verminderte Sehschärfe, die nicht durch eine Brille, oder Schwerhörigkeit, die nicht durch ein Hörgerät ausgeglichen werden kann) können diesen Beruf nicht ausüben, ohne sich selbst und andere zu gefährden. Vor Abschluss eines Arbeits- bzw. Ausbildungsvertrages sollte daher durch eine ärztliche Untersuchung nachgewiesen werden, dass gegen die Ausübung der Tätigkeit keine gesundheitlichen Bedenken bestehen. Bei Auszubildenden, die das 18. Lebensjahr noch nicht vollendet haben, ist eine ärztliche Untersuchung vor Antritt der Ausbildung sowie eine weitere vor Abschluss des ersten Ausbildungsjahres gesetzlich vorgeschrieben.

2.1.3 Charakterliche und seelische Voraussetzungen

Die Liebe zu Tieren und der Wunsch, kranken Tieren zu helfen, sind oft die Triebfedern für die Entscheidung zur Ausbildung zur TFA und sicherlich auch die Grundvoraussetzungen für diesen Beruf. Tiermedizinische Fachangestellte arbeiten jedoch meist mit Kollegen im Team und kommen täglich nicht nur mit Tieren, sondern auch mit vielen Tierhaltern in Kontakt. Ein freundliches und offenes Wesen, Freude am Umgang mit Menschen, sowie Team- und Kommunikationsfähigkeit gehören daher ebenso zu den Anforderungen des Berufes, wie auch Verantwortungsbewusstsein und Einfühlungsvermögen für die tierischen Patienten.

TFA sind verantwortlich für den reibungslosen Ablauf des Praxisbetriebes und die Hygiene in der Praxis. Daher wird bei der Auswahl der Bewerber auf einen Ausbildungsplatz auf Ordnungsliebe, Hygienebewusstsein und die Fähigkeit zum eigenständigen Arbeiten großen Wert gelegt.

Im Praxisalltag sind TFA häufig Stress (z. B. große Patientenzahl, Notfälle) und seelischen Belastungen (z. B. Todesfälle, Euthanasie) ausgesetzt. Sie kommen mit für viele Menschen Ekel erregenden Substanzen (z. B. Kot, Urin, Erbrochenes, Blut) in Kontakt und können bei unachtsamem Umgang mit den tierischen Patienten durch Krallen, Zähne oder Schnäbel verletzt werden. Eine hohe seelische **Belastbarkeit**, eine ständige, während der Arbeit niemals ermüdende **Aufmerksamkeit** und große **Achtsamkeit** sind daher wesentliche Anforderungen an eine TFA.

2.2 Ausbildungsstätten

2.2.1 Tierarztpraxis und Tierklinik

Die Ausbildung zur TFA ist nur möglich in **Tierarztpraxen** sowie in privaten oder der Universität angeschlossenen **Tierkliniken,** in denen eine ordnungsgemäße Ausbildung entsprechend der Verordnung über die Berufsausbildung zur Tiermedizinischen Fachangestellten sichergestellt ist. Folgende Kriterien muss die Ausbildungsstätte dabei erfüllen:

1. In der Ausbildungsstätte muss ein verantwortlicher Tierarzt vorhanden sein. Bei mehr als einem Auszubildenden muss für jeden weiteren Auszubildenden zusätzlich zum verantwortlichen Tierarzt entweder
   - eine ausgebildete Tiermedizinische Fachangestellte,
   - eine Helferin eines anderen artverwandten Berufes,
   - ein angestellter Tierarzt,
   - oder in einer Gemeinschaftpraxis ein weiterer tierärztlicher Praxispartner

   30 Stunden pro Woche unterstützend zur Verfügung stehen, sodass auf jeden Auszubildenden mindestens ein Ausbilder kommt (Verhältnis Ausbilder zu Auszubildender 1 zu 1).
2. Der verantwortliche Ausbilder muss vor Beginn der Ausbildung mindestens ein halbes Jahr als Tierarzt tätig gewesen sein.
3. Es muss eine Praxistätigkeit von mindestens 30 Stunden pro Woche nachgewiesen werden.
4. Die Ausbildungsstätte muss über eine tierärztliche Hausapotheke verfügen.
5. Die Ausbildung im Röntgen und Strahlenschutz gemäß § 4 Nr. 12 der Verordnung über die Berufsausbildung zur TFA muss gewährleistet sein. Dies ist nur möglich, wenn die Ausbildungsstätte über ein Röntgengerät verfügt oder der Auszubildenden die notwendigen Kenntnisse außerhalb der Praxis (z. B. durch einen Strahlenschutzkurs) auf Kosten des Ausbilders vermittelt werden.
6. Die für die Berufsausbildung geltenden Vorschriften (z. B. Jugendarbeitsschutzgesetz, Berufsbildungsgesetz, Mutterschutzgesetz, Röntgenverordnung, Arbeitszeitgesetz) müssen eingehalten werden.
7. Der Auszubildenden sind ausreichende Kenntnisse und Fähigkeiten zum selbständigen Verrichten von Laborarbeiten zu vermitteln. Verfügt die Ausbildungsstätte nicht über ein eigenes Labor, müssen diese außerhalb der Praxis (durch einen Laborkurs) vermittelt werden. Die Kosten für den Laborkurs übernimmt der Arbeitgeber. Der Auszubildende ist verpflichtet, an diesen Ausbildungsmaßnahmen außerhalb der Ausbildungsstätte teilzunehmen.

2.2.2 Berufsschule

Die Ausbildung zum(r) TFA ist eine **duale Ausbildung** (Ausbildung mit zwei Lernorten), das heißt neben der Ausbildung in der Tierarztpraxis oder Tierklinik muss der(die) Auszubildende regelmäßig (1 – 2 × wöchentlich) die Berufsschule besuchen. Zum Besuch der Berufsschule wird der(die) Auszubildende von der Arbeit in der Praxis freigestellt. Die Schulzeit gilt als Arbeitszeit und wird bei der Berechnung der wöchentlichen Gesamtarbeitszeit (insgesamt 40 Stunden) angerechnet. Der Auszubildende ist verpflichtet die Berufsschule regelmäßig zu besuchen.

Formular des Berufsausbildungsvertrages zur Tiermedizinischen Fachangestellten

An
Tierärztekammer

m. d. B. um Eintragung in das Verzeichnis der Berufsausbildungsverhältnisse

Dieser Berufsausbildungsvertrag wurde in das Verzeichnis der Berufsausbildungsverhältnisse unter folgender Nummer eingetragen:

Ort/Datum: ________________ Siegel:

Unterschrift: ______________________________

Berufsausbildungsvertrag
(§§ 10,11 Berufsbildungsgesetz – BBiG)
Zwischen der ausbildenden Praxis/Klinik (Ort der Ausbildung):
(Stempel)

Verantwortliche/r Ausbildende/r (Vor- und Zuname) [1] Geburtsdatum

Schulabschluss:

und der/dem Auszubildenden ☐ männlich ☐ weiblich

Name, Vorname

Straße, Haus-Nr.

PLZ, Ort

Geburtsdatum | Geburtsort

Staatsangehörigkeit | Gesetzlicher Vertreter [2] Eltern | Vater | Mutter | Vormund

Name und Anschrift des Sorgeberechtigten

Straße, Haus-Nr.

PLZ, Ort

Es wird nachstehender Vertrag zur Ausbildung im Ausbildungsberuf Tiermedizinische/-r Fachangestellte/-r nach der Verordnung über die Berufsausbildung zum Tiermedizinischen Fachangestellten/zur Tiermedizinischen Fachangestellten vom 22. August 2005 (BGBl. I S. 2522 ff.) in der jeweils gültigen Fassung (Anlage) geschlossen.

Die Ausbildungszeit beträgt nach der Ausbildungsordnung 3 Jahre.

Das Berufsausbildungsverhältnis beginnt am (Tag / Monat / Jahr) und endet am (Tag / Monat / Jahr) oder am Tag der Bekanntgabe des Prüfungsergebnisses. (s. § 1 Nr. 2 u. 3)

A Vorausgegangen ist eine Berufsausbildung/Vorbildung/Ausbildung [3]

Sie wird auf die Ausbildungszeit mit ☐ Monaten angerechnet, bzw. es wird eine entsprechende Abkürzung beantragt.

B Die Probezeit beträgt ☐ Monate (§ 1 Nr. 1).

C Ausbildungsmaßnahmen außerhalb der Ausbildungsstätte **(mit Zeitrahmen):**

D Der/die Ausbildende zahlt dem Auszubildenden eine angemessene Vergütung, diese beträgt zur Zeit monatlich brutto:

erstes	zweites	drittes	Ausbildungsjahr €

E Die regelmäßige Ausbildungszeit beträgt

☐ täglich, ☐ wöchentlich (s. § 5)

F Der/die Ausbildende gewährt dem Auszubildenden Urlaub nach den geltenden Bestimmungen. Es besteht ein Urlaubsanspruch

Im Jahr	20	20	20	20
Werktage				
Arbeitstage				

Die umseitigen Vertragsbedingungen §§ 1 – 10 sind Bestandteil dieses Vertrages.
Die Unterzeichner bestätigen mit ihrer Unterschrift, dass sie alle – auch die umseitigen – Vertragsbedingungen gelesen und verstanden haben. Änderungen des wesentlichen Vertragsinhaltes sind unverzüglich zur Eintragung in das Verzeichnis der Berufsausbildungsverhältnisse bei der Tierärztekammer anzuzeigen.

Ort ________ den ________

Unterschriften
der/des Auszubildenden

Der/die Ausbildende

Voller Vor- und Zuname
der gesetzlichen Vertreter des Auszubildenden [2]
(falls ein Elternteil verstorben, bitte vermerken):

Anmerkungen:
1) Auch in Gemeinschaftspraxen ist eine Tierärztin/ein Tierarzt als Ausbildende/-r zu benennen.
2) Vertretungsberechtigt bei Minderjährigen sind beide Eltern gemeinsam, soweit nicht die Vertretungsberechtigung nur einem Elternteil zusteht. Ist ein Vormund bestellt, so bedarf dieser zum Abschluss des Ausbildungsvertrages der Genehmigung des Vormundschaftsgerichtes.
3) Vollqualifizierende Berufsausbildung oder Teilnahme an berufsvorbereitender Qualifizierung/beruflicher Grundbildung.

2.3 Verlauf der Ausbildung

2.3.1 Ausbildungsvertrag

Der Ausbildungsvertrag wird zwischen dem Ausbilder (= verantwortliche(r) Tierärztin/ Tierarzt in einer Tierärztlichen Praxis oder Tierklinik) und dem(r) Auszubildenden in **schriftlicher Form** geschlossen. Bei minderjährigen Auszubildenden ist zusätzlich die Unterschrift der(s) Erziehungsberechtigten (z. B. Eltern, alleinerziehender Elternteil) erforderlich.

Die Landestierärztekammer des Bundeslandes, in dem sich die Ausbildungspraxis bzw. Tierklinik befindet (z. B. in Bayern die Bayerische Landestierärztekammer), ist für die ordnungsgemäße Durchführung der Berufsausbildung zur Tiermedizinischen Fachangestellten zuständig. Sie prüft den unterschriebenen Ausbildungsvertrag und genehmigt ihn, wenn alle Anforderungen erfüllt sind. Daraufhin erhält der Vertrag eine Nummer und wird in das Verzeichnis der Berufsausbildungsverhältnisse eingetragen.

2.3.2 Dauer der Ausbildung

Die Ausbildung zum(r) Tiermedizinischen Fachangestellten dauert normalerweise **drei Jahre**.

Ausnahmen:

- Die Ausbildungszeit kann (z. B. bei längerer Erkrankung der(s) Auszubildenden) durch die Tierärztekammer **verlängert** werden, wenn eine Verlängerung notwendig ist, damit das Ausbildungsziel erreicht werden kann. Der Antrag auf Verlängerung muss durch die/den Auszubildende(n) (bei Minderjährigen auch die Erziehungsberechtigten) mit Angabe der Gründe bei der zuständigen Tierärztekammer gestellt werden.
- Die Ausbildungszeit kann in Ausnahmefällen auch **verkürzt** werden. Grund dafür können eine entsprechende Vorbildung (z. B. mittlere Reife, Berufsausbildung in einem artverwandten Beruf) oder überdurchschnittlich gute Schulnoten sein. Die Verkürzung der Ausbildungszeit muss durch die Tierärztekammer genehmigt werden. Den Antrag dafür muss ebenfalls die/der Auszubildende selbst (bei Minderjährigen auch die Erziehungsberechtigten) stellen. Allerdings weisen die Tierärztekammern und die Kultusministerien der Länder ausdrücklich darauf hin, dass die Berufsschulen die Lehrinhalte einer auf drei Jahre ausgerichteten Ausbildung nicht in zwei Schuljahren ausreichend vermitteln können. Fehlende Lerninhalte müssen daher eigenverantwortlich erworben werden. Das bedeutet für die Schüler(innen) nicht selten vermehrten Stress, denn neben der Arbeit in der Praxis/Klinik und der Berufsschule muss das fehlende Wissen in der wenigen verbleibenden Freizeit nachgeholt werden. Es wird daher auch bei entsprechender Vorbildung empfohlen, die **dreijährige** Ausbildung wahrzunehmen.
- Besteht Der Auszubildende die Abschlussprüfung nicht, verlängert sich die Ausbildung (in Praxis und Berufsschule) bis zur nächst möglichen Wiederholungsprüfung, höchstens jedoch um ein Jahr.

2.3.3 Probezeit

Die Probezeit beträgt mindestens einen und höchstens vier Monate. Meist wird eine Probezeit von drei Monaten bei Abschluss des Ausbildungsvertrages vereinbart. Während dieser Zeit kann das Ausbildungsverhältnis von beiden Vertragspartnern (Ausbilder und Auszubildende(r)) jederzeit ohne Angabe von Gründen und ohne Einhaltung einer Kündigungsfrist gekündigt werden.

2.3.4 Kündigung während der Ausbildungszeit

Nach Beendigung der Probezeit kann das Ausbildungsverhältnis nur gekündigt werden:

- Von beiden Vertragspartnern ohne Einhaltung einer Kündigungsfrist, wenn ein wichtiger Grund vorliegt. Die Kündigung ist jedoch nur dann wirksam, wenn der Grund, der Anlass zur Kündigung gibt, nicht länger als zwei Wochen bekannt ist. Häufig kommt es zu Streitigkeiten darüber, ob der angegebene Grund eine fristlose Kündigung rechtfertigt oder nicht. In diesen Fällen hilft die zuständige Tierärztekammer zu schlichten und eine für alle Beteiligten gütliche Einigung zu erzielen.
- Von der(m) Auszubildende(n), wenn er(sie) die Berufsausbildung grundsätzlich aufgeben oder sich für einen anderen Beruf ausbilden lassen will. In diesen Fällen beträgt die Kündigungsfrist vier Wochen.
- Bei Aufgabe der Praxistätigkeit. Wird das Ausbildungsverhältnis vom Ausbilder wegen Aufgabe der Praxistätigkeit gekündet und hat er keinen Nachfolger, ist er verpflichtet, sich mit Hilfe der Tierärztekammer und des Arbeitsamtes zu bemühen, einen anderen ausbildenden Tierarzt (oder Tierärztin) zu finden, der bereit ist, das Ausbildungsverhältnis fortzusetzen.

Eine Kündigung nach Beendigung der Probezeit muss immer **schriftlich** und unter Angabe des Kündigungsgrundes erfolgen.

2.3.5 Ausbildungszeit

Die durchschnittliche **wöchentliche** Ausbildungszeit beträgt bei Jugendlichen unter 18 Jahren höchstens 40 Arbeitsstunden. Dabei wird die Zeit, in der die/der Auszubildende die Berufsschule besucht, angerechnet. Das gleiche gilt für den Besuch von Ausbildungen im Rahmen des Ausbildungsrahmenplanes außerhalb der Ausbildungstätte, wenn diese nicht in der Ausbildungsstätte angeboten werden können. So muss z. B. die Auszubildende für den Besuch eines Röntgen-und Strahlenschutzkurses oder eines Laborkurses freigestellt werden, wenn die Praxis oder Klinik kein eigenes Röntgengerät besitzt oder Laborarbeiten nicht selbst durchführt, sondern an ein externes Labor geschickt werden.

Grundsätzlich steht es dem Ausbilder frei, die tägliche und wöchentliche Arbeitszeit nach den Erfordernissen des Praxisbetriebes zu verteilen. Bei Minderjährigen muss er dabei die Vorschriften des Jugendarbeitsschutzgesetzes (siehe S. 29) beachten.

2.3.6 Urlaub

Der jährliche Anspruch auf bezahlten Urlaub bei Jugendlichen, die zu Beginn des Kalenderjahres, in dem der Ausbildungsvertrag abgeschlossen wurde, das 18. Lebensjahr noch nicht vollendet haben, richtet sich nach den Vorgaben des Jugendarbeitsschutzgesetzes. Der Urlaub sollte möglichst zusammenhängend während der Berufsschulferien genommen werden. Auszubildende dürfen während ihres Urlaubs keine anderweitigen Arbeitsverhältnisse (z. B. Ferienjobs) eingehen. Der Grund dafür ist, dass sich jugendliche Auszubildende während der Urlaubszeit erholen sollten, um danach die Ausbildung wieder mit voller Kraft und Konzentration fortsetzen zu können.

Erkrankt die/der Auszubildende während des Urlaubes, so muss sie/er dem Ausbilder unverzüglich eine ärztliche Bescheinigung über die Arbeitsunfähigkeit vorlegen. Der Urlaub ist dann für die Dauer der Arbeitsunfähigkeit unterbrochen und kann sofort nach der Genesung oder zu einem späteren Zeitpunkt (je nach den Erfordernissen der Praxis und nach Absprache mit dem Ausbilder) nachgeholt werden.

2.3.7 Vergütung und sonstige Leistungen

Die Ausbildungsvergütung wird am Monatsende für den zurückliegenden Monat gezahlt. Die für die Urlaubszeit fällige Vergütung sollte der Auszubildende vor Antritt des Urlaubes erhalten. Gewährte Sonderleistungen wie z. B. Kost und Wohnung werden mit der Ausbildungsvergütung verrechnet. Für die Berechnung des Wertes der Sonderleistungen werden amtlich festgesetzte Bewertungssätze herangezogen. Sonderleistungen dürfen jedoch nicht mehr als die Häfte der gesamten Ausbildungsvergütung ausmachen.
Die Ausbildungsvergütung wird grundsätzlich auch bezahlt:

- Für die Zeit des Berufsschulbesuches,
- Für die Zeit, in der Auszubildende sich außerhalb der Ausbildungsstätte Wissen im Rahmen des Ausbildungsrahmenplanes aneignet, das in der Praxis/Tierklinik nicht vermittelt werden kann (z. B. Röntgen- und Strahlenschutzkurs, Laborkurs).

Für die Dauer von 6 Wochen wird die Ausbildungsvergütung gezahlt:

- Wenn sich die/der Auszubildende für die Ausbildung bereit hält, diese jedoch nicht stattfindet (z. B. bei Erkrankung des Ausbilders),
- Wenn die/der Auszubildende aufgrund unverschuldeter Erkrankung nicht an der Ausbildung teilnehmen kann oder aufgrund eines sonstigen persönlichen Grund **unverschuldet** verhindert ist.

Wenn der Auszubildende ohne Erlaubnis oder ohne hinreichende Begründung von der Ausbildung (Ausbildungsstätte, Berufsschule oder sonstigen Ausbildungsveranstaltungen) fernbleibt, hat er für die Zeit des Fernbleibens keinen Anspruch auf Vergütung.

Die Gründe für ein Fernbleiben müssen dem Ausbilder unverzüglich mitgeteilt werden. Bei einer Arbeitsunfähigkeit wegen Erkrankung, die mehr als drei Kalendertage andauert, muss spätestens am darauf folgenden Arbeitstag eine ärztliche Bescheinigung über die Arbeitsunfähigkeit und derer Dauer dem Ausbilder vorgelegt werden.

2.3.8 Prüfungen

1. Zwischenprüfung
Nach Ablauf von 18 Monaten seit Beginn der Ausbildung (d. h. vor Ende des zweiten Ausbildungsjahres) wird eine Zwischenprüfung durchgeführt. Die ausschließlich schriftliche Zwischenprüfung findet in der Berufsschule statt und dauert maximal 120 Minuten. Dabei wird der nach dem Ausbildungsrahmenplan (siehe S. 30) bis dahin vermittelte Lehrstoff überprüft. Der Zweck der Zwischenprüfung ist, den Ausbildungsstand des/der angehenden TFA festzustellen. Eventuelle Lücken werden aufgedeckt, damit diese bis zur Abschlussprüfung geschlossen werden können. Das Ergebnis der Zwischenprüfung wird dem Ausbilder mitgeteilt. Ein Nichtbestehen der Zwischenprüfung hat keine rechtlichen Konsequenzen. Die Prüfung soll lediglich dem Auszubildenen und dem Ausbilder zeigen, an welchen Stellen nachgebessert werden muss.

2. Abschlussprüfung
Die Abschlussprüfung besteht aus einem **schriftlichen** und einem **praktischen** Teil. Dabei werden die nach dem Rahmenlehrplan vermittelten Kenntnisse und Fertigkeiten abgefragt. Sind im schriftlichen Teil der Prüfungen die Leistungen in ein bis zwei Fächern mangelhaft (Note 5), kann nach Ermessen des Prüfungsausschusses und auf Antrag des Prüflings in diesen Fächern zusätzlich eine **mündliche** Prüfung erfolgen, um die Note zu verbessern.

Die Prüfung gilt als bestanden, wenn die Gesamtnote im schriftlichen und praktischen Teil jeweils ausreichend (Note 4) ist, vorausgesetzt, dass im schriftlichen Teil bei dem Thema Strahlenschutz sowie bei drei weiteren Prüfungsbereichen ausreichende Leistungen erbracht werden. Bei einer ungenügenden Bewertung (Note 6) eines einzigen Prüfungsbereiches ist die Prüfung nicht bestanden.

Nach bestandener Abschlussprüfung erhält der TFA eine Urkunde.

2.3.9 Zeugnis und Zwischenzeugnis

Nach Beendigung der Ausbildung hat der Auszubildende Anspruch auf ein **Zeugnis**. Das Zeugnis muss mindestens Angaben über die Art, die Dauer und das Ziel der Berufsausbildung sowie über Fertigkeiten und Kenntnisse des Auszubildenden enthalten. Der Auszubildende kann zusätzliche Angaben über Führung, Leistungen sowie besondere Fähigkeiten in seinem Zeugnis verlangen.

Der ausbildende Tierarzt ist verpflichtet, auf Verlangen des/der Auszubildenden bereits vor Beendigung der Ausbildung ein **Zwischenzeugnis** (z. B. für eine frühzeitige Bewerbung um eine Stelle als TFA, die direkt nach der Abschlussprüfung angetreten werden soll) auszustellen.

2.3.10 Jugendarbeitsschutzgesetz

Das Jugendarbeitsschutzgesetz (JArbSchG) ist ein Gesetz zum Schutz arbeitender Kinder und Jugendlicher in Deutschland. Kinder (junge Menschen unter 14 Jahren), sowie Jugendliche, die das 18. Lebensjahr noch nicht vollendet haben, benötigen aufgrund ihrer körperlichen und geistigen Entwicklung besonderen Schutz vor Überforderung und anderen Gefahren eines Arbeitsplatzes.

URKUNDE

FRAU MANUELA MUSTERFRAU

GEBOREN AM 11.11.1991 IN Musterstadt

HAT DIE ABSCHLUSSPRÜFUNG ALS
TIERMEDIZINISCHE FACHANGESTELLTE
AM
31. JULI 2010
VOR DEM PRÜFUNGSAUSSCHUSS
DER BAYERISCHEN LANDESTIERÄRZTEKAMMER
BESTANDEN
UND AUF GRUND DER ERGEBNISSE
DIESE URKUNDE ERHALTEN.
SIE IST BERECHTIGT, DIE BERUFSBEZEICHNUNG

TIERMEDIZINISCHE FACHANGESTELLTE

ZU FÜHREN

MÜNCHEN, 31. Juli 2010

DIE BAYER. LANDESTIERÄRZTEKAMMER

PRÄSIDENT

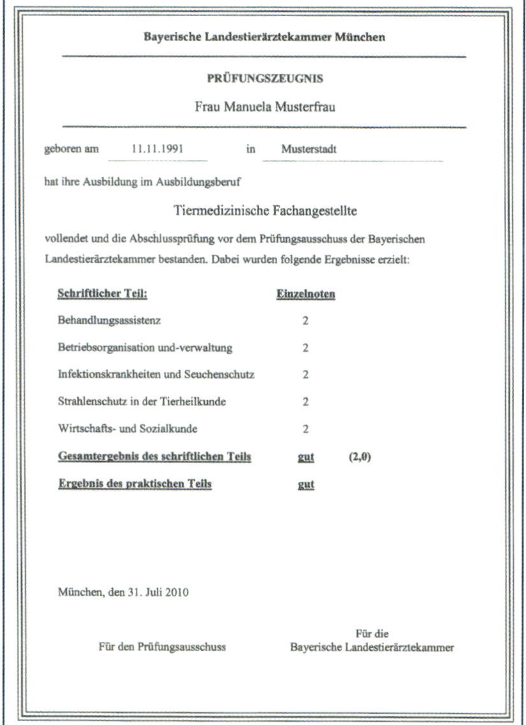

Bayerische Landestierärztekammer München

PRÜFUNGSZEUGNIS

Frau Manuela Musterfrau

geboren am 11.11.1991 in Musterstadt

hat ihre Ausbildung im Ausbildungsberuf

Tiermedizinische Fachangestellte

vollendet und die Abschlussprüfung vor dem Prüfungsausschuss der Bayerischen Landestierärztekammer bestanden. Dabei wurden folgende Ergebnisse erzielt:

Schriftlicher Teil:	Einzelnoten	
Behandlungsassistenz	2	
Betriebsorganisation und-verwaltung	2	
Infektionskrankheiten und Seuchenschutz	2	
Strahlenschutz in der Tierheilkunde	2	
Wirtschafts- und Sozialkunde	2	
Gesamtergebnis des schriftlichen Teils	**gut**	**(2,0)**
Ergebnis des praktischen Teils	**gut**	

München, den 31. Juli 2010

Für den Prüfungsausschuss

Für die Bayerische Landestierärztekammer

Urkunde und Prüfungszeugnis

Inhalt des Gesetzes:

- Das Gesetz verbietet grundsätzlich die Beschäftigung von Kindern, d. h. von jungen Menschen unter 14 Jahren. Als Ausnahme gilt das Berufsorientierungspraktikum, wenn es 7 Stunden pro Tag und 35 Stunden in der Woche nicht überschreitet.
- Die Beschäftigung von Jugendlichen unter 15 Jahren ist nur erlaubt, wenn ein Berufsausbildungsverhältnis vorliegt.
- Für Jugendliche, die das 18. Lebensjahr noch nicht vollendet haben, regelt das Jugendarbeitsschutzgesetz die maximale tägliche und wöchentliche Arbeitszeit (siehe Kasten), sowie die Anzahl der Urlaubstage im Jahr (siehe Kasten).
- Es verbietet Akkord- und Fließbandarbeit, Arbeiten unter Tage (z. B. in einer Kohlegrube) und die Beschäftigung an Sonn- und Feiertagen. Ebenso ist der Einsatz von Jugendliche unter 16 Jahre bei gefährlichen Arbeiten grundsätzlich verboten. Für Auszubildende über 16 Jahren ist dies jedoch erlaubt, sofern die Arbeiten zur Ausbildung gehören und unter fachlicher Anleitung und Aufsicht durchgeführt werden.
- Das Gesetz schreibt eine ärztliche Untersuchung vor Beginn der Ausbildung oder Beschäftigung sowie eine Nachuntersuchung nach einem Jahr vor. Durch diese Untersuchung wird geprüft, ob gesundheitliche Einwände gegen die jeweilige Beschäftigung bestehen. Der Arbeitgeber ist nach dem JArbSchG verpflichtet, jugendliche Arbeitnehmer für die Zeit des Arztbesuches zur Erst- und Nachuntersuchung von der Arbeit freizustellen.
- Auszubildende sind für den Besuch der Berufsschule von der Arbeit freizustellen.
- Jugendliche dürfen keinen sittlichen Gefahren ausgesetzt werden.
- Es besteht ein absolutes Züchtigungsverbot.

? Arbeitszeit

Die wöchentliche Arbeitszeit beträgt maximal 40 Stunden, wobei die Arbeit so verteilt sein sollte, dass Der Jugendliche an einem Tag nicht länger als 8 ½ Stunden beschäftigt ist. Der Arbeitsbeginn darf für Jugendliche bis zur Vollendung des 18. Lebensjahres frühestens 6.00 Uhr morgens, das Arbeitsende spätestens 20.00 Uhr abends sein.

? Jahresurlaub

Wieviel Jahresurlaub einer Auszubildenden zur TFA zusteht, hängt vom Alter ab:

- Jugendliche bis 16 Jahre: 30 Werktage
- Jugendliche bis 17 Jahre: 27 Werktage
- Jugendliche bis 18 Jahre: 25 Werktage

2.4 Inhalte der Ausbildung

2.4.1 Ausbildungsberufsbild, Ausbildungsrahmenplan, Ausbildungsplan

Unter **Ausbildungsberufsbild** versteht man die Kenntnisse, Fertigkeiten und Fähigkeiten, die eine TFA nach Abschluss der Berufsausbildung mindestens beherrschen muss und die während der Ausbildung in der Ausbildungsstätte (Tierarztpraxis oder Tierklinik) sowie in der Berufsschule vermittelt werden müssen.

Im **Ausbildungsrahmenplan** sind diese Kenntnisse, Fertigkeiten und Fähigkeiten aufgelistet (siehe Kasten). Sie sollten zeitlich und inhaltlich nach einer von der Tierärztekammer vorgegebenen Reihenfolge gelehrt werden. Um dies bis zu den Prüfungen (Zwischenprüfung, Abschlussprüfung) zu erreichen, sind die Ausbilder in der Praxis und in der Berufsschule angehalten, einen **Ausbildungsplan** zu erstellen.

Ausbildungsrahmenplan

1. Der Ausbildungsbetrieb
   - Stellung der Tierarztpraxis im Veterinär- und Gesundheitswesen
   - Aufbau und Rechtsform
   - Gesetzliche und vertragliche Regelungen der tiermedizinischen Versorgung
   - Berufsbild, Arbeits- und Tarifrecht
   - Sicherheit und Gesundheitsschutz bei der Arbeit
   - Umweltschutz
2. Hygiene und Infektionsschutz
   - Maßnahme der Arbeits- und Praxishygiene
   - Infektionskrankheiten und Seuchenschutz
3. Tierschutz, Patientenbetreuung
   - Tierschutz
   - Tierartgerechte und verhaltensgemäße Haltung von Tieren, Betreuung von Patienten
4. Kommunikation
   - Kommunikationsformen und -methoden
   - Beratung und Betreuung von Tierhaltern und Tierhalterinnen
   - Verhalten in Konfliktsituationen
5. Information und Datenschutz
   - Informations- und Kommunikationssysteme
   - Datenschutz und Datensicherheit
6. Betriebsorganisation und Qualitätsmanagement
   - Betriebs- und Arbeitsabläufe
   - Marketing
   - Arbeiten im Team
   - Qualitätsmanagement
   - Zeitmanagement
7. Betriebsverwaltung und Abrechnung
   - Verwaltungsarbeiten und Dokumentation
   - Abrechnungswesen
   - Materialbeschaffung und -verwaltung
8. Tierärztliche Hausapotheke
   - Eingang und Lagerung von Arzneimitteln und Impfstoffen
   - Abgabe von Arzneimitteln
9. Maßnahmen bei Diagnostik und Therapie unter Anleitung und Aufsicht des Tierarztes oder der Tierärztin
   - Assistenz bei tierärztlicher Diagnostik
   - Assistenz bei tierärztlicher Therapie
10. Prävention und Rehabilitation
11. Laborarbeiten
12. Röntgen und Strahlenschutz
13. Notfallmanagement
    - Erste Hilfe beim Menschen
    - Hilfeleistungen bei Notfällen am Tier

2.4.2 Schriftlicher Ausbildungsnachweis

Die Auszubildenden zum/r TFA sind verpflichtet, einen schriftlichen Ausbildungsnachweis („Berichtsheft") zu führen. Darin muss einmal wöchentlich, sowie zusätzlich einmal im Monat je ein Bericht (in Stichworten oder als Aufsatz geschrieben) über die in der Praxis im Rahmen der Ausbildung durchgeführten Arbeiten und die daraus erlernten Fertigkeiten, Fähigkeiten und Kenntnisse verfasst werden. Der Ausbilder (Tierarzt) ist verpflichtet, dem/r Auszubildenden die Gelegenheit zu geben, die Berichte während der Arbeitszeit zu schreiben und sie regelmäßig durchzusehen und, nach eventueller notwendiger Korrektur, zu unterschreiben. Ein fehlendes oder unvollständig geführtes „Berichtsheft" kann dazu führen, dass der Auszubildende nicht zur Abschlussprüfung zugelassen wird.

2.5 Grundpflichten der Auszubildenden

2.5.1 Sorgfaltspflicht

Der Auszubildende ist verpflichtet, die ihm im Rahmen der Berufsausbildung übertragenen Aufgaben und Verrichtungen sorgfältig auszuführen, die Praxiseinrichtung und das Arbeitsmaterial nur zu dem ihm übertragenen

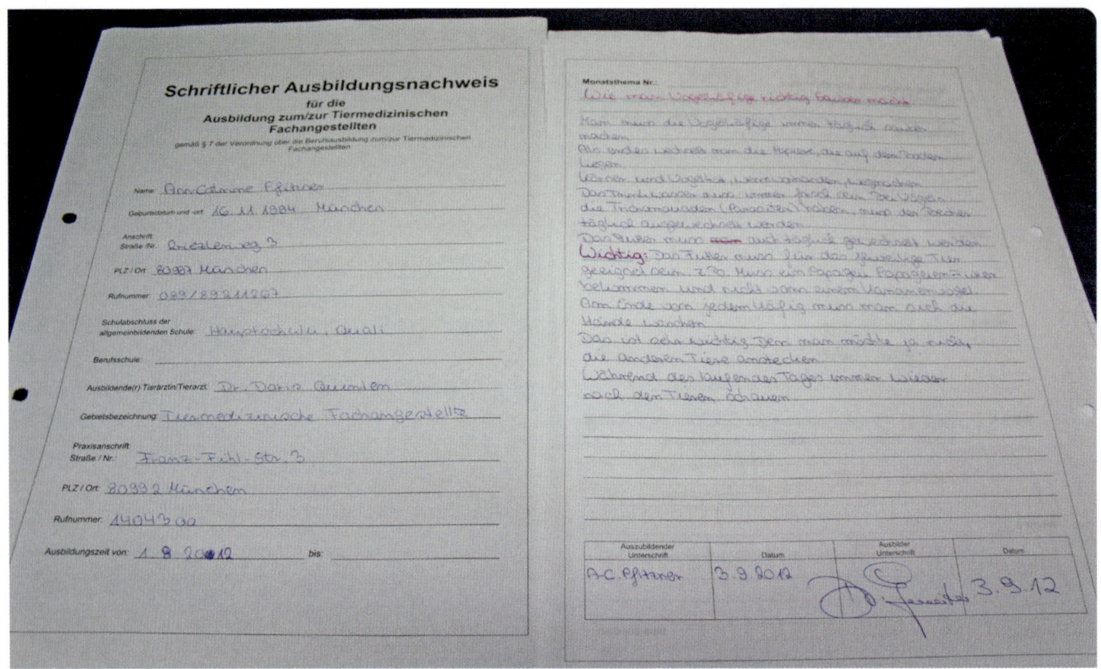

Schriftlicher Ausbildungsnachweis
für die
Ausbildung zum/zur Tiermedizinischen Fachangestellten

Name: Ann-Catarine Pfitzner
Geburtsdatum und -ort: 16.11.1984 München
Anschrift Straße/Nr.:
PLZ/Ort: 80997 München
Rufnummer:
Schulabschluss der allgemeinbildenden Schule: Hauptschule, Quali
Berufsschule:
Ausbildende(r) Tierärztin/Tierarzt:
Gebietsbezeichnung: Tiermedizinische Fachangestellte
Praxisanschrift Straße/Nr.:
PLZ/Ort: 80992 München
Rufnummer: 1404300
Ausbildungszeit von: 1.8.2012 bis:

Monatsthema Nr.:

Auszubildender Unterschrift	Datum	Ausbilder Unterschrift	Datum
A.C. Pfitzner	3.9.2012		3.9.12

Berichtsheft.

Arbeiten zu verwenden, sowie sorgsam damit umzugehen und keinen Missbrauch damit zu treiben.

2.5.2 Weisungsgebundenheit

Der Auszubildende ist verpflichtet, die Anweisungen im Rahmen der Ausbildung, die der ausbildende Tierarzt oder eine andere weisungsberechtigte Person erteilt, zu befolgen.

2.5.3 Schweigepflicht

Der Auszubildende ist verpflichtet, über alle Vorgänge in der Praxis, (die Praxis, die Praxismitarbeiter, die Patienten und die Patientenbesitzer betreffend) Stillschweigen zu bewahren. Die Schweigepflicht gilt auch nach Beendigung des Ausbildungsverhältnisses oder Ausscheiden aus der Praxis aus anderen Gründen.

Grundpflichten

- Sorgfaltspflicht
- Weisungsgebundenheit
- Schweigepflicht

Bei Nichtbeachtung dieser drei Grundpflichten kann ein/e Auszubildende/r für die daraus entstehenden Schäden belangt und haftbar gemacht werden.

3 Der Ausbildungsbetrieb
(Nr. 1 des Ausbildungsrahmenplanes)

3.1 Das Gesundheitswesen

Das Gesundheitswesen eines Landes umfasst alle Organisationen, Einrichtungen, Gesetze und Regelungen sowie Personen, welche die Aufgabe haben, die Gesundheit der Bevölkerung zu erhalten sowie Krankheiten und Verletzungen vorzubeugen und zu behandeln. Die Aufgaben des staatlichen Gesundheitswesens werden unterteilt in:

- **Gesundheitsschutz**
  Dazu gehören z. B. alle Maßnahmen der allgemeinen Hygiene (z. B. Trinkwasserversorgung, Abfallbeseitigung), der Seuchenbekämpfung, des Strahlenschutzes und der Unfallverhütung.
- **Gesundheitspflege**
  Sie umfasst alle Maßnahmen zur Gesundheits**vorsorge** (Prävention), z. B. Impfungen, Schwangeren- und Mütterberatung, Krebsvorsorgeuntersuchungen) und Maßnahmen zur Gesundheits**fürsorge** (z. B. Betreuung von Menschen, die sich selbst nicht mehr helfen können, wie z. B. Kranke, Behinderte, Süchtige, Menschen in Gefängnissen).
- **Kurative Medizin**
  Unter kurativer Medizin versteht man die ambulante und stationäre Behandlung von Erkrankten und Verletzten, mit dem Ziel, die Gesundheit wieder herzustellen, sowie gegebenenfalls ihre Wiedereingliederung (Rehabilitation) in das Alltags- und Berufsleben (z. B. durch Krankengymnastik, Kuren).

3.1.1 Berufe im Gesundheitswesen

Heilberufe
- Arzt
- **Tierarzt**
- Zahnarzt
- Apotheker

Heilhilfsberufe im humanmedizinische Bereich
- Medizinische Fachangestellte
- Zahnmedizinische Fachangestellte
- Physiotherapeuten
- Masseure
- Logopäden
- Medizinisch technische Assistenten
- Hebammen
- Krankenpfleger/Krankenschwester
- Rettungssanitäter

Heilhilfsberufe im veterinärmedizinischen Bereich
- Tiermedizinische Fachangestellte
- Veterinärmedizinisch technische Assistenten
- Tierpfleger
- Fleischkontrolleure
- Lebensmittelkontrolleure
- Besamungswart

3.1.2 Gesundheitsämter

Sie arbeiten auf kommunaler Ebene unter Leitung eines Amtsarztes. Ihre Aufgaben sind:
- Kontrolle von Arztpraxen, Krankenhäusern, Apotheken
- Durchführung von Maßnahmen zum Gesundheitsschutz

- Gesundheitsfürsorge
- Umweltmedizin
- Gutachtertätigkeit

3.2 Der Tierarzt/die Tierärztin

3.2.1 Ausbildung eines/r Tierarztes/ Tierärztin

Um Tierarzt (Veterinär) werden zu können, ist die **allgemeine Hochschulreife** (Abitur) erforderlich. Da es nur wenige Universitäten in Deutschland gibt, die ein Veterinärmedizinstudium (Studium der Tierheilkunde) anbieten (Berlin, Gießen, Hannover, Leipzig, München), sind hier die Studienplätze beschränkt. Sie werden durch eine zentrale Vergabestelle nach dem Notendurchschnitt im Abitur, in Einzelfällen durch die Universitäten selbst (meist nach einem persönlichen Gespräch) oder durch Losverfahren vergeben. Es ist jedoch auch möglich, an Universitäten anderer europäischer Länder (z. B. Österreich, Ungarn, Frankreich usw.) Tiermedizin zu studieren.

Nach Abschluss des Studiums erhält der Student die **Approbation** (staatliche Genehmigung zur Ausübung des tierärztlichen Berufes), wodurch er Tierarzt wird. Durch Anfertigung einer wissenschaftlichen Arbeit (Dissertation) und einer speziellen Prüfung (Rigorosum) kann zusätzlich der Doktortitel **„Doctor medicinae veterinariae" = „Dr. med. vet"** erworben werden.

Nach dem Studium besteht für Tierärzte die Möglichkeit, sich in einem speziellen Fach (z. B. Augenheilkunde, Chirurgie, Tierzahnheilkunde usw.) zum **Fachtierarzt** weiterzubilden. Inzwischen gibt es in einigen Fachgebieten zusätzlich die Ausbildung zum **Diplomate of the European College**. Diese Qualifikation, die dem des deutschen Fachtierarztes vergleichbar ist, wird weltweit anerkannt, sodass der Ausübung des Berufes keine Grenzen gesetzt sind.

3.2.2 Beruf und Berufung des Tierarztes

Das Wesen des tierärztlichen Berufes ist in der **Berufsordnung für Tierärzte** festgelegt (siehe Kasten).

Das Wesen des tierärztlichen Berufes

„Der Tierarzt ist berufen, Leiden und Krankheiten der Tiere zu verhüten, zu lindern und zu heilen, zur Erhaltung und Entwicklung eines leistungsfähigen Tierbestandes beizutragen, den Menschen vor Gefahren und Schädigungen durch Tierkrankheiten sowie Lebensmittel und Erzeugnisse tierischer Herkunft zu schützen und auf eine Steigerung der Güte von Lebensmitteln tierischer Herkunft hinzuwirken. Der tierärztliche Beruf ist kein Gewerbe; er ist seiner Natur nach ein freier Beruf. Der Tierarzt ist der berufene Schützer der Tiere."

Der Beruf des Tierarztes ist ein **freier Beruf**. Als „freier Beruf" werden in Deutschland berufliche Tätigkeiten bezeichnet, die nicht der Gewerbeordnung unterliegen. Zu den freien Berufen gehören neben Tierärzten beispielsweise auch Ärzte, Rechtsanwälte, Ingenieure, Künstler, Notare, Hebammen, Physiotherapeuten, Psychotherapeuten usw. Wer einen freien Beruf ausübt, wird als **Freiberufler** bezeichnet. Für Freiberufler gelten andere gesetzliche und steuerliche Bestimmungen als für Gewerbetreibende (z. B. Händler, Handwerker). Es besteht **Niederlassungsfreiheit**. Das bedeutet, dass ein Tierarzt das Recht hat, innerhalb der Europäischen Gemeinschaft an jedem von ihm gewünschten und dafür geeigneten Ort eine Praxis zu eröffnen.

3.2.3 Tätigkeitsfelder des/der Tierarztes/ Tierärztin

Die Aufgabenbereiche von Tierärzten/Tierärztinnen sind vielfältig. Sie können in Tierarztpraxen oder Tierkliniken, als Amtstierarzt oder amtlicher Tierarzt im Veterinärwesen, in Forschung und Lehre oder in der Industrie und freien Wirtschaft arbeiten. **In Tierarztpraxen sowie in Tierkliniken können sie neben ihrer Arbeit als Tierarzt junge Menschen zu Tiermedizinischen Fachangestellten ausbilden.**

Tierarztpraxis

Man unterscheidet **Großtier**- und **Kleintierpraxis**. In der Großtierpraxis werden vorwiegend landwirtschaftliche Nutztiere (z. B. Kühe, Schweine, Geflügel) behandelt, deren Wert sich aus dem von ihnen erzeugten Produkten (Fleisch, Milch, Eier) errechnet. Die Patienten in der Kleintierpraxis sind Haustiere (z. B. Hunde, Katzen, Heimtiere, Kleinsäuger, Vögel, Reptilien). Sie haben für ihre Halter oft den Status eines Familienmitglieds. Werden in einer Praxis sowohl Großtiere als auch Kleintiere behandelt, spricht man von einer **Gemischtpraxis**. Eine Sonderform der Tierarztpraxis ist eine Praxis, in der ausschließlich eine Tierart behandelt wird (z. B. Pferdepraxis, Vogelpraxis). Inhaber solcher Praxen sind in der Regel Fachtierärzte für die entsprechende Tierart (z. B. Fachtierarzt für Pferde, Fachtierarzt für Geflügel).

Vor allem im Kleintierbereich haben sich inzwischen viele Tierärzte auf einzelne Bereiche in der Tiermedizin spezialisiert (z. B. Chirurgie, Augenheilkunde, Zahnheilkunde, Kardiologie). Sie erhalten ihre Patienten überwiegend durch Überweisung aus anderen Tierarztpraxen. Solche Praxen werden als **Überweisungspraxen** bezeichnet. Die Patienten werden nach der speziellen Behandlung mit einem ausführlichem Bericht an den überweisenden Tierarzt zurück überwiesen.

Tierarztpraxen findet man oft auch in zoologischen Gärten und Tierheimen. Ihre Patienten sind in der Regel nur die Tiere aus den jeweiligen Einrichtungen (Zoo, Tierheim).

Eine Tierarztpraxis, die ausschließlich von einem Tierarzt geführt wird, wird **Einzelpraxis** genannt.

Praktizieren zwei oder mehrere Tierärzte selbstständig, d. h. als gleichberechtigte Teilhaber in einer Praxis, spricht man von einer **Gemeinschaftspraxis**. Daneben können sowohl in einer Einzelpraxis als auch in einer Gemeinschaftspraxis zusätzlich **angestellte Tierärzte** arbeiten.

Vorteile einer Gemeinschaftpraxis sind u. a. die gemeinsame Beschäftigung von Personal und die gemeinsame Anschaffung und Nutzung von oft sehr teuren Diagnosegeräten (z. B. Röntgen, Ultraschall) oder Großanlagen (z. B. MRT, Computertomographie). Zudem können sich in einer Gemeinschaftspraxis zwei oder mehrere Tierärzte aus verschiedenen Fachbereichen (z. B. Fachtierarzt für Hautkrankheiten, Fachtierarzt für Kardiologie) zusammenschließen und das Behandlungsspektrum der Praxis damit erweitern.

Tierklinik

In den letzten Jahren wurden in und am Rande größerer Städte neben den Universitäts-Tierkliniken viele private Tierkliniken eröffnet, in denen **mehrere Tierärzte verschiedener Fachbereiche** zusammenarbeiten und somit eine Rundumversorgung eines kranken Tieres gewährleisten. Viele dieser Kliniken verfügen über technische Einrichtungen auf einem sehr hohen Niveau (z. B. Computertomografie, MRT, Einrichtungen zur Strahlentherapie bei bösartigen Tumoren usw.). Um die Bezeichnung „Tierklinik" führen zu dürfen, schreibt die Tierärztekammer bestimmte Voraussetzungen vor. Beispielsweise muss eine Tierklinik 24 Stunden erreichbar und in der Lage sein, Notfallpatienten zu behandeln sowie die räumlichen Voraussetzungen für stationäre Behandlungen besitzen.

Konsiliarische Tätigkeit von Tierärzten

Konsiliarisch bedeutet beratend tätig sein. Tierärzte/Tierärztinnen mit spezieller Fachausbildung bieten ihr Fachwissen anderen Tierärzten an. Ein Beispiel sind Kardiologen, die in verschiedenen Praxen niedergelassener Kollegen von deren Patienten Herzuntersuchungen (z. B. Herzultraschall) durchführen und über die weitere Behandlung eines Herzpatienten dem/der niedergelassenen Kollegen/in beratend zu Seite stehen.

Veterinärwesen

Unter dem Begriff **Veterinärwesen** versteht man die Gesamtheit aller **amtlichen** tierärztlichen Tätigkeiten und Aufgaben, die zum **Schutz der Gesundheit von Mensch und Tier sowie des Allgemeinwohles** bestimmt sind. Das Veterinärwesen ist somit ein Teil des staatlichen Gesundheitswesens. Zu seinem Tätigkeitsfeld gehören:

- Verhütung und Bekämpfung von Tierseuchen (z. B. Sperrung von Ställen, Impfmaßnahmen)
- Schutz des Menschen vor Zoonosen (= Krankheiten, die vom Tier auf den Menschen übertragen werden)
- Schutz des Menschen vor Gesundheitsgefährdung, Irreführung und Täuschung durch Lebensmittel tierischer Herkunft (z. B. Lebensmittelüberwachung, Schlachttier- und Fleischuntersuchung)
- Schutz des Lebens und Wohlbefindens der Tiere (= Tierschutz, z. B. Überwachung von Zoogeschäften, privater Tierhaltung, Tierzucht)
- Schutz der Umwelt vor schädlichen Einflüssen, die von Tieren oder tierischen Erzeugnissen stammen (= Umweltschutz, z. B. Regelung der Tierkörperbeseitigung)

Als **Veterinäramt** bezeichnet man die Behörde, die in Städten und Gemeinden für das Veterinärwesen zuständig ist.

Die vielfältigen Aufgaben des Veterinärwesens werden von **Amtstierärzten/Amtstierärztinnen** wahrgenommen. Um Amtstierarzt/Amtstierärztin zu werden, müssen Tierärzte nach dem Studium der Tiermedizin und dem Erhalt der Approbation zusätzlich eine Ausbildung zum Amtstierarzt absolvieren und danach eine weitere staatliche Prüfung bestehen. Neben den Amtstierärzten/Amtstierärztinnen sind ferner angestellte oder freiberufliche Tierärzte im Veterinärwesen beschäftigt, die nicht beamtet sind. Sie werden als **amtliche Tierärzte/Tierärztinnen** bezeichnet.

Tierärzte in Forschung und Lehre

Tierärzte an Universitäten forschen nach neuesten Erkenntnissen zur Vorbeugung, Erkennung und Behandlung von Tierkrankheiten und geben ihr Wissen an Studenten der Tiermedizin weiter.

Tierärzte in der Industrie und freien Wirtschaft

Tierärzte in der Pharmaindustrie entwickeln neue Medikamente zur Verhütung und Behandlung von Tierkrankheiten und informieren ihre Kollegen in den Tierarztpraxen (bzw. Tierkliniken) über die Wirkungen und Nebenwirkungen dieser Medikamente.

Daneben gibt es viele weitere Tätigkeitsfelder für Tierärzte in der freien Wirtschaft (z. B. Fachbuchverlage, Beratungstätigkeiten in der Entwicklungshilfe oder im Gesundheitsdienst landwirtschaftlicher Organisationen).

? Tätigkeitsbereiche für Tierärzte

- Tierarztpraxis (Kleintierpraxis, Großtierpraxis, Gemischtpraxis, Fachpraxis/Überweisungspraxis)
- Tierklinik
- Konsiliarische Tätigkeit
- Veterinärwesen
- Universitäten (Forschung und Lehre)
- Industrie und freie Wirtschaft (z. B. Pharmafirmen, Fachbuchverlage, Entwicklungshilfe)

3.3 Organisationen des tierärztlichen Berufsstandes

3.3.1 Tierärztekammern

Landestierärztekammern und Bezirksverbände

In Deutschland gibt es in jedem Bundesland je eine **Landestierärztekammer.** Einzige Ausnahme ist das Land Nordrhein-Westfalen, in dem es zwei Landestierärztekammern (Tierärztekammer Westfalen-Lippe und Tierärztekammer Nordrhein) gibt. Tierärztekammern sind **Körperschaften des öffentlichen Rechts**, d. h. die Grundlage ihres Bestehens und ihre Kontrolle ist durch den Staat gesetzlich verankert. Der Grund für diese gesetzliche Verankerung ist die große Bedeutung des tierärztlichen Berufes für das Allgemeinwohl (Schutz der Gesundheit von Mensch und Tier, Umweltschutz, Tierschutz). Alle Tierärzte, ganz gleich in welchem Tätigkeitsbereich sie arbeiten, sind **Pflichtmitglieder** der Tierärztekammer des Bundeslandes, in dem sie wohnen. Weitere Berufe, deren Berufsvertretung gesetzlich geregelt ist, sind z. B. Ärzte, Zahnärzte, Rechtsanwälte und Apotheker.

Da manche Bundesländer in Deutschland sehr groß sind und nicht alle organisatorischen Belange von einer Stelle aus geregelt werden können, gibt es die **tierärztlichen Bezirksverbände**, die für den Bereich eines Regierungsbezirkes gebildet wurden (z. B. Tierärztlicher Bezirksverband Oberbayern, Tierärztlicher Bezirksverband Oberfranken, Tierärztlicher Bezirksverband Oberpfalz usw.). Die Bezirksverbände sind ebenfalls Körperschaften des öffentlichen Rechts und stehen unter Aufsicht der jeweiligen Landestierärztekammer, in deren Bundesland sie ihren Sitz haben.

Die Hauptaufgaben der Landestierärztekammern und Bezirksverbände sind:

- Anfertigung und Kontrolle der Berufsordnung

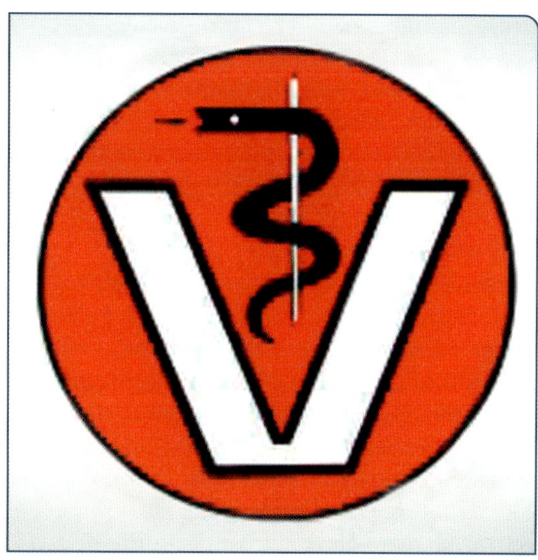

Logo der Tiermedizin.

- Tierärztliche Fort- und Weiterbildung
- Schlichtung von Streitigkeiten unter Tierärzten
- **Überwachung der Ausbildung zur/m Tiermedizinischen Fachangestellten (TFA)**
- Überwachung der Einhaltung der tierärztlichen Gebührenordnung (GOT)
- Vergabe der Bezeichnung „Tierärztliche Klinik" und Kontrolle der dafür erforderlichen Voraussetzungen
- Zertifizierung von Tierarztpraxen und Tierkliniken in Bezug auf Qualitätsmanagement-Systemen
- Überwachung der Versorgungseinrichtungen zur Altersversorgung der Tierärzte

Bundestierärztekammer

Die Bundestierärztekammer ist die **Dachorganisation des gesamten tierärztlichen Berufsstandes**. Mitglieder sind die Landestierärztekammern und Bezirksverbände und eine Vielzahl von Berufsvereinigungen, die verschiedene Berufs- und Interessengruppen in der Tierärzteschaft repräsentieren (z. B. Bundesverband praktischer Tierärzte e. V. (BPT); Tierärztliche Vereinigung für Tierschutz e. V. (TVT)) sowie wissenschaftliche Vereinigungen (z. B. Deutsche Veterinärmedizinische Gesellschaft e. V. (DVG)), die u. a. Fachkongresse im In- und Ausland mit dem Ziel der Förderung der Wissenschaft in der Tiermedizin organisieren.

Die Bundestierärztekammer ist im Gegensatz zu den Landestierärztekammern keine Körperschaft des öffentlichen Rechts, sondern ein im öffentlichen Vereinsregister **eingetragener Verein**. In der juristischen Fachsprache wird ein eingetragener Verein auch als Körperschaft des privaten Rechts bezeichnet. Die Mitgliedschaft bei der Bundestierärztekammer ist daher, im Gegensatz zur Landestierärztekammer, keine Pflicht. Ebenso freiwillig ist die Mitgliedschaft in einem der (ebenfalls als eingetragene Vereine geführten) Berufsvereinigungen.

Die **Akademie für tierärztliche Fortbildung** ist ein Teil der Bundestierärztekammer. Sie organisiert selbst oder zusammen mit den wissenschaftlich orientierten Berufsverbänden (z. B. Veterinärmedizinische Gesellschaft e. V.) nationale und internationale Fortbildungen für Tierärzte/Tierärztinnen.

? Mitglieder der Bundestierärztekammer

- Landestierärztekammern und Bezirksverbände
- Tierärztliche Berufsvereinigungen

Für Tiermedizinische Fachangestellte ist der **Bundesverband Praktischer Tierärzte (BPT)** von Bedeutung. Er erarbeitete zusammen mit dem **Verband medizinischer Fachberufe e. V.**, der Interessenvertretung TFA, den **Manteltarifvertrag**, nach dessen Richtlinien Arbeitsverträge erstellt werden sollten (siehe unten).

3.4 Interessen und Interessensvertretung der Tiermedizinischen Fachangestellten

3.4.1 Verband medizinischer Fachberufe e. V.

Der Verband medizinischer Fachberufe setzt sich als unabhängige Gewerkschaft und Interessenvertretung der Medizinischen, Zahnmedizinischen und Tiermedizinischen Fachangestellten sowie angestellter Zahntechniker/innen für die gesellschaftliche Anerkennung, angemessene Arbeitsbedingungen und leistungsgerechte Vergütung dieser Berufe ein. Er bietet zudem Fort- und Weiterbildungen sowie berufsbezogene, praxisnahe Rechtsberatung für seine Mitglieder an. Zusammen mit dem Bundesverband Praktischer Tierärzte (BPT), einer wichtigen Berufsvereinigung für niedergelassene Tierärzte (Tierärzte in der Praxis), hat er einen Manteltarifvertrag und Gehaltstarifvertrag für Tiermedizinische Fachangestellte erarbeitet. Der Verband medizinischer Fachberufe e. V. ist als ein im Vereinsregister eingetragener Verein eine Körperschaft des privaten Rechts. Die Mitgliedschaft im Verband medizinischer Fachberufe e. V. ist damit freiwillig, d. h. jede/r TFA entscheidet selbst, ob sie/er Mitglied werden will oder nicht.

Manteltarifvertrag

Der Manteltarifvertrag ist eine Form des Tarifvertrages. Wie jeder Tarifvertrag wird er zwischen zwei Tarifpartnern, d. h. einem Arbeitgeberverband (dem Interessensverband des Arbeitgebers) und einer Gewerkschaft (dem Interessenverband des Arbeitnehmers), ausgehandelt und ist für die Mitglieder der Vertrag schließenden Parteien verbindlich. Der Manteltarifvertrag für Tiermedizinische Fachangestellte wird zwischen dem Bundesverband Praktischer Tierärzte e. V. (BPT = Arbeitgeberverband) und dem Verband medizinischer Fachberufe e. V. (Arbeitnehmerverband) geschlossen. Er regelt die **allge-**

meinen Rahmenbedingungen (Probezeit, Arbeitszeiten, ärztliche Untersuchungen, Überstunden, Feiertags- und Nachtarbeit, Bereitschaftsdienst, Arbeitsversäumnis, Arbeitsunfähigkeit, Gehaltsfortzahlung in besonderen Fällen, Urlaub usw.) des Arbeitsverhältnisses.

Geltungsbereich des Manteltarifvertrages

Der Manteltarifvertrag gilt für Tiermedizinische Fachangestellte sowie Auszubildende zur/m TFA, die im Bundesgebiet in den Praxen und Kliniken niedergelassener Tierärzte tätig sind.

Gehaltstarifvertrag

Der Gehaltstarifvertrag wird ebenfalls zwischen dem BPT und dem Verband medizinischer Fachberufe e. V. ausgehandelt. Er regelt die Höhe der Löhne, der Ausbildungsvergütung sowie der Zuschläge für Überstunden, Sonn-Feiertags- und Nachtarbeit.

Manteltarifvertrag und Gehaltstarifvertrag sind nur verbindlich, wenn der Arbeitgeber Mitglied im Bundesverband Praktischer Tierärzte e. V. und der Tiermedizinische Fachangestellte Mitglied im Verband medizinischer Fachberufe e. V. ist. Die Landestierärztekammern empfehlen jedoch auch Nichtmitgliedern dieser beiden Berufsverbände, bei der Erstellung von Arbeitsverträgen den Manteltarifvertrag für Tiermedizinische Fachangestellte zugrunde zu legen.

Arbeitsvertrag

Ein Arbeitsvertrag regelt die Bedingungen eines Arbeitsverhältnisses. Er wird zwischen Arbeitgeber (Tierarzt) und Arbeitnehmer (TFA) geschlossen. Sind die beiden Vertragsparteien Mitglieder in den jeweiligen Berufs- und Interessenverbänden (Bundesverband Praktischer Tierärzte und Verband medizinischer Fachberufe), gelten die Bedingungen des zwischen diesen Tarifpartnern geschlossenen Manteltarifvertrages. Ein Arbeitsvertrag muss **schriftlich** abgefasst sein und mindestens folgende Inhalte haben:

- Name der Vertragsparteien (Tierarzt und TFA)
- Tätigkeitsfeld (Tätigkeiten von TFA)
- Geltungsdauer (befristet oder unbefristet)
- Arbeitszeit
- Probezeit und Kündigung
- Allgemeine Pflichten (z. B. Sorgfaltspflicht, Schweigepflicht)
- Arbeitsentgelt
- Sonderzuwendungen (Urlaubsgeld, Weihnachtsgeld)
- Urlaub
- Arbeitsverhinderung und Krankheit (Informationspflicht des Arbeitnehmers, Ärztliche Bescheinigung, Lohnfortzahlung im Krankheitsfall)
- Datum der Vertragsschließung
- Unterschriften der Vertragsparteien

3.4.2 Lebenslanges Lernen und Fortbildung

Durch Forschung und Entwicklung wandelt sich die Tiermedizin fortwährend. Krankheiten können durch neue Diagnosetechniken leichter diagnostiziert, sowie durch bessere Behandlungsmöglichkeiten therapiert werden. Tierärzte halten sich durch Fortbildungen ständig auf dem Laufenden, um ihre Patienten optimal versorgen zu können. Die Berufsordnung für Tierärzte schreibt einem/r Tierarzt eine bestimmte Anzahl von Pflichtfortbildungsstunden pro Jahr vor. Viele Tierärzte/Tierärztinnen nehmen zusätzlich an weiteren Fortbildungsveranstaltungen teil.

Lebensbegleitendes Lernen und berufsbezogene Fortbildungen sind auch für Tiermedizinische Fachangestellte Voraussetzungen für berufliche und persönliche Entwicklung. Inzwischen bieten Berufsvereinigungen (z. B. Veterinärmedizinische Gesellschaft e. V.) und Pharmafirmen auch Fortbildungen für TFA an, die „altes“ Wissen auffrischen und neue Kenntnisse vermitteln. In einigen Fällen werden auch Schulungen im Internet angeboten, die vom PC zu Hause wahrgenommen werden können. Internetrecherchen (z. B. über Google) helfen zusätzlich Wissenslücken zu schließen. Nach Wahrnehmung einer Fortbildungsveranstaltung erhält der TFA in der Regel eine Teilnahmebestätigung, die dem Arbeitgeber zeigen, dass ein großes Interesse am Beruf besteht und bei der Suche eines Arbeitplatzes auf dem Arbeitsmarkt oft Vorteile verschafft.

3.5 Sicherheit und Gesundheitsschutz bei der Arbeit

In tiermedizinischen Praxen und Tierkliniken mit Beschäftigten ist eine sicherheitstechnische und betriebsärztliche Betreuung durch eine tierärztliche Fachkraft für Arbeitssicherheit sowie durch einen Betriebsarzt gesetzlich vorgeschrieben. Dabei wird der Arbeitsplatz auf Gefahren untersucht, die zu Unfällen oder zu einer Gesundheitsgefährdung der dort beschäftigen Menschen führen können. Falls notwendig erteilen die Fachkräfte Ratschläge, um Gesundheitsschäden vorzubeugen. Darüber hinaus ist es auch die Aufgabe von Tiermedizinischen Fachangestellten, „einen Blick" für Gefahren am Arbeitsplatz zu entwickeln, diese zu beseitigen oder den Arbeitgeber darauf aufmerksam zu machen. Zur eigenen Sicherheit und zur Sicherheit von Patienten und Patientenbesitzern empfiehlt es sich, bestimmte Regeln zur Unfallverhütung, zum Schutz vor Infektionskrankheiten und zum Brandschutz zu beachten.

3.5.1 Unfallverhütung

- Der Zugang zur Praxis muss im Winter geräumt und gestreut sowie bei Dunkelheit beleuchtet sein.
- In der Praxis sollten Stolperstellen (z. B. freiliegende Kabel, rutschende Teppichbrücken) vermieden werden.
- Kartons und schwere Gegenstände müssen so gelagert werden, dass sie nicht versehentlich herunterfallen und zu Verletzungen führen können.
- Beim Umgang mit Instrumenten muss im Rahmen der Sorgfalts- und Hygienepflicht auf die Gefahr von Schnitt- und Stichverletzungen sowie auf mögliche Übertragung von Infektionskrankheiten geachtet werden. In diesem Zusammenhang dürfen z. B. Kanülen und andere scharfe Gegenstände nur in dafür vorgesehene Kanülenboxen entsorgt werden. Kanülen dürfen nach Gebrauch nicht wieder in die Plastikkappe zurückgesteckt werden, weil dabei große Gefahr besteht, sich zu stechen und eventuell zu infizieren.
- Beim Umgang mit Medikamenten (z. B. beim Öffnen von Glasampullen) sollte man Verletzungen (z. B. durch Verwendung eines Tupfers beim Aufbrechen der Ampulle) vorbeugen.
- Beim Umgang mit Tieren sollte man sich durch richtiges Verhalten dem Tier gegenüber, durch geeignete Handgriffe und Sicherheitsmaßnahmen (z. B. Maulkorb, Decke, Lederhandschuhe) vor Kratz- und Bissverletzungen schützen.
- Mundschutz und Schutzbrille sind bei Arbeiten mit ätzenden oder infektiösen Substanzen erforderlich. Ebenso sollte eine Schutzbrille bei Arbeiten getragen werden, bei denen Splitter entstehen, die eventuell Verletzungen der Augen hervorrufen können (z. B. Assistenz beim Schneiden von Kaninchenzähnen mit Hilfe einer Trennscheibe).

3.5.2 Schutz vor Infektionskrankheiten und anderen beruflich bedingten Erkrankungen

- Schutzkleidung (z. B. Kittel) tragen
- Bei Arbeiten mit Körperflüssigkeiten (z. B. Blut, Urin) Mundschutz und Einmalhandschuhe verwenden

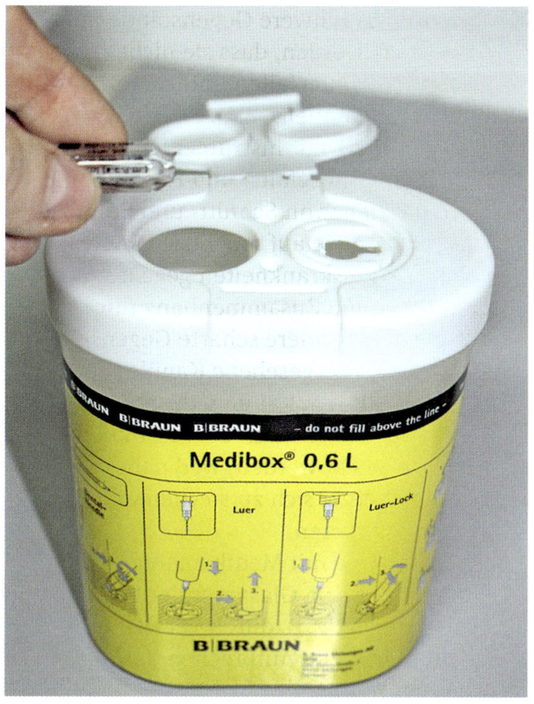

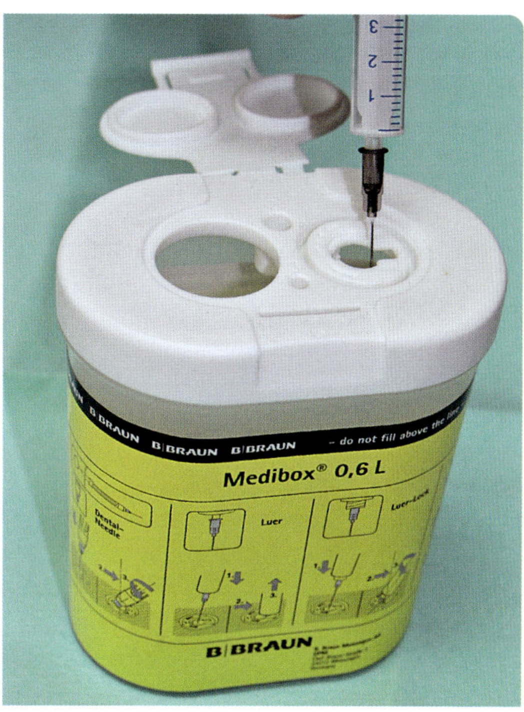

Schutz vor Verletzung spitzer oder schneidender Gegenstände durch Kanülensammelbox

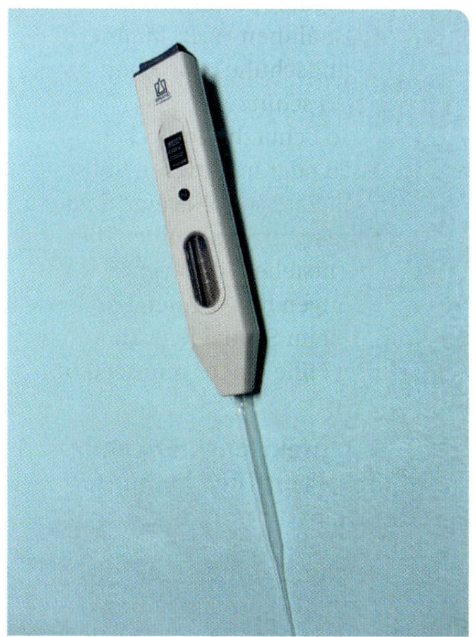

Pipettierhilfe.

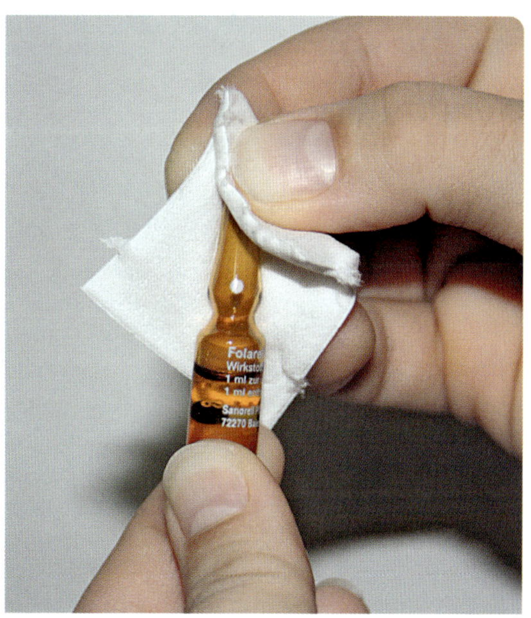

Glasampullen mit einem Tupfer aufbrechen.

- Bei der Behandlung von Tieren mit Verdacht auf ansteckende Hautkrankheiten Einmalhandschuhe tragen
- Pipettieren von Körperflüssigkeiten nur mit einer Pipettierhilfe
- Fachgerechte Flächen- und Händedesinfektion
- Infektiöses Material fachgerecht aufbewahren und beseitigen
- Schutzimpfung (z.B gegen Tetanus, Tollwut, Influenza)
- Regelmäßige betriebsärztliche Untersuchung

3.5.3 Brandschutz

- Feuerlöscher
- Wegweiser zum Feuerlöscher
- Bedienungsanleitung für den Feuerlöscher neben dem Feuerlöscher aufhängen
- Kein offenes Feuer (z. B. Flamme eines Bunsenbrenners im Labor) neben explosiven oder brennbaren Flüssigkeiten
- Rauchverbot in der ganzen Praxis
- Spraydosen mit Treibgas nicht in der Nähe von Heizstrahlern aufbewahren (Explosionsgefahr)
- Elektrogeräte regelmäßig auf defekte Zuleitungen kontrollieren
- Auf ausreichend Abstand von Wärmelampen (z. B. bei der stationären Behandlung kranker Ziervögel) zu Einstreu und Holzstangen achten
- Ausgänge nicht mit Geräten, Schränken oder anderen Gegenständen verstellen, die im Brandfall den Fluchtweg und den Zugang für die Feuerwehr versperren

Feuerlöscher.

3.5.4 Notruf bei akuten Unfällen und Ausbruch von Feuer

In allen europäischen Ländern gilt die Notrufnummer **112** (Euronotrufnummer). Bei Anruf dieser Nummer meldet sich die **Rettungsleit-**

Rauchverbot.

stelle, die je nach Grund des Anrufes zum Rettungsdienst, zur Feuerwehr oder zur Polizei weiterleitet.

Der Anruf ist von allen Telefonen (auch Mobiltelefonen) kostenlos.

Beim Anruf der Notrufnummer sollten grundsätzlich folgende Angaben gemacht werden:

- **Wo** = wo ist was geschehen (z. B. in der Tierarztpraxis Dr. Müller, Schillerstraße 11 in München)
- **Was** = Was ist geschehen (z. B. es brennt, ein Patientenbesitzer ist ohnmächtig geworden, Überfall mit Körperverletzung, auslaufende brennbare Flüssigkeiten)
- **Wie viele** = Wie viele Personen sind betroffen
- **Welche** = Welche Art der Erkrankung/Verletzung liegt vor (z. B. Ohnmacht, stark blutende Bissverletzung, Vergiftung)
- **Warten** = Warten auf Rückfragen der Rettungsleitstelle
- Zusätzlich sollte die **Rückrufnummer angegeben** werden, damit der Rettungsdienst, die Feuerwehr oder die Polizei (z. B. wenn die Tierarztpraxis nicht gefunden wird oder weitere Fragen auftauchen sollten) zurückrufen kann.

Angaben bei telefonischem Notruf 112

- Wo
- Was
- Wie viele
- Welche
- Warten

In Deutschland kann alternativ auch die **110** als Notrufnummer angewählt werden.

Verletzte Personen müssen durch Erste-Hilfe-Maßnahmen versorgt und bis zum Eintreffen des Rettungsdienstes betreut werden. (siehe Kap. Erste- Hilfe-Maßnahmen beim Menschen)

3.5.5 Berufsgenossenschaft

Die Berufsgenossenschaft ist eine Unfallversicherung für alle Unternehmen und deren Beschäftige in Deutschland.

Tierärzte/Tierärztinnen sind (wie alle Unternehmen) verpflichtet, ihre Beschäftigen bei der Berufsgenossenschaft zu versichern. Sie zahlen dafür einen jährlichen Beitrag, dessen Höhe sich nach dem in einer Tierarztpraxis statistisch ermittelten Unfallrisiko und der Anzahl der Beschäftigten richtet. Tierärzte können sich selbst ebenfalls bei der Berufsgenossenschaft versichern. Im Gegensatz zu der Versicherung ihrer Beschäftigten ist die Versicherung für den/die Tierarzt selbst jedoch freiwillig.

Bei einem Arbeitsunfall in der Praxis oder auf dem Weg zur und von der Arbeit muss die Berufsgenossenschaft unverzüglich informiert werden. Sie zahlt bei einem Arbeitsunfall die Kosten für die medizinische Versorgung und Rehabilitation sowie, bei eventuell entstehenden Spät- und Dauerschäden aufgrund des Unfalls, die eine ganze oder teilweise Arbeitsunfähigkeit zur Folge haben, einen Ausgleich in Form von Rente. Um dies zu gewährleisten, muss der Arbeitsunfall bei der Berufsgenossenschaft dokumentiert werden. Nur so ist bei eventuellen Spätschäden ein Zusammenhang mit dem Unfall nachvollziehbar. Als Arbeitsunfall gilt auch eine Infektion mit einem Zoonoseerreger (Krankheitserreger, der vom Tier auf den Menschen übertragen wird, z. B. Psittakose). Die Berufsgenossenschaft zahlt auch bei anerkannten Berufskrankheiten, die sich aufgrund einer gesundheitsschädigenden Belastung am Arbeitsplatz entwickeln.

Die Rufnummer der Berufsgenossenschaft sowie die Mitgliedsnummer der Tierarztpraxis sollte so aufbewahrt werden, dass sie im Notfall sofort gefunden wird. Es hat sich bewährt, sie für alle Beschäftigten gut lesbar an der Wand aufzuhängen.

Mitglieds- und Telefonnummer der Berufsgenossenschaft – am besten an der Wand aufhängen.

3.5.6 Gewerbeaufsichtsamt

Das Gewerbeaufsichtsamt der Regierung der einzelnen Bundesländer ist eine staatliche Behörde. Sie überwacht die Einhaltung der Vorschriften zum Schutz des Lebens und der Gesundheit der Arbeitnehmer in einem Betrieb. Im tierärztlichen Bereich (Praxen, Kliniken, tierärztliche Labors) wird z. B. überprüft, ob von technischen Anlagen keine Gefahr für den Menschen ausgeht. Beispielsweise wird bei vorhandenen Röntgenanlagen nachgeprüft, ob die Anlage vom TÜV (Technischer Überwachungsdienst) regelmäßig abgenommen, die Strahlenschutzkleidung ausreichend sowie Dosimeter vorhanden sind. Um ihre Aufgabe zu erfüllen, haben die Gewerbeaufsichtsbeamten das Recht, Arbeitsstätten jederzeit zu betreten und zu besichtigen.

3.6 Umweltschutz in der Praxis

In einer ökologisch orientierten Tierarztpraxis werden Belastungen der Umwelt soweit möglich vermieden. Auch Tiermedizinische Fachangestellte können durch achtsames Verhalten wesentlich zum Umweltschutz in der Praxis beitragen. Beispiele für umweltschonende Maßnahmen in der Tierarztpraxis sind:

- Verwendung von Ökostrom
- Mülltrennung und Recycling von Wertstoffen (z. B. Glas, Papier)
- Reduzierung von Restmüll (z. B. Sammeln und Rückgabe von Kühlakkus aus Kühlsendungen, Styroporbehälter, Luftposter und Verpackungsmaterial an die liefernden Pharmafirmen)
- Ordnungsgemäße Entsorgung von Sondermüll
- Stromsparen (z. B. an Wochenenden und nachts die Temperatur der Heizkörper senken, Energiesparlampen verwenden, im beleuchteten Außenbereich anstelle einer Dauerbeleuchtung Bewegungsmelder anbringen)
- Papiersparen (zur Erhaltung unserer Wälder) durch Anwendung von Praxissoftware für die Datensicherung
- Umweltfreundliche Putz- und Waschmittel verwenden
- Empfohlene Dosierungen und Konzentrationen von Putz- und Waschmitteln nicht überschreiten

- Keine unnötig umweltbelastenden Chemiepräparate (z. B. Einhängeduftsteine für die Toilette) verwenden

3.7 Gesetzliche und vertragliche Regelungen der tiermedizinischen Versorgung

3.7.1 Rechtsvorschriften im Veterinärwesen

Der Tierarzt/die Tierärztin (und damit auch der Tiermedizinische Fachangestellte) unterliegt in seinem/ihrem Handeln verschiedenen Gesetzen (wichtige Beispiele siehe Kasten).

3.7.2 Schweigepflicht

Der Tierarzt unterliegt über das, was ihm in seiner Eigenschaft als Tierarzt anvertraut oder bekannt geworden ist, der Schweigepflicht. Dazu gehören private und das Tier betreffende Mitteilungen des Patientenbesitzers, Aufzeichnungen über Tiere, Röntgenaufnahmen und sonstige Untersuchungsbefunde. Nach § 203 Abs. 1 Nr. 1 Strafgesetzbuch (StGB) macht sich ein Tierarzt strafbar, wenn er das Schweigegebot bricht. **Nach § 203 Abs. 3 StGB gilt dieses Verbot, Privat- und Betriebsgeheimnisse unbefugt zu offenbaren, auch für Tiermedizinische Fachangestellte, Auszubildende zum/r Tiermedizinischen Fachangestellte/n sowie für Praktikanten und Hilfspersonal.**

?

Praxis
- Berufsordnung der Landestierärztekammer
- Gebührenordnung der Tierärzte
- Röntgenverordnung
- Verordnung über die Berufsausbildung zum/r Tiermedizinischen Fachangestellten
- Arzneimittelgesetz
- Arzneimittelpreisverordnung
- Betäubungsmittelgesetz
- Tierärztliches Dispensierrecht
- Verordnung über tierärztliche Hausapotheken
- Datenschutzgesetz

Lebensmittelkontrolle
- Fleischhygienegesetz und Fleischhygieneverordnung
- Fischhygieneverordnung
- Geflügelfleischhygienegesetz und Geflügelfleischhygieneverordnung
- Hackfleischverordnung
- Lebensmittel – und Bedarfsgegenständegesetz
- Lebensmittel-Kennzeichnungsverordnung

Hygiene
- Abfallbeseitigungsgesetz
- Tierkörperbeseitigungsgesetz

Tiergesundheit
- Futtermittelgesetz (FutMG)
- Gesetz zur Verhütung und Bekämpfung übertragbarer Krankheiten beim Menschen (Bundesseuchengesetz)
- Tierseuchengesetz
- Tierimpfstoff-Verordnung
- Verordnung über anzeigepflichtige Tierseuchen
- Verordnung über meldepflichtige Tierseuchen

Tierschutz und Tierzucht
- Tierschutzgesetz
- Tierzuchtgesetz

Unfallschutz
- Arbeitssicherheitsgesetz
- Biostoff-Verordnung
- Richtlinien für Laboratorien
- Unfallverhütungsvorschriften der Berufsgenossenschaft

Soziales
- Jugendarbeitsschutz
- Mutterschutz
- Berufsgenossenschaftliche Vorschriften
- Sicherheitsregeln für Bildschirmarbeitsplätze

Bei Verstoß gegen die Schweigepflicht droht eine Freiheitsstrafe bis zu zwei Jahren oder Geldstrafe.

Ausnahmen von der Schweigepflicht:

- Der Tierarzt ist von der Schweigepflicht entbunden, wenn der Tierbesitzer die Erlaubnis erteilt, Informationen weiterzugeben (z. B. bei Besitzerwechsel, um den neuen Tierhalter über die Krankengeschichte des Tieres zu informieren). Die Entbindung von der Schweigepflicht sollte in Form einer **Schweigepflichtentbindungserklärung** schriftlich erfolgen.
- Der Tierarzt ist von der Schweigepflicht entbunden, wenn es der Schutz eines höheren Rechtsgutes erfordert. Ein solches höheres Rechtsgut liegt vor, wenn der Tierarzt von einer geplanten oder ausgeführten **kriminellen Handlung** erfährt, die es erfordert, die Polizei zu benachrichtigen. Des weiteren ist der Tierarzt als beruflicher Schützer der Tiere verpflichtet, das Veterinäramt (Abteilung Tierschutz) einzuschalten, wenn er von **Tierquälerei oder Verwahrlosung** eines Tieres erfährt, und damit seine Schweigepflicht zu brechen.
- Die Schweigepflicht erlischt bei Verdacht auf Vorliegen einer **anzeigepflichtigen Seuche**, da hier das Allgemeinwohl Vorrang hat. Nach dem Tierseuchengesetz muss in einem solchen Fall unverzüglich die Veterinärbehörde informiert werden.
- Wenn mehrere Tierärzte gleichzeitig oder nacheinander dasselbe Tier untersuchen oder behandeln, so sind sie untereinander von der Schweigepflicht befreit, da hier das Einverständnis des Patientenbesitzers (auch ohne schriftliche Schweigepflichtentbindungserklärung) vorausgesetzt wird.
- Zum Zweck der wissenschaftlichen Forschung und Lehre dürfen Daten und Tatsachen, die normalerweise der Schweigepflicht unterliegen, weitergegeben werden, wenn der Name und die persönlichen Daten des Patientenbesitzers dabei nicht bekannt gegeben werden.

3.7.3 Vertragsformen

Dienstvertrag und Werkvertrag

Der zur Behandlung eines Tieres beauftragte Tierarzt schließt mit dem Patientenbesitzer einen **Dienstvertrag** ab. Das bedeutet, er stellt nach Untersuchung des Tieres eine Diagnose und behandelt **lege artis** (kunstgerecht) das Tier **nach bestem Wissen und Gewissen**. Als Gegenleistung dafür erhält er eine Bezahlung, die sich in der Regel nach der Gebührenordnung für Tierärzte richtet. Es besteht jedoch **kein Anspruch auf eine erfolgreiche** Behandlung, denn bei einem lebenden Organismus ist die Entwicklung einer Erkrankung nicht immer voraussehbar. Wenn das Tier trotz sorgfältiger Diagnosestellung und Behandlung nicht gesund wird, erhält der Tierarzt dennoch sein Honorar. Allerdings nur dann, wenn die Untersuchung und Behandlung lege artis durchgeführt worden ist und wenn der Tierarzt den Patientenbesitzer auf besonders große Risiken einer Behandlungsmethode hingewiesen und über die entstehenden Kosten vorab informiert hat.

Im Gegensatz zum Dienstleistungsvertrag steht der **Werkvertrag**. Ein Werkvertrag wird z. B. zwischen einem Handwerker (z. B. Installateur) und seinem Kunden abgeschlossen. Der Handwerker haftet für den Erfolg seiner Arbeit. Das bedeutet, dass er nur dann eine Bezahlung erhält, wenn er die Arbeit, für die er beauftragt wurde (z. B. das Anschließen einer Waschmaschine), erfolgreich abgeschlossen hat.

Auch ein Tierarzt kann einen Werkvertrag abschließen. Werkverträge kommen zustande, wenn lediglich eine bestimmte Leistung (z. B. Kastration, Röntgen eines Hüftgelenkes) vereinbart wurde. Hier erhält der Tierarzt das Honorar für die Leistung nur dann, wenn die vereinbarte Leistung erfolgreich ausgeführt wurde.

? Unterschied zwischen Dienstvertrag und Werkvertrag

- Dienstleistungsvertrag = kein Anspruch auf erfolgreiche Behandlung, wenn kunstgerecht untersucht und behandelt und der Auftraggeber (Tierhalter) auf besonders große Risiken der Behandlung sowie auf die entstehenden Kosten hingewiesen wurde.
- Werkvertrag = Bezahlung nur dann, wenn der Auftrag vereinbarungsgemäß und erfolgreich ausgeführt wurde.

Betreuungsvertrag

Ein tierärztlicher Bertreuungsvertrag ist eine Vereinbarung zwischen Tierarzt und einer privaten Person (z. B. Landwirt, Inhaber eines Zoofachgeschäftes) oder einer Institution (z. B. Tierheim, Pferdesportverein) über die tiermedizinische Betreuung von:

- Tierbeständen, die zur Lebensmittelproduktion dienen (z. B. Schweine, Rinder, Geflügel)
- Fundtieren in Tierheimen
- Tieren in Zoofachgeschäften
- Tieren bei Wettkämpfen (z. B. Betreuung von Turnierpferden)
- Zierfischen
- Nutzfischen

Ein Betreuungsvertrag muss in schriftlicher Form abgefasst sein. Er beinhaltet die Pflichten beider Vertragspartner, die Vergütung, die Dauer und die Kündigungvorschriften des Vertrages. Wie alle Verträge muss auch ein Betreuungsvertrag von beiden Vertragsparteien eigenhändig unterschrieben werden.

Vereinbarung über Gebührensätze, die von der GOT abweichen

Grundsätzlich ist eine tierärztliche Leistung nach der Gebührenordnung für Tierärzte (GOT) abzurechnen. Nur in begründeten Einzelfällen dürfen die Sätze der Gebührenordnung unter- oder überschritten werden. Honorare, die von der Gebührenordnung abweichen, müssen zuvor zwischen Tierarzt und Tierhalter **schriftlich** vereinbart werden.

Aufklärung und Einwilligung des Patientenbesitzers

Der Tierarzt ist verpflichtet, den Patientenbesitzer über die Risiken einer Behandlung bzw. einer Operation und die daraus entstehenden Kosten aufzuklären. Der Patientenbesitzer muss der Behandlung oder Operation seines Tieres zustimmen. Aufklärung und Einwilligung können sowohl mündlich, als auch schriftlich erfolgen. Um in eventuellen Streitfällen beweisen zu können, dass Aufklärung und Einwilligung erfolgt sind, hat es sich jedoch bewährt, das Gespräch vor Zeugen (z. B. vor einem TFA) zu führen oder die Bestätigung der Risikoaufklärung sowie die Einwilligung zur Behandlung in schriftlicher Form zu verfassen und vom Patientenbesitzer unterschreiben zu lassen.

Tierhaltererklärung

Bei der Behandlung von Lebensmittel liefernden Tieren dürfen zum Schutz des Menschen bestimmte Medikamente gar nicht oder nur so angewendet werden, dass zwischen der Verabreichung und der Schlachtung der Tiere eine genau festgelegte Wartezeit liegt. Die Wartezeit dauert so lange, bis das verabreichte Medikament im Körper des Tieres wieder vollständig abgebaut ist. Dadurch wird sichergestellt, dass der Verbraucher beim Verzehr von Fleisch nicht mit Substanzen belastet wird, die für ihn schädlich sind.

In der Kleintierpraxis werden in der Regel keine Schlachttiere, sondern Haustiere behandelt, die nicht selten den Status eines Familienmitglieds haben. Dennoch sind z. B. Kaninchen, Hühner oder Tauben grundsätzlich Lebensmittel liefernde Tiere. Um solche Tiere in einer Kleintierpraxis ohne die gesetzlichen Vorschriften, die für Lebensmittel liefernde Tiere gelten, behandeln zu können, bedarf es einer **schriftlichen, vom Tierhalter unterschriebenen Erklärung**, dass das zu behandelnde Tier nicht der Lebensmittelgewinnung dient. Die Erklärung des Tierhalters wird in der Kartei des entsprechenden Patienten aufbewahrt.

3.8 Möglichkeiten und Grenzen selbständigen Handelns Tiermedizinischer Fachangestellter

3.8.1 Weisungsgebundenheit

Tiermedizinische Fachangestellte sowie Auszubildende zur/m TFA sind weisungsgebunden, d. h. sie sind verpflichtet, den Anordnungen des Arbeitgebers bezüglich **der Arbeitsleistung** und **des Verhaltens** im Betrieb Folge zu leisten. Die Verletzung dieser Gehorsamspflicht gibt dem Arbeitgeber das Recht zur Kündigung. Entsteht dadurch, dass die Gehorsamspflicht verletzt wurde, ein Schaden, ist der TFA oder der Auszubildende schadensersatzpflichtig.

Beispiel 1:
Ein Tierarzt gibt die Anweisung, nach Beendigung der Sprechstunde alle Fenster zu schließen. Die TFA stellt jedoch eigenmächtig ein Fenster auf Kippstellung, um die Raumluft über Nacht zu verbessern. In die Praxis wird eingebrochen. Der Täter konnte das gekippte Fenster aufhebeln und dadurch in die Räume eindringen. Der Praxiscomputer sowie ein Ultraschallgerät werden gestohlen. Für den entstandenen Schaden kann die TFA verantwortlich gemacht und zum Schadensersatz verpflichtet werden. Der Arbeitgeber kann sie aufgrund des folgenreichen Gehorsamsbruchs fristlos kündigen.

Beispiel 2:
In der Praxis gilt allgemeines Rauchverbot. Eine TFA raucht heimlich im Labor. Als sie wegen eines eingelieferten Notfallpatienten in den Behandlungsraum gerufen wird, drückt sie die Zigarette in Eile aus und wirft sie in den Abfalleimer. Die nicht vollständig erloschene Zigarette entzündet brennbares Material im Abfalleimer. Das Feuer breitet sich im Labor aus und kann nur noch von der Feuerwehr gelöscht werden. Auch hier ist die verursachende TFA aufgrund der Verletzung ihrer Gehorsamspflicht (Rauchverbot in der Praxis!) haftbar und schadensersatzpflichtig. Der Arbeitgeber kann sie wegen des Vorfalls unverzüglich kündigen.

Grenzen des Weisungsrechts
Die Weisungsgebundenheit eines Arbeitnehmers und das Weisungsrecht des Ausbilders unterliegt Grenzen. Solche Grenzen sind:

- **Arbeitsvertrag und Betriebsvereinbarungen**
  Anweisungen, die den Inhalten des Arbeitsvertrag sowie Betriebsvereinbarungen widersprechen, müssen von den Arbeitnehmern nicht ausgeführt werden.
- **Tarifvertrag**
  Ist der Arbeitgeber Mitglied im Bund Praktischer Tierärzte und der TFA Mitglied im Bund medizinischer Fachberufe, so gilt der zwischen ihren Interessenvertretungen vereinbarte Manteltarifvertrag. Weisungen, die mit dem Manteltarifvertrag nicht übereinstimmen, sind dann für den Arbeitsnehmer nicht bindend.
- **Höhere Gesetze**
  Weisungen, die z. B. dem Jugendschutzgesetz, dem Mutterschutzgesetz und den Gesetzen, die zur Sicherheit am Arbeitsplatz gelten (z. B. Röntgenverordnung), widersprechen, sind ungültig.
- **Gesetzlich verbotene und sittenwidrige Arbeiten**
  Arbeitnehmer können durch die Weisungsgebundenheit nicht verpflichtet werden, gesetzlich verbotene oder sittenwidrige (gegen die guten Sitten verstoßende) Arbeiten durchzuführen.

- **Grundrechte**
  Bei der Ausübung seines Weisungsrechts hat der Arbeitgeber auf die Grundrechte eines jeden Menschen (Menschenwürde, Meinungsfreiheit, Religionsfreiheit) sowie auf eine bestehende Behinderung des Arbeitnehmers Rücksicht zu nehmen.

3.8.2 Vollmachten

Ein Tierarzt kann einer TFA eine Vollmacht zum selbständigen Handeln in der Praxis (z. B. Bestellung von fehlenden Medikamenten und Praxismaterial, Vollmacht zum Öffnen der Post) erteilen. Die Vollmacht kann schriftlich, mündlich oder stillschweigend (d. h. wenn der Arbeitgeber ein selbständiges Handels der/des TFA stillschweigend billigt) erfolgen. Eine Vollmacht setzt die Zustimmung des Vollmachtgebers voraus. Der Bevollmächtigte (TFA) handelt in Vertretung des Vollmachtgebers (Tierarzt). Sein Handeln (z. B. Bestellung von Medikamenten) ist gegenüber Dritten (z. B. Großhandelsfirma) verbindlich.

Überschreitet der Bevollmächtigte seine Befugnisse, ist ein mit Dritten geschlossener Vertrag ungültig.

Beispiel:
Eine TFA, die bevollmächtigt wurde, in der Hausapotheke fehlende Medikamente ohne Rücksprache mit dem Tierarzt nachzubestellen, bestellt ein neues auf dem Markt erschienenes und auf einem Werbeprospekt angepriesenes Schilddrüsenpräparat „zum Ausprobieren“. Da sie lediglich bevollmächtigt war, die in der Hausapotheke fehlenden Medikamente nachzubestellen, hat sie ihre Befugnis überschritten. Der Kaufvertrag mit der Pharmafirma ist ungültig.

Eine Vollmacht kann nicht entgegen gesetzlicher Bestimmungen erteilt werden. So kann ein Tierarzt niemals eine/n TFA bevollmächtigen, einen operativen Eingriff an einem Tier (z. B. Kastration eines Katers) stellvertretend vorzunehmen, da dies Nichttierärzten gesetzlich verboten ist.

4 Hygiene und Infektionsschutz
(Nr. 2 des Ausbildungsrahmenplanes)

4.1 Hygiene

Jeder Patient, der in einer Praxis (oder Klinik) vorgestellt wird, ist als möglicher Träger von Krankheitserregern anzusehen. Es besteht immer die Gefahr, dass Infektionskeime über die Hände des Untersuchers, durch infizierte Geräte und Instrumente sowie über Tisch-, Boden- und Käfigflächen verschleppt werden. Ziel der Praxishygiene ist es, diese Keimverschleppung zu verhindern.

Das Wort **Hygiene** ist von Hygieia, der griechischen Göttin der Gesundheit, abgeleitet. Hygiene in der Medizin (und Tiermedizin) umfasst alle Maßnahmen zur Verhinderung einer Übertragung von Infektionskrankheiten von Patient zu Patient sowie vom Patienten auf den Menschen. Zur Hygiene zählen **verhütende Maßnahmen**, **Sauberkeit**, **Abfallbeseitigung, Desinfektion, Sterilisation** und die **persönliche Hygiene**.

4.1.1 Verhütende Maßnahmen

Hierzu zählen alle Maßnahmen, die den Kontakt des Untersuchers selbst (bzw. des/der TFA) oder den von Instrumenten oder Medikamenten mit Krankheitserregern verhindern. Beispiele dafür sind:

- Schutzkleidung, (z. B. Kittel, Praxisschuhe), die ausschließlich in der Praxis getragen und nach Kontakt mit einem infektiösen Patienten sofort gewechselt wird. Die Schutzkleidung darf niemals, auch nicht bei kurzen Einkäufen in einem der Praxis benachbarten Geschäft, außerhalb der Praxisräume getragen werden.
- Einmalhandschuhe, die vor einem direkten Hautkontakt mit infektiösen Sekreten (Blut, Urin, Kot) sowie bei Hautkrankheiten eines Patienten (z. B. Hautpilz) vor Ansteckung schützen.
- Mundschutz, um das Einatmen von Krankheitserregern (z. B. bei Vogelpatienten mit Verdacht auf Papageienkrankheit) zu verhindern.

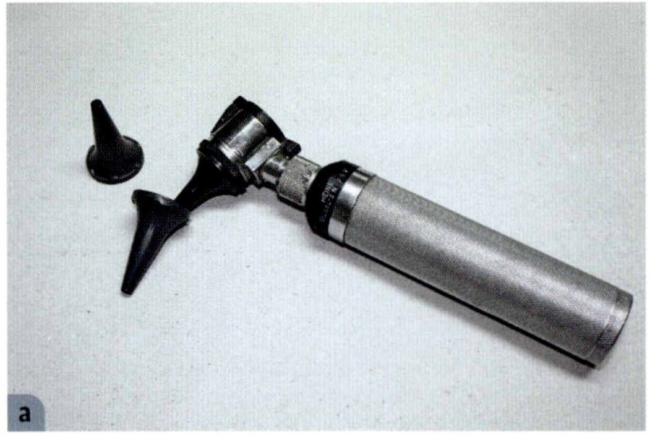

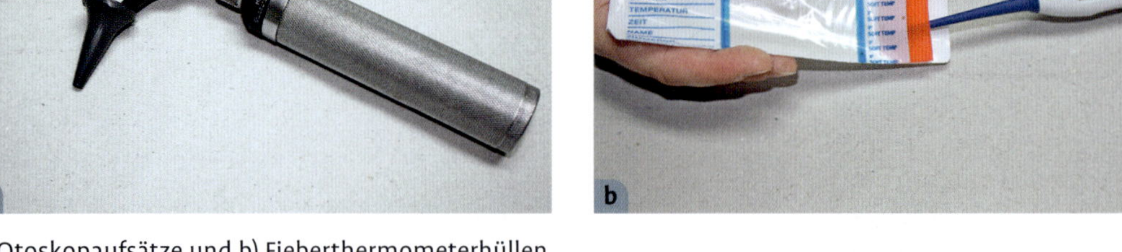

a) Otoskopaufsätze und b) Fieberthermometerhüllen.

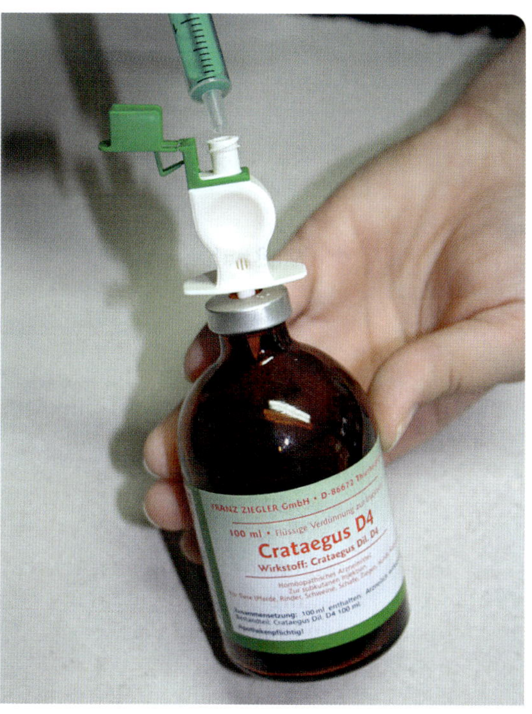

Filtersystem auf Medikamentenflaschen.

Zur Sauberkeit gehört die regelmäßige Reinigung der Praxisräume.

- Fieberthermometerhüllen, die vor dem Einführen in den Enddarm eines Tieres mit einer Schutzhülle überzogen werden.
- Otoskopaufsätze, die nach jeder Gehörgangsuntersuchung eines Patienten ausgetauscht werden.
- Filtersysteme auf Medikamentenflaschen, die zur Mehrfachentnahme von flüssigen Medikamenten bestimmt sind.

4.1.2 Sauberkeit

Staub und Schmutz sind Brutstätten für Krankheitserreger. Aus diesem Grund ist Sauberkeit ein wesentlicher Teil der Hygiene. Zur Sauberkeit gehören die regelmäßige Reinigung der Praxisräume, der Schränke, aller Oberflächen, Behandlungstische, verschmutzter Gegenstände und Instrumentarien.

In der Krankenstation müssen Krankenkäfige- und Boxen stets in hygienisch einwandfreiem Zustand gehalten werden. Es ist Aufgabe von Tiermedizinischen Fachangestellten z. B. Kot, Urin, Blut, Essensreste oder Erbrochenes von stationären Patienten unverzüglich zu entfernen und die verschmutzten Boxen oder Käfige (häufig auch die Patienten) zu reinigen. Dies kann in einer Krankenstation mehrmals am Tag erforderlich sein. Decken und Handtücher sollten aus Materialien bestehen, die eine hohe Waschtemperatur (über 60 °C) erlauben. Sie müssen grundsätzlich nach jedem Patienten gewechselt und gewaschen werden, um eine Übertragung von Infektionserregern von einem Tier auf ein anderes zu vermeiden. Häufig werden Einmalunterlagen verwendet.

Verschmutzte Schutzkleidung (z. B. Kittel, Praxisschuhe) und Schutzkleidung, die mit ei-

Krankenkäfige müssen in hygienisch einwandfreiem Zustand gehalten werden.

nem Patienten in Kontakt kam, bei dem eine ansteckende Erkrankung vermutet oder festgestellt wurde, muss ebenfalls sofort gewechselt und gewaschen werden.

4.1.3 Abfallbeseitigung

Im medizinischen Arbeitsbereich unterscheidet man fünf Arten von Abfall, die mit den Buchstaben A bis E bezeichnet werden:

- **A-Abfälle**
  Zu den A-Abfällen zählt der Müll, der auch in einem normalen Haushalt anfällt (z. B. Kunststoffe, Verpackungen, Glas) und keine besonderen Maßnahmen zur Infektionsverhütung erfordern. A-Abfälle werden **über den Hausmüll** entsorgt. Dabei sind die örtlichen Mülltrennungsvorschriften einzuhalten.
- **B-Abfälle**
  Als B-Abfall wird jeder Müll bezeichnet, der mit Blut, Sekreten (z. B. Eiter) und Exkrementen (Kot, Urin) verunreinigt ist (z. B. Wundverbände, Einmalspritzen). Außerdem gehören zu den B-Abfällen scharfe und spitze Gegenstände (z. B. Skalpelle, Kanülen, Nadeln, Brechampullen, Objektträger), durch die Verletzungsgefahr besteht.
  B-Abfall muss in **gut verschließbaren, transportsicheren, geruchs- und flüssigkeitsdichten Einwegbehältern** gesammelt werden. Diese Behälter können ebenfalls mit dem Hausmüll über die örtliche Müllabfuhr beseitigt werden. Allerdings dürfen sie ein Fassungsvermögen von 70 Litern nicht überschreiten.
- **C-Abfälle**
  Zu C-Abfällen gehören Abfälle, die nach dem Bundesseuchengesetz gesondert behandelt und entsorgt werden müssen (z. B. Blut, Sekrete und Exkremente von Tieren, die an einer anzeigepflichtigen Seuche erkrankt sind), um zu verhindern, dass sich Seuchen weiter verbreiten. Abfälle der Gruppe C müssen besonders gekennzeichnet, gesondert abgeholt und in **Spezialanlagen verbrannt** werden. Wenn eine Praxis oder Klinik über die erforderlichen Geräte verfügt, kann C-Abfall auch vor Ort sterilisiert und danach mit dem Hausmüll entsorgt werden. Zugelassen für die Sterilisation von C-Abfall in der Praxis oder Tierklinik ist jedoch nur die Dampfsterilisation (siehe Kap. Sterilisation, S. 59).
- **D-Abfälle**
  D-Abfälle sind Stoffe, die aus umwelthygienischer Sicht besondere Beachtung bei der Entsorgung benötigen, wie z. B. Chemikalienreste, Batterien, Akkus oder Schädlingsbekämpfungsmittel. D-Abfälle müssen als Sondermüll bei den kommunalen Sammelstellen abgegeben oder **durch Spezialfirmen entsorgt** werden.

- **E-Abfälle**
  Zu dieser Gruppe werden medizinische Abfälle gezählt, die aus ethischer Sicht besondere Anforderungen an die Entsorgung stellen. Zu ihnen gehören z. B. Körperteile, Blutkonserven oder tote Tiere. Die Entsorgung von E-Abfällen wird durch das **Tierkörperbeseitigungsgesetz** geregelt.

Entsorgen von Tierkörpern

Eine schmerzlose Tötung (Euthanasie, „Einschläfern") im Endstadium einer unheilbaren Krankheit, bei schweren irreparablen und schmerzhaften Verletzungen sowie bei Verstümmelungen, die ein artgerechtes und schmerzfreies Leben nicht mehr erlauben, ist ein Akt des Tierschutzes. Ein Tier kann auch aufgrund seines Alters oder einer schwerwiegenden Erkrankung ohne Euthanasie sterben. TFA müssen sich mit diesem durchaus wichtigen Teil ihres Arbeitsfeldes auseinandersetzen. Was mit dem toten Tierkörper geschehen muss, regelt das Tierkörperbeseitigungsgesetz. Danach gibt es mehrere Möglichkeiten, tote Tiere zu entsorgen:

- **Tierkörperverwertung**
  Die Tierkörper müssen von Spezialfirmen abgeholt und zu einer Verwertungsanstalt gebracht werden. Dort werden die toten Tiere zerkleinert und bei 133 °C mit einem Druck von 3 bar sterilisiert. Danach wird der entstandene sterile Fleischbrei mittels verschiedener Verfahren entfettet. Das Fett und der verbliebene Rest werden weiter verwertet (z. B. als Düngemittel, Schmierfett oder Brennstoff). Daher die Bezeichnung Tierkörper**verwertung**.
- **Begraben**
  Kleintiere (Hunde, Katzen, Kleinsäuger, Vögel) können **auf dem eigenen Grundstück** begraben werden, vorausgesetzt, das Grundstück liegt nicht in einem Wasserschutzgebiet und das Vergraben erfolgt nicht in unmittelbarer Nähe öffentlicher Wege und Plätze.

Sammelgrab auf einem Tierfriedhof.

  In vielen größeren Städten gibt es **Tierfriedhöfe**. Die Gräber werden für eine bestimmte Zeit (meist 1–5 Jahre) verpachtet. Häufig werden auch pietätvolle Beerdigungen angeboten.
- **Verbrennen**
  Tierkrematorien bieten **Einzel- und Sammelverbrennungen** für Kleintiere, manche auch für Pferde an. Bei einer Einzelverbrennung kann der Tierhalter die Asche seines Tieres in einem Karton oder einer Urne mit nach Hause nehmen. Bei der Sammelverbrennung, bei der mehrere tote Tiere gleichzeitig verbrannt werden, wird die Asche meist in einem, dem Krematorium nahe liegenden Sammelgrab vergraben. Die Tierkörper können von den Haltern selbst zum Krematorium gebracht werden oder sie werden von Mitarbeitern des Krematoriums gegen eine Transportgebühr abgeholt.

Welche Art der Tierkörperentsorgung gewählt wird, richtet sich nach den Wünschen und finanziellen Möglichkeiten der Tierhalter.

TFA können den oft trauernden Tierhaltern beratend zur Seite stehen. Dabei sollten sie behutsam und achtsam vorgehen.

Lagerung des Tierkörpers bis zur Abholung
Bis zur Abholung muss der Tierkörper so gelagert werden, dass eventuell auslaufende Flüssigkeiten (Kot, Urin, Eiter, Blut) aufgefangen werden. Dazu eignen sich saugfähige Unterlagen (z. B. Zellstoff) und speziell im Handel erhältliche reißfeste, auslaufsichere Plastiksäcke. In manchen Praxen werden die Tierkörper bis zur Abholung in großen Kühltruhen eingefroren gelagert.

4.1.4 Desinfektion

Im Deutschen Arzneibuch (DAB) wird der Begriff Desinfektion wie folgt erklärt: *„Desinfektion bedeutet, totes oder lebendes Material in einen Zustand versetzen, in dem es nicht mehr infizieren kann.“*

Krankheitskeime werden im medizinischen Bereich durch Desinfektionsmittel abgetötet. Diese sollten so wirksam sein, dass nach ihrer Anwendung von 100.000 Krankheitskeimen nicht mehr als ein einziger Keim überlebt. Auch wenn dies sehr wenig erscheint, führt somit die Desinfektion nicht zur vollständigen Keimfreiheit, sondern lediglich zu einer **Keimverminderung**. Da jedoch in den meisten Fällen für das „Angehen“ einer Krankheit eine größere Anzahl an Krankheitserregern, die auf einen Organismus einwirken, erforderlich sind, ist die Desinfektion dennoch eine wirksame und entscheidende Maßnahme, um Infektionskrankheiten zu verhüten. Die Desinfektion wird zur generellen Verminderung des Keimgehaltes (allgemeine Desinfektion) sowie nach Auftreten von Infektionskrankheiten durch Bakterien, Viren oder Pilze (spezielle Desinfektion) angewendet.

Desinfektionsmittel haben ein unterschiedliches Wirkungsspektrum. Einige töten nur Bakterien ab (bakterizid), andere auch Viren (viruzid) und Pilze (fungizid) und wieder andere auch die Dauerformen (Sporen) sporenbildender Krankheitserreger (sporozid). Auskunft über die Wirkungsweise der einzelnen Desinfektionsmittel gibt die **Desinfektionsmittelliste der Deutschen Veterinärmedizinischen Gesellschaft.**

? Wirkungsspektrum von Desinfektionsmitteln
- **Bakterizid** = Abtöten von Bakterien
- **Viruzid** = Abtöten von Viren
- **Fungizid** = Abtöten von Pilzen
- **Sporozid** = Abtöten von Dauerformen (Sporen)

Man unterscheidet verschiedene Anwendungsgebiete der Desinfektion, die unterschiedliche Verfahren und Desinfektionsmittel erfordern:
- Flächendesinfektion
- Instrumentendesinfektion
- Hautdesinfektion
- Händedesinfektion

Flächendesinfektion
Die Flächendesinfektion wird z. B. an Fußböden, Möbeln, Behandlungstischen, Schränken und Türen (v. a. Türklinken) durchgeführt. Für die Desinfektion des Behandlungstischs oder senkrechter Flächen bietet der Handel fertige Sprühlösungen in Sprühflaschen ohne Treibgas an. Für die Desinfektion des Praxisbodens gibt es flüssige Desinfektionsmittel, die in vorgeschriebener Verdünnung z. B. in den Putzeimer gegeben werden. Vor der Desinfektion müssen die Böden zunächst gereinigt werden. Nach der Reinigung werden sie mit der Desinfektionsmittellösung ein zweites Mal gewischt.

Bei der Flächendesinfektion mit Desinfektionsmitteln müssen zum Schutz der Haut Schutzhandschuhe getragen werden.

Eine Flächendesinfektion ist nur sinnvoll, wenn grobe Schmutzpartikel (z. B. Kot oder

Urin auf dem Untersuchungstisch) vorher weggewischt werden, da ein Desinfektionsmittel durch solche groben Partikel nicht durchdringen kann. Zum Abwischen eignet sich saugfähiges Material (z. B. Zellstoff), das nach Gebrauch, gut verpackt (z. B. in einem Plastikbeutel), in den Hausmüll gegeben werden kann.

In den Eingang von Stallungen werden (z. B. bei Ausbruch einer Seuche) Wannen mit Desinfektionsmitteln aufgestellt. Jeder der einen so gesicherten Stall betreten oder verlassen will, muss durch diese **Desinfektionsmittelwannen** hindurch treten. Dadurch wird verhindert, dass Krankheitserreger mit den Stiefeln in oder aus dem Stall getragen werden.

In größeren Praxen oder Kliniken werden zusätzlich zur Flächendesinfektion mit Desinfektionsmitteln häufig **UV-Strahlen** eingesetzt. Speziell zu diesem Zweck hergestellte UV-Lampen sind über einen Zeitraum von 12 Stunden im Einsatz (in der Regel nachts, wenn sich weder Menschen noch Tiere im Raum aufhalten). UV- Licht wirkt stark keimreduzierend.

Eine weitere Möglichkeit der Desinfektion ist der Einsatz von **Hitze**. Hitze tötet Krankheitskeime ab. Es empfiehlt sich bei größeren Flächen, z. B. Stallböden, Auslaufflächen und Tierkäfige mit einem Dampfstrahler, sowie bei kleinen Flächen, wie z. B. Käfigeinrichtungen, Futter- und Wassernäpfe mit kochendem Wasser zu desinfizieren.

Es ist auch möglich und in vielen Fällen empfehlenswert, mehrere der genannten Verfahren zu kombinieren.

> **?** **Flächendesinfektion**
> - Desinfektionsmittel (bakterizid, viruzid, fungizid, sporozid)
> - UV-Licht
> - Hitze

Instrumenten- und Gerätedesinfektion

Instrumente und Laborgeräte werden **vor der Reinigung** ½–1 Stunde in eine flüssige, speziell zu diesem Zweck angebotene, Desinfektionslösung eingelegt. Einige im Handel erhältlichen Präparate desinfizieren und reinigen in einem Arbeitsgang. Die eingelegten Gegenstände müssen dabei vollständig bedeckt und der Behälter abgedeckt sein. Scheren, Klemmen und Zangen müssen geöffnet sein, damit das Desinfektionsmittel auch die Innenfläche der Instrumente benetzen kann. Nach der Einwirkungszeit werden die sauberen und desinfizierten Gegenstände gründlich mit Wasser abgespült und getrocknet. Einige Instrumente (z. B. Operationsbesteck) werden im Anschluss an die Desinfektion und Reinigung sterilisiert (siehe Sterilisation). Auch beim Umgang mit Instrumenten- und Gerätedesinfektionsmittel müssen Schutzhandschuhe getragen werden.

Hautdesinfektion

Als Hautdesinfektion wird die **Desinfektion von Hautarealen eines Patienten** bezeichnet, um bei Eingriffen (die die Haut verletzen) eine Verschleppung von Krankheitskeimen, die der oberen Haut anhaften, in tiefere Hautschichten, in die Muskulatur oder in Blutgefäße zu verhindern. Eine Hautdesinfektion wird z. B. vor Blutabnahmen, Injektionen, Infusionen, vor der Gewinnung von Hautgeschabsel oder Gewebeproben oder vor einer Operation durchgeführt.

Zur Desinfektion von Hautarealen werden spezielle hautverträgliche Desinfektionsmittel verwendet.

Man unterscheidet Sprüh- und Einreibeverfahren:

- **Sprühverfahren**
  Beim Sprühverfahren wird das Desinfektionsmittel mithilfe einer Sprühflasche aufgetragen. Dabei muss die zu desinfizierende Hautfläche vollständig benetzt werden.

- **Einreibeverfahren**
  Beim Einreibeverfahren wird das Desinfektionsmittel durch einen sterilen(!) Tupfer oder ein mit Desinfektionsmittel getränktes, steriles Tuch in die Haut eingerieben.

Die **Einwirkzeit** des Desinfektionsmittels sollte mindestens **30 Sekunden** betragen. Bei der Desinfektion sehr talghaltiger Hautareale (z. B. Schwanzwurzel bei Hund und Katze) ist eine längere Einwirkzeit erforderlich, da sich in dem Talg verstärkt Mikroorganismen befinden.

Händedesinfektion

Bei der Händedesinfektion wird zwischen **hygienischer und chirurgischer Händedesinfektion** unterschieden.

Hygienische Händedesinfektion

Die hygienische Händedesinfektion wird nach jedem Patientenkontakt durchgeführt, ganz gleich, ob eine Infektionskrankheit vorliegt bzw. vermutet wird oder nicht. Zusätzlich ist sie in folgenden Situationen erforderlich:

- Vor jedem Eingriff (z. B. Injektion, Legen eines Venenkatheters, Hautgeschabsel, Gewebeprobe). Diese Forderung gilt auch dann, wenn Einweghandschuhe getragen werden, da kein 100-prozentiger Schutz vor dem Durchtritt von Krankheitserregern durch das Material der Handschuhe garantiert werden kann.
- Vor und nach Kontakt mit offenen Wunden (z. B. Verbandswechsel).
- Nach Kontakt mit Blut, Sekreten (z. B. Eiter, Schweiß) oder Exkreten (Kot, Urin).
- Nach Kontakt der Hände mit infizierten Gegenständen oder Flächen.

Durchführung der hygienischen Händedesinfektion

Zwei bis drei Hübe (ca. 3 ml) Händedesinfektionsmittel werden in eine trockene Hohlhand gepumpt (siehe Foto). Dabei ist darauf zu achten, dass der Hebel des Spenders nicht mit den Fingern, sondern mit dem bekleideten Ellenbogen des anderen Arms betätigt wird. Der Grund dafür ist, dass an Kleidung weniger Keime haften, als an der Haut und somit der Hebel des Desinfektionsspenders nicht mit Hautkeimen belastet wird.

Das Desinfektionsmittel wird reibend auf beide Hände, einschließlich der Fingerzwischenräume, Fingerkuppen, unter die Fingernägel, den Daumen bis hinauf zu den Handgelenken verteilt.

Die Einwirkungszeit beträgt 30 Sekunden.

Schmuck (Ringe, Armbänder), Armbanduhr, Nagellack sowie lange oder künstliche Fingernägel beeinträchtigen die Wirkung der Händedesinfektion und sind nach den Verordnungen der Berufsgenossenschaft über den Umgang mit biologischen Arbeitsstoffen im Gesundheitswesen in Arbeitsbereichen mit erhöhter Infektionsgefahr verboten.

Chirurgische Händedesinfektion

Bei der chirurgischen Händedesinfektion, die vor jeder Operation durchgeführt wird, ist ein tieferes Eindringen des Desinfektionsmittels in die Haut erforderlich. Dies ist nur nach gründlicher Reinigung der Hände mit Seife oder Waschlösung möglich. Zusätzlich werden die Fingernägel mit einer sterilen Handbürste abgeschrubbt.

Nach der Reinigung werden die Hände mit einem sterilen! Tuch abgetrocknet und mit dem Desinfektionsmittel nach dem Schema der hygienischen Händedesinfektion (siehe oben) eingerieben.

Ein Händedesinfektionsmittel darf nicht auf nassen Händen angewendet werden. Durch das an den Händen haftende Wasser würde es verdünnt werden und damit an Wirkung verlieren.

Die Einwirkungszeit des Desinfektionsmittels beträgt bei der chirurgischen Händedesinfektion mindestens zwei Minuten. Danach

Hygienische Händedesinfektion:
a) Benetzen der Hände mit dem Hautdesinfektionsmittel,
b) Verreiben des Desinfektionsmittels auf den Innenflächen der Hände,
c) auf den Außenflächen der Hände,
d) zwischen den Fingern,
e) auf den Fingerknöcheln,
f) Einarbeiten des Desinfektionsmittels unter die Fingernägel,
g) Verteilung auf die Daumen.

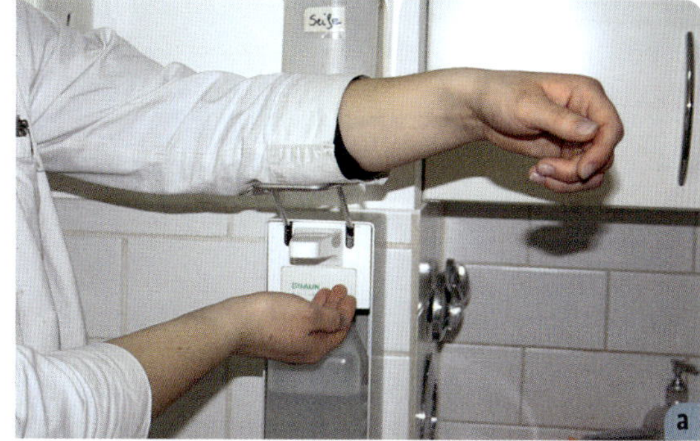

a

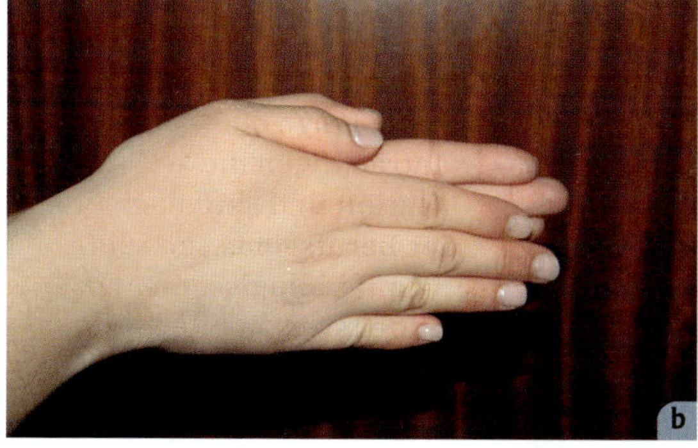

b

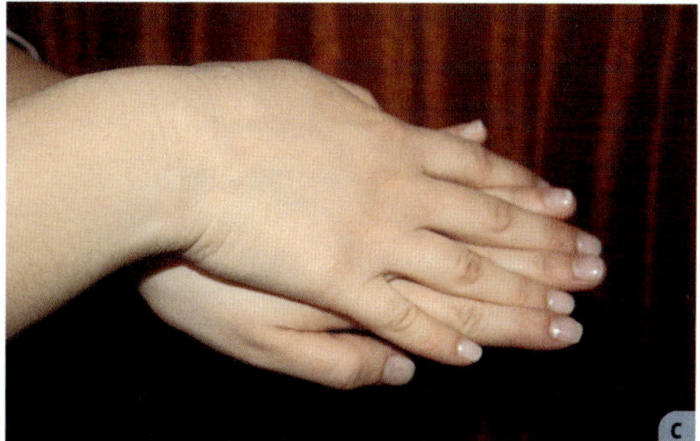

c

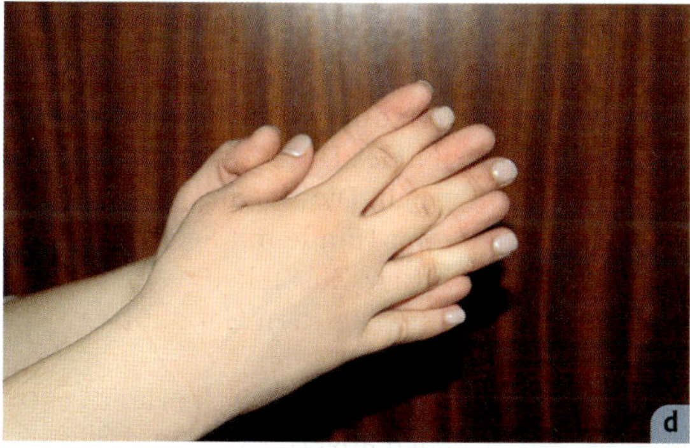

d

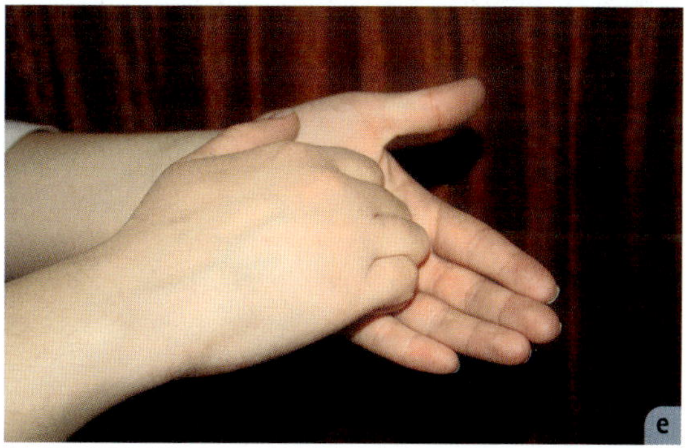

e

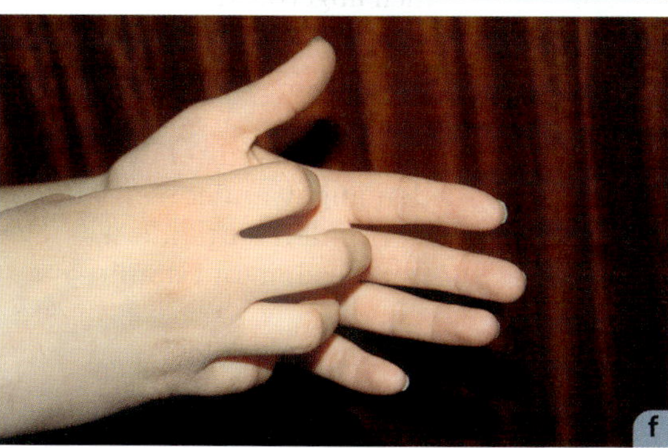

f

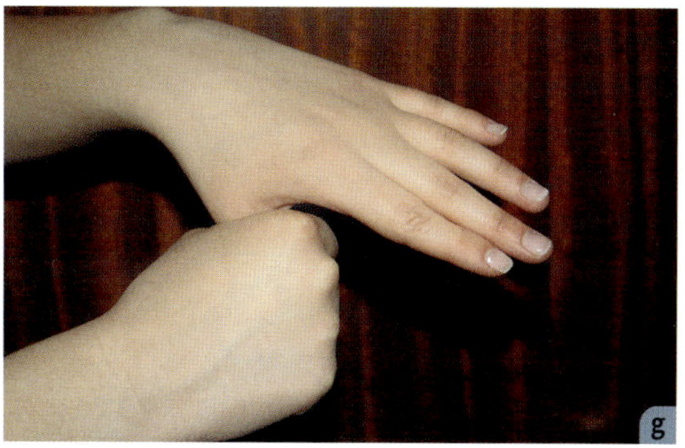

g

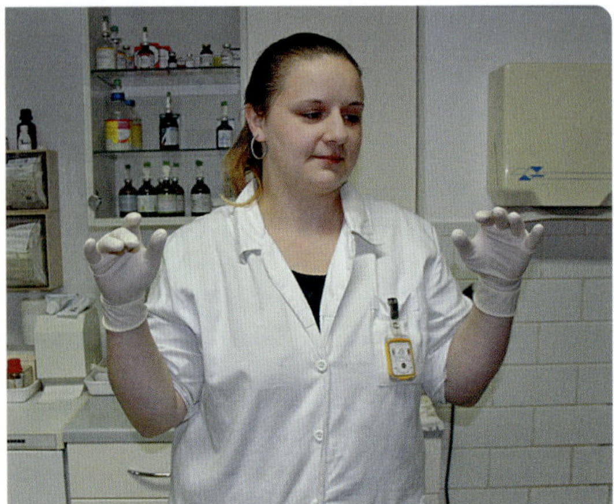

Haltung der Arme und Hände nach der chirurgischen Händedesinfektion, um eine versehentliche Kontamination mit Umweltkeimen zu vermeiden.

werden die Hände wiederum mit einem sterilen! Tuch abgewischt und sterile Einweg-Operationshandschuhe übergestreift.

Nach der chirurgischen Händedesinfektion darf außerhalb des sterilen Operationsfeldes nichts berührt werden, damit die Hände (bzw. die Operationshandschuhe) nicht erneut mit Umweltkeimen kontaminiert werden.

Um nicht versehentlich etwas zu berühren, wird empfohlen, die Unterarme und Hände nach oben gebeugt zu halten und diese Position nur zu verändern, wenn eine Assistenz bei der Operation erforderlich wird.

Gefahren von Desinfektionsmitteln

Der Umgang mit Desinfektionsmitteln bringt eine Reihe von Gefahren mit sich. Zu den Risiken zählen vor allem die Resistenzentwicklung von Krankheitserregern, die Hautschädigung und Allergien.

Resistenz von Krankheitserregern

Desinfektionsmittel müssen fachgerecht angewendet werden. Der fortwährende Gebrauch von „nur ein bisschen Desinfektionsmittel" (z. B. wenn anstelle gründlicher Reinigung von Tierkäfigen nur mal kurz mit Desinfektionsmitteln „drübergesprüht" wird), kann zur Resistenz (Unempfindlichkeit) vieler Keime gegenüber den angewendeten Wirkstoffen führen. Dies geschieht vor allem dann, wenn die Mittel unsachgemäß, d. h. in zu geringer Konzentration oder mit zu kurzer Einwirkungszeit angewendet werden, sodass die Keimverminderung zu gering ist. Besonders robuste Krankheitserreger sterben nicht ab und können sich weiter ungehindert vermehren. Die Nachkommen solcher Keime sind dann gegen das verwendete Desinfektionsmittel resistent und können nicht mehr damit bekämpft werden.

Schädigung der Haut

Das häufige Waschen der Hände und die Anwendung von Hautdesinfektionsmitteln kann zur Schädigung der Hautflora führen. Aus diesem Grund ist ein Pflegeplan für die Hände in medizinischen Berufen von der Berufsgenossenschaft vorgeschrieben. Die Hände sollten nur mit seifenfreien Reinigungspräparaten (pH-Wert 5,5) und lauwarmem Wasser gewaschen werden. Für die **regelmäßige Pflege** werden rückfettende, hautregenerierende **Handcremes** empfohlen, die vorwiegend am Abend (oder in der Mittagspause) angewendet werden.

> **? Tipp:**
> Besonders strapazierten Händen tut es gut, eine Handcreme vor dem Schlafengehen großzügig aufzutragen und über Nacht dünne Baumwollhandschuhe (erhältlich z. B. im Drogeriemarkt) überzustülpen. In den Nachtstunden zieht die dick aufgetragene Creme vollständig ein und regeneriert die oberste Hautschicht der Hände.

Beim Arbeiten mit Flächendesinfektionsmitteln müssen grundsätzlich **Schutzhandschuhe** getragen werden.

Allergie
Wie alle chemischen und biologischen Substanzen können auch Desinfektionsmittel Allergien auslösen. Reagiert man auf ein bestimmtes Präparat allergisch, kann dies eventuell an zugesetzten Duftstoffen liegen. Daher sollten beim Kauf von Desinfektionsmitteln neben ihrer Wirksamkeit auch auf die Haut- und Schleimhautverträglichkeit geachtet sowie das Risiko einer allergenen (Allergie erzeugenden) Wirkung abgeschätzt werden.

4.1.5 Sterilisation

Unter Sterilisation versteht man das Abtöten **aller** pathogenen und nichtpathogenen (krankmachenden und nichtkrankmachenden) Mikroorganismen (Kleinstlebewesen) einschließlich ihrer Dauerformen (Sporen) auf Materialien und Gegenständen. Nach erfolgreicher Sterilisation sind die behandelten Gegenstände steril (keimfrei). In der Medizin werden zur Sterilisation vorwiegend folgende Verfahren eingesetzt:

Heißluftsterilisation
Dieses Verfahren wird in der Praxis vorwiegend zur Sterilisation von Metall (z. B. chirurgische Instrumente), Glas oder Porzellan verwendet. Für Artikel aus Gummi, Stoff oder Kunststoff ist es nicht geeignet. Die Sterilisation erfolgt bei einer Temperatur von **180 °C für ca. 30 Minuten**.
Heißluststerilisatoren werden im Handel für den medizinischen Bedarf nicht mehr angeboten. Vorhandene Geräte dürfen noch verwendet werden.

Dampfsterilisation
Die Dampfsterilisation erfolgt durch Wasserdampf, der unter einem Druck von 2 Bar bei 120 °C etwa 45 Minuten lang (oder unter einem Druck von 3 Bar bei 143 °C etwa 20 Minuten lang) erhitzt wird. Das Verfahren wird in einem **Autoklaven** (Gerät, das einem Schnellkochtopf ähnelt) durchgeführt.

Die Dampfsterilisation wird in der Praxis für Gummi- und Plastikgegenstände, Textilien, Glas, Porzellan und empfindliche Instrumente eingesetzt.

Gassterilisation
Dieses Verfahren wird meist nur in großen Kliniken zur schonenden Sterilisation von hitzeempfindlichen Instrumenten und optischen Geräten (z. B. Endoskope) eingesetzt. Dabei wird das Material mit chemischen Stoffen (z. B. Formaldehyd) begast.

Heißluftsterilisator.

Sterilisation mit Strahlen
Die Sterilisation mit Strahlen (z. B. Röntgenstrahlen, Gammastrahlen) wird in der Industrie bei der Herstellung von sterilen Einwegartikeln (z. B. Spritzen, Kanülen, Infusionsschläuche) angewendet.

Unterschiedliche Wirkung von Desinfektion und Sterilisation

- Desinfektion = Keimverminderung
- Sterilisation = Keimfreiheit

Sterilisationsverfahren

- Heißluftsterilisation
- Dampfsterilisation
- Gassterilisation
- Sterilisation mit Strahlen

4.1.6 Persönliche Hygiene

Tiermedizinische Fachangestellte haben nicht nur Kontakt zu tierischen Patienten, sondern auch zu deren Haltern. Sie repräsentieren mit ihrem Erscheinungsbild die Tierarztpraxis (oder Klinik), in der sie arbeiten. Neben Freundlichkeit, Aufgeschlossenheit und guten Umgangsformen (siehe auch Kap. Kommunikation) wird von TFA auch ein gepflegtes Äußeres erwartet. Hierzu gehören:

Angemessene und saubere Kleidung
Welche Kleidung angemessen ist, hängt vielfach vom Standort der Praxis (oder Klinik) ab. In einer Großstadt werden modische Extravaganzen meist toleriert oder sind sogar erwünscht, während in einem Dorf oder in einer Kleinstadt diese vielleicht viele Klienten (Tierhalter) abstößt. Grundsätzlich muss die Kleidung jedoch ordentlich und sauber sein.

Körperpflege
In der Hektik des Praxisalltags kommt man nicht selten ins Schwitzen. Um unangenehmen Körpergeruch zu vermeiden, sollte nach dem täglichen Duschen ein Deodorant verwendet werden.

Zusammenbinden oder Hochstecken längerer Haare
Lange Haare können z. B. während einer Operation ein Hygieneproblem darstellen, wenn sie in das Operationsfeld hineinfallen.

Kurze und saubere Fingernägel
Durch Schmutz unter den Fingernägeln können Krankheitserreger übertragen werden. Lange, künstliche oder lackierte Fingernägel sind nach einer Verordnung der Berufsgenossenschaft in Tierarztpraxen und Tierkliniken verboten. Zudem können sie die Einmalhandschuhe, die während einer Operation verwendet werden, durchstoßen.

Schmuck
Durch Schmuck (z. B. Ringe, Armbänder) und Armbanduhren können Infektionserreger

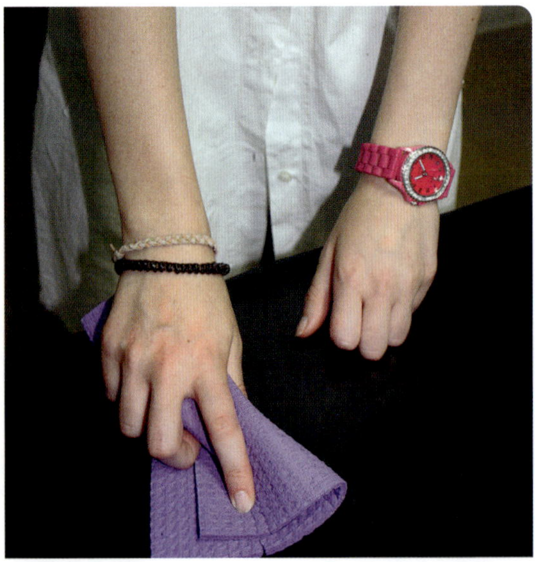

Durch Schmuck und Armbanduhren können Infektionserreger übertragen werden.

übertragen werden. Sie sind nach den Verordnungen der Berufsgenossenschaft während der Arbeitszeit verboten.

4.2 Infektions- und Seuchenschutz

4.2.1 Hygienekette

Unter dem Begriff **Hygienekette** werden alle hygienischen Maßnahmen verstanden, durch die vermieden wird, dass Krankheitserreger von Tier zu Tier oder von Tieren auf den Menschen (und umgekehrt) übertragen werden. Welche Maßnahmen geeignet sind, um dieses Ziel zu erreichen, hängt vom Schwerpunkt einer tierärztlichen Praxis (bzw. Klinik) ab. Es muss für jeden medizinischen Bereich (z. B. Behandlungsraum, Krankenstation, Labor, Operationsraum) ein eigener **Hygieneplan** mit den darin notwendigen Hygienemaßnahmen erstellt werden.

Beispiele für Maßnahmen einer Hygienekette:

- Generelles Tragen von Schutzkleidung (z. B. Kittel, Praxisschuhe)
- Tragen von Mundschutz und Einmalhandschuhen (z. B. bei Arbeiten mit Körperflüssigkeiten, bei Patienten mit ansteckenden Hauterkrankungen)
- Desinfektion, Reinigung und Sterilisation von Instrumenten, Behandlungsgeräten
- Regelmäßige Flächendesinfektion (z. B. Fußboden, Behandlungstisch, Käfige und Boxen)
- Hygienische Händedesinfektion nach jedem Patienten
- Chirurgische Händedesinfektion vor Eingriffen (Operationen)
- Pipettieren von Körperflüssigkeiten (Urin, Blut) **nur** mit einer Pipettierhilfe
- Fachgerechtes Aufbewahren und Beseitigen von infektiösem Material

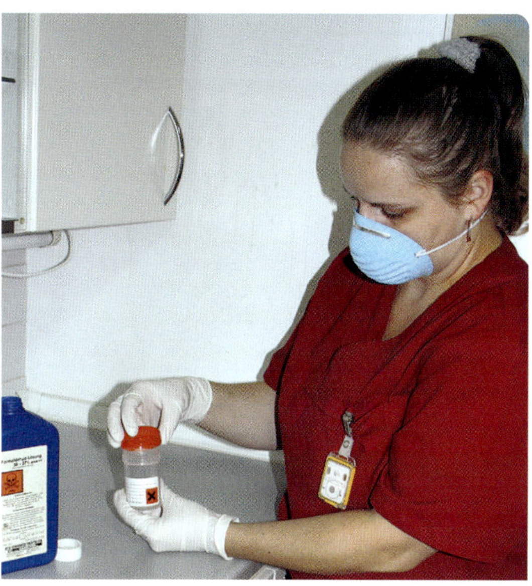

Tragen von Mundschutz und Einmalhandschuhen.

4.2.2 Infektionskrankheiten

Infektion

Als Infektion (Ansteckung) bezeichnet man das **Eindringen**, das **Haften** und die **Vermehrung** von Krankheitserregern in einem Organismus. Die Stelle, an denen die Krankheitserreger in den Körper eindringen, wird **Eintrittspforte** genannt.

Infektionskrankheit

Nicht jede Infektion führt zwangsläufig zu einer Erkrankung. Die meisten Infektionen mit krankmachenden Erregern werden durch das körpereigene Immunsystem gestoppt, bevor sie Schäden anrichten. Erst wenn die verschiedenen Abwehrbarrieren des Körpers von den Erregern erfolgreich durchbrochen werden, entwickelt sich aus der Infektion eine Infektions**krankheit**.

Seuche

Unter einer Seuche versteht man das gehäufte Auftreten **gefährlicher Infektionskrankhei-**

Tab. 1 Wichtige Zoonosen

Name der Erkrankung	Hauptsächliche Überträger
Enzephalitozoon cuniculi	Kaninchen
Giardienbefall	Hund, Katze, Kaninchen
LCM (Lymphozytäre Choriomeningitis)	Hamster, Mäuse
Leptospirose	Hund, Ratte, Schaf, Schwein
Maul- und Klauenseuche	Rind
Mikrosporie/Trichophytie	Katze, Pferd, Igel
Psittakose/Ornitose	Psittaciden (Papageienartige)/Tauben
Rotlauf	Schwein
Salmonellose	Viele Säugetiere, Vögel
Tollwut	Fuchs, Hund, Katze, Rind, Pferd
Toxoplasmose	Katze
Trichophytie	Igel
Tuberkulose	Rinder, Vögel

ten in größeren und kleineren Gebieten über eine bestimmte Zeit mit der Neigung zur Massenausbreitung.

Zoonosen

Zoonosen sind Infektionskrankheiten, die von Tieren auf den Menschen und umgekehrt übertragen werden können.

Infektionserreger (Krankheitserreger)

Es gibt unzählige Krankheitserreger, die aufgrund ihrer Struktur, ihres Stoffwechsels und ihrer Vermehrungsart in verschiedene Gruppen (Bakterien, Viren, Protozoen, Pilze, Parasiten) eingeteilt werden.

1. Bakterien

Bakterien (Einzahl: Bakterium) sind Mikroorganismen (Kleinstlebewesen), die aus einer einzigen Zelle bestehen. Eine Bakterienzelle ist aus Zellwand und Zellleib aufgebaut und enthält keinen Zellkern. Bakterien sind also Prokaryoten, d.h. kernlose Zellen. Bakterien haben folgende typischen Eigenschaften:

- Sie besitzen einen eigenen Stoffwechsel und nehmen die dafür benötigten Nährstoffe über die Zellwand auf.
- Sie vermehren sich durch einfache Zellteilung.
- Sie können sich (unter bestimmten Bedingungen) auch außerhalb des Wirtsorganismus (z. B. in Nahrungsmitteln, im Wasser) vermehren.
- Sie können auf speziellen Nährböden angezüchtet werden.

Auf Nährböden gezüchtete Bakterien.

- Sie sind größer als Viren. Daher kann man sie im Gegensatz zu Viren unter dem Lichtmikroskop erkennen.
- Manche Bakterien bilden sehr widerstandsfähige Dauerformen, die **Sporen** genannt werden. Bakterienarten, die Sporen als Dauerform bilden, werden auch **Bazillen** genannt.

Einteilung von Bakterien

Bakterien werden nach ihrer **Form**, ihrem **Stoffwechsel** und ihrer **Anfärbbarkeit** im Labor unterschieden.

Einteilung nach der Form

Der Form nach werden **kugelförmige (z. B. Eiterbakterien)**, **stäbchenförmige (z. B. Salmonellen)** und **schraubenförmige (z. B. Leptospiren, die Erreger der Leptospirose)** Bakterien unterschieden.

> **? Einteilung von Bakterien nach der Form**
>
> **Kugelförmige Bakterien**
> - Diplokokken (paarweise aneinanderhängend)
> - Streptokokken (kettenförmig aneinanderhängend)
> - Staphylokokken (haufenförmig aneinanderhängend)
>
> **Stäbchenförmige Bakterien**
> - **Unbewegliche Stäbchen**
> - **Bewegliche Stäbchen**
>
> **Schraubenförmige Bakterien**
> - **bewegliche, biegsame Schraubenform**
> - **unbewegliche, starre Schraubenform**

Einteilung nach dem Stoffwechsel

Je nachdem, ob sich Bakterien mit oder ohne Sauerstoff vermehren können, werden sie in **Anaerobier** und **Aerobier** unterteilt.

- **Anaerobier** (griech. an = ohne; aer = Luft) benötigen zu ihrer Vermehrung keinen Sauerstoff. Ein typisches Beispiel ist *Clostridium tetanie* (Erreger des Tetanus). Dieses Bakterium vermehrt sich nur dann, wenn sich nach seinem Eindringen in den Körper (z. B. nach einer Bissverletzung) die Wunde von außen schließt und damit die Zufuhr von Luftsauerstoff unterbunden wird.
- **Aerobier** können sich nur in Anwesenheit von Sauerstoff vermehren.

> **? Einteilung von Bakterien nach ihrem Stoffwechsel**
> - Anaerobier = vermehren sich nur ohne Sauerstoff
> - Aerobier = vermehren sich nur in Anwesenheit von Sauerstoff

Einteilung nach der Anfärbbarkeit

Der dänische Arzt und Pharmakologe Hans Christian Gram (1853 – 1938) hat eine Methode (Gramfärbung) entwickelt, mit der sich Bakterien anfärben und dadurch einteilen lassen. Dazu werden die beiden Farbstoffe Karbolgentianaviolett (bläulich) und Karbolfuchsin (rot) verwendet. Je nachdem, welche Farbe die Bakterien annehmen, werden sie eingeteilt in:

- **Grampositive** Bakterien, die sich **blau** anfärben
- **Gramnegative** Bakterien, die sich **rot** anfärben

> **? Einteilung von Bakterien nach der Anfärbbarkeit**
> - Grampositive Bakterien (blau)
> - Grammnegative Bakterien (rot)

Sonderformen von Bakterien

Mykoplasmen, **Chlamydien** und **Rickettsien** werden ebenfalls zu den Bakterien gerechnet, obwohl sie sich von anderen Bakterienarten in ihren Eigenschaften teilweise sehr unterscheiden. Sie können sich nicht außerhalb einer

Wirtszelle vermehren und ähneln darin den Viren.

Rickettsien können beim Hund die Reisekrankheit Ehrlichiose auslösen. Chlamydien sind verantwortlich für die Psittakose (Papageienkrankheit). Mykoplasmen findet man häufig als Verursacher schwerer Gelenksentzündungen bei Vögeln.

2. Viren

Viren sind kleinste infektiöse Partikel. In der medizinischen Fachsprache wird ausschließlich der sächliche Artikel „das" (das Virus) verwendet, während im nicht medizinischen Sprachgebrauch (z. B. bei Computerviren) auch der männliche Artikel „der" (der Virus) benutzt wird.

Viren sind keine Zellen. Sie haben daher keinen Zellleib und keinen Zellkern. Sie bestehen lediglich aus einer eiweißhaltigen Kapsel, in deren Innern die Erbinformation entweder als DNA (Desoxyribonukleinsäure) oder RNA (Ribonukleinsäure) liegt. Man spricht daher von **DNA-Viren** und **RNA-Viren**. Manche Viren besitzen darüber hinaus eine Hülle, sodass **behüllte** und **unbehüllte** Viren unterschieden werden. Die Hülle ist empfindlich gegenüber Umwelteinflüssen, Säuren, Laugen und Desinfektionsmitteln. Daher sind behüllte Viren leichter durch Desinfektionsmaßnahmen zu bekämpfen als Viren ohne Hülle. Folgende Eigenschaften sind typisch für Viren:

- Viren können sich – im Gegensatz zu Bakterien – nicht selbst vermehren, sondern sind zu diesem Zweck auf eine lebende Zelle (Wirtszelle) angewiesen. Wirtszellen können Körperzellen von Menschen, Tieren oder Pflanzen sein.
- Viren besitzen keinen eigenen Stoffwechsel, sondern schmarotzen vom Stoffwechsel der Wirtszelle.
- Viren vermehren sich nicht auf Nährboden oder in Nährlösungen. Sie lassen sich nur in lebenden Zellen (z. B. Zellkulturen) anzüchten.
- Viren sind so klein, dass man sie nicht durch ein Lichtmikroskop, sondern nur mit Hilfe eines Elektronenmikroskop betrachten kann.

Viren sind für viele Infektionskrankheiten verantwortlich (z. B. Staupe beim Hund, Katzenseuche bei der Katze, Myxoplasmose bei Kaninchen, Maul- und Klauenseuche beim Rind, Tollwut bei vielen Säugetieren u.v.m.).

3. Protozoen

Protozoen sind Einzeller, die umgangssprachlich auch als „Urtierchen" bezeichnet werden. Sie sind die einfachsten Lebewesen des Tierreiches und bilden den Übergang von Pflanze zu Tier. Protozoen vermehren sich hauptsächlich durch Zellteilung. Sie können sich jedoch auch unter bestimmten Umständen „geschlechtlich" fortpflanzen, indem sich zwei Einzeller aneinanderlegen und Teile ihrer Erbinformation austauschen. Einige Protozoen besitzen zur Fortbewegung spezielle **Anhangsgebilde** wie z. B. Geißeln, Wimpern (Zilien) oder sackähnliche Ausstülpungen (Pseudopodien = Scheinfüßchen). Manche Protozoen bilden infektiöse Dauerformen (Oozysten), die in der Außenwelt lange überleben können. Werden diese Dauerformen von einem empfänglichen Organismus aufgenommen, kommt es bei diesem zur Infektion.

Es wurden bislang mehr als 20.000 Protozoenarten entdeckt und beschrieben. Nur sehr wenige davon sind Krankheitserreger und für Mensch und Tier gefährlich. In der Tiermedizin sind folgende Protozoen als Krankheitserreger von Bedeutung:

- **Babesien**
  Diese Protozoen verursachen beim Hund die Infektionskrankheit **Babesiose**. Die Erreger werden durch Zecken auf den Hund übertragen.
- **Giardien**
  Giardien sind bei vielen Tierarten (und beim Menschen) für **Darminfektionen mit teilweise schweren Durchfällen** verant-

wortlich. Giardien können vom Tier auf den Menschen und umgekehrt übertragen werden. Eine Infektion mit Giardien ist daher eine **Zoonose**.

- **Kokzidien**
  Kokzidien befallen den Darmtrakt vieler Tierarten (und auch des Menschen). Sie sind für **massive Durchfälle** verantwortlich. Besonders schwer erkranken Jungtiere. Eine durch Kokzidien verursachte Erkrankung wird **Kokzidiose** genannt. Kokzidien sind meist **wirtsspezifisch**, d. h. es gibt für jede Tierart eine eigene Kokzidienart, die andere Tierarten nicht befallen kann. So ist eine Kaninchenkozidiose z. B. nicht auf einen Hund übertragbar.
- **Trichomonaden**
  Diese Einzeller tragen eine Geißel und werden deshalb auch häufig Geißeltierchen genannt. Sie sind v. a. bei Vogelhaltern gefürchtet, da sie bei Ziervögeln (z. B. Wellensittichen, Kanarienvögel, Tauben) Infektionen der Schnabelhöhle, des Kropfes und des Atemtraktes verursachen, die unbehandelt v. a. bei Jungvögeln tödlich verlaufen können. Bei Säugetieren (und Menschen) findet man diese Protozoenart auch als Verursacher von Infektionen des Harn- und Geschlechtstraktes. Trichomonaden sind **wirtspezifisch** und daher nicht von einer Tier**art** auf eine andere übertragbar, sondern nur von einem Tier auf ein anderes der **gleichen Art**.
- **Toxoplasmen**
  Eine Infektion mit Toxoplasmen wird **Toxoplasmose** genannt. Sie verursacht bei erwachsenen Säugetieren (und beim Menschen) unspezifische, grippeähnliche Symptome. Bei Jungtieren und immunschwachen Tieren können jedoch auch verschiedene Körpergewebe (v. a. das Gehirn) befallen werden und schwere Krankheitsanzeichen auftreten. Die meisten Infektionen mit Toxoplasmen bleiben jedoch unbemerkt, d. h. es treten keinerlei Symptome auf. Nach durchstandener Infektion entsteht in der Regel ein lang (oft lebenslang) anhaltender Schutz vor einer Neuinfektion. Da die Toxoplasmose vom Tier auf den Menschen übertragen werden kann, ist sie eine **Zoonose**. Eine bedeutende Rolle bei der Übertragung der Toxoplasmose auf den Menschen spielt die Katze. Zwar können sich auch andere Tierarten mit Toxoplasmen infizieren, jedoch scheidet nur die infizierte Katze Oozysten (infektiöse Dauerformen des Erregers) aus, durch die sich der Mensch infizieren kann. Infiziert sich eine Frau, die davor noch nicht mit dem Erreger Kontakt hatte, während der **Schwangerschaft** mit Toxoplasmen, kann es zur Fehlgeburt oder zur Schädigung des Kindes kommen. Mit einfachen durchzuführenden Vorsichtsmaßnahmen kann jedoch sowohl die Schwangere als auch das ungeborene Kind vor Toxoplasmose wirksam geschützt werden (siehe Kasten S. 56).
- **Mikrosporidien**
  Diese Protozoen bilden äußerst resistente (unempfindliche) infektiöse Sporen, die außerhalb des Wirtskörpers sehr lange überleben. Der in der Tiermedizin wichtigste Vertreter dieser Gruppe von Protozoen ist Encephalitozoon cuniculi (E.cuniculi). Er befällt v. a. die Nieren und das Gehirn von Kaninchen. Typisches Symptom der Erkrankung ist die Kopfschiefhaltung. Die Erkrankung wird als **Enzephalitozoonose** (Enzephalitozoosnose cuniculi) bezeichnet.
  Obwohl bisher keine Krankheitsfälle beim Menschen bekannt sind, wird vermutet, dass der Erreger auch den Menschen befallen kann. Besonders Kleinstkinder oder immungeschwächte Erwachsene (z. B. HIV-Patienten, Krebspatienten nach einer Chemotherapie) sollten nicht mit an Enzephalitozoonose erkrankten Tieren in Kontakt kommen. Die Erkankung wird, da sie

auf den Menschen übertragbar zu sein scheint, zu den **Zoonosen** gerechnet.

4. Pilze

Pilze zählen zum Pflanzenreich. Es gibt etwa 100.000 bekannte Arten, manche sind mikroskopisch klein, andere wiederum bis zu 50 cm groß. Einige Pilzarten hat sich der Mensch nutzbar gemacht. So werden Wald- und Zuchtpilze als Nahrungmittel, Schimmelpilze zur Lebensmittelveredelung (z. B. zur Käseherstellung, in Kefir), Hefepilze zur Brot- und Alkoholherstellung (Wein, Bier) und Schlauchpilze (eine Gruppe der Schimmelpilze) für die Produktion von Antibiotika verwendet.

Pilze können jedoch auch als Krankheitserreger bei Menschen, Tieren und Pflanzen vorkommen. Die durch Pilze hervorgerufenen Erkrankungen werden als **Mykosen** bezeichnet. Pilzerkrankungen sind meist sehr langwierig. Das liegt u. a. daran, dass Pilzzellen Fäden ausbilden, die sich zu widerstandsfähigen Geflechten verzweigen und sehr gut an Haut und an Schleimhäuten haften. Zusätzlich bilden Pilze stabile Dauerformen (Sporen), die über lange Zeit auch unter extremen Bedingungen

? Vorsichtsmaßnahmen für Schwangere zum Schutz vor Toxoplasmose

Vor einer geplanten Schwangerschaft sollte das Blut der Frau auf Antikörper gegen Toxoplasmose getestet werden. Das Ergebnis kann positiv oder negativ sein. Positiv bedeutet, dass sie bereits mit dem Erreger Kontakt hatte und Antikörper in ihrem Blut vorhanden sind. In diesem Fall besteht für Mutter und Kind keine Gefahr. Es sind keine Vorsichtsmaßnahmen gegen Toxoplasmose erforderlich. In Deutschland sind etwa 80 % der Bevölkerung Toxoplasmose-Antikörper positiv.
Bei einem negativen Testergebnis, d. h. wenn keine Antikörper gegen Toxoplasmose im Blut der Frau vorhanden sind, sollten folgende Maßnahmen zum Schutz des Kindes während der gesamten Schwangerschaft beachtet werden, wenn im Haushalt der Schwangeren Katzen leben oder wenn sie häufig Kontakt zu Katzen hat:

- **Kotuntersuchungen**
  Kotuntersuchungen über drei Tage (entweder Sammelkot oder drei getrennte Proben von drei Tagen) geben Auskunft darüber, ob die Katze, die im Haushalt der Schwangeren lebt, Oozysten (infektiöse Dauerformen) des Erregers ausscheidet oder nicht. Wenn keine Oozysten im Kot festgestellt werden und das Tier nur in der Wohnung lebt, besteht keine Gefahr. Die Katze ist gesund und kann sich in der Wohnung nicht infizieren (vorausgesetzt sie erhält kein rohes Fleisch oder nur solches, das 24 Stunden lang bei −18 °C eingefroren war).
- **Hygienemaßnahmen**
  Scheidet die Katze Dauerformen des Erregers aus (oder ist sie Freigängerin und kann sich jederzeit durch den Verzehr von Mäusen neu infizieren), muss die Katzentoilette täglich (am besten mit Gummihandschuhen) völlig ausgeleert, mit sehr heißem Wasser ausgewaschen und mit neuer Katzenstreu bestückt werden. Die Dauerformen des Toxoplasmose-Erregers werden erst innerhalb von drei bis vier Tagen in der Außenwelt infektionsfähig. Im frischen Kot enthaltene Oozysten führen nicht zur Infektion. Auch Oozysten, die evtl. im Fell der Katze haften, werden vor ihrer Reifung durch die den Tieren eigene, gründliche Körperpflege weggeputzt. Man kann daher auch als Schwangere eine Katze streicheln.
  Da sich frei laufende Katzen an Mäusen mehrmals neu infizieren können, sollten bei Freigängern die genannten Vorsichtsmaßnahmen während der gesamten Schwangerschaft beibehalten werden.
- **Behandlung**
  Eine Toxoplasmose-Infektion bei der Katze (mit Ausscheiden von Oozysten) kann mit geeigneten **Medikamenten** behandelt werden.

(Hitze, Kälte) überleben können. Finden diese Dauerformen irgendwann wieder ideale Lebensbedingungen, keimen sie aus und bilden ein neues Pilzgeflecht aus.

Die meisten Tiere sind mit unterschiedlichen Pilzen infiziert, ohne dass eine Erkrankung auftritt. Erst wenn zusätzliche immunschwächende Faktoren (z. B. Stress, andere Erkrankungen) hinzukommen, kommt es zur massiven Vermehrung der Pilze und zum Ausbruch von Mykosen. Pilze sind somit **fakultativ pathogen** (nicht in jedem Fall krankmachend). Ob eine Pilzerkrankung ausbricht oder nicht, hängt somit vom Immunsystem ab.

Man unterscheidet vier Gruppen von Pilzen, die bei Tieren Krankheiten verursachen können:

- **Hautpilze**
  Pilzerkrankungen der Haut werden als **Dermatomykosen** bezeichnet. Die weltweit häufigste Hautpilzerkrankung bei Tieren wird durch den Fadenpilz *Microsporum canis* verusacht. Die durch diesen Pilz ausgelöste Hauterkrankung wird **Mikrosporie** genannt. Infektionen mit *Microsporum canis* findet man häufig bei Katzen, Hunden, Kaninchen, Meerschweinchen, Pferden. Typische Symptome sind Haarausfall, kahle (oft runde) Stellen, die am ganzen Körper auftreten können. Juckreiz besteht selten. **Auch Tiere ohne Symptome können mit Hautpilzen infiziert sein**. Eine weitere Hautpilzerkrankung wird durch den Pilz *Trichophyton mentagrophytes* hervorgerufen. Die Erkrankung wird **Trichophytie** genannt. Mit *Trichophyton mentagrophytes* sind meist Igel befallen. Erkrankte Tiere verlieren nach und nach ihre Stachel. Es bildes sich eine weißliche Schicht auf der Haut, die wie Puder aussieht. Da Igel immer eine gewisse Anzahl von Hautpilzen in ihrem Stachelkleid beherbergen (auch ohne Symptome wie Stachelausfall zu zeigen) dürfen sie grundsätzlich nur mit dicken Handschuhen angefasst werden. Ein mit Hautpilz infizierter Stachel kann, wenn er in die Haut eines Menschen sticht, zu schweren Hautveränderungen führen.
  Mikrosporie und Trichophytie zählen zu den **Zoonosen**, d. h. die Pilze können vom Tier auf den Menschen und umgekehrt übertragen werden. Auch die Übertragung der Infektion von einer Tierart zu einer anderen ist nicht selten. So infizieren sich z. B. Stallkatzen häufig durch Pferde und umgekehrt mit Mikrosporie.
- **Schimmelpilze**
  Unter Schimmelpilzen (Aspergillen) versteht man verschiedene Pilzgruppen, die tote oder lebende Tiere, Pflanzen oder sonstige organische und anorganische Materialien mit Schimmel (Pilzrasen) überziehen können.
  Zu Schimmelpilzinfektionen kommt es durch Einatmen von Schimmelpilz**sporen**, den Dauerformen der Schimmelpilze aus der Umwelt. Voraussetzung für das „Angehen“ und Keimen der Sporen ist eine Vorschädigung der Schleimhaut des Atemtraktes. Es bilden sich meist dicke Pilzgranulome im gesamten Respirationstrakt (Atemtrakt) bis in die Lungen hinein. Von hier aus können sich die Pilze ausbreiten und in andere Organe (z. B. in die Leber) einwandern. Eine Erkrankung mit Schimmelpilzen wird **Aspergillose** genannt. Aspergillose ist ein großes Problem bei der Haltung von Großpapageien in unseren Breiten. Die Umgebungsluft ist für diese Tiere fast immer zu trocken und führt zu einer chronischen Reizung der Schleimhäute des Atemtraktes. Das ist eine der Ursachen für das häufige Auftreten der Aspergillose bei diesen Vögeln. Ein weiteres Problem, das durch Schimmelpilze verursacht wird, ist das **Schimmelpilzgift**. Einige Schimmelpilzarten bilden **Aflatoxine** (Pilzgifte). Die giftbildenden Schimmelpilze siedeln sich bevorzugt auf Nüssen und Getreide an. Vor allem Erdnüsse sind

häufig mit Schimmelpilzen belastet. Das Gift ist leberschädigend, krebserzeugend und kann (je nach aufgenommener Menge) auch zum Tod des Tieres führen. Um Schimmelpilzerkrankungen und Vergiftungen durch Aflatoxine vorzubeugen, sollten Vögel nur solche Getreide und Nüsse erhalten, die auch für den Verzehr durch den Menschen geeignet sind. Erdnüsse sollten grundsätzlich nicht an Papageien verfüttert werden.

- **Hefepilze**
  Hefepilze befallen v. a. die Schleimhäute der Mundhöhle, des Kropfes (bei Vögeln) und des Darms. Besonders anfällig für eine übermäßige Vermehrung von Hefepilzen im Darm sind Kaninchen und Meerschweinchen, die unsachgemäß (z. B. mit Getreide oder Joghurtdrops) gefüttert werden. Als typisches Krankheitsbild einer Hefepilzüberwucherung der Darmflora zeigen sich flüssige, säuerlich riechende Durchfälle.
- **Sonderform unter den Pilzen**
  Eine Sonderform unter den Pilzen ist *Macrorhabdus ornithogaster*. Lange Zeit wurde vermutet, das es sich bei diesem Krankheitserreger um ein Bakterium handelt. Daher wurde früher auch die Bezeichnung „Megabakterium" verwendet. Die Anzüchtung des Keims gelang erstmals 1986 – allerdings nur auf Pilznährböden. Deshalb wird der Erreger heute den Pilzen zugeordnet.
  Macrorhabdus ornithogaster verursacht das **Going-light-Syndrom** (Leichtwerden, Hinfälligkeit) bei Wellensittichen und anderen kleineren Papageienvögeln (z. B. Nymphensittichen, Agaporniden) sowie bei Kanarienvögeln. Die Pilze siedeln sich im Drüsenmagen der Vögel an und verursachen Magenwandentzündungen und Magengeschwüre. Trotz guter Futteraufnahme magern die Tiere ab. Ohne Behandlung sterben sie an Auszehrung und Schwäche.

Zecken wachsen durch Blutsaugen bis auf ein Vielfaches ihrer Ursprungsgröße an.

5. Parasiten

Als Parasit oder Schmarotzer wird ein Lebewesen bezeichnet, das seine Nahrung einem anderen Organismus entzieht und diesen Organismus dabei schädigt. Um möglichst lange Zeit schmarotzen zu können, ist die durch den Parasiten hervorgerufene Schädigung des Wirtes jedoch meist nur so gering, dass dieser gar nicht oder erst sehr spät daran stirbt. Parasiten werden in **Ektoparasiten** und **Endoparasiten** eingeteilt:

Ektoparasiten (griech. ektos = außen) leben auf der **Außenfläche** ihres Wirtes, d. h. auf (oder auch in) der Haut oder im Fell (bez. in den Federn). Sie ernähren sich von Blut, Gewebeflüssigkeit und Hautschuppen des Wirtes. Starker Juckreiz, Pusteln und Abszesse, Allergien und nicht zuletzt die Übertragung gefährlicher Infektionskrankheiten (z. B. Babesiose, Borreliose, Leishmaniose) gehen auf das Konto von Ektoparasiten. Wichtige Ektoparasiten bei Haustieren sind:

- Flöhe
- Zecken
- Läuse
- Milben (Demodexmilben, Räudemilben, Cheyletiella, Federmilben, Federspulmilben, Herbstgrasmilben, Rote Vogelmilbe)
- Haarlinge und Federlinge
- Sandmücken
- Schmeißfliegenmaden

Endoparasiten (griech. endon = innen) leben im Innern eines Wirtsorganismus. Sie besiedeln Hohlräume (z. B. Darmwürmer), Blutgefäße (z. B. Herzwurm) sowie Gewebe verschiedener Organe (z. B. kapseln sich die Larven der Spulwürmer in der Muskulatur des Wirtes ab). Wichtige Endoparasiten bei Haustieren sind:

- Bandwürmer
- Spulwürmer
- Hakenwürmer
- Herzwurm

Infektionserreger

- **Bakterien**
- **Viren**
- **Protozoen**
- **Pilze**
- **Parasiten**

Räudemilben beim Wellensittich.

Spulwurm im Kot.

4.2.3 Anzeige- und Meldepflicht

Das **Tierseuchengesetz** (TierSG) regelt die **Bekämpfung von Tierseuchen.** Das Gesetz umfasst :

- Vorbeugende Maßnahmen, die verhindern, dass Tierseuchen überhaupt ausbrechen können (z. B. Einfuhrkontrollen von lebenden Tieren, Fleisch oder Milchprodukten aus dem Ausland, Impfvorschriften).
- Maßnahmen, die der Tilgung eines Seuchenherdes dienen, bevor er sich weiter ausbreiten kann. Hierzu gehören u. a. die Anzeige- und Meldepflicht.

Anzeigepflicht

Eine Reihe von Tierkrankheiten, die sich zu einer Seuche ausbreiten könnten, sind in

Anzeigepflichtige Tierseuchen

- Affenpocken
- Afrikanische Pferdepest
- Afrikanische Schweinepest
- Amerikanische Faulbrut
- Ansteckende Blutarmut der Einhufer
- Ansteckende Blutarmut der Lachse
- Aujeszkysche Krankheit
- Befall mit dem Kleinen Bienenbeutekäfer
- Befall mit der Tropilaelaps-Milbe
- Beschälseuche der Pferde
- Blauzungenkrankheit
- Bovine Herpes Virus Typ 1- Infektionen
- Bovine Virus Diarrhoe
- Brucellose der Rinder, Schweine, Schafe und Ziegen
- Ebola-Virus-Infektion
- Enzootische Hämorrhagie der Hirsche
- Epizootische Hämatopoetische Nekrose
- Epizootisches Ulzeratives Syndrom
- Enzootische Leukose der Rinder
- Geflügelpest
- Infektion mit Bonamia exitiosa
- Infektion mit Bonamia ostreae
- Infektion mit Marteilia refrigens
- Infektion mit Microcytos mackini
- Infektion mit Perkinsus marinus
- Infektion mit dem West-Nil-Virus beim Vogel und Pferd
- Infektiöse Epididymitis
- Infektiöse Hämatopoetische Nekrose der Salmoniden
- Koi Herpesvirus-Infektion der Karpfen
- Lumpy-skin-Krankheit (Dermatitis nodularis)
- Lungenseuche der Rinder
- Maul- und Klauenseuche
- Milzbrand
- Newcastle-Krankheit
- Niedrigpathogene aviäre Influenza von Hausvögeln
- Pest der kleinen Wiederkäuer
- Pferdeenzephalomyelitis
- Pockenseuche der Schafe und Ziegen
- Rauschbrand
- Riftal-Fieber
- Rinderpest
- Rotz
- Salmonellose der Rinder
- Schweinepest
- Stomatitis vesicularis
- Taura-Syndrom
- Tollwut
- Transmissible Spongiforme Enzephalopathie
- Trichomonadenseuche der Rinder
- Tuberkulose der Rinder
- Vesikuläre Schweinekrankheit
- Vibrionenseuche der Rinder
- Virale Hämorrhagische Septikämie der Salmoniden
- Weißpünktchenkrankheit
- Yellowhead Disease

Diese Liste (Stand: März 2016) umfasst aufgrund der gesetzlichen Vereinheitlichung innerhalb Europas auch Tierseuchen, die in Deutschland noch nie vorgekommen sind oder nur ganz selten beobachtet werden.

Deutschland anzeigepflichtig. **Bereits bei dem Verdacht**, dass eine solche Krankheit bei einem Tier vorliegen könnte, muss angezeigt werden. Anzeigepflichtig sind **Tierärzte, Tierhalter und alle Personen mit berufsmäßiger Erfahrung im Umgang mit Tieren** (z. B. Tiermedizinische Fachangestellte, Laborassistenten, Fleischkontrolleure, Besamungstechniker, Tierhändler, Metzger, Fachpersonal in Tierheimen, Tierheilpraktiker).

Die Anzeige kann beim zuständigen Veterinäramt (Amtstierarzt), bei der Polizei oder der Stadt-bzw. Kreisverwaltung erfolgen. Es muss unverzüglich, d. h. ohne zeitliche Verzögerung, angezeigt werden, damit sofort Gegenmaßnahmen, die verhindern, dass sich die Seuche ausbreitet, ergriffen werden können. Solche Maßnahmen sind z. B. Sperren aller Zu- und Abfahrten des Bauernhofes, in dem sich das erkrankte Tier befindet, Desinfektionsmaßnahmen, Absondern erkrankter oder verdächtiger Tiere (Quarantäne), Keulen erkrankter oder verdächtiger Tiere (Tötung), Impfungen.

Meldepflicht

Für einige Tiererkrankungen, die sich unter bestimmten Umständen zu einer Seuche entwickeln können, besteht in Deutschland eine Meldepflicht. Die Meldepflicht dient hauptsächlich der **Seuchenbeobachtung und Statistik**. Wenn die Gefahr besteht, dass eine meldepflichtige Krankheit sich weiter ausbreitet, kann sie jederzeit zu einer anzeigepflichtigen Seuche erklärt werden. Meldepflichtig sind Tierärzte sowie Leiter von Untersuchungsinstituten (z. B. Labors). Die Meldung erfolgt beim zuständigen Veterinäramt. Im Gegensatz zu anzeigepflichtigen Tierseuchen, die bereits bei Verdacht angezeigt werden müssen, besteht eine Meldepflicht nur dann, **wenn die meldepflichtige Erkrankung eindeutig nachgewiesen wurde**.

4.2.4 Impfung

Der erste Impfstoff wurde 1880 von dem französischen Chemiker Louis Pasteur entwickelt. Es handelte sich um einen Impfstoff gegen Cholera bei Hühnern. Wenige Jahre später wurden bereits Impfstoffe gegen Milzbrand

? Meldepflichtige Tierseuchen

- Ansteckende Metritis des Pferdes (CEM)
- Campylobacteriose (thermophile Campylobacter)
- Chlamydiose (Chlamydophila Spezies)
- Echinokokkose
- Equine Virus-Arteritis-Infektion
- Gumboro-Krankheit
- Infektiöse Larygotracheitis des Geflügels
- Leptospirose
- Listeriose
- Maedi/Visna
- Marieksche Krankheit
- Niedrigpathogene aviäre Influenza der Wildvögel
- Paratuberkulose
- Psittakose
- Q-Fieber
- Säugerpocken
- Salmonellose (außer die des Rindes, für die eine Anzeigepflicht besteht)
- Schmallenberg-Virus
- Toxoplasmose
- Tansmissible Virale Gastroenteritis des Schweines (TGE)
- Tuberkulose (Ausgenommen die des Rindes, für die eine Anzeigepflicht besteht)
- Tularämie
- Verotoxin bildende Escherichia coli
- Vogelpocken

(Stand: April 2014)

und Tollwut hergestellt. Heute gibt es viele Impfstoffe gegen verschiedene Infektionskrankheiten. Man unterscheidet zwischen **aktiver** und **passiver** Impfung.

Aktive Impfung

Bei der aktiven Impfung (Vakzination) werden dem Patienten abgeschwächte oder abgetötete oder auch nur charakteristische Teilstücke eines Krankheitserregers eingeimpft (in der Regel subkutan gespritzt). Obwohl diese „verkrüppelten" Impfkeime keine Krankheiten mehr auslösen können, reagiert das Immunsystem des Patienten mit der Bildung spezifischer, gegen den Impfkeim gerichtete **Antikörper**. Die Menge der im Blut vorhandenen Antikörper wird als **Antikörpertiter** bezeichnet. Die Antikörper zirkulieren für eine gewisse Zeit (für jeden Erreger unterschiedlich lange) im Blut und verhindern die Infektion mit gefährlichen Erregern der Erkrankung, gegen die geimpft wurde. Diese Art der Impfung wird als aktive Impfung bezeichnet, da der Körper nach der Stimulation mit dem Impferreger **aktiv** Antikörper bildet. Der Impfstoff wird auch als Vakzine bezeichnet.

Passive Impfung

Bei Jungtieren ist das Immunsystem noch nicht ausgereift. Antikörper gegen Krankheitserreger wurden noch nicht gebildet. Aus diesem Grund erhalten Säugetiere v. a. über das **Kolostrum** (= erste Phase der Muttermilch), aber auch noch einige Zeit mit der normalen Muttermilch **maternale (mütterliche) Antikörper**. Die Antikörper der Mutter schützen die Jungtiere tierartlich unterschiedlich lang (z. B. bei Hund und Katze etwa acht Wochen).

Jungtiere, die kein Kolostrum und keine Muttermilch erhalten können (z. B. bei Flaschenaufzucht mutterloser Welpen) kann man durch ein **antikörperhaltiges Serum** gegen verschiedene Infektionskrankheiten schützen. Mit dem Serum werden den Tieren einige der Antikörper injiziert, die sie normalerweise über die Muttermilch aufnehmen würden. Der Schutz, der durch diese passive Impfung entsteht, hält so lange an, bis die injizierten Antikörper vom Körper wieder abgebaut worden sind (bei Hund und Katze etwa sechs Wochen). Danach kann die aktive Impfung erfolgen. Leider stehen nur für wenige Infektionskrankheiten von Tieren (z. B. Katzenschupfen, Katzenseuche, Parvovirose des Hundes) Impfsera zur Verfügung.

Unterschied zwischen aktiver und passiver Impfung

- **Aktive Impfung**
- Es werden abgeschwächte, abgetötete Keime oder Bruchstücke von Krankheitserregern injiziert. Dadurch angeregt, wird das
- Immunsystem **aktiv** und bildet spezifische spezifische Antikörper.
- **Passive Impfung**
- Es werden Antikörper gegen einige gefährliche Infektionskrankheiten in Form eines Serums injiziert. Das Immunsystem bleibt dabei **passiv.**

Impfdokumentation

Alle Impfungen werden in einen Impfpass eingetragen. Der Impfpass muss eine genaue Identifikation des Tieres ermöglichen (z. B. durch Microchipnummer). Im Europa-Impfpass, der bei Reisen ins Ausland erforderlich ist, ist die Identifikation des Tieres durch Mikrochip inzwischen zwingend vorgeschrieben. Folgende Angaben müssen im Impfpass enthalten sein:

- Name und Anschrift des Tierhalters
- Genaue Beschreibung des Tieres (Tierart, Name, Rasse, Alter, Geschlecht, Fellbeschaffenheit, Chip-Nummer)
- Datum der Impfung
- Wirkungsdauer der Impfung bzw. Datum einer erforderlichen Nachimpfung
- Impfstoff mit Chargen-Nummer und Verfallsdatum (meist wird das Klebeschild von der Impfflasche in den Impfpass eingeklebt)

- Unterschrift des/der impfenden Tierarztes/ Tierärztin

Der Impfpass ist ein Dokument. Tiermedizinische Fachangestellte dürfen den Impfpass vorbereiten, d. h. die Daten des Tierhalters, des geimpften Tieres sowie der erfolgten Impfung in den Impfpass eintragen, diesen aber niemals unterschreiben. Der Tierarzt haftet mit seiner/ihrer Unterschrift dafür, dass die Impfung korrekt durchgeführt wurde.

Bei der Impfung größerer Tierbestände (z. B. Rinder, Schweine, Kaninchen, Hühner, Tauben) werden keine Impfpässe für die einzelnen Tiere ausgestellt, sondern die geimpften Tiere mit Ohrmarkennummer oder Ringnummer auf einer Impfliste aufgeführt. Der Tierarzt trägt den verwendeten Impfstoff mit Chargennummer und Verfallsdatum sowie das Impfdatum unter diese Liste. Nach erfolgter Impfung wird die Liste vom Tierarzt unterschrieben.

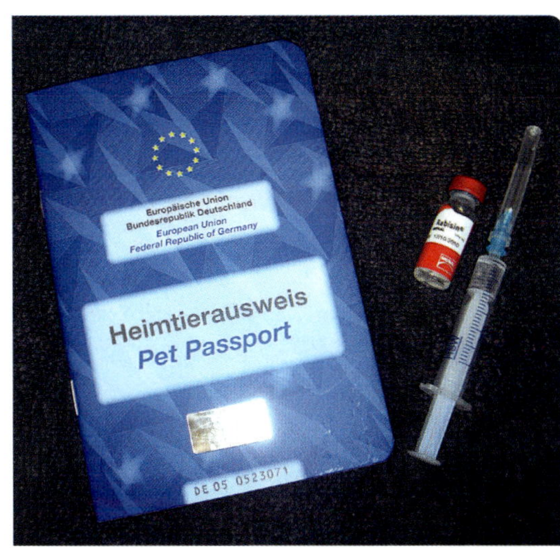

Für den Grenzübertritt innerhalb Europas und in viele andere Länder wird bei Hund, Katze und Frettchen eine gültige (aktive) Tollwutimpfung, ein Europa-Impfpass und ein Mikrochip benötigt.

Mögliche Impfungen gegen Infektionskrankheiten bei Haustieren

Hund

- Borreliose (Viruserkrankung)
- Hepatitis (Viruserkrankung)
- Leptospirose (bakterielle Erkrankung)
- Parvovirose (Viruserkrankung)
- Staupe (Viruserkrankung)
- Tollwut (Viruserkrankung)
- Zwingerhusten (Viruserkrankung)

Katze

- FIP = feline infektiöse Peritonitis (Viruserkrankung), *Impfung über die Nasenschleimhaut; wird kaum noch durchgeführt*
- Katzenschnupfen (Viruserkrankung)
- Leukose (Viruserkrankung)
- Parvovirose = Katzenseuche (Viruserkrankung)
- Tollwut (Viruserkrankung)

Kaninchen

- Chinaseuche = RHD (Viruserkrankung)
- Myxomatose (Viruserkrankung)

Frettchen

- Staupe (Viruserkrankung)
- Tollwut (Viruserkrankung)

Pferde

- Equine Herpesvirusinfektion (Viruserkrankung)
- Pferdegrippe, Influenza, Hoppegartener Husten (Viruserkrankung)
- Tetanus (Bakterielle Erkrankung)
- Tollwut (Viruserkrankung)

5 Tierschutz und Patientenbetreuung
(Nr. 3 des Ausbildungsrahmenplans)

5.1 Tierschutz

5.1.1 Tierschutzgesetz

§ 1 Tierschutzgesetz
Zweck dieses Gesetzes ist es, aus der Verantwortung des Menschen für das Tier als Mitgeschöpf dessen Leben und Wohlbefinden zu schützen. Niemand darf einem Tier ohne vernünftigen Grund Schmerzen, Leiden oder Schäden zufügen.“

5.1.2 Tierschutz im Grundgesetz

Seit 2002 ist der Tierschutz im Grundgesetz (§ 20) verankert:
„Der Staat schützt auch in Verantwortung für die künftigen Generationen die Lebensgrundlagen und die Tiere ...“

5.1.3 Tierhaltung

§ 2 Tierschutzgesetz
„Wer ein Tier hält, betreut oder zu betreuen hat,
1. *muss das Tier seiner Art und seinen Bedürfnissen entsprechend angemessen ernähren, pflegen und verhaltensgerecht unterbringen,*
2. *darf die Möglichkeit des Tieres zu artgemäßer Bewegung nicht so einschränken, dass ihm Schmerzen oder vermeidbare Leiden oder Schäden zugefügt werden,*
3. *muss über die für eine angemessene Ernährung, Pflege und verhaltensgerechte Unterbringung des Tieres erforderlichen Kenntnisse und Fähigkeiten verfügen.*

Tierärzte/Tierärztinnen sowie Tiermedizinische Fachangestellte stehen, aufgrund ihrer beruflichen Qualifikation, bezüglich Lebensgewohnheiten, Verhaltensweisen, artgerechter Haltung, Ernährung und Pflege von Tieren dem Tierhalter gegenüber in einer besonderen Beratungspflicht. Sie sind verpflichtet auf tierschutzrelevante Gegebenheiten (z. B. ungeeignete Unterbringung, falsche Ernährung, Verwahrlosung) hinzuweisen und (bei schweren Verstößen gegen das Tierschutzgesetz) die zuständige Behörde (Veterinäramt – Tierschutz) zu informieren.

Hierzu wird auf Kap. 12, Prävention und Rehabilitation, sowie auf die Merkblätter der Tierärztlichen Vereinigung für Tierschutz e. V., www.tierschutz-tvt.de hingewiesen.

Nach § 3 des Tierschutzgesetzes ist es verboten:
- einem Tier Leistungen abzuverlangen, die seine Kräfte übersteigen
- ein Tier auszusetzen oder es ohne Versorgung zurückzulassen
- ein Tier einer wildlebenden Art, das aufgenommen und aufgezogen wurde, ohne geeignete Auswilderungsmaßnahmen in der freien Natur auszusetzen
- ein Tier so auszubilden oder zu trainieren, dass dadurch Schmerzen, Leiden oder Schäden für das Tier entstehen
- ein Tier zu einer Filmaufnahme, Schaustellung, Werbung oder ähnlichen Veranstaltung heranzuziehen, wenn damit Schmerzen, Leiden oder Schäden für das Tier verbunden sind
- ein Tier an einem anderen lebenden Tier auf Schärfe abzurichten oder zu prüfen
- ein Tier auf ein anderes Tier zu hetzen

- ein Tier zu einem aggressiven Verhalten auszubilden oder abzurichten
- ein Tier zwangszufüttern, wenn dies nicht aus gesundheitlichen Gründen erforderlich ist
- einem Tier Futter zu verabreichen, das ihm schadet
- ein Gerät zu verwenden, das durch direkte Stromeinwirkung das artgemäße Verhalten eines Tieres und seine Bewegung erheblich einschränkt oder es zur Bewegung zwingt

5.1.4 Töten von Tieren

§ 1 Tierschutzgesetz
„... *Niemand darf einem Tier* **ohne vernünftigen Grund** *Schmerzen, Leiden oder Schäden zufügen.*"

Der Tierarzt hat vor allem in folgenden Bereichen mit dem Töten von Tieren zu tun:

- Euthanasie
- Schlachtung
- Schächten
- Keulung (Tierseuchenbekämpfung)
- Schädlingsbekämpfung (z. B. Rattenbekämpfung)
- Tierversuche

Ethische Entscheidungshilfen, wann ein vernünftiger Grund für die Tötung eines Tieres vorliegt, gibt das Merkblatt 101 der Tierärztlichen Vereinigung für Tierschutz e. V.

§ 4 Tierschutzgesetz
„Ein Wirbeltier darf nur unter Betäubung oder sonst, soweit nach den gegebenen Umständen zumutbar, nur unter Vermeidung von Schmerzen, getötet werden. Ist die Tötung eines Wirbeltieres ohne Betäubung im Rahmen weidgerechter Ausübung der Jagd oder auf Grund anderer Rechtsvorschriften zulässig oder erfolgt sie im Rahmen zulässiger Schädlingsbekämpfungsmaßnahmen, so darf die Tötung nur vorgenommen werden, wenn hierbei nicht mehr als unvermeidbare Schmerzen entstehen. Ein Wirbeltier töten darf nur, wer die dazu notwendigen Kenntnisse und Fähigkeiten hat."

Euthanasie
Der Begriff **Euthanasie** kommt es dem Griechischen und bedeutet „schöner Tod". Tiere werden in der Regel durch die Gabe eines überdosierten Narkotikums (Schlafmittel) euthanasiert. Daher spricht man bei der Euthanasie von Tieren auch von „Einschläfern". Der häufigste Grund für das Einschläfern von Tieren ist eine unheilbare Erkrankung oder ein irreparabler körperlicher Schaden, der die Lebensqualität des Tieres übermäßig stark beeinträchtigt. Bei gefährlichen Tieren (z. B. Hunde, die Menschen schwer verletzt oder getötet haben) kann das Einschläfern als Maßnahme der Gefahrenabwehr von der Ordnungsbehörde angeordnet werden. Eine Euthanasie darf nur von Tierärzten vorgenommen werden.

Schlachten
Der Begriff „Schlachten" ist im Fleischhygienerecht definiert als „Töten durch Blutentzug". Nach der Tierschutz-Schlachtverordnung (TierSchlV) müssen Schlachttiere so betreut, beruhigt, betäubt und geschlachtet werden, dass bei ihnen nicht mehr als unvermeidbare Aufregung, Schmerzen, Leiden oder Schäden verursacht werden. Tiere dürfen in Deutschland (mit Ausnahme des rituellen Schlachtens aus religiösen Gründen, für die eine Ausnahmegenehmigung vorliegen muss) nur nach vorangegangener Betäubung (z. B. durch Bolzenschuss, Stromschlag) geschlachtet werden. Beim Schlachten wird dem betäubten Tier die Halsschlagader durchtrennt. Der Tod tritt durch Verbluten ein.

Schächten
Als Schächten wird das **rituelle Schlachten** von Tieren ohne **vorherige Betäubung** aus religiösen Gründen bezeichnet. Im Judentum und Islam ist der Verzehr von Blut verboten. Durch das Schächten wird gesichert, dass das Tier beim Schlachten vollständig ausblutet

und keine Blutrückstände im Körper zurückbleiben. Die Tiere werden mit einem sehr scharfen Messer durch einen einzigen Schnitt quer durch die Halsunterseite getötet. Der Schnitt muss so tief gesetzt werden, dass die großen Blutgefäße sowie Luft- und Speiseröhre durchtrennt werden.

Das Schächten, d. h. das Schlachten ohne vorherige Betäubung ist in Deutschland nach dem Tierschutzgesetz verboten. Es können jedoch Ausnahmegenehmigungen aus religösen Gründen erteilt werden, wenn das Fleisch der geschächten Tiere nur von Personen verzehrt wird, deren Religion es zwingend verbietet, Fleisch nicht geschächteter Tiere zu essen. Alle genehmigten Schlachtungen ohne Betäubung werden vom zuständigen Veterinäramt überwacht.

Keulung

Unter Keulung wird das Töten eines kompletten Tierbestandes einer Region, eines Hofes oder eines Teils des Hofes verstanden. Die Maßnahme kann nach Ausbruch einer **Tierseuche** (z. B. Maul- und Klauenseuche, BSE, Vogelgrippe) durch den Amtstierarzt angeordnet werden, um die Weiterverbreitung der Seuche zu verhindern. Die Rechtsgrundlage ist das Tierseuchengesetz.

Bei einer Keulung wird der komplette Tierbestand einer festgelegten Zone, eines bestimmten Hofes oder eines gewissen Bestandteils eines Hofes getötet. Nach der Keulung werden die Tierkörper so beseitigt (z. B. verbrannt), dass von ihnen keine Ansteckungsgefahr mehr ausgeht.

5.1.5 Tierversuche

Versuche an lebenden Tieren in der Medizin haben das Ziel, neue Therapiemöglichkeiten zu entwickeln und zu erproben. Nur Personen mit einem abgeschlossenen Hochschulstudium in den Fächern Medizin, Tiermedizin oder Zoologie sind berechtigt, Tierversuche durchzuführen. Tierversuche müssen durch die zuständige Behörde (Referat für Veterinärwesen in den Bezirksregierungen) genehmigt werden.

Seit 1998 sind in Deutschland (seit 2004 in der EU) Tierversuche für Kosmetika verboten. Leider werden jedoch noch immer Versuche durchgeführt, da viele Kosmetikhersteller in außereuropäische Länder ausweichen.

5.1.6 Diagnose und Therapie bei Tieren

§ 5 Tierschutzgesetz:
„An einem Wirbeltier darf ohne Betäubung ein mit Schmerzen verbundener Eingriff nicht durchgeführt werden. Die Betäubung warmblütiger Wirbeltiere sowie von Amphibien und Reptilien ist von einem Tierarzt vorzunehmen."

Streng genommen sind damit alle Untersuchungs- und Behandlungsmethoden, die dem Patienten Schmerzen verursachen, nach dem Tierschutzgesetz verboten. Ausgenommen von dieser Vorschrift sind Maßnahmen, die auch beim Menschen ohne Betäubung durchgeführt werden (z. B. Blutabnahmen, Infusionen, Injektionen), die aber unter Umständen bei empfindlichen und sensiblen Tieren ebenfalls (wenn auch nur leichte) Schmerzen verursachen können.

5.2 Umgang mit Tieren

Der Umgang eines Therapeuten mit kranken Tieren ist ein Spagat zwischen der Achtung vor ihrer eigenständigen Persönlichkeit und den notwendigen (häufig gegen den Willen der Tiere gerichteten) Maßnahmen, um ihnen zu helfen.

Eine grobe Behandlung von Tieren ist kein Zeichen von Professionalität, sondern ein Ausdruck von fehlendem Einfühlungsvermögen.

In der Humanmedizin ist die Behandlung eines Patienten gegen seinen Willen strafbar. Lediglich bei Kindern werden (mit Einverständnis ihrer Eltern) medizinische Maßnahmen durchgeführt, auch wenn sich die Kinder aus Angst zunächst widersetzen. Niemand jedoch käme auf die Idee, einem schreienden oder um sich schlagenden Kind z. B. eine Handfessel anzulegen oder es in eine Zwangsjacke zu stecken, um es zu behandeln. Vergleichbare Zwangsmaßnahmen, die teilweise bei Tieren angewandt werden, um eine therapeutische Maßnahme durchzusetzen, würden beim Menschen zu schweren psychischen Verletzungen führen, die das weitere Leben des Opfers schwer belasten könnten.

Bei Tieren ist die Fähigkeit, eine für sie unangenehme Maßnahme zu verstehen sowie der Grad ihrer Verletzlichkeit mit denen eines dreijährigen Kindes vergleichbar. Wenn tierische Patienten sich gegen eine Behandlung wehren, dann ist das Motiv sicherlich nicht Bösartigkeit, sondern Angst und instinktiver Selbsterhaltungstrieb. Unter Zwang können dann Abwehrreaktionen zu kaum kontrollierbarer Panik eskalieren.

In manchen Fällen ist daher eine Sedation oder Narkose nötig, um einem überängstlichen Tier das bewusste Miterleben unangenehmer Manipulationen zu ersparen. Schmerzhafte Eingriffe dürfen nach dem Tierschutzgesetz grundsätzlich nur unter Schmerzausschaltung (Lokalanästhesie, Allgemeinanästhesie) durchgeführt werden.

Der Tierarzt sowie Tiermedizinische Fachangestellte haben jedoch auch die Möglichkeit, den Patienten von der Notwendigkeit seiner diagnostischen und therapeutischen Maßnahmen „zu überzeugen“ und ihm die Angst zu nehmen. Um dies zu erreichen, sollten folgende Grundregeln beachtet werden:

- **Achtung und Respekt vor der individuellen Persönlichkeit des Tieres.**
  Jedes Tier (sei es auch noch so klein) ist eine eigenständige Persönlichkeit und verdient Achtung und Respekt. Beim Umgang mit Tieren sollte dieser Grundsatz immer im Vordergrund stehen.
- **Langsame Bewegungen**
  Schnelle Bewegungen sind für viele Tiere gleichbedeutend mit einer Angriffsituation, der sie am liebsten durch Flucht und, wenn dies nicht möglich ist, durch Abwehr entgegentreten. Daher sollte man sich beim Umgang mit tierischen Patienten sehr langsam bewegen und (auch in Notfallsituationen) keinerlei Hektik zeigen.
- **Kontakt aufnehmen**
  Vor jeder Untersuchung oder Behandlung ist es erforderlich, mit dem Patienten Kontakt aufzunehmen. Das erfolgt am besten durch Reden und Blickkontakt. Viele Tiere weichen dem Blick zunächst aus. Wenn man den Patienten jedoch direkt anschaut und ihn dabei mit ruhigen Worten anredet, wird man sehr schnell mit ihm in Verbindung treten. Das gilt für alle Tierarten (auch für kleinere Tiere wie Vögel, Mäuse, Ratten oder Hamster).
  Auch wenn es für einen Außenstehenden noch so unsinnig erscheinen mag, sollte man mit dem Tier wie mit einem erwachsenen Menschen reden und ihm jede Maßnahme, die man durchführen will, im voraus ankündigen und erklären. Es hat sich gezeigt, dass man auch sehr ängstliche Tiere auf diese Weise beruhigen und „überzeugen“ kann. Ganz gleich, ob die Tiere den Inhalt der Worte verstehen oder nicht – allein die ruhige Aufmerksamkeit, die ihnen entgegengebracht wird, beruhigt sie in vielen Fällen. Das Reden sollte mit leiser, möglichst dunkler Stimme erfolgen. Viele Tiere reagieren positiv, wenn man mit ihnen flüstert. Bei manchen sehr aufgeregten Patienten hilft auch das Singen z. B. eines Kinderliedes oder (v. a. bei Vögeln) Pfeifen. Eine Manipulation „über den Kopf des Patienten hinweg“ (z. B. eine Behandlung bei gleichzeitiger Unterhaltung mit dem Tierhalter) führt häufig zu massiven Abwehrbewegungen, da sich die Tiere nicht ernst genommen und bedroht fühlen.

- **Aufmuntern**
  Mitleid und Bedauern (v. a. durch den Tierhalter) führen bei Tieren häufig zu einer Verstärkung der Angst. Möglicherweise wird eine besondere Gefährlichkeit der Situation assoziiert, wenn sogar das eigene „Herrchen" oder „Frauchen" ein verändertes Verhalten zeigt und zu trösten versucht. Es hat sich gezeigt, dass ein unverkrampftes, fröhliches und zuversichtliches Auftreten im Beisein eines tierischen Patienten auch dessen Zuversicht stärkt.

5.3 Handling von Tieren

5.3.1 Eigenschutz

Die meisten tierischen Patienten sind in der Regel friedlich und kooperativ. In der Praxis eines Tierarztes befindet sich ein Tier jedoch in einer **Ausnahmesituation**. Ein fremder Mensch will es anfassen und der Tierhalter, der normalerweise ein zuverlässiger Verbündeter ist, lässt dies zu. Dazu kommen noch Unwohlsein oder sogar Schmerzen aufgrund einer bestehenden Erkrankung. Sehr schnell entsteht für einen vierbeinigen oder geflügelten Patienten das Gefühl, ohne Schutz einer gefährlichen Situation ausgeliefert zu sein. Er reagiert mit Panik. Je nach Charakter wird er versuchen zu fliehen oder sich zu wehren, um sich zur retten. Jedes auch noch so friedliche Tier, das in eine solche Situation gedrängt wird, kann plötzlich vom Untersuchungstisch springen (und sich dabei selbst verletzen), sowie beißen oder kratzen. Fast alle Tierarten sind in der Lage, einem Menschen ernsthafte Verletzungen zuzufügen, die im schlimmsten Fall zur Berufsunfähigkeit oder Invalidität führen können. Aus diesem Grunde steht der Eigenschutz bei jeder Untersuchung und Behandlung eines tierischen Patienten an erster Stelle.

Wichtige Eigenschutzmaßnahmen sind:

- **Vertrauen aufbauen**
  Niemals ohne Vorwarnung auf ein Tier zugehen und es anfassen. Wichtig ist das Reden mit dem Patienten mit leicht abgedunkelter und leiser Stimme (siehe oben). Wenn möglich, sollte man ihm dabei in die Augen schauen. Ruhiges Vorgehen (Bewegungen wie in Zeitlupe) und das Vermeiden jeglicher Hektik schaffen eine ausgeglichene Atmosphäre, in der sich das Tier entspannen kann.
- **Distanz halten**
  Der Therapeut sollte mit eigenen empfindlichen Körperteilen (z. B. Gesicht, v. a. Augen) immer soweit räumliche Distanz vom Patienten wahren, dass er vor spontanen und unerwarteten Angriffen geschützt ist.
- **„Fluchtbereit" bleiben**
  Bei der Untersuchung eines größeren Tieres (z. B. eines Pferdes oder großen Hundes), die nicht auf dem Untersuchungstisch stattfindet, empfiehlt es sich, nur soweit neben dem Tier in die Hocke zu gehen, dass man im Notfall sofort wieder aufstehen und ausweichen kann. Auf gar keinen Fall darf man sich neben das Tier auf den Boden setzen. Bei einem eventuellen Angriff würde man nicht mehr rechtzeitig aus dieser Position herauskommen.
- **Fixieren**
  Zum Festhalten eines Tieres zur Untersuchung und Behandlung werden spezielle Handgriffe empfohlen, die eine Eigengefährdung ausschließen (siehe unten). Bei Manipulationen, bei denen der Behandler beide Hände benötigt und dadurch das Tier nicht selbst festhalten kann, sollte der Patient durch eine Hilfsperson fixiert werden. Dabei ist besonders auf die wehrhaften Körperteile (Zähne, Schnabel, Krallen) zu achten.Die Tiere müssen so gehalten werden, dass sie mit diesen „Waffen" keinen Schaden anrichten können.

- **Hilfsmittel**
  Hilfsmittel zum Eigenschutz sind z. B. Lederhandschuhe, Maulkorb, Decke, Nasenbremse bei Pferden.
  Handschuhe schützen vor Bissen mit Zähnen und Schnäbeln sowie vor Kratzern (z. B. durch scharfe Katzenkrallen). Ein **Maulkorb** sollte im Zweifelsfall bei sehr ängstlichen sowie bei aggressiven Hunden immer angelegt werden. Besonders wehrhaften kleineren Tieren (z. B. Katzen) kann man in eine **Decke** einwickeln und nur die Teile des Tieres von der Decke freilegen, die man untersuchen möchte (z. B. ein Bein zur Blutabnahme, den Brustbereich zum Abhören des Herzens). Die **Nasenbremse** besteht aus einem Griff und einer daran befestigten Schlaufe. Die Schlaufe wird dem Pferd um die Oberlippe gelegt und in sich verdreht. Die Oberlippe wird dadurch leicht gequetscht. Das führt bei Pferden zur Ausschüttung von Endorphinen (körpereigener Beruhigungsstoffe), die beruhigend und schmerzlindernd wirken.
- **Zwangsmaßnahmen**
  Zwangsmaßnahmen sollten nur in absoluten Notsituationen vorgenommen werden (wenn die Gefahr besteht, dass der Untersucher verletzt wird). Vor allem Katzen reagieren auf Zwang sehr empfindlich. Wer z. B. eine Katze in einem Zwangskäfig an die Wand drückt, um ihr eine Spritze zu verabreichen, oder einem Hund den Mund mit Gewalt zubindet, kann kaum erwarten, mit diesen gedemütigten Tieren ein Vertrauensverhältnis aufbauen zu können. Das ist jedoch die Grundvoraussetzung für eine erfolgreiche Weiterbehandlung.
- **Belohnung**
  Nach erfolgter Behandlung sollte das Tier belohnt werden, damit ihm eine positive Erinnerung an die Praxis zurückbleibt. Belohnungen können z. B. Kekse, getrocknete Pansenstreifen, Vitaminpasten (bei Frettchen und Katzen), Karotten (beim Pferd), Nüsse (bei Ratten) oder (bei Tieren, die aufgrund ihrer Erkrankung keine Leckereien erhalten dürfen), lobende Worte und Streicheleinheiten sein.

5.3.2 Handgriffe zum Fixieren eines Tieres

Hund

Zur Untersuchung wird ein Hund von einer Hilfsperson so gehalten, dass er den Untersucher nicht beißen kann. Das gelingt, wenn die Hilfsperson den Hund mit seiner Längsseite an den eigenen Körper drückt und gleichzeitig

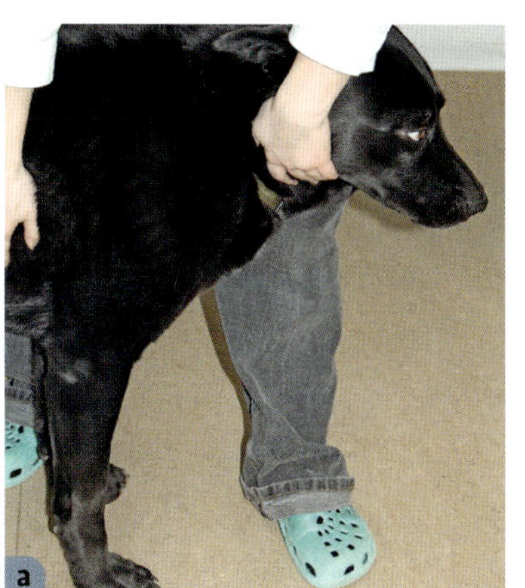

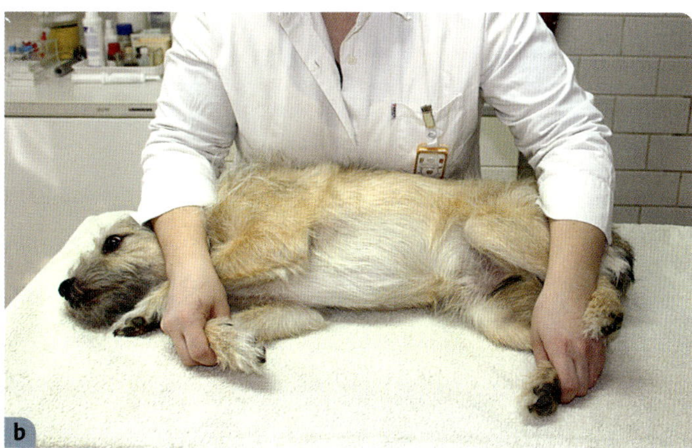

Fixierung eines Hundes von einer Hilfsperson zur Untersuchung a) auf dem Boden, b) auf dem Behandlungstisch.

den Kopf mit der Hand fixiert. Besteht die Gefahr, dass der Hund dennoch beißt, kann die Hilfsperson mit einer Hand vorsichtig (aber sicher) den Nasenrücken und Unterkiefer umgreifen und so das Öffnen des Mundes verhindern. Bei größeren Hunden ist unter Umständen das Anlegen eines Maulkorbes ratsam. Dabei ist jedoch darauf zu achten, dass diese Maßnahme dem Tier möglichst nicht als demütigende Zwangsmaßnahme, sondern eher als Spiel erscheint. Manche Hunde, die öfter in die Praxis kommen und daher mit dem Maukorb bereits vertraut sind, sind sogar stolz, ihn zu tragen, da sie dafür immer gelobt werden und im Anschluss an die Untersuchung eine Belohnung erhalten.

Katze

Zur Untersuchung einer Katze wird das Tier (wie der Hund) mit ihrer Längsseite mit dem Ellbogen, dem Unterarm und der Hand der Hilfsperson an deren Körper gedrückt. Durch leichtes Beugen über die Katze wird Druck von oben auf den Tierkörper ausgeübt, so dass sie nicht nach oben „buckeln" kann. Der zweite Arm des Helfers legt sich von vorne um den Hals des Tieres. Der Kopf wird mit der Hand, die Vorderläufe durch den Druck des Ellbogens fixiert.

Der Nackengriff zur Ruhigstellung einer Katze ist beim erwachsenen Tier als demütigende Zwangsmaßnahme zu werten und sollte nicht durchgeführt werden. Welpen bis zum Alter von 3 Monaten sind an den Nackengriff (der auch von der Mutter zum Tragen ihrer Jungen angewandt wird) noch gewöhnt. Bei ihnen kann er (als Notmaßnahme) noch angewandt werden, ohne die Tiere zu demütigen. Allerdings sollten die Tiere nicht am Nacken hochgehoben werden. Es besteht die Gefahr, dass durch das Körpergewicht der Tiere schmerzhafte Unterhauteinrisse und Blutergüsse im Nackenbereich entstehen.

Kaninchen und Meerschweinchen

Kaninchen und Meerschweinchen werden ebenfalls von einer Hilfsperson oder vom Tierhalter mit ihrer Längsseite an den Körper des Halters gepresst und der Kopf durch eine Hand gesichert. Beim Hochheben muss darauf geachtet werden, dass sich der Druck auf den Körper verteilt. Dies gelingt, indem eine Hand den Brustkorb und die andere Hand den hinteren Körperteil unterstützt. Hebt man ein Kaninchen hoch, indem man es nur an der Brust umfasst, besteht die Gefahr, dass die Tiere mit den Hinterbeinen schlagen und sich dabei selbst die Wirbelsäule verletzen. Kaninchen dürfen nie an den Ohren hochgehoben werden. Oft hilft es, übermäßig ängstliche Tiere zu beruhigen, indem man ihnen die Augen (mit der Hand oder einem Tuch) abdeckt. Der

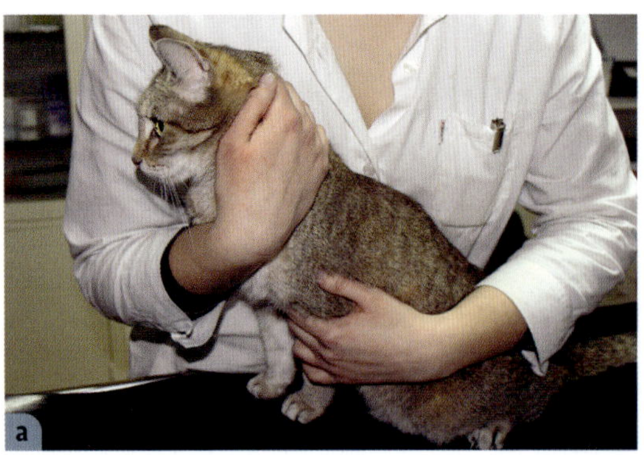
a

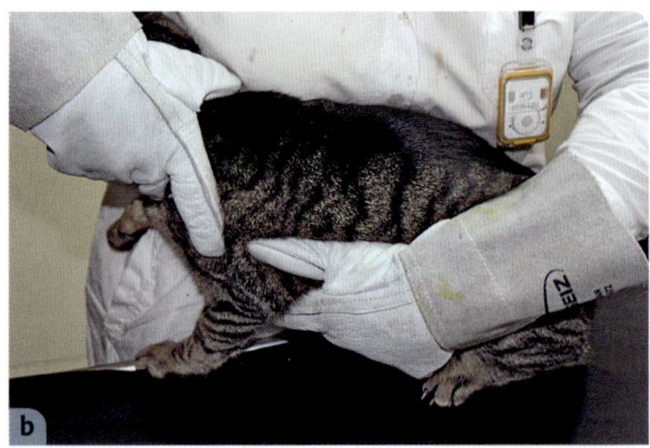
b

Fixierung einer Katze auf dem Behandlungstisch: a) kooperative Katze, b) wehrhafte Katze.

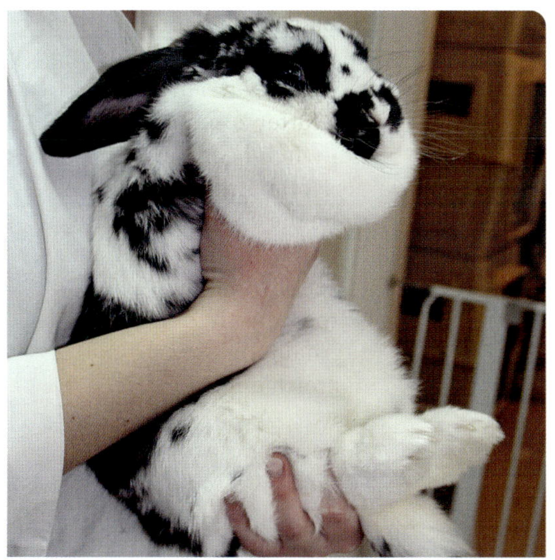

Richtiges Hochheben eines Kaninchens.

Nackengriff ist bei Meerschweinchen und Kaninchen nicht zu empfehlen, da neben der demütigenden Wirkung auf die Tiere Unterhautgewebe verletzt werden kann.

Ratte, Maus, Hamster

Kleinnager werden mit der (behandschuhten) Hand von oben gleichzeitig um den Brustkorb und den Bauch umfasst und hochgehoben. Hier ist es manchmal (bei sehr wehrhaften Tieren) nicht zu umgehen, vorsichtig mit Daumen und Zeigefinger der umgreifenden Hand das Nackenfell zu fassen. Dadurch wird verhindert, dass sich die Tiere in der Hand des Untersuchers umdrehen und beißen. **Ratten und Mäuse dürfen niemals am Schwanz hochgehoben werden.** Es besteht die Gefahr, dass sich die Haut des Schwanzes dabei ablöst. Die dadurch entstehende großflächige Verletzung heilt meist nicht mehr ab, so dass eine Schwanzamputation erforderlich wird.

Hamster sind nachtaktive Tiere. Sie werden häufig tagsüber schlafend in die Praxis gebracht. Bevor man sie untersucht, sollte man sie schonend aufwecken und ihnen Zeit zur

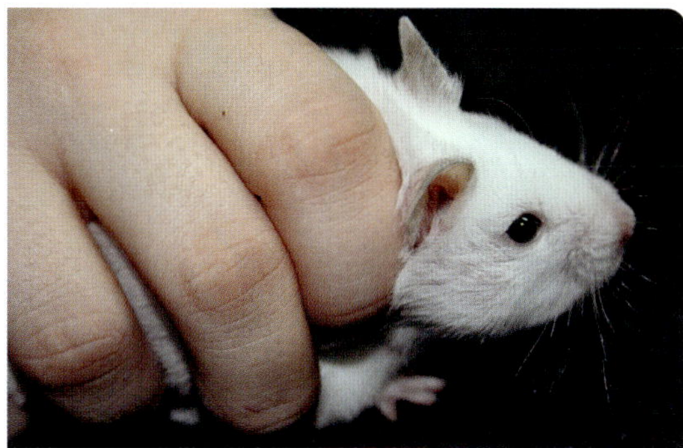

Fixieren einer Ratte.

Orientierung lassen. Wenn sie plötzlich aufgeschreckt und angefasst werden, können sie fest zubeißen.

Vögel

Viele, v. a. kleine Vogelarten, sind sehr schockanfällig, sodass das Herausfangen aus dem Käfig mit einem Risiko verbunden ist. Die beste und schonendste Methode ist das „Abpflücken“ von der Stange im Dunkeln. Der Raum wird dazu völlig abgedunkelt. Bevor das Licht gelöscht wird, muss man sich genau den Sitzort des Vogels einprägen. Die meisten Vögel können im Dunkeln Bewegungen schlecht erkennen, sodass man sie ohne viel Mühe ergreifen kann. Der erste Griff sollte „sitzen“.

Kleinere Vögel werden so gehalten, dass der Rücken des Vogels in der Handfläche liegt. Der Kopf wird dann zwischen Daumen und Zeigefinger fixiert (= Zangengriff). Mittel,- Ring- und kleiner Finger der Hand halten den Rumpf des Tieres und die Beine. Die Brust muss frei bleiben, da Vögel zum Atmen lediglich die dünne Brustmuskulatur zur Verfügung haben. Wird Druck auf diese Muskulatur ausgeübt, kann das Tier ersticken. Um zusätzliche Kreislaufbelastungen zu vermeiden, sollte der Kopf des Patienten immer nach oben gerichtet sein.

Größere Vögel können mit ihrem Schnabel ernsthafte Verletzungen zufügen. Daher empfiehlt es sich, den Tieren ein Tuch über den

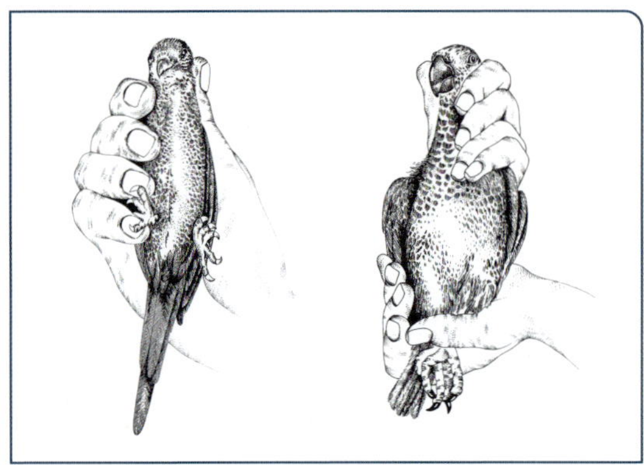

Fixierung von Vögeln. Die Brust muss frei bleiben, damit der Vogel atmen kann.

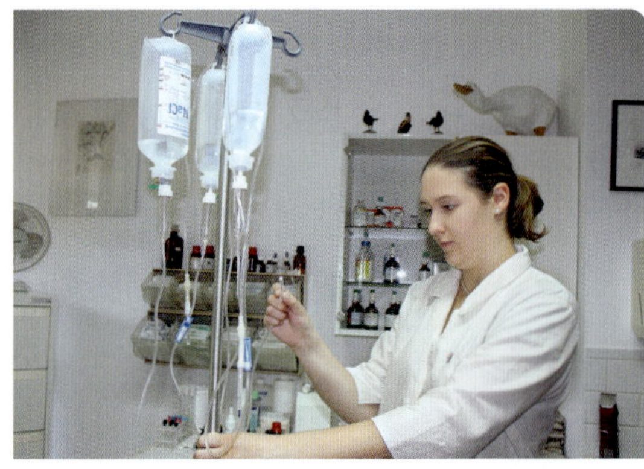

Kontrolle der Infusionsflaschen.

Kopf zu stülpen und sie dann schnell und mit sicherem Griff zu greifen. Dabei wird der Kopf als erstes fixiert. Mit der anderen Hand werden die oft sehr wehrhaften Füße festgehalten. Feste Lederhandschuhe, die bis über das Handgelenk hinaus reichen, empfehlen sich beim Greifen und Untersuchen größerer Vogelpatienten als Eigenschutz.

5.4 Versorgung stationärer Tiere

Die tierartgerechte und verhaltensgemäße Versorgung stationärer Tiere setzt Kenntnisse über die tierartlich unterschiedlichen Bedürfnisse voraus (siehe Kap. 12 Prävention und Rehabilitation). Tiermedizinische Fachangestellte sorgen für das Wohlbefinden stationärer Tiere durch:

- **Situationsgerechte Unterbringung** z. B. Polstern von Käfigstangen, Wärmeflasche bei unterkühlten Patienten, stressminderndes Aufstellen der Käfige, weiche Unterlage bei Brüchen und Verletzungen
- Tägliche und bei Bedarf wiederholte **Reinigung der Käfige und Boxen**
- **Artgerechte Fütterung**
- **Körperpflege.** Z. B. Fellpflege, Augen „ausputzen", Waschen von mit Sekret verschmutzten Körperöffnungen
- **Psychische Betreuung**, z. B. Ansprechen, Streicheln, Spielen
- **Intensivpatienten** benötigen darüber hinaus besondere Maßnahmen, die von Tiermedizinischen Fachangestellten durchgeführt werden. Beispiele für Intensivpflegemaßnahmen sind:
  Sondenernährung: Die Tiere erhalten eine flüssige Sondennahrung mit der Spritze eingegeben oder über eine Ernährungssonde verabreicht.
  Infusionen: Die Patienten erhalten über eine Venenverweilkanüle (Venenkatheter, Flexüle) oder subcutane Infusionen. Tiermedizinische Fachangestellte kontrollieren den korrekten Sitz der Venenkatheter sowie die Tropfgeschwindigkeit der Infusion und wechseln (wenn vom Tierarzt/von der Tierärztin verordnet) die Infusionsflaschen nach Bedarf aus.

Eingeben und Anwenden von Medikamenten
Tiermedizinische Fachangestellte verabreichen (nach tierärztlicher Verordnung) Medikamente in Form von Tabletten, als Suspension oder Tropfen, geben Augensalben in die Augen der Patienten ein oder wenden Medikamente auf der Haut an.

6 Kommunikation

(Nr. 4 des Ausbildungsrahmenplans)

6.1 Kommunikationsformen und Kommunikationsmethoden

6.1.1 Verbale und nonverbale Kommunikation

Unter Kommunikation versteht man jede Art der Übertragung von Nachrichten und Informationen unter Lebewesen.

Dabei wird unter **verbaler** und **nonverbaler** Kommunikation unterschieden:

- **Verbale Kommunikation**
  Als verbale (lat. verbal = mit Hilfe der Lautsprache) Kommunikation bezeichnet man die Informationsübertragung durch **gesprochene** Worte.
- **Nonverbale Kommunikation**
  Die nonverbale Kommunikation ist die älteste Form der Verständigung zwischen Lebewesen. Sie besteht aus Gesten, Mimik und anderen optischen Zeichen (z. B. Körperhaltung, Kleidung). Die nonverbale Kommunikation wird auch als **Körpersprache** bezeichnet. Die Körpersprache ist häufig unbewusst, daher drückt sie in der Regel eher die eigentlichen Gefühle und Meinungen aus als Worte. Sie kann jedoch auch **bewusst zur Unterstützung** der verbalen Informationsübermittlung eingesetzt werden.
  Menschen kommunizieren im Kontakt mit anderen in der Regel auf beiden Ebenen

Nonverbale Einladung zum Eintreten.

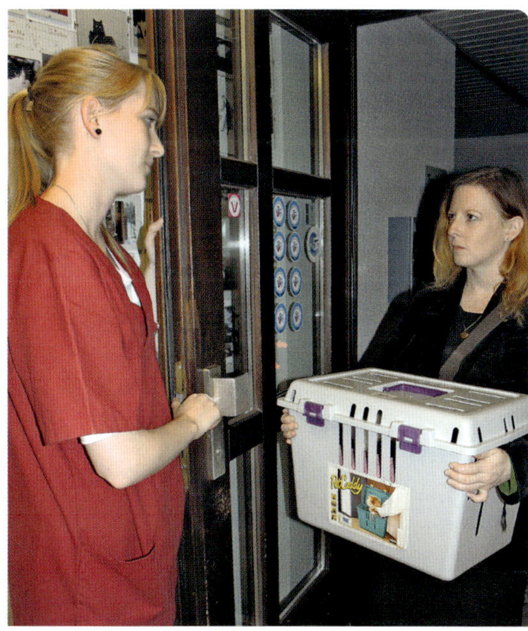

Nonverbale Ablehnung (trotz verbaler Einladung).

(verbal und nonverbal) gleichzeitig. Dabei kann die Körpersprache mit dem Inhalt der gesprochenen Worte übereinstimmen oder etwas ganz anderes ausdrücken.

Beispiel:
Eine Patientenbesitzerin kommt 10 Minuten vor Beendigung der Sprechstunde mit drei Hunden zur Jahresuntersuchung. Die Tiermedizinische Fachangestellte weiß, dass eine gründliche Untersuchung und Impfung von drei Hunden längere Zeit in Anspruch nehmen wird und dass sie deshalb nicht pünktlich nach Hause gehen kann. Die Patientenbesitzerin entschuldigt sich für ihr spätes Kommen und gibt einen wichtigen Grund (z. B. Verspätung der U-Bahn) dafür an. Die Reaktion der TFA kann folgendermaßen sein:

Reaktion 1:

- **Verbal**
  „Das ist kein Problem, Frau Maier. Natürlich haben wir noch Zeit für Sie. Bitte kommen Sie doch herein."
- **Nonverbal**
  Die TFA lächelt. Die Körperhaltung ist locker. Eine mit dem Arm ausgeführte einladende Geste zum Eintreten verstärkt die verbale Aufforderung.

= die nonverbale Information stimmt mit der verbalen überein. Die Patientenbesitzerin fühlt sich (trotz der Verspätung) willkommen und kommt gerne wieder.

Reaktion 2:

- **Verbal**
  „Das ist kein Problem, Frau Maier. Natürlich haben wir noch Zeit für Sie. Bitte kommen Sie doch herein!"
- **Nonverbal**
  Die TFA lächelt nicht. Die Körperhaltung ist abwehrend, starr und verkrampft. Die Hände sind vor der Körpermitte verschränkt.

= die Patientenbesitzerin fühlt sich nicht willkommen (evtl. sogar wegen der Verspätung schuldig). Sie spürt die nonverbale Ablehnung, wird das ungute Gefühl in Erinnerung behalten und nicht mehr so gerne (vielleicht sogar gar nicht mehr) in die Praxis kommen.

Wenn sich verbale Kommunikation und Körpersprache (nonverbale Kommunikation) widersprechen, spricht man von **Double-Bind-Kommunikation**. Double-Bind-Informationen verwirren und verursachen ein ungutes Gefühl, da der Empfänger der widersprüchlichen Information merkt, dass etwas nicht (überein) stimmt.

6.2 Kommunikationsebenen

Man unterscheidet drei verschiedene Ebenen der Kommunikation, die unterschiedliche Botschaften vom Sender zu einem (oder mehreren) Empfänger übertragen: Die **Inhaltsebene**, die **Prozessebene** und die **Beziehungsebene**. Häufig wird in einem Gespräch auf mehreren Ebenen kommuniziert.

Inhaltsebene
Auf der Inhaltsebene werden reine Sachverhalte vermittelt. Je komplizierter der Sachverhalt ist (z. B. mathematische Formeln), desto schwerer kann er durch Körpersprache (nonverbale Kommunikation) dargestellt werden. Hier wird vorwiegend die verbale Kommunikation eingesetzt.

Prozessebene
Auf der Prozessebene werden Informationen vermittelt, die den Ablauf einer Situation organisieren. Solche Informationen sind z. B. in einer Notfallsituation (eine verunfallte Katze oder Ausbruch eines Feuers) Aufforderungen wie „Legen Sie die Katze vorsichtig hier auf den Untersuchungstisch!" oder „Gehen Sie zum Notausgang!". Auch auf dieser Kommunikationsebene haben die gesprochenen Worte einen

höheren Stellenwert als die Körpersprache. Allerdings kann die Körperhaltung (z. B. aufrechte, „stramme“ Haltung) Autorität vermitteln und so die Wirkung der Worte verstärken.

Beziehungsebene
Auf der Beziehungsebene werden Gefühle (z. B. Sympathie, Interesse) als Information vermittelt. Diese Kommunikationsebene verläuft im Berufsleben überwiegend nonverbal. Sie kann jedoch auch verbal z. B. mit folgenden Sätzen „Ich finde Sie sehr sympathisch“ oder „Ich finde das sehr interessant, was Sie gerade gesagt haben“ unterstützt werden.

6.3 Regeln der verbalen Kommunikation

Um erfolgreich kommunizieren zu können, d. h. um Informationen so zu vermitteln, dass sie den Empfänger auch so erreichen, wie sie gemeint sind und Informationen aufzunehmen und so zu verstehen, wie der Sender sie gemeint hat, sind folgende Regeln unerlässlich: **Zuhören**, **Analysieren** und **Selbstwahrnehmung**.

- **Zuhören**
  Nur durch Zuhören ist es möglich zu erfahren, was der Kommunikationspartner mitteilen möchte. Dabei ist es wichtig (und höflich zugleich), ihn aussprechen zu lassen, auch dann, wenn man zu Beginn eines Satzes den Sinn der Mitteilung bereits zu kennen glaubt. Dadurch können Missverständnisse vermieden werden.
- **Analysieren**
  Um adäquat (angemessen) antworten oder reagieren zu können, sollte das Gehörte analysiert werden. Dies kann nur geschehen, wenn zuvor aktiv zugehört worden ist. Wichtig dabei ist, auf welcher Kommunikationsebene (Inhaltsebene, Prozessebene, Beziehungsebene) die Information vermittelt wurde, um zu entscheiden, ob man auf der gleichen oder einer anderen Kommunikationsebene antworten möchte. Entscheidend für die richtige Reaktion auf die gehörte Information ist auch, **wie** sie vermittelt wurde. Anhand von **Intonation** (Betonung), **Modulation** (Tonhöhe), **Sprechtempo** und **Lautstärke** der gesprochenen Worte und Sätze ist es möglich, die Wichtigkeit der Information sowie die Gefühlslage des Kommunikationspartners zu erkennen.
- **Selbstwahrnehmung in der verbalen Kommunikation**
  Um einem Kommunikationspartner angemessen antworten oder auf ihn reagieren zu können, muss man sich selbst, die eigene Ausdrucksweise und Wortwahl „im Blick haben“. Beispielsweise können manche Ausdrücke und Redewendungen, die im privaten Leben spontan und ohne Überlegung verwendet werden, in vielen Situationen im Berufsleben unpassend sein. Es gilt das Motto: „Erst denken, dann reden“.

6.4 Aspekte der nonverbalen Kommunikation

Die nonverbale Kommunikation läuft meist unbewusst ab. Sie kann jedoch auch **bewusst** zur Unterstützung der Sprache eingesetzt werden, indem sie veranschaulicht, verdeutlicht und betont, was gesagt wird. Dabei geht es nicht darum, eine Körpersprache zu erlernen, sondern darum, sie bei anderen zu erkennen und zu verstehen (Fremdwahrnehmung). Nur dann ist es möglich, unbewusste Körpersprache bei sich wieder zu erkennen (Selbstwahrnehmung) und der jeweiligen Situation bewusst anzupassen, um damit eine positive Unterstützung der verbalen Aussage zu erreichen. Doch Vorsicht: eine übertriebene Körpersprache kann auch das Gegenteil erreichen und auf den Gesprächspartner befremdlich wirken. Es hat sich bewährt, verschiedene Gebärden alleine vor dem Spiegel auszuführen und zu prüfen, ob sie natürlich aussehen.

Die Ausdrucksformen der nonverbalen Kommunikation sind:

- **Gestik** = Bewegungen von Händen, Armen und Kopf
- **Mimik** = Gesichtsausdruck
- **Blickkontakt** = Dauer und Richtung des Blicks
- **Körperhaltung** = Haltung von Körper und Kopf sowie der Art des Stehens und Sitzens
- **Distanzverhalten und Nähe** = Entfernung der Kommunikationspartner voneinander
- **Körperkontakt** = Kontakt durch Berührung
- **Kleidung**

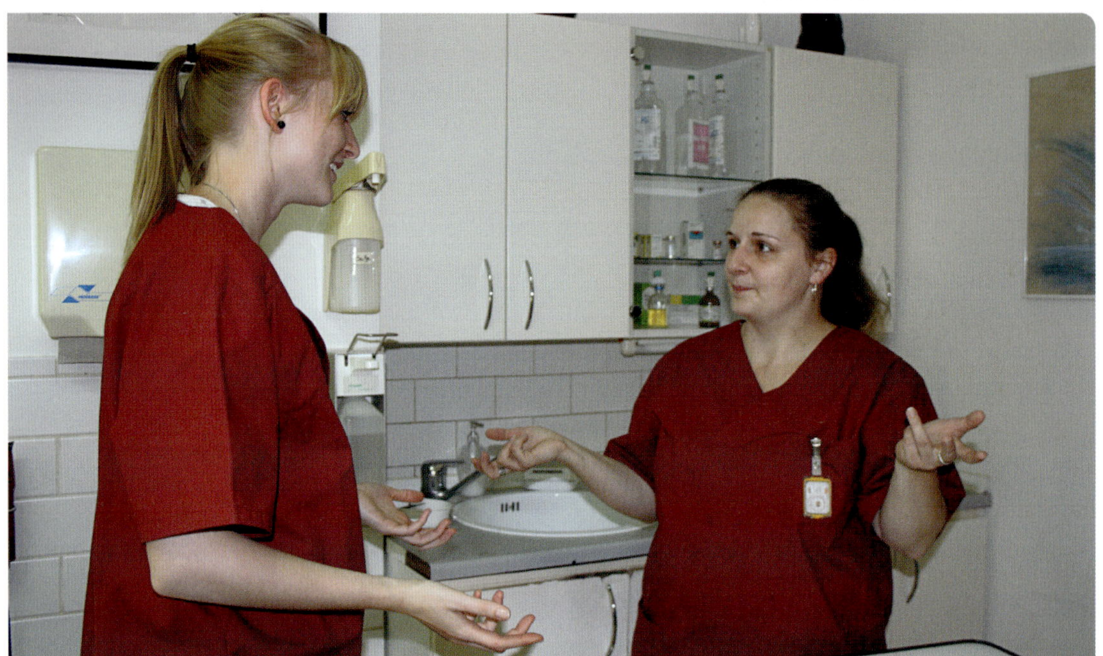

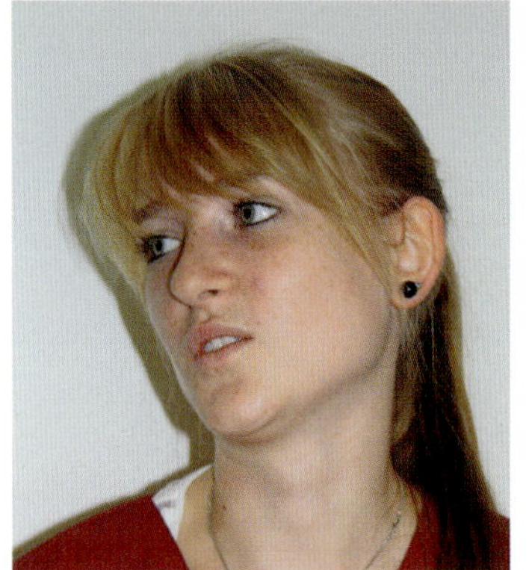

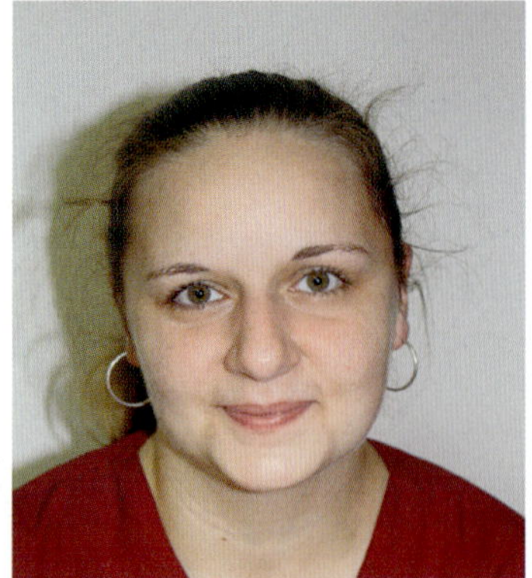

Nonverbale Kommunikation: Gestik, Mimik, Blickkontakt, Körperhaltung, Distanzverhalten, Körperkontakt, Kleidung.

Gestik

Eine Geste (Beispiel siehe Foto) kann einer Aussage mehr Bedeutung verleihen.

Mimik

Zur Mimik gehören z. B. Lächeln, Augenzwinkern, Augenbrauen hochziehen, den Mund verziehen oder die Nase rümpfen. Eine Mimik kann beim Gesprächspartner positive Gefühle hervorrufen, aber auch provozieren oder verletzen. Sie sollte einer Situation angemessen eingesetzt werden.

Ganz gleich wie freundlich die Worte, die man während eines Gespräches wählt, gemeint sind – mit einem mürrischen Gesicht gesprochen, verlieren sie ihre Wirkung und verschrecken eher. Ein Lächeln dagegen wirkt oft Wunder, auch wenn unangenehme Nachrichten übermitteln werden müssen.

Blickkontakt

Positives Zuhören wird durch eine leichte Neigung des Kopfes mit freundlichem Augenkontakt unterstützt. Jemandem beim Reden nicht in die Augen zu schauen ist nicht nur unhöflich, sondern signalisiert Unsicherheit.

Körperhaltung

Eine aufrechte, gerade Körperhaltung signalisiert Selbstbewusstsein und Kompetenz (Sachverständigkeit).

Abstand halten

Das Einhalten eines akzeptablen Abstands zu dem Gesprächspartner ist ein Teil der Körpersprache. Er ändert sich je nach Situation und Person. Menschen signalisieren mit ihrer Körpersprache deutlich, dass man ihnen „zu nahe getreten“ ist, indem sie z. B. einen Schritt zurücktreten. Um nicht über persönliche Grenzen zu gehen, sollte man den per-

a

Körperkontakt: a) erwünscht, b) unerwünscht.

sönlichen Raum, den ein Mensch benötigt, respektieren.

Körperkontakt

Die Entscheidung, ob Körperkontakt, wie das Umarmen eines Patientenbesitzers (z. B. bei der Trauerbewältigung nach dem Tod eines geliebten Haustiers) angemessen ist, erfordert Einfühlsamkeit und „Fingerspitzengefühl". Manche Menschen scheuen jegliche körperliche Berührung, andere wiederum finden darin Trost. Die Körpersprache des trauernden Patientenbesitzers gibt in der Regel Auskunft darüber, ob eine Berührung erwünscht ist oder besser vermieden werden sollte. Meist sind es nur ganz winzige Bewegungen zu dem Tröstenden hin oder von ihm weg, eine abwehrende Handbewegung, ein zu dem Tröstenden leicht gebeugter Oberkörper oder vor dem Körper verschränkte Arme, die den Wunsch nach Nähe oder Distanz signalisieren.

Kleidung

Ordentliche und saubere Kleidung (in der Praxis Arbeitskleidung), sauber geputzte Schuhe sowie eine gepflegte Frisur machen einen seriösen und gewinnenden Eindruck. Studien belegen, dass die Kleidung eines Gesprächspartners einen wesentlichen Einfluss darauf hat, ob die von ihm im Gespräch übermittelte verbale Information ernst genommen wird oder nicht.

Kulturelle Unterschiede

Die nonverbale Sprache ist von Land zu Land verschieden. Das amerikanische Zeichen für O. K. mit Daumen und Zeigefinger kann z. B. einen Bürger aus Skandinavien beleidigen. Händeschütteln ist in England nicht üblich, während amerikanische Bürger dies gerne tun. Mit dem Finger auf eine Person deuten, gilt in China und Tailand als unverschämt. Als Frau einen fremden moslemischen Mann oder als Mann eine moslemische Frau zum Trost zu umarmen gilt oft als Affront (schwere Beleidigung).

6.5 Gesprächsführung

Bei jedem Gespräch sind immer zwei oder mehrere Personen beteiligt. Richtig kommunizieren bedeutet, genau das zu sagen, was man meint und die Reaktion und Antwort des Gesprächspartners zu verstehen. Dazu sind folgende Regeln hilfreich:

Klarheit schaffen

Um Klarheit zu erzielen, muss man sich selbst darüber bewusst sein, was genau man seinem Gesprächspartner sagen möchte und dann die Botschaft kurz und ohne Umschweife vermitteln. Um Missverständnisse zu vermeiden, ist es oft ratsam, sich durch Nachfragen zu vergewissern, ob die Botschaft vom Kommunikationspartner auch so verstanden wurde, wie sie gemeint war (v. a. dann, wenn die Körpersprache des Gesprächspartners etwas anderes vermuten lässt). Wenn sich herausstellt, dass die Botschaft nicht richtig verstanden worden ist, kann man das Missverständnis z. B. durch den folgenden oder einen ähnlichen einleitenden Satz aufklären, ohne den Gesprächspartner zu beschämen:

„Ich habe mich vielleicht nicht klar ausgedrückt. Was ich eigentlich sagen wollte, war ..."

Zuhören

Das aufmerksame Zuhören kann nonverbal durch freundlichen Blickkontakt, bestätigendes Nicken, leichtes Neigen des Kopfes zur Seite und leichte Neigung des Oberkörpers in Richtung des Gesprächpartners sichtbar gemacht werden.

Wenn die Botschaft des Gesprächspartners nicht klar und verständlich war, sollte man unverzüglich nachfragen, um weitere Missverständnisse zu vermeiden. Hierzu eignen sich Formulierungen wie z. B. *„Ich fürchte, dass ich Sie nicht richtig verstanden habe. Würden Sie das bitte noch einmal wiederholen?"*

Ein häufiger Fehler ist die Annahme, dass man eigentlich schon weiß, was der andere sagen will, deshalb nicht aufmerksam hinhört und letztlich nicht erfasst, was er wirklich gesagt hat. Es wird dabei nur gehört, was im voraus erwartet wurde. Botschaften, die in dieses Vorurteil nicht hineinpassen, werden ausgeblendet.

Ein weiterer Fehler ist das Vorformulieren von Fragen oder Antworten in Gedanken während der Gesprächspartner noch redet. Wenn man während des Zuhörens darüber nachdenkt, was man als Nächstes sagen wird, kann man nicht aufmerksam zuhören.

Ausreden lassen

Um ganz sicher zu sein, dass der Gesprächspartner ausgeredet hat und man ihm nicht „ins Wort fällt“, wird empfohlen, 3 Sekunden nach dem letzten Wort zu warten, bis man etwas erwidert.

Den richtigen Ton treffen

Der Klang der Stimme ist ein wichtiger Bestandteil der Kommunikation. Gereiztheit oder Wut wird z. B. durch einen harten Ton, Sympathie durch eine sanfte Sprachmelodie ausgedrückt. Ein falscher Ton kann verhindern, dass eine Kommunikation zu dem gewünschten Erfolg (z. B. Patientenbesitzer ist zufrieden) führt. Aus diesem Grunde ist es vor allem im Berufsleben wichtig, den Klang der eigenen Stimme wahrzunehmen und zu beherrschen.

Während eines Gesprächs sollte man möglichst natürlich reden, um glaubhaft zu sein. Eine gestelzte, gekünstelte Sprache wirkt lächerlich und arrogant.

Ich – Botschaften verwenden

Ich-Botschaften sind eine Technik, um eine Konfliktsituation zu entschärfen. Durch Ich-Botschaften werden die eigenen Meinungen und Gefühle, die aus einer Situation heraus resultieren, mitgeteilt und nicht als Schuldzuweisung auf den anderen übertragen. Dadurch wird vermittelt, dass man selbst ein Mensch mit Gefühlen ist und nicht über der Situation steht. In der Ich-Form kann Kritik geübt werden, ohne den Gesprächspartner zu provozieren oder zu verletzen.

Die Ich-Botschaft besteht aus einem Gefühlsteil und einem Tatsachenteil. Die eigenen Gefühle werden formuliert und die Tatsachen, die diese Gefühle ausgelöst haben, sachlich dazugefügt. Das Gegenteil zur Ich-Botschaft ist die Du-Botschaft. Eine Du-Botschaft baut Blockaden auf und provoziert den Gesprächspartner zu einer oft aggressiven und unsachlichen Reaktion.

Beispiel:

- **Ich-Botschaft**
  „Es hat mich sehr wütend gemacht, als ich die unerledigte Arbeit vorfand.“
- **Du-Botschaft**
  „Du hast wieder einmal Deine Arbeit nicht erledigt.“

Die richtige Fragetechnik

Wer fragt, erhält in der Regel auch eine Antwort. Fragen bilden damit ein Instrument, um Klarheit in ein Gespräch zu bringen. Man unterscheidet offene und geschlossene Fragen.

Offene Fragen

Offene Fragen erfordern Antworten, welche die Meinung des Gesprächspartners wiedergeben. Zu den offenen Fragen gehören die **W-Fragen**. Sie beginnen mit einem Fragewort, das mit dem Buchstaben „W“ anfängt (z. B. *„Wer hat sie zu uns geschickt?“; „Wie äußern sich die Krankheitssymptome bei Ihrem Tier?“; „Wann traten die ersten Symptome auf?“; Warum haben Sie sich gerade für dieses Tier entschieden?“*)

Geschlossene Fragen

Bei geschlossenen Fragen ist die Antwort bereits vorgegeben. Sie kann ja oder nein lauten oder eine Nennung einer zur Auswahl stehender Antworten sein (z. B. *„Möchten Sie lieber* *einen Termin am Vormittag, um die Mittagszeit oder abends?).*

Den Gesprächspartner dort „abholen", wo er steht

Die meisten Menschen, die mit ihren Tieren in eine tierärztliche Praxis (oder Klinik) kommen, sind mit medizinischen Fachbegriffen nicht vertraut. Die Verwendung von Fachbegriffen im Gespräch mit einem Tierbesitzer, für den diese Begriffe unverständlich sind, wirkt überheblich und trägt nicht zum Verständnis bei, was schließlich das Ziel einer Kommunikation sein soll.

Manche Menschen haben einen niedrigeren Bildungsstand als andere und sind nicht immer in der Lage, komplexe Sachverhalte zu verstehen. Hier besteht die Kunst darin, wichtige und für die Weiterbehandlung des Patienten notwendigen Informationen so zu formulieren, dass sie verstanden werden, ohne den Patientenbesitzer in seinen Gefühlen zu verletzen.

Regeln für eine erfolgreiche Gesprächsführung

- Klarheit schaffen
- Zuhören
- Ausreden lassen
- Den richtigen Ton treffen
- Ich-Botschaften verwenden
- Die richtige Fragetechnik anwenden
- Den Gesprächspartner dort „abholen", wo er steht

6.6 Gesprächsarten

Je nach Ansprechpartner und Situation gibt es unterschiedliche Gesprächsarten (z. B. Teamgespräch,

Einzelgespräch, Diskussion). Die Grundregeln für eine gute Kommunikation sind jedoch für jede Gesprächsart gültig.

Teamgespräch

Als Team bezeichnet man mehrere Personen, die eng miteinander arbeiten, gemeinsame Ziele verfolgen und dadurch ein Gemeinschaftsgefühl („Wir-Gefühl") besitzen (siehe auch Kap. Marketing). Das Teamgespräch wird eingesetzt, um z. B. den Praxisalltag zu analysieren und Abläufe zu verbessern, um Konflikte zwischen den Praxismitarbeitern zu besprechen und zu lösen oder um Mitarbeiter über Neuerungen oder Änderungen in der Praxis zu informieren.

Ein Teamgespräch sollte von einem Gesprächsleiter geführt werden. Es sollte ein schriftliches Protokoll über die Beiträge der einzelnen Teammitglieder sowie die Ergebnisse des Gesprächs erstellt werden.

Einzelgespräch

Ein Einzelgespräch findet zwischen zwei Personen statt. Die Kommunikation ist unterschiedlich, je nachdem welche Personen zusammentreffen und über welches Thema gesprochen wird. Einzelgespräche finden z. B. zwischen Tierarzt und Tiermedizinischer/m Fachangestellten, zwischen Kollegen oder zwischen TFA und Klienten statt. Beispiele für Einzelgespräche und jeweilige Gesprächspartner sind:

- Bewerbungsgespräch (Tierarzt und TFA)
- Vorgesetztengespräch (Tierarzt und TFA)
- Beratungsgespräch (Klient und TFA)
- Kollegengespräch (TFA und TFA oder Auszubildende)

Diskussion

Unter Diskussion versteht man ein Gespräch zwischen zwei oder mehreren Personen, in dem ein bestimmtes Thema diskutiert (lat. discutere = untersuchen, erörtern, erwägen, besprechen) wird, wobei jeder der Beteiligten seine Argumente vorträgt. Der Sinn einer Diskussion ist der Informationsaustausch.
Zu einem guten Diskussionsstil gehört, die Argumente und Meinung des anderen zu respek-

tieren und sachlich zu prüfen, auch wenn sie der eigenen Meinung widersprechen. Dabei sollten die Gesprächspartner höflich und gelassen bleiben.

Das Ziel einer Diskussion besteht nicht immer darin, eine Einigkeit zu anfangs unterschiedlichen Meinungen zu erzielen. Ein gutes Ergebnis einer sachlich geführten Diskussion kann auch ein Kompromiss zwischen entgegen gesetzten Standpunkten oder auch das Akzeptieren, dass unterschiedliche Standpunkte bestehen bleiben, sein.

6.7 Das Telefongespräch

Das Telefongespräch ist eine Sonderform der Kommunikation, da sich die Gesprächspartner nicht sehen und damit nonverbale Botschaften (außer durch die Modulation der Stimme) nicht ausgetauscht werden. Das Telefon ist eines der wichtigsten Kommunikationsinstrumente in der tierärztlichen Praxis. Der erste Eindruck am Telefon ist häufig ausschlaggebend dafür, ob ein Patientenbesitzer zum Klienten wird oder nicht. Folgende Regeln sind für ein professionelles Telefongespräch hilfreich:

- **Minimieren der Hintergrundgeräusche**
  Laute Hintergrundgeräusche (z. B. sprechende Personen neben dem Telefon, Maschinengeräusche) führen dazu, dass sich die Gesprächspartner nicht gut verstehen. Die Stimme der Person, die in einem lauten Umfeld telefoniert, wird automatisch lauter. Für den Gesprächspartner am anderen Ende der Leitung ist dies meist unangenehm. Ein entspanntes Gespräch ist nicht möglich. Der Anrufer hat den Eindruck, ungelegen anzurufen.
- **Lächeln**
  Lächeln bevor der Hörer abgehoben wird, ist das oberste Gebot beim Telefonieren. Ein lächelndes Gesicht hat eine freundliche und sympathische Stimme.
- **Innerlich auf Kommunikation umschalten**
  Häufig klingelt das Telefon, wenn man gerade mit etwas anderem (z. B. Behandlung eines Patienten, Büroarbeit) intensiv beschäftigt ist. Es ist ratsam, nicht gleich beim ersten Klingelton den Hörer abzuheben, sondern sich etwa 3 Sekunden innerlich auf die Kommunikation einzustellen. Durch diese Strategie wird die Aufmerksamkeit erhöht. Man sollte es jedoch nicht häufiger als viermal klingeln lassen.
- **Vorstellung**
  Nach Abheben des Hörers erfolgt die Vorstellung. Üblich sind der Name der Praxis, der eigene Name sowie eine Begrüßung.
  Beispiel:
  „Praxis Dr. Müller"
  „Sonja Kraus am Apparat"
  „Guten Tag"
  (eventuell noch: „was kann ich für Sie tun?")
  Die Vorstellung kann je nach Wunsch des Praxisinhabers unterschiedlich sein. Wichtig ist jedoch, dass sie langsam und deutlich gesprochen wird.
- **Freundlichkeit und Höflichkeit ist erstes Gebot**
  Auch wenn ein Anruf ungelegen kommt oder der Anrufer unfreundlich ist, eine professionelle TFA bleibt immer freundlich und höflich.
- **Gesprächsunterbrechungen ankündigen**
  Der Gesprächspartner sollte vor Unterbrechungen des Gesprächs (z. B. zum Verbinden, bei Rückfragen, um Unterlagen herauszusuchen) immer darüber informiert werden, dass die Verbindung unterbrochen wird.
  Beispiel:
  „Einen Moment bitte, ich verbinde Sie" oder *„Bleiben Sie bitte am Apparat, ich suche die Unterlagen heraus"*.
- **Rückruf vereinbaren**
  Kommt ein Anruf ungelegen (z. B. während

der Behandlung eines Notfalls) oder kann aus einem anderen Grund ein Gespräch nicht sofort geführt werden, empfiehlt es sich, einen Rückruf zu vereinbaren. Dazu ist es wichtig, die Rückrufnummer aufzuschreiben und vom Anrufer nochmals bestätigen zu lassen. Damit der Anrufer nicht unnötig lange auf den Rückruf warten muss, sollte ein bestimmter Zeitraum dafür vereinbart und auch eingehalten werden.

- **Beenden des Gespräches**
  Das Beenden eines professionellen Telefongesprächs erfolgt in drei Schritten:

1. Zusammenfassen der besprochenen Vereinbarungen
Beispiel:
„Ich rufe Sie also innerhalb der nächsten halben Stunde zurück."
„Also, Kastration ihrer Katze am Montag, den ... Ich habe den Termin notiert".

Der erste Kontakt mit der Praxis entsteht häufig am Telefon.

2. Bedanken für den Anruf sowie ein freundlicher Gruß
Dabei sollte der Name des Anrufers genannt werden, um eine persönliche Verbindung zu signalisieren.
Beispiel:
„Vielen Dank für Ihren Anruf, Frau Krause. Ich wünsche Ihnen ein schönes Wochenende."

3. Nicht sofort auflegen
Sofortiges Auflegen nach dem letzten gesprochenen Wort wirkt ungeduldig. Man sollte etwa 2 Sekunden warten, bis man die Verbindung unterbricht. Optimal ist es, erst aufzulegen, wenn der Anrufer aus der Leitung gegangen ist.

6.8 Beratung und Betreuung von Tierhaltern

Bei der Beratung und Betreuung von Tierhaltern sind alle vorgenannten Kommunikationsregeln – und Hilfen anzuwenden, um die Bedürfnisse des Tierhalters zu erkennen, um Informationen verständlich weiterzugeben und Konflikte zu vermeiden.

Tierhalter über das Leistungsspektrum der Praxis (Klinik) informieren

Es gehört zu den Aufgaben von TFA, die Patientenbesitzer (z. B. am Telefon) über das Leistungsspektrum der Praxis (Klinik) zu informieren und damit auch zu motivieren, die Praxis zu besuchen. Unter Leistungsspektrum versteht man die Gesamtheit aller Diagnose- und Therapiemaßnahmen, die dem Tierhalter zur Verfügung gestellt werden kann. Sie hängt von der Fachkenntnis oder Spezialisierung des Tierarztes, den Räumlichkeiten und der Ausstattung der Praxis (Klinik) ab.

Beispiel
Der Inhaber einer Kleintierpraxis, in der überwiegend Katzen, Hunde, Heimtiere und Vögel

behandelt werden, ist Facharzt für Zahnheilkunde und Naturheilkunde. Zusätzlich arbeitet in der Praxis eine Physiotherapeutin für Tiere. Die Praxis hat folgendes Leistungsspektrum:

- Behandlung von Hunden, Katzen, Heimtieren
- Vogelmedizin
- Zahnheilkunde
- Operationen (z. B. Weichteil-, Knochenoperationen)
- Naturheilkundliche Verfahren
- Akupunktur
- Magnetfeldtherapie
- Röntgen
- Ultraschall
- Physiotherapie

Die Information über das Leistungsspektrum sollte **adressatengerecht** weitergegeben werden. Das bedeutet, dass z. B. eine Hundebesitzerin nicht unbedingt darüber informiert werden muss, dass die Praxis auch Vogelmedizin anbietet oder ein Wellensittichhalter keine Informationen über Zahnheilkunde benötigt. Ist ein Praxisflyer vorhanden, in dem das Leistungsspektrum beschrieben ist, sollte dieser dem interessierten Tierhalter ausgehändigt werden.

Tierhalter über Einzelleistungen beraten

TFA können im Auftrag des Tierarztes den Tierhalter allgemein zu verschiedene Vorbeugemaßnahmen (z. B. Impfungen, Kastration bei männlichen und weiblichen Tieren, artgerechte Haltung und Fütterung, die richtige Anwendung von medizinischen Schampons), die Kennzeichnung von Tieren (Microchip, Tätowierung, Ohrmarken) oder über die Möglichkeiten der Tierkörperbeseitigung nach dem Tod eines Tieres beraten. Zur Unterstützung der Beratung können auch Broschüren, die von Pharmafirmen zu bestimmten Themen zur Verfügung gestellt werden, an den Tierhalter abgegeben werden.

TFA sind nicht berechtigt ohne Genehmigung des Tierarztes/der Tierärztin medizinische Daten von Patienten (z. B. am Telefon) weiterzugeben, über den Gesundheitszustand stationärer Tiere zu informieren, Diagnosen zu stellen oder Behandlungen vorzuschlagen.

Den Balanceakt zwischen Klientenerwartung und Praxisabläufen managen

Für einen Patientenbesitzer steht sein krankes Tier in der Regel an erster Stelle. In manchen Fällen sind seine Erwartungen und Wünsche unrealistisch und im normalen Praxisablauf nicht zu realisieren.

Beispiele

- Das Wartezimmer ist voll. Ein Patientenbesitzer möchte jedoch nicht warten und bittet (ohne dass ein Notfall vorliegt) aus Termingründen sofort ins Behandlungszimmer vorgelassen zu werden. Ansonsten müsse er eine andere Praxis aufsuchen.
- Eine schwangere Patientenbesitzerin möchte ihren Hund beim Röntgen nicht alleine lassen und bittet darum, mit in den Röntgenraum gelassen zu werden.
- Ein Patientenbesitzer überzieht die normalerweise für einen Patienten einkalkulierte Behandlungszeit durch private Erzählungen und Beratungswünsche.

In all diesen und ähnlichen Fällen ist es die Aufgabe von TFA, mit Einfühlungsvermögen, Höflichkeit, richtiger Gesprächsführung (siehe S. 86) und Durchsetzungsvermögen die Situation zu managen und für alle Beteiligten eine zufriedenstellende Lösung zu finden.

- Im ersten Fall könnte ein gesonderter Termin außerhalb der regulären Sprechzeiten vereinbart werden. Im zweiten Fall muss die Patientenbesitzerin über die Strahlenschutzbestimmungen aufgeklärt werden. Im dritten Fall kann der TFA höflich auf die bereits übermäßig lange im Wartezimmer wartenden und ebenfalls kranken Patienten hinweisen.

Tierhalter zu einer Behandlung motivieren
Bei einem Schäferhund wurde ein Kreuzbandriss im rechten Knie diagnostiziert. Der Tierarzt rät dringend zur Operation, da ein durch den Kreuzbandriss instabiles Knie Schmerzen verursacht und der Zustand des Tieres sich ohne Operation verschlechtern wird. Der Tierhalter ist jedoch unschlüssig, da der Hund bereits über 10 Jahre alt ist, sowieso nicht mehr so gerne spazieren geht und nach seiner Meinung ja noch ganz gut laufen kann. Im übrigen sei eine so große Operation sicherlich sehr teuer und für den Hund belastend.

Die TFA kann den Rat des Tierarztes unterstützen, indem sie durch Beschreibung des Behandlungsablaufs (Narkose, Operation, Nachbehandlung) dem Tierhalter ein realistischeres Bild über den Aufwand der Behandlung gibt und ihn über die anfallenden Kosten anhand der Gebührenordnung informiert. Wird sie vom Patientenbesitzer um ihre Meinung gebeten, sollte sie den Rat des Tierarztes wiederholen, dass eine Operation für die Erhaltung der Lebensqualität des Hundes zu empfehlen sei.

Tierärztliche Beratungen und Anweisungen unterstützen
Viele Patientenbesitzer befinden sich aus Angst um ihr krankes Tier während der Sprechstunde in einer Ausnahmesituation. Dabei werden häufig wichtige Anweisungen des/der Tierarztes/Tierärztin (z. B. über notwendige Weiterbehandlungen, über die Medikamenteneingabe oder dem Umgang mit dem kranken Tier zu Hause) überhört. TFA können durch Erläuterungen und Wiederholung der tierärztlichen Anweisungen, durch Beantwortung von Nachfragen und Vereinbarung von Folgeterminen die Mitarbeit des Tierhalters fördern und den Behandlungserfolg verbessern.

6.9 Verhalten in Konfliktsituationen

Konflikte können zwischen Kollegen, mit Klienten, mit Vorgesetzten und Außenstehenden (z. B. Mitarbeiter eines Pharmaunternehmens oder Labors) entstehen. Jeder Konflikt stellt ein Problem dar, das die gemeinsam angestrebten Ziele in der Praxis (z. B. optimale Versorgung der Patienten, gutes Betriebsklima, reibungsloser Arbeitsablauf) gefährdet. Auf Dauer ungelöste Konflikte machen krank (siehe Mobbing, S. 97).

6.9.1 Konfliktarten

Um einen Konflikt bei anderen Menschen und sich selbst einordnen und konstruktiv (nutzbringend) lösen zu können, ist es erforderlich, die Gründe für die Entstehung von Konflikten zu erkennen. Man unterscheidet verschiedene Konfliktarten: **persönliche** Konflikte und **zwischenmenschliche** Konflikte, **Konflikte wegen unterschiedlicher Arbeitsweisen**, **Autoritätskonflikte**, **verdeckte** und **offene** Konflikte.

Persönliche Konflikte
Private Probleme können einen Menschen so sehr belasten, dass die Qualität seiner Arbeit negativ beeinflusst wird. Auch wenn es dadurch oftmals zu Konflikten mit Vorgesetzten, Mitarbeitern oder gar Außenstehenden kommt, liegt die eigentliche Ursache (der Konfliktherd) außerhalb des Arbeitsplatzes und muss auch dort gelöst werden. Professionelle TFA sollten in der Lage sein, Privates vom Beruflichen zu trennen. Ist dies nicht möglich, empfiehlt es sich, den Vorgesetzten um ein Einzelgespräch zu bitten, um zusammen mit ihm (eventuell auch mit dem gesamten Praxisteam) das Problem zu besprechen und eine Lösung für die Situation zu finden.

Zwischenmenschliche Konflikte

Nicht jeder ist jedem sympathisch. Persönliche Abneigung und Vorurteile können dazu führen, einen Menschen **unterbewusst** abzulehnen. Dies ist eine häufige Ursache für Konfliktentstehung, da eine erfolgreiche Teamarbeit dadurch verhindert wird. Im Privatleben ist es möglich, einem unsympathischen Menschen aus dem Weg zu gehen. Im Berufsleben muss man einen Weg des Neben- und Miteinander finden. Dazu ist es wichtig, sich **bewusst** zu machen, warum man eine Person nicht mag. Sind es eigene Vorurteile, die mit der Person selbst nichts zu tun haben oder ist das Verhalten der Person (z. B. Schnippigkeit, Arroganz) Anlass für die Ablehnung?

Konflikte wegen unterschiedlicher Arbeitsweisen

In einem Team arbeiten alle Teammitglieder für gemeinsame Ziele (z. B. Zufriedenheit der Klienten, optimale Versorgung der Patienten, Hygiene). **Wie** diese Ziele zu erreichen sind, darüber kann es unter den einzelnen Mitarbeitern verschiedene Meinungen geben, woraus Konflikte und Streit entstehen können. Das Ziel darf jedoch nicht aus den Augen verloren werden. In manchen Fällen müssen für gemeinsame Tätigkeiten Kompromisse geschlossen werden.

Autoritätskonflikte

Autoritätskonflikte entstehen, wenn Aufgabenbereiche und Verantwortung nicht klar besprochen und festgelegt wurden.

Beispiel

Einen Tag nach Entlassung eines Patienten aus der stationären Behandlung weist die TFA eine Kollegin darauf hin, dass die Krankenbox noch nicht gereinigt wurde und bittet sie dies zu tun. Die Kollegin weigert sich mit der Behauptung, dass sie es sei, die immer putzen müsse und dass das jetzt jemand anderes machen soll. Zudem habe die anweisende Kollegin ihr gar nichts vorzuschreiben. Dieses Verhalten ist kontraproduktiv, d. h. durch den Autoritätskonflikt wird verhindert, dass das gemeinsame Ziel des Praxisteams (= die Krankenbox ist sauber und für den nächsten Patienten bereit) erreicht wird. Ein solcher Streit ist vermeidbar, wenn z. B. in einer Teambesprechung die Aufgaben klar eingeteilt und die Personen, die dies zu kontrollieren haben, festgelegt werden.

Verdeckte Konflikte

Wenn Konflikte nicht offen ausgetragen werden und unter der Oberfläche schwelen, spricht man von verdeckten Konflikten. Typische Zeichen für verdeckte Konflikte sind:

- Aggressivität und Feindseligkeit (z. B. böse Blicke, Mürrischkeit, spöttische und aggressive Bemerkungen, absichtlich Fehler machen, Sabotage)
- Desinteresse an der Arbeit (z. B. Dienst nach Vorschrift, Unaufmerksamkeit)
- Sturheit und Uneinsichtigkeit bei Kritik (z. B. rechthaberisches Verhalten, keine Änderungsbereitschaft)
- Flucht (z. B. Ausweichendes Verhalten, „Aus dem Weg-Gehen")
- Überangepasstheit (z. B. falsche Freundlichkeit, demonstratives Gehorsamverhalten)

> **?** **Konfliktarten**
> - Persönliche Konflikte
> - Zwischenmenschliche Konflikte
> - Konflikte wegen unterschiedlicher Arbeitsweisen
> - Autoritätskonflikte
> - Verdeckte Konflikte
> - Offene Konflikte

Offene Konflikte

Offene Konflikte werden im negativen Fall als hitziger verbaler oder auch körperlicher Kampf ausgetragen. Im positiven Fall entsteht aus einem offenen Konflikt eine Diskussion, die zu einer gemeinsamen Problemlösung führt.

6.9.2 Konfliktlösung

Das wichtigste Hilfsmittel zur Konfliktbewältigung ist, **so bald wie möglich darüber reden**. Dabei können folgende Regeln hilfreich sein:

- Wut und Erregung kontrollieren (mehrmals tief ein- und ausatmen)
- Verbalisieren von eigenen Gefühlen und Empfindungen (Ich-Botschaften)
- Respekt vor dem Anderen
- Sachliche Aussprache (keine diffusen Vermutungen, sondern tatsächliche Ereignisse und Fakten äußern, Vorurteile und persönliche Abneigungen ausblenden)
- Zuhören und ausreden lassen
- Vereinbarung von Regeln (z. B. *„Ab sofort erstellen wir einen Plan, wer die Boxen saubermacht." „Ab sofort sprechen wir Probleme gleich an.")*

Was man vermeiden sollte:

- Schuldzuweisungen (z. B. *„Das war ich nicht, das hat Frau .... falsch gemacht")*
- Du-Botschaften (z. B. *„Weil du so langsam gearbeitet hast, können wir heute nicht pünktlich Feierabend machen"*)
- Killerphrasen (z. B. *„Du hast doch keine Ahnung"; „Arbeite erst mal solange wie ich in dieser Praxis.")*
- Pauschalisierungen *(z. B.*
  Immer: *„Du arbeitest immer so langsam";*
  Nie: *„Du bist nie dort, wo man dich braucht")*

6.10 Mit Fehlern umgehen

Niemand ist fehlerfrei und Fehler machen ist menschlich. Wenn man sich seinen Fehlern stellt, sie nicht versucht zu vertuschen, kann man aus Fehlern lernen und daran wachsen.

In einem Team sollte nicht der Hauptblickpunkt darauf liegen, **wer** den Fehler gemacht hat, sondern **wie** man ihn in Zukunft vermeiden kann.

6.11 Mit Kritik umgehen

Niemand wird gerne kritisiert. Kritik kann, je nachdem, wie sie vorgetragen wird, als Ablehnung der ganzen Person empfunden werden und Rückzug und Wut provozieren. Das ist der Sache nicht dienlich. Ist die Kritik jedoch gerechtfertigt, wird angemessen vorgetragen und von dem/der Kritisierten angenommen, kann sie auch positive Aspekte (z. B. Verbesserung des Arbeitsablaufs, des Betriebsklimas) haben.

- **Konstruktive Kritik**
  Konstruktive (nutzbringende, aufbauende) Kritik beinhaltet immer einen Verbesserungsvorschlag oder zumindest die Bereitschaft zur gemeinsamen Lösung des Problems. Ihr Ziel ist es, etwas ins Positive zu verändern und zu verbessern.
- **Ungerechtfertigte Kritik**
  Die Ursachen ungerechtfertigter, unsachlicher Kritik sind häufig verdeckte Konflikte (Abneigung gegen eine Person, Vorurteile, Autoritätsprobleme). Sie dient nicht der gemeinsamen Sache, sondern zielt nur darauf ab, jemanden „zu treffen", zu verunsichern und zu verletzen. Ungerechtfertigte Kritik an einer Person wird häufig deshalb geübt, um selbst (z. B. einem Vorgesetzten gegenüber) in einem besseren Licht dazustehen.

Folgende Regeln helfen, mit Kritik umzugehen:

- Kritik **ruhig** anhören und den Kritiker nicht unterbrechen
- Den Inhalt der Kritik mit eigenen Worten zusammenfassen, um Missverständnissen vorzubeugen

- Die Kritik ohne innere Abwehr überdenken (ist sie berechtigt, unberechtigt?)
- Nachfragen, wenn einzelne Punkte und Fakten unklar sind
- Angemessen (nach den Regeln der Kommunikation) reagieren
- Bereitschaft zur Änderung zeigen

Die Fähigkeit, Kritik nicht als persönlichen Angriff, sondern als nützlichen Hinweis für Verbesserungen anzunehmen und die Fähigkeit Kritik so zu äußern, dass sie nicht kränkt sondern motiviert, wird als **Kritikkompetenz** bezeichnet.

6.12 Mobbing

Das Wort Mobbing kommt aus dem Englischen (*to mob* = schikanieren; *mob* = Meute, Gesindel, Bande) und ist gleichzusetzen mit Psychoterror. Das Ziel von Mobbing ist, eine Person auf längere Zeit hin zu schikanieren, zu quälen, aus der Gruppe auszugrenzen und seelisch zu verletzen. Da Mobbing meist unterschwellig abläuft, kann sich die betroffene Person meist nur schwer dagegen wehren. Menschen, die gemobbt werden, erleiden seelischen Schaden; viele werden auch körperlich krank.

Mobbing am Arbeitsplatz wird in einigen europäischen Ländern strafrechtlich verfolgt. In Deutschland sind einige Aspekte von Mobbing (z. B. Beleidigungen, sexuelle Belästigung, körperlicher Angriff) strafbar.

7 Information und Datenschutz (Nr. 5 des Ausbildungsrahmenplans)

7.1 Informations- und Kommunikationssysteme

In einer Tierarztpraxis (oder Klinik) wird tagtäglich intern (unter den Mitarbeitern) sowie extern kommuniziert und dabei werden Informationen ausgetauscht. Neben der direkten Kommunikation von Mensch zu Mensch können unterschiedliche Übertragungssysteme dazwischengeschaltet werden, um Nachrichten zwischen räumlich getrennten Personen zu übermitteln:

- **Sprechanlagen**
  Die Sprechanlage erlaubt es, über geringe Distanzen hinweg mit Personen zu reden, die sich in einem anderen Raum oder Stockwerk des gleichen Gebäudes befinden. Sie wird in der Tierarztpraxis hauptsächlich zur internen Kommunikation (z. B. zwischen Tierarzt im Behandlungszimmer und TFA an der Rezeption) verwendet. Bei **Wechselsprechanlagen** kann immer nur ein Teilnehmer reden. Will der andere antworten, muss die Anlage (meist durch Knopfdruck) umgeschaltet werden. Bei einer **Gegensprechanlage** können beide Parteien gleichzeitig miteinander sprechen.
- **Telefon und Anrufbeantworter**
  Das wichtigste Kommunikationsmittel in der Praxis ist das Telefon. In der Regel ist dem Telefon ein Anrufbeantworter zugeschaltet. Dadurch ist die Praxis auch außerhalb der Öffnungszeiten erreichbar. Durch einen individuell auf den Anrufbeantworter gesprochenen Text wird der Anrufer z. B. über die Sprechzeiten, Urlaubszeiten und Urlaubsvertretungen sowie Notdienstnummern informiert. Zudem kann der Anrufer eine Nachricht hinterlassen, die bei der Rückkehr in die Praxis abgehört und bearbeitet wird. Bei Anrufbeantwortern mit Fernabfrage ist es möglich, eine Nachricht des Anrufers von jedem beliebigen Ort abzuhören. Dazu wird das Praxistelefon angewählt und eine Pin-Nr. in das Telefon gesprochen oder auf der Tastatur des Telefons eingetippt.
  Größere Praxen oder Kliniken haben meist eine Telefonanlage mit einer oder mehreren Nebenstellen installiert. Ankommende Anrufe können damit entweder von einer zentralen Hauptstelle an die Nebenstellen weiter verbunden oder die Nebenstellen mithilfe von Durchwahlnummern direkt angewählt werden.
- **Mobiltelefon**
  Mobiltelefone (Handy) werden meist außerhalb der Praxis mitgeführt, um z. B. für Notfälle erreichbar zu sein. Das Handy kann entweder direkt angewählt werden oder der Anruf wird vom Praxistelefon auf das Handy umgeleitet. Durch ein Mobiltelefon ist es beispielsweise nicht mehr erforderlich, während des Notdienstes ständig in der Praxis anwesend zu sein. Tiermedizinische Fachangestellte können, wenn sie ein Handy mitführen, auch während der Rufbereitschaft außer Haus gehen. Ist ein Mobiltelefon ausgeschaltet oder ist dort, wo man sich befindet, kein Empfang, kann der Anrufer auf die **Mail-Box** sprechen. Die aufgesprochenen Nachrichten werden nicht im Handy sondern bei der Telefongesellschaft gespeichert und können von dort per Telefon (meist nach Eingabe einer Pin) abgerufen werden. Mit dem Mobiltelefon können neben der

Sprachübertragung auch Daten durch **SMS** (short message service) sowie Bilder und Filme durch **MMS** (multimedia messaging service) übertragen werden. Je nach Mobilfunkvertrag ist auch eine Verbindung ins Internet möglich.

- **Faxgerät**
  Durch ein Faxgerät ist es möglich, Schriftstücke, Bilder oder Zeichnungen schnell und kostengünstig an den Empfänger zu verschicken. Die Verbindung erfolgt über das Telefonnetz. Für Telefon- und Faxgerät können zwei verschiedene Telefonnummern oder für beide Geräte nur eine Telefonnummer vorhanden sein. Im ersten Fall ist es möglich, gleichzeitig zu telefonieren und das Faxgerät zu benutzen (bzw. ein Fax zu erhalten). Gibt es nur eine gemeinsame Nummer für Telefon und Faxgerät, muss die Verbindung je nach Bedarf umgestellt werden.
- **Internet**
  Über das Internet können mithilfe von E-Mails (engl. elektronische Post) und E-Mail-Anhängen, Daten, Bilder und Filme an einen Empfänger versandt oder selbst empfangen werden. Voraussetzung ist eine E-Mail-Adresse. Eine weitere Möglichkeit ist es, Informationen über ein soziales Netzwerk (z. B. facebook, twitter, WhatsApp) auszutauschen. **Da soziale Netzwerke weitgehend öffentlich zugänglich sind, d. h. Informationen an viele Personen weitergereicht werden, dürfen hier praxisrelevante Daten, Bilder und Informationen niemals(!) „gepostet" werden. Es besteht Schweigepflicht!**
  Neben der Kommunikation über E-Mail gibt es weitere vielfältige Möglichkeiten das Internet zu nutzen:
  - Informationen abrufen und herunterladen (z. B. wissenschaftliche und medizinische Erkenntnisse)
  - Einkaufen (z. B. Praxisbedarf, Praxiseinrichtung, Medikamente)
  - Firmen ausfindig machen (z. B. Handwerker bestellen)
  - Termine recherchieren (z. B. Fortbildung, Prüfungstermine, Zugverbindungen)
  - Kontakt zwischen Tierärzten und Tierkliniken

Durch das Mobiltelefon flexibler während der Rufbereitschaft.

- **Intranet**
  Große Firmen und Organisationen verfügen meist über ein eigenes Intranet. Das Intranet (lat. *intra* = innerhalb; *net* = Netz) ist im Gegensatz zum Internet nicht öffentlich. Das Intranet ist nur für berechtigte Personen innerhalb der Firma (oder Organisation) über ein Passwort zugänglich.

7.1.1 Daten erfassen, pflegen und austauschen

Die Daten von Patienten und Tierhaltern können entweder auf einer **Karteikarte** oder im **Computer** erfasst werden.

In vielen Praxen wird der Tierhalter beim ersten Besuch gebeten, ein Anmeldeformular auszufüllen. Das hat den Vorteil, dass die Daten nicht mündlich abgefragt werden müssen und damit die persönlichen Angaben nicht von anderen Tierhaltern im Wartezimmer oder an der Rezeption mitgehört werden können.

Niederzuschreiben sind die Stammdaten des Tierhalters (Name, Anschrift, Geburtsdatum), die Daten des Tieres (Name, Tierart, Rasse, Alter, Geschlecht) sowie die Namen eventuell weiterer Besitzer (z. B. Ehefrau). Auf dem Anmeldeformular können zusätzlich Hinweise zur praxisüblichen Zahlungsweise (z. B. Barzahlung, Zahlung mit EC-Karte) aufgeführt sein. Der Tierhalter erkennt mit seiner Unterschrift die Zahlungsbedingungen an. Die Angaben des Tierhalters werden von dem Anmeldeformular entweder auf die Karteikarte oder in eine Computerdatei übertragen. Dabei sind folgende Kriterien zu erfüllen:

- **Vollständigkeit aller wichtigen Daten**
  Fehlen wichtige Angaben auf dem Anmeldeformular oder sind sie unleserlich geschrieben, müssen sie vom Tierhalter erfragt werden.
- **Übersichtlichkeit**
  Alle wichtigen Angaben müssen „auf den ersten Blick“ erkennbar sein.
- **Aktualität**
  Die Daten müssen immer auf dem neusten Stand sein. Bei einem Umzug des Tierhalters können sich beispielsweise die Stammdaten ändern. In regelmäßigen Abständen (z. B. einmal im Jahr) oder bei Patienten, die schon eine längere Zeit nicht mehr in der Praxis waren, sollten daher die Daten mit dem Tierhalter abgeglichen werden.

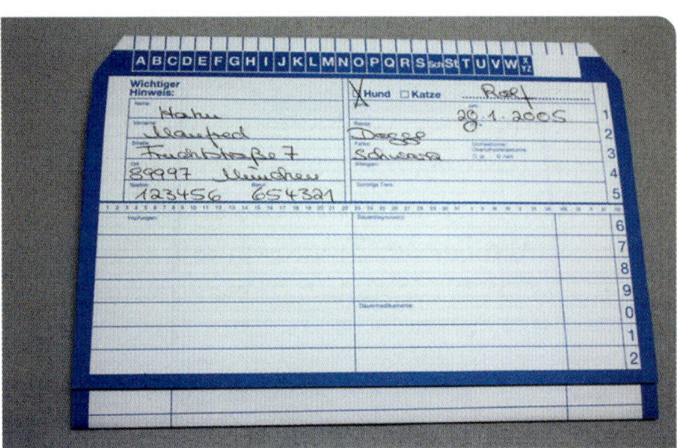

Karteikarte.

Für die elektronische Datenerfassung (mit PC oder Laptop) wird meist eine spezielle Praxissoftware (z. B. Vetera, Easyvet) verwendet. Die Patienten- und Tierhalterdaten werden als Datei gespeichert und können jederzeit abgerufen werden.

Die Verwendung eines Computers hat gegenüber der Karteikarte viele Vorteile:

- Die elektronische Speicherung von Daten ist Platz sparend.
- Röntgen- und Ultraschallaufnahmen kön-

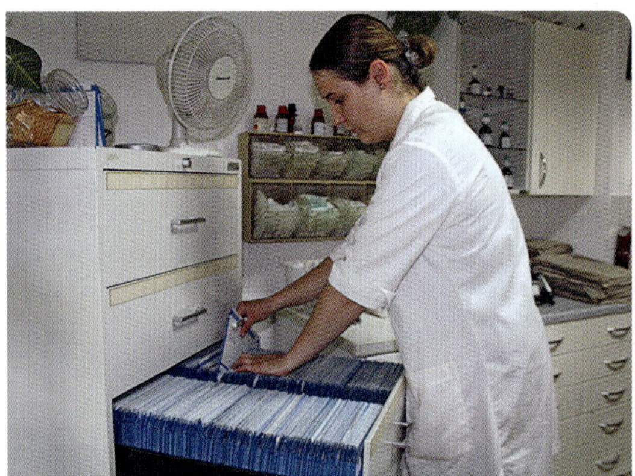
Einordnen der Karteikarte in den Karteischrank.

Patientendatei im Computer.

nen mittels Datentransfer direkt in die Patientendatei eingebaut werden.
- Untersuchungsergebnisse eines Fremdlabors oder einer Klinik können über das Internet direkt auf die Patientendatei geschickt werden.
- Änderungen der Daten (z. B. Adressenänderung des Tierhalters) können ohne Überschreiben oder Überkleben (wie auf der Karteikarte erforderlich) umgeschrieben werden.

7.1.2 Informationen beschaffen und nutzen

Neben der Datenerfassung und -verwaltung, Terminplanung, Abrechnung, Praxisschriftverkehr, Zahlungs- und Mahnwesen werden Computer in vielen tierärztlichen Praxen (und Kliniken) zur Informationsbeschaffung genutzt.

Praxisrelevante Informationen sowie Gesetze und Verordnungen können aus **Fachzeitschriften**, **Fachbüchern**, **Radio** und **Fernsehen** (z. B. aktuelle Informationen bei einem Seuchenausbruch) sowie durch **Internetrecherche** ermittelt werden. Fündig wird man oft auf der Homepage
- der Bundestierärztekammer
- der Landestierärztekammern und Bezirksverbände
- der Berufsverbände für Tierärzte (z. B. Bundesverband praktischer Tierärzte, BPT)
- des Verbandes medizinischer Fachberufe e. V.

7.2 Datenschutz und Datensicherheit

7.2.1 Bundesdatenschutzgesetz (BDSG)

Grundsätzlich ist das Erheben, Speichern und Nutzen personenbezogener Daten in Deutschland verboten. In vielen Bereichen (z. B. Schulen, Sozialbehörden, Polizei, Arztpraxen, Tierarztpraxen, Krankenkassen, Steuerbehörde) ist es jedoch zwingend erforderlich, die Daten zu speichern, um gezielte Aufgaben fachlich richtig ausüben zu können. Aus diesem Grunde wurde das Bundesdatenschutzgesetz erlassen. Es regelt die Ausnahmen vom grundsätzlichen Verbot der Datenspeicherung. Das Ziel des Datenschutzgesetzes ist es, jeden Menschen vor nachteiligen Folgen der Speicherung und Verarbeitung seiner persönlichen Daten zu schützen.

Unter dem Begriff „persönliche Daten" versteht man beispielsweise Angaben über Alter, Anschrift, E-Mail-Adresse, Vermögen, Gesundheitszustand, Religion, Äußerungen und Überzeugungen. Um solche Angaben speichern zu dürfen, müssen nach dem Bundesdatenschutzgesetz folgende Voraussetzungen erfüllt sein:
- **Rechtfertigung**
  Es dürfen nur Daten erhoben und genutzt werden, die für den jeweiligen Zweck (z. B. Rechnungsstellung) erforderlich sind. Der Betroffene muss ausdrücklich seine Einwilligung zur Erhebung und Nutzung der Daten (in der Tierarztpraxis z. B. durch Unterschrift auf dem Anmeldeformular) geben.
- **Zweckbindung**
  Daten, die zu einem bestimmten Zweck erhoben wurden, dürfen nicht für andere Zwecke verwendet werden, es sei denn, der Betroffene wird darüber informiert und gibt seine Einwilligung dazu.
- **Datensparsamkeit und Datenvermeidung**
  Es dürfen nur die Daten erhoben werden, die für einen bestimmten Zweck erforderlich sind. Andere Daten (z. B. in einer Tierarztpraxis die Religionszugehörigkeit des Tierhalters) dürfen nicht erfasst oder müssen (wenn sie vorhanden sind) unverzüglich gelöscht werden.
- **Transparenz**
  Transparenz bedeutet hier, dass derjenige, der fremde, personenbezogene Daten erhebt, speichert und nutzt, dies unter seinem Namen durchzuführen hat, sodass er

(z. B. bei Missbrauch) zur Verantwortung gezogen werden kann.
Zur Kontrolle muss die Erfassung und Verarbeitung von personenbezogenen Daten dokumentiert werden.

- **Meldepflicht**
  Jeder hat das Recht, sich darüber zu informieren, welche persönlichen Daten von ihm gespeichert wurden und wie damit umgegangen wird. In der Tierarztpraxis sind die Daten entweder auf Karteikarte oder in einer Computerdatei dokumentiert. Der Tierhalter kann Einsicht in diese Speichersysteme fordern.
- **Datensicherung**
  Gespeicherte personenbezogene Daten müssen vor Verlust, unerlaubter Kenntnisnahme und Fälschung geschützt werden.

Bundesdatenschutzbeauftragter
Datenschutzbeauftragte sind Personen, die die Einhaltung des Bundesdatenschutzgesetzes in einem Unternehmen überwachen. Folgende Unternehmen müssen einen Datenschutzbeauftragten bestellen:

- Unternehmen, in denen mindestens **fünf Mitarbeiter mit der elektronischen** Speicherung und Bearbeitung von personenbezogenen Daten beschäftigt sind
- Unternehmen, in denen mindestens **20 Mitarbeiter mit der nichtelektronischen** Speicherung und Bearbeitung von personenbezogenen Daten beschäftigt sind

CD-Rom, Datenstick, externe Festplatte.

7.2.2 Datensicherung

In Tierarztpraxen (Kliniken) gilt für Patienten- und Tierhalterdaten sowie Aufzeichnungen über Diagnose- und Behandlungsmaßnahmen eine **Aufbewahrungsfrist von 10 Jahren** (gerechnet ab dem letzten Besuch). Nach dem Bundesdatenschutzgesetz sowie nach steuerrechtlichen Vorschriften müssen die Daten während dieser Zeit vor Verlust, unerlaubter Kenntnisnahme und Fälschung geschützt werden.

Sicherung elektronischer Daten
Unter Datensicherung (engl. backup) versteht man das Kopieren von Daten (z. B. von einem PC oder Laptop) auf ein anderes Speichermedium (z. B. einen Datenstick). Die auf dem Speichermedium gesicherten Daten werden Sicherungskopie genannt. Mithilfe der Sicherungskopie können die Originaldaten bei einem Datenverlust (z. B. bei Zerstörung des PC oder aufgrund versehentlicher Löschung der Daten) wiederhergestellt werden.

Beispiele für Speichermedien, die in Tierarztpraxen und Kliniken häufig zur Datensicherung verwendet werden, sind:

- **CD-Rom**
  Die Daten werden auf eine CD-Rom gebrannt. Dieses Verfahren eignet sich nur für kleine Datenmengen von max. 8 Gigabyte (Gb). Röntgen- und Ultraschallbilder sowie die Daten größerer Praxen und Kliniken können damit nicht gesichert werden.
- **Datenstick**
  Es gibt inzwischen Datensticks mit einer Speicherkapazität bis zu 64 Gb und mehr. Sie werden mithilfe einer USB-Verbindung in den PC oder Laptop eingesteckt. Auf einem Datenstick können zwar größere Datenmengen als auf einer CD-Rom gespei-

chert werden, für die Sicherung von vielen, sich über Jahre angesammelten Daten sowie Patienten-, Röntgen- und Ultraschallbildern reichen sie jedoch nicht aus.

- **Externe Festplatte**
  Externe Festplatten lassen sich durch eine USB-Verbindung leicht mit dem PC (oder Laptop) verbinden und wieder trennen. Es sind externe Festplatten mit einer Speicherkapazität von bis zu mehreren Terabyte (Terabyte = 1000 Gigabyte) im Handel erhältlich. Sie werden häufig zur Datensicherung in Tierarztpraxen verwendet.
- **Online-Datensicherung (Externe Cloud)**
  Bei der Online-Datensicherung werden die Daten außer Haus in einem Rechenzentrum gespeichert, auf das man jederzeit über das Internet (online) Zugriff hat. Die Online-Datensicherung eignet sich für große Datenmengen, wie sie z. B. in einer größeren Tierklinik anfallen.

Der PC-Bildschirm muss sichtgeschützt aufgestellt sein.

Interne Sicherungsmaßnahmen

- **Speichermedien** (CD-Rom, Datenstick, externe Festplatten), die zur Datensicherung verwendet werden, müssen räumlich getrennt vom Computer (Laptop), am besten in einem verschließbaren Schrank oder Safe, aufbewahrt werden.
- **Karteikarten** müssen so gelagert werden, dass Unberechtigte keinen Zugriff darauf haben. Zum Beispiel darf ein Karteikasten mit Patientenkarteien nicht für jedermann frei zugänglich an der Rezeption, im Flur oder gar im Wartezimmer stehen.
- Um zu verhindern, dass Unberechtigte bei eingeschaltetem Computer Einsicht in fremde Daten haben, muss der **PC-Bildschirm** sichtgeschützt aufgestellt werden.
- Der Zugang zum Computer (Laptop) und den Patientendateien sollte für Unbefugte durch **Passwörter** unmöglich gemacht werden.
- Um eine Zerstörung von Daten durch Viren und andere Angriffe auf den Computer zu verhindern, sollten geeignete **Virenschutzprogramme** installiert sein.

8 Betriebsorganisation und Qualitätsmanagement
(Nr. 6 des Ausbildungsrahmenplans)

8.1 Marketing und Marketingziele

Auch wenn die Hilfe für kranke Tiere im Vordergrund jeden tierärztlichen Handels steht, ist eine Tierarztpraxis (Tierklinik) dennoch ein Wirtschaftsunternehmen, das nur bestehen kann, wenn Patientenbesitzer ihre Tiere zur Krankheitsvorsorge und Behandlung dem Tierarzt anvertrauen und für die Dienstleistungen bezahlen.

Marketingziele in tierärztlichen Praxen (und Kliniken) sind demnach der **beständiger Zulauf neuer Kunden** und die **Zufriedenheit der Kunden** mit den erbrachten Leistungen, sodass sie wiederkommen sowie ihrerseits neue Kunden werben. Damit das Praxismarketing erfolgreich ist, müssen sich alle in der Praxis (Klinik) Beschäftigten durch ihr Erscheinungsbild, ihr Verhalten sowie ihre Arbeitsweise diesen Zielen unterordnen.

Marketingziele
- Beständiger Zulauf neuer Kunden
- Zufriedenheit der Kunden

Kundenwerbung

Mit Kundenwerbung soll erreicht werden, dass Tierhalter auf die Praxis (im positiven Sinn) aufmerksam werden, dem Praxisteam Vertrauen schenken und für ihre Tiere Vorsorgemaßnahmen (z. B. Impfungen) treffen, sowie bei gesundheitlichen Problemen Diagnose- und Behandlungsmaßnahmen in Auftrag geben. Wie erfahren Tierhalter, dass es die Praxis (Klinik) überhaupt gibt und welche Leistungen erbracht werden können? Bis vor einigen Jahren war Tierärzten die Werbung durch die tierärztliche Berufsordnung grundsätzlich verboten. Im Jahre 2002 entschied das Bundesverfassungsgericht jedoch, dass nicht jede, sondern lediglich **berufswidrige Werbung** untersagt ist. Unter berufswidriger Werbung versteht man:

- **Anpreisende, markschreierische Werbung** (z. B. „Wir sind die besten Tierärzte im ganzen Land")
- **Irreführende Werbung** (z. B. Eine normale Kleintierpraxis bezeichnet sich als „Gesundheitszentrum für Kleintiere" und gibt sich damit den Anschein, eine Klinik zu sein.)
- **Unwahre Werbung** (z. B.„Wir sind in der Lage, jedes Tier, ganz gleich wie krank es ist, zu heilen.")
- **Vergleichende Werbung** (z. B. „Wir können die Krallen ihres Hundes besser schneiden als der Nachbartierarzt.")
- **Preis-Leistungs-Werbung** (z. B. „Heute im Angebot: Kastration ihrer Katze zum halben Preis.")

Zudem gelten die Bestimmungen der Gebührenordnung für Tierärzte, nach der es nicht gestattet ist, unentgeltliche Behandlungen sowie Behandlungen zu Preisen, die unterhalb der Mindestgebührensätze liegen, anzubieten.

Für die Kontrolle der Einhaltung dieser Bestimmungen sind die Landestierärztekammern zuständig.

Der Sinn dieser Werbebeschränkungen ist es, die Seriosität und das öffentliche Ansehen des tierärztlichen Berufsstandes zu bewahren, sowie eine sachgerechte und angemessene Information des Patientenbesitzers zu sichern.

Erlaubt sind dagegen **sachliche Informa-**

tionen z. B. über Praxisstandort, Öffentliche Verkehrsmittel, Parkmöglichkeiten, Sprechzeiten, angebotene Dienstleistungen, fachliche Qualifikationen des/der Tierarztes/Tierärztin sowie Praxisschwerpunkte zu benennen.

Marketinginstrumente zur Kundenwerbung

- **Praxishomepage im Internet**
  Viele Tierhalter suchen eine für sie geeignete Tierarztpraxis inzwischen über das Internet. Eine Praxishomepage gehört zu den wirkungsvollsten und kostengünstigsten Marketinginstrumenten, um auf die Praxis aufmerksam zu machen und neue Kunden zu werben. Voraussetzung ist jedoch, dass die Website ansprechend und interessant gestaltet ist, ständig aktualisiert, sowie bei der Suche im Internet gut gefunden wird. Es ist möglich, die Praxis-Homepage selbst zu erstellen (z. B. mit Homepage-Baukästen aus dem Internet) oder durch einen professionellen Webdesigner anfertigen zu lassen. Diese Fachleute sind meist eher in der Lage, die Homepage so zu optimieren, dass sie in Suchmaschinen (z. B. Google.de, yahoo.de) in einer hohen Position stehen und damit besser gefunden werden können.
- **Eintrag im Branchentelefonbuch (z. B. Gelbe Seiten)**
  Viele, v. a. ältere Tierbesitzer, die mit dem Internet nicht oder nur wenig vertraut sind, suchen nach wie vor eine Tierarztpraxis im Branchen-Telefonbuch. Daher ist auf einen Eintrag im örtlichen Telefonbuch, obwohl er sehr teuer ist, kaum zu verzichten.
- **Präsens in sozialen Netzwerken**
  Viele Tierbesitzer tauschen sich über soziale Netzwerke (z. B. Facebook, Twitter) aus. Die Präsens in solchen Netzwerken (z. B. über eine spezielle Seite bei Facebook mit Verknüpfung zur Praxishomepage) führt zu einem größeren Bekanntheitsgrad.
- **Aufkleber auf dem Praxisauto**
  z. B. mit Praxisname, Praxislogo, Adresse und Sprechzeiten
- **Werbung in Tageszeitungen**
- **Leicht verständliche Fachbeiträge in Zeitschriften**
  z. B. Artikel für Tierhalter zu Haltung, Ernährung, Gesundheitsvorsorge
- **Vorträge**
  z. B. in Tierschutzvereinen, Schulen, Hundevereine, Reitschulen, Taubenzüchter
- **Kurse**
  z. B. Erste-Hilfe-Kurse
- **Praxisinformationsbroschüren**
  mit Angaben über das Praxisteam sowie die angebotenen Leistungen, Bildern der Praxisräume sowie Informationen zu Anbindungen der Praxis an öffentliche Verkehrsmittel

Kundenbindung

Zufriedene Patientenbesitzer kommen wieder und empfehlen die Praxis (Klinik) in ihrem Freundes- und Bekanntenkreis weiter. Oberstes Ziel der Marketingstrategien zur Kundenbindung ist daher die **Kundenzufriedenheit**. Die Zufriedenheit des Kunden hängt im Wesentlichen von drei Faktoren ab:

- Der Kunde muss von der fachlichen Kompetenz des/der Tierarztes/Tierärztin sowie der Tiermedizinischen Fachangestellten überzeugt sein.
- Er muss sich in der Praxis wohl fühlen.
- Er muss den Eindruck erhalten, dass das Wohlergehen seines Tieres erste Priorität des Praxisteams ist.

Marketinginstrumente zur Kundenbindung

- **Corporate-Design**
  Als Corporate-Design wird das gesamte **einheitliche** Erscheinungsbild eines Unternehmens bezeichnet, das sich im Gedächtnis der Kunden als Identitätszeichen der Praxis einprägt und einen hohen Wiedererkennungseffekt hat. Ein Beispiel für Corporate-Design ist eine bestimmte Farbe, die, wenn sie konsequent (z. B. auf Briefpapier, Praxisbroschüren, Praxiskleidung, Fahr-

zeugbeklebung, Terminkarten, Visitenkarten, Einrichtungsgegenständen, Handtüchern, Decken usw.) erscheint, von den Kunden als „typisch" für die Praxis empfunden wird.

- **Persönliches Erscheinungsbild**
  Psychologische Untersuchungen belegen, dass hübschen und gepflegten Menschen mehr Sympathie entgegengebracht wird, als Menschen mit einem weniger ansprechenden Äußeren. In der Praxis wird das äußere Erscheinungsbild der Teammitglieder häufig gleichgesetzt mit der Hygiene der Praxis und Kompetenz des Praxisteams. Modische und saubere Praxiskleidung (evtl. in einer freundlichen Farbe), eine gepflegte Frisur und ein Lächeln verhelfen zu einem sympathischen Aussehen.
- **Gestaltung und Hygiene der Praxisräume**
  Sterile, weiße Räume und Möbel, wie früher in Arzt- und Tierarztpraxen üblich, sind heute nicht mehr gefragt. Durch helle, evtl. farbige Einrichtungsgegenstände, Zimmerpflanzen sowie ansprechende Bilder wirkt eine Praxis freundlich und einladend. Die Sauberkeit von Wänden, Möbeln und Böden wird von Kunden unterbewusst mit der allgemeinen Praxishygiene assoziiert. Flecken, Schmutzränder und schadhafte Stellen werden, obwohl sie meist auf den ersten Blick gut sichtbar sind und das gesamte Erscheinungsbild der Praxis beeinträchtigen, vom Praxisteam oft nicht mehr wahrgenommen. Dieses Phänomen wird als „betriebsblind" bezeichnet. Es empfiehlt sich daher, die Praxisräume bewusst „mit dem Blick des Patientenbesitzers" zu betrachten und Faktoren, die das positive Gesamtbild stören, zu ändern.
- **Serviceangebote für Mensch und Tier**
  - Durch das Angebot von Kaffee oder Kaltgetränken sowie Lesematerial (Zeitschriften, Broschüren) im Wartezimmer können auch lange Wartezeiten für den Tierbesitzer angenehm gestaltet werden.
  - Hunden sollte in der heißen Jahreszeit (oder wenn sie vor Angst und Aufregung hecheln), v. a. bei längeren Wartezeiten, Wasser angeboten werden. Allerdings empfiehlt es sich nicht, einen gefüllten Wassernapf ins Wartezimmer zu stellen, aus dem alle Patienten trinken können. Es besteht Ansteckungsgefahr! Hat ein Hund getrunken, muss der Wassernapf gereinigt und desinfiziert werden, bevor ein anderer Patient daraus trinken kann.
  - Patienten können nach einer Behandlung mit Leckereien „versöhnt" werden. Hunde nehmen z. B. gerne ein Stück getrockneten Pansen, Papageien und Ratten ein Stück Butterkeks, Kaninchen und Meerschweinchen ein Stück rohes Gemüse.
  - Kinder von Patientenbesitzern, die mit ihren Eltern in die Praxis kommen, freuen sich über kleine Geschenke (z. B. kleine Tierchen aus Kunststoff), die im Großhandel für Praxisbedarf eingekauft werden können. Für Patientenbesitzer mit Kleinkindern ist es oft entspannend, wenn sie sehen, dass auch ihre Kinder willkommen sind.
  - Medikamente oder Pflegeprodukte für Tiere werden in Tüten mit dem Praxislogo oder dem Aufdruck der Praxisadresse abgegeben.
  - „Kleine Geschenke erhalten die Freundschaft". Solche kleinen Geschenke (evtl. mit dem Aufdruck der Praxisadresse), sind Werbegeschenke, die zu besonderen Anlässen (z. B. Praxisjubiläum, Weihnachten, Ostern) an die Tierbesitzer abgegeben werden.
  - Visitenkarten oder Flyer von ausgewählten und empfehlenswerten Züchtern, Tierpensionen, Tierheimen, Hundefriseure u. a. sollten angefordert werden und griffbereit eingeordnet sein, um sie interessierten Patientenbesitzern jederzeit aushändigen zu können.

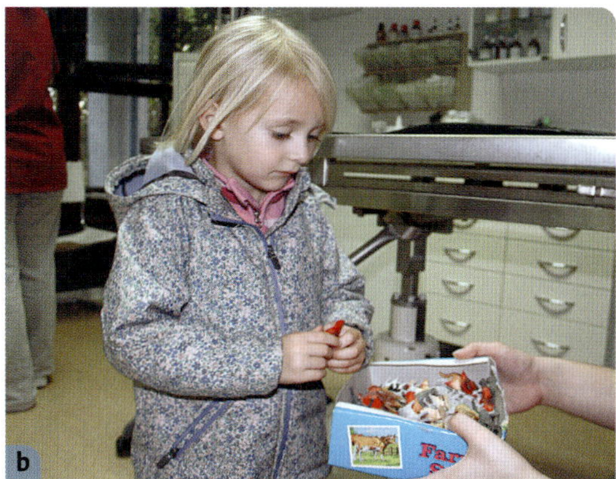

a) Hunden im Wartezimmer wird Wasser angeboten,
b) Kinder erhalten kleine Geschenke,
c) Kaffee im Wartezimmer für Patientenbesitzer.

- Die Möglichkeit der bargeldlosen Zahlung durch EC- oder Kreditkarte wird von vielen Kunden als positiv gewertet.
- Recallsysteme, d. h. die telefonische oder schriftliche Erinnerung (z. B. an den nächsten Impftermin) wird häufig zur Kundenbindung genutzt. Allerdings ist hierzu eine **schriftliche** Einverständniserklärung des Kunden erforderlich (Datenschutz).

- **Serviceleistungen am und um das Tier**
  - Auf Wunsch des Besitzers werden Pflegemaßnahmen (z. B. Fellverfilzungen bei Perserkatzen ausschneiden, Krallen schneiden, Ohren reinigen) durchgeführt.
  - Ausführliche Beratungen zur Haltung, Pflege und Ernährung von Tieren zeigt dem Tierhalter, dass sich der Tierarzt Zeit für ihn und sein Tier nimmt und

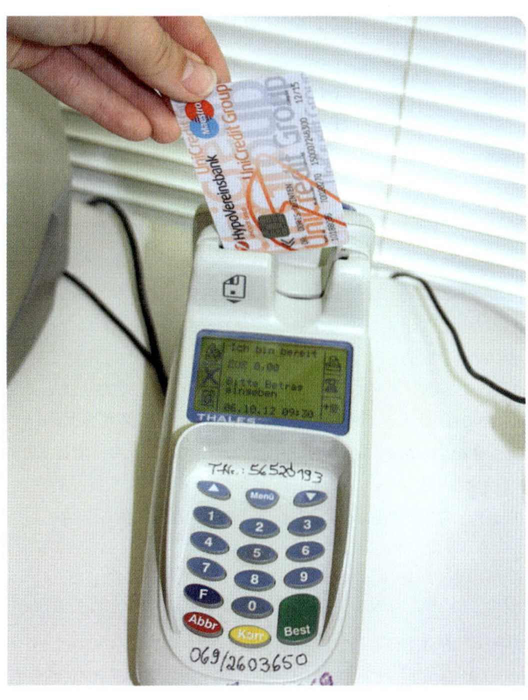

Bargeldlose Zahlung durch ein Kartenlesegerät.

dass ihm das Wohlergehen des Tieres am Herzen liegt.
- Die Zusammenarbeit mit anderen Praxen (z. B. Vertretung durch Nachbarkollegen bei Urlaub; Überweisung an Fachpraxen zur genaueren Diagnose) vermittelt dem Tierhalter, dass sein Tier und nicht der Verdienst des/der Tierarztes/Tierärztin im Mittelpunkt der Bemühungen steht. Dies fördert das Vertrauen für zukünftige Behandlungen.
- Anschauungsmaterial zu Erkrankungen (z. B. Bilder, Grafiken, Broschüren) hilft dem Tierbesitzer das Gesundheitsproblem seines Tieres besser zu verstehen. Dadurch ist er eher bereit, den Anweisungen des/der Tierarztes/Tierärztin (z. B. Tabletteneingabe, Wiederholungsbesuche in der Praxis) Folge zu leisten.

Strategien zur Umsatzsteigerung
- Beratungsgespräche über die richtige Pflege von Tieren mit Empfehlung und dem Verkauf von Pflegeprodukten.
- Beratungsgespräche zur Gesundheitsvorsorge mit der Empfehlung, regelmäßige Vorsorgeuntersuchungen (z. B. Blutabnahme, Kotuntersuchugen) durchführen zu lassen.

Zu guter Letzt
Um die Erwartungen und Interessen der Kunden noch besser zu erkennen, werden Fragebögen zur Kundenzufriedenheit, die von den Tierbesitzern ausgefüllt werden, oder ein „Briefkasten“ im Wartezimmer, in den die Tierhalter Zettel mit Anregungen und Kritik hineinwerfen können, empfohlen. Die Auswertung der Fragebögen und Zettel ermöglicht eine Analyse und Verbesserung der Marketingstrategien und damit der Kundenzufriedenheit.

Beachte
Viele der vorgeschlagenen Strategien zur Kundenwerbung und Kundenbindung sind nur durch oder in enger Zusammenarbeit mit dem Tierarzt umsetzbar. Tiermedizinische Fachangestellte können jedoch durch eigene Ideen und Vorschläge zu neuen Marketingstrategien (auf der Grundlage der berufsrechtlichen Bestimmungen) sowie der Bereitschaft, eingeführte Neuerungen mit ganzem Einsatz zu unterstützen, zum wirtschaftlichen Erfolg der Tierarztpraxis (Tierklinik) beitragen.

8.2 Arbeiten im Team

Die Arbeiten in einer modernen tierärztlichen Praxis (Tierklinik) sind so vielfältig und komplex, dass sie von „Einzelkämpfern“ kaum bewältigt werden können. Dadurch wird Teamarbeit immer wichtiger. Ein gutes Team wächst nach und nach immer mehr zusammen und wird zu einem eingespielten Team, das Hand in Hand für ein **gemeinsames Ziel** (optimale Versorgung der Patienten, Kundenzufriedenheit, wirtschaftlicher Erfolg der Praxis) arbeitet. Ein gutes Team zeichnet sich durch folgende Eigenschaften aus:
- Jedes Teammitglied hat eine spezielle Aufgabe, aber alle arbeiten für ein gemeinsames Ziel.
- Ein Team erreicht mehr als die gleiche Anzahl von Einzelkämpfern.
- Jeder fühlt sich dafür verantwortlich, dass das gemeinsame Ziel erreicht wird.
- In einem Team hilft man sich gegenseitig.
- In einem Team wird offen kommuniziert.
- Teammitglieder verhalten sich kollegial.
- Teammitglieder haben Achtung voreinander und vor den Leistungen des anderen.
- Teammitglieder unterstützen einander, im Notfall vertreten sie sich gegenseitig.
- In einem Team gibt es klare Regeln und Verantwortungsbereiche.

Damit Teamarbeit erfolgreich ist, müssen Probleme sachlich und ehrlich angesprochen werden. Dazu eignen sich regelmäßig anberaumte **Teamgespräche** (siehe S. 90).

Fragebogen zur Kundenzufriedenheit

Ihre Zufriedenheit liegt uns am Herzen

Aus diesem Grund bitten wir Sie um Ihre Meinung zu unserer Praxis. Bitte füllen Sie anonym das Formular aus und teilen Sie uns mit, wo wir uns verbessern können. Ihre Angaben werden selbstverständlich vertraulich behandelt.

Mit welchem Tier waren Sie in unserer Praxis?

- ☐ Hund
- ☐ Katze
- ☐ Vogel
- ☐ Kleines Heimtier
- ☐ Sonstiges

Wie haben Sie von unserer Praxis erfahren?

- ☐ Internet
- ☐ Bekannte
- ☐ Telefonbuch
- ☐ Sonstiges

Wie zufrieden sind sie mit unserer Praxis insgesamt?

- ☐ sehr zufrieden
- ☐ zufrieden
- ☐ ausreichend
- ☐ unzureichend

Was gefällt Ihnen besonders gut an unserer Praxis?

____

____

____

____

____

Was sollte aus Ihrer Sicht in unserer Praxis verbessert werden?

____

____

____

____

Wie zufrieden waren Sie mit unseren Leistungen?

	1	2	3	4
Tel. Erreichbarkeit				
Freundlichkeit				
Äußeres Erscheinungsbild der Praxisräume				
Beratungsqualität				
Leistungsangebot				
Verhalten gegenüber dem Tier				
Wartezeiten				

	1	2	3	4
Umgang mit Beschwerden				
Internetauftritt				
Standort				
Ernährungsberatung				
Vorsorgeprogramme				

1 = sehr zufrieden
2 = zufrieden
3 = ausreichend
4 = unzufrieden

8.3 Qualitätssicherung und Qualitätsmanagement

8.3.1 Qualität

Mit zunehmenden Konkurrenzdruck werden nur solche Tierarztpraxen langfristig eine Chance auf dem Markt haben, die tierärztliche Leistungen von hoher Qualität anbieten und damit die Kunden zufrieden stellen können.

Qualität tiermedizinischer Leistungen wird in drei Bereiche unterteilt:

- **Strukturqualität**
  Darunter versteht man alle Voraussetzungen, die erforderlich sind, um eine tierärztliche Leistung überhaupt erbringen zu können. Dazu gehören beispielsweise die Qualität der medizinischen Geräte sowie die fachliche Qualifikation des/der Tierarztes/Tierärztin und der Tiermedizinischen Fachangestellten.
- **Prozessqualität**
  Prozessqualität beinhaltet z. B. die Qualität aller Diagnose- und Behandlungsprozesse, Maßnahmen der Praxishygiene sowie der Patienten- und Kundenbetreuung.
- **Ergebnisqualität**
  Unter Ergebnisqualität versteht man die Qualität der Ergebnisse aus den jeweils erbrachten Leistungen, z. B. der Gesundheitszustand eines behandelten Tieres, die Genauigkeit eines Laborergebnisses, die Sauberkeit der Praxis, die Beurteilbarkeit eines Röntgenbildes, die Kundenzufriedenheit.

8.3.2 Qualitätssicherung

Qualitätssicherung bedeutet die Erhaltung eines festgelegten Qualitätsniveaus. Wie hoch dieses Niveau ist, richtet sich nach:

- **Ethischen Gesichtspunkten**
  Tierärzte sind berufene Schützer der Tiere (§ 1 der Bundestierärzteordnung). Daran anlehnend streben sie die optimale Versorgung ihrer Patienten nach den neuesten wissenschaftlichen Erkenntnissen an.
- **Erwartungen der Patientenbesitzer**
  Tierbesitzer, die mit der Qualität einer Praxis bei der Patienten- und Kundenbetreuung nicht zufrieden sind, werden nicht wiederkommen, die Praxis nicht weiterempfehlen und möglicherweise ihre negativen Erfahrungen an Freunde und Bekannte weitergeben, sodass nicht nur sie, sondern auch potentielle Neukunden für die Praxis verloren gehen.

In humanmedizinischen und zahnmedizinischen Praxen sowie in allen Einrichtungen des Gesundheitswesens (z. B. Krankenhäusern) ist die Qualitätssicherung sowie die Einrichtung eines Qualitätsmanagement nach den Vorschriften des Sozialgesetzbuches (SGB V) vorgeschrieben. Für die Qualitätssicherung in der tierärztlichen Praxis gibt es bislang noch keine gesetzlichen Vorschriften. Maßnahmen zur Qualitätssicherung werden jedoch in vielen Praxen zur Optimierung der Versorgung kranker Tiere, zur Kundenbindung, zur Erhöhung der Wirtschaftlichkeit sowie zur verbesserten Absicherung vor Rechtsstreitigkeiten mit Tierbesitzern freiwillig durchgeführt. Manche Tierarztpraxen sowie Tierkliniken lassen sich auf freiwilliger Basis von einem anerkannten unabhängigen Prüfinstitut **zertifizieren**. Dabei erfolgt eine Prüfung der Arbeitsorganisation, des Kundenservices sowie der hygienischen und betriebswirtschaftlichen Standards. Nach erfolgreicher Zertifizierung erhält die Praxis (Klinik) ein Gütesiegel. Durch jährliche Stichproben wird überprüft, ob der hohe Qualitätsstandard beibehalten wird.

8.3.3 Qualitätsmanagement

Die Aufgaben des Qualitätsmanagement bestehen in der Erhaltung und ständigen Verbesserung der Qualität jedes einzelnen Bereiches in der tierärztlichen Praxis. Das

Qualitätsmanagement ist ein andauernder Verbesserungsprozess und muss von **allen Praxismitgliedern** getragen werden. In diesem Zusammenhang wird gerne der Satz von Philip Rosenthal, einem bekannten Unternehmer und Politiker (1916 – 2001), zitiert: „*Wer aufhört, besser zu werden, hat aufgehört gut zu sein.*“

8.3.4 PDCA – Zyklus

Die Verpflichtung zur ständigen Verbesserung der Qualität in einem Unternehmen wird durch den **PDCA-Zyklus** ausgedrückt. Es handelt sich dabei um einen von dem amerikanischen Physiker William Edwards Deming (1900 – 1993) entwickelten Regelkreis, der auch als **Demingkreis** bezeichnet wird. Das Prinzip ist die Aufforderung „*Gehe an den Ort des Geschehens*“. Das bedeutet, dass eine Überprüfung und Analyse einer Arbeitssituation und der genauen Arbeitsabläufe vor Ort zusammen mit den jeweils beteiligten Mitarbeitern erfolgen soll.

Der **PDCA**-Zyklus besteht aus vier Phasen, die durch die Anfangsbuchstaben **P** = Plan, **D** = Do, **C** = Check, **A** = Act gekennzeichnet werden:

- **Plan (P)**
  Jede Leistung und Tätigkeit in der Praxis wird am Ort des Geschehens zusammen mit den beteiligten Mitarbeitern angeschaut und genau auf Schwachpunkte und Fehlerquellen analysiert. Danach wird ein Plan für Verbesserungen erstellt.
- **Do (D)**
  Do kommt von dem englischen Verb *to do* = machen, tun und bedeutet in diesem Zusammenhang das Umsetzen der Verbesserungen zur Probe.
- **Check (C)**
  Das Wort Check kommt ebenfalls aus dem Englischen (to check = kontrollieren) und beschreibt die dritte Phase des Demingkreises: Die umgesetzten Verbesserungen werden erneut auf ihre Effektivität überprüft, bewertet, bei Erfolg genehmigt oder bei Misserfolg verworfen. Führen die Verbesserungen in der Phase C nicht zum erwarteten Ergebnis, beginnt der Regelkreis von vorne mit der Analyse der Tätigkeit (Plan = P).
- **Act (A)**
  Act leitet sich von dem englischen Wort *action* = handeln ab und bedeutet im PDCA-Zyklus die Einsetzung der geprüften und genehmigten Verbesserung als Standard in den Praxisalltag.

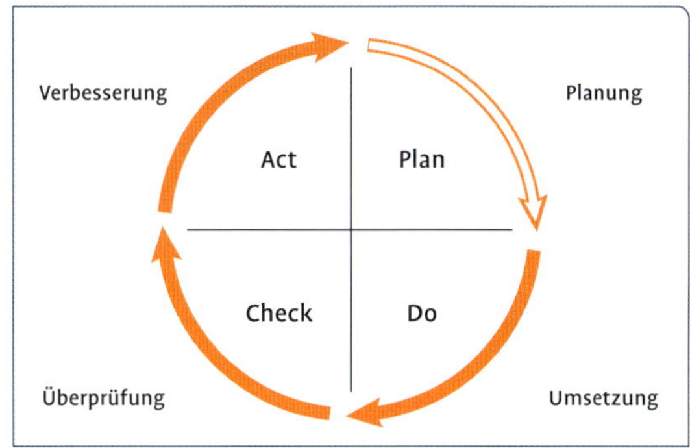

PDCA-Zyklus.

Der neu festgesetzte Standard wird regelmäßig mithilfe eines neuen PDCA-Zyklus überprüft und verbessert.

8.3.5 Qualitätsmanagement und Qualitätssicherung im Praxisalltag

Das Prinzip der ständigen Verbesserung kann in jeden Bereich der Praxis übernommen werden. Mit dem Demingkreis (PDCA-Zyklus) des Qualitätsmanagements als Rüstzeug sind Tiermedizinische Fachangestellte in der Lage, Maßnahmen zur Qualitätssicherheit im eigenen Arbeitsbereich selbstständig zu planen, Verbesserungen vorzuschlagen und (nach Absprache mit dem/der Tierarzt) durchzuführen, zu kontrollieren, zu bewerten und zu dokumentieren und damit ihre Arbeit zu optimieren. Beispiele für Anwendungsbereiche von Qualitätssicherungsmaßnahmen sind:

- OP-Bereich
- Praxishygiene
- Labor
- Röntgen und Röntgenentwicklung
- Kundenbetreuung
- Patientenbetreuung
- Rechnungsstellung
- Lagerwirtschaft
- Tierärztliche Hausapotheke
- Dienstpläne
- Terminkoordination

Innerhalb der genannten Arbeitsbereiche können wiederum kleine Teilbereiche mithilfe des PDCA-Zyklus verbessert werden.

Einbindung der Tierarztpraxis in Qualitätssicherungsprogramme von Unternehmen

Die tierärztliche Bestandsbetreuung (z. B. in Schweinemastbetrieben, in Betrieben mit Milchviehhaltung oder Geflügelhöfen) dient der Prozess- und Produktqualität (Ergebnisqualität) der Unternehmen.

Fehler und Beschwerden

Ein gut funktionierendes Qualitätsmanagement soll neben der Optimierung der Arbeit auch verhindern, dass Fehler auftreten, die zu Schäden in der Praxis, bei der Behandlung der Patienten sowie zu Reklamationen der Kunden (evtl. sogar mit Schadensersatzansprüchen oder gerichtlichen Auseinandersetzungen) führen. Technische Fehler, die z. B. den Ausfall eines Diagnosegerätes verursachen, können durch regelmäßige Wartung (evtl. mithilfe von Wartungsverträgen) weitgehend ausgeschlossen werden. Personengebundene Fehler jedoch bedürfen sehr viel Fingerspitzengefühl, um sie „auszubügeln“.

Grundsätzlich gilt: Jede Beschwerde muss ernst genommen und mit Höflichkeit und Respekt entgegengenommen werden, ganz gleich, wie unsinnig sie zunächst erscheinen mag. Der Tierhalter ist unzufrieden und nur dies zählt. Beschwerden sind eine Chance, die Qualität der Praxisleistung zu verbessern. Manche unzufriedene Tierhalter scheuen jedoch eine Auseinandersetzung und beschweren sich nicht direkt. Sie kommen einfach nicht wieder und wandern zu andern Praxen ab. Eine anonyme Beschwerdemöglichkeit (z. B. ein „Meckerkasten“ im Wartezimmer, in den Patienten anonym, d. h. ohne ihren Namen zu nennen, Beschwerdezettel und Verbesserungsvorschläge einwerfen können) kann dazu verhelfen, Fehlerquellen aufzudecken, die sonst nicht zutage treten würden und die Kundenzufriedenheit zu verbessern. Die Aufschrift auf einem solchen „Meckerkasten“ wird individuell verschieden sein. Sie könnte jedoch beispielsweise lauten:

„Niemand ist perfekt! Das Wohlergehen Ihres Tieres und Ihre Zufriedenheit ist unser oberstes Prinzip. Daher tun wir alles, um die Qualität unserer Arbeit ständig zu verbessern. Sollten Sie dennoch etwas zu bemängeln haben, bitten wir Sie, uns dies mitzuteilen. Vielen Dank für Ihre Mithilfe.“

8.4 Zeitmanagement

Unter Zeitmanagement versteht man Maßnahmen, die dazu verhelfen, anfallende Aufgaben innerhalb der zur Verfügung stehenden Zeit abzuarbeiten. Dies ist in einer tierärztlichen Praxis nicht immer einfach, denn wann ein Tier krank wird und Hilfe benötigt, lässt sich kaum vorausplanen. Neben der direkten Behandlung eines Tieres fallen jedoch weitere Arbeiten in einer Praxis an, für die Zeit benötigt wird (z. B. Verwaltung der Apotheke, Laborarbeiten, Praxishygiene, Lagerverwaltung und Bestellungen, Büroarbeiten, Versorgung stationärer Patienten). Je größer die Anforderungen an jeden Einzelnen in der Praxis sind, desto wichtiger wird das Zeitmanagement, um sich nicht „zu verzetteln“. Folgende Vorgehensweise wird empfohlen:

Zeitmanagement

- Erstellen eines Zeitprotokolls
- Analyse des Zeitprotokolls
- Planen eines effektiven Zeitablaufs

8.4.1 Erstellen eines Zeitprotokolls

Zunächst ist es erforderlich herauszufinden, welche Beschäftigungen im Praxisalltag anfallen und wieviel Zeit damit verbracht wird. Diese Bestandsaufnahme sollte schriftlich, am besten als Zeitprotokoll erfolgen. Das Zeitprotokoll wird über einen Zeitraum von einer Woche geführt. Die Berufsgenossenschaft für Gesundheit und Wohlfahrtspflege (BGW) hat eine Zeitprotokoll-Tabelle erstellt, die individuell für die einzelnen Arbeitsbereiche abgewandelt werden kann.

TABELLE „ZEITPROTOKOLL"

AUFGABE	BENÖTIGTE ZEIT	KLASSE NACH EISENHOWER	ALLGEMEINE BEWERTUNG (WIE Z.B. „ZEITFRESSER")	ZUR DELEGATION GEEIGNET? (JA / NEIN)

Zeitprotokoll.

8.4.2 Analyse des Zeitprotokolls

Die mit der Tabelle erfassten täglichen Arbeiten werden nach ihrer Wichtigkeit und Dringlichkeit analysiert. Hier hilft das vom amerikanischen Präsident Eisenhower entwickelte **Eisenhower-Prinzip.** Dazu werden die abzuarbeitenden Aufgaben in vier Klassen unterteilt:

- **Klasse A**
  Aufgaben, die sehr dringend und wichtig sind (z. B. Behandlung eines Notfallpatienten, Betreuung von Kunden in der Praxis, Operationen)
- **Klasse B**
  Aufgaben, die zwar nicht unmittelbar dringend, aber doch in einer angemessenen Zeitspanne erledigt werden müssen (z. B. Telefongespräch mit Kunden über eine notwendige Terminverschiebung).
- **Klasse C**
  Aufgaben der C-Klasse sind Aufgaben des Tagesgeschäftes. Sie sind wichtig, aber nicht dringend und können außerhalb der „Stoßzeiten" bearbeitet werden. Sie sollten weniger zeitaufwendig ausgeführt oder können deligiert, d. h. an andere Mitarbeiter weitergegeben werden. C-Aufgaben können zu A-Aufgaben werden, wenn sie zulange nicht bearbeitet werden (z. B. Neubestellung von Medikamenten oder Verbandsmaterial, Kotuntersuchungen, Zellstoffschneiden).
- **Klasse D**
  Darunter versteht man Aufgaben, die weder wichtig noch dringend sind und erst in Angriff genommen werden sollten, wenn die anderen Klassen abgearbeitet sind (z. B. Aufräumen des Kellers, Aussortieren überalterter Broschüren in Ordnern).

Die Einteilung der anfallenden Arbeiten nach dem Eisenhower-Prinzip hilft **Prioritäten** zu setzen, d. h. der Arbeit zeitlich den Vorrang zu geben, die im Vergleich zu einer anderen wichtiger und dringlicher ist.

Nach der Einteilung der täglich anfallenden Arbeiten nach dem Eisenhower-Prinzip wird das Zeitprotokoll nach folgenden Gesichtspunkten hinsichtlich der dafür benötigten Zeit untersucht und bewertet:

- Welche Schwachstellen ergeben sich aus dem persönlichen Arbeitsstil?
- Gibt es Störungen von Außen, die Zeit „fressen" und abgestellt werden können?
- Gibt es Schwachstellen in der Organisation, wodurch die persönliche Zeitplanung gestört wird?
- Welche Arbeiten und Aktivitäten nehmen die meiste Zeit in Anspruch?
- Welche wichtigen Arbeiten kommen zu kurz?
- Wo kann man Zeit einzusparen, ohne dass die Qualität der Arbeit leidet?

8.4.3 Planen eines effektiven Zeitablaufs

Die Zeitplanung für einen Arbeitstag sollte am Vorabend oder zu Beginn des Tages nach Möglichkeit schriftlich erfolgen. Die Zeitplanung richtet sich nach den jeweiligen abzuarbeitenden Aufgaben und ist von Praxis von Praxis und häufig von Tag zu Tag unterschiedlich.

Beispiel: Zeitplan für Freitag

8.00 – 9.00 Uhr	Operation Katze (Vorbereitung, Assistenz)
9.00 – 9.15 Uhr	Hygienemaßnahmen nach der Operation
9.00 – 10.00 Uhr	C-Arbeiten (Kontrolle der Hausapotheke und Nachbestellung von Medikamenten)
10.00 – 12.00 Uhr	Sprechstunde
12.00 – 15.00 Uhr	Pause
15.00 – 16.00 Uhr	C- und D-Arbeiten (Auffüllen von Verbandmaterial, Schrank räumen, Rechnungen erstellen)
16.00 – 18.00 Uhr	Sprechstunde
18.00 – 18.30 Uhr	Laborarbeiten
18.30 – 19.00 Uhr	Praxishygiene
19.00 Uhr	Ende des Arbeitstages

Die Zeitplanung der einzelnen zu erledigenden Arbeiten sollte nicht zu knapp bemessen sein. Empfohlen wird das **60/40 Prinzip**. Das bedeutet, dass 60 % der geplanten Zeit für die tatsächliche Arbeit gelten und die restlichen 40 % als **Zeitpuffer** für Störungen oder Notfälle dienen. Das hat den Vorteil, dass nicht alle Zeit verplant ist und man auf Änderungen des Zeitplanes durch unvorhergesehene Ereignisse gelassen reagieren kann.

8.4.4 Hilfsmittel für ein effektives Zeitmanagement

- **Rationelle Terminvergabe**
  - Die für eine Behandlung benötigte Zeit lässt sich im voraus nicht immer voraussehen. Daher sollten Termine (z. B. in einer Terminpraxis) so vergeben werden, dass ein ausreichend zeitlicher Abstand zwischen den einzelnen Patienten als Zeitpuffer eingeplant wird.
  - Bei Hausbesuchsterminen muss die Anfahrtszeit mit in die Zeitplanung eingerechnet werden.
  - Termine für Gerätewartung, Kontrollen (z. B. Apothekenkontrolle) oder Besuchen von Pharmareferenten sollten außerhalb der Sprechzeiten vereinbart werden.
- **Arbeits- und Organisationsmittel verwenden**
  - Terminkalender
  - Notizblock als Erinnerungshilfe für B-Arbeiten (z. B. Rückruf eines Patientenbesitzers)
  - Hygieneplan
  - Laborbuch
  - Urlaubslisten
  - Interne Telefonbücher für wichtige Telefonnummern anfertigen (damit

nicht immer neu nach einer Nummer gesucht werden muss)
  - Lieferantenlisten, Produktkataloge
- **Gezielte Informationsweitergabe** (damit keine Arbeiten doppelt verrichtet werden müssen)
  - Dokumentation der ausgeführten C-Arbeiten
  - Notizen (z. B. „Terminverschiebung mit Frau Meyer erledigt")
- **Notfall – Checklisten erstellen**
  - Vorgehensweise bei einzelnen Notfällen Schritt für Schritt als „Abhaklisten" verfassen
  - Notfallausrüstung zusammenstellen und funktionsbereit halten
- **Personaleinteilung**
  - Wer vertritt wen bei Krankheit, Urlaub oder unvorgesehener Abwesenheit?
  - Ausreichend viele Mitarbeiter in „Stoßzeiten" einteilen.

8.5 Stress

Unter Stressversteht man alle Arten von Reizeinwirkungen auf den Körper, die das Nerven- und Hormonsystem aktivieren.
Man unterscheidet zwei Arten von Stress: **Eustress** und **Distress**.

Eustress

Als Eustress werden Reize (Stressoren) bezeichnet, die einen positiven Einfluss auf den Körper haben. Man spricht daher auch von positivem Stress. Eustress erhöht die Aufmerksamkeit und fördert die Leistungsfähigkeit ohne dem Körper zu schaden. Eustress entsteht z. B., wenn eine Arbeit (sei sie auch noch so fordernd) gerne gemacht wird und man erfolgreich dabei ist und Anerkennung erfährt. Durch Eustress werden Endorphine („Glückshormone") ausgeschüttet. Eustress schadet auch dann nicht, wenn er über einen längeren Zeitraum auf den Körper einwirkt.

Distress

Distress sind negative Reize, die als bedrohlich empfunden werden (z. B. Überforderung, psychische Belastungen, die Angst Fehler zu machen, Mobbing). Wenn Distress über einen längeren Zeitraum auf den Körper einwirkt, führt dies zur Abnahme der Aufmerksamkeit und Leistungsfähigkeit. Dauerhafter Distress kann die Krankheitsanfälligkeit aufgrund verminderter Abwehrreserven erhöhen.

Entstehungsursachen für Distress

- Falsche Zeiteinteilung und dadurch entstehende Hektik
- Ungelöste Konflikte am Arbeitsplatz (interne Konflikte) und privat (externe Konflikte)
- Überforderung
- Schlafmangel (z. B. durch zu langes Fernsehen am Abend)
- Falsche Ernährung (z. B. Unterzuckerung aufgrund unregelmäßiger Mahlzeiten)
- Bewegungsmangel

Strategien zur Vermeidung von Distress

- Zeitmanagement
- Ansprechen von Konflikten, Teamgespräche
- Deligieren von Arbeiten
- „Nein"-Sagen bei unangemessener Überforderung
- Freundliche Arbeitsatmosphäre („guten Betriebsklima") mitgestalten
- Ausreichend Schlaf
- Gesunde Ernährung
- Ausgleichssport

9 Betriebsverwaltung und Abrechnung (Nr. 7 des Ausbildungsrahmenplans)

9.1 Tierhalter- und Patientendaten aufnehmen und verarbeiten

Tierhalter- und Patientendaten, Anamnese, Untersuchungen und Untersuchungsergebnisse, Behandlungen mit Leistungsziffern der GOT (Gebührenordnung für Tierärzte), verbrauchte und abgegebene Medikamente sowie Überweisungen von oder zu anderen Tierärzten für den jeweiligen Patienten werden entweder **analog**, z. B. auf einer Karteikarte, oder **digital**, d. h. mithilfe des Computers dokumentiert. Zur digitalen Dokumentation wird meist eine spezielle Praxissoftware (z. B. Vetera, Vetinf, easyvet) verwendet. Bei der Dokumentation müssen die rechtlichen Bestimmungen des **Datenschutzes** (siehe Kap. Information und Datenschutz, S. 98) beachtet werden.

9.1.1 Stammdaten des Tierhalters

Die Daten des Tierhalters werden auf der Karteikarte (oder in der Datei) des Patienten vermerkt. Man benötigt sie zur Rechnungsstellung, für die Buchführung und zur Zuordnung des Patienten zum jeweiligen Tierhalter. Daten des Tierhalters sind:

- Name
- Vorname
- Adresse
- Telefonnummern (Festnetz, Mobil)
- E-mail
- Geburtsdatum

Das Geburtsdatum ist zur eindeutigen Identifikation des Tierhalters in juristischen Streitfällen (z. B. bei säumigen Zahlern) sowie bei Jugendlichen von Bedeutung. **Jugendliche zwischen dem vollendeten 7. Lebensjahr und dem vollendeten 18. Lebensjahr sind nur beschränkt geschäftsfähig.** Beschränkte Geschäftsfähigkeit bedeutet, dass die meisten Geschäfte, die sie tätigen (auch Behandlungen ihres Tieres beim Tierarzt) schwebend unwirksam sind, wenn keine Einwilligung des gesetzlichen Vertreters (in der Regel die Eltern) vorliegt. Ein Jugendlicher unter 18 Jahre, der mit seinem Tier in die Praxis kommt und es ohne Einwilligung des gesetzlichen Vertreters behandeln lässt, kann juristisch nur schwer belangt werden, wenn er die Behandlung nicht bezahlt. Er ist zwar in der Lage, im Rahmen seines Taschengeldes kleinere wirksame Geschäfte selbständig abzuschließen. Eine Behandlung beim Tierarzt wird diesen Rahmen jedoch in der Regel übersteigen. Um Ärger und unbezahlte Rechnungen zu vermeiden, sollte bei Jugendlichen das Geburtsdatum erfragt und wenn das Alter unter 18 Jahre ist, die Genehmigung der Eltern **vor** der Untersuchung und Behandlung eines Tieres eingefordert werden.

9.1.2 Stammdaten und Kennzeichen des Patienten

Die Daten und Kennzeichen (Signalement) jedes Patienten sollten vor der Erstuntersuchung aufgenommen und auf eine Karteikarte oder im Computer (Praxissoftware = Patientendatei) übertragen werden. In diese Karteikarte (Patientendatei) werden die Befunde und die Behandlung des Erstbesuchs sowie die vorgenommenen Behandlungen nach jedem weiteren Besuch eingetragen. Niemand kann auf längere Zeit alle Einzelheiten zum Krankheits-

Anmeldeformular.

Dr. Doris Quinten
Praktische Tierärztin
und Zahnheilkunde

ANMELDUNG

Patient
Tierart ________ Rasse ________
Name ________ Geschlecht ________
Geb.Datum ________ Farbe ________
kastriert ja ___ nein ___

Besitzer
Name ________ Vorname ________
Straße + Nr. ________ PLZ ________
Ort ________ Tel-Nr. ________
Handy-Nr. ________ Geb.Datum ________

Wie haben Sie von uns erfahren? ________
Wenn Branchenbuch, welches ________

Das Tier gehört mir alleine *JA / NEIN* (**Nichtzutreffendes streichen**)
Das Tier gehört uns
2. Besitzer ________

Überbringer (**wenn nicht mit Besitzer identisch**)
Name ________ Vorname ________
Straße ________ PLZ ________
Ort ________ Tel-Nr. ________
Handy-Nr. ________ Geb.Datum ________

Ich bestätige hiermit im Auftrag des Tierbesitzers zu handeln und für die Kosten der Behandlung aufzukommen.

____
(**Unterschrift des Überbringers**)

ZAHLUNGSHINWEIS
Wir bitten um Ihr Verständnis, dass alle Behandlungen, klinischen Leistungen und Medikamentenabgaben grundsätzlich nicht auf Rechnung erfolgen können.
Alle Operationen müssen sofort bei Abholung des Patienten bezahlt werden.

Wie möchten Sie zahlen? (**bitte ankreuzen**)
Bar ___ **EC-Karte** ___ **Scheck-Karte** ___

Ich versichere die Richtigkeit meiner Angaben und akzeptiere die Zahlungsbedingungen.

München, ________ ________
(**Unterschrift**)

geschehen und zur Behandlung eines Patienten im Gedächtnis behalten. Nur durch eine sorgfältige **Dokumentation** ist ein seriöses Arbeiten möglich. Für jeden Patienten wird eine eigene Karteikarte geschrieben oder im Computer eine Datei angelegt. Daten und Signalement eines Tieres sind:

- Tierart (z. B. Hund, Katze, Vogel)
- Rasse: (z. B. Dackel, EKH = Europäisch Kurzhaar, Wellensittich)
- Geburtsdatum (Schlupfdatum beim Vogel)
- Geschlecht (männlich, weiblich)
- Fellbeschaffenheit: (langhaarig, kurzhaarig)
- Farbe (schwarz-weiß, beige, getigert, gelb = z. B. Vogel)
- Besondere Kennzeichen (z. B. einäugig)

9.1.3 Interne Statistiken

Zusätzlich zu der Dokumentation in der Patientenkartei können (in jeder Praxis unterschiedlich gehandhabt) bestimmte Leistungen gesondert dokumentiert werden. Beispiele für interne Dokumentationen sind:

- **Laborbuch**
  In einem Laborbuch werden für den einzelnen Patienten unter dem Namen, einer laufenden Nummer, dem Datum oder dem Bar-Code des Labors Laboruntersuchungen eingetragen.
  In der Forschung (z. B. bei der Entwicklung von Medikamenten) ist das Laborbuch ein Dokument und muss mit großer Sorgfalt geführt werden, damit die dort erfassten Ergebnisse eines Versuches nicht verloren gehen oder verändert werden können. Es muss einen festen Einband besitzen und aus gutem Papier bestehen, die einzelnen Blätter dürfen nicht herauslösbar sein und die Eintragungen müssen dokumentensicher mit Kugelschreiber erfolgen.
- **Röntgenbuch**
  Im Röntgenbuch werden Röntgenaufnahmen dokumentiert. Sie enthalten meist nummerierte Eintragungen mit Namen und Daten des Patienten sowie der Belichtung der jeweiligen Röntgenaufnahme. Röntgenbücher können im Handel erworben werden.
- **Narkoseprotokolle**
  Im Narkoseprotokoll werden neben dem Datum und den Daten des Patienten, das Narkotikum, die Dosierung, die Art der Verabreichung (z. B. Maske, Tubus, intramuskulär, intravenös), die Narkosedauer sowie Narkosezwischenfälle und deren Behandlung während einer Operation dokumentiert. Das Protokoll dient z. B. bei Streitfällen zum Nachweis, dass die Narkose lege artis (nach den Regeln der Kunst) erfolgt ist.
- **Betäubungsmittelbuch**
  Der Erwerb und der Verbrauch von Betäubungsmitteln **müssen dokumentiert** werden (siehe Kap. 10 Tierärztliche Hausapotheke). Dabei werden das Datum von Eingang oder Verbrauch, die Art des Betäubungsmittels, die erworbene oder verbrauchte Menge sowie der Name des Patienten, bei dem das Präparat angewendet wurde, eingetragen. Die Eintragungen müssen am selben Tag vom Tierarzt unterschrieben werden.

9.1.4 Recallsystem

Der jährliche Gesundheitscheck, Impfungen oder Kontrollen bei chronischen Erkrankungen erfordern, dass der Patient wiederholt in der Praxis vorgestellt wird. Wenn die Zeit zwischen den erforderlichen Tierarztbesuchen länger ist (z. B. ein Jahr bis eine erneute Impfung fällig wird), kann der Termin beim Tierhalter schon einmal in Vergessenheit geraten. Durch das Recallsystem ist es möglich, den Tierhalter rechtzeitig (per Brief, e-Mail, Telefonanruf oder Fax) an den Termin zu erinnern. Um zu wissen, welcher Patient über einen notwendi-

Betäubungsmittelbuch als abheftbare Einzelblätter.

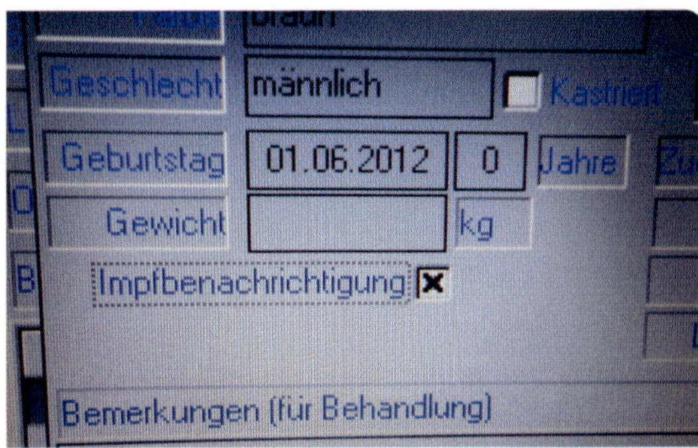

Recall (z. B. Impferinnerung) im Praxisprogramm.

gen Termin informiert werden sollte, können z. B. Karteikarten mit verschiedenfarbigen Reitern (jeder Monat eine andere Farbe) markiert werden. Die Karten mit der jeweiligen Monatsfarbe (z. B. alle Karten mit blauen Reitern im April) werden aus dem Karteikasten herausgenommen und die Tierhalter informiert.

Bei Verwendung einer tierärztlichen Praxissoftware sind Recallsysteme in der Regel Teil des Programms. Auf der Datei des Patienten wird vermerkt, dass der Tierhalter an einen Kontroll- oder Impftermin erinnert werden möchte. Das Computerprogramm sortiert datumsgenau aus, welche Tierhalter angerufen oder angeschrieben werden müssen. Die Kontaktaufnahme mit dem Tierhalter darf nur erfolgen, wenn er eine **schriftliche** Genehmigung dazu abgegeben hat.

9.2 Posteingang und Postausgang bearbeiten

9.2.1 Posteingang sortieren

Briefe werden entweder vom Briefzusteller direkt übergeben oder in den Briefkasten eingeworfen. Wenn die Praxis über ein Postfach verfügt, wird die gesamte oder ein Teil der Tagespost (die Briefe, auf denen das Postfach als Adresse vermerkt ist) dort eingelegt und muss bei der Post abgeholt werden. Der tägliche Posteingang wird zunächst auf Schäden kontrolliert (z. B. geöffnete Umschläge, bei denen zu vermuten ist, dass ein Teil des Inhaltes verloren gegangen ist) und sortiert in:

- **Persönliche Post**
  Sie wird ungeöffnet an den Empfänger (Tierarzt) weitergegeben. Briefe ohne Absenderangaben werden wie persönliche Post behandelt.
- **Irrläufer**
  Unter Irrläufer versteht man fehlgeleitete Postsendungen, die für einen anderen Empfänger bestimmt sind. Irrläufer werden ungeöffnet dem Briefzusteller zurückgegeben, bei der Post abgegeben oder mit dem Vermerk „falscher Empfänger“ in den nächsten Postbriefkasten gesteckt.
- **Praxispost**
  Unter Praxispost versteht man Briefsendungen, deren Inhalt unmittelbar mit der Praxis und der Behandlung von Patienten in Zusammenhang stehen (z. B. Rechnungen für Medikamente, Laborbefunde, Kataloge, Kontoauszüge). Je nach Praxisgepflogenheit wird die Praxispost entweder dem Tierarzt ungeöffnet übergeben oder von Tiermedizinischen Fachangestellten geöffnet und bearbeitet.

9.2.2 Praxispost bearbeiten

Bei der Bearbeitung der Praxispost werden folgende Arbeitsschritte empfohlen:

- Nach dem Öffnen der Postsendung und Entnahme des Inhaltes sollte grundsätzlich noch einmal überprüft werden, ob der Umschlag tatsächlich leer ist oder ob sich nicht vielleicht Papiere im Umschlaginneren verklemmt haben.
- Um die Post richtig zuordnen zu können, wird überprüft, ob die Absenderanschrift auf dem Anschreiben enthalten ist. Wenn dies nicht der Fall ist, wird der Briefumschlag mit dem Absender an die Sendung angeheftet oder die Absenderanschrift handschriftlich auf das Anschreiben übertragen. Wenn der Poststempel vom Briefdatum deutlich abweicht (z. B. auf dem Brief steht als Datum der 4. Juli; der Poststempel auf dem Briefumschlag zeigt jedoch den 10. Juli), muss der Briefumschlag der Sendung angeheftet werden. Dies dient zum Nachweis der späteren Sendung (z. B. bei festgesetzten Fristen oder bei Skontogewährung). Bei amtlichen Zustellungsbescheiden darf ebenfalls der Briefumschlag nicht weggeworfen werden.

- Anlagen zum Anschreiben werden auf Vollständigkeit überprüft. Das Fehlen von Anlagen, die im Brief aufgeführt wurden, wird auf dem Anschreiben vermerkt. Handelt es sich um wichtige Anlagen, wird beim Absender nachgefragt.
- Inwieweit Tiermedizinische Fachangestellte die weitere Bearbeitung der Praxispost (Beantwortung von Anfragen, Überweisung von Rechnungen usw.) übernehmen, richtet sich nach den Anweisungen des/der Tierarztes/Tierärztin und wird von Praxis zu Praxis verschieden gehandhabt.

9.2.3 Postausgang

Vor der Versendung eines Briefes, Päckchen oder Paketes sollten folgende Punkte überprüft werden:

- **Anschrift des Empfängers** (Stimmt die Anschrift mit den Unterlagen überein? Ist der Name korrekt geschrieben? Sind die Angaben gut lesbar?)
- **Absender** (Wurde der Absender angegeben bzw. der Praxisstempel aufgedruckt?)
- **Anlagen** (Sind alle im Schreiben aufgeführten Anlagen beigefügt?)
- **Unterschrift** (Ist das Schreiben unterschrieben?)
- **Kopie** (Wurde eine Kopie des Schreibens und eventuell der Anlagen angefertigt und ordnungsgemäß abgeheftet?)
- **Frankieren** (Wurde die Sendung richtig frankiert?)
  Das Porto richtet sich nach Gewicht und Größe der Sendung sowie nach besonderer Versandform (z. B. Einschreiben, Nachnahmesendung). Die Bedingungen (z. B. maximale Größe) und Entgelte für die unterschiedlichen Postsendungen findet man in einer Broschüre, die von der Deutschen Post AG kostenlos zur Verfügung gestellt wird, oder im Internet unter www.deutschepost.de/preise

9.2.4 Versendung medizinischer Proben

Medizinisches Untersuchungsmaterial, das nicht durch das Labor direkt von der Praxis abgeholt wird, wird in der Regel mit der Post, durch private Transportunternehmen (z. B. UPS, Transoflex) oder durch Kurierdienste versandt. Je nachdem, um welches Material es sich handelt, gelten unterschiedliche Vorschriften. Man unterscheidet:

- **Ansteckungsgefährliche Stoffe**
  Von ihnen geht eine unmittelbare Ansteckungsgefahr aus.
- **Patientenproben**
  Bei Patientenproben ist eine Ansteckungsgefahr nicht auszuschließen.
- **Freigestellte medizinische Proben**
  Von freigestellten medizinischen Proben geht nur eine geringe Ansteckungsgefahr aus.

Grundsätzlich gilt, dass die Proben so verpackt sein müssen, dass die Verpackungen allen transportbedingten Belastungen (Druck, Stöße usw.) standhalten, sodass nichts auslaufen kann (siehe Kap. 4 Hygiene und Infektionsschutz).

9.3 Schriftverkehr durchführen, Vordrucke und Formulare auswählen und bearbeiten

Anschreiben an Tierhalter, Laboranträge, Befundberichte, interne Formulare (z. B. Diätprogramme, Gewichtskontrollen) sowie Rechnungen und Mahnungen werden heute überwiegend am PC (oder Laptop) mithilfe von **Textverarbeitungsprogrammen** (z. B. Microsoft Word) verfasst. Die darauf erstellten Textdokumente können abgespeichert, ausgedruckt oder per e-Mail versandt werden. Viele der Textverarbeitungsprogramme sind mit anderen Programmen auf dem Computer verknüpft, sodass Grafiken und Bilder in den Text (z. B. in einen Brief) sowie Videos (in eine e-Mail) eingebunden werden können. Neben der Textbearbeitung bieten viele der Programme zusätzliche Funktionen, z. B. erweiterte Layout- und Formatierungsfunktionen oder die Überprüfung eines Textes auf Rechtschreibefehler. Bereits vorhandene Formatvorlagen (nach DIN-Form, siehe unten) sowie **Textbausteine** (die auch individuell erstellt werden können) erleichtern den täglichen Schriftverkehr.

9.3.1 Textbaustein

Unter Textbaustein versteht man ein vorgefertigtes Textfragment, das immer wieder verwendet wird und das durch einen individuellen Text ergänzt werden kann.

Beispiele für Textbausteine:
„Sehr geehrte Frau ...“
„Mit freundlichen Grüßen“
„Im Trubel des Alltags kann es schon einmal vorkommen, dass eine Rechnung vergessen wird. Wir bitten Sie daher mit diesem Erinnerungsschreiben, unsere Rechnung vom ..., Rech.-Nr. ... in Höhe von ... bis zum ... zu begleichen.“

Da in den meisten Praxen und Kliniken der Schriftverkehr und die Verarbeitung von Untersuchungsdaten (z. B. Labor, Röntgen) elektronisch erfolgt, sollten Tiermedizinische Fachangestellte mindestens Grundkenntnisse in EDV (elektronische Datenverarbeitung) besitzen.

9.3.2 DIN – Normen

Eine **DIN**-Norm ist ein vom **D**eutschen **I**nstitut für **N**ormung erarbeiteter Standard zur Vereinheitlichung von materiellen (z. B. Schrauben, Papierformate) und immateriellen (z. B. Schreib- und Gestaltungsregeln für Textverarbeitung) Dingen. Bedeutend für die tiermedizinische Praxis sind die DIN-Normen 5008 und EN ISO 216.

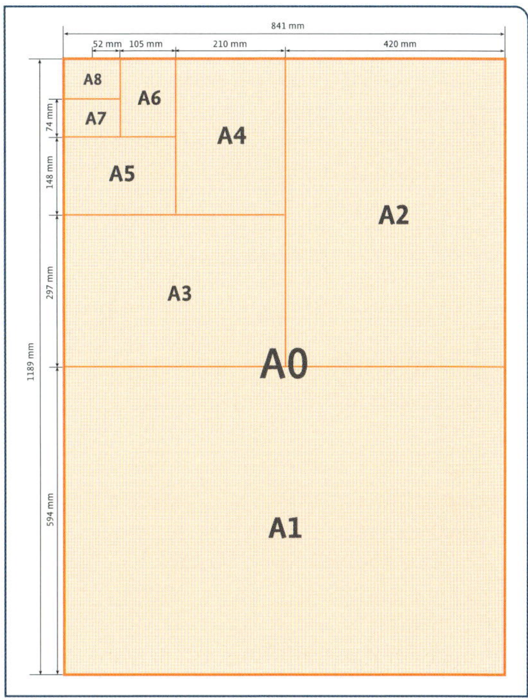

Papierformate nach DIN-Norm. Die Formate ergeben sich jeweils durch Halbieren des nächstgrößeren Formates.

Schreib- und Gestaltungsregeln für Textverarbeitung (DIN 5008)
Die DIN 5008 umfasst Regeln zur einheitlichen Textgestaltung von Geschäftspost, z. B. Abkürzungen, Hervorhebungen, Brieflayout)

Briefumschläge nach DIN-Norm.

Brief – Formate (DIN EN ISO 216)
Diese DIN-Norm vereinheitlicht Papierformate (z. B. Druckerpapier DIN A4; Briefumschläge DIN A4, DIN A5, DIN A6)

9.4 Ablagesysteme und Archivierungsarbeiten

Die Daten eines Patienten und des Tierhalters, alle Diagnose- und und Behandlungsmaßnahmen sowie die Ergebnisse von Laboruntersuchungen müssen dokumentiert und archiviert (für längere Zeit aufbewahrt) werden. Dies geschieht in der tierärztlichen Praxis in der Regel entweder mithilfe von Karteikarten oder Patientendateien im Computer.

Zusätzlich fallen im Praxisalltag vielerlei verschiedene Papiere an. Einige davon (z. B. Werbesendungen, Prospekte) können nach Prüfung gleich vernichtet werden, andere wiederum müssen aufgrund gesetzlicher Aufbewahrungsfristen (z. B. Rechnungen, Lieferscheine, Betäubungsmittellisten, Ergebnisse der Röntgendosimeterauswertungen) für eine bestimmte Zeit archiviert werden. Um bei Bedarf Karteikarten und Unterlagen jederzeit (ohne großes Suchen) finden zu können, benötigt man ein für die Praxis angemessene Ablageform und ein Ordnungssystem. Für die Ablage von Karteikarten und Unterlagen gibt es folgende **Ablageformen**:

- **Karteikasten**
  Im Karteikasten werden die Karteikarten nach Alphabet geordnet.
- **Schnellhefter** (liegende Ablage)
  Bei größerer Ablagemenge sind sie unübersichtlich und das Suchen nach bestimmten Papieren ist zeitaufwendig.
- **Aktenordner** (stehende Ablage)
  Aktenordner können Platz sparend und übersichtlich in einem Regal aufgestellt werden.
- **Hängeregister** (hängende Ablage)
  Hängeregister sind übersichtlich. Sie nehmen jedoch sehr viel Platz ein.

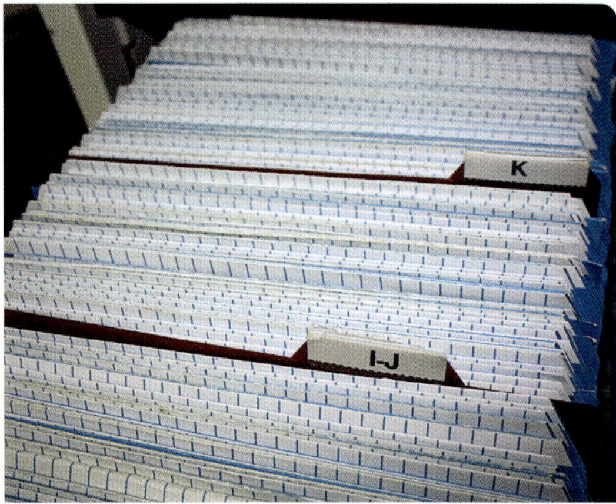

Alphabetische Ordnung im Karteikasten.

Innerhalb der Ablageformen unterscheidet man folgende **Ordnungssysteme**:

- **Alphabetische Ordnung**
  Das Einordnen von Karteikarten und Unterlagen nach dem Alphabet unterliegt genauen Regeln. Als erstes Kriterium wird der Nachname (ohne akademischen Grad, z. B.. Dr., Prof. und ohne Adelstitel, z. B. von, zu) herangezogen. Bei gleichen Nachnamen (z. B. Meier) wird der Vorname hinzugenommen. Bei gleichen Nachnamen und Vornamen richtet sich die Reihenfolge nach dem Straßennamen. **Beispiel:**
  - Meier, Anneliese
  - Meier, Berthold, Arnoldstraße 2
  - Meier, Berthold, Ruffinistraße 7
  - Die **Umlaute** ä, ö und ü werden als ae, oe und ue eingeordnet.
  - Karteikarten werden in der Regel alphabetisch abgelegt.
- **Chronologische Ordnung**
  Die Ablage erfolgt nach der zeitlichen Reihenfolge (griech. chronos = Zeit), d. h. das neueste Schriftstück liegt oben auf. Die chronologische Ordnung eignet sich z. B. für Lieferscheine oder Dosimetermessberichte.

- **Sachliche Ordnung**
  Bei der Ablage nach sachlichen Gesichtpunkten muss ein Oberbegriff gewählt werden, der den Inhalt der gemeinsam abzulegenden Schriftstücke charakterisiert (z. B. Ernährungspläne, Flyer, Zeugnisse).

9.4.1 Aufbewahrungsfristen

Für die Dokumentation und Aufbewahrung bestimmter Schriften und Dateien gelten standesrechtliche (von der Berufsordnung der Tierärzte vorgeschriebene), steuerrechtliche und gesetzliche Aufbewahrungsfristen (siehe Kasten). Sie sind u. a. in der Tierärztlichen Hausapothekenverordnung, in der Röntgenverordnung, in der Strahlenschutzverordnung sowie in den Abrechnungsvorschriften der Gebührenordnung für Tierärzte (GOT) festgelegt. Bei der Dokumentation und Aufbewahrung sind die Datenschutzvorschriften (siehe Kap. 7 Informations- und Datenschutz) zu beachten.

Aufbewahrungsfristen

- Karteikarten bzw. Patientendateien — 10 Jahre
- Buchführungsunterlagen (Rechnungen, Kontoauszüge) — 10 Jahre
- Röntgenbilder — 10 Jahre
- Lieferscheine für Medikamente — 6 Jahre
- Betäubungsmittel-Listen (BTM-Listen) — 8 Jahre
- Tierärztliche Arzneimittelanwendungs- und -abgabebelege (Großtierpraxis) — 5 Jahre
- Aufzeichnungen über Strahlenschutz (Dosismessungen) — 30 Jahre

9.4.2 Vernichtung von Unterlagen

Nach Ablauf der Aufbewahrungsfristen können die Unterlagen vernichtet werden. Dabei muss der **Datenschutz** und die **Schweigepflicht** beachtet werden. Schriftstücke, aus denen persönliche Daten von Tierhaltern sowie Untersuchungsergebnisse von Tieren hervorgehen, müssen so vernichtet werden (z. B. durch einen Reißwolf), dass sie nicht durch Zusammensetzen einzelner Teile wiederhergestellt werden können.

9.5 Abrechnungswesen

Tierärztliche Leistungen sowie die Anwendung und Abgabe von Medikamenten können vom Tierhalter **bar** oder **bargeldlos** (durch EC-Karte, Kreditkarte, Überweisung, Bankeinzug) bezahlt werden.

9.5.1 Barzahlung

In der tierärztlichen Praxis wird häufig die Barzahlung bevorzugt. Der Tierhalter erhält eine **Quittung** über den gezahlten Betrag sowie, wenn er es wünscht, eine detaillierte Aufschlüsselung des Rechnungsbetrages.

Rechnungskontrollbuch
Die Zahlung wird im Rechnungskontrollbuch vermerkt. Die Form des Rechnungskontrollbuches ist nicht vorgeschrieben und variiert von Praxis zu Praxis. Zwecks der Übersichtlichkeit wird empfohlen, folgende Angaben einzutragen:

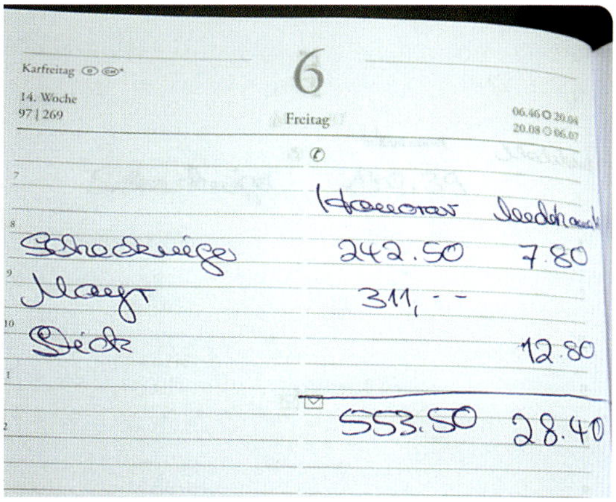

Rechnungskontrollbuch

Kassenbuch.

- Datum des Geldeingangs
- Gründe der Rechnungsstellung in Stichworten (z. B. Untersuchung und Beratung, Abgabe 6 Tabletten eines bestimmten Medikamentes)
- Name des Zahlenden (und des Tierhalters, wenn Zahlender und Tierhalter nicht identisch sind)
- Beträge der einzelnen Leistungen und Medikamente, Mehrwertsteuer sowie am Ende der Gesamtbetrag

Kassenbuch

Am Ende eines Arbeitstages werden die Netto-Einnahmen sowie die Mehrwertsteuer der einzelnen Beträge des Tages im Rechnungskontrollbuch addiert und in das Kassenbuch als Gesamttageseinnahme übertragen. Dabei werden die unterschiedlichen Mehrwertsteuersätze (19 % und 7 %) getrennt aufgeführt. Das Führen eines Kassenbuches ist nach dem Steuerecht gesetzlich vorgeschrieben.
Heute wird in den meisten Fällen auch die Barzahlung im Computerprogramm registriert und von dort eine Quittung ausgestellt. Dadurch entfällt die Verpflichtung zur Führung des Rechnungskontroll- und Kassenbuches.

9.5.2 Zahlung mit Bank- oder Kreditkarte

Viele Tierhalter bevorzugen die bargeldlose Zahlung durch Bankkarte (z. B. EC-Karte) oder Kreditkarte (z. B. Visa, Mastercard). Voraussetzung für diese Zahlungsart ist ein Kartenlesegerät in der Praxis. Das Geld wird automatisch vom Konto des Zahlenden abgebucht und dem Konto des Tierarztes gutgeschrieben. Nach erfolgter Zahlung druckt das Kartenlesegerät zwei Zahlungsbelege aus. Ein Beleg (Händlerbeleg) ist für den Tierarzt bestimmt. Er muss sorgfältig abgeheftet und aufbewahrt werden, denn er dient als Nachweis z. B. bei fehlerhafter Buchung der Bank. Den zweiten Beleg (Kundenbeleg) erhält der Zahlende als Quittung.

Bei der Zahlung mit „Karte“ unterscheidet man zwei Verfahren:

- Der zu zahlende Betrag wird in das Kartenlesegerät eingetippt, die Karte in den dafür vorgesehenen Schlitz im Gerät eingesteckt und der button (Knopf) „Bestätigen“ gedrückt. **Der ausgedruckte Beleg muss vom Zahlenden unterschrieben werden**. Die Unterschrift auf dem Zahlungsbeleg muss mit der Unterschrift auf der Bankkarte übereinstimmen. Bei diesem Verfahren gibt es keine Kontrolle darüber, ob das Konto des Klienten gedeckt ist. Allerdings hat der Zahlende mit seiner Unterschrift die Bekanntgabe seiner Daten für den Fall genehmigt, dass die Abbuchung des Geldes von seinem Konto nicht möglich ist (z. B. bei Nichtdeckung), sodass ein Mahnverfahren eingeleitet werden kann.
- Der zu zahlende Betrag wird eingetippt und die Karte in das Gerät eingesteckt. Der Kunde muss seine Geheimnummer in das Kartenlesegerät eingeben. Dadurch wird automatisch geprüft, ob das Konto eine ausreichende Deckung für den zu zahlenden Betrag aufweist. Ist dies nicht der Fall, wird der Vorgang abgebrochen. Eine Unterschrift auf dem Händlerbeleg ist bei diesem Verfahren nicht erforderlich.

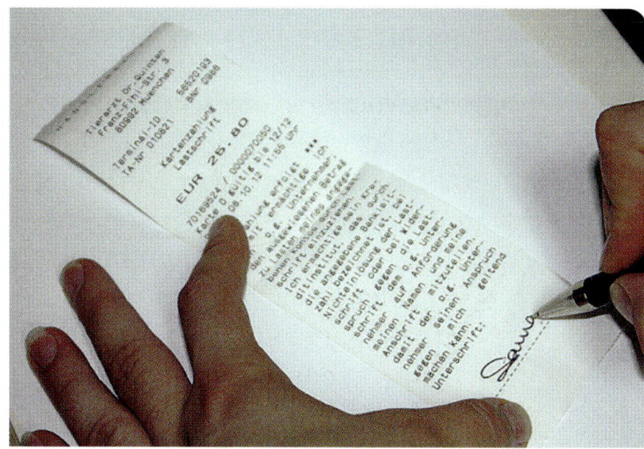

Der Kunde unterschreibt den vom Kartenlesegerät ausgedruckten Beleg.

Bei Zahlungen mit EC-Karte (= electronic cash) wird dem Tierarzt nur eine geringe Bearbeitungsgebühr von der Betreiberfirma des Kartenlesegerätes berechnet. Bei einer Zahlung mit Kreditkarte können die Gebühren, je nach Kreditkarten (z. B. Visa, Mastercard), bis zu 8 % des Rechnungsbetrages ausmachen. Sie werden vom Rechnungsbetrag abgezogen, sodass nur der Differenzbetrag auf dem Konto gutgeschrieben wird. Um Kosten zu sparen wird daher empfohlen, Bankkarten (z. B. EC-Karten) zu bevorzugen.

9.5.3 Zahlung durch Überweisung

Der Tierhalter zahlt, indem er das Geld von seinem Konto auf das Konto des Tierarztes überweist. Ob und wann das Geld auf dem Konto eingegangen ist, kann anhand des Kontoauszuges überprüft werden.

9.5.4 Zahlung durch Bankeinzug

Der Tierarzt bucht den Rechnungsbetrag vom Konto des Tierhalters ab. Damit dies möglich ist, muss eine schriftliche **Einzugsermächtigung** des Tierhalters vorliegen. Ist das Konto des Tierhalters nicht gedeckt, berechnet die Bank dem Tierarzt in der Regel Gebühren für den erfolglosen Abbuchungsversuch.

9.6 Mahnverfahren

9.6.1 Außergerichtliches Mahnverfahren

In den meisten Fällen zahlt der Tierhalter in einer tierärztlichen Praxis (oder Klinik) unmittelbar nach Behandlung seines Tieres. Erhält er eine Rechnung, muss diese bis zu dem auf der Rechnung angegebenen **Zahlungstermin** beglichen werden. Bei Überschreiten des Zahlungstermins gerät der Tierhalter (Schuldner) in **Zahlungsverzug**.

Da die Zahlung einer Rechnung auch einmal unabsichtlich vergessen werden kann, wäre es unangemessen und nicht kundenfreundlich, gleich mit dem Anwalt zu drohen oder ein gerichtliches Mahnverfahren einzuleiten. In diesem Fall wird zunächst ein mehrstufiges, außergerichtliches Mahnverfahren (kaufmännisches Mahnverfahren) durchgeführt. Es besteht aus:

- **Zahlungserinnerung**
  Der Schuldner wird freundlich darauf hingewiesen, dass er im Zahlungsverzug ist und gebeten, die Rechnung zu begleichen. Dabei wird ein neuer Zahlungstermin angegeben.
- **Mahnungen**
  Zahlt der Schuldner die Rechnung nach Übersendung der Zahlungserinnerung nicht, wird eine **erste Mahnung** versandt. Auch hier muss ein konkreter Zahlungstermin angegeben werden. Üblicherweise wird bei Nichtzahlung nach der ersten Mahnung eine **zweite** (manchmal sogar eine **dritte**) **Mahnung** verschickt. Bei der letzten Mahnung wird meist angekündigt, weitere Schritte (z. B. die Weitergabe der Angelegenheit an einen Rechtsanwalt oder an ein Inkassobüro) einzuleiten, wenn die Rechnung incl. Mahngebühren und Zinsen nicht bis zur letztgenannten Zahlungsfrist beglichen wird.

Der Tierarzt ist berechtigt, **Verzugszinsen** ab Zahlungsverzug (ab dem auf der Rechnung angegebenen Zahlungstermin) sowie Mahngebühren zu berechnen. Die Verzugszinsen liegen **5 % über dem von der Europäischen Zentralbank festgelegten Basiszinsatz.** Bei einem Basiszinssatz von 3 % betragen die Verzugszinsen 8 % der Rechnungssumme. Der aktuelle Basiszinssatz kann im Internet über www.bundesbank.de erfragt werden. Die Mahngebühren setzen sich aus Porto, Materialkosten, Zeitaufwand für das Verfassen der Mahnschreiben und Telefonkosten zusammen und liegen in der Regel zwischen 5,– bis 10,– €.

Vor der Einleitung weiterer Schritte (siehe gerichtliches Mahnverfahren) hat es sich in der Praxis jedoch bewährt, den Tierhalter noch einmal telefonisch zu kontaktieren und ihn über die durch das Mahnverfahren entstehenden zusätzlichen Kosten zu informieren. In vielen Fällen führt dies zum Erfolg, d. h. zur Zahlung der Rechnung, Zinsen und Mahngebühren. Es ist auch möglich mit Tierhaltern, die nicht in der Lage sind, den Gesamtbetrag auf einmal zu zahlen, eine Ratenzahlung zu vereinbaren. Die **Ratenzahlungsvereinbarung** muss schriftlich abgefasst und vom Tierhalter unterschrieben werden.

9.6.2 Gerichtliches Mahnverfahren

Zahlt der Tierhalter (Schuldner) nach der letzten Mahnung die Rechnung noch immer nicht, kann der Tierarzt seine Forderung vor Gericht einklagen. Der erste Schritt hierzu ist der **Mahnbescheid**. Antragsformulare für den Mahnbescheid sind in fast allen Schreibwarengeschäften erhältlich. Das ausgefüllte Antragsformular wird bei dem Gericht, das für den Wohnsitz des/der Tierarztes/Tierärztin (Gläubiger) zuständig ist, abgegeben. Der **Mahnbescheid** wird dem Tierhalter vom Gericht ohne Prüfung zugeschickt. Der Schuldner hat drei Möglichkeiten:

- Er zahlt den geforderten Betrag (incl. aller Kosten). Damit ist die Angelegenheit erledigt.
- Er legt innerhalb einer Frist von 14 Tagen Widerspruch gegen den Mahnbescheid ein. In diesem Fall kommt es zur Gerichtsverhandlung. Das Gericht entscheidet, ob die Forderung berechtigt war.
- Der Schuldner reagiert nicht auf den Mahnbescheid. In diesem Fall kann der Tierarzt (Gläubiger) nach Ablauf von 14 Tagen einen **Vollstreckungsbescheid** beantragen.

Nach Zustellung des Vollstreckungsbescheides durch das Gericht hat der Schuldner wiederum drei Möglichkeiten:

- Er zahlt den geforderten Betrag (incl. aller bisher angelaufenen Kosten). Damit ist die Angelegenheit erledigt.
- Er legt Einspruch beim Amtsgericht ein. In diesem Fall kommt es zur Gerichtsverhandlung. Das Gericht spricht ein Urteil.
- Der Schuldner reagiert innerhalb 14 Tagen nicht auf den Vollstreckungsbescheid. Nach Ablauf dieser Frist wird der Vollstreckungsbescheid rechtskräftig. Der Gläubiger kann nun die **Zwangsvollstreckung** (Pfändung) beantragen. Zuständig für die Zwangsvollstreckung ist der **Gerichtsvollzieher**. Eine Zwangsvollsteckung kann auch beantragt werden, wenn der Schuldner gegen den Mahnbescheid oder Vollstreckungsbescheid Widerspruch eingelegt hat, im Rahmen der Gerichtsverhandlung zur Zahlung verurteilt wurde und dieser Aufforderung jedoch nicht nachkommt.

9.6.3 Verjährung

Verjährung bedeutet, dass ein Gläubiger eine Forderung gegenüber einem Schuldner nicht unbegrenzt einfordern kann. Die Verjährungsfrist für Forderungen eines/r Tierarztes/Tierärztin gegenüber einem Tierhalter beträgt **3 Jahre**. Die Verjährung wird unterbrochen bzw. gehemmt, wenn

- Der Schuldner die Schuld schriftlich aner-

kennt, eine Anzahlung leistet oder vom Gläubiger eine Stundung (d. h. ein Aufschub der Zahlungsfrist) schriftlich vereinbart wurde
- Ein gerichtliches Mahnverfahren eingeleitet wurde

9.7 Rechnungen erstellen

Gebührenordnung für Tierärzte (GOT)

§ 12 Abs. 1 der Bundes-Tierärzteordnung lautet: *Die Bundesregierung wird ermächtigt, durch Rechtsordnung mit Zustimmung des Bundesrates die Entgelte für tierärztliche Leistungen einschließlich der Preise für vom Tierarzt angewandte Arzneimittel in einer Gebührenordnung zu regeln. . Die Vorschriften der Deutschen Arzneitaxe sind zu berücksichtigen.*

Die jeweils gültige Fassung der GOT kann im Internet (z. B. www.albrecht-vet.de) erfragt werden.

Grundsatz (§ 1 GOT)

Der Tierarzt darf liquidieren (in Rechnung stellen):
- **Gebühren** für Leistungen (Grundleistungen, besondere Leistungen und Leistungen nach Organsystemen gemäß dem Gebührenverzeichnis)
- **Entschädigungen** (Wegegeld und Reisekostenentschädigungen)
- **Entgelte** für Arzneimittel und Verbrauchsmaterialien
- **Barauslagen** (z. B. Porto, Kosten der Untersuchungen in Fremdlabors, Tierkörperbeseitigung)

9.7.1 Gebühren

Die Gebühren werden nach dem **Gebührenverzeichnis für tierärztliche Leistungen** erhoben. Es enthält Gebühren des 1 bis 3- fachen Satzes für Grundleistungen, besondere Leistungen und Leistungen bezüglich Organsystemen.

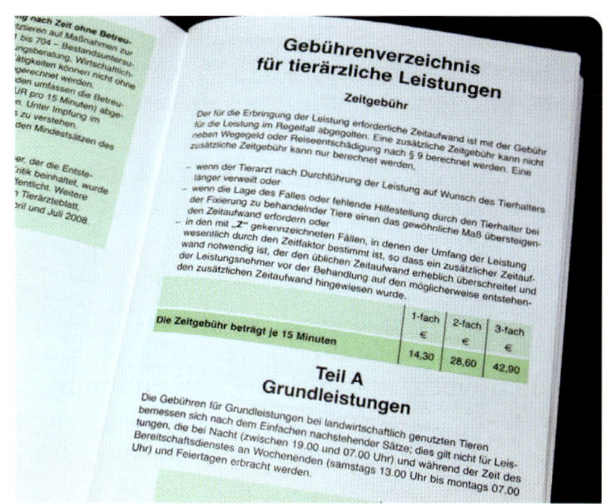

Gebührenverzeichnis für tierärzliche Leistungen

Zeitgebühr

Der für die Erbringung der Leistung erforderliche Zeitaufwand ist mit der Gebühr für die Leistung im Regelfall abgegolten. Eine zusätzliche Zeitgebühr kann nicht neben Wegegeld oder Reiseentschädigung nach § 9 berechnet werden. Eine zusätzliche Zeitgebühr kann nur berechnet werden,
- wenn der Tierarzt nach Durchführung der Leistung auf Wunsch des Tierhalters länger verweilt oder
- wenn die Lage des Falles oder fehlende Hilfestellung durch den Tierhalter bei der Fixierung zu behandelnder Tiere einen das gewöhnliche Maß übersteigenden Zeitaufwand erfordern oder
- in den mit „Z" gekennzeichneten Fällen, in denen der Umfang der Leistung wesentlich durch den Zeitfaktor bestimmt ist, so dass ein zusätzlicher Zeitaufwand notwendig ist, der den üblichen Zeitaufwand erheblich überschreitet und der Leistungsnehmer vor der Behandlung auf den möglicherweise entstehenden zusätzlichen Zeitaufwand hingewiesen wurde.

	1-fach €	2-fach €	3-fach €
Die Zeitgebühr beträgt je 15 Minuten	14,30	28,60	42,90

Teil A
Grundleistungen

Die Gebühren für Grundleistungen bei landwirtschaftlich genutzten Tieren bemessen sich nach dem Einfachen nachstehender Sätze; dies gilt nicht für Leistungen, die bei Nacht (zwischen 19.00 und 07.00 Uhr) und während der Zeit des Bereitschaftsdienstes an Wochenenden (samstags 13.00 Uhr bis montags 07.00 Uhr) und Feiertagen erbracht werden.

Gebührenverzeichnis für tierärztliche Leistungen.

Gebührenhöhe (§ 2 GOT)

Die Höhe der Gebühren bemisst sich nach dem einfachen bis dreifachen Gebührensatz. Sie kann **stufenlos** innerhalb des 1- bis 3-fachen Satzes **nach Ermessen des/der Tierarztes/Tierärztin** festgesetzt werden, d. h. es kann z. B. auch ein 1,5- oder 2,8-facher Satz berechnet werden. Werden in einer Rechnung verschiedene Leistungen aufgeführt, können diese einen unterschiedlichen Steigerungsfaktor enthalten. (Beispiel: Untersuchung und Beratung 1-facher Satz, Krallenschneiden 2,5-facher Satz).

Die Entscheidung, ob eine Gebühr nach dem einfachen oder höheren Satz berechnet wird, sollte begründbar sein und richtet sich beispielsweise nach:
- Schwierigkeit der Leistung (z. B. besonders aggressives Tier, Komplikationen, seltene Tierart)
- Zeitaufwand
- Wert des Tieres
- Praxisstandort (z. B ortsüblich wird in einer Großstadt ein höherer Gebührensatz als „auf dem Land" berechnet)

- Zeitpunkt der Leistungserbringung (z. B. während oder außerhalb der Sprechzeiten, nachts, an Sonn- und Feiertagen)
- Besonderen Fällen (z. B. erhebliche Störung des Sprechstundenablaufs durch einen Notfall)

Abweichende Gebührensätze (§ 4 GOT)
Die Unterschreitung des 1 – fachen Gebührensatzes und Überschreitung des 3 – fachen Gebührensatzes ist nur in begründeten Einzelfällen sowie bei der langfristigen Betreuung geschlossener Tierbestände (= **Betreuungsverträge** z. B. mit landwirtschaftlichen Betrieben, Tierheimen, zoologischen Gärten) erlaubt.

Voraussetzungen für abweichende Gebührensätze in begründeten Einzelfällen sind:

- Die Unter- oder Überschreitung des 1-fachen oder 3- fachen Gebührensatzes muss **vor** der Erbringung der Leistung **schriftlich** vereinbart werden.
- Beide Parteien (Tierarzt und Tierhalter) müssen die Vereinbarung unterschreiben.
- Die Abweichung von der Gebührenordnung muss begründet sein. Dabei sind die Vorschriften der Tierärztlichen Berufsordnung zu berücksichtigen.

Voraussetzungen für abweichende Gebührensätze bei Betreuungsverträgen:

- Langfristige Betreuung (mindestens 1 Jahr Laufzeit des Vertrages)
- Geschlossener Tierbestand
- Schriftform des Vertrages **vor** Erbringung der Leistung
- Regelmäßige Untersuchungen der Tiere

9.7.2 Entschädigungen

Als Entschädigung für Haus- oder Bestandsbesuche können Wegegeld oder Reisekostenentschädigungen berechnet werden. **Bei Nutzung des eigenen PKW** wird berechnet:

- Bei Besuchen am Tag pro Doppelkilometer 2,30 € (mindestens jedoch 8,60 €)
- Bei Besuchen in der Nacht (zwischen 19.00 und 7.00 Uhr), an Feiertagen und an Wochenenden 3,40 € (mindestens jedoch 11,40 €)

Bei Benutzung öffentlicher Verkehrsmittel erhalten Tierärzte/Tierärztinnen als Entschädigung:

- Die tatsächlich entstandenen Reisekosten
- Bei Benutzung von Eisenbahn und Schiff können die Reisekosten für die 1. Klasse, bei Benutzung des Flugzeuges die Kosten für die Touristenklasse abgerechnet werden.

Werden auf einer Fahrt mehrere Tierhalter aufgesucht, so wird das Wegegeld anteilig in Rechnung gestellt. Bei Fußmärschen oder besonders aufwendigen Fahrten (z. B. bedingt durch widrige Verkehrsverhältnisse) kann das Wegegeld nach dem 1-fachen bis 3-fachen Satz berechnet werden.

9.7.3 Entgelte

Tierärzte/Tierärztinnen erhalten Entgelte für Verbrauchsmaterialien sowie angewandte und abgegebene Medikamente. Bei der Berechnung der Entgelte dürfen Verbrauchsmaterialien **mit Aufschlag** abgerechnet werden. Dabei sind die Lagerungskosten mit zu berücksichtigen. Die Höhe der **Aufschläge für Arzneimittel** richtet sich nach der **Arzneimittelpreisverordnung**. (siehe Kap. 10 Tierärztliche Hausapotheke) Sie gelten für angewandte und abgegebene Arzneimittel.

9.7.4 Barauslagen

Zu den Barauslagen gehören z. B. die Kosten für Leistungen eines Fremdlabors, Porto- und Telefonkosten, verauslagte Kosten für den Hufschmied, für Physiotherapie, Tierkörperbeseitigung oder Einäscherung u. v. m. Sie werden **ohne Aufschlag** dem Tierhalter in Rechnung gestellt. Die Rechnungen für Fremdleistungen müssen zuvor auf ihre Richtigkeit überprüft und der jeweiligen Patientenkartei zugeordnet werden.

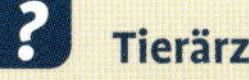

Tierärzte/Tierärztinnen dürfen liquidieren

- Gebühren
- Entschädigungen
- Entgelte
- Barauslagen

9.7.5 Mehrwertsteuer

Tierärzte/Tierärztinnen sind (im Gegensatz zu Humanmedizinern) mehrwertsteuerpflichtig, d.h. sie müssen von erwirtschafteten Beträgen die Mehrwertsteuer (auch Umsatzsteuer genannt) an das Finanzamt zahlen. Sie sind jedoch berechtigt, die Mehrwertsteuer an ihre Klienten weiterzugeben. Die Mehrwertsteuer ist damit buchungstechnisch ein „durchlaufender" Posten. In Deutschland beträgt der derzeitige **Mehrwertsteuersatz 19%.** Darüber hinaus gibt es einen **ermäßigten Mehrwertsteuersatz von 7%** z.B. für Grundnahrungsmittel sowie für Bücher, Zeitungen und Kulturveranstaltungen. In der tierärztlichen Praxis fallen z.B. Tierfuttermittel (auch Diätfutter), Vitamine und Mineralstoffpräparate unter den ermäßigten Mehrwertsteuersatz.

9.7.6 Rechnungsstellung

Nach §6 der Gebührenordnung soll eine Rechnung mindestens enthalten:

- Datum des Tages, an dem die Leistung erbracht wurde
- Tierart, für welche die Leistung erbracht wurde
- Diagnose
- Berechnete Leistung
- Rechnungsbetrag
- Mehrwertsteuer

Tab. 2 Beispiel einer aufgegliederten Rechnung

25.3.2012: Kaninchen, Zahnwurzelabszess, Zahnspitzen

GOT	Tierärztliche Leistungen	einfacher Gebührensatz (€)
20 I	Allgemeine Untersuchung, Beratung, Heimtier	8,59
Z 4.3	Injektionsnarkose Heimtier	5,72
V 1.3.4.	Zahnspitzen entfernen, Nagetier, einfach	5,72
H 1a	Abszess spalten, einfach	8,59
501	Eingeben von Medikamenten	2,30
504 ab	Injektion	3,44
§§ 1,8	Entgelt für angewandte Medikamente	1,10
§ 1	Entgelt für Verbrauchsmaterialien (z.B. Handschuhe)	0,25
	Abgabe eines Medikamentes (Vitaminpräparat)	4,80
	Zwischensumme	40,51
	Mehrwertsteuer (19%)	6,79
	Mehrwertsteuer (7%)	0,34
	Endbetrag	47,64

Tierärzte/Tierärztinnen sind nicht grundsätzlich verpflichtet, eine detaillierte Rechnung zu erstellen. Sie können Leistungen pauschal liquidieren (z. B. Kastration einer Katze 85,89 zuzüglich Mehrwertsteuer). Erst auf Verlangen des Tierhalters muss die Rechnung aufgegliedert sowie die GOT-Nummer und der zu Grunde gelegte Gebührensatz angegeben werden.

Änderung der Gebührenordnung (GOT) ab 1.1.2020 speziell für den Notdienst

- Es muss zusätzlich zur Abrechnung eine pauschale Notdienstgebühr von 50 Euro erhoben werden.
- Mindestsatz: Es muss im Notdienst mindestens der zweifache Satz der GOT berechnet werden.
- Höchstsatz: Im Notdienst ist es erlaubt, bis zum vierfachen Satz der GOT abzurechnen.

Notdienstzeiten:
Nachtzeit: 18.00 bis 8.00 Uhr des nächsten Tages
Wochenende: Freitag 18.00 bis Montag 8.00 Uhr
Reguläre Sprechzeiten nach 18.00 Uhr oder am Wochenende gelten nicht als Notdienst.

Sonderregelung für Tierheime und landwirtschaftliche Betriebe:
Es ist möglich, mit einem Tierheim oder landwirtschaftlichen Betrieb einen Bestandsbetreuungsvertrag zu vereinbaren. In diesem Vertrag darf auf die sonst verpflichtende Notdienstgebühr verzichtet werden.

9.8 Materialbeschaffung- und -verwaltung

9.8.1 Lagerhaltung

Die Lagerhaltung in der tierärztlichen Praxis (Klinik) dient dazu, notwendige Verbrauchsmaterialien (z. B. Spritzen, Verbandsmaterial) und Medikamente für die Behandlung von Tieren sowie Materialien für die Praxisverwaltung (z. B. Papier, Druckerpatronen) **jederzeit** zur Verfügung zu haben. Verbrauch und Abgabe müssen durch **rechtzeitige Nachbestellung** ausgeglichen werden. Dabei sind eventuell längere Lieferzeiten von Firmen sowie unvorgesehene Ereignisse (z. B. Ausfall eines Transportunternehmens, Falschlieferungen) mit einzukalkulieren.

Vorteile der Lagerhaltung

- **Verfügbarkeit**
  Notwendige Materialien und Medikamente stehen bei Bedarf jederzeit zur Verfügung.
- **Einsparung von Kosten**
  Bei der Bestellung größerer Mengen können gegenüber Einzelbestellungen **Verpackungs- und Transportkosten** eingespart werden sowie **Sonderkonditionen und Rabatte** mit den Lieferfirmen ausgehandelt werden.

Nachteile der Lagerhaltung

- **Lagerkosten**
  Sie setzen sich zusammen aus der Raummiete, der Anschaffung von Einrichtungsgegenständen (z. B. Regale, Schränke), der Energiekosten (z. B. für Beleuchtung, Heizung), sowie Kosten für die Instandhaltung und Reinigung der Räume.
- **Wertverlust**
  Durch lange Lagerzeiten können Wertverluste aufgrund von Überschreiten des Mindesthaltbarkeitsdatums, Überalterung, Verderben, Bruch oder Diebstahl entstehen.
- **Kapitalbindung**
  Die eingelagerten Materialien- und Medikamente werden im Anschluss an die Lieferung bezahlt. Das dafür verwendete Geld fließt jedoch erst nach Verbrauch im Rahmen einer Behandlung und anschließender Rechnungsstellung auf das Konto des/der Tierarztes/Tierärztin zurück.

Vor- und Nachteile einer Lagerhaltung müssen sorgfältig gegeneinander abgewogen werden.

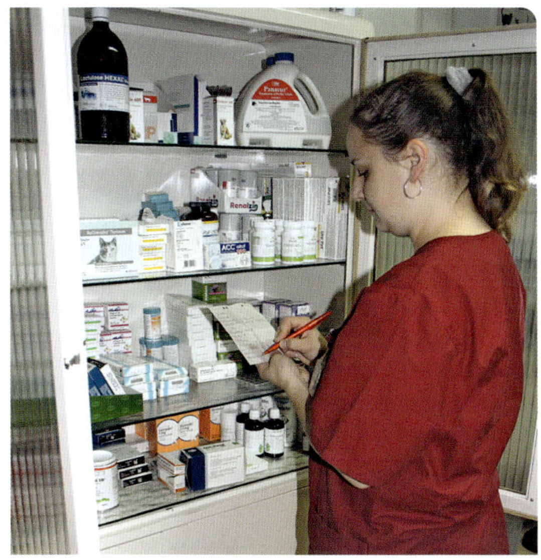

Kontrolle des Lagerbestandes.

Es gilt der Grundsatz:

Der Lagerbestand sollte so gering wie möglich und die Lagerzeit kurz sein.

Verwaltung des Lagerbestandes

Für eine optimale Lagerhaltung sollte zunächst der Lagerhöchstbestand, der Meldebestand und der Lagermindestbestand ermittelt werden:

- **Lagerhöchstbestand**
  Unter Lagerhöchstbestand versteht man die maximale Menge, die vorrätig gehalten werden sollte. Sie hängt von der Lagerkapazität (wo soll man das hinstellen?) und der Höhe des Verbrauchs innerhalb einer bestimmten Zeit ab.
- **Meldebestand**
  Der Meldebestand ist die Materialmenge oder Menge eines Medikamentes, bei der eine Neubestellung erforderlich wird.
- **Lagermindestbestand**
  Der Lagermindestbestand ist die „eiserne Reserve“ für unvorhersehbare Ereignisse (z. B. ungewöhnlich hoher Verbrauch, Verzögerung der Neulieferung). Sie sollte nicht unterschritten werden.

Da die verschiedenen Materialien und Medikamente in der Praxis unterschiedlich schnell verbraucht werden, müssen die drei genannten Punkte für jedes Teil des Lagerbestandes gesondert festgelegt werden. Um einen Überblick über den aktuellen Lagerbestand zu behalten, sollte er in regelmäßigen Abständen kontrolliert werden. Es empfiehlt sich, eine **Bestandsliste** zu führen, auf der Eingang und Abgang der einzelnen Posten vermerkt werden.
In vielen Fällen ist die Bestandsliste Teil des Praxisprogramms. Abgegebene und verbrauchte Medikamente werden automatisch vom Bestand im Computerprogramm abgezogen und notwendige Bestellungen angezeigt. Die Medikamentenpackungen tragen einen Barcode, der bei der Lieferung durch die Pharmafirma und bei der Abgabe an den Kunden eingescannt wird. Der Verbrauch von Medikamenten in Milliliter wird bei jeder Abrechnung im Computer registriert. Voraussetzung ist die korrekte Eingabe der verbrauchten und abgegebenen Medikamente.

Lagerungsvorschriften

Für die Lagerung von **Medikamenten** gelten gesetzliche Bestimmungen (siehe auch Kap. 10 Tierärztliche Hausapotheke).Medikamente müssen vor schädigenden Einflüssen (z. B. Hitze, Frost, Feuchtigkeit, Lichteinwirkung) sowie vor dem Zugriff von Unbefugten geschützt gelagert werden. Für die Aufbewahrung von Betäubungsmitteln muss ein fest verankerter Schrank mit besonderer Schließvorrichtung (z. B. Tresor) zur Verfügung stehen. Seren, Impfstoffe und Hormone (z. B. Insulin) müssen im Kühlschrank bei 8 °C gelagert werden.

Die Lagerungsordnung kann alphabetisch oder nach Anwendungsbereich (Indikation) erfolgen. Neu zugegangene Medikamente mit dem längeren Verfallsdatum werden hinter die aus einer früheren Lieferung noch vorhandenen Arzneimittel eingeordnet. **Verbrauchsmaterialien** werden am besten nach Anwendungsgebiet einsortiert und beschriftet.

9.8.2 Bestellung von Waren, Verbrauchsmaterial und Medikamenten

Im tiermedizinischen Bereich bieten verschiedene Firmen Praxisbedarf und Medikamente zum Verkauf an. Die Beschreibung der lieferbaren Waren und Medikamente sowie die Preise und Lieferbedingungen sind meist in einem Katalog zusammengefasst, der in regelmäßigen Abständen (z. B. einmal pro Jahr) aktualisiert und der Praxis (Klinik) zugesandt wird. Daneben werden häufig Angebote mit Sonderkonditionen (z. B. Mengenrabatt, Frühjahrsaktionen, Einführungsrabatte für Neumedikamente) durch Außendienstmitarbeiter, per e-Mail, Fax oder per Post offeriert.

Vor einer Bestellung aus dem Katalog sowie bei Inanspruchnahme von Sonderkonditionen sollten folgende Kosten-Nutzen-Überlegungen erfolgen:

- **Wird die angebotene Ware überhaupt benötigt?**
  Medikamente können beispielsweise unter einem anderen Handelsnamen in der Praxis bereits vorhanden sein.
- **Übersteigt die erforderliche Bestellmenge für die Gewährung eines Rabatts den Lagerhöchstbestand?**
  Die Überschreitung des Lagerhöchstbestandes verursacht Kosten (siehe oben), die möglicherweise die Einsparungen aufgrund eines Sonderangebotes aufheben, wenn nicht sogar übersteigen. Um dies zu vermeiden, kann mit der Lieferfirma eventuell eine **Teilmengenlieferung** (z. B. Lieferung der Bestellung an drei Lieferterminen in einem vereinbarten Zeitabstand) oder das **Abrufen von Teillieferungen** bei Bedarf vereinbart werden.
- **Wann verfällt die Ware?**
  Dies ist v. a. bei Medikamenten von großer Bedeutung. Häufig werden Sonderkonditionen für Medikamente mit kurzer Haltbarkeitszeit (Laufzeit) angeboten. Solche Angebote dürfen nur genutzt werden, wenn das jeweilige Medikament in der Praxis schnell verbraucht wird.

Welche Firma bietet die besten Konditionen?

Vergleiche von Preisen und Lieferbedingungen (z. B. Portokosten, Skonto) sowie die Nutzung von Angeboten, Sonderaktionen und Mengenrabatten lohnen sich in vielen Fällen:

- **Skonto**
  Viele Firmen gewähren bei Zahlung des Rechnungsbetrages vor Ablauf der Zahlungsfrist (meist innerhalb zwei Wochen) ein **Skonto** (ein Preisnachlass auf den Rechnungsbetrages von 2–3 %).
- **Rabatt**
  Unter Rabatt versteht man einen Preisnachlass aus bestimmten Gründen (z. B. **Mengenrabatt** bei Abnahme größerer Warenmengen, **Treuerabatt** bei langjährigen Kunden, **Praxisgründungsrabatt** bei Eröffnung einer Praxis).
- **Bonus**
  Ein Bonus wird gewährt, wenn für einen bestimmten Betrag innerhalb einer festgelegten Zeit (z. B. innerhalb eines Jahres) Ware gekauft wurde.
- **Portogrenze**
  Nach der gesetzlichen Regelung zahlt der Käufer die Verpackungs- und Transportkosten. Viele Firmen liefern ihre Ware ab einem bestimmten Bestellwert verpackungs- und transportkostenfrei. Die Portogrenze für die kostenfreie Lieferung ist von Firma zu Firma unterschiedlich hoch.

Bestellform

Bestellungen werden in der Praxis meist **telefonisch**, durch **e-Mail**, **Fax** oder direkt bei einem Besuch des **Außendienstmitarbeiters** einer Firma aufgegeben. Außendienstmitarbeiter bieten häufig Sonderkonditionen (Rabatte, portofreie Lieferung) an. Außerdem kann eine Bestellung auch mit der Post (mit einem Bestellschein) verschickt werden, allerdings wird dies in der Praxis nur noch selten genutzt.

Es wird empfohlen, **schriftlich** zu bestellen, um bei eventuellen Falschlieferungen beweisen zu können, dass der Fehler beim Verkäufer liegt. Um Missverständnisse zu vermeiden, sollten bei einer Bestellung folgende Angaben gemacht werden:

- Bezeichnung der Ware (z. B. Medikament X)
- Gewünschte Menge (5 Packungen)
- Einzelpreis (10,20 € netto)
- Der gewünschte Liefertermin (bis spätestens 20.8.2012)

9.8.3 Kaufvertragsrecht

Einer Bestellung von Waren oder Medikamenten geht ein **Angebot** des Verkäufers voraus. Dies kann in einem Katalog (durch Beschreibung der Waren, Angabe von Preisen und Lieferbedingungen), auf einem Prospekt oder mündlich (z. B. durch den Außendienstmitarbeiter) erfolgen. Ein Angebot ist in der Regel zeitlich begrenzt.

Abschluss eines Kaufvertrages

Mit der Annahme des Angebotes und der Bestellung der Waren (oder Medikamente) wird ein **rechtswirksamer Kaufvertrag** abgeschlossen, vorausgesetzt der Käufer nimmt das Angebot des Verkäufers **unverändert** und **rechtzeitig** (d. h. solange das Angebot gilt) an.

Eine Bestellung kann vom Käufer nur widerrufen werden (z. B. bei einer versehentlichen Falschbestellung), wenn der Widerruf **vor** der Bestellung beim Verkäufer eintrifft. Dies ist eigentlich nur bei Bestellungen per Post möglich, wenn der Widerruf z. B. per Fax oder e-Mail an den Verkäufer gesandt wird und damit früher als die Bestellung eintrifft. Andernfalls bleibt der Kaufvertrag rechtswirksam. In einem solchen Fall hängt es von der **Kulanz** (dem Entgegenkommen) des Verkäufers ab, ob der Kaufvertrag aufgelöst wird. Bei guten Kunden wird der Verkäufer möglicherweise auf die Bitte des Käufers um Stornierung der Bestellung eingehen. Er ist jedoch nicht dazu verpflichtet. Aus diesem Grunde sollte jede Bestellung vor dem Absenden nochmals auf ihre Richtigkeit überprüft werden.

Stellvertretung

Tiermedizinische Fachangestellte können **stellvertretend** für den Tierarzt durch Bestellung von Waren (Materialien, Medikamenten) einen rechtswirksamen Kaufvertrag abschließen. Für den Verkäufer muss jedoch deutlich erkennbar sein, dass nicht der TFA, sondern der Praxisinhaber der eigentliche Geschäftspartner ist. Dies kann z. B. durch Verwendung des Praxisstempels oder des Praxisbriefkopfes auf dem Bestellformular sowie durch die Abkürzung **i. V.** (in Vertretung) vor der Unterschrift deutlich gemacht werden.

Bis zu welcher Rechnungshöhe ein TFA ohne Rücksprache mit dem Tierarzt Waren bestellen darf, wird **praxisintern** geregelt.

Allgemeine Geschäftsbedingungen

Durch die allgemeinen Geschäftsbedingungen (AGB) werden Vertragsbedingungen (z. B. Garantiezeit, Liefer- und Zahlungsbedingungen) des Verkäufers vorformuliert, die der Käufer mit seiner Unterschrift auf der Bestellung akzeptiert. Der Verkäufer ist verpflichtet, auf die AGB hinzuweisen. Bei einer Bestellung im Internet muss der Käufer mit einem „Klick" bestätigen, dass er die AGB gelesen hat und damit einverstanden ist. Der Käufer hat in der Regel nur die Wahl, die AGB zu akzeptieren oder auf den Kauf zu verzichten. Obwohl es sich bei den allgemeinen Geschäftsbedingungen meist um das „Kleingedruckte" handelt, das zu lesen mühsam ist, müssen sie vor einer Bestellung vollständig durchgelesen werden, um unangenehme Überraschungen zu vermeiden. Es gilt der Grundsatz: **Erst lesen, dann unterschreiben!**

Störungen des Kaufvertrages

- **Lieferverzug**

Ein Lieferverzug (Nicht-Rechtzeitig-Lieferung) liegt vor, wenn der Verkäufer die bestellte Ware nicht zu dem vereinbarten Liefertermin liefert. Hier hat der Käufer das Recht, weiter auf eine Lieferung zu bestehen und eine **Nachfrist** zu setzen oder vom Kaufvertrag zurückzutreten. Wenn der Käufer darüber hinaus Schadensersatz geltend machen will, muss ein eindeutiges Verschulden des Verkäufers für den Lieferverzug vorliegen. Ein Verschulden besteht, wenn der Verkäufer z. B. die Lieferung vergisst. Bei Ereignissen höherer Gewalt (z. B. Überschwemmung des Lagers durch ein Unwetter) liegt kein Verschulden vor.

- **Mangelhafte Lieferung**
  Eine mangelhafte Lieferung (Schlechtleistung) besteht bei :
  - Mangelhafter Verwendbarkeit (z. B. ein Tresor lässt sich nicht abschließen)
  - Mangelhafte Beschaffenheit (z. B. der Kühlschrank ist verbeult)
  - Ware ungleich Werbung (z. B. das bestellte Fleckenmittel entfernt entgegen den Versprechungen in der Werbung die Flecken in der Berufskleidung nicht)
  - Falschlieferung (z. B. Lieferung von Einmalhandschuhen anstelle der bestellten Kanülen)
  - Zuweniglieferung (z. B. von den bestellten 1000 Einmalspritzen werden nur 100 geliefert)
  - Montagemangel (z. B. die Schubladen des bestellten Schreibtisches wurden umgekehrt angebracht)
  - Mangelhafter Montageanleitung (z. B. es ist nicht möglich, den gelieferten Schrank mithilfe der unverständlichen Montageanleitung aufzubauen)

  Hierbei wird zwischen **offenen Mängeln** (solche, die sofort ersichtlich sind) und **versteckten Mängeln** (solche, die nicht sofort zutage treten und sich erst später bemerkbar machen) unterschieden.

  Der Käufer kann eine Nachbesserung (Beseitigung des Mangels) innerhalb einer angemessenen Frist oder, wenn das nicht möglich ist, eine fehlerfreie Neulieferung der bestellten Ware fordern. Erfolgt die Nachbesserung nicht bis zur gesetzten Frist oder gelingt sie zweimal nicht zufriedenstellend, kann der Käufer **vom Kaufvertrag zurücktreten** oder den **Kaufpreis mindern**. Wenn ihm durch die mangelhafte Lieferung ein Schaden entstanden ist, kann der Käufer vom Verkäufer **Schadensersatz** fordern.

> **?** **Rechte des Käufers bei Mängeln**
> - Rücktritt vom Kaufvertrag
> - Minderung des Kaufpreises
> - Forderung von Schadensersatz

- **Zahlungsverzug**
  Nicht nur der Verkäufer, auch der Käufer kann eine Störung des Kaufvertrages durch nicht fristgerechte Zahlung des Kaufpreises verursachen. In diesem Fall hat der Verkäufer das Recht, weiterhin auf Zahlung zu bestehen und ein Mahnverfahren einzuleiten oder vom Kaufvertrag zurückzutreten. Ist dem Verkäufer durch den Zahlungsverzug des Käufers ein Schaden entstanden, kann er Schadensersatz verlangen. Der Verkäufer ist berechtigt, die gelieferte Ware zurückzuverlangen. In vielen allgemeinen Geschäftsbedingungen steht der Passus *„Eigentumsvorbehalt: Die Ware bleibt bis zur vollständigen Zahlung Eigentum des Verkäufers.“*
- **Annahmeverzug**
  Wird die bestellte Ware vom Käufer nicht angenommen, obwohl sie zur vereinbarten Zeit an die vereinbarte Lieferadresse geliefert wird und in einwandfreiem Zustand ist, ist der Käufer im Annahmeverzug. Der Verkäufer hat in diesem Fall das Recht, entweder vom Kaufvertrag zurückzutreten, den Käufer auf Abnahme zu verklagen und die Ware bis zum Urteil auf dessen Kosten zu

lagern oder (v.a. bei verderblicher Ware) sie zu verkaufen. Erleidet der Verkäufer durch den Annahmeverzug einen Schaden, kann er vom Käufer Schadensersatz fordern. Üblicherweise wird dem Käufer jedoch ein zweiter Liefertermin mitgeteilt.

Gewährleistung und Garantie

Gewährleistung bedeutet, dass der Verkäufer für offene und versteckte Mängel bei einer von ihm verkauften Sache (Ware) haftet. Die Gewährleistung ist im Bürgerlichen Gesetzbuch (BGB) geregelt. Die Gewährleistungsfrist beträgt 24 Monate. Innerhalb der ersten 6 Monate nach Übergabe der Ware an den Käufer wird bei Reklamation von Mängeln davon ausgegangen, dass diese bereits zum Zeitpunkt der Lieferung bestanden haben, es sei denn der Verkäufer kann das Gegenteil nachweisen. Wird ein Mangel nach Ablauf von 6 Monaten reklamiert, ändert sich die Beweislast. Das bedeutet, dass nun der Käufer nachweisen muss, dass der Mangel bereits bei der Übergabe bestand.

Die **Garantie** ist eine freiwillige Leistung des Verkäufers, die zusätzlich zur gesetzlich geregelten Gewährleistung gewährt wird.

9.9 Warenannahme

Überprüfung des Wareneingangs

Bei der Lieferung von Waren und Medikamenten müssen folgende Punkte überprüft werden:

- **Transportschäden**
  Beschädigte Transportverpackungen (Pakete, Päckchen) müssen sofort beim Zusteller reklamiert werden. Wird eine Beeinträchtigung des Inhaltes aufgrund der Beschädigung der Transportverpackungen vermutet oder bei der Kontrolle bestätigt, kann die Annahme der Lieferung verweigert werden.
- **Vollständigkeit**
  Wurde die bestellte Ware vollständig geliefert? Sind alle Einzelteile (z.B. eines Regales) vorhanden?
- **Mängel**
  Ist die Ware einwandfrei? Bei versteckten oder offenen Mängeln haftet der Verkäufer innerhalb der gesetzlichen Gewährleistungsfrist (siehe oben).
- **Menge**
  Der Zusteller lässt sich durch eine Unterschrift (meist auf dem Display eines elektronischen Gerätes) bestätigen, dass eine bestimmte Anzahl von Paketen geliefert wurde. Stimmt die Zahl auf dem Display mit den tatsächlich gelieferten Paketen überein? Wurde die bestellte Menge einer Ware (eines Medikamentes) geliefert?
- **Falschlieferung**
  Wurde die richtige (die tatsächlich bestellte) Ware geliefert?
- **Verfallsdatum**
  Ist das Verfallsdatum gelieferter Medikamente zu kurz oder gar überschritten?
- **Kühlware**
  Manche Medikamente (z.B. Impfstoffe, Seren, Hormone) müssen gekühlt transportiert werden. Wurden die Medikamente gekühlt geliefert?

Überprüfung des Lieferscheins und der Rechnung

Bei der Überprüfung des Lieferscheins wird kontrolliert, ob die Art und Menge der dort aufgelisteten Ware mit der tatsächlich gelieferten übereinstimmt. Die Rechnung wird daraufhin überprüft, ob alle berechneten Waren (oder Medikamente) in der Lieferung enthalten sind und ob der Preis mit dem des Angebotes übereinstimmt.

Rückgabekonditionen

Weist die gelieferte Ware Mängel auf, ist der Käufer berechtigt, sie dem Verkäufer zurückgegeben. Der Rücksendung sollte ein Begleitschreiben mit Angabe der Reklamationsgründe beigelegt werden.

10 Die Tierärztliche Hausapotheke
(Nr. 8 des Ausbildungsrahmenplanes)

10.1 Das Dispensierrecht

Tierärzte haben in Deutschland laut Arzneimittelgesetz (AMG) ein **Dispensierrecht**. Das bedeutet, dass sie berechtigt sind, Arzneimittel zur Anwendung am Tier in einer Tierärztlichen Hausapotheke vorrätig zu halten und abzugeben. Dabei sind die Vorschriften der Verordnung über Tierärztliche Hausapotheken (TÄHAV) zu beachten.

? In den letzten Jahren werden immer häufiger Forderungen laut, Tierärzten das Dispensierrecht zu entziehen und die Vorratshaltung und Abgabe auch von Tierarzneimitteln ausschließlich den Apotheken zu übertragen. Welche Konsequenzen sich aus den Diskussionen ergeben, d.h. ob und in wieweit sich das Arzneimittelgesetz in Bezug auf das Dispensierrecht für Tierärzte in naher Zukunft ändern wird, ist zurzeit nicht absehbar.

Das Dispensierrecht der Tierärzte hat viele Vorteile:

- **Behandlung ohne Umweg**
  Die Versorgung eines Patienten mit Medikamenten kann direkt durch den Tierarzt und muss nicht (wie bei Ärzten und Zahnärzten, die kein Dispensierrecht haben) auf dem Umweg über eine Apotheke erfolgen.
- **Preiswertere Behandlung**
  Tierärzten ist es erlaubt, auch kleinere Medikamentenmengen, angepasst an die Erfordernisse einer Therapie (z.B. einzelne Tabletten), abzugeben. Apotheker dagegen dürfen grundsätzlich nur ganze Packungen verkaufen, ganz gleich, ob der gesamte Inhalt benötigt wird oder nicht. Gäbe es das Dispensierrecht für Tierärzte nicht, und müssten alle Medikamente für Tiere in einer Apotheke gekauft werden, entstünden damit dem Tierhalter meist höhere Kosten. Bei verschreibungspflichtigen Medikamenten kommt zusätzlich zum Preis einer (oft nicht benötigten) ganzen Packung eines Medikamentes noch eine Gebühr für das Rezept hinzu. Außerdem besteht ohne Dispensierrecht die Gefahr, dass nach einer abgeschlossenen Behandlung oder nach Umstellung einer Therapie übrig gebliebene Medikamente vermehrt weggeworfen werden und die Umwelt belasten oder anderweitig verwertet werden.
- **Behandlung nach gesicherter Diagnose**
  Der Tierarzt darf Arzneimittel nur für Tiere abgeben, die er zuvor untersucht hat. Kranke Tiere erhalten dadurch erst nach einer gesicherten Diagnose die für sie notwendigen geeigneten Medikamente. Apothekenpflichtige, nicht verschreibungspflichtige Medikamente kann ein Apotheker jedoch ohne Rezept eines Tierarztes und damit auch ohne Untersuchung des kranken Tieres abgeben. Dadurch besteht die Gefahr, dass Tiere falsche, d.h. für sie schädliche oder unwirksame Medikamente erhalten.
- **Kompetente Behandlung**
  Die Ausbildung von Apothekern (Studium der Pharmazie) beinhaltet zurzeit nur die Wirkung von Arzneimitteln auf den Menschen. Viele Medikamente, die für den Menschen ungefährlich sind, können jedoch bei Tieren gefährliche bis tödliche Nebenwirkungen haben. Häufig benötigen

Tiere eine im Vergleich zu ihrem Körpergewicht viel höhere oder andere Dosierung als der Mensch. Auch gibt es tierartliche Unterschiede in Wirkung und Dosierung von Medikamenten. Ein Medikament kann z. B. bei einer Tierart gegen eine bestehende Erkrankung wirksam, bei einer anderen Tierart unwirksam, in manchen Fällen sogar tödlich sein. Tierärzte können aufgrund ihrer Ausbildung (Studium der Tiermedizin) entscheiden, welches Medikament für den jeweiligen Patienten geeignet ist, und in welcher Dosierung es gegeben werden muss.

Nachteile des Dispensierrechts:

- **Verwaltungsaufwand**
  Das Führen einer Tierärztlichen Hausapotheke erfordert einen hohen Verwaltungsaufwand. Arzneimittel müssen gekauft, sachgerecht gelagert, verbraucht oder abgegeben werden. Kauf, Bestand, Verbrauch und Abgabe müssen dokumentiert und die Dokumente aufbewahrt werden. Für die Lagerung von Betäubungsmitteln ist ein einbruchsicherer Schrank (z. B. Safe) erforderlich. Es müssen Betäubungsmittellisten über den Zugang durch Kauf, den aktuellen Bestand und den Verbrauch geführt werden.
- **Finanzielles Risiko**
  Das Führen einer Hausapotheke ist für Tierärzte ein finanzielles Risiko. Werden Arzneimittel, die in der Regel gleich nach ihrem Einkauf bereits bezahlt wurden, bis zu dem auf der Verpackung aufgedruckten Verfallsdatum nicht verbraucht oder abgegeben, müssen sie entsorgt werden. Das bedeutet einen nicht unerheblichen finanziellen Verlust (auch für die ordnungsgemäße Entsorgung).
- **Höhere Kosten**
  Für die Lagerung von Medikamenten ist Platz erforderlich. Die Praxisräumlichkeiten müssen dafür entsprechend groß sein. Dadurch entstehen vermehrt Raumkosten (z. B. Miete für Praxisräume).

10.2 Indikation von Medikamenten

Der Begriff **Indikation** leitet sich von dem lateinischen Wort *indicare* = anzeigen ab. Die Indikation eines Medikamentes gibt an, bei welcher Erkrankung sein Einsatz angebracht (angezeigt), d. h. medizinisch richtig ist.

Nach ihrer Indikation werden Arzneimittel in Gruppen eingeteilt:

10.2.1 Medikamente zur Behandlung von Infektionskrankheiten (Antiinfektiva)

Bei der Behandlung von Infektionskrankheiten kommen unterschiedliche Arzneimittel zum Einsatz:

- **Antibiotika**
  Antibiotika (Einzahl: Antibiotikum) sind Arzneimittel zur Behandlung von Infektionskrankheiten, die durch **Bakterien** verursacht werden. Die Wirkung von Antibiotika (griech. anti = gegen; bios = Leben) ist gegen das Leben von krankmachenden Bakterien gerichtet.
- **Antimykotika**
  Antimykotika (Einzahl: Antimykotikum) sind Arzneimittel zur Bekämpfung von **Pilzinfektionen und Pilzerkrankungen** auf Schleimhäuten, z. B. im Verdauungstrakt oder in den Atmungsorganen und auf der äußeren Haut.
- **Antiparasitika**
  Antiparasitika (Einzahl: Antiparasitikum) sind Arzneimittel, die den Befall mit **Parasiten** verhindern oder bereits vorhandene Parasiten abtöten. Man unterscheidet Präparate gegen äußere Parasiten (Ektoparasiten), z. B. Flöhe, Läuse, und innere Parasiten (Endoparasiten), z. B. Würmer, Leberegel. Antiparasitika, die vorbeugend

eingesetzt werden und bereits den *Befall* mit Ektoparasiten verhindern, werden auch **Repellens** genannt.

- **Virustatika**
  Als Virustatika (Einzahl: Virustatikum) werden Arzneimittel bezeichnet, die die Vermehrung von **Viren** hemmen. Sie werden daher zur Behandlung von Infektionskrankheiten verwendet, die durch Viren verursacht werden.

> **? Einzahl und Mehrzahl im Sprachgebrauch**
> Beispiel:
> - Antibiotik**um**: Einzahl, z. B. „Ein Hund wird mit einem Antibiotikum behandelt."
> - Antibiotik**a**: Mehrzahl, z. B. „Antibiotika sind Mittel zur Behandlung von Infektionskrankheiten."

10.2.2 Medikamente zur Behandlung von Herzerkrankungen (Kardiaka)

Kardiaka (Einzahl: Kardiakum) sind herzwirksame Medikamente. So unterschiedlich die einzelnen Herzerkrankungen sind, so vielfältig sind auch die zu ihrer Behandlung eingesetzten Kardiaka.

10.2.3 Medikamente gegen Schmerzen (Analgetika, Anästhetika)

In der Schmerztherapie werden zwei Arzneimittelgruppen unterschieden:

Analgetika

Analgetika (Einzahl: Analgetikum) sind Arzneimittel , die schmerz**stillend** oder schmerz**lindernd** wirken, ohne das Bewusstsein auszuschalten. Manche Analgetika wirken zusätzlich entzündungshemmend. Analgetika, die aus dem Grundstoff Morphin hergestellt sind oder eine morphinähnliche Wirkung haben, werden bei starken Schmerzen eingesetzt. Der Erwerb, die Aufbewahrung und die Anwendung dieser Mittel unterliegen dem Betäubungsmittelgesetz (BtMG). Sie müssen in einem einbruchsicheren Schrank (z. B. Safe) aufbewahrt, der Erwerb, der Verbrauch und die Abgabe dokumentiert sowie der aktuelle Bestand regelmäßig kontrolliert werden.

Anästhetika

Anästhetika (Einzahl: Anästhetikum) sind Stoffe, die zur Schmerz**ausschaltung** eingesetzt werden, z. B. um Operationen durchführen zu können. Man unterscheidet:

- **Lokalanästhetika**
  Sie führen zu einer örtlichen Empfindungslosigkeit, ohne das Bewusstsein zu beeinflussen.
- **Allgemeinanästhetika bzw. Narkotika**
  Sie bewirken eine Schmerz- und Bewusstseinsausschaltung direkt im Gehirn. Dieser Effekt wird auch als **Narkose** bezeichnet. Es gibt unterschiedliche Wirkstoffe, die eine Narkose hervorrufen können. Narkosemittel, die auf Morphinbasis hergestellt werden, unterliegen dem Betäubungsmittelgesetz (BtMG).

10.2.4 Medikamente gegen psychische Erregungszustände (Sedativa)

Sedativa (Einzahl: Sedativum, Sedativ) sind Beruhigungsmittel, die Unruhe und Angstzustände mildern, allgemein aktivitätsdämpfend und bei höherer Dosierung schlaffördernd wirken. Sie werden eingesetzt:

- Bei sehr ängstlichen und aggressiven Tieren, um sie ohne umfassende Zwangsmaßnahmen behutsam und gründlich untersuchen zu können.
- Vor einer geplanten Narkose, um den Patienten zu beruhigen. Das Sedativum führt dazu, dass weniger Narkosemittel benötigt wird, um die für einen chirurgischen Eingriff notwendige Narkosetiefe zu erreichen.
- Kurzfristig bei ängstlichen Tieren im Rahmen einer Verhaltenstherapie (z. B. bei

Hunden, die nicht allein in der Wohnung bleiben können, ohne in Panik zu geraten), an Silvester, bei Reisen mit dem Flugzeug oder für längere Autofahrten.

10.2.5 Medikamente gegen Krämpfe der glatten Muskulatur (Spasmolytika)

Spasmolytika (Einzahl: Spasmolytikum) sind krampflösende Medikamente. Sie wirken auf die **glatte** Muskulatur des Magen-Darm-Traktes, der ableitenden Harnwege, der Gebärmutter und der Bronchien. Sie werden häufig bei folgenden Störungen eingesetzt:

- Durchfall
- Blähungen
- Asthma
- Bronchitis
- Gallenkoliken
- Harnwegsinfekte
- Gebärmutterkrämpfe

10.2.6 Medikamente gegen Krämpfe der gestreiften Muskulatur (Muskelrelaxantien)

Muskelrelaxantien (Einzahl: Muskelrelaxans) sind Arzneimittel, die eine Entspannung der **Skelettmuskulatur** (gestreifte Muskulatur) bewirken. Sie werden häufig eingesetzt:

- Bei Operationen in Kombination mit einem Narkotikum, um die Skelettmuskulatur zu entspannen.
- Zur leichteren Intubation (Einführung eines Tubus in die Luftröhre zur Beatmung während der Narkose)
- Als Notfalltherapie zur Dämpfung starker Muskelkrämpfe (z. B. bei Epilepsie)

10.2.7 Medikamente gegen epileptische Krampfanfälle (Antiepileptika, Antikonvulsiva)

Antiepileptika bzw. Antikonvulsiva (Einzahl: Antiepileptikum, Antikonvulsivum) werden bei Epileptikern eingesetzt zur

- Unterbrechung eines akuten epileptischen Anfalls.
- Verhinderung erneuter Anfälle.
- Verringerung der Anfallshäufigkeit.
- Verringerung der Anfallsintensität.

10.2.8 Medikamente gegen Entzündungen (Antiphlogistika)

Antiphlogistika (Einzahl: Antiphlogistikum) werden Arzneimittel genannt, die gegen Entzündungen eingesetzt werden. Weitere Bezeichnungen für diese Medikamentengruppe sind Antiinflammatorika oder Entzündungshemmer. Jedes Gewebe und jedes Organ im Körper kann von einer Entzündung betroffen sein. Entsprechend groß ist das Einsatzgebiet dieser Medikamente. Einige Beispiele, bei denen Antiphlogistika angewandt werden:

- Haut- und Schleimhäute (z. B. Ekzeme, Zahnfleischentzündung)
- Bewegungsapparat (z. B. Gelenks-, Muskel- oder Knochenentzündungen)
- Innere Organe (z. B. Herzmuskelentzündung, Leberentzündung)
- Obere und untere Atemorgane (z. B. Nasennebenhöhlenentzündung, Bronchitis, Lungenentzündung)
- Verdauungstrakt (z. B. Magenschleimhautentzündung, Darmentzündung, Bauchspeicheldrüsenentzündung)
- Gefäße (z. B. Venenentzündung)
- Lymphorgane (z. B. Mandelentzündung)
- Gehirn (z. B. Hirnhautentzündung)
- Körperhöhle (z. B. Bauchfellentzündung)

10.2.9 Medikamente gegen Allergien (Antiallergika)

Antiallergika (Einzahl: Antiallergikum) verhindern die Entstehung von Symptomen einer allergischen Erkrankung oder lindern sie. Allergien machen sich anfänglich meist relativ harmlos mit Juckreiz, Rötungen der Haut, der Augenbindehäute oder der Mundschleimhaut bemerkbar. In manchen Fällen verursachen sie auch schwere Krankheitssymptome wie Erbechen, Durchfall oder Atemnot. Bei wiederholtem Kontakt mit einer allergieauslösenden Substanz können sich die Symptome bis zu einem lebensbedrohlichen allergischen (anaphylaktischen) Schock verschlimmern. Hier ist der Einsatz von Antiallergika lebensrettend.

10.2.10 Medikamente gegen Übelkeit und Erbrechen (Antiemetika)

Antiemetika (Einzahl: Antiemetikum) sind Medikamente, die gegen Übelkeit und Erbrechen eingesetzt werden. Zum Erbrechen kommt es, wenn die Nervenzellen des Brechzentrums im Gehirn durch verschiedene Reize aus dem Körper erregt werden. Antiemetika unterdrücken diese Erregung, indem sie direkt auf das Brechzentrum dämpfend einwirken.

10.2.11 Medikamente, die Erbrechen hervorrufen (Emetika)

Durch den Einsatz von Emetika (Einzahl: eines Emetikums) wird Erbrechen ausgelöst. Diese Medikamente werden daher auch als „Brechmittel“ bezeichnet. In der Tiermedizin werden Emetika z. B. häufig eingesetzt, um kurz vorher aufgenommene Fremdkörper (splitternde Geflügelknochen, Plastikteile), die einen Darmverschluss verursachen können, wieder aus dem Magen zu entfernen, bevor sie durch den Magenausgang in den Darm weitertransportiert worden sind.

10.2.12 Medikamente gegen Vergiftungen (Antidota)

Antidota (Einzahl: Antidot) werden im allgemeinen Sprachgebrauch auch Gegengifte genannt. Es handelt sich um Substanzen, die als Gegenmittel zu Giften (z. B. Schlangengifte, Rattengifte) oder Medikamenten (z. B. Narkosemittel) eingesetzt werden, um deren Wirkung auf den Organismus zu verhindern, aufzuheben oder zumindest abzumildern.

10.2.13 Medikamente gegen Tumoren (Zytostatika)

Zytostatika (Einzahl: Zytostatikum) sind auf natürlicher oder synthetischer Basis hergestellte Arzneimittel, die die Zellteilung von Tumorzellen hemmen und dazu eingesetzt werden, um das Wachstum und die Verbreitung von Tumoren im Körper zu bekämpfen. Zytostatika werden auch als Chemotherapeutika bezeichnet.

10.2.14 Medikamente gegen die Beschwerden des Alterns (Geriatrika)

Geriatrika (Einzahl: Geriatrikum) sind Arzneimittel, die nicht zur Behandlung einer speziellen Erkrankung, sondern zur allgemeinen Steigerung der körperlichen (und geistigen) Leistungsfähigkeit eines alten Organismus eingesetzt werden. In vielen Fällen können sie die Lebensqualität eines alten Tieres verbessern und das Leben verlängern.

10.2.15 Hormone

Hormone sind körpereigene Botenstoffe, die von speziellen Drüsen im Körper (endokrine Drüsen) direkt ins Blut ausgeschüttet werden. Hormone als Arzneimittel werden entweder aus tierischen Hormondrüsen isoliert oder synthetisch hergestellt. Sie haben verschiedene Wirkungen:

- Sie ersetzen bei mangelnder Produktion des Körpers die körpereigenen Hormone (z. B. Insulin bei Diabetes mellitus).
- Sie greifen als Gegenhormon regulierend bei übermäßiger Produktion von körpereigenen Hormonen (z. B. Thyroxin bei einer Schilddrüsenüberfunktion) ein und stellen das Gleichgewicht wieder her.
- Sie unterdrücken unerwünschte Wirkungen des Geschlechtstriebes (z. B. Hypersexualität bei Hunden, übermäßiges Eierlegen bei Vögeln).
- Erkrankungen, die durch Geschlechtshormone bedingt sind, werden mit Hilfe des entsprechenden Gegenhormons therapiert. Beispielsweise werden männlichen Hunden mit Prostataerkrankungen weibliche Geschlechtshormone verabreicht, wodurch sich die Prostata verkleinert und die Krankheitssymptome meist verschwinden.
- Wehenanregung bei Geburten.

10.2.16 Vitamine

Vitamine sind organische Verbindungen, die im Organismus viele Funktionen erfüllen. Sie unterstützen u. a. den Stoffwechsel, den Sehvorgang, den Aufbau der Zellen, der Blutkörperchen, der Knochen und Zähne, sowie die körpereigene Abwehr beim Kampf gegen Krankheitserreger. Vitamine müssen mit der Nahrung (oder als Medikament) dem Körper zugeführt werden. Ein Zuwenig an Vitaminen (**Hypovitaminose**) führt zu Mangelerscheinungen mit vielfältigen gesundheitlichen Störungen. Ein Zuviel an bestimmten Vitaminen (**Hypervitaminose**) kann zu Vergiftungen führen.

Man unterscheidet fettlösliche (A,D,E,K) und wasserlösliche Vitamine (B-Vitamine und Vitamin C). Werden mehr wasserlösliche Vitamine mit der Nahrung oder in Form von Medikamenten aufgenommen, als der Körper verwerten kann, werden diese mit dem Urin

Einteilung von Arzneimitteln nach Indikation

Indikation	Arzneimittelgruppe
Infektionskrankheiten	Antiinfektiva (Antibiotika, Antimykotika, Antiparasitika, Virustatika)
Herzerkrankungen	Kardiaka
Schmerzen	Analgetika, Anästhetika
Erregungszustände	Sedativa
Krämpfe der glatten Muskulatur (z. B. im Darmtrakt)	Spasmolytika
Krämpfe der Skelettmuskulatur	Muskelrelaxantien
Krämpfe, die vom Gehirn ausgehen (z. B. epileptische Anfälle)	Antiepileptika, Antikonvulsiva
Entzündungen	Antiphlogistika
Allergien	Antiallergika
Erbrechen und Übelkeit	Antiemetika
Erbrechen auslösen (z. B. bei Fremdkörper im Magen)	Emetika
Vergiftungen	Antidota
Tumorerkrankungen	Zytostatika, Chemotherapeutika
Beschwerden des Alterns	Geriatrika
Störungen des Hormonhaushaltes	Hormone
Störungen des Vitaminhaushaltes	Vitamine

ausgeschieden. Fettlösliche Vitamine werden nur langsam über die Leber abgebaut, sodass es bei diesen Vitaminen eher zu einer Überdosierung und zu einer Vergiftung kommen kann.

Manche Vitamine werden als **Vorstufen** (Provitamine) über die Nahrung aufgenommen und erst im Körper in das eigentliche Vitamin (z. B. Vitamin A) umgebaut. Das in der Nahrung vorliegende Vitamin D ist inaktiv und zunächst für den Körper wertlos. Für seine Aktivierung benötigt der Organismus UV-Licht (Sonnenlicht). Nur so kann Vitamin D seine Wirksamkeit entfalten.

In der Tiermedizin werden Vitaminpräparate bei Vitaminmangel und zur Unterstützung des Körpers bei besonderen Belastungen (z. B. Trächtigkeit, Erkrankungen, Operationen) angewandt.

10.2.17 Weitere Arzneimittelarten

Pflanzliche Arzneimittel

Die Pflanzenheilkunde (Phytotherapie) ist die Lehre von der Verwendung von Heilpflanzen zu therapeutischen Zwecken. Sie wird im Rahmen naturheilkundlicher Verfahren inzwischen auch in der Tiermedizin bei vielen Krankheiten als alleinige oder begleitende Therapie vermehrt angewandt.

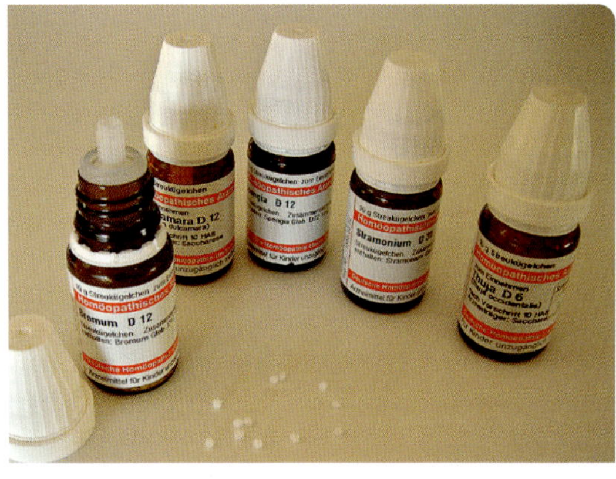

Homöopathische Mittel.

Homöopathische Mittel

Homöopathische Mittel werden in der Tiermedizin in zunehmendem Maße gegen viele Erkrankungen eingesetzt. Das Arzneimittelgesetz rechnet sie nicht zu den Arzneimitteln. Daher dürfen auf den Verpackungen auch keine Indikationen (Anwendungsgebiete) angegeben werden. Homöopathische Präparate werden nach den Richtlinien der Homöopathie und ihres Begründers (Samuel Hahnemann 1755 – 1843) durch stufenweise Potenzierung (Verdünnung) einer Ursubstanz gewonnen. In Deutschland werden hauptsächlich D-Potenzen (Dezimalpotenzen: Verdünnung im Verhältnis 1:10) und C-Potenzen (Centesimalpotenzen = Verdünnung im Verhältnis 1:100) in der Tiermedizin verwendet.

Beispiel Dezimalpotenzen:

D1 = 1 Teil Ursubstanz + 9 Teile Alkohol (oder Milchzucker)
D2 = 1 Teil D1 + 9 Teile Alkohol (oder Milchzucker)
D3 = 1 Teil D2 + 9 Teile Alkohol (oder Milchzucker)
usw.

Beispiel Centesimalpotenzen:

C1 = 1 Teil Ursubstanz + 99 Teile Alkohol (oder Milchzucker)
C2 = 1 Teil C1 + 99 Teile Alkohol (oder Milchzucker)
C3 = 1 Teil C2 + 99 Teile Alkohol (oder Milchzucker)
usw.

Die Homöpathie (griech. homoios = ähnlich; pathos = Leiden) ist eine Heilmethode, mit der man eine Krankheit durch ein potenziertes (verdünntes) Arzneimittel behandelt, das an gesunden Lebewesen (Mensch und Tier) ein ähnliches Symptom hervorruft, wie die zu behandelnde Krankheit verursacht. Ein Beispiel ist die Küchenzwiebel, die beim Schneiden Tränenfluss und Nasenlaufen verursacht. In homoöpathischer Verdünnung wird sie gerne gegen Schnupfen eingesetzt.

Bei der Anwendung homöopathischer Arzneimittel am Kranken werden die körpereigenen regulierenden Selbstheilungskräfte aktiviert.

10.3 Darreichungsformen von Arzneimitteln

Arzneimittel werden durch pharmazeutisch-technische Verfahren zu unterschiedlichen Darreichungsformen zubereitet. Dabei wird der Arzneistoff mit den richtigen Hilfsstoffen verbunden und dann eine bestimmte Form gegeben:

Tablette

Tabletten sind Medikamente, die dem Patienten über den Mund (peroral) verabreicht werden. Sie werden aus Pulvern und Granulaten eines Arzneimittels zu festen Formen (z. B. rund, oval) gepresst.

Eine Sonderform von Tabletten sind die **Filmtabletten**. Sie sind mit einem dünnen Film überzogen, der unterschiedliche Funktionen haben kann:

- **Säurefester Überzug**
  Ein säurefester Überzug dient als Schutz vor Wirkungsverlust durch die Magensäure im Magen. Eine Tablette, die mit einem säurefestem Überzug umhüllt ist, löst sich erst im Dünndarm auf.
- **Zuckerüberzug**
  Ein Zuckerüberzug überdeckt einen unangenehmen Geschmack, z. B. bei sehr bitteren Wirkstoffen. Tabletten mit Zuckerüberzug werden auch als **Dragees** bezeichnet.
- **Aromatischer Überzug**
  Ein aromatischer (wohlschmeckender) Überzug um den Wirkstoff sorgt für eine bessere Akzeptanz (Aufnahmefreudigkeit) bei Tieren. So werden Tabletten, die z. B. nach Hühnchen riechen und schmecken, von Hunden und Katzen in der Regel besonders gerne angenommen.

  Eine Aromatisierung einer Tablette kann auch durch Vermischen des Geschmacksstoffs direkt unter die Grundsubstanz der Tablette erreicht werden. In diesem Fall hat die Tablette keinen Überzug. Aromatisierte Tabletten ohne Überzug werden häufig mit der Zusatzbezeichnung „flavor“ (Englisch = Geschmack) angeboten.

Kapsel

Kapseln bestehen aus einer Hülle (meist Gelatine) und einer Füllung (Arzneimittel). Wie die Tablette, kann auch die

Kapselhülle mit einem magensäurefesten Überzug ausgestattet sein, damit der Wirkstoff unbeschadet den Dünndarm erreichen kann. Im alkalischen Bereich des Dünndarms löst sich der Schutzüberzug auf und der Wirkstoff wird freigesetzt.

Bei **Depotpräparaten** (Medikamente mit Langzeitwirkung) ist der Wirkstoff in der Kapsel zusätzlich in kleine Kügelchen aus Fetten oder Wachsen eingebettet, die sich nur langsam auflösen. Damit wird erreicht, dass das Medikament schrittweise im Darm freigesetzt wird und damit die Wirkung einer einzelnen Kapsel länger anhält.

Pellets

Um Pellets herzustellen, wird das Medikament (manchmal auch ein Futtermittel) mit Hilfe eines speziellen technischen Verfahrens (Pelletierung) in Kugel- oder Zylinderform verdichtet. Der Begriff Pellets wird in der Regel in der Mehrzahl gebraucht, weil Pellets nicht einzeln, sondern als Schüttelware verwendet werden.

Zäpfchen

Zäpfchen (Suppositorien) bestehen hauptsächlich aus Fetten, in die der Wirkstoff eingearbeitet ist. Sie werden z. B. in den Enddarm oder in die Vagina eingeführt. Durch die Wärme in den Körperhöhlen schmilzt das Fett und die Wirksubstanz wird freigegeben.

? Die häufigsten Darreichungsformen von Arzneimitteln in der Tiermedizin

Tablette	Feste, runde oder ovale Arzneiform zur peroralen Anwendung
Kapsel	Besteht aus einer Hülle (Gelatine) und einer Füllung (Medikament)
Pellets	Durch ein spezielles technisches Verfahren (Pelletierung) hervorgerufene Verdichtung eines Wirkstoffs in Kugel- oder Zylinderform
Zäpfchen	Kegel, -walzen oder torpedoförmige Arzneiform zur Einführung in Enddarm oder Vagina aus Fetten, die bei Körpertemperatur schmelzen
Lösung	Besteht aus einem gelösten Arzneimittelwirkstoff und einem flüssigen Lösungsmittel
Suspension	Stoffgemisch aus einer Flüssigkeit und fein verteilten Feststoffen (Wirksubstanz)
Paste	Feststoff-Flüssigkeitsgemisch (Suspension) mit einem hohen Anteil an Feststoffen
Salbe	Halbfeste Arzneizubereitung aus Fetten, Ölen oder Wachsen, mit denen der Wirkstoff vermischt ist, zur lokalen Anwendung.
Spot on	Arzneimittel, die in eine Trägersubstanz eingebunden sind, mit deren Hilfe sie transdermal (durch die Haut) in die Blutbahn übertreten können
Aerosol	Mischung aus Arzneimittel und Gas
Tinktur	Auszug aus getrockneten Arzneipflanzen mit Alkohol (Ethanol)
Globuli	Rohrzuckerkügelchen mit aufgeträufelten, nach homöopathischen Richtlinien hergestellten Verdünnungen
Dekokt	Dekokt = „Abkochung", wird durch Kochen von festen Bestandteilen (Hölzer, Rinde, Wurzeln) hergestellt
Aufguss	Pflanzen und Pflanzenteile werden mit heißem oder kochendem Wasser übergossen und 10–15 Minuten ziehen gelassen
Subdermaler Chip	Ein Chip, der über eine gewisse Zeit Wirkstoffe (z. B. Hormone) abgibt, wird unter die Haut implantiert

Lösung

Eine Lösung besteht aus einem gelösten Stoff (z. B. Arzneimittelwirkstoff) und einem flüssigen Lösungsmittel. Die gelöste Substanz ist bei einer Lösung nicht mehr als solche zu erkennen. Sie bildet zusammen mit der Flüssigkeit eine homogene (einheitliche) Phase und kann auch nicht mehr abgefiltert werden.

Lösungen werden als **Tropfen**, als Medikamente zur **Injektion** oder zur **Infusion** verwendet.

Suspension

Unter Suspension (lat. suspendere = schweben lassen) versteht man ein Stoffgemisch aus einer Flüssigkeit und fein verteilten Feststoffen. Nach längerem Stehen lassen neigen die beiden Teile dazu, sich wieder zu **ent**mischen, wobei die Feststoffe in dem Gefäß nach unten sinken und einen Bodensatz bilden. Suspensionen müssen daher vor Gebrauch geschüttelt werden, um Flüssigkeit und Feststoffe wieder zu **ver**mischen.

Paste

Die Paste ist eine Sonderform der Suspension mit einem hohen Feststoffanteil. Pasten werden in der Tiermedizin häufig angewendet. Es gibt Pasten zur äußerlichen (z. B. Zinkpaste) und zur innerlichen Anwendung (z. B. Vitaminpasten).

Salbe

Salben sind halbfeste Zubereitungen aus Arzneimitteln und Fetten (Ölen oder Wachse), die zur Anwendung auf der Haut oder auf Schleimhäuten bestimmt sind.

Transdermal wirksame Medikamente (Spot-on-Medikamente)

Unter transdermal (durch die Haut) wirksamen Medikamenten versteht man Arzneimittel, die in eine Trägersubstanz

eingebunden sind, mit deren Hilfe sie durch die Haut in die Blutbahn übertreten können. Solche Medikamente werden auf die Haut aufgeträufelt (Spot-on-Verfahren) und bei Tieren z. B. zur Entwurmung oder als Mittel gegen Ektoparasiten (z. B. Flöhe, Zecken, Milben, Sandmücken) eingesetzt.

Aerosol

Als Aerosol wird ein Gemisch aus festen oder flüssigen Schwebeteilchen und einem Gas bezeichnet. In der Medizin werden Aerosole (Mischung aus Arzneimittel und Gas) angewendet, um Medikamente in die Atemwege einzuschleusen. Sie werden in der Tiermedizin z. B. zur Behandlung von Papageien mit Aspergillose (Schimmelpilzbefall der Atemwege) und bei Asthma der Katze eingesetzt.

Tinktur

Eine Tinktur ist ein alkoholischer Auszug aus pflanzlichen Grundstoffen. Die Grundstoffe werden in Alkohol eingelegt, um die Wirkstoffe herauszulösen.

Globuli

Globuli (lat. Kügelchen) sind homöopathische Präparate. Sie werden durch Aufträufeln homöopathischer Potenzen (Verdünnungen) auf Rohrzuckerkügelchen hergestellt.

Dekokt

Ein Dekokt (Absud, Abkochung) wird durch Kochen von festen Bestandteilen (z. B. Hölzern, Rinden, Wurzeln) hergestellt. Dekokte werden häufig in der Traditionellen Chinesischen Medizin (TCM) und in der Phytotherapie (Pflanzenheilkunde) verwendet.

Aufguss

Man erhält einen Aufguss, indem man Pflanzen oder Pflanzenteile (z. B. Kräuter, Früchte) mit heißem oder kochendem Wasser übergießt und etwa 10 bis 15 Minuten abgedeckt ziehen lässt. Die heilenden Inhaltsstoffe der verwendeten Pflanzen lösen sich im Wasser und können als Tee verabreicht oder für eine Inhalation (z. B. Kamillendampfbad) verwendet werden.

Subdermaler Chip

Ein subdermaler (unter der Haut liegender) Chip wird dem Tier mithilfe eines Implantationsinjektors unter die Haut implantiert. Der Chip gibt über eine gewisse Zeit (z. B. über ein halbes Jahr) Wirkstoffe in das Blut ab. Subdermale Chips werden beispielsweise zur chemischen Kastration von Rüden (männlichen Hunden) angewendet.

10.4 Applikationsarten

Unter **Applikation** versteht man die Verabreichung eines Medikamentes.

Medikamente können auf unterschiedliche Arten verabreicht (appliziert) werden:

10.4.1 Perorale Applikation

Das Wort **peroral** setzt sich aus den lateinischen Wörtern **per** = über und **os** = Mund zusammen und bedeutet in der Medizin, dass ein Medikament dem Patienten **über den Mund** verabreicht und dann von ihm geschluckt wird. Dadurch gelangt es zunächst in den Magen und dann in den Darm. Im Darm (Dünndarm) wird der Wirkstoff über die Darmschleimhaut in den Blutkreislauf aufgenommen und mit dem Blutstrom zu dem Ort, an dem er seine Wirkung entfalten soll (z. B. ein Herzmedikament am Herzen) gespült.
Die Abkürzung für peroral lautet **per os** oder **p. o.**

? Manche Wirkstoffe (z. B. Zucker) werden bereits über die Mundschleimhaut in die Blutbahn aufgenommen. Dies macht man sich z. B. als Notfalltherapie bei Patienten mit Diabetes (Zuckerkrankheit) zu Nutze. Wenn ein Diabetiker versehentlich oder weil er nicht richtig eingestellt ist, zuviel Insulin (Medikament zur Absenkung des Blutzuckerspiegels) erhält, sinkt der Zuckergehalt in seinem Blut unter den Normbereich ab. Folgen sind Unruhe und Muskelkrämpfe bis hin zum lebensbedrohlichen Schock. Als Erste-Hilfe –Maßnahme kann man dem Patienten eine konzentrierte Zuckerwasserlösung in den Mund träufeln. Der Zucker wird über die Mundschleimhaut aufgenommen und gelangt direkt ins Blut. Dort gleicht er den Zuckermangel aus und rettet u. U. das Leben des Patienten.

Perorale Eingabe von Medikamenten bei verschiedenen Tierarten

Die perorale Eingabe von Medikamenten bei Tieren ist eine wichtige Aufgabe von TFA v. a. in Kliniken mit stationären Patienten, aber auch im Praxisalltag bei der Assistenz des Tierarztes.

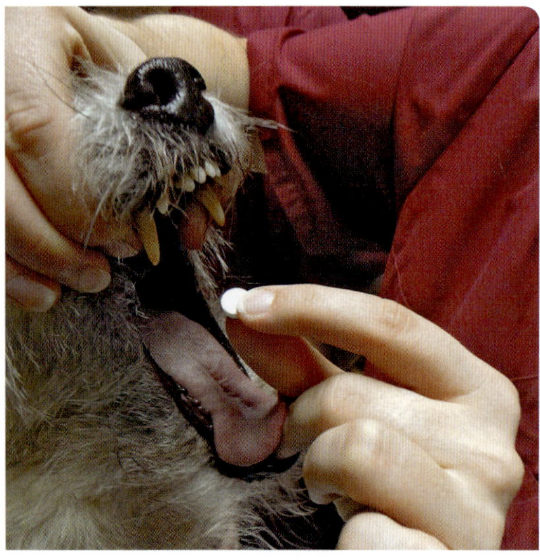

Eingeben einer Tablette beim Hund.

Hund

Hunde sind bei der Aufnahme von Medikamenten in der Regel recht unkompliziert. Tabletten oder andere feste Arzneimittelformen werden, in schmackhaften „Leckerlis“ (z. B. Wurst) versteckt, meist problemlos geschluckt. Viele Pharmafirmen liefern inzwischen Tabletten mit „Flavor“, d. h. mit einem für den Patienten angenehmen Geschmack. Bei einem Medikament, das vom Patienten gerne aufgenommen wird, spricht man von **guter Akzeptanz des Medikamentes**. Medikamente mit **schlechter Akzeptanz,** d. h. mit einem für Tiere unangenehmen Geruch oder Geschmack werden meist ausgespuckt oder das Futter, mit dem sie vermischt sind, verweigert.

Hier hilft nur die direkte Eingabe in die Mundhöhle:

Dazu sollte man am besten zu zweit vorgehen. Eine Person hält den Hund fest, während die andere ihre linke Hand (bei Linkshändern die rechte Hand) um den Nasenrücken des Tieres legt. Mit den Fingerspitzen drückt man vorsichtig die Lefzen rechts und links nach innen. Mit dem Mittelfinger der rechten Hand (bei Linkshändern der linken Hand) wird der Unterkiefer vorsichtig nach unten gedrückt und gleichzeitig der Druck der Fingerspitzen auf die Lefzen verstärkt, bis diese unter die Backenzähne gelangen. So kann der Hund den Mund nicht mehr schließen, ohne sich selbst auf die Lefzen zu beißen. Durch Druck auf den Unterkiefer (mit Mittel-Ring- und kleinem Finger) wird die Mundhöhe nun so weit geöffnet, dass die Tablette problemlos (mit Daumen und Zeigefinger) im Rachen des Patienten deponiert werden kann. Danach werden die Lefzen wieder freigegeben und die Mundhöhe durch Hochdrücken des Unterkiefers so lange geschlossen gehalten, bis die Tablette heruntergeschluckt ist. Man kann den Schluckreflex auslösen, indem man etwas Wasser auf den Nasenspiegel träufelt. Wenn der Hund, dadurch angeregt, mit der Zunge über die Schnauze leckt, wird gleichzeitig die Tablette ab geschluckt.

Größere Tabletten können zu Pulver gemörsert oder zerteilt mit Wurst (z. B. Leberwurst) vermischt oder in etwas Wasser gelöst verabreicht werden.

Ausnahme:

Tabletten oder Kapseln mit säurefestem Überzug dürfen niemals zerteilt werden. Nur wenn der Überzug der Tablette intakt ist, wird der Wirkstoff erst im Dünndarm frei und kann nicht von der Magensäure unwirksam gemacht werden. Ebenso dürfen Hormontabletten (z. B. Schilddrüsentabletten) grundsätzlich nicht zerteilt oder gemörsert werden. Hier verhindert der Überzug über der Tablette, dass der Tierhalter mit dem Wirkstoff, d. h. mit dem Hormon, in Kontakt kommt, denn Hormone werden durch die Haut aufgenommen und können beim Tierhalter zu unerwünschten Wirkungen führen.

Vorsicht

Tabletten oder Kapseln mit säurefestem Überzug sowie Hormonpräparate in Tablettenform dürfen niemals zerteilt werden.

Flüssige Medikamente können unter eine **kleine** Menge des gewohnten Futters gemischt (nur eine kleine Menge Futter, damit das präparierte Futter vollständig aufgegessen wird) oder mit einer Einmalspritze direkt in die Mundhöhle eingegeben werden.

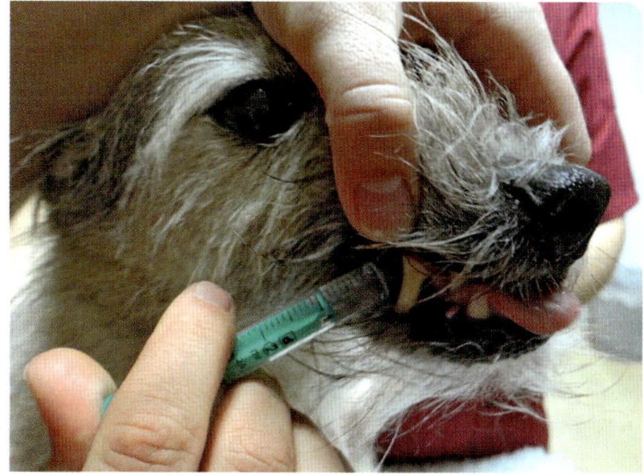

Eingeben einer Flüssigkeit in die Mundhöhle des Hundes.

Zum Eingeben in die Mundhöhle wird der bewegliche Unterkiefer des Hundes nach oben gedrückt, sodass der Mund fest verschlossen ist, und dann die Lefze auf einer Seite mit dem Daumen nach oben geschoben. Zwischen dem oberen Eckzahn (Caninus) und dem nächsten Backenzahn befindet sich eine Lücke. Dort wird das flüssige Medikament mit Hilfe einer Plastikeinmalspritze ohne Kanüle direkt auf die Zunge aufgeträufelt (siehe Foto).

Katze

Katzen sind bei der Einnahme von Medikamenten meist nicht so kooperativ wie die meisten Hunde. Häufig verweigern sie Futter, das mit einem Medikament präpariert wurde. Hier muss das Arzneimittel direkt eingegeben werden. Dazu sollte man zu zweit sein. Eine Person hält den Patienten fest, während die zweite ihre Hand um den Kopf der Katze legt. Dabei sollte die Handfläche die Ohren vollständig bedecken, die Fingerspitzen von Daumen und Zeigefinger rechts und links an den Mundwinkeln der Katze liegen. Der Kopf des Tieres wird mit leichtem Druck nach oben (zur Zimmerdecke) gedreht. Dabei öffnet sich der Mund des Patienten automatisch. Mit dem Zeigefinger und Daumen der anderen Hand wird die Tablette gefasst. Der Mittelfinger der gleichen Hand drückt den Unterkiefer vorsichtig so weit nach unten, dass die Tablette tief im Rachen der Katze deponiert werden kann. Anschließend muss der Mund der Katze solange mit der Hand geschlossen werden, bis die Tablette heruntergeschluckt ist. Den Schluckreflex kann man (so wie beim Hund) auslösen, indem man Wasser auf den Nasenspiegel des Tieres träufelt. Schleckt die Katze das Wasser mit der Zunge ab, wird gleichzeitig die Tablette abgeschluckt.

Bei sehr widerspenstigen Katzen, die nicht so krank sind, dass sie die Körperpflege ver-

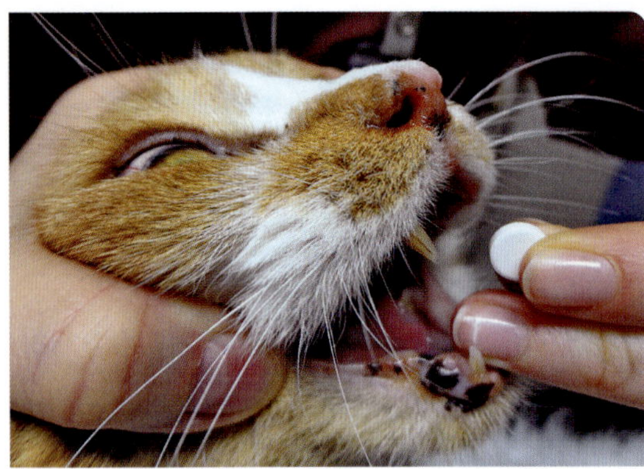

Eingabe einer Tablette bei der Katze.

nachlässigen, kann man eine zerkleinerte Tablette (keine Tabletten mit säurefestem Überzug oder Hormontabletten zerkleinern!) mit Streichwurst oder Vitaminpaste vermischen und auf die Lippen oder eine Pfote streichen. Die reinlichen Tiere putzen sich und nehmen damit das verordnete Medikament auf.

Flüssige oder in Wasser aufgelöste Arzneimittel werden, wie beim Hund, in die Lücke zwischen oberem Eckzahn und erstem Backenzahn mit einer Einmalspritze (ohne Kanüle) auf die Zunge geträufelt. Dabei sollte die Mundhöhle durch Hochdrücken des Unterkiefers geschlossen und eine Lefze auf der Seite hochgeschoben werden.

Kaninchen und Meerschweinchen

Für Kaninchen und Meerschweinchen gibt es (wenn auch nur wenige) Medikamente in Pelletform, die meist gerne gegessen werden. Hier muss die TFA genau darauf achten, dass die vom Tierarzt verordnete Dosis vollständig aufgenommen wird. Sicherer ist die Eingabe direkt in die Mundhöhle. Hier eignen sich v. a. flüssige (oder in Wasser aufgelöste) Medikamente, die mit Hilfe einer Einmalplastikspritze neben den Schneidezähnen in den Mund gegeben werden. Auf diese Weise wird den Tieren bei Nahrungsverweigerung auch breiige Sondennahrung (z. B. Herbicare plus) eingegeben.

Kleine Heimtiere

Bei kleinen Heimtieren (z. B. Mäuse, Ratten, Gerbils) ist die Eingabe von flüssigen (oder in Wasser aufgelösten) Medikamenten mit Hilfe einer kleinen Spritze mit Aufsatz (z. B. Pipettenaufsatz, Knopfkanüle) die sicherste Methode der oralen Applikation. Das Öffnen der Mundhöhle erfolgt hier durch leichten Druck seitlich auf die Lippen.

Vögel

Medikamente können nur bei Vogelarten (z. B. Wasservögel, Hühnervögel, Tauben), bei denen man sicher weiß, dass sie viel trinken, über das Trinkwasser verabreicht werden. Auch ist es wichtig zu wissen, welche Menge an Wasser ein Vogel im Durchschnitt pro Tag trinkt, um die Medikamentendosis im Trinkwasser so zu bestimmen, dass ausreichend Wirkstoff aufgenommen wird.

Bei vielen Ziervögeln ist die Applikation von Medikamenten oder Vitaminpräparaten über das Trinkwasser problematisch. Die meisten Vogelarten, v. a. Psittaciden (Papageienartige), trinken in der Regel nur sehr wenig Wasser und verweigern es meist völlig, wenn sich Zusätze darin befinden. Die Tiere haben ein anderes Sehspektrum als Säugetiere und können Zusätze im Wasser aufgrund Farbveränderungen sofort erkennen. Aber auch wenn die Patienten das Wasser trotz Medikamentenzugabe anrühren, trinken sie meist zuwenig, als dass der Wirkstoff in ausreichender Menge aufgenommen werden kann.

Daher werden Ziervögeln normalerweise Medikamente entweder injiziert oder direkt in die Schnabelhöhle geträufelt bzw. mit einer Knopfkanüle in den Kropf gegeben. Beim Einträufeln in die Schnabelhöhle besteht die Gefahr, dass sich der Vogel „verschluckt“, da der Eingang der Luftröhre sehr weit vorne in der Schnabelhöhle gelegen ist. Größere Flüssigkeitsmengen kann man daher nicht in die Schnabelhöhle applizieren. Die sicherste Methode ist das Eingeben von Flüssigkeiten (auch flüssige Nahrung) mit der Knopfkanüle direkt in den Kropf.

Pferde, Rinder und Schweine
Pferde, Rinder und Schweine erhalten Medikamente peroral entweder über das Futter (z. B. beim Pferd in einem Apfel versteckt) oder flüssig direkt in die Mundhöhle.

10.4.2 Applikation durch Injektion

Unter einer Injektion (lat. iniacere = hineinwerfen) versteht man das Einspritzen von sterilen, gelösten oder suspendierten Arzneimitteln in den Körper. Die Injektion erfolgt mithilfe einer Spritze mit aufgesetzter Kanüle (Hohlnadel). Es werden zwar im Handel noch immer Glasspritzen angeboten, die nach Gebrauch gereinigt, sterilisiert und dann erneut wieder eingesetzt werden können. Aus Hygienegründen werden heute jedoch in der Regel steril verpackte Einwegspritzen und -kanülen verwendet.

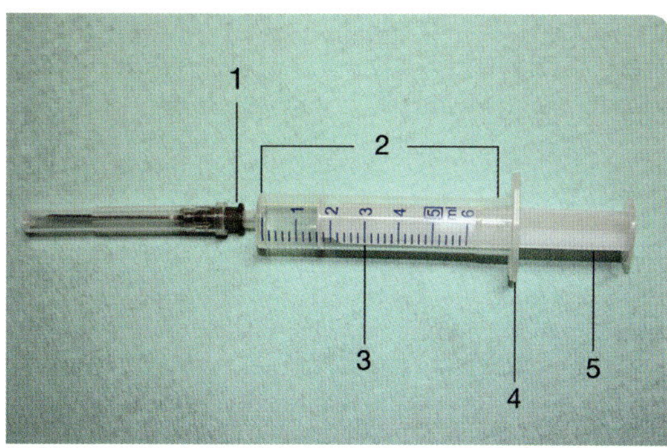

Spritze mit aufgesetzter Kanüle:
1. Konus, 2. Zylinder, 3. aufgedruckte Graduierung, 4. Griffplatte, 5. Kolben.

Spritze

- **Konus**
  Als Konus wird die vordere Spitze einer Spritze bezeichnet. Ihr Durchmesser ist (innerhalb eines Herstellungssystems) genormt, d. h. alle im Handel angebotenen Kanülen des gleichen Systems (auch von verschiedenen Herstellern) passen auf den Konus. Am gebräuchlichsten ist das **Luer -System**. Die Kanüle (Nadel) wird, je nach Ausführung, entweder auf den Konus aufgesteckt (Luer-Stecksystem) oder aufgeschraubt (Luer-Lock-System).
- **Zylinder**
  Der Zylinder ist ein Hohlraum, in den das flüssige Medikament aufgezogen wird. Zylinder können unterschiedliche Fassungsvermögen haben (z. B. 1 ml, 2 ml, 5 ml, 10 ml, 20 ml).
- **Graduierung**
  Auf dem Zylinder ist eine Einteilung (Graduierung) aufgedruckt, auf der die Menge des aufgezogenen Arzneimittels abgelesen werden kann.
- **Griffplatte**
  Am (dem Konus entgegen gesetzten) Ende des Zylinders befindet sich die Griffplatte, mit deren Hilfe sich die Spritze bei der Injektion gut handhaben lässt.
- **Kolben**
  Mit dem Kolben wird das im Zylinder befindliche Medikament bei der Injektion nach vorne durch die Kanüle in das entsprechende Gewebe geschoben.

Kanüle

- **Kanülenansatz**
  Der Kanülenansatz besteht aus farbigem Plastik. Anhand der Farbe kann man die Größe, d. h. den Durchmesser der Hohlnadel auf einen Blick erkennen (siehe Kasten, S. 150).
- **Kanülenschaft**
  Der Kanülenschaft besteht aus Edelstahl und ist innen hohl, damit das Medikament durchfließen kann.
- **Kanülenspitze**
  Die Kanülenspitze liegt am (dem Kanülenansatz entgegen gesetzten) Ende des Kanülenschaftes. Sie ist schräg angeschnitten

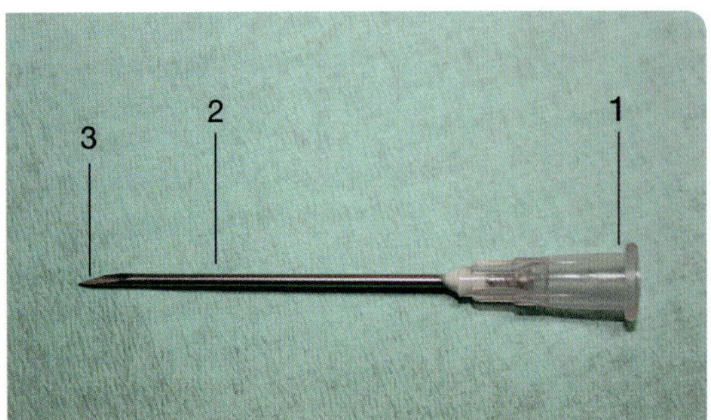

Injektionskanüle: 1. Kanülenansatz, 2. Kanülenschaft, 3. Kanülenspitze.

und geschliffen, um ein möglichst schmerzfreies Eindringen in das Körpergewebe zu ermöglichen.

> **? Kanülengrößen in der Tiermedizin (Bezeichnung, Durchmesser, Farbe: abnehmende Größe von oben nach unten)**
> - 18 G = 1,2 mm (rosa)
> - 20 G = 0,9 mm (gelb)
> - 21 G = 0,8 mm (dunkelgrün)
> - 22 G = 0,7 mm (schwarz)
> - 23 G = 0,6 mm (blau)
> - 26 G = 0,5 mm (braun)
> - 27 G = 0,4 mm (grau)
> - Für die Großtierbehandlung werden weitere Kanülen in Sondergrößen angeboten.

Das Medikament wird bei der Injektion relativ schnell (innerhalb von Sekunden) verabreicht. Die häufigsten Injektionsarten, die unter Anleitung des/der Tierarztes/Tierärztin auch von TFA durchgeführt werden dürfen, sind:

Intrakutane Injektion (i. c.- Injektion)

Bei der intrakutanen (lat. intra = in; cutis = Haut) Injektion wird das flüssige Medikament **in die Haut** gespritzt. In der Tiermedizin wird diese Injektionstechnik z. B. bei einem Allergietest angewandt. Dabei werden allergieauslösende Substanzen, die geprüft werden sollen, an mehreren Stellen in die Haut „gequaddelt" und die entsprechende Reaktion der Haut (z. B. Rötungen, Pusteln) beurteilt.

Subkutane Injektion (s. c.- Injektion)

Bei der subkutanen Injektion (lat. sub = unter) wird die Injektionsflüssigkeit **unter die Haut,** in die Unterhaut (Subcutis) gespritzt. Die subkutane Injektion ist die am häufigsten durchgeführte Injektionsart in der Tiermedizin.

Intramuskuläre Injektion (i. m. - Injektion)

Unter intramuskulärer Injektion versteht man das Einspritzen einer Injektionsflüssigkeit **in einen Skelettmuskel**.

Intravenöse Injektion (i. v. - Injektion)

Bei der intravenösen Injektion wird das flüssige Medikament **in die Vene** und damit direkt in die Blutbahn gespritzt.

Weitere Injektionsarten, die aufgrund des Tierschutzgesetzes ausschließlich der Tierarzt durchführen darf, sind:

- **Intraartikuläre Injektion**
  = Injektion in ein Gelenk
- **Intrakardiale Injektion**
  = Injektion in das Herz

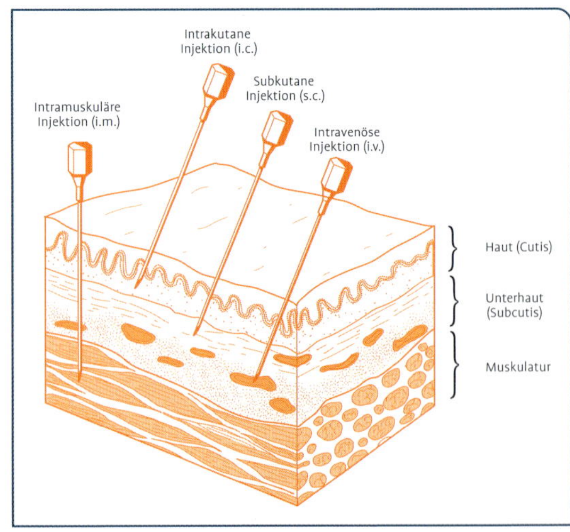

Die häufigsten Injektionsarten in der Tiermedizin.

- **Intraarterielle Injektion**
  = Injektion in eine Arterie
- **Intrathekale Injektion**
  = Injektion in den Liquorraum (z. B. Rückenmarkskanal)
- **Intraperitoneale Injektion**
  = Injektion in die Bauchhöhle
- **Intratracheale Injektion**
  = Injektion in die Luftröhre

10.4.3 Applikation durch Infusion

Venöse Infusion

Mithilfe der Infusion (lat. infundere = eingießen) wird eine Flüssigkeit über einen Venenzugang direkt in die Blutbahn eingebracht. Im Gegensatz zur Injektion tropft dabei eine größere Menge Flüssigkeit über einen längeren Zeitraum (eine halbe bis eine Stunde und länger) langsam in die Vene. Bevor eine venöse Infusion durchgeführt werden kann, muss ein Venenzugang für längere Zeit (mindestens so lange, wie die Infusion „läuft“) geschaffen werden. Dazu wird entweder ein Venenverweilkatheter (umgangssprachlich: Venenkatheter) oder eine Flügelkanüle (umgangssprachlich: Butterfly) verwendet.

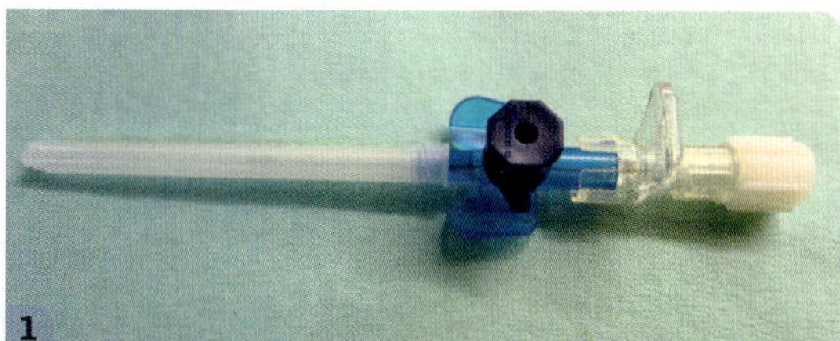

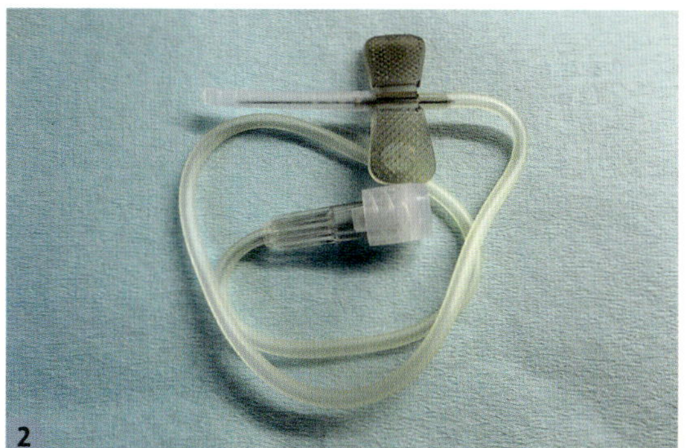

1. Venenkatheter, 2. Flügelkatheder.

Subkutane Infusion

Eine Sonderform der Infusion, die bei kleinen Tieren (z. B. Katzen, Kaninchen, Meerschwein-

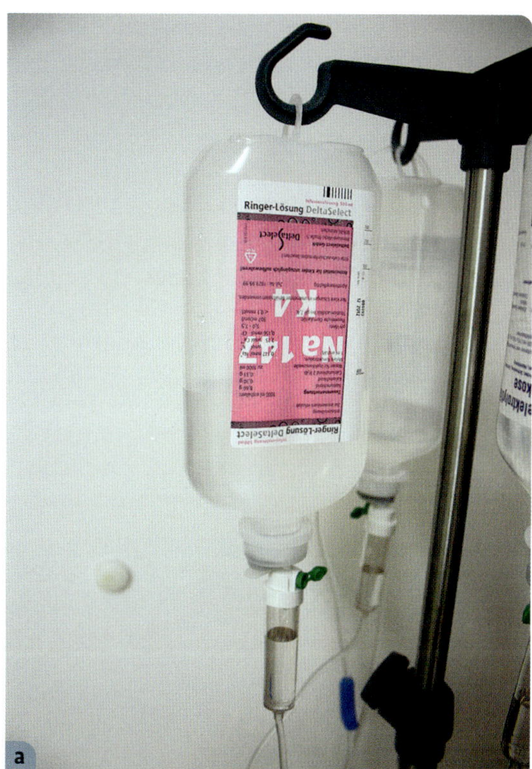

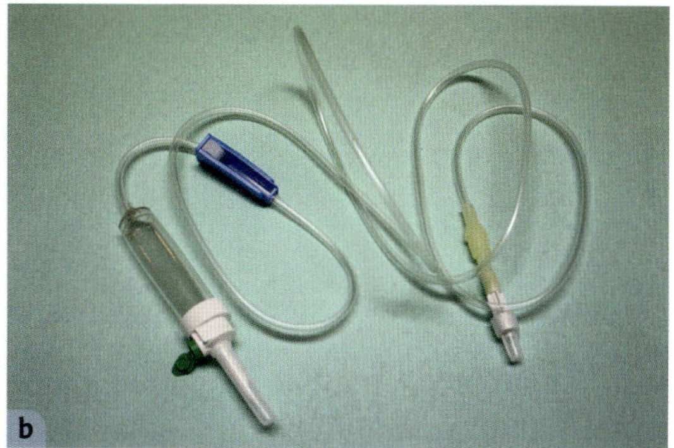

a) Infusionsflasche, b) Infusionsbesteck.

chen) häufig angewendet wird, ist die subkutane Infusion. Hier wird eine größere Flüssigkeitsmenge nicht in eine Vene, sondern unter die Haut (subcutan) getropft, sodass eine Beule entsteht. Die Flüssigkeit wird über die Blutgefäße der Haut nach und nach in die Blutbahn aufgenommen, wodurch die Beule wieder verschwindet. Bei der subkutanen Infusion kann die Infusionsflüssigkeit wesentlich schneller appliziert werden, als über die Vene.

10.5 Abgabe von Arzneimitteln

Bei der Abgabe von Medikamenten gibt es gesetzliche Regelungen. Es wird dabei zwischen verschreibungspflichtigen (rezeptpflichtigen), apothekenpflichtigen und freiverkäuflichen Medikamenten sowie Betäubungsmitteln unterschieden.

- **Verschreibungspflichtige Arzneimittel**
  Verschreibungspflichtige (rezeptpflichtige) Arneimittel für Tiere dürfen von Apotheken nur gegen Vorlage einer tierärztlichen Verschreibung (Rezept) verkauft werden. Gibt ein Tierarzt aus der tierärztliche Hausapotheke ein Medikament ab, wird kein Rezept benötigt. Das verschreibungspflichtige Medikament wird direkt an den Tierhalter abgegeben. Voraussetzung ist, dass das Tier vom Tierarzt untersucht wurde und er das Medikament für diesen Patienten für erforderlich hält. Will der Tierhalter das Medikament (z. B. ein verschreibungspflichtiges Herzmedikament, das auf Dauer gegeben werden muss) in der Folge in einer Apotheke kaufen, benötigt er jedes Mal ein neues Rezept vom behandelnden Tierarzt.
- **Apothekenpflichtige Arzneimittel**
  Apothekenpflichtige Medikamente dürfen nur von Apotheken (oder vom Tierarzt aus der tierärztlichen Hausapotheke) verkauft werden. Ein Rezept vom behandelnden Tierarzt für den Kauf von apothekenpflichtigen Arzneimitteln in einer Apotheke ist nicht erforderlich. Allerdings wird empfohlen, alle Medikamente (auch die nicht-rezeptpflichtigen) für Tiere grundsätzlich beim Tierarzt für das von ihm behandelte Tier zu erwerben. Tierärzte geben Medikamente nur für Patienten ab, die sie zuvor untersucht haben. Sie wissen daher genau, was das einzelne Tier (oder der Tierbestand) wirklich benötigt. Tierärzte verfügen aufgrund ihres Studiums über das erforderliche Fachwissen und können den Tierhalter optimal beraten.
- **Freiverkäufliche Arzneimittel**
  Freiverkäufliche Arzneimittel dürfen auch außerhalb von Apotheken und tierärztlichen Hausapotheken (z. B. im Zoofachhandel, in Reformhäusern oder Supermärkten) verkauft werden.
- **Betäubungsmittel**
  Betäubungsmittel werden in einer Tierarztpraxis in der Regel nicht abgegeben, sondern im Rahmen einer Behandlung angewandt. So gehören manche Narkosemittel oder Arzneimittel zur Euthanasie (schmerzloses Einschläfern) zu den Betäubungsmitteln. Nur in Ausnahmefällen werden Schmerzmittel für Tiere, die zu den Betäubungsmitteln gehören (z. B. Schmerzpflaster oder Tabletten auf Morphinbasis), in Kleinstmengen auch abgegeben.
  Über Zugang (Kauf), Bestand, Abgabe und Verbrauch der Betäubungsmittel muss genau Buch geführt werden.
  Apotheken dürfen Betäubungsmittel nur nach Vorlage eines speziellen Betäubungsmittelrezeptes verkaufen.

Beachte!
Tiermedizinische Fachangestellte dürfen Medikamente aus der Tierärztlichen Hausapotheke grundsätzlich nur nach Weisung des/der Tierarztes/Tierärztin abgeben.

10.6 Herstellungsarten von Arzneimitteln

Arzneimittel werden nach dem Arzneimittelgesetz nach der Art ihrer Herstellung in Fertigarzneimittel, Rezepturarzneimittel und Fütterungsarzneimittel unterschieden:

10.6.1 Fertigarzneimittel

Fertigarzneimittel sind nach dem deutschen Arzneimittelgesetz Arzneimittel, die mit Hilfe industrieller Verfahren hergestellt werden und in einer zur Abgabe an den Verbraucher bestimmten Verpackung angeboten werden. Jedes Fertigarzneimittel muss einen Namen (Handelsnamen) tragen. Ein solcher Name ist z. B. *Metacam*. Weiterhin ist gesetzlich vorgeschrieben, dass auf der Verpackung folgende Angaben gemacht werden:

- Inhaltsstoffe
- Menge der jeweiligen Inhaltsstoffe (z. B. mg,ml)
- Darreichungsform (z. B. Tabletten, Injektion, Rektalzäpfchen)
- Tierart, für die das Medikament zugelassen ist
- Name des Pharmaunternehmens, das die Arznei hergestellt hat
- Packungsgröße
- Verfallsdatum
- Chargennummer
- Zusätzliche Hinweise, z. B. „Nicht bei Tieren anwenden, die der Gewinnung von Lebensmitteln dienen".

Packungsgröße

Für die Angabe der Packungsgröße werden Kurzbezeichnungen verwendet:

- N1 für die kleinste Packung
- N2 für die mittelgroße Packung
- N3 für die große Packung

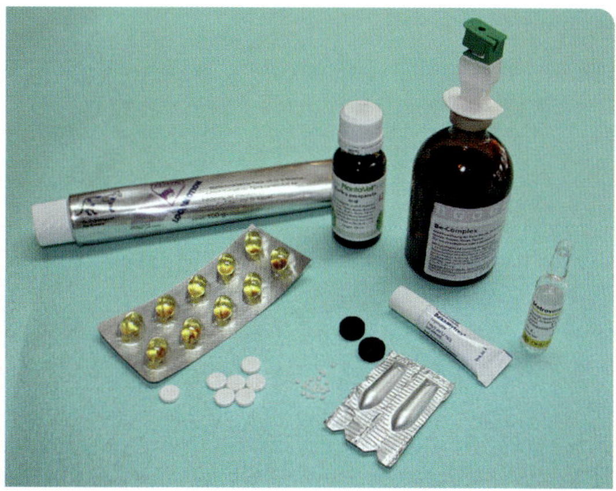

Fertigarzneimittel.

Chargennummer

Fertigarzneimittel einer Charge, d. h. Medikamente, die in einem Produktionsprozess unter gleichen Bedingungen hergestellt werden, erhalten eine Nummer (Chargennummer). Mithilfe dieser Nummer kann ein Medikament, bei dem unerwartete Nebenwirkungen auftreten, bis zur Herstellung zurückverfolgt werden. Eventuelle Mängel bei der Herstellung, beim Transport oder bei der Lagerung des Medikamentes können dadurch aufgedeckt werden. Wenn erforderlich, kann die fehlerhafte Charge vom Markt genommen und damit weiterer Schaden verhindert werden.

Verfallsdatum

Die Inhaltsstoffe eines Arzneimittels können nach einer bestimmten Zeit ihre Wirksamkeit

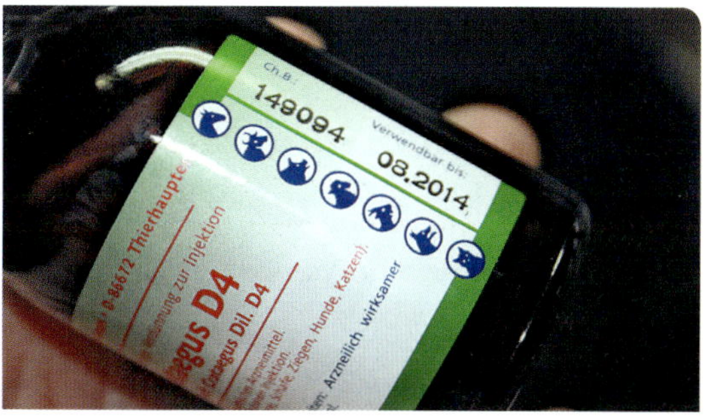

Chargennummer – Verfallsdatum.

verlieren oder sich so verändern, dass sie gesundheitsschädlich werden. Aus diesem Grund dürfen Arzneimittel über das Verfallsdatum hinaus nicht mehr verwendet werden.

10.6.2 Rezepturarzneimittel

Unter Rezepturarzneimittel versteht man Medikamente, die in der Apotheke nach einer Verschreibung (Rezept) des Tierarztes (oder Arztes) vom Apotheker für einen bestimmten Patienten angefertigt werden. Beispiele sind Salben oder Tinkturen.

10.6.3 Fütterungsarzneimittel

Als Fütterungsarzneimittel wird eine Mischung aus üblichem Mischfutter mit einem oder mehreren Medikamenten bezeichnet. Die Mischung muss stabil und homogen sein, d. h. sie darf sich nicht innerhalb der Verpackung entmischen. Nur so ist gesichert, dass das zu behandelnde Tier auch die notwendige Medikamentendosis mit Aufnahme einer bestimmten Menge Futters erhält. Aus diesem Grund werden Fütterungsarzneimittel ebenso wie Fertigarzneimittel durch technische Verfahren hergestellt. Sie gelten als Arzneimittel und müssen entsprechend gekennzeichnet sein. Die Abgabe an den Tierhalter und die Verfütterung an Tiere darf nur nach Verschreibung (Rezeptierung) durch einen Tierarzt erfolgen.

Herstellungsarten eines Arzneimittels

- Fertigarzneimittel
- Rezepturarzneimittel
- Fütterungsarzneimittel

10.6.4 Beipackzettel

Jedem Fertigarzneimittel muss eine ausführliche Produktbeschreibung, die als Beipackzettel (umgangssprachlich auch als „Waschzettel") bezeichnet wird, beigefügt sein. Auf dem Beipackzettel sind Informationen zu Zusammensetzung, Anwendungsgebiete (Indikation), Gegenanzeigen, Neben- und Wechselwirkungen, Dosierung sowie Anwendungsart und Anwendungsdauer abgedruckt.

- **Zusammensetzung**
  Die Angaben zur Zusammensetzung informieren darüber, welche Wirkstoffe (z. B. ein Antibiotikum) und Hilfsstoffe (z. B. eine Trägersubstanz wie Laktose) das Medikament enthält, sowie in welcher Menge die einzelnen Komponenten vorliegen.
- **Anwendungsgebiete**
  Unter der Rubrik „Anwendungsgebiete" (Indikationen) werden die Krankheiten, Symptome und Tierarten genannt, zu deren Behandlung sich das Medikament eignet und für die von der Zulassungsbehörde eine Genehmigung zur Anwendung vorliegt.
- **Gegenanzeigen**
  Unter Gegenanzeigen (Kontraindikationen) versteht man Krankheiten und Umstände, bei denen das Medikament nicht eingesetzt werden darf.
- **Nebenwirkungen**
  Dieser Abschnitt des Beipackzettels listet unerwünschte Wirkungen eines Medikamentes auf, die trotz richtiger Anwendung auftreten können.
- **Wechselwirkungen**
  Unter Wechselwirkung versteht man Vorgänge (z. B. Abschwächung oder Verstärkung der Wirkung sowie der Nebenwirkungen), die auftreten, wenn das Medikament mit anderen Medikamenten, Getränken oder Nahrungsmitteln zusammen verabreicht wird.
- **Dosierung**
  Die Anleitung zur Dosierung gibt die Höhe der Einzeldosis sowie die Abstände an, in denen das Medikament normalerweise verabreicht werden soll. Diese Angaben gelten nur, wenn keine anderen Anweisungen vom behandelnden Tierarzt vorliegen.

- **Art und Dauer der Anwendung**
  Dieser Abschnitt des Beipackzettels informiert darüber, auf welche Art (z. B. nicht zerkleinert), wann (z. B. nach den Mahlzeiten) und wie lange (z. B. mindestens sechs Tage, höchstens drei Wochen) das Medikament verabreicht werden soll. Dosis und Dauer der Anwendung kann vom Tierarzt für den Einzelfall verändert werden. Im Beipackzettel steht aus diesem Grund meist der Vermerk: „Wenn vom Arzt (Tierarzt) nicht anders verordnet".

10.6.5 Rezept

Ein Rezept ist eine schriftliche Anweisung an den Apotheker, ein Fertigarzneimittel abzugeben, sowie ein Medikament für einen bestimmten Patienten herzustellen. Es gilt nur für eine einmalige Abgabe eines Medikamentes. Wird das verschriebene Medikament wiederholt gebraucht, muss jeweils ein neues Rezept ausgestellt werden.

Auf dem Rezeptformular müssen folgende Angaben aufgedruckt und niedergeschrieben sein:

- Name und Anschrift des Tierarztes
- Datum der Rezeptausstellung
- Rp. (= lat. recipe: „nimm!" als Aufforderung an den Apotheker)
- Handelsname des Medikamentes (bei einem Rezepturarzneimittel die Zutaten, die der Apotheker verwenden soll)
- Darreichungsform (z. B. Tabletten, Tropfen)
- Packungsgröße (N1, N2, N3)
- Name des Tierhalters
- Dosierung des Medikamentes pro Tier und Tag (D.S. = „gib es in auf diese Weise")
- Art und Zahl der zu behandelnden Tiere
- Dauer der Anwendung
- Gültigkeitsdauer (bei Fehlen dieser Angabe ist das Rezept automatisch drei Monate ab Ausstellungsdatum gültig)
- Eigenhändige Unterschrift des/der Tierarztes/Tierärztin

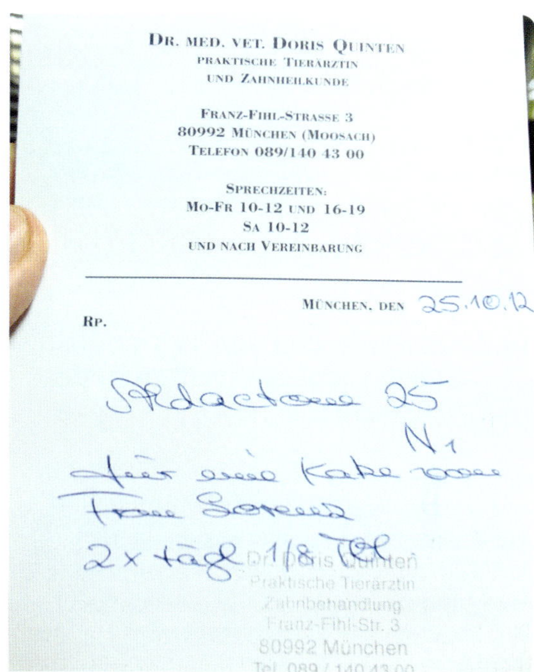

Dr. med. vet. Doris Quinten
Praktische Tierärztin
und Zahnheilkunde

Franz-Fihl-Strasse 3
80992 München (Moosach)
Telefon 089/140 43 00

Sprechzeiten:
Mo-Fr 10-12 und 16-19
Sa 10-12
und nach Vereinbarung

München, den 25.10.12

Rp.

Aldactone 25
N1
für eine Katze von
Frau [illegible]
2x tägl. 1/8 Tbl

Dr. Doris Quinten
Praktische Tierärztin
Zahnbehandlung
Franz-Fihl-Str. 3
80992 München
Tel. 089/140 43 00

Korrekt ausgefülltes Rezeptformular.

- **zusätzlich bei Tieren, die zur Gewinnung von Lebensmitteln dienen:**
- Identität des zu behandelnden Tieres (der zu behandelnden Tiere)
- Indikation (Anwendungsgebiet)
- Wartezeit

Wartezeit

Die Wartezeit gibt an, wie lange die Zeitspanne zwischen letzter Anwendung eines Medikamentes und der Schlachtung des Tieres, bei dem dieses Medikament angewandt wurde, sein muss. Die Dauer der Wartezeit hängt von der Geschwindigkeit ab, mit der ein verabreichtes Medikament aus dem Tierkörper wieder ausgeschieden wird und ist von Medikament zu Medikament unterschiedlich.

Durch die Wartezeit soll verhindert werden, dass mit Arzneimittelrückständen belastete Lebensmittel (Fleisch, Milch, Eier) in den Handel gelangen.

Beachte!

Ein Rezept ist eine Urkunde. Es ist nur mit Unterschrift des/der Tierarztes/Tierärztin gültig.
Tiermedizinische Fachangestellte dürfen ein Rezeptformular zwar ausfüllen, aber niemals unterschreiben.

10.7 Die Aufgaben von Tiermedizinischen Fachangestellten in der Tierärztlichen Hausapotheke

Die Bestellung von Arzneimitteln für die tierärztliche Hausapotheke, die Kontrolle und Dokumentation der Lieferungen, die Kennzeichnung und sachgemäße Lagerung der Medikamente, sowie die Überwachung der Bestände gehören zum Aufgabenbereich Tiermedizinischer Fachangestellter.

10.7.1 Bestellung von Arzneimitteln

Arzneimittel können von TFA unter Anweisung des/der Tierarztes/Tierärztin direkt bei den herstellenden Pharmafirmen (z. B. Boehringer Ingelheim, Pfizer) oder beim Großhandel (z. B. WDT, Henry Schein) bestellt werden. Der Großhandel liefert Medikamente verschiedener Pharmafirmen, während eine Pharmafirma nur die Produkte verkauft, die sie selbst herstellt. Bei der Entscheidung, ob ein Medikament beim Großhandel oder direkt bei der herstellenden Pharmafirma bestellt wird, ist die Beachtung der Wirtschaftlichkeit (z. B. Wahrnehmung von Rabatten, Vermeidung unnötiger Portokosten) von großer Bedeutung.

Um wirtschaftlich einzukaufen, müssen folgende Kriterien berücksichtigt und gegeneinander abgewogen werden:

- **Rabatt**
  Unter Rabatt (italienisch: abschlagen, abziehen) versteht man einen Nachlass vom normalen Preis (Listenpreis, Katalogpreis). Bei direktem Verkauf an den Tierarzt bieten die Pharmafirmen bei einer Bestellung größerer Mengen eines Medikamentes, im Gegensatz zum Großhandel, oft Rabatte (Mengenrabatt) an. Dadurch wird die einzelne Packung des jeweiligen Medikamentes preiswerter. Die Gesamtrechnung für den Tierarzt ist jedoch höher. Häufig erhöht sich der Rabatt je mehr Packungen bestellt werden. Diese Form des Rabatts wird **Staffelrabatt** genannt.

Beispiel

1 Packung des Medikamentes XXX kostet im Einkauf 5,00 €.
Bei einer Bestellung von 10 Packungen reduziert sich der Einkaufspreis **pro Packung** um einen Rabatt von 10 % auf 4,50 €. Um den Rabatt zu nutzen, muss der Tierarzt jedoch 10 × 4,50 € = 45,00 € zahlen.
Bei einer Bestellung von 20 Packungen reduziert sich der Einkaufspreis **pro Packung** um einen Rabatt von 20 % auf
4,00 €. Um den Rabatt zu nutzen, muss der Tierarzt 20 × 4,00 € = 80,00 € zahlen.
(Die Höhe des angebotenen Mengenrabatts oder Staffelrabatts ist bei den einzelnen Pharmafirmen unterschiedlich.)

Handelt es sich um ein Medikament, das aus der tierärztlichen Hausapotheke häufig abgegeben wird, kann sich die Bestellung größerer Mengen und damit die Nutzung eines Rabattes durchaus lohnen. Wird das Medikament jedoch nur selten benötigt, und bleibt ein Teil der Packungen eventuell so lange in der Apotheke liegen, bis das Verfallsdatum überschritten ist, muss es vernichtet werden. Das ist ein nicht unerheblicher finanzieller Verlust für den Tierarzt.
Bei der Bestellung größerer Mengen eines Medikamentes muss der Tierarzt für eine

höhere Geldsumme in Vorkasse treten, bis alle Packungen verkauft sind. Zusätzlich wird eine größere Lagerfläche benötigt.

- **Portokosten**
  Beim Einkauf von Arzneimitteln verteuern die anfallenden Portokosten für die Lieferung vom Hersteller (oder Großhandel) zur tierärztlichen Apotheke den Einkaufspreis der einzelnen Medikamentenpackung. Ab einer bestimmten Höhe des Einkaufswertes werden die Portokosten vom Lieferanten bezahlt. Beim Großhandel ist der Einkaufswert, bei dem die Portokosten für den Tierarzt wegfallen, meist niederiger als bei den Pharmafirmen.

? Beispiel:

Bei der Bestellung von drei Packungen eines Medikamentes à 10,00 € beträgt die Rechnung 30,00 €. Bei der herstellenden Pharmafirma werden die Portokosten ab einem Bestellwert von 100,00 erlassen. Dies bedeutet, dass mindestens 10 Packungen des Medikamentes bestellt werden müssen, damit keine Portokosten anfallen. Beim Großhandel dagegen fallen die Portokosten bereits ab einem Bestellwert von 70,00 € weg. Hier müssten demnach nur 7 Packungen des Medikamentes gekauft werden, um keine Portokosten zu zahlen.
Da der Großhandel Medikamente von verschiedenen Pharmafirmen anbietet, kann man hier bei der Bestellung mehrere unterschiedliche Medikamente (die ebenfalls in der Hausapotheke benötigt werden) kombinieren, um über die Portogrenze zu gelangen. Die Bestellung eines bestimmten Medikamentes in größeren Mengen, um über die Portogrenze zu gelangen, ist dann nicht notwendig.

- **Sonderkonditionen und persönliche Beratung**
  Pharmafirmen schicken oft in regelmäßigen Abständen Außendienstmitarbeiter (Pharmavertreter) in die tierärztlichen Praxen.

Die Pharmavertreter stellen neue Produkte ihrer Firma vor und informieren den Tierarzt über neuste Forschungsergebnisse zu den Medikamenten, die von der jeweiligen Pharmafirma angeboten werden. Häufig bieten sie dem Tierarzt Sonderkonzessionen (z. B. Portokostenfreie Lieferung, höhere Mengenrabatte als im Katalog) an.

? Bestellung bei Pharmafirmen oder im Großhandel?

Bestellung direkt bei der Pharmafirma

Vorteil

- Rabatte bei Bestellung größerer Mengen
- Sonderkonditionen
- Persönliche Beratung durch Außendienstmitarbeiter der Firma (Pharmavertreter)

Nachteile

- Vielfach höhere Portogrenze als beim Großhandel
- Bei Ausnutzung des Mengenrabatts: Gefahr des Verfalls größerer Mengen von Medikamenten, die selten abgegeben werden. Größere Lagerfläche für größere Bestellungen eines Medikamentes erforderlich. Zahlung einer hohen Rechnungssumme beim Einkauf größerer Mengen eines Medikamentes.
- Keine Kombinationsmöglichkeit von Medikamenten verschiedener Pharmafirmen bei der Bestellung (um Portokosten zu sparen)

Bestellung beim Großhandel

Vorteile

- Meist niedrigere Portogrenze
- Kombination von Medikamenten unterschiedlicher Pharmafirmen bei der Bestellung möglich (um Portokosten zu sparen)

Nachteil

- Keine Rabatte
- Keine Sonderkonditionen
- Keine persönliche Beratung

10.7.2 Kontrolle und Dokumentation der Medikamentenlieferung

Kontrolle und Reklamation

Treffen die bestellten Medikamente in der Praxis ein, ist es die Aufgabe von TFA, die Lieferung auf Richtigkeit und Vollständigkeit zu kontrollieren. Dazu wird der Inhalt des Paketes mit der zuvor aufgegebenen Bestellung und dem beigefügten Lieferschein verglichen. Auf dem Lieferschein sind alle gelieferten Medikamente aufgelistet. Folgende Fragen sollten bei einer korrekten Sendung mit **„ja"** beantwortet werden können:

- Wurden alle Medikamente in der bestellten Menge, Packungsgrößen und Dosis geliefert?
- Stimmen die auf dem Lieferschein aufgeführten Medikamente mit dem Inhalt des Paketes überein?
- Sind alle Packungen, Flaschen oder Ampullen unbeschädigt?
- Wurde bei Kühlware (z. B. Impfstoffe, Hormone) die Ware gekühlt bis in die Praxis gebracht?
- Wenn die Firma das bestellte Medikament gar nicht oder erst später liefern kann: Ist dies auf dem Lieferschein oder auf der dem Paket beiliegenden Rechnung mit dem Hinweis „nicht lieferbar", oder „wird nachgeliefert" vermerkt?

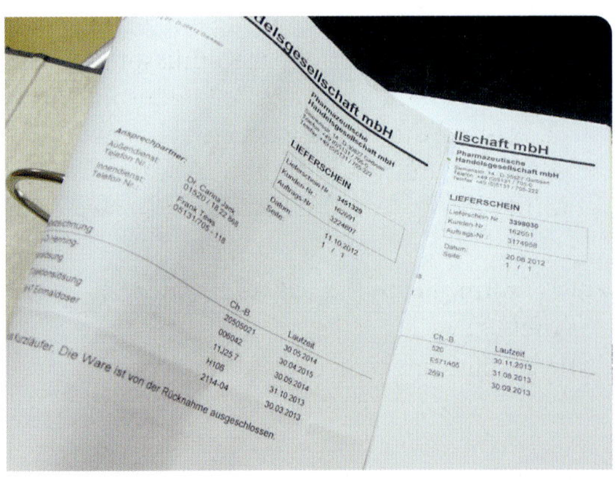

Lieferscheine müssen 3 Jahre aufbewahrt werden.

Bei nicht korrekten Sendungen muss die/der TFA dies bei der Lieferfirma umgehend reklamieren und mit ihr eine Regelung vereinbaren (z. B. Umtausch bei Falschlieferungen; Ersatz bei beschädigten Verpackungen, Flaschen oder Ampullen; Annahmeverweigerung ungekühlter Kühlware).

Dokumentation

Der jedem Paket beigefügte **Lieferschein** muss 3 Jahre aufbewahrt werden. Er sollte in einem gesonderten Ordner nach Datum der Lieferung abgeheftet werden und jederzeit (z. B. bei einer Apothekenprüfung durch den/die Amtstierarzt/Amtstierärztin) aufzufinden sein.

Die Lieferung von **Betäubungsmittel** muss in einem speziellen Betäubungsmittelformular, in dem Zunahme, Verbrauch und aktueller Bestand des jeweiligen Betäubungsmittels vermerkt werden, unter der Rubrik **Zunahme** dokumentiert und vom Tierarzt unterschrieben werden. Die Betäubungsmittelformulare müssen mindestens 10 Jahre aufbewahrt werden.

10.7.3 Lagerung von Arzneimitteln

Für die Lagerung von Arzneimitteln gelten folgende Vorschriften:

- **Lagerorte**
  Räume, in den Medikamente gelagert werden, müssen **trocken und gut belüftbar sein.** Die Raumtemperatur darf nicht über 25 °C liegen. In Kleintierpraxen werden Arzneimittel meist in Medikamentenschränken (häufig im Behandlungsraum) aufbewahrt. Tierkliniken und Großtierpraxen verfügen in der Regel über einen speziellen Apothekenraum, in dem die Arzneimittel (mit Ausnahme von Betäubungsmitteln, für die es gesonderte Aufbewahrungsvorschriften gibt) auf offenen Regalen stehen. In jedem Fall muss gesichert sein, dass die Medikamente **für Unbefugte unzugänglich** sind. Medikamente

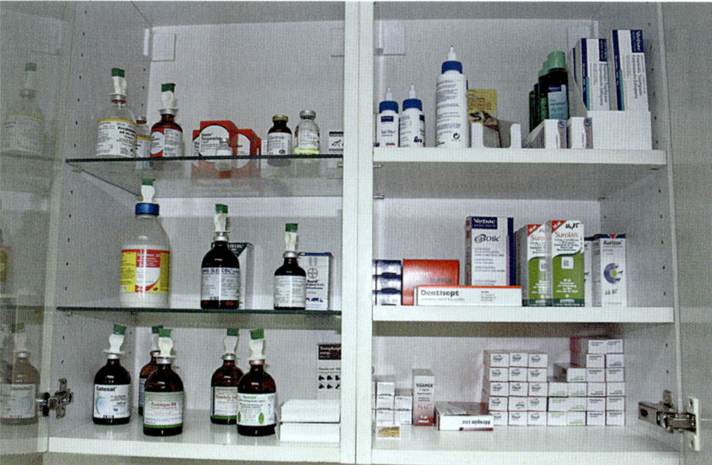

Lagerung nach Indikation: Präparate zur Behandlung von Augen- und Ohrenerkrankungen.

dürfen daher nicht in Wartezimmern, Fluren oder anderen, dem Publikumsverkehr offen stehenden Räumen gelagert werden. Apothekenräume und Medikamentenschränke müssen abschließbar sein.

- **Lagerungsordnung**
  Um ein Medikament „auf den ersten Blick“ finden zu können, sollten Arzneimittel im Medikamentenschrank bzw. im Apothekenraum entweder nach **Alphabet** oder nach **Indikationen** (Einsatzgebieten) geordnet werden.
  Beim Einordnen neu gelieferter Arzneimittel gilt das Prinzip **„First Expired First Out“ (FEFO)** = frei übersetzt: “Was zuerst abläuft, muss zuerst raus”. Dies bedeutet, dass Medikamente mit späterem Verfallsdatum hinter die mit früherem Verfalldatum einzuordnen sind. Dadurch wird verhindert, dass bei einer neuen Lieferung eines Medikamentes noch vorhandene Packungen aus einer früheren Lieferung von den neuen verdeckt werden und dadurch das Ablaufen ihres Verfallsdatums übersehen wird.
- **Lagerbedingungen**
  Arzneimittel müssen so aufbewahrt werden, dass ihre Beschaffenheit und Wirkung bis zum Ablauf des Verfallsdatums erhalten bleibt. Durch Einwirkung von Hitze, Kälte, Feuchtigkeit oder Licht können sich Medikamente so verändern, dass sie ihre Wirkung verlieren oder sich sogar so verändern, dass sie dem Patienten schaden. Arzneimittel sollten daher, um sie vor schädlichen Einwirkungen zu schützen, in der Orginalverpackung (mit Beipackzettel) belassen werden. In der Nähe von Medikamenten dürfen grundsätzlich keine Lebensmittel, Getränke, Chemikalien (z. B. Putzmittel) oder sonstige, den Zustand der Medikamente gefährdende Produkte aufbewahrt werden.
  Bei welcher Temperatur die einzelnen Medikamente gelagert werden müssen, ist in der Regel auf den Packungen oder im Beipackzettel durch die Begriffe „tiefgekühlt“, „Kühlschrank“, „kühl“ oder „Zimmertemperatur“ angegeben (siehe Kasten).

? Lagerungshinweise auf Medikamentenpackungen

Tiefgekühlt unter −15 °C
Kühlschrank zwischen +2 °C und +8 °C
Kühl zwischen +8 °C und +15 °C
Zimmertemperatur zwischen +15 °C und +25 °C

Fehlen die Angaben zur Lagertemperatur auf der Packung und auch im Beipackzettel, bedeutet dies, dass das Medikament bei Zimmertemperatur aufbewahrt werden kann.
Die Temperatur in einem Kühlschrank (mit Ausnahme von speziellen Apothekenkühlschränken) ist nicht an allen Stellen gleich. Aufgrund der Luftzirkulation gibt es kühlere und wärmere Regionen. Um die Temperatur zu kontrollieren, wird ein **Thermometer** an der wärmsten Stelle im Kühlschrank, d. h. im Butterfach, deponiert und regelmäßig abgelesen. Wenn es im Butterfach nicht wärmer als 8 °C ist, kann man sicher sein, dass auch an anderen Stellen im Kühlschrank die Temperatur nicht über dieser kritischen Grenze liegt.

- **Lagerung von Betäubungsmitteln**
  Betäubungsmittel müssen getrennt von anderen Medikamenten einbruchssicher in einem verschließbaren Schrank (z. B. Tresor) deponiert sein.
- **Autoapotheke**
  Für die Betreuung von Patienten außerhalb der Praxis dürfen Arzneimittel im Auto aufbewahrt und mitgeführt werden. Dies ist v. a. für Großtierpraxen von Bedeutung. Um die Medikamente vor Verschmutzung und Witterungseinflüssen (Kälte, Hitze, direkte Sonnenbestrahlung) sowie vor Diebstahl zu schützen, müssen sie in einem abschließbaren, formbeständigen Transportbehälter im Fahrzeug verwahrt werden. Fertigarzneimittel müssen in den Orginalverpackungen (Schachteln mit Beipackzettel, Flaschen, Ampullen) verbleiben und dürfen nicht abgefüllt transportiert werden. Medikamente, für die eine dauerhafte Kühlung vorgeschrieben ist (z. B. Impfstoffe, Hormone) müssen auch im Auto gekühlt bleiben. „Autoapotheken" verfügen daher in der Regel über eine Kühlvorrichtung.
  Grundsätzlich dürfen nur solche und so viele Medikamente in einer Autoapotheke mitgeführt werden, wie voraussichtlich **an einem Tag** benötigt werden. Die Überprüfung des Bestandes und das Neuauffüllen der Autoapotheke müssen daher täglich erfolgen. In vielen Praxen ist dies eine der wichtigen Aufgaben von TFA.

10.7.4 Betreuung der Tierärztlichen Hausapotheke

Eine weitere wichtige Aufgabe Tiermedizinischer Fachangestellter ist die Überprüfung der Arzneimittelvorräte in der Tierärztlichen Hausapotheke auf einwandfreie Beschaffenheit und Vollständigkeit.

Einwandfreie Beschaffenheit der Arzneimittel

- Medikamente, die **verdorben** sind oder deren **Verfallsdatum überschritten** ist, werden aussortiert und so über den Hausmüll entsorgt (z. B. zerkleinert und in festen Tüten verschlossen), dass sie nicht in die Hände Unbefugter gelangen können. Arzneimittel dürfen nicht in die Toilette oder den Abfluss der Spüle geschüttet werden, da sie, auf diese Weise entsorgt, das Trinkwasser belasten würden. Um einen Überblick über den Verbleib entsorgter Arzneimittel zu haben, wird empfohlen, Art, Menge und Chargennummer der aussortierten Medikamente zu notieren und die Aufzeichnung zusammen mit den Lieferscheinen aufzubewahren.
- **Abgelaufene oder verdorbene Betäubungsmittel** müssen im Beisein des/ der Tierarztes/Tierärztin und zwei Zeugen unschädlich beseitigt werden. Hier hat es sich z. B. bewährt, flüssige Betäubungsmittel in Zellstoff zu gießen, den Zellstoff trocknen zu lassen und danach zu verbrennen. Tabletten, die zu den Betäubungsmitteln zählen, können in Wasser aufgelöst und danach wie flüssige Betäubungsmittel

entsorgt werden. Ebenso ist es möglich, eine Flüssigkeit, die beseitigt werden muss, in eine schnelltrocknende Spachtelmasse (z. B. Moltofill) einzurühren und diese, wenn sie fest geworden ist, in den Hausmüll zu geben. Die Entsorgung von Betäubungsmitteln muss im Betäubungsmittelformular dokumentiert und das Dokument vom Tierarzt und den beiden Zeugen unterschrieben werden.

Anzeichen für verdorbene Arzneimittel
Arzneimittel können sich durch verschiedene Einflüsse (z. B. Hitze, Kälte, Nässe) so verändern, dass sie ihre Wirkung verlieren oder ihre Anwendung zu Gesundheitsschäden führen. Folgende Anzeichen deuten auf eine Veränderung und damit Verderben eines Arzneimittels hin:

- Verfärbung, Verflüssigung oder übler Geruch bei Salben, Cremes, Gels und Zäpfchen
- Verfärbungen, Risse und Auflösung bei Tabletten und Dragees
- Aufgeblähte Verpackungen
- Trübung, Ausflockung von Bestandteilen oder übler Geruch bei Flüssigkeiten (z. B. Infusionsflüssigkeiten, Ampullen)
- Medikamente können sich auch ohne sichtbare Anzeichen verändern. Solche Veränderungen lassen sich dann jedoch nur durch spezielle Untersuchungen in einem Labor feststellen. Aus diesem Grunde müssen die Anforderungen für die Lagerung von Arzneimitteln sorgfältig eingehalten werden. Medikamente dürfen nach Ablauf ihres Verfallsdatums niemals verwendet werden.

Vollständigkeit der Arzneimittel
Welche Medikamente in einer Tierärztlichen Hausapotheke vorrätig gehalten werden, richtet sich nach dem Behandlungsschwerpunkt der jeweiligen Praxis. Ein Großtierpraktiker z. B. benötigt andere Medikamente als ein Tierarzt, der überwiegend Kleintiere behandelt oder sich auf die Therapie von Augenkrankheiten spezialisiert hat. Bei der Betreuung der Apotheke sind TFA dafür verantwortlich, dass die an ihrem Arbeitsplatz benötigten Arzneimittel immer in ausreichender Menge vorhanden sind und rechtzeitig, d. h. bevor die letzte Packung abgegeben oder die letzte Flasche bzw. Ampulle eines Medikamentes verbraucht sind, nachbestellt werden. Die Bestellung von Medikamenten muss immer mit dem Tierarzt abgesprochen sein.

10.7.5 Abgabe von Arzneimitteln

Tiermedizinsche Fachangestellte dürfen Medikamente niemals ohne Genehmigung des/der Tierarztes/Tierärztin abgeben (auch nicht an Tierhalter, deren Tier z. B. dauerhaft Herztabletten benötigt, die in regelmäßigen Abständen in der Praxis gekauft werden).

Vorschriften zur Abgabe von Arzneimitteln

- Verschreibungs- und apothekenpflichtige Medikamente werden vom Tierarzt nur für ein von ihm zuvor untersuchtes Tier oder einen zuvor untersuchten Tierbestand abgegeben. Die Abgabe (und Anwendung) eines Medikamentes wird in der Kartei des jeweiligen Patienten vermerkt. Freiverkäufliche Medikamente kann der Tierarzt auch ohne Untersuchung des Patienten verkaufen.
- Manche Arzneimittel (z. B. Impfstoffe, bestimmte Hormonpräparate, Narkosemittel) dürfen vom Tierarzt zwar angewendet, aber nicht oder nur in speziellen Ausnahmefällen an Tierhalter abgegeben werden.
- Bei Abgabe von Teilmengen (z. B. einzelne Tabletten aus einer Originalpackung) ist vorgeschrieben, dass diese zusammen mit einer Kopie des Beipackzettels aus der Originalpackung oder in speziellen, von der Firma für das Präparat mitgelieferten Me-

dikamententüten abgegeben werden. Auf der Medikamententüte muss der Name des Medikamentes, der Name der Herstellerfirma, die Chargennummer, die Indikation (z.B. gegen Schmerzen), die Identifikation des Patienten (z.B. „für den Hund Waldi") sowie die Dosierung (z.B. 2 × täglich 1 Tbl.) vermerkt sein.

- Werden Medikamente für Tiere abgegeben, die zur Gewinnung von Lebensmitteln dienen, gelten besondere Regelungen. Hier ist der Tierarzt verpflichtet, für jedes Medikament, das er abgibt oder direkt am Tier anwendet, einen Beleg (Arzneimittel-Anwendungs- und Abgabebeleg) auszufüllen und diesen Beleg dem Tierhalter auszuhändigen. Der Tierhalter muss ein Bestandsbuch führen und dieses zusammen mit den Arzneimittel-Anwendungs- und Abgabebelegen 5 Jahre aufbewahren.
- Es ist grundsätzlich verboten, Medikamente an Tierhalter per Post zu versenden.

Berechnung des Medikamenten-Abgabepreises

Der Abgabepreis (Bruttoverkaufspreis) eines Medikamentes setzt sich zusammen aus Nettoeinkaufspreis (= Einkaufspreis ohne Mehrwertsteuer) plus Zuschlag und Mehrwertsteuer.

Der Abgabepreis (Bruttoverkaufspreis) eines Medikamentes setzt sich zusammen aus:

- Nettoeinkaufspreis
- Zuschlag
- Mehrwertsteuer

Zuschlag

Der Zuschlag wird dem Nettoeinkaufspreis zugerechnet. Er ist der Verdienst des Tierarztes (oder Apothekers). Die Höhe der Zuschläge, die von Tierärzten und Apothekern für die Abgabe von verschreibungspflichtigen Tier- und Humanarzneimitteln **maximal** erhoben werden darf, wird durch die Arzneimittelpreisverordnung (AMPreisV) geregelt.
Die Arzneimittelpreisverordnung gilt nur für verschreibungspflichtige Medikamente. Apothekenpflichtige und freiverkäufliche Arzneimittel können frei kalkuliert werden, d.h. die Höhe des Zuschlags, der dem Nettoeinkaufspreis hinzugerechnet wird, liegt im Ermessen des Tierarztes (oder Apothekers). Das gilt ebenso für Futtermittel (z.B. Diätfutter), Pflegepräparate (z.B. Shampons, Augen-Ohren- und Zahnreinigungsmittel) sowie für Praxisbedarf (z.B. Nahtmaterial, Verbandsstoffe etc.). Auch hier kann der Tierarzt den Preis ohne Begrenzung nach oben selbst bestimmen.

Bei der Berechnung der Höchst-Zuschläge wird zwischen verschreibungspflichtigen Tierarzneimitteln und verschreibungspflichtigen Humanarzneimitteln (Arzneimittel, die zur Behandlung von Menschen entwickelt wurden) und Teilmengen aus verschreibungspflichtigen Fertigarzneimitteln (z.B. einzelne Antibiotikum-Tabletten.) unterschieden.

Verschreibungspflichtige Tierarzneimittel

Die Berechnung der Höchst-Zuschläge für **verschreibungspflichtige Tierarzneimittel** ist in den §§ 3 und 10 der Arzneimittelpreisverordnung genau festgelegt. Je nach Höhe des Nettoeinkaufspreises (Einkaufspreis ohne Mehrwertsteuer) wird entweder ein festgelegter Betrag oder ein bestimmter Prozentsatz des Einkaufspreises als Zuschlag gerechnet. Die Tabelle 3 gibt einen Überblick.

Dies klingt komplizierter als es ist. Die Beispiele (rechte Seite oben) machen die Berechnung anschaulich.

Verschreibungspflichtige Humanmedikamente

Die Berechnung des Nettoabgabepreises für **verschreibungspflichtige Humanmedikamente** (Medikamente, die für die Anwendung

Tab. 3 Zuschläge für verschreibungspflichtige Tierarzneimittel

Einkaufspreis ohne MwSt	Zuschlag (€)	(%)
bis 1,22		68
1,23–1,34	0,83	
1,35–3,88		62
3,89–4,22	2,41	
4,23–7,30		57
7,31–8,67	4,16	
8,68–12,14		48
12,15–13,55	5,83	
13,56–19,42		43
19,43–22,57	8,35	
22,58–29,14		37
29,1–35,94	10,78	
35,95–51,13		30

Bei einem Nettoeinkaufspreis von 51,14 € bis 127,82 € werden zwei Zuschläge berechnet:
Zuschlag: 30% von 51,15 € = 15,34 €
Zuschlag: 25% aus Differenzbetrag von Nettoeinkaufpreis minus 51,13€
Bei einem Nettoeinkaufspreis über 127,82 € werden drei Zuschläge berechnet:
Zuschlag: 30% von 51,13 € = 15,34 €
Zuschlag: 25% von 76,69 (127,82 € minus 51,13 €) = 19,17 €
Zuschlag: 20% aus Differenzbetrag von Nettoeinkaufspreis minus 127,82 €

beim Menschen hergestellt worden sind) ist einfacher. Hier wird für jeden Nettoeinkaufspreis, ganz gleich in welcher Höhe, immer der gleiche Zuschlag von 3 % sowie ein Festzuschlag von 8,10 € zugerechnet (Beispiele rechts unten).

Teilmengen aus verschreibungspflichtigen Fertigarzneimittelpackungen
Auf Teilmengen aus Fertigarzneimitteln, die umgefüllt und neu abgepackt wurden (z. B.

Beispiel 1 (Einkaufspreis bis 51,13 €)

Einkaufspreis netto (ohne MWSt)	2,50 €
Zuschlag 62 % von 2,24 €	1,55 €
Verkaufspreis netto (ohne MWSt)	**4,05 €**

Beispiel 2 (Einkaufspreis bis 51,13 €)

Einkaufspreis netto (ohne MWSt)	4,10 €
Zuschlag (siehe Tabelle)	2,41 €
Verkaufspreis netto (ohne MWSt)	**6,51 €**

Beispiel 3 (Einkaufspreis von 51,14 € bis 127,82 €)

Einkaufspreis netto (ohne MWSt)	110,00 €
Sockelbetrag (30 % von 51,13 €)	15,34 €
Zuschlag 25 % aus 58,88 € (100,00 € – 51,13 €)	14,72 €
Verkaufspreis netto (ohne MWSt)	**140,06 €**

Beispiel 4 (Einkaufspreis ab 127,83 €)

Einkaufspreis netto (ohne MWSt)	320,00 €
Sockelbetrag (30 % von 51,13 €)	15,34 €
Zuschlag 25 % aus 76,69 € (127,82 € – 51,13 €)	19,17 €
Zuschlag 20 % aus 192,18 € (320,00 € – 127,82 €)	38,44€
Verkaufspreis netto (ohne MWSt)	**392,95 €**

Beispiel 1

Einkaufspreis netto (ohne MWSt)	2,50 €
Zuschlag 3 % aus 2,50 €	0,08 €
Festzuschlag	8,10 €
Verkaufspreis netto (ohne MWSt)	**10,68 €**

Beispiel 2

Einkaufspreis netto (ohne MWSt)	,00 €
Zuschlag 3 % aus 110,00 €	3,30 €
Festzuschlag	8,10 €
Verkaufspreis netto (ohne MWSt)	**121,40 €**

einzelne Antibiotikum-Tabletten, Wurmtabletten) kann bei der Berechnung des Abgabepreise ein Zuschlag von 100 % des Nettoeinkaufspreises hinzugerechnet werden.

Beispiel

Nettoeinkaufspreis einer Antibiotikumtablette (= Nettoeinkaufspreis der Gesamtpackung geteilt durch Anzahl der Tabletten)	0,80 €
Zuschlag 100 % von 0,80 €	0,80 €
Verkaufspreis netto (ohne MWSt)	**1,60 €**

Auf- und Abrundung

„Krumme" Beträge können nach kaufmännischer Regel auf- und abgerundet werden. Dabei werden Bruchteile eines Cents unter 0,5 Cent abgerundet und über 0,5 Cent aufgerundet:

Beispiel:

10,64 € abrunden auf 10,60 €
10,66 € aufrunden auf 10,70 €

Mehrwertsteuer

Wird zum Nettoverkaufspreis (Nettoeinkaufspreis plus Zuschlag) die Mehrwertsteuer hinzugerechnet, erhält man den **Bruttoverkaufspreis**. Dies ist der Preis, den der Tierhalter beim Kauf eines Medikamentes zahlen muss.

Für die meisten Medikamente wird eine **Mehrwertsteuer von 19 %** berechnet. Ausnahmen sind z. B. Futtermittel (auch Diätfuttermittel, manche Mineral- und Vitaminpräparate), für die eine **Mehrwertsteuer von 7 %** festgelegt ist. Im Zweifelsfall kann man den richtigen Mehrwertsteuersatz aus der Rechnung des Lieferanten ablesen.

Arzneimittellisten, Arzneimittelpreistabellen

Um die Berechnung des Abgabepreises von Arzneimitteln zu vereinfachen, haben verschiedenen Pharmafirmen **Arzneimittelpreistabellen** (z. B. Firma Albrecht) herausgegeben, aus denen man, wenn man in der Zeile des jeweiligen Nettoeinkaufspreises nach rechts geht, bequem (ohne die Zuschläge selbst berechnen zu müssen) den Netto- und auch Bruttoverkaufspreis eines Medikamentes ablesen kann. In diesen Tabellen werden keine Medikamente, sondern lediglich Preise aufgeführt. Preistabellen haben den Vorteil, dass sie bei Änderung eines Medikamenteneinkaufpreises weiterhin verwendet werden können.

Arzneimittellisten geben den aktuellen

b

,00 … chtige Tierarzneimittel

Einkauf netto €	Verkauf netto €	19 % MwSt. €	Verkauf brutto €
160,00	200,95	38,18	239,13
161,00	202,15	38,41	240,56
162,00	203,35	38,64	241,99
163,00	204,55	38,86	243,41
164,00	205,75	39,09	244,84
165,00	206,95	39,32	246,27
166,00	208,15	39,55	247,70
167,00	209,35	39,78	249,13
168,00	210,55	40,00	250,55
169,00	211,75	40,23	251,98
170,00	212,95	40,46	253,41
171,00	214,15	40,69	254,84
172,00	215,35	40,92	256,27
173,00	216,55	41,14	257,69
174,00	217,75	41,37	259,12
175,00	218,95	41,60	260,55
176,00	220,15	41,83	261,98
177,00	221,35	42,06	263,41
178,00	222,55	42,28	264,83
[illegible]	[illegible]	42,51	266,26

Einkauf netto €	Verkauf netto €	19 % MwSt. €	Verkauf brutto €
220,00	272,95	51,86	324,81
221,00	274,15	52,09	326,24
222,00	275,35	52,32	327,67
223,00	276,55	52,54	329,09
224,00	277,75	52,77	330,52
225,00	278,95	53,00	331,95
226,00	280,15	53,23	333,38
227,00	281,35	53,46	334,81
228,00	282,55	53,68	336,23
229,00	283,75	53,91	337,66
230,00	284,95	54,14	339,09
231,00	286,15	54,37	340,52
232,00	287,35	54,60	341,95
233,00	288,55	54,82	343,37
234,00	289,75	55,05	344,80
235,00	290,95	55,28	346,23
236,00	292,15	55,51	347,66
237,00	293,35	55,74	349,09
238,00	294,55	55,96	350,51
239,00	295,75	56,19	[illegible]

Arzneimittelpreistabelle als Berechnungshilfe für Arzneimittelpreise: a) Außenansicht, b) Innenansicht.

Nettoeinkaufspreis sowie den daraus errechneten Netto- und Bruttoverkaufspreis eines jeweiligen Medikamentes (oder einer Teilmenge davon) an. Zusätzlich geben sie einen Überblick darüber, welche Fertigarzneimittel es gibt und von welcher Firma sie hergestellt werden. Einige Listen informieren ferner über die Zusammensetzung, die Anwendungsgebiete, Dosierungen sowie Neben- und Wechselwirkungen der einzelnen Medikamente. Die Listen werden in regelmäßigen Abständen aktualisiert und auf den aktuellen Preisstand gebracht.

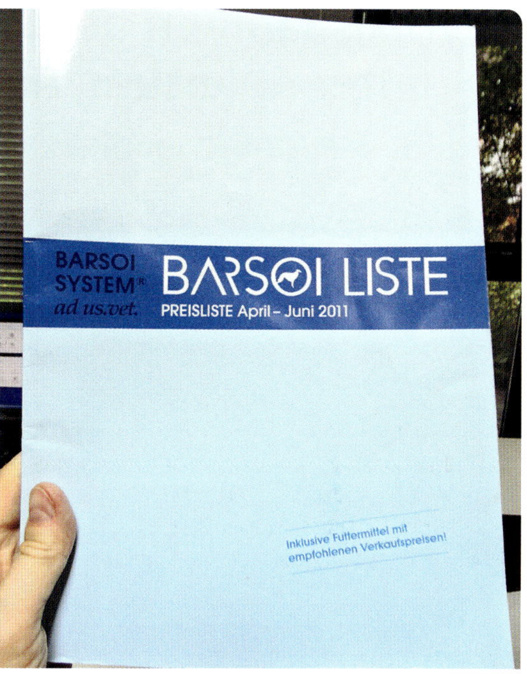

Barsoi-Liste.

Gebräuchliche Listen für Tierarzneimittel sind:

- **Delta – Liste**
  Die Delta – Liste ist ein Verzeichnis **veterinärmedizinischer Medikamente** und einiger **Pflegemittel für Tiere** mit Angabe der Einkaufspreise, die Nettoverkaufspreise (berechnet nach der Arzneimittelpreisverordnung), sowie der Endpreise mit Mehrwertsteuer.
- **Barsoi – Liste**
  Die Barsoi – Liste ist ein Verzeichnis der in Deutschland erhältlichen **Tierarzneimittel**. Sie ist eine Preisliste mit aktuellen Einkaufspreisen und den daraus berechneten Verkaufspreisen. Abweichend von anderen Preislisten gibt sie auch Angaben zu Verkaufspreisen von Teilmengen. Die Barsoiliste erscheint vierteljährlich neu.
- **Rote Liste**
  Die Rote Liste ist ein Verzeichnis von **Humanfertigarzneimitteln** (Medikamente, die für die Anwendung beim Menschen entwickelt wurden). Sie enthält neben Fachinformationen zu den einzelnen dort aufgeführten Medikamenten auch Abgabepreise für die jeweiligen Packungsgrößen der Fertigarzneimittel. Die Rote Liste wird jährlich neu herausgegeben.

Neben den genannten Arzneimittellisten, die für die Berechnung von Medikamenten-Abgabepreisen herangezogen werden können, gibt es weitere Listen, die lediglich Fachinformationen über die einzelnen Präparate enthalten:

- Delta-Index
- Lila Liste

Meist ist heute z. B. die Barsoi Liste in das Praxisprogramm im PC integriert und aktualisiert automatisch die Medikamentenpreise.

11 Maßnahmen bei Diagnostik und Therapie unter Anleitung und Aufsicht des Tierarztes

(Nr. 9 des Ausbildungsrahmenplans)

11.1 Assistenz bei tierärztlicher Diagnostik

11.1.1 Die medizinische Fachsprache

Wie in vielen Berufen, so hat sich auch in der Medizin eine Fachsprache (Terminologie) entwickelt. Sie zumindest in ihren Grundzügen zu kennen, ist eine notwendige Voraussetzung für das Verständnis von Diagnosen und Krankenberichten sowie das Lesen von Fachbüchern. Die Begriffe und die Grammatik der medizinischen Terminologie leiten sich meist aus lateinischen oder griechischen Worten ab. In den letzten Jahren sind jedoch auch einige englische Bezeichnungen hinzugekommen.

Tab. 4 Vorsilben, Endungen und Schreibweisen

Die medizinische Fachsprache verwendet zahlreiche **Vorsilben** und **Endungen**, um den eigentlichen Begriffen eine genauere Bedeutung zuzuweisen (siehe Tabellen).

Wichtige Vorsilben

Vorsilbe	Bedeutung	Beispiel
a -	Verneinung	Avitaminose = Vitaminmangel
an -	Verneinung	Anurie = kein Urinabsatz
anti -	gegen	Antidot = Gegengift
dys -	normabweichend	Dysfunktion = Fehlfunktion
ekto -	außen	Ektoparasiten = Außenparasiten (z.B. Zecken)
endo -	innen	Endoparasiten = Innenparasiten (z.B. Würmer)
epi -	auf	Epidermis = äußere Hautschicht
ex -	aus, heraus	Exophtalmus = Heraustreten des Auges aus der Höhle
extra -	zusätzlich	Extrasystole (zusätzlicher Herzton)
hypo -	unter, weniger	Hypoglykämie = zu niedriger Blutzucker
hyper -	über	Hyperthyreose = Überfunktion der Schilddrüse
para -	neben	Parathyreoidea = Nebenschilddrüse
peri -	um...herum	Pericard = Herzbeutel, um das Herz herum
post-	danach	postoperativ = nach der Operation

In der medizinischen Fachsprache gibt es außer am Satzanfang oder bei Eigennamen keine Großschreibung. Ebenso fehlen den lateinischen oder griechischen Begriffen die Konsonanten (Mitlaute) „k" und „z". Allerdings werden viele Fachbegriffe inzwischen „eingedeutscht". Aus dem Konsonant „c" wird dann „z" oder „k". Aus ae, oe, ue werden ä, ö oder ü.

Beispiel:
Oesophagus wird zu Ösophagus (Speiseröhre)
Carcinom wird zu Karzinom (spezielle Krebserkrankung)

Tab. 5 Lage- und Richtungsbeschreibung am Körper 1

Bezeichnung	Bedeutung
dexter	rechts
sinister	links
medial	zur Körpermitte hin
lateral	von der Körpermitte weg
kranial	kopfwärts
kaudal	schwanzwärts
median	in der Mittellinie des Körpers

prä -	vor	präoperativ = vor der Operation
pro-	Vorher	prophylaktisch = vorbeugend
syn-	zusammen synchron = gemeinsam, gleichzeitig	
Vorsilben mit quantitativer (mengenmäßiger) Bedeutung		
Vorsilbe	Bedeutung	Beispiel
hemi -	halb	Hemiparese = Lähmung nur einer Körperseite
mikro -	klein	Mikroorganismen = kleinste Lebewesen
makro -	groß	Makrophage = große Fresszelle
oligo-	wenig	Oligospermie = wenige Spermien
poly -	viel, häufig	Polydipsie = häufiges Trinken, Trinken großer Mengen
Wichtige Endungen		
Endung	Bedeutung	Beispiel
- itis	Entzündung	Arthritis = Gelenksentzündung
- ose	Degeneration	Arthrose = Gelenksdegeneration; Gelenksabnutzung
- om	Schwellung	Hämatom = Bluterguss
- ase	Enzym	Amylase = Kohlenhydrat spaltendes Enzym
- phil	freundlich	lipophil = fettliebend
- phob	feindlich	hydrophob = wassermeidend

Lage- und Richtungsbezeichnungen am Körper

Durch Lage- und Richtungsbezeichnungen am Tierkörper können die Lage von Einzelteilen des Körpers oder von krankhaften Veränderungen beschrieben werden (siehe Tabelle 5). Dabei wird bei der Lagebezeichnung stets vom Tier und nicht vom Betrachter ausgegangen.

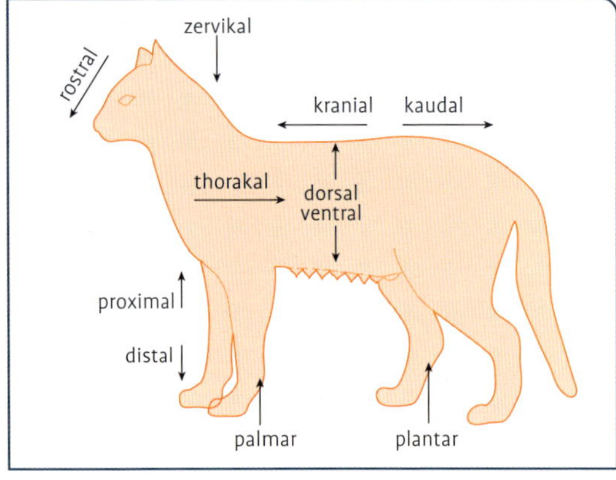

Schema Katze: Lage- und Richtungsbeschreibung 1.

Tab. 6 Lage- und Richtungsbeschreibung am Körper 2 (von vorne nach hinten)

Bezeichnung	Bedeutung
rostral	nasenwärts
zervikal	halswärts
thoraka	brustwärts
proximal	körpernah
distal	körperfern
palmar	die Vorderfußfläche betreffend (Bereich der Beugesehne)
kranial	kopfwärts
kaudal	schwanzwärts
dorsal	rückenwärts
ventral	bauchwärts
plantar	die Hinterfußfläche betreffend (Bereich der Beugesehne)

Schema Katze: Lage- und Richtungsbezeichnung 2.

Abkürzungen

Für einige Diagnose- und Behandlungsverfahren sowie Krankheiten werden häufig Abkürzungen verwendet. Alle gebräuchlichen Abkürzungen zu erklären, würde den Rahmen dieses Buches sprengen. Sie können jedoch aus Fachbüchern (z. B. Lexikon medizinischer Abkürzungen) oder im Internet (z. B. www.wikipedia.de) recherchiert werden. Beispiele in der Tiermedizin vielfach angewandter Abkürzungen sind:

- BTM-Liste = Betäubungsmittel-Liste
- EKG = Elektrokardiogramm. Es zeichnet die vom Herzen ausgehenden Aktionsströme auf.
- CT = Computertomographie
- EEG = Elektroenzephalographie (Messung der Hirnströme)
- ELISA = Enzyme Linked Immuno Sorbent Assay (Verfahren zum Nachweis von Krankheitserregern)
- EZ = Ernährungszustand
- RCP = Rhinotracheitis, Calici, Parvovirose (Aufschrift auf der Impfstoffflasche, Katze)
- Inj. = Injektion
- Ln., Lnn. = Lymphonodulus, Lymphonoduli (Lymphknoten)
- MKS = Maul- und Klauenseuche
- MRT = Magnetresonanztomographie (Kernspintomographie)
- SHPPiLT = Staupe, Hepatitis, Parvovirose, Parainfluenza, Leptospirose, Tollwut
- i. v. = intravenös
- i. m. = intramuskulär
- s. c. = subcutan

Fachbegriffe

Die wichtigsten werden in den einzelnen Kapitels des Buches (Teil 2 Medizinischer Teil) zu den jeweiligen Organen und Organsystemen genannt. Hier einige Wiederholungen sowie zusätzliche Begriffe der Diagnostik und Therapie:

- Adipositas = Fettleibigkeit
- Adspektion = Anschauen der Körperoberfläche und der Körperöffnungen
- Anamnese = Vorbericht
- Auskultation = Abhorchen (z. B. Herz, Darm)
- Bradykardie = verlangsamter Herzschlag
- Bradypnoe = verminderte Atmung
- Diagnose = Erkennung der Krankheit
- Diagnostik = Untersuchungsmethoden zur Krankheitserkennung
- Dyspnoe = Atemnot
- Exsikkose = Austrocknung des Körpers (z. B. durch Flüssigkeitsverlust)
- Fetotomie = Zerteilen einer (toten) Frucht im Mutterleib, damit sie durch den Geburtskanal passt
- Hyperämie = verstärkte Durchblutung (z. B. der Schleimhäute)
- Ikterus = gelbliche Verfärbung der Haut und Schleimhäute
- Kachexie = Auszehrung
- Laparatomie = Eröffnung der Bauchhöhle
- Osteosynthese = chirurgische Versorgung von Knochenbrüchen
- Palpation = Betasten
- Perkussion = Beklopfen (von luft- und gashaltigen Organen)
- Plessimeter = Klopfunterlage zur Perkussion (Abklopfen)
- Sonographie = Ultraschalluntersuchung
- Stethoskop = Instrument zur Auskultation (zum Abhören)
- Szintigraphie = Bildgebendes Verfahren mit Anwendung von radioaktiv markierten Kontrastmitteln

- Tachykardie = beschleunigter Herzschlag
- Tachypnoe = beschleunigte Atmung
- Wunddebridement = Wundauffrischung (Entfernung von abgestorbenen und schlecht heilenden Gewebe aus Wunden
- Zahnextraktion = „Zahnziehen“
- Zyanose = bläuliche Verfärbung der Haut und Schleimhaut aufgrund von Sauerstoffmangel

11.1.2 Untersuchungsgang

Meist wird der Untersuchungsgang nach einem festen Schema durchgeführt, damit wertvolle Details, die zur Diagnosefindung verhelfen können, nicht übersehen werden. Nicht in jedem Fall sind jedoch alle im Schema enthaltenen Untersuchungen erforderlich, damit sich der Tierarzt ein Bild über ein bestehendes Gesundheitsproblem machen kann. Welche Untersuchungen notwendig sind, um eine sichere Diagnose zu stellen, ist von Fall zu Fall verschieden.

Der Untersuchungsgang gliedert sich in:

- Daten und Kennzeichen (Signalement) des Patienten
- Daten des Tierhalters
- Anamnese
- Allgemeine Untersuchung
- Spezielle Untersuchung
- Weiterführende Untersuchungen (z. B. Röntgen, Ultraschall, Laboruntersuchungen)

Daten des Tierhaltes, Daten und Kennzeichen des Patienten

Tiermedizinische Fachangestellte nehmen die Daten des Tierhalter sowie die Daten und Kennzeichen des Patienten auf und übertragen sie auf eine Karteikarte oder in eine Computerdatei.

Anamnese

Unter Anamnese (griech. anamnesis = Erinnerung) versteht man in der Tiermedizin den **Vorbericht** (des Tierhalters) und die **Vorbesprechung** (mit dem Tierhalter) zu dem Krankheitsgeschehen seines Tieres. Dabei werden Gesichtspunkte zur Erkrankung selbst sowie zur Lebensweise und Fütterung des Patienten besprochen. Je ausführlicher die Anamnese ist, desto mehr Informationen erhält der Tierarzt , die ihm dabei helfen, der Ursache des Krankheitsproblems „auf die Spur zu kommen.“ Die Befragung des Tierhalters erfordert oft sehr viel „Fingerspitzengefühl“ und manchmal muss auch der Wahrheitsgehalt der Antworten relativiert werden. Vor allem dann, wenn der Tierhalter sich an der Erkrankung oder Verletzung seines Tieres schuldig fühlt, werden häufig wichtige Geschehnisse verschwiegen (z. B. ein Kaninchen ist vom Arm gesprungen und hat sich verletzt). Aus diesem Grunde sollten die Fragen bei der Anamnese niemals einen Vorwurf oder eine Schuldzuweisung enthalten, sondern wertneutral formuliert werden. Oft werden jedoch nicht nur absichtlich wichtige Beobachtungen verschwiegen, sondern deshalb, weil der Tierhalter ihnen keine Bedeutung beimisst. Durch gezielte Fragen kann der Tierarzt dennoch für die Diagnose bedeutsame Auskünfte erhalten.

Allgemeine Untersuchung

Durch die allgemeine Untersuchung werden in relativ kurzer Zeit Informationen gesammelt, die, zusammen mit den Erkenntnissen aus der Anamnese, das Krankheitsproblem einkreisen und damit deutlich machen, welche speziellen und weiterführenden Untersuchungen noch erforderlich sind, um eine eindeutige Diagnose stellen zu können. Die allgemeine Untersuchung gliedert sich in die nachfolgenden Schritte auf:

Allgemeiner Eindruck (Habitus)

Einen allgemeinen Eindruck über den Gesundheitszustand eines Patienten erhält der Tierarzt durch Beobachtung aus der Distanz heraus. Der allgemeine Eindruck (Habitus) setzt sich aus folgenden Punkten zusammen:

- **Bewusstsein und Aufmerksamkeit**
  Krankhafte Veränderungen können Schläfrigkeit (Sopor), eingeschränktes Bewusstsein (Stupor) und Bewusstlosigkeit (Koma) sein.
- **Verhalten**
  Verhaltensweisen, die auf ein Gesundheitsproblem hindeuten, sind z. B. ständiges Kratzen (bei Parasitenbefall, Allergie), Schmatzen (z. B. bei Übelkeit, Zahnproblemen), Krämpfe oder Zwangsbewegungen (bei zentralnervösen Störungen).
- **Haltung und Gang**
  Eine anormale Haltung ist z. B. das Aufkrümmen des Rückens (häufig bei Bandscheibenproblemen oder Schmerzen im Bauchraum). Schwankender, schleppender oder ataktischer Gang ist (z. B. bei Erkrankungen des Bewegungsapparates oder des Gehirns) als Krankheitszeichen zu bewerten.
- **Ernährungszustand**
  Übergewicht (Adipositas) und Unterernährung und Auszehrung (Kachexie) sind Extremzustände, die durch eine Erkrankung (z. B. Übergewicht mit Stammfettsucht beim Cushing Syndrom, Untergewicht bei einer Schilddrüsenüberfunktion) oder durch Fehlernährung entstehen können.
- **Pflegezustand**
  Ein schlechter Pflegezustand kann bei einigen Tierarten (z. B. Langhaarkatzen) aufgrund mangelnder Fürsorglichkeit des Tierhalters oder durch eine Erkrankung (z. B. bei Tieren mit chronischer Zahnfleischentzündung, die aufgrund der bestehenden Schmerzen keine Körperpflege betreiben) verursacht werden.
- **Fell und Federkleid**
  Das Fell bzw. beim Vogel das Federkleid werden als Ganzes beurteilt und eventuelle Veränderungen (z. B. stumpfes Fell, Haarausfall, Verfärbungen, Gefiederstörungen) in die Befundliste aufgenommen.
- **Abnorme Laute**
  Starke Darmgeräusche können z. B. ein Anzeichen einer Darmerkrankung sein. Niesen, Husten oder piepsende Atemgeräusche (bei Vögeln) hört man häufig bei Atemwegserkrankungen, sowie knackende Laute bei Bewegung durch Gelenkserkrankungen.
- **Auffällige Besonderheiten**
  Veränderungen, die sofort „ins Auge fallen“, sind z. B. eine verdickte Ohrmuschel, Schwellung einer Extremität oder eine blutende Wunde.

Atmung

- **Atemtyp**
  Pferd, Hund, Katze, Kaninchen, Meerschweinchen und kleine Nager atmen **costo-abdominal** (kombinierte Brust- und Bauchatmung). Das bedeutet, dass die Atemmuskeln des Brustkorbes und das Zwerchfell an der Atmung beteiligt sind. Bei der Einatmung dehnen sich sowohl der Brustkorb als auch der Bauch fast gleichzeitig (mit nur geringfügiger Verzögerung) aus. Bei der Ausatmung ziehen sie sich beide wieder zurück. Bei Erkrankungen im Brustkorb (z. B. Flüssigkeitsansammlung, Lungenentzündung) sind die Beweglichkeit der Atemmuskulatur des Brustraums und damit die Brustatmung eingeschränkt und wird durch verstärkte Bauchatmung unterstützt. In ausgeprägten Fällen werden die Bauchmuskeln zu Hilfe genommen. Man sieht dann die pumpende Bauchatmung deutlich an den Flanken. **Pumpende Bauchatmung ist als Notfallsituation zu werten. Es besteht möglicherweise Erstickungsgefahr.** Bestehen Schmerzen im Bauchraum, atmen die Tiere, um den Bauchraum und die darin enthaltenen Organe so wenig wie möglich zu bewegen,

überwiegend mittels Brustatmung. Bei Vögeln erkennt man Atemprobleme am Wippen des Schwanzes im Rhythmus der Atmung, manchmal vergesellschaftet mit piepsenden Atemgeräuschen. Bei **starker Atemnot** sitzen die Tiere mit nach hinten überstrecktem Köpfchen, oder sie hängen sich mit dem Schnabel in das Käfiggitter ein, um so den Kopf zu überstrecken und damit besser Luft zu bekommen. **Vögel mit Atemnot sind immer Notfallpatienten**.

- **Atemrhythmus**
  Bei normaler Atmung dauert die Ausatmung etwas länger als die Einatmung. Das Verhältnis von Einatmung (Inspiration) und Ausatmung (Exspiration) ist etwa 1:1,3, d. h. es wird etwas länger ausgeatmet als eingeatmet. Zwischen der Einatmung und der Ausatmung liegt eine kurze Pause, die als **Apnoe-Zeit** (Zeit ohne Atembewegung) bezeichnet wird. Unter **Kussmaulscher Atmung** versteht man eine vertiefte Atmung mit langen Apnoe-Zeiten. Sie tritt bei schweren Stoffwechselentgleisungen (z. B. diabetisches Koma = Bewusstlosigkeit aufgrund extrem hoher Blutzuckerwerte) auf. Von **Schnappatmung** spricht man, wenn die Atemluft nur noch durch schnappende Mundbewegungen aufgenommen wird. Zwischen den einzelnen „Atemschnappern“ liegen oft sehr lange Pausen. Die Schnappatmung ist die Vorstufe für einen absoluten Atemstillstand. Sie ist häufig ein Teil des Sterbeprozesses. Tiere mit Schnappatmung sind in der Regel bewusstlos.
- **Atemfrequenz**
  Eine sehr schnelle Atemfrequenz wird als **Tachypnoe**, eine langsame Frequenz als **Bradypnoe,** Atembeschwerden oder Atemnot als **Dyspnoe** bezeichnet. Die Atemfrequenz ist bei hohen Umgebungstemperaturen, bei Angst oder Schmerzzuständen erhöht. Gut trainierte Tiere haben in Ruhe eine relativ niedrige Atemfrequenz. Die Atemfrequenz darf nicht mit Hecheln verwechselt werden. Bei der normalen Atmung wird die Luft bis tief in die Lunge hinein eingeatmet. Beim Hecheln wird nur die Luft in den Luftwegen und in der Mundhöhle hin- und herbewegt. Dadurch wird Körperwärme abgegeben. Das Hecheln ist somit eine wichtige Form der Temperaturregulation.

Puls

Mit jedem Herzschlag wird eine ganz bestimmte Menge Blut in das arterielle Blutgefäßsystem gepresst. Dadurch entsteht eine Pulswelle, die sich bis in die Peripherie fortsetzt. Der fühlbare Puls ist demnach keine Bewegung des Blutes, sondern eine Pulsation, die über die Gefäßwand weiter getragen wird. Bei Hund und Katze wird der Puls an der **Arteria femoralis** an der Innenseite des Oberschenkels palpiert (getastet). Durch die Palpation erhält man v. a. Informationen über die vom Herzen ausgetriebene Blutmenge pro Herzschlag, d. h. über die Kraft, mit der das Herz arbeitet, sowie die Leitungsfähigkeit der Arterien. Der Puls wird auf Gleichmäßigkeit, Rhythmus, Amplitude (maximale Ausschlaggröße), eventueller Ausfall (z. B. bei krankhaften Herzrhythmusstörungen) und Frequenz hin beurteilt. Dazu werden die Pulsschläge **15 Sekunden lang** gezählt. Durch Multiplikation des Ergebnisses mit der Zahl 4 erhält man den Pulsschlag pro Minute. Er entspricht der Herzfrequenz.

Beispiel:
20 (Zahl der Pulsschläge innerhalb 15 Sekunden) × 4 = 80 (Pulsfrequenz)

Zum exakten Ablesen der Zeit (15 Sekunden) kann eine Uhr mit Sekundenanzeiger oder ein Pulsimeter verwendet werden. Ein Pulsimeter arbeitet nach dem Prinzip einer Eieruhr. Eine abgemessene Menge Sand fließt hier innerhalb 15 Sekunden von einer Kammer in eine andere und zeigt dadurch die Ablesezeit an.

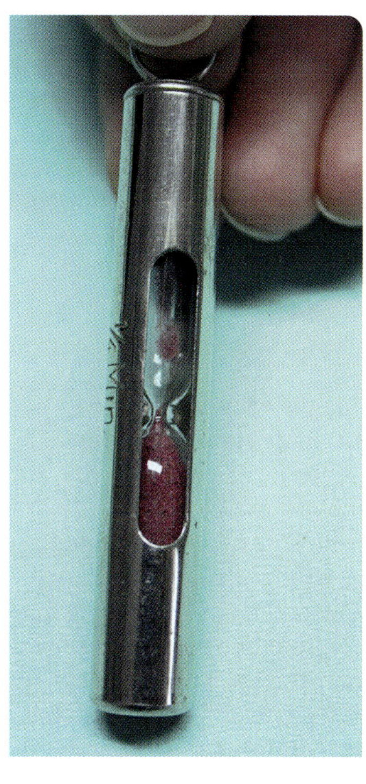

Pulsimeter.

Beim Hund kommt es unter dem Einfluss der Atmung zu einer respiratorischen Arrhythmie (atmungsbedingte Herzrhythmusstörung). Dabei beschleunigt sich die Frequenz des Herzschlages bei der Einatmung und verlangsamt sich bei der Ausatmung. Diese Rhythmusstörung überträgt sich auch auf den Puls. Sie ist als normal zu bewerten und darf nicht mit einer krankhaften Rhythmusstörung verwechselt werden. Ein kräftiger Puls wird als **Pulsus magnus**, ein schwacher Puls als **Pulsus parvus** oder **Pulsus filiformis** (fadenförmiger Puls) bezeichnet.

Bei Heimtieren (Meerschweinchen und Kaninchen) wird die Pulskontrolle in der Praxis zur Diagnostik nur selten durchgeführt. Meist ist die Herzfrequenz (v. a. durch die Aufregung aufgrund der Untersuchung) für eine exakte Beurteilung zu hoch. Bei Vögeln ist die Beurteilung des Pulses nicht möglich.

Körpergewicht

Die Bestimmung des Körpergewichts ist für eine objektive Beurteilung des Ernährungszustandes eines neuen Patienten und als Ausgangswert für die Kontrolle des Behandlungserfolgs von Bedeutung. Kleine Heimtiere und Vögel kann man recht gut auf einer Küchenwaage wiegen.

Kleinere Hunde, Katzen oder Kaninchen werden am besten auf dem Arm des Untersuchers gewogen. Dazu stellt er sich zunächst zusammen mit dem Patienten auf die Waage und notiert das Gesamtgewicht. Anschließend wiegt er sich alleine und zieht sein Gewicht vom Gesamtgewicht ab. Die Differenz ergibt das Körpergewicht des Tieres. Zum Wiegen großer und schwerer Tiere benötigt man einer speziellen Tierwaage, auf die Patienten selbstständig aufsteigen können.

Innere Körpertemperatur

Die innere Körpertemperatur wird **rektal**, d. h. im Enddarm mit Hilfe eines digitalen Fieberthermometers gemessen. Zum besseren Gleiten wird das Ende des Messinstruments vor Gebrauch in einen Topf mit **Vaseline** getaucht. Aus Hygienegründen sollte vor dem Eingehen in den After eine Schutzhülle über das Thermometer gestreift werden. Nach Beendigung des Messvorgangs wird die **Schutzhülle** entsorgt und das Thermometer zusätzlich desinfiziert. Dieses Vorgehen verhindert eine Verschleppung von Krankheitserregern von einem Patienten zum anderen.

Eine Körpertemperatur über den Normwerten wird als Fieber, Temperaturen unter diesen Werten als Untertemperatur bezeichnet.

Die innere Körpertemperatur kann durch handelsübliche Thermometer bei Hund, Katze, Kaninchen und Meerschweinchen gemessen werden. Bei größeren Tieren (z. B. Pferd, Rind) wird das Thermometer an einer Schnur befestigt, damit es nicht in den Enddarm hineinrutschen kann. Für kleinere Heimtiere benötigt man ein Spezialthermometer mit sehr kleinem Durchmesser. „Fiebermessen" ist bei Ratten, Mäusen und Hamstern normalerweise als Routineuntersuchung nicht üblich, ist aber möglich.

Auch bei Vögeln wird in der Praxis die innere Körpertemperatur nicht gemessen. Sie liegt normalerweise bei Werten um 40 – 42 °C und kann nicht weiter steigen, ohne dass das Körpereiweiß koagulieren (zusammenklumpen) würde. Aus diesem Grunde tritt bei Vögeln niemals Fieber auf.

Der Vogelkörper reagiert zur Abwehr von krankmachenden Keimen im Gegensatz zum Säuger (bei dem die Körpertemperatur ansteigt) mit einer Absenkung der Körpertemperatur. Kranke Vögel haben daher in der Regel Untertemperatur. Diese Untertemperatur erkennt man am Plustern des Gefieders (das tun Vögel, um durch die Bildung eines Luftpolsters zwischen Haut und Federn einen weiteren Wärmeverlust zu verhindern) sowie an den kalten Füßen der Tiere. Normalerweise fühlt sich die Haut eines Vogels für einen Mensch (der eine durchschnittliche Körpertemperatur von 36.5 °C hat) sehr warm an. Die Füße eines kranken Vogels dagegen fühlen sich kalt an – ein sicheres Zeichen, dass das Tier Untertemperatur hat.

Haut, Fell und Federn

Haut- und Fellveränderungen sowie Gefiederstörungen können die Folge einer primären Hauterkrankung (z. B. Parasitenbefall, Entzündungen, Hauttumoren) oder ein Teil einer systemischen (den ganzen Organismus betreffenden) Krankheit sein.

Die Haut wird nach folgenden Aspekten beurteilt:

- **Farbe**
  Normalerweise ist die unpigmentierte Haut rosarot. An Stellen, an denen sie so dick ist, dass die Blutgefäße nicht direkt unter der Oberfläche liegen, sieht sie mehr weißlichgrau aus. Bei geringer Durchblutung oder Anämie (Mangel an roten Blutkörperchen) ist die Haut blass. Eine starke Durchblutung oder Entzündung führt zur Rötung (Erythem) der Haut, während ein hoher Bilirubingehalt im Blut (Abbauprodukt der roten Blutkörperchen) die Haut gelb färbt (Ikterus = „Gelbsucht"). Frische Blutungen in der Haut haben eine rote Farbe. Eine ältere Blutung ist durch den Abbauprozess des eingelagerten Blutes mehr grüngelblich bis gelb. Man unterscheidet kleine punktförmige Blutungen (Petechien), größere Hautblutungen (Sugillationen), sowie massive Blutungen bis in die Unterhaut (Hämatome = Bluterguss) hinein.
- **Hautturgor**
  Unter Hautturgor versteht man die Spannung bzw. Elastizität der Haut. Um den Hautturgor zu überprüfen, wird eine Hautfalte zwischen Daumen und Zeigefinger erfasst, hochgezogen und wieder losgelassen. An der Geschwindigkeit, mit der die Hautfalte wieder verstreicht, kann man die Elastizität der Haut beurteilen. Ist der Patient ausgetrocknet (exsikkotisch), bleibt die Hautfalte aufgrund des geringen Wassergehaltes der Haut länger bestehen.
- **Hauttemperatur**
  Bei gesunden Tieren, die nicht kurz zuvor einer niedrigen Umgebungstemperatur ausgesetzt waren, fühlen sich die peripheren Körperteile (z. B. Pfoten, Ohren) warm an. Um das zu überprüfen, umfasst man diese Körperteile mit der Hand. Bei schlechter Blutzirkulation (aufgrund einer Kreislaufschwäche) sind die Pfoten und Ohren kühl. Im Bereich entzündlicher Prozesse (z. B. Abszess) fühlt sich die Haut besonders warm an. Bei der Beurteilung der Hauttemperatur muss auch der Einfluss des Fells berücksichtigt werden. Körperstellen, an denen kaum Fell vorhanden ist (z. B. Bauch), fühlen sich wärmer an, als solche, die durch wärmeisolierendes Fell bedeckt sind.

Das **Fell** wird nach folgenden Kriterien begutachtet:

- **Glanz**
  Gesunde Tiere haben ein glänzendes, wasser- und schmutzabweisendes Fell. Stumpfes Fell ist entweder ein Zeichen falscher Pflege (zu häufiges Baden mit talglösenden Chemikalien) oder einer Gesundheitsstörung.
  Dichte
  Das Fell gesunder Tiere ist normalerweise dicht und zeigt keine kahlen Stellen auf. Lediglich am Bauch, an den Innenschenkeln und hinter den Ohren ist das Haarkleid etwas dünner. Haarausfall, schütteres Fell oder haarlose Stellen sind ein Hinweis auf eine Erkrankung.

Das **Gefieder** eines Vogels wird folgendermaßen beurteilt:

- **Geschlossenheit**
  Die Daunen- und Deckfedern sollten den Vogelkörper harmonisch umschließen. Federlose Stellen sowie das Fehlen von Flügel- oder Schwanzfedern deuten auf eine Gesundheitsstörung oder Automutilation (Selbstverstümmelung, z. B. Federrupfen) hin.
- **Glanz und Farbe**
  Die Federn gesunder Vögel sind glänzend, die Farben leuchtend. Stumpfes Gefieder und verblasste Gefiederfarben sind häufig Begleiterscheinungen von Mangelernährung oder einer systemischen (den ganzen Körper betreffenden) Erkrankung.
  Form Die Federn sollten artspezifisch ausgebildet sein. Federdeformationen, Federschäden und Federmissbildungen haben unterschiedliche Entstehungsursachen.
- **Entwicklung**
  Das Abwerfen alter und Nachwachsen neuer Federn nennt man **Mauser.** Während die meisten Singvögel zu bestimmten Jahreszeiten fast vollständig ihr Gefieder erneuern, mausern Papageienvögel das ganze Jahr hindurch. Dabei fallen nacheinander Kopf-, Körper- und Schwanzfedern aus und werden durch neue ersetzt. Die nachwachsenden Federn sind zunächst mit einer dünnen Hornschicht umhüllt und wie kleine Stacheln aufgerichtet. Vor allem am Kopf ist dies sehr gut zu erkennen. Bei der **Stockmauser** ist die Federerneuerung aufgrund von Mangelernährung oder Krankheiten verzögert. Typisches Erscheinungsbild einer Stockmauser ist das Stachelfeld aus ungeöffneten Federn auf dem Kopf des Vogels, das sehr lange (manchmal über Wochen) bestehen bleibt.

Schleimhäute

An den Schleimhäuten der Augenbindehaut und Mundhöhle kann man den Zustand des Kreislaufes beurteilen. Sie sind normalerweise blassrosa. Bei einem schwachen Kreislauf, im Schock (siehe Kap. 12 Prävention und Rehabilitation) oder bei einer Anämie sind sie blass bis porzellanweiß. Bei Ikterus (Gelbsucht) sind sie gelblich, bei Sauerstoffmangel dunkelrot- bis lila (zyanotisch) gefärbt.

Eine wichtige Information liefert auch die **Kapillarfüllungszeit** (KFZ). Um sie zu ermitteln, drückt man mit dem Finger (an einer unpigmentierten Stelle) auf das Zahnfleisch und lässt gleich wieder los. An der Druckstelle wird das Zahnfleisch zunächst weiß und färbt sich nach 1 – 2 Sekunden (wenn das abgepresste Blut wieder in die Kapillaren der Schleimhaut zurückfließt) wieder rosa. Dauert die KFZ länger (>2 Sekunden), ist dies ein Zeichen für ein ernstzunehmendes Kreislaufproblem.

Lymphknoten

An zahlreichen Stellen des Körpers liegen (manchmal Gruppen von) Lymphknoten, die man von außen ertasten kann. Bei der Untersuchung der Lymphknoten wird ihre Größe, die Form, die Konsistenz, die Schmerzhaftigkeit und die Verschiebbarkeit beurteilt. Bei

Kleinnagern (Ratte, Maus, Hamster) sind Lymphknoten nur bei extremer Vergrößerung mit den Fingerspitzen ertastbar. Daher wird die Palpation der Lymphknoten bei diesen Tierarten kaum zur Diagnostik herangezogen. Vögel besitzen keine Lymphknoten.

Untersuchungsgang: Allgemeine Untersuchung

- Habitus
- Atmung
- Puls
- Körpergewicht
- Innere Körpertemperatur
- Haut, Fell (Federn)
- Schleimhäute
- Lymphknoten

Tiermedizinischen Fachangestellten kann vielfach schon der allgemeine Eindruck (Habitus) eines Patienten einen Hinweis darauf geben, ob es sich um einen Notfall handelt, der es erfordert, sofort den Tierarzt zu verständigen, oder ob der Patient (z. B.im Wartezimmer) warten kann, bis er an der Reihe ist. Im Zweifelsfall sollte immer der Tierarzt hinzugezogen werden. In einem Notfall muss bis zum Eintreffen des Tierarztes Erste Hilfe (siehe Kap. 15 Notfallmanagement) geleistet werden.

Spezielle und weiterführende Untersuchungen

Die spezielle Untersuchung eines bestimmten Organsystems (z. B. Atemtrakt, Verdauungstrakt, Nervensystem) wird erst dann vorgenommen, wenn Erkenntnisse aus der allgemeinen Untersuchung eine Erkrankung dieses Organsystems vermuten lassen. Zu den weiterführenden Untersuchungen gehören z. B. die Entnahme von Gewebeproben (Biopsie), Röntgen-, Ultraschall- sowie Laboruntersuchungen. Die speziellen und weiterführenden Untersuchungen werden vom Tierarzt durchgeführt. **Aufgaben Tiermedizinischer Fachangestellter sind, die Vorbereitungen für die reibungslose Durchführung der Untersuchung zu treffen, während der einzelnen Untersuchungen zu assistieren sowie die Untersuchungsergebnisse zu dokumentieren.**

11.1.3 Vorbereitung, Assistenz und Dokumentation bei diagnostischen Maßnahmen

Vorbereitung

Neben der allgemeinen Praxishygiene vor und nach einer Diagnosemaßnahme (siehe Kap. 4 Hygiene und Infektionsschutz) sind Tiermedizinische Fachangestellte dafür verantwortlich, dass alle für diagnostische und therapeutische Maßnahmen notwendigen Utensilien und Geräte immer in **ausreichender Menge, sauber und funktionsbereit** vorhanden und **ohne längeres Suchen griffbereit** sind:

- Für den täglichen Bedarf müssen die Behältnisse für Einwegspritzen, Kanülen, Flexülen, Verbandsmaterialien sowie Medikamente,die für die Anwendung bestimmt sind (z. B. Hautdesinfektionsmittel, blutstillende Mittel usw.), aufgefüllt sein. Dies wird täglich **vor** Beginn der Sprechstunde kontrolliert und die Behälter bei Bedarf nachgefüllt.
- Diagnostische Geräte (z. B. Blutdruckmessgerät, Otoskop) sollten dann, wenn der Patient auf dem Untersuchungstisch sitzt, funktionsbereit sein. Es ist für alle Beteiligten sehr unangenehm, wenn eine geplante Untersuchung deshalb nicht durchgeführt werden kann, weil z. B. der Akku des Otoskopes nicht aufgeladen ist. Tiermedizinische Fachangestellte sollten in regelmäßigen Abständen sowie grundsätzlich **vor** einer durch Termin vereinbarten Untersuchuchung die Funktionsfähigkeit der notwendigen Geräte überprüfen und sie

gegebenenfalls rechtzeitig (z. B. durch Austausch des Akkus) herstellen.
- Bei einer geplanten Untersuchung werden die dafür notwendigen Instrumente vorher bereitgestellt, um nach Eintreffen des Patienten unverzüglich mit der Diagnosemaßnahme beginnen zu können.
- Bei Diagnosemaßnahmen, an die sich eine Laboruntersuchung des gewonnenen Materials anschließt, z. B.
  - Blutabnahme
  - Entnahme einer Gewebeprobe
  - Hautgeschabsel
  - Uringewinnung durch Blasenpunktion
  - Kotentnahme durch rectale Untersuchung,

  werden die erforderlichen Probegefäße (z. B. Gefäß mit 10 %-igem Formalin) bereitgestellt und die Begleitschreiben für das Labor vorbereitet. Werden Vorbereitungen des Untersuchungsmaterials für das Labor oder die Laboruntersuchungen selbst in der Praxis durchgeführt, sollten die dafür erforderlichen Laborutensilien (z. B. Serumröhrchen, EDTA-Röhrchen, Objektträger, Deckglas) bereitstehen.

Assistenz

Zur Assistenz gehören:
- **Für die Diagnostik erforderliche Angaben ermitteln**
  - Alter
  - Gewicht
  - Körpertemperatur
  - Kastration (ja oder nein)
  - Letzte Läufigkeit (bei Hündinnen)
  - Medikamenteneinnahme

  Die Angaben werden durch eigene Untersuchung (Wiegen, rectale Messung der Körpertemperatur sowie durch Erfragen beim Besitzer ermittelt. Die Ergebnisse werden in der Patientenkartei (Datei) dokumentiert.
- **Fixation des Patienten**
  Tiere auf dem Untersuchungstisch sind in einer Ausnahmesituation. Tiermedizinische Fachangestellte sollten mit den spezifischen Verhaltensweisen der einzelnen Tierarten vertraut sein, gefährliche Situationen rechtzeitig erkennen und durch **angemessene** Haltegriffe und Techniken (siehe Kap. 5 Tierschutz und Patientenbetreuung) eine Untersuchung des Patienten ermöglichen.
- **Vorbereitung des Patienten für die Untersuchung**
  Beispiele:
  - Scheren, Reinigen und Desinfizieren bestimmter Körperstellen z. B. vor der Blutabnahme, Punktion oder Gewebeprobeentnahme.
  - Anwenden von Gleitmittel bei der Ultraschalluntersuchung
  - Anbringen von Elektroden beim EKG
- **Inbetriebnahme des Untersuchungsgerätes**
  Manche Geräte benötigen eine bestimmte Betriebstemperatur und müssen ein paar Minuten vor dem Gebrauch angeschaltet werden. Da nicht alle Patienten immer kooperativ sind, muss eine Untersuchung oft zügig durchgeführt werden. Um Verzögerungen zu vermeiden, sollten TFA daher **vor** Beginn der Untersuchung kontrollieren, ob das elektrische Gerät tatsächlich an die Stromleitung angeschlossen, der Schalter auf „on“ gestellt und das Gerät betriebsbereit ist.
- **Anreichen der Instrumente**
  Für manche Untersuchungen (z. B. Zahnkontrolle beim Kaninchen) werden mehrere Instrumente nacheinander (z. B. der Maulspreizer, Backenklemme, Zungenspatel, Handstück der Zahneinheit mit Diamantfeile) benötigt. TFA reichen die Instrumente situationsgerecht, d. h. dann, wenn sie gebraucht werden, an.

Dokumentation

Die Ergebnisse der Untersuchungen werden unter Angabe des Datums in die Patientendatei (Karteikarte) eingetragen, Röntgen- oder Ultraschallbilder entweder (z. B. bei digitalem Röntgen) in die Patientendatei übertragen (Datentransfer) oder nach dem praxisinternen Ordnungssystem eingelagert, Laborergebnisse im Laborbuch dokumentiert.

11.1.4 Aufgaben Tiermedizinischer Fachangestellter bei einigen ausgewählten Diagnostikmaßnahmen

Entnahme einer Gewebeprobe

Gewebeproben (Biopsie) können aus der Haut, aus Organen oder Tumoren für feingewebliche (histologische) Untersuchungen entnommen werden. Die Gewebeprobeentnahme wird ausschließlich durch den Tierarzt durchgeführt.

Benötigte Materialen und Instrumente bereitstellen

- Schermaschine (bei Hautbiopsien)
- Tupfer
- Hautdesinfektionsmittel
- Lokalanästhesie (bei Hautbiopsien, Tumoren)
- Spritze und Kanüle für Lokalanästhesie
- Handschuhe
- Steriles Abdecktuch
- Kleines Operationsbesteck (Schere, chirurgische Pinzette, Nadelhalter, Moskitoklemme, Skalpell)
- Biopsiestanze
- Probegefäß mit 10 %-igem Alkohol

Vorbereitung und Betreuung des Patienten

- Fixieren des Patienten (nur bei nicht narkotisierten Tieren erforderlich)
- Lagerung des Patienten (bei narkotisierten Tieren)
- Hautdesinfektion (siehe Kap. 4 Hygiene und Infektionsschutz)
- Aufziehen des Lokalanästhetikums
- Anreichen der Instrumente

Maßnahmen nach der Behandlung

- Betreuung des Patienten nach der Diagnostikmaßnahme (Überwachung der Aufwachphase bei narkotisierten Tieren)
- Belohnung des Patienten (bei nicht narkotisierten Tieren)

Bearbeitung der Probe

- Begleitschreiben vorbereiten
- Versenden der Probe oder aufbewahren bis zur Untersuchung im eigenen Labor

Dokumentation

- Eintragen der Diagnostikmaßnahme in die Patientendatei (Karteikarte)
- Eintragung ins Laborbuch
- Notieren der Labornummer (Barcode) bei Versendung in ein Fremdlabor

Blutentnahme

Blutproben werden für die Erstellung eines Blutbildes, zur Funktionskontrolle innerer Organe, für die Bestimmung von Antikörpern gegen Krankheiten im Blut, zur Blutgasanalyse (Bestimmung von Sauerstoff- und Kohlendioxidgehalt im Blut und des Säure-Basen-

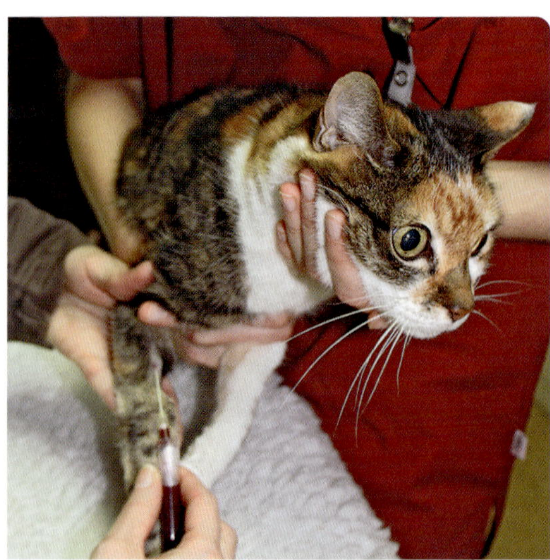

Blutentnahme.

Gleichgewichts) sowie für den Nachweis von Blutparasiten entnommen.

Benötigte Materialien

- Blutröhrchen (Serumröhrchen, Röhrchen mit EDTA-, Heparin- oder Citratzusatz zur Hemmung der Blutgerinnung)
- Schermaschine
- Stauschlinge
- Tupfer
- Hautdesinfektionsmittel
- Kanüle (je nach Größe des Tieres)

Vorbereitung und Betreuung des Patienten (zwei Personen sind erforderlich)

- Fixieren des Patienten
- Scheren der Einstichregion
- Hautdesinfektion (siehe Kap. 4 Hygiene und Infektionsschutz)

Maßnahmen nach der Blutabnahme

- Blutstillung nach Entfernung der Kanüle aus der Vene (solange Druck mit einem sterilen Tupfer auf die Einstichstelle ausüben, bis die Blutung steht)
- Belohnung des Patienten

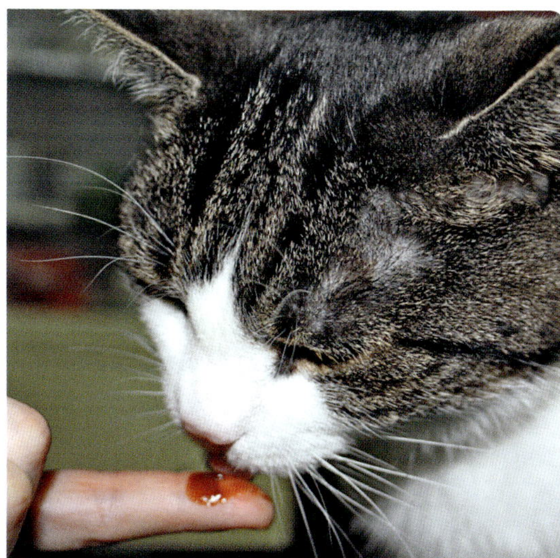

Belohnung des Patienten.

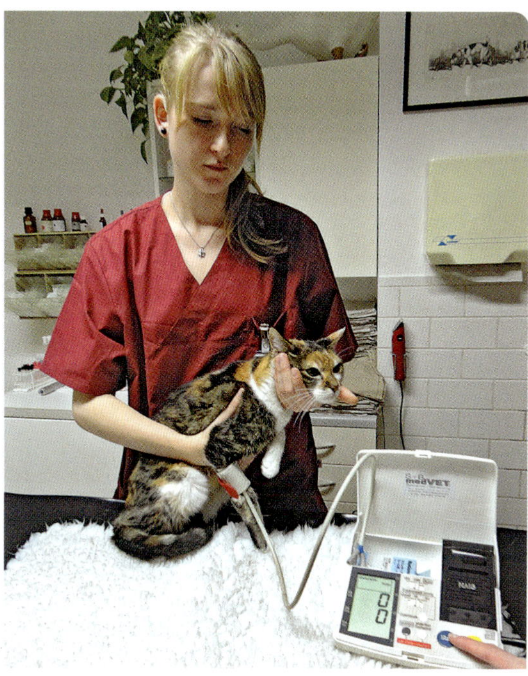

Blutdruckmessung.

Bearbeitung der Probe

- Vorbereitung der Probe für das Fremdlabor (z. B. Zentrifugieren, Blutausstrich)
- Begleitschreiben ausfüllen
- Versenden der Probe
- Bearbeitung der Probe im eigenen Labor

Dokumentation

- Blutabnahme in Patientendatei (Karteikarte) eintragen
- Labornummer (Barcode) in der Karteikarte (Datei) vermerken
- Blutuntersuchung im Laborbuch dokumentieren

Blutdruckmessung

Die Blutdruckmessung wird vorwiegend bei Hunden und Katzen als Routineuntersuchung, zur Kontrolle bereits bestehender Erkrankungen mit Veränderung des Blutdrucks sowie zur Narkoseüberwachung durchgeführt.

Benötigte Materialien

- Blutdruckmessgerät
- Schermaschine (bei Tieren mit dichtem und langem Haarkleid)
- Manschette in der geeigneten Größe

Vorbereitung des Patienten

- Lagerung und Fixierung (Hunde in Brustlage, Katzen am besten auf dem Arm des Besitzers)
- Anlegen der Manschette (bei Tieren mit dichtem und langem Haarkleid evtl. Scheren der Kontaktstelle erforderlich)

Maßnahme nach der Untersuchung

- Abnahme der Manschette
- Belohnung des Patienten

Dokumentation

- Untersuchungsergebnis in die Patientendatei (Karteikarte) eintragen
- Ausdruck des Blutdruckmessgerätes zur Patientenkartei hinzufügen

Elektrokardiogramm (EKG)

Das EKG wird zum Nachweis oder zur Kontrolle von Herzerkrankungen durchgeführt.

Benötigte Materialien

- EKG- Gerät
- Kontaktklemmen (z. B. Krokodilsklemmen)
- Alkohol
- Kontaktgel
- Zellstoff
- Gummimatte zur Isolierung des Untersuchungstisches

Vorbereitung des Patienten

- Lagerung und Fixieren des Patienten (rechte Seitenlage mit gestreckten Beinen) auf der Gummimatte
- Scheiteln der Haare an den Ansatzstellen der Klemmen
- Benetzen der Haut (nicht der Haare) mit Alkohol
- Ansatzstellen der Klemmen mit Kontaktgel bestreichen
- Klemme befestigen und dabei viel Haut fassen
- Benetzen der angesetzten Klemmen mit Alkohol
- Überschüssiger Alkohol und Kontaktgel aus dem Fell und vom Tisch (mit Zellstoff) wischen

Maßnahmen nach der Untersuchung

- Entfernen der Klemmen
- Reinigen von Haut und Fell des Patienten vom Kontaktgel
- Belohnung des Patienten

Dokumentation

- Ausdruck aus dem EKG-Gerät zur Patientenkartei hinzufügen
- Bei digitaler EKG-Messung Datentransfer vom EKG-Gerät auf den Computer

Sonografie

Die Sonografie (Ultraschalluntersuchung) kommt zur Diagnostik von Erkrankungen innerer **nicht lufthaltiger** Organe zum Einsatz.

Benötigte Materialien

- Ultraschallgerät
- Schallkopf
- Schermaschine
- Kontaktgel

Vorbereitung des Patienten

- Lagerung und Fixierung des Patienten
- Großflächiges Scheren der Untersuchungsregion (z. B. bei Untersuchung des Abdomens den ganzen Bauch scheren)
- Großzügiges Auftragen von Kontaktgel (dies muss meist mehrmals während der Behandlung wiederholt werden)

Maßnahmen nach der Untersuchung

- Reinigung von Haut und Fell des Patienten vom Kontaktgel, Belohnung des Tieres

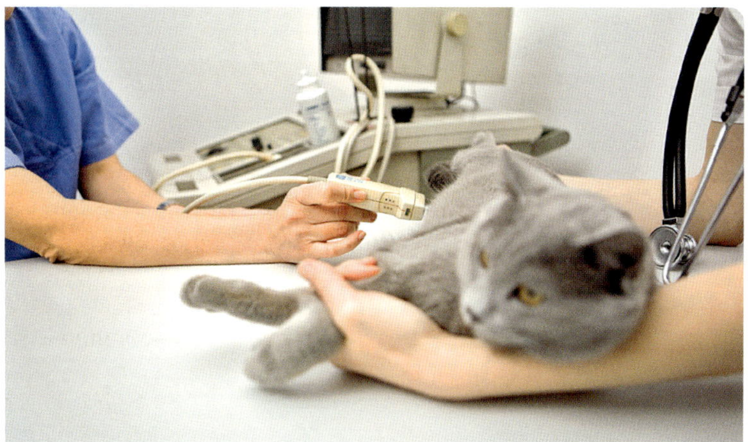

Ultraschalluntersuchung.

Dokumentation

- Ergebnisse der Untersuchung in der Patientenkartei (Computerdatei) dokumentieren
- Ausdruck des Ultraschallbildes der Karteikarte hinzufügen
- Datentransfer vom Ultraschallgerät zur Patientendatei

11.2 Assistenz bei tierärztlicher Therapie

11.2.1 Narkose

Narkosearten

Man unterscheidet **Injektionsnarkose** und **Inhalationsnarkose**. Bei der Injektionsnarkose wird das Narkosemittel entweder intravenös oder intramuskulär injiziert (gespritzt). Bei der Inhalationsnarkose muss der Patient ein Narkosegas entweder über eine Atemmaske oder durch einen Endotrachealtubus (siehe unten) einatmen.

Endotrachealtubus

Der Endotrachealtubus wird durch das Maul in die Luftröhre geschoben und mithilfe eines Bandes am Oberkiefer befestigt. Damit der Patient den Tubus nicht abbeißen kann (z. B. in der Aufwachphase), wird die Maulhöhle im geöffneten Zustand durch einen **Maulspreizer** fixiert. Zum Einführen des Tubus in die Luftröhre wird der Patient meist auf dem Rücken gelagert und der Kopf etwas überstreckt. Das Gaumensegel wird mit einem Spatel (oder einem Intubationsgerät) angehoben, damit der Eingang der Trachea (Luftröhre) sichtbar wird und der Tubus eingeführt werden kann. Dieser Vorgang wird als **Intubation** bezeichnet. Die Tubusgröße muss entsprechend der Größe des Patienten ausgewählt werden.

Am unteren Ende des Tubus (dort, wo er in der Luftröhre liegt) befindet sich ein Ballon. Dieser Ballon wird durch einen kleinen, seit-

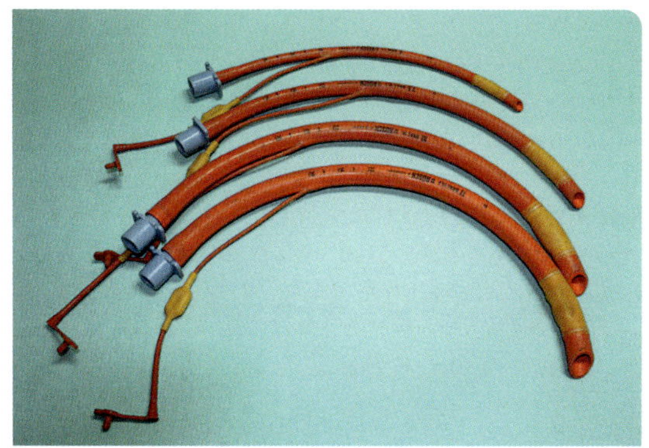

Endotrachealtuben in verschiedenen Größen.

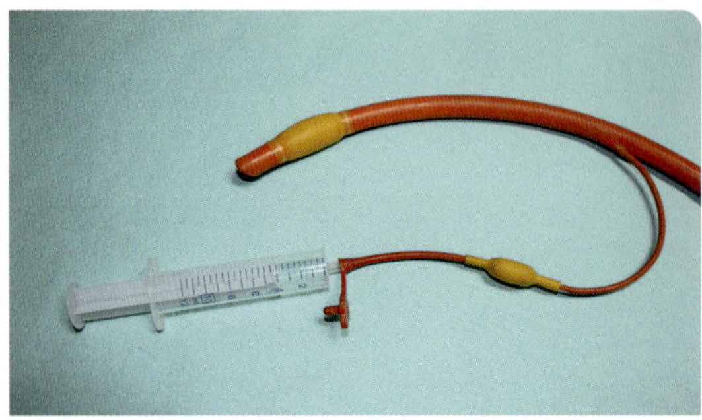

Endotrachealtubus mit aufgeblasenem Ballon.

lich angebrachten Schlauch mit Luft aufgeblasen. Dadurch pressen sich die Wände des Ballons leicht gegen die Wand der Trachea (Luftröhre) und der Tubus kann nicht mehr verrutschen. Das obere Ende des Endotrachealtubus wird an das Narkosegerät angeschlossen.

Vorsicht:
Nur soviel Luft in den Ballon einfüllen, dass der Endotrachealtubus soeben hält. Wird der Ballon zu weit aufgeblasen, kann die Luftröhrenschleimhaut durch den zu starken Druck geschädigt werden. Endotrachealtuben müssen vor der Anwendung auf Beschädigungen kontrolliert werden. Bei überalterten Tuben wird die Kunststoffhaut des Ballons spröde und kann beim Auffüllen mit Luft in der Trachea zerplatzen.
Für einige Tierarten gibt es inzwischen auch eine Larynxmaske (Kehlkopfmaske), die nicht wie der Tubus in die Luftröhre eingeführt wird, sondern über den Kehlkopf gestülpt und über ein Cuff (aufblasbare Manschette) abgedichtet wird. Die Larynxmaske ist schonender als ein Tubus und wird in der Humanmedizin bevorzugt eingesetzt.

Narkoseüberwachung

Während der gesamten Narkosedauer sowie in der Aufwachphase muss der Patient lückenlos überwacht werden. Dabei werden die Vitalfunktionen (Atmung, Kreislauf, Bewusstsein) überprüft (siehe Kap. 15, Notfallmanagement):

- Zur Kontrolle der Atmung werden die Atembewegungen beobachtet.
- Die Kontrolle des Kreislaufes erfolgt über Herzauskultation sowie Überprüfung der Schleimhautfarbe und der Kapillarfüllungszeit (z. B. am unpigmentierten Zahnfleisch). Bei Operationen kann auch die Farbe des Blutes einen Hinweis auf den Kreislaufzustand geben: hellrotes Blut ist sauerstoffreich, dunkles Blut sauerstoffarm.
- Das Bewusstsein bzw. die Narkosetiefe wird durch Prüfung der Reflexe festgestellt.

Chirurgisch ausgerichtete Tierarztpraxen und größere Kliniken verwenden zur Narkoseüberwachung meist spezielle Geräte zur Kontrolle der Vitalfunktionen (z. B. Pulsoxymeter, Kapnograph, EKG-Gerät).

Die Narkoseüberwachung dient dazu, Narkosezwischenfälle (z. B. Atemstillstand, allergische Reaktionen auf Medikamente oder Materialien) rechtzeitig zu erkennen, um Gegenmaßnahmen ergreifen zu können. Über den Verlauf der Narkose, die verwendeten Narkosemittel sowie über evtl. auftretende Komplikationen wird ein **Narkoseprotokoll** angefertigt.

Aufwachphase

Der Patient muss in der Aufwachphase von Personen überwacht werden, die eine Notfallsituation rechtzeitig erkennen und ihr entgegenwirken können. Der Patient wird weich gelagert. Die Umgebungstemperatur muss so gewählt werden, dass das Tier weder auskühlt noch (z. B. durch eine zu heiße Wärmequelle) überhitzt wird. Die liebevolle Betreuung und Ansprache des aufwachenden Patienten hilft dabei, die für ihn oft verwirrende und bedrohliche Situation zu meistern.

Nach einer Inhalationsnarkose wird der

Endotrachialtubus erst dann entfernt, wenn der Patient leichte Abwehrreaktionen zeigt. Das hat den Vorteil, dass bei eventuell Auftreten von Komplikationen der Patient nicht erneut intubiert werden muss, sondern sofort über den Tubus beatmet werden kann. Ebenso verbleibt der Venenverweilkatheter noch solange in der Vene, bis gesichert ist, dass keine Notfallmedikamente oder Infusionen mehr verabreicht werden müssen.

Bleibt das Tier über einen längeren Zeitraum in stationärer Pflege, sind TFA für die artgerechte Unterbringung und Fütterung verantwortlich (siehe Kap. 12 Prävention und Rehabilitation).

11.2.2 Operationen und Behandlungen

Tiermedizinische Fachangestellte stellen die jeweils notwendigen Utensilien (z. B. chirurgisches Besteck, Nahtmaterial, Narkosegerät, Narkoseüberwachungsgeräte, Medikamente, Verbandsmaterial) bereit. Sie bereiten den Patienten für chirurgische Eingriffe vor (Rasur, Reinigung und Desinfektion der Haut). Sie können subcutane (s. c.) Injektionen nach Anweisung des/der Tierarztes/Tierärztin verabreichen, Verbände anlegen und sind für die Überwachung von Infusionen verantwortlich.

Subkutane Injektion

Die Subcutane Injektion (s. c. – Injektion) ist die häufigste Injektionsart in der Tiermedizin. Dabei wird die Injektionsflüssigkeit **in die Unterhaut** (Subcutis) gespritzt und von dort über die Gefäße der Haut in die Blutbahn aufgenommen. Gebräuchliche Kanülen für die subkutane Injektion sind 23 G (blau) und 22 G (schwarz). Bei Kleinsäugern und Vögeln werden kleinere Nadeln (27 G, grau) bevorzugt (siehe Kap. 10, Tierärztliche Hausapotheke).

Durchführung

- Luftfreies Aufziehen der Injektionsflüssigkeit

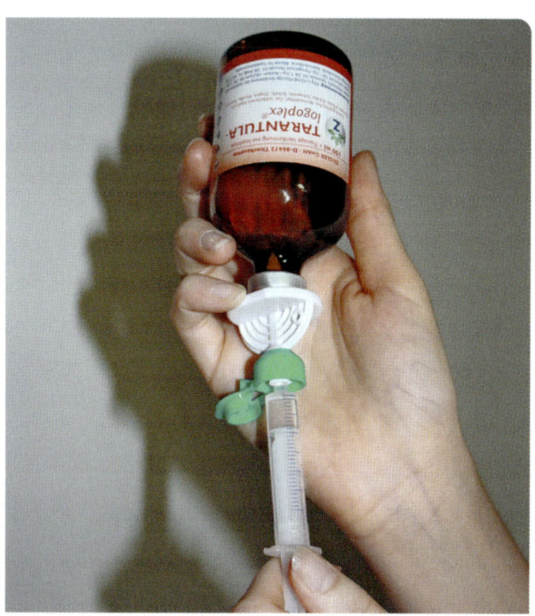

Aufziehen eines Medikamentes.

- Entfernen von Luftbläschen aus der Nadelspitze durch vorsichtiges Vorschieben des Spritzenkolbens, bis aus der Nadelspitze ein kleiner Tropfen Flüssigkeit austritt
- Händedesinfektion
- Scheiteln des Fells, sodass die Haut sichtbar wird
- Hautdesinfektion
- 30 Sekunden Einwirkungszeit des Desinfektionsmittels
- Leichtes Anheben einer Hautfalte
- Einstechen der Nadel im schrägen Winkel und Einführen **maximal 1/3 ihrer Gesamtlänge** in das Gewebe
- Aspiration durch Anziehen des Spritzenkolbens um einige Millimeter
- Langsames Abdrücken des Spritzenkolbens und Einspritzen der Flüssigkeit unter die Haut
- Sachgerechte Entsorgung von Kanüle und Spritze
- Dokumentation der Injektion in der Patientenkartei

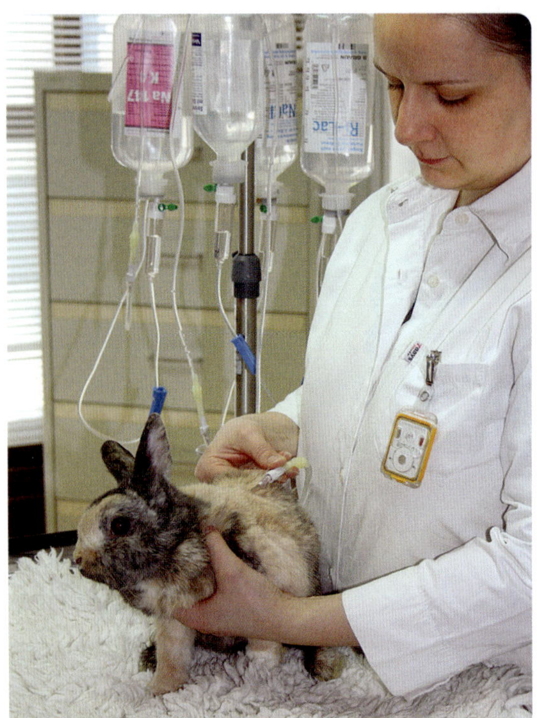

Subcutane Infusion bei einem Kaninchen.

Vorsicht:
Bei **Katzen** kann jede Injektion, die zu einer Entzündung des Unterhautgewebes führt (z. B. durch ungenügende Desinfektion, gewebereizende Arzneimittel, unsachgemäße Injektionstechnik), ein Fibrosarkom (bösartiger Bindegewebstumor) verursachen.

Grundsätzlich ist die die sucutane Injektion bei Säugetieren an fast jeder Stelle des Körpers möglich, an der die Haut leicht angehoben werden kann, um die Injektionsflüssigkeit in die Unterhaut zu platzieren. Bevorzugte Stellen beim Hund, bei der Katze, bei Kaninchen und Meerschweinchen, sowie bei Kleinsäugern sind die seitliche Brustwand.

Bei Vögeln werden Medikamente meist intramuskulär in den Brustmuskel injiziert. Größere Flüssigkeitsmengen allerdings müssen subcutan nach leichtem Strecken des Kopfes in eine Hautfalte im Nacken gespritzt werden. Hier sollte nur die Nadelspitze (nicht weiter als bis zum Ende des Anschliffs) in das Gewebe eingeführt werden. Es besteht sonst die Gefahr, dass größere Blutgefäße im Halsbereich verletzt werden.

In seltenen Fällen kann durch die subcutane Injektion ein Blutgefäß in der Haut verletzt werden. Die dadurch entstehende leichte Blutung aus der Einstichstelle wird durch Druck mit einem sterilen Tupfer (auf die Injektionsstelle) in der Regel innerhalb weniger Sekunden zum Stillstand gebracht. Danach sollte die Einstichstelle erneut desinfiziert werden.

Kleinsäuger (Mäuse, Ratten, Hamster) kratzen sich häufig nach einer subcutanen Injektion an der Einstichstelle. Dadurch können großflächige Wunden entstehen. Aus diesem Grunde sollten bei diesen Tierarten Injektionen nur dann durchgeführt werden, wenn es keine andere Möglichkeit zur Verabreichung eines Medikamentes gibt (z. B. wenn das Arzneimittel nicht in Tabletten oder Tropfen vorliegt). Dabei sollte der Nutzen der Injektionstherapie im Verhältnis zu der Gefahr, dadurch einen großen Schaden zu verursachen, genau abgewogen werden.

Aspirieren

Um zu verhindern, dass ein Medikament, das intracutan (subcutan oder intramuskulär) injiziert werden soll, versehentlich in ein Blutgefäß gelangt, wird der Spritzenkolben nach Einstich in das Gewebe um einige Millimeter zurückgezogen. In der medizinischen Fachsprache wird dieser Vorgang Aspirieren oder Aspiration genannt. Wurde ein Blutgefäß angestochen, saugt sich das Blut in die Kanüle und wird im transparenten (durchsichtigen) Kanülenschaft sichtbar. In einem solchen Fall muss die Injektion sofort abgebrochen und die Einstichstelle mittels eines sterilen Tupfers etwa 1 – 2 Minuten fest gedrückt werden, um die Bildung eines Blutergusses zu verhindern.

Die Spritze und Kanüle, mit der das Blut aspiriert wurde, muss verworfen und das Medikament (mit einer frischen Spritze und Kanüle) neu aufgezogen werden. Der Einstich mit der neuen Spritze sollte dann an einer anderen Hautstelle erfolgen.

Aufziehen eines Medikamentes

Medikamente zur Injektion werden in kleineren oder größeren Stechampullen, Glasampullen zum Aufsägen (heute nur noch selten) und Brechampullen angeboten. **Größere Stechampullen** zur Mehrfachentnahme mit bis zu 100 ml Inhalt werden aus Hygienegründen mit einer Mehrfachentnahmekanüle mit integriertem Filter und Verschlusskappe (siehe Foto) vor dem Eindringen von Keimen geschützt.

Die Medikamentenmenge, die für einen einmaligen Gebrauch aus **kleineren Stechampullen** benötigt wird, kann mit einer großlumigen Kanüle mit aufgesetzter Spritze entnommen werden. Vor dem Injizieren sollte grundsätzlich die Kanüle gewechselt werden, da sie bei der Entnahme durch den Gummistopfen der Stechampulle stumpf wird. Dadurch kann sie die Haut schwerer durchdringen und die Injektion wird schmerzhafter.

Brechampullen werden entweder mit einer (in der Medikamentenverpackung mitgelieferten) Ampullensäge angesägt und von der angesägten Stelle weg gebrochen. Bei Ampullen, die am Ampullenhals mit einem roten Punkt versehen sind, benötigt man keine Säge. Sie werden vom roten Punkt aus weg gebrochen. In beiden Fällen sollte ein Tupfer oder ein Tuch verwendet werden, um sich dabei vor Schnittverletzungen zu schützen.

Das flüssige Medikament wird luftfrei mit einer Spritze aufgezogen. Bei Stechampullen zur Mehrfachentnahme wird die Spritze ohne Nadel auf die Mehrfachkanüle aufgesetzt und die Flüssigkeit durch Drehen der Flasche „auf den Kopf" entnommen. Bei Stechampullen zur Einmalentnahme wird die Flüssigkeit mit einer Spritze mit aufgesetzter Nadel herausgesaugt.

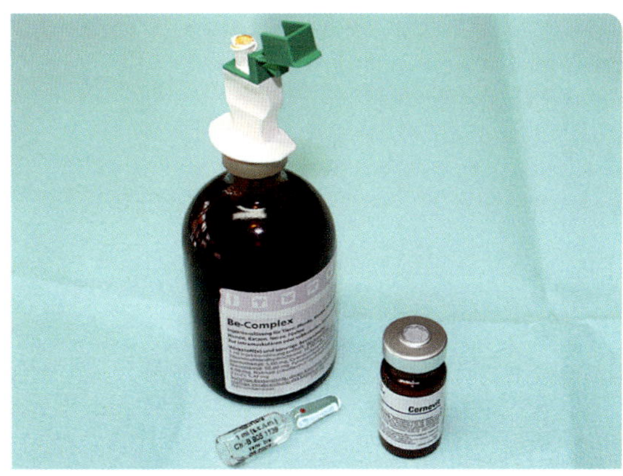

Stech- und Brechampullen.

Die Nadel wird durch den Gummistopfen in die Ampulle eingeführt und die Flasche ebenfalls „auf den Kopf" gestellt. Die Spitze der Nadel sollte nun unter dem Flüssigkeitsspiegel liegen, damit keine Luft aus der Flasche mit aufgezogen wird.

Aus einer Brechampulle wird die Flüssigkeit mit einer Spritze mit aufgesetzter Nadel entnommen. Dabei ist darauf zu achten, dass die Nadelspitze immer unterhalb (am besten am Boden der Glasampulle) des Flüssigkeitsspiegels liegt, um keine Luft mit aufzusaugen.

Gerät trotz aller Vorsicht Luft in die Spritze, sollte diese mit der Nadel nach oben gehalten und leicht mit einem Finger beklopft werden. Dadurch steigen die Luftblasen nach oben in Richtung Kanülenspitze. Durch vorsichtiges Vorschieben des Kolbens kann man die Luft nun wieder nach außen drücken. Die Spritze (und Kanüle) ist vollständig entlüftet, wenn ein kleiner Tropfen Flüssigkeit aus der Kanülenspitze austritt.

Infusion

Man unterscheidet zwischen venöser und subcutaner Infusion. Bei der venösen Infusion wird die Infusionsflüssigkeit direkt in die Vene verabreicht, während bei der subcutanen Infusion die Flüssigkeit subcutan (unter die Haut) appliziert wird.

Zur Durchführung einer **venösen Infusion** muss ein Venenzugang für längere Zeit (mindestens für die Zeit, in der die Infusion verabreicht wird) geschaffen werden. Dazu wird entweder ein Venenverweilkatheter (z. B. Braunüle, Fexüle, VasoVet) oder eine Flügelkanüle (umgangssprachlich auch Butterfly genannt) verwendet. Der **Venenverweilkatheter** besteht aus einer Führungsschiene, sowie aus einem dünnen, aus festem Kunststoff (Teflon) bestehenden hohlen Schlauch. In dessen Innern befindet sich eine Nadel, die mit ihrem geschliffenen Ende über den Rand des Kunststoffschlauchs hinausreicht und das Einführen des Katheters durch die Haut in die Vene ermöglicht. Nach Einführen in die Vene wird die Nadel mit Hilfe der Führungsschiene aus dem Kunststoffschlauch herausgezogen. Der Kunststoffschlauch (der eigentliche Venenkatheter) verbleibt in der Vene. Aus der Haut ragt lediglich das Verbindungsstück (Luer-Lock) hervor, das mit Verbandmaterial an der Haut fixiert werden muss und dann mit dem Infusionsschlauch verbunden werden kann.

Venöse Infusionen werden vorwiegend bei Pferd, Rind, Hund und Katze durchgeführt. Hier werden Verweilkatheter in den Größen 22 G (blau) und 20 G (rosa) sowie 18 G (grün) verwendet.

Die **Flügelkanüle** besteht lediglich aus einer dünnen Hohlnadel mit zwei Führungsflügeln aus Plastik, sowie einem kurzen Schlauch, dessen Ende ein Luer- System besitzt. Damit kann die Kanüle mit dem Infusionsschlauch verbunden werden.

Der Venenverweilkatheter kann über 1 – 2 Tage (gut an der Haut befestigt und durch einen Verband gesichert) in der Vene verbleiben, sodass bei wiederholten Infusionen nicht neu „gestochen“ werden muss. Die Flügelkanüle wird nach Beendigung der Infusion sofort wieder aus der Vene entfernt.

Vor dem Einführen des Venenverweilkatheters (oder der Flügelkanüle) wird die Haut über der Vene geschoren und desinfiziert (Hautdesinfektion siehe Kap. 4 Hygiene und Infektionsschutz). Die Vene wird mit den Fingern einer Hand (oder durch eine Hilfsperson) über der Einstichstelle gestaut und die Nadel relativ flach in die Vene eingeführt. Anschließend wird der **entlüftete** Infusionsschlauch angesteckt (oder angeschraubt).

Bei Verwendung eines Butterflys muss dieser vor dem Einstechen in die Vene ebenfalls entlüftet, d. h. mit Infusionsflüssigkeit gefüllt werden, damit keine Luft in die Blutbahn eindringen kann.

Vorbereitung einer Infusion

Infusionslösungen werden vom Handel in Glas- oder Plastikflaschen sowie Plastikbeutel in Größen von 50 ml bis 1000 ml sowie Kanister angeboten. Die Behälter verfügen in der Regel über eine Aufhängevorrichtung (z. B. Plastikbügel). Damit kann man sie (mit einem Infusionsschlauch versehen) gebrauchsfertig an einen Infusionsständer hängen. In der Kleintiermedizin werden vorwiegend Flaschen mit 500 ml Inhalt verwendet. Bei Pferden setzt man Kanister mit 5 – 10 Litern ein.

Der Infusionsschlauch besteht aus einem spitzen oberen Einstichdorn, einer Tropfkammer, einem bakteriendichten Luftfilter, einer Rollklemme, sowie einem Luer-Lock-Anschluss (ein genormter Anschluss) zum Venenkatheter (oder Butterfly).

Die Vorbereitung einer Infusion erfolgt in mehreren Schritten:

- Zum Befestigen des Infusionsschlauches wird die Kappe vom Verschluss der Infusionsflasche entfernt. Dabei ist zu beachten, dass man nicht versehentlich mit dem Finger auf den nun sichtbaren (sterilen) Gummipfropfen gelangt.
- Der Infusionsschlauch wird aus der sterilen Verpackung entnommen und die Rollklemme (die sich im oberen Drittel des Schlauches befindet) nach oben gedreht. Dadurch wird der Schlauch eingeklemmt, sodass keine Flüssigkeit hindurchfließen kann.

- Der Einstichdorn wird (ohne ihn mit dem Fingern zu berühren) von der sterilen Abdeckung befreit und in die Mitte des Gummipfropfens der Infusionsflasche eingestochen.
- Infusionsflasche und Schlauch werden an den Infusionsständer gehängt.
- Durch rhythmisches Drücken der Tropfkammer wird diese bis zu einem Drittel mit Infusionsflüssigkeit gefüllt.
- Die Klappe des Luftfilters an der Tropfkammer wird zum Druckausgleich geöffnet, um beim Ausfließen der Flüssigkeit ein Zusammenziehen der Flasche aufgrund des dann entstehenden Unterdrucks zu vermeiden.
- Die Rollklemme wird geöffnet und der Infusionsschlauch vollständig (bis zum Luer-Verschluss) entlüftet, d. h. mit Flüssigkeit gefüllt. Damit zunächst die Luft und dann zur Sicherheit noch ein paar ml der Flüssigkeit am unteren Ende des Schlauches herausfließen können, muss zuvor die Kappe des Luer-Verschlusses abgenommen werden. Auch hier darf die Öffnung nicht mit den Fingern berührt werden, damit es nicht zu einer Keimverschleppung von Umwelt- oder Hautkeimen in die Blutbahn des Patienten kommt. Nach der Entlüftung wird die Rollklemme wieder verschlossen.
- Der Schlauch wird mit dem Luer-Lock-System an den Venenverweilkatheter (oder die Flügelkanüle) angeschlossen.
- Mit der Rollklemme kann die Tropfgeschwindigkeit reguliert und in der Tropfkammer zugleich kontrolliert werden.

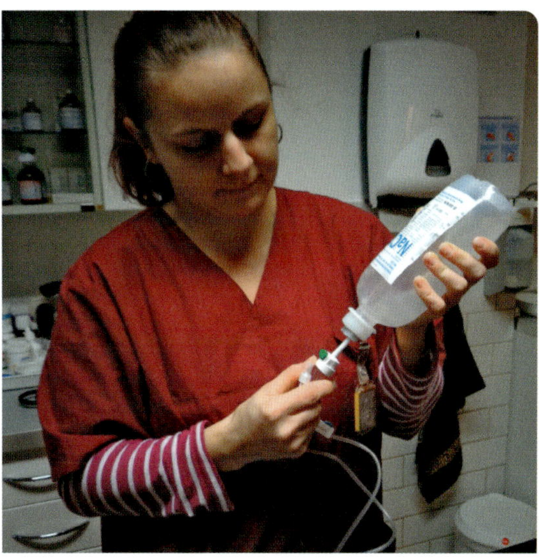

Infusionsschlauch mit Infusionsflasche verbinden.

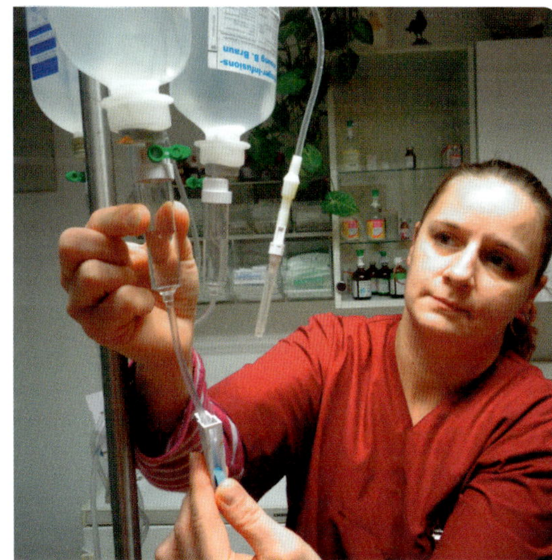

Rollklemme schließen und Flüssigkeitsspiegel herstellen.

Infusionsschlauch entlüften.

11.2.3 Bezeichnung und Funktion wichtiger tierärztlicher (veterinärmedizinischer) Instrumente

Veterinärmedizinische Instrumente werden entweder nach ihrer Funktion (z. B. chirurgische Pinzette), nach ihrer Form (gebogene Schere) sowie nach dem Namen der Person benannt, die sie entwickelt haben. Häufig spielen alle drei Kriterien gemeinsam für die Namensgebung eine Rolle (z. B. gebogene Präparierschere nach Mayo).

Pinzetten

Pinzetten dienen zum Fassen und Halten (z. B. von Körpergewebe, Fäden, chirurgischen Schrauben usw). Sie bestehen aus zwei Schenkeln mit jeweils einem Maulteil, einer Grifffläche, einem Spiegel sowie einer Feder.

Man unterscheidet:

- **Anatomische Pinzette**
  Sie hat zahnlose stumpfe Maulteile und erlaubt es damit, besonders empfindliches Körpergewebe (z. B. Darm, Nerven, Gefäße) zu erfassen und zu halten, ohne es zu verletztzen. Die Innenfläche der anatomischen Pinzette ist am Maulteil entgegen der Zugrichtung gerieft.
- **Chirurgische Pinzette**
  Sie zeichnet sich durch unterschiedlich geformte Zähnchen im Maulteil aus. Dadurch gelingt ein festeres und sicheres Fassen und Halten. Chirurgische Pinzetten eignen sich nur für kräftiges Körpergewebe (z. B. Bindegewebe, Faszien).
- **Atraumatische Pinzette**
  Sie verfügt am Maulteil über parallel angeordnete, ineinander greifende (oder aufeinander stehende) Zahnreihen. Dadurch kann Gewebe abrutschsicher, jedoch nicht so verletzend wie bei der chirurgischen Pinzette gefasst und gehalten werden.
- **Pinzette mit Spezialfunktion**
  Zu den Pinzetten mit Spezialfunktion gehören z. B. die gebogene **Nasen- und Ohrpinzette**, mit der man in die Tiefe des gebogenen Gehörgangs (oder Nasenhöhle) gelangen und einen Fremdkörper entfernen kann, sowie die **Darmfasspinzette**, mit deren Hilfe man empfindliches Darmgewebe greifen kann ohne es zu verletzen.

Skalpell

Skalpelle werden zum Durchtrennen von Gewebe verwendet. Durch die scharfe Klinge des Skalpells wird ein besonders glatter Schnitt erzielt. Das ist für eine schnelle Wundheilung von Bedeutung. Man unterscheidet Skalpelle mit feststehender und mit austauschbarer Klinge sowie viele verschiedene Klingenformen.

Scheren

In der Medizin gibt es unterschiedliche Scherenarten, die jeweils für verschiedene Aufgabengebiete eingesetzt werden. **Scheren sollten immer nur ihrer Bestimmung nach verwendet werden (z. B. Präparierscheren nicht zum Abschneiden von Fäden, Verbandsscheren nicht zum Zellstoffschneiden verwenden), da sie sonst stumpf werden.**

- **Chirurgische Schere**
  Chirurgische Scheren sind meist gerade oder nur wenig gebogen. Die Schneidekanten sind entweder stumpf-stumpf oder spitz-stumpf. Chirurgische Scheren werden zum Schneiden von medizinischen Materialien (z. B. Fäden und Verbandsmaterial) verwendet.
- **Präparierschere**
  Präparierscheren werden zum Präparieren von Körpergewebe verwendet und können, je nachdem, bei welchem Gewebe sie eingesetzt werden, unterschiedlich geformt sein. Sie sind feiner als chirurgische Scheren.
- **Scheren für spezielle Zwecke**
  Dazu gehören u. a. die Verbandschere, Gipsscheren für kleine und große Gipsverbände, Verbandsstoff-Zuschneideschere (z. B. zum Schneiden von Zellstoff).

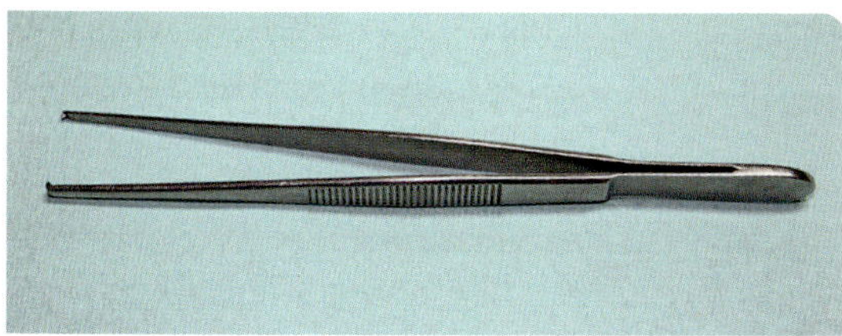

Chirurgische Pinzette.

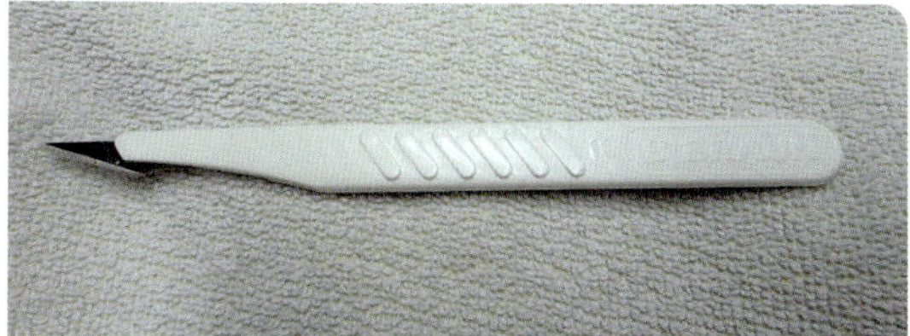

Skalpell mit feststehender Klinge.

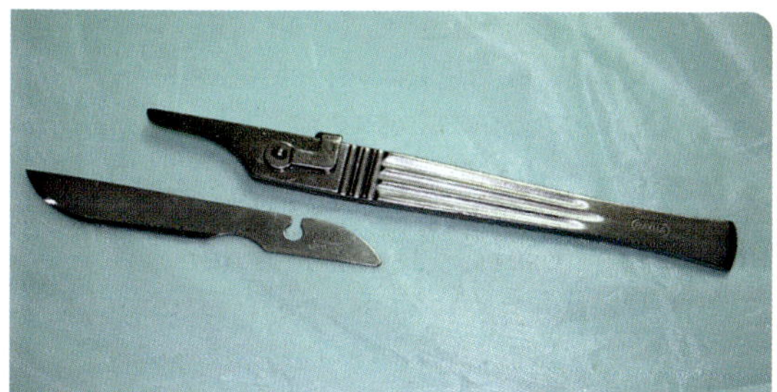

Skalpellschaft mit aufsteckbarer Klinge.

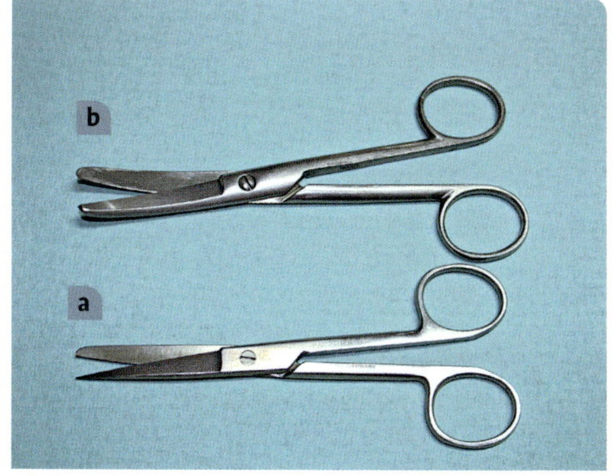

Chirurgische Scheren: a) mit stumpf-spitzer Schneidekante, b) mit stumpf-stumpfer Schneidekante.

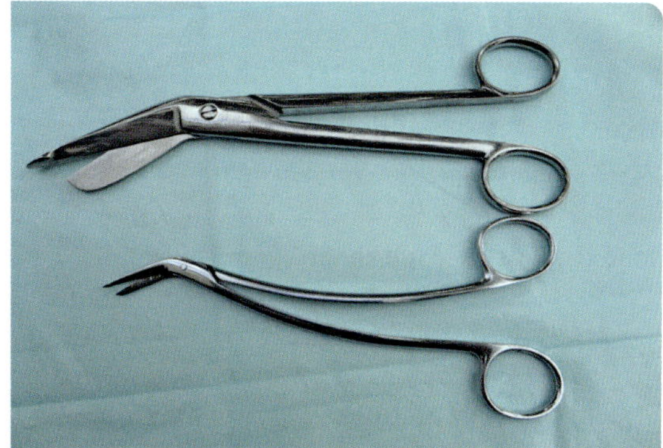

Verbandscheren.

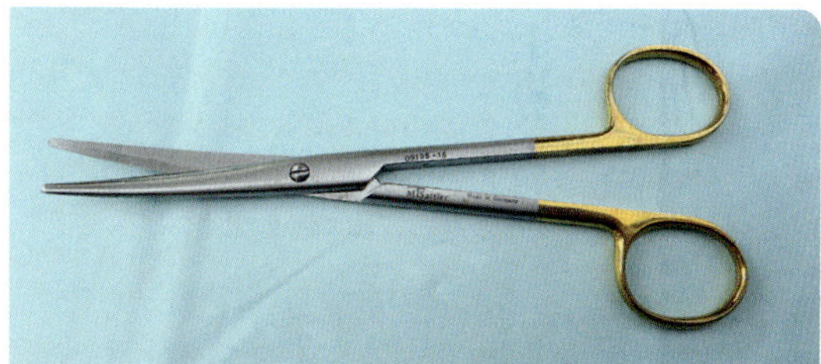

Präparierschere.

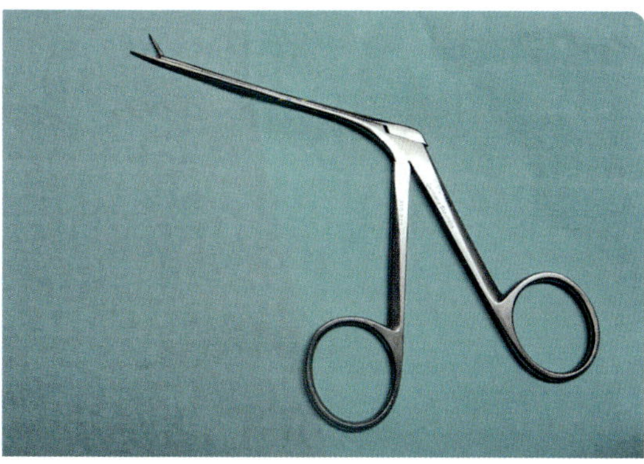

Fremdkörperzange.

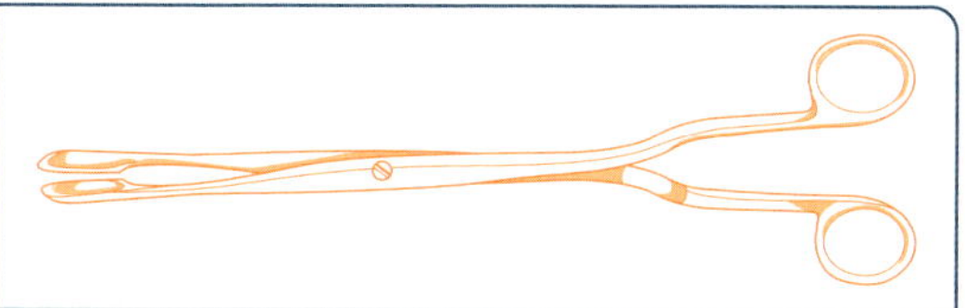

Kotzange.

Klemmen

Klemmen werden für das Halten von Gewebe über einen längeren Zeitraum verwendet. Sie besitzen daher eine Sperre, die es gestattet, sie nach dem Feststellen zusammen mit dem gefassten Gewebe loszulassen, ohne dass das Gewebe wieder frei wird. Wichtige Klemmenarten sind:

- **Arterienklemme**
  Sie wird zum Fassen und Halten blutender Gefäße verwendet.
- **Moskitoklemme**
  Bei der Moskitoklemme handelt es sich um eine sehr kleine Variante der Arterienklemme.
- **Darmklemme**
  Sie dient dazu, das feine Darmgewebe zu halten, ohne es zu stark zu traumatisieren.
- **Tuchklemme**
  Sie wird zum Fixieren von Abdecktüchern angewandt.

Zangen

Zangen werden als Hilfsmittel zum kräftigen Fassen (z. B. von festem Gewebe, Knochen, Fremdkörpern) verwendet. Beispiele sind die **Fremdkörperzange**, die es in verschiedenen Formen (je nach Anwendungsgebiet) gibt, sowie die **Kotzange**, mit deren Hilfe Kotballen bei Koprostase (Verstopfung) aus dem Enddarm entfernt werden können.

Wundhaken

Wundhaken werden verwendet, um während einer Operation Gewebe aus dem Blickfeld des Operateurs zu ziehen und das Operationsfeld damit übersichtlicher zu gestalten. Sie müssen von einer Assistenz gehalten werden, da sie nicht über eine Sperre verfügen. Es gibt Wundhaken in unterschiedlichen Gestalten.

Wundspreizer

Wundspreizer haben die gleiche Funktion wie Wundhaken, d. h. das Operationsfeld von

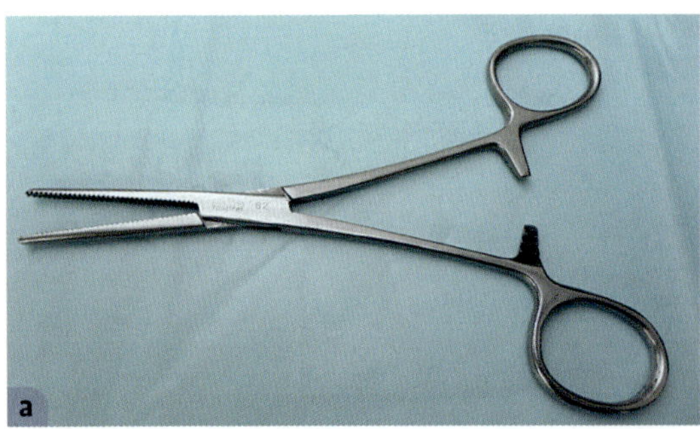
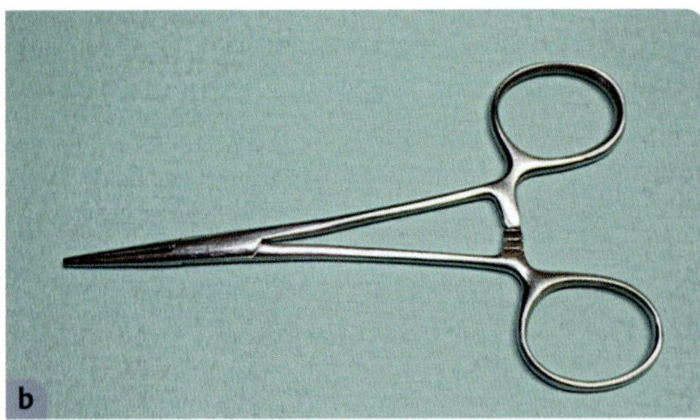
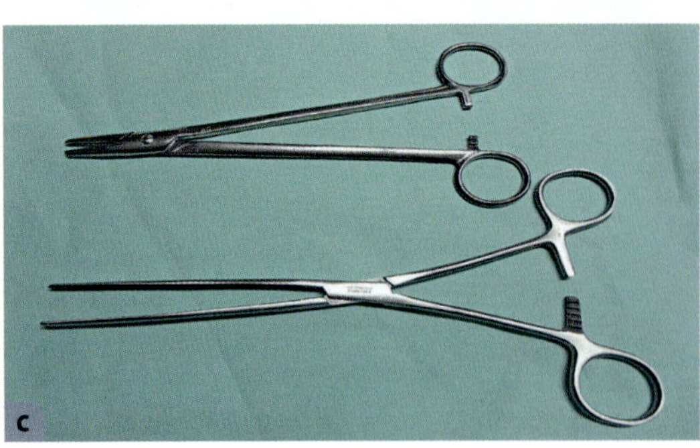
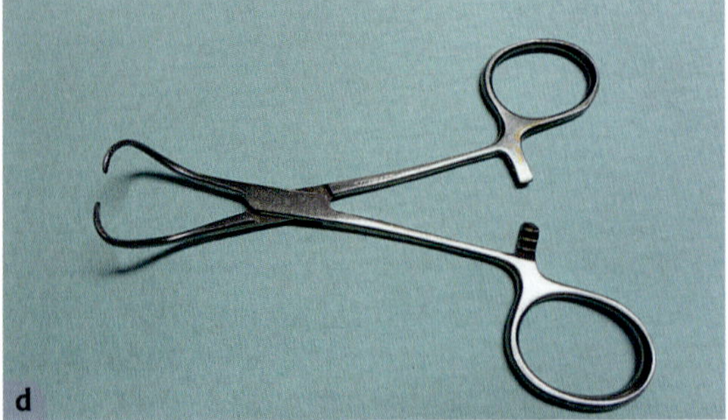

Klemmen: a) Arterienklemme, b) Moskitoklemme, c) Darmklemme, d) Tuchklemme.

verdeckendem Gewebe zu befreien. Da sie über eine Sperre verfügen, können sie ohne Assistenz angewendet werden. Wundspreizer gibt es, je nach Anwendungsgebiet, in verschiedenen Formen.

Küretten und scharfe Löffel

Küretten besitzen ein gefenstertes, schneidendes Arbeitsende, scharfe Löffel sind (wie der Name sagt) löffelartig geformt. Der Rand ist schneidend. Beide Instrumente werden zum Abtragen von Körpergewebe (z. B. Ausschaben von abgestorbenem Gewebe bei der Wundauffrischung, Entnahme von Gewebe zur Untersuchung) verwendet.

Chirurgische Nadeln

Sie bestehen in der Regel aus hochwertigem rostfreiem Edelstahl und sind besonders bruchfest. An einem Ende besitzen sie ein Federöhr, in das der chirurgische Faden bequem eingedrückt (nicht eingefädelt) wird. Chrirugische Nadeln werden nach folgenden Kriterien unterschieden:

- **Nach ihrem Kreisanteil**
  Es gibt Nadeln mit einem
  1/4 Kreisanteil,
  3/8 Kreisanteil,
  1/2 Kreisanteil und
  5/8 Kreisanteil.

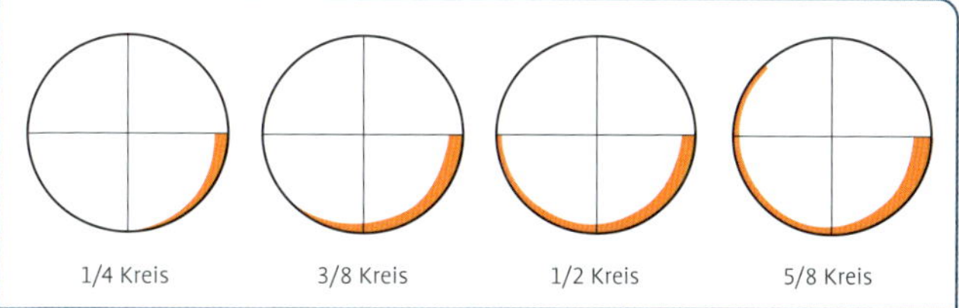

Kreisanteil von chirurgischen Nadeln.

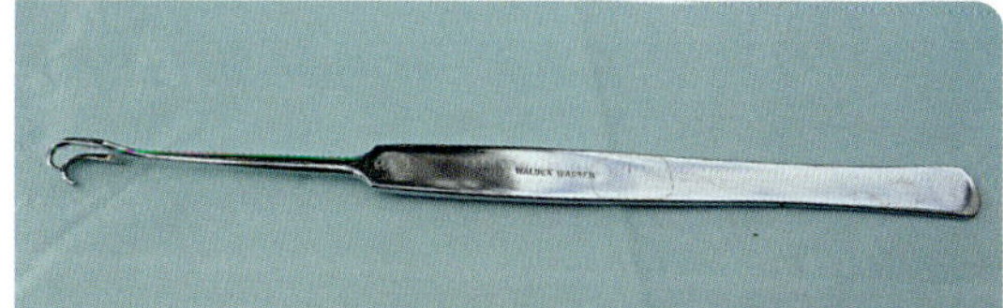

Wundhaken.

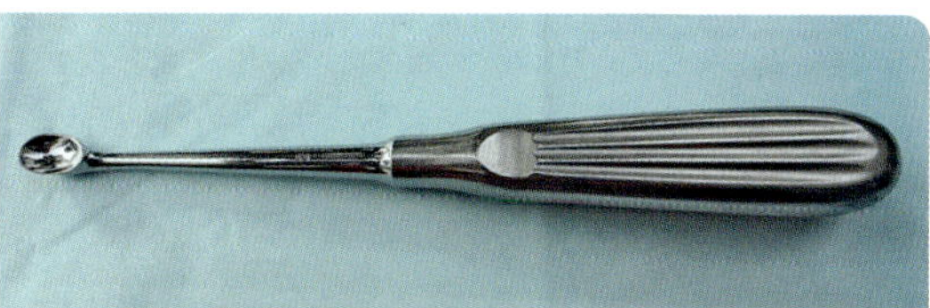

Scharfe Löffel.

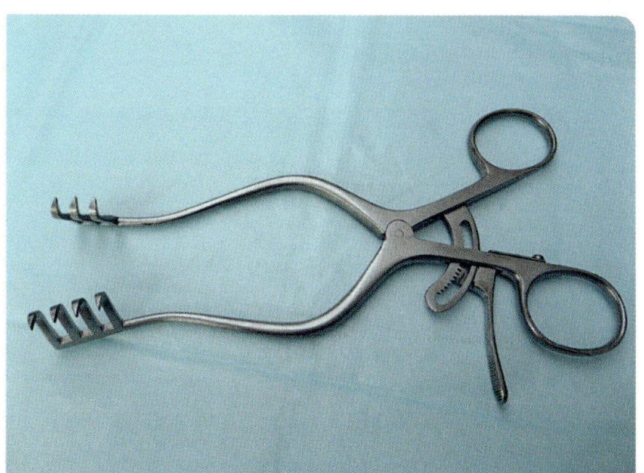

Wundspreizer.

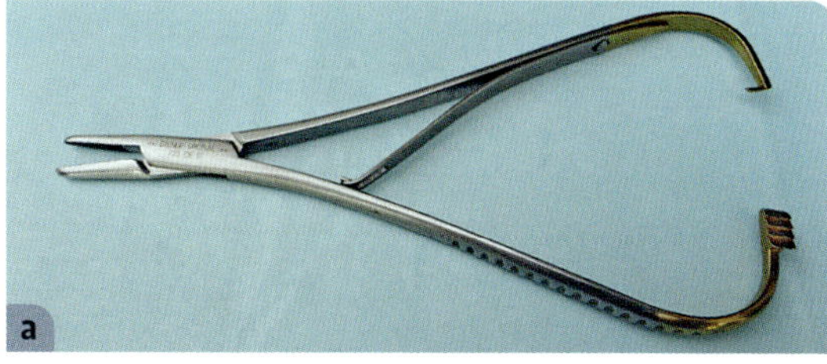

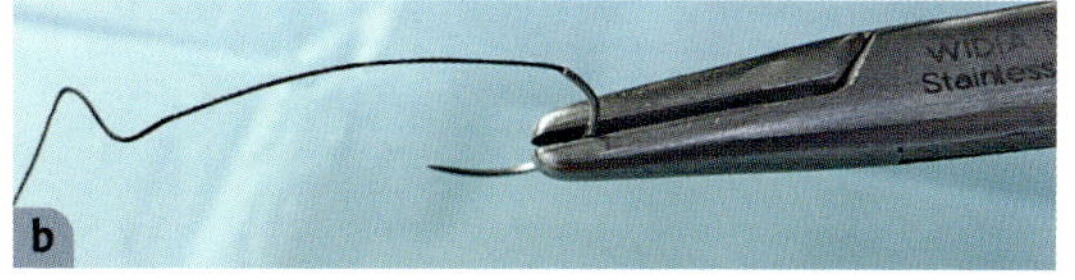

a) Nadelhalter, b) Nadelhalter mit Nadel.

- **Nach dem Querschnitt**
  rund (wenig traumatisierend); dreieckig (schneidend)
- **Nach der Nadel-Faden-Verbindung**
  Öhrnadel, atraumatische Nadel-Faden-Kombination mit angeschweißtem Faden
- **Nach der Gestalt der Nadelspitze**
  (z. B. scharfe Spitze zum exakten Einstechen, besonders fein angeschliffene Mikrospitze)
- **Nach der Größe**
  Die Größe der Öhrnadeln wird durch Zahlen von 000 bis 16 gekennzeichnet. Dabei ist die Zahl umso kleiner, desto größer die Nadel ist.
- **Nach der Stärke (Dicke)**

Nadelhalter
Mit dem Nadelhalter wird die chirurgische Nadel gefasst und gehalten. Er besitzt eine Sperre, die sich bei leichtem Zusammenpressen der Griffe öffnet. Nadelhalter gibt es in unterschiedlichen Formen und Größen. Nadelhalter mit vergoldeten Ringen haben eine Hartmetalleinlage im Maulteil und sind daher besonders widerstandsfähig.

Unterbindungsnadel
Unterbindungsnadeln werden zum Anbringen von Ligaturen (Unterbindungen) von Gefäßen verwendet.

Wundklammern
Sie werden als Alternative zu chirurgische Fäden v. a. bei der Hautnaht angewandt. Zum Anbringen und Entfernen von Wundklammern müssen spezielle Zangen verwendet werden.

Unterbindungsnadeln.

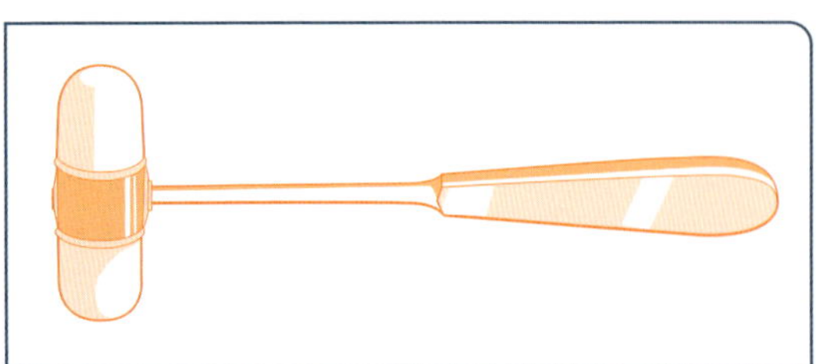

Perkussionshammer.

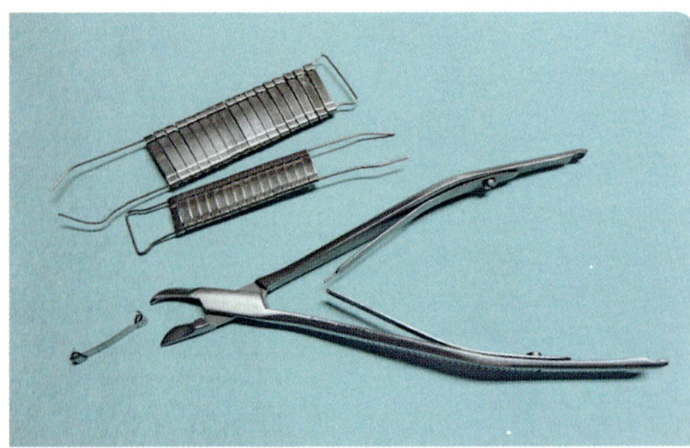

Wundklammern und Zange zum Anbringen und Entfernen der Klammern.

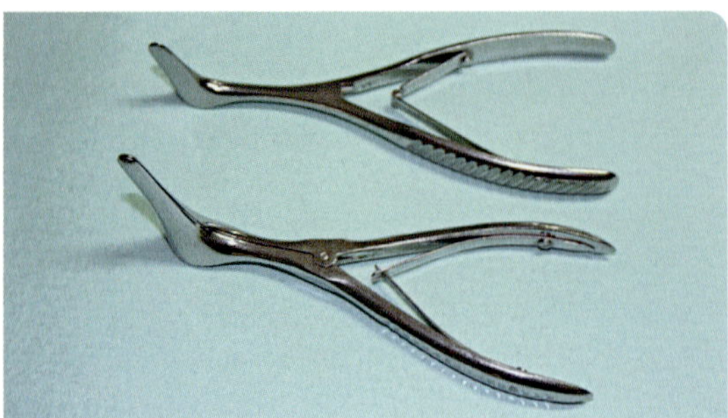

Spekulua (Einzahl = Spekulum).

Perkussionshammer
Sie werden zur Reflexauslösung (z. B. bei der neurologischen Untersuchung) sowie zum Beklopfen lufthaltiger Körperhöhlen verwendet.

Spekula
Spreizspekula (Einzahl: Spekulum) werden in der Gynäkologie zum Spreizen der Vagina sowie bei Kaninchen und Nagern zum Spreizen der Backen bei der Zahnbehandlung verwendet.

Backenspreizer
Backenspreizer werden zur Untersuchung der Maulhöhle beim Heimtier (Kaninchen, Meerschweinchen) verwendet.

Maulspreizer, Maulgatter
Maulspreizer werden vorwiegend bei Hunden und Katzen und Heimtieren (Kaninchen, Meerschweinchen) zum Fixieren der Maulhöhle im geöffneten Zustand verwendet. Maulgatter werden bei Pferden (v. a. bei der Zahnbehandlung) benötigt.

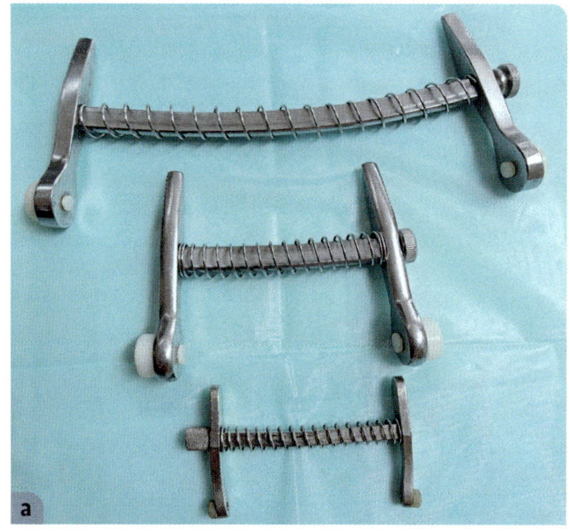

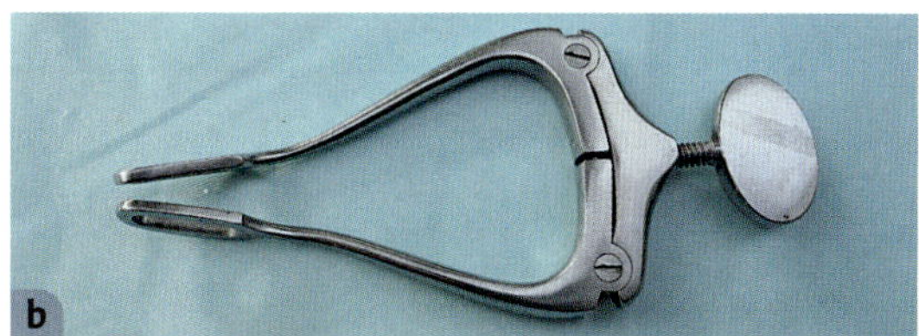

Maulspreizer: a) für Katzen und Hunde, b) für Heimtiere.

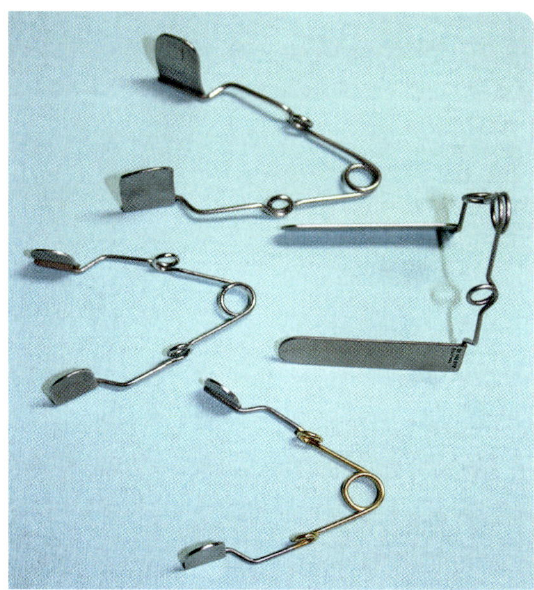

Backenspreizer.

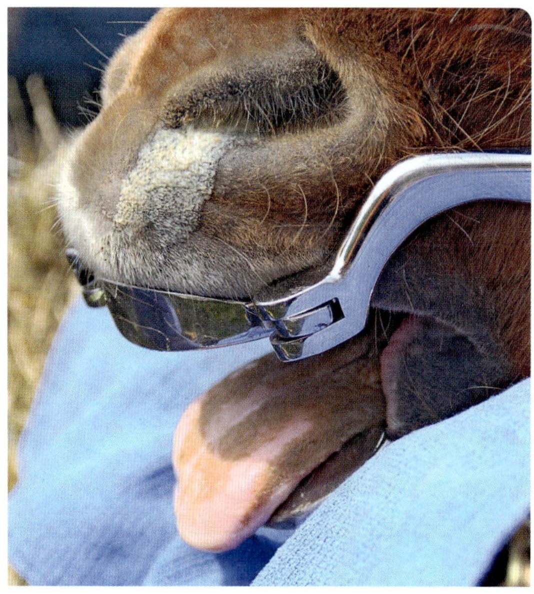

Maulgatter für Pferde.

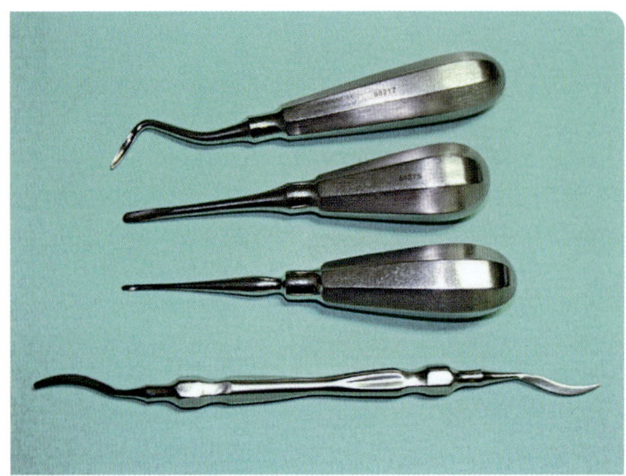

Wurzelheber – verschiedene Formen.

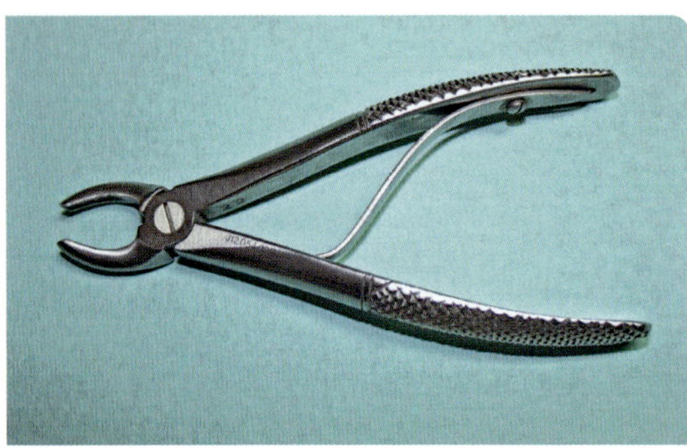

Zahnextraktionszange.

Wurzelheber
Wurzelheber werden bei der Extraktion (Ziehen) von Zähnen zur Lockerung der Zahnwurzel verwenden

Zahnextraktionszange
Nach der Lockerung mit dem Wurzelheber wird der Zahn mithilfe der Extraktionszange gezogen. Je nach Zahnform und Tierart werden unterschiedliche Formen von Extraktionszangen verwendet.

Kastrationszange
Mithilfe der Kastrationszange wird der Samenstrang gequetscht und abgeschnitten. Kastrationszangen werden ausschließlich in der Großtierpraxis verwandt.

11.2.4 Chirurgisches Nahtmaterial

Chirurgisches Nahtmaterial („Fäden") werden in Flachspulen aufgerollt sowie in sterilen Verpackungen einzeln oder zu mehreren verpackt (auch als Nadel-Faden-Kombination) angeboten. Der Vorteil der Flachspulen ist, dass nur soviel Material entnommen werden muss, wie tatsächlich gebraucht wird. Bei einmal geöffneten sterilen Verpackungen mit mehreren Einzelfäden dagegen müssen nicht verbrauchte Fäden weggeworfen werden, da ihre Sterilität nicht mehr garantiert werden kann. Man unterscheidet:

- **Resorbierbares Nahtmaterial**
  Resorbierbares (sich auflösendes) Nahtmaterial wird vorwiegend innerhalb des Körper (z. B. Vicryl) angewendet. Die Fäden verbleiben im Körper und werden dort innerhalb unterschiedlich langer Zeit (6 Wochen und mehr) aufgelöst und abgebaut.
- **Nicht resorbierbares Nahtmaterial**
  Die Fäden werden nicht aufgelöst und abgebaut und müssen nach Abschluss der Wundheilung gezogen werden. Nichtresorbierbares Nahtmaterial (z. B. Seide, Polypropylen) wird bei der Hautnaht verwendet.

Nach der Art des Herstellungsverfahrens unterscheidet man:

- **Monofile Fäden**
  Monofile Fäden bestehen aus **einem** fadenförmigen Gebilde (Filament). Sie werden gerne für feine Gewebe (Auge, Darm) verwendet, da sie wenig traumatisch (verletzend) sind.
- **Multifile Fäden**
  Sie sind aus **mehreren** fadenförmigen Gebilden gedreht und damit reißfester und stabiler. Sie werden vorwiegend zum Nähen von festerem Gewebe (z. B. äußere Haut) verwendet.

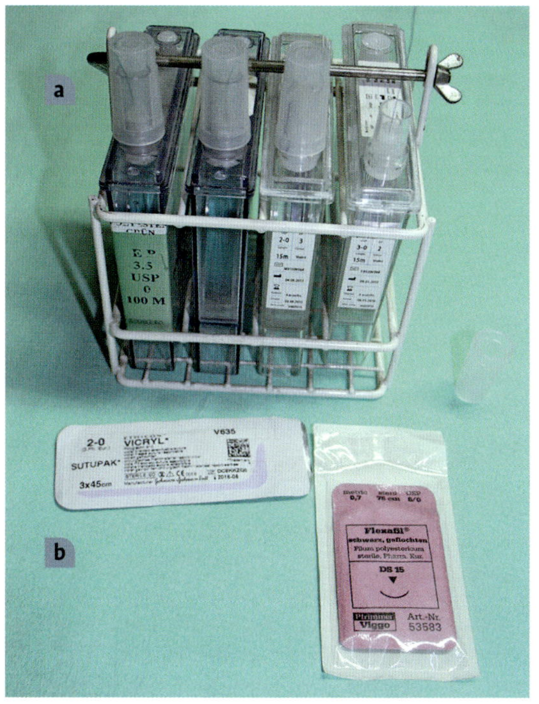

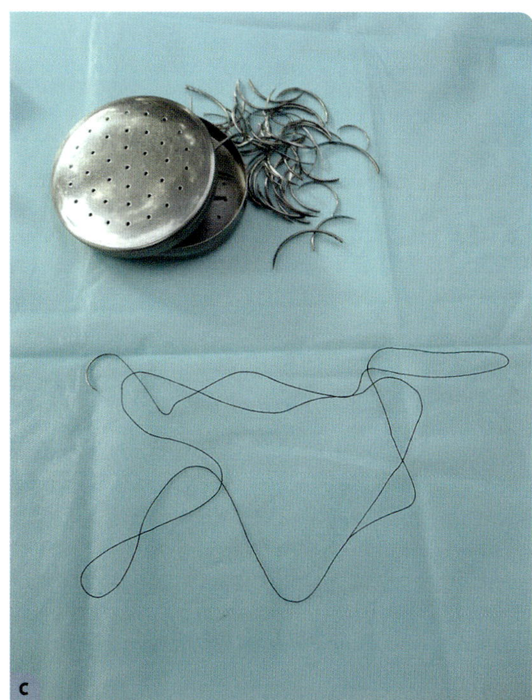

Chirurgisches Nahtmaterial: a) Flachspule, b) einzeln verpackte Fäden, c) Einzelnadeln und Nadel-Faden-Kombination.

Anforderungen an chirurgisches Nahtmaterial

- Gleichmäßige Fadenstärke
- Geschmeidigkeit
- Gewebeverträglichkeit
- Leichte Dehnfähigkeit
- Reißfestigkeit
- Knotenhaltbarkeit
- Kein Aufspleißen des Fadens (in einzelne Stränge auflösen)

11.2.5 Verbandsmaterial und Verbandstechniken

Verband

Der Begriff Verband bedeutete ursprünglich lediglich das Befestigen von Wundauflagen auf dem Körper. Inzwischen hat sich die Bedeutung gewandelt: Der Verband umfasst eine Vielzahl äußerlich anzuwendender Behandlungstechniken für zahlreiche Verletzungen und Erkrankungen. Das Ziel eines Verbandes ist, die Verletzung zu schützen und die Heilung zu fördern. Verbände helfen:

- Die Verletzung vor schädigenden Umwelteinflüssen (z. B. Krankheitserregern, Kälte, Austrocknung) zu schützen
- Die Einwirkung mechanischer Belastungen auf den verletzten Körperteil (z. B. durch Ruhigstellung eines Gelenkes) zu verhindern
- Starke Blutungen zu stillen (z. B. Druckverband)
- Sekrete (z. B. Eiter, Wundsekret, Blut) aufzunehmen
- Schmerzen zu lindern (z. B. Stützverband, Gipsverband)
- Medikamente zu applizieren (z. B. Salbenverband)

Verbandmaterialien

- **Mullkompressen**
  Sie bestehen aus mehreren Lagen sterilem Verbandsmull (reiner Baumwolle oder Zellwolle). Sie sind sehr saugfähig und eignen sich daher für die Abdeckung von Operationsnähten und Wunden.
- **Binden**
  Man unterscheidet:
  - **Mullbinden**
    Sie werden als Verbandsmaterial heute kaum noch verwendet. Sie sind unelastisch, rutschen leicht und passen sich den Körperformen nicht an
  - **Flanellbinden**
    Sie bestehen aus dichterem Baumwollgewebe und besitzen eine flauschige Oberfläche.
  - **Elastische Binden**
    Sie besitzen eine große Dehnbarkeit und passen sich dadurch den Körperformen gut an und lassen dem Patienten eine größere Bewegungsfreiheit.
  - **Haftbinden**
    Es handelt sich um elastische Binden, deren Gewebe mit einer Emulsion getränkt ist, welche die einzelnen Bindeschichten aufeinander haften lässt.

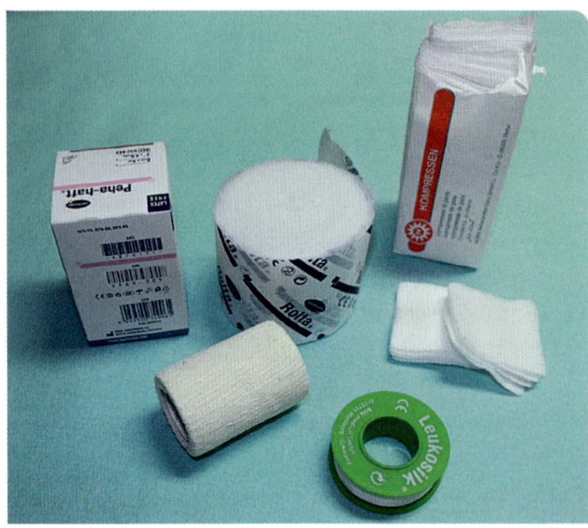

Verbandmaterialien.

  - **Schlauchbinden**
    Es handelt sich um einen Trikotschlauch aus Baumwolle, der auf Rundstickmaschinen gestrickt wurde. Schlauchbinden sind sehr dehnungsfähig. Sie werden meist für Extremitätenverbände und bei Kleintieren auch als Rumpfverband verwendet.
  - **Gips- und Kunststoffbinden**
    Gipsbinden sind einfache Mullbinden, in deren Material Gipspulver (oder Kunstharz) eingestreut ist. Vor Gebrauch müssen sie in warmes Wasser (ca. 20 °C) gelegt und dann zügig (bevor sie hart werden) verwendet werden. Gipsbinden werden zunehmend durch Kunststoffbinden ersetzt, da sie leichter und damit für den Patienten angenehmer sind. Zudem sind sie wasserabweisend und für Röntgenstrahlen durchlässig, sodass (z. B. bei einem Bruch) Röntgenkontrollen möglich sind, ohne den Verband abnehmen zu müssen
- **Watte**
  Watte besteht aus Baumwolle oder Zellwolle. Sie wird meist zur Polsterung (unter der Binde) oder zwischen den Zehen verwendet.
- **Heftpflaster**
  Heftpflaster dient zur Befestigung von Wundkompressen oder Verbänden. Es darf niemals direkt auf eine Wunde geklebt werden.

Verbandstechniken

Schutz- und Wundverband

Er dient dem Schutz von Wunden und Operationsnähten. Sterile Mullkompressen werden direkt auf die Wundfläche aufgelegt und mit einer Schicht Polsterwatte umgeben. Bei Pfotenverbänden müssen die Zwischenzehenräume ebenfalls mit Watte ausgepolstert werden. Über die Polsterwatte wird eine elastische Binde gewickelt und mit Heftpflaster fixiert.

Salbenverband
Die Vorgehensweise beim Salbenverband ist die gleiche wie beim Schutz- und Wundverband. Zusätzlich wird die sterile Mullkompresse mit Salbe bestrichen und auf die Wunde aufgelegt. Der Salbenverband dient dazu, ein Medikament möglichst lange auf das erkrankte Gebiet einwirken zu lassen (ohne dass es z. B. von dem Patienten abgeleckt wird).

Fixierverband
Ein Fixierverband wird dort angewandt, wo die Wundauflage leicht verrutscht (z. B. am Kopf). Die Vorgehensweise richtet sich nach dem jeweiligen Körperteil. Es werden dazu meist elastische Binden und Schlauchbinden verwendet.

Stützverband
Der Stützverband dient zur Ruhigstellung und Stütze bei Verstauchungen, Brüchen oder nach Operationen. Es werden meist Gips- oder Kunststoffbinden dazu verwendet. Um Druckstellen durch den harten Verband zu vermeiden, muss zwischen Körper und Verband eine gute Posterung (durch Polsterwatte) bestehen.

Druckverband
Ein Druckverband wird zur Blutstillung angelegt. Eine dicke Schicht steriler Mullkompressen wird auf die blutende Wunde gelegt und mit einer elastischen Binde fest umwickelt. Bei Bedarf (wenn es durch den Verband blutet) wird zusätzlich eine weitere Schicht Mullkompressen oder ein Verbandspäckchen (aus dem Verbandskasten) auf den Verband gelegt und nochmals fest umwickelt. Da die Blutzirkulation durch einen Druckverband unterbrochen wird, muss der Verband spätestens nach zwei Stunden gelockert werden.

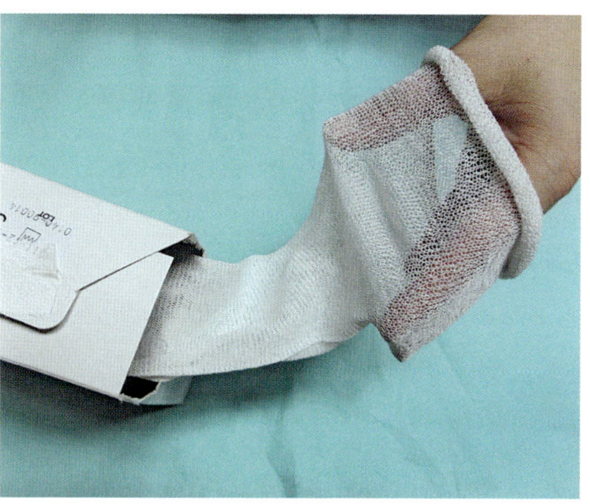

Schlauchbinde.

Angussverband
Ein Angussverband wird z. B. nach Öffnung eines Hufgeschwürs beim Pferd angelegt. Der Huf wird mit einem saugfähigen, stoßmindernden Material (z. B. beidseitig mit Mull kaschierter Verbandwatte) abgedeckt und mit einem Klebeband großzügig (nicht zu fest, damit die Blutzirkulation nicht abgeschnürt wird) umwickelt. Eine Flüssigkeitssperre (z. B. Plastiktüte) wird über den Verband gestülpt und mit einem Klebeband so fixiert, dass am oberen Ende eine Lücke bleibt. In diese Lücke wird eine kühlende, entzündungshemmende Flüssigkeit gegossen, die durch den Watteverband aufgesaugt wird und auf den Huf einwirken kann.

Stülperverband
Stülperverbände werden vorwiegend bei Verletzungen an Extremitäten verwendet. Die Verletzung wird zunächst mit einer Mullkompresse und einer elastischen Binde abgedeckt. Darüber wird ein Schlauchverband so geschoben, dass er am unteren Ende der Gliedmaße etwa 10 % seiner Länge übersteht. Der überstehende Schlauchverband wird in sich verdreht, umgekehrt um die Gliedmaße gestülpt und mit Klebeband befestigt.

Grundsätze beim Anlegen und Tragen von Verbänden

- Zur Vermeidung von Einschnürungen und Stauungen sollte die Polsterwatte mindestens 1 cm unter den Bindetouren hervorschauen.
- Faltenbildung beim Binden vermeiden (Gefahr von Druckstellen).
- An Extremitäten (Gliedmaße) sollten die Zehen in den Verband mit eingeschlossen werden.
- Die physiologische (natürliche) Stellung der Gliedmaße muss beim Einbinden berücksichtigt werden.
- An Extremitäten sollte der Verband immer bis zum nächst oberen Gelenk angelegt werden.
- An Extremitäten muss der Verband immer von distal nach proximal (von unten nach oben) gewickelt werden, um Stauungen zu vermeiden.
- Knochenvorsprünge müssen besonders gut gepolstert werden.
- Verbände dürfen nicht nass werden. Bei Spaziergängen im Regen muss der Verband (z. B. durch Plastiktüten) geschützt werden.
- Wenn der Patient den Verband ständig versucht anzuknabbern, muss sofort ein Verbandswechsel mit Kontrolle des Gewebes auf Druckstellen oder Nekrosen (Absterben von Gewebe) erfolgen.
- Sofortiger Verbandswechsel und Kontrolle der Wunde bei: Schwellung, Hypo- und Hyperthermie sowie Hautverfärbungen des umliegenden Gewebes und bei üblen Geruch aus der Wundregion.
- Verbandswechselturnus: offene Wunden täglich; geschlossene Wunden alle 2 – 3 Tage.

11.2.6 Hausbesuchsausrüstung kontrollieren und fallspezifisch zusammenstellen

In manchen Fällen (in Großtierpraxen regelmäßig) werden Diagnose- und Therapiemaßnahmen nicht in der Praxis, sondern in der Wohnung des Tierhalters oder im Stall durchgeführt. Dazu müssen die notwendigen Utensilien mitgenommen werden. Die Aufgabe Tiermedizinischer Fachangestellter besteht darin, die Hausbesuchsausrüstung auf Vollständigkeit, Sauberkeit und Funktionsfähigkeit der Geräte und Instrumente sowie das Verfallsdatum der einzelnen Medikamente zu überprüfen, bei Bedarf auszutauschen oder zu ergänzen.

Welche Geräte, Instrumente, Materialien und Medikamente die Ausrüstung enthalten muss, richtet sich nach dem Schwerpunkt der jeweiligen Praxis (Kleintierpraxis, Pferdepraxis, Rinder-, Schweine- oder Geflügelpraxis) sowie nach dem speziell zu behandelnden Fall und nach den Anweisungen des/der Tierarztes/Tierärztin. Da sich bestimmte Diagnosemaßnahmen und Behandlungen häufig wiederholen, empfiehlt es sich, eine Liste anzulegen, nach der die Hausbesuchsausrüstung fallspezifisch zusammengestellt werden kann.

11.2.7 Pflege von Diagnose- und Therapiegeräten

Medizinische Geräte zur Diagnose und Therapie (z. B. EKG-, Narkosegerät, Geräte zur Magnetfeldtherapie, Zahnbehandlung, Inhalation) sind in der Anschaffung in der Regel sehr teuer. Um sie lange funktionsfähig zu erhalten, müssen sie fachgerecht gehandhabt, gereinigt, gepflegt und gewartet werden. Grundsätzlich sollte man sich dabei nach den Anweisungen des Herstellers richten. Jedem Gerät liegt eine Gebrauchsanweisung bei, die strikt eingehalten werden muss. Bei Schäden, die auf eine falsche Handhabung, Reinigung und Pflege zurückzuführen sind, erlischt die Gewährleistungspflicht des Herstellers. In Zweifelsfällen kann beim Hersteller selbst eine Gebrauchs- und Pflegeanleitung angefordert oder (nach Angabe des Gerätetyps und der Gerätenummer) aus dem Internet herunter geladen werden. In regelmäßigen Abständen sollten medizinische Geräte gewartet, d. h. von einer Fachfirma auf ihre Funktionsfähigkeit überprüft sowie Verschleißteile ausgetauscht werden. Die Wartungsintervalle sind von Gerät zu Gerät verschieden.

Grundsätzliches zur Reinigung

Instrumente mit Motoren sowie elastische Instrumente (z. B. Zuleitungen von Hochfrequenzchirurgiegeräten) dürfen nie in Desinfektionsmittel oder Wasser eingelegt werden. Sie werden mit einem in Desinfektionsmittel getränkten Lappen gereinigt. Anschließend erfolgt die Sterilisation nach Angaben des Herstellers.

Elastische Geräte aus Gummi und Kunststoff (z. B. Teile des Narkose- oder Beatmungsgerätes) werden in eine kombinierte Reinigungs- und Desinfektionsmittel-Lösung eingelegt. Danach werden sie gründlich mit Wasser abgespült und zum Trocknen aufgehängt. Die Sterilisation erfolgt mithilfe von Dampf (oder nach Angaben des Herstellers).

12 Prävention und Rehabilitation
(Nr. 10 des Ausbildungsrahmenplans)

Unter **Prävention** (lat. prevenire = verhüten, zuvorkommen) versteht man in der Medizin alle Maßnahmen zur Erhaltung der Gesundheit und Verhinderung von Krankheiten. Ziele der Prävention in der Tiermedizin sind:

- Gesunderhaltung von Tieren
- Schutz des Menschen vor Gesundheitsgefahren durch Tiere und tierische Erzeugnisse
- Schutz von Menschen und Tieren vor Seuchen und Zoonosen
- Vermeidung von Infektionen

Hufpflege.

Unter **Rehabilitation** (lat. rehabilitatio = Wiederherstellung) versteht man in der Tiermedizin alle Maßnahmen, die dazu dienen, die Gesundheitsschäden nach einer Erkrankung und Verletzung bei einem Tier zu beseitigen und die Funktionsfähigkeit des Körpers wieder herzustellen. Ziele der Rehabilitation sind:

- Unterstützung des Heilungsprozesses
- Schmerzbekämpfung
- Wiederherstellung bzw. Förderung der Aktivität, Beweglichkeit und Lebensfreude

12.1 Maßnahmen zur Prävention

12.1.1 Vorbeugende Maßnahmen zur Vermeidung von Infektionskrankheiten

Die vorbeugenden Maßnahmen zur Vermeidung von Infektonskrankheiten werden in Kap. 4 (Hygiene und Infektionsschutz) ausführlich behandelt. Zu ihnen gehören alle Hygienemaßnahmen in der tierärztlichen Praxis, im Stall und im häuslichen Umfeld eines Haustieres:

- Impfungen
- Desinfektion (Flächen- und Händedesinfektion)
- Sterilisation von Instrumenten
- Tragen von Schutzkleidung beim Umgang mit kranken oder krankheitsverdächtigen Tieren
- Quarantäne (z. B. bei der Einfuhr von Papageienvögel zum Schutz vor der Papageienkrankheit)
- Entnahme und Isolation eines kranken Tieres aus einem Bestand zum Schutz der anderen Tiere

Neben der Hygiene werden auch medikamentelle Behandlungen zur Steigerung des Immunsystems zu den vorbeugenden Maßnahmen gegen Infektionskrankheiten gerechnet.

12.1.2 Gesunderhaltung durch artgerechte Fütterung, artgerechte Haltung, Körperpflege und Früherkennungsmaßnahmen

Viele Erkrankungen werden durch nicht artgerechte Haltung, falsche Ernährung, Vernachlässigung der Pflege und Hygienemängel hervorgerufen. Tiermedinische Fachangestellte sollten über die Bedürfnisse der am häufigsten gehaltenen Tierarten informiert sein, um den Tierhalter kompetent beraten zu können.

Ausführliche Informationen über die Haltung von verschiedenen Tieren finden Tiermedizinische Fachangestellte im Internet unter **www.tierschutz-tvt.de**

In vielen Praxen werden vom Tierarzt selbst verfasste oder von Pharmafirmen zur Verfügung gestellte Broschüren zur Haltung, Ernährung, Pflege und Gesundheitsvorsorge verschiedener Tierarten genutzt, um den Tierhalter zu informieren. Häufig werden auch Beratungsseiten auf der Praxishomepage angeboten, die ohne großen Aufwand aktualisiert werden können. **Broschüren** und **Homepageinformationen** ersetzen nicht die persönliche Beratung. Sie sind jedoch informativ, kundenbindend und können dem Tierhalter nach der Beratung in der Praxis als „Gedankenstütze" zu Hause dienen.

12.2 Ernährung

Der Körper baut während des Verdauungsvorgangs die aufgenommene Nahrung in körpereigenes Gewebe (und Energie) um. Die Fütterung falscher, d. h. für die jeweilige Tierart ungeeigneter Nahrung ist vergleichbar mit einem Hausbau, bei dem man schlechte oder unpassende Baumaterialien verwenden würde. Einige Zeit kann ein geschickter Handwerker die Mängel noch ausgleichen, doch irgendwann bricht das Gebäude zusammen. Ähnlich ergeht es dem Organismus –früher oder später wird er durch lang anhaltende Zufuhr schlechter oder ungeeigneter Nahrung krank.

Die Ernährung eines Tieres muss artgerecht sein, d. h. den körperlichen und psychischen Bedürfnissen des Tieres gerecht werden, um es gesund zu erhalten. Das bedeutet, dass das Futter der natürlichen Nahrung der Tiere in Freiheit bezüglich Darreichungsform und Inhalt weitgehend entsprechen sollte.

Die im Handel angebotenen Nahrungsmittel für Tiere entsprechen aber leider oft nicht den natürlichen Bedürfnissen unserer Haustiere. Eine Ernährung ausschließlich mit dieser industriell gefertigten Nahrung ist vergleichbar mit „Fastfood" – Kost beim Menschen. Der Zusammenhang zwischen oft einseitiger Ernährung und der Entstehung von Krankheiten wird bereits seit langem vermutet. Bei einigen Erkrankungen (z. B. Schilddrüsenüberfunktion der Katze, Bauchspeicheldrüsenerkrankungen, Zahnfehlstellungen, Abszesse sowie Blasensteine bei Kaninchen und Meerschweinchen, Koliken der Pferde, Festliegen der Rinder) konnte er inzwischen durch Langzeitstudien nachgewiesen werden.

Bestandteile der Nahrung

Der Körper baut die Bestandteile der Nahrung in körpereigenes Gewebe um und produziert die Energie, die ein Organismus zum Leben benötigt. Von ernährungsphysiologischer Bedeutung sind folgende Inhaltstoffe der Nahrung:

- Eiweiße
- Kohlenhydrate
- Fette
- Vitamine
- Mineralstoffe
- Spurenelemente

Eiweiß

Nahrungseiweiße (Proteine) werden bei der Verdauung in ihre Bausteine (Aminosäuren) zerlegt und zur Herstellung körpereigenen Eiweißes wieder neu zusammengefügt. Der Organismus benötigt dazu 20 verschiedene Aminosäuren. Einige werden vom Körper durch Umwandlung aus anderen Nährstoffen (Kohlenhydrate, Fette) selbst hergestellt. Je nach Tierart müssen mehrere und zum Teil verschiedene Aminosäuren jedoch mit der Nahrung zugeführt werden. Man nennt sie essentiell, d. h. lebensnotwendig, da ohne ihre Zufuhr über die Nahrung der Organismus nicht überleben könnte.

Proteine kommen in allen pflanzlichen und tierischen Nahrungsmitteln vor. Tierisches Eiweiß hat einen höheren Gehalt an essentiellen Aminosäuren als Eiweiß pflanzlicher Herkunft.

Kohlenhydrate

Kohlenhydrate werden auch „Brennstoffe des Körpers" genannt, da sie vorwiegend zur Energiegewinnung dienen. Die Kohlenhydrate aus der Nahrung werden bei der Verdauung in ihre Bausteine, die Einfachzucker (Monosaccharide), gespalten und entweder gleich in Energie umgewandelt oder in der Leber (und im Muskelgewebe) in Form von Glycogen „auf Abruf" gespeichert. Ist die Versorgung des Körpers mit Kohlenhydraten wesentlich höher, als der Verbrauch, werden sie in Depotfett umgebildet.

Kohlenhydrate kommen in allen Pflanzen vor. Sie sind ein unverzichtbarer Bestandteil der Nahrung. Unverdauliche Kohlenhydrate werden als Ballaststoffe bezeichnet.

Fette

Nahrungsfette (Lipide) sind aus Fettsäuren aufgebaut. Sie dienen dem Körper hauptsächlich zur Energiegewinnung. Zusätzlich haben sie eine Transportfunktion für die fettlöslichen Vitamine A, D, E, K. Man unterscheidet **gesättigte** und **ungesättigte** Fettsäuren:

- Gesättigte Fettsäuren bestehen aus vielen Molekülen, die in langen Ketten angeordnet sind. Je länger die Kette, desto schwerer verdaulich ist sie, da der Organismus sie nur schwer aufspalten kann. Gesättigte Fettsäuren werden daher meist nicht direkt zur Energiegewinnung verbraucht, sondern werden als Depotfett an für jede Tierart charakteristischen Stellen (z. B. Bauchspeck) eingelagert.
- Ungesättigte Fettsäuren bilden ebenfalls lange Molekülketten. Zwischen zwei miteinander verbundenen Molekülen sitzt jedoch eine zusätzliche (ungebundene, freie) Bindungsstelle, die mit anderen Stoffen des Organismus reagieren kann. Dadurch können ungesättigte Fettsäuren leichter gespalten werden und sind damit besser verdaulich. Sie werden bevorzugt zur Energiegewinnung herangezogen. Nur bei übermäßiger Aufnahme mit der Nahrung wandern auch sie in die Fettdepots.

Vorsicht

Viele industriell gefertigte Billigtierfutter enthalten überwiegend gesättigte Fettsäuren. Das ist einer der Gründe für die Entstehung von Übergewicht bei unseren Haustieren.

Essentielle Fettsäuren

Einige Fettsäuren kann der Organismus aus anderen Nährstoffen selbst herstellen. Bei den essentiellen Fettsäuren ist dies indes nicht möglich. Sie müssen mit der Nahrung zugeführt werden.

Vitamine

Vitamine sind Nährstoffe, die der Körper unbedingt benötigt, wenn auch, im Vergleich zu Eiweiß, Kohlenhydraten und Fetten, in wesentlich kleineren Mengen. Sie erfüllen im Körper vielfältige Aufgaben. Als Bestandteile von Enzymen und Hormonen unterstützen sie u. a. den Stoffwechsel, den Sehvorgang und die körpereigene Abwehr gegen Krankheitserreger.

Ein Zuwenig dieser lebenswichtigen Nährstoffe wird als **Hypovitaminose** (Vitaminmangel), ein Zuviel bestimmter Vitamine als **Hypervitaminose** (Vitaminüberschuss) bezeichnet. Beides kann zu schwerwiegenden Krankheitssymptomen bis hin zum Tode führen.

Von Tierart zu Tierart unterschiedlich werden einige Vitamine vom Organismus aus anderen Nährstoffen selbst hergestellt. Vitamine, die der Körper nicht selbst bilden kann und mit der Nahrung zugeführt werden müssen, werden als essentielle (lebensnotwendige) Vitamine bezeichnet.

Man unterscheidet:

- **Fettlösliche Vitamine**
  Fettlösliche Vitamine werden nur in Fett gelöst im Darm resorbiert (aufgenommen) und im Körper verwertet. Ein Teil der aufgenommenen Vitamine wird im Fettgewebe über längere Zeit gespeichert und kann sich dort bei übermäßiger Zufuhr stark anreichern. Das kann zu Vergiftungserscheinungen führen. Vor allem die Katze kann fettlösliche Vitamine nur langsam abbauen. Sie reagiert daher auf eine Überversorgung mit diesen Vitaminen (z. B. bei Verabreichung von Vitaminpasten in größeren Mengen) empfindlich.

Fettlösliche Vitamine sind:

- Vitamin A (Retinol)
- Vitamin D (Calciferoll)
- Vitamin E (Tocopherol)
- Vitamin K (Phyllochinon, Menachinon)

- **Wasserlösliche Vitamine**
  Wasserlösliche Vitamine werden über die Nieren mit dem Urin ausgeschieden. Der Organismus kann sie nicht speichern, so dass sie vom Körper täglich neu gebildet oder mit der Nahrung zugeführt werden müssen.

Zu den wasserlöslichen Vitaminen gehören:

- Vitamin B_1 (Thiamin)
- Vitamin B_2 (Riboflavin)
- Vitamin B_3 (Niacin)
- Vitamin B_5 (Pantothensäure)
- Vitamin B_6 (Pyridoxin)
- Vitamin B_9 (Folsäure)
- Vitamin B_{12} (Cobalamin)
- Vitamin C (Ascorbinsäure)
- Vitamin H (Biotin)

Mineralstoffe

Mineralstoffe sind anorganische (nicht der lebenden Materie zuzuordnende) Nährstoffe. Sie sind lebensnotwendig. Der Körper kann sie nicht selbst herstellen und ist auf die Zufuhr von außen (über die Nahrung) angewiesen.

Mineralstoffe sind gegen Hitzeeinwirkung unempfindlich und können durch Kochen oder Braten nicht zerstört werden. Allerdings werden sie durch zu langes Kochen aus der Nahrung herausgelöst und gelangen in das Kochwasser. Aus diesem Grunde sollte man z. B. Gemüse nicht kochen, sondern nur dünsten und die eventuell verbleibende Kochflüssigkeit mitverfüttern.

Die Funktionen der Mineralstoffe im Organismus sind vielfältig. Sie sind Bestandteile von Hormonen (z. B. Jod bei Schilddrüsenhormonen), Eiweißen (z. B. Schwefel als Bestandteil der Aminosäure Cystein) und Vitaminen. Sie sorgen für die Aufrechterhaltung des Gleichgewichts von Körperflüssigkeiten in den Gefäßen und in Geweben. Sie wirken bei der Reizübertragung in den Nerven mit und sind am Bau von Körpersubstanzen (z. B. Calcium, Phosphor im Knochengewebe) und bei der Blutgerinnung beteiligt.

Als **Makroelemente** werden solche Mineralstoffe bezeichnet, die in einer Konzentration von mehr als 50 mg pro kg Körpergewicht im Organismus vorliegen. Alle Mineralstoffe, die unter 50 mg pro kg Körpergewicht vorkommen, erhielten den Sammelbegriff **Spurenelemente.**

? Zu den Makroelementen gehören:

Calcium (Ca)	Phosphor (P)
Chlor (Cl)	Schwefel (S)
Kalium (K)	Natrium (Na)
Magnesium (Mg)	

? Zu den Spurenelementen gehören:

Chrom (Cr)	Silicium (Si)
Kobalt (Co)	Vanadium (V)
Eisen (Fe)	Zink (Zn)
Jod (I)	Bor (B)
Kupfer (Cu)	Rubidium (Rb)
Mangan (Mn)	Arsen (As)
Molybdän (Mo)	Zinn ((Sn)
Selen (Se)	

Durch einseitige und falsche Ernährung kann Mineralstoffmangel entstehen. Die unkontrollierte Verabreichung von Mineralstoffen in Tabletten oder Pulverform kann indes zur Überversorgung führen.

12.2.1 Ernährung verschiedener Tierarten

Im Folgenden wird jeweils die natürliche Ernährung der einzelnen Tierarten in Freiheit der entsprechend artgerechten Fütterung in der Obhut des Menschen gegenübergestellt:

Hund

Natürliche Ernährung

Wild lebende Hunde sind Beutetierfresser. Die Beute wird vom Rudel gemeinsam gejagt, zerlegt und verspeist. Wer zuerst fressen darf und wer das beste Stück Fleisch erhält, bestimmt die Rangordnung. Ein Beutetier liefert nicht nur Muskelfleisch, sondern auch Knochen (mit den darin enthaltenen Mineralien), Innereien, Körperfett, Blut (mit Salzen), Ballaststoffe in Form von Fell, sowie mit dem Mageninhalt (der meist angedaute Pflanzenteile enthält) leicht verdauliche Kohlenhydrate.

Wildhunde sind jedoch auch in der Lage, Fleisch von Tieren als Nahrungsquelle zu nutzen, die schon einige Zeit tot sind. Man kann sie daher im weitesten Sinn auch als Aasfresser bezeichnen. Die Vorliebe mancher Haushunde, einen Knochen zu vergraben und erst dann, wenn er bereits angefault ist, durchaus mit Genuss zu fressen, zeugt von dieser Fähigkeit.

Ernährungsphysiologische Grundlagen

Der Magen des Hundes ist durch relative lange Bänder aus Bindegewebe im Bauchraum befestigt. Bei Aufnahme übermäßig großer Futtermengen wird die Magenwand, vor allem im Bereich der großen Magenkrümmung, stark gedehnt. Durch Bewegungen (Springen, Spielen mit anderen Hunden, sich wälzen) kann sich die Verformung der Magenwand so verlagern, dass die Zu- und Abgänge des Magens verschlossen werden. Es bilden sich Gase, die nun keinen Abgang mehr finden. Dadurch bläht sich der Magen auf und dehnt sich weiter. Die Verformung der Magenwand wird stärker und das Verdauungsorgan kann sich dann im Uhrzeigersinn um die Speiseröhre herumdrehen. Durch die Drehung werden wichtige Blutgefäße abgeklemmt sowie das Zwerchfell an seiner für die Atmung wichtigen Bewegung gehemmt. Dies ist ein absoluter Notfall, denn es besteht akute Lebensgefahr! Eine Magendrehung wird gehäuft bei Hunden großer Ras-

? Hunde sollten daher grundsätzlich erst nach dem Spaziergang gefüttert werden. Nach einer ausgiebigen Mahlzeit sollten sie ruhen. Um zu verhindern, dass die Tiere zuviel auf einmal fressen, empfiehlt es sich, die tägliche Ration auf zwei- bis drei Mahlzeiten zu verteilen.

sen gesehen, sie kann jedoch auch bei mittelgroßen und kleinen Hunden auftreten.

Hunde mit natürlichem Sättigungsgefühl fressen nicht regelmäßig. Ihr Fressverhalten ähnelt dem von Wildhunden, die nur dann fressen, wenn sie eine Beute erjagt haben. Danach kommt in der Regel eine Fresspause, bis die erneute Jagd erfolgreich verläuft und wieder Nahrung zur Verfügung steht. Hunde, die in der Obhut des Menschen artgerecht ernährt werden, fressen an einem Tag sehr viel und nehmen an ein- bis zwei darauf folgenden Tagen weniger Futter auf. Das ist kein Krankheitsanzeichen, sondern ein natürliches, dem der Wildhunde entsprechendes Fressverhalten.

Artgerechte Ernährung des Hundes

Eiweiß

Der Hund benötigt wesentlich mehr Eiweiß als der Mensch, sodass bei ihm bei dauerhafter Fütterung nur „vom Tisch" Eiweißmangel auftritt. Hochwertige Eiweißträger sind vor allem Muskelfleisch, Innereien (max. 10 % in der Ration), Eier, Milchprodukte und Fisch. Sie enthalten das gesamte für den Hund notwendige Aminosäurespektrum. Den Eiweißen im Bindegewebe (z. B. Flechsen) und in Pflanzen fehlen mehrere der essentiellen Bausteine. Sie sind daher als alleiniges Hundefutter nicht geeignet, können aber in aufgeschlossenem Zustand (gekocht) zugegeben werden.

Kohlenhydrate

Der Hund kann nur leicht verdauliche oder bereits angedaute (Mageninhalt der Beutetiere!) Kohlenhydrate verwerten. Zur Fütterung eignen sich beispielsweise:

- Weichgekochter Reis
- Aufgeschlossene Hundeflocken
- Gekochtes Gemüse
- Nudeln
- Kartoffeln
- Gekochte Hirse
- Cornflakes

Vollkornprodukte oder grobe Haferflocken sind nicht genügend aufgeschlossen und werden vom Hund zum größten Teil wieder unverdaut ausgeschieden. Manche Hunde reagieren darauf mit Durchfall.

Fette

Fette sind nicht nur Energielieferanten. Sie führen dem Körper zudem essentielle Fettsäuren zu, ermöglichen die Aufnahme fettlöslicher Vitamine und dienen nicht zuletzt der Geschmacksverbesserung des Futters. Es sollte jedoch das „richtige" Fett, d. h. solches mit einem hohen Anteil ungesättigter Fettsäuren (z. B. Distelöl, Sonnenblumenöl, Olivenöl), verfüttert werden.

Mineralstoffe

Die Mineralstoffe Kalzium und Phosphat werden meist zusammen genannt, da ihr Vorliegen im richtigen Verhältnis zueinander für den gesunden Knochenbau eines Hundes eine große Rolle spielt. Das optimale Verhältnis von Kalzium zu Phosphat in der Nahrung beträgt 1,3 : 1 beim erwachsenen und 1.5 bis 2 : 1 beim heranwachsenden Hund. Im Muskelfleisch und in Innereien sind viel Phospat und nur wenig Kalzium enthalten. Wenn der Hund, wie seine Vorfahren, ein Beutetier zusammen mit den Knochen fressen würde, wäre das Verhältnis ideal. Frisst er indes nur Fleisch und keine Knochen, entsteht auf Dauer Kalziummangel. Dies muss durch kalziumhaltige Nahrungsmittel (z. B. Knochen, Milchprodukte) oder durch Zugabe eines Mineralstoffpräparates ausgeglichen werden. Um sicher zu sein, dass der Hund ausreichend mit Mineralstoffen (im richtigen Verhältnis zueinander) versorgt ist, werden vor allem bei Welpen und Junghunden Blutkontrollen in regelmäßigen Abständen zur Kontrolle des Mineralstoffgehaltes im Blut empfohlen.

Leckerbissen
Es gilt die Regel: Alles, was schmeckt (außer natürlich Genussmittel wie Alkohol oder Kaffee) ist in Maßen erlaubt. Es kommt dabei immer auf die Menge an. Wie bei uns Menschen schaden auch bei Tieren kleine „Sünden" nicht. Sie heben die Lebensfreude und stärken damit die körpereigene Abwehr. Erst, wenn Ernährungssünden überhand nehmen, sind auf Dauer Schäden zu erwarten.

Industriell gefertigtes Futter
Es gibt inzwischen im Handel (in Tierbedarfsgeschäften) **Dosenfutter und Trockenfutter** aus hochwertigen Inhaltsstoffen, die in ihrer Zusammensetzung den Bedürfnissen des Hundeorganismus weitgehend entsprechen.

Diätfutter
Manche Erkrankungen (z. B. Diabetes mellitus, Magen- und Darmerkrankungen) erfordern eine spezielle Diät. Geeignete Diätfuttermittel werden in vielen Tierarztpraxen (und Kliniken) angeboten.

Barfen
BARF bedeutet „**B**ones **a**nd **r**aw **f**ood (= Knochen und rohes Futter) oder „**B**iologisches **a**rtgerechtes **r**ohes **F**utter".

Es handelt sich um die Verfütterung ausschließlich roher Nahrungsmittel (Fleisch, Gemüse, Nüsse, Kräuter usw.), wobei die Tierhalter die Ausgewogenheit der Nahrung anhand von Tabellen selbst errechnen müssen.

Katze

Natürliche Ernährung
Die natürliche Nahrung der Katze besteht aus kleinen Säugetieren (z. B. Mäuse, Ratten) und gelegentlich Vögeln. Diese Beutetiere liefern nicht nur Muskelfleisch, sondern auch Innereien, Knochen und damit Mineralstoffe (Kalzium und Phosphat), Blut und damit auch die im Blut gelösten Salze sowie Ballaststoffe in Form von Fell und Federn. In dem etwa linsengroßen Magen einer Maus befindet sich zudem meist bereits leicht angedautes und damit aufgeschlossenes Körnerfutter. Beim Verzehr einer Maus wird der Mageninhalt normalerweise von der Katze mit gefressen. Dadurch nimmt sie in geringer Menge auch Kohlenhydrate auf.

Ernährungsphysiologische Grundlagen
Die Katze hat einen relativ kurzen Darmtrakt. Sie muss daher hoch aufgeschlossene und leicht verdauliche Nahrung zu sich nehmen, um diese auf dem kurzen Weg durch den Verdauungskanal ausreichend verwerten zu können. Aus diesem Grunde spielen Katzen mit ihren Beutetieren. Dieses Spiel, das dem Menschen oft grausam erscheint, dient jedoch dem Überleben der Katze. Durch die Ausschüttung von Stresshormonen im Körper der Beutetiere wird deren Muskelfleisch weich und damit für die Katze leichter verdaulich.

Entsprechend der Besonderheit ihres Verdauungskanals muss die Katze in der Obhut des Menschen mit qualitativ gutem und leicht verdaulichem Eiweiß (z. B. hochwertiges Fleisch ohne Flechsen, Fisch, Milchprodukte) ernährt werden.

Katzen sind reine Fleischfresser! Während beim Menschen (und vielen anderen Tierarten) nach einer kohlenhydratreichen Mahlzeit der Zucker im Blut innerhalb weniger Minuten durch das (von der Bauchspeicheldrüse ausgeschüttete) Insulin abgebaut wird, ist dieser Prozess bei der Katze verzögert. Die Bauchspeicheldrüse reagiert wesentlich langsamer, sodass hohe Blutzuckerwerte lange Zeit bestehen bleiben. Ein hoher Kohlenhydratanteil in der Nahrung der Katze bewirkt damit einen (zwar vorübergehenden, jedoch bei jeder Nahrungsaufnahme wieder auftretenden) Zustand, der dem Diabetes mellitus (Zuckerkrankheit) ähnlich ist. Wie bei der echten Zuckerkrankheit können dadurch gravierende gesundheitliche Schäden (v. a. an den Gefäßen und in den Nieren) entstehen.

Beachte:

- Eine Maus (die natürliche Nahrung der Katze) besteht aus maximal 8 % Kohlenhydraten. Viele industriell gefertigte Billigkatzenfutter enthalten bis zu 50 % Kohlenhydrate. Ein hoher Kohlenhydratanteil in der Nahrung führt langfristig zu Gesundheitsschäden.
- Als **reiner Fleischfresser** ist die Katze (im Gegensatz zum Menschen und den meisten anderen Säugetieren) nicht in der Lage, die in Pflanzen vorkommende Vorstufe des Vitamin A, das Beta-Carotin, in Vitamin A umzuwandeln. Es ist daher unsinnig, diese Tiere mit Karotten oder sonstigen Gemüsearten „voll zu stopfen". Abgesehen davon, dass Katzen bis auf wenige Ausnahmen Pflanzennahrung nicht mögen, können sie das darin enthaltene Provitamin A nicht verwerten. Sie sind auf die Zufuhr von Vitamin A durch tierische Nahrungsmittel angewiesen. Katzen benötigen pro Tag zwischen 1500 bis 2100 IE (Internationale Einheiten) Vitamin A. Dieser Bedarf ist gedeckt, wenn sie pro Woche 100 bis 150 g Leber erhalten (als kleine Häppchen über die Wochenrationen verteilt).
- Katzen haben ein **Fleischfressergebiss**. Es handelt sich dabei um ein **Scherengebiss**. Die Zähne laufen bei diesem Gebisstyp, wie bei den Schneiden einer sich schließenden Schere, knapp aneinander vorbei (daher der Name Scherengebiss). Dadurch können die Tiere durch zur Seite legen des Kopfes z. B. von einem Beutetier scheibenartige Stücke abschneiden oder auch durch fortgesetztes Beißen Fleisch und Knochen vollständig zerraspeln bzw. zerkleinern. Bei diesem Vorgang wird der Speichelfluss angeregt. Diese Art der Nahrungszerkleinerung verhindert zusammen mit der Reinigungskraft des Speichels die Bildung von Zahnstein. Die ausschließliche Fütterung von Katzen mit weichem Futter (z. B. Dosenfutter) führt nicht zum mechanischen Abrieb des Zahnbelags und ist als nicht artgerecht anzusehen.
- Das optimale Verhältnis von Kalzium zu Phosphat in der Nahrung ist 1,3:1 Bei jungen, noch wachsenden Tieren liegt es bei 1,5:1. Das bedeutet, dass bei erwachsenen Tieren genauso viel Kalzium wie Phosphat, bei heranwachsenden (und säugenden Katzen) etwa die Hälfte mehr Kalzium in der Nahrung enthalten sein sollte. Im Fleisch sind relativ viel Phosphat und nur wenig

Fleischfressergebiss (Scherengebiss) der Katze.

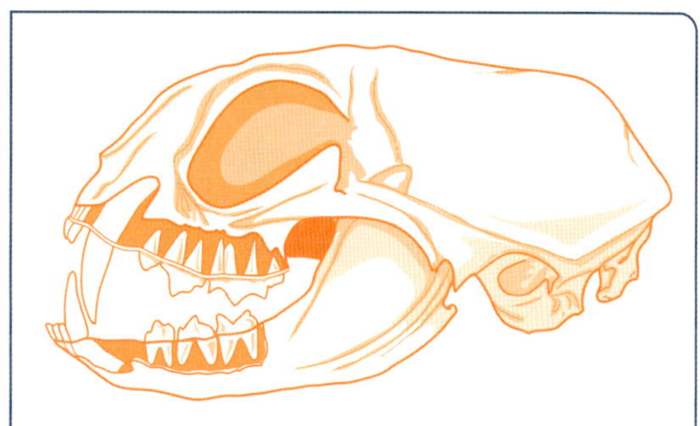

Fleischfressergebiss (Scherengebiss) der Katze.

Kalzium enthalten. Knochen haben dagegen einen hohen Kalzium- und geringen Phosphatgehalt. Die Katze frisst ihre Beutetiere mitsamt Knochen und Knorpel. Dadurch ist ihr Mineralstoffbedarf in Bezug auf Kalzium und Phosphat gedeckt. Erhält die Katze überwiegend Fleisch ohne Knochen, entsteht auf Dauer Kalziummangel und Phosphatüberschuss. Man vermutet einen Zusammenhang zwischen der Entstehung der gefürchteten „Katzenkaries" (Feline odontoklastische resorptive Läsionen, FORL) und Kalziummangel in der Nahrung. Durch die zusätzliche Gabe von Nahrungsmitteln mit hohem Kalziumanteil (z. B. Milchprodukte, Knochen wie z. B. gekochte Hühnerhälse) wird der Bedarf gedeckt.

- Für Katzen ist die Aminosäure **Taurin** essentiell, d. h. sie muss mit der Nahrung dem Körper der Tiere zugeführt werden. Taurin ist in Fleisch, Fisch und Milchprodukten in ausreichender Menge vorhanden. Eine artgerecht ernährte Katze wird daher niemals unter Taurinmangel leiden. Bei gesunden Katzen ist die zusätzliche Gabe in Form von Tabletten oder Pasten nicht erforderlich. Therapeutisch wird Taurin bei Herzerkrankungen zur Stärkung des Herzmuskels eingesetzt.
- Katzen entwickeln sich leicht zu *Nahrungsspezialisten*. Sie fressen sich auf einen bestimmten Futtertyp ein und lehnen dann oft jede andere als die gewohnte Nahrung ab. Die Folgen einer dadurch entstehenden einseitigen Ernährung sind schwerwiegende Mangelerscheinungen. Daher sollte eine Katze (bereits im Welpenalter) abwechslungsreiche Nahrung (am besten jeden Tag etwas anderes) erhalten.
- Katzen sind **„Häppchenesser"**. Wenn sie ausschließlich von Beutetieren leben, essen sie pro Tag im Durchschnitt 12 Mäuse (oder Vögel). Der Abstand zwischen diesen 12 Mahlzeiten ist relativ lang, denn die Beute muss erst gefangen und durch das oft lang andauernde Spiel verdaulich gemacht werden, bevor sie verzehrt wird. Will man dieser Ernährungsform entsprechen, müsste man Wohnungskatzen, die keine Möglichkeit haben, zu jagen, den ganzen Tag über kleine Mengen (jeweils 1 Teelöffel) frisches Futter zur Verfügung stellen. Im Alltag hat es sich jedoch bewährt, die Futterration auf drei- bis viermal täglich zu verteilen, wobei die letzte Portion am späten Abend (Katzen sind Nachttiere!) gegeben wird.
- Katzen sind keine Aasfresser. Sie verzehren ihre Beutetiere frisch direkt nach dem Fang. Katzen sind (oft lange, bevor es der Mensch bemerkt) in der Lage, verdorbenes Fleisch zu identifizieren. Die ihnen angebotene Nahrung sollte daher immer frisch sein, sonst wird sie verweigert.
- Gesunde Katzen, die artgerecht ernährt werden, trinken fast gar kein **Wasser**. Wenn sie Milch als Nahrungsmittel erhalten, ignorieren sie angebotenes Wasser meist vollkommen. Der Organismus dieser Tierart ist auf die Aufnahme größerer Mengen Flüssigkeit nicht eingestellt. Katzen, die Trockenfutter erhalten, können den dadurch zusätzlich entstehenden Bedarf an Flüssigkeit meist durch Trinken nicht ausreichend decken.
- Artgerecht ernährte Katzen fressen nur soviel, wie ihr Körper verlangt. Wenn sie satt sind, lassen sie das Futter einfach stehen. Katzen, die jedoch mit industriell gefertigtem Billigfutter ernährt werden, entwickeln durch die darin enthaltenen Geschmacksverstärker einen unnatürlichen Heißhunger und verlieren dadurch ihr natürliches Sättigungsgefühl. Die appetitanregende Wirkung solcher Billigfertigfutter lässt, im Gegensatz zu Frischfutter und hochwertigem Dosenfutter ohne Geschmacksverstärker, keine befriedigende Sättigung entstehen. Die Tiere fressen mehr, als sie benötigen und entwickeln

häufig Übergewicht. Bereits wenige Bröckchen Billigfutter am Tag können diese Reaktion auslösen. (Dieses Phänomen findet man auch bei Menschen, die sich mit Fastfood ernähren.)

- **Überwichtige Katzen dürfen nicht hungern!** Durch einen zu schnellen Abbau von Fettdepots im Körper in Hungersituationen werden das Blut und die Leber mit Fettsäuren (Abbauprodukte des Depotfetts) überschwemmt. Die Fettsäuren können durch die Leber nicht schnell genug abgebaut werden und lagern sich dort ab. Dies führt zu schweren Schäden des Organs. Die gefürchtete Erkrankung wird als **Leberlipidose** bezeichnet. Übergewicht darf bei Katzen durch Futterreduktion daher nur allmählich, über Monate hin in kleinen Schritten abgebaut werden.
- Haare, die bei der täglichen Körperpflege in großen Mengen in den Magen-Darm-Trakt gelangen, werden teilweise über den Darmkanal ausgeschieden oder in unregelmäßigen Abständen als „Gewölle" ausgebrochen. Freilebende Katzen fressen **grobfaseriges Gras**, um dieses dann zusammen mit den Haaren auszubrechen. Auch Wohnungskatzen benötigen eine solche „Brechhilfe". Grobfaseriges Katzengras wird im Zoofachhandel und in manchen Blumengeschäften frisch oder zum Selbstziehen angeboten und sollte den Tieren immer (ganz besonders aber in Zeiten des Fellwechsels) zur Verfügung stehen. Zur Unterstützung kann zusätzlich Malzpaste verabreicht werden. Dadurch werden die beim Putzen aufgenommenen Haare über den Magen-Darm-Trakt aus dem Körper entfernt.

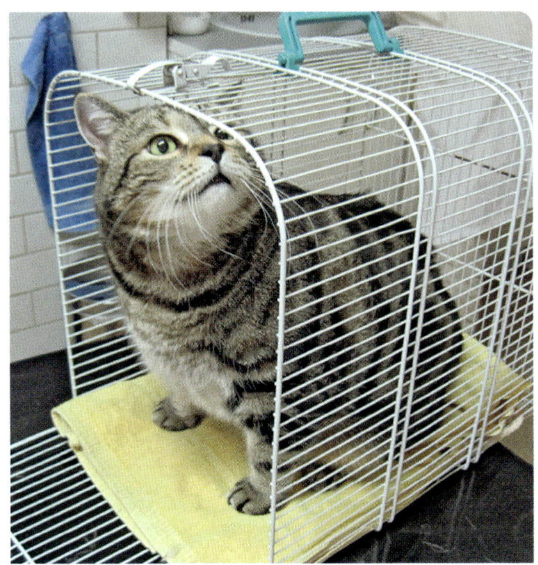

Übergewichtige Katzen dürfen nicht hungern.

Artgerechte Ernährung der Katze

Eiweiß

Die Katze benötigt viel und hochwertiges Eiweiß. Sie kann eine zeitweise Verringerung des Eiweißangebotes in der Nahrung unter ihren Bedarf im Gegensatz zum Menschen und zum Hund auf Dauer nicht kompensieren. Mangelerscheinungen treten bei ihr daher viel schneller und ausgeprägter zutage. Im Durchschnitt sollte die Tagesration 4 – 5 g Eiweiß pro kg Körpergewicht enthalten. Eine 4 kg schwere Katze muss zur Deckung ihres Bedarfs am Tag also mindestens 16 – 20 g reines Eiweiß aufnehmen.

Nicht nur die Menge, sondern auch die Zusammensetzung des Eiweißes ist entscheidend für eine optimale Versorgung. Eiweiß setzt sich aus verschiedenen Bausteinen, den Aminosäuren, zusammen. Die Katze benötigt zehn essentielle (lebensnotwendige) Aminosäuren, die mit der Nahrung zugeführt werden müssen.

Zartes Muskelfleisch vom Rind, Lamm, Schwein oder Pferd, Fisch, Geflügelfleisch und Milchprodukte (Milch, Joghurt, Quark, Frischkäse) sind hochwertige Eiweißträger. Sie enthalten das gesamte für die Katze notwendige Aminosäurenspektrum. Den Eiweißen in Bindegewebe (Flechsen im Fleisch) und in Pflanzen fehlen einige der erforderlichen Bausteine.

Sie sind daher für die Ernährung der Katze wenig geeignet.

Fleisch kann roh, gekocht oder gebraten angeboten werden. Im rohen Fleisch sind Nährstoffe und Vitamine in unveränderter und für den Katzenorganismus gut verwertbarer Form enthalten (Katzen braten ihre Beutetiere nicht, bevor sie diese verzehren!). Rohes Fleisch säuert auf natürlichem Weg den Urin an. Das ist eine gute Vorbeugung gegen Harngries (Struvitsteine), der sich im sauren Milieu nicht bilden kann. Es können alle Fleischsorten (mit Ausnahme von Schweinefleisch und Geflügelfleisch) roh verfüttert werden. Im rohen Schweinefleisch kann sich das Aujetzki-Virus verstecken, das bei Katzen eine tödliche Infektionskrankheit mit Symptomen ähnlich der Tollwut verursacht. Rohes Geflügelfleisch ist häufig mit Salmonellen belastet.

Mit Bandwürmern infizieren sich Katzen in der Regel nicht durch rohes Fleisch, sondern über den Verzehr von Mäusen. In Deutschland wird durch die amtliche Fleischbeschau weitgehend ausgeschlossen, dass Bandwurmfinnen-haltiges Fleisch in den Verkehr gebracht wird. Um jedoch kein Risiko einzugehen, kann man das Fleisch 24 Stunden bei −18 °C einfrieren. Dadurch werden eventuell vorhandene Bandwurmfinnen abgetötet.

Fisch besteht aus hochwertigem, gut verdaulichem Eiweiß und kann mehrmals die Woche verfüttert werden. Allerdings enthält roher Fisch ein Enzym, das den Katzen das lebenswichtige Vitamin B1 „raubt". Aus diesem Grunde sollte Fisch nur gekocht, gedünstet oder gebraten verfüttert werden.

Katzen mit einer Schilddrüsenüberfunktion sollten wegen des hohen Jodgehaltes keine oder nur ganz selten Seefische erhalten. Hier kann man auf Süßwasserfische (z. B. Forelle) ausweichen.

Milch enthält hochwertiges Eiweiß, Vitamine und Kalzium und ist eine gute Ergänzung zur Fleischernährung. Manche Katzen (etwa eine von zehn Tieren) reagiert auf Milch mit Durchfall. Nicht das Fett ist daran schuld, sondern der in der Milch enthaltene Milchzucker. Er wird normalerweise durch ein Enzym im Darm abgebaut. Fehlt dieses Enzym (bei manchen erwachsenen Katzen), kommt es zu Durchfall. In diesem Fall kann man auf Joghurt oder laktosefreie Milch (im Supermarkt erhältlich) ausweichen. Joghurt ist durch Milchsäurebakterien vergorene Milch. Er enthält nur sehr wenig oder gar keinen Milchzucker.

Kohlenhydrate

Der Mageninhalt der Beutetiere (Mäuse, Vögel) besteht aus halbverdauten Pflanzenteilen (Kohlenhydraten) und wird in der Regel von der Katze mit gefressen. Somit besteht die natürliche Ernährung dieser Tierart auch aus einem geringen Anteil Kohlenhydrate. Aus diesem Grunde sollte ein kleiner Teil (max. 10 %) der täglichen Nahrung unserer Hauskatzen ebenfalls aus leicht verdaulichen Kohlenhydraten bestehen. Besonders geeignet sind gekochter Reis, gekochte Kartoffel, weich gekochte Nudeln oder ungesüßte Cornflakes. Vollkornprodukte oder Haferflocken sind für den kurzen Katzendarm nicht genügend aufgeschlossen und werden zum großen Teil unverdaut wieder ausgeschieden. Manche Katzen reagieren darauf mit Durchfall.

Fett

Gesunde Katzen können fette Nahrungsmittel (z. B. Sahne, Butter) in der Regel gut vertragen. Bis zu 30 % Fett pro Tag werden ohne irgendwelche Verdauungsstörungen toleriert. Allerdings führt ein Übermaß an Fett auf Dauer zu Übergewicht und sollte aus diesem Grund vermieden werden.

Gefährlich sind Seetieröle (z. B. Lebertran). Diese Fette werden aufgrund ihres hohen Gehaltes an ungesättigten Fettsäuren schnell ranzig und können bei Katzen Lebererkrankungen verursachen. Zudem enthalten sie zuviel Vitamin A, das bei Überdosierung über längere Zeit bei Katzen zu Vergiftungen führt.

Katzen sind nicht in der Lage, die in Pflanzenfetten enthaltene Linolsäure in **Arachidonsäure** umzuwandeln. Sie sind auf die Zufuhr dieser wichtigen ungesättigten Fettsäure durch tierische Fette angewiesen. Arachidonsäure unterstützt die Haut- und Fellfunktion. Ein Mangel an Arachidonsäure zeigt sich durch trockene Haut und schuppiges, stumpfes Fell. Besonders reich an diesem Fettbaustein sind Geflügelfett sowie das Herz und die Leber von Schwein und Lamm.

Vitamine

Wenn eine gesunde Katze artgerecht, d. h. abwechslungsreich und ihren Bedürfnissen entsprechend ernährt wird, ist eine optimale Vitaminversorgung gewährleistet. Lediglich bei geschwächten, kranken oder alten Tieren kann zur Steigerung der Abwehr und Beschleunigung des Genesungsprozesses die Zufuhr künstlicher Vitamine erforderlich werden.

Leckereien

Kleine Leckereien „vom Tisch" des Tierhalters (z. B. Leberwurst, Schinken, Käse) sind in Maßen erlaubt. Sie sorgen für Abwechslung und fördern die Lebensfreude. Man sollte jedoch die Menge der angebotenen Leckereien immer im Verhältnis zur Größe eines Katzenmagens setzen, um Übergewicht zu vermeiden. In ungefülltem Zustand ist der Magen nicht größer als eine Walnuss. Ein kleines Stück Brot mit Leberwurst z. B. ist daher für eine Katze keine Leckerei, sondern eine ganze Mahlzeit.

Dosenfutter

Dosenfutter ist ganz praktisch, wenn berufstätige Menschen z. B. am Morgen wenig Zeit haben, um der Katze eine „richtige" Mahlzeit zu bereiten. Es gibt hochwertige Dosennahrung, die einen hohen Anteil Fleisch oder Fisch enthalten. Sonstige Beigaben wie Reis, Käse oder Gemüse machen nicht mehr als 10 % des Gesamtinhaltes aus. Die Freiheit von Zusatzstoffen (Geschmacksverstärkern, Konservierungs-, Geschmacks- oder Farbstoffen) ist auf dem Etikett ausdrücklich vermerkt. Billigdosenfutter wird nicht empfohlen.

Trockenfutter

Trockenfutter ist als Nahrung für Katzen problematisch. Da dem Futter in dieser Form die Feuchtigkeit bis auf 10 % entzogen wurde, muss die Katze für jedes Gramm Trockenfutter, das sie frisst, mindestens das 3–4 fache an Wasser zu sich nehmen. Auch wenn immer frisches Wasser in ausreichender Menge zur Verfügung steht, können die Tiere nicht genügend Flüssigkeit aufnehmen, um diesen großen Bedarf zu decken. Mangelnde Flüssigkeitszufuhr führt zu stark konzentriertem Urin. Das kann eine der Ursachen für die Entstehung von Harngries und Harnsteinen bei Katzen sein.

Eine Maus (die natürliche Nahrung der Katze) besteht zu 70–80 % aus Wasser. Der Körper einer Katze, (einer Tierart, die normalerweise nur wenig Wasser trinkt), ist auf die Zufuhr dieser Flüssigkeitsmenge mit der Nahrung eingestellt und angewiesen. Bei nierenkranken Tieren, die aufgrund der Minderfunktion der Nieren zusätzlich Wasser verlieren, kann die überwiegende Gabe von Trockenfutter zur Austrocknung (Exsikkose) führen und das Krankheitsgeschehen beschleunigen.

Die meisten Katzen sind, wenn sie es einmal probiert haben, geradezu süchtig auf handelsübliches Trockenfutter, denn es enthält meist Geschmacksverstärker sowie Duft- und Lockstoffe. Geschmacksverstärker führen zu einem gestörten Sättigungsgefühl. Katzen, die Trockenfutter (auch in nur geringer Menge) erhalten, essen mehr, als sie benötigen und sind häufig übergewichtig.

Diätfutter

Kranke Katzen benötigen oftmals ein spezielles Diätfutter. Viele Tierarztpraxen (und Kliniken) bieten geeignetes Diätfutter für ihre Patienten an.

Meerschweinchen

Natürliche Ernährung

Die wildlebenden Vorfahren unserer Hausmeerschweinchen findet man in den grasreichen, bis 4000 Meter hoch gelegenen Hochebenen der Anden in Südamerika. Sie sind reine Pflanzenfresser und ernähren sich vorwiegend von den frischen, jedoch **mineralstoffarmen** Gräsern der südamerikanischen Bergwiesen. Nur sehr selten nehmen sie reife Samen aus Grasrispen auf. Ähnlich wie unsere Kühe auf den Almen grasen Meerschweinchen auf den Bergwiesen und verwenden viel Zeit für die Nahrungsaufnahme.

Kaninchen

Natürliche Ernährung

Unsere Hauskaninchen (ganz gleich, ob es sich um große Stall- oder Zwergkaninchen handelt) stammen vom europäischen Wildkaninchen ab. Diese ernähren sich, ähnlich wie Meerschweinchen, überwiegend von Gräsern und Wiesenkräutern. Zusätzlich nehmen sie Wurzeln verschiedener Pflanzen, Baumrinde, Fallobst und (nur selten) reife Samen aus Grasrispen oder Getreideähren auf.

Chinchilla

Natürliche Ernährung

Chinchillas sind Nagetiere. Ihre Heimat sind die Hochgebirgsebenen (Anden bis 4000 m) Südamerikas. Sie sind weitläufig mit den Meerschweinchen verwandt und ernähren sich wie diese hauptsächlich durch die kargen, d. h. **mineralstoffarmen Gräser** der Hochgebirgsregionen. Es gibt verschiedene Chinchillaarten. Als Haustiere werden vorwiegend Langschwanzchinchilla und Kurzschwanzchinchilla gehalten.

Ernährungsphysiologische Grundlagen

- Die **Darmperistaltik** von Meerschweinchen, Kaninchen und Chinchillas ist nur schwach ausgeprägt. Um den Nahrungsbrei im Darm weitertransportieren zu können, sind die Tiere auf ständigen Nachschub rohfaserreicher Nahrung (z. B. Gras, Heu) „von oben her" angewiesen. Daher nehmen Meerschweinchen und Kaninchen innerhalb von 24 Stunden etwa 100 kleine Futterportionen zu sich und dürfen niemals hungern! Bei Futterverweigerung (z. B. aufgrund von Zahnproblemen oder anderen Erkrankungen) müssen sie zwangsgefüttert werden. Bereits nach 8 Stunden ohne Zufuhr neuer Nahrung in den Magen kommt es zu schwerwiegenden Verdauungsstörungen, die zum Tode führen können.
- Alle **Zähne** (Schneide- und Backenzähne) von Meerschweinchen, Kaninchen und Chinchillas wachsen zeitlebens etwa 1,2 – 1,5 mm pro Woche und müssen durch Zermahlen grober, langfaseriger Futterpartikel ständig abgeschliffen werden. Dies gelingt nur durch sehr viel „Kauarbeit". Dabei ist nicht der Rohfasergehalt der Nahrung allein, sondern vor allem die Futterstruktur ausschlaggebend dafür, wie viel Zeit für das Zerkauen des Futters verwendet werden muss. Nur wenn die Tiere Nahrung erhalten, die sie mit den Schneidezähnen abbeißen und dann mit den Backenzähnen längere Zeit zermahlen müssen (z. B. Heu), sind die Voraussetzungen für eine optimale Zahnabnutzung gegeben. Gepresste Pellets sind daher (auch wenn sie einen hohen Rohfasergehalt aufweisen) für den Zahnabrieb nicht geeignet. Kraftfutter (leider immer noch im Tierhandel angeboten!) verursacht nicht nur Verdauungsstörungen und macht dick, sondern führt zu schneller Sättigung. Die Tiere nehmen, wenn sie Kraftfutter erhalten, zuwenig grobfaserige Nahrung auf. Dadurch werden die Zähne nicht ausrei-

chend abgerieben. Zahnfehlstellungen und die Bildung von Zahnspießen sind die Folge. Die Argumentation, dass hartes Kraftfutter (z. B. Knabberstangen) den Abrieb der Zähne fördere, ist falsch. Zähne nutzen sich nur aneinander und nicht am Futter ab. Nur lang anhaltende Mahlbewegungen der Kiefer und dadurch die Reibung der Zähne des Ober- und Unterkiefers aneinander führen zum Abrieb der Zähne.

- Meerschweinchen, Kaninchen und Chinchillas besitzen einen ausgeprägten **Nagetrieb.** Dieser kann an Zweigen (sie sollten von einheimischen „ungespritzten" Bäumen stammen), sowie durch die überwiegende Ernährung mit Heu und hartem Frischfutter (z. B. Möhren) abreagiert werden. Meerschweinchen und Kaninchen, die ihren Nagetrieb nicht ausleben dürfen, langweilen sich. Verhaltensstörungen wie z. B. andauerndes Rütteln an Gitterstäben, Fellausrupfen oder Selbstverstümmelung sind nur einige äußeren Zeichen für das seelische Leid solcher Tiere.
- Wildlebende Meerschweinchen und Chinchillas müssen dort, wo sie zu Hause sind (im südamerikanischen Hochgebirge) mit relativ mineralstoffarmem Futter zurechtkommen. Der Körper der kleinen Nager ist auf diese Situation optimal angepasst: **Mineralstoffe**, v. a. Calcium werden im Darm der Meerschweinchen besonders gut resorbiert, so dass schon geringe Mengen im Futter ausreichen, um den Bedarf zu decken. Werden den Tieren nun sehr mineralstoffreiches Futter (z. B. Kraftfutter, calciumreiche Pflanzen) oder Mineralnagesteine angeboten, kommt es schnell zur Überversorgung. Organverkalkungen, Skelettveränderungen mit Zahnfehlstellungen, sowie Harngries und Blasensteine können die Folgen sein. Kaninchen reagieren auf die übermäßige Zufuhr von Mineralstoffen über Mineralsteine, Kraftfutter oder durch die Fütterung großer Mengen kalziumhaltiger Pflanzen mit den gleichen Gesundheitsproblemen wie Meerschweinchen.
- Meerschweinchen, Kaninchen und Chinchillas sind **reine Pflanzenfresser** (Herbivoren). Grundsätzlich verboten sind daher Produkte aus tierischem Eiweiß und Fett (wie z. B. Joghurtdrops), die noch immer im Tierhandel als besondere „Leckerei" verkauft werden. Abgesehen davon, dass diese unnötigen Futterzugaben aus Abfallprodukten hergestellt werden und nicht selten verdorbenes, ranziges (und damit leberbelastendes) Fett enthalten, führen sie häufig zur Überwucherung der Darmflora mit Hefepilzen. Die daraus resultierenden Darmerkrankungen können tödlich verlaufen.
- Meerschweinchen, Kaninchen und Chinchillas besitzen, neben den auch bei anderen Tierarten bekannten Darmabschnitten, einen sehr großen **Blinddarm** (Caecum). Dieser füllt etwa 1/3 der Bauchhöhle aus. Im Blinddarm wird die Pflanzennahrung durch dort lebende Kleinstlebewesen (Mikroorganismen) aufgeschlossen und kann dadurch vom Körper verwertet werden. Zudem produzieren die Mikroorganismen die für diese Tierarten lebenswichtigen Vitamine des B-Komplexes und Vitamin K. Der periodisch abgesetzte, sehr eiweißreiche Blinddarmkot wird von den Meerschweinchen und Kaninchen direkt am After abgenommen und gefressen. Dieses Verhalten wird als **Caecotrophie** bezeichnet. Dadurch nehmen die Tiere auch die darin enthaltenen Vitamine auf. Wird dem Tier die Aufnahme von Blinddarmkot verwehrt, führt das innerhalb weniger Wochen zum Tod.
- Der Verdauungstrakt der kleinen Heimtiere reagiert auf Futterumstellungen sehr empfindlich, da sich die Mikroorganismen im Blinddarm erst langsam auf das neue Futter umstellen müssen. Daher gilt der Grundsatz: Ungewohntes Futter sollte zunächst

nur in geringer und erst nach und nach in allmählich steigender Menge verabreicht werden, um Blähungen, Durchfälle und lebensbedrohliche Koliken zu vermeiden.

- Meerschweinchen (nicht Kaninchen und Chinchillas) sind im Gegensatz zu vielen anderen Tierarten nicht in der Lage, **Vitamin C** in ihrem Körper selbst zu herzustellen. Sie sind (wie z. B. auch der Mensch) auf die Zufuhr dieses Vitamins über die Nahrung angewiesen. Das Vitamin ist wasserlöslich und wird im Körper nicht gespeichert. Daher ist die **tägliche** Gabe von Vitamin C- reichem Frischfutter (v. a. in den Wintermonaten und bei Tieren, die auch im Sommer keinen Auslauf auf Wiesen haben) für den Gesundheitszustand der kleinen Nager absolut erforderlich. Vitamin C – Mangel kann zu schwersten Erkrankungen (z. B. Blutungen in die Muskulatur mit Lähmungserscheinungen der Hintergliedmaße) führen.

Kaninchen – artgerecht ernährt.

Artgerechte Ernährung von Kaninchen, Meerschweinchen und Chinchilla

Heu

„Die optimale Ernährung von Meerschweinchen, Kaninchen und Chinchillas besteht neben Frischfutter aus Heu. Heu sollte als „Vorspeise", als „Hauptgericht" und als „Nachspeise" gereicht werden."

In Anlehnung an die natürliche Nahrung der Wildformen dieser Tierarten, die vorwiegend aus Gräsern besteht, sollte getrocknetes Wiesengras (= Heu) unseren in der Obhut des Menschen gehaltenen Meerschweinchen, Kaninchen und Chinchillas den ganzen Tag zur Verfügung stehen. Das Heu sollte sauber, staubfrei und ohne jegliche Spuren von Schimmel sein. Gutes Heu riecht würzig-frisch, altes, feucht gelagertes Heu dagegen muffig. Um es vor Verschmutzung mit Kot und Urin zu schützen, wird es am besten in kleinen an der Käfigwand befestigten Raufen angeboten.

Im Heu ist sehr viel **Tryptophan** (eine Aminosäure) enthalten, das im Körper zu Serotonin (einem Botenstoff im Gehirn) umgebaut wird. Serotonin wirkt auf die Psyche ausgleichend und beruhigend.

Frischfutter

Neben Heu ist Frischfutter die Hauptnahrung von Meerschweinchen, Kaninchen und Chinchillas. Als Frischfuttergabe eignet sich (entsprechend der natürlichen Ernährung) vor allem Gras von ungedüngten Wiesenflächen. Zusätzlich oder als Alternative kann man z. B. alle Salatsorten, Salatgurken, Karotten mit ihrem Kraut, Hagebutten, Tomaten, Mangold, Sellerie einschließlich der Blätter, Äpfel, Birne, Rote Rüben, Fenchel, Birne, Kiwi, Wassermelone oder Kohlrabi verfüttern. Auch Kräuter wie Basilikum, Thymian, Petersilie werden, **in kleinen Mengen** der Ration zugemischt, gerne aufgenommen. Im Sommer stehen verschiedene Wildpflanzen, wie z. B. Löwenzahn, Brennessel (nur angetrocknet verfüttern), Wiesenklee, Huflattich, Wegerich, Gänsefingerkraut, Schafgarbe, Ackerminze, Kamille oder Beifuss zur Verfügung.

Die verschiedenen Frischfutterpflanzen enthalten, je nach Pflanzenart und Jahreszeit, in der sie geerntet werden, Nährstoffe (Eiweiße, Vitamine, Mineralstoffe, Fettsäuren) in unterschiedlicher Konzentration. **Um ein Überangebot oder Mangel von Nährstoffen zu vermeiden, sollte die tägliche Frischfutterration nicht aus nur einer einzelnen Pflanzenart, sondern vielfältig aus verschiedenen Pflanzen und Obst zusammengestellt werden.** Ist ein Futterwechsel erforderlich, wenn z. B. das saisonale Angebot unterschiedlich ist, darf dieser nur ganz vorsichtig erfolgen. Die neue Futterpflanze wird zunächst nur in ganz kleiner, und dann von Tag zu Tag steigender Menge angeboten, damit sich die Mikroorganismen im Blinddarm auf die Veränderung einstellen können.

Trockenfutter

Unter Trockenfutter oder Kraftfutter versteht man eine Mischung aus verschiedenen Getreidekörnern, Samen, Saaten und Nüssen. Es ist sehr energiereich und führt bei regelmäßiger Verfütterung zu Übergewicht. Kraftfutter beeinträchtigt durch seinen hohen Stärkegehalt das Gleichgewicht der Darmflora. Wegen seines hohen Mineralstoffgehaltes, des geringen Rohfasergehaltes, sowie aufgrund seiner Konsistenz begünstigt es die Entstehung vieler Erkrankungen (z. B. Organverkalkungen, Blasensteine, Zahnfehlstellungen, Darmerkrankungen).

Kraftfutter ist Mastfutter. Es wird in der Kaninchenmast zur Fleischproduktion eingesetzt, um in relativ kurzer Zeit bei den Tieren ein ausreichend hohes Schlachtgewicht zu erzielen.

Nur in Zeiten erhöhten Energiebedarfs, wie z. B. während des Wachstums, der Trächtigkeit oder nach Operationen, kann es in kleinen Mengen (max. 1 schwach gehäufter Esslöffel, bei Jungtieren 1 Teelöffel pro Tag) angeboten werden.

? Erwachsene, gesunde Meerschweinchen, Kaninchen und Chinchillas benötigen zusätzlich zur täglichen Futterration aus Heu und Frischfutter **kein** Kraftfutter.

? **Vorsicht!**

Die im Handel angebotenen Kraftfuttermischungen für Meerschweinchen und Kaninchen sowie Chinchillafutter enthalten, neben häufig überlagerten und damit ranzigen Ölsaaten, meist bunt gefärbte getrocknete Brotstückchen (oder gepresster Getreidebrei), die Gemüse und Obst täuschend ähnlich sehen. Zusammen mit der Deklarierung „Alleinfutter" wird dem Tierhalter eine Vollwertigkeit des Trockenfutters vorgetäuscht. Es entspricht jedoch in keiner Weise den Bedürfnissen der Tiere. Daher sollten nur Saaten gekauft werden, die auch für den menschlichen Verzehr geeignet sind. Da Kraftfutter nur kurzzeitig (bei höherem Energiebedarf) und nur in geringen Mengen verabreicht werden darf, fällt der etwas höhere Preis für qualitativ hochwertiges Futter kaum ins Gewicht.

Vitamine

Gesunde Meerschweinchen ,Kaninchen und Chinchillas, die vollwertig, d. h. nach ihren Bedürfnissen ernährt werden, benötigen keine zusätzliche Zufuhr an Vitaminen. Die Zufuhr künstlicher Vitamine (in Form von Tropfen oder Pulver) schaden (mit Ausnahme des Vitamin C beim Meerschweinchen) mehr als sie nützen, denn eine Überversorgung mit Vitaminen (= Hypervitaminose) kann zu schweren Gesundheitsstörungen führen.

Trinkwasser

Meerschweinchen, Kaninchen und Chinchillas, die viel Frischfutter erhalten, trinken fast kein

? Artgerechte Ernährung von Kaninchen, Meerschweinchen und Chinchillas

Heu:	= täglich ad libitum (nicht rationiert, zur freien Verfügung)
Frischfutter: Salate, Obst, Kräuter (kleine Mengen)	= 2 mal täglich
Trockenfutter: Mischung aus Getreide, Samen, Saaten, Nüssen	= erwachsene Tiere: überhaupt nicht! = wachsende Tiere: 1 Teelöffel/Tag = säugende Tiere: 1 Esslöffel/Tag
Nagematerial: Äste ungespritzter Obstbäume und einheimischer Laubbäume	= wöchentlich neu

Wasser. Dennoch muss ihnen frisches **Trinkwasser** grundsätzlich immer zur Verfügung stehen. Bei Nierenerkrankungen, während heißer Sommertage sowie im Winter bei warmer Heizungsluft sind auch Meerschweinchen, Kaninchen und Chinchillas auf Wasser angewiesen.

Ratte

Natürliche Ernährung

Die heute als Heimtiere gehaltenen Ratten stammen alle von der Wanderratte (*Rattus norvegicus)* ab. Diese kam Anfang des 19.Jahrhunderts über Schifffahrtswege (wahrscheinlich im Bauch von Handelsschiffen) aus dem nördlichen China, ihrer ursprünglichen Heimat, nach Europa.

Die Wanderratte ist ein Allesfresser. Obwohl sie für begrenzte Zeit auch nur mit pflanzlicher Nahrung auskommen kann, ist doch tierisches Eiweiß ihre Hauptnahrungsquelle. Sie jagt kleine Mäuse, fängt Fische und räubert Nester von Seevögeln (mit Eiern und Küken) aus. In der Nähe menschlicher Behausungen nutzt sie das Angebot von Küchenabfällen.

Ernährungsphysiologische Grundlagen

- Ratten sind zwar keine reinen Fleischfresser. Entsprechend ihrer Abstammung von der Wanderratte haben sie jedoch einen erhöhten Bedarf an tierischem Eiweiß. Die Tiere sollten mindestens dreimal pro Woche tierisches Eiweiß erhalten, während der Trächtigkeit und Säugeperiode täglich.
- Die Schneidezähne von Ratten (Incisivi) wachsen lebenslang und müssen ständig durch geeignetes Nagematerial abgerieben werden.
- Ratten nehmen innerhalb 24 Stunden viele kleine Mahlzeiten zu sich und sollten daher immer ausreichend Futter zur Verfügung haben.
- Frei lebende Ratten verbringen sehr viel Zeit mit der Futtersuche. Das Futter sollte daher so dargeboten werden, dass es sich die Tiere teilweise erarbeiten (z. B. Nüsse zum Knacken, große Brocken zum Zerkleinern) oder es suchen müssen (Futterverstecke anlegen), um Langeweile zu vermeiden.

Artgerechte Ernährung

Trockenfutter

Als Grundnahrung der Ratte dient eine Mischung aus verschiedenen Getreidearten (z. B. Hafer, Weizen, Dinkel, Hirse), Sämereien (Grassamen, Kanarien- und Waldvogelfutter), getrocknetes Gemüse, getrocknete Kräuter sowie ungesüßtem Früchtemüsli. Die Zusammenstellung sollte abwechslungsreich und aus qualitativ hochwertigen Zutaten bestehen.

Ernährungsphysiologisch wertvolle Sämereien kann man durch eine Keimprobe (siehe S. 223) von „toten“ Samen unterscheiden. Ge-

Artgerechte Ernährung von Ratten

Trockenfutter:	= täglich
Mischung aus:	
Getreide (z. B. Hafer, Weizen, Dinkel, Hirse, Roggen)	
Sämereien (z. B. Grassamen, Kanarien- und Waldvogelfutter)	
getrocknetes Gemüse	
getrocknete Kräuter	
ungesüßtes Früchtemüsli	
Frischfutter:	= täglich
Salate (z. B. Feldsalat, Endivie, Chicorée, Rukula)	
Kräuter (z. B. Petersilie, Basilikum, Dill)	
Rohe Gemüse (Karotten, Tomaten, Paprika, Gurken)	
Obst (Apfel, Birne, Banane, Kiwi)	
Eiweißfutter:	= mindestens 3 × wöchentlich, besser täglich
Quark, Joghurt	
Hartgekochtes Ei, Rührei	
Milder Käse (auch Frischkäse)	
gekochtes Hühnerfleisch	
vitaminreich gefütterte Mehlwürmer	
Heu:	= täglich
Leckereien:	= gelegentlich
Nüsse mit Schale	
Gekochte Kartoffel, Nudeln, Reis	
Hartes Brot	
Kekse und Zwieback	
Nagematerial:	
Äste ungespritzter Obstbäume, einheimischer Bäume und Sträucher (z. B. Haselnuss, Birke, Weide)	= wöchentlich neu

treide und Samen sollten so gelagert werden, dass sie nicht von Schädlingen (z. B. Mehlmotten) oder von Schimmelpilzen befallen werden.

Es hat sich bewährt, Trockenfuttermischungen für Ratten selbst herzustellen, um die Qualität des Futters zu sichern. Die im Zoofachhandel angebotenen Mischungen für Kleinnager sind auch für Ratten nicht ganz unproblematisch. Sie enthalten meist zu viele Ölsaaten (z. B. Sonnenblumenkerne, Kürbiskerne), die Übergewicht und Leberverfettung verursachen, und sind häufig überlagert, d. h. zu alt. Gefärbte Brotstückchen täuschen einen nicht vorhandenen Früchtegehalt vor.

Frischfutter

Zur artgerechten Fütterung von Ratten gehört 1 – 2 mal täglich Frischfutter. Dabei sollte das Angebot abwechslungsreich und dadurch für die Tiere interessant sein. Es eignen sich rohe Gemüse (z. B. Gurken, Paprika, Karotten), Obst (z. B. Weintrauben, Apfel, Birne, Banane, Melone, Kiwi), Kräuter (z. B. Basilikum, Petersilie, Dill) und Salate (z. B. Feldsalat, Chicorée, Endivie). Frischfutterreste sollten nach ein paar Stunden aus der Tierbehausung entfernt und durch neues ersetzt werden. Frische Pflanzenteile verderben leicht und können dann Verdauungsstörungen verursachen.

Eiweißfutter
Ratten benötigen für eine ausgewogene Ernährung tierisches Eiweiß. Mindestens dreimal wöchentlich, besser täglich können z. B. abwechselnd Quark, Joghurt, hart gekochtes Ei, Rührei, milder Käse, gekochtes Hühnerfleisch oder auch vitaminreich (z. B. mit Apfelstückchen) gefütterte Mehlwürmer angeboten werden.

Heu
Zur Deckung des Rohfaserbedarfs sollte den Tieren ständig qualitativ hochwertiges Heu zur Verfügung stehen. Das Heu wird von ihnen auch gerne zum Auspolstern von Schlafhäuschen oder als Nistmaterial verwendet.

Leckerbissen
Leckerbissen, die gelegentlich in kleinen Mengen angeboten werden, sorgen für Abwechslung und Spannung im Speiseplan der Ratten. Verschiedene Nusssorten in der Schale (z. B. Haselnuss, Walnuss), gekochte Kartoffel, Reis, Nudeln, Butterkeks, Zwieback und hartes Brot werden gerne angenommen.

Nagematerial
Als Nagematerial eignen sich Äste und Zweige von unbehandelten Obstbäumen sowie einheimischen Bäumen und Büschen (z. B. Weide, Haselnuss, Birke, Holunder).

Wasser
Frisches Wasser muss in der Tierbehausung für die Ratten immer zugänglich sein. Da sich viele bakterielle Durchfallerkrankungen über verschmutztes Trinkwasser ausbreiten, sollte das Wasser (vor allem bei warmen Umgebungstemperaturen) zweimal täglich erneuert werden.

Maus

Natürliche Ernährung
Die Wildform der heute als Heimtier gehaltenen Farbmäuse ist die graue Hausmaus. Ihre eigentliche Heimat liegt in den Savannen und Steppen Südostasiens, Nordafrika und Südeuropa. Inzwischen ist die graue Hausmaus weltweit verbreitet. Sie ernährt sich überwiegend von Sämereien. Zusätzlich finden sich auf ihrem Speiseplan Knospen, Blätter, Obst, sowie ab und zu kleine Insekten und Würmer.

Ernährungsphysiologische Grundlagen
- Die Schneidezähne (Incisivi) im Ober- und Unterkiefer wachsen bei der Maus lebenslang und müssen mit Hilfe von geeignetem Nagematerial abgerieben werden. Wird zuwenig Nagematerial angeboten, kommt es zu einem übermäßigen Wachstum der Incisivi.
- Mäuse sind keine Vegetarier. Sie benötigen eine ausgewogene Mischration, die auch einen **geringen** Anteil tierisches Eiweiß enthalten sollte. Während der Trächtigkeit und Säugezeit ist der Eiweißbedarf erhöht. Wird zuwenig tierisches Eiweiß gefüttert, entstehen Schäden am Skelett und an den Gelenken. Säugende Muttertiere verlieren stark an Gewicht. Im Extremfall kann massiver Eiweißmangel zu Kannibalismus führen.
- Mäuse sind Nagetiere. Der Mangel an Nagematerial führt zu Langeweile und daraus resultierenden Verhaltensstörungen. Zur Befriedigung des Nagetriebes eignen sich Äste unbehandelter Obstbäume, Weide, Haselnusssträucher sowie Wal- und Haselnüsse mit Schale.
- Zur Unterstützung der Verdauung benötigen Mäuse einen gewissen Anteil Rohfaser in ihrer Nahrung. Qualitativ hochwertiges, frisches Heu sollte daher den Tieren immer zur Verfügung stehen.
- Mäuse sind nacht- und dämmerungsaktiv. Sie haben einen sehr schnellen Stoffwechsel

Artgerechte Ernährung von Mäusen

Trockenfutter:	
Sämereien	
getrocknetes Obst und Gemüse	
zuckerfreies Müsli	= täglich
Heu:	= täglich
Frischfutter:	
Gemüse (z. B. Paprika, Karotte, Tomate)	
Obst (z. B. Apfel, Birne, Weintraube, Beerenfrüchte)	
Salate (z. B. Feldsalat, Chicorée, Endivie)	
Kräuter (z. B. Petersilie, Dill, Basilikum)	= 1–2 mal täglich
Leckerbissen:	
Nüsse	
hartes Brot, getrocknete Nudeln	
Sonnenblumenkerne	
Zwieback	= 1–2 mal wöchentlich
Tierisches Eiweiß:	
Joghurt, Quark	
hart gekochtes Ei	
getrocknetes Insektenfutter für Vögel	
Mehlwürmer	= erwachsene Tiere: 1 mal wöchentlich
	= wachsende Tiere: jeden 2. Tag
	= säugende Tiere: täglich
Nagematerial:	
Äste ungespritzter Bäume	= wöchentlich neu

und benötigen daher vor allem während der Aktivzeiten ständig Futter. Wenige Stunden ohne Futteraufnahme (v. a. nachts) können zu Gewichtsverlust und Schwächezuständen führen. Besonders gefährdet sind trächtige und säugende Weibchen.

Artgerechte Ernährung

Trockenfutter

Zur Ernährung der überwiegend granivoren (lat. granum = Korn; vorare = fressen) Mäuse eignet sich als Grundfutter eine (am besten selbst zusammengestellte) Saatenmischung. Diese sollte aus vielen unterschiedlichen feinen Sämereien bestehen. Für die Zusammenstellung einer vielfältigen Mischung eignet sich:

- Waldvogelfutter
- Kanarienfutter
- Wellensittichfutter
- Rispenhirse

Um die Futterration abwechslungsreicher zu gestalten, können zusätzlich ungesüßtes Früchtemüsli sowie getrocknetes Obst und Gemüse hinzu gegeben werden. Die Sämereien müssen ungebeizt sein und die gesamte Trockenfuttermischung so gelagert werden, dass sie frei von Schädlingen (z. B. Mehlmotten) und Schimmelpilzen bleibt.

Als zusätzliche Leckereien können (z. B. ein- bis zweimal pro Woche) kleine Mengen an Nüssen, Kürbis- oder Sonnenblumenkerne, getrocknete Nudeln oder hartes Brot gegeben werden.

Vorsicht
Die im Handel angebotenen Trockenfuttermischungen für Kleinnager sind nicht selten überlagert und enthalten häufig getrocknete, gefärbte Brotstückchen (oder gepresster und gefärbter Getreidebrei), die Obst oder Gemüse vortäuschen. Nagematerial (z. B. Äste) werden vielfach mit Zuckerlösung besprüht, um es attraktiver zu machen.

Frischfutter

Mäuse benötigen täglich eine abwechslungsreich zusammengestellte Portion frisches Obst und Gemüse. Auch Kräuter und Salate werden gerne angenommen. Da Frischfutter leicht verdirbt, sollten übrig gebliebene Reste nach max. 6 Stunden aus der Behausung der Tiere herausgenommen werden, um Infektionen durch verdorbene Pflanzenteile zu vermeiden.

Tierisches Eiweiß

Mäuse benötigen tierisches Eiweiß in ihrer Ration. Bei erwachsenen Tieren genügt eine wöchentliche Gabe. Mäuse, die sich im Wachstum befinden, sollten jeden 2. Tag und säugende Weibchen einmal täglich eine kleine Portion tierisches Eiweiß erhalten. Zur Deckung des Bedarfs eignen sich:

- Quark oder Joghurt
- Hart gekochte Eier
- Getrocknete Insekten oder Kerbtiere (z. B. handelsübliches Weichvogelfutter)
- Mehlwürmer (max. ein Mehlwurm pro Tag). Die Mehlwürmer kann man außer mit Brot und Haferflocken auch mit vitaminreichem Obst (z. B. Äpfel) füttern, um ihren Vitamingehalt zu erhöhen.

Heu

Heu eignet sich nicht nur als Unterlage und als Nistmaterial, sondern dient auch der Deckung des Rohfaserbedarfs in der Ration und wird gerne gefressen.

Trinkwasser

Frisches Trinkwasser muss den Tieren jederzeit zur Verfügung stehen. Um Infektionen über verschmutztes Wasser zu vermeiden, sollte es mindestens zweimal täglich erneuert werden.

Hamster

Natürliche Ernährung

Der **Goldhamster** (*Mesocricetus auratus*) stammt aus den trockenen Steppengebieten Syriens. Dort lebt er in einem unterirdisch verzweigten Gangsystem, in dem er Nahrungsvorräte anlegt. Er ist nachtaktiv und ernährt sich vorwiegend von Sämereien, Knospen, Gräsern (in der Steppenlandschaft oft getrocknet als Heu vorliegend) und nur hin und wieder von kleinen Insekten und Würmern.

Die Wildformen der als Heimtiere gehaltenen verschiedenen **Zwerghamsterarten** findet man in Grassteppengebieten Sibiriens und Kasachstans (z. B. Dsungarischer Zwerghamster), der Mongolei (Campbell-Zwerghamster), Sibiriens (Roborowski-Zwerghamster) sowie des Nordostens Chinas (Chinesischer Streifenhamster).

Die Ernährung wildlebender Zwerghamster unterscheidet sich nicht wesentlich von der des Goldhamsters in Syrien.

Ernährungsphysiologische Grundlagen

- Goldhamster sind ausschließlich nachts wach. Tagsüber schlafen sie. Zwerghamster sind zwar ebenso vorwiegend in der Nacht aktiv, können jedoch auch am Tag kurze Aktivitätsphasen zeigen. Die Fütterung sollte daher so erfolgen, dass die Tiere in Zeiten ihrer Aktivität immer genügend frische Nahrung vorfinden.
- Wie bei allen Kleinnagern wachsen auch die Schneidezähne von Hamstern lebenslang und müssen durch ständiges Nagen abgerieben werden. Daher muss ihnen in

Artgerechte Ernährung von Hamstern

Trockenfutter:
Getreidemischung (z. B. aus Hafer, Roggen, Weizen, Dinkel)
Sämereien (z. B. Grassamen, Kanarien- und Waldvogelfutter)
Getrocknetes Gemüse
Getrocknete Kräuter = täglich

Frischfutter:
Salate (z. B. Feldsalat, Endivien, Chicorée)
Kräuter (z. B. Petersilie, Dill, Basilikum)
Rohes Gemüse (z. B. Karotte, Tomate, Gurke)
Obst (z. B. Apfel, Birne, Banane, Weintraube, Pflaume) = täglich am Abend

Leckerbissen:
Nüsse in der Schale
Sonnenblumenkerne, Kürbiskerne = gelegentlich

Heu: = täglich

Nagematerial:
Zweige ungespritzter Obstbäume
Zweige einheimischer Bäume und Sträucher (z. B. Haselnuss, Birke, Buche, Holunder) = 1 × wöchentlich neu

der Obhut des Menschen geeignetes Nagematerial verabreicht werden.

- Hamster sind vorwiegend Pflanzenfresser. Ihr Bedarf an tierischem Eiweiß ist nur in bestimmten Lebensphasen (Trächtigkeit, Säugezeit) leicht erhöht. Es genügt daher, dieser Tierart einmal wöchentlich, trächtigen und säugenden Tieren 2 – 3 mal wöchentlich eine kleine Menge tierisches Eiweiß anzubieten.
- Als Besonderheit gibt es bei Hamstern die Backentaschen, eine Ausstülpung der Backenschleimhaut, die vom Mundwinkel bis in den Schulterbereich reichen. Sie dienen als Nahrungsspeicher und werden mit den Vorderbeinchen durch Reiben entleert. Entzündungen und Abszesse der Backentaschen entstehen meist aufgrund Verletzungen durch scharfkantige oder spitze Futterbestandteile. Besonders gefährlich sind z. B. Joghurtdrops, die in den Backentaschen schmelzen und zu Verklebungen führen. Auf die artgerechte Zusammensetzung des Futters ist daher in diesem Zusammenhang bei Hamstern ein besonderes Augenmerk zu legen. Auf ungeeignete, jedoch immer noch im Handel angebotene Leckereien sollte grundsätzlich verzichtet werden.

Artgerechte Ernährung

Trockenfutter

Eine Mischung aus Getreide (Weizen, Hafer, Dinkel, Roggen) und Sämereien (Wildgräser, Kanarien- und Wildvogelfutter), getrocknete Kräuter und getrocknetes Gemüse gilt als Grundnahrung des Hamsters.

Frischfutter

Frischfutter sollte täglich (aufgrund der Hauptaktivphase der Tiere in der Nacht) jeweils abends in abwechselnder Zusammensetzung angeboten werden. Es eignen sich Salate (Endivien, Chicorée, Feldsalat) und Kräuter (z. B. Petersilie, Basilikum, Dill), sowie rohe Gemüse (z. B. Tomate, Gurke, Karotte) und

Obst (z. B. Apfel, Birne, Banane, Weintraube, Pflaume).

Tierisches Eiweiß

Hamster benötigen nur wenig tierisches Eiweiß. Es genügt daher einmal pro Woche etwas Joghurt, ein kleines Stück milder Käse, vitaminisierte Mehlwürmer oder ein Stück hart gekochtes Ei. Lediglich in bestimmten Lebenssituationen (wie Trächtigkeit und während der Aufzucht der Jungtiere) haben die Weibchen einen höheren Bedarf. Sie erhalten die Eiweißration dreimal pro Woche.

Leckerbissen

Als Leckerbissen dienen Nüsse in der Schale, Kürbis- oder Sonnenblumenkerne. Aufgrund ihres hohen Fettgehaltes sollten sie jedoch nur gelegentlich (einmal pro Woche) und nur in kleinen Mengen verabreicht werden.

Heu

Frisches Heu von guter Qualität muss den Tieren immer zugänglich sein. Es wird zur Deckung des Rohfaserbedarfs gefressen sowie zum Auspolstern des Schlafhäuschens und als Nistmaterial verwendet.

Nagematerial

Zum Zernagen und damit zum Abreiben der Schneidezähne eignen sich Zweige ungespritzter Obstbäume oder einheimischer Baumarten und Sträucher (z. B. Haselnuss, Holunder, Birke, Buche).

Vögel

Es gibt etwa 8700 Vogelarten mit 27 000 Unterarten. Diese Vielfalt an Vögeln aus unterschiedlichen Klimaregionen weist trotz vieler Gemeinsamkeiten bezüglich ihrer Ernährung erhebliche Unterschiede auf. Ein Buch über Ernährung all dieser Vögel würde Tausende von Seiten füllen. Dieses Kapitel beschränkt sich daher auf die natürliche und artgerechte Ernährung von Papageien-, Finken- und Webervögeln, der am häufigsten gehaltenen Ziervogelarten.

Natürliche Ernährung

Papageien-, Finken – und Webervögel werden im Allgemeinen als Körnerfresser bezeichnet. Das ist irreführend, denn die ausschließliche Ernährung mit reifen und unreifen Sämereien ist, zumindest in Gebieten mit einer dem Jahreswechsel angepassten Vegetation, gar nicht möglich. Abwechslung und Vielseitigkeit charakterisieren das Nahrungsspektrum der meisten Vogelarten. Je nach Jahreszeit, Regen- oder Trockenperioden variiert der Speiseplan in freier Natur ganz erheblich. Neben einer Vielfalt verschiedener Wildsamen werden Knospen, junges Blattgrün, Früchte, Baumrinde, Flechten, Algen und tierisches Eiweiß in Form von Insekten aufgenommen.

Ernährungsphysiologische Grundlagen

- Aufgrund ihres sehr **schnellen Stoffwechsels** müssen Vögel ständig Futter aufnehmen, um ihr Gewicht zu halten. Bereits ein- bis zwei Tage ohne Futteraufnahme führt zu starkem Gewichtsverlust.
- Vögel besitzen einen **Kropf,** in dem das Futter gesammelt, aufgeweicht und durch Enzyme bereits angedaut wird. Durch Aufnahme von ungeeignetem oder verdorbenem Futter kann eine Kropfentzündung entstehen.
- Vögel haben keine Zähne, dafür aber zwei funktionell unterschiedliche Magenteile. Zum Zerkleinern des Futters dient der **Muskelmagen**. Hier wird das Körnerfutter durch Bewegungen der starken Muskelwand mit Unterstützung kleiner, von den Tieren zuvor abgeschluckter Steinchen zerrieben. Im **Drüsenmagen** werden die Verdauungsenzyme gebildet.
- In regelmäßigen Abständen wird das Gefieder von Vögeln neu gebildet. Dieser Vorgang, bei dem die alten Federn ausfallen

und neue nachwachsen, wird als **Mauser** bezeichnet. Während der Mauser ist der Nährstoff- und Vitaminbedarf von Vögeln besonders hoch.
- Weibliche Vögel legen Eier. Für die Bildung der Eierschale ist Kalzium erforderlich. Wenn während der Legeperiode über die Nahrung zuwenig Kalzium zugeführt wird, nimmt sich der Organismus das notwendige Mineral aus den Knochen. Es kommt zunächst zur Knochenentkalkung mit verstärkter Neigung zu Knochenbrüchen. Bei weiterem Mineralstoffmangel in der Nahrung reicht auch das aus den Knochen stammende Kalzium nicht mehr aus und es entstehen so genannte „Gummieier". Solche Eier haben eine kaum mineralisierte, weiche Schale. Sie bleiben häufig im Legedarm stecken und führen dadurch zu einer lebensbedrohlichen Legenot.

Natürliche Ernährung

Es ist sicherlich nicht möglich, Ziervögeln in der Obhut des Menschen das gleiche Nahrungsspektrum wie in freier Natur zu bieten, zumal detaillierte Untersuchungen darüber für die einzelnen Vogelarten bisher kaum vorliegen. Wichtig ist jedoch, dass die Nährstoffe in der angebotenen Futterration den Bedarf des Vogels decken. Durch eine abwechslungsreiche und vielseitig zusammengesetzte Nahrung ist dies weitgehend erreichbar.

Die tägliche Ration eines Käfig- oder Volierenvogels sollte aus einer Mischung verschiedener Samen (Körnerfutter) und Frischfutter bestehen. Ein- bis zweimal in der Woche (während der Aufzuchtsperiode täglich) wird tierisches Eiweiß gereicht.

Körnerfutter

Körnerfutter besteht aus reifen und unreifen Samen. Entscheidend für die Gesundheit der Tiere sind die Zusammensetzung und die Qualität der angebotenen Körnermischung.

Ernährungsphysiologisch sind die verschiedenen Samenarten von unterschiedlicher Bedeutung:
- **Getreidearten** (Weizen, Hafer, Mais, Hirse) und Sämereien (Glanz, Gras-, Salat- und Wildsamen) sind sehr kohlenhydratreich. Im Übermaß verfüttert führen sie bei manchen Vogelarten (v. a. Wellensittich) zu Übergewicht.
- **Hülsenfrüchte** (z. B. Erdnuss) sind sehr eiweißreich und schimmeln leicht. Es besteht (v. a. bei Großpapageien und Sittichen) die Gefahr, an Aspergillose (Infektion mit Schimmelpilzen) zu erkranken.
- **Ölsaaten** (Sonnenblumenkerne, Rübsen, Mohn, Negersaat, Leinsamen, Hanf, verschiedene Nüsse, Samen einheimischer Nadelbäume) sind sehr fetthaltig. Allen Ölsaaten ist der hohe Gehalt an (für den Vogel wichtigen) ungesättigten Fettsäuren eigen. Dadurch verderben sie jedoch sehr schnell. Überlagerte Ölsaaten verursachen Verdauungsstörungen und schädigen die Leber. Im Tierhandel angebotene Vogelfuttermischungen enthalten nicht selten überlagerte Ölsaaten sowie mit Schimmelsporen belastete Erdnüsse. Um dies zu vermeiden, empfiehlt es sich, die Mischung selbst herzustellen und als Ölsaaten nur solche zu verwenden, die auch für den menschlichen Verzehr geeignet sind. Es wird empfohlen, Erdnüsse wegen ihres oft für das menschliche Auge unsichtbaren Schimmelpilzbefalls gar nicht zu verfüttern. Körnermischungen, die Ölsaaten enthalten, sollten kühl gelagert werden.

Qualität des Körnerfutters

- Neben der Zusammensetzung einer Samenmischung ist auch die Qualität der Körner von entscheidender Bedeutung für den Nährwert des Futters. Dies kann man durch eine **Keimprobe** ermitteln:
  Ein Teelöffel Körner wird in einen Keimapparat oder auf feuchte Watte gelegt. Je

nach Samenart dauert es ein bis drei Tage, bis der Keimling sichtbar wird. Nur keimfähiges Futter hat einen ernährungsphysiologischen Wert. Das Verfüttern „toter“ (d. h. nicht keimfähiger Samen) führt zu Mangelerscheinungen.
- Auf Vogelfutterpackungen (meist am Boden der Schachtel) ist das Verpackungsdatum eingestanzt. Das Futter sollte nicht länger als ein Jahr gelagert werden.
- Mit Mehlmotten befallene Samen sind für die Ernährung von Vögeln wertlos. Diese Getreideparasiten höhlen die Körner solange aus, bis nur noch unverdauliche Reste übrig bleiben.
- Für Käfig- und Volierenvögel gibt es Körner in Stangenform. Es handelt sich dabei meist um die gleiche Samenmischung, die in den Packungen angeboten wird. Die Körner werden durch Honig oder Zuckerlösungen klebrig gemacht und in verschiedene Formen (z. B. Herzform) gepresst.

Vorsicht:
Vieles, was im Zoofachhandel angeboten wird, dient mehr dem menschlichen Auge als der Gesundheit der Vögel. So enthalten z. B. so genannte Früchtecocktails oder Früchtestangen Körnchen aus getrocknetem, bunt gefärbtem Brot. Durch die kräftigen Farben wird ein besonderer Vitaminreichtum der an sich ernährungsphysiologisch wenig wertvollen Bestandteile vorgetäuscht.

Auch das leider sehr häufig gekaufte Zusatzfutter (Mauser-, Sing-, Sprechperlen usw.) hat für den Organismus des Vogels nicht die angepriesene Wirkung. Als Ersatz für eine ausgewogene und abwechslungsreiche Ernährung ist es nicht geeignet.

Körnerfuttermenge

Die tägliche Körnerfuttermenge beträgt für einen Vogel in der Größe
- eines Kanarienvogels etwa 1 Teelöffel,
- eines Wellensittichs 2 Teelöffel,
- eines Nymphensittichs 1 Esslöffel,
- einer Amazone 2 Esslöffel,
- eines Aras 4 Esslöffel.

Frischfutter

Grüne Pflanzenteile, Blüten, Früchte, Knospen und Baumrinde werden von frei lebenden Vögeln regelmäßig aufgenommen. Vögeln in der Obhut des Menschen sollte täglich Frischfutter zur beliebigen Aufnahme angeboten werden. Es eignen sich:
- Salate (z. B. Endivien, Rucola)
- Gemüse (z. B. Fenchel, Tomaten, geraspelte Karotten)
- Küchenkräuter (z. B. Petersilie, Basilikum, Kresse)
- Wildpflanzen (z. B. Löwenzahn, Vogelmiere, Wegericharten, Scharfgarbe)
- Blätter und Zweige mit Knospen und Rinde (z. B. von Obstbäumen, Buche, Birke, Haselnuss, Holunder)
- Obst (z. B. Apfel, Birne, Orangen)

Vorsicht
Niemals Avocados an Vögel verfüttern. Sie sind für diese Tierart hochgiftig. Die Aufnahme führt innerhalb weniger Stunden zum Tod der Tiere.

Keimfutter

Durch Keimen werden Körner vitaminreicher und für den Vogel leichter verdaulich. Im Handel werden kleine Keimapparate aus Kunststoff oder Ton angeboten, in denen Samen oder Getreidekörner innerhalb weniger Tage auskeimen. Keimfutter muss vor dem Verfüttern gründlich unter fließendem Wasser gewaschen werden, um eventuell entstandenen Schimmel abzuspülen. Da das Futter schnell verdirbt, darf den Tieren nur soviel davon gegeben werden, wie innerhalb weniger Stunden gefressen wird.

Eiweißfutter

Zum Eiweißbedarf der einzelnen Vogelarten liegen bisher leider kaum wissenschaftliche

Studien vor. Aus Beobachtungen weiß man jedoch, dass auf dem Speiseplan frei lebender „Körnerfresser“ auch hin und wieder Insekten stehen. Untersuchungen haben gezeigt, dass bei Käfigvögeln, die niemals tierisches Eiweiß erhielten, Knochenveränderungen auftraten. Eine Überversorgung mit Eiweiß kann jedoch ebenso zu Gesundheitsstörungen führen.

Es wird daher empfohlen, tierisches Eiweiß Ziervögeln einmal pro Woche, während der Mauser zweimal pro Woche und nur während der Brut- und Aufzuchtsperiode täglich zu verabreichen. Folgende Eiweißträger eignen sich dazu:

- Magerquark und Joghurt (eventuell mit Zwieback vermischt)
- Hartgekochte Eier
- Weichfresserfutter mit getrockneten Insekten
- Fleisch (Großpapageien nagen gerne Fleisch von Knochen ab)

Mineralstoffe

Frei lebende Vögel nehmen zur Deckung ihres Bedarfs mineralhaltige Erde auf. Vor allem eierlegende Vögel benötigen besonders viel Kalzium zur Bildung der Eierschalen. Für Käfig- und Volierenvögel eignen sich folgende Mineralstoffquellen:

- **Kalkstein**
  Kalksteine sind im Zoofachhandel erhältlich. Sie werden am Käfiggitter befestigt und stehen dem Vogel damit zur freien Verfügung.
- **Sepiaschale**
  Bei der Sepiaschale handelt es sich um den Rückenschulp des Gemeinen Tintenfischs (*Sepia officinalis*), einem im Salzwasser lebenden Tier. Die Sepiaschale muss, bevor sie sich als Mineralstoffquelle für Vögel eignet, gründlich gewässert werden, um das Meersalz aus ihr heraus zu waschen. Neueren Untersuchungen zufolge steht die Sepiaschale im Verdacht, für erhöhte Zinkwerte im Blut von Ziervögeln verantwortlich zu sein. Es empfiehlt sich daher, zur Sicherheit auf andere Kalziumquellen zurückzugreifen.
- **Hühnereierschalen**
  In Eierschalen liegen alle notwendigen Mineralstoffe in einem für Vögel optimalen Verhältnis zueinander vor. Sie müssen etwa eine halbe Stunde in kochendem Wasser oder im Backofen bei 150 °C erhitzt werden. Dadurch sterben eventuell daran haftende vogelspezifische Krankheitserreger ab. Anschließend werden die Schalen zu Staub gemörsert und täglich über das Körnerfutter gestreut. Beim Schälen der Körner bleibt an der Zunge des Vogels jeweils eine kleine Menge des Eierschalenpulvers haften. Dadurch ist gesichert, dass die Mineralstoffe auch aufgenommen werden.

Vitamine

Trotz aller Bemühungen wird es kaum gelingen, einen Käfig- oder Volierenvogel so vielfältig zu ernähren, wie in freier Natur. Aus diesem Grund wird auch bei artgerechter Fütterung die zusätzliche Gabe von Vitaminpräparaten empfohlen:

- Papageienvögeln gibt man die Vitamine entweder direkt in den Schnabel oder streut bzw. gießt sie (je nachdem, ob sie in Pulver- oder flüssiger Form vorliegen) über das Futter. Die Verabreichung über das Trinkwasser hat bei dieser Tierart wenig Sinn, da viele Vögel bei Geschmacks- oder Farbveränderungen das Wasser nicht mehr trinken.
- Finken- und Webervögel nehmen Vitamine auch über das Trinkwasser auf. Hier kann das Vitaminpräparat auch in den Wassernapf gegeben werden.

Nach Anbruch der Flasche (oder Dose) sollten Vitaminpräparate im Kühlschrank aufbewahrt werden.

Vogelgrit

Um die Körnernahrung ohne Zähne zerkleinern zu können, schlucken Vögel kleine Steinchen. Im Muskelmagen wird das Körnerfutter mit Hilfe der Steinchen zermahlen. Am besten eignet sich so genannter Vogelgrit. Er besteht aus harten Steinchen und wird für die verschiedenen Vogelarten in unterschiedlichen Größen angeboten. Vogelgrit kann in einem separaten Napf in das Käfiggitter eingehängt werden.

Vogelkohle

Kohle ist ein altes Hausmittel, das als Medikament bei akuten Vergiftungen und Durchfall eingesetzt wird. Sie bindet Gift und krankmachende Bakterien im Darm und macht sie damit weitgehend unschädlich. Gleichzeitig werden jedoch auch wichtige Nährstoffe und Vitamine von der saugfähigen Kohle aufgenommen und ausgeschieden. Bei täglicher Verabreichung von Kohle entstehen schwere Mangelerscheinungen, da die an die Kohle gebundenen Nährstoffe und Vitamine dem Körper verloren gehen. Der Zusatz von Kohle (z. B. unter Vogelgrit gemischt oder im Vogelsand) wird daher nicht empfohlen.

Wasser

Obwohl viele Vogelarten (v. a. Papageien und Sittiche) wenig trinken, muss ihnen immer frisches Wasser zur Verfügung stehen. Leitungswasser ist für gesunde Vögel völlig ausreichend. Spezielle Vogeltränken, die häufig im Handel in Kunststoffflaschen angeboten werden, sind aus hygienischen Gründen abzulehnen. Der Verbrauch des Wassers erfolgt in der Regel nach dem Öffnen der Flasche nur langsam, da sich in den meisten Haushalten nur wenige Vögel befinden. Das stehende Wasser reichert sich schnell mit Bakterien an und wird so zu einer gefährlichen Infektionsquelle. Zudem trinken auch Vögel lieber frisches als abgestandenes Wasser.

Abgekochtes Wasser und Tees (z. B. Kamillentee, Thymiantee) sind für Vögel ungeeignet. Sie beschleunigen durch ihren Mangel an Elektrolyten die Ausscheidung von Flüssigkeit aus dem Körper und können (v. a. bei nierenkranken Vögeln oder Tieren mit Durchfall) zur Austrocknung und zum Tode führen. Zu-

? Artgerechte Ernährung von Papageien-, Finken- und Webervögeln

Körnerfutter:

- Getreide (Weizen, Hafer, Mais, Hirse)
- Sämereien (Glanz-, Gras-, Salat- und Wildsamen)
- Ölsaaten (Sonnenblumenkerne, Rübsen, Negersaat, Hanf, Mohn, Leinsamen, Nüsse, Samen einheimischer Nadelbäume)
- Hülsefrüchte wie z. B. Erdnuss werden wegen der häufigen Kontamination mit Schimmelpilzen als Nahrung für Käfig- und Volierenvögel nicht empfohlen.

Frischfutter:

- Salate (z. B. Endivien, Rucola)
- Gemüse (z. B. geraspelte Karotten, Tomaten, Fenchel)
- Küchenkräuter (z. B. Petersilie, Thymian, Basilikum)
- Wildpflanzen (z. B. Löwenzahn, Wegericharten, Vogelmiere, Schafgarbe)
- Äste und Zweige mit Knospen und Rinde (z. B. von Obstbäumen, Buche, Holunder, Birke)
- Obst (z. B. Apfel, Birne, Orange)
- Keimfutter

Eiweißfutter:

- Magerquark, Joghurt
- Hartgekochte Eier
- Getrocknete Insekten (Weichfresserfutter)
- Fleisch

Mineralstoffe:

- Kalkstein
- Sepiaschale: Vorsicht, eventuell erhöhte Zinkbelastung
- Hühnereischale

dem benötigen gerade Vögel, die bei einer Nierenerkrankung über den Urin oder bei einer Darmerkrankung mit dem Kot sehr viel Flüssigkeit und Elektrolyte verlieren, zusätzlich Mineralstoffe, um den Verlust auszugleichen. Dies gelingt durch die Gabe von speziellem Mineralwasser (z. B. **Tyrode-Lösung** = ein speziell für den Bedarf des Vogels zusammengestelltes Mineralwasser).

Frettchen

Das Frettchen ist die domestizierte Haustierform des Iltis. Welche der weltweit verbreiteten Iltisarten als Vorfahre des heutigen Frettchens anzusehen ist, darüber gibt es keine gesicherten Erkenntnisse. Die natürliche Nahrung von Frettchen sind kleine Säugetiere und Vögel.

Ernährungsphysiologische Grundlagen

- Frettchen sind fast ausschließlich Fleischfresser. Sie haben keinen Blinddarm sowie nur einen ganz kurzen Dickdarm. Im Blinddarm und im Dickdarm wird zellulosehaltige Nahrung (Pflanzennahrung) verdaut. Das Frettchen ist dazu kaum in der Lage.
- Frettchen benötigen eine Ernährung, die zu mindestens 80 % aus Fleisch und höchstens 20 % aus aufgeschlossener Pflanzennahrung besteht. In der Natur ist der Anteil an Pflanzennahrung durch den Mageninhalt der Beutetiere gedeckt.

Artgerechte Ernährung

Die Ernährung eines Frettchens ähnelt der von Katzen. Die Hauptnahrung ist Fleisch. Um Kalziummangel vorzubeugen, wird die Verfütterung von Eintagsküken (werden in Tierbedarfsgeschäften tiefgefroren angeboten) empfohlen. Frettchen fressen die Eintagsküken einschließlich der Knochen, sodass die Mineralstoffversorgung gewährleist ist. Die wenige pflanzliche Nahrung, die ein Frettchen benötigt (maximal 20 %) , kann durch gekochten Reis, Getreideflocken oder gekochtes Gemüse angeboten werden.

Vorsicht
Frettchen sollten nicht mit handelsüblichen Katzenfutter gefüttert werden. Dieses Futter ist meist zu kohlenhydratreich. Durch die weiche Konsistenz werden die Zähne nicht ausreichend gefordert. Es entstehen Zahnstein und Zahnerkrankungen.

12.3 Verhalten und artgerechte Haltung von Heimtieren, kleinen Säugern, Vögeln und Frettchen

Zur artgerechten Haltung von Pferden, Hunden, Katzen, Reptilien und verschiedenen Exoten, sowie zur Ergänzung der Informationen zu den in diesem Buch besprochenen Tierarten, wird auf die Merkblätter der Tierärztlichen Vereinigung für Tierschutz e. V., www.tierschutz-tvt.de hingewiesen.

Kaninchen

Unsere Hauskaninchen stammen vom europäischen Wildkaninchen ab. Das europäische Wildkaninchen stammt ursprünglich von der iberischen Halbinsel. Es hat sich jedoch inzwischen fast über die ganze Welt verbreitet.

Wildkaninchen leben in Familienverbänden (Sippen) mit mindestens einem Männchen und bis zu fünf Weibchen.

Die Einzelhaltung eines Kaninchens ist nicht artgerecht!

Die Haltung eines Kaninchens mit einem Meerschweinchen zusammen ist ebenso nicht artgerecht, da sich diese beiden Tierarten in ihrem Verhalten und ihren Bedürfnissen stark unterscheiden. **Nur Artgenossen untereinander ermöglichen ein artgemäßes Verhalten.**

Kaninchen sind sehr friedliche Tiere mit einem ausgeprägten Sozialverhalten. Weibchen sind untereinander selten aggressiv. Unkast-

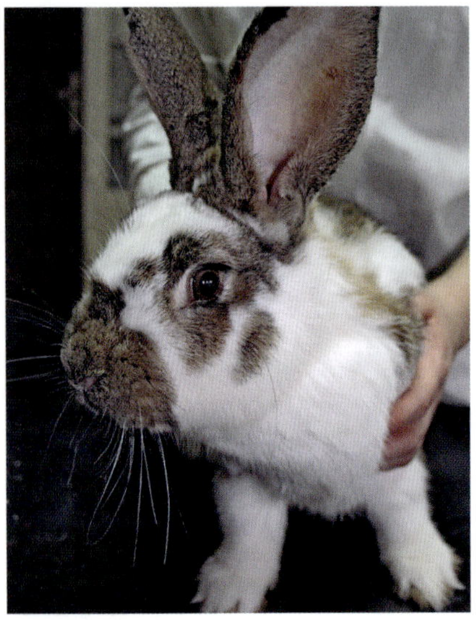

Zu einem artgerechten Leben gehört ein Artgenosse, b) Kaninchen und Meerschweinchen verstehen einander nicht.

rierte männliche Tiere dagegen können sich durch aggressive Kämpfe gegenseitig ernsthaft verletzen.

Freundliche soziale Kontakte der Tiere innerhalb einer Gruppe zeigen sich durch gegenseitiges Lecken und enges Aneinanderliegen (Kontaktliegen).

Aggressives Verhalten gegenüber Artgenossen äußert sich durch Vorstoßen, Jagen und Beißen in den Rücken des Gegners, Hochspringen (bis zu einem dreiviertel Meter hoch, wobei die Gegner in der Luft aneinanderprallen) und durch Treten mit den Hinterbeinen.

Physiologische Daten von Kaninchen

• Lebenserwartung	7 – 12 Jahre
• Körpergewicht	1 – 4 kg (je nach Rasse)
• Körpertemperatur	38.5 – 39.5 °C
• Geschlechtsreife	3. – 5. Lebensmonat
• Tragezeit	31 Tage (+/– 2 Tage)
• Wurfgröße	6 – 8
• Säugezeit	3 – 4 Wochen

Kaninchen markieren ihr Revier mit Sekreten aus der Kinndrüse, den Inguinaldrüsen und Analdrüsen sowie mit Urin. Ein typisches Verhalten ist das Kinnreiben, mit dem das Sekret aus der Kinndrüse, das Pheromone enthält, an Eingängen und Gegenständen der Behausung abgerieben wird.

Brutpflege

- Kaninchen säugen ihre Jungen nur ein- bis zweimal täglich (meist am Abend nach 21 Uhr) und nur wenige Minuten lang. Nach jedem Säugen wird das Nest mit den Jungen (meist durch Verstopfen der Öffnung mit Heu) verschlossen. Außerhalb der Säugezeit halten sich die Muttertiere vom Nest fern. Dieses Verhalten darf nicht als Vernachlässigung der Jungtiere interpretiert werden. Der Mutter muss immer Gelegenheit gegeben werden, sich von den Jungtieren zurückzuziehen.

Stoffwechselbedingtes Verhalten

- **Nahrungsaufnahme**
  Die Tiere nehmen 60 – 100 kleine Portio-

nen pro Tag zu sich (siehe Ernährung Kaninchen). Heufütterung wirkt psychisch ausgleichend.
- **Kotabsatz.**
  Der Kot besteht aus festen Kotkugeln und weichem Blinddarmkot. Manche Kaninchen (nicht alle) werden stubenrein und benutzen nur eine Ecke des Stalls oder eine für sie eingerichtete „Toilette".

Bewegung

Kaninchen brauchen viel Bewegung für die Gesunderhaltung ihres Skeletts. Wildkaninchen erreichen bei der Flucht vor Feinden eine Geschwindigkeit bis zu 38 km/h. Mindestens drei Hoppelsprünge hintereinander müssen in der Behausung für Kaninchen in der Obhut des Menschen möglich sein. Das ist eine Distanz von 4,5 × der Körperlänge des Tieres. Zusätzlich muss täglich kontrollierter Freilauf gewährt werden.

Kaninchen müssen sich in ihrer Behausung auf den Hinterbeinen aufrichten können. Die handelsüblichen Käfige sind in der Regel zu niedrig. Zu kleine und niedrige Ställe sowie unzureichende Auslaufmöglichkeit führen zu schmerzhafter Wirbelsäulenverkrümmung, Osteoporose und Muskelverkürzung.

Im Sommer ist ein Freilaufgehege im Garten ideal. Es sollte nach unten so tief gesichert sein, dass sich die Tiere nicht durch die Abgrenzung hindurch graben können. Wichtig ist, dass immer ein Schattenplatz für alle Tiere vorhanden ist. Um Schmeißfliegen und Stechmücken von den Tieren fernzuhalten, empfiehlt es sich, ein **Moskitonetz** über das Freigehege zu spannen.

Unterschlupf

Kaninchen sind Höhlenbewohner. Sie benötigen in ihrer Behausung einen Unterschlupf (z. B. ein Holzhäuschen), in den sie sich zurückziehen können.

Meerschweinchen

Wildlebende Meerschweinchen leben in Familienverbänden von 5 – 10 Tieren. Wildmeerschweinchen leben in Erdbauten, die sie jedoch nicht selbst graben, sondern von anderen Tieren übernehmen. Meerschweinchen sind sehr sprachfreudig. Sie laufen z. B. im „Gänsemarsch" auf festen Trampelpfaden durch hohes Gras zu den Futterplätzen und bleiben dabei miteinander mit der Stimme ständig in Kontakt („Wo bist du? – Ich bin hier"). Das ist einer der Gründe, warum ein Kaninchen, das so gut wie keine Laute von sich gibt, kein artgerechter Partner für ein Meerschweinchen sein kann.

Meerschweinchen haben ein ausgeprägtes Sozialverhalten. **Die Einzelhaltung eines Meerschweinchens ist nicht artgerecht und verstößt gegen das Tierschutzgesetz.** Innerhalb der Gruppe gehen die Tiere jahrelang stabile Beziehungen ein, die man **nicht trennen** sollte.

Junge Meerschweinchen sind extreme **Nestflüchter**. Sie haben bereits 14 Tage **vor** der Geburt die Augen geöffnet. Auch der Wechsel vom Milchgebiss zum bleibenden Gebiss erfolgt noch in der Gebärmutter. Sofort nach der Geburt können die Tiere bereits laufen. Nach fünf Minuten beginnen sie sich selbständig zu putzen. 20 Minuten nach der Geburt nehmen sie erstmals feste Nahrung zu sich.

Junge Meerschweinchen sind auf soziale Kontakte mit den Geschwistern und der Mutter angewiesen. Bis zur Geschlechtsreife (5.–6. Lebenswoche) schlafen sie mit den Geschwistern in engem Körperkontakt und bleiben auch tagsüber mit ihnen und der Mutter durch Stimmfühlung und Kontaktrufe immer in Verbindung.

Meerschweinchen sind Deckung suchende Tiere (Fluchttiere). Sie benötigen ebenso wie Kaninchen einen **Unterschlupf** (z. B. ein Häuschen) in ihrem Käfig, in den sie sich zurückziehen und verstecken können.

Physiologische Daten von Meerschweinchen

- Lebenserwartung 6 – 8 Jahre
- Körpergewicht 500 g bis 1,5 kg
- Körpertemperatur 38,5 – 39,5 °C
- Geschlechtsreife 5. – 6. Lebens**woche**
- Tragezeit 68 Tage (+/– 5 Tage)
- Wurfgröße 2 – 4
- Säugezeit 2 – 3 Wochen

Freundliche Kontakte zwischen Artgenossen bestehen in gegenseitigem Naseberiechen, Kontrolle der Anal- und Genitalregion mit der Nase, Kontaktrufe und andere Laute sowie im Kontaktliegen. Meerschweinchen lecken sich im Gegensatz zu vielen anderen Säugetieren nicht gegenseitig ab.

Aggressives Verhalten zeigt sich durch Fixieren mit den Augen, Schnauzeheben, „Boxen", Schnappen (der Mund bleibt noch einige Zeit nach dem Schnappen offen) und Ausschlagen. Weibliche Tiere kreischen und spritzen zur Abwehr mit Urin. Nach und während des Urinmarkierens wird meist gescharrt. Männliche Tiere beißen häufiger als weibliche.

Drohendes Verhalten äußert sich durch Haaresträuben, Mundaufreißen (ähnlich wie Gähnen), Kreischen, angespanntes „Treteln" und Hoppeln (dabei wird dem Gegner die Breitseite zugewandt), „Blitzen" (Hervordrücken der Hoden) oder demonstratives Scharren.

Meerschweinchen **„treteln"** mit den Vorderbeinen als Drohgebärde, beim Werben um ein Weibchen oder aus Angst.

Angsttreteln besteht in Treteln ohne Fortbewegung mit meist gleichzeitigem Fiepsen. Nach einem Kampf erkennt man den Verlierer meist am Angsttreteln und den Gewinner am Scharrmarkieren.

Meerschweinchen benutzen Urin, um das Revier zu markieren, als Dominanz- und Drohgebärde (Scharrmarkieren) oder während des Balzverhaltens (das Männchen bespritzt das Weibchen an der Flanke mit Urin).

Chinchilla

Wilde Chinchillas leben in Kolonien mit bis zu 100 Tieren. Innerhalb dieser Kolonien bilden sich familiäre Gruppen von 3 – 5 Tieren. Chinchillas sind **dämmerungs- und nachtaktiv**. Tagsüber schlafen sie in Felsspalten und Felshöhlen. Chinchillas kommunizieren untereinander auch mit der Stimme. Bislang sind 10 verschiedene Lautäußerungen identifiziert. Die sozialen Tiere sollten mindestens mit einem weiteren Artgenossen vergesellschaftet werden.

Die Einzelhaltung eines Chinchillas ist nicht artgerecht und verstößt gegen das Tierschutzgesetz!

Chinchillas besitzen keine Talg- und Schweißdrüsen. Das Fell ist damit nicht „imprägniert" und saugt sich beim Kontakt mit Wasser voll. Die nassen Tiere können sich dadurch leicht erkälten.

Chinchillas benötigen ein Sandbad mit quarzfreiem Sand. Im Zoofachhandel ist spezieller Chinchillasand erhältlich. Das Baden im Sand wird nicht nur zur Körperpflege genutzt; es bewirkt auch Stressabbau („Abwaschen von Stress") und führt zu größerer Ausgeglichenheit der Tiere. Das Sandbad muss mindestens eine Fläche von 250 cm^2 haben.

Die Chinchillabehausung sollte so groß sein, dass Klettermöglichkeiten, Schlafhöhlen, Tunnelröhren, Sandbad sowie Futter- und

Physiologische Daten von Chinchillas

- Lebenserwartung 8 – 10 Jahre
- Körpergewicht 500 g – 800 g
- Körpertemperatur 37,5 – 38,5 °C
- Geschlechtsreife: 5 – 8 Monate
- Tragezeit: 108 – 111 Tage
- Wurfgröße: 1 – 3
- Säugezeit: 6 Wochen

Wassernäpfe darin Platz finden und sich die Tiere dennoch ausreichend bewegen können.

Chinchillas sind Nestflüchter. Sie sind bei der Geburt voll entwickelt und behaart. Sie nehmen schon in der ersten Lebenswoche neben der Muttermilch feste Nahrung auf.

Kontaktverhalten

- Nasestupsen
- Beriechen der Anal- und Genitalregion
- Fellknabbern
- Körperkontakt

Ablehnendes Verhalten

- Zähneklappern
- Zischen
- Urinspritzen

Bewegung

Chinchillas können sehr hoch springen (bis zu 1 Meter aus dem Stand!). Sie springen unkontrolliert, wenn sie sich erschrecken. Die Käfigeinrichtung sollte daher gut befestigt sein, damit sich die Tiere beim Springen nicht durch herab fallendes Inventar verletzen.

Kontakt zum Menschen

Chinchillas brauchen täglichen Kontakt zum Menschen. Sie sind jedoch keine Streicheltiere. Die Gewöhnung an die Hand des Menschen muss langsam erfolgen, denn sie sind sehr schreckhaft. Da die Tiere dämmerungs- und nachtaktiv sind, werden sie als Haustiere für Kinder nicht empfohlen.

Verhaltensstörungen

Verhaltensstörungen bei Chinchillas sind meist auf falsche Haltung zurückzuführen. Sie können nur durch Optimierung der Haltung therapiert werden. Folgende Störungen werden häufig beobachtet:

- Bewegungsstereotypien (stereotypes Springen)
- Fellbeißen
- Gitternagen
- Aggression gegen Artgenossen

Hamster

Goldhamster

Im Gegensatz zu den meisten anderen kleinen Heimtieren ist der **Goldhamster ein absoluter Einzelgänger**. Er akzeptiert einen Partner nur in der Fortpflanzungszeit. Der Hamster ist sehr bewegungsaktiv und klettert gerne. Dabei ist er jedoch recht ungeschickt und kann bei ungeeigneter Käfigeinrichtung (z. B. zweistöckiger Käfig) abstürzen und sich verletzen. Der Käfig sollte sehr viel Einstreu (zum Buddeln unterirdischer Gänge) und mehrere Häuschen enthalten, von denen der Hamster eines als Schlafhäuschen, das andere als Futtervorratskammer und das dritte als Toilette benutzen kann.

? Physiologische Daten des Hamsters

- Lebenserwartung 2–3 Jahre
- Körpergewicht 80–160 g
- Körpertemperatur 37,5–39 °C
- Geschlechtsreife 6. – 8. Lebenswoche
- Tragezeit 15–18 Tage
- Wurfgröße 3–10
- Säugezeit 20–25 Tage

Um den starken Bewegungsdrang des Hamsters zu befriedigen, werden im Handel **Hamsterräder** in verschiedenen Ausführungen angeboten. Grundsätzlich gilt:

- Das Rad sollte sehr groß sein, um eine übermäßige Krümmung der Wirbelsäule beim Laufen zu vermeiden. Räder mit kleinem Durchmesser führen mit der Zeit zu Wirbelsäulenschäden.
- Das Rad muss an der Lauffläche und an der Seite, an der es aufgehängt ist, geschlossen sein, um Verletzungen (Knochenbrüche durch Hängenbleiben) zu vermeiden.

Ein Hamster kann bei Absinken der Umgebungstemperatur in eine Art **„Winterstarre“** (= Topor) verfallen. Die Behausung sollte daher an einem gleichmäßig klimatisierten Standort aufgestellt werden.

Hamsterräder: a) gefährlich – nicht verwenden, b) empfohlen.

Keine Hamsterwatte als Schlaf- und Nistmaterial verwenden! Durch Hamsterwatte kommt es zur Verstopfung der Backentaschen und zur Abschnürung von Gliedmaßen. Als Alternative werden ungefärbtes Küchenpapier, Heu, Stroh oder Zellstoff empfohlen.

Hamster sind **nachtaktiv**. Sie sollten tagsüber in Ruhe gelassen werden.

Zwerghamster

Zwerghamster leben (mit Ausnahme des chinesischen Streifenhamsters, der wie der Goldhamster ein Einzelgänger ist und ein überaus aggressives Verhalten gegenüber Artgenossen zeigt) in der Natur meist paarweise oder in kleinen Familiengruppen zusammen. Sie sollten daher in menschlicher Obhut mindestens zu zweit gehalten werden.

? Einzel- und Paarhaltung von Hamstern

- Goldhamster und chinesische Streifenhamster sind Einzelgänger und dürfen nicht vergesellschaftet werden.
- Alle anderen Zwerghamsterarten haben ein ausgeprägtes Sozialverhalten. Sie müssen mindestens paarweise gehalten werden.

Beim Erwerb eines Hamsters ist es wichtig zu wissen, um welche Art es sich handelt, um dem Tier ein artgerechtes Leben (allein oder mit einem oder mehreren Artgenossen) bieten zu können.

Ratte

Ratten leben in Freiheit in Familienverbänden mit bis zu 100 Tieren, d. h. es handelt sich um sehr soziale Tiere. **Die Einzelhaltung von Ratten ist nicht artgerecht.**

Ob sich Ratten untereinander vertragen, hängt entscheidend vom **Gruppengeruch** ab. Ein Artgenosse, der anders als die Gruppe riecht, wird in der Regel nicht akzeptiert. Der Gruppengeruch wird durch gegenseitiges Körperreiben und durch Urinmarkieren beim Übereinanderklettern auf alle Gruppenmitglieder übertragen.

Um eine neue Ratte in eine bestehende Gruppe zu integrieren kann man sich dieses Verhalten zu Nutze machen, indem man die neue Ratte mit Urin getränktem Einstreu aus dem Käfig, in der sich die Rattengruppe befindet, einreibt.

Ratten sind überaus intelligente Tiere. Sie benötigen viel **Beschäftigung** und immer wieder **wechselnde Umgebungsreize**, damit sie sich nicht langweilen. Bei reizarmer Haltung werden die Tiere depressiv und krank. Es wurden sogar Veränderungen des Gehirns durch Langeweile bei Ratten festgestellt.

Einige Tipps, um Ratten ein interessantes Leben zu gewährleisten:

Käfigeinrichtung

- Reichlich Nist- und Schlafmaterial (z. B. Heu)
- Klettermöglichkeiten
- Abenteuerspielplatz, der immer wieder verändert wird (z. B. mit Papierrollen, Papiereinkaufstaschen, Blumentöpfen, Grasflächen, Sandkasten)
- Futterverstecke

Wahlmöglichkeiten

Die Behausung von Ratten sollte so groß sein, dass man ihnen Areale mit unterschiedlichen Reizen (z. B. warm, kühl, harter und weicher Untergrund, helle und dunkle Bereiche) anbieten kann. Die Tiere können dann wählen, wo sie sich aufhalten möchten.

Rückzugsmöglichkeiten

Es sollten genügend Rückzugsmöglichkeiten (z. B. kleine Häuschen) für alle Tiere in der Gruppe zur Verfügung stehen.

Vorsicht Licht

Ratten sind nachtaktive und lichtempfindliche Tiere. Helles Tageslicht (10 000 Lux) oder gar Sonnenlicht (20 000 Lux) wird von den Tieren meist als sehr unangenehm empfinden. Eine Beleuchtung der Rattenbehausung z. B. mit Punktstrahlern oder Halogenleuchten (100 000 Lux) ist Tierquälerei. Ratten mit roten Augen (Albinos) erleiden bereits bei 80 Lux Augenschäden.

Ratten sind keine Einzelgänger.

Maus

Wilde Mäuse leben in Familiengruppen in weit verzweigten unterirdischen Gängen oder in Felsspalten. Sie sind eigentlich nachtaktive Tiere, können jedoch ihren Lebensrhythmus flexibel an verschiedene Haltungsbedingungen anpassen.

Mäuse sind sehr sozial uns sollten mindestens zu zweit, besser jedoch in **Kleingruppen** gehalten werden. Geschlechtertrennung ist

? Physiologische Daten der Ratte

- Lebenserwartung 2,5 – 3 Jahre
- Körpergewicht 250 g – 400 g
- Körpertemperatur 37,5 – 38,5 °C
- Geschlechtsreife 4. – 6. Lebenswoche
- Tragezeit 21 – 24 Tage
- Wurfgröße 6 – 16
- Säugezeit 3 Wochen

? Physiologische Daten der Maus

- Lebenserwartung 1,5 – 2 Jahre
- Körpergewicht 20 g – 40 g
- Körpertemperatur 38 – 39,5 °C
- Geschlechtsreife 4. – 6. Lebenswoche
- Tragezeit 18 – 23 Tage
- Wurfgröße 4 – 13
- Säugezeit 17 – 19 Tage

dabei von Vorteil, um eine unkontrollierte Fortpflanzung zu verhindern.

Rangordnungskämpfe entstehen meist in gemischten Gruppen oder wenn ein Weibchen in eine Männergruppe gerät.

Für die Haltung von Mäusegruppen eignen sich fein verdrahtete Käfige, die so eingerichtet sein sollten (z. B. durch hohe Einstreu), dass die Tiere „unterirdische Gänge" anlegen und ihren starken Bewegungsdrang befriedigen können.

Aquarien sind zur Haltung von Mäusen **nicht** geeignet, da sie keine ausreichende Luftzirkulation sicherstellen. Es kommt in diesen Glasbehältern innerhalb kurzer Zeit zur Anreicherung von ammoniakhaltigen Gasen (aus den Ausscheidungen der Tiere), welche die Atemwege der Mäuse reizen und zu schweren Atemwegsinfektionen führen. Zudem wird das Erkundungsverhalten der Tiere durch eine Glas- oder Plastikwand abrupt gestoppt. Es kommt zu stereotypen Verhaltensstörungen: Die Tiere kratzen unentwegt an den Wänden oder in den Ecken.

Frettchen

Man unterscheidet zwischen Frettchen und Iltisfrettchen. **Frettchen** sind Albinos mit roten Augen und weißer Fellfarbe. Sie haben keine Gesichtsmaske und sind relativ klein (kleiner als die Wildform). **Iltisfrettchen** dagegen sind ähnlich gefärbt wie der wildlebende Iltis. Sie sind etwas größer als die Frettchen und haben eine Gesichtsmaske. Im Allgemeinen werden beide Varianten allgemein als Frettchen bezeichnet. Daneben gibt es weitere Züchtungen von Farbvariationen – nicht immer zum Vorteil der Tiere. Beispielsweise gelten **Angora- und Pandafrettchen** als **Qualzüchtungen:** Pandafrettchen sind oft von Geburt an taub. Weibliche Angorafrettchen sind häufig nicht in der Lage, ihre Nachkommen zu säugen.

Die Haltung von Frettchen als Heimtier wird vom Deutschen Tierschutzbund und dem Zentralverband zoologischer Fachbetriebe e. V. wegen der hohen Ansprüche an die Haltung abgelehnt:

- Frettchen sind **gesellige**, verspielte und soziale Tiere. Mindestens zwei Tiere sollten zusammen gehalten werden. Zusätzlich sollte die Behausung viele Beschäftigungsmöglichkeiten und Anregungen bieten. Die Einzelhaltung von Frettchen ist nicht artgerecht und entspricht nicht den Richtlinien des Tierschutzgesetzes.
- Frettchen sind dämmerungsaktiv und schlafen 14 bis 18 Stunden am Tag. Dabei sollten sie nicht gestört werden. Sie beißen gerne (v. a. wenn sie tagsüber aufgeweckt werden) und sind daher für Kinder unter 8 Jahren als Haustiere nicht geeignet.
- **Frettchen sind keine Käfigtiere!** Sie haben einen sehr großen Bewegungsdrang und benötigen mehrere Stunden Freilauf in der Wohnung oder in einem abgesicherten Areal im Garten.
- Die Unterbringung muss zweimal täglich gereinigt werden, da Frettchen aufgrund der regen Verdauung sehr viel Kot absetzen. Frettchen benutzen zwar Katzentoiletten, sie sind jedoch nicht immer stubenrein.
- Die Schweißdrüsen dieser Tierart sind nur wenig entwickelt. Daher können Frettchen Hitze nur schlecht vertragen. Bei hohen Umgebungstemperaturen können sie leicht einen **Hitzschlag** erleiden.

? Physiologische Daten von Frettchen

Lebenserwartung	8–10 Jahre
Körpergewicht	500 g bis 2000 g
Körpertemperatur	38–39°C
Geschlechtsreife	9. – 12. Lebensmonat
Tragezeit	42 Tage
Wurfgröße	2–5
Säugezeit	8 Wochen

- Während der Trächtigkeit und Säugezeit müssen Rüden (männliche Tiere) von Fähen (weibliche Tiere) getrennt werden. Rüden, die als Haustier gehalten werden, sollten kastriert werden. Unkastrierte Rüden markieren mit Urin. Weibliche Tiere, mit denen nicht gezüchtet werden soll, müssen frühzeitig kastriert werden, sonst entwickelt sich eine **Dauerranz** (Ranz = Östrus, Zeitpunkt kurz vor dem Eisprung). Der hohe Östrogenspiegel im Blut der Tiere während der Ranz führt, wenn die Ranz zu lange dauert, zu Stoffwechselstörungen, Knochenmarksschäden und tödlicher Anämie (Mangel an roten Blutkörperchen).
- Der intensive Wildgeruch der Frettchen entsteht durch das Sekret der Analdrüsen. **Ohne tierärztliche Indikation, d. h. ohne medizinischen Grund (z. B. wiederholte Entzündungen der Analdrüsen) ist das Entfernen der Analdrüsen nach § 6 des Tierschutzgesetzes (Amputationsverbot) verboten.**
- Als dämmerungsaktive Tierart reagieren Frettchen sehr empfindlich auf grelles Licht. Die maximale Lichtstärke sollte 400 Lux nicht überschreiten.

Vögel

Grundsätzliche Überlegungen zur Ziervogelhaltung:

Kann das richtig sein?

- Die Haltung von Tieren, die in der Natur große Distanzen fliegend zurücklegen, in kleinen Käfigen.
- Die Einzelhaltung von sozialen Tieren, die normalerweise in Schwärmen mit bis zu Tausenden von Artgenossen (z. B. Wellensittich) leben.
- Die Handaufzucht und Fehlprägung auf den falschen Artgenossen Mensch (der nicht einmal die Grundbedürfnisse nach Kommunikation und Gemeinschaftsgefühl der Tiere erfüllen kann), wodurch lebenslanges psychisches Leid erzeugt wird.
- Die Haltung in einem völlig ungeeignetem Klima (Großpapageien benötigen eine hohe Luftfeuchtigkeit), wodurch körperliches Leid erzeugt wird.
- Die Fütterung mit ungeeignetem Futter (z. B. Erdnüsse und Sonnenblumenkerne an Papageien), wodurch Krankheiten verursacht werden.

Mit diesen kritischen Fragen und dem Wissen über die natürliche Lebensweise, das Verhalten, die Ernährung und die sozialen Kontakte der häufig gehaltenen Ziervögel in ihrem Ursprungsland als Rüstzeug (aus Fachbüchern und im Internet zu ermitteln) können die Haltungsbedingungen von Ziervögeln auch in unseren Breiten weitgehend so optimiert werden, dass sich die Tiere wohl fühlen und gesund bleiben.

Der Tierarzt und Tiermedizinische Fachangestellte stehen in einer besonderen Beratungspflicht und können dazu beitragen, vielfältiges Leid durch (oft durch Unwissenheit verursacht) falsche Haltung und Ernährung der Vögel zu vermeiden.

12.4 Körperpflege

Zahnpflege, Zahnsteinprophylaxe

Regelmäßige Zahnpflege und die Kontrolle durch den Tierarzt mindestens zweimal im Jahr sind erforderlich, um die Zähne bis ins hohe Alter gesund zu erhalten. Zahnstein muss baldmöglichst entfernt, erkrankte Zähne versorgt werden. Ein „vergammeltes“ Gebiss (Zahnstein, krankhafte Veränderungen des Zahnhalteapparates und der Zähne, Bildung von Zahnspießen) hat Auswirkungen auf den ganzen Körper und kann eine Ursache von Organerkrankungen (z. B. Herz- und Nierenerkrankungen) sowie Kieferabszessen sein.

Durch artgerechten Ernährung wird die Selbstreinigung der Zähne durch Abrieb des

Zahnputzfingerling.

Zahnbelages und Anregung des Speichelflusses gefördert. In manchen Fällen (z. B. bei kleinen Hunderassen, Katzen) muss jedoch der Bildung von Zahnstein zusätzlich durch regelmäßiges Zähneputzen vorgebeugt werden. Dazu werden speziell für die jeweiligen Tiergebisse geformte Zahnbürsten, Zahnputzfingerlinge sowie Zahncremes (teilweise mit Hühnchen- oder Rindfleischgeschmack) angeboten, die abgeschluckt werden können.

Beachte

Die Zähne des Hundes erreichen erst ab dem 2. Lebensjahr ihre volle Stabilität und dürfen bis dahin nicht beim Spielen (z. B. Zugspiele) oder Tragen schwerer Gegenstände (Apportieren) übermäßig belastet werden. Es besteht Bruchgefahr, v. a. der Eckzähne (Canini).

Das Spielen mit Steinen führt zur Abrasion (Abschleifen) des gesamten Gebisses und sollte den Tieren von Klein auf verboten werden. Ebenso zur massiven Abrasion führt das Spielen mit Tennisbällen, die vorher auf sandigen Tennisplätzen verwendet wurden. Die kleinen Sandpartikel wirken wie Schleifpapier auf die Zähne.

Fell- und Gefiederpflege

Die Fellpflege beim **Hund** besteht aus regelmäßigem Bürsten. Über den ganzen Körper verteilt befinden sich Talgdrüsen, deren Sekret das Fell vor Schmutz und Nässe schützt. Schmutzpartikel können dadurch nicht in die Tiefe des Fellkleides eindringen und werden durch Schütteln entfernt, Wasser perlt einfach ab. Das Bürsten fördert die Produktion und die Verteilung des Talgs. Schampons sollten nur bei medizinischer Indikation (z. B. bei Hunden mit übermäßiger Talgproduktion, bei Hauterkrankungen) oder, wenn das Fell stark verschmutzt ist (z. B. wenn der Hund sich in Aas gewälzt hat, wenn Giftstoffe am Fell haften) verwendet werden. In diesen Fällen sollten jedoch nur medizinisches Hundeschampon (meist in der Tierarztpraxis vorrätig) verwendet werden. Sie sind speziell für die Bedürfnisse der Hundehaut (z. B. in Bezug auf den pH-Wert) entwickelt. Schampons für Menschen eignen sich nicht für Hunde.

Eine gesunde **Kurzhaarkatze** braucht (außer in Zeiten des Fellwechsels) weder gebürstet noch gebadet zu werden. Anders ist es bei **Langhaarkatzen**. Damit das Fell nicht verfilzt, sollte es mindestens einmal am Tag gut durchgebürstet werden. Es empfiehlt sich, schon im Welpenalter damit anzufangen, damit es später keine Probleme mit einer allzu widerspenstigen Katze gibt. Nicht selten müssen Perserkatzen zum Bürsten und Scheren des total verfilzten Fells in Narkose gelegt werden.

Katzen sollten nur in Ausnahmefällen gebadet werden, beispielsweise, wenn giftige Substanzen am Fell haften oder das Fell (v. a. bei Langhaarkatzen) mit Kot verschmiert ist. Beim Baden von Katzen sollte nur klares Wasser verwendet werden. Eine Ausnahme sind Hauterkrankungen, bei denen der Tierarzt das Baden mit einem medizinischen Schampon oder bei Hautpilzerkrankungen mit einem Antimykotikum (Medikament gegen Pilzerkrankungen) verordnet.

Zusätzlich zur Reinigung des verschmutz-

Physiologische Daten einiger Ziervogelarten

Durchschnittliche Lebenserwartung:	
Amazone	40–80 Jahre
Graupapagei	50–80 Jahre
Agapornid	18–25 Jahre
Nymphensittich	15–25 Jahre
Wellensittich	10–15 Jahre
Kanarie	12–15 Jahre
Zebrafink	8–10 Jahre
Körpergewicht:	
Amazone	350–500 g
Graupapagei	350–450 g
Agapornid	60- 80 g
Nymphensittich	70–80 g
Wellensittich	30–40 g
Kanarie	15–20 g
Zebrafink	10–12 g
Körpertemperatur:	
Amazone	40–41°C
Graupapagei	40–41°C
Agapornid	40–41°C
Nymphensittich	40–41°C
Wellensittich	40–41°C
Kanarie	40–42°C
Zebrafink	40–42°C
Geschlechtsreife:	
Amazone	2. – 4. Lebensjahr
Graupapagei	2. – 4. Lebensjahr
Agapornid	8. Lebensmonat
Nymphensittich	8. – 10. Lebensmonat
Wellensittich	3. – 6. Lebensmonat
Kanarie	3. – 4. Lebensmonat
Zebrafink	4. – 6. Lebensmonat
Herkunftsland:	
Amazone	Südamerika
Graupapagei	Afrika
Agapornid	Afrika und Madagaskar
Nymphensittich	Australien
Wellensittich	Australien
Kanarie	Kanarische Inseln
Zebrafink	Australien
Brutzeit:	
Amazone	26 Tage
Graupapagei	28–30 Tage
Agapornid	21–25 Tage
Nymphensittich	21 Tage
Wellensittich	18 Tage
Kanarie	18 Tage
Zebrafink	18 Tage
Gelegegröße:	
Amazone	2–5 Eier
Graupapagei	2–4 Eier
Agapornid	4–6 Eier
Nymphensittich	4–6 Eier
Wellensittich	4–6 Eier
Kanarie	4–5 Eier
Zebrafink	4–6 Eier

ten Fells hat sich bei kranken Katzen die „psychologische Körperpflege“ bewährt. Dazu nimmt man ein in warmem Wasser getränktes und ausgewrungenes weiches Tuch (oder einen Wattebausch) und führt bei der Katze vom Kopf ausgehend leichte Streichbewegungen (ähnlich wie die Katze mit der Zunge) über das Fell aus. Damit wird die soziale Körperpflege von Katzen untereinander imitiert. Kranke Katzen nehmen diesen Liebesdienst auch von Menschen sehr gerne an.

Pferde sollten mindestens einmal täglich gestriegelt werden. Verschwitzte Pferde müssen mit Stroh oder Tüchern abgerieben werden, damit sie sich nicht erkälten.

Heimtiere, Kleinsäuger und Vögel pflegen sich selbst. Lediglich bei Verklebungen des Fells (oder der Federn) mit giftigen Substanzen, grobem Schmutz oder Ausscheidungen sollte der Mensch bei der Körperpflege behilflich sein. Viele Vogelarten (z. B. Kanarienvögel) baden gerne. Ihnen muss immer ein Vogelbad mit frischem (täglich ein-bis zweimal erneuertem) Wasser zur Verfügung stehen. Papageienvögel baden meist nicht gerne in stehendem Wasser. Sie bevorzugen es, einmal täglich mit sauberem Wasser besprüht zu werden.

Vosicht! In Blumenspritzen, die häufig zum Einsprühen der Vögel mit Wasser verwendet werden, bilden sich in kurzer Zeit Algen und Pilze. Sie müssen regelmäßig gereinigt und täglich mit frischem Wasser aufgefüllt werden.

Baden aus medizinischen Gründen

- Bei einer Hauterkrankung ist das Baden eines Tieres mit einem medizinischen Schampon eine Therapiemaßnahme, um die bestehende Überwucherung der kranken Haut mit Krankheitskeimen zu beseitigen. Dabei ist das **richtige Schamponieren** von großer Bedeutung:
- Das Fell wird zunächst mit Wasser angefeuchtet.
- Der Patient wird so gründlich schamponiert, dass der Schaum Haut und Fell vollständig bedeckt.
- Nach einer Einwirkungszeit von mindestens 10 Minuten wird der Patient mit klarem Wasser abgewaschen, bis keine Reste des Schampons auf dem Tier mehr vorhanden sind. Die Einwirkungszeit von 10 Minuten sollte nicht unterschritten werden, da sonst das Schampon seine keimtötende Wirkung nicht entfalten kann.

Gewichtskontrolle

Tierhalter, die mit ihrem Tier Tag für Tag zusammenleben, bemerken eine schleichende Gewichtsveränderung meist erst sehr spät. Gewichtszunahme ist in der Regel ein Zeichen für Überernährung. Gewichtsabnahme ist eventuell ein Symptom für versteckte Erkrankungen. Beides erfordert eine Reaktion. Im ersten Fall hilft die Futterreduzierung oder Futterumstellung. Im zweiten Fall sollte durch eine tierärztliche Untersuchung geklärt werden, ob die Ursache des Abnehmens auf eine Gesundheitsstörung zurückzuführen ist.

Regelmäßige Kontrollen des Körpergewichts sind daher ein wesentlicher Punkt der Gesundheitsvorsorge. Ebenso muss zur richtigen Dosierung eines Medikamentes oder Narkosemittels das Körpergewicht des Patienten bekannt sein. Es gibt verschiedene Möglichkeiten ein Tier zu wiegen. Welche man wählt, hängt vor allem von der Größe des Tieres ab:

Tierwaage

Es gibt spezielle Tierwaagen, die sich vor allem für große und schwere Tiere eignen, die man nicht auf den Arm nehmen kann.

Personenwaage

Zum Wiegen auf einer Personenwaage nimmt man den Patienten auf den Arm und wiegt sich mit ihm zusammen. Das Gesamtgewicht wird notiert. Anschließend wiegt man sich ohne das Tier und zieht den Wert vom Gesamtgewicht ab. Die Differenz ergibt das Körpergewicht des Tieres.

Küchenwaage

Das Körpergewicht von Heimtieren und Kleinsäugern lässt sich gut auf einer Küchenwaage ermitteln. Die Tiere werden am besten in ein Gefäß gesetzt, dessen Gewicht vorab ermittelt und vom Gesamtgewicht abgezogen wird oder

Wiegen mit Hilfe einer Küchenwaage.

Wiegen mit Hilfe einer Tierwaage.

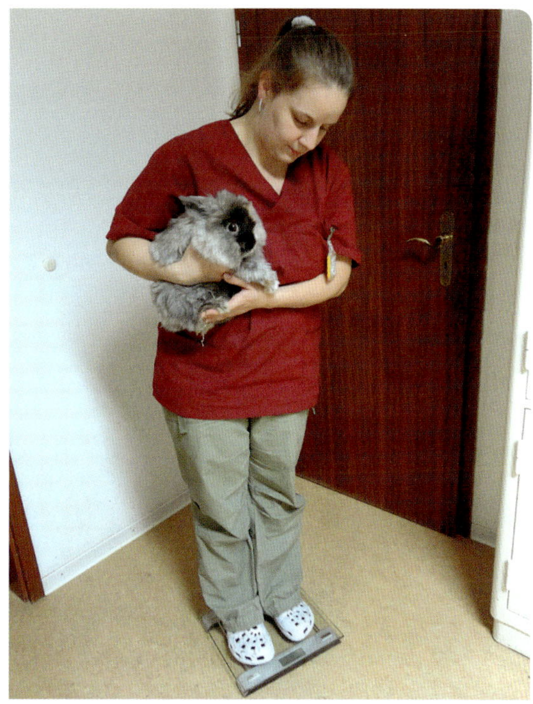

Wiegen mit Hilfe einer Personenwaage.

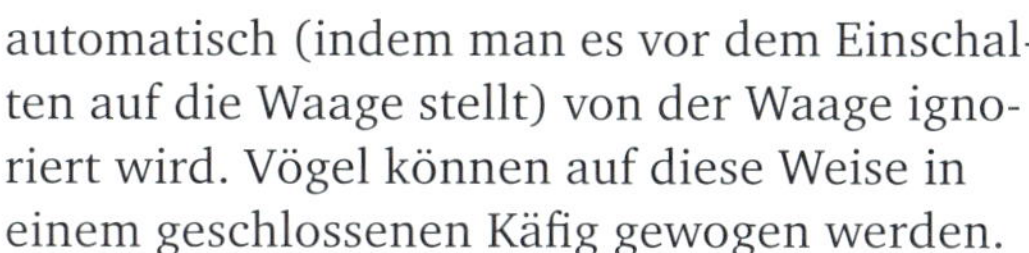

automatisch (indem man es vor dem Einschalten auf die Waage stellt) von der Waage ignoriert wird. Vögel können auf diese Weise in einem geschlossenen Käfig gewogen werden.

Ohren

Grundsätzlich reinigen sich die Ohren eines gesunden Tieres selbst. Normalerweise sind der Gehörgang und das Innere der Ohrmuschel sauber. Das Ohrenschmalz, mit dem Schmutz und Keime kontinuierlich aus dem Ohr geschleust werden, ist durchsichtig hell und hat einen angenehmen Geruch.

Wenn sich in der Ohrmuschel jedoch dunkler, krümeliger, schmieriger oder übel riechender Ohrenschmalz sammelt, besteht der Verdacht auf eine Infektion mit Bakterien, Milben oder Pilzen. Eine tierärztliche Untersuchung und Behandlung ist unbedingt erforderlich, um die Ursache abzuklären und frühzeitig die richtige Behandlung einleiten zu können. Keinesfalls darf man versuchen, den Gehörgang mit Wattestäbchen oder sonstigen Instrumenten zu reinigen. Ohrenschmalz und Entzündungsprodukte werden dadurch tief nach unten (bis zum Trommelfell) gedrückt, wo sie einen festen Pfropf bilden. In extremen Fällen kann ein solcher Pfropf nur noch durch eine Ohrspülung gelöst werden. In den meisten Fällen ist hierfür eine Narkose erforderlich.

Krallenpflege

Bei einem gesunden, lebhaften Tier mit ausreichender Bewegungsmöglichkeit bedarf es keiner speziellen Krallenpflege. Lediglich bei älteren oder behinderten Tieren können die Krallen so lang werden, dass die Tiere dadurch im Gehen behindert werden. Ausnahmen bilden Tiere, die ihre Krallen in der Natur durch Graben von ausgedehnten unterirdischen

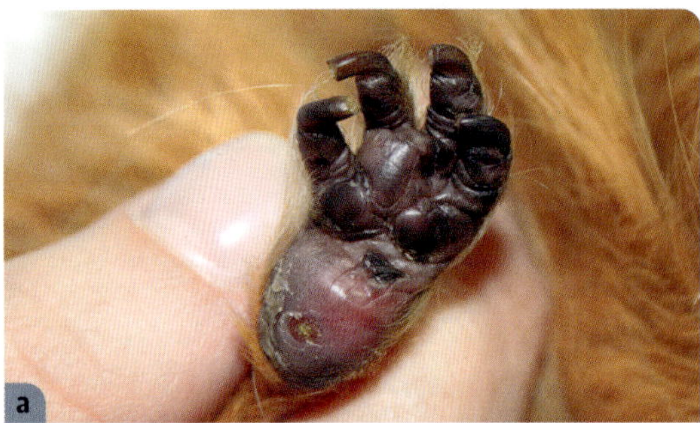
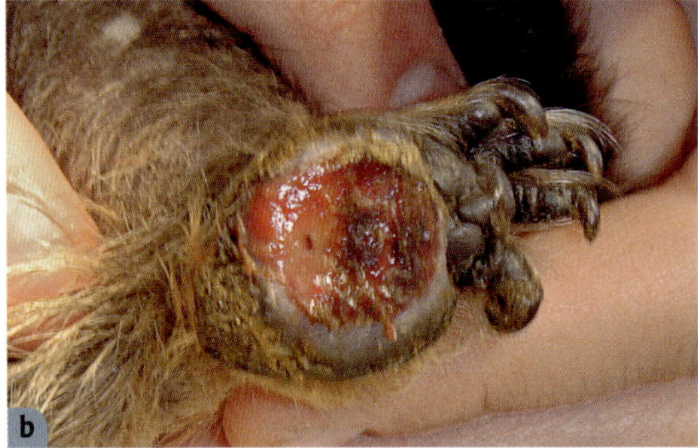

a) Pododermatitis aufgrund von Haltungsfehler,
b) Pododermatitits – tiefer eitriger Prozess an den Pfotenballen.

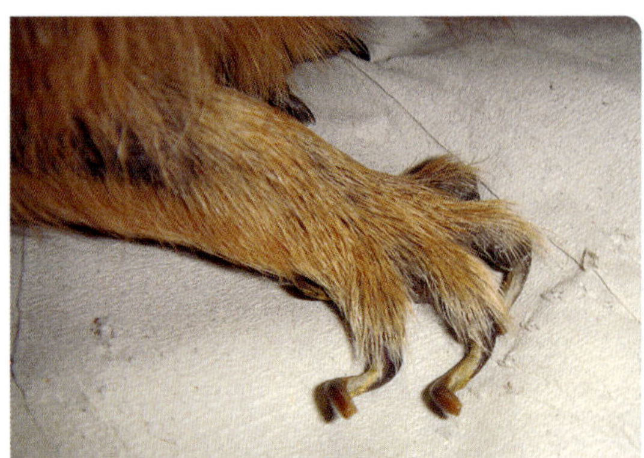

Überlange Krallen beim Meerschweinchen.

Höhlen (z. B. Kaninchen) oder durch Klettern in Hochgebirgen (z. B. Meerschweinchen) verstärkt abwetzen. In der Obhut des Menschen (im Käfig, bei kleiner Auslauffläche) werden die Krallen nicht genügend abgerieben und müssen regelmäßig geschnitten werden. In manchen Fällen können die Krallen so lang werden, dass sie in die Pfotenballen hineinwachsen und schmerzhafte Wunden verursachen. Beim Meerschweinchen sind überlange Krallen eine Ursache für das Entstehen von Pfotenballengeschwüren (Pododermatitis).

Bei gesunden Psittaciden (z. B. Wellensittich, Nympensittich, Großpapageien) dürfen die Krallen grundsätzlich nicht geschnitten werden. Das Schneiden provoziert erst das Krallenwachstum, sodass einmal geschnittene Krallen immer wieder geschnitten werden müssen. Sind bei Papageienvögeln die Krallen (eventuell auch der Schnabel) überlang, ohne dass sie vorher geschnitten wurden, besteht der Verdacht, dass eine Lebererkrankung vorliegt.

Beim Kürzen überlanger Krallen muss darauf geachtet werden, dass die natürliche Form der Krallen erhalten bleibt. Die Spitzen müssen etwas nach unten zeigen. An hellen unpigmentierten Krallen erkennt man die Blutgefäße recht gut. Die empfindlichen Krallennerven reichen sogar noch etwa 1 mm über die Blutgefäße hinaus. Niemals „ins Leben" schneiden. Es entstehen sonst Blutungen und Schmerzen.

Um sicher zu gehen, dass man dem Tier

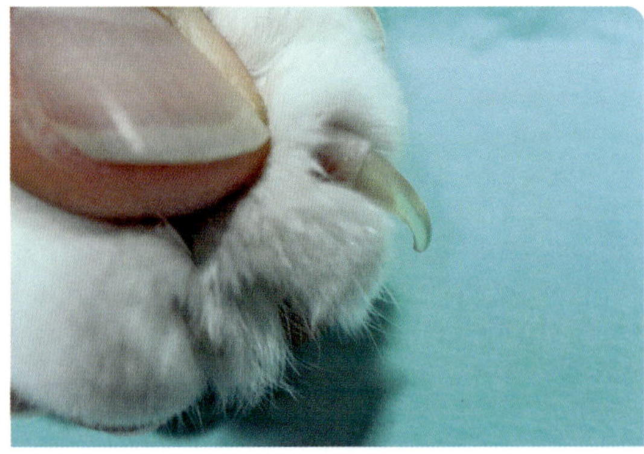

Ausschachten einer Kralle bei der Katze durch Fingerdruck.

nicht weh tut, quetscht man mit leichtem Druck mit Hilfe der Krallenschere die Stelle, an der man abschneiden möchte. Wenn der Patient eine Reaktion zeigt (z. B. Zurückziehen der Pfote) ist man bereits am Krallennerv und muss die Kralle etwas länger lassen. Wenn keine Reaktion erfolgt, kann an der Stelle geschnitten werden.

Hufbeschlag

Freilebende Pferde und Wildpferde brauchen keinen Hufbeschlag, da das Hufhorn im gleichen Maße nachwächst, wie es abgenutzt wird. Pferde, bei denen durch Reiten, Anspannen oder Laufen auf hartem Boden die Hufen übermäßig belastet werden, brauchen einen Hufbeschlag, um das Hufhorn zu schützen. Neben Hufeisen (aus Eisen oder Aluminiumlegierungen) werden auch Kunststoffbeschläge oder Klebeschuhe verwendet.

Alle sechs bis acht Wochen muss das Hufeisen abgenommen, das Hufhorn ausgeschnitten und das Pferd neu beschlagen werden, da das Horn unter dem Beschlag weiter wächst. Dies darf nur von einem staatlich anerkannten Hufschmied oder Hufpfleger durchgeführt werden.

Pferde, die wenig geritten werden und nur auf weichem Boden laufen, werden meist nicht beschlagen. Sie bleiben „barfuß" oder erhalten nur an den Vorderläufen Hufen. Regelmäßiges Ausschneiden des Hufhorns ist bei diesen Tieren ebenfalls erforderlich, da sie sich weniger bewegen als Wildpferde und sich das Hufhorn nicht ausreichend abnutzt.

Rennpferde erhalten Spezialhufen aus leichtem Aluminium, die ein spezielles Abrollen sowie Ab- und Auffußen zur Förderung der Geschwindigkeit ermöglichen.

Der Hufbeschlag wird therapeutisch zur Korrektur des Hufes oder der Fußgelenkstellung eingesetzt. Bei therapeutischen Beschlägen werden die Hufeisen meist häufiger (alle 4 Wochen) abgenommen und die Hufen kontrolliert und ausgeschnitten.

Klauenpflege

Die Klauenpflege bei Rindern wird in der Regel durch einen Fachmann durchgeführt. Das Tier wird dazu mithilfe eines schwenkbaren Fixierstandes seitlich abgelegt, das Klauenhorn ausgemessen und so geschnitten (und gefräst), dass eine gleichmäßige Belastung der Füße gewährleistet ist. Die regelmäßige Klauenpflege (2 × jährlich) verhindert Klauen- und Gelenkserkrankungen.

Verhindern und Erkennen von Verhaltensstörungen

Falsche, den Bedürfnissen der Tiere nicht entsprechende Haltung, die Vergesellschaftung mit einem ungeeigneten Partner sowie Schmerzen sind die häufigsten Ursachen für Verhaltensstörungen. Ausdrucksformen von Verhaltensstörungen bei Tieren in der Obhut des Menschen sind:

- Unmotiviertes aggressives Verhalten
- Übermäßiges Schlafen
- Apathie (Teilnahmslosigkeit)
- Sich verkriechen
- Harn- und/oder Kotunsauberkeit
- Stereotypien (z. B. ständiges sich Belecken, immer gleiche Bewegungsfolge, unentwegtes Scharren, Gitterbeißen)

Bei Auftreten solcher oder anderer Verhaltensveränderungen sollte nach der Ursache geforscht und diese beseitigt werden.

Parasitenprophylaxe

Prophylaktische (vorbeugende) Maßnahmen gegen Parasitenbefall sind nur bei Ektoparasiten (Zecken, Flöhe, Milben) möglich. Hier werden Spot-on-Präparate, Halsbänder gegen Ektoparasiten oder Medikamente in Tablettenform eingesetzt.

Es ist nicht möglich, vorbeugend zu entwurmen, da die Präparate gegen Wurmbefall nur die im Körper parasitierenden Würmer abtöten und keinen Neubefall verhindern können. Anders als bei Impfungen, durch welche die Bildung von Antikörpern gegen bestimmte

Krankheitserreger erreicht und damit eine Erkrankung verhindert wird, können sich Tiere, die entwurmt wurden, nach der Entwurmung sofort wieder neu mit Endoparasiten (Würmer) infizieren. Eine wichtige Vorbeugemaßnahme gegen die Verbreitung von Parasiten ist die regelmäßige und gründliche Reinigung von Käfigen, Ställen und Auslaufflächen.

12.5 Früherkennungsmaßnahmen

Viele Erkrankungen können, wenn sie rechtzeitig diagnostiziert werden, geheilt oder zumindest so behandelt werden, dass die Lebensqualität und Lebensfreude eines Tieres lange Zeit erhalten bleibt. Früherkennungsmaßnahmen helfen auch dabei, Tiere aus der Zucht auszuschließen, die vererbliche Anlagen für bestimmte Erkrankungen (z. B. Hüftgelenksdysplasie, Herzerkrankungen) sowie Erbkrankheiten (z. B. Taubheit bei weißen, blauäugigen Katzen, Epilepsie bei Zwergschnauzern) aufweisen und damit zu verhindern, dass diese Erbanlagen an Nachkommen weitergegeben werden. Zu den wichtigsten Früherkennungsmaßnahmen zählen:

- Regelmäßiger Gesundheits-Check
- Röntgen der Hüftgelenke von großen Hunderassen zur Früherkennung einer Hüftgelenksdysplasie (HD-Röntgen)
- Untersuchungen des Herzens (Herzultraschall)
- Kotprobenuntersuchungen
- Blutuntersuchungen (z. B. Nt-proBNP-Nachweis = Marker für eine Herzerkrankung, Mineralstoffe zur Abklärung, ob eine Mangelernährung vorliegt)
- Gewichtskontrolle

Tierhalter sollten dahingehend beraten werden, zum Wohle ihres Tieres Vorsorgeuntersuchungen durchführen zu lassen. Um Tierhalter zu motivieren, die Vorsorgeuntersuchungen, die in der Praxis angeboten werden, regelmäßig zu nutzen, vergeben manche Tierarztpraxen (Kliniken) einen **Gesundheitspass**. Jede Vorsorgeuntersuchung wird in diesem Pass vermerkt und gestempelt.

Bei der Betreuung eines Bestandes (z. B. Bauernhof, Geflügelfarm, Tierheim, Zoofachgeschäfte) werden Vorsorgeuntersuchungen durchgeführt, um die Gesundheit von Einzeltieren sowie die des gesamten Tierbestandes zu erhalten.

12.6 Maßnahmen zur Rehabilitation

Zur Unterstützung des Heilungsprozesses, zur Wiederherstellung (und wenn dies nicht mehr möglich ist) zur Förderung der Aktivität und Beweglichkeit sowie zur Schmerzbehandlung werden bei Tieren folgende Rehabilitationsmaßnahmen durchgeführt:

12.6.1 Physiotherapie

Physiotherapeutische Behandlungsverfahren, die beim Menschen zur Therapie akuter und chronischer Krankheiten, zur Wiederherstellung der Beweglichkeit nach Operationen oder Unfällen sowie zur Schmerztherapie routinemäßig eingesetzt werden, werden in den letzten Jahren zunehmend auch in die Tiermedizin mit aufgenommen.

Die Physiotherapie wird eingeteilt in:

Physikalische Therapie

Sie ist ein Teilgebiet der Physiotherapie, bei der die Behandlung durch physikalische Mittel (z. B. Wärme, Kälte, Elektrizität, Ultraschall, Wasser = z. B. Unterwasserlaufband) durchgeführt wird.

Manuelle Therapie

Die manuelle Therapie erfolgt vorwiegend durch die Hände des Therapeuten (z. B. Massage, Osteopathie).

Unterwasserlaufband.

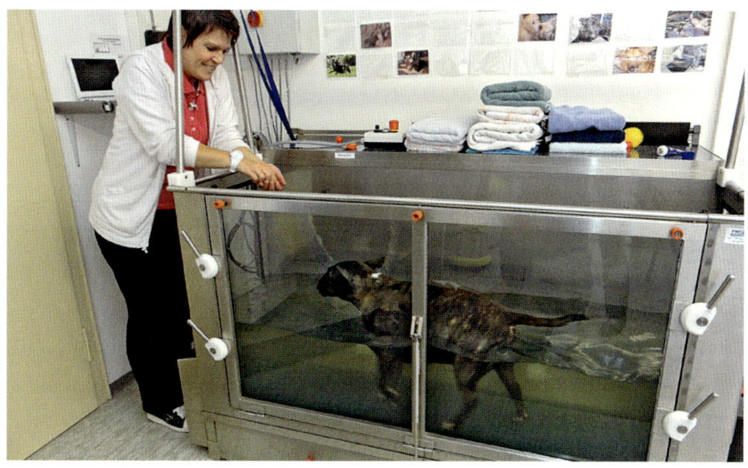

12.6.2 Akupunktur

Die Akupunktur ist ein Teilgebiet der traditionellen chinesischen Medizin (TCM). Die Bezeichnung „Akupunktur" setzt sich zusammen aus den lateinischen Worten *acus* = Nadel und *punctio* = das Stechen.

Die Akupunktur ist eine alte Heilmethode, die bereits vor tausenden von Jahren an Menschen und Tieren durchgeführt wurde. Eines der ältesten noch erhaltenen Dokumente über die Behandlung von indischen Elefanten mit Nadeln wurde etwa vor 3000 Jahren geschrieben. *Shun Yang,* ein chinesischer Veterinär, war einer der ersten seines Berufstandes, der Tiere überwiegend durch Akupunktur behandelte. Er lebte um 480 v. Chr. und gilt in China als Vater der Tierakupunktur.

In Europa waren es zunächst die Humanmediziner, die auch Tiere akupunktierten. Das auf den Menschen bezogene System der Meridiane und Akupunkturpunkte wurde dabei kritiklos auf Tiere übertragen. Nach und nach wurde die Akupunktur in die Tiermedizin übernommen und den speziellen Bedürfnissen der jeweiligen Tierarten angepasst. Inzwischen wird die Akupunktur im Rahmen einer ganzheitlichen Tiermedizin von Tierärzten und Physiotherapeuten angeboten.

12.6.3 Magnetfeldtherapie

In einem magnetischen Feld richten sich elektrisch geladene Teilchen nach den Kraftlinien des Feldes aus. Bei der Anwendung von Magnetfeldern geht man von dem Prinzip aus, dass alle Körperzellen elektrisch geladene Teilchen enthalten. Bei Entzündungen oder Verletzungen von Körpergewebe kommt es zu einer veränderten Anordnung dieser Teilchen. In einem künstlich erzeugten magnetischen Feld (Magnetfeldgerät) ordnet sich das Gefüge wieder, wodurch der Krankheitsverlauf positiv beeinflusst wird.

Magnetfelder durchdringen den Körper vollständig, d. h. sie gelangen auch in tiefere Regionen des Körpers und können dort ihre Wirkung entfalten. Die Durchblutung des Körpergewebes wird durch die Magnetfeldtherapie erheblich verbessert. Dadurch werden Entzündungszellen schneller abgebaut und aus dem Körper ausgeschwemmt.

Der Sauerstoffgehalt im Körpergewebe steigt während der Magnetfeldbehandlung bis zu 200 % gegenüber dem Ausgangswert. Durch den erhöhten Sauerstoffgehalt wird die Heilung gefördert. In der Tiermedizin werden vorwiegend pulsierende Magnetfelder angewandt.

13 Laboruntersuchungen
(Nr. 11 des Ausbildungsrahmenplans)

Viele Laboruntersuchungen können in der Praxis durchgeführt werden. Für andere wiederum benötigt man spezielle Instrumentarien und Reagenzien, die in der Tierarztpraxis nicht immer zur Verfügung stehen bzw. deren Anschaffung nicht wirtschaftlich ist. Für solche Spezialuntersteruchungen werden die Proben in ein veterinärmedizinisches Labor zur Auswertung eingesandt. Einige Labors bieten einen Abholservice an, d. h. die Proben werden am Tag der Entnahme in der Praxis abgeholt und spätestens am nächsten Tag bearbeitet. Die Ergebnisse werden per Telefon, per Fax oder per e-Mail versandt.

13.1 Einsendung von Untersuchungsmaterial an das Labor

Bei der Versendung von medizinischem Untersuchungsmaterial gelten Vorschriften, die eine Gefährdung von Mensch, Tier und Umwelt sowie die Beeinflussung des Untersuchungsmaterials ausschließen:

- Jedes versandte Probegefäß muss mit dem Namen des Tierhalters, des Tieres oder einer Identifikationsnummer (Barcode) des Labors beschriftet werden, um Verwechslungen auszuschließen.
- Das Probegefäß muss gut verschlossen und, wenn mehrere Proben eingesandt werden, einzeln mit saugfähigem Material bruchsicher umwickelt werden. Diese saugfähige Innenverpackung (z. B. Zellstoff) verhindert, dass bei unbeabsichtigtem Austreten von Probematerial nichts aus der Versandhülle nach außen gelangen kann.
- Das umwickelte Probegefäß wird zusätzlich in eine Außenverpackung (aus Holz, Plastik oder Metall) gesteckt.
- Jeder Sendung wird ein Begleitschreiben beigelegt, das neben dem Absender (Tierarztpraxis) Auskünfte über den Patienten (Tierart, Rasse, Geschlecht, Alter, Name, Tätowierungs-,Chip- oder Ring-Nummer), den Namen des Tierhalters sowie Details zur Probe (Beschreibung des Untersuchungsmaterials und Datum der Entnahme) enthält.
- Dem Labor ist ein exakter und unterschriebener Untersuchungsauftrag (z. B. die Bitte um Herstellung eines Blutbildes, Differenzialblutbildes, Nierenstatus usw.) zu erteilen.
- Probegefäß, Innen- und Außenpackung sowie das Begleitschreiben und der Untersuchungsauftrag zusammen werden in einer Versandhülle mit der Post verschickt oder dem Abholservicepersonal des Labors übergeben.
- In der warmen Jahreszeit (bei Außentemperaturen über 25 °) ist eine Kühlung (z. B. Kühlaggregat) erforderlich. Im Winter muss ungerinnbar gemachtes Blut vor Frost geschützt werden.
- Probematerial, das tiefgekühlt das Labor erreichen soll, wird in einen speziellen, bereits 24 Stunden lang vorgekühlten (bei −18 °C) Transportbehälter verbracht und bis zur Abholung durch das Labor im Gefrierschrank aufbewahrt. Tiefkühlbehälter werden in der Regel vom Labor zur Verfügung gestellt.
- Tupferproben (z. B. aus einer Wunde, von Haut- und Schleimhäuten) zur bakteriolo-

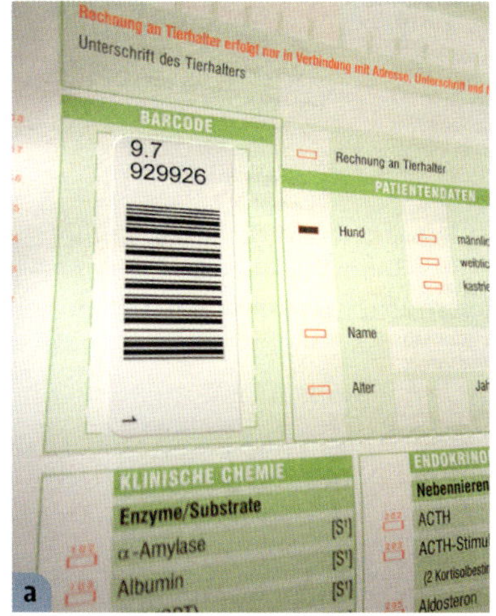

a) Untersuchungsantrag für Fremdlabor – Barcode, b) Eintragung in das Laborbuch.

gischen Untersuchung werden in speziellen Nährmedien an das Labor versandt.

- Gewebeproben zur histologischen Untersuchung werden in Formalin eingelegt und dadurch haltbar gemacht.
  Vorsicht: Bei der Handhabung mit Formalin müssen Handschuhe und Schutzbrille getragen werden!

13.2 Dokumentation

Laboruntersuchungen im eigenen oder im Fremdlabor werden in einem speziellen Laborbuch sowie in der Patientenkartei (auf Karteikarte oder im Computer) dokumentiert. Bei Versendung an ein Fremdlabor empfiehlt es sich, auch die Identifikationsnummer (Barcode) des Labors in das Laborbuch sowie in die Patientenkartei einzukleben, um Verwechslungen vorzubeugen. Auch ist es dann bei Rückfragen für das Labor einfacher, die Probe mit der Barcode-Numme zu finden, um Auskunft über Bearbeitungsstand oder Ergebnisse geben zu können.

Laborergebnisse werden in der Patientenkartei dokumentiert. Ob dies als Beiblatt in der Karteikarte oder als Datei im Computer erfolgt, hängt von den Gegebenheiten der jeweiligen Praxis ab. Die Unterlagen müssen mindestens 10 Jahre lang aufbewahrt werden.

13.3 Kotuntersuchungen

Kotuntersuchungen, die in der Regel in einem veterinärmedizinischen Labor durchgeführt werden:

- Bakteriologische Untersuchungen (Untersuchung auf krankmachende Bakterien)
- Virologische Untersuchungen (Untersuchung auf krankmachende Viren) mit Ausnahme von Schnelltestverfahren
- Mykologische Untersuchungen (Untersuchung auf krankmachende Pilze)

Kotuntersuchungen, die in der Praxis durchgeführt werden können:

- Direktkotuntersuchung
- Flotationsverfahren
- Sedimentationsverfahren
- Auswanderungsverfahren
- Teststreifen (Nachweis von okkultem = verstecktem Blut im Kot)

- Schnelltestverfahren (z. B. zum Nachweis von Giardien, Nachweis von Parvoviren)

Für die Auswertung von Direktkot, Flotations- und Sedimentationsverfahren benötigt man ein Lichtmikroskop mit einer mindestens 400-fachen Vergrößerung.

13.3.1 Direktkotuntersuchung

Die Untersuchung von Direktkot wird häufig bei Vogelpatienten sowie bei Kleinnagern durchgeführt. Der Grund ist, dass diese kleinen Tierarten nur eine so geringe Menge Kot auf einmal absetzen, dass sie für andere Verfahren nicht ausreichend ist.

Durch die mikroskopische Untersuchung des Direktkotes kann man einen massiven Befall mit Darmparasiten (z. B. Würmer, Kokzidien) sowie auch *Macrorrhabdus ornithogaster* (Pilze im Magen von Ziervögeln) und unverdaute Futterbestandteile (z. B. bei Verdauungsstörungen aufgrund eines Mangels an Verdauungsenzymen) nachweisen.

Die Direktkotuntersuchung gibt dem Untersucher einen ersten Eindruck über den Befall mit Krankheitserregern. Da nur eine kleine Menge Kot für die Untersuchung zur Verfügung steht, kann eine nur geringe Belastung des Patienten mit den Erregern eventuell übersehen werden. Ein negativer Befund bei der Untersuchung von Direktkot ist daher nicht zwangsläufig ein Beweis dafür, dass keine Parasiten (oder Megabakterien) im Körper des Patienten vorhanden sind. Der Befund sollte bei negativem Ergebnis durch die Untersuchung einer Sammelkotprobe mit der Flotationsmethode (siehe S. 247) über-

? Durchführung der Direktkotuntersuchung

Zur mikroskopischen Untersuchung einer Direktkotprobe wird eine etwa stecknadelkopfgroße Menge frischen (maximal 1 Tag alten) Kotes auf einen Objektträger verbracht. Ist der Kot eingetrocknet, wird ein Tropfen NaCl (Natriumchlorid-Lösung) hinzugeben und eine Minute abgewartet, bis sich der Kot mit der Flüssigkeit vollgesaugt hat und dadurch wieder weicher wird. Danach wird ein Deckblättchen auf den Objektträger über die Probe gelegt und (fest aufgedrückt) mit einem Finger hin- und her geschoben, bis sich die Kotprobe zu einer sehr dünnen Schicht unter dem Deckblättchen verteilt hat. Dann wird sie unter dem Mikroskop betrachtet. Nur dann, wenn die Kotschicht dünn genug ist, sind die in der Probe vorhandenen Krankheitserreger sichtbar, sowie eventuell unverdaute Futterbestandteile identifizierbar. Bei einer zu dick auf den Objektträger aufgetragenen Schicht werden eventuell im Kot enthaltene Wurmeier, Oozysten oder Megabakterien von den übrigen Bestandteilen in der dunklen Kotmasse häufig verdeckt.

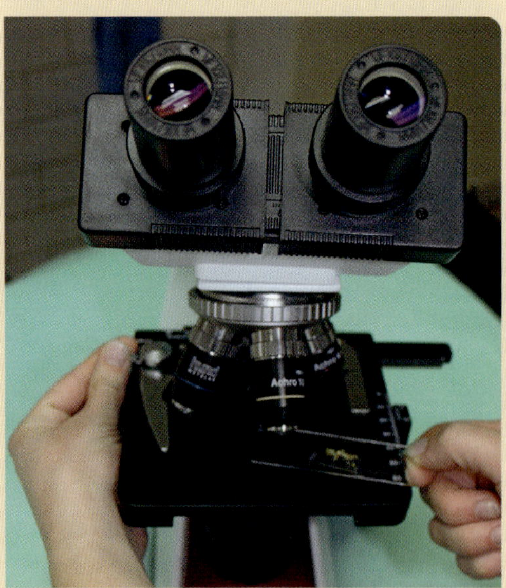

Untersuchung einer Direktkotprobe.

Utensilien für die Direktkotuntersuchung

- Kotprobe
- Objektträger
- Deckgläschen
- Mikroskop

prüft werden. Ein positiver Befund (das Auffinden von Parasiteneiern, Wurmlarven, Kokzidienoozysten oder „Megabakterien“) zeigt dagegen, dass bei dem Patienten ein sehr starker Befall mit den jeweiligen Krankheitserregern vorliegen muss, da diese bereits in der kleinen Kotmenge nachgewiesen werden konnten.

13.3.2 Flotationsverfahren

Mit der Flotationsmethode ist es möglich, Eier von Zestoden (Bandwürmern), Nematoden (z. B. Spulwürmer, Hakenwürmer) sowie Kokzidien und Oozysten (z. B. Toxoplasmaoozysten) im Kot nachzuweisen. Die

Durchführung der Flotationsmethode

Für dieses Diagnoseverfahren wird eine haselnussgroße Kotmenge mit einer speziellen Flotationsflüssigkeit in einem Becherglas gut vermischt. Die Flüssigkeit ist eine Zinkchlorid-Kochsalz-Lösung in einem Mischungsverhältnis $ZnCl2 : NaCl = 1:2$ (im Fachhandel als Fertiglösung erhältlich oder vom Apotheker angemischt). Der Kot sollte möglichst frisch sein. Er kann, um die Weiterentwicklung der Parasiten in der Außenwelt zu verlangsamen, 1–2 Tage im Kühlschrank aufbewahrt werden. Allerdings darf er nicht eingefroren werden. (Durch Frieren platzen die eventuell darin enthaltenen Wurmeier und können dann nicht mehr nachgewiesen werden.) Bei einigen Nematodenarten (z. B. Hakenwürmer) schlüpfen nach ca. 6 Stunden die Larven in der Außenwelt, so dass Parasiteneier in einer solchen Kotprobe nicht mehr zu finden sind. Das sollte bei der Beurteilung berücksichtigt werden.

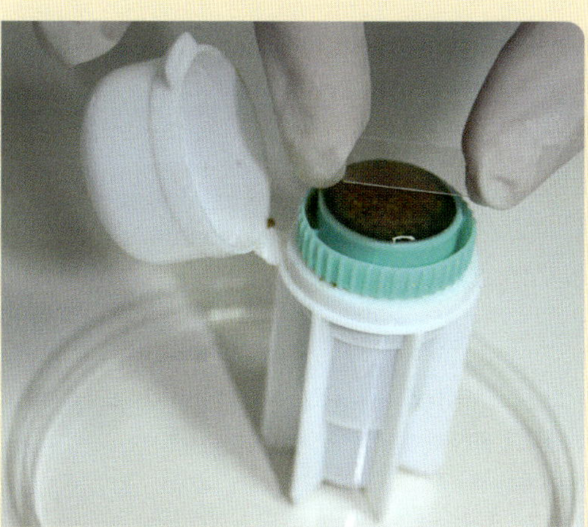

Meniskus der Flotationslösung.

Die Aufschwemmung wird langsam (so dass sich keine Luftblasen bilden) durch ein Sieb in ein Zentrifugenröhrchen so hineingegossen, dass die Flüssigkeitsoberfläche einen Meniskus bildet, d. h. durch die Oberflächenspannung die Flüssigkeit etwas über den Röhrchenrand hinwegreicht.
Ein Deckglas wird vorsichtig auf den hochgewölbten Oberflächenmeniskus der Kotaufschwemmung gesetzt. Das Zentrifugenröhrchen wird zusammen mit dem Deckglas bei 1500 – 200 U/min (Umdrehungen pro Minute) 3 Minuten in einer Laborzentrifuge zentrifugiert. Die Parasiten und Parasitendauerformen (Eier und Oozysten) sowie manchmal auch Parasitenlarven steigen in der Flotationslösung nach oben und haften an der Unterseite des Deckgläschens an.
Nach dem Zentrifugieren wird das Deckgläschen vorsichtig (mit Zeigefinger und Daumen) vom Zentrifugenröhrchen abgehoben und auf einen Objektträger gelegt. Das so entstandene Präparat wird bei 100-facher Vergrößerung unter dem Mikroskop betrachtet.

Utensilien zur Durchführung des Flotationsverfahrens

- Kotprobe
- Becherglas
- Zinkchlorid:Kochsalzlösung (oder fertige lotationslösung)
- Sieb
- Zentrifugenröhrchen
- Deckgläschen
- Zentrifuge
- Objektträger
- Mikroskop

Eier steigen in der Flotationsflüssigkeit nach oben.

Diese ursprüngliche Methode des Flotationsverfahrens (für die eine Zentrifuge benötigt wird) wurde inzwischen in der Praxis weitgehend durch Einweg-Diagnostiksysteme aus Plastik (z. B. Ovassay®, Fecalizer®) abgelöst, die im tiermedizinischen Fachhandel zusammen mit der dafür notwendigen Flotationslösung angeboten werden. Ein wesentlicher Vorteil dieser Einweg-Diagnostik-Systeme ist die einfache und hygienische Handhabung.

Das System besteht aus einem Plastikröhrchen und einem dazu passenden Stöpsel, der in seinem Innern einen nach oben offenen (jedoch mit einem Sieb ausgestatteten) Hohlraum aufweist. Der Kot wird zusammen mit etwas Flotationsflüssigkeit eingefüllt und mit dem Stöpsel gut vermischt. Danach wird der Stöpsel fest in das Röhrchen eingedrückt und der Hohlraum so weit mit Flotationsflüssigkeit aufgefüllt, dass (ebenso wie bei der ursprünglichen Methode auf dem Zentrifugenröhrchen) ein Oberflächenmeniskus der Flüssigkeit entsteht. Auf diesen Flüssigkeitsmeniskus wird ein Deckblättchen aufgelegt. Nach einer Wartezeit von 20 Minuten wird das Deckblättchen vorsichtig (mit Zeigefinger und Daumen) abgehoben, auf einen Objektträger gelegt und unter dem Mikroskop bei 100-facher Vergrößerung betrachtet.

? Utensilien zur Durchführung eines Einweg-Diagnosesystems

- Einweg-Diagnosesystem (Ovassay®, Fecalizer®)
- Deckgläschen
- Objektträger
- Mikroskop

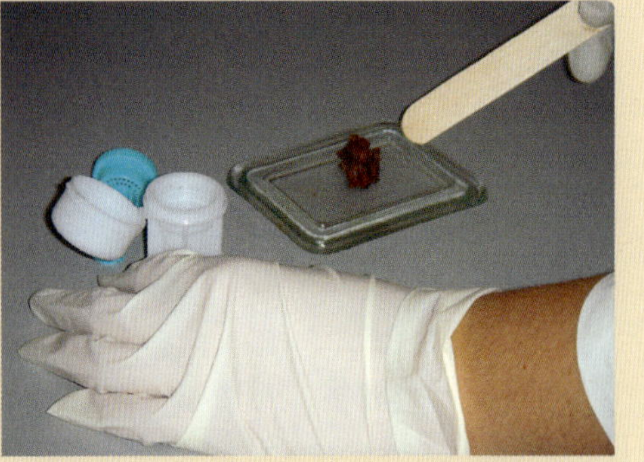

Einweg-Diagnosesystem für das Flotationsverfahren.

13.3.3 Sedimentationsverfahren

Mit dem Sedimentationsverfahren werden Parasiteneier (z. B. Leberegeleier) im Kot nachgewiesen, die schwerer als Wasser sind und dadurch im Wasser absinken.

13.3.4 Auswanderungsverfahren

Parasitenlarven (z. B. Lungenwurmlarven, Nematodenlarven) haben das Bestreben, bei ausreichender Feuchtigkeit aktiv aus dem Kot auszuwandern. Dabei können sie sich nur seitwärts schlängeln, jedoch nicht schwimmen. In freier Flüssigkeit sinken sie ab und können dadurch durch das Auswanderungsverfahren nachgewiesen werden.

13.3.5 Teststreifen

Kot kann durch Futterinhaltsstoffe oder durch verdautes Blut sehr dunkel bis schwarz verfärbt sein. Unverdautes Blut aus dem Enddarm kann mit dem Kot so stark vermischt sein, dass es auf den ersten Blick nicht zu erkennen ist. Um festzustellen, ob verstecktes (okkultes) Blut im Kot enthalten ist, vermischt man in einem Becherglas eine haselnussgroße Kotmenge mit Leitungswasser. In diese Mischung wird ein Teststreifen getaucht, der sich bei Vorhandensein von Blut verfärbt. Anhand einer Skala, an die der Teststreifen angelegt wird, kann die Menge des im Kot enthaltenen Blutes bestimmt werden. Das Testergebnis

Durchführung des Sedimentationsverfahrens

Es werden etwa 3 g Kot mit Leitungswasser in einem Gefäß vermischt. Die Mischung wird zur Abtrennung grober Kotbestandteile durch ein Sieb in ein Becherglas abgeseiht. Das Becherglas wird danach mit klarem Wasser randvoll aufgefüllt und 3 min stehen gelassen. Nach dieser Wartezeit haben sich feinere Kotbestandteile (und Parasiteneier) am Boden abgesetzt. Der klare Überstand wird abgegossen, bis nur der Bodensatz im Glas zurückbleibt.

Das Becherglas wird erneut mit klarem Wasser aufgefüllt und 20 min stehen gelassen. Dieser Vorgang sollte noch zweimal wiederholt werden. Nach dem letzten Abgießen wird der Bodensatz mit einem Tropfen Methylenblau-Lösung (im Fachhandel oder in der Apotheke erhältlich) angefärbt und in eine Petrischale gegossen. Die pflanzlichen Kotanteile färben sich dabei blau, während die Parasiteneier ihre gelblich-weiße Farbe behalten und sich so von der Umgebung gut abheben. Das Material wird unter dem Mikroskop bei 35-facher Vergrößerung auf Parasitenstadien abgesucht.

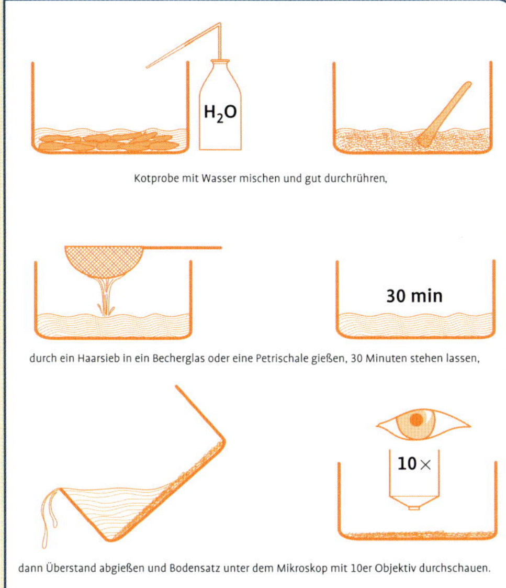

Untersuchung einer Kotprobe nach dem Sedimentationsverfahren.

Utensilien zur Durchführung des Sedimentationsverfahrens

- Kotprobe
- Becherglas
- Wasser
- Sieb
- Methylenblau-Lösung
- Petrischale
- Mikroskop

Durchführung des Auswanderungsverfahrens

Ein speziell für dieses Verfahren entwickelter Trichter (Baermann-Trichter) wird mit Wasser gefüllt und der Abfluss durch eine Schlauchklemme verschlossen.

1 Teelöffel Kot wird in Gaze verpackt in den Trichter zu dem Wasser gegeben und über Nacht (oder mindestens 6 Stunden) stehengelassen.

Die Larven wandern in dieser Zeit aus dem Kot durch die Poren der Gaze in das Wasser. Da sie nicht schwimmen können, sinken sie ab und sammeln sich im unteren Teil des Trichters vor der Schlauchklemme.

Die Schlauchklemme wird vorsichtig geöffnet, dass wenige Tropfen der Flüssigkeit (in der sich die Parasiten angesammelt haben) in eine darunter gehaltene Petrischale fließen können.

Petrischale unter dem Mikroskop bei 100-facher Vergrößerung nach Parasiten absuchen.

Utensilien zur Durchführung des Auswanderungsverfahrens

- Kotprobe
- Baermann-Trichter
- Gaze
- Klemme
- Petrischale
- Mikroskop

kann (bei Fleischfressern) durch Verfütterung von rohem Fleisch verfälscht sein.

Utensilien zur Durchführung der Untersuchung auf Blut im Kot

- Kotprobe
- Becherglas
- Teststreifen

13.3.6 Schnelltestverfahren

Giardienschnelltest

Giardien (einzellige Darmparsiten, siehe Kap. Hygiene) werden sehr häufig (v. a. bei Hunden und Katzen) im Kot gefunden. Die einzelligen Parasiten sind auf den Menschen übertragbar. Giardienbefall zählt daher zu den Zoonosen (Krankheiten, die vom Tier auf den Menschen und umgekehrt übertragen werden). Die Untersuchung einer Kotprobe auf Giardien bei einem Tier mit Darmproblemen (z. B. Durchfall) ist daher oft unerlässlich.

Zum Nachweis von Giardienbefall bietet der Fachhandel verschiedene Schnelltests (z. B. Primagnost®)an, die in ihrer Aussagekraft sehr zuverlässig sind.

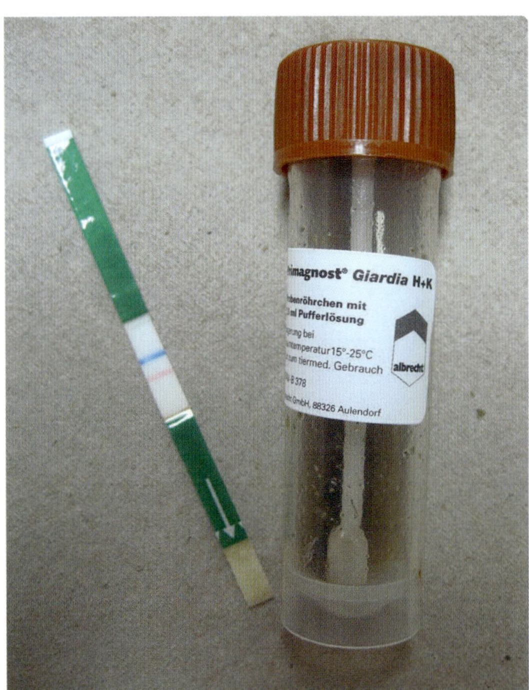

Giardientest.

Parvoviroseschnelltest

Zum Nachweis von Parvoviren im Kot eines Hundes stehen ebenfalls Schnelltestverfahren verschiedener Firmen (z. B. SNAP®) zur Verfügung. Das Ergebnis kann innerhalb weniger Minuten abgelesen werden.

Utensilien für Schnelltestverfahren

- Kotprobe
- Schnelltest (z. B. SNAP®, Giardientests)

13.4 Urinuntersuchung

Durch ein Urinuntersuchung erhält man nicht nur einen Einblick auf den Gesundheitszustand der Harnorgane und harnableitenden Wege, sondern auch Hinweise auf Erkrankungen anderer Organe und Organsysteme (z. B. Nachweis von Glukose und Ketonkörpern im Urin bei Diabetes mellitus, Nachweis von Bilirubin im Urin bei Hämolyse = Zerstörung der roten Blutkörperchen).

13.4.1 Uringewinnung

Die Art der Uringewinnung hat einen großen Einfluss auf die Urinbeschaffenheit. Bestimmte Techniken können das Untersuchungsergebnis verfälschen oder auch zudem den Patienten belasten:

- Spontanurin, d. h. Urin, den ein Tier normal absetzt und der mit Hilfe eines Gefäßes direkt aufgefangen wird, ist immer durch die Passage von Harnröhre, Vorhaut oder Scheide mit Schleimhautzellen sowie evtl. Bakterien kontaminiert.

- Urin, der von Gegenständen (z. B. aus einer Katzentoilette ohne Sand) aufgesammelt wird, enthält viele Umweltkeime und kann daher nicht mehr bakteriell beurteilt werden.
- Durch Katheterisieren erfolgt immer (auch bei sterilem Vorgehen) eine Kontamination der Harnblase und des Blasenurins mit Zellen (und Bakterien) aus den unteren Harnwegen.
- Durch das Ausmassieren entstehen durch den Druck vielfach kleinere Schleimhautblutungen in der Harnblase, die bei der Beurteilung des Urins mit dem ursprünglichen Krankheitsgeschehen nicht in Zusammenhang gebracht werden dürfen.

13.4.2 Urinuntersuchung

Urinuntersuchungen, die in der Regel in einem veterinärmedizinischen Labor durchgeführt werden:
- Bakteriologische Untersuchung des Urins
- Bestimmung des Verhältnisses von Protein und Kreatinin im Urin (U-P/C), um eine Nierenerkrankung zu diagnostizieren

Urinuntersuchungen, die meist in der Praxis durchgeführt werden:

13.4.3 Beurteilung des Urins

- Volumen
- Farbe
- Durchsichigkeit
- Geruch
- Spezifisches Gewicht
- Teststreifenauswertung
- Sediment

Volumen

Die Menge des ausgeschiedenen Urins variiert bei einem gesunden Tier erheblich. Sie ist abhängig von Fütterung, Flüssigkeitsaufnahme, Körperbewegung, Aufregung, Luftfeuchtigkeit und Lufttemperatur, Medikamentengabe sowie der Körpertemperatur. Nur wenn auffallend viel (Polyurie) oder besonders wenig (Oligurie) oder gar kein (Anurie) Urin abgesetzt wird, kann dies ein Krankheitszeichen sein.

Farbe

Die Farbe kann durch Medikamente (z. B. Vitamin B färbt den Urin kräftig gelb) und Futtermittel beeinflusst werden.
Die Urinfarbe gesunder Tiere ist tierartlich unterschiedlich:

• Pferd	hellgelb
• Rind	hellgelb
• Hund	blassgelb bis braungelb
• Katze	gelb bis kräftig dunkelgelb
• Kaninchen	gelblich bis rötlichbraun
• Meerschweinchen	gelblich bis rötlichbraun
• Ratte	hellgelb bis bernsteinfarben
• Maus	hellgelb bis bernsteinfarben
• Hamster	hellgelb bis bernsteinfarben
• Ziervögel	weißlich

Abweichungen von der physiologischen Urinfarbe

Deutliche Abweichungen von der physiologischen Urinfarbe sieht man bei
- Zunahme des Urinvolumens (Polyurie). Durch die dadurch entstehende Verdünnung des Urins ist er sehr hell bis fast farblos.
- Abnahme des Urinvolumens (Oligurie). Durch die dadurch entstehende Konzentration des Urins bekommt er eine dunklere Färbung.
- Beimischung von Bilirubin (Gallenfarbstoff). Bilirubin färbt den Urin gelbbraun bis grünbraun.
- Beimischung von Eiter. Durch den Eiter wird der Urin gelb-rahmig.
- Beimischung von Blut. Frisches Blut (aus den Harnwegen) färbt den Urin rötlich.

Tierartliche Besonderheiten

Beim Kaninchen und Meerschweinchen kann sich der Urin durch Futterpigmente (z. B. aus bestimmten Heublumen) rötlich-orange verfärben, ohne dass eine Erkrankung vorliegt.

Kaninchenurin, der sich bereits längere Zeit in der Einstreu befindet, nimmt manchmal (durch Oxidationsprozesse hervorgerufen) eine intensiv orange oder rötlich-braune Farbe an. Dies wird vom Tierhalter häufig fälschlicherweise als Blutbeimengung interpretiert.

Durchsichtigkeit

Frisch abgesetzter Urin von gesunden Hunden, Katzen und Mäusen ist klar und transparent (durchsichtig). Eine Trübung des Urins tritt bei diesen Tierarten nur auf, wenn eine Erkrankung vorliegt. Krankhafte Trübungen findet man durch Beimengungen von Schleim, Eiter, Schleimhautzellen, Bakterien, Harngries und Blut.

Beim Pferd und beim Hamster ist eine schleimige Konsistenz des Urins allerdings physiologisch und zunächst kein Anzeichen für eine Erkrankung.

Bei Kaninchen, Meerschweinchen, Ratten und Hamstern ist der Urin in der Regel immer trüb.

Bei Ziervögeln ist der Urin in der Regel fest und trüb. In Stresssituationen (z. B. durch den Transport in eine Tierarztpraxis) kommt es häufig zur Polyurie (vermehrter Urinausscheidung) mit flüssigem, wasserklarem Urin, der sich (wie ein See um eine Insel) um den in der Regel gleichzeitig ausgeschiedenen Kot legt.

Bei längerem Stehen lassen wird jeder Urin aufgrund von Zersetzungsprozessen trüb.

Geruch

Der Geruch kann nur bei frisch abgesetztem Urin beurteilt werden. Durch längeres Verbleiben in der Außenwelt verändert er sich schnell aufgrund Zersetzungsprozesse. Veränderungen des Uringeruchs findet man z. B. bei Diabetes mellitus (süßlich, honigartig), Blasenentzündung (stechend, süßlich aufgrund der Entstehung von Ammoniak durch Bakterieneinwirkung und bakterieller Zersetzung), Stoffwechselstörung mit Bildung von Ketonkörpern (fruchtig, obstartig), Medikamentengabe (chemisch).

Spezifisches Gewicht (Dichte)

Das spezifische Gewicht (Dichte) zeigt die Konzentration löslicher Substanzen im Urin (= Verhältnis der Menge an gelösten Teilchen zum Gesamtvolumen) an. Dies gibt einen Hinweis auf die Fähigkeit der Niere, Wasser nach dem Filterungsprozess wieder in den Körper zurückzuleiten, d. h. den Urin (der ausgeschieden werden soll) zu konzentrieren.

> **? Messung des spezifischen Gewichtes**
>
> Für die Messung des spezifischen Gewichtes (d. h. der Dichte des Urins) eignet sich in der Tierarztpraxis die refraktometrische Methode. Dazu werden ein Refraktometer sowie Urin (wenige Tropfen genügen) benötigt. Der Urin wird auf die Messplatte des Refraktometers pipettiert und mit dem klappbaren Deckglas des Messgerätes abgedeckt. Wenn man das Refraktometer gegen eine Lichtquelle (z. B. Lampe) hält, kann man den Wert an der dort erscheinenden Skala ablesen.

Durch Untersuchung des spezifischen Gewichts bei Kaninchen, Meerschweinchen, Ratte und Hamster ist aufgrund des variierenden Kalziumgehaltes im Urin keine Aussage über die Konzentrationsfähigkeit der Nieren möglich. Bei Mäusen und Vögeln wird das spezifische Gewicht in der Praxis normalerweise nicht gemessen.

Utensilien zur Messung des spezifischen Gewichts

- Urin
- Refraktometer

Teststreifen

Die im Handel erhältlichen Teststreifen (z. B. Veyx®), Combur®) zur Untersuchung von Urin geben Auskunft z. B. über folgende Parameter:

- pH-Wert
- Eiweiß (Protein)
- Ketonkörper
- Blut
- Hämoglobin
- Bilirubin
- Urobilinogen
- Nitrit
- Leukozyten
- Glukose

? Vorgehensweise

Ein Teststreifen wird in eine gut aufgeschüttelte Urinprobe tief eingetaucht, sodass er vollkommen damit benetzt ist, und gleich wieder herausgenommen. Nach einer Wartezeit von 1 Minute können die Werte durch Anhalten des Streifens an eine Skala (diese ist meist auf der Verpackung aufgedruckt) abgelesen werden. Farbveränderungen nach mehr als 2 Minuten oder an den Rändern des Teststreifens sind ohne diagnostische Bedeutung.

- **PH-Wert**
  Der pH-Wert des Urins kann im saueren, alkalischen oder neutralen Bereich liegen. Dies hängt im erheblichen Maße von der Fütterung ab. Je mehr Eiweiße (besonders tierischer Herkunft) gefressen werden, desto sauerer ist der Urin. Aus diesem Grund liegt der pH-Wert von Fleischfresserurin (Hund und Katze) im saueren bis neutralen, während der von Pflanzenfressern (Kaninchen, Meerschweinchen, Kleinnager) im alkalischen Bereich liegt. Der Urin von Vögeln ist aufgrund seines Gehaltes an Harnsäure immer sauer.
  Der pH-Wert verändert sich bei längerem Stehen lassen des Urins sowie bei bakterieller Blasenentzündung durch Umbauprozesse von Urinbestandteilen durch die Bakterien ins Alkalische.
- **Eiweiß**
  Eiweiß (Protein) wird bei gesunden Tieren gar nicht oder (bei Kaninchen, Meerschweinchen und Kleinnagern) in ganz geringen Mengen mit dem Urin ausgeschieden. Dauerhaft erhöhte Proteinwerte können ein Hinweis für eine Nierenerkrankung, für Entzündungen, Verletzungen und Tumoren der harnabführenden Wege oder für eine Druckerhöhung in den Nieren (z. B. bei Stauungszuständen aufgrund einer Herzerkrankung) sein.
- **Ketonkörper**
  Ketonkörper entstehen durch vermehrten Abbau von Körperfett und (durch das dadurch entstehende Überangebot an Fettsäuren im Blut) einer fehlerhaften, unvollständigen Verstoffwechslung der Fettsäuren. Ketonkörper sind bei allen gesunden Haussäugetieren nicht im Urin vorhanden. Der Nachweis von Ketonkörper im Urin ist daher als pathologisch (krankhaft) anzusehen.
- **Blut**
  Blut ist im Urin gesunder Tiere nicht vorhanden. Der Nachweis von Blut mit dem Urin-Teststreifen wird als **Hämaturie** bezeichnet und ist ein Hinweis für Entzündungen, Verletzungen oder Tumoren der Nieren und harnabführenden Wege.
  Bei weiblichen Tieren im Östrus (Läufigkeit, Rolligkeit, Brunst, Rosse) sowie bei Erkrankungen des Uterus (z. B. Gebärmutterentzündung) kann sich Blut beim Austritt aus der Scheide mit dem Urin vermischen. Das gleiche gilt für Prostata- und Vorhauterkrankungen des Rüden, die mit Blutungen einhergehen.

- **Hämoglobin**
  Das Auftreten von rotem Blutfarbstoff (Hämoglobin) im Urin (Hämoglobinurie) ist ein Symptom für eine Erkrankung mit Zerstörung der roten Blutkörperchen aufgrund verschiedener Ursachen mit Austritt des roten Blutfarbstoffs. Bei gesunden Tieren zeigt der Teststreifen bei Hämoglobin ein negatives Ergebnis.
- **Bilirubin und Urobilinogen**
  Bilirubin und Urobilinogen sind Gallenfarbstoffe, die durch Umbau des roten Blutfarbstoffs (Hämoglobin) entstehen. Bei krankhaften Störungen des Abbauvorgangs entsteht eine Gelbsucht (Ikterus). Die Farbstoffe, die normalerweise im Urin nicht vorhanden sind, können nun dort nachgewiesen werden. In ausgeprägten Fällen färben sich zusätzlich die Haut und die Schleimhäute gelblich.
- **Nitrit**
  Nitrit im Urin ist ein Hinweis für eine bakterielle Harnwegsinfektion.
- **Leukozyten**
  Leukozyten sind Entzündungs- und Abwehrzellen, die bei Harnwegsinfektionen vermehrt auftreten.
- **Glukose**
  Im Urin gesunder Tiere findet man keine Glukose. Eine Glukosurie (Glukose im Urin) tritt auf, wenn so viel Zucker im Blut vorhanden ist, dass die Kapazität der Nierenschwelle (Filter für Glukose in den Nierenglobuli) überschritten wird. Dies ist z. B. bei Diabetes mellitus (Zuckerkrankheit) der Fall. Zur Kontrolle der Glukosewerte im Urin muss frisch abgesetzter Urin verwendet werden. Bei längerem Stehen lassen sinkt der Zuckerwert ab.

? Utensilien zur Untersuchung einer Urinprobe mit Teststreifen

Frischer Urin
Teststreifen (Combur, Veyx)

13.4.4 Harnsediment

Durch das Harnsediment werden zelluläre Bestandteile und Kristalle im Urin nachgewiesen. Dazu sollte möglichst frischer Urin verwendet werden. (Die Bezeichnung Urin und Harn sind gleichbedeutend.)

Bewertung des Harnsedimentes

Folgende Bestandteile können im Harnsediment vorhanden sein (siehe Abb):

- Erythrozyten
- Leukozyten
- Epithelzellen (Tubuläre Epithelzellen, Übergangsepithelzellen, Plattenepithelzellen)
- Harnzylinder
- Hyaline Zylinder
- Epithelzylinder
- Harnkristalle

Erythrozyten

Erythrozyten (rote Blutkörperchen) sehen wie kleine Scheibchen, manchmal auch stechapfelförmig aus. Man findet sie vereinzelt im Sediment bei chronischen Nieren- und Harnwegserkrankungen, sowie manchmal nach Ausmassieren von Urin aus der Blase oder nach Uringewinnung mittels Katheter.

Massenweise treten Erythrozyten im Harnsediment bei akuten Nieren- und Harnwegsinfektionen, bei akuter Blasenentzündung, bei Tumoren im Harntrakt, bei Prostataentzündungen oder im Östrus auf.

Leukozyten

Vereinzelt auftretende Leukozyten (weiße Blutkörperchen), etwa 1- 4 Stück pro Gesichtsfeld, sind ohne Bedeutung. Ihr vermehrtes Auftreten ist als Beweis für Entzündungen im Urogenitaltrakt zu werten.

Epithelzellen

Epithelzellen stammen aus der Schleimhaut des Urogenitaltraktes. Man unterscheidet

Durchführung der Harnsedimentuntersuchung

Den zu untersuchenden Urin zunächst gut mischen.

Spitzzentrifugen- und Rundzentrifugenröhrchen.

Etwa 10 ml in ein Spitzenzentrifugenglas (ein Zentrifugenröhrchen, dessen unteres Ende spitz zuläuft, siehe Foto) einfüllen und 5 min. bei 1000 U (Umdrehungen pro Minute) zentrifugieren. Dadurch setzen sich schwere Bestandteile (Zellen und Kristalle) am Boden des Röhrchens ab.
Den Überstand abgießen und dann das Sediment aufschütteln, damit alle darin enthaltenen Teile gleichmäßig in der verbleibenden Flüssigkeit verteilt sind.
Einen Tropfen des Sedimentes mit der Pipette aufnehmen, auf einen Objektträger überführen und mit einem Deckglas abdecken.
Das Präparat bei 100 – 400-facher Vergrößerung unter dem Mikroskop betrachten.

Benötigte Materialien zur Herstellung und Untersuchung eines Harnsedimentes

- Spitzenzentrifugenglas
- Zentrifuge
- Objektträger
- Deckgläschen

tubuläre Epithelzellen, Übergangsepithelzellen und Plattenepithelzellen.

- **Tubuläre Epithelzellen**
  Sie sind rund oder oval, seltener unregelmäßig dreieckig und enthalten in ihrem Innern Granula (Körnchen). Der Zellkern ist relativ groß und rund. Die Zellen selbst sind etwa ein Drittel größer als weiße Blutkörperchen.
  Treten tubuläre Epithelzellen nur vereinzelt auf, hat dies keine krankhafte Bedeutung. Ein massenhaftes Vorkommen der Zellen findet man bei einer akuten Nierenentzündung.
- **Übergangsepithelzellen**
  Die Zellen sind oval, länglich oder birnenförmig und etwa doppelt bis vierfach so groß wie Leukozyten. Der Zellkern ist relativ klein und rund. Die Zellen stammen aus den harnabführenden Wegen unterhalb der Nieren. Findet man sie nur vereinzelt im Harnsediment, haben sie keine krankhafte Bedeutung. Massenhaftes Auftreten ist ein Zeichen für Entzündungen im Nierenbecken, in den Harnleitern, der Harnblase und/oder der Harnröhre.
- **Plattenepithelien**
  Plattenepithelien stammen aus der Schleimhaut der Vagina (beim weiblichen Tier) oder dem Präputium (beim männlichen Tier). Der Zellkern ist sehr klein. Es handelt sich um große polygonale (vieleckige) Zellen mit Granula im Zellinneren. Sie haben keine krankhafte Bedeutung.

Harnzylinder

Harnzylinder sind zylindrisch. Bei massenhaftem Auftreten von Harnzylindern im Harnsediment besteht der Verdacht auf eine akute oder chronische Nierenerkrankung.

Harnkristalle

Beispiele für Kristalle im Harnsediment, die von pathologischer Bedeutung sind:

- **Ammonium-Magnesium-Phoshat (Struvit, Tripelphosphat)**
  Sie sind farblos und haben die Form eines Sargdeckels. Man findet sie häufig bei Katzen, seltener bei Hunden im Zusammenhang mit chronischer Blasenentzündung im alkalischen Urin. Im sauren Urin lösen sie sich auf.
- **Kalziumoxalat**
  Sie sind sehr klein, farblos und haben eine „Briefkuvertform". Man findet sie regelmäßig beim Pferd, Kaninchen und Meerschweinchen im Sediment. Bei der Katze sind sie neben Struvitkristallen die zweithäufigste Ursache für Blasenentzündungen und lebensbedrohlicher Verstopfung der Harnröhre.
- **Calciumcarbonat**
  Die Kristalle sind klein und sehen aus wie Kugeln, Hanteln oder Scheiben. Man findet Calciumcarbonatkristalle immer im Pferde-, Kaninchen- und Nagerurin.
- **Cystin**
  Cystinkristalle sind farblos und sechseckig. Sie treten als Stoffwechselanomalie beim Hund (bei verschiedenen Hunderassen erblich bedingt) auf und können sich zu größeren Blasensteinen zusammenballen.
- **Harnsäure**
  Harnsäurekristalle sind im Urin von Vögeln immer enthalten, ohne dass eine Erkrankung vorliegt. Diese Tierart scheidet im Gegensatz zu Säugetieren Harnsäure als Endprodukt des Eiweißstoffwechsels aus. Harnsäure im Harnsediment von Säugern ist ein Zeichen für eine Stoffwechselerkrankung. Harnsäurekristalle können unterschiedliche Formen aufweisen. Sie sind rhombisch geformt oder liegen als Stäbchen, Rosetten sowie in Form eines Faustkeils im Harnsediment vor.

Bakterien

Man unterscheidet Stäbchen- und Kugelbakterien. Bakterien im Urin ist ein Hinweis für eine bakterielle Blasenentzündung oder eine Verunreinigung der Urinprobe. Bei einer Blasenentzündung werden zusätzlich zu den Bakterien vermehrt Leukozyten im Urin gefunden.

13.5 Untersuchung der Haut

Zur Untersuchung der Haut stehen verschiedene Laboruntersuchungen zur Verfügung, die zum Teil in der Praxis oder durch ein veterinärmedizinisches Labor durchgeführt werden können:

Untersuchungen, die in der Regel veterinärmedizinischen Labors vorbehalten sind

- Bakteriologische Untersuchung aus Hautveränderungen
- Virologische Untersuchung einer Feder z. B. auf Polyoma- und Circoviren (Vogelviren, die u. a. für Gefiederstörungen verantwortlich sind)
- Genetische Geschlechtsbestimmung eines Vogels mit Hilfe einer Feder
- Histologische (feingewebliche) Untersuchung einer Gewebeprobe

Untersuchungen, die in einer Tierarztpraxis durchgeführt werden können

- Tesafilm-Abklatschpräparat
- Flohkammmethode
- Haarprobe
- Hautgeschabsel
- Federprobe

13.5.1 Tesafilm-Abklatschpräparat

Bei dieser Untersuchungsmethode wird die veränderte Haut oder (je nachdem, welche Veränderungen vorliegen) die Haare mit einem Klebestreifen betupft. Danach wird der Klebestreifen auf einen Objektträger gelegt und unter dem Mikroskop betrachtet.

Durch diese Diagnostikmethode kann man Hautparasiten (Flöhe, Flohkot, Milben, Läuse und ihre Nissen sowie Haarlinge) diagnostizieren.

Utensilien zur Untersuchung eines Tesafilm-Abklatschpräparates
- Tesafilm
- Objektträger
- Mikroskop

13.5.2 Flohkammmethode

Das Fell wird mit einem Flohkamm durchgekämmt, das sich im Kamm verfangene Material auf einem Objektträger ausgeklopft und mit dem bloßen Auge oder/und dem Mikroskop untersucht.

Durch die Flohkammmethode kann man den Befall mit Flöhen, noch nicht festgesaugte Zecken, Milben, Läusen sowie Haarlingen feststellen.

Utensilien zur Untersuchung von Material aus einem Flohkamm
- Flohkamm
- Objektträger
- Mikroskop

13.5.3 Haarprobe

Mit einer sterilen Pinzette werden Haare am Rande eines veränderten Hautbezirkes oder veränderte Haare ausgezupft. Durch die Untersuchung dieser Probe kann man die Wachstumsphase der Haare, Haarbruch, Haarwurzelveränderungen (mit Hilfe des Trichogramms) beurteilen sowie Hautpilze diagnostizieren.

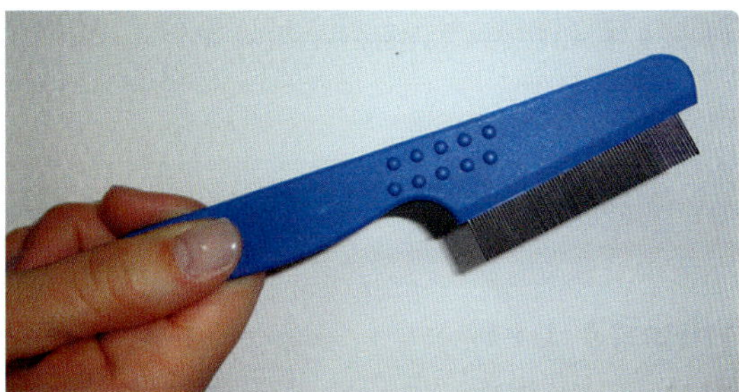

Flohkamm.

Als **Trichogramm** wird eine mikroskopische Untersuchung von Haaren bezeichnet, die über das aktuelle Wachstumsverhalten (anhand der Haarwurzel) sowie über Schädigungen des gesamten Haares Auskunft gibt. Dazu werden ausgezupfte Haare auf einen Objektträger verbracht und unter dem Mikroskop betrachtet.

Zur **mykologischen Untersuchung** (Untersuchung auf Hautpilze) werden die aus dem Randgebiet eines veränderten Hautbezirkes ausgezupften Haare auf einen speziellen Nährboden (z. B. Fungassay®, Mykodermoassay®) verbracht und bei ca. 32 °C in einem Brutschrank ca. 8 Tage lang bebrütet. Sind Hautpilze oder Hautpilzsporen in der Haarprobe enthalten, sporulieren sie aus und vermehren sich während dieser Zeit auf dem Nährboden. Die von den Pilzen ausgeschiedenen Stoffwechselendprodukte führen dann zu einem Farbumschlag des Nährmediums. Dies wird zur Diagnostik herangezogen.

Utensilien zur Untersuchung einer Haarprobe
- Objektträger
- Mikroskop
- Pilznährboden (z. B. Fungassay, Mykodermoassay)
- Brutschrank

13.5.4 Hautgeschabsel

Mit Hilfe eines Hautgeschabsels kann man Milben diagnostizieren, die in der Haut parasitieren (z. B. Räudemilben, Demodex-Milben).

Zur Herstellung eines Hautgeschabsels wird zunächst das Fell im veränderten Bereich geschoren und die Haut desinfiziert. Danach wird ein Tropfen Paraffinöl aufgetragen und mit einer sterilen Skalpellklinge entlang der Haut so lange geschabt, bis die Stelle ganz leicht blutet. Die an der Skalpellklinge haftende Gewebeprobe wird auf einen Objektträger verbracht, mit einem Deckblättchen abgedeckt und unter dem Mikroskop betrachtet. Die oberflächliche Hautwunde wird danach nochmals mit einem Hautdesinfektionsmittel besprüht oder betupft.

Eine Variation des Hautgeschabsels ist die Anfertigung eines Quetschpräparates. Hierzu wird ein rasiertes und desinfiziertes Hautstück mit einer sterilen Pinzette so erfasst, dass sich eine kleine Hautfalte bildet. Die Parasiten selbst und die Bohrgänge der Parasiten werden dadurch näher an die Außenfläche der Haut gequetscht und können damit besser erfasst werden. Entlang der gequetschten Hautfalte wird ebenfalls mit einem sterilen Skalpell geschabt, die erhaltene Gewebeprobe auf einen Objektträger überführt und die kleine Hautwunde nochmals desinfiziert.

Bearbeitung des Hautgeschabsels mit Kalilauge

Bei Durchführung dieser Methode muss wegen der Gefahr einer Verätzung mit Kalilauge eine Schutzbrille getragen werden!

Durch die Zugabe einer 10 %-igen Kalilauge (KOH) zum Hautgeschabsel werden Haut- und Haarbestandteile aufgelöst, während die aus Chitin bestehenden Parasiten in ihrer Struktur erhalten bleiben. Die in einer Probe enthaltenen Parasiten sind dadurch unter dem Mikroskop besser zu erkennen.

Durchführung

Das Hautgeschabsel wird in ein Spitzzentrifugenröhrchen (aus Glas) mit etwas Kalilauge verbracht und etwa 3 – 4 Stunden stehen gelassen. Nach dieser Zeit sind Haut- und Haarbestandteile in der Probe aufgelöst. Danach wird die Probe 3 Minuten zentrifugiert, der Überstand aus dem Zentrifugenröhrchen abgeschüttet, der Bodensatz auf einen Objektträger verbracht, mit einem Deckgläschen abgedeckt und unter dem Mikroskop untersucht.

Um die Bearbeitungszeit zu verkürzen, kann man die mit KOH vermischte Gewebeprobe erhitzen. Dazu wird das Hautgeschabsel zusammen mit etwas Kalilauge (nicht mehr als das Zentrifugenröhrchen fasst) in ein Becherglas gefüllt. Mit einem Bunsenbrenner (im Laborfachhandel erhältlich) oder auf einer Kochplatte wird die Probe solange erhitzt (nicht gekocht!), bis sich alle groben Bestandteile (Krusten, Schuppen, Haare) aufgelöst haben. Danach wird die Flüssigkeit in ein Zentrifugenröhrchen gefüllt, zentrifugiert und der Bodensatz nach Abschütten des Überstandes unter dem Mikroskop betrachtet. Schutzbrille!

? Utensilien zur Untersuchung eines Hautgeschabsels

- 10 %-ige Kalilauge
- Zentrifugenspitzröhrchen (aus Glas) oder
- Becherglas
- Zentrifuge
- Objektträger
- Deckgläschen
- Mikroskop

13.5.5 Federprobe

Federspulmilben leben in der Federspule. Um sie zu diagnostizieren, wird die Federspule mit einem Skalpell in Längsrichtung aufgeschnitten, der Spuleninhalt vorsichtig herausgekratzt und auf einen Objektträger verbracht. Nachdem die Probe mit einem Deckgläschen abgedeckt wurde, sucht man sie unter dem Mikroskop auf Milben ab. Zur besseren Identifizierung der Parasiten kann man die Probe zuvor (wie ein Hautgeschabsel, siehe dort) mit Hilfe von Kalilauge von Federspulgewebe und Blutzellen reinigen.

Utensilien zur Bearbeitung einer Federprobe

- Skalpellklinge
- Objektträger
- Abdeckgläschen
- Mikroskop

13.6 Blutuntersuchung

In der Praxis können verschiedene Blutuntersuchungen durchgeführt werden. So werden z. B. mit Hilfe spezieller Zählkammern (Neubauer- Zählkammer für Leukozyten und Thoma-Zählkammer für Erythrozyten) die Anzahl der roten und weißen Blutkörperchen im Blut bestimmt, sowie anhand eines Blutausstriches die Leukozyten in ihre Untergruppen (z. B. Eosinophile Granulozyten, neutrophile Granulozyten, Monozyten) differenziert (siehe Blutbild/Blutstatus, S. 262).

Diese Diagnoseverfahren geben dem Tierarzt zwar einen gewissen Einblick in den Gesundheitszustand des Patienten. Sie reichen jedoch im Allgemeinen als alleinige Untersuchungen nicht aus. Häufig sind zusätzliche Verfahren (z. B. Hämatokrit-Bestimmung, Blutgasanalyse) sowie die Bestimmung weiterer Blutparameter notwendig, um ein Krankheitsgeschehen näher einzukreisen und eine eindeutige Diagnose stellen zu können.

Klinisch-chemische Untersuchungen (z. B. der Nachweis von Harnstoff, Kreatinin, Leberenzyme, Mineralstoffe) können in der Praxis mittels automatisierter Trockenchemiesysteme (z. B. Reflotron®) bestimmt werden. Es gibt kleinere und größere Geräte, die ein inzwischen recht großes Spektrum an Untersuchungsparametern abdecken. Die Bedienung ist einfach und wird vom Hersteller der einzelnen Systeme anschaulich erklärt. Der Vorteil eines praxiseigenen Trockenchemiesystems ist, dass das Ergebnis innerhalb weniger Minuten nach der Blutabnahme vorliegt, während man nach Einsenden der Probe in ein größeres Labor üblicherweise bis zum nächsten Tag warten muss.

13.6.1 Verarbeitung einer Blutprobe

Je nachdem, welche Blutparameter bestimmt werden sollen, sind unterschiedlich verarbeitete Blutproben erforderlich. Ausführliches Informationsmaterial (sowie vielfach auch telefonische Fachberatung) des Labors, mit dem man zusammenarbeitet, geben Auskunft darüber, welche Bearbeitungsart des Blutes für die jeweils gewünschte Untersuchung notwendig ist. Man unterscheidet:

- Ungerinnbar gemachtes Blut
- Blutserum
- Blutplasma
- Blutausstrich

? Der Versand von unbearbeitetem Vollblut in ein Labor ist nicht sinnvoll, da es sich aufgrund von Zersetzungsprozessen durch den Transport so verändert, dass es für Laboruntersuchungen (v. a. solche, für die Blutserum oder Blutplasma benötigt wird) nicht mehr verwendet werden kann.

Ungerinnbar gemachtes Blut

Blut wird, direkt nach der Abnahme aus der Vene, mit einem Gerinnungshemmer (Antikoagulans) ungerinnbar gemacht. Es gibt verschiedene Gerinnungshemmer (z. B. EDTA, Zitrat, Heparin). Da diese Antikoagulantien die Laboruntersuchungen beeinflussen, muss vor der Blutabnahme ein Gerinnungshemmer ausgewählt werden, der für die geplante Untersuchung geeignet ist (siehe Informationsmaterial des Labors). Das Antikoagulans wird in einem bestimmten Verhältnis zu dem Blut hinzu gegeben. Einfacher (und inzwischen weitgehend üblich) ist die Verwendung von Blutröhrchen (z. B. EDTA – Blutröhrchen, Zitratröhrchen), deren Innenwand mit einer genau abgemessenen Menge des Gerinnungshemmers bedeckt ist. Das Blut wird in diesem Auffangröhrchen bis zu einer festgelegten Markierung aufgefüllt und durch vorsichtiges Schwenken des Röhrchens mit dem an dem Röhrchenrand haftenden Gerinnungshemmer vermischt.

Die Röhrchen sind im Fachhandel erhältlich oder werden von dem Labor, mit dem die Praxis zusammenarbeitet, zur Verfügung gestellt.

Vorsicht!

Die Blutröhrchen dürfen nicht geschüttelt, sondern nur vorsichtig geschwenkt werden. Durch Schütteln können die roten Blutkörperchen zerstört werden. Dadurch tritt roter Blutfarbstoff (Hämoglobin) aus und die Probe wird unbrauchbar (hämolytisch).

Blutserum

Als Blutserum (häufig verkürzt auch Serum genannt) bezeichnet man den flüssigen Anteil des Blutes nach abgeschlossener Blutgerinnung. Zur Gewinnung von Serum wird das Blut (nach Abnahme aus der Vene) so lange im Auffangröhrchen stehen gelassen, bis es geronnen (d. h. fest geworden) ist. Durch die Gerinnung werden die Gerinnungsfaktoren im Blut verbraucht. Blutserum ist daher der flüssige Anteil des Blutes ohne Gerinnungsfaktoren. Es enthält alle im flüssigen Anteil des Blutes gelösten Stoffe. Bis zum Abschluss der Gerinnung sollte das Röhrchen mit einem Plastikpropfen verschlossen und bei einer Temperatur von nicht weniger als 8 °C im Kühlschrank bis zur Weiterverarbeitung aufbewahrt werden.

Das geronnene Blut darf nicht:

- Länger als 1/2 Stunde bis zur weiteren Verarbeitung stehen.
- Nicht erwärmt oder über 20 °C aufbewahrt werden
- Nicht eingefroren werden.
- Nicht geschüttelt werden.
- Nicht mit Detergenzien (z. B. Spülmittel) in Berührung kommen.
- Nicht mit Wasser in Berührung kommen

Nach vollständiger Gerinnung wird das Blut, das manchmal am Innenrand des Auffangröhrchens anhaften kann, mit einem kleinen Plastikspatel sehr vorsichtig gelöst. Das geronnene Blut darf auf gar keinen Fall umgerührt werden, da dadurch Erythrozyten verletzt würden und Blutfarbstoff austreten könnte, d. h. die Probe **hämolytisch** würde. Hämolytisches Serum ist für die Untersuchung vieler Parameter unbrauchbar.

Das geronnene Blut wird bei etwa 3000 U/min 5 bis 20 Minuten zentrifugiert und dadurch in einen festen und einen flüssigen Anteil getrennt. Der flüssige Teil der Probe (Serum), der sich über dem festen Teil (Blutzellen) ansammelt, wird abpipettiert und in ein kleines Serumröhrchen überführt. Dieses Serumröhrchen wird an das Labor gesandt. Verzögert sich der Transport (z. B. aufgrund eines Feiertages), sollte das Serum bis zum Versand bei −20 °C eingefroren werden.

Utensilien zur Herstellung von Blutserum

- Zentrifuge
- Zentrifugenröhrchen
- Glaspipette
- Pipettierhilfe
- Serumtransportröhrchen

Blutplasma

Als Blutplasma (häufig verkürzt Plasma genannt) wird der flüssige Anteil des Blutes mit den darin befindlichen Gerinnungsfaktoren bezeichnet. Zur Gewinnung von Plasma muss das

Blut mit einem Gerinnungshemmer ungerinnbar gemacht werden, damit sich die Gerinnungsfaktoren nicht verbrauchen. Dazu gibt es im Fachhandel (oder vom Labor zur Verfügung gestellte) Plasmaröhrchen, die das Antikoagulans bereits in der erforderlichen Menge enthalten. Nach dem Auffangen des Blutes in ein solches Röhrchen (bis zur angegebenen Markierung), wird es vorsichtig (um eine Hämolyse zu vermeiden) geschwenkt, um den Gerinnungshemmer gleichmäßig mit dem Blut zu vermischen. Danach wird die Probe langsam in ein Zentrifugenröhrchen überführt und bei 3000 U/min 5–10 Minuten zentrifugiert. Das überstehende Plasma wird abpipettiert, ohne dass der Bodensatz mit den Blutzellen berührt oder mit angesaugt wird. Das Plasma wird in ein Transportröhrchen überführt und zum Versand gebracht. Kann das Plasma nicht gleich versandt werden, sollte es bei −20 °C eingefroren werden.

Notwendige Utensilien zur Herstellung von Blutplasma

- Zentrifuge
- Zentrifugenröhrchen
- Glaspipette
- Pipettierhilfe
- Transportröhrchen für Plasma

Unterschied zwischen Blutplasma (Plasma) und Blutserum (Serum)

- Blutserum = Blutflüssigkeit ohne Blutkörperchen ohne Fibrinogen.
- Blutplasma = Blutflüssigkeit ohne Blutkörperchen mit Fibrinogen.

Blutausstrich

Ein Blutausstrich dient zur Differenzierung der weißen Blutkörperchen (Differenzialblutbild). Zusätzlich kann man die Größe, Form und Anfärbbarkeit der einzelnen Blutzellchen überprüfen und die daraus erzielten Erkenntnisse zur Diagnostik nützen.

Die Herstellung eines gut auswertbaren Blutausstriches erfordert viel Geschicklichkeit und sollte immer wieder geübt werden, um die notwendige Fertigkeit zu erlangen.

Durchführung des Blutausstrichs

- Ein kleiner Tropfen ungerinnbar gemachten Blutes (z. B. EDTA-Blut) wird mit Hilfe einer Glaspipette auf der rechten Seite (etwa 1 cm vom schmalen Rand entfernt) eines vorab mit 70 %-igem Alkohol **entfetteten** Objektträgers geträufelt.
- Zum Ausstreichen wird der Objektträger auf einen Tisch gelegt und seitlich mit Daumen und Zeigefinger einer Hand festgehalten. Ein zweiter Objektträger wird mit der anderen Hand schräg (in einem Winkel von etwa 45 °) herangeführt, bis er den Blutstropfen berührt und dieser entlang der schmalen Schnittfläche zerfließt.

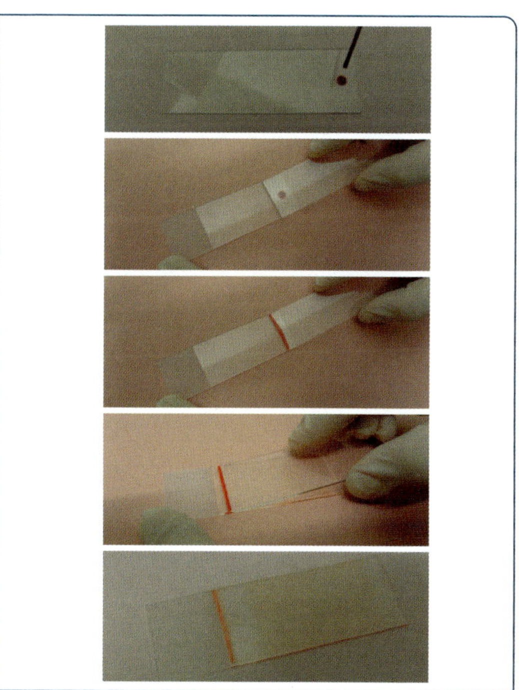

Herstellung eines Blutausstrichs.

- Das Blut wird zügig nach links so ausgestrichen, dass eine gleichmäßig dünn auslaufende Blutfläche entsteht.
- Bevor man den Blutausstrich verpackt, wird er am Rand beschriftet und in der Luft trocknen gelassen. Danach wird er entweder in einer speziellen Transportbox (wird in der Regel vom Labor zur Verfügung gestellt) zum Versand gebracht oder direkt in der Praxis unter dem Mikroskop ausgewertet.
- Vor der mikroskopischen Auswertung wird der Blutausstrich im Labor oder in der Praxis angefärbt, um die einzelnen Blutzellen besser voneinander unterscheiden zu können.
- Vielfach werden heute bereits vorgefärbte Objektträger verwendet, die zeitraubende Färbungen in der Praxis ersetzen. Ein kleiner Tropfen ungerinnbar gemachtes Blut wird dabei auf ein Deckglas aufgetragen und so auf das Farbfeld des gefärbten Objektträgers gelegt, dass der Blutstropfen in die Mitte des Farbfeldes zu liegen kommt. **Bei gefärbten Objektträgern darf die Blutprobe nicht ausgestrichen werden!**

Notwendige Utensilien für die Herstellung eines Blutausstrichs

- Objektträger (evtl. vorgefärbt)
- 70 %-iger Alkohol
- Tupfer (zum Entfetten des Objektträgers mit Alkohol)
- Glaspipette
- Deckglas
- Pipettierhilfe

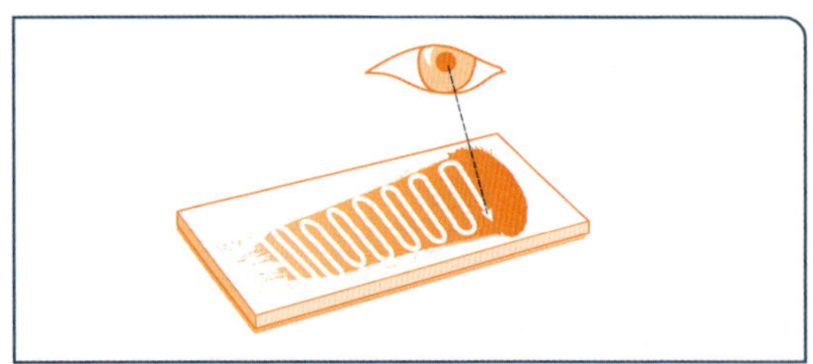

Mäanderförmiges Durchsuchen des Objektträgers.

13.7 Untersuchungsmethoden Blut

13.7.1 Blutbild

Das Blutbild, auch **Blutstatus** genannt, ist eine der wichtigsten Standarduntersuchungen zur Erkennung von Gesundheitsstörungen. Es gibt Auskunft über die Art, Anzahl und Form der im Blut vorhandenen Zellen (siehe Kap. Blut).

Zur Erstellung eines Blutbildes wird Vollblut unmittelbar nach der Entnahme aus der Vene mit einer gerinnungshemmenden Substanz (meist EDTA) vermischt, auf einem Objektträger dünn ausgestrichen getrocknet und mit Hilfe verschiedener Färbetechniken angefärbt (siehe Durchführung des Blutausstrichs). Die Auszählung der einzelnen Blutzellen erfolgt entweder mikroskopisch oder durch automatisierte Zählgeräte. Bei der mikroskopischen Auszählung und Beurteilung wird der Objektträger **mäanderförmig** durch das Mikroskop betrachtet, um die ganze Fläche sicher abzusuchen.

- Man unterscheidet:
- Kleines Blutbild
- Differentialblutbild

Kleines Blutbild

Durch das kleine Blutbild werden die Menge der einzelnen Blutzellen (Leukozyten, Erythrozyten, Retikulozyten = junge rote Blutkörperchen, Thrombozyten), die Menge des Blutfarbstoffs (Hämoglobin) in den Erythrozyten sowie der Hämatokrit (Anzahl der Blutzellen am Gesamtblut) bestimmt.

Leukozytenzählung

- Ungerinnbar gemachtes Blut (z. B. EDTA-Blut) wird in die **Leukozytenpipette** bis zur Marke 0,5 aufgezogen. Sofort im Anschluss daran wird **Türksche Lösung** bis zur Marke 11 zur Verdünnung des Blutes und Auflösung der sich im Blut befindlichen roten Blutkörperchen (die die Zählung der weißen Blutkörperchen behindern würden) hinzugefügt.

- Die Türksche Lösung ist eine im Fachhandel erhältliche fertige Verdünnungslösung aus 3 %-iger Essigsäurelösung und dem Farbstoff Gentianaviolett. Durch die Essigsäure werden die roten Blutkörperchen aufgelöst und das Blut verdünnt. Durch den Farbstoff werden die Leukozyten angefärbt und dadurch unter dem Mikroskop deutlicher sichtbar.
- Die gefüllte Pipette wird mit Daumen und Zeigefinger so gehalten, dass beide Enden verschlossen sind. Sie wird kräftig geschüttelt, um das Blut mit der Verdünnungslösung gleichmäßig zu vermischen. Nach dem Schütteln ist das Blut im Pipettenbauch im Verhältnis 1:20 verdünnt.
- Zum Auszählen der im Blut vorhandenen Leukozyten wird eine Zählkammer (z. B. Neubauer- oder Türk-Zählkammer) mit fest aufgelegten geschliffenen Deckglas verwendet.
- Blut aus der Leukozytenpipette wird in die Zählkammer gegeben. Dazu wird zunächst der erste Tropfen aus der Pipette verworfen. Danach wird die Pipettenspitze direkt am Rand des Deckgläschens auf den **mittleren Sockel** der Zählkammer aufgesetzt und das Blut langsam in die Zählkammer gegeben, bis diese bis zum Rand der mittleren Überlaufrinne gefüllt ist.
- Unter dem Mikroskop (10-fache Vergrößerung) werden nun die Leukozyten in der Zählkammer ausgezählt. Die Zählkammer besitzt eine quadratische Netzeinteilung. Es werden die in mindestens 2 Großquadraten (mit jeweils 16 Kleinquadraten) bei einer Kantenlänge von 1 mm gefundenen Leukozyten gezählt.
- Die Aufgabe ist, herauszufinden, wie viele Leukozyten in einem mm^3 enthalten sind. Diese Menge wird folgendermaßen berechnet:
- Die Fläche von 2 Großquadratfeldern × 5 ergeben als Volumen 1 mm^3. Das Ergebnis wird nochmals mit 20 multipliziert, da das Blut in der Pipette 1:20 verdünnt worden ist.

Beispiel:

Die Leukozytenzahl in 1 mm^3 Blut errechnet sich wie folgt:

70 gezählte Leukozyten in 2 Großquadraten

70 × 5 × 20 = 7000 Leukozyten in 1 mm^3 Blut

Dieses Ergebnis liegt z. B. beim Hund im Normbereich.

Abweichungen von der Norm

Leukozytopenie = Leukozytenzahl unter dem Normbereich

Leukozytose = Leukozytenzahl über dem Normbereich (v. a. bei Entzündungen, Stress)

Erythrozytenzählung

Die Zählung der roten Blutkörperchen wird nach dem gleichen Prinzip wie die der Leukozyten mit folgenden Änderungen ausgeführt:

- Zum Aufziehen des ungerinnbar gemachten Blutes auf die Marke 0,5 wird eine **Erythrozytenpipette** verwendet.
- Zum Verdünnen des Blutes wird **Hayemsche Lösung** bis zur Marke **101** aufgezogen, wodurch eine Verdünnung
- des Blutes von **1: 200** erreicht wird.
- Die Auszählung der Erythrozyten in der Zählkammer unter dem Mikroskop erfolgt mit **40-facher** Vergrößerung.

Die zeitraubende mikroskopische Bestimmung von Erythrozyten und Thrombozyten in Zählkammern wird kaum noch durchgeführt. Stattdessen werden Analyseautomaten zur Zellzählung eingesetzt. Lediglich die Zählung der Leukozyten gehört in vielen Tierarztpraxen noch zur Routineuntersuchung.

- Es werden die Erythrozyten in **fünf auseinander liegenden Gruppenquadraten** (Kantenlänge 0,2 mm) gezählt.
- Die Zahl der gefundenen Erythrozyten wird mit dem **Faktor 50** und nochmals mit dem **Verdünnungsfaktor 200** multipliziert.

Erythropenie = Erythrozytenzahl liegt **unter** dem Normbereich
Erythrozytose = Erythrozytenzahl liegt **über** dem Normbereich

Thrombozytenzählung

Die Thromobzytenzählung wird in der Regel im Fremdlabor mithilfe von Analyseautomaten durchgeführt.
Thrombozytopenie = Thromobozyten unter dem Normbereich
Thrombozytose = Thromobzyten über dem Normbereich

Hämoglobin in den Erythrozyten

Der rote Blutfarbstoff (Hämoglobin) bindet Sauerstoff, um ihn zu den Körperzellen zu transportieren. Die Konzentration des Hämoglobins in den Erythrozyten lässt auf die Art und Ursache einer Anämie schließen. Die Bestimmung des Hämoglobins wird in der Regel in tiermedizinischen Labors maschinell durchgeführt.

Man unterscheidet:

- **MCH (mittlerer korpuskulärer Hämoglobingehalt)**
  = gibt den Hämoglobingehalt des einzelnen Erythrozyten an.
  Ist der Wert erniedrigt, handelt es sich um eine **hypochrome Anämie**, d. h. es ist zuwenig Blutfarbstoff in den Erythrozyten enthalten. Ist der Wert erhöht, handelt es sich um eine **hyperchrome Anämie**, d. h. es ist zuviel Hämoglobin in den Erythrozyten enthalten.
- **MCV (mittleres korpuskuläres Volumen)**
  = gibt das Volumen (räumliche Inhalt) des einzelnen Erythrozyten an.
  Ist der Wert erniedrigt, handelt es sich um eine **mikrozytäre (kleinzellige) Anämie** d. h. die Erythrozyten sind zu klein (z. B. bei Eisenmangel). Ist der MCV-Wert erhöht, handelt es sich um eine **makrozytäre (großzellige) Anämie** d. h. die Erythozyten sind zu groß(z. B. bei Vitamin B12 Mangel).
- **MCHC (Mittlere korpuskuläre Hämoglobinkonzentration)**
  = gibt den Anteil des Hämoglobins am Gesamtvolumen der Erythrozyten an.

Hämatokrit (Hkt)

= gibt den Anteil der Erythrozyten am Gesamtblut in Prozenten an.

Der Hämatokrit ist bei Flüssigkeitsverlust („Austrocknung“, z. B. bei chronischem Nierenversagen, Erbrechen, Durchfall) oder bei zu geringer Wasseraufnahme erhöht.

Der Hkt ist bei Anämien (z. B. durch Zerstörung der Erythrozyten (Hämolyse) oder verminderter Neubildung von Erythrozyten im Knochenmark) erniedrigt.

Bestimmung des Hämatokrits

Für die Bestimmung des Hämatokrits werden spezielle Kapillaren (kleinste Glasröhrchen), deren Innenwand mit Heparin bestückt ist, verwendet. Eine Kapillare wird etwa ¾ voll mit ungerinnbar gemachtem Blut (EDTA-Blut) gefüllt, einseitig mit einem Spezialkitt verschlossen und ca. 8 Minuten in einer Mikrozentrifuge zentrifugiert. Nach dem Zentrifugieren wird das Kapillarröhrchen in ein spezielles Auswertungsgerät gelegt und der Hämatokrit abgelesen.

Blutbild

Bestimmung von:

- Leukozyten
- Erythrozyten
- Thromobzyten
- Hämoglobin
- Hämatokrit

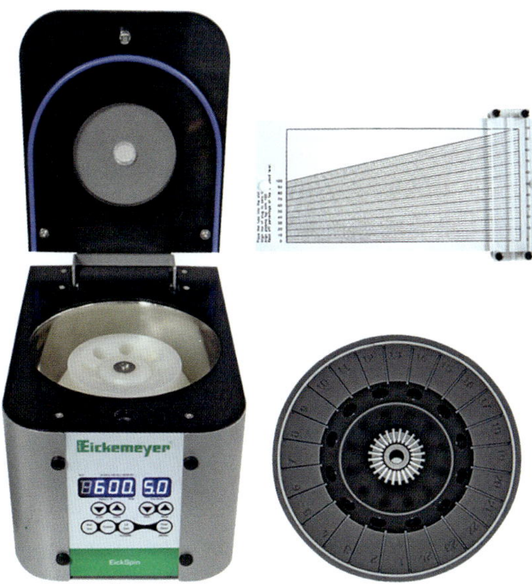

Hämatokritzentrifuge und Hämatokritröhrchen.

13.7.2 Differentialblutbild

Durch das Differentialblutbild werden die Leukozyten im Blutausstrich in ihre verschiedenen Untergruppen aufgeschlüsselt und die Anzahl sowie die Beschaffenheit der jeweiligen Zellarten beurteilt.

Das Differentialblutbild beinhaltet:

- Granulozyten
- Lymphozyten
- Monozyten

Granulozyten

Der Name Granulozyt bedeutet soviel wie „Körnchenzelle“. Im Innern der Zellen liegt eine feine Körnung (Granula) vor, wodurch sie unter dem Mikroskop (in einem Blutausstrich) gut von anderen Blutzellen zu unterscheiden sind.

Blutzellen können im Blutausstrich (auf dem Objektträger) zur besseren Unterscheidung im Labor mit Hilfe von sauren oder basischen Farbstoffen angefärbt werden. Saure Farbstoffe (z. B. Eosin) ergeben eine rötliche, basische (z. B. Methylenblau) Farbstoffe eine bläuliche Färbung.

Je nachdem, in welcher Farbe sich die Granulozyten anfärben lassen, werden sie in drei Gruppen untergliedert:

- **Neutrophile Granulozyten**
  Sie lassen sich sowohl mit sauren und als auch mit basischen Farbstoffen anfärben und erhalten dadurch eine Eigenfärbung. Ca. 70 % aller Leukozyten gehören zu dieser Untergruppe. Sie werden als kleine Fresszellen (Mikrophagen) oder als „Polizei des Körpers“ bezeichnet. Junge, d. h., im Knochenmark gerade erst neu gebildete, neutrophile Granulozyten haben einen stabförmigen Kern. Man nennt sie daher auch **stabkernige neutrophile Granulozyten**. Mit zunehmender Reifung wird der Zellkern in kleinere Abschnitte unterteilt (segmentiert). Ältere neutrophile Granulozyten werden daher als **segmentkernige neutrophile Granulozyten** bezeichnet. Treten im Blut vermehrt stabkernige,d. h. noch junge neutrophile Granulozyten auf, spricht man von einer **Linksverschiebung des Blutbildes** (siehe Kap. Blut).
- **Eosinophile Granulozyten**
  Sie lassen sich durch saure Farbstoffe wie z. B. Eosin **rötlich** anfärben. Etwa 1 – 4 % aller Leukozyten sind eosinophile Granulozyten. Eosinophile Granulozyten treten vermehrt bei **allergischen** Krankheitsprozessen auf. Zusätzlich findet man eine Vermehrung der eosinophilen Granulozyten im Blut bei **Infektionen mit Parasiten** (z. B. Wurmbefall).
- **Basophile Granolozyten**
  Basophile Granulozyten machen nur 1 % der Gesamtleukozytenmenge im Blut aus. Sie lassen sich im Blutausstrich durch basische Farbstoffe **bläulich** anfärben. Im Gegensatz zu den neutrophilen und eosinophilen Granulozyten sind sie keine Fresszellen. Sie unterstützen die Phagozytose

der anderen Granulozyten, indem sie die Oberflächenstruktur von Krankheitserregern und Immunkomplexen u. a. durch die Ausschüttung von Histamin (einem Gewebshormon) so beschädigen, dass sie von den Fresszellen aufgenommen werden können.

Lymphozyten
Nur eine geringe Anzahl der Lymphozyten befindet sich im Blut. Der größere Teil hält sich in den Lymphgefäßen, den lymphatischen Organen, im Knochenmark und in anderen Körpergeweben auf. Lymphozyten sind Abwehrzellen.

Monozyten
Monozyten sind die Größten unter den weißen Blutkörperchen. Sie vernichten schädigende Fremdkörper und Eindringlinge durch Phagozytose (griech. "fressen") und werden daher als große Fresszellen (Makrophagen) bezeichnet.

Differenzialblutbild

Bestimmung von:

- Granulozyten (Neutrophile, Eosinophile, Basophile)
- Lymphozyten
- Monozyten

Blutstatus

Blutbild und Differenzialblutbild werden zusammen als Blutstatus bezeichnet.

13.7.3 Blutkörperchensenkungsgeschwindigkeit

Die Messung der Blutkörperchensenkungsgeschwindigkeit ist ein unspezifischer Suchtest, der Hinweise darauf gibt, ob ein Entzündungsgeschehen im Körper vorliegt. Um welche Entzündung es sich handelt und welcher Teil des Körpers von der eventuellen Entzündung betroffen ist, darüber kann der Test nichts aussagen.

Durchführung
Im ungerinnbar gemachten Blut (Zitratblut) wandern die roten Blutkörperchen entsprechend der Schwerkraft nach unten. Die Messung der Geschwindigkeit, mit der die Erythrozyten absinken, wird nach der *Westergren-Methode* gemessen. Dazu werden spezielle für dieses Verfahren entwickelte Westergren-Pipetten verwendet. Eine Pipette wird mit Zitratblut gefüllt und in einen Senkungsständer entweder gerade (z. B. bei Pferdeblut) oder schräg (z. B. bei Hund und Katze) gestellt. Das Ergebnis, d. h. das Absinken der Erythrozyten in der Pipette, wird nach 1 Stunde und nach 24 Stunden anhand einer Skala auf der Pipette abgelesen. Die Messeinheit ist mm/Zeiteinheit. Eine schnelle Senkung ist ein Zeichen für einen entzündlichen Prozess im Körper.

13.7.4 Blutgasanalyse

Durch die Blutgasanalyse ist es möglich Aussagen über die Gasverteilung von Sauerstoff (O_2), Kohlendioxid (CO_2), über den pH-Wert des Blutes sowie den Säure-Basenhaushalt zu treffen. Diese Parameter können bei bestimmten Erkrankungen (z. B. chronische Lungenerkrankung beim Pferd) von den Normwerten abweichen.

Für die Bestimmung der Blutgase wird **arterielles** Blut benötigt, das z. B. beim Pferd aus der Halsschlagader (Arteria carotis) entnommen wird. Die Blutgasanalyse erfolgt in einem Blutgasanalysegerät.

13.7.5 Schnelltestverfahren mit Blut

Blutzuckerbestimmung
Bei der Blutzuckermessung wird der Glukosegehalt (Blutzuckerspiegel) im Blut ermittelt. Moderne Blutzuckermessgeräte sind klein und

handlich. Es wird nur 1 Tropfen Vollblut benötigt. Ein Teststreifen wird mit einem Ende in das Messgerät gesteckt und auf das andere freie Ende einen Tropfen Blut geträufelt. Das Material des Teststreifens (Dochtwirkung) zieht das Blut in das Messgerät und löst den Zählvorgang aus. Nach ca. 10 Sekunden wird der Blutzuckerwert auf einem Display angezeigt.

Jede Packung Teststreifen besitzt eine eigene Codenummer. Bevor der erste Teststreifen aus der neuen Packung entnommen wird, muss der in der Packung enthaltene Chip in das Messgerät eingesteckt und wieder herausgezogen (d. h. das Messgerät codiert) werden, damit die Einstellung des Gerätes mit der Codenummer des Teststreifenbehälters übereinstimmt.

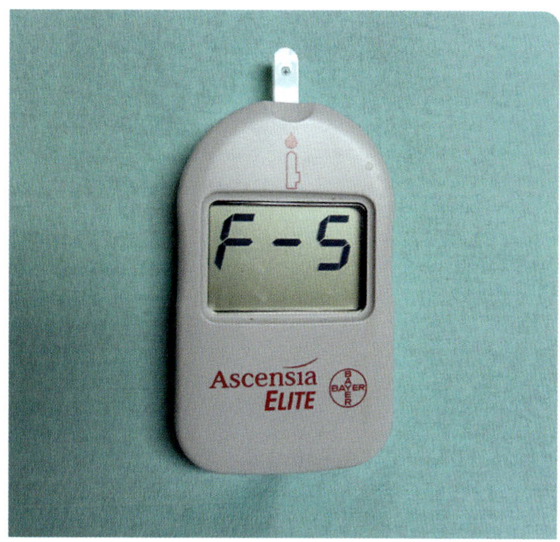

Blutzuckermessgerät.

Snap-Test-Verfahren

In den letzten Jahren haben sich in vielen Praxen die **Snap-Test-Verfahren** zur schnellen Diagnose von unterschiedlichen Krankheiten durchgesetzt. Die Vorteile dieser Schnelltestverfahren sind:

- Das Ergebnis liegt in der Regel innerhalb weniger Minuten vor
- Der Patient kann sofort behandelt werden
- Die Handhabung der Tests ist einfach
- Die Testergebnisse sind sehr zuverlässig
- Es wird nur wenig Untersuchungsmaterial benötigt

Beispiele für Snap-Test Untersuchungen mithilfe von Blut auf:

- Pankreatitis (Bauchspeicheldrüsenentzündung)
- Dirofilaria immitis (Herzwurmbefall)
- FeLV (Leukose der Katze)
- Leishmaniose (Reisekrankheit beim Hund)
- FIV („Katzen-Aids")
- Hyperthyreose (Schilddrüsenüberfunktion)
- Hypothyreose (Schilddrüsenunterfunktion)
- Maternale (mütterliche) Antikörper beim Fohlen

Beispiele für Snap-Test- Untersuchungen mithilfe von Kot auf:

- Giardienbefall (Darmparasiten)
- Parvovirose (Viruserkrankung des Hundes)

In den nächsten Jahren werden sicherlich noch weitere Tests entwickelt, die in der Praxis schnelle und aussagekräftige Ergebnisse bei der Diagnose liefern.

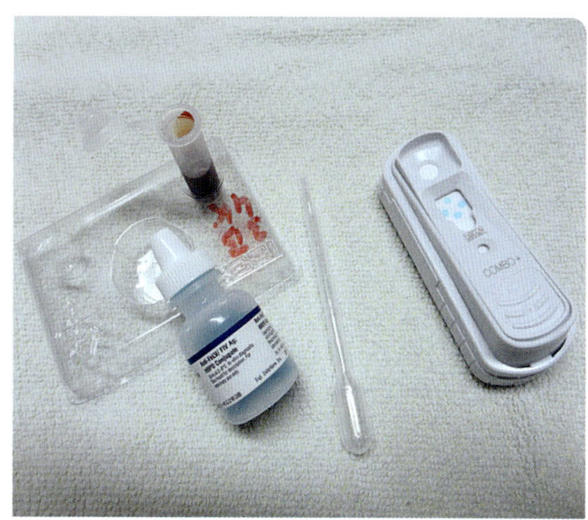
Handhabung eines Snap-Testes.

13.8 Bakteriologische Untersuchung

Bakteriologische Untersuchungen von Tupferproben, z. B. von Hautwunden, aus dem Gehörgang, aus der Kloake, oder von Eiter, Kot oder Urin können in der Praxis oder durch ein Fremdlabor durchgeführt werden. Sie dienen dazu festzustellen, ob und welche krankmachende Bakterien für das Krankheitsgeschehen verantwortlich sind, sowie mithilfe des **Antibiogramms** (Resistenztest) das geeignete Antibiotikum gegen die Keime zu ermitteln.

Durchführung in der Praxis

Das Untersuchungsmaterial wird auf eine Platte mit sterilem Nährboden gestrichen und in einen Brutschrank verbracht. Die Nährbodenplatten können selbst hergestellt oder im Fachhandel erworben werden. Bei einer Temperatur von 37 °C vermehren sich die Bakterien auf dem Nährboden und bilden auf seiner Oberfläche einen Bakterienrasen. Von diesem Rasen wird eine Probe entnommen, auf einen Objektträger verbracht und unter dem Mikroskop betrachtet oder durch Spezialverfahren weiter differenziert. Durch bestimmte Färbemethoden (z. B. Gramfärbung) können die angezüchteten Bakterien auf dem Objektträger angefärbt und dadurch besser sichtbar gemacht werden.

> **? Resistenztest (Antibiogramm)**
> Auf die Nährbodenplatte wird Untersuchungsmaterial aufgetragen. Danach werden mit verschiedenen Antibiotika getränkte Papierblättchen auf der Platte verteilt und die Nährbodenplatte bei 37°C (meist 24 Stunden) im Brutschrank bebrütet. Rund um die Papierblättchen, die mit einem ausreichend wirksamen Antibiotikum getränkt waren, verbleibt ein mehr oder weniger großer Kreis, in dem kein Bakterienwachstum erfolgt. Auf diese Weise erhält man die Information, welches Antibiotikum gegen die angezüchteten Krankheitserreger wirksam ist und gegen welches die Keime resistent (unempfindlich) sind. Mit diesem Wissen kann man bakterielle Erkrankungen gezielt mit dem richtigen, d. h. wirksamen Präparat behandeln.

13.9 Mykologische Untersuchung

Die mykologische Untersuchung dient dazu, festzustellen, ob Pilze am Krankheitsgeschehen beteiligt sind, um welche Pilze es sich handelt, sowie mit welchem Präparat die pathogenen (krankmachenden) Pilze erfolgreich bekämpft werden können. Die Anzüchtung der Pilze erfolgt auf speziellen Pilznährböden. Dabei wird das Untersuchungsmaterial (z. B. ausgezupfte Haare bei Verdacht auf Hautpilze) auf den Nährboden verbracht und ca. 8 Tage im Brutschrank bebrütet. Viele Nährböden, die für Schnelltests (z. B. auf Hautpilze) in der Praxis verwendet werden, enthalten einen Farbstoff. Die Stoffwechselprodukte der wachsenden und sich vermehrenden Pilze führen zu einer Umfärbung des Nährbodens.

Durch ein **Antimykogramm** wird ermittelt, welches Präparat gegen die krankmachenden Pilze eingesetzt werden kann sowie gegen welches Medikament die Pilze resistent (unempfindlich) sind. Ein Antimykogramm wird auf die gleiche Weise durchgeführt wie ein Antibiogramm (siehe oben). Die auf den Nährboden aufgebrachten Papierblättchen sind beim Antimykogramm mit verschiedenen Antimykotika (Medikamente gegen Pilze) getränkt.

13.10 Parasitologische Untersuchung

Durch die parasitologische Untersuchung wird untersucht, ob der Patient von Parasiten (z. B. Flöhe, Läuse, Milben, Darmwürmer etc.)

befallen ist. Als Untersuchungsmaterial kommen z. B. Hautgeschabsel, Kotproben, Haare, Federn oder Blut (zur Ermittlung von Blutparasiten) in Frage.

13.11 Mikroskop

Das Wort Mikroskop setzt sich aus den griechischen Wörtern für „klein" und „betrachten" zusammen. Es ist ein Gerät, das es ermöglicht, sehr kleine Objekte, die mit dem menschlichen Auge nicht mehr gesehen werden können, zu vergrößern und zu betrachten. Die Technik, die ein Mikroskop einsetzt, wird Mikroskopie genannt.

In tiermedizinischen Labors wird das **Lichtmikroskop** u. a. zur Untersuchung von Blut-, Harn-, Kotproben und Hautgeschabsel verwendet. Es ermöglicht eine 10-, 20,- 40- und 100-fache Vergrößerung. Das **Elektronenmikroskop** dient der Darstellung von z. B. Zellbestandteilen und Viren. Durch das Elektronenmikroskop können Objekte bis zu millionenfacher Vergrößerung betrachtet werden.

Aufbau des Lichtmikroskops

Das Lichtmikroskop setzt sich aus folgenden Hauptteilen zusammen:
- Stativ
- Tubus

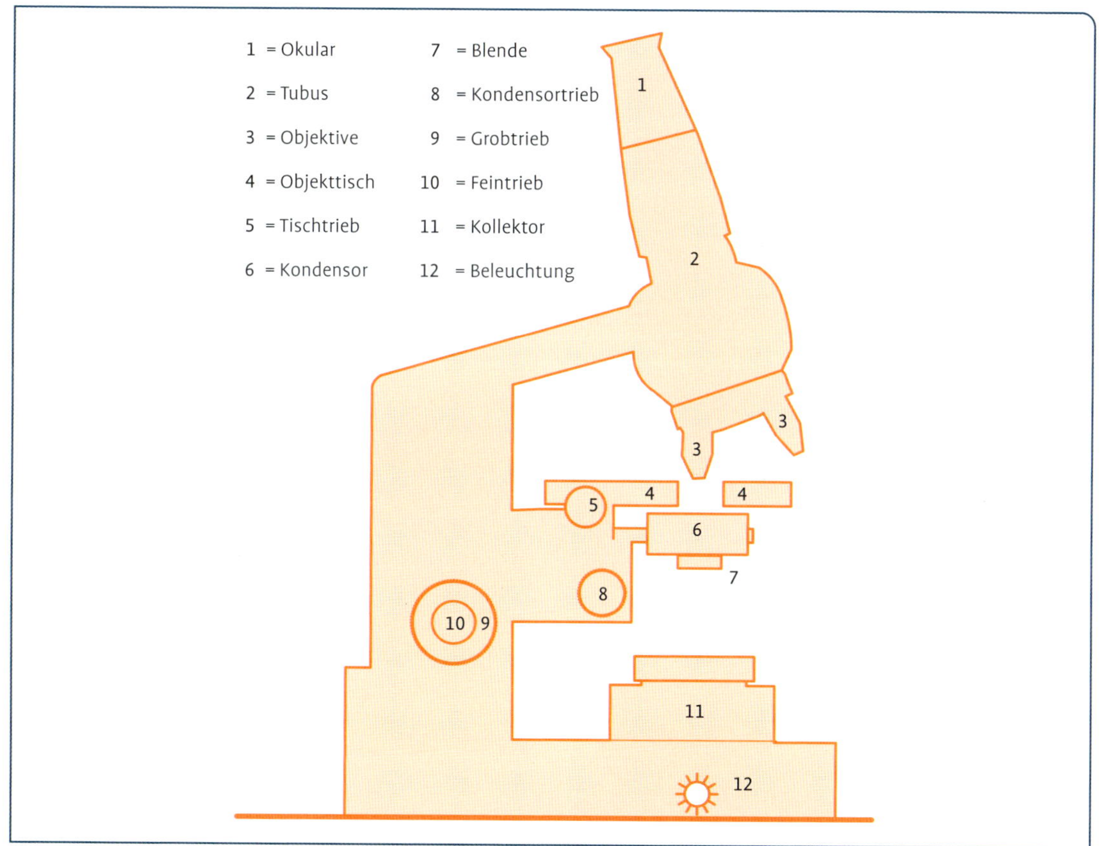

Mikroskop.

- Okular
- Objektive
- Objekttisch
- Kondensor
- Lichtquelle

Stativ

Das Stativ ist der „Körper" des Mikroskops. Er besteht aus einem Fußteil und einem Hauptteil. Im Fußteil ist die Lichtquelle (Glühbirne) eingebaut.

Tubus

Der Tubus ist der „Hals" des Mikroskops. Am unteren Ende des Tubus befindet sich der Objektrevolver mit den Objektiven. Am oberen Ende befinden sich die Okulare.

Okular

Das Okular (Augenlinse) ist dem Auge zugewandt und bietet eine 10-fache Vergrößerung. Moderne Mikroskope besitzen meist zwei Okulare, sodass man mit beiden Augen gleichzeitig hindurchschauen kann. Ältere Modelle mit nur einem Okular zwingen den Betrachter, ein Auge zuzukneifen. Okulare können durch Umstecken ausgetauscht werden

Objektive

Am unteren Ende des Tubus sind die Objektive angebracht. Sie sind nebeneinander an einer runden, drehbaren Metallscheibe (Objektivrevolver) befestigt und können durch Drehen der Scheibe gewechselt werden. Ein Lichtmikroskop verfügt in der Regel über 4 Objektive (10-, 20, 40- und 100-fache Vergrößerung).

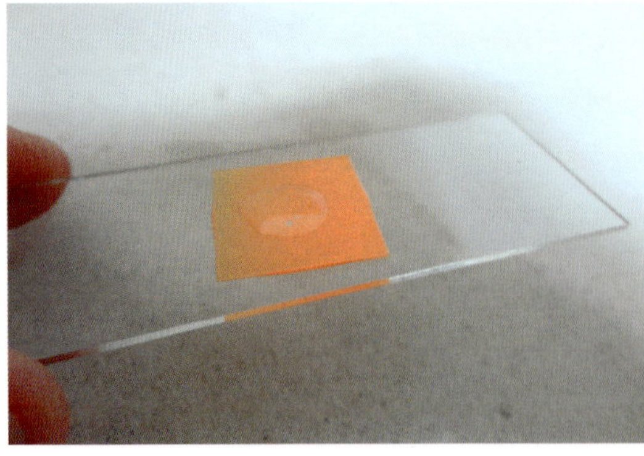
Untersuchung mit Ölimmersion.

Die Objektive mit 10-, 20- und 40-facher Vergrößerung werden als **Trockensysteme** bezeichnet. Das bedeutet, dass zwischen Objekt und Objektiv nur eine Luftschicht vorhanden ist.

Zwischen dem Objektiv mit 100-facher Vergrößerung und dem zu betrachtenden Objekt wird 1 Tropfen Immersionsöl geträufelt, in welches das Objektiv eingetaucht wird. Diese Technik nennt man **Ölimmersion**. Sie ermöglicht durch Verdrängen der normal zwischen Objekt und Objektiv vorhandenen Luftschicht ein deutlicheres Bild sehr kleiner Objekte (z. B. Bakterien).

Alle Objektive liefern ein vergrößertes, umgekehrtes Bild vom Objekt.

Objekttisch

In der Mitte des Stativkörpers ist der Objekttisch befestigt. Auf ihm liegt das zu betrachtende Objekt (z. B. Blutausstrich). Bei modernen Mikroskopen lässt sich der Objekttisch durch seitlich angebrachte Rädchen, dem **Tischtrieb**, seitwärts, vor und zurück verschieben. Dadurch ist es möglich, das Objekt durchzumustern, ohne es selbst von Hand auf dem Objekttisch bewegen zu müssen.

Durch den **Grob- und Feintrieb** kann der Objekttisch nach oben und unten (also zum Objektiv und vom Objektiv weg) verschoben werden. Dadurch wird die Scharfstellung des Bildes ermöglicht.

Unter dem Objekttisch ist der **Kondensor** angebracht. Er bündelt Lichtstrahlen und konzentriert sie auf das Objekt. Da der Kondensor unter dem Objekttisch befestigt ist, kann er mithilfe des Grob- und Feintriebs ebenfalls nach oben und nach unten bewegt werden. Unter dem Kondensor befindet sich die **Blende**. Mit ihr kann die einfallende Lichtmenge reguliert werden.

Wird mit den Vergrößerungen 10, 20 und 40 (Trockensystem) gearbeitet, muss der Kondensor nach unten gesenkt und die Blende verengt werden. Beim Mikroskopieren mit Ölimmersion (100-fache Vergrößerung) muss der Kondensor nach oben (näher an das Objekt) geschoben und die Blende geöffnet werden. Auf diese Weise wird die Lichtstärke reguliert.

Lichtquelle

Die Lichtquelle, die sich im Fuß des Stativs befindet, ist eine Niedervoltlampe, die über einen Transformator an die Stromleitung angeschlossen wird.

Mikroskop mit Transformator.

14 Röntgen und Strahlenschutz
(Nr. 12 des Ausbildungsrahmenplans)

14.1 Strahlenbelastung

Mensch und Tiere sind im Laufe ihres Lebens ständig verschiedenen Strahlen ausgesetzt. Problematisch sind dabei v. a. die **ionisierenden Strahlen (= radioaktive Strahlen)**, die schwere Gesundheitsschäden verursachen können. Radioaktive Strahlen treten als Alpha-, Beta- und Gammastrahlen auf. Gesundheitsschäden entstehen hauptsächlich durch **Gammastrahlung.** Die Einwirkung von schädigenden ionisierenden Strahlen auf ein Lebewesen wird als **Strahlenbelastung** bezeichnet.

14.1.1 Strahlenquellen

Radioaktive Strahlen können von **natürlichen** sowie von **künstlichen**, d. h. von Menschen erzeugten Strahlenquellen ausgehen.

Strahlenbelastung durch natürliche Strahlenquellen

Alle Lebewesen auf der Erde kommen fortwährend mit ionisierenden Strahlen aus natürlichen Quellen in Kontakt. Solche Quellen sind:

- **Kosmische Strahlung aus dem Weltall**
  Aus dem Weltall gelangt ständig kosmische Strahlung auf die Erde. Die Lufthülle um unseren Planeten fängt einen großen Teil dieser Strahlung ab und schützt uns vor den gefährlichen Folgen der Gammastrahlung aus dem All. Je höher man jedoch steigt (z. B. beim Bergsteigen, Fliegen) desto dünner wird die schützende Luftschicht und desto mehr kosmische Strahlung wirkt auf den Körper ein. Die Strahlung dringt durch fast jedes Material hindurch, auch durch dicke Flugzeugwände aus Metall. Aus diesem Grunde werden Flugreisende (besonders auf Langstreckenflügen) vermehrt durch kosmische Strahlung belastet. Flugpersonal (Flugbegleiter, Piloten) gehört zu den Berufsgruppen mit einer besonders hohen Strahlenbelastung.
- **Strahlung aus Gesteinen der Erdkruste**
  Einige Bestandteile der Erdkruste, sogenannte **Radionuklide,** die sich wahrscheinlich bereits mit der Entstehung unseres Sonnensystems gebildet haben, geben auch heute noch Gammastrahlen ab. Die Radionuklide gelangen durch Auswaschung (z. B. durch den Regen) aus dem Gestein in das Wasser, in Pflanzen und Tiere und damit auch in die Nahrung des Menschen. Alle Nahrungsmittel und auch das Trinkwasser enthalten daher geringe Spuren dieser Radionuklide.
  Eine besondere Bedeutung unter den Radionukliden ist das **Radon**. Radon ist ein radioaktives Edelgas, das unaufhörlich aus Böden und Gesteinen herausströmt und in geringer Konzentration überall nachzuweisen ist. Im Freien verdünnt sich das Gas sehr schnell mit der Luft. In geschlossenen Wohnungen kann es sich jedoch in höheren Konzentrationen anreichern und die Bewohner vermehrt mit radioaktiver Strahlung belasten.

Strahlenbelastung durch künstliche Strahlenquellen

Künstliche Strahlenquellen werden durch den Menschen geschaffen. Die Menschen haben sich die Radioaktität nutzbar gemacht (z. B.

zur Energiegewinnung, Verteidigung, medizinischen Diagnostik). Der Preis, den wir dafür bezahlen, ist eine höhere Strahlenbelastung auf der ganzen Erde. Durch folgende künstliche Strahlenquellen wird Radioaktivität erzeugt bzw. freigesetzt:

- **Kernkraftwerke**
  Bei der Gewinnung von Energie in Kernkraftwerken werden täglich im Normalbetrieb der Anlagen geringe Mengen radioaktiver Stoffe in die Luft oder über das Abwasser in die Umgebung der kerntechnischen Anlagen abgegeben. Die Strahlenbelastung, die daraus resultiert, ist jedoch sehr gering und liegt unter der Belastung, die von natürlichen Strahlenquellen ausgeht.
  Deutlich höher und gefährlicher ist die Strahlenexposition, die durch Reaktorunfälle entsteht. Bei der Katastrophe von Tschernobyl am 26.April 1986 wurde soviel Radioaktivität in Form von **Radionukliden** (siehe S. 274) freigesetzt, dass große Gebiete um die Atomkraftwerke für Jahrzehnte (evtl. für Jahrhunderte) unbewohnbar wurden. Unzählige Menschen erkrankten und starben sofort, andere erst Jahre nach der Katastrophe an Strahlenschäden. Die Radionuklide, die bei einem Reaktorunfall in die Umwelt geschleudert werden, verseuchen die unmittelbare Umgebung, verbreiten sich durch den Wind und werden abgeregnet. Sie verbleiben im Erdboden, gelangen in das Wasser und in die Nahrungskette. Dadurch breiten sie sich über große Gebiete aus und erhöhen auf lange Sicht die Strahlenbelastung auf der ganzen Erde. Die Halbwertszeit, d. h. die Zeit, in der erst die Hälfte der Radioaktivität abgebaut wird, beträgt bei einigen Radionukliden (z. B. Cäsium 137) über tausend Jahre. Insgesamt wurden in Europa durch die Katastrophe von Tschernobyl etwa 3.900.000 qkm (40 % der Gesamtfläche) durch Cäsium 137 kontaminiert.
  Im März 2011 kam es in Japan (Fukushima) zu einer weiteren spektakulären Reaktorkatastrophe, bei der erneut sehr viel Radioaktivität freigesetzt wurde. Japan hat aus dieser Katastrophe die Konsequenzen gezogen und im Mai 2012 alle Atomkraftwerke im Land abgeschaltet. Solche Reaktorunfälle wie in Tschernobyl und Fukushima werden als **Super-GAU** (= Größter anzunehmender Unfall in einer kerntechnischen Anlage, der von den Sicherheitssystemen nicht mehr beherrschbar ist) bezeichnet.
- **Atombombe**
  Am 6. August 1945 (während des 2. Weltkrieges) wurde eine Atombombe auf die Stadt Hiroshima in Japan und am 9. August 1945 auf Nagasaki abgeworfen. Die Zahl der Opfer, die durch die Bomben sofort starben, wird heute auf ca. 200.000 geschätzt. In den Tagen und Wochen nach der Explosion der Bombe starben noch weitere Tausende an den Folgen akuter Strahlenschäden. In den folgenden Jahrzehnten zeigten sich Spätschäden der Strahlenbelastung durch vermehrtes Auftreten von Krebserkrankungen und Missbildungen bei Menschen und Tieren. Die Radioaktivität, die bei der Explosion der Bomben freigesetzt wurde, hat sich inzwischen über die ganze Welt verteilt und die Gesamtbelastung von Mensch und Natur durch radioaktive Strahlen erhöht. Zu den Strahlenbelastungen aus den Atombomben, die über Hiroshima und Nagasaki abgeworfen wurden, kommt die Radioaktivität, die durch Herstellung und Tests von Atomwaffen auch heute noch verursacht werden.
- **Kohle und Kohleverbrennung**
  Durch den Abbau und die Verbrennung von Kohle werden radioaktive Substanzen, die in der Kohle enthalten sind, frei und gelangen in die Umwelt. In der Umgebung von Kohlekraftwerken werden teilweise

wesentlich höhere Strahlenbelastungen gemessen als im Umkreis eines Kernkraftwerkes. Besonders gefährlich ist das Einatmen von Feinstaubpartikeln aus Kohle. Sie gelangen bis in die tieferen Atemwege (Lunge) und bleiben dort lange Zeit liegen. Im Feinstaub enthaltene radioaktive Substanzen sind eine der Ursachen für die Entstehung von Lungenkrebs.

- **Tabak**
  Durch die Verbrennung von Tabak werden radioaktive Substanzen, die sich in der Tabakpflanze befinden, freigesetzt. Einer Studie nach führt das Rauchen von 20 Zigaretten pro Tag zu einer nicht unerheblichen Strahlenbelastung durch die im Tabakrauch enthaltenen radioaktiven Partikel Polonium (Po 210) und Blei (Pb 210).
- **Diagnostische und therapeutische Verfahren in der Medizin**
  Ionisierende Strahlen werden in der Medizin zu diagnostischen (z. B. Röntgen, Computertomographie, Szintigraphie) und therapeutischen Zwecken (z. B. Strahlentherapie gegen Krebs) eingesetzt. Um die jährliche Strahlenbelastung zu kontrollieren und so gering wie möglich zu halten, wird Patienten in der Humanmedizin ein Strahlenpass empfohlen, in dem jede Untersuchung und Behandlung mit radioaktiven Strahlen vermerkt wird.
  Tierärzte und Tiermedizinische Fachangestellte arbeiten in Ausübung ihres Berufes häufig mit ionisierenden Strahlen. Unter der Voraussetzung, dass **die vorgeschriebenen Strahlenschutzmaßnahmen korrekt angewandt** werden, besteht hier jedoch nur eine geringe Gefahr gesundheitsgefährdender Strahlenbelastung.

14.2 Radionuklide

Radionuklide (frühere Bezeichnung: Radioisotope) sind Stoffe, deren Atomkerne instabil sind und leicht zerfallen. Dabei wird Alpha-, Beta-, aber v. a. die gefährliche Gammastrahlung frei. Natürliche Radionuklide kommen in der Atmosphäre und in der Erde vor (z. B. Uran 235). Künstliche Radionuklide werden über Kernreaktionen z. B. in Atomkraftwerken hergestellt.

Zerfallsreihe

Viele Radionuklide zerfallen zunächst nicht vollständig, sondern wandeln sich zunächst in ein anderes Nuklid um. Auch bei diesem Prozess wird Radioaktivität frei. Das zuerst entstehende Nuklid wird Tochternuklid genannt. Tochternuklide haben eine andere Halbwertszeit als die ursprünglichen Nuklide. Sie können in Enkelnuklide und diese wiederum in Urenkelnuklide usw. zerfallen.

14.3 Halbwertszeit

Man unterscheidet die **physikalische**, die **biologische** und die **effektive** Halbwertszeit:

Physikalische Halbwertszeit

Die physikalische Halbwertszeit eines Stoffes ist die Zeit, in der die Hälfte seiner Atome zerfallen ist. Beispielsweise zerfällt von einer Menge Cäsium-137 (ein Radionuklid, das beim Reaktorunfall in Tschernobyl freigesetzt wurde) in 30,7 Jahren die Hälfte der Atome. Nach weiteren 30,7 Jahren ist von dem verbliebenen Rest wiederum die Hälfte zerfallen usw. Es dauert somit sehr lange, bis alle Atome des Radionuklids zerfallen sind und die Radioaktivität erlöscht.

Biologische Halbwertszeit

Radioaktive Stoffe (aus der Luft, der Erde, aus dem Wasser, aus strahlenaktiven Kontrastmitteln) können auf unterschiedlichen Wegen in den Körper gelangen:

- In die Luftwege und die Lungen durch Inhalation (Einatmen)
- In den Verdauungstrakt durch Ingestion (Aufnahme über den Mund)
- In den gesamten Körper durch perkutane Resorption (Aufnahme durch die intakte Haut)
- In den gesamten Körper über Wunden oder natürliche Körperöffnungen
- In verschiedene Organe durch Injektion von radioaktiven Kontrastmitteln zur Diagnose von Krankheiten

Die verschiedenen Radionuklide werden unterschiedlich schnell wieder mit dem Kot und Urin aus dem Körper ausgeschieden. Die biologische Halbwertszeit gibt an, nach welcher Zeit die Hälfte eines vom Körper aufgenommenen radioaktiven Nuklids ausgeschieden wird.

Effektive Halbwertszeit

Die Effektive Halbwertszeit setzt sich aus der physikalischen und der biologischen Halbwertszeit zusammen. Sie gibt an, wie schnell die Aktivität eines in den Körper gelangten Radionuklids durch Zerfall **und** Ausscheidung über Kot und Urin abnimmt.

14.4 Strahlenschäden

14.4.1 Strahlenschäden auf Zellebene

Radioaktive Strahlung (vorwiegend durch Gamma-Strahlen) verursacht Veränderungen (Mutationen) im Erbgut (DNA) der Zelle. Solche Veränderungen sind teilweise sogar im Lichtmikroskop erkennbar. Man findet z. B. Chromosomen (Träger der Erbinformation, siehe Kap. Zelle), bei denen ein Stück fehlt oder Chromosomen, von denen zunächst ein Stück abgebrochen war und die mit einem anderen zerbrochenen Chromosom zusammengewachsen sind, sowie auseinander gebrochene DNA-Stränge. Solche und andere Veränderungen im Erbgut werden als **Mutation** bezeichnet. Körperzellen können durch spezielle Reparaturmechanismen viele dieser Veränderungen wieder korrigieren. Gelingt das jedoch nicht, kommt es entweder zu **determinierten** oder **stochastischen** Strahlenschäden:

Determinierte Strahlenschäden

Die Zelle verliert durch die strahlenbedingte Mutation ihre Fähigkeit, sich zu teilen und stirbt ab. Determinierte (nicht zufallsbedingte) Strahlenschäden entstehen ab einer bestimmten Strahlendosis, die auch als **Schwellendosis** bezeichnet wird. Unterhalb dieser Schwellendosis werden keine determinierten Schäden beobachtet. Wird die Schwellendosis überschritten, kommt es in jedem Fall zu Schäden, deren Schweregrad von der Strahlendosis abhängig ist, d. h. es entstehen umso schwerere Schäden, je höher die Dosis der Strahlung ist.

Stochastische Strahlenschäden

Die Zelle ist trotz Mutation noch in der Lage, sich zu teilen und gibt die Mutation in ihrer DNA an die Tochterzellen weiter. Stochastische (zufallsbedingte) Strahlenschäden haben keine Schwellendosis. Auch eine geringe Strahlenbelastung kann daher (muss jedoch nicht) zu Gesundheitsschäden (v. a. Krebs) führen, die sich jedoch erst nach Jahren bemerkbar machen. Da man nicht weiß, ob eine Strahlenbelastung (sei sie auch noch so gering) zu stochastischen Schäden führt oder nicht, ist es wichtig, die eigene Strahlenexposition so gering wie möglich zu halten. Der natürlichen Strahlung aus der Umwelt können wir nicht ausweichen. Notwendige medizinische Diagnose- und Behandlungsverfahren mit radioaktiven Strahlen (z. B. Röntgen, Computertomographie, Bestrahlungen z. B. bei Krebserkrankungen) am eigenen Körper sind oftmals nicht zu vermeiden. Am Arbeitsplatz allerdings sollten keine zusätzlichen Belastungen erfolgen. Aus diesem Grunde wurde die Röntgenverordnung (RöV) und Strahlenschutzverordnung (StrlSchV) erlassen. Die Einhaltung dieser Vorschriften dient dem Schutz der eigenen Gesundheit!

Einteilung der Strahlenschäden auf Zellebene

- Determinierte Strahlenschäden
- Stochastische Strahlenschäden

14.4.2 Strahlenschäden auf Körperebene

Je nachdem, wie sich die Veränderung des Erbgutes durch die Einwirkung von radioaktiven Strahlen bei Mensch und Tier bemerkbar machen, spricht man von **somatischen**, **teratogenen** und **genetischen** Strahlenschäden:

- **Somatische Strahlenschäden**
  Somatisch leitet sich von dem griechischen Wort *soma* (= Körper) ab und bedeutet: *„das, was sich auf den Körper bezieht"*. Somatische Strahlenschäden sind Schäden, die **im bestrahlten Körper selbst** auftreten. Hier unterscheidet man Sofort- und Spätschäden:
  Sofortschäden zeigen sich bereits nach wenigen Stunden oder spätestens nach einigen Wochen. Typische Symptome sind Rötungen der Haut (Erytheme), ein verändertes Blutbild durch Schädigung der blutzellbildenden Knochenmarkszellen, Übelkeit und Durchfälle durch Schädigung der Darmschleimhautzellen, Schleimhautblutungen und Fieber. Bei Auftreten von Sofortschäden nach einer Strahlenbelastung spricht man auch von **akuter Strahlenkrankheit.**
  Spätschäden (z. B. Leukämie = Blutkrebs oder Unfruchtbarkeit) treten meist erst Jahre oder Jahrzehnte nach der Bestrahlung auf.
- **Teratogene Strahlenschäden**
  Das Wort teratogen bedeutet „Fehlbildungen hervorrufend". Als teratogene Strahlenschäden werden Schädigungen eines Embryos bezeichnet, die durch Strahlenbelastung während der Schwangerschaft verursacht werden.
- **Genetische Strahlenschäden**
  Genetische Strahlenschäden nennt man Veränderungen des Erbgutes, die erst bei den Nachkommen des bestrahlten Individuums zu Tage treten.

? **Einteilung der Strahlenschäden auf Körperebene**

- Somatische Strahlenschäden (Sofort- und Spätschäden)
- Teratogene Strahlenschäden
- Genetische Strahlenschäden

14.4.3 Besondere Empfindlichkeit bestimmter Körpergewebe

Besonders empfindlich gegen radioaktive Strahlung sind Körpergewebe, deren Zellen eine hohe Teilungsrate haben. Dies sind vor allen die **blutbildenden Organe** (rotes Knochenmark, Milz), die **Darmschleimhaut,** die **Haarwurzelzellen** sowie allgemein **Embryonen, Kinder und Jugendliche im Wachstum**.

14.5 Dosisbegriffe und Maßeinheiten

Wichtige Dosisbegriffe sind **Energiedosis**, **Äquivalentdosis** und **Personendosis**

- **Energiedosis**
  Die Energiedosis gibt die gesamte absorbierte (von einem bestrahlten Körper aufgenommene) Strahlungsenergie an. Die Maßeinheit ist Joule (übertragene Energie) pro Kilogramm (absorbierender Körper).

Sie wird mit der Maßeinheit Gray (Gy) angegeben:
1 J/kg = 1 Gy

- **Äquivalentdosis**
  Die Äquivalentdosis ist für den Strahlenschutz von Bedeutung. Sie berücksichtigt u. a. die unterschiedliche Wirksamkeit verschiedener Strahlungsarten (z. B. um welches Radionuklid es sich handelt), die jeweilige Empfindlichkeit der bestrahlten Person (z. B. ob es sich um ein Kleinkind oder um einen Erwachsenen handelt) sowie die unterschiedliche Empfindlichkeit des bestrahlten Organs (z. B. Fußknochen sind weniger empfindlich als die Schilddrüse). Die Äquivalenzdosis wird in der Einheit **Sievert** (Sv) angegeben.
  1 J/kg = 1 Sv
- **Personendosis**
  Unter Personendosis versteht man die Äquivalentdosis, gemessen an der für die Strahlenexposition (Strahleneinwirkung) repräsentativen Stelle der Körperoberfläche (z. B. mit einem Dosimeter, siehe Strahlenschutz, S. 288). Die Maßeinheit für die Personendosis ist Sievert (Sv). Nach einmaliger Ganzkörperbestrahlung mit einer Dosis von bis zu 1 Sv sind keine **akuten** Symptome zu erwarten. Eine Strahlenbelastung mit 1–2 Sv führt zu Übelkeit und Erbrechen sowie reversiblen (sich wieder regenerierenden) Schäden der Blutzellbildung. Die Dosis von 4–5 Sv führt bei 50 % der Bestrahlten innerhalb 2–6 Wochen zum Tod. Beim Umgang mit Radioaktivität im Berufsleben Tiermedizinischer Fachangestellter besteht (v. a. bei Einhaltung der geforderten Schutzmaßnahmen) kaum die Gefahr so hoher Dosisbelastungen. Allerdings können auch wiederholte kleinere Strahlenbelastungen (z. B. durch Unachtsamkeit beim Strahlenschutz) im Körper kumulieren (sich aufsummieren) und zu determinierten oder stochastischen Spätschäden führen. Aus diesem Grunde ist beim Umgang mit radioaktiver Strahlung das Messen der aufgenommenen Strahlendosis innerhalb eines bestimmten Zeitraums (meist innerhalb eines Monats) durch Tragen eines Dosismeters (siehe S. 290) gesetzlich vorgeschrieben.
- **Ortsdosis**
  Die Ortsdosis entspricht der Äquivalentdosis, gemessen an einem bestimmten Ort. Die Einheit der Ortdosis ist Sievert (Sv).

14.6 Röntgen

14.6.1 Erzeugung von Röntgenstrahlen

Zur Erzeugung von Röntgenstrahlen wird eine Röntgenröhre verwendet. Sie besteht aus:

- Einem luftleeren Gehäuse (Vakuumgehäuse) mit einem Fenster
- Einer Kathode
- Einer Anode

Kathode und Anode sind unterschiedlich elektrisch geladene Pole, die in dem Gehäuse

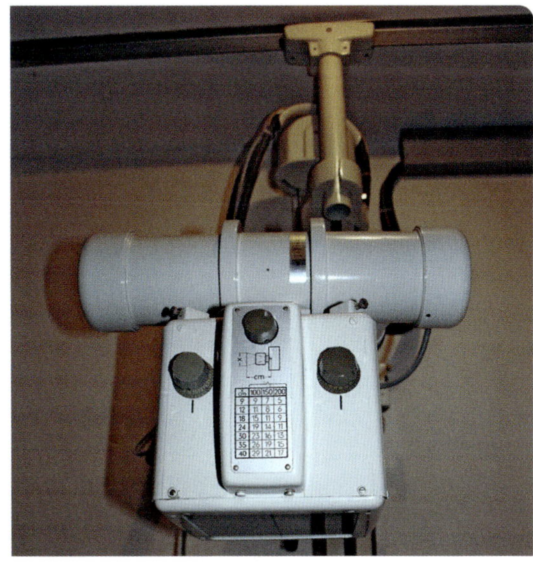

Röntgenröhre.

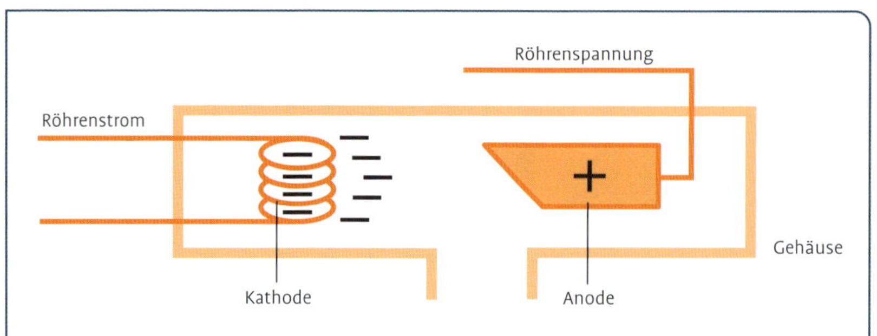

Schema Röntgenröhre.

(Röntgenröhre) gegenüberliegend angebracht sind. Die Kathode ist negativ, die Anode positiv geladen. Durch die negativ geladene Kathode wird ein Röhrenstrom (Einheit: Milliampere, mA) geleitet, der diese zum Glühen bringt. Aus der glühenden Kathode werden negativ geladene Elektronen freigesetzt, die von der gegenüberliegenden positiv geladenen Anode angezogen und dadurch stark beschleunigt werden.

Beim Auftreffen auf die Anode werden die Elektronen stark abgebremst. Die Energie, die zur Beschleunigung der Elektroden in Richtung Anode aufgebracht wurde, wird beim Abbremsen der Elektronen auf der Anode wieder frei und tritt aus dem Fenster der Röntgenröhre als Röntgenstrahl nach außen.

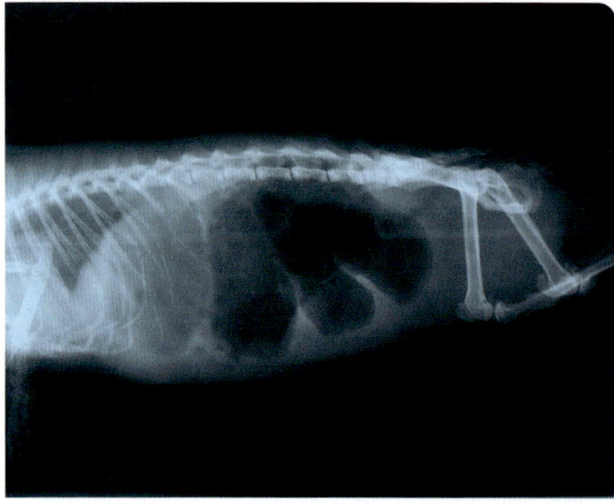

Röntgenbild.

Die Energie (E), die freigesetzt wird, besteht zu:

- 99 % aus Wärme
- 1 % aus Röntgenstrahlung

14.6.2 Das Grundprinzip der Röntgendiagnostik

Beim Röntgen werden Röntgenstrahlen durch einen Körper hindurch auf einen Röntgenfilm geleitet. Ein Teil der Strahlen wird von den einzelnen Körpergeweben absorbiert. Die von den Körpergeweben absorbierte Strahlung wird zum großen Teil als **Streustrahlung** vom Körper in alle Richtungen wieder abgegeben. Der Rest der Strahlung geht durch den Körper hindurch und trifft auf einen Röntgenfilm, der durch die Strahlung belichtet und damit geschwärzt wird.

Da ein Körper aus unterschiedlich dichten Geweben besteht, werden die Strahlen unterschiedlich stark absorbiert. Knochen sind beispielsweise aufgrund ihres Calcium-Gehaltes sehr dicht und lassen im Vergleich zu Weichteilgewebe nur wenig Strahlen hindurch. Dadurch wird dort, wo sich Knochen befinden, der Röntgenfilm weniger belichtet und damit weniger geschwärzt. Knochen erscheinen daher auf dem Röntgenbild wesentlich heller und kontrastreicher als z. B. das weniger dichte Weichteilgewebe. Luft dagegen ist sehr strahlendurchlässig. Dadurch ist dort, wo sich Luft im Körper befindet (z. B. in der Lunge, im

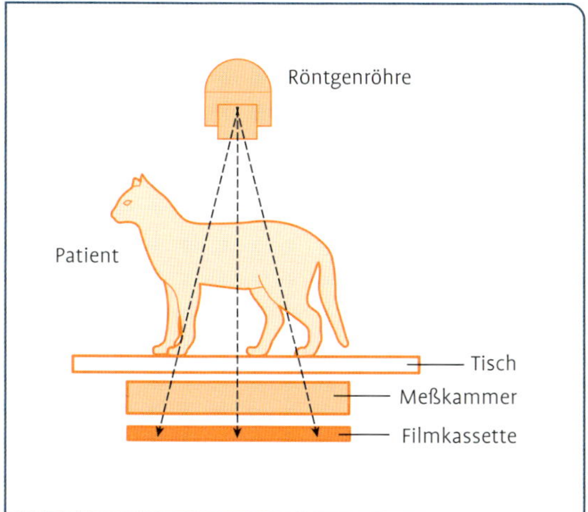

Prinzip des Röntgens.

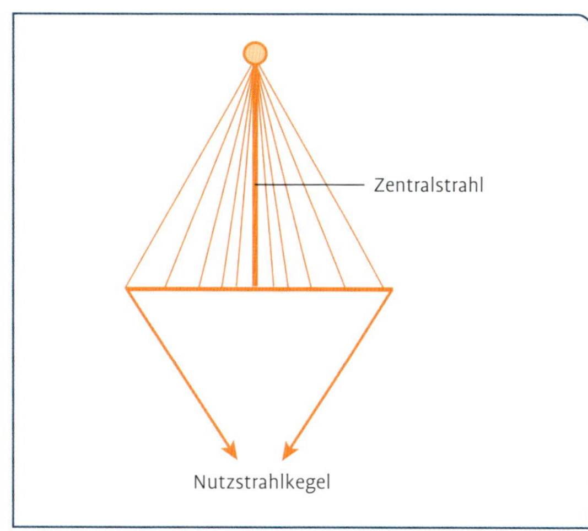

Nutzstrahlkegel und Zentralstrahl.

Dickdarm) der Röntgenfilm sehr dunkel. Mithilfe der verschiedenen Belichtungen auf dem Röntgenfilm lassen sich so Körperstrukturen erkennen und beurteilen.

14.6.3 Röntgenstrahl

Man unterscheidet:

- **Primärstrahl**
  Unter Primärstrahl versteht man die gesamte Röntgenstrahlung, die in der Röhre entstanden ist.
- **Nutzstrahlkegel**
  Der Nutzstrahlkegel ist der aus der Röntgenröhre ausgetretene Röntgenstrahl nach Einblendung durch die Primärstrahlblende. Durch eine Verstellschraube am Gehäuse der Röntgenröhre (Primärstrahlblende) kann die Öffnung des Fensters (Blende), durch das die Röntgenstrahlen die Röntgenröhre verlassen, vergrößert und verkleinert und dadurch der Strahlenkegel der Größe des zu röntgenden Patienten angepasst werden.
- **Zentralstrahl**
  Unter Zentralstrahl versteht man den senkrecht zur Röhrenachse verlaufenden Strahl im Mittelpunkt des Nutzstrahlkegels. Der Patient sollte so gelagert werden, dass der Zentralstrahl auf die Körperstruktur gerichtet ist, die für die Diagnose benötigt wird. Das Bild ist dort, wo der Zentralstrahl hin trifft, am schärfsten.
  Beispiel:
  Es soll die Größe des Herzens durch eine Röntgenaufnahme kontrolliert werden.

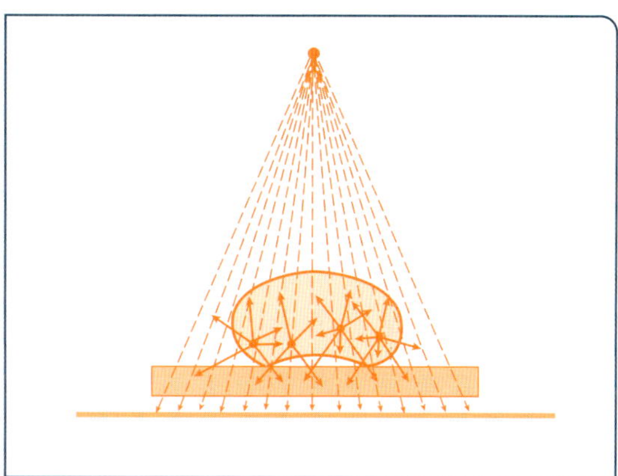

Streustrahlen: Der Primärstrahl wird vom Körper des Pateinten in alle Richtungen gestreut und wird so selbst zur Strahlenquelle.

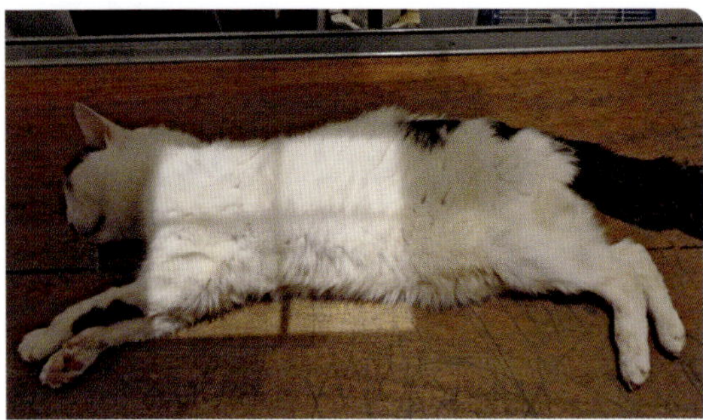

Zentralstrahl auf das Herz gerichtet – latero-laterale Aufnahme.

Hier wird der Patient so gelagert, dass der Zentralstrahl genau auf das Herz gerichtet ist (siehe Foto).

- **Streustrahlung**
  Die Streustrahlung entsteht hauptsächlich im Patienten (dem Körper, der geröntgt wird) und wird von dort nach allen Richtungen wieder abgestrahlt. Es handelt sich um die von den verschiedenen Körpergeweben unterschiedlich stark absorbierte Röntgenstrahlung. Je größer der Körper des Patienten, desto mehr Streustrahlung entsteht. Dies ist für den Strahlenschutz und für die notwendigen Strahlenschutzmaßnahmen von großer Bedeutung

14.6.4 Der Röntgenapparat

Ein Röntgengerät setzt sich zusammen aus **Röntgenröhre, Röntgentisch und Generator:**

- **Röntgenröhre**
  In der Röntgenröhre wird die Röntgenstrahlung erzeugt (siehe S. 277). Das Gehäuse, in der sich die Röntgenröhre befindet, ist durch ein Gestell am Röntgentisch befestigt.
- **Röntgentisch**
  Der Patient wird auf dem Röntgentisch gelagert. Für die Filmkassette ist unter dem Röntgentisch ein spezielles Schubfach befestigt. Mobile Röntgenapparate (z. B. für die Pferde- und Großtierpraxis) besitzen keinen Röntgentisch. Hier wird die Filmkassette mit Hilfe einer Haltevorrichtung hinter den zu röntgenden Körperteil gehalten.
- **Raster**
  Streustrahlen vermindern den Kontrast des Röntgenbildes. Aus diesem Grund ist im

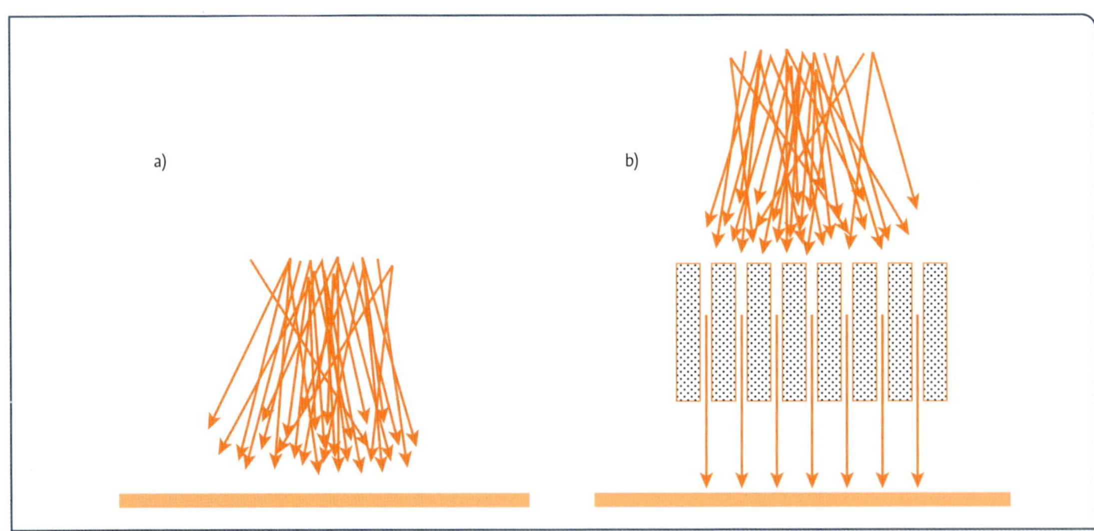

Rasterwirkung: a) ohne Raster, b) mit Raster.

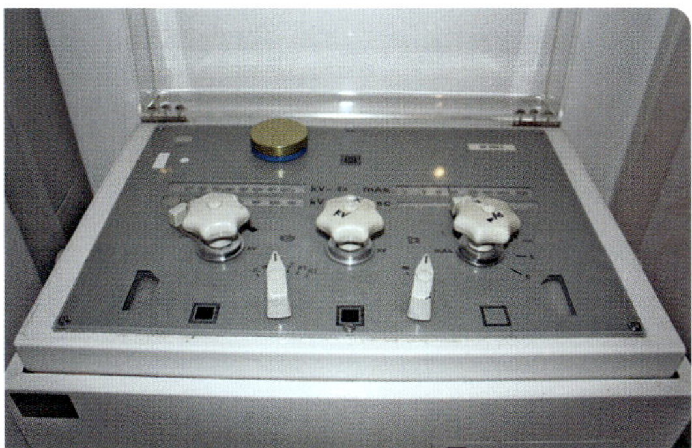

Generator.

Röntgentisch (über dem Filmkassettenfach) normalerweise ein Raster integriert. Die Aufgabe eines Rasters ist, Streustrahlen vor dem Eintreffen auf die Filmkassette zu vermindern, wodurch der Kontrast des Röntgenbildes erhöht und damit die Bildqualität verbessert wird. Ein Raster besteht aus senkrecht stehenden Bleilamellen und Material, das für Röntgenstrahlung durchlässig ist. Beides (Bleilamellen und röntgendurchlässiges Material) sind abwechselnd angeordnet. Bei der Röntgenaufnahme bewegt sich der Raster ganz leicht hin und her und fängt auf diese Weise Streustrahlen ab.
Raster sind unbedingt erforderlich bei Körpern, die dicker als 10 cm sind. Ein Röntgentisch mit integriertem Raster wird „Bucky-Tisch" genannt.

- **Generator**
  Der Generator ist ein Schaltpult, mit dem
  - die **Spannung** (Einheit: Kilovolt = kV), die festlegt, wie stark die Elektronen in der Röntgenröhre beschleunigt werden,
  - die **Stromstärke** (Einheit Milliampere = mA), wodurch die Kathode in der Röntgenröhre zum Glühen gebracht wird,
  - die **Belichtungszeit** (Einheit Sekunde = s), die für die Herstellung einer Röntgenaufnahme benötigt wird,

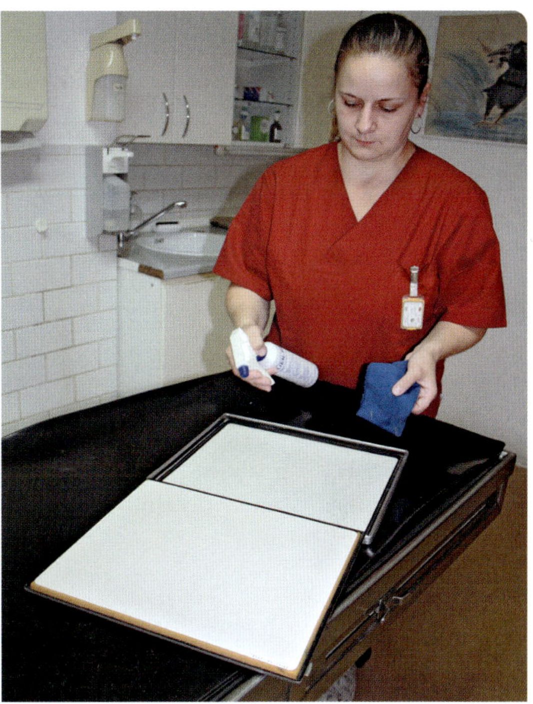

Reinigung der Röntgenfolie.

eingestellt werden kann. Die Einstellung ist abhängig von der Größe des Tieres sowie des zu röntgenden Körpergewebes.

Kontrolle des Röntgenapparates und der Fachkunde

Ein Röntgengerät muss alle 5 Jahre TÜV-geprüft werden. Das Gerät muss nach den Richtlinien der Röntgenverordnung zugelassen, als medizinisches Gerät gekennzeichnet sein und der Betrieb eines Röntgenapparates dem Gewerbeaufsichtsamt gemeldet werden. Der Betreiber einer Röntgenanlage(meist der Praxisinhaber) ist der **Strahlenschutzverantwortliche**. Er darf nur selbst Röntgenuntersuchungen durchführen, wenn er auch gleichzeitig **Strahlenschutzbeauftragter** ist. Das bedeutet, er muss die in der Röntgenverordnung geforderte Fachkunde besitzen und diese durch Fortbildungsmaßnahmen im Abstand von jeweils 5 Jahren aktualisieren. Besitzt er die Fachkunde nicht, ist er verpflichtet, einen Strahlenschutzbeauftragten einzustellen. Der Strahlenschutzbeauftragte überwacht vor Ort den Strahlenschutz (Einhaltung der RöV).

14.6.5 Röntgenkassette

Die Röntgenkassette schützt den Film vor Lichteinfall und vor Beschädigung. Sie besteht heute vorwiegend aus Kunststoff (früher aus Leichtmetall). An ihrer Vorderseite ist sie durchlässig für Röntgenstrahlen. Die Rückseite ist meist mit einer dünnen Bleifolie versehen. Auf beiden Seiten ist die Röntgenkassette mit einer Schaumstoffpolsterung ausgestattet.

Verstärkerfolie

Zwischen Metallwand der Kassette und Röntgenfilm ist eine **Verstärkerfolie** aus fluoreszierenden Teilchen eingebaut. Treffen Röntgenstrahlen auf diese Schicht, leuchten die fluoreszierenden Teilchen auf und verstärken die Strahlenwirkung auf den Röntgenfilm. 5 % der Schwärzung des Films entsteht durch die Röntgenstrahlung selbst. 95 % der Schwärzung wird durch die aufleuchtende fluoreszierende Verstärkerfolie erzeugt. Es gibt unterschiedliche Empfindlichkeitsstufen (400, 200, 100). Die Verstärkerfolien sind sehr druck- und kratzempfindlich. Sie dürfen niemals mit scharfkantigen oder rauen Gegenständen in Kontakt kommen (Vorsicht Fingernägel!). Einmal im Monat sollte eine Reinigung der Folien mit einer vom Hersteller empfohlenen Reinigungsflüssigkeit und einem weichen Tuch erfolgen.

Raster

Raster zur Verminderung von Streustrahlen werden in Röntgenkassetten nur dann benötigt, wenn sie nicht im Röntgentisch enthalten sind oder wenn der Patient im Stehen (z. B. in der Pferdepraxis) ohne Tisch geröngt wird.

14.6.6 Röntgenfilm

Der Röntgenfilm besteht auf beiden Seiten aus einer Schutzschicht, in deren Mitte die Emulsionsschicht (eigentliche Reaktionsschicht) liegt. Schutzschichten und Emulsionsschicht sind durch Haftschichten miteinander verbunden. Röntgenfilme werden in einer lichtgeschützten Verpackung geliefert und sollten im Dunkeln (am besten in der Dunkelkammer) aufbewahrt werden. Bei der Bestückung der Röntgenkassette mit einem neuen Röntgenfilm darf kein Licht (außer dem Licht der Dunkelkammerleuchte) auf den Film treffen.

Röntgenfilme werden in verschiedenen Größen angeboten. Die gängigsten Größen sind (in cm):

- 13 × 18
- 18 × 24
- 24 × 30
- 30 × 40
- 15 × 40
- 20 × 40

Die Emulsionsschicht ist die eigentliche Reaktionsschicht des Röntgenfilms. Sie enthält lichtempfindliche Silberbromidkristalle, die, wenn sie belichtet werden, Silberionenkeime bilden. Die Silberkeime werden bei der Entwicklung zu dunklen Silberkörnern.

Bei der umweltschonenden Entsorgung von Röntgenaufnahmen (nach der Aufbewahrungsfrist) durch Spezialfirmen wird das Silber aus den Röntgenaufnahmen gelöst und vergütet.

Zahnfilm

Zahnfilme sind hochempfindliche Röntgenfilme **ohne** Verstärkerfolie. Sie sind in einer wasserdichten Kunststoffumhüllung einzeln oder paarweise lichtdicht verpackt. Zahnfilme werden während der Röntgenaufnahme direkt in der Mundhöhle des Patienten eingelegt. Zahnfilme können auch für Röntgenaufnahmen des ganzen Körpers oder einzelner Organe bei kleinen Heimtieren (Mäusen, Ratten) oder Vögeln angewendet werden.

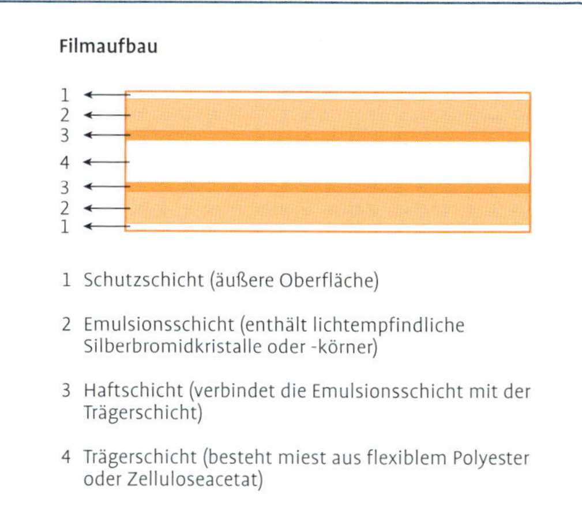

Röntgenfilmaufbau.

14.6.7 Röntgenfilmbearbeitung

Dunkelkammer

Röntgenfilme werden in der Dunkelkammer entwickelt. Die Dunkelkammer sollte **ausreichend groß**, **belüftbar** und **beheizbar** sein. Sie muss über einen **Wasseranschluss** verfügen und **lichtsicher** sein. Es darf z. B. kein Licht durch Türritzen dringen. Um sicher zu sein, dass während des Entwicklungsvorgangs niemand versehentlich die Dunkelkammertür öffnet und damit der noch nicht bearbeitete Röntgenfilm durch Tages- oder Lampenlicht unbrauchbar wird, sollte die Tür der Dunkelkammer **von innen abschließbar** sein.

Als **Dunkelkammerleuchte** wird, je nach Art des verwendeten Röntgenfilms, eine Jod-Quarzlampe oder eine Lampe verwendet, die rotes Licht erzeugt.

Röntgenfilmbeschriftung

Röntgenaufnahmen müssen fälschungs- und verwechslungssicher beschriftet werden. Das kann nach der Entwicklung mit einem Permanentstift direkt auf der getrockneten Aufnahme oder durch einen **Röntgenscribor** geschehen. Mit dem Röntgenscribor wird die Beschriftung des Films nach Entnahme aus der Röntgenkassette **vor der Entwicklung** auf den Rand des Films aufbelichtet. Der Text der Beschriftung kann individuell in den Scribor eingegeben werden. Er beinhaltet in jedem Fall:

- Patientendaten
- Untersuchungsdatum
- Praxis/Klinik
- Lagebezeichnung
- (z. B. R = rechts; L = links)

Röntgenfilmentwicklung

Bei der Röntgenfilmentwicklung werden die bei der Belichtung entstandenen Silberionenkeime zu metallischem Silber umgewandelt.

- **Entwicklung**
  Der belichtete Röntgenfilm wird in einen Röntgenfilmrahmen eingespannt und in die 20 – 22 °C warme Entwicklerflüssigkeit 3- 5 Minuten eingehängt.

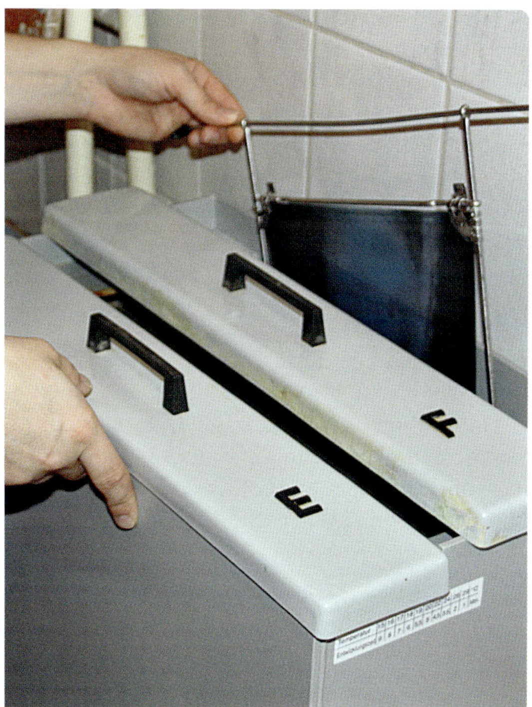

Röntgenentwicklung „von Hand“.

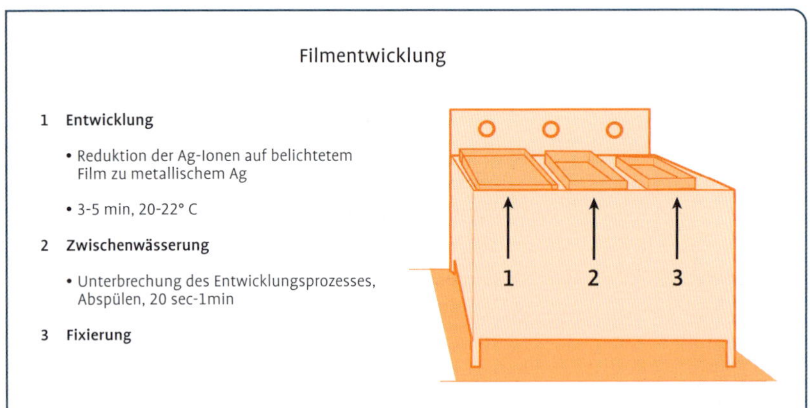

Röntgenentwicklung „von Hand".

- **Zwischentwässerung**
  Abspülen der Entwicklerflüssigkeit im Zwischenbad etwa 1 Minute lang (gut abtropfen lassen).
- **Fixierung**
  Bei der Fixierung werden die nicht belichteten Silberkristalle aus der Filmemulsion innerhalb 10–20 Minuten herausgewaschen. Wird zu kurz fixiert, färbt sich der Film bei Kontakt mit Licht gelblich.
- **Endwässerung**
  Die Endwässerung sollte 20–30 Minuten (bei fließendem Wasser) nicht unterschreiten, damit alle überschüssige Fixierlösung ausgespült werden kann.
- **Trocknen**
  Der Röntgenfilm muss zum Trocknen so aufgestellt werden, dass er nicht beschädigt werden kann. Solange die Folie nass oder feucht ist, darf sie nicht berührt werden. Erst wenn die Emulsionsschicht vollkommen trocken ist, ist sie selbst bei leichter Berührung stabil.

Bei vorsichtiger Handhabung kann die Aufnahme noch im nassen Zustand am **Röntgenfilmbetrachter** beurteilt werden.

Röntgenfilme können „von Hand" (wie oben beschrieben) oder im Entwicklungsautomaten entwickelt werden. Ein wesentlicher Vorteil von Entwicklungsautomaten gegenüber der Handentwicklung ist die kürzere Bearbeitungszeit. Der Film ist meist nach 1–3 Minuten entwickelt und getrocknet.

Qualitätssicherung beim Röntgen und der Filmentwicklung

Die Qualität und Beurteilbarkeit einer Röntgenaufnahme, die durch konventionelles Röntgen angefertigt wurde, hängt von vielen Faktoren ab. Fehler können sich bei der Lagerung des Patienten, bei der Einstellung (Spannung, Dosis und Zeit) sowie bei der Entwicklung des Films in der Dunkelkammer einschleichen, die eine Beurteilung der „verpatzten" Aufnahme unmöglich machen. Da jedoch bei jeder Röntgenaufnahme trotz Strahlenschutzmaßnahmen immer eine Restbelastung mit radioaktiven Strahlen für den Untersucher sowie eine Strahlenbelastung für Patienten besteht, **sollte jede Aufnahme gelingen**.

Beispiele für Fehlerquellen

- **Über- oder Unterbelichtung**
  Die Anfertigung einer individuell auf das in der Praxis vorhandene Röntgengerät bezogene Belichtungstabelle verhindert Belichtungsfehler.

- **„Blitze" auf dem Röntgenbild**
  Bei zu schnellem Herausziehen eines Röntgenbildes aus der Verpackung kommt es zu einer elektrischen Entladung, die auf der entwickelten Röntgenaufnahme wie Blitze zu sehen sind.
- **Artefakte**
  Artefakte sind durch menschliche oder technische Einwirkung entstandene Phänomene, die für die Diagnostik wertlos sind und zu Fehldiagnosen führen können. Ein Beispiel für Artefakte auf einer Lungenaufnahme sind helle Punkte im Lungengewebe, die auf den ersten Blick wie Tumoren aussehen, tatsächlich jedoch nur kontrastgebende Schmutzpartikel in der Röntgenkassette oder auf dem Röntgentisch sind. Die regelmäßige Reinigung der Kasette sowie die Säuberung des Röntgentischs vor jeder Aufnahme verhindern solche Fehler.
- **Gelbliche Verfärbung des Röntgenbildes, Wolkenbildung**
  Gelbliche Verfärbungen von Röntgenbilder sowie Wolkenbildungen entstehen bei unzureichender Fixierung. Ursachen sind nicht ausreichend lange Fixierung oder überalterte Fixierflüssigkeit.
- **Fingerspuren**
  Noch nicht ausreichend trockene Röntgenbilder sind sehr empfindlich. Beim Anfassen mit den Fingern entstehen dunkle Fingerspuren.
- **Kratzer**
  Unvorsichtige Handhabung oder gleichzeitiges Entwickeln mehrerer Röntgenbilder in einem Handentwicklungstank können zum Zerkratzen der Emulsionsschicht führen.
- **Vollständige oder teilweise Schwärzung der Aufnahme**
  Eine vollständige oder teilweise Schwärzung der Röntgenaufnahme entsteht durch Lichteinfall. Ursachen können nicht ausreichend verschlossene Verpackungen, nicht richtig geschlossene oder beschädigte Röntgenkassetten sowie Lichteinfall in der Dunkelkammer sein.
- **Unzureichende Entwicklung**
  Bei unzureichender Entwicklung erscheint eine Röntgenaufnahme hell und kontrastarm. Ursachen können überalterte Entwicklerflüssigkeit, zu kalte Entwicklerflüssigkeit (z. B. im Winter in unbeheizter Dunkelkammer) oder zu kurze Entwicklungszeit sein.

14.6.8 Digitales Röntgen

Beim digitalen Röntgen werden die Aufnahmen digitalisiert. Voraussetzung ist ein spezielles EDV-System, mit dem die Aufnahmen bearbeitet werden können, und ein digitales Bildarchivierungssystem, mit dem die Aufnahmen archiviert werden.

Digitale Röntgenbilder werden, wie beim konventionellen Röntgen, durch ionisierte Strahlung aus einer Röntgenröhre hergestellt. Sie werden dann jedoch entweder durch einen elektronischen Detektor (Flachdetektor) oder durch Einscannen einer Röntgenspeicherfolie digitalisiert und gespeichert. Danach können die Bilder am Computer nachbearbeitet werden.

Vorteile des digitalen Röntgens

- Röntgenbilder müssen nicht mehr entwickelt werden
- Es werden keine Chemikalien benötigt
- Eine Dunkelkammer ist nicht mehr erforderlich
- Die Bilder stehen sofort zur Verfügung
- Die Bilder können als Kopie auf einer CD oder per e-Mail (z. B. an andere Tierärzte oder Tierhalter) weitergegeben werden
- Es wird durch Nacharbeitung eine bessere Bildqualität erzielt
- Es ist keine Lagerung von Röntgenbildern mehr erforderlich

14.6.9 Beschreibung der Röntgenuntersuchung

Zur Beurteilung einer Röntgenaufnahme ist es hilfreich zu wissen, wie diese Aufnahme entstanden ist. Folgende Beschreibungen sollten in die Dokumentation aufgenommen werden:

- **Körperregion**
  z. B. Kopf, Thorax (Brustraum), Abdomen (Bauchraum), Oberschenkel, Unterschenkel
- **Verlauf der Strahlung durch den Patienten**
  z. B. dorso – ventral (Strahleneintritt: rückenwärts; Strahlenaustritt: bauchwärts)
- **Stellung der Röntgenröhre bzw. Verlauf des Strahlengangs im Raum**
  z. B. vertikaler oder horizontaler Strahlengang. Um den Strahlengang im Raum zu verändern, muss die Röntgenröhre gekippt werden.

Beschreibung (Nomenklatur) verschiedener Strahlengänge durch den Patienten

- latero – lateral = von einer Körperseite zur anderen Körperseite
- medio – lateral = von der Innenseite eines Körperteils zur Außenseite des Körperteils
- latero – medial = von der Außenseite eines Körperteils zur Innenseite des Körperteils
- dorso – ventral (beim Pferd: postero-anterior) = vom Rücken zum Bauch
- ventro – dorsal (beim Pferd: antero-posterior) = vom Bauch zum Rücken
- kranio – kaudal = vom Kopf zum Schwanz
- kaudo – kranial = vom Schwanz zum Kopf
- dorso – palmar = von der Oberseite zur Unterseite des Vorderfußes
- dorso- plantar = von der Oberseite zur Unterseite des HInterfußes
- palmero-dorsal = von der Unterseite zur Oberseite des Vorderfußes
- plantero-dorsal = von der Unterseite zur Oberseite des Hinterfußes
- rostro-kaudal = vom Mund/Schnabel zum Schwanz
- kaudo – rostral = vom Schwanz zum Mund/Schnabel
- disto – proximal = vom oberen Abschnitt zum unteren Abschnitt einer Gliedmaße
- proximo – distal = vom unteren Abschnitt zum oberen Abschnitt einer Gliedmaße

Weitere Beschreibungen (Nomenklatur)

- Schrägaufnahme (hier muss der Grad der Schräge angegeben werden)
- Tangentialaufnahme
- Funktionsaufnahmen (Stressaufnahmen), z. B. Hinterlauf wird bei der Aufnahme mit einer Lagerungshilfe (z. B. Bänder) in Funktionsstellung (z. B. gebeugt) gehalten.

14.6.10 Lagerungshilfen

Um aussagekräftige Röntgenbilder zu erhalten, muss der Patient richtig gelagert werden, ohne dass der Untersucher der Gefahr einer vermehrten Strahlenbelastung ausgesetzt wird. Folgende Lagerungshilfen werden häufig verwendet:

- Behandschuhte Hand (Vorsicht: Hände dürfen niemals in den Nutzstrahlkegel oder Zentralstrahl geraten!)
- Ausbindestricke oder Ausbindebinden
- Sandsäcke
- Schaumstoffkissen, Schaumstoffkeile
- Klebebänder (z. B. zur Fixierung von Vogelpatienten)
- Kunststoff- oder Holzlöffel
- Fixierkrippe (zur korrekten Rückenlagerung)
- Anbindevorrichtung
- Kompressionsbänder
- Plexiglasbehälter zur Fixierung von kleinen Heimtieren und Reptilien

14.7 Dokumentation

Sowohl konventionelle Röntgenbilder und Aufzeichnungen als auch digitale gespeicherte Bilder und elektronische Aufzeichnungen dazu müssen **10 Jahre** aufbewahrt werden. Die Aufzeichnungen zu den Röntgenbildern sollten folgende Angaben beinhalten:

- Vorbericht
- Rechtfertigung für die Röntgendiagnostik (warum geröngt werden musste)
- Befund
- Therapie

Die Aufzeichnungen zu den Röntgenbildern können in der Patientenkartei aufbewahrt sein. Die dazugehörigen Röntgenbilder müssen eindeutig zuzuordnen sein.

Röntgenbilder bleiben Eigentum des Tierarztes, der sie angefertigt hat. Wird der Patient von einem anderen Tierarzt weiterbehandelt, müssen ihm die Röntgenaufnahmen und Aufzeichnungen vorübergehend überlassen werden. Dies muss in der Patientenkartei vermerkt werden.

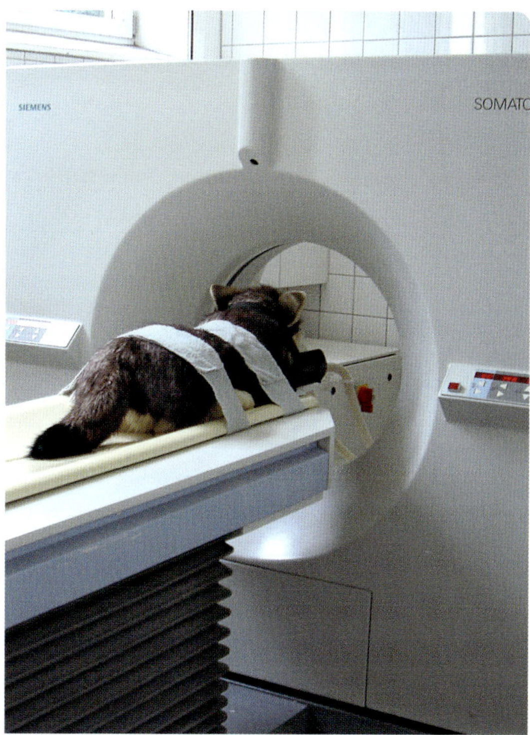

Computertomographie.

14.8 Weitere bildgebende Verfahren mit radioaktiver Strahlung

14.8.1 Computertomographie

Die Computertomographie (CT) ist eine computergestützte Auswertung vieler schichtweise aufgenommener Röntgenbilder, die zu einem dreidimensionalen Bild zusammengefügt werden. Im Gegensatz zu anderen bildgebenden Verfahren (z. B. Magnetresonanztomographie = MRT oder Ultraschall) ist die Computertomographie für den Patienten sehr strahlenbelastend. Sie wird überwiegend für die Beurteilung von Körperhöhlen und den darin befindlichen Organen verwendet. Die Computertomographie wird nur in größeren Tierkliniken durchgeführt.

14.8.2 Szintigraphie

Die Szintigraphie ist ein bildgebendes Verfahren, bei dem ein **Szintigramm** erstellt wird. Dazu wird dem Patienten eine radioaktiv markierte Substanz (z. B. radioaktives Jod) injiziert, die sich in dem zu untersuchenden Organ (z. B. Schilddrüse) anreichert und mithilfe einer Gammakamera, welche die abgegebene Strahlung misst, sichtbar gemacht wird. Patienten, denen radioaktive Substanzen zur Untersuchung mittels Szintigraphie injiziert wurden, dürfen 24 bis 48 Stunden (solange, bis die radioaktive Substanz wieder aus dem Körper ausgeschieden wurde) keinen engen Kontakt zu Schwangeren, Kindern und Jugendlichen haben.

Die Szintigraphie wird in der Regel nur in größeren Tierkliniken durchgeführt.

14.9 Bildgebende Verfahren ohne radioaktive Strahlung

14.9.1 MRT

Die Magnetresonanztomographie (MRT, Kernspintomographie) ist eine Methode für die differenzierte Darstellung von Weichteilgewebe, Knochen, Knorpel und Gelenken. Bei diesem Verfahren werden elektromagnetische Wellen, die den Körper nach Anlegen eines starken Magnetfeldes verlassen, gemessen und computergestützt ausgewertet. Bei der Magnetresonanztomographie entstehen keine radioaktiven Strahlen. Als Diagnosemöglichkeit wird die MRT zurzeit nur von größeren Tierkliniken angeboten.

14.9.2 Ultraschalluntersuchung

Als Ultraschalluntersuchung oder Sonografie wird die Untersuchung von Körpergewebe mithilfe von Ultraschallwellen bezeichnet. Der Vorteil gegenüber bildgebenden Verfahren mit Röntgenstrahlen ist die weitgehende Ungefährlichkeit dieser Untersuchungstechnik. Alle wasserhaltigen oder blutreichen Organe sind mit Ultraschall gut zu beurteilen. Gashaltige Organe (z. B. Lunge, Darm), Knochen oder von Knochen bedeckte Organe (z. B. Gehirn) können dagegen mit Ultraschall nicht untersucht werden.

14.10 Strahlenschutzmaßnahmen

14.10.1 Strahlenschutz

Unter Strahlenschutz versteht man den Schutz von Mensch und Umwelt vor den schädigenden Wirkungen radioaktiver und nicht radioaktiver Strahlung aus natürlichen und künstlichen Strahlenquellen.

? **Grundsatz des Strahlenschutzes:**
Strahlen dürfen nur angewendet werden, wenn sich daraus ein Nutzen ergibt. Jede Strahlenanwendung ist so gering wie möglich zu wählen (Minimierungsgebot).

14.10.2 Probleme des Strahlenschutzes in der Tiermedizin

Im Gegensatz zur Humanmedizin sind Tiermediziner und Tiermedizinische Fachangestellte mit Patienten konfrontiert, die beim Röntgen meist nicht sehr kooperativ sind. Kein Tier bleibt freiwillig auf dem Röntgentisch, wenn der Untersucher den Röntgenraum zum eigenen Schutz vor Strahlung, wie in der Humanmedizin üblich, verlässt, um vom Nebenraum aus den Generator zu bedienen. Nicht immer ist es möglich (z. B. bei Schockpatienten), eine Sedation oder Narkose durchzuführen, um sie besser lagern zu können. Es ist daher erforderlich, die Tiere auf dem Röntgentisch in der für die jeweilige Aufnahme geeigneten Position festzuhalten. Dabei besteht, v. a. bei Abwehrbewegungen des Patienten, die Gefahr, mit den Händen in den Nutzstrahlkegel oder gar in den Zentralstrahl zu gelangen. Das gleiche gilt für die Fixation kleiner Heimtiere (z. B. Ratte, Maus) oder von Vögeln. Strahlenschutzregeln müssen daher zum Schutz der eigenen Gesundheit konsequent eingehalten werden.

Im Zweifelsfall gilt die Regel:

Strahlenschutz und die eigene Gesundheit sind wichtiger als eine Röntgenaufnahme.

14.10.3 Gesetzliche Regelung

Zum Schutz vor schädlicher Strahleneinwirkung gelten in Deutschland folgende Gesetze:

- **Atomgesetz**
  Das Atomgesetz (AtG) bildet die rechtliche Grundlage für den Umgang mit radioakti-

ven Stoffen. Das Gesetz hat keine große Bedeutung für den praktischen Strahlenschutz, jedoch beziehen sich die Strahlenschutzverordnung (StrlSchV) und die Röntgenverordnung (RöV) auf das Atomgesetz.

- **Strahlenschutzvorsorgegesetz**
  Das Strahlenschutzvorsorgegesetz (StrVG) dient dem Zweck, zum Schutz der Bevölkerung die Radioaktivität in der Umwelt zu überwachen sowie die Strahlenexposition der Menschen und die radioaktive Kontamination der Umwelt im Falle radioaktiver Unfälle oder Zwischenfälle so gering wie möglich zu halten (§ 1 Nr. 1 und 2 StrVG).
- **Strahlenschutzverordnung**
  Die Strahlenschutzverordnung (StrlSchV) regelt die Anforderungen für Vorsorge- und Schutzmaßnahmen bei der Anwendung radioaktiver Stoffe (dazu zählen auch die Anwendung radioaktiver Stoffe wie z. B. radioaktive Kontrastmittel und die Strahlentherapie in der Medizin) sowie bei Strahlenbelastungen aus natürlichen und künstlichen Quellen.
- **Röntgenverordnung**
  Die Röntgenverordnung (RöV) enthält Regeln zum Schutz vor Schäden durch **Röntgenstrahlen** mithilfe von Strahlenschutzmaßnahmen, insbesondere bei der Anwendung im medizinischen Bereich.
- **Richtlinie „Strahlenschutz in der Tierheilkunde"**
  Die Richtlinie ist eine Verordnung zum Schutz vor Schäden durch radioakative Strahlen. Sie richtet ihr Augenmerk vorrangig auf Tierärzte und tiermedizinisches Personal (aber auch auf den Tierhalter), um sie vor Strahlung zu schützen. Die Richtlinie verdeutlicht einige Punkte der Röntgenverordnung und Strahlenschutzverordnung, die in der Tiermedizin wichtig sind.

? Zuständige Rechtsverordnungen bei der Strahlenanwendung in der Tiermedizin

- Röntgendiagnostik
  = Röntgenverordnung (RöV)
- Computertomographie
  = Röntgenverordnung (RöV)
- Szintigraphie
  = Strahlenschutzverordnung (StrSchV)
- Strahlentherapie (z. B. bei Tumoren)
  = Strahlenschutzverordnung (StrSchV)

sowie bei allen vier Anwendungen die Richtlinie „Strahlenschutz in der Tierheilkunde"

14.10.4 Kenntnisse in Strahlenschutz

Nach § 29 Röntgenverordnung ist es Tiermedizinischen Fachangestellten nur erlaubt zu röntgen, wenn sie die erforderlichen Kenntnisse im Strahlenschutz besitzen und unter der Aufsicht von Tierärzten/Tierärztinnen arbeiten, welche die erforderliche Fachkunde im Strahlenschutz haben. Für den Nachweis der Kenntnisse im Strahlenschutz müssen TFA einen 24-stündigen Kurs (Grundkurs) absolvieren und die Kenntnisse mindestens alle 5 Jahre aktualisieren (Aktualisierungskurs).

Auszubildende zum/r TFA, die nachweislich regelmäßig am Unterricht in der Berufsschule zum Thema „Röntgen- und Strahlenschutz durchführen" mit einer Gesamtstundenzahl von 24 Stunden teilgenommen haben, besitzen mit bestandener Abschlussprüfung automatisch die Kenntnisse nach § 29 RöV. Auch in diesem Fall müssen die Kenntnisse alle 5 Jahre aktualisiert werden.

14.10.5 Strahlenmessung

Der Mensch hat keine Sinnesorgane, mit denen er radioaktive Strahlungen feststellen kann. Technische Hilfsmittel sind daher unverzichtbar. In der tierärztlichen Praxis werden

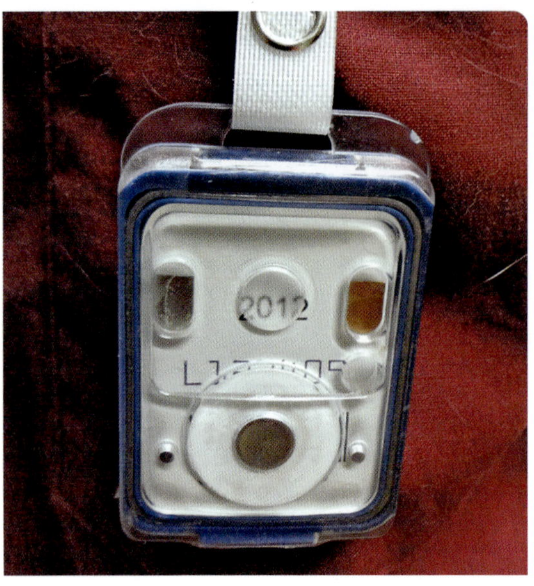

Filmdosimeter.

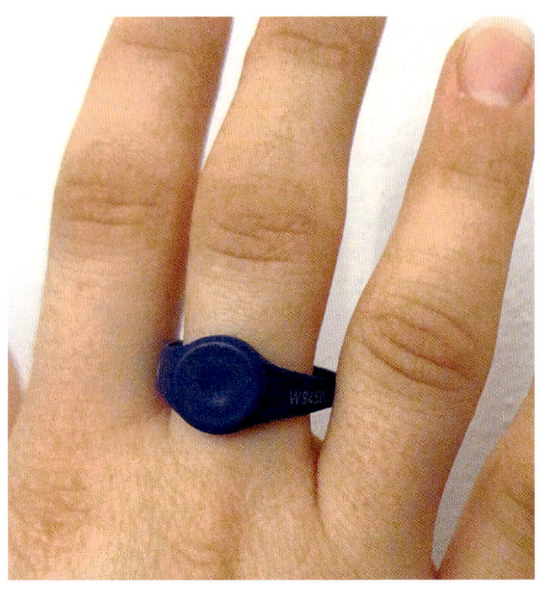

Ringdosimeter.

zur Messung der Strahlenbelastung im Rahmen des Strahlenschutzes folgende Dosimeter verwendet:

- **Filmdosimeter**
  Filmdosimeter werden umgangssprachlich auch als Plakettendosimeter bezeichnet. Sie sind zum Nachweis von ionisierenden Strahlen (Röntgenstrahlen, Gammastrahlen) im Bereich von 0,1 mSv (Millisievert) bis 1 Sv(Sievert) geeignet. Filmdosimeter werden als Ansteckplaketten an exponierter Stelle (z. B. an der Brusttasche des Kittels) unter der Bleischürze getragen. Sie messen die Personendosis. Filmdosimeter sind amtlich zugelassene Dosimeter zur Routineüberwachung strahlenexponierter Personen. Sie können nicht direkt abgelesen werden und werden in der Regel monatlich durch eine amtlich anerkannte Messstelle (z. B. Helmholzzentrum München) ausgewertet.
  Jede strahlenexponierte Person erhält ihren eigenen Filmdosimeter, der die Strahlenbelastung des/der Trägers/Trägerin misst. Die Ansteckplakette darf **niemals** an eine andere Person ausgeliehen werden.
- **Ringdosimeter**
  Die Röntgenverordnung schreibt vor, dass Ringdosimeter dann zu tragen sind, wenn vorauszusehen ist, dass die Organdosis mehr als 150 mSv im Jahr beträgt. Dies ist bei Einhaltung der Strahlenschutzvorschriften in einer tierärztlichen Praxis oder Klinik nicht wahrscheinlich. Aus diesem Grunde sind Ringdosimeter (Fingerdosimeter) zusätzlich zu den Ansteckplaketten hier nicht vorgeschrieben. In vielen Praxen werden sie jedoch als weitere Sicherheitsmaßnahme eingesetzt. Ringdosimeter werden an einem Finger getragen. Sie messen v. a. die Strahlenbelastung der Hände. Auch Ringdosimeter können (wie Filmdosimeter) nicht direkt abgelesen werden, sondern werden an eine amtlich anerkannte Messstelle zur Auswertung versandt. Sie sind genau wie Filmdosimeter personenbezogen und dürfen ebenfalls nicht an eine andere Person ausgeliehen werden.

- **Stabdosimeter**
  Stabdosimeter werden aufgrund ihrer Gehäuseform auch als Füllhalterdosimeter bezeichnet. Im Gegensatz zum Film- und Ringdosimeter kann man bei dieser Dosimeterart anhand der Stellung eines Metallfadens über einer Skala eine eventuelle Strahlenbelastung sofort ablesen. Die Anzeige kann auf Null zurückgestellt werden. Dadurch eignen sich Stabdosimeter zur Messung der Strahlenbelastung von Personen, die sich nur einmalig im Röntgenraum befinden (z. B. Patientenbesitzer, die ihr Tier beim Röntgen selbst halten). Nach der Strahlenexposition wird das Stabdosimeter abgelesen, der Name des Trägers und die Dosis dokumentiert sowie die Anzeige wieder auf Null gestellt. Stabdosimeter sind damit nicht personenbezogen und können nacheinander von mehreren Personen getragen werden, vorausgesetzt die gemessene Strahlendosis wird zwischen den einzelnen Trägern gelöscht.

Beachte
Dosimeter dürfen nicht unmittelbarem Sonnenlicht ausgesetzt werden, da dies eine hohe Strahlenbelastung vortäuscht. Ebenso dürfen Dosimeter (z. B. von TFA im Urlaub) nicht im Röntgenraum aufbewahrt werden. Die bei jeder Röntgenaufnahme darauf auftreffenden Streustrahlen können ebenfalls falsche Werte hervorrufen.

Maximale Jahresdosis

Für beruflich strahlenexponierte Personen ist die maximal erlaubte Jahresdosis 20 mSv pro Jahr. Im Laufe des gesamten Berufslebens dürfen jedoch nicht mehr als 400 mSv zusammenkommen.

14.10.6 Strahlenschutzbereiche

Eine Röntgeneinrichtung darf nur in einem allseits umschlossenen Raum (Röntgenraum) betrieben werden, der von einem Sachverständigen (z. B. Mitarbeiter des TÜV) in Bezug auf Strahlenschutz überprüft und von der Behörde genehmigt wurde. Das gleiche gilt für Bestrahlungen mit radioaktiven Strahlen zu Therapiezwecken (z. B. bei Tumoren). Ausnahmen sind Röntgenuntersuchungen an Tieren, die aufgrund ihrer Größe nicht in einen Röntgenraum hineinpassen (z. B. Pferde, Rinder). Hier werden mobile Röntgengeräte verwendet. Beim Röntgen außerhalb eines Röntgenraumes mit einem mobilen Röntgengerät müssen besondere Vorkehrungen zum Schutz Dritter vor Röntgenstrahlung getroffen werden.

Man unterscheidet den Überwachungsbereich und den Kontrollbereich:

- **Überwachungsbereich**
  Überwachungsbereiche sind nicht zum Kontrollbereich gehörende betriebliche Bereiche (z. B. die an einen Röntgenraum angrenzenden Räume), in denen Personen eine Dosis von mehr als 1 mSv (Millisievert) pro Kalenderjahr erhalten können.
- **Kontrollbereich**
  Kontrollbereiche (z. B. der Röntgenräume) sind Bereiche, in denen Personen im Kalenderjahr eine Dosis von mehr als 6 mSv pro Kalenderjahr erhalten können. Der Kontrollbereich muss abgegrenzt und deutlich mit einem Schild „Röntgen – kein Zutritt“ gekennzeichnet sein. Während der Einschaltzeit (beim Röntgen) dürfen sich im Kontrollbereich nur berechtigte Personen mit ausreichender Strahlenschutzkleidung aufhalten.
  Schwangere dürfen beim Röntgen grundsätzlich nicht in den Kontrollbereich.

14.10.7 Schutzkleidung

Bei jeder Untersuchung mit radioaktiven Strahlen müssen Personen, die sich im Kontrollbereich aufhalten, Schutzkleidung tragen. Die Schutzkleidung besteht aus:

- Röntgenschürze
- Schilddrüsenschutz
- Bleihandschuhe
- Bleibrille (wird nur in seltenen Fällen verwendet)

Je höher der Bleigehalt der Schutzkleidung, desto höher ist der Schutz vor Strahlung. Es gibt Schutzkleidung mit einer Bleischicht von 0,25 mm, 0,5 mm und 1,0 mm Dicke.

Röntgenschürzen, Schilddrüsenschutz und Bleihandschuhe dürfen **nicht geknickt werden**. Durch (von außen meist nicht sichtbare) Knickfalten in der Bleischicht können Strahlen hindurchdringen. Eine Schutzkleidung mit Knickfalten schützt nicht vor Strahlung und ist damit unbrauchbar. Aus diesem Grund muss Schutzkleidung sorgfältig gelagert werden.

Beachte:
Die Schutzkleidung schützt **nur** vor Streustrahlen. Hände im Nutzstrahlkegel oder Primärstrahl sind auch mit Bleihandschuhen nicht ausreichend abgeschirmt.

So nicht: Finger im Nutzstrahlkegel!

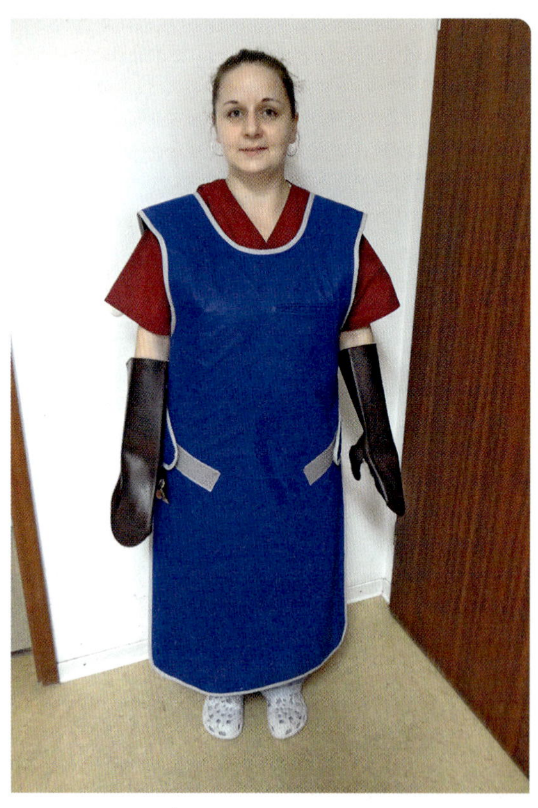

Schutzkleidung (unvollständig – es fehlt der Schilddrüsenschutz).

Sorgfältige Aufbewahrung der Schutzkleidung.

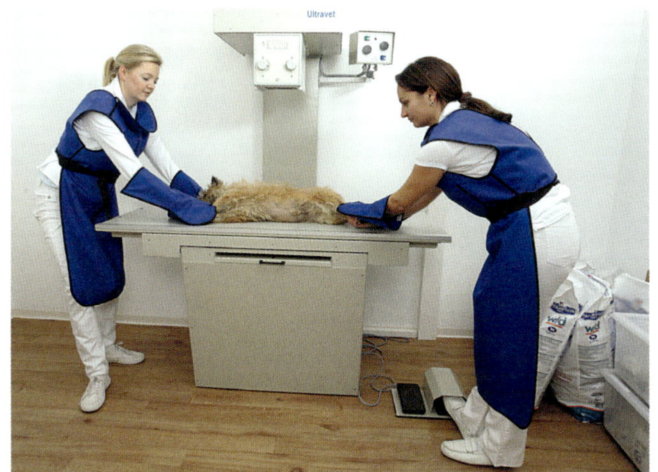

Abstand vom Röntgentisch.

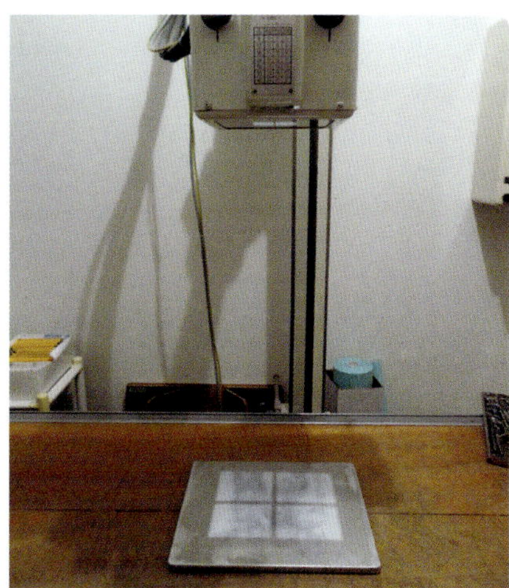

Einblenden des Nutzstrahlkegels.

14.10.8 Abstand halten

Die gefährliche Streustrahlung geht vom Patienten aus und streut in alle Richtungen. Je größer der Patient, desto mehr Streustrahlen werden erzeugt. Mit der Entfernung zum Röntgentisch nimmt die Intensität der Streustrahlung jedoch immer mehr ab. Neben der korrekten Schutzkleidung ist daher der Abstand vom Röntgentisch entscheidend für den Strahlenschutz.

14.10.9 Einblenden

Die Strahlenbelastung des Patienten und die des Untersuchers kann durch exaktes Einblenden vermindert werden. Der Nutzstrahlkegel wird durch eine Blende am Gehäuse der Röntgenröhre genau auf den zu untersuchenden Bereich eingestellt.

14.10.10 Lagerungshilfen verwenden

Eine optimale Lagerung des Patienten verhindert Wiederholungsaufnahmen aufgrund misslungener und nicht beurteilbarer Aufnahmen. Lagerungshilfen dienen dazu, eine bestimmte Position des Tieres zu stabilisieren und damit bestmögliche Bilder zu erzielen. Bei narkotisierten Tieren können sie dem Untersucher erlauben, sich weit vom Tisch zu entfernen und damit die Streustrahleneinwirkung zu vermindern.

14.10.11 Qualitätssicherung

Je weniger Röntgenaufnahmen gemacht werden, desto weniger Strahlenbelastung entsteht für den Patienten und den Untersucher. Ob eine Röntgenuntersuchung bei einem Patienten erforderlich ist, entscheidet der Tierarzt . Tiermedizinische Fachangestellte können durch Optimierung der Aufnahmetechnik und korrekte Entwicklung der Bilder verhindern, dass Untersuchungen aufgrund schlechter und nicht beurteilbarer Röntgenbilder wiederholt werden müssen.

14.10.12 Strahlenschutz bei der Szintigraphie

Bei der Szintigraphie werden dem Patienten radioaktive Substanzen (z. B. radioaktives Jod) über die Vene injiziert, die sich in be-

Strahlenschutzmaßnahmen während des Röntgens

- Kenntnisse in Strahlenschutz
- Schutzkleidung tragen
- Dosimeter tragen
- Hände (und andere Körperteile des Untersuchers) dürfen niemals in den Nutzstrahlkegel oder Primärstrahl gelangen!
- Minimierung der Streustrahlenexposition durch Abstand halten
- Lagerungshilfen verwenden
- Minimierung der Strahlung durch richtige Einstellung von Spannung, Dosis und Zeit
- Minimierung der Strahlung durch enges Einblenden des Untersuchungsfeldes
- Verhinderung unnötiger Röntgenaufnahmen durch Qualitätssicherung bei der Aufnahme und Entwicklung der Bilder

stimmten Organen (z. B. Schilddrüse) anreichert. Die Untersuchung erfolgt mit einer Gammakamera.

Bei der Szintigraphie wird nicht der Patient bestrahlt sondern der Patient strahlt selbst über einen längeren Zeitraum (mindestens 24 Stunden), bis die ihm injizierte radioaktive Substanz vom Körper wieder ausgeschieden worden ist.

Beim Umgang mit radioaktiven Stoffen müssen folgende Schutzmaßnahmen ergriffen werden:

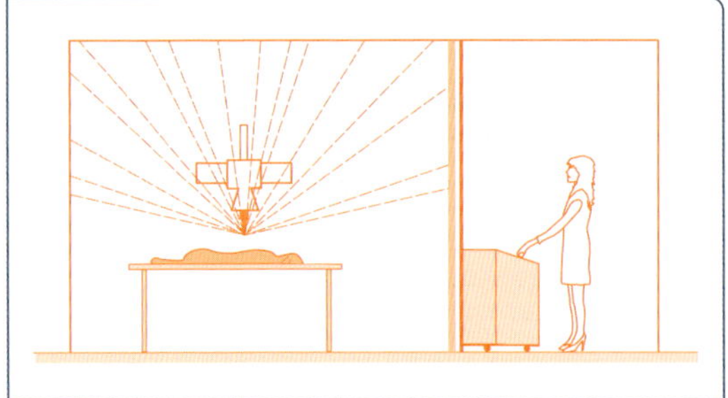

Abschirmung durch Verlassen des Raumes.

- **Sauber und abgeschirmt arbeiten**
  Es darf zu keiner Verunreinigung des Arbeitsplatzes mit verschüttetem Material kommen. Das Bearbeiten des Materials (z. B. Aufziehen in die Spritze) muss hinter einer durchsichtigen Bleiabschirmung erfolgen. **Handschuhe verwenden**
- **Inkorporation vermeiden**
  Inkorporation bedeutet das Aufnehmen von Substanzen (in diesem Fall radioaktiven Substanzen) in den Körper, z. B. über den Mund. Um zu verhindern, dass radioaktive Stoffe versehentlich inkorporiert (aufgenommen) werden, ist Essen, Trinken und Rauchen beim Umgang mit ihnen verboten.
- **Müllentsorgung**
  Radioaktive Abfälle (z. B. Reste der Injektionsflüssigkeit) sind E-Abfälle (siehe Kap. 4, Hygiene) und müssen durch Spezialfirmen entsorgt werden. Bis zur Abholung müssen sie abgeschirmt und vor Zugriffen Unbefugter geschützt gelagert werden.
- **Tierbesitzer aufklären**
  Tierbesitzer müssen darüber aufgeklärt werden, dass der Patient solange, bis die strahlende Substanz aus seinem Körper wieder ausgeschieden ist (mindestens 24 Stunden lang), keinen engeren Kontakt mit Schwangeren, Kindern oder heranwachsenden Jungendlichen haben darf. Ist dies nicht zu vermeiden, muss der Patient für diese Zeit stationär aufgenommen werden.

14.10.13 Strahlenschutz bei der Computertomographie

Eine Computertomographie bei Tieren kann nur in Narkose oder in tiefer Sedation durchgeführt werden. Aus diesem Grunde ist es nicht erforderlich, den Patienten festzuhalten. Während der Untersuchung dürfen sich keine Personen im Kontrollbereich aufhalten. Die Untersuchung wird hinter einer Bleiglasabschirmung gesteuert und überwacht.

15 Notfallmanagement

(Nr. 13 des Ausbildungsrahmenplans)

15.1 Erste Hilfe beim Menschen

Tiermedizinische Fachangestellte können im Praxisalltag auch mit medizinischen Notfällen **beim Menschen** (z. B. bei Mitarbeitern oder Patientenbesitzern) konfrontiert werden. Aus diesem Grunde empfiehlt es sich, einen Erste-Hilfe-Grundkurs zu absolvieren und das dort erlernte Wissen regelmäßig zu aktualisieren, um jederzeit für den (hoffentlich nie eintretenden) Ernstfall gewappnet zu sein. Erste-Hilfe-Kurse werden in der Regel während der Ausbildung von den Berufsschulen organisiert, aber auch von vielen privaten Organisationen (z. B. Rotes Kreuz) angeboten. In einem Erste-Hilfe-Kurs werden unter anderem die nachfolgenden Themen ausführlich besprochen und praktisch geübt:

15.1.1 Kreislaufschwäche

Die Sorge um ein erkranktes Tier, die Aufregung, der Geruch nach Desinfektionsmittel, im Sommer die Hitze, eine Grunderkrankung (z. B. Herzerkrankung, Zuckerkrankheit) und vieles mehr können dazu führen, dass es einem Patientenbesitzer im Wartezimmer oder während der Behandlung seines Tieres oder einem Mitarbeiter „schlecht" wird.

Typische Symptome
- Unruhe, geistige Abwesenheit
- Blasse Gesichtsfarbe
- Schwitzen (Schweißtropfen auf der Stirn und/oder über der Oberlippe)
- Ohnmacht („es wird schwarz vor den Augen")

Bei rechtzeitigem Erkennen der Symptome und sofortigem Einschreiten kann man verhindern, dass der Betroffene das Bewusstsein verliert, hinfällt und sich dadurch eventuell Verletzungen zuzieht.

Folgende Maßnahmen sind bei den ersten Anzeichen zu ergreifen:
- **Ansprechen und unterhalten**
  Das direkte Ansprechen und eine Aufmerksamkeit fordernde Unterhaltung lenkt von der Situation, die zum Schwächeanfall geführt hat, ab.
- **Einen Stuhl anbieten**
  Der Betroffene sollte (wenn erforderlich gestützt) zu einer Sitzgelegenheit geführt werden. Dadurch wird verhindert, dass er hinfällt.
- **Frischluft**
  Sitzgelegenheit am geöffneten Fenster oder im Freien wählen.
- **Ein Glas Wasser anbieten**
  In vielen Fällen hilft das Trinken von etwas Wasser innerhalb weniger Minuten, einen leichten Schwächeanfall zu überwinden.
- **Grunderkrankung erfragen**
  Um entscheiden zu können, ob es sich um einen leichten Schwächeanfall handelt oder ob die Situation es erfordert, sofort den Rettungsdienst anzurufen, ist die Frage nach einer eventuell bestehenden Grunderkrankung berechtigt. Erkrankungen, die zu lebensbedrohlichen Schwächeanfällen führen können, sind z. B. Diabetes mellitus, Herzerkrankungen, Allergien.

Ein leichter Schwächeanfall ist in der Regel ungefährliche und relativ schnell überwunden.

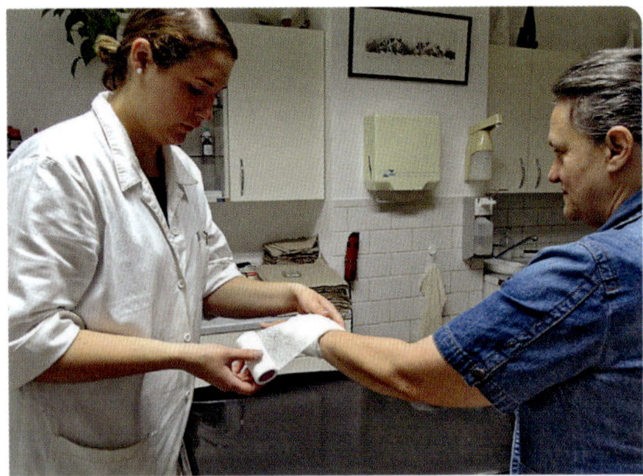

Versorgung einer Bisswunde bei einer Patientenbesitzerin durch die Tiermedizinische Fachangestellte.

Der Betroffene sollte solange nicht alleine gelassen werden, bis sich sein Zustand stabilisiert hat. Wenn das Befinden sich nicht innerhalb einer kurzen Zeitspanne, maximal ¼ – ½ Stunde, gebessert hat oder sich gar verschlechtert, sollte unverzüglich der Rettungsdienst alarmiert werden.

15.1.2 Biss – und Kratzwunden

Biss- und Kratzwunden sind im Umgang mit Tieren nicht selten. Bakterien, die an Zähnen und Krallen der Tiere haften, können schwere Infektionen (z. B. Tetanus = Wundstarrkrampf; Sepsis = Blutvergiftung, Abszess= eitrige Entzündungen) verursachen. Daher müssen Biss- und Kratzwunden sofort mit einem **für Menschen zugelassenen** Hautdesinfektionsmittel gespült werden. Danach empfiehlt es sich, die Wunde (je nach Größe) mit einem **sterilen** Tupfer und einer Mullbinde oder einem Pflaster abzudecken. Zum Eigenschutz müssen bei der Versorgung blutiger Wunden beim Menschen **Einmalhandschuhe** getragen werden. Es dürfen grundsätzlich (außer einem für die Anwendung am Menschen zugelassenen Desinfektionsmittel) keine Medikamente aus der Praxis verwendet werden.

Kleinere Wunden heilen in der Regel sehr schnell ab. Sollte allerdings die Wunde nach 6 – 12 Stunden stark schmerzen und /oder sich die Haut um die Wunde röten und die verletzte Gliedmaße anschwellen, muss ein Arzt hinzugezogen werden.

Patientenbesitzer, die in der Praxis durch ihr eigenes oder ein fremdes Tier (im Wartezimmer) verletzt werden, sollte empfohlen werden, nach der Erste-Hilfe-Maßnahme in der tierärztlichen Praxis ihren Hausarzt zu konsultieren und, wenn erforderlich, sich gegen Tetanus impfen zu lassen. Tiermedizinische Fachangestellte sollten selbst zu jeder Zeit über einen ausreichenden Impfschutz gegen Tetanus verfügen. Es wird empfohlen, die Impfung alle 10 Jahre auffrischen zu lassen.

? Grundsätze im Umgang mit Wunden beim Menschen

- Handschuhe tragen (zum Eigenschutz)
- Wunden nicht berühren
- Wunden desinfizieren (Desinfektionsmittel über die Wunde gießen)
- Wunden abdecken (Pflaster, steriler Tupfer + Verband)
- Keine Salben und Medikamente aus der Praxis verwenden!

15.1.3 Stark blutende Wunden

Starke, stoßweise austretende Blutungen deuten auf eine Verletzung einer Arterie (Schlagader) hin. Sie können durch den starken Blutverlust lebensbedrohlich sein und müssen unverzüglich gestoppt werden. Hierzu wird ein **Druckverband** angelegt:

- Einmalhandschuhe (zum Eigenschutz) anziehen
- Betroffene/n hinsetzen oder hinlegen.
- Sterile Wundauflage auf die blutende Wunde legen und mit einer Mullbinden 2- 3 mal umwickeln
- Zusätzlich ein geschlossenes Verbandspäckchen als Druckpolster punktgenau

auf die bandagierte Wunde legen und mit dem restlichen Teil der Mullbinde umwickeln.

- **Vorsicht**: Nur so fest umwickeln, dass die Blutung gestillt wird. Das Gewebe um den Verband (bzw. die betroffene Gliedmaße) darf nicht blau werden.
- Notruf 112 anrufen
- Betroffene/n zudecken und bis zum Eintreffen des Rettungsdienstes betreuen (beruhigen, trösten, ablenken, Wasser anbieten)

Schocklagerung

Die Schocklagerung ist bei einem Schock aufgrund einer Herzerkrankung (kardialer Schock) kontraindiziert, d. h. sie kann für den Betroffenen unter Umständen sogar lebensgefährlich sein. Da ein Nichtmediziner nicht immer entscheiden kann, welche Ursache dem Schock zugrunde liegt, wird die Schocklagerung nach den neuen Richtlinien für Erste-Hilfe-Maßnahmen bei Personen, die bei Bewusstsein sind, nicht mehr empfohlen.

Die Betroffenen sollten auf einen bequemen Stuhl sitzen, warm gehalten und bis zum Eintreffen des Rettungsdienstes betreut werden. Bei Bewusstlosigkeit wird die stabile Seitenlage (siehe S. 298) durchgeführt.

15.1.4 Verbrennung

Kleinflächige Verbrennungen müssen **sofort** gekühlt werden. Dadurch werden die Schmerzen gelindert und eine Ausbreitung der Schäden von der Brandwunde auf umliegendes Gewebe verhindert. Zur Kühlung eignet sich sauberes, sehr kühles Leitungswasser. Um keine Erfrierungen und damit zusätzliche Schädigungen zu verursachen sollte kein Eis verwendet werden.

Großflächige Verbrennungen dürfen nicht gekühlt werden. Bei der Kühlung großer Körperflächen würde der Körper zu viel Wärme verlieren. Verbrannte Kleidung oder sonstige auf der Haut eingebrannte Gegenstände (z. B. Schmuck) werden bei der Ersten Hilfe nicht entfernt. Das ist Aufgabe der Ärzte in der Klinik.

Beachte:

Niemals Mehl, Öl oder sonstige „Hausmittel“ auf Brandwunden geben. Auch die Anwendung von Brandgels oder Brandsalben sind nicht Bestandteile der Ersten Hilfe. Sie werden, wenn erforderlich, vom behandelnden Arzt aufgetragen.

15.1.5 Verätzung

Verätzungen sind Verletzungen durch Säuren oder Laugen. Je konzentrierter die ätzende Substanz und je länger die Einwirkungszeit, desto größer sind die Schäden. Daher muss die betroffene Hautregion unverzüglich mit reichlich fließendem Wasser solange gespült werden, bis alle Spuren des ätzenden Stoffes abgewaschen sind. Bei sehr hoher Konzentration der zur Verätzung führenden Substanz wird diese zunächst mit einem Tupfer aufgenommen, um eine Ausbreitung der Schäden am Anfang der Spülung zu vermeiden. Beim Abtupfen sollte der Ersthelfer zum Eigenschutz Einweghandschuhe tragen.

Bei Verätzung der Augen wird ebenfalls lange und mit viel Wasser gespült. Danach muss der Betroffene umgehend einem Augenarzt vorgestellt werden.

15.1.6 Bewusstlosigkeit

Bei Bewusstlosigkeit sind natürliche Schutzreflexe (z. B. Schluck- oder Hustenreflex) ausgeschaltet. Blut, Erbrochenes oder Speichel können dadurch in die Atemwege gelangen. Die gesamte Muskulatur ist erschlafft. Das kann dazu führen, dass die Zunge in der Mundhöhle nach hinten fällt und die Atemwege verschließt. Der Bewusstlose droht zu ersticken. **Es besteht akute Lebensgefahr!**

Maßnahmen bei Bewusstlosigkeit

- **Betroffene/n ansprechen und anfassen**
  Bei Bewusstlosigkeit erfolgt keine Reaktion. Die Muskulatur ist schlaff.
- **Atmung prüfen**
- **Atmung vorhanden:**
  - Zuerst **stabile Seitenlage**,
  - danach Notruf 112
  - Betroffenen zudecken
  - Wiederholt Atmung prüfen
- **Keine Atmung vorhanden:**
  - Zuerst Notruf 112,
  - danach unverzüglich **Herz-Lungen-Wiederbelebung** bis zum Eintreffen des Rettungsdienstes

Stabile Seitenlage

Durch die stabile Seitenlage wird eine bewusstlose Person so gelagert, dass keine Flüssigkeit aus dem Mund (z. B. Speichel, Erbrochenes, Blut) in die Atemwege fließen und die Zunge nicht die Atemwege verschließen kann.

Um sich die Reihenfolge besser merken zu können, wird die Durchführung der stabilen Seitenlage in 5 Schritte gegliedert:

Schritt 1

- Die bewusstlose Person (wenn sie nicht bereits auf dem Rücken liegt) auf den Rücken drehen.
- Seitlich neben sie knien.
- Die Beine des/r Betroffenen strecken.
- Den helfernahen Arm des/r Bewusstlosen angewinkelt nach oben legen. Die Handflächen zeigen dabei nach oben.

Schritt 2

- Den helferfernen Arm des/r Bewusstlosen greifen.
- Den Arm vor der Brust kreuzen und die Handaußenfläche an die Wange des/r Bewusstlosen legen.
- Den Arm nicht loslassen.

Schritt 3

- An den Oberschenkel des helferfernen Beins greifen.
- Das Bein beugen.

Schritt 4

- Den Bewusstlosen zu sich herüberziehen, sodass er seitlich liegt.
- Das oben liegende Bein so ausrichten, dass der Oberschenkel im rechten Winkel zur Hüfte liegt.

Schritt 5

- Den Kopf des Bewusstlosen leicht nach hinten neigen (nicht überstrecken!). Dadurch werden die Atemwege frei.
- Den Mund des Bewusstlosen öffnen, damit eventuell sich sammelnde Flüssigkeit (z. B. Speichel) heraus fließen kann.
- Den Betroffenen zudecken und bis zum Eintreffen des Rettungsdienstes betreuen.

Stabile Seitenlage bei einer Schwangeren

Schwangere werden auf ihre linke Körperseite gelagert. Auf diese Weise werden die Gefäße im Bauchraum am wenigsten komprimiert (zusammengedrückt) und der gemeinsame Kreislauf von Mutter und Fetus am besten entlastet.

Herz-Lungen-Wiederbelebung

Die Herz-Lungen-Wiederbelebung (HLW) wird angewandt, wenn bei einer bewusstlosen Person **keine** Atmung festgestellt werden kann. Die Atemkontrolle wird durch Sehen, Hören und Fühlen durchgeführt:

- **Sehen** – ob der Brustkorb sich hebt und senkt. Alternativ kann man eine Daunenfeder vor die Nasenöffnung halten und kontrollieren, ob die Federfahne sich bewegt.
- **Hören** – ob Atemgeräusche vorhanden sind, wenn man das Ohr über Mund und Nase des/r Bewusstlosen legt

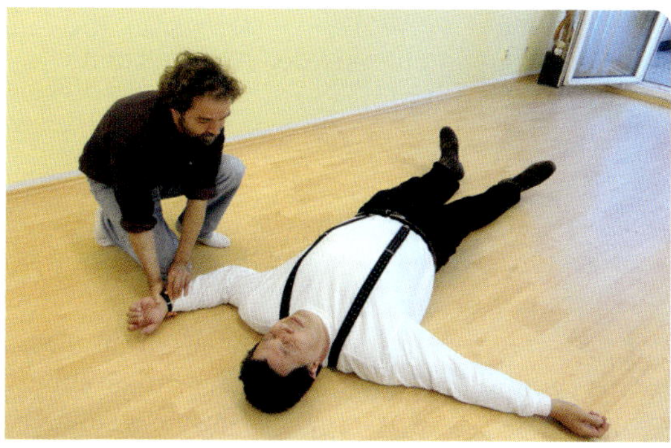

Stabile Seitenlage: Schritt 1.

Stabile Seitenlage: Schritt 2.

Stabile Seitenlage: Schritt 3.

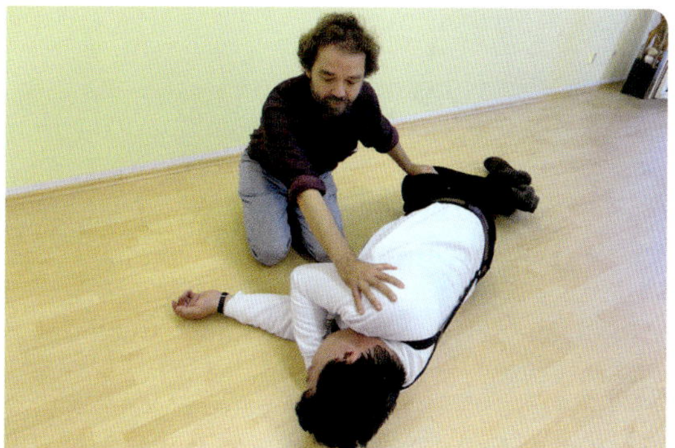

Stabile Seitenlage: Schritt 4.

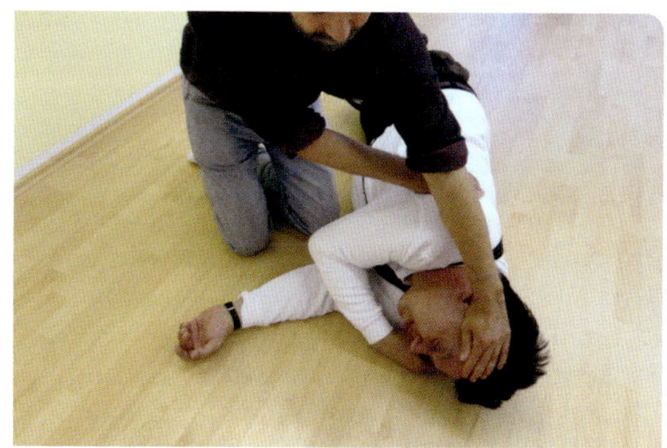

Stabile Seitenlage: Schritt 5.

- **Fühlen** – ob ein Luftstrom aus der Nase bemerkbar ist, wenn man die Wange an die Nasenöffnung des/r Bewusstlosen legt.

Da die Atemfrequenz in Bewusstlosigkeit sehr niedrig sein kann, sollte man mindestens 10 Sekunden (langsam bis 10 zählen) kontrollieren, ob ein Atemzug erfolgt. Ist keine Atmung festzustellen, wird der Notruf 112 gewählt oder eine andere anwesende Person damit beauftragt, den Rettungsdienst zu benachrichtigen. Danach wird die Herz-Lungen-Wiederbelebung (nach den neuen Richtlinien des European Resuscitation Council) wie folgt durchgeführt:

- Herzdruckmassage 30 ×
- Beatmung 2 ×

Dies wird abwechselnd wiederholt, bis der Rettungsdienst eintrifft. Die korrekte Durchführung der Herzdruckmassage und der Beatmung sollte durch praktische Übungen (im Erste-Hilfe-Kurs) trainiert werden. Wenn ein

Defibrillationsgerät (AED) zur Verfügung steht (z. B. in großen Tierkliniken), sollte es eingesetzt werden. Die Anwendung erfolgt nach den Sprachanweisungen des Gerätes.

Setzt die Atmung während der Herz-Lungen-Wiederbelebung wieder ein, wird der Betroffene in stabiler Seitenlage gelagert. Bis zum Eintreffen des Rettungsdienstes muss die Atmung kontinuierlich kontrolliert werden. Eventuell kann, bei erneutem Atemstillstand, eine Fortsetzung der Herz-Lungen-Wiederbelebung erforderlich sein.

15.1.7 Notrufnummer

Über die **Notrufnummer 112** erreicht man europaweit die Rettungsleitstelle. Dort werden durch geschultes Personal die wichtigen Informationen abgefragt, die erforderlich sind, um den jeweiligen Notfall an die richtige Stelle weitervermitteln zu können. Die Unfallmeldung sollte knapp und präzise nach den **fünf W-Fragen** erfolgen:

- **Wo** ist der Notfall?
- **Was** ist geschehen?
- **Wie** viele Betroffene sind zu versorgen?
- **Welche** Verletzungen oder Krankheitszeichen haben die Betroffenen?

Warten auf Rückfragen der Rettungsleitstelle. (Nicht auflegen! Das Gespräch wird von der Rettungsleitstelle beendet, nicht vom Anrufer. Dadurch ist gesichert, dass alle wichtigen Informationen erfragt wurden.)

15.1.8 Verbandsbuch

Jede Erste-Hilfe-Maßnahme bei Mitarbeitern oder Patientenbesitzern in der Praxis (oder Klinik) muss schriftlich dokumentiert werden. Das kann in einer Computerdatei, in einem Ordner oder in einem Verbandsbuch geschehen. Das Verbandsbuch kann kostenlos bei der Berufsgenossenschaft angefordert werden.

Aufgezeichnet werden:

- Zeit, Ort und Hergang des Unfalls
- Art und Ausmaß des Schadens
- Name des/der Verletzten
- Namen der Personen, die Erste Hilfe geleistet haben
- Name von eventuellen Zeugen des Vorgangs

Die Dokumentationen müssen 5 Jahre aufbewahrt werden. Sie dienen als Nachweis bei eventuell auftretenden Spätschäden, dass der Schaden während der Arbeit aufgetreten ist. Dies kann z. B. zur Geltendmachung von Versicherungsentschädigungen wichtig sein.

Des Weiteren helfen die Aufzeichnungen, die Arbeitssicherheit in einer Praxis zu verbessern. Kleinere Verletzungen (z. B. Biss- oder Kratzwunden) geraten nicht in Vergessenheit. Sie sollten Anlass dafür sein, über Verbesserungen der Arbeitssicherheit nachzudenken, diese im Team zu besprechen und umzusetzen.

15.1.9 Meldepflicht

Arbeitsunfälle und Wegeunfälle (Unfälle auf direktem Weg von zu Hause zum Arbeitsplatz sowie vom Arbeitsplatz nach Hause), die zu mehr als drei Ausfalltage führen, müssen der Berufsgenossenschaft gemeldet werden.

15.1.10 Durchgangsarzt

Der Durchgangsarzt ist in der Regel ein Facharzt mit der Zusatzbezeichnung „spezielle Unfallchirurgie." Beschäftigte müssen sich von einem Durchgangsarzt untersuchen lassen, wenn Arbeitsunfälle und Wegeunfälle zur Arbeitsunfähigkeit über den Unfalltag hinaus oder zur Behandlungsbedürftigkeit von mehr als einer Woche führen. Der Durchgangsarzt stellt fest, ob es sich überhaupt um einen Arbeitsunfall handelt. Er ist für die Erstversorgung des Patienten zuständig und erstellt einen Bericht für den Unfallversicherungsträger.

Gegenfalls überweist er die/den Betroffenen zu weiteren Fachärzten. Namen und Adressen von Durchgangsärzten der jeweiligen Region können unter www.lvbg.de – Durchgangsärzte recherchiert oder telefonisch bei der Berufsgenossenschaft erfragt werden.

15.1.11 Verbandskasten

Obwohl in einer Tierarztpraxis (oder Klinik) Erste-Hilfe-Material (Verbände, Desinfektionsmittel usw.) für den täglichen Gebrauch am Tier vorhanden sind und diese Materialien sich nicht wesentlich von denen unterscheiden, die beim Menschen Verwendung finden, sollte für Notfälle beim Menschen ein **Verbandkasten** mit DIN-Norm bereitgehalten werden. Je nach Größe des Betriebes (z. B. in einer großen Tierklinik) können mehrere Verbandkästen erforderlich sein, um im Notfall nicht unnötig lange Wege gehen zu müssen, wodurch Zeit bis zur Ersten Hilfe verloren ginge. Die Orte, an denen die Verbandskästen aufbewahrt werden, müssen gekennzeichnet und allen Mitarbeitern bekannt sein.

Es ist die Aufgabe von Tiermedizinischen Fachangestellten, den Inhalt der Verbandskästen auf Vollständigkeit, Sauberkeit und Sterilität regelmäßig zu kontrollieren und bei Bedarf Material zu ersetzen oder auszutauschen. Die Verpackungen dürfen nicht beschädigt und das Verfallsdatum (z. B. bei sterilem Verbandmaterial) nicht überschritten sein.

15.1.12 Aushang Erste Hilfe – Notfallplan

Die Berufsgenossenschaft empfiehlt, einen Aushang „Anleitung zur Ersten Hilfe“ gut sichtbar in der Praxis aufzuhängen, der wichtige Maßnahmen (z. B. stabile Seitenlage, Herz-Lungen-Wiederbelebung), sowie Kontaktdaten zu nahe liegenden Arztpraxen, Durchgangsarzt und Krankenhaus enthält.

15.2 Hilfeleistung bei Notfällen am Tier

15.2.1 Notfallausrüstung warten

In tierärztlichen Praxen (Kliniken) werden Materialien und Medikamente für die Behandlung von Notfällen in der Regel getrennt von den Utensilien für den täglichen Gebrauch z. B. in einem **Notfallschrank** aufbewahrt. Das hat den Vorteil, dass beim Eintreffen eines Notfallpatienten nicht unnötig lange Zeit durch Zusammensuchen der erforderlichen Materialien und Medikamente bis zur Behandlung des Tieres verloren geht. Für Notfälle außerhalb der Praxis (bei Hausbesuchen, in der Großtier und Pferdepraxis) wird ein **Notfallkoffer** bereitgehalten.

Tiermedizinische Fachangestellte sind dafür verantwortlich, die Notfallausrüstung nach Anweisung des Tierarztes zusammenzustellen und regelmäßig zu warten, sodass sie jederzeit einsetzbar ist. Bei der Wartung ist auf Vollständigkeit und Funktionstüchtigkeit der Ausrüstung, Sauberkeit sowie (z. B. bei Verbands- und Nahtmaterial, chirurgisches Besteck) auf Sterilität der Materialien zu achten. Die Sauerstoffflasche sollte regelmäßig auf ihren Füllungszustand überprüft und, wenn erforderlich, ausgetauscht oder neu gefüllt werden.
Es hat sich bewährt, eine Checkliste für die Kontrolle und Ergänzung von Notfallutensilien zu erstellen.

Beispiel für die Grundausstattung einer Notfallausrüstung:

- Einmalhandschuhe + sterile Handschuhe
- Lampe (Stirnlampe, Stablampe)
- Stethoskop
- Reflexhammer (v. a. in der Großtier- und Pferdepraxis)
- Verbandsmaterial, Pflaster und Schere
- Desinfektionsmittel
- Infusionsflüssigkeit
- Infusionsbesteck

- Kleines steriles chirurgisches Notfallbesteck (Pinzetten, Arterienklemmen, Scheren, Nadelhalter und Nadeln, Nahtmaterial)
- Spritzen, Kanülen, Venenverweilkatheter
- Maulspreizer
- Schermaschine
- Patiententrage
- Beatmungsbeutel (AMBU-Beutel)
- Trachealtuben in verschiedenen Größen
- Sauerstoff
- Telefonnummern (Giftzentrale, Überweisungskliniken)
- Notizblock, Kugelschreiber
- Wärmequellen (z. B. Dunkelwärmestrahler, Wärmflasche, Wärmedecke)
- Krankenkäfige für Vögel und Kleinsäuger (z. B. Ratten, Mäuse)

Die notwendigen **Medikamente für die Notfallausrüstung** stellt der Tierarzt zusammen. Tiermedizinische Fachangestellte überprüfen regelmäßig das Verfallsdatum der Medikamente und tauschen sie gegebenenfalls aus. Werden bei einem Notfall Medikamente verbraucht, müssen sie umgehend ersetzt werden.

Grundsätzlich richtet sich der Inhalt einer Notfallausrüstung nach den Erfahrungswerten des Tierarztes und dem Praxisschwerpunkt. Sie kann von Praxis zu Praxis variieren. Beispielsweise werden Tierärzte mit Schwerpunkt Augenheilkunde neben der Grundausstattung zusätzlich andere Notfallutensilien und Notfallmedikamente benötigen als Tierärzte in einer Pferdepraxis.

15.2.2 Notfälle erkennen

Ein Notfallpatient ist ein Tier, bei dem eine **lebensbedrohliche** Störung der Vitalparameter (Bewusstsein, Atmung, Kreislauf) oder der Funktionskreisläufe im Körper (Wasser-Elektrolyt-Haushalt, Säure-Basen-Gleichgewicht, Temperaturhaushalt und Stoffwechsel) besteht. **Bei einem Notfall besteht akute Lebensgefahr.**

Ursache von Notfällen können sein:

- Verkehrsunfälle
- Beißereien
- Stürze
- Verbrennungen
- Hitze/Kälte
- Vergiftung
- Fremdkörper
- Stromschlag
- Organerkrankungen (z. B. Herzerkrankungen)
- Flüssigkeits- und Nahrungsmangel
- Geburtskomplikationen

Beispiele für Notfälle

- Schock
- Blutung
- Wespenstich
- Knochenbruch und Luxation (Ausrenkung eines Gelenkes)
- Hitzschlag
- Verbrennung
- Augenverletzungen, Hervortreten des Augapfels, Glaukom (grüner Star)
- Magendrehung
- Bissverletzungen
- Offene Bauchhöhle
- Milchfieber
- Kolik (häufig betroffen: Pferd, Kaninchen, Meerschweinchen)
- Akute Atemnot
- Atemstillstand
- Stromschlag
- Epilepsieartige Krampfanfälle
- Bei Vögeln: Aufplustern, nicht mehr auf der Stange sitzen können

Tiermedizinische Fachangestellte sind am Telefon oder bei der Anmeldung in der Praxis meist die erste Anlaufstelle für Tierbesitzer mit einem Notfallpatienten. Sie müssen in der

Lage sein, die Dringlichkeit eines Notfalls anhand der Schilderung der Symptome durch den Tierbesitzer (in der Praxis oder am Telefon) sowie aufgrund eigener Beobachtung des Patienten einzuschätzen. Folgende Grundsätze sollten dabei beherzigt werden:

- Gezielte Fragen am Telefon stellen.
- In Zweifelsfällen, wenn nicht klar ersichtlich ist, ob es sich tatsächlich um einen Notfall handelt, gilt der Patient als Notfall.
- Anweisungen für Erste-Hilfe-Maßnahmen und Transport des Tieres in die Praxis geben.
- Notwendige Geräte, Instrumente, Verbandsmaterial und Medikamente für Schockbehandlung bis zum Eintreffen des Notfallpatienten bereithalten.
- Ein Notfall hat immer Vorrang vor anderen Patienten.
- **Als erste Maßnahme muss der Tierarzt verständigt werden!**
- Wenn erforderlich, Erste-Hilfe-Maßnahmen einleiten
- Alle Informationen aus der eigenen Beobachtung des Patienten und Befragung des Tierbesitzers an den Tierarzt weiterleiten.

15.2.3 Erstversorgung durchführen

Ruhe bewahren und ausstrahlen

Tierbesitzer sind von einer Notfallsituation häufig überfordert und gestresst. Angst und Sorge um ihr krankes Tier führen nicht selten dazu, dass sie die Nerven verlieren. Tiermedizinische Fachangestellte müssen Ruhe bewahren, den Tierbesitzer beruhigen und ihm das Gefühl vermitteln, dass sein Tier sich „in den richtigen Händen“ befindet. **Unnötige Hektik verhindert umsichtiges Handeln.**

Selbstschutz

Bei schmerzhaften Verletzungen und Krankheiten oder bei akuter Atemnot besteht die Gefahr, dass selbst das gutmütigste Tier aus Schmerz, Angst und Panik heraus beißt oder kratzt. Bei Erste-Hilfe-Maßnahmen steht daher der Selbstschutz an erster Stelle. Folgende Verhaltensregeln sollten beachtet werden:

- Ruhiges Herangehen an den Patienten (keine ruckartigen oder schnellen Bewegungen machen).
- Den Patienten anreden (am besten mit seinem Namen).
- Mit ruhiger Stimme immer weiter reden (nicht über den Patienten hinweg handeln).
- Den Blickkontakt zum Patienten suchen.
- Zwangsmaßnahmen nach Möglichkeit unterlassen.
- Wenn erforderlich, Decke, Schutzhandschuhe, Maulkorb verwenden.

Vitalfunktionen

Unter Vitalfunktionen versteht man

- Atmung
- Kreislauf
- Bewusstsein

Der Sinn der Erstversorgung eines Notfallpatienten ist, durch Sofortmaßnahmen die Vitalfunktionen zu erhalten oder, sollten sie nicht mehr vorhanden sein, wieder herzustellen. Maßnahmen zur Erhaltung und Wiederherstellung der Vitalfunktionen sind:

- Blutstillung
- Beatmung
- Lagerung
- Hydration (Zuführung von Flüssigkeit in Form von Infusionen)

Schock

Unter Schock versteht man ein akutes Kreislaufversagen. Der Grund ist eine verminderte Blutzirkulation in den Gefäßen. Man unterscheidet:

- **Volumenmangelschock**
  Durch starken Blutverlust (z. B. durch eine Verletzung einer Arterie), durch massiven Wassermangel (z. B. durch langes Dürsten) oder durch Wasserverlust (z. B. aufgrund von Durchfall, Erbrechen) kommt es zu ei-

ner Verminderung des flüssigen Anteils des Blutes. Durch diese „Eindickung“ des Blutes wird die Zirkulation in den Gefäßen herabgesetzt oder (je nach Ausmaß des Volumenmangels) vollständig unterbunden.

- **Kardialer Schock**
  Beim kardialen Schock pumpt der Herzmuskel nicht genügend Blut in den Kreislauf. Dies kann im Zusammenhang mit verschiedenen Herzerkrankungen auftreten.
- **Septischer Schock**
  Beim septischen Schock reagiert der Organismus auf eine Infektion mit bestimmten Infektionserregern und deren giftigen Abbauprodukten durch Weitstellung der Blutgefäße. Dadurch wird die Blutzirkulation vermindert.
- **Anaphylaktischer Schock**
  Der anaphylaktische Schock (auch allergischer Schock genannt) ist die schwerste Form einer Allergie. Er kann im Prinzip durch jede Substanz ausgelöst werden, auf die der Patient allergisch reagiert. Besonders häufig treten allergische Reaktionen durch Medikamente oder Insektenstiche (z. B. Bienenstich) auf. Beim allergischen Schock wird das Gewebshormon Histamin ausgeschüttet, das ebenfalls eine Weitstellung der Blutgefäße verursacht und damit die Blutzirkulation stört.
- **Neurogener Schock**
  Als neurogener Schock wird der Ausfall von Nerven bezeichnet, die für die Regulation des Gefäßtonus (Eng- und Weitstellung der Gefäße) verantwortlich sind. Dies kann z. B. im Zusammenhang mit einer Gehirn- oder Rückenmarksverletzung oder einer Erkrankung des Zentralnervensystems (z. B. Gehirn- oder Hirnhautentzündung) auftreten. Es entsteht eine Lähmung der glatten Gefäßmuskulatur. Die Blutgefäße sind dadurch maximal weit gestellt. Auch hier „versackt“ das Blut in die unteren Körperregionen und die Blutzirkulation kommt weitgehend zum Erliegen.

Symptome

Die klassischen Schocksymptome sind zunächst Unruhe, blasse Schleimhäute, schnelle und flache Atmung mit Atemnot, später Bewusstseinstörung bis hin zum völligen Verlust des Bewusstseins.

Typisch für einen Patienten im Schock sind ein sehr schneller und weicher Puls (bei Hund, Katze, Kaninchen und Meerschweinchen fühlbar), sowie gleichzeitig ein niedriger Blutdruck. Der Blutdruck kann unter Praxisbedingungen nur bei Hund und Katze gemessen werden. Je weiter die „Schere“ zwischen Pulsfrequenz und Blutdruck auseinanderklafft, desto lebensbedrohlicher ist der Zustand des Patienten.

Die Kapillarfüllungszeit (KFZ, siehe S. 315) ist beim Schock verzögert. Im fortgeschrittenen Stadium sind die Schleimhäute porzellanweiß und die Kapillarfüllungszeit nicht mehr messbar.

Die Hauttemperatur ist kühl bis sehr kalt. Dies kann man bei behaarten Tieren am besten an den Ohren und an den Gliedmaßen fühlen.

Bei Tieren im Schock ist das Bewusstsein in der Regel eingeschränkt. Im fortgeschrittenen Stadium sind die Patienten bewusstlos.

? Schocksymptome

- Anfänglich Unruhe
- Blasse bis porzellanweiße Schleimhäute
- Kapillarfüllungszeit (KFZ) verzögert
- Schneller, weicher Puls
- Niedriger Blutdruck
- Hauttemperatur kühl bis kalt
- Einschränkung des Bewusstseins
- Bewusstlosigkeit

Therapie

Das akute Kreislaufversagen erfordert umgehendes Handeln, denn es besteht **Lebensgefahr**. Als Erste-Hilfe-Maßnahme legt man den Patienten auf eine flache, weiche Unterlage.

Wenn es die Verletzungen erlauben, wird das Tier auf die rechte Körperseite gelagert, um keinen Druck auf das Herz zu verursachen. Die Atemwege müssen frei sein. Mit einem feuchten Tupfer werden eventuelle Verklebungen durch Blut oder Schmutz von den Nasenöffnungen weggewischt, damit das Tier atmen kann. Durch eine Wärmequelle (z. B. Wärmeflasche) und eine dicke, aber leichte Decke wird das Tier vor weiterer Auskühlung geschützt. Wenn möglich, sollte baldmöglichst eine körperwarme Infusion verabreicht werden. Bei kleinen Tieren oder bei Patienten, deren Zugangsvenen durch den Schock nicht mehr einem Venenkatheter zugänglich sind, kann man die Infusionsflüssigkeit (z. B. Ringer-Infusionslösung) subkutan (unter die Haut) verabreichen. Steht Sauerstoff zur Verfügung, empfiehlt es sich, das Gas über einen Schlauch in die Nasenöffnungen des Patienten zu leiten. Die Weiterbehandlung eines Schockpatienten sollte durch den Tierarzt erfolgen.

Blutungen

Blutungen aus kleineren Gefäßen

Blutungen aus kleineren Gefäßen (z. B. abgerissene Kralle, Biss- oder Schnittverletzung) werden durch festen Druck auf das verletzte Blutgefäß mit einem sterilen (eventuell mit Eisen III-Chlorid getränktem) Tupfer gestillt. Durch den ausgeübten Druck schließt sich das Gefäß und verklebt meist nach ein paar Minuten. Nach erfolgter Blutstillung sollte man nicht über die Wunde reiben! Das gerade verklebte Gefäß würde dadurch wieder aufreißen und erneut bluten. Bis zur endgültigen Versorgung der Verletzung durch den Tierarzt wird das Tier ruhig gehalten, um eine erneute Blutung zu verhindern.

Wichtig

Auch kleine Blutungen können bei Vögeln und sehr kleinen Säugetieren (Maus, Ratte, Gerbil usw.) lebensgefährlich sein. Entsprechend ihrer Körpergröße verfügen die Tiere nur über ein geringes Blutvolumen. Bereits 3 – 4 Tropfen Blutverlust sind vergleichbar mit einer starken Blutung bei größeren Haustieren (z. B. Hund, Katze). Die/der Tiermedizinische Fachangestellte sollte bei einer telefonischen Anfrage den Tierhalter darauf aufmerksam machen, dass vor dem Transport zum Tierarzt die Blutung durch Druck auf das blutende Gefäß gestillt werden muss, damit das Tier nicht während des Transportes verblutet.

Starke Blutungen

Stossweise austretendes helles Blut deutet auf eine Verletzung einer Arterie (Schlagader) hin. Dadurch verliert der Patient in kurzer Zeit sehr viel Blut. Die Blutung muss schnellstmöglich gestoppt werden. Es besteht Lebensgefahr. Befindet sich die Blutung an einer Gliedmaße oder am Schwanz, wird die Gliedmaße (bzw. der Schwanz) abgebunden. Dazu eignet sich ein 2 – 3 cm breiter Stoffstreifen, der herzwärts über der Wunde um die Gliedmaße (oder den Schwanz) gebunden wird. Bis zur endgültigen Versorgung der Wunde durch den Tierarzt sollte die Binde alle fünf Minuten etwas gelockert und dann wieder festgezogen werden. Dadurch wird verhindert, dass der untere Teil der abgebundenen Gliedmaße durch die mangelnde Blutversorgung geschädigt wird.

Tritt die Blutung am Rumpf auf, wird ein **Druckverband** angelegt. Zunächst werden 5 – 10 sterile Tupfer übereinander geschichtet, auf die Wunde gepresst und mit einem Verband rund um den Körper mit festem Druck fixiert. Wenn Blut durch den Verband sickert, wird ein zu einem kleinen Päckchen zusammengefaltetes Tuch oder ein Verbandspäckchen über den ersten Verband auf die Austrittsstelle gelegt und erneut mit einem Verband fest umwickelt.

Blutung aus der Mundhöhle und Nase

Bei Blutungen aus der Mundhöhle oder der Nase muss der Kopf des Patienten tiefer und etwas schräg gelagert werden, damit das Blut nicht in die Atemwege gelangen, sondern nach außen abfließen kann.

Knochenbrüche und Luxationen

Brüche und Luxationen (Ausrenkung von Gelenken) sind sehr schmerzhaft. Der Patient sollte nach Möglichkeit auf einer weichen Unterlage gelagert transportiert und bis zur Versorgung durch den Tierarzt ruhig gehalten werden. Es ist darauf zu achten, dass die Bruchenden der Knochen sowie bei Luxationen die betroffene Gliedmaße nicht bewegt werden.

Hitzschlag

Ein Hitzschlag entsteht durch Aufheizung des Tierkörpers über 42 °C. Das ist ein relativ häufig auftretender Notfall im Sommer, wenn z. B. Hunde in einem in der Sonne geparkten Auto eingeschlossen sind. Innerhalb kurzer Zeit (ca. 10 Minuten) entstehen im Innern des Fahrzeuges Temperaturen von 60 °C und mehr. Dabei ist es unerheblich, ob ein oder mehrere Fenster einen Spalt weit geöffnet sind. Bei einem Tier, das sich in einem solchen Auto befindet, steigt (wenn es nicht aus dem Auto befreit wird) die Körpertemperatur sehr schnell über die lebensbedrohliche Grenze von 42 °C. Es verliert nach anfänglicher Unruhe, starkem Hecheln und Krämpfen bald das Bewusstsein und stirbt.

Eine lebensgefährliche Hyperthermie (Überwärmung des Körpers) kann auch bei übermäßiger Belastung in der Sonne (z. B. den Hund neben dem Fahrrad herlaufen lassen) entstehen. Vor allem brachiocephale (kurznasige) Hunderassen (z. B. Mops, Bulldogge, Boxer) sind hier besonders gefährdet. Bei diesen Hunderassen ist die Wärmeabgabe durch Hecheln aufgrund angezüchteter Behinderung der Atemwege (z. B. verengte Nasenhöhle, zu kurze Atemwege) nur eingeschränkt möglich, wodurch die Tiere leicht in eine Überhitzung geraten.

Gefährlich ist auch der Transport von Tieren im Sommer in einer geschlossenen Ledertasche oder einem Plastiktransportbehälter mit nur wenigen Luftlöchern. Bei hohen Temperaturen staut sich die Hitze in solchen Behältern und führt bei den Tieren (die nicht durch Schwitzen übermäßige Wärme abgeben können) zur Überhitzung.

Pferde, die bei hohen Temperaturen arbeiten müssen, verlieren durch Schwitzen viel Flüssigkeit. Sie dehydrieren (trocknen aus). Aufgrund der Austrocknung können sie nicht mehr genügend Schweiß produzieren. Es fehlt die Verdunstungskälte auf der Haut, um abzukühlen. Um dennoch etwas Wärme abzugeben, atmen die Tiere flach und stoßweise. Häufig kommt es zu Muskelzittern. In diesem Stadium besteht für das betroffene Pferd akute Lebensgefahr.

Erstversorgung

Tiere mit Hyperthermie müssen sofort abgekühlt werden. Sie werden in einen kühlen Raum verbracht und erhalten solange kalte Ganzkörperumschläge, bis sich die Körpertemperatur normalisiert hat. Als Umschläge eignen sich in kaltes Wasser getränkte Handtücher, die, wenn sie sich durch die Körperwärme des Tieres aufgewärmt haben, immer wieder neu in kaltes Wasser getaucht (und ausgewrungen) werden müssen. Der Tierhalter sollte am Telefon darauf hingewiesen werden, dass der Patient unbedingt bereits während des Transportes zum Tierarzt gekühlt werden muss.

Verbrennung

Brandwunden werden sofort nach Entstehen etwa 10 Minuten lang unter sehr kaltes, fließendes Leitungswasser gehalten. Das lindert die Schmerzen und verhindert ein Ausbreiten der Schäden.

Augennotfälle

Verletzungen oder Erkrankungen der Augen können zum Verlust der Sehkraft führen. Bei folgenden Symptomen muss immer an einen Notfall gedacht werden:

- **Akute Schmerzen im Bereich der Augen**
  Das Tier kratzt sich am Auge, schüttelt immer wieder den Kopf oder drückt den Kopf an Gegenstände. Ein oder beide Augen sind gerötet. Es könnte sich um ein Glaukom (grüner Star) handeln. Ein Glaukom führt meist innerhalb weniger Stunden zum Erblinden. Eine **sofortige!** Notfallbehandlung ist erforderlich.
- **Plötzlicher Verlust der Sehkraft**
  Das Tier rennt gegen Gegenstände an und erkennt den Besitzer nicht mehr. Es besteht der Verdacht auf eine innere Erkrankung. Das betroffene Tier muss umgehend tierärztlich versorgt werden.
- **Blutungen am und im Auge**
  Eine tierärztliche Untersuchung und Behandlung wird dringend angeraten.
- **Herausquellen eines oder beider Augäpfel**
  Der Augapfel muss durch einen Tierarzt reponiert (in die Augenhöhle zurückgeschoben) werden, sonst trocknet das Auge aus. Eine sofortige tierärztliche Behandlung wird empfohlen.
- **Verändertes Aussehen der Augen**
  Pupillenstarre, unterschiedliche Pupillengröße, Farbveränderungen der Augen sind Hinweise für eine ernstzunehmende innere Erkrankung und sollten durch einen Tierarzt kontrolliert werden.
- **Ständiges Zukneifen eines oder beider Augen**
  Es besteht der Verdacht auf eine schmerzhafte Verletzung oder Infektion der Augen. Das betroffene Tier gehört in tierärztliche Behandlung.

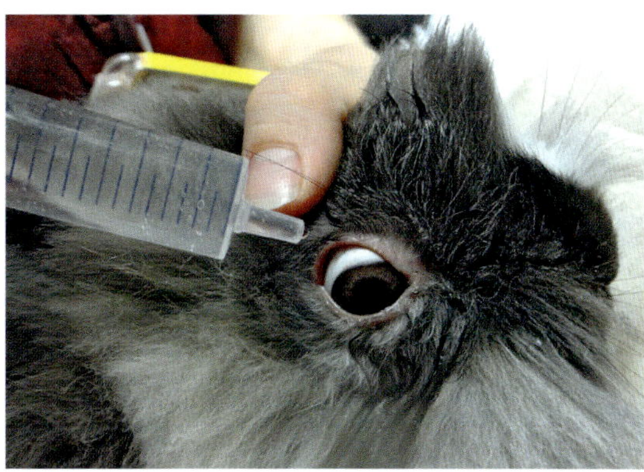

Augenspülung mit sehr viel Wasser (oder NaCl) als Notfallmaßnahme.

Sofortmaßnahmen

Sofortmaßnahmen werden von TFA bis zur endgültigen Versorgung durch den Tierarzt durchgeführt.

Bei **vorquellendem Augapfel** kann das betroffene Auge durch fehlende Benetzung mit Tränenflüssigkeit austrocknen. Um dies zu verhindern, wird es mit einem in physiologischer Kochsalzlösung (NaCl) getränkten, sterilen Flachtupfer abgedeckt. In manchen Fällen lässt sich das betroffene Auge durch vorsichtigen! Druck wieder in die Augenhöhle verlagern.

Bei **Verätzungen** müssen die Augen sofort unter fließendem Wasser mindestens 1–2 Minuten ausgespült werden.

Befindet sich ein **Fremdkörper** im Auge kann versucht werden, ihn ebenfalls mit klarem, fließendem Leitungswasser herauszuspülen. Bei größeren Tieren, die nicht unter eine Wasserleitung gehalten werden können, empfiehlt es sich, den Kopf des Patienten schräg zu halten und das Wasser aus einem Gefäß in das betroffene Auge fließen zu lassen.

Blutungen am Auge (z. B. bei Lidverletzungen) werden meist durch leichten Druck mit einer Gaze zum Stillstand gebracht. Es dürfen keine blutstillenden Mittel an oder in das Auge gegeben werden. Die Präparate wirken ätzend.

Magendrehung

Eine Magendrehung wird gehäuft bei Hunden großer Rassen gesehen, ist aber auch bei mittelgroßen und kleinen Hunden nicht selten.

Der Magen des Hundes ist im Vergleich zu dem anderer Säugetiere durch relativ lange Bänder aus Bindegewebe im Bauchraum befestigt. Wird der Magen durch die Aufnahme großer Futtermengen überladen, dehnt sich die Magenwand (Magendilatation), vor allem im Bereich der großen Magenkrümmung. Der Magenausgang verlagert sich durch die Verformung der Magenwand so sehr, dass die Zu- und Abgänge des Magens verschlossen werden. Dadurch bläht sich der Magen auf, die Magenwand dehnt sich weiter, die Verformung wird stärker und der Magen dreht sich im Uhrzeigersinn um die Speiseröhre herum. Durch die Drehung werden wichtige Blutgefäße abgeklemmt sowie das Zwerchfell an seiner für die Atmung wichtigen Bewegung gehemmt. Der Blutdruck sinkt und es besteht Atemnot.

Symptome

Die Hunde sind unruhig, würgen und versuchen zu erbrechen, ohne dass etwas hochgewürgt werden kann, da der Mageneingang durch die Drehung verschlossen ist. Der Bauch bläht zunehmend auf. Die Atembewegungen sind pumpend und lediglich im Brustbereich sichtbar. Der Puls ist schnell und schwach.

Symptome der Magendrehung

- Unruhe
- Würgen
- Erfolglose Erbrechensversuche
- Aufblähen des Bauches
- Pumpende Atmung (nur noch im Brustbereich sichtbar)
- Schocksymptome (schneller, schwacher Puls, blasse Schleimhäute, KFZ verzögert, niedriger Blutdruck)

Die Schleimhäute werden zunehmend blasser. **Der Patient ist im Schockzustand!**

Erstversorgung

Eine Erstversorgung eines Patienten mit Magendrehung hat nur Sinn, wenn danach sofort operiert werden kann. Ist die tierärztliche Praxis nicht darauf eingerichtet (z. B. eine Praxis für Augenerkrankungen), Bauchoperationen durchzuführen, sollte der Patient ohne weitere Verzögerung in eine Klinik (oder zu einem chirurgisch orientierten Nachbarkollegen) transportiert werden, da sich der Zustand zunehmend verschlechtern wird. Die einzige Überlebenschance besteht oftmals nur in der Operation.

Werden Tiermedizinische Fachangestellte mit den Symptomen einer Magendrehung am Telefon konfrontiert und kann in der Praxis die notwendige Operation nicht oder nicht sofort durchgeführt werden, müssen sie dem Patientenbesitzer (nach Rücksprache mit dem Tierarzt) dringend anraten, den Hund sofort in die nächste Tierklinik zu bringen. Jede Minute zählt. Es besteht akute Lebensgefahr.

Kann die Operation in der Praxis durchgeführt werden, ist es die Aufgabe von TFA, die notwendigen Operationsvorbereitungen vorzunehmen, damit beim Eintreffen des Tieres sofort operiert werden kann.

Bissverletzungen

Tierbesitzer sollten darüber informiert werden, dass bei Bissverletzungen, auch wenn sie nicht bluten, eine tierärztliche Behandlung empfohlen wird. In der Mundhöhle befinden sich unzählige pathogene (krankmachende) Keime, die durch einen Biss mithilfe der Zähne tief in das Gewebe gedrückt werden. Dort können sie sich, vor allem dann, wenn sich die Wunde an der Oberfläche schließt, ungestört vermehren und zu ausgedehnten Abszessen führen. Eine Erstversorgung durch TFA ist nur bei Blutungen erforderlich. Der Tierarzt wird die Wunde säubern, desinfizieren und bei Bedarf ein Antibiotikum verabreichen.

Offene Bauchhöhle

Eine Verletzung der Bauchdecke mit Eröffnung der Bauchhöhle kann z. B. durch Unfälle oder Bisse größerer Tiere hervorgerufen werden. Je nach Größe der Verletzung können Darmteile vorgefallen sein. Es handelt sich um einen Notfall, der baldmöglichst chirurgisch versorgt werden muss.

Erstversorgung

Die Vitalfunktionen (Atmung, Kreislauf, Bewusstsein) des Patienten werden überprüft. Befindet sich das Tier im Schock, wird es weich gelagert und warm gehalten. Die Öffnung in der Bauchdecke sowie eventuell aus der Bauchhöhle ausgetretene Darmteile werden mit einem sterilen, in physiologischer Kochsalzlösung (NaCl) getränkten Tuch abgedeckt. Das Tier darf nicht allein gelassen werden. Es muss unbedingt daran gehindert werden sich zu bewegen oder die Bauchhöhlenöffnung sowie den ausgetretenen Darm zu belecken, anzuknabbern oder daran zu kratzen.

Milchfieber

Als Milchfieber (Gebärparese oder Kalbefieber) wird eine Krankheit bezeichnet, die bei Kühen kurz nach einer Geburt oder bei Hündinnen 1 – 2 Wochen nach einer Geburt auftreten kann. Die Ursache für Milchfieber ist ein verminderter Kalziumgehalt im Blut (Hypokalzämie) durch hohe Milchproduktion. Milchfieber ist die häufigste Erkrankung von Hochleistungsmilchkühen. Seltener wird sie bei Hunden, vorwiegend kleiner bis mittelgroßer Rassen gesehen. Die tierärztliche Behandlung besteht im Verabreichen von kalziumhaltigen Infusionen.

Symptome bei Kühen

- Auftreten kurz nach der Geburt
- Taumelnder Gang
- Stolpern
- Weggrätschen der Hinterbeine
- Festliegen, häufig mit wild um sich schlagendem Kopf
- Hohe Pulsfrequenz (Tachykardie)
- Absinken der Körpertemperatur (Hypothermie)
- Teilnahmslosigkeit (Apathie)
- Bewusstseinsverlust
- **Ohne Behandlung: Tod innerhalb weniger Stunden!**

Symptome bei Hunden

- Auftreten 1 – 2 Wochen nach der Geburt
- Steifer Gang
- Ängstlichkeit
- Muskelzittern
- Epileptische Krämpfe
- Festliegen
- Körpertemperatur über 40 °C
- Lähmung der Kaumuskulatur mit starkem Speichelfluss aus der Mundhöhle
- Keine Störung des Bewusstseins

Kolik

Kolik ist ein allgemeiner Begriff für krampfartige Bauchschmerzen. Dahinter können sich Gasansammlungen (Blähungen) bis hin zu lebensbedrohlichen Darmverschlingungen verbergen. Daher sollte bei Auftreten einer Kolik immer ein Tierarzt hinzugezogen werden. Eine Kolik tritt häufig beim Pferd sowie bei Kaninchen und Meerschweinchen auf, die einen ähnlichen Verdauungstrakt wie das Pferd besitzen. Es handelt sich um eine Notfallsituation.

Symptome beim Pferd

- Unruhe
- Schwitzen
- Schnelle Atmung
- Appetitlosigkeit
- Andauernde Versuche Kot auszupressen (mit und ohne Erfolg)
- Häufiges Umschauen und Treten nach dem eigenen Bauch
- Aufgeblähter Bauch

Symptome bei Kaninchen und Meerschweinchen

- Aufgeblähter, harter Bauch
- Appetitlosigkeit
- Kein Kotabsatz
- Aufgekrümmter Rücken
- Teilnahmslosigkeit (Apathie)
- Kalte Ohrmuscheln

Erstversorgung beim Pferd

Das Pferd wird vorsichtig im Schritt bewegt. Die Bewegung wirkt krampflösend, wodurch auch die Schmerzen etwas gemildert werden. Im Gegensatz zu früheren Meinungen wird heute empfohlen, dem Bedürfnis des Pferdes, sich zu wälzen, nachzugeben. Eventuell vorhandene Darmverschlingungen können sich dadurch wieder lösen. Allerdings sollte man darauf achten, dass sich das Tier beim Wälzen nicht verletzen kann.

Bis zum Eintreffen des Tierarztes sollte das Pferd nicht fressen oder trinken. Ist das Pferd stark verschwitzt, legt man eine Abschwitzdecke auf, damit es nicht auskühlt.

Bei schweren Koliken empfiehlt es sich, vorsorglich ein Zugfahrzeug mit Pferdeanhänger zu ordern, um das Tier, wenn erforderlich, umgehend in die Klinik transportieren zu können.

Erstversorgung bei Kaninchen und Meerschweinchen

Meerschweinchen und Kaninchen mit typischen Kolikzeichen sind sehr schockanfällig. Aus diesem Grunde sollten größere Manipulationen vermieden werden. Betroffene Tiere werden in einen ausreichend großen Krankenstall verbracht, in dem sie sich frei bewegen können. Es wird ihnen nur Heu und Wasser angeboten.

Bei Tieren, die sehr auf den Menschen geprägt sind und daher wenig Angst vor dem Anfassen haben, kann man kreisförmig im Urzeigersinn den Bauch massieren. Dabei sollte kein starker Druck ausgeübt werden, denn der geblähte Binddarm verursacht starke Schmerzen.

Bei deutlicher Unterkühlung (kalte Ohrmuscheln, kalte Pfotenballen) wird der Patient auf eine Wärmedecke oder in eine Wärmeflasche gesetzt. Die Wärmeflasche muss, um einer Verbrennung vorzubeugen, in ein Handtuch eingewickelt sein. Bei der Wärmebehandlung von Kaninchen und Meerschweinchen muss allerdings die Hauttemperatur immer wieder kontrolliert werden, um eine Überhitzung zu vermeiden.

Akute Atemnot

Akute Atemnot kann unterschiedliche Ursachen haben. Folgende Symptome deuten auf schwere Atemnot hin:

- Pumpende Flankenatmung
- Ausgeprägte und schnelle Nasenbewegungen (v. a. beim Kaninchen)
- Bläuliche Schleimhäute
- Panischer Blick
- Aufgeblähte Nüstern (Pferd)
- Backenblasen (Hund)
- Aufhängen mit dem Oberschnabel am Käfiggitter (Vogel)
- Schwanzwippen im Rhythmus der Atmung (Vogel)
- Rasselnde Atemgeräusche
- Mit Sekret verschlossene Nasenöffnungen

Bei der Erstversorgung von Tieren mit akuter Atemnot dürfen nach Möglichkeit keine Zwangsmaßnahmen angewandt werden. Es besteht die Gefahr, dass der Patient kollabiert.

Das betroffene Tier wird in eine ruhige Umgebung verbracht. Ist eine Sauerstoffbox oder ein Sauerstoffzelt vorhanden, sollte es genutzt werden. Ansonsten empfiehlt es sich, als Notfallmaßnahme den Sauerstoff über einen dünnen Schlauch direkt in (oder vor) die Nase des Patienten strömen zu lassen. Das wird von den Tieren gerne angenommen. In den meisten Fällen entspannen sich die zuvor aufgrund Todesangst panischen Patienten innerhalb weniger Minuten.

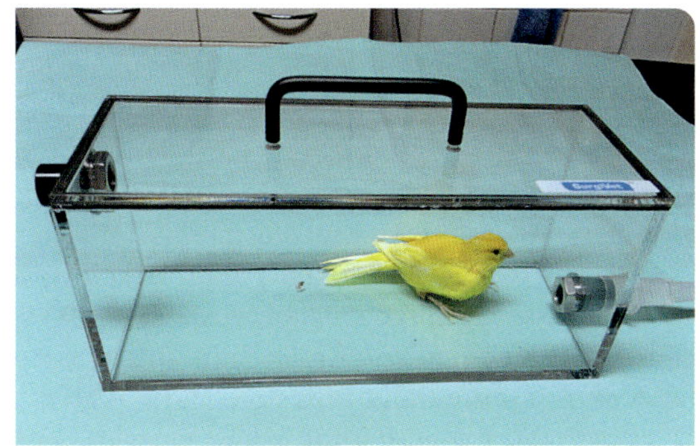

Vogel mit akuter Atemnot in der Sauerstoffbox.

Verklebte Nasenöffnungen werden bei der Erstversorgung mit einem feuchten Tupfer nur soweit gereinigt, dass der Luftdurchgang gewährleistet ist.

Atemstillstand

Atemstillstand bedeutet nicht immer, dass das Tier tot ist. Nachdem die Atmung aussetzt, schlägt in der Regel das Herz noch einige Zeit weiter und transportiert sauerstoffreiches Blut in die lebenswichtigen Organe. Allerdings ist der Sauerstoff sehr schnell verbraucht. Ein Atemstillstand führt daher innerhalb weniger Minuten zum Tod. Der Grund ist die mangelnde Sauerstoffversorgung des Gehirns. Wenn ein Tier während der Erstversorgung aufhört zu atmen, muss daher **sofort** mit der Beatmung begonnen werden. Dazu wird dem Patienten ein Beatmungsbeutel (AMBU-Beutel) so um Mund und Nase gelegt, dass keine Luft seitlich vorbeiströmen kann und damit Luft in die Atemwege gepumpt. Ist kein AMBU-Beutel zur Hand, kann auch eine Mund-zu-Mund-Beatmung versucht werden. Zum Eigenschutz vor Infektionen sollte dazu jedoch unbedingt ein luftdurchlässiges Tuch auf Mund- und Nasenöffnungen des Patienten gelegt werden.

Bei Kaninchen und Meerschweinchen kann ein leichtes Hin- und Herschwenken des Körpers (siehe Foto) durch den dadurch erzeugten Druck des großen Verdauungstraktes auf Zwerchfell und Lungen zum Wiedereinsetzen der Atmung führen. Während der Beatmung sollte der Puls (bei kleinen Tieren der Herzschlag) ständig kontrolliert werden. Ist keine Herztätigkeit mehr vorhanden (kein Puls oder kein Herzschlag mehr fühlbar) muss zusätzlich zu der Beatmung eine Herzdruckmassage durchgeführt werden.

Die genaue Technik der Beatmung und der Herz-Lungen-Wiederbelebung zur **Reanimation** (Wiederbelebung) bei Tieren sollte in Erste-Hilfe-Kursen **praktisch** geübt werden.

Stromschlag

Tiere, die einen Stromschlag erlitten haben, sollten auch dann, wenn das Allgemeinbefinden nach dem Unfall ungestört scheint, baldmöglichst einem Tierarzt zur Untersuchung vorgestellt werden. Nach einem Stromschlag kann sich ein Lungenödem (Wasseransammlung in der Lunge) entwickeln. Die Symptome treten in manchen Fällen erst 24–36 Stunden nach dem Stromunfall auf.

Epilepsie

Epilepsie ist eine Erkrankung des Gehirns, wodurch wiederholt unterschiedlich stark ausgeprägte Krampfanfälle ausgelöst werden. Die Ursache für epileptische Anfälle können Veränderungen im Gehirn selbst sein oder durch eine Erkrankung außerhalb des Gehirns (z. B. Nieren- oder Leberfunktionsstörungen) hervorgerufen werden.

Symptome

Man unterscheidet:

- **Fokale Anfälle**
  Fokale Anfälle sind auf einzelne Körperregionen begrenzt. Sie zeigen sich entweder nur durch Bewegungen einzelner Körperteile (z. B. Hochheben einer Pfote, Verziehen der Lippen) oder durch komplexe Bewegungsabläufe (z. B. Fliegenschnappen, im Kreis laufen).

- **Generalisierte Anfälle**
  Die Tiere stürzen zu Boden und sind in den meisten Fällen bewusstlos. Anfänglich versteift sich der Körper des Patienten. Im weiteren Verlauf treten Muskelkrämpfe und Laufbewegungen auf. Dabei kann es auch zu unkontrolliertem Urin- und Kotabsatz kommen. Es tritt verstärkt Speichelfluss auf. Der Speichel wird durch die Krampfbewegungen der Kaumuskulatur oft schaumig geschlagen. Manchmal jaulen oder schreien die betroffenen Tiere. Es handelt sich dabei jedoch nicht um Schmerzschreie.
- **Status epilepticus**
  Man spricht von einem Status epilepticus, wenn ein generalisierter epileptischer Anfall länger als fünf Minuten dauert oder mehrere Anfälle innerhalb weniger Minuten auftreten. Der Status epilepticus ist eine Notfallsituation. Wenn es nicht gelingt, den Patienten mit Hilfe von Medikamenten aus dem Anfall „herauszuholen“, besteht akute Lebensgefahr.

Erstversorgung

Bis zur Versorgung durch den Tierarzt muss das krampfende Tier so festgehalten werden, dass es sich nicht verletzt.

Vorsicht: Epileptiker entwickeln während eines Anfalls große Kräfte. Sie wissen nicht, was sie tun, erkennen ihren Besitzer und sonstige Personen nicht und sind (wenn sie bei Bewusstsein sind) in Panik. Es empfiehlt sich daher vorsichtig eine Decke über das Tier zu legen (der Kopf bleibt dabei frei) und mit Schutzhandschuhen die krampfenden Körperteile **unter** der Decke zu halten. Die Hände sind so durch die Schutzhandschuhe und die Decke vor Bissen geschützt.

Das krampfende Tier sollte mit ruhiger Stimme angesprochen werden. Oft gelingt es auch durch Singen oder beruhigender Musik, die Aufmerksamkeit des Tieres zu wecken und dadurch den Krampfanfall zu beenden.

Notfälle bei Vögeln

Vogelpatienten werden häufig erst im fortgeschrittenen Stadium einer Erkrankung zum Tierarzt gebracht. Das liegt daran, dass kranke Vögel in der Natur sehr schnell Opfer von Fressfeinden werden oder sogar von eigenen Artgenossen attackiert werden. Aus diesem Grunde verbergen Vogelpatienten ihre Erkrankung solange, bis sie aus Schwäche nicht mehr dazu in der Lage sind. In der Vogelmedizin gilt daher der Grundsatz:

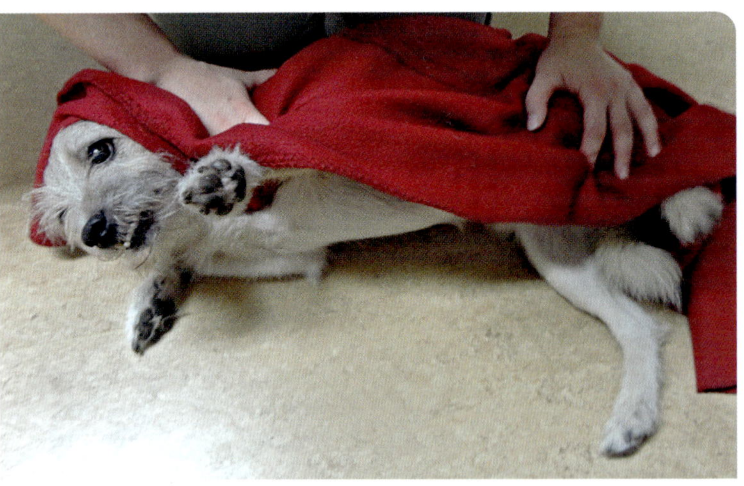

Halten eines krampfenden Epileptikers.

> **?** Jeder Vogel, der auch nur ein Symptom einer Gesundheitsstörung zeigt (z. B. aufgeplustert sein, nicht mehr auf der Stange sitzen), ist als Notfall zu behandeln!

Der Transport in die Tierarztpraxis verursacht bei Vögeln massiven Stress. Die Patienten mobilisieren oft „die letzten Kräfte“, um der vermeintlichen Gefahr zu begegnen. Daher scheinen auch sehr kranke Vögel in der Praxis auf den ersten Blick oft munter und gesund. Es ist wichtig, sich durch dieses Verhalten nicht täuschen zu lassen. TFA sollten beim Besitzer erfragen, wie sich der Vogel zuhause verhält.

Die physiologische Körpertemperatur von Vögeln liegt bei ca. 42 °C. Ein weiterer Temperaturanstieg würde zur Zerstörung des Körpereiweißes und damit zum Tode führen. **Vögel haben daher niemals Fieber!** Der Organismus von Vögeln reagiert z. B. auf Infektionen mit Krankheitserregern durch **Absenken der Körpertemperatur**, um die Bedingungen für die Vermehrung der Erreger zu verschlechtern. Hier gilt das gleiche Prinzip, wie Fieber beim Säugetier, nur umgekehrt. Allerdings führt die Untertemperatur beim Vogel (genauso wie länger andauerndes Fieber beim Säugetier) zur Schwächung des gesamten Körpers. Dauert die Absenkung der Temperatur längere Zeit an, besteht Lebensgefahr.

Erstversorgung

Kranke Vögel sind sehr schockanfällig. Aus diesem Grunde sollten größere Manipulationen bei der Erstversorgung vermieden werden. Der Vogelpatient wird vorsichtig in den (immer bereit zu haltenden vorbereiteten Krankenkäfig) gesetzt und mit einem Dunkelwärmestrahler bestrahlt (siehe Foto).

Ausnahmen

- Vögel mit Schädeltrauma (z. B. Vögel, die gegen eine Fensterscheibe geflogen sind) dürfen nicht sofort mit Wärme bestrahlt werden. Durch die Wärme kann der Blutdruck steigen und eine eventuelle Schädigung des Gehirns durch Anschwellen des Gewebes verstärken. Der Tierarzt entscheidet, wann bei Schädeltrauma-Patienten mit der Wärmebehandlung begonnen werden darf.
- Bei Vögeln mit akuter Atemnot (Schwanzwippen im Rhythmus der Atmung, rasselnde Atemgeräusche, Aufhängen mit dem Oberschnabel im Käfiggitter) kann Wärmezufuhr die Symptome verschlimmern. Bei drohender Erstickung empfiehlt es sich, Sauerstoff mit einem dünnen Schlauch in den abgedeckten Käfig zu leiten.

Anwendung eines Dunkelwärmestrahler als Notfallmaßnahme beim Vogel.

Der Käfig wird bis zur Versorgung durch den Tierarzt in einen abgedunkelten und ruhigen Raum verbracht. Ist dies nicht möglich, wird der Käfig mit einem luftdurchlässigen Tuch abgedeckt. Dadurch wird der Vogel von der Umgebung abgeschirmt und fühlt sich sicher. Für die Wärmebestrahlung muss eine Seite des Käfigs unbedeckt bleiben. Bei der Notfallversorgung spielt bei Säugetieren die psychische Betreuung der Patienten eine große Rolle. Sie möchten angesprochen, getröstet und (wenn möglich) gestreichelt werden. Im Gegensatz dazu sollten Vogelpatienten in Ruhe gelassen werden, bis sie sich vom Transport erholt haben.

Grundsätzlich sollten Krankenkäfige immer über ein „Dach“ (z. B. durch Auflegen eines Handtuches) verfügen, um dem kranken Vogel Sicherheit zu vermitteln. Instinktiv wissen auch in der Gefangenschaft geborene Käfigvögel, dass in der Vogelwelt die Gefahr meist von oben kommt (z. B. in Form von Beutegreifern).

15.2.4 Komplikationen bei operativen Eingriffen erkennen

Narkoseüberwachung

Durch eine Narkose wird das Bewusstsein und das Schmerzempfinden des Patienten ausgeschaltet, um diagnostische Verfahren (z. B. HD-Röntgen) oder Operationen durchführen zu können. Dazu werden spezielle Medikamente (Narkosemittel, Allgemeinanästhetika) eingesetzt, die in Form von Injektionspräparaten oder Gas (Narkosegas) über ein Narkosegerät angewendet werden.

Ein Narkosezwischenfall sowie Komplikationen bei der Operationen können trotz sachgerechter Durchführung jederzeit auftreten, auch während eines Routineeingriffes (z. B. Kastration, Zahnbehandlung) bei einem gesunden Tier. Aus diesem Grunde muss der Patient während der Narkose und in der Aufwachphase lückenlos überwacht werden.

Narkosetiefe

Für einen schmerzhaften Eingriff muss die Narkose ausreichend tief sein. Folgende Zeichen eignen sich zur Beurteilung der Narkosetiefe:

- **Ausfallen des Lidreflexes**
  Zur Überprüfung des Lidreflexes nähert man sich mit der Hand in schneller Bewegung den Augen. Normalerweise wird dadurch der Lidreflex (reflexartiges Schließen der Augen) ausgelöst. Bei ausreichend tiefer Narkose zeigen die Augenlider keine Reaktion.
  Vorsicht: Kaninchen haben keinen Lidreflex . Bei dieser Tierart ist die Beurteilung der Narkosetiefe durch den Lidreflex nicht möglich.
- **Tonus der Kiefermuskulatur**
  Versucht man den Mund des Patienten zu öffnen, spürt man bei einem nicht oder unzureichend narkotisierten Tier einen deutlichen Widerstand. Ist die Kiefermuskulatur entspannt und lässt sich der Unterkiefer leicht nach unten drücken, kann man von einer ausreichend tiefen Narkose ausgehen.
- **Zungenbewegung**
  Bewegt sich die Zunge, ist die Narkose zu flach.
- **Herzfrequenz**
  Die Erhöhung der Herzfrequenz während der Narkose kann ein Zeichen für abflachende Narkosewirkung und zunehmender Schmerzempfindlichkeit sein.

Narkosezwischenfälle rechtzeitig erkennen

Werden Komplikationen rechtzeitig erkannt, kann dies für den Patienten lebensrettend sein. Folgende Parameter müssen während der gesamten Narkosedauer fortdauernd kontrolliert werden:

- **Narkosetiefe** (siehe oben)
- **Atmung**
  Die ausreichende Versorgung des Körpers mit Sauerstoff muss gewährleistet sein. Die Voraussetzung dafür ist eine regelmäßige Atemtätigkeit. Eine **Hypoxie** (Sauerstoffmangel) macht sich durch **Zyanose** (bläuliche Verfärbung der Scheimhäute), **Tachykardie** (Erhöhung der Herzfrequenz) und Veränderung des Herzrhythmus bemerkbar.
  Atemfrequenz, Atemrhythmus und Atemtiefe werden durch Adspektion (Beobachtung) der Brust- und Bauchbewegungen des Patienten kontrolliert. Apparative Verfahren zur Kontrolle der Atmung und

Sauerstoffversorgung des Körpers sind Pulsoximetrie und Kapnometrie.

- **Pulsoximetrie**
  Durch den Pulsoximeter wird die Sauerstoffsättigung des Körpergewebes durch die Haut (bei Tieren vorwiegend an der Zunge) mithilfe von Licht und die Pulsfrequenz gemessen.
- **Kapnometrie**
  Der Kaptometer misst den Kohlendioxidgehalt (CO_2) in der Atemluft mithilfe von infrarotem Licht. Die Methode beruht darauf, dass Rotlicht von Kohlendioxid absorbiert („geschluckt") wird. Kohlendioxid wird bei jeder Atembewegung ausgeatmet. Die Menge des ausgeatmeten Kohlendioxids gibt Auskunft über die Atemtätigkeit.

Kontrolle der Atmung

- Adspektion der Brust- und Bauchbewegungen
- Farbe der Schleimhäute
- Pulsoximetrie
- Kapnographie

- **Kapillarfüllungszeit**
  Die **Kapillarfüllungszeit** sollte während der Narkose regelmäßig kontrolliert werden. Dazu drückt man mit einem Finger auf eine gut durchblutete Schleimhaut (vorwiegend die Mundschleimhaut). Durch den Druck wird das Blut aus den kleinen Kapillaren verdrängt und die Schleimhaut wird an der Druckstelle weiß. Die Zeitspanne, bis das Blut in die Kapillaren zurückfließt und sich die Schleimhaut wieder rosa färbt, wird Kapillarfüllungszeit (KFZ) genannt. Sie dauert bei einem gesunden Tier 1 bis 2 Sekunden und ist im Schock verzögert.
- **Farbe der Schleimhäute**
  Die Farbe der Schleimhäute wird in der Regel anhand der Mundschleimhaut kontrolliert. Ist diese dunkel pigmentiert, behilft man sich durch Adspektion (Betrachtung) der Augenbindehaut.
  Bei einem gesunden Tier sind die Schleimhäute hellrosa. Bläuliche (zyanotische) Schleimhäute sind ein Zeichen für mangelnde Sauerstoffversorgung. Sehr helle bis porzellanweiße Schleimhäute sind ein Symptom für Schock. In beiden Fällen besteht akute Lebensgefahr!
- **Pulskontrolle**
  Die Pulsfrequenz wird durch Palpation einer Arterie (Schlagader) oder durch den Pulsoximeter gemessen. Ein schwacher Puls und hohe Pulsfrequenz sind Anzeichen für eine Narkosekomplikation.
- **Herzauskultation**
  Durch Auskultation des Herzens mit dem Stethoskop können Herzrhythmusstörungen und Herzgeräusche festgestellt werden. Während der Narkoseüberwachung kann dies ebenfalls Aufgabe von Tiermedizinischen Fachangestellten sein. Es wird empfohlen regelmäßig das Herz von gesunden Tieren abzuhören, um ein „Gehör" für krankhafte Abweichungen zu erkennen. Während größerer Operationen wird in manchen Fällen die Herzfunktion durch EKG-Monitoring kontrolliert.
- **Temperatur**
  Eine Auskühlung des Patienten während der Narkose erkennt man an der Hauttemperatur von Ohrmuscheln und Pfoten. Bei Auskühlung (Hypothermie) muss Wärme von außen (z. B. durch eine Wärmflasche, Wärmedecke, Rotlicht, Dunkelwärmestrahler) zugeführt werden. Ein ausgekühlter Körper besitzt nicht genug Eigenwärme, um sich allein durch Zudecken mit einer Decke in angemessener Zeit eigenständig wieder aufzuwärmen.
- **Blutdruck**
  Der Blutdruck wird bei gefährdeten Patienten während längerer Operationen und in der Aufwachphase mithilfe eines Blutdruckmessgerätes überwacht. Das Absinken des Blutdrucks kann z. B. ein Zeichen für Blutungen sein.

Nachschlafphase

Wie lange die Nachschlafphase dauert, hängt überwiegend von der Wahl des Narkosemittels sowie vom allgemeinen Zustand (Schweregrad seiner Erkrankung, Alter) des Patienten ab. Bis der Patient das Bewusstsein wiedererlangt hat, muss die Kontrolle von Atmung, Kreislauf und Temperatur fortgesetzt werden. Personen, die die Nachschlafphase überwachen, müssen in der Lage sein, eine bedrohliche Veränderung des Zustandes zu erkennen. Das Tier muss so gelagert werden, das es sich beim Aufwachen durch eventuelle Abwehrbewegungen nicht selbst verletzten kann. Wenn erforderlich, wird ihm Wärme (z. B. Wärmflasche, Wärmedecke) zugeführt. Wenn der Patient wach wird, sollte er angesprochen und beruhigt werden.

Dokumentation

In einem Narkoseprotokoll werden die Befunde der Voruntersuchung, die Art, Menge und der Zeitpunkt der angewendeten Narkosemittel, die bei der Narkoseüberwachung ermittelten Daten (Atemfrequenz, Puls, Herzfunktion usw.) sowie eventuell aufgetretene Komplikationen und deren Behandlung eingetragen. Ein Narkoseprotokoll dokumentiert die ordnungsgemäße Durchführung der Narkose und hilft bei der Aufklärung von Narkosezwischenfällen.

Medizinischer Teil

1 Die Zelle

1.1 Zellarten

Die Zelle (lat. cellula = kleine Kammer) ist der Grundbaustein aller Lebewesen. Man unterscheidet:

- **Prokaryote Zellen** = Einfache, kleine Zellen **ohne Zellkern**
  Aus prokaryoten Zellen bestehen z. B. Bakterien.
- **Eukaryote Zellen** = größere Zellen **mit Zellkern**
  Höhere Lebewesen wie Tiere, Pflanzen und auch der Mensch sind aus eukaryoten Zellen aufgebaut.

Es gibt **einzellige** Lebewesen (z. B. Pantoffeltierchen), die aus nur einer einzigen Zelle bestehen, und **mehrzellige** Lebewesen. Ein großer Hund besteht z. B. aus etwa 100 Billionen Zellen.

Am Anfang der Embryonalphase eines mehrzelligen Lebewesens sind noch alle Zellen völlig gleich aufgebaut. Man spricht hier von **omnipotenten Stammzellen**. Die omnipotenten Stammzellen entwickeln sich (differenzieren sich) während der Entwicklung des Embryos nach und nach zu unterschiedlichen Körperzellen, die zwar in ihrem Grundaufbau den Stammzellen noch ähneln, sich aber – je nach den Aufgaben, die sie leisten müssen – in Größe und Form unterscheiden. Am Ende der Entwicklung gibt es z. B. Herzmuskelzellen, Blutzellen, Knochenzellen, Muskelzellen, Nierenzellen, Lungenzellen, Leberzellen, Bauchspeicheldrüsenzellen, Epithelzellen, Samen- und Eizellen, die alle aus den ursprünglichen Stammzellen entstanden sind.

Omnipotente Stammzellen eines Organismus sind damit in der Lage, sich in alle Zelltypen eines Organismus weiter zu entwickeln.

1.2 Aufbau der Zelle

Eine tierische (oder menschliche) Körperzelle besteht aus **Zellmembran, Zellplasma, Zellorganellen** (kleinen „Zellorganen“) und dem **Zellkern**.

1.2.1 Zellmembran

Die Zellmembran umschließt als dünnes Häutchen die Zelle und grenzt den Zellinhalt gegen die Umgebung sowie andere Zellen ab. Ihre Oberfläche ist durch Ausbuchtungen und Einziehungen stark vergrößert. Dadurch werden die Aufnahmefähigkeit von Nährstoffen und die Abgabe von Stoffwechselschlacken verbessert. Die Zellmembran ist selektiv permeabel (auswählend durchlässig), d. h. nur bestimmte Stoffe, (z. B. Glukose, Eiweißbausteine, Wasser, gelöste Gase wie Sauerstoff und $C0_2$) können durch die Membran diffundieren. Teilweise können diese Substanzen jeweils nur in eine Richtung (entweder in die Zelle oder aus der Zelle heraus) durch die Zellmembran hindurch treten. Sie werden entweder für den Stoffwechsel der Zelle benötigt oder entstehen beim Stoffwechsel als Abfallprodukte und müssen wieder aus der Zelle hinausbefördert werden. Manche Stoffe müssen mithilfe eines aktiven Transportsystems durch die Membran hindurchgeschleust werden. Das Transportsystem besteht aus speziellen Eiweißen, so genannten Carriern (Trägern), die in der Zellmembran eingelagert sind und unermüdlich ihre Aufgabe erfüllen.

1.2.2 Zellplasma

Das Zellplasma wird auch Zytoplasma genannt. Es besteht zu etwa 90 % aus Wasser. Im

Zellplasma liegen die Zellorganellen. Das Zellplasma hat eine gelartige Konsistenz. Es kann Wasser aufnehmen oder abgeben und quillt dadurch entweder auf oder schrumpft. Auf diese Weise entsteht die so genannte Plasmaströmung, die ein Kennzeichen des Lebens ist (siehe Kennzeichen des Lebens).

Zellorganellen

Zellorganellen (kleine „Zellorgane") sind verschiedenförmige Gebilde mit unterschiedlicher Funktion, die im Zellplasma liegen. Man unterscheidet:

- **Mitochondrien**
  Mitochondrien sind ovale, gerstenkornförmige Zellorganellen, deren Funktion die Bereitstellung von Energie ist. Sie werden daher auch als **Kraftwerke der Zelle** bezeichnet. In den Mitochondrien werden energiereiche Nährstoffe (z. B. Zucker, Fette), die in die Zelle eingeschleust wurden, mithilfe von Sauerstoff abgebaut („verbrannt"). Dabei wird Energie frei. Diese Energie wird in Form von ATP (Adenosintriphosphat) gespeichert und der Zelle zur Verfügung gestellt. Zellen, die viel Energie benötigen (z. B. Nerven-, Leber- und Muskelzellen), besitzen eine sehr große Anzahl von Mitochondrien im Zellplasma.
- **Lysosomen**
  Lysis ist ein Wort griechischer Abstammung und bedeutet „Auflösung". Lysosomen sind bläschenförmige, von einer Membran umschlossene, flüssigkeitsgefüllte Körperchen im Zellplasma. Ihre Aufgabe ist es, überflüssiges Material in der Zelle (z. B. Teile von Bakterien, Viren oder defekten Zellorganellen) mithilfe von Enzymen aufzulösen und die dabei anfallenden Abbauprodukte wieder für den Zellaufbau zur Verfügung zu stellen. Die Arbeit der Lysosomen wird daher auch als **intrazelluläre Verdauung** bezeichnet.

? Wichtigste Aufgaben der Zellorganellen

- **Mitochondrien**
  = Energiebereitstellung („Kraftwerke der Zelle")
- **Lysosomen**
  = Auflösen überflüssiger Materialen in der Zelle durch Enzyme („Interzelluläre Verdauung")
- **Endoplasmatisches Retikulum**
  = Materialtransport
- **Ribosomen**
  = Eiweißherstellung
- **Golgi-Apparat**
  = Transportsystem für Substanzen, die in der Zelle hergestellt werden
  Mikrotubuli und andere Filamente
  = Zytoskelett (Zellskelett) – auch als Metaplasma bezeichnet
- **Zentriolen** (Zentralkörperchen)
  = Mitwirkung bei der Zellteilung und Trennung der Chromosomen
- **Zelleinschlüsse**
  = im Zellplasma eingeschlossene Stoffwechselprodukte – auch als Paraplasma bezeichnet

- **Endoplasmatisches Retikulum**
  Endoplasmatisch bedeutet „im Zellplasma gelegen"; das Wort „Retikulum" leitet sich aus dem Lateinischen ab und bedeutet „kleines Netz". Das endoplasmatische Retikulum ist demnach ein weit verzweigtes Kanalsystem von Hohlräumen, die wie ein Netz im Zellplasma liegen. Die Kanäle stehen mit der Zellmembran und dem Zellkern in Verbindung und dienen dem **Materialtransport** in die Zelle (z. B. Nährstoffe) hinein und aus der Zelle (z. B. Eiweiße) hinaus.
- **Ribosomen**
  Ribosomen sind kleine kugelförmige Gebilde. Sie liegen entweder frei im Zellplasma oder sitzen an der Außenfläche des

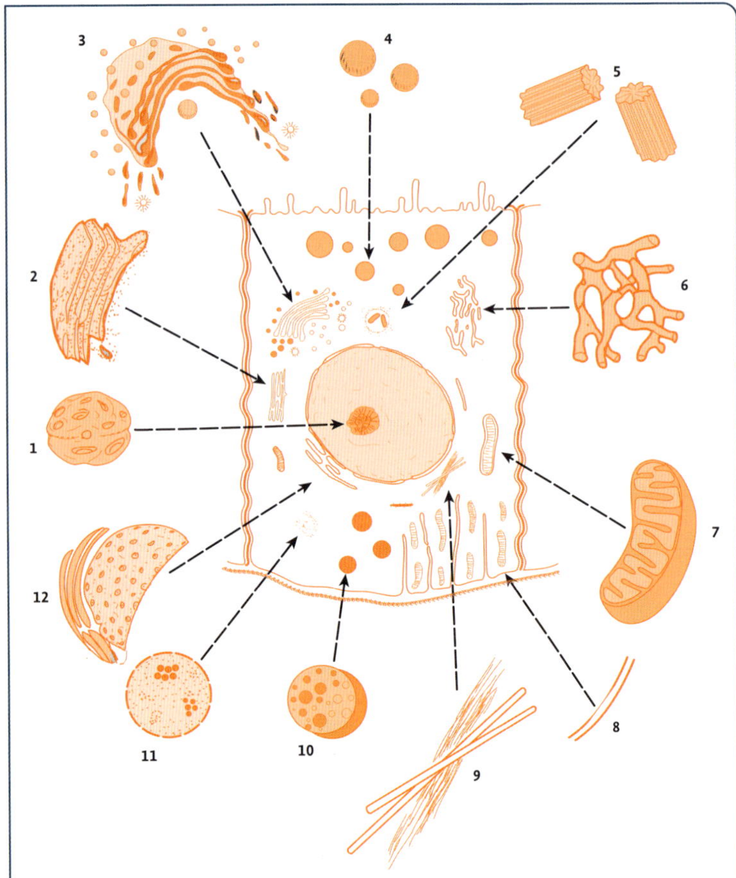

Aufbau einer Zelle.

1 Zellkern
2 raues endoplasmatisches Reticulum
3 Golgi-Apparat
4 Sekretkörperchen
5 Zentralkörperchen
6 glattes endoplasmatisches Reticulum
7 Mitochondrium
8 Zellmembran
9 Mikrotubuli
10 Lysosom
11 Glukogenpartikel
12 Teil des Zellkerns, dem das raue endoplasmatische Reticulum angelagert ist.

endoplasmatischen Retikulums. In den Ribosomen findet die **Eiweißherstellung** (Proteinsynthese) statt. Die hergestellten Eiweiße (z. B. Hormone, Enzyme, Sekrete von Drüsenzellen) werden an das endoplasmatische Retikulum abgegeben.

- **Golgi-Apparat**
  Der Golgi-Apparat wurde nach seinem Entdecker, dem italienischen Wissenschaftler Camillo Golgi (1844–1926) benannt. Der Golgi-Apparat besteht aus einer größeren Anzahl von Doppelmembransäckchen, die in Stapeln übereinander liegen. Ein Stapel wird als **Diktyosom** bezeichnet. Diktyosome liegen meist in der Nähe des Zellkerns. Die Gesamtheit aller in einer Zelle vorhandenen Diktyosome ist der Golgi-Apparat.
  Am Randgebiet der Diktyosomenmembran werden Bläschen (Vesikel) abgeschnürt. Diese Bläschen nehmen die in den Ribosomen gebildeten und an das endoplasmatische Retikulum abgegebenen Proteine (Eiweiße) auf, speichern sie oder bringen sie zur Zellmembran. Der Golgi-Apparat ist demnach ebenfalls ein wichtiges **Transportsystem für Substanzen, die in der Zelle produziert werden**.
- **Mikrotubuli und andere Filamente**
  Mikrotubuli sind röhrenförmige Eiweiß-

Zellplasma

- **Zytoplasma**
  = gelartige Substanz im Innern der Zelle
- **Metaplasma**
  = Mikrotubuli und andere Filamente (Zytoskelett)
- **Paraplasma**
  = Zelleinschlüsse

filamente (Filamente = fadenartige Strukturen), die zusammen mit anderen Filamenten (z. B. Intermediärfilamente) das **Zytoskelett** (Zellskelett) bilden. Das Zytoskelett ist demnach ein aus Eiweißen aufgebautes Netzwerk im Innern der Zelle, d. h. im Zellplasma. Es ist vor allem für die mechanische Stabilisierung, die Form der Zelle und für Bewegungen der Zelle im Ganzen verantwortlich. Zusätzlich hat es eine wichtige Funktion bei der Signalübertragung zwischen den einzelnen Körperzellen.
Das Zytoskelett ist nicht steif wie ein Knochenskelett, da die Eiweißfilamente, aus denen es besteht, sehr flexibel sind. Das Zytoskelett wird auch als **Metaplasma** bezeichnet.

- **Zentriolen**
  Zentriolen (Zentralkörperchen) sind zylinderförmige Zellorganellen, die nahe am Zellkern liegen. Sie wirken bei der **Zellteilung und Trennung der Chromosomen** (Träger der Erbinformation) mit, indem sie den Spindelapparat bilden (siehe Zellteilung).
- **Zelleinschlüsse**
  Im Innern der Zelle sind Stoffwechselprodukte (z. B. Fette, Kohlenhydrate, Eiweiße, Abfallprodukte) zu finden, die in unterschiedlichen Formationen im Zellplasma eingeschlossen sind. Die Gesamtheit der Zelleinschlüsse in der Zelle wird als **Paraplasma** bezeichnet.

1.2.3 Zellkern

Der Zellkern (Nucleus) im Innern der Zelle ist mit dem Lichtmikroskop gut erkennbar. Im Zellkern ist die gesamte Zellinformation gespeichert. Als „Kommandozentrale" sendet er Informationen und Befehle an das Zellplasma und die Organellen und bestimmt, welche Stoffe dort hergestellt werden.

Die meisten Körperzellen besitzen nur einen Zellkern. Zellen, die besonders stoffwechselaktiv sind (z. B. Leberzellen, Muskelzellen und Knochenzellen) verfügen über mehrere Zellkerne.

Erythrozyten (rote Blutkörperchen) haben bei Säugetieren bezüglich des Zellkerns eine besonderes Merkmal. Sie besitzen nur in ihrem Jugendstadium, in dem sie Retikulozyten genannt werden(siehe Kapitel Blut) einen Kern. Reife rote Blutkörperchen dagegen sind bei Säugetieren kernlos. Die Erythrozyten von Vögeln und Reptilien besitzen dagegen auch im Reifestadium einen Zellkern. Dadurch lassen sie sich gut von Säugetier-Erythrozyten unterscheiden.

Ein Zellkern besteht aus **Zellmembran, Kernsaft, Kernkörperchen, Chromosomen**.

- **Kernmembran**
  Der Zellkern ist durch eine durchlässige Membran (Kernmembran) vom Zellplasma getrennt. Die Membran besteht aus einer inneren und einer äußeren Schicht. Sie enthält Poren, die den Durchtritt von größeren Molekülen erlauben. Die äußere Schicht steht mit dem endoplasmatischen Retikulum (Transportsystem der Zelle) in Verbindung.
- **Kernsaft**
  Der Kernsaft ist eine eiweißhaltige Flüssigkeit, in der die Kernkörperchen und Chromosomen eingebettet sind.
- **Kernkörperchen**
  Kernkörperchen liegen einzeln oder zu mehreren als kleine, kugelförmige Gebilde

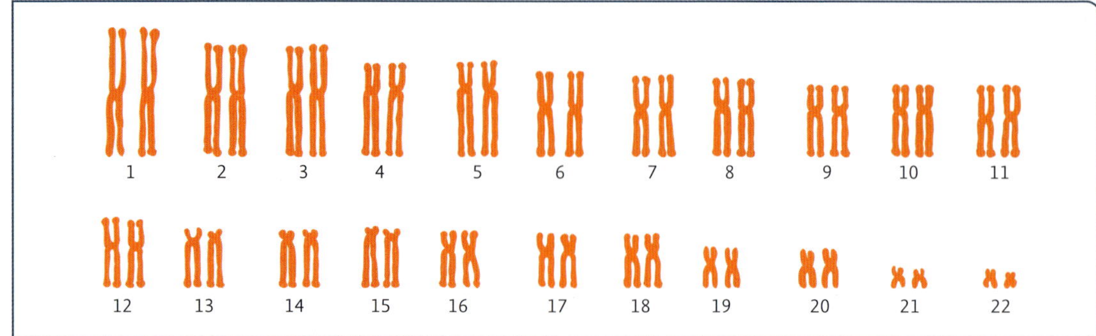

Chromosomenpaare (Beispiel Mensch).

im Zellkern. Sie treten nur während der Ruhephase des Kerns auf, in der keine Zellteilung erfolgt. Sie entstehen nach einer Zellteilung und lösen sich kurz vor einer erneuten Teilung wieder auf. **Ihre Aufgabe ist die Bildung und Speicherung von RNS (Ribonukleinsäure).**

- **Chromosomen**
  Chromosomen sind (nur während der Teilungsphase der Zelle) unter dem Lichtmikroskop als jeweils zwei nebeneinander liegende, oft leicht gekrümmte Fäden im Zellkern erkennbar. Durch eine Einschnürung (Zentromer) sind die beiden Fäden miteinander verbunden und besitzen zwei ungleich lange Schenkel. Dadurch ähneln sie einer Wäscheklammer. Die Anzahl der Chromosomen im Kern (Chromosomensatz) ist von Spezies zu Spezies verschieden. Es besteht jedoch kein Zusammenhang zwischen der Zahl der Chromosomen und der Größe bzw. Entwicklungsstufe eines Lebewesens. Es gibt Tiere mit nur zwei Chromosomen (z. B. spezielle Wurmarten) und solche mit 250 Chromosomen (z. B. der Einsiedlerkrebs). Der Mensch besitzt 46 Chromosomen (22 Paare).

Tab. 7 Chromosomensatz einiger Säugetiere

Tierart	Chromosomensatz
Hund	78 Chromosomen
Katze	38 Chromosomen
Meerschwein	64 Chromosomen
Kaninchen	44 Chromosomen
Hamster	44 Chromosomen
Maus	40 Chromosomen
Ratte	42 Chromosomen
Ziervögel	60–90 Chromosomen
Kuh	29 Chromosomen
Pferd	64 Chromosomen

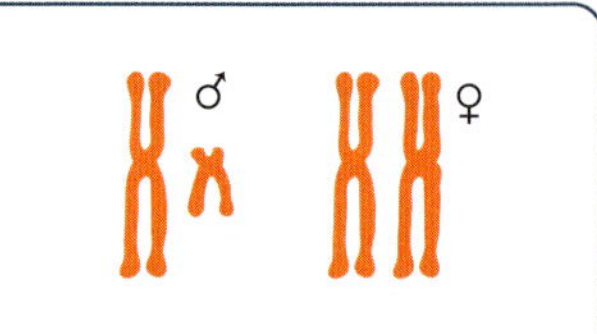

Geschlechtschromosomen bei Säugetieren.

Chromosomen treten immer paarweise auf. Man spricht daher von einem **doppelten Chromosomensatz**. Ein Chromosom jeden Paares (siehe Grafik „Chromosomenpaare“) stammt von der Mutter, das andere vom Vater. Zusätzlich zum Chromosomensatz (Anzahl der Chromosomen) besitzt jedes Lebewesen zwei Geschlechtschromosomen. Bei weibli-

chen Säugetieren findet man zwei gleich aussehende Geschlechtschromosomen, die jeweils einem X gleichen. Bei männlichen Säugetieren gleicht das Aussehen eines Teils des Geschlechtschromosomenpaares einem X, das des anderen einem Y. Daher werden die Geschlechtschromosomenpaare bei Säugetieren (ebenso wie beim Menschen) wie folgt beschrieben:
XX = weiblich
XY = männlich

Bei Vögeln werden die Geschlechtschromosomen mit den Buchstaben Z und W beschrieben, da sie diesen Buchstaben in ihrem Aussehen am ähnlichsten sind. Im Gegensatz zu denen von Säugetieren sind bei Vögeln die beiden Teile des Geschlechtschromosomenpaares beim männlichen Tier gleich gestaltet, beim weiblichen Tier dagegen unterschiedlich geformt:
ZZ = männlich
ZW = weiblich

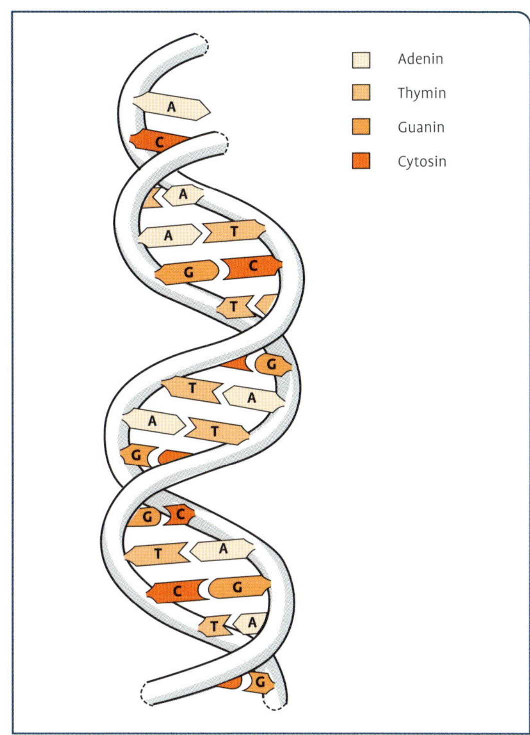

DNA-Doppelstrang mit den Basen Adenin (A), Thymin (T), Guanin (G) und Cytosin (C).

1.2.5 DNS bzw. DNA

Die **DNS** (**D**esoxyribo**n**uklein**s**äure) ist der wichtigste Bestandteil der Chromosomen und **Träger der Erbinformation**. Im internationalen und wissenschaftlichen Sprachgebrauch wird für den Begriff DNS meist die englische Bezeichnung **DNA** (**D**esoxyribo**n**ucleic **A**cid) verwendet. Beide Bezeichnungen DNS und DNA bedeuten demnach dasselbe.

Vergleicht man eine Zelle mit einem Computer, könnte man die DNA als Software, den Zellkern als Prozessor und die restlichen Strukturen der Zelle als Hardware bezeichnen. Die DNA ist also gleichsam das Programm, das festlegt, was in der Zelle und damit im ganzen Organismus geschieht.

Die DNA besteht aus zwei langen, parallel verlaufenden Ketten. Die beiden Ketten haben Querverbindungen, sodass sie wie eine Strickleiter aussehen (siehe Abb.). Diese „Strickleiter" ist wie eine Spirale gewunden und bildet damit eine **Doppelhelix** (Helix = Schraube).

Die beiden längs verlaufenden Stränge der „DNA-Strickleiter" werden durch Zucker (Desoxyribose) und Phosphate (Phosphorsäure), die Querverbindungen der Stränge (die Sprossen der Leiter) durch Nukleinbasen gebildet. Insgesamt gibt es vier verschiedene Basen (Cytosin, Guanin, Adenin, Thymin), die nach einem bestimmten Prinzip angeordnet sind. Für den Bau einer Sprosse legen sich immer zwei Basen als ein Paar aneinander. Dabei gibt es nur die Kombinationen **Cytosin mit Guanin** sowie **Adenin mit Thymin**. Andere Basenkombinationen kommen nicht vor.

Die Variation der Erbinformation entsteht durch die unterschiedliche Reihenfolge der Basenpaare entlang der Leiter. Die Nukleinbasen werden auch als „Buchstaben des genetischen Codes" bezeichnet. Ihre Reihenfolge auf der Strickleiter ist der Bauplan für die Herstellung von Eiweißen in der Zelle.

Aufbau der DNA

- Zucker (Desoxyribose)
- Phosphate (Phosphorsäure)
- Nucleinbasen (Cytosin, Guanin, Adenin, Thymin)

1.2.6 Gen

Ein Abschnitt auf der DNA, der den Bauplan für die Herstellung eines bestimmten Eiweißes enthält, wird als **Gen** bezeichnet. Durch Gene werden bei der Vermehrung eines Lebewesens Erbinformationen auf die nächste Generation weitergegeben.

1.2.7 RNS bzw. RNA

Die RNS (**R**ibo**n**uclein**s**äure) wird im wissenschaftlichen Sprachgebrauch hauptsächlich mit der englischen Abkürzung **RNA** (**R**ibo**n**ucleic **A**cid) benannt.

Der Aufbau der RNA ähnelt dem der DNA. Es gibt jedoch drei wesentliche Unterschiede:

- Die RNA ist **einsträngig**. Sie sieht dadurch aus wie eine in der Mitte der Querverstrebungen durchgeschnittene Strickleiter (siehe Abb.).
- Als Zucker liegt nicht, wie bei der DNA, Desoxyribose, sondern **Ribose** vor.
- Anstelle der Base Thyamin findet man bei der RNA die Base **Uracil**.

Als ihre Hauptaufgabe kopiert die RNA die auf einem Gen (Teilabschnitt auf der DNA) liegende Information (genetischer Code) und bringt sie zu den Ribosomen (Zellorganellen, siehe S. 319) im Zellplasma. Dort wird mithilfe dieser Information (d. h. nach dem Bauplan der DNA) ein für den jeweiligen Körper eigentümliches Eiweiß hergestellt.

Damit der genetische Code abgelesen werden kann, öffnet sich die Doppelhelix in der Mitte der Querverstrebungen. Die RNA legt sich an den zu kopierenden Abschnitt der DNA so an, dass jeweils die zueinander passenden Basen von DNA-Strang und RNA-Strang zusammen liegen, wobei das Uracil der RNA sich an das Adenin des DNA-Strangs legt:

Adenin + Uracil
Guanin + Cytosin

Eine weitere Aufgabe der RNA ist die Verdoppelung der DNA bei der Zellteilung, damit die Erbinformationen an die Tochterzellen weitergegeben werden können.

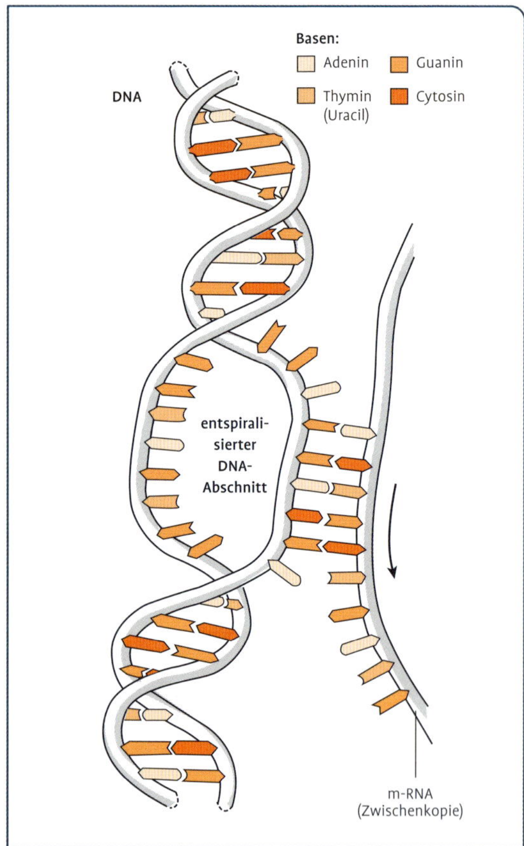

Ablesen des genetischen Codes von der DNA durch die RNA.

1.3 Zellteilung

Alle vielzelligen Lebewesen entwickeln sich aus einer einzigen Zelle (befruchteten Eizelle). Diese Zelle teilt sich und gibt die in ihr bzw. auf den Chromosomen im Zellkern dieser Zelle enthaltenen Erbinformationen an die Tochterzellen weiter. Eine befruchtete Eizelle wird, da sich aus ihr alle Körperzellen (z. B. Muskelzellen, Herzzellen, Nervenzellen, etc.) sowie Geschlechtszellen (Eizelle, Samenzellen) entwickeln können, als **Stammzelle** bezeichnet. Damit ein Organismus wachsen und sich entwickeln kann, müssen sich die Zellen immer wieder teilen.

Es gibt zwei Arten der Zellteilung:

- **Mitose**
  = Zellteilung „normaler" Körperzellen
- **Meiose** (Reduktionsteilung, Reifeteilung)
  = Zellteilung von Geschlechtszellen

1.3.1 Mitose

Unter Mitose versteht man die **Teilung aller Körperzellen** mit Ausnahme der Geschlechtszellen. Dabei muss die gesamte Erbinformation an die Tocherzellen weitergegeben werden. Um dies zu erreichen, müssen die Chromosomen (und damit die DNA) verdoppelt werden. Ein Chromosom besteht aus zwei Fäden, die durch eine Einschnürung (**Zentromer)** miteinander verbunden sind. Die Fäden eines Chromosoms werden **Chromatiden** genannt. Bei der Zellteilung werden die Chromatiden zunächst verdoppelt und dann voneinander getrennt.

Die Mitose verläuft in fünf Phasen:

- **Die Interphase**
  In der Interphase geht die Zelle spezifischen Arbeiten (z. B. Eiweißbildung) nach. Diese Phase wird daher auch als Arbeitsphase bezeichnet. Da in dieser Zeit keine Zellteilung erfolgt, spricht man auch von der Ruhephase der Zelle. Die Chromosomen liegen als dünne Fäden im Zellkern vor. Sie sind nur im Elektronenmikroskop sichtbar. Am Ende der Interphase kommt es zur Vermehrung von RNA in den Kernkörperchen. Durch Anlagerung von RNA an die Chromatide werden diese mit der darauf liegenden DNA kopiert und damit ver-

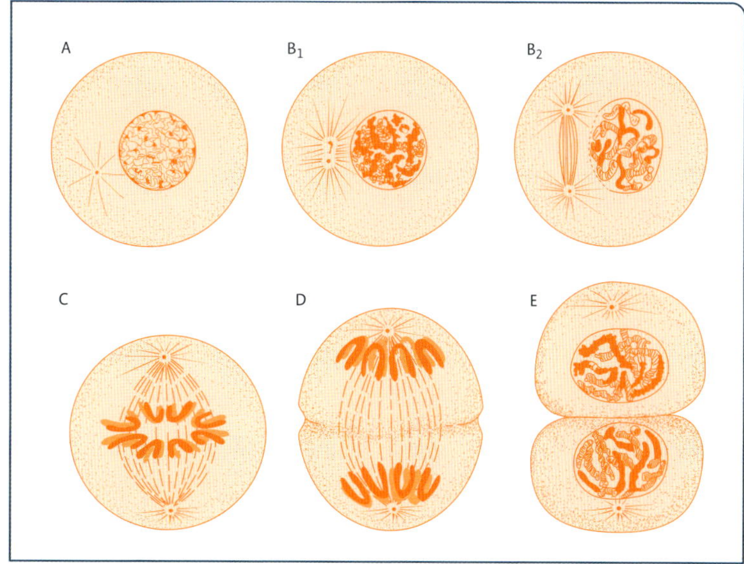

Phasen der Mitose,
A) Interphase,
B) Prophase,
C) Metaphase,
D) Anaphase,
E) Telophase.

doppelt. Die Erbinformation liegt nun im Zellkern doppelt vor.

- **Prophase**
  Während der Prophase (Vorphase) verkürzen und verdicken sich die Chromosomen. Sie sind in dieser Phase (angefärbt) auch im Lichtmikroskop erkennbar.
- **Metaphase**
  Die Zentriolen (Zellorganellen), die im Zellplasma in der Nähe des Zellkerns liegen (siehe S. 321), wandern in der Metaphase (Mittelphase) zu den Polen der Zelle und bilden den Spindelapparat. Der Spindelapparat besteht aus winzigen Röhrchen (Spindelfasern). Die Spindelfasern formen, von den jeweiligen Zellpolen ausgehend, zwei sternenförmige Netze, nach denen sich die Chromosomen ausrichten und sich mit ihrem Zentromer (Einschnürung) anheften. Die Kernmembran sowie die RNA-haltigen Kernkörperchen lösen sich in der Metaphase auf.
- **Anaphase**
  In der Anaphase (Nachphase) spalten sich die mit ihrem Zentromer (Einschnürung der Chromosomen) am Spindelapparat anheftenden Chromosomen in ihre Chromatiden auf. Die Spindeln des Spindelapparates verkürzen sich und ziehen die voneinander getrennten Chromatiden zu den entgegengesetzten Polen der Zelle.
- **Telophase**
  Nachdem die Chromatiden jedes Chromosomenpaares an den Zellpolen angekommen sind, teilt sich in der Telophase (Endphase) der Zellleib, indem er sich einfach durchschnürt – ohne Rücksicht darauf, in welcher der neu gebildeten Zellen sich die Zellorganellen befinden. Die fehlenden Zellorganellen werden ebenso wie die Zellmembran und die Kernkörperchen in den entstandenen Tocherzellen neu gebildet.

? **Phasen der Mitose**

- Interphase (Zwischenphase, Arbeits- und Ruhephase, Phase der Chromosomen und DNA-Verdoppelung)
- Prophase (Vorphase)
- Metaphase (Mittelphase)
- Anaphase (Nachphase)
- Telophase (Endphase)

1.3.2 Meiose

Das Wort Meiose stammt aus dem Griechischen und bedeutet „Verminderung“. Es handelt sich um eine besondere Form der Zellteilung (Reduktionsteilung, Reifeteilung). Dabei wird der doppelte Chromosomensatz in einer Geschlechtszelle (Eizelle, Samenzelle) vor der Zellteilung auf die Hälfte reduziert. Das ist notwendig, da Eizelle und Samenzelle bei der Befruchtung miteinander verschmelzen. Besäßen beide Geschlechtszellen bei der Verschmelzung weiterhin den doppelten Chromosomensatz, wäre in den Tochterzellen einer solchen Stammzelle ein vierfacher Chromosomensatz vorhanden, und diese Vermehrung der Chromosomen würde sich bei jeder Teilung der Tochterzellen weiter fortsetzen.

Bei der Meiose unterscheidet man zwei Schritte, die erste und die zweite Reifeteilung.

- **Erste Reifeteilung**
  In jeder Zelle liegen die Chromosomen zunächst als Paare vor (doppelter Chromosomensatz). In der ersten Reifephase trennen sich nun die Chromosomen eines jeden Paares und wandern in entgegengesetzter Richtung zu den Zellpolen. Danach teilt sich der Zellkörper und es entstehen **zwei Zellen mit jeweils einem einfachen Chromosomensatz**. Das bedeutet, dass nun die Chromosomen nicht mehr als Paar vorliegen.
- **Zweite Reifeteilung**
  Bei der zweiten Reifeteilung werden die Chromosomen in den (bei der ersten Reifeteilung entstandenen) beiden Tochterzellen (wie bei der Mitose) weiter in ihre

Chromatide getrennt. Diese wandern zu den Zellpolen. Danach teilen sich die beiden Zellen, sodass bei einer Meiose insgesamt **vier Tochterzellen** entstehen. In jeder dieser Tochterzellen ist die Anzahl der Chromosomen auf die Hälfte reduziert.

1.4 Zelltod

Alle Körperzellen werden, wenn sie ihre Aufgabe erfüllt haben, zum Wohl des gesamten Organismus gezielt getötet. Dazu besitzen sie in ihrem Erbgut (DNA) Informationen, die den Zelltod auslösen. Sobald diese Informationen auf der DNA aktiviert werden, stirbt die Zelle. Man nennt diese programmierte Selbstzerstörung der Zelle **Apoptose** (griech. apo = weg; stosis = Fall, vergleichbar dem Fallen der Blätter im Herbst). Jede Körperzelle hat die Fähigkeit sich etwa 50-mal zu teilen. Danach stirbt sie. Der Zelltod ist z. B. für die Entwicklung eines Organismus vom Embryo zum Kind und weiter zum Erwachsenen erforderlich. Am Beispiel der Haut wird der Vorteil des Zellsterbens besonders deutlich. Hautzellen wandern von den unteren Hautschichten bis an die Oberfläche und sterben dort durch Apoptose. Die toten, verhornten Zellen bilden die schützende obere Hautschicht (Epidermis).

1.5 Mutation

Eine Mutation ist eine **dauerhafte Veränderung der DNA** und damit der Informationen, die sich auf ihr befinden. Sie kann auch in einer Strukturveränderung von ganzen Chromosomen (z. B. Fehlen eines Chromosoms bzw. eines Teils davon sowie Vermehrung oder Verminderung von Chromosomensätzen) bestehen. Eine Mutation kann durch Strahlen (z. B. Röntgenstrahlen, UV-Licht) und Chemikalien verursacht werden oder spontan, d. h. ohne erkennbare äußere Einflüsse auftreten.

Eine Mutation kann positive, negative oder gar keine Auswirkungen auf den Organismus haben. **Positiven Mutationen** verdanken wir z. B. die Artenvielfalt auf der Erde sowie die Entwicklung des Menschen bis zum heutigen Homo sapiens. **Negative Mutationen** führen zu Störungen der Körperfunktionen sowie in ausgeprägten Fällen zur Lebensunfähigkeit eines Organismus. Treten nach einer Mutation bei einem Lebewesen oder bei seinen Nachkommen keine sichtbaren Veränderungen auf, spricht man von **stiller Mutation**.

Man unterscheidet:

- **Keimbahnmutationen**
  Die Veränderungen des Erbgutes werden über die „Keimbahn", d. h. über die Eizellen oder Spermien auf die Nachkommen weitergegeben. Sie haben in der Regel auf das Lebewesen, bei dem die Mutation stattgefunden hat, keine Auswirkungen. Die Effekte von Keimbahnmutationen sind erst bei der nächsten Generation zu finden.
- **Somatische Mutation**
  Dabei handelt es sich um Veränderungen, die sich direkt auf den Körper (griech. soma = Körper), auswirken. Da sie nicht die Keimzellen betreffen, werden sie auch nicht an die Nachkommen weitervererbt. Durch somatische Mutationen können sich z. B. gesunde Körperzellen in wuchernde Krebszellen verwandeln.

1.6 Tumorzelle

Eine Tumorzelle kann aus jeder normalen Körperzelle durch Mutation eines DNA-Abschnitts (Gen) entstehen. Tumorzellen unterscheiden sich von gesunden Körperzellen durch bestimmte Eigenschaften:

- **Fehlende Apoptose**
  In einer Tumorzelle ist die regulierende Selbstzerstörung außer Kraft gesetzt. Eine Tumorzelle ist (vorausgesetzt, sie wird ausreichend ernährt) fast „unsterblich".

Dieser Umstand wird z. B. in der Krebsforschung durch Züchtung von Tumorzellen auf Nährböden (Zellkulturen) genutzt.

- **Unkontrolliertes Wachstum**
  In jeder gesunden Zelle gibt es Regulationsmechanismen, die die Zellteilung und damit die Vermehrung kontrollieren. Diese Mechanismen sind in einer Tumorzelle ausgeschaltet oder zerstört. Tumorzellen teilen und vermehren sich damit ungehemmt.
- **Entdifferenzierung**
  Tumorzellen wandeln sich häufig von höher differenzierten Zellen (Zellen bestimmter Körpergewebe wie z. B. Nervenzellen) in undifferenzierte Zellen, deren ehemalige Zugehörigkeit zu einer Gewebeart kaum mehr zu bestimmen ist. Je undifferenzierter Tumorzellen sind, desto „bösartiger“ ist der von ihnen verursachte Tumor und desto eher metastasiert (streut) der Tumor vom Ort seines Entstehens in die unterschiedlichen Körpergewebe.

Die meisten Papageienvögel sind geschlechtsmonomorph.

1.7 Zellen und Zellbestandteile in Forschung und Technik

1.7.1 Zellkulturen

Unter einer Zellkultur versteht man die Kultivierung und Vermehrung tierischer oder pflanzlicher Zellen in einem Nährmedium „in vitro“ (im Glas oder Reagenzglas), d. h. außerhalb des Organismus unter kontrollierten Bedingungen.

Zellkulturen werden in der Grundlagenforschung, bei Testverfahren in der Diagnostik von Krankheiten und bei der Herstellung von Arzneimitteln verwendet.

1.7.2 PCR – Verfahren

Als PCR (polymerase chain reaction, Polymerase-Kettenreaktion) wird eine Methode bezeichnet, mit deren Hilfe es gelingt, ein DNA-Teilstück (ein Gen oder ein Teil eines Gens) in vitro, d. h. im Labor außerhalb des Organismus, zu vervielfältigen. Durch die PCR-Methode werden innerhalb relativ kurzer Zeit sehr viele gleichartige Stücke des DNA-Abschnitts erzeugt, die für verschiedene Untersuchungen herangezogen werden können. PCR ist eine der wichtigsten Verfahren zur Diagnose von Erbkrankheiten und Virusinfektionen, zur Geschlechtsbestimmung (v. a. bei Vögeln), zur Herstellung eines genetischen Fingerabdrucks oder zur Herstellung von Abstammungsnachweisen.

1.7.3 Geschlechtsbestimmung bei Vögeln

Einige Ziervogelarten (z. B. die meisten Papageien, Sittiche, Tauben, Kakadus) sind **geschlechtsmonomorph**. Das bedeutet, dass es nicht möglich ist, männliche und weibliche Tiere einer Vogelart an äußeren Merkmalen zu unterscheiden. Auch das Verhalten solcher gleich aussehender Tiere lässt keine sicheren Rückschlüsse auf das Geschlecht zu. So können gleichgeschlechtliche Paare einer Vogelart, die einige Zeit in einem Käfig leben, deutliches Balzverhalten zeigen, wobei der eine Vogel die Rolle des Männchens und der andere die des Weibchens übernimmt.

Viele tiermedizinische Labors sind inzwischen darauf eingerichtet, routinemäßige Geschlechtsbestimmungen bei Vögeln durchzuführen. Dazu wird aus der Federpulpa (das Innere des Federschaftes) oder aus EDTA-Blut (ungerinnbar gemachtes Blut) DNA gewonnen. Ein bestimmter DNA-Bereich auf den Geschlechtschromosomen, der kennzeichnend für das Geschlecht ist, wird durch die PCR-Methode vermehrt und beurteilt.

1.7.4 Genetischer Fingerabdruck

Jedes Individuum besitzt sein eigenes, unverwechselbares Genom (DNA-Profil), das sich von dem anderer Individuen unterscheidet. Ein DNA-Profil bzw. ein genetischer Fingerabdruck wird in der Tiermedizin erstellt, indem man den Aufbau von mehreren charakteristischen Abschnitten der DNA eines Tieres analysiert und dokumentiert.

Ein genetischer Fingerabdruck ist ein absolut fälschungssicherer Identitätsnachweis und damit wesentlich zuverlässiger als implantierte Microchips oder Tätowierungen.

Zur Herstellung eines DNA-Profils wird etwa 0,5 ml EDTA-Blut (ungerinnbar gemachtes Blut) benötigt.

1.7.5 Abstammungsnachweis

Ein Abstammungsnachweis wird erstellt, um zu klären, ob es sich bei den mutmaßlichen Eltern eines Tieres tatsächlich um die leiblichen Eltern handelt. Dies ist hauptsächlich bei der Zucht von Rassetieren von Bedeutung. Das Verfahren beruht ebenfalls auf der Untersuchung mehrerer DNA-Abschnitte der Nachkommen, des Muttertiers, und des potentiellen Vaters. Verwandte Tiere besitzen viele Ähnlichkeiten im Aufbau ihrer DNA. Für die Untersuchung sind etwa 2 ml EDTA-Blut erforderlich.

1.8 Fachbegriffe zum Thema Zelle

Zellorganellen = kleine Zellorgane
Chromosomen = Strukturen, die Gene und damit Erbsubstanz enthalten
Desoxyribonukleinsäure (DNS) = Träger der Erbsubstanz
Desoxyribonucleic acid (DNA) = Träger der Erbsubstanz – englische Form
Gen = Abschnitt auf der DNA, der für die Herstellung eines bestimmten Eiweißes zuständig ist
Mitose = Zellteilung mit Verdoppelung des Chromosomensatzes
Meiose = Reifeteilung, Teilung der Geschlechtszellen mit Halbierung des Chromosomensatzes
Apotose = Zelltod
Mutation = dauerhafte Veränderung der DNA
Zellkultur = Kultivierung und Vermehrung tierischer und pflanzlicher Zellen auf einem Nährmedium
Geschlechtsmonomorph = gleiches Aussehen von männlichem und weiblichem Tier (z. B. bei Papageienvögeln)

2 Gewebelehre

2.1 Gewebearten

Ein Gewebe ist im medizinischen Sinn ein Zusammenschluss gleichartiger Zellen, die auf ganz bestimmte Art miteinander verbunden sind und in diesem Verbund eine gemeinsame Aufgabe erfüllen. Man unterscheidet vier verschiedene Gewebearten: **Epithelgewebe, Binde- und Stützgewebe, Muskelgewebe und Nervengewebe**.

Die Zellen im jeweiligen Gewebe werden von der **Zwischenzellsubstanz** (Intrazellularsubstanz) zusammengehalten.

Gewebearten

- Epithelgewebe
- Binde- und Stützgewebe
- Muskelgewebe
- Nervengewebe

2.1.1 Epithelgewebe

Das Epithelgewebe bildet die äußerste Schicht der Körperoberfläche und die Auskleidung aller inneren Hohlorgane, Gefäße und Körperhöhlen. Das Epithelgewebe schützt als **Deckepithel** den Körper vor schädigenden äußeren Einflüssen (z. B. Hitze, Kälte, reizende Substanzen) und dient der Resorption (z. B. Aufnahme von Nährstoffen aus dem Darm). Es dient als **Drüsenepithel** der Sekretion (z. B. Schweiß- und Schleimabgabe) sowie als **Sinnesepithel** der Reizaufnahme (z. B. im Auge).

Epithelgewebe

- Deckepithel
- Drüsenepithel
- Sinnesepithel

Deckepithel

Das Deckepithel besteht aus unterschiedlich geformten Zellen, die in einer Schicht oder mehreren Schichten angeordnet sind.

Einschichtiges Plattenepithel

Einschichtiges Plattenepithel besteht nur aus einer Schicht **abgeplatteter** Zellen. Diese Epithelart findet man als Innenauskleidung in folgenden Organen:

- Blut- und Lymphgefäßen
- Brust- und Bauchfell
- Lungenalveolen (Lungenbläschen)
- Herzbeutel
- Herz
- Häutiges Labyrinth des Innenohres

Einschichtiges kubisches Epithel

Dieses Epithel besteht nur aus einer Schicht **würfelförmiger** Zellen. Man findet es als Innenauskleidung in manchen Drüsenausführungsgängen und in Nierenkanälchen.

Einschichtiges Zylinderepithel

Einschichtiges Zylinderepithel besteht aus einer Schicht **zylinderförmiger** Zellen, die zum Teil Ausstülpungen aufweisen oder Flimmerhärchen tragen können. Dieses Epithel liegt als Auskleidung in folgenden Organen und Organteilen vor:

- Magen-Darm-Kanal
- Eileiter
- Gebärmutter
- Gallenblase
- Manche Drüsenausführungsgänge

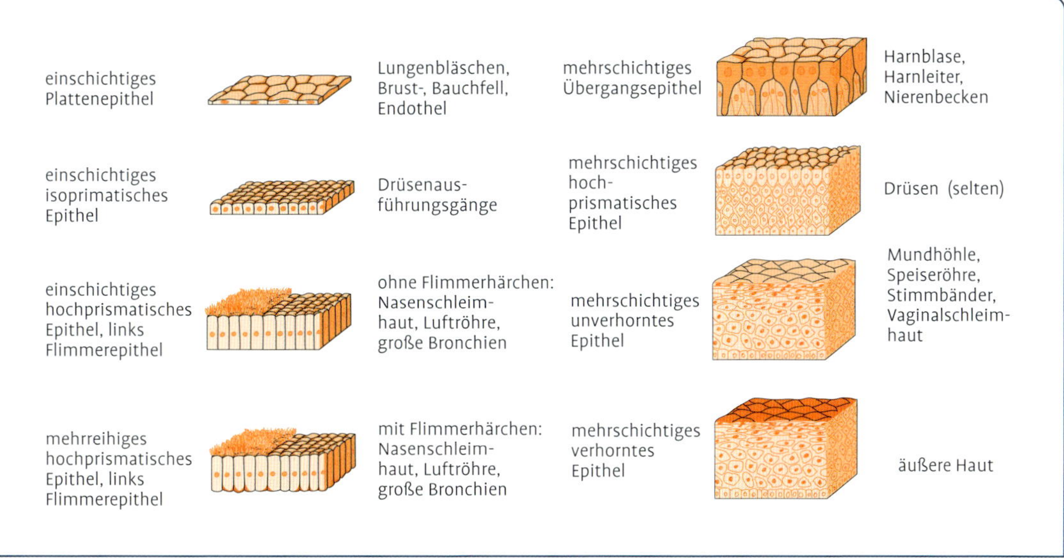

Verschiedene Epithelienarten.

Mehrstufiges Flimmerepithel

Die Zellen dieser Epithelform sitzen alle nebeneinander auf einer Basalmembran auf und bilden deshalb nur eine Schicht. Doch nicht alle Zellen erreichen die Schichtoberfläche. Dadurch wirkt das Epithel mehrstufig. Die Zellen tragen **Flimmerhärchen** (Zilien). Die Auskleidung der Atemwege besteht aus mehrstufigem Flimmerepithel. Eine wichtige Aufgabe der Flimmerhärchen ist u. a. die Entfernung von Fremdkörpern (z. B. Staub) aus den Atemwegen.

Mehrstufiges Plattenepithel

Diese Epithelform besteht aus mehreren Schichten **übereinanderliegender, abgeplatteter** Zellen. Mehrstufiges Plattenepithel findet man als Bestandteil der äußeren Haut, als Auskleidung der Mundhöhle und Speiseröhre, sowie als Augenhornhaut. Man unterscheidet:

- **Mehrschichtiges verhorntes Plattenepithel**
  Die Zellen der äußeren Haut (siehe Kapitel Haut) wandern von der untersten Schicht (die erste Schicht über der Basalmembran) langsam nach außen und verhornen dabei nach und nach. Dicke und Grad der Verhornung hängen von der Beanspruchung ab. Sohlenballen werden z. B. mehr beansprucht als die Bauchhaut. Daher ist die oberflächliche, verhornte Zellschicht an den Ballen dicker als am Bauch.
- **Mehrschichtiges, nicht verhorntes Plattenepithel**
  Die Zellen des mehrschichtigen Plattenepithels der Mundhöhle, Speiseröhre und der Augenhornhaut verhornen auf ihrem Weg von der Basalmembran zur Oberfläche des Epithelgewebes nicht.

Mehrschichtiges Zylinderepithel

Dieses Epithel besteht aus mehreren Schichten übereinander liegender zylinderförmiger Zellen. Nur die Zellen der untersten Schicht sitzen dabei der Basalmembran auf. Mehrschichtiges Zylinderepithel findet man am Übergang der Lidbindehaut zum Augapfel und bei manchen Drüsenausführungsgängen.

Tab. 8 Deckepithel

Deckepithelart	Vorkommen
Einschichtiges Plattenepithel	Blut- und Lymphgefäße, Brust-u.Bauchfell, Herz u. Herzbeutel, Innenohr, Lungenbläschen
Einschichtiges kubisches Epithel	Drüsenausführungsgänge, Nierenkanälchen
Einschichtiges Zylinderepithel	Magen-Darm-Kanal, Eileiter, Gebärmutter, Gallenblase, Drüsenausführungsgänge
Mehrstufiges Flimmerepithel	Atemwege
Mehrschichtiges verhorntes und nicht verhorntes Plattenepithel	Äußere Haut, Mundhöhle, Speiseröhre, Augenhornhaut
Mehrschichtiges Zylinderepithel	Übergang der Lidbindehaut zum Augapfel, Drüsenausführungsgänge
Übergangsepithel	Harnableitende Wege (Harnleiter, Harnröhre), Harnblase

Übergangsepithel

Beim Übergangsepithel handelt es sich um ein **mehrstufiges** (die Zellen sitzen auf der Basalmembran auf, es erreichen jedoch nicht alle Zellen die Schichtoberfläche), das diejenigen Hohlorgane auskleidet, die sich bei der Erfüllung ihrer Aufgabe ausdehnen müssen. Der Zellverband des Übergangsepithels ist sehr dehnbar, damit es sich den unterschiedlichen Füllungszuständen der Organe und Organteile anpassen kann.

Ein typisches Merkmal dieser Epithelart sind die an der Oberfläche liegenden großen Zellen, die **Schleim** absondern. Dieser Schleim schützt die darunter liegende Epithelschicht z. B. vor konzentriertem Urin in der Blase.

Übergangsepithel findet sich in den harnableitenden Wegen (Harnleiter, Harnröhre) und in der Harnblase.

Drüsenepithel

Drüsenepithel besteht aus hochspezialisierten Epithelzellen. Ihre Aufgabe ist die Produktion und Abgabe von Sekreten (z. B. Speichel, Magensaft, Schleim, Talg, Schweiß, Tränenflüssigkeit, Hormone). Es gibt Drüsen, die nur aus einer einzigen Zelle bestehen (z. B. Schleim produzierende Becherzellen im Darmtrakt und in den Atemwegen). Die meisten Drüsen bestehen jedoch aus einem Zellverband (Drüsengewebe), der aus unterschiedlich vielen spezialisierten Epithelzellen zusammengesetzt ist.

Drüsen werden nach ihrer Form, nach dem Ausführungsgang und nach der Beschaffenheit des Sekretes unterschieden:

- **Unterscheidung nach der Form**
  Je nach Form des Drüsengewebes unterscheidet man schlauchförmige (tubulöse), beerenförmige (azinöse) und bläschenförmige (alveoläre) Drüsen.
- **Unterscheidung nach dem Ausführungsgang**
  Exokrine Drüsen (exokrin = nach außen abgebend) sind solche, die einen Ausführungsgang besitzen und ihr Sekret in einen Körperhohlraum oder an die Hautoberfläche abgeben. Beispiele für exokrine Drüsen sind Schweißdrüsen, die ihr Sekret auf die Haut entleeren, und Speicheldrüsen, deren Sekret über spezielle Ausführungsgänge in die Mundhöhle fließt.

Unterscheidung von Drüsengewebe nach der Form:
A) schlauchförmige Drüse,
B) beerenförmige Drüse,
C) bläschenförmige Drüse.

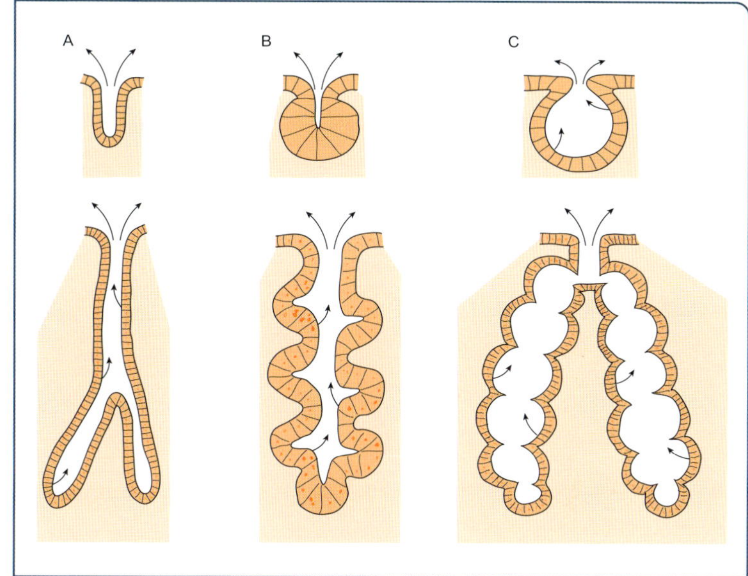

Unterscheidung von Drüsengewebe nach dem Ausführungsgang:
A) exokrine Drüse mit Ausführungsgang,
B) endokrine Drüse ohne Ausführungsgang.

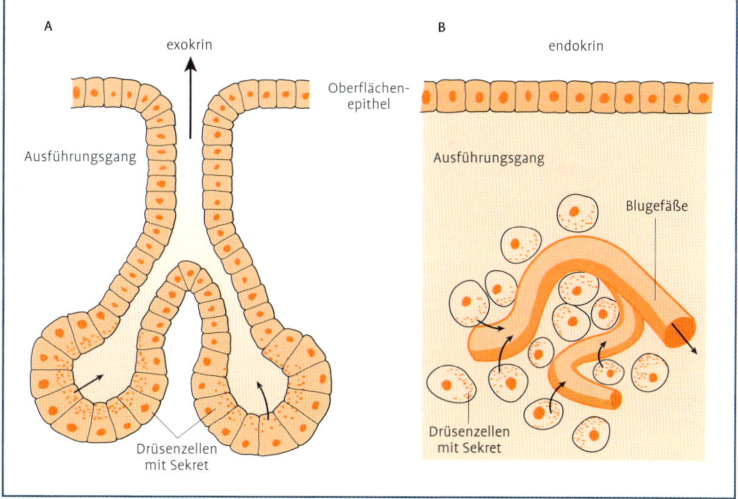

Endokrine Drüsen (endokrin = nach innen abgebend) sind Drüsen ohne Ausführungsgang, die ihr Sekret direkt in die Blutbahn entleeren. Zu den endokrinen Drüsen gehören die Hormondrüsen.

- **Unterscheidung nach der Beschaffenheit des Sekretes**
  Drüsen, die ein dünnflüssiges Sekret (z. B. Schweiß) bilden, werden **seröse Drüsen** genannt. Solche, die ein dickflüssiges Sekret (z. B. Schleim) bilden, werden als **muköse Drüsen** bezeichnet.

Sinnesepithel

Das Sinnesepithel besteht aus Zellen, die Reize aus der Außenwelt aufnehmen und über Nervenbahnen an das Gehirn weitergeben. Zu den Sinnesepithelien gehören:

- Riechepithel
- Epithel der Geschmacksknospen auf der Zunge
- Stäbchen- und Zapfenzellen des Auges
- Hörzellen
- Epithelzellen des Gleichgewichtsorgans im Innenohr

2.1.2 Binde- und Stützgewebe

Das Binde- und Stützgewebe verbindet Gewebe, Organe und Organsysteme zu einer Körpereinheit. Es besteht aus **Bindegewebe, Knorpelgewebe und Knochengewebe**.

Bindegewebe

Das Bindegewebe erfüllt viele Aufgaben. Es verbindet die Muskeln mit den Knochen, umhüllt Organkapseln (z. B. Nieren, Leber, Herz) und füllt organfreie Räume des Körpers aus. Innerhalb eines Organs dient es als Gerüstgewebe, das dem Organ seine Form gibt und in dem die Versorgungsbahnen (Nerven, Blutgefäße) verlaufen. Für Notzeiten kann das Bindegewebe Wasser und Fett speichern. Zusätzlich besitzt es Abwehrzellen und übernimmt damit eine wichtige Aufgabe bei der körpereigenen Abwehr. Bindegewebe besteht aus **Bindegewebszellen** und **Zwischenzellensubstanz (Interzellularsubstanz).** Die Bindegewebszellen sind sehr unterschiedlich geformt, je nachdem, welche Aufgabe das jeweilige Bindegewebe im Körper zu erfüllen hat. Die Zwischenzellsubstanz ist wässrig bis gallertartig und hat feste (kollagene) und elastische Fasern eingelagert.

Man unterscheidet vier verschiedene Bindegewebsarten, die unterschiedliche Aufgaben im Körper erfüllten: **retikuläres Bindegewebe, Fettgewebe, lockeres Bindegewebe** und **straffes Bindegewebe.**

Retikuläres Bindegewebe

Das retikuläre Bindegewebe kommt nur in lymphatischen Organen (Milz, Lymphknoten, Mandeln, lymphatisches Gewebe, z. B. in der Schleimhaut des Darmtraktes) und im roten Knochenmark vor. Die Retikulumzellen (lat. reticulum = kleines Netz) produzieren Retikulumfasern, die ein bindegewebiges Netz bilden. Die Hohlräume dieses Netzes werden in den lymphatischen Organen durch Abwehrzellen (z. B. Lymphozyten) und im Knochenmark durch Zellen ausgefüllt, aus denen die roten und weißen Blutkörperchen entstehen.

Retikulumzellen können Fremdstoffe, die in den Körper eingedrungen sind (z. B. Krankheitserreger) oder abgestorbenes körpereigenes Gewebe phagozytieren (= fressen). Sie dienen damit der Abwehr des Körpers. In der Milz werden verbrauchte rote Blutkörperchen von den Retikulumzellen abgebaut.

Fettgewebe

Seine Aufgabe ist die Speicherung von Fett als Nahrungs- und Energiereserve sowie der Schutz des Körpers vor Kälte und der Organe gegen Gewalteinwirkung von außen (z. B. Pufferfunktion der empfindlichen Nieren durch das Polster des Nierenfetts). Die Zellen des Fettgewebes sind fast vollständig mit Fett ausgefüllt. Der Zellkern ist durch das Fett ganz an den Rand der Zelle gedrängt und flachgedrückt. Man unterscheidet:

- **Weißes Fettgewebe**
  Zum weißen Fettgewebe gehören **Baufett** und **Speicherfett.**
  - **Baufett**
    Die Fettzellen des Baufettes sind von festen Fasern umsponnen. Mithilfe dieser Fasern kann das Fettgewebe an stark beanspruchten Stellen des Körpers (z. B. Pfotenballen) den Druck abfangen und als Polster wirken. Baufett dient darüber hinaus zur Auffüllung von Hohlräumen im Körper und befestigt Organe in der Körperhöhle.

- **Speicherfett**
  Speicherfett wird auch als **Depotfett** bezeichnet. Es wird an bestimmten (bei jeder Tierarzt unterschiedlichen) Stellen des Körpers angelagert. Typisch sind Fettdepots im Unterhautfettgewebe, im Bauchraum sowie am Bauch. Bei Kaninchen findet man ein Fettdepot auch um den Hals (Wamme). Vögel (v. a. Wellensittiche neigen zur Fettsucht) bilden Fettspeicher um den Brustmuskel herum. In Hungerzeiten wird zunächst das Speicherfett abgebaut, bevor das Baufett im Körper angegriffen wird. Im Depotfett werden die fettlöslichen Vitamine gespeichert.

- **Braunes Fettgewebe**
  Das braune Fettgewebe ist eine Sonderform des Fettgewebes, das zur Wärmeerzeugung dient. In den Fettzellen des braunen Fettgewebes wird das Fett direkt in Wärme umgebaut und abgegeben. Während beim Menschen nur noch Säuglinge braunes Fettgewebe besitzen, findet man diese wärmebildende Gewebeart bei vielen Tierarten. Der Hund verfügt z. B. über braunes Fettgewebe im großen Netz, einer großen „Bindegewebsschürze", die im Bauchraum als Abdeckung und Abgrenzung der Organe gegen die Bauchwand dient. Dadurch können Hunde (z. B. Schlittenhunde im Schnee) auf kalten Böden liegen, ohne dass die inneren Organe durch die Kälte Schaden nehmen. Braunes Fettgewebe findet man außerdem bei Tieren, die Winterschlaf halten.

Lockeres Bindegewebe

Lockeres Bindegewebe besteht aus einer großen Menge Zwischenzellsubstanz (Interzellularsubstanz) und (im Vergleich zu anderen Gewebearten) relativ wenigen Bindegewebszellen (Fibrozyten). Die Zellen liegen in einer lockeren Anordnung vor. Diese Gewebeart dient v. a. als **Verschiebeschicht** zwischen den inneren Organen, sowie der äußeren Haut gegenüber den darunter liegenden Geweben.

Lockeres Bindegewebe findet man in den Räumen zwischen den Organen, in der Unterhaut und zwischen Muskelfaserbündeln. In ihm sind Blut- und Lymphgefäße sowie Nerven eingebettet. Durch den lockeren Aufbau des Gewebes besteht viel Platz zum Einlagern von Wasser, sodass lockeres Bindegewebe auch als **Wasserspeicher** dient.

Straffes Bindegewebe

In der Zwischenzellsubstanz des straffen Bindegewebes sind sehr viele Bündel dicht gelagerter kollagener (aus sehr festem Eiweiß bestehender) Fasern eingelagert. Die Fasern sind parallel oder als Geflecht angeordnet. Dadurch erhält straffes Bindegewebe eine feste Konsistenz. Man findet diese Gewebeart in der Lederhaut des Auges, in Organkapseln (z. B. Nierenkapsel), der harten Hirnhaut, dem Herzbeutel, in der Knorpel- und Knochenhaut, sowie in Sehnen und Bändern der Gelenke.

Knorpelgewebe

Knorpelgewebe ist fester als straffes Bindegewebe, jedoch nicht so fest wie Knochengewebe. Man findet es im Körper an stark beanspruchten Stellen, die zwar einen festen Halt benötigen, aber dennoch biegsam sein sollen (z. B. an Gelenken). Die Zellen des Knorpelgewebes werden als **Chondrozyten** bezeichnet. Sie liegen in der relativ festen Zwischenzellsubstanz in Gruppen beieinander.

Der Knopel selbst besitzt keine Blutgefäße. Er wird durch **Diffusion** (Durchtritt von Nährstoffen durch eine Membran in Richtung der niedrigeren Konzentration) durch die gefäßreiche Knorpelhaut und in den Gelenken durch die Gelenksflüssigkeit ernährt.

Knorpelgewebe besitzt im Vergleich zu anderen Gewebearten eine geringe Stoffwechselaktivität. Es kann sich daher z. B. nach Verletzungen oder Abnutzung nur wenig regenerieren.

Man unterscheidet drei Knorpelarten: **hyaliner Knorpel, elastischer Knorpel** und **Faserknorpel**.

Hyaliner Knorpel

Hyaliner Knorpel sieht unter dem Mikroskop wie Glas aus. Dieser Eigenschaft verdankt er seinen Namen (griech. hyalos = Glas). Der Knorpel ist sehr stabil. Er kommt im Körper an Stellen vor, die zwar Elastizität, aber gleichzeitig Festigkeit erfordern.

Hyalines Knorpelgewebe findet man als Gelenkknorpel (er überzieht die miteinander korrespondierenden Enden der Knochen in den Gelenken), als Rippenknorpel, als Knorpelspangen der Luftröhre, sowie als Teil der Nasenscheidewand.

Elastischer Knorpel

In der Zwischenzellsubstanz des elastischen Knorpels sind besonders viele elastische Fasern eingelagert, die diese Knorpelart außerordentlich biegsam machen. Sie bildet z. B. die Ohrmuscheln und den Kehldeckel.

Faserknorpel

Der Faserknorpel enthält in der Zwischenzellsubstanz sehr viele kollagene Fasern. Deshalb besitzt diese Knorpelart eine hohe Festigkeit. Man findet sie z. B. als Menisken im Kniegelenk, als Zwischenwirbelscheiben (Bandscheiben) und bei Huftieren als Hufknorpel.

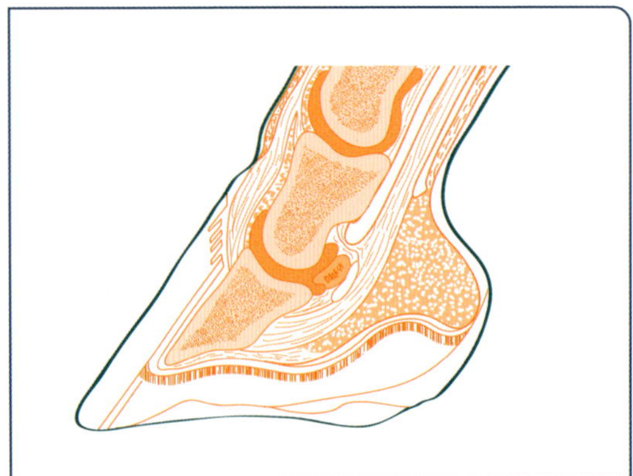

Auch der Pferdehuf ist ein Knorpel.

Knochengewebe

Es besteht ein Unterschied zwischen Knochen und Knochengewebe. Das **Knochengewebe** ist ein Verbund von Knochenzellen, die in einer Zwischenzellsubstanz liegen. Ein **Knochen** ist dagegen aus vielen verschiedenen Gewebearten (z. B. Knochengewebe, Knorpelgewebe, Gefäße und Nerven) zusammengesetzt.

Die Zellen des Knochengewebes besitzen viele, sehr feine Fortsätze, mit denen sie eine Verbindung mit den Nachbarzellen eingehen. Innerhalb der Zwischenzellsubstanz des Knochengewebes bilden sich Knochenlamellen, die aus kollagenen (aus sehr festem Protein bestehenden) Fasern und Mineralstoffen (Kalzium-, Magnesium- und Phosphatverbindungen) zusammengesetzt sind. Diese Knochenlamellen sind im Querschnitt kreisförmig um ein Blutgefäß angeordnet. Eine Lamelle mit dem in ihrer Mitte verlaufenden Blutgefäß wird **Osteon** genannt. Die einzelnen Osteone sind miteinander durch **Schaltlamellen** verbunden. Um die Osteone herum verlaufen in der Außenschicht des Knochen die **Generallamellen**.

Die miteinander durch Fortsätze fest verbundenen Knochenzellen sowie die Lamellen in der Zwischenzellsubstanz sorgen für die Festigkeit und die Stabilität des Knochengewebes.

Man unterscheidet drei verschiedene Zellarten im Knochengewebe: Osteoblasten, Osteozyten und Osteoklasten.

- **Osteoblasten**
  Osteoblasten findet man hauptsächlich in den Wachstums- oder Umbauphasen des Knochens. Sie sind für die **Knochenbildung** zuständig. Wenn sie ihre Aufgabe erfüllt haben, wandeln sie sich in Osteozyten um.
- **Osteozyten**
  Osteozyten sind die eigentlichen Zellen des Knochengewebes. Sie liegen wie einge-

mauert in der festen Interzellularsubstanz (Zwischenzellsubstanz) und haben nur durch ihre Fortsätze Kontakt mit den sie versorgenden Blutgefäßen. Osteozyten können sich nicht mehr teilen. Sie tragen weder zum Aufbau noch zum Abbau des Knochens bei, sondern sorgen lediglich für den **Erhalt des bestehenden Knochens**.

- **Osteoklasten**
  Osteoklasten sind Riesenzellen, die **Knochensubstanz abbauen** und zusammen mit den Osteoblasten für einen ständigen Auf-, Ab- und Umbau des Knochengewebes sorgen. Knochengewebe kann sich daher (im Gegensatz zum Knorpelgewebe) z. B. nach einem Bruch sehr gut regenerieren. Bei veränderten Belastungen kann es sich auch innerhalb kurzer Zeit der neuen Situation durch bedarfsgerechten Umbau anpassen. Ein Knochen kann daher durch verstärkte Belastung fester und bei zu geringer Belastung brüchig werden.

Binde- und Stützgewebe

- Bindegewebe (Retikuläres Bindegewebe, Fettgewebe, lockeres Bindegewebe, straffes Bindegewebe)
- Knorpelgewebe (Hyaliner Knorpel, elastischer Knorpel, Faserknorpel)
- Knochengewebe

2.1.3 Muskelgewebe

Grundsätzlich ist zwischen Muskel und Muskelgewebe zu unterscheiden. Ein **Muskel** (lat. musculus = Mäuschen) ist ein Organ, das die Fähigkeit besitzt, sich zusammenzuziehen (zu kontrahieren) und wieder zu erschlaffen. Unter **Muskulatur** versteht man die Gesamtheit aller Muskeln eines Lebewesens. Die Muskulatur ist direkt mit dem Bindegewebe (z. B. Sehnen, Knochen) verbunden. Es kommt durch Zusammenziehen (Kontraktion) und Erschlaffen der Muskeln (zusammen mit ihrer Verbindung zum Bindegewebe- und Stützgewebe) zur aktiven Fortbewegung eines Lebewesens, zur Gestaltsveränderung seines Körpers sowie zur Bewegung und Funktion seiner inneren Organe.

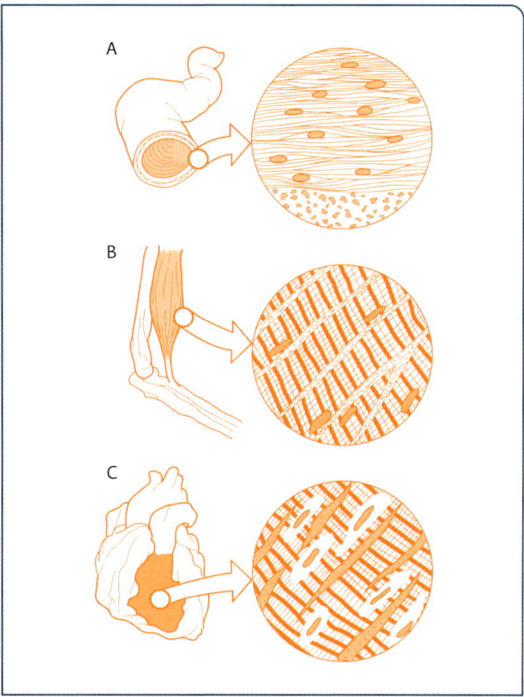

Verschiedene Muskelgewebearten: A) glatte Muskulatur, B) gestreifte Muskulatur, C) Herzmuskulatur.

Das **Muskelgewebe** ist das Gewebe, das dem Muskel zugrunde liegt. Es besteht aus Muskelzellen (Myozyten). Typisch für ein Muskelgewebe sind spezielle Eiweißkörper (Myofibrillen), die sich im Innern einer Muskelzelle befinden. Die **Myofibrillen** sind aus faserförmigen Eiweißen, den **Filamenten** zusammengesetzt und für die Verkürzung (Zusammenziehen, Kontraktion) der Muskelzelle verantwortlich, indem sie sich ineinanderschieben.

Man unterscheidet drei unterschiedliche Muskelgewebe: Quer gestreiftes Muskelgewebe, glattes Muskelgewebe, Herzmuskelgewebe.

Quer gestreiftes Muskelgewebe

Die Skelettmuskulatur besteht aus quer gestreiftem Muskelgewebe. Bei diesem Gewebe sind die Myofibrillen (die faserförmigen Eiweißen in den Muskelzellen) regelmäßig angeordnet. Dadurch sieht das Gewebe unter dem Mikroskop gestreift (quer gestreift) aus. Dieses Aussehen hat ihm seinen Namen gegeben.

Die Zellen des quer gestreiften Muskelgewebes sind lang gestreckt und haben eine Länge von (je nach Lage im Körper) wenigen Millimetern bis zu 30 Zentimetern. Aufgrund der lang gestreckten Form werden sie als **Muskelfasern** bezeichnet. Eine Muskelfaser ist so lang gestreckt, dass sie den ganzen Muskel durchläuft und am Ende mit in die bindegewebigen Sehnen des Muskeln einfließt, die an den Knochenenden ansetzen. Auf diese Weise wird die Kontraktion (Zusammenziehen) und das Erschlaffen der Muskelzellen in Bewegung umgesetzt.

Eine Muskelfaser (Muskelzelle) besitzt mehrere Zellkerne. Sie liegen randständig entlang des gesamten Verlaufes der Zelle.

Mehrere Muskelfasern sind zu einem Bündel, dem **Muskelfaserbündel** zusammengefasst und von einer bindegewebigen Hülle umgeben. Die Muskelfaserbündel werden wiederum durch eine Hülle aus straffem Bindegewebe, der Muskelfaszie, zu einem einheitlichen **Muskel** gebündelt. Ein Muskel besteht aus vielen Muskelfaserbündeln.

Quer gestreiftes Muskelgewebe arbeitet schnell und ist an keinen Rhythmus (wie z. B. die Herzmuskulatur) gebunden. Sie wird **willkürlich** gesteuert, d. h. der Impuls für die Kontraktion kommt aus dem Großhirn und ist dem Willen unterworfen. Jede Muskelfaser steht in Kontakt mit Nervenfasern. Die Verbindungsstelle zwischen beiden wird als **motorische Endplatte** bezeichnet. An dieser Stelle wird die Information aus dem Gehirn über die Nervenfaser auf die Muskelzelle übertragen.

Glattes Muskelgewebe

Glattes Muskelgewebe besteht aus spindelförmigen Zellen mit einem ovalen Kern im Zentrum. Im Gegensatz zum quer gestreiften Muskelgewebe sind die Zellen des glatten Muskelgewebes relativ klein und nicht lang gestreckt. Daher werden sie auch nicht als Muskelfasern bezeichnet. Die Myofibrillen (Eiweißfasern in den Zellen) sind im glatten Muskelgewebe weniger zahlreich vorhanden und nicht so regelmäßig angeordnet wie beim Skelettmuskelgewebe. Unter dem Mikroskop ist damit keine Querstreifung erkennbar. Aus diesem Grund wird das Gewebe als glattes Muskelgewebe bezeichnet.

Man findet glattes Muskelgewebe an den Wänden von Hohlorganen (z. B. Magen, Darm, Gallenblase und Gallengänge, Blutgefäßen, Harnblase, Gebärmutter, Eileiter).

Das glatte Muskelgewebe arbeitet **unwillkürlich**, d. h. es ist nicht durch den Willen steuerbar, sondern dem vegetativen Nervensystem (siehe Kap. Nervensystem) untergeordnet. Im Gegensatz zum quer gestreiften Muskelgewebe arbeitet es langsam und rhythmisch. Teilweise arbeitet das glatte Muskelgewebe **autonom** (selbsttätig). In die aus glattem Muskelgewebe bestehenden Wände vieler Hohlorgane sind Nervenzellen eingebaut, die Formveränderungen des Organs registrieren und darauf reagieren. Kommt es z. B. im Magen durch Aufnahme von Futter zu einer Dehnung der Magenwand, regen die in der Magenwand liegenden Nervenzellen die Magenbewegung an, ohne dass dazu ein Impuls vom Gehirn nötig wäre.

Glattes Muskelgewebe kann Dehnungszustände über längere Zeit beibehalten (z. B. wenn sich Urin in der Harnblase befindet), ohne dass es zu einer Erschlaffung der Muskulatur kommt. Diese Fähigkeit wird als **Plastizität** (Verformbarkeit) bezeichnet.

Herzmuskelgewebe

Herzmuskelgewebe zeigt Gemeinsamkeiten sowohl mit dem quer gestreiften als auch mit dem glatten Muskelgewebe und nimmt damit eine Zwischenstellung ein. Unter dem Mikroskop sieht man die Querstreifung, die durch die eingelagerten Myofibrillen erzeugt wird. Allerdings sind die Muskelzellen im Herzmuskelgewebe wesentlich kleiner als beim quer gestreiften Muskelgewebe und besitzen nur einen einzigen, zentral liegenden Zellkern.

Das Herzmuskelgewebe arbeitet, wie die glatte Muskulatur, **unwillkürlich** (nicht dem Willen unterworfen) und wird durch das vegetative Nervensystem (siehe Kap. Nervensystem) beeinflusst. Zusätzlich besitzt das Herz ein eigenes Reizleitungssystem (siehe Kap. Herz), d. h. es arbeitet **autonom** (selbsttätig). Das Herzmuskelgewebe kontrahiert und erschlafft rhythmisch und arbeitet das ganze Leben lang ständig ohne Pause.

2.1.4 Nervengewebe

Das Nervengewebe nimmt Reize auf, leitet sie weiter, verarbeitet sie und gibt die Antworten auf den Reiz an die einzelnen Organe und Organsysteme ab. Das Nervengewebe bildet damit die Grundsubstanz des Nervensystems. Es besteht aus vielen einzelnen Zellen. Man unterscheidet zwei Arten von Zellen, die **Nervenzellen (Neurone)** und die **Gliazellen (Neuroglia)**.

Nervenzellen

Eine Nervenzelle oder Neuron ist eine Zelle, die auf Reizaufnahme, Erregungsbildung und Reizverarbeitung spezialisiert ist. Die Gesamtheit aller Nervenzellen bildet (zusammen mit den Gliazellen) das **Nervensystem**.

Die Nervenzellen haben aufgrund ihrer hohen Spezialisierung die Fähigkeit verloren, sich zu teilen.

Aufbau der Nervenzelle

Eine Nervenzelle besteht aus **Zellkörper, Dentriten** und **Axon.**

- **Zellkörper**
  Der Zellkörper enthält (wie alle Körperzellen) neben dem Zellkern im Zellplasma verschiedene Organellen (z. B. Mitochondrien, Golgi-Apparat, endoplasmatisches Retikulum – siehe Kapitel Zelle).
- **Dentriten**
  Die Zellfortsätze, die vom Zellkörper ausgehen, werden als Dentriten bezeichnet. Es sind mehrere feine Verästelungen, die über **Synapsen** (siehe S. 340) mit anderen Nervenzellen in der Nachbarschaft in Verbindung stehen und von diesen Informationen (durch elektrische Impulse) erhalten. Sie nehmen den ankommenden Reiz auf und geben ihn an den Nervenzellkörper weiter. Daher werden Dentriten auch als **zuleitende Fortsätze** bezeichnet.
- **Axon**
  Das Axon (auch Neurit genannt) ist ein langer Fortsatz der Nervenzelle. Er entspringt am Zellleib und endet an einer anderen Nervenzelle oder an einem Er-

Tab. 9 Muskelgewebe

Art	Vorkommen	Arbeitsweise
quer gestreiftes Muskelgewebe	Skelettmuskulatur	willkürlich
glattes Muskelgewebe	Wände von Hohlorganen	unwillkürlich, autonom
Herzmuskelgewebe	Herzmuskel	unwillkürlich, autonom

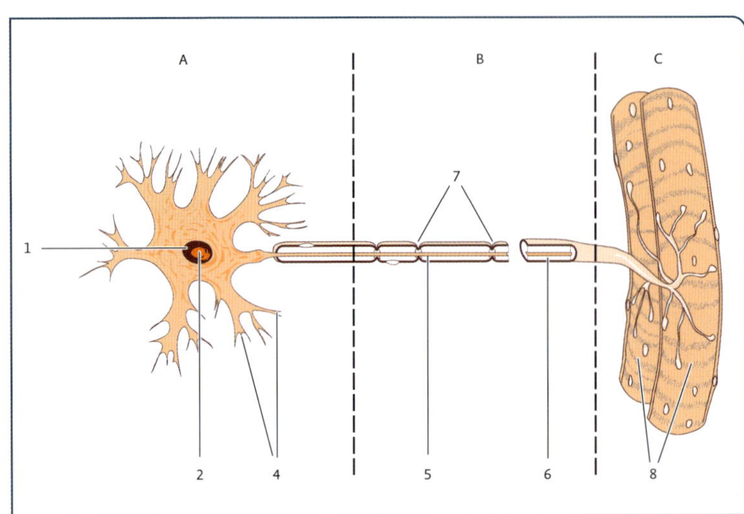

Aufbau einer Nervenzelle.
A) Lage im Zentralnervensystem
B) Peripheres Nervensystem
C) Motorische Endplatte

1) Zellkern
2) Kernkörperchen
3) Nissl-Schollen
4) Dendrit
5) Axon (Neurit)
6) Schwann-Zelle
7) Ranvier-Schnürring
8) Muskelfasern

folgsorgan (z. B. einem Muskel). Eine Nervenzelle besitzt in der Regel nur ein Axon. Axone leiten die Erregung vom Nervenzellkörper ab und werden daher auch **wegführende Fortsätze** genannt.
Ein Axon ist von einer Scheide (Myelinscheide) aus speziellen Gliazellen, auch **Schwann-Zellen** genannt, umgeben. Die Myelinscheide ist durch Einschnürungen (Schnürringe) unterbrochen, die eine große Bedeutung für die Reizleitung haben. Die elektrische Erregung (Reiz) springt über diese Lücken hinweg und pflanzt sich dadurch viel schneller fort.
An seinem unteren Ende teilt sich das Axon in viele Verzweigungen auf, die **Endknöpfchen** aufweisen. Die Verbindungsstellen dieser Endknöpfchen mit einer anderen Nervenzelle oder mit einer Muskelzelle heißen **Synapsen**.

Synapsen

Eine Synapse ist die Kontaktstelle zwischen zwei Nervenzellen oder einer Nervenzelle mit einer Muskelzelle, über die eine Erregung (ein Reiz) von einer Zelle zur anderen weitergegeben wird. Die Weitergabe des Reizes kann durch chemische Stoffe, **Transmitter** genannt, (chemische Synapsen) oder durch elektrische Impulse (elektrische Synapsen) erfolgen.

Gliazellen

Der Name Gliazelle (griech. glia = Leim) wurde von ihrem Entdecker, dem Arzt Rudolf Virchow (1821 – 1902) gewählt. Virchow vermutete, dass es sich bei dieser Gewebeart lediglich um eine Art bindegewebiges Stützgerüst für die Nervenzellen handelt, das die einzelnen Zellen wie Leim zusammenhält Neuere Erkenntnisse haben gezeigt, dass Gliazellen ebenfalls Nervenzellen sind, die sich jedoch auf eine besondere, ihrer Funktion angepassten Weise spezialisiert haben.

Ihre Aufgabe besteht v. a. darin, die Nervenzellen zu stützen, zu ernähren und voneinander zu isolieren, sodass die Informationen, die von Zelle von Zelle weitergegeben werden, nicht abgelenkt werden. Darüber hinaus scheinen Gliazellen jedoch auch an der Erregungsleitung selbst und der Verarbeitung von Information mitzuwirken.

Zusammen mit den Blutgefäßen sind Gliazellen an der Bildung der **Blut-Hirn-Schranke** beteiligt. Die Blut-Hirn-Schranke ist eine Art

Filter zwischen Blutkreislauf und Gehirn, durch den das Gehirn vor (im Blut zirkulierenden) Krankheitserregern und Giften geschützt ist. Aus diesem Grund kann man z. B. Infektionskrankheiten des Gehirns nur mit speziellen Medikamenten behandeln, die die Blut-Hirn-Schranke überwinden können.

Im Gegensatz zu den Nervenzellen sind Gliazellen in der Lage, sich zu teilen und zu vermehren. Wenn im Zentralnervensystem (Gehirn und Rückenmark) Nervenzellen aufgrund einer Krankheit oder einer Verletzung absterben, wird die Lücke mit einem Ersatzgewebe aus Gliazellen aufgefüllt.

Nervenfasern

Ein Axon und die Myelinscheide aus Schwannzellen, die es umgibt, werden zusammen als **Nervenfaser** bezeichnet. Man unterscheidet **afferente** und **efferente** Nervenfasern.

- **Afferente Nervenfasern**
  Afferente Nervenfasern (lat. affere = hintragen) leiten Informationen vom Körper zum Zentralnervensystem (Gehirn und Rückenmark). Zu ihnen gehören die sensiblen Nervenfasern, welche die Reize von Sinnesorganen (z. B. Auge, Ohr) an das Gehirn leiten, sowie die Schmerzfasern.
- **Efferente Nervenfasern**
  Efferente Nervenfasern (lat. effere = wegführen) leiten Reize vom Zentralnervensystem zur Peripherie des Körpers. Zu dieser Nervenfaserart gehören die Nervenfasern, die Befehle des Gehirns an die Muskulatur übermitteln (motorische Nervenfasern).

Nerv

Wenn mehrere Bündel von Nervenfasern durch eine bindegewebige Hülle zusammengefasst sind, spricht man von einem **Nerv**. In einem Nerv können afferente und efferente Nervenfasern enthalten sein. Ein Nerv ist mit einer mehrspurigen Autobahn vergleichbar, auf der Informationen in beide Richtungen laufen.

2.2 Fachbegriffe zum Thema Gewebelehre

Epithelgewebe = äußerste Schicht der Körperoberfläche und Auskleidung der inneren Organe

Exokrine Drüse = Drüse, die einen Ausführungsgang besitz und ihr Sekret nach außen abgibt

Endokrine Drüse = Drüse ohne Ausführungsgang, die ihr Sekret direkt in die Blutbahn abgibt

Intrazellulärsubstanz = Zwischenzellsubstanz

Myofibrillen = Eiweißkörper im Innern einer Muskelzelle

autonom = selbsttätig

Neuron = Nervenzelle

Synapse = Kontaktstelle zwischen Nervenzellen oder zwischen Nervenzelle und Muskelzelle

Afferente Nervenfaser = Sie leitet Informationen vom Körper zum Zentralnervensystem

Efferente Nervenfaser = Sie leitet Reize vom Zentralnervensystem zur Peripherie des Körpers

3 Stütz- und Bewegungsapparat

Als Stütz- und Bewegungsapparat wird die Gesamtheit aller Strukturen bezeichnet, die dem Körper die notwendige Form und Stabilität sowie die Fähigkeit zur aktiven Bewegung und Fortbewegung (Mobilität) verleiht.

Der Stütz- und Bewegungsapparat setzt sich aus einem passiven Teil (Stützapparat) und einem aktiven Teil (Bewegungsapparat) zusammen.

3.1 Stützapparat

Der passive Teil des Bewegungsapparates dient der Formgebung und Stabilität des Körpers und wird daher auch als Stützapparat bezeichnet. Er besteht aus:

- Knochen
- Gelenke
- Knorpel
- Sesambeine
- Bandscheiben
- Bänder

3.1.1 Knochen

Als Knochen (Os, Mehrzahl: ossa) wird eine besonders harte Form des Stützgewebes bezeichnet, woraus das Skelett gebildet wird. Die Größe und Form der Knochen variieren, je nachdem, welche Funktion sie ausüben. Die größten Knochen im Körper sind die Oberschenkelknochen (Os femoris, Femur), die kleinsten die Gehörknöchelchen (Ossicula auditiva). Die Knochen sind miteinander durch echte oder unechte Gelenke (siehe unten) verbunden. Am Gesamtkörpergewicht ist das Skelett zu etwa 12 % beteiligt. Alle Knochen sind (mit Ausnahme der Wirbel, einiger Schädelknochen und des Brustbeins) paarig angelegt.

Grundbau eines Knochens

Die äußerste Schicht eines Knochens ist die **Knochenhaut** (Periost). Unter dem Periost liegt die feste (kompakte) **Rindenschicht**. Da sie den Knochen wie eine Rinde umgibt, wird sie auch Corticalis (lat. = Rinde) bezeichnet. Die meisten Knochen besitzen Höcker und Fortsätze, die als Ansatzstellen für Sehnen und Muskeln dienen.

Im Innern eines Knochens liegt ein engmaschig vernetztes Gerüst aus feinen Knochenbälkchen, das wie ein Schwamm aussieht. Aufgrund seines Aussehens wird das Gerüst **Spongiosa** (lat. spongia = Schwamm) benannt.

In den Zwischenräumen der schwammartigen Spongiosa sowie im höhlenähnlichen Schaft der Röhrenknochen (Markhöhle) befindet sich das **Knochenmark**. Man unterscheidet zwischen rotem Knochenmark und Fettmark. Beim Neugeborenen befindet sich in fast allen Knochen rotes Knochenmark, während es beim erwachsenen Tier nur noch in wenigen Knochen (Röhrenknochen, Wirbeln, Rippen und in manchen Schädelknochen) vorhanden ist. In den anderen Knochen bildet sich das rote Knochenmark mit zunehmendem Alter in gelbliches Fettmark um. Im roten Knochenmark werden die Blutzellen (siehe Kap. Blut) hergestellt.

? Grundbau eines Knochens (von außen nach innen)

- Knochenhaut (Periost)
- Rindenschicht (Substantia compacta, Corticalis)
- Schwammartiges Knochengerüst (Spongiosa)
- Knochenmark (Medulla ossium)

Einteilung der Knochen nach ihrer Struktur und äußeren Form

Lange Knochen (Röhrenknochen)

Die langen Röhrenknochen bestehen aus einem Schaft (Diaphyse) und zwei Endstücken (Epiphyse). Zu ihnen gehören:

- Oberschenkelknochen (Femur),
- Oberarmknochen (Humerus)
- Unterschenkelknochen (Tibia, Fibula)
- Unterarmknochen (Ulna, Radius)
- Mittelfußknochen der Vorder- und Hinterläufe (Metatarsal- und Metasarsalknochen)

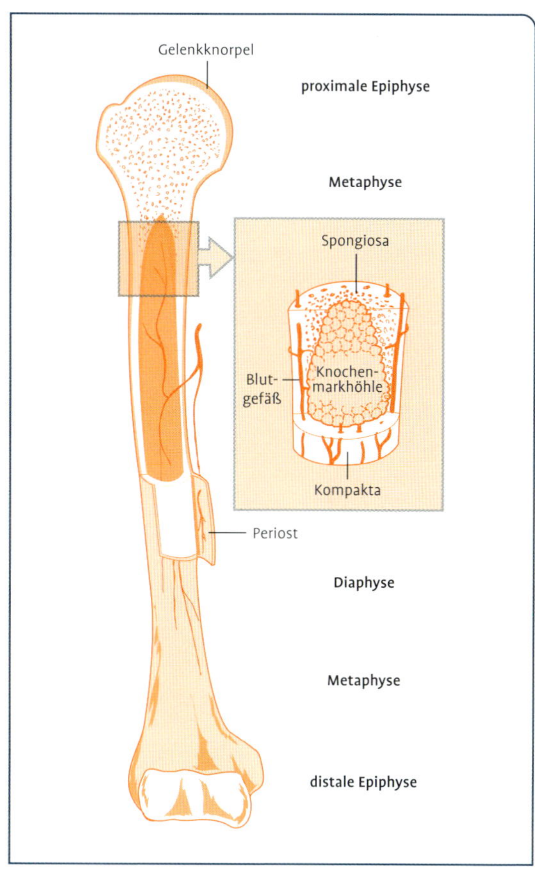

Aufbau eines Röhrenknochens.

Platte Knochen (Ossa plana)

- Platte Knochen sind flächig aufgebaute Knochen. Zu ihnen gehören:
- Schulterblatt (Scapula)
- Brustbein (Sternum)
- Rippen (Costae)

Kurze Knochen

Kurze Knochen haben eine unregelmäßige bis rundliche Form. Zu ihnen zählen:

- Handwurzelknochen
- Fußwurzelknochen

Unregelmäßige Knochen

Unregelmäßige Knochen sind gemischtgestaltig. Ihre einzelnen Abschnitte entsprechen teilweise den kurzen und teilweise den platten Knochen. Zu ihnen gehören:

- Wirbel (Vertebrae)
- Unterkieferknochen (Mandibula)

Lufthaltige Knochen (pneumatisierte Knochen)

Lufthaltige Knochen enthalten luftgefüllte und mit Schleimhaut ausgekleidete Hohlräume. Zu den lufthaltigen Knochen der Säugetiere gehören:

- Stirnbein (Os frontale)
- Oberkieferknochen (Maxilla)

Vögel besitzen wesentlich mehr pneumatisierte Knochen als Säugetiere. In weite Teile einzelner Knochen, wie z. B. Oberarm- und Oberschenkelknochen, einiger Schädel- und Wirbelknochen, einiger Rippen, des Brustbeins sowie des Beckens reichen bei ihnen Ausstülpungen der Luftsäcke hinein. Die so mit Luft gefüllten Knochen tragen zur Gewichtsminderung bei. Dadurch wird das Fliegen erleichtert.

Die dünne Knochenschale ist bei Vögeln sehr kalkhaltig und damit hart, aber auch spröde. Luftgefüllte Vogelknochen splittern daher viel leichter als knochenmarkhaltige Säugetierknochen. Bei der körperlichen Untersuchung eines Vogels muss darauf besondere Rücksicht genommen werden, um Brüche durch Abwehrbewegungen zu vermeiden.

Der Kalkreichtum der Knochenschale ist

für den eierlegenden Vogel von Vorteil. Er dient als Reserve bei erhöhtem Kalziumbedarf in der Legeperiode.

Sesambeine (Sehnenbeine)

Sesambeine bestehen aus Knochen- und Knorpelmaterial. Sie liegen meist im Bereich von Sehnenansätzen. Eine Sehne ist das Endstück eines Muskels, mit dem er am Knochen ansetzt. Sesambeine übertragen die Zugwirkung vom Muskel auf den Knochen an den Stellen, an denen die Sehnen besonders starkem Druck ausgesetzt sind. Sie verhindern dadurch eine Druckschädigung der Sehnen. Das größte Sesambein des Körpers ist die **Kniescheibe** (Patella).

Einteilung der Knochen nach ihrer Lage im Körper

Nach ihrer Lage im Körper werden folgende Knochen unterschieden: **Kopfknochen, Wirbelsäule, Knochen des Brustkorbes, Knochen der Schultergliedmaße und Knochen der Beckengliedmaße.**

Kopfknochen

Zu den Kopfknochen (Kopfskelett) werden gezählt:

- **Schädelknochen (Hirnschädel und Gesichtsschädel)**
  Der **Hirnschädel** besteht aus mehreren Knochenplatten. Er umschließt das Gehirn wie eine knöcherne Schale und bietet ihm dadurch Schutz und Stabilität. Im **Gesichtsschädel** beginnt der Verdauungs- und Atmungsapparat mit Mundhöhle und Nase. Die Knochen des Schädels liegen eng aneinander und sind durch knöcherne Nähte miteinander verbunden. Eine Ausnahme bilden Stirn- und Scheitelbeine (siehe Abb.). Zwischen diesen großen platten Kopfknochen befinden sich bei Neugeborenen und sehr jungen Tieren noch Lücken (Fontanellen), die nur durch Bindegewebe überbrückt werden. Dadurch sind die Kopfknochen verschiebbar, wodurch während der Geburt der Durchtritt durch den Geburtskanal erleichtert wird. Mit zunehmendem Alter schließen sich normalerweise die Fontanellen durch Verknöcherung des Bindegewebes. Das Hinterhauptsbein (ein Knochen des Hirnschädels) ist mit dem ersten Halswirbel gelenkig verbunden und stellt damit den Übergang des Schädels zur Wirbelsäule her. Im Hinterhauptsbein befindet sich eine Öffnung (Hinterhauptsloch). Sie ummantelt den Übertritt des Rückenmarks vom Gehirn in den Wirbelkanal.
- **Unterkieferknochen**
  Der **Unterkiefer** (Mandibula) besteht aus zwei gleichgestaltigen Knochen. Beide Knochen sind durch Knorpelfasern in der

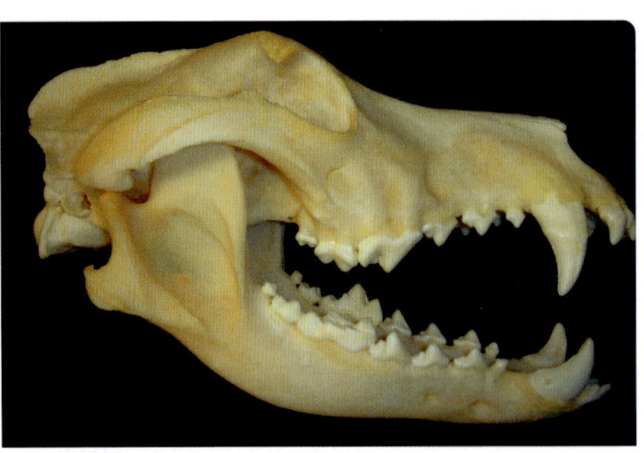

Schädel eines Hundes.

Mitte miteinander und seitlich jeweils durch ein Gelenk mit dem Hirnschädel verbunden.

- **Zungenbein**
  Das Zungenbein hat knöcherne und knorpelige Anteile. Es hat keine direkte Verbindung zu anderen Kopfknochen, sondern ist an Sehnen, Muskeln und Bändern befestigt, die es mit Zunge und Kehlkopf verbinden. Das hat eine große Bedeutung beim Schluckakt.
- **Gehörknöchelchen**
  Die Gehörknöchelchen (Hammer, Ambos und Steigbügel) liegen im Mittelohr. Sie sind für die Weiterleitung der Schallwellen vom Trommelfell zum Innenohr und damit für die Hörfähigkeit verantwortlich (siehe Kap. Sinnesorgane, Ohr).
  Das Kopfskelett besteht aus:

? Schädel

- Hirnschädel (Cranium)
- Gesichtsschädel (Facies)
- Unterkieferknochen (Mandibula)
- Zungenbein (Os hyoideum)
- Gehörknöchelchen (Ossicula auditus)

Wirbelsäule (Columna vertebralis)

Die Wirbelsäule besteht aus einer langen Reihe unterschiedlich geformter Wirbel. Als Grundelement besitzen jedoch alle Wirbel einen **Wirbelkörper**, der von einem **Wirbelbogen** umspannt ist. Dorsal (rückenwärts) befinden sich an den Wirbeln (außer an dem ersten und zweiten Halswirbel) **Dornfortsätze**, rechts und links an den Seiten je einen **Querfortsatz**, an denen die Skelettmuskulatur ansetzt. Zwischen Wirbelbogen und Wirbelkörper befindet sich eine Öffnung. Durch die Aneinanderreihung der Wirbel wird ein Kanal, der **Wirbelkanal** gebildet. Durch diesen Wirbelkanal verläuft das **Rückenmark**. Kleine Löcher an den Seiten der Wirbelbögen ermöglichen den Durchtritt von **Rückenmarksnerven** aus dem Wirbelkanal. Nach Austritt aus dem Wirbelkanal verzweigen sie sich und leiten die Befehle des Gehirns in die einzelnen Körperregionen.

Zwischen zwei Wirbelkörpern (außer zwischen 1. und 2. Halswirbel) befindet sich jeweils eine Zwischenwirbelscheibe (Bandscheibe, Discus), die wie ein Stoßdämpfer wirkt (siehe unten).

Man unterscheidet:

- **Halswirbel**
  Nur die beiden ersten Halswirbel haben spezielle Namen. Der erste Halswirbel wird als **Atlas**, der zweite Halswirbel als **Axis** bezeichnet. Atlas und Axis bilden eine funktionelle Einheit und sind durch ein großes Gelenk (Atlantoaxialgelenk) ohne Bandscheibe miteinander verbunden. Sie unterscheiden sich in ihrer Form von den anderen Halswirbeln. Der erste Halswirbel besitzt keine Dornfortsätze. Der zweite Halswirbel ist der größte Wirbel der Wirbelsäule.
- **Brustwirbel**
  Im Unterschied zur allgemeinen Form der Wirbel (Wirbelkörper + Wirbelbogen) besitzen die Brustwirbel große, seitlich angebrachte Gelenksflächen, die mit den Rippen in Verbindung stehen.
- **Lendenwirbel**
  Die Querfortsätze der Lendenwirbel sind besonders lang und liegen fast waagerecht.
- **Kreuzwirbel**
  Die Kreuzwirbel sind miteinander zu einem dreieckigen Kreuzbein (Os sacrum) verschmolzen. Das Os sacrum besitzt keine Bandscheiben. Die Querfortsätze sind ebenfalls miteinander verwachsen und bilden eine breite Platte mit Gelenksflächen zum Becken. Im Lendenwirbel-Kreuzbeinbereich endet das Rückenmark. Die Spinalnerven (die aus dem Rückenmark austretenden Nerven) verdichten sich hier zu einem kompakten Nervenstrang, der **Cauda equina**, bevor sie den Wirbelkanal verlassen. An dieser Stelle

Tab. 10 Anzahl der Wirbel von Haustieren und Mensch

	Hund	Katze	Kaninchen	Meerschwein	Ratte	Maus	Hamster	Pferd	Rind	Mensch
Halswirbel	7	7	7	7	7	7	7	7	7	7
Brustwirbel	13	13	12-13	12	13	13	13	18	13	12
Lendenwirbel	7	7	7–8	6	7	6	5	6	6	5
Kreuzwirbel	3	3	4	4	4	4	5	5	5	5
Schwanzwirbel	20–23	20–23	14–16	7	28–30	22–25	10	15–21	18–20	5

treten, vor allem beim Hund, häufig krankhafte Veränderungen auf.

- **Schwanzwirbel**
  Die Schwanzwirbel verlieren zum Ende des Schwanzes hin nach und nach die eigentliche Wirbelform. Der Wirbelkanal endet ab dem 5.–7. Schwanzwirbel. Nicht immer sind (wie z. B. bei den äußerlich schwanzlosen Meerschweinchen) die Schwanzwirbel als sichtbarer Schwanz vorhanden.

Die Wirbelsäule der Vögel

Die Zahl der Halswirbel schwankt, je nach Vogelart, zwischen 13 und 18. Durch die im Vergleich zum Säugetier längere Halswirbelsäule ist dem Vogel eine größere Beweglichkeit des Kopfes (z. B. zur Futteraufnahme, Balz, Verteidigung oder zum Nestbau) möglich.

Die Brustwirbel sind miteinander verwachsen. Damit ist die Brustwirbelsäule fast unbeweglich. Die Anzahl der Brustwirbel variiert zwischen 3 – 10.

Die Lenden- und Kreuzwirbel (10 – 22 Stück) sind zu einem unbeweglichen Lenden-Kreuzbein verschmolzen.

Die ca. 13 Schwanzwirbel sind im vorderen Bereich der Schwanzwirbelsäule noch voneinander getrennt, im hinteren Bereich zu einem Steißknochen (Pygostyl) verwachsen. Damit ist die Schwanzwirbelsäule im Anfangsbereich beweglich, das Endstück ist jedoch fest.

Knochen des Brustkorbes

Der Brustkorb (Thorax) wird von den Brustwirbeln, den Rippen (Costae) sowie dem Brustbein (Sternum) gebildet:

- **Brustwirbel**
  (siehe Wirbelsäule)
- **Rippen**
  Die Zahl der Rippen entspricht der Anzahl der Brustwirbel. Sie sind durch Gelenke mit den Wirbeln verbunden und um einen tonnenförmigen Raum gewölbt, in dem Herz und Lungen eingebettet sind. Die Rippen bestehen zu 3/4 ihrer Gesamtlänge aus Knochen und zu 1/4 aus Knorpel. Im oberen Bereich des Brustkorbes befinden sich Rippen, die mit ihrem knorpeligen Anteil am Brustbein befestigt sind und als **echte Rippen** bezeichnet werden. Sie sind weniger beweglich und dienen der Stabilisierung der Brustwand. Im unteren Bereich des Brustkorbes findet man die **falschen Rippen**. Sie sind nicht mit dem Brustbein verbunden, sondern fügen sich unterhalb des Brustbeins zum Rippenbogen zusammen. Die falschen Rippen sind damit beweglicher als die echten Rippen und ermöglichen die Ausdehnung des Brustkorbes bei der Atmung.
- **Brustbein**
  Das Brustbein ist ein langgestreckter, schwertförmiger Knochen in der vorderen Mitte des Brustkorbes. Hier setzen die echten Rippen mit ihrem knorpeligen Anteil an.

Skelett einer Katze.

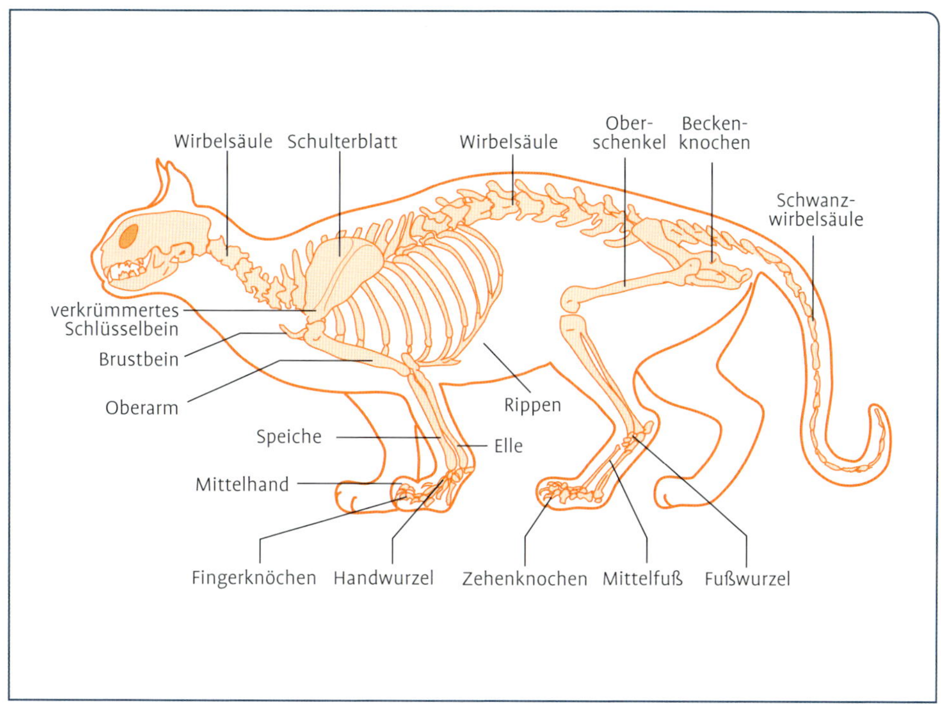

Knochen der Schultergliedmaße (Vordergliedmaße)

Die Schultergliedmaße besteht aus **Schultergürtelknochen, Oberarmknochen, Unterarmknochen und Vorderfußknochen**:

- **Schultergürtelknochen**
  Es gibt drei Schultergürtelknochen, das Rabenschnabelbein, das Schlüsselbein und das Schulterblatt. Die **Schultergürtelknochen** haben sich im Laufe der Evolution, entsprechend dem unterschiedlichen Gebrauch der Schultergliedmaße, bei den einzelnen Tierarten unterschiedlich entwickelt. Die einzelnen Knochen sind nur noch bei den Reptilien und Flugvögeln vollständig ausgebildet. Bei den Säugetieren haben sie sich stark zurückgebildet. Die Schultergliedmaßen werden bei unseren Haussäugetieren hauptsächlich zum Abstützen des Körpers verwendet. Durch die Rückbildung der Schultergürtelknochen sind die Bewegungsmöglichkeit der Vordergliedmaße und die Greiffunktion zugunsten der Stützfunktion stark eingeschränkt. Das **Rabenschnabelbein** hat sich bei den Haussäugetieren zu einem ungleich großen Fortsatz am Schulterblatt zurückgebildet und ist kein eigenständiger Knochen mehr. Das **Schlüsselbein** ist bei den hier besprochenen Tieren fast vollkommen verschwunden. Bei der Katze hat es sich zu einem dünnen, stabförmigen, gebogenen Knöchelchen von 2–5 cm Länge zurückentwickelt, das im Röntgenbild schattenhaft zu erkennen ist. Beim Hund ist die Clavicula etwa 1 cm lang und auf dem Röntgenbild meist nicht sichtbar.
  Das **Schulterblatt** hat die Form einer dreiseitigen Platte. Es liegt dem Brustkorb seitlich an und steht mit ihm durch starke Muskelpartien und Bindegewebe in Verbindung. Mit dem Oberarmknochen (Humerus) ist das Schulterblatt durch ein großes Gelenk verbunden.

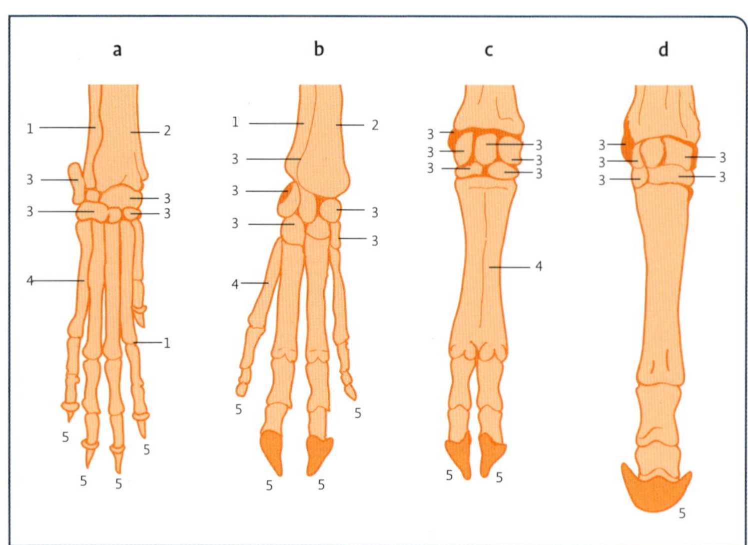

Sklett des Vorderfußes:
a) Hund,
b) Schwein,
c) Rind,
d) Pferd.
1) Ulna (Elle),
2) Radius (Speiche),
3) Handwurzelknochen,
4) Mittelhandknochen,
5) Fingerknochen.

- **Oberarmknochen (Humerus)**
  Der Oberarmknochen ist ein Röhrenknochen. Er besteht aus einem oberen (proximalen) und unteren (distalen) Endstück (Epiphyse) sowie einem Mittelstück (Diaphyse), das auch als Schaft oder Körper bezeichnet wird. Durch das obere Endstück steht der Humerus über das Schultergelenk mit dem Schulterblatt, durch sein unteres Endstück über das Ellbogengelenk mit den Unterarmknochen in Verbindung.
- **Unterarmknochen**
  Der Unterarm besteht aus **Elle** (Ulna) und **Speiche** (Radius). Der Speiche ist der größere der beiden Knochen. Er besitzt an seinem unteren (distalen) Ende Gelenkflächen für die Vorderfußwurzelknochen. Die Elle ist ein langer Knochen. Ihr oberes Endstück überragt das Ellbogengelenk und ist als Ellbogen (Olecranon) sichtbar. Die beiden Unterarmknochen sind gegeneinander drehbar. Dadurch ist ein (wenn auch im Vergleich zum Menschen eingeschränktes) Drehen des Unterarms möglich. Elle und Speiche sind Röhrenknochen, die in ihrem Aufbau dem Humerus gleichen.

Vorderfußknochen

Zu den Vorderfußknochen zählen die **Vorderfußwurzelknochen**, die **Vordermittelfußknochen** sowie die **Vorderzehenknochen**.

Die **Vorderfußwurzelknochen** bilden zusammen mit den Unterarmknochen (Elle und Speiche) das Handgelenk (Carpalgelenk). Die Vorderfußwurzel besteht aus zwei Etagen (tierartlich unterschiedlicher Anzahl) kleiner Knochen, die alle durch eine gemeinsame Gelenkskapsel (siehe Kap. Gelenk) vereint sind. Die **Vordermittelfußknochen** werden von der Innenseite zur Außenseite des Fußes (von medial nach lateral) hin mit der lateinischen Bezeichnung Mc (= Os metacarpale, Mittelfußknochen) und lateinischen Ziffern nummeriert:

Mc I (Os metacarpale primum)
Mc II (Os metacarpale secundum)
Mc III (Os metacarpale tertium)
Mc IV (Os metacarpale quartum)
Mc V (Os metacarpale quantum)

Die **Vorderzehenknochen** werden ebenfalls (wie die Vordermittelfußknochen) von innen nach außen (von medial nach lateral), d. h. vom Daumen her nummeriert. Hund, Katze, Kaninchen, Ratte und Maus besitzen 5 Vordermittelfußknochen (und 5 Vorderzehenknochen). Beim Hamster und beim Meerschweinchen sieht man lediglich 4 Mittelfußknochen. Beim Pferd sind zwei Vordermittelfußknochen zu einem mittleren Röhrbein verschmolzen. Rechts und links neben dem Röhrenbein liegen die Griffelbeine an. Das Rind besitzt nur 2 und das Schwein 4 Vordermittelfuß- und Vorderzehenknochen.

? Knochen der Schultergliedmaße

Schultergürtelknochen
- Rabenschnabelbein
- Schlüsselbein
- Schulterblatt (Scapula)

Oberarmknochen (Humerus)

Unterarmknochen
- Elle (Ulna)
- Speiche (Radius)

Vorderfußknochen
- Vorderfußwurzelknochen
- Vordermittelfußknochen
- Vorderzehenknochen

Knochen der Schultergliedmaße (Flügel) beim Vogel

Die Vorderextremitäten der Vögel sind zu **Flügel** umgebildet. Die Knochenanzahl und Knochenstruktur unterscheiden sich aufgrund dieser Sonderfunktion von denen der Säugetiere. Vögel besitzen:
- Alle Knochen des Schultergürtels (Rabenschnabelbein, Schlüsselbein, Schulterblatt)
- Zwei Vorderfußwurzelknochen
- Drei Vordermittelfußknochen (Mittelhandknochen)
- Drei Vorderzehen

Knochen der Beckengliedmaße (Hintergliedmaße)

Zu den Knochen der Beckengliedmaße zählen das **Becken**, der **Oberschenkelknochen**, die **Unterschenkelknochen** und die **Hinterfußknochen**.
- **Becken**
  Das knöcherne Becken wird durch zwei Hüftknochen zusammen mit dem Kreuzbein und den ersten Schwanzwirbeln gebildet. Die beiden Hüftknochen sind in der Mittellinie des Beckens miteinander verwachsen. Jeder Hüftknochen besteht aus drei Knochen, die ebenfalls fest miteinander verbunden sind (Darmbein, Schambein, Sitzbein). Alle drei Knochen der Hüftknochen sind an der Bildung der Gelenkpfanne des Hüftgelenkes (Acetabulum) beteiligt. Von dorsal (rückenwärts) schiebt sich das Kreuzbein zwischen die Hüftknochen und stellt damit die Verbindung zwischen Wirbelsäule und Beckengliedmaße her.
- **Oberschenkelknochen (Femur)**
  Der Oberschenkelknochen ist der stärkste Röhrenknochen des Skeletts. An seinem oberen (proximalen) Ende befindet sich ein kugelförmiger Gelenkskopf, der exakt in die Gelenkspfanne des Beckens hineinpasst und mit ihr zusammen das Hüftgelenk bildet. Durch angeborene oder erworbene Fehlbildungen und Fehlstellungen (z. B. zu flache Gelenkspfanne, falscher Winkel des Gelenkskopfes in Bezug zur Gelenkspfanne) kann es zur Instabilität des Hüftgelenkes mit krankhaften Veränderungen im Gelenk kommen.
- **Unterschenkelknochen**
  Das Skelett des Unterschenkels besteht aus zwei Knochen, dem **Schienbein** und dem **Wadenbein**. Das Schienbein ist der größere der beiden Unterschenkelknochen. Beide Knochen verlaufen eng aneinander, wobei das Schienbein an der Innenseite (medial) und das Wadenbein an der Außenseite (lateral) des Beines liegt.

- **Hinterfußknochen**
  Zu den Hinterfußknochen zählen die **Hinterfußwurzelknochen**, die **Hintermittelfußknochen** und die **Hinterzehenknochen**.
  Die **Hinterfußwurzelknochen** sind in drei Reihen angeordnet und zusammen zum Sprunggelenk verbunden. Der größte der sieben Hinterfußwurzelknochen ist das Fersenbein . Es besitzt einen mächtigen Fortsatz, der als Ansatzstelle für die Achillessehne dient.
  Die **Hintermittelfußknochen** sind ähnlich aufgebaut wie die Vordermittelfußknochen, jedoch deutlich länger als diese. Die Metatarsalknochen werden von innen nach außen (medial nach lateral) wie die Vorderfußmittelknochen mit römischen Ziffern benannt. Bei Hund, Katze und Kaninchen fehlt der erste der fünf Metatarsalknochen. Meerschweinchen und Hamster besitzen nur 3 Hinterfußmittelknochen. Bei Ratte und Maus sind alle 5 Metatarsalknochen vorhanden. Bei manchen Hunden findet man noch zurückgebildete Reste des ersten Hintermittelfuß- und Hinterzehenknochens. Sie werden als „Wolfskralle" bezeichnet.
  Die Hinterzehenknochen sind wie die Vorderzehenknochen ausgebildet und werden ebenfalls mit römischen Ziffern gekennzeichnet. Die erste Zehe fehlt bei der Katze vollständig. Kaninchen besitzen ebenfalls nur 4 Zehen, Meerschweinchen nur 3. Bei manchem Hund kann die erste Zehe als Wolfkralle in unterschiedlicher Ausprägung auftreten. Bei Ratte, Maus und Hamster sind alle 5 Zehen vorhanden. Beim Pferd sind die Hinterzehenknochen verschmolzen und werden als Fesselbein, Kronbein und Hufbein bezeichnet.

? **Knochen der Hintergliedmaße**

- Becken (Hüftknochen: Darmbein, Schambein, Kreuzbein, Erste Schwanzwirbel)
- Oberschenkelknochen
- Unterschenkelknochen (Schienbein, Wadenbein)
- Hinterfußknochen (Hinterfußwurzelknochen, Hintermittelfußknochen, Hinterzehenknochen)

Knochen der Beckengliedmaße beim Vogel

Die Hüftknochen (Darmbein, Sitzbein, Schambein) sind beim Vogel nicht, wie beim Säugetier, in der Mitte des Beckens verwachsen, sondern stehen weit auseinander. In der Legeperiode weitet sich der Spalt zwischen den Hüftbeinen noch etwas mehr. Dadurch wird der Durchtritt der Eier ermöglicht.

Die obere Reihe der Hinterfußwurzelknochen ist mit dem Schienbein, die der unteren Reihe mit den Hintermittelfußknochen zu einem großen Röhrenknochen, dem so genannten **Laufknochen** verwachsen.

Die beiden Füße der Vögel verfügen über jeweils vier Zehen, von denen bei vielen Vogelarten die 1. Zehe nach hinten gerichtet ist.

3.1.2 Gelenk

Aufbau eines Gelenkes

Ein Gelenk (Articulatio) besteht aus mindestens zwei Knochen, die eine bewegliche Einheit bilden. Durch ein Gelenk wird die Bewegung z. B. einer Gliedmaße in eine oder verschiedene Richtungen ermöglicht. Es liegen sich in einem Gelenk meist ein gewölbtes und ein ausgehöhltes Knochenende gegenüber. Das gewölbte Ende wird als **Gelenkskopf**, das ausgehöhlte als **Gelenkspfanne** bezeichnet. Zwischen den beiden Knochen befindet sich der Gelenkspalt.

Jedes Gelenk ist durch eine Gelenkkapsel dicht von der Umgebung abgeschlossen.
Die Außenfläche der Gelenkskapsel ist von Knochenhaut umgeben. Die Innenfläche der

Gelenkkapsel ist mit einer dünnen Haut überzogen. Diese produziert die Gelenksschmiere, durch welche die Gelenksflächen zwischen den Knochen „geschmiert" werden und eine reibungsarme Bewegung im Gelenk ermöglich wird.

Dort, wo die Knochen eines Gelenkes miteinander in Kontakt stehen und sich berühren, sind die Gelenksflächen mit einem sehr elastischen Material, dem **Gelenksknorpel** überzogen. Die Elastizität des Knorpels wirkt im Gelenk wie ein Stoßdämpfer. Beim gesunden Gelenk ist der Knorpelüberzug eben und glatt.

Gelenke werden durch sie umgebende **Bänder**, **Sehnen** und **Muskeln** stabilisiert, von **Sesambeinen** in ihrer Funktion unterstützt und von **Schleimbeuteln** vor Reibung geschützt.

Einteilung der Gelenke

Einteilung der Gelenke nach der Anzahl der beteiligten Knochen

- **Einfaches Gelenk**
  Am einfachen Gelenk sind lediglich zwei Knochen beteiligt.
- **Zusammengesetztes Gelenk**
  Bei einem zusammengesetzten Gelenk sind mehr als zwei miteinander über Gelenksflächen in Kontakt stehende Knochen beteiligt. Die Gelenksflächen werden dabei von einer gemeinsamen Gelenkskapsel umschlossen.

Einteilung der Gelenke nach der Form der Knochenenden

- **Ebenes Gelenk**
  Bei einem ebenen Gelenk sind die Gelenkflächen plan oder nur ganz leicht gewölbt. Dadurch sind Gleitbewegungen zwischen den gelenksbildenden Knochen möglich. Typisches Beispiel für ebene Gelenke sind die Gelenke zwischen den Gelenkfortsätzen der Wirbel.
- **Kugelgelenk**
  Im Kugelgelenk ist der Gelenkskopf wie eine Kugel und die Gelenkspfanne entsprechend so ausgehöhlt, dass der kugelförmige Gelenkskopf hineinpasst. Das Kugelgelenk ermöglicht die größtmögliche Beweglichkeit (Beugung und Streckung, Abspreizen und Heranführen, Drehung vor und zurück). Ein Beispiel für ein Kugelgelenk ist das Schultergelenk.
- **Nussgelenk**
  Eine Sonderform dieser Gelenksart stellt das Nussgelenk dar. Hier greifen die Ränder der Gelenkspfanne über den Gelenkskopf hinaus und bergen ihn wie die Schale einer halbaufgebrochenen Nuss ihren Kern. Als Nussgelenk ist z. B. das Hüftgelenk ausgebildet.
- **Ei – oder Ellipsoidgelenk**
  Das Ellipsoidgelenk besitzt einen ellipsoid (eiähnlich) geformten Gelenkskopf und eine dazu passend ausgehöhlte Gelenkpfanne. Diese Gelenksform ermöglicht ausschließlich Streck- und Beugebewegungen wie z. B. das Nicken und wird daher im Englischen auch als „Yes-Joint" („Ja-Gelenk") bezeichnet. Ein Beispiel für ein Ellipsoidgelenk ist die Verbindung zwischen Hinterhauptsbein des Schädels und Atlas (1. Halswirbel).
- **Scharniergelenk**
  Als Scharniergelenk wird eine Gelenksform bezeichnet, bei der ein runder Gelenkskopf in einer dazu passenden Gelenkspfanne gleitet. Die Gelenkspfanne umfasst den Gelenkskopf von der Seite wie eine Rohrzange und gibt ihr damit die notwendige Führung. Im Scharniergelenk sind nur Beugung und Streckung möglich. Ein typisches Scharniergelenk ist das Ellbogengelenk.
- **Walzengelenk**
  Das Walzengelenk arbeitet auf ähnliche Weise wie das Schraniergelenk, hat aber im Gegensatz zu ihm einen Gelenkskopf mit zwei Erhebungen, die ihm eine walzen-

ähnliche Form geben. Ein Vertreter des Walzengelenkes ist das Kniekehlgelenk.

- **Zapfengelenk**
  Beim Zapfengelenk wird ein zapfenförmiges Gelenksende in der Gelenkspfanne, die durch ein Band blütenkelchähnlich zu einem Ring erweitert ist, bewegt. Ein Zapfengelenk befindet sich z. B. zwischen dem 1. und 2. Halswirbel (Atlas und Axis).
- **Sattelgelenk**
  Im Sattelgelenk trägt der Gelenkskopf eine sattelförmige Gelenkserhebung, die auf die Vertiefung in der Gelenkspfanne passt und (wie beim Reiten) nach vorn und nach hinten rutschende Bewegungen ermöglicht. Bewegungen nach der Seite werden durch starke Seitenbänder weitgehend verhindert. Typische Vertreter des Sattelgelenkes sind das 2. und 3. Zehengelenk.

Einteilung der Gelenke nach ihrer Lage und Funktion im Körper

- **Schultergelenk**
  Das Schultergelenk besteht aus Schulterblatt und Oberarmknochen. Die Beweglichkeit des Schultergelenkes ist bei Säugetieren durch die Anordnung der Muskulatur im Gegensatz zum Menschen erheblich eingeschränkt, da die Gliedmaße bei ihnen vorwiegend zur Fortbewegung eingesetzt wird.
- **Ellbogengelenk**
  Das Ellbogengelenk setzt sich aus drei Knochen zusammen, dem Oberarmknochen (Humerus) sowie der Elle (Ulna) und Speiche (Radius).
  Während der Wachstumsphase ist es von großer Wichtigkeit, dass alle drei Knochen des Ellbogengelenkes gleich schnell wachsen, damit die nötige Passgenauigkeit im Gelenk erreicht wird. Hier spielt u. a. die art- und bedarfsgerechte Fütterung eine entscheidende Rolle. Wachstumsstörungen sind vor allem bei großen Hunderassen nicht selten. Am oberen Ende der Elle befindet sich ein schnabelartiger, dreieckiger Knochenvorsprung (Processus anconaeus), der in das Ellbogengelenk hineinragt. Bei unregelmäßigem Wachstum der am Ellbogengelenks beteiligten Knochen kann dieser Knochenvorsprung abbrechen.
- **Vorderfußwurzelgelenk**
  Das Vorderfußwurzelgelenk (Karpalgelenk, Handgelenk) setzt sich aus mehreren Teilgelenken zusammen, die durch eine gemeinsame Gelenkskapsel zu einem zusammengesetzten Gelenk verbunden sind.
  Es besteht aus Speiche (Radius), beiden Reihen der Vorderfußwurzelknochen, und den Vordermittelfußknochen.
- **Vorderzehengelenke**
  Als Vorderzehengelenke bezeichnet man die Gelenke zwischen den einzelnen Zehengliedern (Phalangen). An den oberen (proximalen) Vorderzehengelenken sind die Vorderfußmittelknochen beteiligt.
- **Hüftgelenk**
  Das Hüftgelenk setzt sich zusammen aus Gelenkspfanne des Hüftbeins und Oberschenkelknochen. Angeborene oder erworbene Veränderungen des Hüftgelenkes sind eine häufige Ursache für schmerzhafte Bewegungsstörungen bei Hunden und Katzen.
- **Kniegelenk**
  Das Kniegelenk besteht aus Oberschenkelknochen, Schienbein und Kniescheibe.
  Die Kniescheibe verläuft in einer Rinne am unteren Ende des Oberschenkelknochens. Sie ist in die dort ansetzende Sehne des vorderen Oberschenkelmuskels zu Verstärkung eingebaut und überträgt die Kraft des Muskels auf den Unterschenkel. Dadurch wird der Unterschenkel nach vorne bewegt. Als wichtigste Stabilisierung des Kniegelenkes gibt es zwei Bänder, die im Gelenk über Kreuz verlaufen und daher Kreuzbänder genannt werden. Man unterscheidet das vordere und das hintere Kreuzband. Ein Kreuzbandabriss führt zur

Instabilität des Kniegelenkes mit starker Lahmheit der betroffenen Gliedmaße. Zwischen Oberschenkelknochen und Schienbein befinden sich zwei Knorpelscheiben, die als Menisken (Einzahl: Meniskus) bezeichnet werden. Sie wirken wie Stoßdämpfer im Kniegelenk.

- **Hinterfußwurzelgelenk (Tarsalgelenk, Sprunggelenk)**
  Das Sprunggelenk ist ein zusammengesetztes Gelenk und besteht aus den Knochen des Unterschenkels (Schienbein, Wadenbein), der Hinterfußwurzelknochen und der Hinterfußmittelknochen.
- **Hinterzehengelenke**
  Die Hinterzehengelenke entsprechen in ihrem Aufbau dem der Vorderzehengelenke.

3.1.3 Gelenkknorpel

Unter Gelenkknorpel versteht man das Knorpelgewebe, das die Gelenkflächen (Gelenkkopf und Gelenkpfanne) überzieht und fest mit dem darunter liegenden Knochen verbunden ist. Die Dicke der Knorpelschicht variiert je nachdem, wie stark das Gelenk belastet wird. Die Oberfläche des gesunden Gelenkknorpels ist glatt und durch die Gelenkflüssigkeit (Synovia) feucht. Dadurch wird für eine reibungsarme Beweglichkeit der Knochenenden im Gelenk gesorgt. Darüber hinaus dient der Gelenkknorpel durch seine Elastizität als Stoßdämpfer.

Eine Sonderform des Gelenkknorpels sind die Menisken (Einzahl: Meniskus, lat. mondförmiger Körper) im Kniegelenk. Hier handelt es sich um scheibenförmige Knorpelstückchen, die zusätzlich zum „normalen" Gelenkknorpel die Druckbelastung der Knochen im stark beanspruchten Gelenk herabsetzen.

3.1.4 Sesambein

Sesambeine sind kleine Knochen, die in eine Sehne (Ansatzsehne eines Muskels am Knochen) eingebaut sind und damit für einen zusätzlichen Abstand der Sehne zum Knochen sorgen. Dadurch erhält die Sehne eine größere Hebelwirkung, so dass eine geringere Kraft benötigt wird, um den mit der Sehne verbundenen Knochen zu bewegen.

Zusätzlich verhindert der größere Abstand der Sehne vom Knochen, dass sie bei ihrem Verlauf (während der Bewegung des Gelenkes) durch Druckbelastung geschädigt wird.

Das größte Sesambein ist die Kniescheibe. Weitere Sesambeine findet man z. B. in den Vorderfußwurzelgelenken.

3.1.5 Bandscheibe

Die Bandscheiben liegen zwischen den Wirbelkörpern (außer zwischen 1. und 2. Halswirbel und den zum Kreuzbein zusammengewachsenen Kreuzwirbeln) und sind Bestandteil der Wirbelsäule. Sie sind mit dem Rand und dem Deckkörper der Wirbel fest verwachsen. Dennoch tragen sie aufgrund ihrer Flexibilität zur Beweglichkeit der Wirbelsäule bei.

Die Bandscheibe besteht aus zwei Anteilen: dem äußeren Faserring (Anulus fibrosus) und dem innen liegenden Gallertkern (Nucleus pulposus) Der äußere feste Fasering besteht aus Faserknorpel. Der innere Gallertkern besteht aus einem Gewebe mit hoher Wasserbindungsfähigkeit . Durch den starken Wassergehalt quillt der Gallertkern so auf, dass er den äußeren Faserring der Bandscheibe unter Spannung hält. Die Bandscheibe wirkt mit ihrem wasserreichen Gallertkern wie ein Wasserkissen. Dadurch werden Druck und Stöße von außen auf die Wirbelsäule abgefangen und gedämpft. Der verbleibende Restdruck wird gleichmäßig auf die angrenzenden Wirbel verteilt.

Krankhafte Veränderungen der Bandscheiben können dazu führen, dass der äußere Faserring reißt und sich der innere Gallertkern nach außen verlagert. In diesem Fall spricht man von einem Bandscheibenvorfall.

3.1.6 Bänder (Ligamenta, Einzahl: Ligamentum)

Bänder sind derbe Bindegewebsstränge, die im Körper zur Fixierung beweglicher Skelettteile dienen. Sie schränken eine übermäßige Beweglichkeit schon im Vorfeld ein und sorgen somit für Stabilität (z. B. von Gelenken).

Durch übermäßige Belastung oder Verletzung können Bänder überdehnt und locker werden oder sogar reißen. Die Heilungsfähigkeit von verletzten Bändern ist stark eingeschränkt. Bänderrisse müssen in der Regel immer chirurgisch versorgt werden, um die Stabilität des Gelenkes wieder herzustellen.

Passiver Bewegungsapparat
- Knochen
- Gelenke
- Knorpel
- Sesambeine
- Bandscheiben
- Bänder

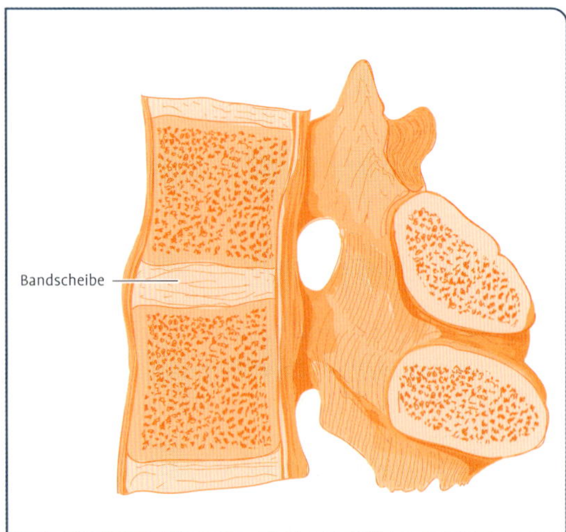

Wirbelkörper mit Bandscheibe (Zwischenwirbelscheibe).

3.2 Bewegungsapparat

Der aktive Teil des Bewegungsapparates dient vorwiegend der Bewegung (Mobilität) und besteht aus Skelettmuskulatur, Faszien, Sehnen, Sehnenscheiden und Schleimbeutel.

Zur Skelettmuskulatur werden die Muskeln gezählt, die am Skelett fixiert sind und zusammen mit den Hilfselementen (Faszien, Sehnen, Sehnenscheiden, Schleimbeutel) der Bewegung des Körpers dienen. Neben dieser Funktion bilden einige Skelettmuskeln (Zwischenrippenmuskeln, Zwerchfell, Muskeln der Bauchdecke) die Wände der großen Körperhöhlen und unterstützen damit manche Aktivitäten der inneren Organe (z. B. Atembewegungen, Bauchpresse).

Ein Muskel besteht aus Muskelfasern, die von einer Hülle aus Bindegewebe gebündelt werden. Mehrere Muskelfaserbündel zusammen ergeben erst den eigentlichen Muskel. Die äußere feste Bindegewebshülle, in der alle Muskelfaserbündel eines Muskels verlaufen, wird als **Faszie** bezeichnet.

Der Hauptanteil des Muskels ist der **Muskelbauch**. Seine beiden Endstücke sind die **Sehnen**. Ein Muskel arbeitet, indem er sich zusammenzieht (kontrahiert) und wieder erschlafft. Bei der Kontraktion wird er verkürzt und der Muskelbauch verdickt. Durch die Verkürzung wird der Knochen, an dem die Sehne des Muskels ansetzt, bewegt.

3.2.1 Skelettmuskeln

Einteilung der Muskeln nach ihrer Form

Der Begriff Muskel (lat. musculus = Mäuschen) wurde aufgrund der spindelförmigen, einer Maus ähnlichen Form mancher Muskeln als allgemeine Bezeichnung für alle Muskeln gewählt. Dennoch gleichen nicht alle Muskeln dieser Grundform. Man unterscheidet:

- **Spindelförmiger Muskel**
  Nur für den spindelförmigen Muskel trifft

die Bezeichnung „Mäuschen" zu. Der Muskelbauch wird nach beiden Seiten schmäler und geht in die Sehnen über, die an den Knochen ansetzen. Typische Vertreter spindelförmiger Muskeln sind die Zehenmuskeln.

- **Platter Muskel**
  Platte, flächige Muskeln sind an der Bildung der Rumpfwand beteiligt (z. B. Bauch und Rückenmuskeln).
- **Ringförmiger Muskel**
  Die Muskelfasern verlaufen beim Sphincter ringförmig um eine Körperöffnung. Ein Beispiel für diese Muskelform ist der Schließmuskel des Afters. Ringförmige Muskeln sind normalerweise kontrahiert und erschlaffen erst unter dem Einfluss des Willens. Dadurch ist eine kontrollierte Kot- und Urinabgabe möglich.
- **Mehrköpfige Muskeln**
  Mehrere an verschiedenen Sehnen entspringende Muskelbäuche vereinigen sich zu einer Ansatzsehne, d. h. auf einer Seite des Muskels befinden sich mehrere Ansatzsehnen, auf der anderen Seite nur eine. Es gibt zweiköpfige (z. B. zweiköpfiger Oberschenkelmuskel = M.biceps femoris), dreiköpfige (dreiköpfiger Oberarmmuskel = M. triceps brachii) und vierköpfige (vierköpfiger Oberschenkelmuskel = M.quadriceps femoris) Muskeln.
- **Mehrbäuchige Muskeln**
  Werden mehrere Muskelbäuche über Zwischensehnen verbunden, spricht man von einem mehrbäuchigen Muskel. Ein Beispiel eines solchen Muskeltyps ist der gerade Bauchmuskel (M. rectus abdominis). Durch die Zwischensehnen zeigt er beim durchtrainierten Menschen ein „Waschbrettrelief".

Einteilung der Muskeln in Bezug zueinander

Eine Bewegung ist in der Regel ein Zusammenspiel mehrerer Muskeln, deren Wirkung entweder entgegengesetzt ist oder sich gegenseitig unterstützt. In diesem Zusammenhang unterscheidet man:

- **Agonisten** (griech. agonistis = der Tätige)
  Als Agonisten werden Muskeln bezeichnet, die durch ihre Arbeit (Kontraktion und Erschlaffung) eine bestimmte Bewegung bewirken.
- **Antagonisten** (antagonistisch = entgegengesetzt, als Gegenspieler wirkend).
  Muskeln, die den Agonisten entgegenwirken, werden Antagonisten genannt. So sind z. B. Beugemuskeln und Streckmuskeln im Bezug aufeinander Agonisten und Antagonisten. Während der Kontraktion der Beuger sind die Streckmuskeln erschlafft und umgekehrt.
- **Synergisten** (synergistisch = zusammenwirkend)
  Synergisten sind Muskeln, welche die Arbeit anderer Muskeln (Agonisten oder Antagonisten) unterstützen und dadurch deren Wirkung vergrößern.

Einteilung der Muskeln nach ihrer Wirkung

Je nach ihrer Wirkung auf den Bewegungsapparat werden die einzelnen Muskeln oder Muskelgruppen unterschiedlich benannt:

- Beuger (Flexor)
- Strecker (Extensor)
- Heber (Levator)
- Dreher (Rotator)
- Schließer (Sphincter)
- Einwärtsdreher (Pronator)
- Auswärtsdreher (Supinator)
- Aufrichter (Erector)
- Niederzieher (Depressor)
- Auswärtszieher (Abductor)
- Einwärtszieher (Adductor)
- Erweiterer (Dilatator)
- Spanner (Tensor)
- Zurückzieher (Retractor)

Einteilung nach ihrer Lage im Körper

Nachfolgend werden nur die wichtigsten Muskelgruppen erwähnt.

- **Muskeln des Kopfes**
  Zu den Muskeln des Kopfes werden die **Gesichtsmuskulatur** (mimische Muskulatur) und die **Kaumuskulatur** gerechnet. Die Gesichtsmuskulatur unterscheidet sich von der übrigen Skelettmuskulatur dadurch, dass sie nicht an Knochen ansetzt, sondern im Unterhautfettgewebe liegt. Ihre Funktion ist die Bewegung der Haut. Vertreter der Gesichtsmuskulatur sind Lippen – und Backenmuskeln, Muskeln der Augenlider und Ohrmuscheln.
  Als **Kaumuskulatur** werden die Muskeln bezeichnet, die für die Bewegung des Unterkiefers (Anheben und Anpressen gegen den Unterkiefer) zuständig sind.
- **Muskeln des Stammes**
  Zum Körperstamm zählen der Hals, der Rumpf und der Schwanz. Muskeln, die den Stamm bewegen, sind:
  1. **Besondere Beweger des Kopfes**
  Sie stellen die muskulöse Verbindung zwischen Kopf und Wirbelsäule her. Sie dienen der Bewegung der Gelenke zwischen Hinterhauptsbein und 1. Halswirbel, sowie zwischen 1. und 2. Halswirbel und damit der Bewegung des Kopfes.
  2. **Muskeln der Hals-, Brust- und Lendenwirbelsäule**
  Die Muskeln der Wirbelsäule stellen die größte Fraktion der Stammmuskulatur dar.
- **Muskeln der Brustwand (Atmungsmuskulatur)**
  Die Muskeln der Brustwand werden als Atmungsmuskulatur bezeichnet. Sie erweitern bei der Einatmung den Brustkorb und verkleinern ihn bei der Ausatmung. Zur Atmungsmuskulatur gehören die Zwischenrippenmuskeln sowie das Zwerchfell Das Zwerchfell trennt bei Säugetieren die Brusthöhle von der Bauchhöhle. Vögel besitzen kein Zwerchfell. Brust- und Bauchhöhle sind bei dieser Tierart zu einer gemeinsamen Körperhöhle vereint.
- **Muskeln der Bauchwand**
  Die Muskeln der Bauchwand bilden die muskulöse Grundlage der Bauchdecke und tragen das Gewicht der Baucheingeweide. Starke Kontraktionen der Bauchwandmuskulatur sieht man bei der Bauchpresse (z. B. beim Kotabsatz), bei Schmerzen im Bauchraum, bei Angstzuständen (z. B. bei der körperlichen Untersuchung ängstlicher Tiere) oder bestimmten Bewegungen (z. B. Sprunggalopp).
- **Schwanzmuskel**
  Die Schwanzwirbel sind von Muskeln umgeben, die zu einem Teil an den Lendenwirbeln und am Kreuzbein, zum anderen Teil am knöchernen Becken mit ihren Sehnen ansetzen.
- **Muskeln der Vordergliedmaße**
  Die Muskeln der Vordergliedmaße werden in Schultergürtelmuskulatur und Eigenmuskulatur der Schultergliedmaße unterteilt. Die **Schultergürtelmuskulatur** verbindet den Körperstamm mit den Vordergliedmaßen. Nach ihrer Lage werden insgesamt neun Muskeln unterschieden, von denen fünf oberflächlich und vier in einer tieferen Schicht verlaufen. Die **Eigenmuskulatur** der Vordergliedmaße umgeben die Knochen der Gliedmaße.
  Es handelt sich um Strecker, Beuger, Einwärtsdreher, Auswärtsdreher, Einwärtszieher und Auswärtszieher. Die zahlreichen Muskeln werden eingeteilt in Muskeln, die:
  - das Schultergelenk bewegen.
  - das Ellbogengelenk bewegen.
  - das Karpalgelenk (Handgelenk) bewegen.
  - die vorderen Zehengelenke bewegen.
  - die einzelnen Zehen bewegen (= kurze Zehenmuskeln).
- **Muskeln der Hintergliedmaße**
  Die Muskeln der Hintergliedmaße werden in **Beckengürtelmuskulatur** und **Eigenmuskulatur** der Beckengliedmaße unter-

teilt. Drei Beckengürtelmuskeln entspringen an der Wirbelsäule und verlaufen teilweise zum Becken und teilweise zum Oberschenkelknochen. Sie verbinden den Rumpf mit den Hintergliedmaßen und bilden die dorsale (rückenwärts gelegene) Bauchwand. Die Eigenmuskeln der Beckengliedmaße müssen bei der Fortbewegung erhebliche Arbeit leisten. Sie sind daher, vor allem in ihrem oberen (proximalen) Bereich, sehr kräftig ausgebildet. Ähnlich wie die Vordergliedmaße unterscheidet man auch hier Beuger, Strecker, Einwärtsdreher, Auswärtsdreher, Einwärtszieher und Auswärtszieher. Die Muskeln werden unterteilt in solche, die:

- das Hüftgelenk bewegen.
- das Kniegelenk bewegen.
- das Sprunggelenk bewegen.
- die Zehengelenke bewegen.

3.2.2 Faszie

Unter einer Faszie versteht man eine derbe Hülle aus Bindegewebe, die eine Gruppe von Muskelfaserbündeln umgeben und ihnen den Zusammenhalt und die Form eines festen Muskels geben. An den Enden des Muskels geht die Faszie in die Sehnen über. Zudem grenzt die Faszie die einzelnen Muskeln voneinander ab und verhindert, dass sie sich in ihrer Funktion beeinflussen.

Faszien überziehen nicht nur einzelne Muskeln, sondern auch Muskelgruppen sowie ganze Körperabschnitte.

3.2.3 Sehnen

Sehnen sind Faserzüge aus Bindegewebe, durch welche Muskeln mit Knochen verbunden werden. Die Sehnen sind durch Sehnenfasern an der Knochenhaut (Periost) oder direkt im Knochen verankert. Sie übertragen die Kontraktion des Muskels auf den Knochen, wodurch dieser sich bewegt.

Sehnen, die über einen oder mehrere Knochen verlaufen, sind von einer Sehnenscheide umgeben, um sie vor Reibung und Beschädigung zu schützen.

3.2.4 Sehnenscheide

Die Sehnenscheide ist eine doppelwandige Hülle um eine Sehne herum. Die innere Schicht erzeugt eine Gleitflüssigkeit, durch die sich die Sehne ohne großen Reibungswiderstand bewegen kann. Sehnenscheiden findet man an den Stellen, an denen Sehnen mit großer Spannung über Knochen laufen. Sie schützen die Sehne vor zu starker Reibung und Beanspruchung. Bei einer Überbeanspruchung kann eine schmerzhafte Sehnenscheidenentzündung entstehen.

3.2.5 Schleimbeutel

Schleimbeutel sind säckchenförmige Gebilde, die mit Flüssigkeit gefüllt sind. Ihre Funktion ist die gleiche wie die der Sehnenscheiden, d. h. sie schützen die Sehnen gegen Druckeinwirkung benachbarter Knochen. Die flüssigkeitsgefüllten Schleimbeutel wirken wie ein Wasserkissen. Sie verteilen den einwirkenden Druck gleichmäßig auf das umliegende Gewebe.

Eine starke mechanische Beanspruchung von Schleimbeuteln (z. B. durch Fehlbelastung der Gliedmaße oder ständigem Druck von außen) kann zu einer Entzündung führen, die als Bursitis (Schleimbeutelentzündung) bezeichnet wird.

? **Aktiver Bewegungsapparat**

- Skelettmuskulatur
- Faszien
- Sehnen
- Sehnenscheiden
- Schleimbeutel

3.3 Untersuchungsmethoden

Funktionsstörungen des Bewegungsapparates können vielfältige Ursachen haben. Von relativ harmlosen Prellungen und Verstauchungen über schwerwiegende Fehlentwicklungen, Brüche, Infektionen, Entzündungen und Arthrosen bis hin zu Knochentumoren lassen sie sich in ihrem Erscheinungsbild oft nicht genau unterscheiden. Vielfach sind neben der körperlichen Untersuchung apparative Verfahren erforderlich, um eine eindeutige Diagnose stellen zu können.

3.3.1 Körperliche Untersuchung

Bei der Adspektion (in Augenschein nehmen) wird auf Veränderungen der natürlichen Haltung (z. B. aufgekrümmter Rücken beim Bandscheibenvorfall) und der Bewegungsabläufe (z. B. Lahmheit, schwankender Gang) geachtet.

Bei der Palpation (Abtasten) werden alle Gelenke und das umliegende Gewebe manuell (mit den Händen) auf ihre Beweglichkeit oder eventuell bestehender Schmerzhaftigkeit überprüft.

3.3.2 Röntgen

Durch Röntgenaufnahmen können Verletzungen (z. B. Brüche) und Erkrankungen (z. B. Tumoren) von Knochen und Gelenken dargestellt werden. Knorpelgewebe und Weichteilgewebe sind auf dem Röntgenbild nur deutlich sichtbar, wenn Verknöcherungsherde (z. B. in der Bandscheibe) vorhanden sind. Gesunder Knorpel stellt sich als Lücke zwischen zwei Knochen dar.

3.3.3 Ultraschall

Ultraschalluntersuchungen werden am Bewegungsapparat zur Beurteilung von Gelenksinnenhaut und Gelenksflüssigkeit sowie von Muskeln (z. B. bei Verdacht auf einen Muskelriss) und anderen Weichteilen herangezogen.

3.3.4 Kernspintomographie (Magnetresonanztomographie, MRT)

Die Kernspintomographie ist eine Methode zur differenzierten Darstellung von Knochen, Knorpel, Gelenken und Weichteilen des Bewegungsapparates. Durch dieses Verfahren werden elektromagnetische Wellen, die den Körper nach Anlegen eines starken Magnetfeldes

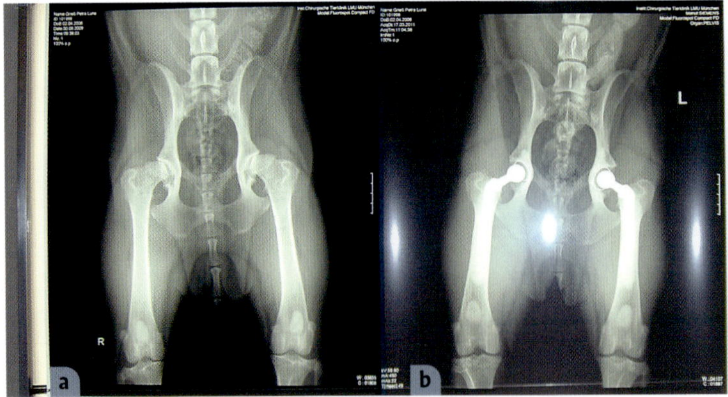

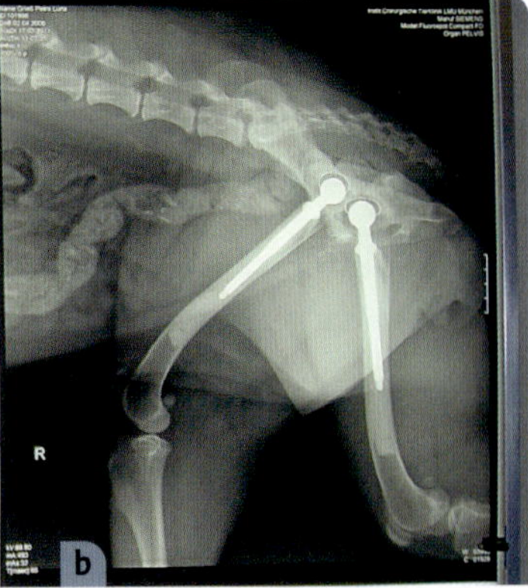

Röntgen Hüftgelenk: a) Hüftgelenke, b) künstliches Hüftgelenk.

verlassen, gemessen und computergestützt ausgewertet. Die Kernspintomographie als Diagnosemöglichkeit wird zurzeit nur von größeren Tierkliniken angeboten.

3.3.5 Computertomographie (CT)

Computertomographie ist die computergestützte Auswertung vieler schichtweise aufgenommener Röntgenbilder, die zu einem dreidimensionalen Bild zusammengefügt werden können. Im Gegensatz zum MRT ist eine Computertomographie für den Patienten sehr strahlenbelastend. Sie wird überwiegend zur Beurteilung von Körperhöhlen und den darin befindlichen Organen angewandt.

3.4 Fachbegriffe zum Thema Stütz- und Bewegungsapparat

Os = Knochen
Periost = Knochenhaut
Femur = Oberschenkelknochen
Humerus = Oberarmknochen
Ulna, Radium = Unterarmknochen
Tibia, Fibula = Unterschenkelknochen
Metacarpal- und Metatarsalknochen = Mittelfußknochen der Vorder- und Hinterläufe
Scapula = Schulterblatt
Sternum = Brustbein
Costae = Rippen
Vertebrae = Wirbel
Atlas = 1. Halswirbel
Axis = 2. Halswirbel
Articulatio = Gelenk
Ligamentum (Ligamenta) = Band (Bänder)
Faszie = äußere feste Bindegewebshülle um ein Muskelfaserbündel

4 Herz

4.1 Lage des Herzens im Körper

Das Herz der Säugetiere und Vögel ist ein Hohlmuskel und hat die Gestalt eines Kegels mit abgestumpfter Spitze. Von der Mitte der Brusthöhle aus gesehen liegt das Organ etwas nach links verschoben zwischen den beiden Lungenflügeln. Bedingt durch seine Lage in der Brusthöhle (Thorax) gehört es zu den Brustorganen.

Die Herzspitze ist nach unten, die Herzbasis (dort, wo die großen Gefäße in das Herz eintreten) nach oben gerichtet. Die Größe des Herzens ist abhängig von der Tierart (Mäuse haben kleinere Herzen als z. B. Katzen), der Rasse (kleine Hunde haben kleinere Herzen als große Hunde), dem Alter (Jungtiere haben kleinere Herzen als erwachsene Tiere) und kann innerhalb dieser Unterscheidung auch (je nach Trainingszustand und genetischer Veranlagung) individuell verschieden ausgeprägt sein.

4.2 Herzbeutel

Das Herz ist von einem bindegewebigen doppelten Sack, dem Herzbeutel (Perikard), umgeben. Er besteht aus einem inneren und einem äußeren Blatt. Das innere Blatt ist fest mit dem Herzmuskel verwachsen und schlägt an der Herzbasis in das äußere Blatt um.

Zwischen dem inneren und äußeren Blatt befindet sich ein kleiner Hohlraum, der mit einer serösen (serumähnlichen) Gleitschicht gefüllt ist. Dadurch kann sich das Herz ohne Reibung bewegen. Die Beweglichkeit ist wichtig, da sich das Organ bei jedem Herzschlag ausdehnen und zusammenziehen muss.

4.3 Innenräume des Herzens

Das Herz ist im Innern durch eine dickwandige, senkrecht verlaufende Wand (Septum) in zwei ungleich große Hälften (in rechtes und linkes Herz) und diese Hälften wiederum durch eine waagerecht verlaufende Wand (in zwei Vorhöfe und zwei Hauptkammern) geteilt. Damit gibt es vier Hohlräume innerhalb des Herzens:

- linker Vorhof (linkes Atrium)
- linke Herzkammer (linker Ventrikel)
- rechter Vorhof (rechtes Atrium)
- rechte Herzkammer (rechter Ventrikel)

Die Vorhöfe und die Hauptkammern des rechten und linken Herzens stehen jeweils durch eine Öffnung in der waagerechten Wand miteinander in Verbindung. Damit das Blut nicht entgegen des Pumpstroms von den Hauptkammern zurück in die Vorhöfe fließt, können diese Lücken (wie Ventile) durch sich nur einseitig öffnende Klappen (Herzklappen) verschlossen werden.

Weitere Öffnungen befinden sich jeweils in der Herzwand der linken Herzkammer (Ausgang der Hauptschlagader, durch die sauerstoffreiches Blut in den Kreislauf gelangt) und der rechten Herzkammer (Ausgang der Lungenarterie, die sauerstoffarmes Blut in den Lungenkreislauf befördert).

Die Öffnungen in den Herzwänden sind durch das Herzskelett (siehe S. 361) stabilisiert, so dass sie nicht kollabieren (in sich zusammenfallen) können.

4.4 Aufbau der Herzwand

Die Herzwand ist aufgebaut aus **Herzinnenschicht** (Endokard), **Herzmuskelschicht** (Myokard) und **Herzaußenschicht** (Epikard)

- **Herzinnenschicht**
  Die Herzinnenschicht überzieht als dünne Haut die Innenseite des Herzens und bildet die vier Herzklappen (siehe unten).
- **Herzmuskelschicht**
  Die Herzmuskelschicht ist die dickste Schicht der Herzwand. Ihr Aufbau ist zwar dem der quergestreiften Skelettmuskulatur sehr ähnlich; sie hat jedoch auch Strukturen der glatten Muskulatur (siehe Kap. 4 Gewebearten). Dadurch kommt der Herzmuskelschicht eine Sonderstellung zwischen den beiden Muskelarten zu.
  (Bei der Zusammenstellung einer Futterration z. B. für Hunde und Katzen wird daher das Herz nicht zu den Innereien gerechnet und kann, wie Skelettmuskelfleisch, auch in größeren Mengen verfüttert werden).
  Die Herzmuskelschicht leistet die eigentliche Pumparbeit des Herzens. Ähnlich wie die Muskeln des Skeletts nimmt auch die Muskelmasse des Herzmuskels bei verstärkter Arbeit (z. B. durch Training) zu.
- **Außenschicht**
  Die Herzaußenschicht ist fest mit der Muskelschicht des Herzens verbunden.

4.5 Herzskelett

Das Herzskelett besteht aus vier Faserringen und hat eine feste Struktur aus Bindegewebe, in das Anteile von Fett, Knorpel und Knochengewebe eingelagert sind. Zwei Ringe liegen um die beiden Öffnungen, die jeweils auf der rechten und der linken Seite des Herzens die Vorhöfe von den Hauptkammern trennen. Die beiden anderen Ringe befinden sich um die Austrittsstellen der Hauptschlagader (Aorta) und der Lungenarterie aus dem Herzen. Das Herzskelett dient zum einen der Stabilisierung der Öffnungen im Herzmuskel, zum anderen bietet es Ansatzstellen für die Herzklappen.

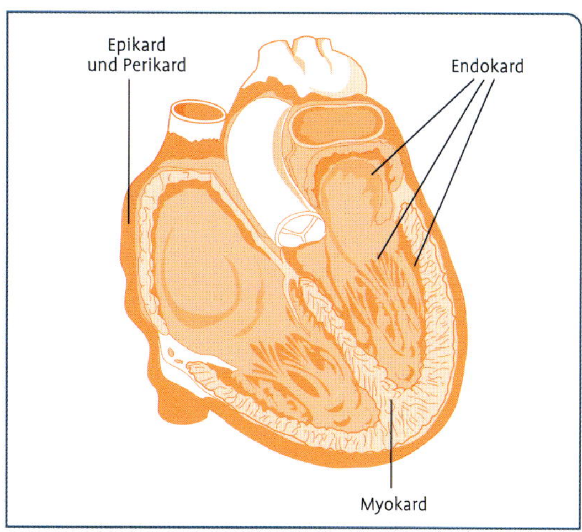

Längsschnitt durch das Herz.

4.6 Herzklappen

Die Vorhöfe und Herzkammern sind durch Öffnungen in der waagerechten Herzwand verbunden. An diesen Öffnungen befinden sich Gebilde aus Endokardgewebe (Herzinnenhautgewebe), die als Herzklappen bezeichnet werden. Aufgrund ihrer segelförmigen Gestalt werden sie **Segelklappen** und aufgrund ihrer Lage **Atrioventrikularklappen** (zwischen Vorhof und Kammer liegend) genannt.

Weitere Herzklappen sitzen an den Austrittsstellen der Schlagadern (Aorta und Lungenarterie). Aufgrund ihrer halbmondförmigen Gestalt werden sie als **Semilunarklappen** (semi = halb; lunar = Mond) sowie wegen ihrer Ähnlichkeit mit Taschen als **Taschenklappen** bezeichnet.

Die Herzklappen regeln die Richtung des Blutflusses und verhindern als Ventile den Rückfluss des Blutes.

Segelklappen

Die Segelklappen (Atrioventrikularklappen) trennen die Vorhöfe von den Hauptkammern. Man unterscheidet:

- **Mitralklappe**
  Die Mitralklappe liegt zwischen dem linken Vorhof und der linken Kammer.
- **Trikuspidalklappe**
  Die Trikuspidalklappe liegt zwischen dem rechten Vorhof und der rechten Hauptkammer.

Taschenklappen

Die Taschenklappen (Semilunarklappen) werden jeweils aus drei taschenähnlichen Fortsätzen gebildet. Die Fortsätze haben eine halbmondförmige Gestalt. Man unterscheidet:

- **Aortenklappe**
  Sie liegt in der linken Herzkammer an der Austrittsstelle der Hauptschlagader (Aorta) aus dem Herzen.
- **Pulmonalklappe**
  Sie liegt in der rechten Herzkammer an der Austrittsstelle der Lungenarterie.

> **? Herzklappen**
>
> **Segelklappen (Atrioventrikularklappen)**
> = sie liegen zwischen den Vorhöfen und den Hauptkammern
> - Mitralklappe (links)
> - Trikuspidalklappe (rechts)
>
> **Taschenklappen (Semilunarklappen)**
> = sie liegen zwischen Hauptkammern und den Abgängen der großen Arterien (Aorta, Lungenarterie)
> - Aortenklappe (links)
> - Pulmonalklappe (rechts)

4.7 Blutgefäße des Herzens

Funktionelle Blutgefäße

Funktionelle Blutgefäße des Herzens sind große Arterien und Venen, die den Blutstrom durch das Herz und in den Körperkreislauf sowie in den Lungenkreislauf und wieder zurück zum Herzen leiten.

Man unterscheidet:

- **Hintere und vordere Hohlvene** (Vena cava caudalis und Vena cava cranialis)
  Die hintere Hohlvene leitet das sauerstoffarme Blut aus dem Körperkreislauf des hinteren Körperabschnittes und die vordere Hohlvene das Blut des vorderen Körperabschnitts zum rechten Vorhof hin.
- **Lungenarterie** (Truncus pulmonalis)
  Sie leitet das sauerstoffarme Blut aus der rechten Herzkammer in den Lungenkreislauf.
- **Lungenvenen** (Venae pulmonales)
  Mehrere Lungenvenen leiten das sauerstoffreiche Blut aus dem Lungenkreislauf in den linken Vorhof.
- **Hauptschlagader** (Körperschlagader, Aorta)
  Sie leitet das sauerstoffreiche Blut aus der linken Herzkammer in den Körperkreislauf.

> **? Beachte:**
> Die zum Herz hinführenden großen Blutgefäße (ganz gleich, ob sie aus dem Körper- oder Lungenkreislauf stammen) werden als Venen, die vom Herzen wegführenden Gefäße als Arterien bezeichnet (siehe Kap. Kreislauf und Gefäße).

4.8 Ernährung des Herzens

Die Herzinnenschicht (Endokard) wird direkt von dem im Innern des Herzens vorbeiströmenden Herzblut ernährt. Bei einer bakteriellen oder viralen Erkrankung können sich daher die im Blut vorhandenen Erreger am Endokard (vor allem an den Herzklappen) ansiedeln und dort zu Entzündungen führen.

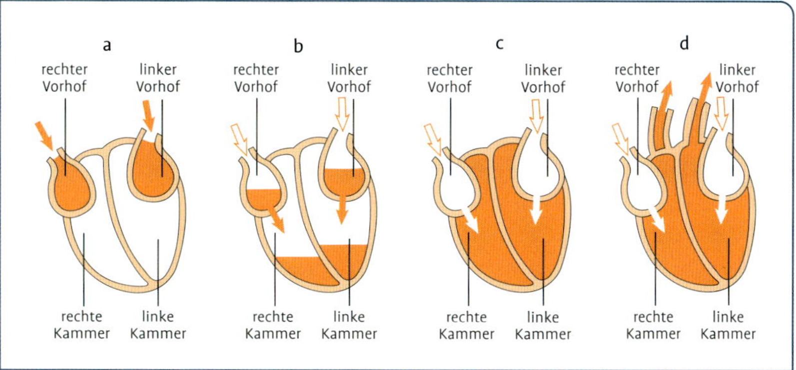

Der Weg des Blutes durch das Herz.

Die Versorgung des Herzmuskels (Myocard) sowie der äußeren Schicht des Herzens (Epikard) mit Sauerstoff und Nährstoffen erfolgt über die **Herzkranzgefäße**.

4.9 Arbeitsweise des Herzens

Das Herz arbeitet wie eine „Saug-Druck-Pumpe", wobei es ununterbrochen ein hohes Maß an Arbeit zu verrichten hat. Ein ganzes Leben lang bewegt sich dieses zentrale Organ ohne Pause, indem sich der Herzmuskel unaufhörlich rhythmisch zusammenzieht und wieder entspannt und sich dabei die Vorhöfe und Hauptkammern abwechselnd mit Blut leeren und füllen. Wenn das Herz sich kontrahiert (sich zusammenzieht), wird Blut in den Körper- und Lungenkreislauf gepumpt. Durch den Unterdruck, der durch die anschließende Entspannung des Organs entsteht, wird das Blut aus den Kreisläufen wieder zurück in Richtung Herz gesaugt.

Das Zusammenziehen (Kontraktion) des Herzmuskels wird als **Systole** bezeichnet, die Entspannung des Muskels als **Diastole**.

Die Vorhöfe und die Herzkammern kontrahieren und erschlaffen zeitlich versetzt. Zuerst kommt es zur Kontraktion der beiden Vorhöfe bei gleichzeitiger Erschlaffung beider Kammern. Danach erschlaffen die Vorhöfe und die Kammern kontrahieren. Die beiden Vorhöfe und die beiden Kammern funktionieren jeweils als eine Einheit. Dadurch kommt es zu einem ständigen Strömen des Blutflusses.

4.10 Der Weg des Blutes durch das Herz

Während sich der Herzmuskel des rechten Vorhofes entspannt, wird sauerstoffarmes Blut aus dem Körperkreislauf über die untere und obere Hohlvene (Vena cava caudalis und vena cava cranialis) in den rechten Vorhof gesaugt.

Nach Füllung des rechten Vorhofes zieht sich dieser zusammen. Dadurch öffnet sich die Trikuspidalklappe (die Klappe zwischen rechtem Vorhof und rechter Herzkammer) und das Blut fließt vom rechten Vorhof in die rechte Kammer. Ist diese gefüllt, kontrahiert sie. Die Tricuspidalklappe schließt sich. Das verhindert, dass Blut zurück in den rechten Vorhof fließen kann.

Die rechte Herzkammer kontrahiert und die Pulmonalklappe (in der Wand der rechten Herzkammer) öffnet sich. Das Blut wird durch die Kontraktion in die Lungenarterie (Truncus pulmonalis) und von dort in die Lunge gepumpt. Dort wird es mit Sauerstoff angereichert und über die Lungenvenen in die linke Vorkammer gesaugt.

Wenn sich der linke Vorhof zusammenzieht, öffnet sich die Mitralklappe (die Klappe zwischen linkem Vorhof und linker Herzkammer) und das Blut fließt in die linke Herzkammer. Bei Kontraktion der linken Kammer schließt sich die Mitralklappe (damit kein Blut in den linken Vorhof zurückfließen kann), die Aortenklappe öffnet sich und das sauerstoffreiche Blut wird über die Hauptschlagader (Aorta) in den Körperkreislauf gepumpt.

4.11 Herzschlag und Puls

Unter dem umgangssprachlichen Begriff „Herzschlag" versteht man die Kontraktion der Herzkammermuskulatur (Systole). Jede Systole presst eine bestimmte Menge Blut mit einer großen Wucht aus dem Herzen heraus. Diese Austreibungswucht wird als Schwingung (Pulswelle) über die Gefäßwände weitergeleitet und lässt sich an oberflächlich verlaufenden Arterien als Pulsschlag fühlen.

Anhand der Qualität (z. B. gleichmäßig, unregelmäßig, weich, hart) sowie an der Frequenz des Pulses (z. B. schnell, langsam) kann man Rückschlüsse auf die Funktion und den Gesundheitszustandes des Herz-Kreislauf-Systems ziehen.

Die Pulskontrolle gehört bei Pferd, Hund und Katze zu jeder Allgemeinuntersuchung. Bei kleinen Heimtieren ist die Beurteilung des Pulses lediglich beim Kaninchen möglich. Meerschweinchen, Hamster, Mäuse oder Ziervögel haben eine so hohe Pulsfrequenz (z. B. Wellensittiche bis 400 Schläge pro Minute), dass eine Beurteilung des Pulses kaum möglich ist.

4.12 Herztöne

Bei der Auskultation (Abhören) des Herzens mit dem Stethoskop kann man normalerweise zwei Herztöne unterscheiden:

- **Erster Herzton**
  Der erste Herzton setzt sich zusammen aus dem Anspannungston der Kammermuskulatur (bei der Kontraktion des Herzmuskels) sowie den Klappenschlusstönen der Mitral- und Trikuspidalklappen (Herzklappen zwischen den Vorhöfen und Hauptkammern).
  Der erste Herzton ist der etwas längere der beiden Herztöne und hört sich dumpf an.
- **Zweiter Herzton**
  Der zweite Herzton kommt durch das Schließen der Taschenklappen (Aorten- und Pulmonalklappe) zustande.
  Der zweite Herzton ist kürzer als der erste und hat einen etwas helleren Klang.

Beim Abhören eines gesunden Herzens kann man beide Herztöne hintereinander als „Buuu Dupp" hören, wobei der erste Herzton dem „Buuu" und der zweite Ton dem „Dupp" entspricht.

Bei Großtieren (und beim Menschen) kann man beim Abhören des Herzens vielfach noch einen dritten und vierten Herzton unterscheiden. Diese zusätzlichen Herztöne sind jedoch bei Hunden und Katzen nur hörbar, wenn eine Störung der Herzfunktion vorliegt. Bei kleinen Heimtieren und Ziervögeln sind aufgrund der hohen Herzfrequenz schon die beiden ersten Herztöne kaum zu differenzieren. Weitere Herztöne kann man nicht hören.

4.13 Steuerung der Herzaktivität

Das Herz arbeitet hauptsächlich unabhängig vom Gehirn. Es wird durch ein Reizleitungssystem angetrieben, das in seinem Innern selbst lokalisiert ist. Diese **autonome** (unabhängige) Erregungsleitung ermöglicht dem Herzmuskel, sich ohne eine weitere, von außen kommende Nervenversorgung zusammen zu ziehen und wieder zu entspannen.

Um allerdings die Herzarbeit mit den Erfordernissen des gesamten Organismus koordinieren zu können, wird das Organ zusätzlich vom **vegetativen Nervensystem** (Parasympathikus, Sympathikus, siehe Kap. Nervensystem) beeinflusst.

4.13.1 Autonome Steuerung

Die autonome Erregung des Herzmuskels geht von einer Gruppe Zellen in der Herzwand aus, die für diese Aufgabe spezialisiert sind. Es handelt sich dabei nicht um Nervenzellen, sondern um modifizierte (abgewandelte) Herzmuskelzellen. Damit jedoch nicht jede der abgewandelten Zellen unkontrolliert Energie produzieren und damit die Herztätigkeit beeinflussen kann, gibt es eine Hierachie (Rangordnung) der Zellen:

- **Sinusknoten**
  An erster Stelle der Reizleitungshierachie steht der Sinusknoten. Er wird vielfach auch als natürlicher Schrittmacher des Herzens bezeichnet. Der Sinusknoten erzeugt den stärksten Energieimpuls im Reizleitungssystem. Er zwingt damit allen nachfolgenden Reizleitungszellen und somit dem gesamten Herzmuskel seinen Rhythmus auf, indem er den von ihm erzeugten elektrischen Reiz an sie weiterleitet.
  Der Sinusknoten befindet sich im rechten Vorhof, dort, wo die vordere Hohlvene (Vena cava cranialis) in das Atrium einmündet.
- **Atrioventrikularknoten** (AV-Knoten, Vorhof-Kammer-Knoten)
  Der Atrioventrikularknoten steht in der Rangordnung nach dem Sinusknoten. Fällt der Sinusknoten aus oder ist die Überleitung der Erregung vom Sinusknoten zum AV-Knoten gestört, kann der Atrioventrikularknoten (wenn auch mit geringerer Kraft) die Funktion des Herzens aufrechterhalten. Er nimmt in einem solchen Fall die Stellung des ersten Schrittmachers ein.

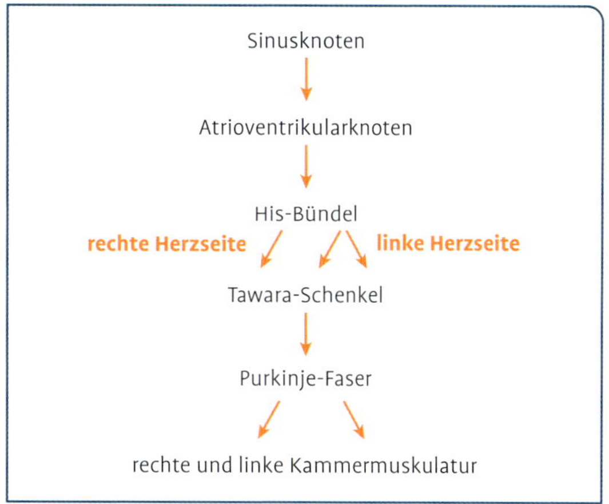

Autonom arbeitendes Reizleitungssystem des Herzens.

  Der AV-Knoten befindet sich in der Wand zwischen rechtem und linkem Vorhof am Übergang zu den Hauptkammern.
- **His- Bündel**
  In der Hierarchie nach dem AV-Knoten steht das His-Bündel. Es handelt sich dabei um ein Bündel von Reizleitungszellen, die unmittelbar unterhalb des Artrioventrikularknotens in der Herzmuskelschicht liegen. Auch sie können bei einem Ausfall der vorgeschalteten Schrittmacher (Sinusknoten, AV-Knoten) bzw. bei Reizleitungsstörungen Eigenspannung produzieren. Diese elektrische Spannung ist jedoch so schwach, dass sie nicht ausreicht, um für längere Zeit eine normale Herzfunktion zu sichern.
- **Tawara-Schenkel**
  Das His-Bündel teilt sich in drei Äste (zwei linke und einen rechten Ast) auf, die als Tawara-Schenkel bezeichnet werden. Ihre Eigenspannung reicht bei einem eventuellen Ausfall vorgeschalteter Schrittmacher nicht mehr aus, um den Herzmuskel zur Kontraktion zu bewegen.
- **Purkinje- Fasern**
  Die Tawara-Schenkel verzweigen sich netzartig über die ganze Kammermuskulatur in

die Purkinje-Fasern. Diese sind, ebenso wie die Tawara-Schenkel, alleine nicht mehr in der Lage, die Herzmuskeltätigkeit in kontrollierte Bahnen zu lenken. Dennoch sind sie, ebenso wie Sinusknoten, AV-Knoten und His-Bündel, ein wichtiger und unersetzlicher Teil des Herz-Reizleitungssystem, ohne die die vom Sinusknoten erzeugten elektrischen Reize nicht über die gesamte Herzmuskulatur verteilt werden könnte.

4.13.2 Nervale Steuerung

Um die Herzfunktion mit den Bedürfnissen des Gesamtorganismus abzustimmen, wird das Herz vom **vegetativen Nervensystem** (siehe Kap. Nervensystem) beeinflusst. Bei (physischer und psychischer) Anstrengung kontrahiert der Herzmuskel häufiger, wodurch mehr Sauerstoff über das Blut in die Körperzellen transportiert wird (das Herz „schlägt" schneller). Während der Schlafphase und in Phasen der Entspannung erholt sich der Herzmuskel durch Verminderung der Kontraktionen (das Herz „schlägt" langsamer).

Der **Sympathikus** wirkt beschleunigend auf die Herzfunktion.

Er vermehrt die Häufigkeit und Stärke der Herzmuskelkontraktionen und erhöht die Geschwindigkeit der Reizleitung vom Sinusknoten bis hin zu den Purkinje-Fasern.

Der **Parasympathikus** wirkt verlangsamend auf die Herzfunktion.

Er vermindert die Häufigkeit (weniger die Stärke) der Kontraktionen und die Geschwindigkeit der Reizleitung.

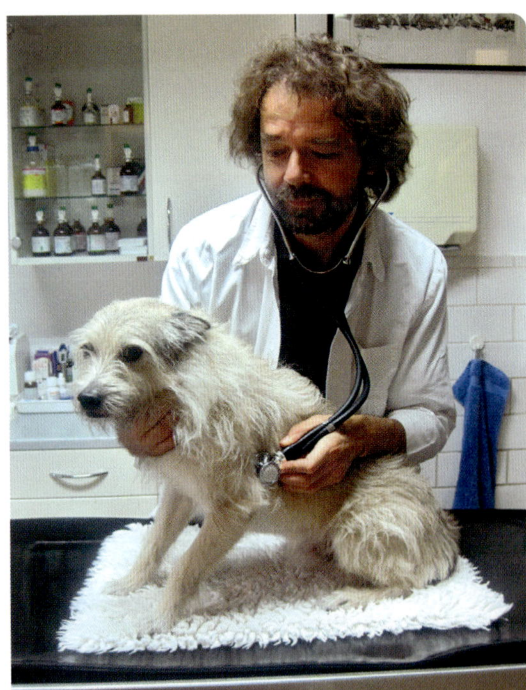

Herzauskultation.

4.13.3 Hormonelle Steuerung

Das Hormon Adrenalin (Stresshormon) aus dem Nebennierenmark unterstützt den Sympathikus in seiner Wirkung auf das Herz und führt damit zur Beschleunigung des Herzschlags.

4.14 Untersuchungsmethoden

4.14.1 Auskultation

Die häufigste Untersuchung des Herzens ist die **Auskultation** (Abhören mit dem Stethoskop). Die Auskultation des Herzens gehört zu jeder Allgemeinuntersuchung und wird in der Regel als erste diagnostische Maßnahme bei Verdacht auf das Vorliegen einer Herzerkrankung durchgeführt.

Durch die Auskultation des Herzens kann man größeren Tierarten (Pferd, Hund und Katze, evtl. auch beim Kaninchen und Meerschweinchen):

- Die Herztöne beurteilen
- Krankhafte Herzgeräusche erkennen
- Die Herzfrequenz bestimmen
- Herzrhythmusstörungen diagnostizieren

EKG-Kurve.

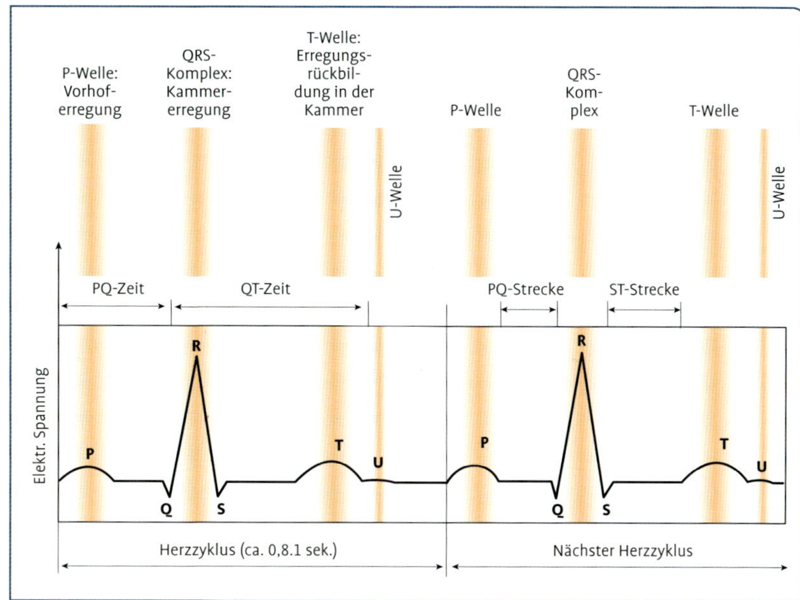

Bei kleinen Heimtieren (z. B. Maus, Ratte) oder bei Vögeln ist die Herzfrequenz so hoch, dass eine Auskultation keinen Hinweis auf die Funktion des Herzens liefern kann.

4.14.2 EKG

Der Begriff EKG (Elektrokardiogramm) setzt sich aus den altgriechischen Worten kardia = Herz und grámma = Geschriebenes zusammen.

Durch das EKG werden die elektrischen Ströme registriert, die (im Normalfall) vom Sinusknoten ausgehen und über das herzeigene Reizleitungssystem zu den Herzmuskelzellen weitergeleitet werden. Diese elektrischen Veränderungen am Herzmuskel werden durch Elektroden an der Körperoberfläche abgeleitet und in Form von **EKG-Kurven** aufgezeichnet.

Aus dem Elektrokardiogramm können die Herzfrequenz, der Herzrhythmus sowie die Funktion des Reizleitungssystems abgelesen werden. Vor allem zur Erkennung von Herzrhythmusstörungen sowie von Fehlfunktionen der Reizleitung ist das EKG ein verlässliches Diagnoseverfahren.

4.14.3 Röntgen

Durch eine Röntgenaufnahme kann die Größe und die Form des Herzens beurteilt, sowie Zubildungen (z. B. größere Tumoren an der Herzbasis) diagnostiziert werden. Auch Flüssigkeitsansammlungen im Herzbeutel oder in der Lunge (z. B. bei einem herzbedingten Lungenödem) kann man auf einem Röntgenbild meist gut erkennen.

Über die Funktion des Herzens sowie des Reizleitungssystem kann mit Hilfe der Röntgendiagnostik keine Aussage gemacht werden.

4.14.4 Herzultraschall

Die Herzultraschalluntersuchung (Echokardiographie) ist ein relativ neues apparatives Verfahren, das inzwischen jedoch auch in der Tiermedizin zur Diagnose von Herzerkrankungen häufig herangezogen wird.

Bei der Echokardiographie werden Schallwellen über einen Schallkopf zum Herzen geleitet. Je nach Struktur des Gewebes werden diese Schallwellen unterschiedlich zurückre-

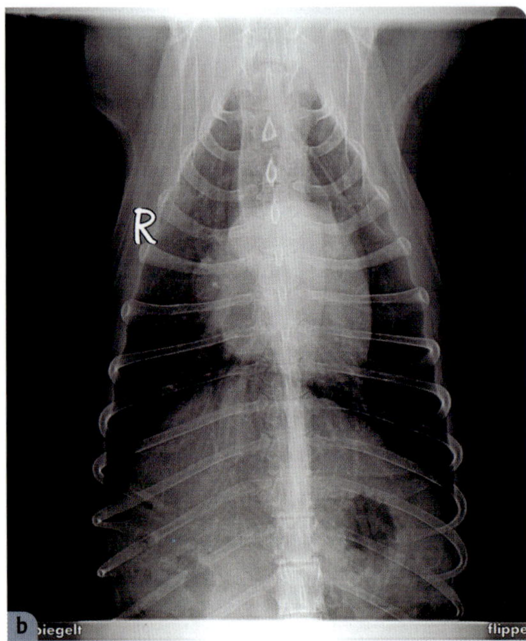

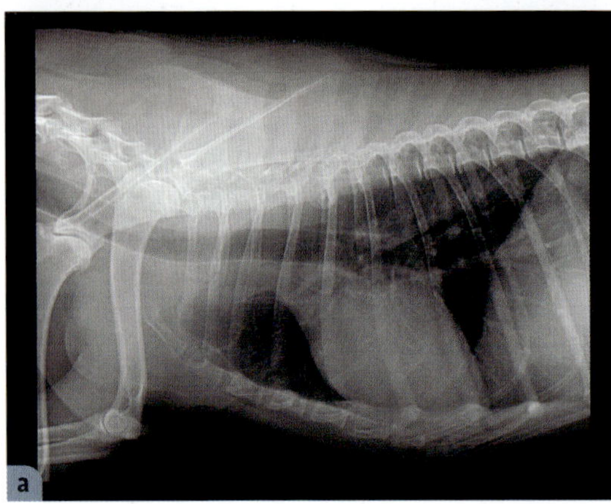

Röntgenaufnahme eines Hundeherzens: a) latero-laterale Aufnahme, b) dorso-ventrale Aufnahme.

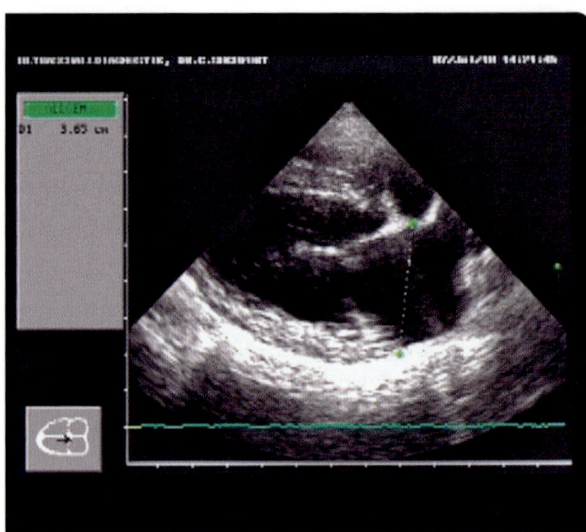

Herzultraschall (Echokardiographie).

flektiert, mittels eines Verstärkers bearbeitet und auf einem Bildschirm dargestellt. Man erhält dadurch ein sehr deutliches und aufschlussreiches Bild der Herzstrukturen (Herzschichten, Herzklappen, Gefäße). Durch die Echokardiographie kann man auch Bewegungen innerhalb des Herzens (z. B. Herzklappenbewegungen, Blutfluss) darstellen. Mit Hilfe von Farbkodierungen wird auf dem Bildschirm neuerer Geräte die Richtung des Blutstroms farblich (meist rot und blau) sichtbar gemacht.

Durch die Echokardiografie erhält der Tierarzt Informationen über:

- Die Struktur von Herzklappen sowie deren Bewegungen
- Die Wanddicke von Vorhöfen und Kammern
- Eventuell vorliegende Septumdefekte („Löcher" in den Herzscheidewand)
- Die Struktur und Form des Herzmuskels
- Die Größe der Herzinnenräume (Lumen = Innenraum eines Hohlorganes)
- Den Blutfluss
- Den Zustand des Herzbeutels
- Den Zustand der zuführenden und abführenden Gefäße

4.14.5 Blutuntersuchung

Nt-pro BNP-Nachweis

Das Peptid BNP (**b**rain **n**atriuretic **p**eptid) wurde bereits 1988 entdeckt und seit dieser Zeit in der Humanmedizin routinemäßig als Marker für Herzerkrankungen verwendet.

Ein **Peptid** ist ein kleines Eiweiß, das aus nur wenigen Aminosäuren (Eiweißbausteinen) zusammengesetzt ist.

Es wird im Herzen gebildet und dort gespeichert, so dass man es normalerweise im Blut nicht oder nur in geringer Konzentration nachweisen kann. Bei Vorliegen einer Herzerkrankung wird das Peptid in größeren Mengen freigesetzt und in die Blutbahn abgegeben. Dort wird es in das Nt-pro BNP (N-terminales pro brain natriuretic peptid) gespalten. Dieses Spaltprodukt kann mit Hilfe eines relativ neuen Testverfahrens (Cardiopet pro BNP-Test) nun auch in der Veterinärmedizin (bei Hund und Katze) nachgewiesen werden.

Weitere Blutuntersuchungen

Der Körper ist eine Einheit, wobei die einzelnen Organe sich gegenseitig beeinflussen. Die Fehlfunktion eines Organs hat damit häufig auch negative Auswirkungen auf andere Organsysteme. So findet man zum Beispiel nicht selten bei einer Herzerkrankung auch Störungen der Nierenfunktion bis hin zum Nierenversagen. Herzklappenfehler können mehr oder weniger ausgeprägte Stauungszustände in der Leber und Lunge verursachen. Eine Schilddrüsenüberfunktion (häufig bei der Katze) kann sich durch Herzrhythmusstörungen zeigen und bei Morbus Addison (einer Erkrankung der Nebennieren) liegt häufig eine Bradykardie (Verlangsamung des Herzschlags) vor.

Aus diesem Grunde wird bei herzkranken Tieren meist eine allgemeine Blutuntersuchung (Blutbild, Differenzialblutbild, Leber-, Nieren- und Schilddrüsenstatus) als Routinemaßnahme durchgeführt, um herauszufinden, ob:

- Die diagnostizierte Herzerkrankung bereits Auswirkungen auf andere Organe hat.
- Die diagnostizierte Herzerkrankung eine Folge einer Fehlfunktion anderer Organe ist.

4.15 Fachbegriffe zum Thema Herz

Cardia, Cor = Herz
Thorax = Brusthöhle
Pericard = Herzbeutel
Atrium = Vorhof
Ventrikel = Herzkammer
Endocard = Herzinnenschicht
Myocard = Herzmuskelschicht
Epicard = Herzaußenschicht
Atrioventrikularklappen (Segelklappen) = Herzklappen zwischen Vorhöfen und Herzkammern
Semilunarklappen (Taschenklappen) = Herzklappen an der Austrittsstelle von Aorta und Lungenarterie
Vena cava = Hohlvene
Aorta = Hauptschlagader, Körperschlagader
Systole = Kontraktion (Zusammenziehen) des Herzmuskels
Diastole = Entspannung des Herzmuskels
Sinusknoten = Teil des Reizleitungssystems des Herzens
Auskultation = Abhören (des Herzens)
Echokardiographie = Herzultraschall

5 Kreislauf und Gefäße

Das Kreislaufsystem besteht aus einem zentralen Antriebsorgan, dem Herzen als Motor, sowie aus den Blutgefäßen, in denen das Blut im gesamten Körper unaufhörlich zirkuliert. Dadurch werden Sauerstoff und Nährstoffe zu allen Körperzellen hin und Abfallstoffe von den Zellen wegtransportiert. Ebenso werden wichtige Botenstoffe (Hormone) und Stoffwechselbeschleuniger (Katalysatoren, z. B. Enzyme) im Blut zu ihrem Bestimmungsort befördert. Dadurch sind viele Organfunktionen erst möglich. Das Kreislaufsystem ist damit ein großes Transportsystem, dessen reibungsloses Funktionieren eine Grundvoraussetzung für das Leben eines vielzelligen Organismus ist. Kommt es zum Stillstand der Blutzirkulation (z. B. beim Schock, siehe Kap. Notfallmanagement), „ersticken und verhungern" die Körperzellen. Gleichzeitig erhalten sie keine Informationen und Befehle von übergeordneten Organen mehr und werden zudem durch ihre eigenen, nicht abtransportierten Abfallstoffe vergiftet.

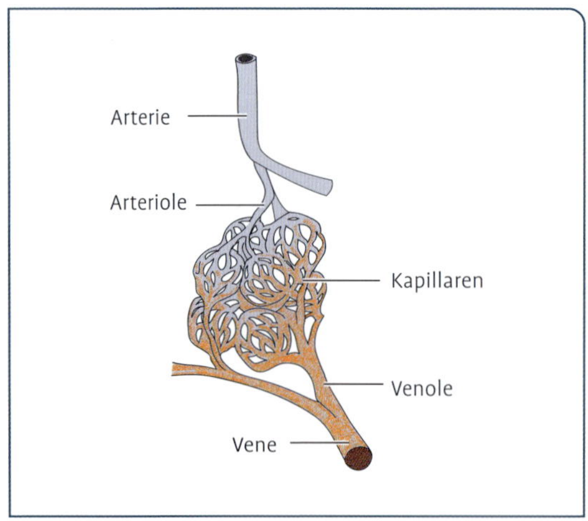

Kapillarsystem mit arteriellem Zufluss und venösem Abfluss.

Die Teile des Kreislaufsystems sind das **Herz**, das **Blut** und die **Blutgefäße**.

5.1 Herz

Das Herz (cardia, cor) ist ein Hohlorgan, das durch eine Scheidewand (Septum) in eine rechte und linke Herzhälfte unterteilt ist. Das Innere des Herzens ist wiederum in Kammern aufgeteilt. Man unterscheidet den rechten und linken Vorhof sowie die rechte und linke Herzkammer. Als zentrales Antriebsorgan des Kreislaufsystems pumpt das Herz das Blut (das durch das Herz hindurchfließt) in die Gefäße und hält damit seine Zirkulation aufrecht. Das Herz wird in einem eigenen Kapitel ausführlich besprochen.

5.2 Blutgefäße

Das Blut (sanguis) besteht aus einem flüssigen Anteil (Blutplasma), in dem verschiedene Stoffe gelöst sind, sowie aus Blutzellen (rote und weiße Blutkörperchen, Blutplättchen). Es dient als Transportmedium für viele wichtige Stoffe, die zu den einzelnen Organsystemen und Zellen befördert werden müssen. Das Blut wird in einem eigenen Kapitel ausführlich besprochen.

5.2.1 Einteilung der Blutgefäße

Blutgefäße, die vom Herz wegführen, werden als **Arterien** (Schlagadern), und Blutgefäße, die das Blut wieder in Richtung des Herzens transportieren, als **Venen** (Blutadern) bezeichnet.

Die Aorta (Hauptschlagader, die das Blut aus dem linken Herzen in den Körperkreislauf führt) verengt sich durch immer weitere Verzweigungen zu Arterien und **Arteriolen**. Diese wiederum verzweigen sich weiter bis zu kleinsten Haargefäßen, den **arteriellen Kapillaren**.

Die arteriellen Haargefäße gehen in die **venösen Kapillaren** über, die sich zunächst zu **Venolen**, schließlich zu **Venen** und diese zu den **beiden großen Hohlvenen** vereinigen. Dieses Netz aus arteriellen und venösen Blutgefäßen bildet die Kreislaufwege, in denen das Blut zirkulieren kann.

Die arteriellen und venösen Kapillaren sind die kleinsten Blutgefäße (Haargefäße) und Endstücke der sich vielfach verzweigenden Blutgefäße. Sie garantieren den Stoffaustausch zwischen Blutbahn und dem umliegenden Gewebe und verbinden das arterielle mit dem venösen Blutgefäßsystem.

? Einteilung der Blutgefäße

Blutgefäße, die vom Herzen wegführen:

- Aorta (Hauptschlagader)
- Arterien (Schlagadern)
- Arteriolen (kleine Schlagadern)
- Arterielle Haargefäße (arterielle Kapillarien)

Blutgefäße, die zum Herzen hinführen:

- Venöse Haargefäße (venöse Kapillarien)
- Venolen (kleine Blutadern)
- Venen (Blutadern)
- Obere und untere Hohlvene

5.2.2 Bau der Blutgefäße

Aufbau der Arterienwand

Die Arterienwand besteht aus drei Schichten. Von innen nach außen gesehen, werden diese Schichten als **Intima**, **Media** und **Adventitia** bezeichnet.

- **Intima**
  Die Intima (innere Schicht) kleidet das Innere der Arterien aus und besteht aus einer flachen, einschichtigen Lage von Epithelzellen (Endothel, siehe Kap. Gewebe).
- **Media**
  Die Media (mittlere Schicht) ist eine Muskelschicht aus glatten Muskelzellen (siehe Kap. Gewebe), in die elastische Fasern eingelagert sind. Diese elastischen Fasern sind erforderlich, damit sich die Arterien der stoßweise (durch den Herzschlag) durchfließenden Blutmenge durch Erweiterung ihres Durchmessers anpassen können. Große, herznahe Gefäße haben einen großen Anteil elastischer Fasern, da hier der Blutdruck besonders hoch ist. Bei herzfernen Arterien, in deren Innern durch die vielfache Verzweigung der Arterien der Blutdruck niedriger ist, überwiegen die glatten Muskelzellen.
  Je näher die Gefäße dem Herzen liegen, desto dicker ist die Media. Die Dicke der Muskelschicht nimmt in den kleineren Verzweigungen immer mehr ab und fehlt bei den arteriellen Kapillaren vollständig.
- **Adventitia**
  Die Adventitia (äußere Schicht) der Arterien besteht aus Bindegewebe. Dadurch sind die Gefäße gegenüber der Umgebung verschiebbar. Die großen Arterien enthalten in der Bindegewebsschicht kleine Gefäße, die für die Ernährung der Gefäßwände zuständig sind.

Aufbau der Venenwand

Auch die Venen sind aus einer inneren, mittleren und äußeren Schicht aufgebaut. Die Schichten unterscheiden sich jedoch von denen der Arterien.

- **Intima**
  Die Intima (innere Schicht) besteht, wie die der Arterien, aus einer einschichtigen Epithelschicht. Sie bildet auch die **Venenklappen**, die in das Lumen (den inneren Hohlraum) der Venen in unterschiedlichen Abständen eingebaut werden. Die Venenklappen öffnen sich beim Durchfluss des Blutes (der durch Herzschlag, den Puls der benachbarten Arterien und durch Muskel-

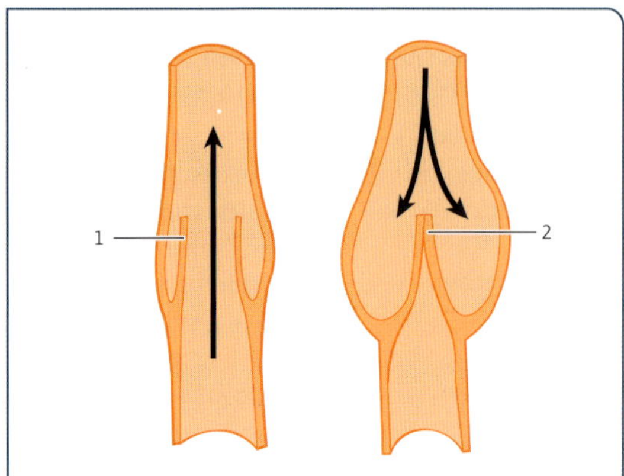

Vene: a) mit offener und b) geschlossener Venenklappe.

kontraktionen in Gang gehalten wird) und schließen sich danach wieder. Dadurch arbeiten sie wie Ventile und verhindern so das Zurückströmen des Blutes.

- **Media**
  Die Media der Venen besteht ebenfalls aus glatten Muskelzellen. Sie ist jedoch (aufgrund des geringeren Blutdrucks im venösen Teil des Kreislaufs) wesentlich dünner als die der Arterien.
- **Adventitia**
  Die Adventitia der Venen unterscheidet sich nicht von der äußeren Schicht der Arterien. Sie besteht ebenfalls aus Bindegewebe und gewährleistet die Beweglichkeit der Venen gegenüber dem Umgebungsgewebe.

5.3 Kreislaufsysteme

Je nach Verlauf des Blutflusses wird das Kreislaufsystem in drei verschiedene Kreisläufe (Körperkreislauf, Lungenkreislauf, Pfortaderkreislauf) eingeteilt. Zusätzlich gibt es beim Säugetier während der Entwicklungszeit im Mutterleib noch den fetalen Kreislauf.

5.3.1 Körperkreislauf

Der Körperkreislauf, auch als **großer Kreislauf** bezeichnet, beginnt mit dem Abgang der Hauptschlagader (Aorta) aus der linken Herzkammer. Mit jeder Kontraktion des Herzmuskels wird eine bestimmte Menge Blut durch die Aorta, durch die von ihr abgehenden großen Arterien sowie durch die Arteriolen bis hin zu den arteriellen Kapillaren gepresst. **Das arterielle Blut ist mit Sauerstoff gesättigt und hat daher eine hellrote Farbe.**

Die arteriellen Kapillaren gehen in die venösen Kapillaren über. In diesem arteriell-venösen Kapillarnetz findet der Stoffaustausch (Sauerstoff, Nährstoffe, Abfallstoffe) statt. Das venöse, sauerstoffarme Blut wird über die Venolen und Venen sowie schließlich über die untere und obere Hohlvene zum rechten Vorhof des Herzens zurücktransportiert. **Das venöse Blut ist sauerstoffarm und hat daher eine dunkelrote Farbe.**

> **? Körperkreislauf**
> Im Körperkreislauf wird sauerstoffreiches Blut über die Arterien vom Herzen weg und sauerstoffarmes Blut über die Venen zum Herzen zurück transportiert.

5.3.2 Lungenkreislauf

Der Lungenkreislauf wird auch als **kleiner Kreislauf** bezeichnet, da der Weg, den das Blut in diesem Kreislauf zurücklegen muss, wesentlich kleiner ist, als beim Körperkreislauf.

Der Lungenkreislauf beginnt an der rechten Herzkammer. Von dort wird sauerstoffarmes Blut über die Lungenschlagader mit jeder Kontraktion des Herzmuskels (Herzschlag) in die Lunge gepresst. In der Lunge verzweigt sich die Lungenschlagader in immer feinere Arterien und Arteriolen bis hin zu den arteriellen Kapillaren, die um die einzelnen Lungenbläschen (Alveolen, siehe Kap. Lunge) liegen. Auch hier schließen sich an die arteriellen Kapillaren die venösen Lungenkapillaren an. In diesem Kapillarnetz findet der Gasaustausch statt. Dabei wird Kohlendioxid von den arteriellen Kapillaren an die Alveolen abgegeben (und abgeatmet) sowie Sauerstoff von den venösen Kapillaren aufgenommen.

Das nun sauerstoffreiche Blut fließt von den venösen Kapillaren über die Venolen und Lungenvenen zum linken Vorhof des Herzens zurück.

Lungenkreislauf

Im Lungenkreislauf wird sauerstoffarmes Blut über die Arterien vom Herzen weg und sauerstoffreiches Blut über die Venen zum Herzen zurück transportiert.

5.3.3 Pfortaderkreislauf

Die **Pfortader** liegt im Bauchraum. Sie sammelt das Blut aus den unpaaren Bauchorganen (Magen, Dünndarm, Dickdarm, Teile des Mastdarms, Bauchspeicheldrüse, Milz) und transportiert es zur Leber. Das Blut der Pfortader ist sauerstoffarm und (nach Aufnahme von Futter) reich an Nährstoffen.

Die Aufgabe der Pfortader ist es, der Leber direkt die im Darm aufgenommenen Nährstoffe sowie Fremdstoffe zuzuführen. Die Nährstoffe werden verwertet, den Körperzellen zur Verfügung gestellt oder in der Leber bis zum Bedarf gespeichert. Fremdstoffe (z. B. Gifte, Medikamente) werden in der Leber abgebaut, bevor sie in den Körperkreislauf gelangen.

5.3.4 Fetaler Kreislauf

Vor der Geburt erhält der Fötus (Fötus = Embryo ab Ausbildung der inneren Organe) alle Nährstoffe und Sauerstoff über die Nabelvene aus dem mütterlichen Blut. Das Blut fließt über die Nabelvene von der Plazenta (Mutterkuchen) in den Körper des Fötus. Dort wird es durch Kurzschlussverbindungen an den Lungen und der Leber des Fötus vorbeigeleitet.

Die rechte und linke Herzhälfte sind durch eine Öffnung (Foramen ovale) in der Herzscheidewand der Herzvorhöfe miteinander verbunden. Ebenso sind die Hauptschlagader (Aorta) und die Lungenschlagader (Truncus pulmonalis) durch eine Lücke miteinander vereint. Das Blut, das aus dem großen Körperkreislauf in den rechten Vorhof gelangt, fließt über das Foramen ovale und die Lücke der beiden großen Gefäße direkt in die linke Herzhälfte und von dort wieder zurück in den Körperkreislauf. Damit werden die Lungen des Fötus, der im Mutterleib ja noch nicht atmet, umgangen. Die Sättigung des fetalen Blutes mit Sauerstoff erfolgt über die Nabelvene durch sauerstoffreiches mütterliches Blut.

Nach der Geburt verschließen sich normalerweise die beiden Öffnungen. Das Blut fließt nun aus der rechten Herzkammer in den Lungenkreislauf und wird in den Lungen mit Sauerstoff angereichert.

5.4 Untersuchungsmethoden

5.4.1 Kapillarfüllungszeit

An den Schleimhäuten der Augenbindehaut und Mundhöhle (Zahnfleisch) kann man den Zustand des Kreislaufes beurteilen. Sie sind normalerweise blassrosa. Bei einem schwachen Kreislauf, im Schock (absolutes Kreislaufversagen, siehe Kap. Notfallmanagement) sind sie blass bis porzellanweiß.

Eine wichtige Information liefert auch die **Kapillarfüllungszeit** (KFZ). Um sie zu ermitteln, drückt man mit dem Finger (an einer

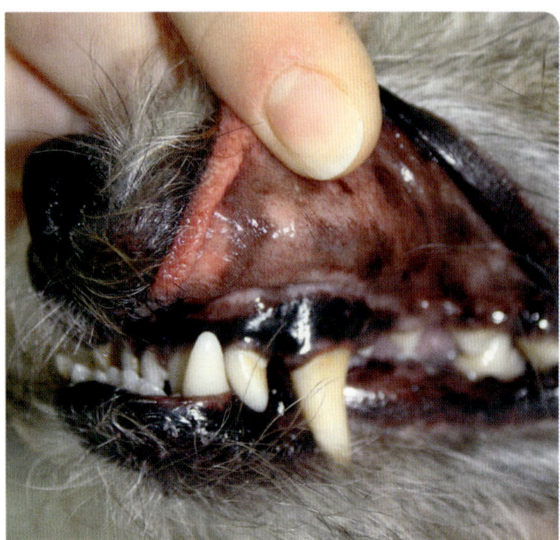

Durch Druck auf das Zahnfleisch lässt sich die Kapillarfüllungszeit bestimmen.

unpigmentierten Stelle) auf das Zahnfleisch und lässt gleich wieder los. An der Druckstelle wird das Zahnfleisch zunächst weiß und färbt sich nach 1–2 Sekunden (wenn das abgepresste Blut wieder in die Kapillaren der Schleimhaut zurückfließt) wieder rosa. Dauert die KFZ länger (>2 Sekunden), ist dies ein Zeichen für ein möglicherweise ernstzunehmendes Kreislaufproblem.

5.4.2 Pulsmessung

Mit jedem Herzschlag wird eine ganz bestimmte Menge Blut in das arterielle Blutgefäßsystem gepresst. Dadurch entsteht eine Pulswelle, die sich bis in die Peripherie fortsetzt. Bei Hund und Katze wird der Puls an der Arteria femoralis palpiert (ertastet). Durch die Palpation erhält man v. a. Informationen über die vom Herzen ausgetriebene Blutmenge pro Herzschlag, d. h. über die Kraft, mit der das Herz arbeitet, sowie die Leitungsfähigkeit der Arterien. Der Puls wird auf Gleichmäßigkeit, Rhythmus, Amplitude (maximale Ausschlaggröße), eventueller Ausfall (z. B. bei krankhaften Herzrhythmusstörungen) und Frequenz hin beurteilt.

Bei Heimtieren (Meerschweinchen und Kaninchen) wird die Pulskontrolle in der Praxis zur Diagnostik nur selten durchgeführt. Meist ist die Herzfrequenz (v. a. durch die Aufregung aufgrund der Untersuchung) für eine exakte Beurteilung zu hoch. Bei Kleinsäugern und Vögeln ist die Beurteilung des Pulses nicht möglich.

5.4.3 Untersuchung des Herzens

Die Untersuchung des Herzen erfolgt durch Auskultation (Abhören), Röntgen und Herzultraschalluntersuchung (Echokardiografie), Elektrokardiogramm (EKG) und Blutuntersuchung (Nt-pro BNP-Nachweis = Nachweis eines Eiweißspaltproduktes im Blut). Die einzelnen Verfahren werden im Kapitel 4 (Herz) ausführlich beschrieben.

5.4.4 Ultraschall-Doppler-Untersuchung

Die Ultraschall-Doppler-Untersuchung (auch als Dopplersonographie bezeichnet) ist eine schmerzlose Methode, um die Fließgeschwindigkeit des Blutes in den Gefäßen (Arterien und Venen) zu beurteilen. Dazu werden über einen möglichst kleinen Schallkopf Ultraschallwellen durch die Haut ins Gewebe geschickt und die von den Blutzellen zurückgeworfenen Echosignale registriert, auf einem Bildschirm sichtbar gemacht und ausgewertet. Durch dieses Verfahren lassen sich der Verlauf der Gefäße, Gefäßverengungen, Gefäßerweiterungen (z. B. Aneurysmen) Fließwiderstände (z. B. durch ein Blutgerinnsel) sowie die Schließfähigkeit der Venenklappen in den Venen beurteilen.

5.4.5 Computertomographie

Durch Verbesserung der Technik ist es heute auch möglich, Gefäße durch Computertomographie (CT) so darzustellen, dass eine Beurteilung hinsichtlich krankhafter Veränderungen gewährleistet ist.

5.4.6. Magnetresonanztomographie

Auch die Magnetresonanztomographie (MRT, Kernspintomographie) ist zur Darstellung v. a. von Schlagadern (Arterien) hervorragend geeignet. Dieses Verfahren kann , wie die Computertomographie, meist nur in größeren Tierkliniken durchgeführt werden.

5.4.7 Angiographie

Unter Angiographie versteht man die Darstellung von Blutgefäßen mit Hilfe bildgebender Verfahren (z. B. Röntgen). Dazu wird zunächst ein **Kontrastmittel** in ein Blutgefäß injiziert und anschließend der Bereich, in dem sich das Kontrastmittel in den Aufzweigungen des Gefäßes verteilt hat, geröntgt. Auf diese Weise können Verengungen, Erweiterungen und anomale Verläufe von Gefäßen gut dargestellt werden.

Die Angiographie wird in der Tiermedizin nur noch selten durchgeführt. Sie wurde durch modernere Verfahren (z. B. Ultraschall-Doppler-Untersuchung, CT, MRT) verdrängt.

5.5 Fachbegriffe zum Thema Kreislauf und Gefäße

Arterien = Schlagadern (transportieren sauerstoffreiches Blut)

Venen = Blutadern (transportieren sauerstoffarmes Blut)

Kapillaren = kleinste Blutgefäße

Arteriolen = kleine Schlagadern

Venolen = kleine Blutadern

Ultraschall-Doppler-Untersuchung = Methode, um die Fließgeschwindigkeit des Blutes zu messen

Angiographie = Methode zur Darstellung von Blutgefäßen durch bildgebende Verfahren mithilfe eines Kontrastmittels

6 Blut

Das Blut ist eine (mit dem bloßen Auge scheinbar homogene) Flüssigkeit, die aus zwei Komponenten besteht, dem **Blutplasma** und den **Blutzellen**.

Blutplasma

Das Blutplasma (auch „Blutwasser“ oder Blutflüssigkeit genannt) ist der flüssige Teil des Blutes, in dem die Blutzellen schwimmen.

Blutzellen

Die Blutzellen werden in drei Arten unterteilt:

- Rote Blutkörperchen (Erythrozyten)
- Weiße Blutkörperkörperchen (Leukozyten)
- Blutplättchen (Thrombozyten)

Die **Gesamtblutmenge** beträgt bei Säugetieren 1/13 bis 1/14 des Körpergewichts. Das entspricht etwa 7 – 7,5 % des Körpergewichts. Ein 40 kg schwerer Hund hat etwa 3 Liter und ein Wellensittich mit 30 g Körpergewicht etwa 2 ml Blut.

Das Blut zirkuliert in den Blutgefäßen (und in den Hohlräumen des Herzens). Zusätzlich gibt es Blutreserven in Milz und Leber, die bei erhöhtem Bedarf (z. B. bei körperlicher Anstrengung oder Blutverlust) mobilisiert werden können.

6.1 Blutplasma

Das Blutplasma(auch nur Plasma genannt) ist der flüssige Anteil des Blutes ohne Blutzellen. Es besteht zu 80 % aus Wasser. Den Rest (20 %) bilden Fibrinogen, Bluteiweiße, Elektrolyte, Nähr- und Aufbaustoffe sowie Hormone und Enzyme.

Fibrinogen

Fibrinogen gehört zu den **Gerinnungsfaktoren**, die dafür sorgen, dass das Blut, z. B. bei einer Verletzung, gerinnt und der Körper nicht verblutet.

Bluteiweiße

Die Bluteiweiße = Plasmaproteine (Albumine, Globuline) erfüllen vielfältige Aufgaben:

- Sie binden das Wasser in den Blutgefäßen.
- Ein Teil der Bluteiweiße (Gammaglobuline = Immunglobuline) sind Bestandteil der körpereigenen Abwehr.
- Sie sind Trägerstoffe für viele lebenswichtige Substanzen wie z. B. Hormone, Enzyme oder auch Medikamente.

Elektrolyte

Elektrolyte sind in Wasser gelöste organische Salze (z. B. Natrium = Na^+, Kalium = K^+, Kalzium = Ca^{++}, Magnesium = Mg^{++}, Chlorid = Cl^-, Phosphat = PO_4^-, Bicarbonat = HCO_3^-), die in Form elektrisch geladener Teilchen (Ionen) im Plasma vorkommen.

Nährstoffe

Fette, Eiweiße und Zucker in ihrer einfachsten Form (Fettsäuren, Aminosäuren, Glukose) sowie Vitamine und Spurenelemente (z. B. Eisen, Kobalt) werden im Blutplasma transportiert.

Abbaustoffe

Viele Abbauprodukte aus dem Stoffwechsel (z. B. Harnstoff aus dem Eiweißstoffwechsel) sowie von Medikamenten oder Giften werden im Blutplasma zum Darm oder in die Niere gebracht. Von dort werden sie aus dem Körper ausgeschieden.

Hormone und Enzyme
Hormone und Enzyme werden teilweise an Bluteiweiße und teilweise frei im Blutplasma transportiert.

Blutplasma enthält:

- Fibrinogen
- Bluteiweiße (Plasmaproteine)
- Elektrolyte
- Nährstoffe
- Abbaustoffe
- Hormone und Enzyme

6.2 Blutzellen

6.2.1 Bildung der Blutzellen

Der Hauptbildungsort der Blutzellen ist das rote Knochenmark. Alle Blutzellen (rote und weiße Blutkörperchen, Blutplättchen) entwickeln sich im **Knochenmark** aus **undifferenzierten Stammzellen** über verschiedene Reifestadien zu den reifen Zellen, die ins Blut abgegeben werden. Dabei bilden die Lymphozyten (eine Untergruppe der weißen Blutkörperchen, die für die Immunabwehr verantwortlich ist) eine Ausnahme. Ihre Stammzellen werden zwar ebenfalls im Knochenmark gebildet. Danach wandern diese jedoch aus dem Knochenmark in die lymphatischen Organe (Mandeln, Milz, Lymphknoten und Thymus) ein. Erst dort reifen sie zu ihrer endgültigen Form heran. In den lymphatischen Organen werden die Lymphozyten zudem geprägt, d. h. sie lernen, welche Stoffe zum Organismus gehören und welche als feindlich einzustufen sind und angegriffen werden dürfen. Somit könnte man die lymphatischen Organe auch als „Schule der Lymphozyten" bezeichnen. Wenn die Lymphozyten die „Schule" erfolgreich abgeschlossen haben, werden sie als reife Abwehrzellen in die Blutbahn abgegeben.

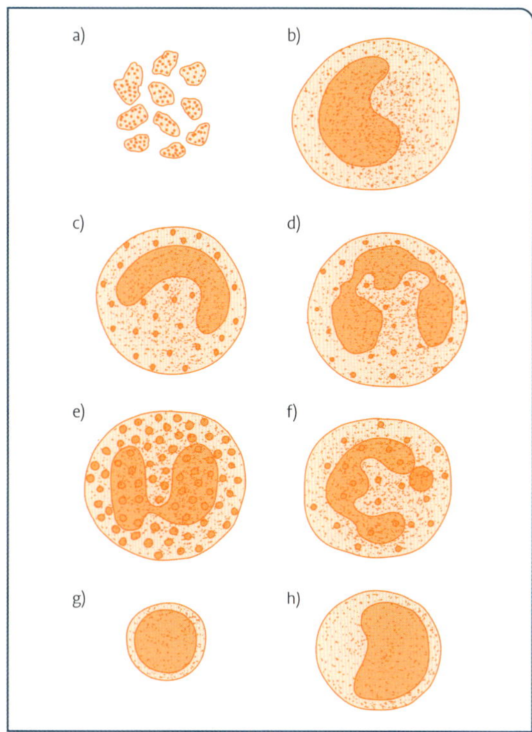

Bildung von Blutzellen: a) Thrombozyten, b) Monozyten, c) junger stabförmiger Granulozyt, d) ausgereifter segementförmiger neutrophiler Granulozyt, e) eosinophiler Granulozyt, f) basophiler Granulozyt, g) Lymphozyt.

Rotes Knochenmark ist bei erwachsenen (adulten) Tieren hauptsächlich in den platten Knochen (z. B. Schädelknochen, Beckenknochen, Rippen, Brustbein) sowie in kurzen Knochen (z. B. Fußwurzelknochen, Wirbel) enthalten. Bei Neugeborenen und Jungtieren bis zur Geschlechtsreife ist auch der Schaft der Röhrenknochen (z. B. Oberschenkel- und Unterschenkelknochen) noch vorwiegend mit rotem Knochenmark gefüllt. Nach der Geschlechtsreife wandelt sich das rote Knochenmark in den Röhrenknochen nach und nach in gelbliches Fettmark um.

6.2.2 Rote Blutkörperchen

Form der roten Blutkörperchen

Die roten Blutkörperchen (Erythrozyten) sind runde, beidseitig eingedellte (bikonkave) scheibenförmige Zellen, die sich leicht verformen können. In ihrem Innern enthalten sie den roten Blutfarbstoff (Hämoglobin), der dem Blut seine charakteristische Farbe gibt. Er besteht aus speziellen Eiweißen (Globin) und Eisen. Damit der Blutfarbstoff nicht aus den Blutzellen austreten kann, sind die Erythrozyten von einem feinen Häutchen (Zellmembran) umgeben.

Die Erythrozyten von Säugetieren haben keinen Zellkern. Die roten Blutkörperchen von Vögeln haben eine ovale Form und besitzen im Gegensatz zu den Erythrozyten der Säugetiere einen Zellkern.

Aufgabe der Erythrozyten

Durch das Hämoglobin gebunden wird der Sauerstoff von der Lunge zu den Körperzellen und Kohlendioxid (Abbauprodukt aus dem Zellstoffwechsel) von den Zellen zur Lunge transportiert.

Bildung der Erythrozyten

Die Entwicklung der Erythrozyten aus den undifferenzierten Stammzellen wird **Erythropoese** genannt.

Die Stammzellen entwickeln sich zunächst zu Proerythroblasten, weiter zum Erythroblasten und diese wiederum zu Normoblasten. Bis zu dieser Entwicklungsstufe besitzen die Zellen noch einen Zellkern. Die Normoblasten stoßen den Zellkern ab und treten ins Blut über. Diese „jungen", noch unreifen kernlosen Zellen werden Retikulozyten genannt. Retikulozyten sind die unmittelbaren Vorstufen der reifen Erythrozyten.

Die Entwicklung der Erythrozyten aus den Stammzellen wird durch das Enzym **Erythropoetin** stimuliert. Erythropoetin wird in den Nieren gebildet und von dort über das Blut ins rote Knochenmark (Bildungsstätte der Blutkörperchen) transportiert.

Retikulozyten sind im Labor durch eine spezielle Anfärbung des Blutausstriches leicht von reifen Erythrozyten zu unterscheiden. Ihre Anzahl im Blut gibt Auskunft darüber, ob und wie effektiv die Neubildung der roten Blutkörperchen erfolgt.

Lebensdauer der Erythrozyten

Die Lebensdauer von Erythrozyten ist tierartlich unterschiedlich (z. B. beim Hund ca. 120 Tage, bei der Katze 70 Tage). Im Durchschnitt beträgt sie 100 Tagen.

Abbau der Erythrozyten

Die Erythrozyten werden in der Milz und in der Leber abgebaut, wobei das Eisen und der Eiweißanteil (Globin) des Hämoglobins (roter Blutfarbstoff) gespeichert und „recycelt" (wiederverwertet) werden. Das Eisen wird zum Aufbau neuer Erythrozyten und das Eiweiß zum Aufbau neuer Bluteiweiße verwendet. Der ständige Wechsel zwischen Neubildung und Abbau der roten Blutkörperchen wird auch als „Blut-Mauserung" bezeichnet.

6.2.3 Weiße Blutkörperchen

Form der weißen Blutkörperchen

Die weißen Blutkörperchen (Leukozyten) sind Blutzellen, die im Gegensatz zu den Erythrozyten mit einem Zellkern ausgestattet sind. Anhand der Größe, Form und Funktion werden die weißen Blutkörperchen eingeteilt in:

- Granulozyten
- Lymphozyten
- Monozyten

Granulozyten

Der Name Granulozyt bedeutet soviel wie „Körnchenzelle". Im Innern der Zellen findet man eine feine Körnung (Granula), wodurch sie unter dem Mikroskop (in einem Blutausstrich) gut von anderen Blutzellen zu unterscheiden sind.

Blutzellen können im Blutausstrich (auf dem Objektträger) zur besseren Unterscheidung im Labor mit Hilfe von sauren oder basischen Farbstoffen angefärbt werden. Saure Farbstoffe (z. B. Eosin) ergeben eine rötliche, basische (z. B. Methylenblau) Farbstoffe eine bläuliche Färbung.

Je nachdem, in welcher Farbe sich die Granulozyten anfärben lassen, werden sie in drei Gruppen untergliedert:

- **Neutrophile Granulozyten**
  Sie lassen sich sowohl mit sauren und als auch mit basischen Farbstoffen anfärben und erhalten dadurch eine Eigenfärbung. Ca. 70 % aller Leukozyten gehören zu dieser Untergruppe. Die überaus beweglichen neutrophilen Granulozyten phagozytieren (griech. phagein = fressen, cytos = Zelle) Krankheitserreger (z. B. Bakterien). Sie lagern sich um die Eindringlinge, verleiben sie sich ein und lösen sie mit Hilfe von Zellenzymen auf. Daher werden sie auch als kleine Fresszellen (Mikrophagen) oder als „Polizei des Körpers" bezeichnet. Junge, d. h., im Knochenmark gerade erst neu gebildete, neutrophile Granulozyten haben einen stabförmigen Kern. Man nennt sie daher auch **stabkernige neutrophile Granulozyten**. Mit zunehmender Reifung wird der Zellkern in kleinere Abschnitte unterteilt (segmentiert). Ältere neutrophile Granulozyten werden daher als **segmentkernige neutrophile Granulozyten** bezeichnet. Treten im Blut vermehrt stabkernige, d. h. noch junge neutrophile Granulozyten auf, spricht man von einer **Linksverschiebung des Blutbildes**. Eine Linksverschiebung ist ein deutliches Zeichen dafür, dass eine akute Infektionskrankheit (verursacht z. B. durch Viren oder Bakterien) vorliegt. Es werden vermehrt neutrophile Granulozyten im roten Knochenmark gebildet, um die körpereigene Abwehr im Kampf gegen die Eindringlinge zu verstärken.
- **Eosinophile Granulozyten**
  Sie lassen sich durch saure Farbstoffe wie z. B. Eosin **rötlich** anfärben. Etwa 1 – 4 % aller Leukozyten sind eosinophile Granulozyten. Eosinophile Granulozyten sind ebenfalls Fresszellen, die sich auf die Phagozytose von Immunkomplexen (Zusammenschluss von Krankheitserregern mit Antikörpern) spezialisiert haben. Sie treten vermehrt bei **allergischen** Krankheitsprozessen auf. Zusätzlich findet man eine Vermehrung der eosinophilen Granulozyten im Blut bei **Infektionen mit Parasiten** (z. B. Wurmbefall).
- **Basophile Granolozyten**
  Basophile Granulozyten machen nur 1 % der Gesamtleukozytenmenge im Blut aus. Sie lassen sich im Blutausstrich durch basische Farbstoffe **bläulich** anfärben. Im Gegensatz zu den neutrophilen und eosinophilen Granulozyten sind sie keine Fresszellen. Sie unterstützen die Phagozytose der anderen Granulozyten, indem sie die Oberflächenstruktur von Krankheitserregern und Immunkomplexen u. a. durch die Ausschüttung von Histamin (einem Gewebshormon) so beschädigen, dass sie von den Fresszellen aufgenommen werden können.

Lymphozyten

Nur eine geringe Anzahl der Lymphozyten befindet sich im Blut. Der größere Teil hält sich in den Lymphgefäßen, den lymphatischen Organen, im Knochenmark und in anderen Körpergeweben auf.

Man unterscheidet:

- **B-Lymphozyten**
  B-Lymphozyten (B – Zellen)sind Abwehrzellen des **spezifischen Immunsystems**. Sie produzieren Antikörper, die sich gezielt gegen einen speziellen Krankheitserreger (z. B. gegen ein Staupevirus) richten. Ei-

nige Lymphozyten speichern nach Kontakt mit dem Erreger die Informationen über ihn und werden damit zu Gedächtniszellen (Memoryzellen). Bei einem erneuten Zusammentreffen mit dem krankmachenden Feind vermehren sich diese Gedächtniszellen. Dadurch werden wesentlich schneller Antikörper gegen den speziellen Feind produziert, als beim ersten Kontakt. Dieses Phänomen macht man sich bei der Impfung zu Nutze. Man injiziert dem Tier (oder Menschen) einen in seiner Wirkung abgeschwächten oder abgetöteten Krankheitserreger, manchmal auch nur Teile von ihm. Damit kann sich das Immunsystem auseinandersetzen, ohne zu erkranken. Die Lymphozyten produzieren daraufhin spezifische Antikörper gegen den Impferreger und speichern die Information. Bei Kontakt mit der virulenten (gefährlichen) Form des Krankheitskeims erinnern sich die Memoryzellen und vermehren sich ohne Verzögerung. Der Eindringling wird nun, bevor er sich im Körper vermehren und größeren Schaden anrichten kann, durch die spezifisch gegen ihn gerichteten Antikörper sehr schnell unschädlich gemacht.

- **T-Lymphozyten**
  T-Lymphozyten (T-Zellen) sind Abwehrzellen des **unspezifischen Immunsystems**. Sie produzieren Substanzen, die andere Abwehrzellen (z. B. Granulozyten, Monozyten) zu einer vermehrten Tätigkeit anregen. Ihre Abwehr richtet sich nicht gegen einen speziellen Krankheitserreger, sondern gegen alle in den Körper eindringenden „Feinde" sowie gegen Krebszellen.

Monozyten
Monozyten sind die Größten unter den weißen Blutkörperchen. Sie vernichten schädigende Fremdkörper und Eindringlinge durch Phagozytose und werden daher als große Fresszellen (Makrophagen) bezeichnet.

Bildung der Leukozyten
Die Bildung der weißen Blutkörperchen wird als **Leukopoese** bezeichnet.

Im roten Knochenmark entstehen aus Stammzellen über mehrere Vorstufen die Granulozyten und die Monozyten und werden ins Blut abgegeben. Die Stammzellen der Lymphozyten wandern zu den lymphatischen Organen (Milz, Thymus, Lymphknoten). Dort werden sie geprägt und entwickeln sich weiter zu reifen Lymphozyten, die dann ebenfalls ins Blut gelangen.

Lebensdauer der Leukozyten
Die Lebensdauer der **Granulozyten** beträgt etwa 8 – 10 Tage.

Lymphozyten haben eine Lebensdauer von nur 1 – 2 Tagen mit Ausnahme der Gedächtniszellen, die mehrere Jahre leben können.

Monozyten zirkulieren nur wenige Tage im Blut. Danach wandern sie in verschiedene Körpergewebe ein und werden zu Gewebsfresszellen.

Abbau der Leukozyten
Alternde weiße Blutkörperchen werden in der Milz und in der Leber abgebaut.

6.2.4 Blutplättchen

Form der Thrombozyten
Blutplättchen (Thrombozyten) sind bei Säugetieren keine eigentlichen Zellen mehr, sondern lediglich Zellteile (Zellfragmente) ohne Zellkern. Die Thromobzyten der Vögel dagegen besitzen einen Zellkern. Sie haben eine spindelförmige Gestalt und werden aus diesem Grund auch als **Spindelzellen** bezeichnet.

Aufgabe der Thrombozyten
Die wichtigste Aufgabe der Thrombozyten ist die Blutstillung durch **Thrombozytenaggregation** (Zusammenballung mehrerer Thrombozyten). Dadurch werden Gefäßlöcher abgedichtet, sowie die Blutgerinnung durch

Freisetzung der in den Plättchen enthaltenen Gerinnungsfaktoren aktiviert.

Lebensdauer der Thrombozyten
Thrombozyten haben eine relativ kurze Lebensdauer von maximal 8 – 10 Tagen.

Abbau der Thrombozyten
Thrombozyten werden in der Milz und in der Leber abgebaut.

6.3 Physikalische Eigenschaften des Blutes

- Blut ist rot. Die rote Farbe entsteht durch den eisenhaltigen Blutfarbstoff Hämoglobin in den Erythrozyten.
- Blut ist klebrig. Die leicht klebrige Konsistenz rührt vom Eiweißgehalt (Globuline und Albumine) her.
- Blut schmeckt süßlich. Der etwas süßliche Geschmack des Blutes ist durch seinen Zuckergehalt zu erklären.
- Das Blut ist alkalisch. Der schwach alkalische pH-Wert des Blutes entsteht durch Bicarbonate, die als Puffer eine Übersäuerung des Körpers verhindern.

6.4 Aufgaben des Blutes

Das Blut hat vielfältige Aufgaben im Organismus:
- Transportfunktion
- Vermittlerfunktion
- Aufrechterhaltung der Körpertemperatur
- Abwehrfunktion
- Pufferfunktion
- Blutstillung und Blutgerinnung
- Aufrechterhaltung der Homöostase

Transportfunktion
Über das Blut werden Sauerstoff, Nährstoffe, Vitamine, Mineralstoffe im Körper verteilt und zu den Zellen gebracht, sowie Abbauprodukte aus dem Zellstoffwechsel (z. B. Harnstoff, Kreatinin und Kohlendioxid) zu den Ausscheidungsorganen (Darm, Nieren, Lunge) transportiert.

Vermittlerfunktion
Über chemische Botenstoffe (z. B. Hormone) im Blut können einzelne Organe miteinander kommunizieren und ihre Funktion aufeinander abstimmen. Zahlreiche Prozesse im Körper werden durch diese Botenstoffe gesteuert. Sie gelangen über den Blutweg an ihren Bestimmungsort.

Aufrechterhaltung der Körpertemperatur
Durch die Zirkulation des Blutes kann die bei Stoffwechselprozessen entstehende Wärme aus der Tiefe der Gewebe an die Körperoberfläche gebracht und von dort je nach Bedarf nach außen abgegeben werden. Bei Kälte können sich die Gefäße an der Körperoberfläche zusammenziehen und somit dafür sorgen, dass möglichst viel Wärme im Körper zurückbehalten wird. Bei hoher Außentemperatur stellen sich die peripheren Gefäße weit, wodurch vermehrt Wärme abgegeben werden kann.

Abwehrfunktion
Das Blut bringt die Abwehrzellen (Leukozyten) überall dorthin, wo Krankheitserreger bekämpft und Fremdstoffe beseitigt werden müssen.

Pufferfunktion
Das Blut enthält Substanzen mit Pufferfunktion (Bicarbonat). Ihre Funktion ist es, eine durch Atmung, Nahrungsaufnahme oder Stoffwechsel hervorgerufene Über- oder Untersäuerung des Körpers zu verhindern.

Blutstillung und Blutgerinnung
Die im Blut zirkulierenden Blutplättchen (Thrombozyten) und Gerinnungsfaktoren verhindern, dass es bei Verletzungen von Gefäßen zum Verbluten kommt.

Aufrechterhaltung der Homöostase

Hömöostase ist die Fähigkeit des Blutes, sich in einem stabilen Gleichgewicht zu halten. Durch eine bestimmte (relativ konstante) Konzentration von Bluteiweißen und Salzen im Blut wird Wasser in den Blutgefäßen gebunden und damit für ein Gleichgewicht sowohl zwischen dem Flüssigkeitsgehalt in den Gefäßen als auch im Körpergewebe gesorgt.

Die Eigenschaft des Blutes, Wasser aus dem Körpergewebe durch die Gefäßwand hindurch bis zu einem konstanten

Gleichgewicht in die Blutgefäße hinein zu ziehen und dort zurückzuhalten, wird **osmotischer Druck** genannt.

Beachte

Infusionslösungen müssen den gleichen osmotischen Druck wie das Blut aufweisen, damit sie das Gleichgewicht nicht stören. Flüssigkeiten mit demselben osmotischen Druck wie das Blut werden als **isotonisch** (z. B. isotonische Kochsalzlösung) bezeichnet.

6.5 Blutgruppen

Bluttransfusionen (intravenöse Infusion von Fremdblut), die in der Humanmedizin seit langem zur Routinebehandlung von Patienten mit Blutmangel gehören, erlangen auch in der Tiermedizin immer größere Bedeutung. Doch genau wie beim Menschen muss auch bei Tieren bei der Auswahl des Blutspenders auf die Blutgruppen geachtet werden. Es darf nur blutgruppenverträgliches (kompatibles) Blut übertragen werden, um die sonst oft auftretenden lebensbedrohlichen Unverträglichkeitserscheinungen zu vermeiden.

Symptome einer Blutgruppenunverträglichkeit nach einer Bluttransfusion mit inkompatiblem Blut sind:

- Atemnot
- Erbrechen
- Speicheln
- Ruhelosigkeit
- Anfängliche Tachykardie (schneller Herzschlag), die später in Bradykardie (langsamer Herzschlag) übergeht.
- Schock
- Tod

Daher ist es wichtig, vor einer Transfusion die Spender- und Empfängerblutgruppe zu bestimmen. Hierzu stehen verschiedene Schnelltestverfahren zur Verfügung.

6.6 Blutstillung und Blutgerinnung

Blutgefäße können nicht nur durch äußere Einwirkungen, sondern auch durch innere Entzündungsvorgänge an der Gefäßwand verletzt und undicht werden. In beiden Fällen ist eine sofortige Reaktion des Körpers erforderlich. Um den Austritt von Blut zu stoppen und damit ein Verbluten zu verhindern, tritt das System der Blutstillung und Blutgerinnung in Aktion.

Um eine Blutung zu stillen, reagiert der Körper in drei nacheinander folgenden Schritten: Gefäßreaktion, Zusammenballung der Blutplättchen, Blutgerinnung

Gefäßreaktionen

Wenn ein Blutgefäß verletzt wird, zieht es sich reflexartig zusammen. Zusätzlich rollt sich die Innenhaut (Endothel) des Gefäßes ein und verklebt, so dass weniger Blut durch das geschädigte Gebiet hindurchfließen kann.

Zusammenballung der Blutplättchen

Thrombozyten aus dem Blut der verletzten Gefäße lagern sich an die Wundränder an und bilden innerhalb kurzer Zeit mit weiteren Thrombozyten einen Pfropf aus zusammengeballten Blutplättchen, der in Kombination mit den Gefäßreaktionen zu einer provisorischen Blutstillung führt.

Blutgerinnung
Eine dauerhafte Blutstillung wird durch die Blutgerinnung erzielt. Unter Blutgerinnung versteht man das Festwerden oder Stocken des Blutes. Zur Blutgerinnung werden Gerinnungsfaktoren benötigt. Gerinnungsfaktoren liegen im Blut, in den Gefäßwänden, in der Zwischenzellflüssigkeit sowie in den Thrombozyten vor. Sie werden mit den römischen Ziffern I bis XIII gekennzeichnet.

Hemmung der Blutgerinnung
Das Blut kann nur im flüssigen Zustand seine vielfältigen Aufgaben erfüllen. Um zu verhindern, dass es innerhalb intakter Blutgefäße gerinnt, befinden sich gerinnungshemmende Substanzen im Blut. Sie sorgen dafür, dass die Blutgerinnung nur an Verletzungsstellen abläuft.

Medikamente, die gerinnungshemmend wirken, werden auch in der Tiermedizin eingesetzt:

- Zur Vorbeugung gegen die Bildung von Blutgerinnseln (z. B. Acetylsalicylsäure = ASS)
- Zur Auflösung bereits bestehender Blutgerinnsel und Thromben (z. B. Heparin)
- Im Labor (z. B. Natriumzitrat, EDTA), um frisch entnommenes Blut für bestimmte Untersuchungen ungerinnbar zu machen.

6.7 Untersuchungsmethoden

Blutuntersuchungen können wichtige Hinweise auf das Vorliegen einer Erkrankung liefern, denn viele Krankheiten verändern die Anzahl der im Blut enthaltenen Zellen und gelösten Substanzen.

6.7.1 Blutbild

Die Anfertigung des Blutbildes ist eine der wichtigsten Standarduntersuchungen zur Erkennung von Gesundheitsstörungen. Es gibt Auskunft über die Art, Anzahl und Form der im Blut vorhandenen Zellen.

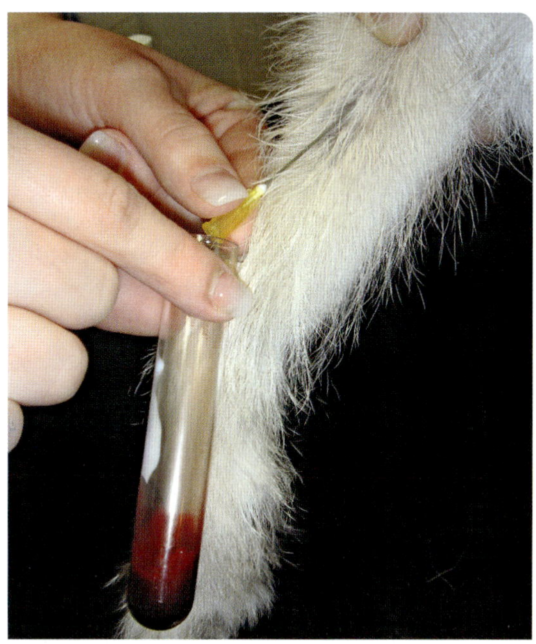

Blutabnahme.

Zur Erstellung eines Blutbildes wird Vollblut unmittelbar nach der Entnahme aus der Vene mit einer gerinnungshemmenden Substanz (meist EDTA) vermischt, auf einem Objektträger dünn ausgestrichen, getrocknet und mit Hilfe verschiedener Färbetechniken angefärbt. Die Auszählung der einzelnen Blutzellen erfolgt entweder mikroskopisch oder durch automatisierte Zählgeräte. Für die Beurteilung von Formveränderungen einzelner Zellen ist die Untersuchung des Ausstrichs unter einem Mikroskop erforderlich, da veränderte Zellen oft maschinell nicht richtig zugeordnet werden können.

- Man unterscheidet:
- Kleines Blutbild
- Differentialblutbild

Kleines Blutbild
Durch das kleine Blutbild werden die Menge der einzelnen Blutzellen (Leukozyten, Erythrozyten, Retikulozyten = junge rote Blutkör-

perchen, Thrombozyten), die Menge des Blutfarbstoffs (Hämoglobin) in den Erythrozyten sowie der Hämatokrit (Anzahl der Blutzellen am Gesamtblut) bestimmt.

Leukozyten (weiße Blutkörperchen)

- **Leukozytose** = Erhöhung der Leukozytenzahl im Blut. Die Leukozytenzahl ist in der Regel bei bakteriellen (durch Bakterien ausgelöste) Infektionen erhöht. Bei Katzen findet man in Stresssituationen (Blutabnahme!) häufig erhöhte Leukozytenwerte, ohne dass eine Erkrankung vorliegt.
- **Leukopenie** = Erniedrigung der Leukozytenzahl im Blut. Eine erniedrigte Leukozytenzahl im Blut findet man bei Virusinfektionen oder Vergiftungen.

Erythrozyten (rote Blutkörperchen)

- **Erythrozytose** = Erhöhung der Erythrozytenzahl im Blut. Die Anzahl der Erythrozyten im Blut ist bei längerem Aufenthalt in großen Höhen (z. B. im Gebirge) erhöht. Durch den geringeren Sauerstoffgehalt wird der Körper zu vermehrter Erythrozytenbildung angeregt, um trotz des relativen Sauerstoffmangels in der Höhenluft die Körperzellen ausreichend mit Sauerstoff versorgen zu können. Diesen Effekt machen sich viele Leistungssportler zu Nutze. Sie trainieren im Gebirge, damit durch den dort bestehenden verminderten Sauerstoffgehalt in der Luft vermehrt Erythrozyten gebildet werden. Beim Wettkampf in der Ebene kann nun durch die hohe Erythrozytenzahl und den in der Ebene höheren Sauerstoffgehalt in der Luft mehr Sauerstoff im Blut zu den Muskelzellen transportiert werden, wodurch eine Leistungssteigerung erzielt wird. Eine vermehrte Anzahl von Erythrozyten im Blut kann jedoch auch auf eine krankhafte Veränderung des Knochenmarks mit verstärkter Bildung roter Blutkörperchen hindeuten.
- **Anämie** = Verminderte Anzahl von Erythrozyten im Blut. Eine Erniedrigung der Erythrozytenzahl kann durch Blutverlust, Zerstörung (Hämolyse) der Erythrozyten (z. B. bei Vergiftungen) oder durch eine verminderte Bildung von Erythrozyten im Knochenmark verursacht werden.

Retikulozyten (Vorläuferzellen der Erythrozyten)

Retikulozyten sind die Vorläuferzellen der Erythrozyten (junge Erythrozyten). Eine Erhöhung der Retikulozytenzahl im Blut ist ein Zeichen für eine verstärkte Blutneubildung (z. B. nach einem größeren Blutverlust). Bei einer bestehenden Anämie zeigt eine Erhöhung der Retikulozytenzahl an, dass die Anämie rückläufig ist, d. h. eine Heilung erfolgt.

Thrombozyten (Blutplättchen)

- **Thrombozytose** = Vermehrung der Thrombozyten im Blut. Eine deutliche Vermehrung der Blutplättchen deutet auf eine Knochenmarkserkrankung hin. Geringgradige Erhöhungen findet man nach körperlicher Anstrengung und Stress.
- **Thrombozytopenie** = Verminderung der Thrombozyten im Blut. Eine Verminderung der Thrombozyten im Blut findet man durch verstärkten Verbrauch nach starken Blutungen oder entzündlichen Prozessen in den Blutgefäßen sowie bei verminderter Bildung im Knochenmark.

Hämoglobin (Roter Blutfarbstoff)

Der rote Blutfarbstoff bindet Sauerstoff, um ihn zu den Körperzellen zu transportieren. Die Konzentration des Hämoglobins in den Erythrozyten lässt auf die Art und Ursache einer Anämie schließen.

MCH (mittlerer korpuskulärer Hämoglobingehalt) – gibt den Hämoglobingehalt des einzelnen Erythrozyten an. Ist der Wert erniedrigt, handelt es sich um eine hypochrome Anämie, d. h. es ist zuwenig Blut-

farbstoff in den Erythrozyten enthalten. Ist der Wert erhöht, handelt es sich um eine hyperchrome Anämie, d. h. es ist zuviel Hämoglobin in den Erythrozyten enthalten.
MCV (mittleres korpuskuläres Volumen) – gibt das Volumen (räumliche Inhalt) des einzelnen Erythrozyten an. Ist der Wert erniedrigt, handelt es sich um eine mikrozytäre Anämie, d. h. die Erythrozyten sind zu klein (z. B. bei Eisenmangel). Ist der MCV-Wert erhöht, handelt es sich um eine makrozytäre Anämie d. h. die Erythozyten sind zu groß (z. B. bei Vitamin B12 Mangel).
MCHC (Mittlere korpuskuläre Hämoglobinkonzentration) – gibt den Anteil des Hämoglobins am Gesamtvolumen der Erythrozyten an.
Hämatokrit (Hkt) – gibt den Anteil der Erythrozyten am Gesamtblut in Prozenten an. Der Hämatokrit ist bei Flüssigkeitsverlust („Austrocknung“, z. B. bei chronischem Nierenversagen, Erbrechen, Durchfall) oder bei zu geringer Wasseraufnahme erhöht.

Der Hkt ist z. B. bei Zerstörung der Erythrozyten (Hämolyse) oder verminderter Neubildung von Erythrozyten im Knochenmark erniedrigt.

6.7.2 Differentialblutbild

Durch das Differentialblutbild werden die Leukozyten in ihre verschiedenen Untergruppen aufgeschlüsselt und die Anzahl sowie die Beschaffenheit der jeweiligen Zellarten beurteilt.

Das Differentialblutbild beinhaltet:

- Stabkernige neutrophile Granulozyten
- Segmentkernige neutrophile Granulozyten
- Eosinophile Granulozyten
- Basophile Granulozyten
- Lymphozyten
- Monozyten

6.7.3 Nachweis von Blutgerinnungsstörungen

Zum Nachweis von Blutgerinnungsstörungen werden drei Verfahren eingesetzt:

- Quick-Test
- Partielle Thromboplastinzeit
- Thrombinzeit

Quick-Test (Thromboplastinzeit, TPZ, Prothrombinzeit)

Der Test erhielt seinen Namen durch den amerikanischen Arzt Armand James Quick, der ihn erstmals durchführte.

Durch den Quick-Test wird die Blutgerinnungszeit, d. h. die Zeit vom ersten Auftreten der Blutung bis zum Stocken des Blutes, bestimmt. Der Quick-Test wird in der Tiermedizin u. A. eingesetzt, um eine Cumarinvergiftung (Rattengift) zu diagnostizieren. Es ist das am häufigsten verwendete Verfahren zum Nachweis von Blutgerinnungsstörungen.

Partielle Thromboplastinzeit (PTT)

Dieser Test wird zum Nachweis von Blutgerinnungsstörungen verwendet, die aufgrund eines angeborenen Mangels an bestimmten Gerinnungsfaktoren (z. B. Faktor VIII und IX) verursacht werden.

Thrombinzeit (TZ)

Die Bestimmung der Thrombinzeit wird u. a. zur Überwachung einer Heparintherapie (Heparin = ein Medikament, das z. B. zur Auflösung eines Blutpfropfs in einem Blutgefäß eingesetzt wird) verwendet. In der Tiermedizin wird dieser Test selten angewandt.

6.7.4 Untersuchung der Blutflüssigkeit

Nicht nur die Art, Anzahl und Form der Blutzellen, sondern auch die Beschaffenheit der Blutflüssigkeit (Serum, Plasma) lässt Rückschlüsse auf den Gesundheitszustand eines Patienten zu.

In der Blutflüssigkeit sind u. a. Enzyme (z. B. Leberenzyme), Elektrolyte (z. B. Natrium, Chlorid, Kalium, Kalzium, Magnesium, Phosphat), Nährstoffe (z. B. Fette, Eiweiße, Zucker), Hormone (z. B. Schilddrüsenhormone), Abbauprodukte (z. B. Harnstoff) und Antikörper gegen Viren und Bakterien enthalten, die durch spezielle Laborverfahren nachgewiesen werden können. Für die meisten Untersuchungen wird Blutserum verwendet. Für einige wenige benötigt man Blutplasma.

Blutplasma = Blutflüssigkeit ohne Blutzellen.

Blutserum = Blutflüssigkeit ohne Blutzellen und ohne Gerinnungsfaktoren.

6.7.5 Blutkultur

Verschiedene Krankheitserreger (z. B. Viren, Pilze, Bakterien) sind in der akuten Phase einer Infektionskrankheit im Blut direkt nachweisbar. Man kann jedoch einem Lebewesen, ohne ihm damit zu schaden, nur eine begrenzte Menge Blut zur Untersuchung abnehmen. In dieser kleinen Blutmenge sind die Erreger in den meisten Fällen nur in so geringer Anzahl vorhanden, dass es für eine genaue Differenzierung nicht ausreicht. Aus diesem Grund müssen sie vermehrt werden. Bakterien und Pilze werden auf speziellen Nährböden vermehrt, Viren auf Zellkulturen.

6.8 Fachbegriffe zum Thema Blut

Erythrozyten = rote Blutkörperchen
Leukozyten = weiße Blutkörperchen
Thrombozyten = Blutplättchen
Plasma = flüssiger Anteil des Blutes mit Gerinnungsfaktoren
Serum = flüssiger Anteil des Blutes ohne Gerinnungsfaktoren
Elektrolyte = organische Salze (z. B. Natrium, Kalzium, Kalium usw.)
Lymphozyten = Abwehrzellen
Monozyten = große Fresszellen
Leukopoese = Bildung der weißen Blutkörperchen
Erythropoese = Bildung der roten Blutkörperchen
Leukozytose = erhöhte Anzahl weißer Blutkörperchen im Blut
Leukopenie = verminderte Anzahl weißer Blutkörperchen im Blut
Anämie = verminderte Anzahl roter Blutkörperchen im Blut
Retikulozyten = Vorläuferzellen der roten Blutkörperchen
Thrombozytose = Vermehrung der Blutplättchen im Blut
Thrombozytopenie = Verminderung der Thrombozyten im Blut
Hämoglobin = roter Blutfarbstoff

7 Das lymphatische System

Das lymphatische System ist ein verzweigtes Netzwerk, das sich aus **lymphatischen Organen**, dem **Lymphgefäßsystem** und der **Lymphflüssigkeit** zusammensetzt. Es bildet einen Teil des Immunsystems.

Teile des lymphatischen Systems
- Lymphatische Organe (schleimhautassoziiertes lymphatisches Gewebe, Milz, Thymus, Lymphknoten, Bursa fabricii bei Vögeln)
- Lymphgefäßsystem
- Lymphflüssigkeit

7.1 Lymphatische Organe

Zu den lymphatischen Organen gehören: **Schleimhautassoziiertes lymphatisches Gewebe, Milz, Thymus, Lymphknoten.** Bei Vögeln findet man die Bursa fabricii als spezielles lymphatisches Organ.

7.1.1 Schleimhautassoziiertes lymphatisches Gewebe

Als schleimhautassoziiertes lymphatisches Gewebe werden Solitärfollikel, Peyer-Platten und Mandeln zusammengefasst. Sie liegen in den Schleimhäuten des Körpers, daher die Bezeichnung „schleimhautassoziiert". Ihre Aufgabe ist die lokale Infektionsabwehr.

Solitärfollikel sind kugelige Kolonien von Lymphozyten. Sie liegen in den Schleimhäuten und können sich bei entzündlichen Prozessen so stark vergrößern, dass man sie mit bloßem Auge erkennen kann. Ein Beispiel sind die Follikel an der Innenseite des dritten Augenlides beim Hund. Sie können sich so stark vergrößern (Konjunktivitis follikularis des Hundes), dass sie die Augenhornhaut mechanisch reizen.

Peyer-Platten entstehen durch eine zusammenhängende Ansammlung vieler Lymphfollikel. Man findet sie im gesamten Dünndarm (vermehrt im hinteren Teil). Dort können sie (abhängig von der Größe der Tierart) bis zu mehrere Meter lange Gebilde formen. Peyer-Platten spielen bei der Infektionsabwehr im Darm eine wichtige Rolle.

Mandeln (z. B. Rachenmandeln, Unterzungenmandeln) bestehen aus lymphatischem Gewebe, das durch eine Bindegewebskapsel von der Umgebung abgegrenzt ist. Sie haben die Aufgabe, über den Mund- und die Nasenhöhle eindringende Infektionserreger abzufangen.

7.1.2 Milz

Die Milz ist ein weiches, schwammiges, sehr gut durchblutetes Organ, das im linken Oberbauch in der Nähe der großen Magenkrümmung liegt.

Hauptaufgaben der Milz
- **Infektionsabwehr**
  durch Phagozytose und Vermehrung von Lymphozyten
- **Beteiligung an der Bluterneuerung**
  durch Abbau überalterter roter Blutkörperchen
- **Speicherung von Blut**

7.1.3 Thymus

Der Thymus liegt im vorderen Bereich des Mittelfells (Mediastinum). Bei einigen Tierarten (z. B. Hund und Katze) findet man ihn weiter kaudal (schwanzwärts) in der Brusthöhle (Thorax). Man spricht bei dieser Lage vom thorakalen Typ. Bei anderen Tieren (z. B. Meerschweinchen, Vögel) ist das Organ ausschließlich im Halsbereich lokalisiert. Hier spricht man vom zervikalen Typ (zervikal = zum Hals gehörig).

Der Thymus ist eine Art „Schule" für die im Knochenmark gebildeten T-Lymphozyten. Hier werden sie „ausgebildet" und für ihre wichtige Aufgabe bei der Abwehr von Infektionskrankheiten vorbereitet. Im Thymus wird den zukünftigen Abwehrzellen „beigebracht", was körpereigenes (und zu schützendes) Gewebe und was Krankheitserreger sind. Die T-Lymphozyten werden damit im Thymus geprägt und wandern danach als kompetente Abwehrzellen in die peripheren lymphatischen Gewebe (z. B. Lymphknoten, Milz, Peyer-Platten, Mandeln) ein. Dort vermehren sie sich durch Zellteilung und geben die im Thymus erhaltenen Informationen auf die Tochterzellen weiter.

Da für den Körper am Anfang eines Lebens noch viele äußeren Einflüsse fremd sind und daher viele T-Lymphozyten geprägt werden müssen, um ein funktionstüchtiges Immunsystem aufzubauen, erreicht der Thymus in der Zeit kurz nach der Geburt bis zum Erreichen der Geschlechtsreife sein Entfaltungsmaximum. Danach bildet er sich nach und nach zurück. Diese Rückbildung wird als Involution bezeichnet. Dabei wird das Thymusgewebe teilweise durch Binde- und Fettgewebe ersetzt.

Neben der Prägung der T-Lymphozyten bildet der Thymus auch das Hormon Thymopoietin, das die Reifung von Immunzellen steuert. Der Thymus ist damit nicht nur ein Organ des lymphatischen Systems, sondern auch eine Hormondrüse.

7.1.4 Lymphknoten

Ein Lymphknoten (Lymphonodus, Abkürzung: Ln = Einzahl, Lnn = Mehrzahl) ist eine Filterstation für die Lymphflüssigkeit (siehe S. 389).

Lymphknoten sind in den Strombahnen der Lymphgefäße des ganzen Körpers eingebaut. Dabei können sie nahe der Körperoberfläche (Kopflymphknoten) oder auch im Körperinneren (z. B. Darmlymphknoten) liegen. Einige der oberflächlich liegenden Lymphknoten lassen sich bei der körperlichen Untersuchung ertasten.

In den Lymphknoten werden aus der Lymphflüssigkeit Fremdkörper, körpereigene Zelltrümmer und entartete Zellen (Krebszellen) sowie Krankheitserreger herausgefiltert und durch in den Lymphknoten sitzenden Makrophagen (Fresszellen) beseitigt.

Vögel (außer Wasservögel) **besitzen keine Lymphknoten**. In der Lymphflüssigkeit und im Blut findet man bei dieser Tierart immer eine kleine Menge von Krankheitserregern, die jedoch nicht als Anzeichen einer Krankheit zu werten ist.

7.1.5 Bursa fabricii

Die Bursa fabricii ist ein spezifisches lymphatisches Organ der Spezies Vogel. Hier werden die B-Lymphozyten geprägt („ausgebildet"), bevor sie in andere lymphatische Gewebe und Organe einwandern. Bei Säugetieren erfolgt die Prägung der B-Lymphozyten im Knochenmark. Die Bursa fabricii befindet sich als kleines Anhangsorgan über dem Darmteil der Kloake. Nach dem Schlüpfen aus dem Ei bis zum Erreichen der Geschlechtsreife (in der Zeit, in der sich der Körper mit vielen neuen Erregern auseinandersetzen muss) erreicht es seine größte Ausdehnung. Danach bildet es sich nach und nach (wie der Thymus, die Prägungsstelle für die T-Lymphozyten) zurück.

7.2 Lymphgefäße

Lymphgefäße beginnen im Zwischenzellraum (Interstitium) als winzige, blind endende Kapillaren, die eine dünne, flüssigkeitsdurchlässige Wand aufweisen. Sie stehen miteinander in Verbindung und bilden ein Netz im Zwischenzellraum. Dort nehmen sie durch ihre dünne Wand die Gewebsflüssigkeit auf. Die kleinsten Lymphkapillaren vereinigen sich zu größeren Kapillaren und diese wiederum zu Lymphgefäßen. Lymphgefäße ähneln in ihrem Wandaufbau den Venen und besitzen wie diese in ihrem Innern Klappen. Durch die Klappen wird die Lymphflüssigkeit ausschließlich in einer Richtung transportiert und damit verhindert, dass sie wieder zurückfließen kann. Die Lymphgefäße schließen sich zu großen Lymphsammelstämmen zusammen. Von dort aus fließt die Lymphe in das venöse Blut.

7.3 Lymphflüssigkeit

Unter Lymphflüssigkeit oder Lymphe (lat. lymphae = klares Wasser) versteht man die in den Lymphgefäßen enthaltene wasserklare Flüssigkeit. Nur im Einzugsgebiet des Darms und anschließend im Brustlymphgang kann sie nach einer fettreichen Mahlzeit ein milchig-trübes Aussehen annehmen und wird dann als Chylus, (griech. chylos = Saft, Milchsaft) bezeichnet.

In ihrer Zusammensetzung stellt sie ein Zwischenglied zwischen Gewebsflüssigkeit und Blutplasma dar. Sie enthält neben Wasser gelöste Stoffe (z. B. Eiweiß, Fette), aber auch feste Zellbestandteile (z. B. Zelltrümmer, vereinzelt Erythrozyten, Tumorzellen).

Entstehung der Lymphe

Aus den kleinsten arteriellen Blutgefäßen (Kapillaren) treten ein Teil des Blutplasmas und die darin gelösten Stoffe, sowie einige geformte Elemente (Blutzellen) in das umliegende Gewebe ein, das damit vollständig durchtränkt wird. Diese gehaltvolle Flüssigkeit bildet die Gewebsflüssigkeit. Sie dient der Ernährung der Gewebszellen sowie dem Abtransport der in diesen Zellen entstandenen Stoffwechselendprodukte (Abfallstoffe). Der größte Teil dieser Gewebsflüssigkeit wird von den venösen Kapillaren des Blutgefäßsystems wieder aufgenommen und gelangt dadurch erneut in den Blutkreislauf.

Etwa 10 % der Gewebsflüssigkeit diffundiert in die Kapillaren der Lymphgefäße und wird zur Lymphe. Diese fließt durch das Lymphgefäßsystem und wird dabei in den dazwischen geschalteten Lymphknoten gereinigt, bevor sie wieder in den venösen Blutkreislauf abgegeben wird. Dabei ist wichtig, dass über das Lymphgefäßsystem auch Partikel aufgenommen werden können, die für den Durchtritt durch die Wand der Blutgefäßkapillaren zu groß sind. Der Grund ist, dass die Lymphkapillaren (im Gegensatz zu den Blutkapillaren) eine wesentlich dünnere und durchlässigere Wand besitzen.

? Aufgaben des lymphatischen Systems

- Prägung der im Knochenmark gebildeten T-Lymphozyten im Thymus sowie (beim Vogel) der B-Lymphozyten in der Bursa fabricii.
- Erkennung und Beseitigung von Krankheitserregern, Fremdkörpern, Zelltrümmern sowie körpereigenen entarteten Zellen (Tumorzellen), überalterten Erythrozyten durch Abwehrzellen im lymphatischen Gewebe.
- Vermehrung von geprägten T- und B- Lymphozyten.
- Sammeln, filtern und transportieren der Lymphflüssigkeit.
- Transport von Nahrungsfetten aus dem Darm.

7.4 Untersuchungsmethoden

7.4.1 Körperliche Untersuchung

Bei der körperlichen Untersuchung werden alle tastbaren Lymphknoten auf Größe, Beschaffenheit und Schmerzhaftigkeit kontrolliert. Vergrößerte, jedoch leicht verschiebbare Lymphknoten deuten dabei eher auf einen entzündlichen Prozess hin, während fest verbackene, harte Lymphknoten verdächtig für ein Tumorgeschehen sind.

Eine Größenveränderung der Milz kann man in manchen Fällen an einer Umfangsvermehrung des linken Abdomens erkennen. Eine Stauung der Lymphflüssigkeit ist bei Tieren durch das dichte Fell eher selten zu sehen. In extremen Fällen zeigt sie sich bei kurzhaarigen Tieren manchmal durch Anschwellen des Gesichts und der Beine.

Veränderungen der Rachenmandeln sieht man bei der Adspektion der Mundhöhle und des Rachens.

7.4.2 Gewebeprobe

Durch die Entnahme und Untersuchung einer Gewebeprobe (Biopsie) aus dem lymphatischen Gewebe (z. B. Mandeln, Darmwand, Lymphknoten) lässt sich in vielen Fällen die Ursache einer Veränderung (z. B. Entzündung, Tumor) herausfinden.

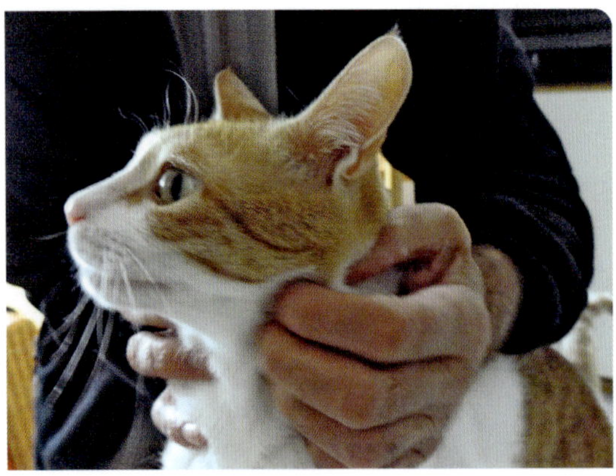

Palpation der Lymphknoten.

Zur Untersuchung oberflächlicher Gewebe wird meist eine Feinnadelbiopsie durchgeführt. Dazu wird mit einer Spritze mit feiner Nadel in das Gewebe gestochen, Gewebezellen durch Aspiration (Zurückziehen des Spritzenkolbens) in die Nadel eingezogen, auf einen Objektträger übertragen, angefärbt und unter dem Mikroskop beurteilt.

Die Entnahme einer Probe aus tiefer liegenden Geweben (z. B. aus dem Darm oder der Bauchhöhle) erfolgt entweder endoskopisch (Eingehen mit dem Endoskop in die Körperhöhle oder in ein Organ) oder durch chirurgische Eröffnung der Bauchhöhle. Die Entnahme einer Gewebeprobe aus der Milz wird normalerweise nicht durchgeführt. Die Milz ist ein stark durchblutetes Organ und dient auch als Blutspeicher. Eine Biopsie könnte eine nicht mehr zu stillende Blutung verursachen.

7.4.3 Punktion

Die Herkunft größerer Flüssigkeitsansammlungen (z. B. Erguss von Lymphe in die Brusthöhle nach Verletzung eines Lymphsammelstammes) kann durch eine Punktion und Untersuchung der gewonnenen Flüssigkeit (Punktat) diagnostiziert werden.

7.4.4 Blutuntersuchung

Erkrankungen des lymphatischen Systems sind durch eine Untersuchung des Blutes meist nicht zu erkennen.

7.4.5 Röntgen und Ultraschall

Röntgenaufnahmen geben Auskunft über Größenveränderungen von Organen (z. B. der Milz, der tieferen Körperlymphknoten) sowie pathologischen (krankhaften) Flüssigkeitsansammlungen in Körperhöhlen. Durch Ultraschalluntersuchungen lässt sich die Struktur der lymphatischen Organe meist recht gut beurteilen.

7.4.6 Magnetresonanztomographie und Computertomographie

Magnetresonanztomographie (MRT) und Computertomographie (CT) sind Untersuchungsmethoden, die größeren Tierkliniken vorbehalten sind. Sie vermitteln hervorragende Informationen über die Größe und den strukturellen Zustand der einzelnen lymphatischen Organe.

7.5 Fachbegriffe zum Thema lymphatisches System

Lymphonodus = Lymphknoten
Bursa fabricii = Lymphatisches Organ bei Vögeln
Interstitium = Zwischenzellraum
Biopsie = Entnahme einer Gewebeprobe

8 Verdauungstrakt

Der Verdauungstrakt besteht aus dem **Kopfdarm** (Mundhöhle und Zähne), dem **Rumpfdarm** (Speiseröhre, Magen und Darm), der **Leber** und der **Bauchspeicheldrüse**.

8.1 Mundhöhle

Die Mundhöhle ist der Anfang des Verdaungstraktes. Ihre Aufgabe ist, die aufgenommene Nahrung durch Tastrezeptoren und Geschmacksknospen auf Genießbarkeit zu analysieren, sie mit Hilfe der Zähne zu zerkleinern, durch den Speichel gleitfähig zu machen und durch die im Speichel enthaltenen Enzyme teilweise vorzuverdauen, um sie dann mit Hilfe des Schluckaktes über die Speiseröhre in den Magen weiterzuleiten. Außerdem hat die Mundhöhle durch Bewegungen der Lippen und der Zunge einen nicht unbedeutenden Anteil an der Lautdifferenzierung und dient damit der Kommunikation.

Die Mundhöhle reicht von den Lippen bis zum Rachen. Dieser Abschnitt des Verdaungstraktes wird auch als **Kopfdarm** bezeichnet. Die seitliche Begrenzung erfolgt durch die Backen. Das Dach der Mundhöhle wird vom harten und weichen Gaumen, der Boden von der Zunge sowie dem sublingualen (unter der Zunge liegenden) Mundhöhlenboden gebildet. Die knöcherne Grundlage der Mundhöhle sind die Knochen des Ober- und Unterkiefers.

Das Innere der Mundhöhle ist von einer stark durchbluteten, blassrosa (bei manchen Tieren auch dunkel pigmentierten) kutanen (drüsenlosen) Schleimhaut ausgekleidet. Sie wird durch das Sekret von Lippen-, Backen- und Zungendrüsen sowie der großen Speicheldrüsen (Unterzungen-, Unterkiefer- und Ohrspeicheldrüse), deren Ausführungsgänge in die Mundhöhle münden, feucht gehalten.

Bei **Vögeln** spricht man aufgrund der anatomischen Besonderheit nicht von der Mundhöhle, sondern von der Schnabelhöhle. Sie besitzen keine Lippen. Die Schnabelhöhle wird von zwei Hornplatten (Oberschnabel und Unterschnabel) begrenzt. Der Schnabel, ebenso wie die Zunge der Vögel, ist sehr tastempfindlich, was für die Nahrungsselektion von großer Bedeutung ist.

Mundhöhle.

Schnabelhöhle.

Wichtige Teile der Mundhöhle (bei Säugetieren) sind:

- Lippen
- Zunge
- Zahnfleisch
- Zähne
- Gaumen
- Rachen
- Speicheldrüsen

8.1.1 Lippen

Die Mundspalte ist der Eingang zur Mundhöhle. Sie wird von der Oberlippe und der Unterlippe begrenzt und ist bei den verschiedenen Tierarten unterschiedlich weit. Ober- und Unterlippe gehen an den Mundwinkeln ineinander über.

Die Lippen bestehen aus drei Schichten:

Die **Außenfläche** wird von der äußeren Haut gebildet. Sie weist viele Nervenenden auf und reagiert als Teil des Tastsinns sehr empfindlich auf Berührungen, Wärme und Kälte. Die Begrüßung eines Artgenossen durch Anstupsen oder Lecken der Lefzen wird bei Hunden häufig beobachtet und als Zeichen von Zuneigung gewertet.

Je nach Tierart befinden sich auf der Außenfläche der Oberlippe unterschiedlich viele und lange Tasthaare (Sinushaare).

Bei der Katze findet man vermehrt an der Unterlippe, aber auch an der Oberlippe Talgdrüsen (Zirkumoraldrüsen), die auch als Putzdrüsen bezeichnet werden. Sie dienen wahrscheinlich der Körperpflege, wobei das Sekret der Talgdrüsen beim Putzen über das Fell verteilt wird. Da die Katze Gegenstände durch Reiben mit den Lippen markiert, wird vermutet, dass die Talgdrüsen auch eine wichtige Bedeutung bei der Kommunikation unter Artgenossen haben.

Die **Mittelschicht** bildet die Grundlage der Lippen und enthält Muskel-, Sehnen-, Binde – und Fettgewebe. Beim Hund und Katze trägt die Oberlippe eine markante, beim Meerschweinchen eine weniger deutliche Furche (Philtrum). Beim Kaninchen findet man in der Mitte der Oberlippe eine schartenartige Einziehung.

? Die Beweglichkeit der Lippen ist eine Voraussetzung für die Ausführung des Saugaktes und daher ein typisches Kennzeichen von Säugetieren.

Die **Innenfläche** wird von der Lippenschleimhaut gebildet, die in die Schleimhaut des Zahnfleisches übergeht.

8.1.2 Zunge

Die Zunge besteht aus quergestreifter Muskulatur, Binde- und Fettgewebe und ist von kutaner (drüsenloser) Schleimhaut mit tierartlich unterschiedlichem Oberflächenrelief überzogen. Die Schleimhaut der Zungenunterseite ist besonders gut durchblutet. Arzneimittel, die dorthin gelangen, können hier teilweise bereits in die Blutbahn aufgenommen werden.

Man unterscheidet:

- **Zungenspitze**
  Sie ist frei beweglich und an ihrer Unterseite durch eine Schleimhautfalte am Mundhöhlenboden befestigt.
- **Zungenkörper**
  Der Zungenkörper ist der größte Teil der Zunge.
- **Zungengrund oder Zungenwurzel**
  Die Zungenwurzel fällt rachenwärts ab und erleichtert damit den Transport der Nahrung vom Mund in die Speiseröhre.

Die Zunge der Fleischesser (Hund und Katze) ist sehr beweglich. Diese Beweglichkeit spielt v. a. bei der Flüssigkeitsaufnahme eine große Rolle. Der Hund kann die Zunge wie ein Löffel nach unten formen und damit Wasser schöpfen. Bei hoher Umgebungstemperatur hängt die Zunge des Hundes weit aus der Mundhöhle. Über die große Zungenoberfläche kann dadurch überschüssige Körperwärme abgegeben werden (Hecheln). Beim Wiederkäuer wölbt sich auf dem Zungenrücken ein Wulst, der Zungenrückenwulst. Vor diesem Wulst liegt beim Rind eine trichterförmige Grube, die als Futterloch bezeichnet wird.

Über die gesamte Oberfläche der Zunge verteilt findet man zahlreiche Papillen (Zungenwärzchen, Papillae), die unterschiedlich geformt sind.

Aufgrund ihrer Funktion unterscheidet man zwei Gruppen:

- **Die mechanischen Papillen**
  Die wichtigsten unter ihnen sind die fadenförmige Papillen (Papillae filiformes), die in diagonaler Reihe über die gesamte Zunge stehen. Beim Hund sind sie weich und werden rachenwärts größer. Bei der Katze sind es starke Hornzähnchen, die der Oberfläche der Zunge die Beschaffenheit einer feinen Drahtbürste verleihen. Mit diesen Hornzähnchen kann die Katze z. B. Fleisch von Knochen abraspeln, Flüssigkeiten, die sich in Tropfen zwischen den Papillen fangen, aufnehmen und das Haarkleid säubern und ordnen.

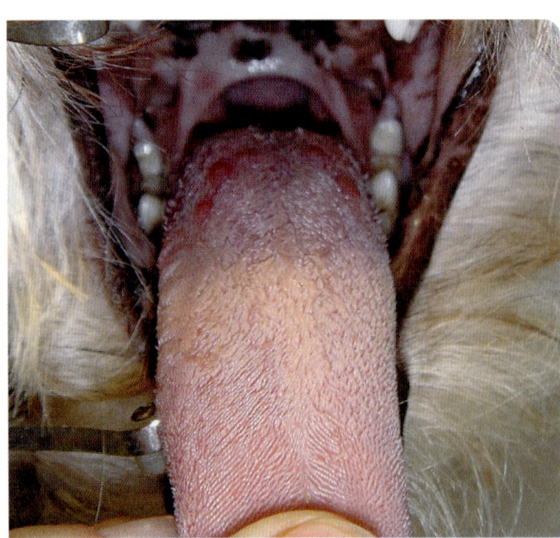

Zunge, mit Papillen.

- **Die Geschmackspapillen**
  Sie sind für die Aufnahme von Geschmacksreizen verantwortlich. Daneben sind sie vermutlich auch am Tast- und Temperaturempfinden beteiligt. Am Fuß der Geschmacksknospen befinden sich Nervenenden, durch welche die Reize an das Gehirn weitergeben werden. Im Gegensatz zu der früher vertretenen Ansicht, dass die Zunge in verschiedene Geschmacksareale eingeteilt sei, weiß man heute, dass jede der über die Zunge verteilten Geschmackspapillen in der Lage ist, alle Geschmacksqualitäten (süß, sauer, bitter, salzig) zu differenzieren. Lediglich im hinteren Zungenbereich wird bitter deutlicher wahrgenommen.

8.1.3 Zahnfleisch und Mundschleimhaut

Das Zahnfleisch (Gingiva) ist Bestandteil des Zahnhalteapparates. Es bedenkt den Zahnhals und besteht aus einem mehrschichtigen Plattenepithel (siehe Kap. Gewebe). Da das Zahnfleisch keine Unterhaut besitzt, ist es nicht verschiebbar.

Die Gingiva geht in die Mundschleimhaut über.

Der **Hamster** verfügt über zwei **Backentaschen**, die sich durch Ausstülpungen der Mundschleimhaut im Backenbereich bilden. Sie reichen vom Mundwinkel bis zum Schulterbereich und sind mit einer Schleimhaut ausgekleidet, die mit kleinen Borsten besetzt ist. Die Backentaschen dienen als Nahrungsspeicher. Der Hamster entleert sie durch Ausmassieren mit den Vorderbeinchen.

8.1.4 Zähne

Das Gebiss unserer Haussäugetiere setzt sich, je nach Tierart, aus unterschiedlich vielen Zähnen (Dentes) zusammen. Die Gebissform hängt von der Art der Ernährung ab. Man unterscheidet:

- Fleischfresser- (Carnivoren-) gebiss
- Pflanzenfresser- (Herbivoren-) gebiss
- Allesfresser- (Omnivoren-) gebiss
- Wiederkäuer- (Ruminantier-) gebiss
- Nager- (Rodentier-) gebiss

Die Zähne dienen dem Erwerb der Nahrung (Töten der Beute, Abbeißen von Pflanzen) sowie deren mechanischer Zerkleinerung. Zusätzlich werden sie als Waffen zur Verteidigung oder zum Angriff verwendet.

Zahnaufbau

Ein Zahn besteht aus **Zahnkrone**, **Zahnhals** und **Zahnwurzel**.

Zahnkrone, Zahnhals und Zahnwurzel sind aufgebaut aus:

- **Zahnschmelz**
  Der Zahnschmelz ist die härteste Substanz des Säugetierkörpers. Er ist sehr widerstandsfähig gegen Säuren, Laugen und Verdauungsenzyme. Der Zahnschmelz bedeckt den Zahn von der Spitze bis zum Zahnfleischrand. Dieser in der Mundhöhle sichtbare Teil des Zahnes wird auch als **Zahnkrone** bezeichnet. Ein Schmelzwulst markiert die Grenze zwischen Krone und Wurzel.
- **Dentin**
  Das Dentin (Zahnbein) bildet die Hauptmasse eines Zahnes. Beim Durchbruch der Zähne ist im Innern eines Zahnes noch sehr wenig Dentin vorhanden, so dass „junge" Zähne fast hohl sind. Spezielle dentinbildende Zellen (Odontoblasten) bilden zeitlebens Dentin, wodurch sich der Zahnkanal zunehmend verengt. Besonders bei jungen Hunden brechen die Zähne (v. a. die Eckzähne) gerne bei Zug- oder Apportierspielen. Erst mit 24 Monaten sind sie ausreichend stabil, so dass Brüche nur noch bei schweren Traumata auftreten. Das Dentin ist im Vergleich zum Zahnschmelz vermehrt wärmeleitend. Aus diesem Grunde sind Zähne mit Schmelzdefekten, bei denen das Dentin frei liegt, sehr temperaturempfindlich.

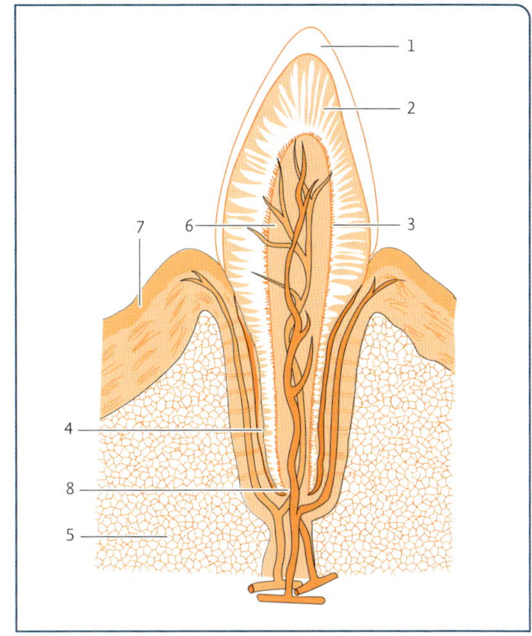

Längsschnitt durch einen Zahn:
1) Schmelzkutikula, 2) Schmelz, 3) Zahnbein, 4) Odontoblasten, 5) Zement, 6) Alveolarnochen, 7) Zahnpulpa, 8) Zahnfleisch, 9) Wurzelkanal

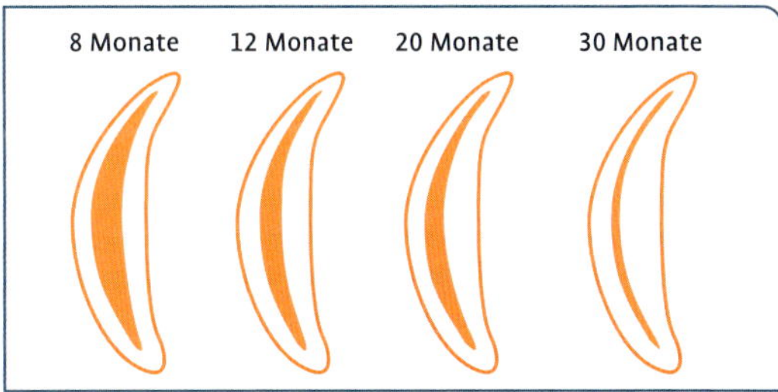

Verengung des Zahnkanals beim Hund innerhalb 24 Monaten.

- **Zahnzement**
  Der Zahnzement bedeckt die schmelzfreien Wurzeln der Zähne. Es handelt sich um eine knochenähnliche Substanz, die sich in den Zahnhalteapparat fest einfügt. Die Zahnwurzel schließt sich unmittelbar der Zahnkrone an. Sie ist bei einem gesunden

Gebiss durch das Zahnfleisch verdeckt und nicht sichtbar. Bei Pflanzenfressern beschichtet der Zement den ganzen Zahn bis zur Kaufläche und füllt auch die dort befindlichen becherartigen Schmelzeinstülpungen sowie die Schmelzfalten an der Außenfläche des Zahns. Die Farbe des Zahnzementes ist hellgrau. Aus diesem Grunde sind die Zähne von Pflanzenfressern nicht so weiß, wie die von Fleisch- und Allesfressern.

- **Zahnmark**
  Das Zahnmark (Pulpa) füllt den Innenraum des Zahnes aus. Die Pulpa besteht aus Blutgefäßen, Nerven und Lymphbahnen. An der Außenzone der Pulpa liegen die Odontoblasten, d. h die Zellen, die für die Bildung des Dentins verantwortlich sind.
- **Zahnhalteapparat**
  Der Zahnhalteapparat wird von Knochenfortsätzen des Kieferknochens sowie dem Zahnfleisch (Gingiva) gebildet. Die Knochenfortsätze formen sich zu Zahnfächern, in welche die Zähne fest eingefügt sind. Bei Zahnerkrankungen können sich diese Fortsätze zurückbilden, wodurch die Zähne locker werden und ausfallen

Zahnarten

Man unterscheidet:

- **Einwurzelige Zähne**, zu denen die Schneide- und Eckzähne sowie die ersten vorderen Backenzähne (Prämolare 1 = P1) gehören (siehe Zahnformel S. 398).
- **Mehrwurzelige Zähne**, zu denen die vorderen Backenzähne (mit Ausnahme von P1) und die Backenzähne gehören. Die Wurzeln stehen untereinander in Verbindung.
  Man unterscheidet:
- **Im Wachstum abgeschlossene Zähne**
  Mit Durchbruch des Zahnes durch das Zahnfleisch ist das Längenwachstum der Zahnkrone beendet. Auch die Bildung von Zahnschmelz ist nach dieser Zeit abgeschlossen. (z. B. bei Hund, Katze)
- **Lebenslang wachsende Zähne**
  Beim Kaninchen und Meerschweinchen (auch Chinchilla und Degu) wachsen die Schneide- und Backenzähne lebenslang. Das Längenwachstum der Zähne beträgt im Durchschnitt 1,5 mm pro Woche. Diese dauerwachsenden Zähne besitzen keine sich nach unten verjüngende Wurzel. Sie behalten eine weit geöffnete Pulpahöhle, durch welche die notwendigen Nährstoffe für das Wachstum herangeschafft werden können.
- **Mischgebiss**
  Bei Maus, Ratte und Hamster ist das Wachstum der Backenzähne mit Ausbildung der Wurzel abgeschlossen, die Schneidezähne jedoch wachsen lebenslang.

Zahnwechsel

Bei unseren Haussäugetieren gibt es zwei Zahngenerationen. Das zahnärmere Gebiss der ersten Generation heißt Milchgebiss, das der zweiten Generation Dauergebiss. Das hat den Vorteil, dass bereits junge Tiere mit einem noch kleinen Kiefer bereits über ein vollfunktionsfähiges Gebiss verfügen.

Gewechselt werden bei Hund und Katze folgende Zähne:

- Eckzähne (Canini)
- Schneidezähne (Incisivi)
- Vordere Backenzähne (Prämolare), mit Ausnahme des P1

Die Backenzähne (Molare) sowie der erste vordere Backenzahn (Prämolar 1, P1) haben im Milchgebiss keine Vorläufer. Sie sind nur einmalig angelegt und treten erstmals im Dauergebiss auf.

Der Zahnwechsel erfolgt schrittweise in einer ganz bestimmten Reihenfolge, so dass man daran das Alter des Jungtieres bestimmen kann. Durch die Entwicklung des bleibenden Zahns und der damit entstehenden Raumnot im Kiefer gerät der Milchzahn unter Druck. Seine Wurzel bildet sich zurück und löst sich auf. Der Milchzahn wird locker und fällt aus.

Der bleibende Zahn schiebt sich in die verbleibende Lücke.

Bei **Hunde** und **Katzen** ist der Zahnwechsel in der Regel mit dem 6. Lebensmonat abgeschlossen. Der Zahnwechsel beim **Pferd** findet zwischen 2.5 bis 5 Jahren statt.

Beim **Meerschweinchen** erfolgt der Zahnwechsel bereits vor der Geburt. Die Zähne, die sich zwischen dem 4. und 49. Trächtigkeitstag im Kiefer des Ungeborenen bilden, werden bis zum 55. Tag wieder resorbiert und bis zum Geburtstermin durch bleibende Zähne ersetzt. Meerschweinchen werden daher mit einem bleibenden Gebiss geboren. Nur der 3. Backenzahn (M3) ist bei der Geburt noch nicht durchgebrochen.

Ebenso kommen **Ratten, Mäuse** und **Hamster** mit einem bleibenden Gebiss zur Welt.

Beim **Kaninchen** ist bei der Geburt ein Milchgebiss vorhanden, das zwischen der 3. und 5. Lebenswoche gewechselt wird.

Zahnformel

Die Zähne werden durch den großen Anfangsbuchstaben ihres lateinischen Namens gekennzeichnet:

I = Incisivus (Schneidezahn)
C = Caninus (Eckzahn, Hakenzahn)
P = Prämolar (vorderer Backenzahn)
M = Molar (hinterer Backenzahn)

Für Milchzähne wird dem lateinischen Anfangsbuchstaben ein kleines „d“ nachgestellt.

Beispiel:
Id = Milchincisivus; Pd = Milchprämolar

Um die Anzahl von Zähnen gleicher Art zu kennzeichnen, verwendet man eine Ziffer vor dem Buchstaben.

Beispiel:
3I = 3 Incisivi; 3P = 3 Prämolare

Um die Stellung der Zähne im Gebiss zu bezeichnen, wird eine Ziffer nach dem Buchstaben eingesetzt. Dabei wird vom Mundeingang rachenwärts nach hinten gezählt.

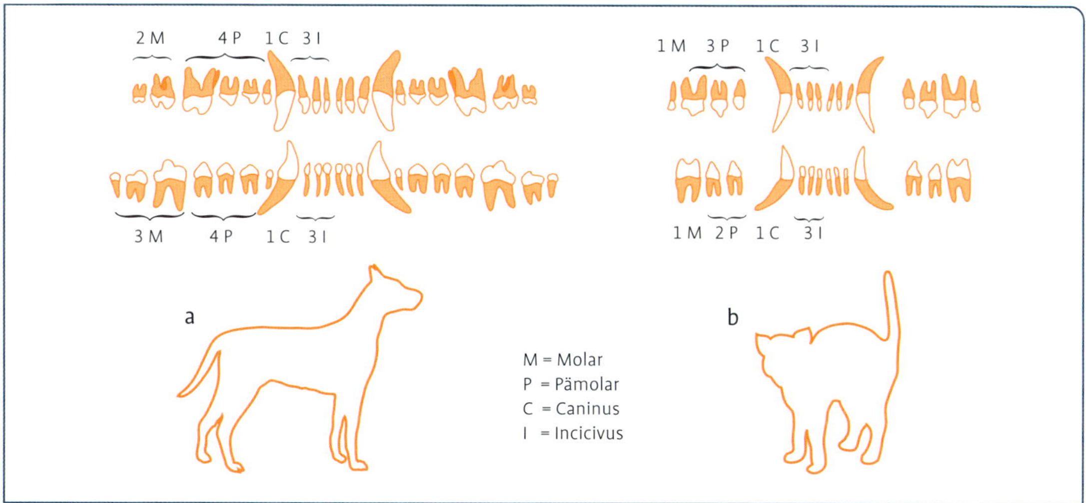

Zahnschema Dauergebiss a) Hund, b) Katze. M = Molar, P = Prämolar, C = Caninus, I = Incicivus.

Zahnformeln der einzelnen Tierarten

Hund

Milchgebiss	bleibendes Gebiss
3Id 1Cd 3Pd	3I 1C 4P 2M
3Id 1Cd 3Pd = 28 Zähne	3I 1C 4P 3M = 42 Zähne

Katze

Milchgebiss	bleibendes Gebiss
3Id 1Cd 3Pd	3I 1C 3P 1M
3Id 1Cd 2Pd = 26 Zähne	3I 1C 2P 1M = 30 Zähne

Kaninchen

Milchgebiss	bleibendes Gebiss
2Id 3Pd	2I 3P 3M
1Id 2Pd = 16 Zähne	1I 2P 3M = 28 Zähne

Die Unterscheidung zwischen Hase (Nager) und Kaninchen (Hasenartige) fällt mit Hilfe der Oberkiefer-Schneidezähne leicht: Kaninchen haben auf jeder Kieferhälfte 2 Oberkiefer-Schneidezähne. Die Zähne liegen hintereinander auf gleicher Höhe. Die hinteren Zähne sind etwas kleiner ausgebildet, sodass sie von den vorderen fast vollkommen verdeckt werden. Die „echten" Hasen haben nur einen Schneidezahn pro Kieferhälfte im Oberkiefer.

Meerschweinchen

Milchgebiss	bleibendes Gebiss
– – –	1I 0C 1P 3M
	1I 0C 1P 3M = 20 Zähne

Hamster

Milchgebiss	bleibendes Gebiss
– – –	1I 0C 0P 3(2)M

1I 0C 0P 3(2)M = 16 Zähne (12)

Beim Goldhamster können die Molaren auf 2 reduziert sein, während Vertreter anderer Hamsterrassen über 3 Molaren verfügen. Im Gegensatz zu Kaninchen und Meerschweinchen haben die Backenzähne von Hamstern Wurzeln und damit ein abgeschlossenes Längenwachstum. Die Schneidezähne (Incisivi) wachsen lebenslang.

Maus und Ratte

Milchgebiss	bleibendes Gebiss
– – –	1I 0C 0P 3M
	1I 0C 0P 3 M = 16 Zähne

Maus und Ratte haben Backenzähne mit Wurzeln und abgeschlossenem Längenwachstum. Die Schneidezähne wachsen lebenslang.

Pferd

Milchgebiss	bleibendes Gebiss
3Id 1Cd 3Pd	3I 1C 4P 3M
3Id 1Cd 3Pd = 28 Zähne	3I 1C 4P 3M = 44 Zähne

Beispiel:

P2 = 2. Prämolar; M1 = 1. Molar

Art und Anzahl der Zähne eines Gebisses werden durch Zahnformeln in Form eines mathematischen Bruchs ausgedrückt. Dabei werden die Zähne im Oberkiefer im Zähler und die des Unterkiefers im Nenner geschrieben. In der Zahnformel wird das Gebiss in der Mitte geteilt und nur eine Seite angegeben. Das ist möglich, da ein Gebiss symmetrisch aufgebaut ist. Die Gesamtzahl der Zähne ergibt sich durch die Verdoppelung der Formel.

Beispiel Hund (bleibendes Gebiss):

3I 1C 4P 2M
3I 1C 4P 3M

Diese Zahnformel bedeutet, dass sich im Oberkiefer **einer Gebissseite** 3 Incisivi, 1 Caninus, 4 Prämolare und 2 Molare befinden. Der Unterkiefer der Gebisshälfte hat 3 Incisivi, 1 Caninus, 4 Prämolare und 3 Molare.

Das ergibt für die Gebisshälfte 21 Zähne und für das Gesamtgebiss 42 Zähne.

Beim **Hund** werden die Vorbackenzähne (P4) der Oberkiefers und die Backenzähne

Reißzähne im Hundegebiss.

(M1) der Unterkiefer als **Reißzähne** bezeichnet. P4 und M1 bilden auf jeder Seite eine starke Schere, durch die sogar harte Knochen zerkleinert werden können. Für die Eckzähne des Hundes (Canini) wird häufig die Bezeichnung **Hakenzähne** verwendet.

An den Kauflächen von **Pferdezähnen** findet man Vertiefungen im Zahnschmelz, die als **Kunden** (Schmelzbecher) bezeichnet werden. Anhand des Abnutzungsgrades aller Zähne und der Form der Kunden ist es möglich, das Alter eines Pferdes (bis zu einem Alter von 10 Jahren) ungefähr zu bestimmen.

Vögel haben keine Zähne. Stattdessen wird die Nahrung im Kropf gesammelt (gespeichert), mit Schleim eingeweicht und erst im Muskelmagen zusammen mit vorab verschluckten kleinen Steinchen durch Bewegungen der Magenwand zermahlen.

Rinder haben nur im Unterkiefer Schneidezähne, mit denen sie das Gras von der Wiese abbeißen. Im Oberkiefer befindet sich anstelle von Schneidezähnen eine durchgehende Hornplatte.

8.5.1 Gaumen (Palatum)

Harter Gaumen

Der harte Gaumen wird vom knöchernen Mundhöhlendach sowie einem Teil der Mundhöhlenschleimhaut gebildet. Umrahmt wird er vom Oberkieferzahnbogen.

In der Mitte des Gaumens hinter den Schneidezähnen befindet sich eine Papille. An jeder Seite der Papille liegt je eine Mündung des paarig angelegten Ductus incisivus. Es handelt sich dabei um eine Verbindung zum **Jacobson'schen Organ**. Dieses Organ besteht aus zwei, mit Riechepithel ausgekleideten, schlauchähnlichen Gebilde am Boden der Nasenhöhle. Die Funktion dieses auch beim Menschen vorhandenen zusätzlichen Riechorgans ist noch nicht eindeutig geklärt. Es scheint jedoch für die Wahrnehmung von **Pheromonen** (biochemische Botenstoffe, die einen potentiellen Sexualpartner anlocken können) von Bedeutung zu sein.

Katzen beispielsweise, die mit Ausscheidungen unkastrierter Kater in Kontakt kommen, saugen mit halb geöffnetem Mund, hochgezogenen Lippen und leicht gerümpfter Nase Luft mitsamt den Geruchsmolekülen ein. Durch die Zunge werden die Moleküle zum Ductus incisivus und damit zum Jakobson'schen Organ gebracht. Dieses Verhalten nennt man **Flehmen**.

Weicher Gaumen

Zum Rachen hin setzt sich der harte Gaumen in das **Gaumensegel** fort, das auch als weicher Gaumen bezeichnet wird. In der Mitte des Gaumensegels befindet sich das **Gaumenzäpfchen**.

8.1.6 Rachen

Als Rachen (Pharynx) bezeichnet man den trichterförmigen Abschnitt des Verdauungstraktes, der zwischen Mundhöhle und Speiseröhre liegt. Atemluft und Nahrung nehmen gleichzeitig ihren Weg durch den Rachen. Die Wege kreuzen sich in der Rachenhöhle. Beim Schlucken wird mit Hilfe des Gaumensegels, des Zungengrundes und des Kehldeckels der Weg in die Luftröhre verschlossen, um ein „Verschlucken“ zu vermeiden.

Zwischen Gaumensegel und Zungengrund liegen an den Seitenflächen des Rachens die beiden Gaumenmandeln.

8.1.7 Speicheldrüsen

Die Speicheldrüsen werden nach ihrer Größe unterschieden. Es gibt kleine Speicheldrüsen (z. B. Lippenspeicheldrüsen, Zungenspeicheldrüsen) und große Speicheldrüsen (z. B. Ohrspeicheldrüse = Parotis).

Speichel

Das Sekret der großen und kleinen Speicheldrüsen ist der Speichel. Er ist klar und leicht fadenziehend .Die Aufgaben des Speichels sind vielfältig:

- Er hält die Mundschleimhaut feucht.
- Beim Durchmischen des Futters mit Speichel wird dessen Gleitfähigkeit erhöht, wodurch das Abschlucken erst möglich wird.
- Speichel löst die Geschmacksstoffe aus der Nahrung.
- Der Speichel enthält Immunglobuline (Antikörper) und spielt daher eine Rolle bei der Immunabwehr.
- Bei vielen Tierarten wurden Faktoren im Speichel nachgewiesen, welche die Wundheilung beschleunigen (außer der Reinigung der Wunde ist dies wohl ein weiterer Grund für das Belecken von Verletzungen).

8.2 Der Vorgang des Kauens

Für die Zerkleinerung der Nahrung sind Zähne, Kiefergelenk und Kaumuskulatur in ihrer Funktion optimal aufeinander abgestimmt. **Fleischfresser** haben ein **Scherengebiss**. Die Zähne laufen bei diesem Gebisstyp wie bei den Schneiden einer sich schließenden Schere knapp aneinander vorbei (daher der Name Scherengebiss). Dadurch können die Tiere durch zur Seite legen des Kopfes z. B. von einem Stück Fleisch scheibenartige Stücke abschneiden oder auch durch fortgesetztes Beißen Fleisch und Knochen vollständig zerraspeln bzw. zerkleinern. Dabei wird der Speichelfluss angeregt. Diese Art der Nahrungszerkleinerung verhindert zusammen mit der Reinigungskraft des Speichels die Bildung von Zahnstein. Die ausschließliche Fütterung von Fleischessern mit weichem Futter (z. B. Dosenfutter) führt nicht zum mechanischen Abrieb des Zahnbelags und ist als nicht artgerecht anzusehen.

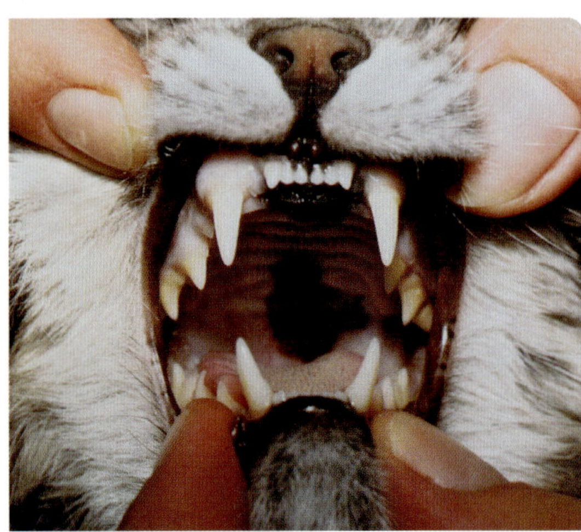

Die Katze hat ein Fleischfressergebiss.

Die **Katze** hat ein reines Fleischessergebiss mit ausschließlich schneidenden Zahnkanten ohne Kaufläche. Beim **Hund** dagegen sind die hinteren Backenzähne durch Vorhandensein einer Kaufläche dazu geeignet, Knochen der Beutetiere und pflanzliche Nahrung zu zerreiben. Der Hund ist daher im Gegensatz zur Katze kein reiner Fleischfresser.

Pflanzenfresser (z. B. Kaninchen und Meerschweinchen, Wiederkäuer, Pferde) haben ein **Zangengebiss**, d. h. die Kauflächen der Zähne des Ober – und Unterkiefers treffen direkt aufeinander. Die Nahrung wird mit den Backenzähnen zermahlen. Die Kiefer von Pflanzenfressern erlauben (anders als bei Fleischfressern) Seitwärtsbewegungen, die für das Zermahlen erforderlich sind. Um den Abrieb der dauerwachsenden Zähne von Kaninchen und Meerschweinchen zu gewährleisten, müssen ihnen ständig ausreichend große

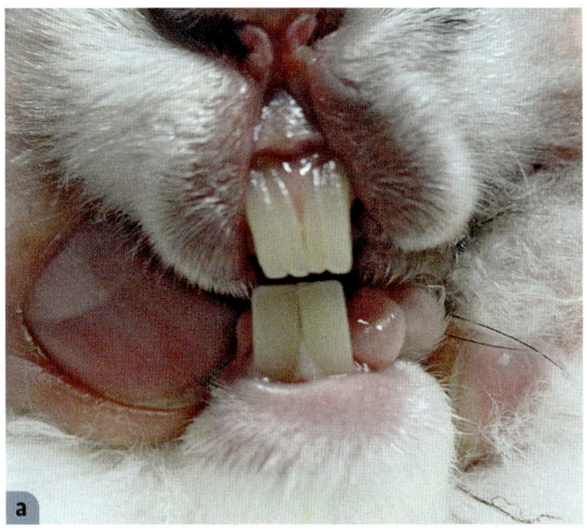
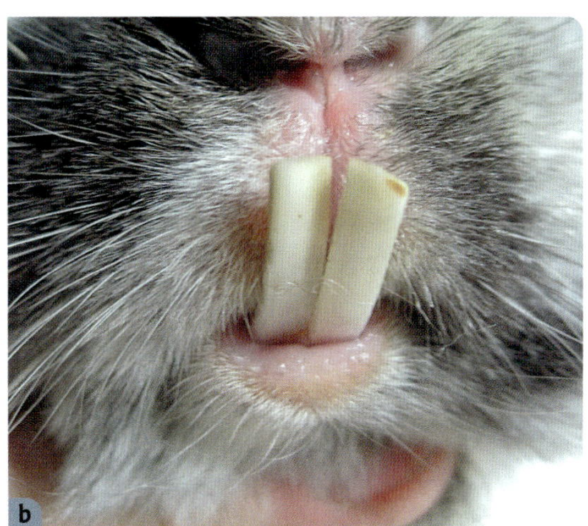

Schneidezähne Kaninchen a) normal; b) überlang.

Mengen **rohfaserreiches Futter** (Heu, Frischpflanzen) zur Verfügung gestellt werden.

8.3 Untersuchungsmethoden

Inspektion der Mundhöhle

Im geöffneten Mund wird die Mundschleimhaut, das Zahnfleisch, die Zähne, die Zunge, der Unterzungenboden, der Gaumen, der Rachen und die Mandeln beurteilt. Gute Lichtverhältnisse sind für die Untersuchung der Mundhöhle eine unbedingte Voraussetzung.

Blutuntersuchung

Zur Beurteilung, ob die gefunden krankhaften Veränderungen auf die Mundhöhle beschränkt oder Zeichen einer inneren Erkrankung sind, ist in manchen Fällen eine Blutuntersuchung erforderlich.

Röntgen

Viele Zahnerkrankungen und Kieferveränderungen (v. a. bei Kaninchen und Meerschweinchen) lassen sich nur mit Hilfe von Röntgenaufnahmen eindeutig diagnostizieren.

8.4 Fachbegriffe zum Thema Kopfdarm

Incisivus = Schneidezahn
Caninus = Hakenzahn, Eckzahn
Prämolar = Vorderer Backenzahn
Molar = Hinterer Backenzahn
Gingiva = Zahnfleisch
Gingivitis = Zahnfleischentzündung
Stomatitis = Entzündung der Mundschleimhaut
Parotis = Ohrspeicheldrüse
Pulpa = Zahnmark (enthält Blutgefäße und den Zahnnerv)
Pharynx = Rachen
Carnivoren = Fleischfresser
Herbivoren = Pflanzenfresser
Omnivoren = Allesfresser
Ruminantier = Wiederkäuer
Rodentier = Nager

8.5 Rumpfdarm

Der Rumpfdarm gliedert sich in Speiseröhre, Magen, Dünndarm, Dickdarm und Enddarm (Analkanal). Während die Speiseröhre lediglich zum Transport der Nahrung vom Mund in den Magen dient, sind die übrigen Abschnitte des Rumpfdarms für die Aufbereitung der Nahrung, für die Resorption sowie für die Ausscheidung nicht verwertbarer Reste zuständig.

8.5.1 Speiseröhre

Die Speiseröhre(Oesophagus) ist ein häutig-muskulöser Schlauch, der innen von einer Schleimhaut ausgekleidet ist, und stellt die Verbindung zwischen Schlund und Magen dar. Sie wird in einen Hals-, einen Brust- und einen relativ kurzen Bauchabschnitt unterteilt. Der Oesophagus durchdringt das Zwerchfell (Speiseröhrenschlitz) und mündet an der Cardia (Magenmund) in den Magen.

Bei **Vögeln** erweitert sich die Speiseröhre kurz vor dem Eintritt in die Brusthöhle zum **Kropf**. Bei guter Füllung ist er auf der **rechten** Halsseite (nach dem zur Seite schieben der Federn) gut sichtbar. Im Anschluss an den Kropf verengt sich die Speiseröhre in ihrem weiteren Verlauf wieder und mündet in den Magen. Der Kropf dient als Speicher für größere Futtermengen. Durch das Sekret der Kropfschleimhaut (Schleim) wird das Futter aufgeweicht und für die Verdauung im Magen vorbereitet. Bei Tauben produziert die Kropfschleimhaut die Kropfmilch, mit der sie ihre Jungen in den ersten Lebenstagen ernähren.

8.5.2 Magen (Gaster)

8.5.2.1 Einhöhliger Magen

Pferd, Hund, Katze, Meerschweinchen, Kaninchen, Maus und Ratte besitzen einen einhöhligen Magen.

Die Form des einhöhligen Magens ist etwa die einer gekrümmten Blase. Häufig wird auch der Begriff Magensack verwendet. Der einhöhlige Magen ist gekrümmt. Man unterscheidet eine große und eine kleine Krümmung (große und kleine Kuvertur). Die Einmündungsstelle der Speiseröhre wird als **Magenmund** (Cardia), der Magenausgang als **Pförtner** (Pylorus) bezeichnet. Zwischen Magenmund und Pförtner liegt der Magenkörper. Der Pförtner besitzt einen Schließmuskel und ist mit dem Zwölffingerdarm (Duodenum = 1. Abschnitt des Dünndarms) verbunden.

Das Innere des Magens ist von einer glatten, **drüsenhaltigen Schleimhautschicht** überzogen. Die Drüsen produzieren den **Magensaft** , der für die Verdauung von großer Bedeutung ist, sowie **Schleim**, um die Magenwand vor dem aggressiven Magensaft zu schützen. Der Magensaft enthält u. a. Salzsäure sowie das Eiweiß verdauende Enzym Pepsin.

Der Magen, der sich zwischen Speiseröhre und Dünndarm befindet, ist nur durch einen lockeren bindegewebigen Aufhängeapparat in der Bauchhöhle befestigt. Durch diese lockere Aufhängung ist er frei in der Bauchhöhle beweglich und sehr dehnfähig. Bei größeren Hunderassen kann es daher unter bestimmten Umständen zu einer lebensgefährlichen Magendrehung kommen.

8.5.2.2 Zusammengesetzter Magen

Der zusammengesetzte Magen besteht aus einem (oder mehreren) Vormagen und einem Drüsenmagen. Man unterscheidet:

- **Zweihöhliger Magen**
  Hamster und **pflanzenfressende Vögel** besitzen einen zweihöhligen Magen. Beim Hamster ist der Magen durch eine Einschnürung der Magenwand in einen Vormagen und einen kleineren Drüsenmagen gegliedert. Bei unseren hauptsächlich pflanzenfressenden Ziervögeln ist der Magen deutlich in zwei Abschnitte, den Drüsen- und den Muskelmagen getrennt: **Der Drüsenmagen** der Vögel wird von einer Schleimhaut ausgekleidet, welche die Verdauungsenzyme produziert. **Der Muskelmagen** wird auch als Kau- und Reibemagen bezeichnet. Seine innere Oberfläche ist von einer harten Schicht bedeckt, die einer Reibeplatte gleicht. Mit Hilfe von

kleinen abgeschluckten Steinchen wird hier durch Muskelbewegungen der Magenwand das Futter zermahlen. Der Muskelmagen ist damit ein Ersatz für die fehlenden Zähne des Vogels.

- **Mehrhöhliger Magen**
  Wiederkäuer (z. B. Rind, Schaf, Ziege, Kamel) besitzen einen mehrhöhligen Magen. Er besteht aus **drei Vormägen** (Pansen, Netzmagen, Blättermagen) sowie einem **Drüsenmagen** (Labmagen).

Funktion der Vormägen

Die aufgenommene Pflanzennahrung wird in der Maulhöhle des Wiederkäuers zunächst nur **grob zerkleinert** und abgeschluckt. Über die Speiseröhre gelangt er in den Pansen. Der Pansen hat ein sehr großes Fassungsvermögen (bis zu 60 kg Futter) und dient damit auch als Futterspeicher. In Ruhephasen wird das grob zerkleinerte Futter über den Vorhof des Pansens, dem **Schleudermagen,** portionsweise wieder über die Speiseröhre in die Maulhöhle hochgewürgt, dort erneut (diesmal gründlich) zerkleinert und erneut abgeschluckt. Dieser Vorgang wird **Wiederkäuen** (Rumination) genannt.

Die im Pansen enthaltenen Mikroorganismen (Bakterien und Einzeller = Infusorien) bauen die schwerverdauliche Zellulose der Futterpflanzen so um, dass sie vom Körper verwertet werden können. Dabei entstehen Gase (Kohlendioxid, Methan). Die Gase werden im Pansen gesammelt und in regelmäßigen Abständen als „Rülpser" über die Speiseröhre ausgestoßen. Aufgrund der Gasbildung während der Pansenvorverdauung wird dieser Magenabschnitt auch als Gärkammer bezeichnet.

Die Schleimhaut des Pansens zeigt Erhebungen (Zotten) unterschiedlicher Größe.

Der im Pansen vorverdaute Pflanzenbrei wird immer wieder zwischen **Netzmagen** und Pansen hin- und her geschoben, um eine bessere Durchmischung mit Mikroorganismen zu

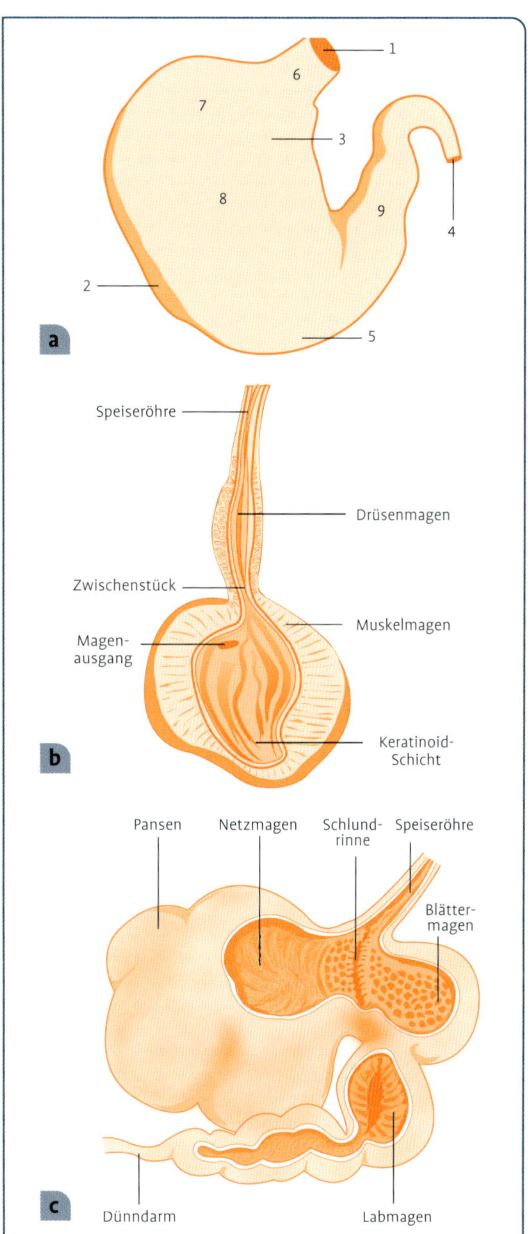

Magenformen:
a) einhöhliger (Hund), b) zweihöhliger (Vogel), c) mehrhöhliger Magen (Rind).
1) Speiseröhre, 2) große Magenkrümmung, 3) kleine Magenkrümmung, 4) Zwölffingerdarm, 5) Magenknie, 6) Kardia, 7) Fundus, 8) Corpus, 9) Pylorus

erreichen. Die Schleimhaut des Netzmagens (Haube) besitzt **netzartig angeordnete Falten**, daher der Name Netzmagen.

Im **Blättermagen** (Psalter) werden dem Futterbrei die Flüssigkeit sowie bereits aufgeschlossene Nährstoffe entzogen und der eingedickte Rest an den Labmagen weitergegeben. Die Schleimhaut des Blättermagens sieht aus wie die Seiten (Blätter) eines Buches.

Funktion des Labmagens

Der Labmagen arbeitet auf die gleiche Weise wie der einhöhlige Magen z. B. von Hund und Katze. Eiweiße werden durch das Enzym Pepsin in Aminosäuren (Eiweißbausteine) gespalten, Bakterien durch die Salzsäure abgetötet und der gut durchmischte Speisebrei an den Dünndarm weitergegeben. Eine Besonderheit ist das im Labmagen befindliche Enzymgemisch **Lab**, das für die Verdauung von Milch saugenden Jungtieren verantwortlich ist.

Schlundrinne

Zwischen Speiseröhre und Labmagen verläuft eine Rinne, die Schlundrinne (auch Haubenrinne genannt). Bei noch Milch saugenden Jungtieren gelangt die aufgenommene Milch, die ja keine festen Bestandteile enthält und daher nicht in den Vormägen für die Verdauung vorbereitet werden muss, über die Schlundrinne direkt in den Labmagen. Im Labmagen wird aus der Milch durch **Lab** (ein Gemisch verschiedener Enzyme) das Milcheiweiß ausgefällt und für die Verdauung zugänglich gemacht. Lab wird in der Lebensmittelproduktion auch für die Herstellung von Käse verwendet.

? Magenarten verschiedener Tierarten

- **Einhöhliger Magen** Pferd, Schwein, Fleischfresser, Meerschweinchen, Kaninchen, Ratte, Maus
- **Zweihöhliger Magen** Vögel, Hamster
- **Mehrhöhliger Magen** Wiederkäuer

8.5.3 Darm (Intestinum)

Der Darmtrakt wird in Dünndarm und Dickdarm unterteilt.

8.5.3.1 Dünndarm

Der Dünndarm besteht aus drei Abschnitten, dem **Zwölffingerdarm** (Duodenum), dem **Leerdarm** (Jejunum) und dem **Hüftdarm**, (Ileum, Krummdarm).

Als Gekröse wird eine Bauchfellfalte bezeichnet, die dem Darm als Aufhängeband dient und das Organ mit der Bauchwand verbindet. Hier verlaufen die Blutgefäße und Nerven für die einzelnen Darmabschnitte.

Zwölffingerdarm

Der Name Zwölffingerdarm (Duodenum) stammt aus der Anatomie des Menschen. Beim Menschen ist dieser Darmabschnitt so lang, wie 12 Finger breit sind. Die Bezeichnung wurde für die Tieranatomie beibehalten, obwohl hier die Größenverhältnisse andere sind.

Das Duodenum schließt sich direkt an den Magenausgang (Pylorus) an und liegt nahe an der Leber und der Bauchspeicheldrüse. In das Duodenum münden der Gallengang der Leber und die Ausführungsgänge der Bauchspeicheldrüse ein.

Leerdarm

Der Leerdarm (Jejunum) ist der längste Abschnitt des Dünndarms. Bei Sektionen findet man das Jejunum meist leer oder mit nur geringem dünnflüssigem Speisebrei vor (daher der Name Leerdarm).

Hüftdarm

Als Hüftdarm (Ileum) wird das kurze Endstück des Dünndarms bezeichnet, das in den Dickdarm mündet.

Anteile des Dünndarms

- Zwölffingerdarm (Duodenum)
- Leerdarm (Jejunum)
- Hüftdarm (Ileum)

Dünndarmschleimhaut

Die Dünndarmwand besitzt hohe Falten. Das Innere des Dünndarms ist mit einer Schleimhaut überzogen, die (im Gegensatz zum Dickdarm) Zotten (fingerförmige Ausstülpungen) aufweist. Die **Darmzotten** tragen einen Überzug aus einschichtigem Epithel. Die Epithelzellen weisen einen bürstenartigen Saum (Mikrovilli) auf.

Durch diese Struktur wird die Fläche im Darm, mit der sie Nährstoffe aufnehmen kann, um ein Vielfaches vergrößert.

8.5.3.2 Dickdarm

Der Dickdarm wird in drei Abschnitte, dem **Blinddarm** (Caecum), dem **Grimmdarm** (Colon) und dem **Mastdarm** (Rectum) unterteilt. Die Dickdarmabschnitte sind durch das Darmgekröse in der Bauchhöhle befestigt. Die Dickdarmschleimhaut besitzt beim Fleischfresser und Wiederkäuer **Taenien** (bindegewebige Bandstreifen) sowie **Poschen** (sackartige Ausstülpungen).

Blinddarm

Der Blinddarm (Caecum), der erste Abschnitt des Dickdarms, ist ein blind endender Sack. Das Caecum ist bei den einzelnen Tierarten unterschiedlich gestaltet:

Beim **Kaninchen** und **Meerschweinchen** ist der Blinddarm der voluminöseste Darmanteil. Bei mittelgroßen Kaninchen kann er eine Länge von 60 cm erlangen. Beim Meerschweinchen füllt der Blinddarm etwa ein Drittel der Bauchhöhle aus. Sein Fassungsvermögen beträgt bis zum Fünffachen des Magens. Hier wird die Nahrung durch Mikroorganismen aufgeschlossen.

Ähnlich dem des Kaninchens ist der Blinddarm des **Pferdes.** Er ist bei dieser Tierart etwa 1,2 Meter lang und hat einen Durchmesser von ca. 30 cm. Gasansammlungen im Blinddarm können zu lebensbedrohlichen Koliken führen.

Der Blinddarm von **Ratte**, **Maus** und **Hamster** ist im Vergleich zu dem Dickdarmabschnitt der Fleischfresser relativ voluminös, jedoch weniger deutlich ausgeprägt als bei Pferd, Meerschweinchen und Kaninchen. Diese Tierarten können daher Rohfaser nur in geringer Menge verdauen. Der Rohfaseranteil in der Nahrung sollte aus diesem Grund bei Ratte, Maus und Hamster 10 % nicht überschreiten.

Die Fleischfresser Hund und Katze besitzen einen vergleichsweise kleinen Blinddarm. Die Fähigkeit, Rohfasern zu verdauen, ist bei Carnivoren (Fleischfressern) stark eingeschränkt, wenn nicht sogar (wie bei der Katze) fast nicht vorhanden.

Die Ausbildung des Caecums ist bei den **einzelnen Vogelarten** unterschiedlich. Zum Beispiel haben Hausgeflügelarten (Huhn, Gans, Ente) zwei Blinddärme, Tauben nur rudimentäre kurze Anhängsel, während Papageien überhaupt keinen Blinddarm besitzen.

Grimmdarm

Der Grimmdarm (Colon) wird in drei Abschnitte unterteilt. Der erste Abschnitt steigt rechts in der Bauchhöhle nach oben und wird als **aufsteigender Grimmdarm** (Colon ascendens) bezeichnet. Der zweite Teil wechselt in seinem Verlauf von der rechten Körperseite auf die linke und wird daher **querverlaufender Grimmdarm** (Colon transversum) genannt. Der dritte Abschnitt zieht auf der linken Körperhälfte in Richtung Becken, so dass er den Namen **absteigender Grimmdarm** (Colon descendens) erhalten hat. Vögel besitzen kein Colon.

Der Mastdarm
Der Mastdarm (Rectum) ist der letzte Abschnitt des Dickdarms. Er liegt in der Beckenhöhle.

Anteile des Dickdarms
- Blinddarm (Caecum)
- Grimmdarm (Colon)
- Mastdarm (Rectum)

Analkanal
Der Analkanal (Afterkanal) gehört anatomisch nicht mehr zum Darm. Er wird lediglich der Übersichtlichkeit wegen in diesem Zusammenhang besprochen. Der Analkanal verbindet das Rectum mit der Außenwelt. Die Ausgangsöffnung des Analkanals wird **Anus** genannt. Er besitzt zwei Schließmuskeln.

Bei den Fleischfressern (Katze und Hund) befinden sich in der dorsolateralen (bauchwärts-seitlichen) Wand des Afterkanals die beiden Analbeutel. Sie sind bei einem mittelgroßen Hund etwa haselnussgroß, bei der Katze etwas kleiner. In der Wand der Analbeutel sind Drüsen eingelagert. Sie produzieren ein für den Menschen wenig angenehm riechendes Sekret, das bei jedem Kotabsatz aus den Analbeuteln herausgepresst wird. Dieses Sekret dient der Revierabgrenzung und der Kommunikation unter Artgenossen.

Kloake
Beim **Vogel** folgt nach dem Mastdarm (Rectum) die Kloake. Sie ist das gemeinsame Ausscheidungsorgan für Verdauungsendprodukte (Kot), Harn und Geschlechtsprodukte (Samen, Eier). Die Kloake ist in drei Abschnitte unterteilt: Kotraum, Harnraum und Endraum.

- **Kotraum** (Coprodeum)
  Das Rectum geht ohne sichtbare Grenze in den Kotraum über.
- **Harnraum** (Urodeum)
  In den Harnraum münden die beiden Harnleiter, die beiden Samenleiter (beim männlichen Tier) sowie der Eileiter (beim weiblichen Tier).
- **Endraum** (Proctodeum)
  Der Endraum ist die Verbindung nach außen. Hier mündet die Bursa Fabricii (ein Organ des Immunsystems, in der die B-Lymphozyten aus dem Knochenmark geprägt werden, siehe Kapitel 13 Immunsystem). Am Boden des Proctodeums befindet sich beim männlichen Vogel das Begattungsorgan.

8.6 Physiologie der Verdauung

8.6.1 Speiseröhre

Die Aufgabe der Speiseröhre (Oesophagus) ist es, die aufgenommene Nahrung in den Magen zu befördern. Die Nahrung, die bei jedem Schluckakt aus dem Mund in die Speiseröhre gelangt, wird dort durch wellenförmige (peristaltische) Muskelbewegungen in Richtung Magen geschoben. Dabei zieht sich die Muskulatur der Speiseröhrenwand hinter dem Speisebrocken zusammen und treibt ihn so in Richtung Magen voran. Dieser Vorgang verläuft unwillkürlich.

Der letzte Teil der Speiseröhre, kurz vor dem Mageneingang, ist normalerweise immer verschlossen. Dadurch wird verhindert, dass saurer Mageninhalt in die Speiseröhre zurückfließt und die Oesophagusschleimhaut geschädigt wird. Wenn die abgeschluckte Nahrung am Ende des Oesophagus ankommt, öffnet sich der verschlossene Teil für die weitere Passage, um sich danach sofort wieder zu verschließen.

Aufgabe der Speiseröhre
- Transport der Nahrung in den Magen
- Verhinderung des Rückflusses von saurem Mageninhalt in die Speiseröhre

Transport der Nahrung durch den Verdauungstrakt:
1) Mundhöhle,
2) Speicheldrüsen,
3) Speiseröhre,
4) Magen,
5) Dünndarm,
6) Blinddarm,
7) Dickdarm,
8) Enddarm,
9) Anus,
10) Bauchspeicheldrüse,
11) Leber,
12) Zwerchfell.

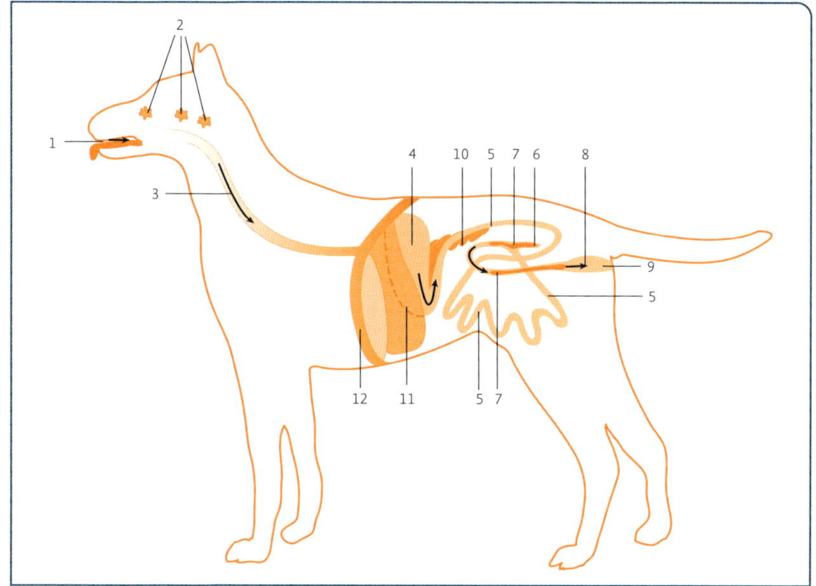

8.6.2 Kropf

Der Kropf (Erweiterung der Speiseröhre) der Vögel dient der zeitweisen Speicherung der Nahrung. Hier wird sie durch das Sekret der Schleimdrüsen (Glandulae ingluviales) und den abgeschluckten Speichel eingeweicht, aufgequollen und vorverdaut.

Bei der Taube wird im Kropf die Kropfmilch gebildet. Sie besteht aus abgeschilfertem Kropfepithel und enthält Fette, Eiweiße, Zucker und Kasein und dient der Ernährung der Nestjungen.

8.6.3 Magen

Aufgabe des Magens

Der Magen erfüllt bei der Verdauung mehrere Aufgaben. Er speichert die Nahrung für eine gewisse Zeit und bereitet sie für die Verdauung im Dünndarm vor. Durch peristaltische Bewegungen der Magenwand wird die Nahrung weiter zerkleinert, mit Magensaft durchmischt und schubweise an den Dünndarm weitergegeben.

Magensaft

Die Magenschleimhaut enthält Magendrüsen, die **Schleim**, **eiweißverdauende Verdauungsenzyme** und **Salzsäure** produzieren. Der Schleim schützt die Magenwand vor der Selbstverdauung durch die mageneigenen Enzyme und der aggressiven Salzsäure. Eine weitere wichtige Aufgabe der Salzsäure ist es, die mit der Nahrung in den Magen gelangten Krankheitserreger abzutöten. Sie hat damit eine desinfizierende Wirkung.

Magenbewegungen und Magensaftproduktion

Die Funktion des Magens (Magenbewegung und Magensaftproduktion) wird beeinflusst durch:

- **Das vegetative Nervensystem** Der Parasympathicus fördert über den Nervus vagus (Vagusnerv) die Magenbewegungen und die Produktion von Magensaft, während der Sympathikus beides hemmt. Der Sympathicus wirkt besonders in Stresssituationen. Dadurch ruht die Verdauung und der Körper wird von lebenserhaltenden Reaktionen (z. B. Flucht, Kampf) nicht abgelenkt. Der Parasympathicus wirkt in Ruhephasen. Der Körper kann sich dadurch auf die Verdauungsvorgänge konzentrieren. Dauerhaft einwirkender Stress führt zu Verdauungsstörungen.

- **Gewebshormone**
  Gastrin ist ein Hormon, das in der Magenwand gebildet wird. Über den Blutweg gelangt es zu den Zellen der Magenschleimhaut und bewirkt dort die Produktion von Salzsäure.
- **Mechanischer Reiz**
  In der Magenwand sitzt ein autonomes (vom Gehirn unabhängiges) Nervengeflecht. Berührt die Nahrung die Wagenwand, wird über diesen mechanischen Reiz des Nervengeflechtes die Magenbewegung ausgelöst.

Erbrechen

Der Brechakt ist ein reflektorischer Vorgang, bei dem der Mageninhalt durch den Mund nach außen entleert wird. Er wird durch antiperistaltische (der Peristaltik entgegengesetzte Bewegungen) Bewegungen des Magens eingeleitet. Dadurch wird sein Inhalt vor dem Magenmund (Cardia) angesammelt. Die Entleerung des Magens erfolgt nach Öffnen der Cardia. Der Mageninhalt tritt durch Ansaugen bei gleichzeitigem Verschluss der Luftröhre mit Unterstützung der Bauchpresse in die Speiseröhre ein.

Meerschweinchen, Kaninchen und **Pferde** können aufgrund der bei diesen Tierarten nur gering ausgebildeten Magenmuskulatur und dem schrägen Eintritt der Speiseröhre in den Magen nicht erbrechen.

Funktion des Vogelmagens

Der zweihöhlige Magen pflanzenfressender Vögel besteht aus einem Drüsenmagen und einem Muskelmagen. Der Muskelmagen ist dem Drüsenmagen nachgeschaltet. Das Futter verbleibt nur kurze Zeit im Drüsenmagen. Es wird durch rhythmische Kontraktionen in den nachfolgenden Muskelmagen gepresst. Dort wird das Futter zwischen der Reibeplatte, welche die Magenwand auskleidet, mit Hilfe abgeschluckter Steinchen zerrieben und mit dem Magensaft aus dem Drüsenmagen vermischt.

8.6.4 Dünndarm

Der Dünndarm hat die Aufgabe, die vom Magen aufbereitete Nahrung mit Hilfe von Bauchspeicheldrüsenenzymen und der Galle aus der Leber so zu verarbeiten, dass die einzelnen Bausteine durch die Dünndarmschleimhaut in die Blutbahn übertreten und vom Körper verwertet werden können. Der unverdauliche Rest wird in den Dickdarm weitergeben, wo er bei Pflanzenfressern durch Mikroorganismen weiter aufgeschlossen wird.

Drüsen des Dünndarms

Im Zwölffingerdarm (Duodenum) findet man die **Brunner-Drüsen**. Sie sondern ein alkalisches (basisches) Sekret ab, das den sauren Magensaft neutralisiert. In der Dünndarmschleimhaut eingelagert sind ebenfalls die **Becherzellen**.

Ihre Anzahl nimmt im Verlauf des Dünndarms in Richtung Dickdarm zu. Sie produzieren Schleim, der als Gleitfilm für den Darminhalt sowie als Schutzschicht für die Darmwand dient.

Darmbewegung

Die Darmbewegungen werden durch das vegetative Nervensystem sowie durch mechanische Reizung der Darmwand beeinflusst:

Der Parasympathikus fördert die Dünndarmperistaltik, während der Sympathikus die Darmbewegungen verhindert.

Durch den Berührungsreiz des Nahrungsbreis mit der Darmwand werden reflektorisch über Nervengeflechte in der Darmwand die Darmbewegungen ausgelöst.

Der Dünndarm zeigt zwei Bewegungsarten, die **Segmentation** und **Peristaltik.**

- **Segmentation**
  Bei der Segmentation handelt es sich um das Zusammenziehen und Erschlaffen von Darmabschnitten, wodurch der Darminhalt mit dem Verdauungssaft vermischt wird.
- **Peristaltik** Durch wellenförmige Bewegungen wird der Darminhalt weitertransportiert. Dabei zieht sich der Darmabschnitt hinter der Nahrung zusammen und drückt sie weiter voran.

Bei **Meerschweinchen** und **Kaninchen** sind die Darmbewegungen (Peristaltik, Segmentation) nur wenig ausgeprägt. Diese Tierarten müssen ständig fressen, damit ein Weitertransport der Nahrung im Magen-Darm-Trakt stattfinden kann. Kranke Kaninchen und Meerschweinchen, welche die Nahrungsaufnahme verweigern, müssen daher mit ballaststoffreichem Futter gefüttert werden. Ansonsten entstehen innerhalb 24 Stunden lebensbedrohliche Stauungszustände im Verdauungstrakt.

Darmflora

Der Begriff Darmflora ist irreführend. Er stammt aus einer Zeit, in der man Bakterien und andere Mikroorganismen zum Pflanzenreich zählte. Heute weiß man, dass der Darmtrakt hauptsächlich von Bakterien (und wenigen Pilzen) besiedelt wird. Im Dünndarm befinden sich weniger Mikroorganismen als im Dickdarm. Auch die Zusammensetzung der Darmflora ist im Dünndarm und Dickdarm unterschiedlich.

Verdauung im Dünndarm

Der Ausführungsgang der Bauchspeicheldrüse sowie der Gallengang münden in den Zwölffingerdarm ein.

Dort werden die Nahrungsbestandteile durch die Enzyme der Bauchspeicheldrüse in kleinste Bausteine zerlegt:

- **Trysin** spaltet Nahrungseiweiße in Aminosäuren auf
- **Amylase** spaltet Nahrungszucker in Glukose auf

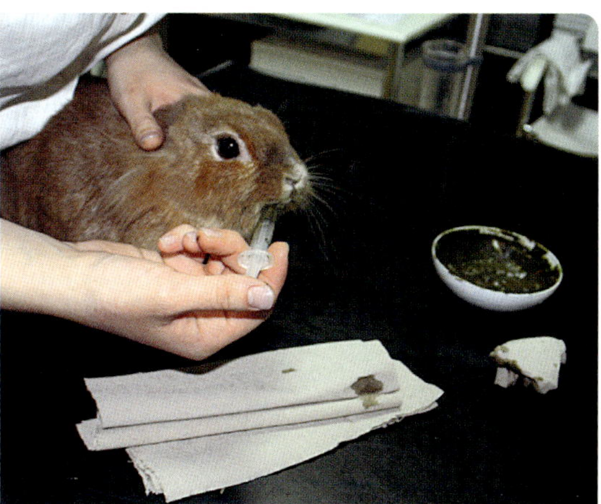

Fütterung eines Kaninchens mit rohfaserreicher Spezialnahrung.

- **Lipase** spaltet die Nahrungsfette in Fettsäuren auf

Die Galle, die in der Leber gebildet und über den Gallengang in den Dünndarm abgegeben wird, emulgiert (so wie Geschirrspülmittel die Fette im Spülwasser) die Nahrungsfette im Speisebrei. Dabei wird die Oberflächenspannung der Fette herabgesetzt. Nur so sind sie für die Lipase angreifbar. Im weiteren Verlauf des Dünndarms werden die Aminosäuren, Fettsäuren und die Glukose durch die Darmwand resorbiert (hindurchgeschleust) und über die Blutbahn zur Verwertung im Körper weitergeleitet.

8.6.5 Dickdarm

Der Dickdarm besteht aus Blinddarm (Caecum), Grimmdarm (Colon) und Mastdarm (Rectum).

Aufgaben des Dickdarms

Im Dickdarm wird der unverdauliche Rest des Nahrungsbreis durch Wasserrückresorption eingedickt. Dabei wird dem Darminhalt das Wasser entzogen und über die Blutgefäße der Darmwand dem Körperkreislauf wieder zugeführt.

Darmbakterien und Protozoen (Einzeller) übernehmen nun die Verdauung noch verwertbarer Inhaltsstoffe des Kotes. Besonders wichtig ist dabei die Spaltung von Zellulose (der schwer verdauliche Hauptbestandteil von Pflanzen) u. a. in Fettsäuren. Die Fettsäuren können vom Körper über die Darmwand aufgenommen und verwertet werden. Eiweiße, die dem Abbau durch Enzyme im Dünndarm entgangen sind, werden im Dickdarm durch Bakterien vergoren (Eiweißfäulnis) und resorptionsfähig gemacht. Durch diese Fäulnisverdauung erhält der Nahrungsbrei im Dickdarm seinen typischen Fäkalgeruch.

Meerschweinchen, Kaninchen und Pferde sind reine Pflanzenfresser. Bei diesen Tierarten übernehmen Mikroorganismen im Blinddarm und Colon einen großen Teil der Verdauung, indem sie die Zellulose der Futterpflanzen spalten und somit für den Körper verwertbar machen.

Der Blinddarm von Hunden und Katzen ist im Vergleich zu dem von Pflanzenfressern sehr klein. Die dort stattfindende Zelluloseverdauung ist bei diesen fleischfressenen Tierarten nur eingeschränkt möglich. Katzen können Pflanzen fast gar nicht verdauen. Für Hunde müssen Pflanzenteile (z. B. Gemüse) durch Kochen oder Dünsten gut aufgeschlossen sein, damit sie genutzt werden können.

Auch bei den Kleinnagern (Hamster, Ratte, Maus) ist die Fähigkeit zur Zelluloseverdauung sehr gering. Der Anteil von Rohfaser in der Nahrung sollte daher bei diesen Tierarten 10 % nicht überschreiten.

Dickdarmwand

In der Darmwand des gesamten Dickdarms liegen Becherzellen. Sie sekretieren Schleim, der den eingedickten Kot gleitfähig macht.

Der Magen-Darm-Trakt ist zahlreichen Angreifern ausgesetzt. Mit jedem Bissen werden dem Körper Bakterien, Viren und auch Nahrungsallergene zugeführt, gegen die er sich wehren muss. Besonders in der Dickdarmwand findet man zu diesem Zweck lymphatisches Gewebe in Form von Einzelknötchen oder ganzen Ansammlungen kugelförmiger Strukturen (Peyer'sche Plaques), die der Abwehr von Krankheitserregern und Allergenen dienen.

Koprophagie und Caecotrophie

Als **Koprophagie** bezeichnet man das Fressen von Kot. Dies wird von vielen Tierarten regelmäßig praktiziert. Der Sinn dieses Verhaltens liegt in der besseren Verwertung der Nahrung. Durch die zweimalige Passage der Nahrung durch den Magen-Darm-Trakt können viele Inhaltsstoffe besser ausgenutzt werden.

Koprophagie kann bei manchen Tierarten auch durch Langeweile oder Mangelernährung hervorgerufen werden.

Bei jungen Hunden wird Koprophagie, obwohl es bei Fleischfressern nicht zum normalen Verhalten gehört, regelmäßig beobachtet. Dabei wird meist der Kot von Artgenossen oder anderen Tierarten, manchmal auch Menschenkot gefressen. Die Ursache für dieses Verhalten, das nach der „Pubertät" meist verschwindet, ist nicht eindeutig geklärt.

Ratten und Mäuse betreiben regelmäßig Koprophagie. Hamster fressen ihren Kot nur gelegentlich. Wenn sie es häufiger tun, lässt das auf eine fehlerhafte Futterzusammenstellung und Mangelernährung schließen.

Normaler Kot eines Meerschweinchens.

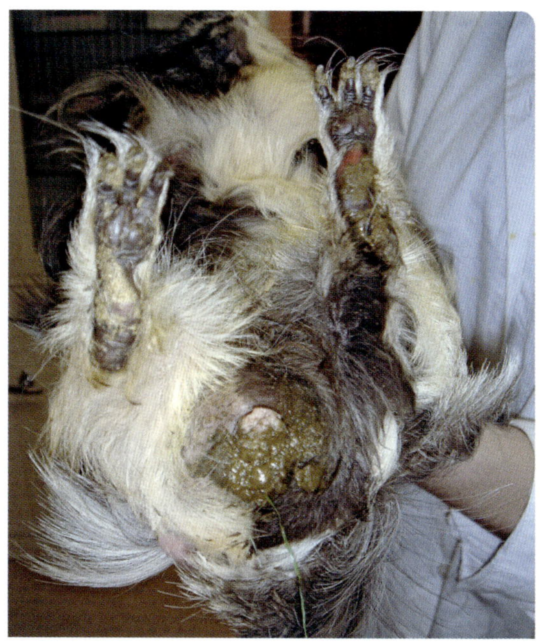

Durchfall.

Als **Caecotrophie** bezeichnet man die regelmäßige Aufnahme von Blinddarmkot bei Nagetieren (z. B. Meerschweinchen) und Hasenartigen (Kaninchen). Diese Tierarten produzieren zwei Arten von Kot:

- **Normalen Kot**
  Dieser hauptsächlich tagsüber abgesetzte Kot enthält keine verwertbaren Nahrungsreste mehr und wird nicht gefressen. Es sind dunkle, trockene, je nach Tierart unterschiedlich geformte Kotbällchen.
- **Blinddarmkot**
  Während der Ruheperiode scheiden die Tiere feuchten, in Schleim gehüllten, weichen, traubenförmigen Kot aus. Die Tiere nehmen den sehr eiweiß- und vitaminreichen Blinddarmkot (Caecotrophe) direkt vom After auf und schlucken ihn unzerkaut. Vor allem die lebensnotwendigen Vitamine B und K, die von den Mikroorganismen im Dickdarm produziert und mit dem Blinddarmkot ausgeschieden werden, können so dem Körper zugeführt werden. Wird einem Kaninchen oder Meerschweinchen die Aufnahme von Blinddarmkot verwehrt, führt das innerhalb weniger Wochen zum Tod. Darmerkrankungen (oder Antibiotikumbehandlungen), durch welche die Vitamine produzierenden Kleinstlebewesen im Dickdarm geschädigt oder abgetötet werden, führen zu einem Mangel an Vitamin B und K und den daraus resultierenden Folgeschäden.

8.7 Untersuchungsmethoden

8.7.1 Leitsymptome

Leitsymptome sind bei einer Erkrankung regelmäßig oder häufig auftretende Symptome, die zur Diagnose hinleiten. Leitsymptome bei Magen-Darm-Erkrankungen sind:

- Appetitlosigkeit (Inappetenz)
- Erbrechen (Vomitus)
- Durchfall (Diarrhoe)

8.7.2 Röntgen und Ultraschall

Viele Erkrankungen des Magen-Darm-Traktes können durch Röntgenuntersuchungen diagnostiziert werden. Mit Hilfe eines Kontrastmittels, das dem Tier über den Mund eingegeben wird, können röntgenologisch die Durchgängigkeit des Darmkanals, die Beschaffenheit der Darmschlingen sowie Fremdkörper und in vielen Fällen auch Tumoren der Darmwand sichtbar gemacht werden.

Ultraschalluntersuchungen von Magen und Darm sind nur wenig aussagekräftig, da diese Organe kontrastüberdeckende Luft enthalten. Lufthaltige Hohlräume und deren Inhalt werden im Ultraschall weiß dargestellt. Lediglich die Dicke und Beschaffenheit der Darmwände sowie der Darmlymphknoten im Gekröse um den Darm können mit dieser Methode beurteilt werden.

8.7.3 Magen- und Darmspiegelung

Bei diesen Untersuchungen wird dem Patienten unter Narkose ein Endoskop über den Mund in den Magen (Magenspiegelung) oder über den After in den Darm (Darmspiegelung) eingeführt. Das Endoskop trägt eine Kamera. Über einen Monitor kann der Tierarzt den Magen und den gesamten Darmkanal von innen betrachten. Mit Hilfe einer Greifzange ist es zudem möglich, Gewebeproben zur weiteren feingeweblichen Untersuchung zu entnehmen oder kleinere Fremdkörper zu entfernen.

8.7.4 Probelaparatomie

In manchen Fällen, wenn andere Untersuchungsverfahren zu keinem diagnostischen Ergebnis führen, kann eine Probelaparatomie erforderlich sein. Dazu wird die Bauchhöhle des Patienten eröffnet und die Organe auf krankhafte Veränderungen untersucht. Auch Gewebeproben können im Rahmen einer Laparatomie entnommen werden.

8.7.5 Laboruntersuchungen

Kotuntersuchungen

Durch **mikroskopische Kotuntersuchungen** können Darmparasiten (Würmer, Kokzidien, Giardien) sowie Hefepilzüberwucherungen des Darms diagnostiziert werden. **Bakteriologische Untersuchungen** geben Auskunft über die bakterielle Zusammensetzung der Darmflora. Mit Hilfe eines **Resistenztestes** wird die Empfindlichkeit eines pathogenen (krankmachenden) Darmbakteriums auf Antibiotika geprüft. Dazu wird der Keim auf eine Platte mit Nährmedium verbracht, mit kleinen, jeweils mit verschiedenen Antibiotika getränkten Papierblättchen bedeckt und im Brutschrank bebrütet. Die Papierblättchen, die von einem Bakterienrasen frei bleiben, weil sich um sie ein bakterienfreier Hof gebildet hat, enthalten das Antibiotikum, das wirksam ist. Je größer der Hof ist, desto besser ist die Wirksamkeit des Antibiotikums. Die Papierblättchen, die von dem Bakterienrasen überwachsen werden, zeigen an, dass die Bakterien gegen das aufgebrachte Antibiotikum resistent (unempfindlich) sind. Manche Viren (z. B. Coronaviren, Parvoviren), die auch Darmerkrankungen verursachen, können durch Schnelltests im Kot nachgewiesen werden.

Blutuntersuchung

Es gibt keine **spezifischen** Blutparameter, durch die man allein eine Erkrankung des Magen-Darm-Traktes diagnostizieren könnte. Dennoch kann die Blutuntersuchung als Mosaiksteinchen bei der Diagnosefindung hilfreich sein (z. B. um andere Organerkrankungen auszuschließen).

8.7.6 Fachbegriffe zum Thema Rumpfdarm

Oesophagus = Speiseröhre
Gaster = Magen
Gastritis = Magenschleimhautentzündung
Vomitus = Erbrechen
Cardia = Magenmund
Pylorus = Pförtner (Magenausgang)
Rumination = Wiederkäuen
Gastroskopie = endoskopische Untersuchung des Magens
Duodenum = Zwölffingerdarm
Jejunum = Leerdarm
Ileum = Hüftdarm
Ileus = Darmverschluss
Caecum = Blinddarm
Colon = Grimmdarm
Rectum = Mastdarm
Anus = Darmausgang
Enteritis = Darmentzündung
Diarrhoe = Durchfall
Tympanie = Aufgebläht-sein (Stau von Gasen im Magen oder Darm)
Koprostase = Kotanschoppung
Kolik = schmerzhafter Krampfzustand im Bauchbereich

Obstipation = Verstopfung
Rectoskopie = endoskopische Betrachtung des Enddarms
Poschen = sackartige Ausstülpungen der Dickdarmschleimhaut
Taenien = bindegewebige Bandstreifen in der Dickdarmschleimhaut
Zotten = fingerförmige Ausstülpungen der Dünndarmschleimhaut
Kloake = gemeinsames Ausscheidungsvorgang für Kot, Harn und Geschlechtsprodukte beim Vogel
Segmentation = Darmbewegung (Zusammenziehen und Erschlaffen eines Darmabschnitts)
Peristaltik = wellenförmige Darmbewegung
Zellulose = schwer verdaulicher Bestandteil von Pflanzen
Laparatomie = chirurgische Eröffnung der Bauchhöhle

8.9 Leber

Die Leber (Hepar) ist das zentrale Stoffwechselorgan des Körpers. Ihre Tätigkeit steht mit allen übrigen Organen in enger Wechselbeziehung. Bei einer Erkrankung der Leber werden daher oft andere Körperorgane in Mitleidenschaft gezogen. Die Leber liegt unmittelbar hinter dem Zwerchfell, zum großen Teil innerhalb des Rippenbogens in der Bauchhöhle. Die Konsistenz des Organs ist derb-elastisch. In ihrer Form passt sich die Leber den Nachbarstrukturen an.

Die Leber ist mit Bauchfell überzogen. Dadurch ist sie an ihrer Oberfläche glatt und glänzend. Die Randpartien der Leber sind scharf abgegrenzt. Bei Leberschwellungen wird der scharfe Leberrand stumpf.

Die **Leberpforte** liegt an der Eingeweidefläche der Leber. Wie der Name (Pforte) sagt, handelt es sich um die Ein- und Austrittsstelle von Blutgefäßen, Gallengang, Nerven und Lymphgefäßen.

Die Leber besitzt zwei Blutgefäßsysteme:

- Über die Leberarterie erhält die Leber sauerstoffreiches Blut aus dem großen Körperkreislauf, wodurch das Organ versorgt wird. Man spricht daher auch von dem nutritiven (ernährenden) Gefäßsystem.
- Über die Pfortader fließt der Leber das Blut vom Darm, Magen, Milz und Bauchspeicheldrüse zu. Dieses Blut ist mit den aus dem Darm resorbierten „Betriebsstoffen“ (Eiweißen, Fetten, Kohlenhydraten, Vitaminen)angereichert, die in der Leber verarbeitet werden. Aus diesem Grund wird die Pfortader auch als funktionelles Gefäß bezeichnet.

Die Leberarterie und die Pfortader verzweigen sich innerhalb der Leber bis hin zu kleinsten Gefäßen (Leberkapillaren).

8.9.1 Gallenwege und Gallenblase

Den Anfang des Gallengangssystems bilden die Gallenkapillaren im Innern des Lebergewebes. Durch sie fließt die von den Leberzellen gebildete Gallenflüssigkeit. Die Gallenkapillaren vereinigen sich zu größeren Gallengängen, die sich wiederum zu einem großen gemeinsamen Lebergallengang zusammenfügen. Die Gallenblase stellt ein Reservoir für die Gallenflüssigkeit dar. Diese wird bei Bedarf in den Zwölffingerdarm abgegeben.

Die Ratte sowie einige Vogelarten (z. B. die meisten Tauben- und Papageienvögel) und das Pferd besitzen keine Gallenblase. Bei diesen Tierarten wird die in der Leber gebildete Gallenflüssigkeit über die Gallenwege direkt in den Zwölffingerdarm (Duodenum) abgegeben.

Gallenfarbstoff

Der Gallenfarbstoff **Bilirubin** entsteht durch den Abbau roten Blutkörperchen und dem darin enthaltenen Blutfarbstoff. Bei Erkrankungen der Leber und Gallengänge kann das Bilirubin manchmal nicht abgebaut und aus dem

Körper ausgeschieden werden. Es lagert sich in Haut- und Schleimhäute ein und färbt diese gelb. Dieses Symptom wird **Ikterus** (Gelbsucht) genannt.

8.9.2 Aufgaben der Leber

Die Aufgaben der Leber sind vielfältig. Sie wird häufig auch als Kraftwerk des Organismus bezeichnet:

Aufbau- und Speicherfunktion
Sie baut aus kleinsten Nahrungsbestandteilen (Aminosäuren und Fettsäuren), die ihr vom Verdauungstrakt über das Blut zufließen, körpereigenes Gewebe und Zucker (Glukose) auf.

Den aus der Nahrung stammenden Zucker (Glukose) (sowie die von ihr aus Nichtkohlenhydraten produzierten Glukose) wandelt sie in ein Depotsubstrat, das **Glykogen** um. Die Leber speichert dies solange, bis es gebraucht wird. Erneut in Glukose umgebaut, wird es dann wieder in das Blut abgegeben und dient zur Ernährung der Körperzellen. Durch den bedarfsgerechten Auf- und Abbau von Glykogen wirkt die Leber bei der Aufrechterhaltung des Blutzuckerspiegels mit.

Zudem lagern in der Leber fettlösliche Vitamine (A, D, E, K) und Spurenelemente (Eisen, Zink, Mangan, Kupfer) bis zu dem Zeitpunkt, an dem sie benötigt werden.

Entgiftung des Körpers
Giftige Substanzen aus der Nahrung (z. B. Farbstoffe, Konservierungsstoffe, Alkohol, Medikamente) sowie aus verbrauchtem Körpergewebe (z. B. zerfallene rote Blutkörperchen, hochgiftiges Ammoniak aus dem Eiweißstoffwechsel) werden von der Leber in ungiftige Abbauprodukte verwandelt, die über die Nieren aus dem Körper ausgeschleust werden.

Drüsenfunktion
In der Leber wird die Galle gebildet und in den Dünndarm abgegeben. Diese hilft bei der Verdauung von Fett im Dünndarm, indem sie das Fett im Nahrungsbrei emulgiert, d. h. in feinste Fetttröpfchen aufteilt (ähnlich wie Geschirrspülmittel das Fett im Spülwasser) und so für die Verdauungsenzyme angreifbar macht. Nur so können die Fette und damit auch die fettlöslichen Vitamine (A, D, E, K) resorbiert werden.

Abwehrfunktion
In der Leber werden Abwehrstoffe gegen Infektionskrankheiten sowie Bestandteile für die Blutgerinnung (z. B. Prothrombin und Fibrinogen) produziert. Dadurch hat die Leber neben anderen Abwehrorganen (Knochenmark, Thymus, Lymphknoten) eine wichtige Abwehrfunktion gegen Krankheiten.

8.9.3 Untersuchungsmethoden

Körperliche Untersuchung
Durch ihre fast vollkommen verdeckte Lage innerhalb des Rippenbogens ist eine gesunde Leber nicht palpierbar. Eine Schwellung, eine Zubildung oder eine Vergrößerung des Organs liegt vor, wenn die Leber außerhalb des Rippenbogens zu ertasten ist.

Röntgen- und Ultraschalluntersuchung
Durch Röntgen- und Ultraschalluntersuchungen werden sichtbare Veränderungen des Lebergewebes (Schrumpfung, Vergrößerung, Tumoren, Strukturabweichungen) aufgezeigt.

Gewebeprobe (Biopsie)
Unter Ultraschallkontrolle wird mit Hilfe einer feinen Hohlnadel eine Gewebeprobe aus einem oder mehreren Leberarealen ausgestochen und mikroskopisch untersucht. Durch eine solche Feinnadelbiopsie können oft die Ursachen für eine Lebererkrankung ermittelt werden.

Blutuntersuchung
Mit Hilfe der Blutuntersuchung können Funktionsstörungen der Leber ermittelt werden. Die Blutuntersuchung ist aufgrund der dafür erforderlichen Blutmenge nur bei größeren Säugetieren und größeren Vögeln durchführbar. Bei sehr kleinen Vögeln und kleinen Heimtieren (z. B. Hamster, Mäuse) kann nicht ausreichend Blut entnommen werden, ohne die Tiere zu gefährden.

8.9.4 Fachbegriffe zum Thema Leber

Cholangitis = Entzündung der Gallengänge
Hepatitis = Leberentzündung
Billirubin = Gallenfarbstoff
Ikterus = Gelbsucht
Leberbiopsie = Entnahme einer Gewebeprobe aus der Leber
Leberzirrhose = Umbau von Lebergewebe in funktionsloses Bindegewebe

8.10 Bauchspeicheldrüse

8.10.1 Gestalt und Lage

Die äußere Gestalt der Bauchspeicheldrüse (Pankreas) ist tierartlich sehr unterschiedlich. Das Organ liegt quer im Oberbauch zwischen Zwölffingerdarm und Magen. Grundsätzlich lässt es sich in einen Pankreaskörper sowie einen linken und rechten Lappen unterteilen. Die Farbe des recht unscheinbaren Organs ist blassrosa bis hell gelblich.

Der Ausführungsgang der Bauchspeicheldrüse mündet in das Duodenum (Zwölffingerdarm).

8.10.2 Feinbau

Die Bauchspeicheldrüse ist gleichzeitig eine **exokrine** und eine **endokrine** Drüse, d. h. ihre Produkte werden nach außen (in den Dünndarm = exokrin) und nach innen (in die Blutbahn = endokrin) abgegeben. In seiner exokrinen Funktion produziert das Organ Verdauungsenzyme. Als endokrine Aufgabe werden Hormone (Insulin und Glukagon) in das Blut ausgeschüttet, die den Blutzuckerspiegel beeinflussen.

Das **endokrine Pankreas** wird auch Inselorgan genannt. Es handelt sich dabei um runde Gebilde von bis zu 400µm Mikrometer (1 Mikrometer = ein Millionstel Meter) Durchmesser, die sogenannten **Langerhans-Inseln**. Hier werden die Hormone **Insulin** und sein Gegenspieler **Glukagon** gebildet und direkt ins Blut abgegeben. Wird in der Bauchspeicheldrüse zuwenig Insulin gebildet, kann der Blutzucker nicht in die Zellen transportiert werden. Die Erkrankung, die mit erhöhtem Blutzuckerspiegel einhergeht, wird Diabetes mellitus (Zuckerkrankheit) genannt (siehe Kapitel 9 Endokrinologie, Inselorgan der Bauchspeicheldrüse).

Der **exokrine Anteil** der Bauchspeicheldrüse stellt den Hauptanteil des Organs dar. Hier werden die **Verdauungsenzyme** gebildet, welche die Nahrungsbestandteile in Teile spalten, die klein genug sind, so dass sie über die Darmschleimhaut resorbiert (in die Blutbahn aufgenommen) werden können. Gelangt Speisebrei in das Duodenum, werden von speziellen Zellen der Zwölffingerdarmschleimhaut Gewebshormone in die Blutbahn abgegeben und zur Bauchspeicheldrüse transportiert. Auf diesen Reiz hin produziert die Bauchspeicheldrüse die Verdauungsenzyme und sezerniert sie über den **Ausführungsgang in den Zwölffingerdarm** (Duodenum).

Folgende Enzyme werden ausgeschüttet:

- **Proteasen**
  Proteasen (Trypsin und Chymotrypsin) sind Enzyme, die Nahrungseiweiße in Aminosäuren spalten.
- **Amylase**
  Dieses Enzym spaltet die Kohlenhydrate im Nahrungsbrei zu einfachen Zuckern.

- **Lipase**
  Durch das Enzym Lipase werden Fette zu Fettsäuren gespalten.

? Verdauungsenzyme der Bauchspeicheldrüse
- Eiweißverdauung = Trypsin und Chymotrypsin
- Kohlenhydratverdauung = Amylase
- Fettverdauung = Lipase

8.10.3 Untersuchungsmethoden

Körperliche Untersuchung

Aufgrund seiner versteckten Lage im Bauchraum ist das Pankreas für die Palpation schwer zugänglich. Bei einer Entzündung des Organs reagieren viele Patienten jedoch (aufgrund der großen Schmerzhaftigkeit des Krankheitsprozesses) schon bei geringem Druck auf den Oberbauch mit massiven Abwehrbewegungen oder Schmerzäußerungen.

Kotuntersuchung

Bei ungenügender Produktion von Verdauungsenzymen aufgrund einer Erkrankung oder Degeneration der Bauchspeicheldrüse enthält der Kot vermehrt unverdaute Fette, Eiweiße und Kohlenhydrate, die mit Hilfe chemischer Verfahren nachgewiesen werden können.

Blutuntersuchung

Für Hund und Katze gibt es einen spezifischen Bluttest (feline spezifische Pankreaslipase = Spec fPL, canine spezifische Pankreaslipase = Spec cPL), durch den man eine chronische oder akute Bauchspeicheldrüsenentzündung diagnostizieren kann.

Zusätzlich kann der Anstieg von Amylase und Lipase im Blut zur Diagnostik herangezogen werden. Da diese Werte jedoch nicht spezifisch sind (d. h. die Enzyme können auch bei anderen Erkrankungen erhöht im Blut vorliegen) eignen sie sich nicht als alleinige Diagnose einer Bauchspeicheldrüsenerkrankung.

Ultraschalluntersuchung

Durch Sonographie (Ultraschall) können Größen- und Strukturveränderungen der Bauchspeicheldrüse bildlich dargestellt werden.

8.10.4 Fachbegriffe zum Thema Bauchspeicheldrüse

Pankreatitis = Bauchspeicheldrüsenentzündung
Pankreasinsuffizienz = Mangelnde Bildung von Verdauungsenzymen in der Bauchspeicheldrüse
Diabetes mellitus = Zuckerkrankheit

9 Endokrines System

Das Wort Endokrinologie kommt aus dem Griechischen und setzt sich aus endon (= innen) und krinein (= abscheiden) zusammen. Als **endokrin** werden Drüsen bezeichnet, die ihre Produkte (Hormone) direkt in die Blutbahn (nach innen) abgeben und im Gegensatz zu den exokrinen Drüsen (z. B. Speichel-, Schweißdrüsen), die ihre Sekrete nach außen abscheiden, keinen Ausführungsgang besitzen.

Zu den endokrinen Drüsen zählen:

- Zirbeldrüse
- Hypothalamus
- Hirnanhangdrüse
- Schilddrüse
- Nebenschilddrüse
- Nebennieren
- Inselorgan der Bauchspeicheldrüse
- Geschlechtsdrüsen (Eierstöcke, Hoden)
- Diffuses endokrines Gewebe

9.1 Hormone

Hormone sind Botenstoffe (messenger), die über den Blutkreislauf zu den Zielorganen geleitet werden.

Das Hormonsystem (endokrines System) steuert die Körperfunktionen vom Wachstum über die Fortpflanzung bis hin zum täglichen Verdauungsvorgang. Hormone beeinflussen das Allgemeinbefinden, Stimmungen und Gefühle.

Der Begriff „Hormon" ist von dem griechischen Wort „hormao" abgeleitet, was soviel wie „ich treibe an" oder „ich bewege" bedeutet. Und genau das ist es, was die Hormone in unserem Körper bewirken. Als eine Art „Regierung" des Körpers regulieren sie zusammen mit dem vegetativen Nervensystem die Körperfunktionen und helfen dem Organismus den unterschiedlichsten Anforderungen des Lebens gerecht zu werden und damit zu überleben.

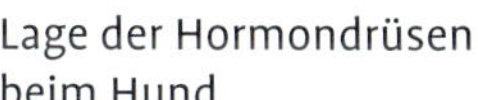
Lage der Hormondrüsen beim Hund

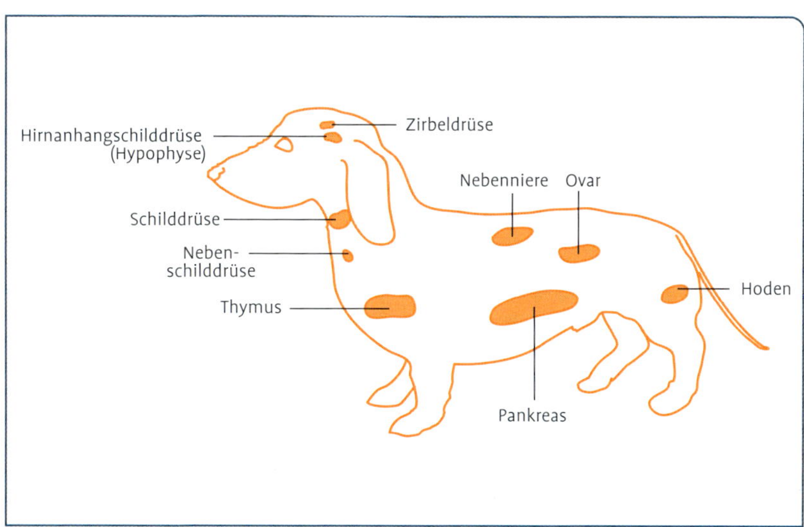

9.1.1 Hierarchie der Hormondrüsen

Es gibt eine Hierarchie (Rangordnung) der Hormondrüsen. An oberster Stelle steht der Hypothalamus als erste Befehlsinstanz. Er gibt mittels Botenstoffe (Hormone) Befehle an die Hirnanhangdrüse (Hypophyse). Von der Hirnanhangdrüse, als zweiter Befehlsinstanz, werden die einzelnen Hormondrüsen des Körpers „regiert".

Hormon und Rezeptor
Damit ein Hormon an dem Zielorgan seine Wirkung entfalten kann, müssen die Zellen des Organs **Rezeptoren** (Reizempfänger) besitzen. Hormon und Rezeptor passen wie Schlüssel und Schloss zusammen. Nur dann wird die Reaktion der Organzellen in Gang gesetzt.

9.2 Zirbeldrüse

Die Zirbeldrüse (Epiphyse) ist ein ovales bis rundes Organ im Epithalamus (Epithalamus = Teil des Zwischenhirns).

Die Größe der Zirbeldrüse ist tierartlich unterschiedlich. Bei einigen Vogelarten kann sie bis zu 10 % des gesamten Gehirns betragen.

Die Zirbeldrüse ist ein lichtempfindliches Organ. Sie steuert den **Tag/Nacht-Rhythmus** sowie in Abhängigkeit von der Tageslichtlänge auch **saisonale Rhythmen**. So beginnen z. B. Vögel erst mit zunehmender Tageslichtlänge im Frühling mit dem Nestbau und Brüten. Während der dunkleren Wintermonate ruht die Eiproduktion. Bei vielen Säugetieren ist die Fortpflanzung eng an die Einwirkungsdauer von Tageslicht gebunden. Katzen werden z. B. (wenn sie nicht in der Wohnung unter Kunstlicht leben) im Winter nicht rollig. Hunde und Katzen schlafen im Winter vermehrt.

9.2.1 Untersuchungsmethoden

Computertomographie
Eine Untersuchung der Epiphyse ist durch eine Computertomographie (CT) möglich. Neben angeborenen Missbildungen können Entzündungen der Epiphyse (Epiphysitis) im Zusammenhang mit einer infektiösen Hirnhautentzündung sowie (wenn auch selten) Tumoren des Organs auftreten.

9.3 Hypothalamus

Der Hypothalamus gehört zum Zwischenhirn. Er ist die in der Rangordnung der Hormondrüsen am höchsten stehende Drüse. Der Hypothalamus produziert vor allem **Freisetzungshormone** und **Hemmhormone.** Die Freisetzungshormone bewirken die Freisetzung von Hormonen in der Hirnanhangdrüse. Die Hemmhormone hemmen die Freisetzung von Hormonen in der Hirnanhangdrüse. Zusätzlich bildet der Hypothalamus zwei weitere Hormone (Oxytocin und Vasopressin), die an die Hirnanhangdrüse weitergeleitet, dort gespeichert und bei Bedarf in die Blutbahn ausgeschüttet werden. Die Hirnanhangdrüse ist die dem Hypothalamus in der Rangordnung nachfolgende Hormondrüse.

9.3.1 Untersuchungsmethoden

Computertomographie
Die bildliche Darstellung des Hypothalamus ist durch Computertomographie möglich.

9.4 Hirnanhangdrüse

Die Hirnanhangdrüse (Hypophyse) ist ein ovales bis rundliches Organ am Boden des Zwischenhirns. Der Name Hypophyse kommt aus dem Griechischen und bedeutet „das unten anhängende Gewächs".

Die Drüse ist sehr klein: Beim Hund wiegt sie zwischen 0,1 – 0,2 g, bei kleineren Tieren entsprechend weniger. Man unterscheidet den **Hypophysenvorderlappen**, den **Zwischenteil der Hypophyse** und den **Hypophysenhinterlappen**.

9.4.1 Hypophysenvorderlappen

Im Hypophysenvorderlappen werden zwei Arten von Hormonen produziert:

- Hormone, die eine direkte Wirkung im Körper auslösen (z. B. Oxytocin, das die Kontraktion der Gebärmutter auslöst und damit die Geburt unterstützt)
- Hormone, die in der Rangfolge nachfolgende Hormondrüsen (z. B. Schilddrüse, Nebennieren, Eierstöcke, Hoden) zur Hormonausschüttung stimulieren (Stimulationshormone)

Zu welchem Zeitpunkt die Hormone des Hypophysenvorderlappens gebildet und ausgeschüttet und in welcher Menge sie freigesetzt werden, regulieren Freisetzungs- und Hemmhormone des Hypothalamus.

Die Information, wie viele Hormone der Körper benötigt, erhalten Hypothalamus und Hypophyse durch Rückmeldung über das Blut. Sind ausreichend Hormone im Blut vorhanden, schüttet die Hypophyse keine Stimulationshormone mehr aus. Der Hypothalamus sendet Hemmhormone. Sind zuwenig Hormone im Blut, werden im Hypothalamus Freisetzungshormone und in der Hypophyse Stimulationshormone ausgesandt.

9.4.2 Zwischenteil der Hypophyse

Im Zwischenteil der Hypophyse wird ein Hormon gebildet, das die Pigmentzellen der Haut zur Produktion von Melanin anregt. **Melanin** ist ein Pigment, das für die Ausbildung der Farben der Haut, des Fells, der Augen, des Nasenspiegels und der Lefzen verantwortlich ist.

Melanin dient als Lichtschutz vor dem schädlichen Einfluss der UV-Strahlung der Sonne. Es wandelt mehr als 99 % der Strahlungsenergie in harmlose Wärme um.

Tiere mit einer Störung der Melaninbildung nennt man Albinos. Sie haben ein weißes Fell. Da in den Augen von Albinos kein Melanin eingelagert ist, scheinen die Blutgefäße durch, so dass sie rot aussehen, wenn Licht einfällt.

Bei einer Überproduktion von Melanin treten vermehrt dunkle Flecken (z. B. an den Ohren weißer Katzen) auf, die zu bösartigen Tumoren (z. B. Malignes Melanom – ein sehr bösartiger Hautkrebs) werden können.

9.4.3 Hypophysenhinterlappen

Im Hypohysenhinterlappen werden keine Hormone gebildet, sondern lediglich die Hormone des Hypothalamus (Vasopressin und Oxytocin) gespeichert und bei Bedarf freigesetzt.

Vasopressin fördert in den Nieren die Rückresorption des Wassers in den Körperkreislauf (siehe Kap. 10 Harnapparat).

Oxytocin löst am trächtigen Uterus (Gebärmutter) Kontraktionen aus und beeinflusst die Sekretion der Milchdrüse. Es hat damit unmittelbaren Einfluss auf Geburt und Milchfluss.

9.4.4 Untersuchungsmethoden

Krankheitszeichen, die **eindeutig** auf eine Fehlfunktion der Hirnanhangdrüse hindeuten, gibt es nicht. Bei einer Unter- oder Überfunktion der Drüse werden in diesem Organ und in den nachgeschalteten Hormondrüsen zu wenige oder zu viele Hormone gebildet. Durch verschiedene Untersuchungen (Labor, Ultraschall, Röntgen, Computertomographie) muss geklärt werden, ob es sich bei den auftretenden Veränderungen um eine Erkrankung der Hirnanhangdrüse selbst oder um eine der von ihr stimulierten nachfolgenden Hormondrüsen (z. B. Schilddrüse, Nebenniere, Eierstöcke, Hoden) handelt.

9.4.5 Fachbegriffe zum Thema Hypophyse

Oxytocin = Hormon aus dem Hypophysenvorderlappen
Vasopressin = Hormon aus dem Hypophysenvorderlappen
Melanin = Hautpigment
Malignes Melanom = bösartiger Hautkrebs

9.5 Schilddrüse

Die Schilddrüse (glandula thyroidea) liegt unterhalb des Kehlkopfes. Sie besteht aus zwei Lappen, die rechts und links an der Luftröhre anliegen und durch eine Brücke verbunden sind.

Das Organ ist von einer Bindegewebskapsel umgeben, von der Septen ins Innere ziehen und die Schilddrüse in Läppchen (Lobuli) unterteilen. Im Innern der Läppchen kann man sehr viele kleine Bläschen (Follikel) erkennen. Die Wand der Follikel besteht aus Follikelepithelzellen. Sie bilden das Thyreoglobulin, eine Vorstufe der Schilddrüsenhormone. Um Schilddrüsenhormone aus dieser Vorstufe herstellen zu können, benötigt die Schilddrüse zusätzlich **Jod**. Dieses Jod muss mit der Nahrung und dem Wasser aufgenommen werden. Es wird an Thyreoglobulin gebunden, wodurch die Schilddrüsenhormone **T3** (Trijodthyronin) und **T4** (Tyroxin) entstehen.

Katze mit Schilddrüsenüberfunktion.

Die Ausschüttung der Schilddrüsenhormone in die Blutbahn erfolgt durch das Stimulationshormon **TSH** aus der Hypophyse (das wiederum durch das Freisetzungshormon des Hypothalamus beeinflusst wird).

Schilddrüsenhormone wirken sich durch Beschleunigung des Stoffwechsels im ganzen Organismus aus. Sie

- erhöhen die Herzfrequenz und den Blutdruck,
- bewirken eine Erweiterung der Blutgefäße,
- steigern den Zucker-, Fett- und Eiweißstoffwechsel,
- steigern die Aktivität der Schweiß- und Talgdrüsen der Haut,
- aktivieren die Darmmotorik,
- führen zu einer verstärkten Erregbarkeit der Nervenzellen,
- sind unentbehrlich für die Wachstums- und Reifungsprozesse des Skeletts sowie für die Gehirnentwicklung,
- erhöhen den Grundumsatz des Organismus und führen dadurch zu einem Anstieg der Körpertemperatur.

9.5.1 Untersuchungsmethoden

Körperliche Untersuchung

Die Palpation der Schilddrüse erfolgt mit den Fingerspitzen beider Hände rechts und links entlang der Luftröhre unterhalb des Kehlkopfes. Bei unseren Haustieren ist das Organ, im Gegensatz zum Menschen, nur tastbar, wenn es vergrößert ist. Wenn man die Schilddrüse mit den Fingern ertasten kann, ist dies ein Hinweis für eine Erkrankung des Organs.

Laboruntersuchungen

Hormonbestimmung im Blut

Aus der Höhe des im Blut vorliegenden Schilddrüsenhormons **T4** sowie beim Hund aus der

Konzentration des Schilddrüsen-stimulierenden Hormons der Hirnanhangdrüse **TSH** können Rückschlüsse auf die Funktion der Schilddrüse gezogen werden. Bei nicht eindeutigen Ergebnissen werden zusätzlich weitere Tests (z. B. maximale Stimulierung der Schilddrüse durch Injektion von TSH) durchgeführt.

Ultraschalluntersuchung

Durch eine Ultraschalluntersuchung können Veränderungen des Schilddrüsengewebes (z. B. gutartige Tumoren bei der Hyperthyreose der Katze) bildlich sichtbar gemacht werden.

Schilddrüsen – Szintigrafie

Es handelt sich dabei um ein sehr aufschlussreiches diagnostisches Verfahren zur Untersuchung der Schilddrüsenfunktion, das in der Humanmedizin häufig durchgeführt wird. Hierbei wird dem Patienten radioaktives Jod verabreicht und anschließend dessen Ausbreitung in der Schilddrüse und im Körper bildlich dargestellt. Allerdings kann diese Untersuchungsmethode nur in wenigen Tierkliniken Deutschlands durchgeführt werden und ist sehr teuer. In den meisten Fällen geben Blutuntersuchungen ausreichend Information darüber, ob eine Erkrankung der Schilddrüse vorliegt oder nicht, so dass solche aufwendigen Verfahren wie die Szintigrafie bei Tieren zur Diagnostik nicht erforderlich sind.

9.5.2 Fachbegriffe zum Thema Schilddrüse

Hyperthyreose = Schilddrüsenüberfunktion
Hypothyreose = Schilddrüsenunterfunktion

9.6 Nebenschilddrüsen

Die Nebenschilddrüsen (Glandulae Parathyreoideae) bestehen aus je zwei kleinen (beim Hund z. B. hirse- bis reiskorngroßen) Epithelkörperchen rechts und links der Luftröhre, die nahe an der Schilddrüse liegen. Sie produzieren das **Parathormon** (PTH), das für den **Kalziumstoffwechsel** des Körpers verantwortlich ist.

Kalzium findet sich in Gesteinen, Böden, Gewässern, Pflanzen und Lebewesen. Es wird vom Organismus mit der Nahrung aufgenommen und gelangt über die Blutbahn in die Knochen. Dort verbindet es sich mit Phosphat zu einem festen Gerüst (Skelett). Das Skelett dient damit auch als Speicherort für Kalzium. Bei Bedarf wird das Kalzium **unter Einfluss des Parathormons** durch knochenabbauende Zellen abgebaut und in die Blutbahn abgegeben.

Kalzium erfüllt zahlreiche Aufgaben im Körper. Es hat z. B. eine wichtige Funktion bei der Blutgerinnung, der Erregungsfähigkeit der Nerven und Beweglichkeit der Muskeln sowie bei der unspezifischen Abwehr gegen Krankheitserreger. Vögel benötigen beispielsweise Kalzium zur Eiproduktion (Eierschale).

Der Blutkalziumspiegel muss konstant gehalten werden. Sinkt er unter einen bestimmten Wert (2,3 – 3,0 mmol/l), treten Krämpfe auf. Steigt er über diesen Wert an, kommt es nach einiger Zeit unter anderem zur Nieren- und Blasensteinbildung, Organverkalkung und aufgrund des Abbaus in den Knochen zur Knochenentkalkung (Osteoporose).

9.6.1 Untersuchungsmethoden

Laboruntersuchungen

Die Parathormonkonzentration im Blut kann bei Tieren routinemäßig nicht zur Diagnose einer Nebenschilddrüsenerkrankung bestimmt werden. Man ist daher auf die Untersuchung des Kalzium- und Phosphatblutspiegels angewiesen, um indirekt Rückschlüsse auf die Funktion der Nebenschilddrüsen zu ziehen.

Röntgen

Durch Röntgenaufnahmen können Knochenentkalkung, Blasensteine sowie Einlagerungen von Kalzium in innere Organe bildlich dargestellt werden.

9.6.2 Fachbegriffe zum Thema Nebenschilddrüsen

Hypoparathyreoidismus = Unterfunktion der Nebenschilddrüsen, verminderte Bildung von Parathormon

Hyperparathyreoidismus = Überfunktion der Nebenschilddrüsen, vermehrte Bildung von Parathormon

Parathormon = Hormon aus den Nebenschilddrüsen, das den Kalziumstoffwechsel im Körper reguliert

9.7 Nebennieren

Bei den Nebennieren handelt es sich um zwei unregelmäßig geformte, tierartlich unterschiedlich große Organe. Bei der Katze sind sie in der Regel jeweils 1 cm lang und 0,7 cm breit, beim Hund etwa 2 cm lang und 1 cm breit; bei anderen Tierarten (z. B. bei der Maus sind sie stecknadelkopfgroß) entsprechend kleiner oder größer.

Sie liegen **retroperitoneal** (außerhalb des Bauchfells) und beiderseits relativ nahe des Pols der rechten und linken Niere – daher der Name Nebennieren. Funktionell handelt es sich jedoch um eigenständige, von den Nieren unabhängige Organe.

Die Nebennieren sind von einer feinen Bindegewebskapsel umschlossen. Schneidet man sie durch, kann man schon mit bloßem Auge die hellere **Nebennierenrinde** (Cortex) vom dunkleren **Nebennierenmark** (Medulla) unterscheiden.

Nebennierenrinde und Nebennierenmark sind entwicklungsgeschichtlich aus völlig unterschiedlichem Stammgewebe entstanden. Bei Vögel und Reptilien findet man sie auch heute noch als zwei voneinander getrennte Organe. Bei unseren Haussäugetieren sind Mark und Rinde zu einem einzigen Organ zusammengewachsen. Dennoch haben sie unterschiedliche Aufgaben zu erfüllen.

9.7.1 Nebennierenrinde

In der Nebennierenrinde werden **Aldosteron**, **Glukokortikoide** sowie **Androgene** gebildet.

- **Aldosteron**
  Das Hormon Aldosteron wird in der äußeren Schicht der Nebennierenrinde gebildet. Aldosteron reguliert den Wasser- und Elektrolythaushalt des Körpers und wirkt blutdrucksteigernd. Gelegentlich wird Aldosteron auch als Dursthormon bezeichnet, da es bei Flüssigkeitsmangel vermehrt ins Blut abgegeben wird und ein Lebewesen dazu bewegt mehr zu trinken.
- **Glucocorticoide**
  In der mittleren Schicht der Nebennierenrinde werden Glucocorticoide gebildet. Der Hauptvertreter dieser Hormongruppe ist das Cortisol. Die Ausschüttung der Glukokortikoide wird durch das Hormon ACTH aus der Hypophyse stimuliert. Glucocorticoide beeinflussen den Kohlenhydrat- Eiweiß- und Fettstoffwechsel, das Herz-Kreislauf-System sowie das Immunsystem. Sie wirken **katabol** (abbauend, d. h. sie bauen körpereigenes Gewebe zum Zweck der Energiegewinnung ab, z. B. in Stresssituationen, um kämpfen oder flüchten zu können), **entzündungshemmend** und **immunsuppressiv** (das Immunsystem unterdrückend) und damit auch **antiallergisch**. Werden zuviel Gluccocorticoide ins Blut abgegeben, spricht man von **Morbus Cushing**. Werden zu wenige Glucocorticoide in der Nebennierenrinde gebildet und ins Blut abgegeben, führt dies zu der lebensbedrohlichen Erkrankung, die als **Morbus Addison** bezeichnet wird.
- **Androgene**
  In der inneren Schicht der Nebennierenrinde werden **Androgene** hergestellt. Der Name Androgen setzt sich zusammen aus dem griechischen Wort andros = männlich und gen = erzeugend. Androgene sind Sexualhormone, die eine männliche Wirkung

auf den Organismus haben (auch beim weiblichen Tier!). Sie bewirken die Entwicklung und Erhaltung männlicher primärer und sekundärer Geschlechtsmerkmale bei Wirbeltieren sowie die Bildung von Spermien (Spermatogenese). Zudem sind sie auch Vorläufer der Östrogene, d. h. der weiblichen Geschlechtshormone. Der wichtigste Vertreter der Androgene ist das **Testosteron**.

Hormone der Nebennierenrinde

- Aldosteron
- Glucocorticoide (z. B. Cortisol)
- Androgene

9.7.2 Nebennierenmark

Im Nebennierenmark werden die Hormone **Adrenalin** und **Noradrenalin** hergestellt. Beide Hormone werden in Stresssituationen ins Blut ausgeschüttet, um den Körper auf Flucht oder Kampf vorzubereiten. Sie werden daher auch als **Stresshormone** bezeichnet. Wirkungen der Stresshormone auf den Körper sind:

- Erhöhung der Herzfrequenz (Geschwindigkeit des Herzschlages)
- Anstieg des Blutdrucks
- Erweiterung der Bronchien (um besser atmen und damit mehr Sauerstoff aufnehmen zu können)
- Bereitstellung von Energie durch Abbau von Körpergewebe
- Hemmung der Magen-Darm-Tätigkeit
- Vermehrte Durchblutung lebenswichtiger Organe (Gehirn, Herz)

Dadurch bereitet sich der Körper zum Fliehen und Kämpfen vor.

9.7.3 Untersuchungsmethoden

Zur Untersuchung der Nebennieren stehen in der Tiermedizin folgende diagnostische Untersuchungsverfahren zur Verfügung:

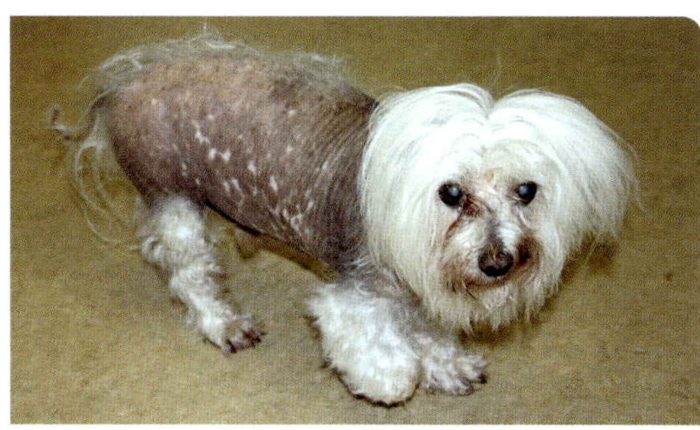

Hund mit Cushing-Syndrom.

- Laboruntersuchungen (Blutuntersuchung, Urinuntersuchung)
- Ultraschalluntersuchung

Beim Hund (nur selten bei der Katze) tritt hauptsächlich das Krankheitsbild **Cushing-Syndrom** auf, das mit einer erhöhten Produktion und Ausschüttung von Glucocorticoiden (v. a. Cortisol) einhergeht.

Eine verminderte Produktion von Cortisol aufgrund einer Erkrankung der Nebennieren ist bei Tieren sehr selten. Das Krankheitsbild wird **Morbus Addison** genannt.

Ultraschalluntersuchung

Durch eine Ultraschalluntersuchung kann man ausgeprägte Strukturveränderungen oder größere Tumoren der Nebennieren bildlich sichtbar machen.

9.7.4 Fachbegriffe zum Thema Nebenniere

Cushing-Syndrom = Überfunktion der Nebennieren (Nebennierenrinde)
Morbus Addison = Unterfunktion der Nebennieren (Nebennierenrinde)
Adrenalin = Hormon des Nebennierenmarks
Noradrenalin = Hormon des Nebennierenmarks
Cortisol = Hormon der Nebennierenrinde
katabol = abbauend
anabol = aufbauend
immunsuppressiv = das Immunsystem unterdrückend

9.8 Inselorgan der Bauchspeicheldrüse

Das Inselorgan (Langerhans-Inseln) ist ein Mikroorgan, d. h. es ist so klein, dass es mit bloßem Auge nicht wahrgenommen werden kann. Es handelt sich um verschieden große, nur mit Hilfe eines Mikroskops sichtbare Zellgruppen, die wie Inseln in das Bauchspeicheldrüsengewebe eingestreut sind. Diese Zellinseln wurden 1869 von dem Mediziner Paul Langerhans entdeckt und werden daher als Langerhans-Inseln bezeichnet.

Der größte Anteil der Bauchspeicheldrüse (Pankreas) wird zu den Verdauungsorganen gerechnet (siehe Kap. Verdauungsorgane/ Bauchspeicheldrüse). Die in der Bauchspeicheldrüse gebildeten Verdauungenzyme werden über einen Ausführungsgang in den Zwölffingerdarm abgegeben. Aus diesem Grund wird dieser Teil der Pankreas als **exokriner** (nach außen absondernder) **Teil** bezeichnet.

Die Langerhans-Inseln gehören im Gegensatz dazu zum Hormonsystem. Sie haben keinen Ausführungsgang. Ihre Produkte (Hormone) werden direkt in die Blutbahn abgegeben. Sie werden daher, wie alle Hormondrüsen, als **endokrine** (nach innen abscheidende) **Drüsen** bezeichnet.

Die Hormone der Langerhans-Inseln (Insulin und Glukagon) sind für den Kohlenhydratstoffwechsel und die Aufrechterhaltung eines konstanten Glukosegehaltes im Blut (Blutzuckergehalt) von entscheidender Bedeutung.

Glukagon

Glukagon wird in den **alpha-Zellen** des Inselorgans gebildet. Zusammen mit seinem Gegenspieler Insulin hält es den Blutzuckerspiegel konstant. Eine erhöhte Ausschüttung von Glukagon erfolgt bei Absinken des Blutzuckergehaltes. Die Hauptaufgabe des Glukagons ist damit die **Erhöhung des Blutzuckerspiegels**, um eine lebensbedrohliche Unterzuckerung (Hypoglykämie) zu vermeiden.

Glukagon steigert die Glukosefreisetzung aus körpereigenem Gewebe (z. B. aus Speicherfettgewebe) sowie die Glukoneogenese (Umwandlung von Fetten und Eiweißen in Zucker) in der Leber.

Insulin

Insulin wird in den **beta-Zellen** des Inselorgans gebildet. Es senkt den Blutzuckerspiegel. Der Blutzuckerspiegel steigt vor allem nach Aufnahme von kohlenhydratreichen Mahlzeiten an. Als Reaktion wird innerhalb von wenigen Minuten von den beta-Zellen des Inselorgans Insulin ins Blut ausgeschüttet. Insulin transportiert den Blutzucker aus dem Blutplasma in das Innere der Körperzellen, wo es entweder für die Muskelarbeit in Energie umgewandelt oder (in den Leberzellen) zu Glykogen umgebaut und gespeichert wird. Insulin **senkt damit den Blutzuckerspiegel.**

Wirkung von Insulin und Glukagon

- Insulin = Senkung des Blutzuckerspiegels
- Glukagon = Erhöhung des Blutzuckerspiegels

Erkrankungen des Inselorgans sind meist mit einer Über- oder Unterproduktion von Insulin verbunden. Wird von den Beta-Zellen des Inselorgans zuwenig Insulin ausgeschüttet, kann der Blutzucker (Glukose) nur verzögert oder gar nicht in die Körperzellen transportiert werden und es entsteht eine Erhöhung des Blutzuckergehaltes (Hyperglykämie) über den Normalwert. Eine dauerhafte Erhöhung des Blutzuckers findet man bei der **Zuckerkrankheit** (Diabetes mellitus).

Folgende Anfangssymptome sind bei Diabetes mellitus typisch:

- Übermäßige Wasseraufnahme (Polydipsie)
- Übermäßiges Urinieren (Polyurie)
- Gewichtsabnahme trotz guter Futteraufnahme

Zur Behandlung eines Diabetes mellitus sind Insulininjektionen das Mittel der Wahl. Insulin muss lichtgeschützt und bei 8 °C im Kühlschrank aufbewahrt werden. Vor dem Aufziehen des Insulins aus der Flasche in die Spritze sollte die Flasche vorsichtig hin und her geschwenkt werden, um den Inhalt zu vermischen. Insulin darf nicht geschüttelt werden!

Wird zuviel Insulin verabreicht, kommt es zu einem Absinken des Blutzuckers mit unter Umständen lebensbedrohlichen Folgen. Hier ist es wichtig, die Symptome bereits im Anfangsstadium zu erkennen, um rechtzeitig gegensteuern zu können.

Wird zuviel Insulin im Inselorgan gebildet, entsteht durch den vermehrten Abtransport von Glukose aus dem Blut in die Zellen **Unterzucker** (Hypoglykämie). Die Ursache für eine übermäßige Bildung von Insulin ist häufig ein Tumor im Inselapparat, der als **Insulinom** bezeichnet wird. Die Symptome, die bei einem Insulinom auftreten, sind die gleichen wie bei einer Überdosierung von Insulin bei der Behandlung des Diabetes mellitus (Unruhe, Zuckungen, Krämpfe, Bewusstseinsverlust, Tod).

9.8.1 Untersuchungsmethoden

Blutuntersuchung
Zur Kontrolle der Funktion des Inselorgans wird der Zuckergehaltes im Blut bestimmt. Hohe Blutzuckerwerte können jedoch auch durch Stresssituationen (v. a. bei Katzen und Kaninchen) verursacht werden, ohne dass eine Erkrankung vorliegt. Aus diesem Grund wird zur Sicherung der Diagnose bei Katzen (auch bei Hunden) zusätzlich Fructosamin (ein an Eiweiß gebundener Zucker) im Blut bestimmt. Fructosamin ist stressunabhängig und repräsentiert den Blutzuckergehalt der letzten ein bis drei Wochen.

Urinuntersuchung
Bei einem normalen Blutzuckerspiegel und gesunder Nierenfunktion wird Glukose nicht über den Urin ausgeschieden. Erst ab einer bestimmten Höhe des Blutzuckers (z. B. bei Diabetes mellitus) kann man Glukose auch im Urin nachweisen. Man bezeichnet diesen Schwellenwert, von dem ab Glukose vom Blut über die Niere in den Urin übertritt, als **Nierenschwelle**.

9.8.2 Fachbegriffe zum Thema Inselorgan

Insulin = Hormon des Inselorgans
Glukagon = Hormon des Inselorgans (Gegenspieler des Insulins)
Hyperglykämie = Erhöhung des Blutzuckers über den Normalwert
Hypoglykämie = Erniedrigung des Blutzuckers unter den Normalwert
Polydypsie = Übermäßige Wasseraufnahme
Polyurie = Übermäßige Ausscheidung von Urin
Diabetes mellitus = Zuckerkrankheit
Insulinom = Tumor des Inselorgans

9.9 Keimdrüsen (Geschlechtsdrüsen, Gonaden)

An dieser Stelle werden die Keimdrüsen erwähnt, da sie durch Bildung und Abgabe von Geschlechtshormonen auch zu den Hormondrüsen gezählt werden. Die ausführliche Besprechung der Keimdrüsen erfolgt im Kapitel 11.

Der Begriff Gonaden kommt aus dem Griechischen und setzt sich zusammen aus gonos (Geschlecht, Erzeugung, Samen) und aden (Drüse). Die Gonaden gehören zu den Geschlechtsorganen und sind bei Säugetieren paarig angelegt, d. h. es gibt immer zwei Keimdrüsen, die jeweils rechts und links der Körpermitte angeordnet sind. Beim männlichen Tier werden die Gonaden als **Hoden**

(Testes), beim weiblichen Tier als **Eierstöcke** (Ovarien) bezeichnet.

Die Hoden liegen bei unseren Haussäugetieren im Hodensack (Scrotum) außerhalb der Bauchhöhle. Die Eierstöcke der weiblichen Tiere liegen in der Bauchhöhle.

Ausnahme Vögel

Bei weiblichen Vögeln bildet sich der rechte Eierstock bereits während der Embryonalentwicklung im Ei vollständig zurück. **Weibliche Vögel besitzen daher nur einen Eierstock** auf der linken Körperseite.

Die beiden Hoden des männlichen Vogels liegen in der Bauchhöhle in der Nähe der Nieren.

9.9.1 Funktion der Keimdrüsen

Keimdrüsen haben eine **exokrine** (ihre Produkte mittels eines Ausführungsgang nach außen abgebende) und eine **endokrine** (ihre Produkte ohne Ausführungsgang direkt ins Blut abgebende) Funktion.

Der exokrine Teil produziert Eizellen und Samenzellen (siehe Kap. 11 Geschlechtsorgane).

Der endokrine Teil der Keimdrüsen produziert beim weiblichen Tier weibliche Geschlechtshormone (Progesteron, Östrogen) und beim männlichen Tier das männliche Geschlechtshormon (Testosteron).

Die Regulation der Gonadenfunktion und der Ausschüttung der Geschlechtshormone erfolgt durch die übergeordneten Hormondrüsen (Hypothalamus und Hypophyse).

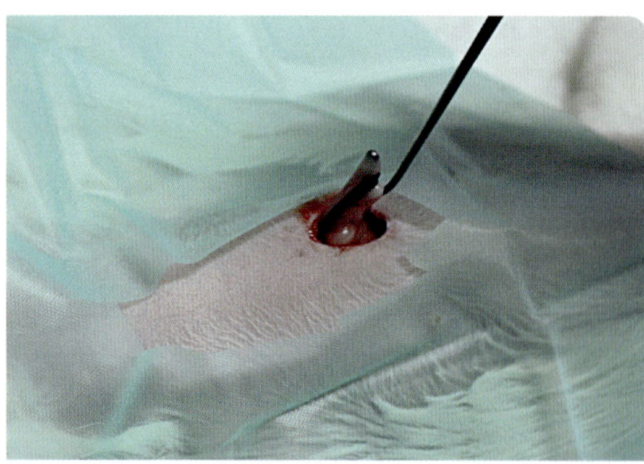

Kastration einer weiblichen Katze.

9.9.1.1 Kastration und Sterilisation

Unter Kastration versteht man die **Entfernung der Keimdrüsen** (Eierstöcke, Hoden).

Als Sterilisation wird das **Abbinden oder Durchtrennen** der Eileiter (beim weiblichen Tier) sowie der Samenstränge (beim männlichen Tier) bezeichnet.

Während beim Menschen ausschließlich Sterilisationen zur Verhütung von Schwangerschaften durchgeführt werden, möchte man bei unseren Haussäugetieren zusätzlich die, für den Tierhalter oft unangenehmen Wirkungen der Geschlechtshormone beseitigen. Daher werden bei Tieren die Keimdrüsen entfernt, d. h. die Tiere (weibliche und männliche) werden kastriert. Die landläufig für die Kastration eines weiblichen Tieres häufig verwendete Bezeichnung Sterilisation ist daher falsch und irreführend.

Eine Sterilisation bei weiblichen Hunden und Katzen gilt in der Tiermedizin als Kunstfehler. Werden nur die Eileiter abgebunden oder durchtrennt, entstehen bei so behandelten Tieren lebensbedrohliche Eierstockszysten.

9.9.2 Hormone der Keimdrüsen

Östrogen

Östrogene werden hauptsächlich in den Eierstöcken (Ovarien) gebildet. Nur ein kleiner Teil entsteht zusätzlich durch Umbau von Hormonen der Nebennierenrinde (Androgene). Aus diesem Grund findet man auch nach Entfernung der Eierstöcke geringe Mengen Östrogene im Blut von kastrierten Tieren.

Bei männlichen Tieren können spezielle Hodentumoren (Sertolizelltumor) Östrogene produzieren.

Östrogene bewirken an den Eierstöcken die **Reifung befruchtungsfähiger Eizellen** und den **Eisprung**. Den höchsten Östrogengehalt im Blut findet man kurz vor dem Eisprung im ersten Teil der Zyklusphase, die bei der Katze Rolligkeit, bei der Hündin Läufigkeit, beim Pferd Rosse und beim Rind sowie den Heimtieren Brunst genannt wird. Der medizinische Fachbegriff lautet **Östrus**.

Durch Östrogene wird der Muttermund (Zervix) geöffnet und das Sekret in der Scheide und im Gebärmutterhals für Spermien durchlässig. Der Geschlechtstrakt wird gut durchblutet und für die Paarung vorbereitet.

Wirkung des Östrogens

- Reifung der Eizellen
- Eisprung
- Öffnung des Muttermundes
- Durchlässigkeit des Scheiden- und Gebärmutterhalssekretes für Spermien
- Verbesserte Durchblutung des gesamten Geschlechtstraktes

Progesteron

Nach dem Eisprung bildet sich auf dem Eierstock, an der Stelle, an der das Ei aus dem Eierstock herausgetreten ist, eine kleine Hormon bildende Warze, das **Corpus luteum**. Das Corpus luteum wird wegen seiner leicht gelblichen Farbe **Gelbkörper** genannt. Der Gelbkörper produziert Progesteron.

Progesteron bewirkt die Vorbereitung der Gebärmutterschleimhaut auf eine Trächtigkeit.

Wenn das Tier nicht trächtig wird:

Kommt es nicht zur Trächtigkeit, bildet sich der Gelbkörper nach einiger Zeit zurück. Je nachdem, wie lange die Rückbildung dauert, führt dies (vor allem beim Hund und Kaninchen oft deutlich sichtbar) zu einer mehr oder weniger stark ausgeprägten Scheinträchtigkeit. Das Gesäuge schwillt an, vielfach kommt es zur Milchbildung, die Tiere bemuttern Scheinwelpen (z. B. Spielzeug) und bewachen das Nest. Der Muttermund schließt sich. Die Gebärmutter bildet sich nach und nach zurück.

Beim Menschen setzt durch die Rückbildung des Gelbkörpers die Regelblutung ein, wodurch die für eine Schwangerschaft vorbereitete Gebärmutterschleimhaut abgestoßen und erneuert wird. Bei unseren Haussäugetieren gibt es keine entsprechende Regelblutung.

Die Blutung bei der Hündin während der Läufigkeit entspricht **nicht** der Regelblutung beim Menschen. Es handelt sich bei der Hündin um eine vermehrte Durchblutung und „Durchsaftung“ des gesamten Geschlechtsapparates durch die Wirkung von Östrogenen zur Vorbereitung auf die Paarung.

Wird das Tier trächtig, bildet sich der Gelbkörper nicht mehr zurück. Er vergrößert sich und bewirkt durch die vermehrte Ausschüttung von Progesteron die Erhaltung der Trächtigkeit durch Verschluss des Muttermundes, die Vermehrung von Drüsen- und Blutgefäßen in der Gebärmutterschleimhaut und die Anpassung der Gebärmuttermuskulatur an die wachsenden Früchte. Progesteron wird daher auch als **Trächtigkeitshormon** bezeichnet.

Wirkung von Progesteron

Erhaltung der Trächtigkeit durch:

- Vermehrung der Drüsen- und Blutgefäße in der Gebärmutterschleimhaut
- Verschluss des Muttermundes
- Anpassung der Gebärmuttermuskulatur an die wachsenden Früchte

Testosteron

Testosteron wird unter dem Einfluss des LH (Luteinisierendes Hormon) der Hypophyse in den Leydigschen Zwischenzellen im Hoden und zu einem geringen Anteil in der Nebennierenrinde gebildet. Es bewirkt die **Reifung der Spermien** (siehe Kap. 11) sowie die **Entwicklung männlicher Körpermerkmale** (z. B. Penis, Hodensack) und den **Aufbau der Muskulatur**. Insgesamt wirkt Testosteron aufbauend (anabol) auf den Körper. Im Pferdesport (auch beim Menschen) wurde es als Anabolikum (Aufbaumittel) zur Leistungssteigerung und damit als Dopingmittel missbraucht (Todesfälle kamen vor).

Testosteron hat zudem einen nicht geringen Einfluss auf das Verhalten eines Tieres. Ein hoher Testosteronspiegel fördert dominantes und aggressives Verhalten (z. B. verstärktes Imponiergehabe, Kampfbereitschaft, Begattungsdrang, Reviermarkieren des Katers). Durch Kastration können solche unerwünschten Verhaltensweisen bei Tieren beeinflusst werden. Dennoch sollte die Kastration eines männlichen Tieres zur Beeinflussung seines Verhaltens aus Tierschutzgründen grundsätzlich hinterfragt und für jeden Einzelfall neu entschieden werden. Testosteron hat einen nicht geringen Einfluss auf die Aktivität und Lebensfreude eines Tieres. Nicht alle für den Menschen lästigen und belastenden Verhaltensweisen sind auf zuviel Testosteron zurückzuführen. In vielen Fällen kann man durch geeignete Erziehungsmaßnahmen mehr erreichen als durch eine Kastration.

Eine zeitlich begrenzte Kastration wird durch die Implantation eines Chips erreicht, der ½ oder 1 Jahr lang kontinuierlich ein Hemmhormon in die Blutbahn schleust, das über die Hypophyse wirkt. Es hemmt die Bildung und Ausschüttung des in der Hypophyse gebildeten Stimulationshormons, das die Gonaden aktiviert.

? Wirkung von Testosteron

- Reifung von Spermien
- Ausbildung männlicher Körpermerkmale (Hoden, Hodensack)
- Aufbau der Muskulatur

9.9.3 Untersuchungsmethoden

Laboruntersuchungen

Bestimmung von Östrogen im Blut
Durch Bestimmung des Östrogengehaltes im Blut kann bei der Hündin die Zyklusphase festgestellt werden. Beim männlichen Hund dient der Östrogen-Nachweis im Blut zur Diagnose eines Hodentumors.

Bestimmung von Progesteron im Blut
Durch Bestimmung des Progesterongehaltes im Blut wird bei der Hündin der optimale Deckzeitpunkt festgestellt.

Mikroskopische Untersuchung der Gebärmutterhalsschleimhaut
Die Zellen der Gebärmutterhalsschleimhaut bei der Hündin verändern sich im Laufe des Zyklus. Durch eine mikroskopische Untersuchung der Schleimhautzellen kann man anhand der jeweils unterschiedlich auftretenden Zellformen den Zyklusstand ermitteln.

9.9.4 Fachbegriffe zum Thema Keimdrüsen

Gonaden = Keimdrüsen
Testes = Hoden
Ovarien = Eierstöcke
Östrus = (höchste Östrogenkonzentration im Blut, kurz vor dem Eisprung)
Kastration = Entfernung der Keimdrüsen (Hoden, Ovarien)
Sterilisation = Unterbinden oder Durchtrennen von Samenleiter, Eileiter)
Corpus luteum = Gelbkörper
Östrogen = weibliches Hormon, das in den Eierstöcken gebildet wird
Progesteron = weibliches Hormon, das im Gelbkörper gebildet wird
Testosteron = männliches Hormon, das in den Leydigschen Zwischenzellen der Hoden gebildet wird

10 Harnapparat

Der Harnapparat hat eine enge Beziehung zu den Geschlechtsorganen. Aus diesem Grund werden die beiden Organsysteme auch gerne zusammengefasst und als Harn – und Geschlechtsapparat bezeichnet. Aufgrund der besseren Übersichtlichkeit werden sie in diesem Buch getrennt behandelt. Zum Harnapparat gehören die **harnbildenden Organe** (2 Nieren) und **harnableitenden Organe (2 Nierenbecken, 2 Harnleiter, 1 Harnblase, 1 Harnröhre)**.

Harnapparat

Harnbildende Organe

- zwei Nieren (Renes)

Harnableitende Wege

- zwei Nierenbecken (Pelvis renalis)
- zwei Harnleiter (Ureter)
- eine Harnblase (Vesica urinaria)
- eine Harnröhre (Urethra)

10.1 Harnbildende Organe

10.1.1 Nieren

Die beiden Nieren(Renes) unserer Haussäugetiere liegen in der Lendengegend rechts und links der Wirbelsäule. Die rechte Niere ist etwas weiter kranial (kopfwärts) platziert. Je nach Tierart (aber auch in Abhängigkeit vom Ernährungszustand des Tieres) sind die beiden Ausscheidungsorgane in ein mehr oder weniger großes Fettgewebslager eingebettet, wodurch sie vor Kälte und Erschütterungen geschützt sind. Die Form der Nieren ist die einer Bohne (Ausnahme Vogel, Rind), die Farbe, je nach Blutfülle, hell bis dunkelbraun-rot.

Die Nieren lagern sich mit ihrer dorsalen (rückenwärts gerichteten) Fläche der Lendenmuskulatur, mit ihrer ventralen (bauchwärts gerichteten) Fläche dem Peritoneum (Bauchfell) an. Sie liegen daher im Gegensatz zu den übrigen Bauchorganen retroperitonäal, d. h. außerhalb des Bauchfellsacks.

Die ebenfalls paarig angelegten **Vogelnieren** sind langgestreckte Organe, die sich, in drei hintereinander liegende, lappenförmige Abteilungen gegliedert, vom kaudalen (schwanzwärts gerichteten) Rand der Lungen bis zum Ende des Synsacrums (zwischen Brust- und Schwanzwirbelsäule gelegener fester Teil der Vogelwirbelsäule) hinziehen. Sie liegen rechts und links in einer Ausbuchtung der Wirbelsäule eingebettet. Eine Fettgewebskapsel fehlt.

Beim **Rind** sind die Nieren mehrfach gefurcht.

Grobstruktur der Nieren

Schneidet man eine Niere in der Längsrichtung durch, kann man mit bloßem Auge drei Anteile unterscheiden:

- Nierenkapsel
- Nierenrinde
- Nierenmark

Feinstruktur der Nieren

Die Nieren bestehen aus zahlreichen Untereinheiten, die als Nephrone bezeichnet werden. Ein Hund z. B. besitzt ca. 400 000 solcher Nephrone. Jedes Nephron besteht aus:

- einem harnbereitenden Kanälchen
- dem dazugehörigen Nierenkörperchen

Das **Nierenkörperchen** (Malpighisches Körperchen) setzt sich aus einem Gefäßknäuel (Glomerulus), das von einer Kapsel (Glomeruluskapsel) umschlossen wird, zusammen und stellt ein wahres arterielles Wunderwerk mit großer

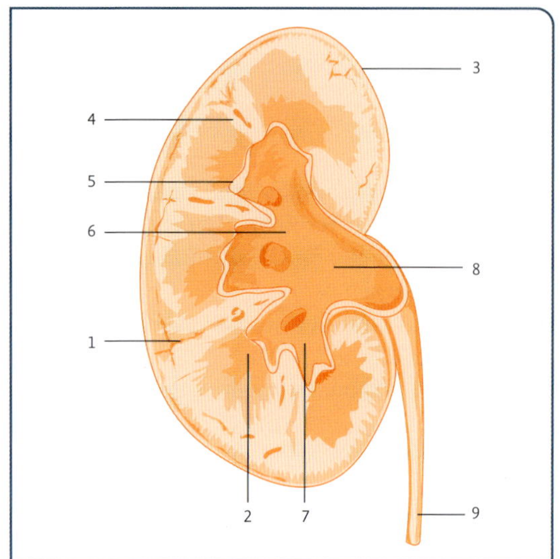

Grobstruktur der Niere (Längsschnitt).
1) Nierenrinde, 2) Nierenmark, 3) Bindegewebige Kapsel, 4) Nierensäulen, 5) Nierenpapille, 6/7) Nierenkelche, 8) Nierenbecken, 9) Harnleiter

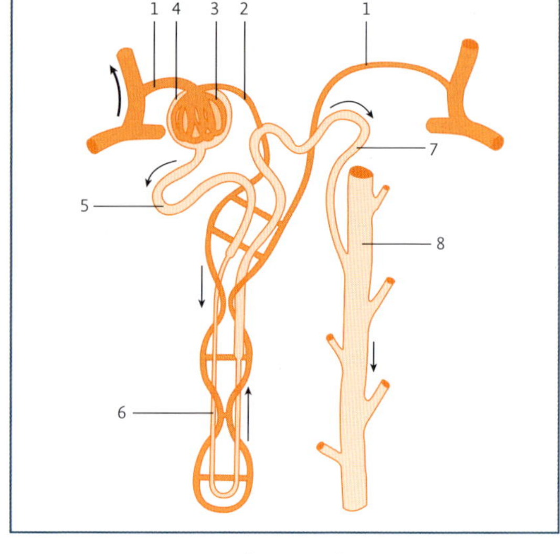

Feinstruktur der Niere (Nephron).
1) Zuführendes Gefäß, 2) Abführendes Gefäß, 3) Gefäßknäuel des Nierenkörperchens, 4) Bowmann-Kapsel, 5) oberer Tubulusanteil, 6) Henle-Schleife, 7) unterer Tubulusanteil, 8) Sammelrohr

Leistungsfähigkeit dar. Hier gelangt das Blut aus dem Körper zur Reinigung in die Nieren.

Die harnbereitenden Kanälchen (Tubuli) der Nephronen reichen weit in die Markschicht der Niere hinein und kehren nach einer Schleife (Henlesche Schleife) wieder zurück in die Rindenschicht. Schließlich vereinigen sie sich zu Sammelröhrchen, die in das Nierenbecken münden.

10.2 Harnableitende Wege

10.2.1 Nierenbecken

Jede Niere verfügt über ein Nierenbecken (Pelvis renalis). Das Nierenbecken hat die Aufgabe, den Harn, der ihm durch die Niere zugeführt wird, aufzufangen und an den Harnleiter weiterzugeben.

10.2.2 Harnleiter

Die Harnleiter (Ureter) verlassen die Nieren zusammen mit den Blutgefäßen am Hilus („Stiel“). Sie verbinden die Nierenbecken mit der Harnblase. Neben einer inneren Schleimhautschicht und einer äußeren Hüllschicht aus Bindegewebe sind sie mit einer kräftigen Muskelschicht ausgestattet, die zur Beförderung des Harns peristaltische Bewegungen (Wellenbewegungen) ausführt. Ohne diese Bewegungen wäre der Abfluss des Harns alleine von der Schwerkraft abhängig. Bei unseren Haustieren, die keine aufrechte Körperhaltung haben, würde sich der Harn im Nierenbecken anstauen. Die Harnleiter münden schräg in die Harnblase. Dadurch entsteht ein Druckverschluss, wodurch Urin nur in die Blase einströmen, aber nicht wieder zurückfließen kann.

10.2.3 Harnblase

Die Harnblase (Vesica urinaria) ist ein Sammelgefäß für den Urin, der in der Niere produziert und über die Harnleiter abtransportiert wird. Sie ist überaus dehnfähig und kann sich im stark gefüllten Zustand bis weit in die Bauchhöhle vorwölben. Mäßig gefüllt liegt die Harnblase in der Beckenhöhle.

An der Harnblase kann man den Scheitel, den Harnblasenkörper und den Hals unterscheiden. Auf der dorsalen (rückenwärts gerichteten) Seite der Blase treten die beiden Harnleiter in den Blasenkörper ein.

Schließmuskeln der Blase

Die Harnleiter münden schräg in die Blasenwand. Durch den Innendruck der Blase verschließen sich die schrägen Öffnungen im Innern der Blase, sodass ein Zurückfließen des Urins in die Harnleiter verhindert wird.

Der Blasenhals ist von bogenförmigen Muskelschleifen umgeben. Sie sind für den Verschluss der Harnblase zur Harnröhre wichtig. Man unterscheidet den oberen Ringmuskel und den unteren Ringmuskel.

Harnblasenentleerung

Ist die Harnblase stark gefüllt, wird der obere Ringmuskel gedehnt, so dass der Urin hindurchfließen kann. Das geschieht unwillkürlich, d. h. dieser Vorgang kann nicht vom Willen beeinflusst werden. Die untere Ringmuskulatur kann willentlich die Blasenentleerung noch einige Zeit verhindern, zumindest solange, bis der Harndrang so groß ist, dass die Kraft des unteren Schließmuskels überschritten wird und der Urin in die Harnröhre fließt. Dann entleert sich die Blase unwillkürlich. Der Fachbegriff für Harnblasenentleerung ist **Miktion.**

Normalerweise kann ein Säugetier jedoch die Blasenentleerung willentlich steuern. In der Wand der Harnröhre befinden sich Dehnungsrezeptoren, die den Füllungszustand der Harnblase über spezielle Nervenbahnen zum Rückenmark melden. Von dort aus wird die Information zum Reflexzentrum im Gehirn weitergeleitet. Es stellt sich das Gefühl „Harndrang“ ein. Das Gehirn gibt das OK zum Urinieren. Die nachfolgende Entleerung der Blase erfolgt dann reflektorisch (Miktionsreflex):

- Die Blasenwand kontrahiert (zieht sich zusammen)
- Der Druck in der Blase steigt durch die Kontraktion an
- Dadurch wird der obere Ringmuskel gedehnt, so dass der Urin durchfließen kann
- Der untere Ringmuskel erschlafft

Unterstützt wird der Vorgang durch die Kontraktion der Bauch- und Beckenmuskulatur.

Da der Ablauf der Blasenentleerung reflektorisch erfolgt, ist es sehr schwer, ihn, einmal in Gang gekommen, zu unterbrechen.

? Inkontinenz

Als Inkontinenz wird das Unvermögen bezeichnet, den Urin willentlich zurückzuhalten.

10.2.4 Harnröhre

Durch die Harnröhre (Urethra) wird der Urin von der Blase nach außen transportiert. Sie ist, wie ihr Name sagt, röhrenförmig. Im Innern ist sie, wie die Blase, mit Schleimhaut ausgekleidet. Die Urethra beginnt unmittelbar am Blasenhals. Beim **weiblichen** Tier mündet die Harnröhre im Scheidenvorhof.

Beim **männlichen** Tier münden die Ausführungsgänge des Geschlechtsapparates in die Harnröhre. Die Harnröhre dient damit als gemeinsamer Weg für Urin und Samenflüssigkeit. Sie endet beim männlichen Tier in der Penisspitze.

Beim männlichen Tier ist der Durchmesser der Harnröhre kleiner als der des weiblichen Tieres. Aus diesem Grunde werden lebensbedrohliche Verstopfungen der Harnröhre mit

Blasensteinen häufiger bei männlichen Tieren als bei weiblichen Tieren gesehen.

Vögel und Reptilien besitzen kein Nierenbecken, keine Harnröhre und keine Harnblase. Der in den Nieren gebildete Harn fließt durch die Harnleiter direkt zur Kloake (= der gemeinsame Ausgang von Harn, Kot, Samen oder Eiern).

10.3 Aufgaben des Harnapparates

Der Harnapparat ist verantwortlich für die

- Reinigung des Blutes.
- Ausscheidung giftiger Abbauprodukten aus dem Eiweißstoffwechsel (z. B. Harnstoff, Kreatinin).
- Ausscheidung körperfremder und schädigender Substanzen, wie z. B. Medikamente, Farb- und Giftstoffe. Diese werden zuvor in der Leber so umgebaut, dass sie die Niere passieren können, ohne dort größere Schäden zu verursachen.
- Die Aufrechterhaltung der Homöostase, d. h. der Regulierung des Wasser- und Salzhaushaltes sowie des Säuren-Basen-Gleichgewichts und damit des pH-Wertes des Blutes.
- Die Bildung der Hormone **Renin** und **Erythropoetin** (endokrine Funktion der Niere, d. h. innere Sekretion). Beide Hormone werden in die Blutbahn abgegeben. Renin ist für die Blutdruckregulation von Bedeutung. Erythropoetin regt die Produktion von Erythrozyten (roten Blutkörperchen) im Knochenmark an.

10.3.1 Vorgang der Harnbereitung

Glomeruläre Filtration

Das Blut gelangt aus dem Körperkreislauf über das zuführende Blutgefäß zu den Glomerula (Gefäßknäuel in der Niere). Die Wand eines Gefäßknäuels wirkt wie ein Filter, durch den Wasser, Salze und Glukose (Zucker), Kreatinin (Endprodukt des Eiweißstoffwechsels), aber auch körperfremde Stoffe wie Gifte, Farbstoffe oder Medikamente durchtreten können. Größere Blutbestandteile, wie Blutkörperchen und Bluteiweiße, werden nicht durchgelassen und bleiben im Blutgefäß zurück.

Die abgepresste Flüssigkeit mit den kleineren Bestandteilen des Blutes wird als **Primärharn** bezeichnet. Der Primärharn fließt in die harnbereitenden Kanälchen (Tubuli).

Tubuläre Rückresorption

Von den Glomerula wird pro Minute eine sehr große Menge Primärharn in die Nierenkanälchen (Tubuli) abgegeben. Der Körper könnte sich einen so großen Verlust an Wasser, Elektrolyten und Nährstoffen nicht leisten. Aus diesem Grund werden in den Nierenkanälchen die Elektrolyte, Aminosäuren sowie die Glukose aus dem Primärharn „aussortiert“ und zusammen mit einem großen Teil des Wassers über die Wand der Nierenkanälchen in die Blutbahn zurückgegeben. Diesen Vorgang nennt man **Rückresorption**. Da er in den Nierenkanälchen (Tubuli) stattfindet, heißt er tubuläre Rückresorption.

Harnstoff, Harnsäure und Kreatinin sowie Fremd- und Giftstoffe werden **nicht** rückresorbiert. Sie verbleiben in den Nierenkanälchen, um später ausgeschieden zu werden.

Dieser Rückresorptionsmechanismus funktioniert jedoch nur bis zu einer bestimmten Konzentration resorptionspflichtiger Stoffe. Wenn sich z. B. bei einem an Diabetes mellitus (Zuckerkrankheit) erkrankten Tier sehr viel Glukose im Blut und daher auch im abgepressten Primärharn befindet, kann bei der zu hohen Konzentration nur ein Teil des Zuckers rückresorbiert werden. Der Rest wird mit dem Urin ausgeschieden. Aus diesem Grund ist die Diagnose Zuckerkrankheit bei hohen Blutzuckerwerten auch über den Urin möglich.

Beim Menschen wird pro Minute etwas 125 ml Primärharn gebildet. Davon bleibt nach der Rückresorption nur etwa 1 ml in den

Nierenkanälchen zurück. Bei Tieren ist die Primärharnmenge tierartlich unterschiedlich groß und teilweise abhängig von der Größe sowie der Stoffwechselgeschwindigkeit des betreffenden Tieres.

10.4 Untersuchungsmethoden

10.4.1 Körperliche Untersuchung

Beispiele für das Vorliegen einer Erkrankung der Harnorgane sind:

- **Fühlbare Formveränderungen der Nieren** bei der Palpation (Abtasten), z. B. Vergrößerung, Verkleinerung, höckrige Oberflächenbeschaffenheit
- **Herabgesetzter Hautturgor** (Hautspannung)
  Der Hautturgor gibt Auskunft über den Austrocknungsgrad des Patienten. Beim gesunden Tier verstreicht eine vom Körper weggezogene Hautfalte sofort. Bleibt die Falte längere Zeit bestehen, ist der Patient „ausgetrocknet". Bei akuter oder chronischer Nierenfunktionsstörung kann es, aufgrund gestörter Rückresorption, zu starkem Wasserverlust und damit zu vermindertem Hautturgor kommen.
- **Übermäßiger Füllungszustand der Blase**
  Bei vorsichtigem Ausdrücken der übervollen Blase wird Urin in sehr dünnem Strahl oder gar nicht abgesetzt. Hier besteht der Verdacht auf Verlegung der Harnröhre mit Harnsteinen oder Tumorgewebe.
- **Blasse Schleimhäute und Haut**
  Das Zahnfleisch, die Augenbindehäute und bei hellen Tieren die Ohrmuschelinnenflächen sehen deutlich blass aus. Es besteht der Verdacht einer Anämie (Blutarmut). Hier muss eine Blutuntersuchung klären, wodurch diese Anämie verursacht wurde. Bei Nierenerkrankungen kann eine renale Anämie durch mangelnde Ausschüttung des Hormons Erythropoetin (Hormon, das die Bildung roter Blutkörperchen im Knochenmark anregt) in der Niere entstehen.
- **Mit Urin und Kot verschmutzes Fell** Der Analbereich und die Innenschenkel von Kaninchen und Meerschweinchen mit Blasensteinen (Urolithiasis) und Blasenentzündung (Zystitis) sind häufig mit Urin (und Kot) verschmutzt. Hier besteht in den Sommermonaten die Gefahr, dass Schmeißfliegen in dem verschmutzten Fell ihre Eier ablegen. Die ausgeschlüpften Larven der Fliegen fressen sich tief in die Haut und Muskulatur des betroffenen Tieres ein und verursachen lebensgefährliche Verletzungen. In manchen Fällen dringen die Parasiten auch in Scheide und After.
- **Fellverlust**
  Fellverlust am Bauch und an den Innenschenkeln (v. a. bei Katzen) durch dauerndes Belecken ist verdächtig für Schmerzen im Bereich der Blase und Harnröhre.
- **Einseitige, selten beidseitige Lähmung der Beine bei Vögeln**
  Es handelt sich um eine Lähmung, hervorgerufen durch Druck des geschwollenen oder tumorös veränderten Nierengewebes auf die (rechts und links aus dem Wirbelkanal austretenden Nervenbahnen), die zu den Beinen verlaufen.

10.4.2 Laboruntersuchungen

Urinuntersuchung

Die Untersuchung des Urins oder Harns (beide Begriffe bedeuten das Gleiche) ist bei allen Symptomen, die auf eine Erkrankung des Harnapparates hinweisen, von großer diagnostischer Bedeutung. Man verwendet aus der Blase ausgepressten oder in einem sauberen Gefäß aufgefangenen Urin, Sammelurin oder, für spezielle Untersuchungen (z. B. Bakteriologie), mittels Katheter- oder durch Blasenpunktion steril gewonnenen Harn.

Der Harn sollte baldmöglichst untersucht werden. Wenn dies nicht möglich ist, muss die

Probe bis zur Untersuchung gekühlt aufbewahrt werden, da sie sich sonst zersetzt und für eine Untersuchung unbrauchbar wird.

Die Untersuchung des Urins wird in Kap. Laboruntersuchungen (Teil 1 des Buches) ausführlich beschrieben.

Blutuntersuchung

Eine Blutuntersuchung ist bei Verdacht auf eine Nierenerkrankung absolut notwendig. Damit kann geklärt werden, ob die Niere in der Lage ist, die harnpflichtigen Substanzen (Stoffwechselendprodukte sowie körperfremde Stoffe) aus dem Blut herauszufiltern und auszuscheiden. Stellvertretend für alle Substanzen, die gefiltert und ausgeschieden werden sollen, werden Harnstoff und Kreatinin im Blut bestimmt.

Beim chronischen Nierenversagen ist eine renale Anämie (durch mangelnde Erythropoetin-Bildung in der Niere) nicht selten. Diese kann man an der verminderten Erythrozytenanzahl sowie der Verringerung des Blutfarbstoffes in den Erythrozyten (roten Blutkörperchen) im Blutbild erkennen.

Bei Erkrankungen des Harnapparates kommt es häufig zu einer Verschiebung des Elektrolythaushaltes. Daher sollte die Menge der Elektrolyte (v. a. Kalzium, Phosphor, Kalium) bei der Blutuntersuchung bestimmt werden.

Apparative Verfahren

In der Tiermedizin werden hauptsächlich zwei Untersuchungsmethoden für die Diagnose von Nieren- und Harnwegserkrankungen eingesetzt:

- **Ultraschall**
  Mit Hilfe der Ultraschalluntersuchung lassen sich Lage, Größe und Form der Nieren sowie die Struktur des Nierengewebes bestimmen. Nierenzysten, Tumoren oder Blasensteine sind mit diesem Verfahren sehr gut zu erkennen.
- **Röntgen**
  Durch Röntgen kann die Größe der Nieren beurteilt werden. Blasensteine sowie der Füllungszustand der Harnblase können mit einer Röntgenaufnahme gut dargestellt werden.

10.5 Fachbegriffe zum Thema Harnapparat

Ren (Mehrzahl: renes) = Niere
Pelvis renales = Nierenbecken
Ureter = Harnleiter
Urethra = Harnröhre
Nephron = Funktionseinheit der Niere (bestehend aus Nierenkörperchen und Nierenkanälchen)
Glomerulus (Glumerula) = Gefäßknäuel in der Niere
Tubulus (Tubuli) = Nierenkanälchen
Miktion = Harnblasenentleerung
Inkontinenz = Unvermögen Urin willentlich zurückzuhalten
Zystitis = Blasenentzündung
Urolithiasis = Harngries, Blasensteine
Erythropoetin = In der Niere gebildetes Hormon, das die Bildung der roten Blutkörperchen anregt
Renin = In der Niere gebildetes Hormon, das den Blutdruck beeinflusst
Harnstoff, Kreatinin = Abbauprodukte aus dem Eiweißstoffwechsel, die durch die Niere ausgeschieden werden

11 Fortpflanzungsorgane

11.1 Weibliche Fortpflanzungsorgane

Zu den weiblichen Fortpflanzungsorganen (Geschlechtsorganen) gehören:

- Eierstock (Ovarium)
- Eileiter (Tubus)
- Gebärmutter (Uterus) mit Gebärmutterhals (Zervix)
- Scheide (Vagina) mit Scheidenvorhof (Vestibulum)
- Scham (Vulva)

Das Gesäuge (Gesäugeleiste, Mamma) gehört funktionell ebenfalls zu den weiblichen Fortpflanzungsorganen, da es der Aufzucht der Jungen dient. Anatomisch ist es jedoch eine modifizierte (veränderte) Schweißdrüse und wird zur Haut gezählt.

Die Harnorgane liegen in unmittelbarer Nachbarschaft der Geschlechtsorgane. Sie werden in vielen Anatomiebüchern zu einem gemeinsamen Harn- und Geschlechtsapparat zusammengefasst. Zur besseren Übersichtlichkeit werden die Harnorgane in einem eigenen Kapitel besprochen.

11.1.1 Eierstock

Der Eierstock (lat. Ovarium, im allgemeinen Sprachgebrauch auch Ovar) ist (außer beim Vogel) paarig angelegt, d. h. bei Säugetieren gibt es immer zwei Eierstöcke, die jeweils rechts und links der Körpermitte liegen. Die Ovarien sind kleine ovale bis kugelige Organe. Ihre Aufgabe ist die **Aufbewahrung und periodische Freisetzung der weiblichen Keimzellen** (Eier) sowie die **Bildung weiblicher Hormone** (Östrogen, Progesteron). Aus diesem Grunde werden sie oft auch als Keimdrüsen bezeichnet. Die Menge der in den Eierstöcken lagernden Eizellen ist bei der Geburt festgelegt und kann sich im Laufe des Lebens nicht mehr vermehren.

Beim Hund erreichen die Eierstöcke (je nach Rasse) einen Durchmesser von bis zu 2 cm. Bei der Katze sind sie etwa 1 cm groß. Bei anderen Tierarten (z. B. Rind, Kaninchen, Maus) sind sie, entsprechend der Körpergröße der Tiere, etwas größer oder kleiner.

Die Eierstöcke liegen kaudal (schwanzwärts) der Nieren und sind, ebenso wie die Gebärmutter, durch eine breite und lange bindegewebige Aufhängung, dem breiten Gebärmutterband, an der dorsalen (rückenwärts liegenden) Bauchwand befestigt. Dieser Aufhängeapparat aus Bindegewebe wird auch als **Mesovarium** bezeichnet. In ihm verlaufen viele (die Ovarien und den Uterus) versorgenden Blutgefäße.

Bindegewebe und Fett umhüllen die Eierstöcke wie eine Tasche. Jeder Eierstock ist in einer solchen Eierstocktasche (Bursa ovarica) vollständig eingebettet und dadurch vor Verletzungen durch Erschütterungen von außen gut geschützt.

> **? Aufgaben der Eierstöcke**
> - Aufbewahrung und Freisetzung der weiblichen Keimzellen (Eier)
> - Produktion weiblicher Hormone (Östrogen, Progesteron)

Vögel besitzen nur einen Eierstock und einen Eileiter auf der **linken** Körperseite. Der rechte Eierstock und der rechte Eileiter werden zwar in der Embryonalzeit angelegt, bilden sich jedoch bis zum Schlüpfen wieder zurück.

Der Eierstock von Vögeln ist weinrebenförmig. Er besteht aus vielen, an kurzen Stielen

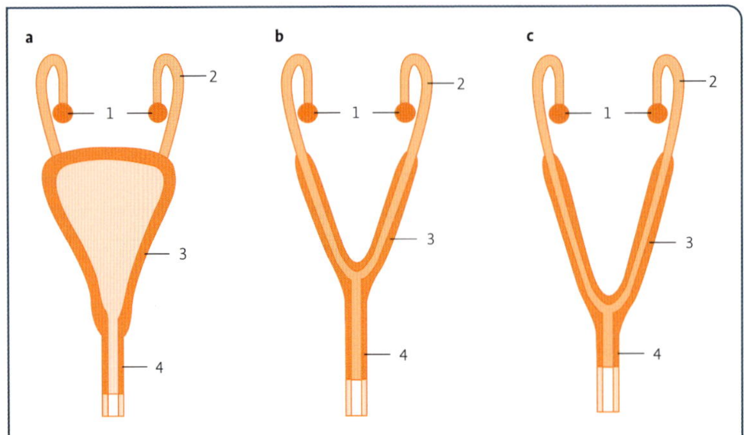

Verschiedene Formen der Gebärmutter: a) einfache Gebärmutter beim Menschen (Uterus simplex), b) zweihörnige Gebärmutter bei Haussäugetieren (Uterus bicornis), c) doppelte Gebärmutter bei Hasenartigen (Uterus duplex). 1) Eierstock (Ovar), 2) Eileiter (Tube), 3) Gebärmutter (Uterus), 4) Scheide (Vagina).

aufgehängten, Dotterkugeln. Während der Legeperiode wachsen mehrere dieser Dotterkugeln, sodass der Eierstock eine beträchtliche Größe erreichen kann. Außerhalb der Legeperiode ist er eher unscheinbar.

11.1.2 Eileiter

Der Eileiter (lat. Tuba uterina, griech. Salpinx) ist ein häutig-muskulöser Schlauch, der direkt hinter dem Eierstock seinen Anfang hat. Er ist paarig angelegt, d. h. kaudal (schwanzwärts) jedes Eierstocks schließt sich ein Eileiter an.

Der Eileiter beginnt mit einer trichterförmigen Erweiterung, dem Eileitertrichter, an deren Rand sich feine Fortsätze, die Eileiterfransen befinden. Einige der Fransen sind mit dem Eierstock verwachsen. Das untere Ende des Eileiter mündet in die Gebärmutter der jeweiligen Körperseite ein.

Der Eileiters dient dazu, die Eier nach dem Eisprung aufzufangen und in Richtung Gebärmutter weiterzutransportieren.

11.1.3 Gebärmutter

Die Gebärmutter (Uterus) ist ein Hohlorgan. Sie dient der Aufnahme und Entwicklung des Embryos bis zur Geburt. Sie besteht (von der Einmündung der Eileiter bis zur Scheide) aus:

- Uterushörner (Cornua uteri)
- Gebärmutterkörper (Corpus uteri)
- Gebärmutterhals (Cervix uteri)

Uterushörner

Beim Menschen (und den Primaten) verschmelzen die Gebärmutterhörner der rechten und linken Körperseite zu einer Einheit. Diese wird als Uterus simplex (einfache Gebärmutter) bezeichnet. Bei den meisten Haussäugetieren erfasst diese Verschmelzung nur den kaudalen (schwanzwärts gerichteten) Teil der Gebärmutter, so dass hier zwei Uterushörner vorhanden sind. Aufgrund dieser beiden Uterushörner wird die Gebärmutter als Uterus bicornis (zweihornige Gebärmutter) bezeichnet. Beim Kaninchen und bei einigen Nagetieren besteht der gesamte Uterus bis hin zur Scheide aus zwei Teilen. Hier spricht man von einem Uterus duplex (doppelter Gebärmutter).

Gebärmutterkörper

Die beiden Gebärmutterhörner (Uterushörner) vereinigen sich (außer bei Tieren mit Uterus duplex, siehe oben) zum Gebärmutterkörper. Er ist relativ kurz und geht in den Gebärmutterhals über.

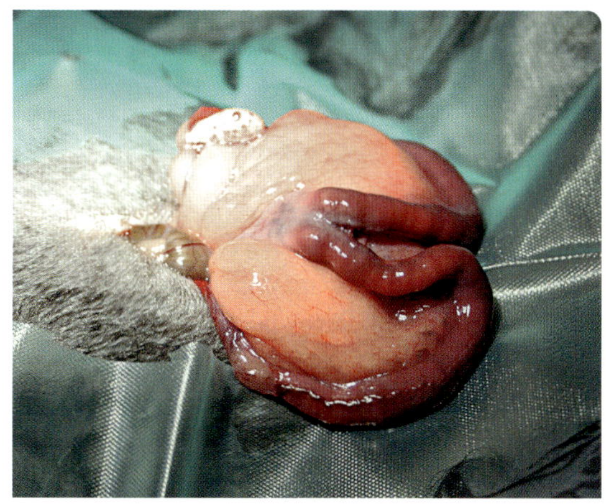

Gebärmutter eines Kaninchens – Verlagerung aus der Bauchhöhle zur Kastration.

Gebärmutterhals

Der Gebärmutterhals liegt (außer bei Tieren mit Uterus duplex) zwischen Uteruskörper und Scheide. Es handelt sich dabei um ein sehr kurzes Stück, das (außer während der Läufigkeit, Rolligkeit, Rosse, Brunst) durch Schleimhautfalten, Muskulatur und einem Schleimpfropf gegenüber der Außenwelt fest verschlossen ist. Zum Gebärmutterkörper ist der Gebärmutterhalskanal durch den **inneren Muttermund** und zur Scheide hin durch den **äußeren Muttermund** verbunden.

11.1.4 Scheide und Scheidenvorhof

Die **Scheide** (Vagina) dient der Aufnahme des Begattungsorgans (Penis) sowie als Geburtsweg. Sie reicht vom Gebärmutterhals bis zum Scheidenvorhof. Der Innenraum der Scheide wird als Scheidengewölbe bezeichnet. Nahe der Öffnung zum Scheidenvorhof mündet ventral (bauchwärts) die Harnröhre. Die Vagina enthält keine Schleimdrüsen. Das mehrschichtige Plattenepithel ihrer Innenauskleidung (Endothels) ist beim Fleischfresser und bei Nagetieren in Bezug auf Anzahl und Art der vorhandenen Zellen stark zyklusabhängig. Dies macht man sich (z. B. beim Hund) bei der Zyklusbestimmung mit Hilfe einer mikroskopischen Untersuchung eines Scheidenabstrichs zunutze.

Der **Scheidenvorhof** (Vestibulum vaginae) ist neben Begattungsorgan und Geburtsweg gleichzeitig der Ausführungsgang des Urins. Die Schleimhaut des Scheidenvorhofs enthält zahlreiche Schleimdrüsen.

11.1.5 Scham

Die Scham (Vulva) wird auch als äußere Geschlechtsteil des weiblichen Tieres bezeichnet. Sie besteht aus:

- Schamlippen
- Schamspalte mit oberem und unterem Schamwinkel
- Kitzler (Clitoris)

Schamlippen

Die in diesem Buch besprochenen Tiere besitzen zwei Schamlippen. Sie entsprechen den kleinen Schamlippen des Menschen. Man findet hier (von innen nach außen gesehen) einen allmählichen Übergang von Schleimhaut zu äußerer Haut. Diese ist nur spärlich behaart.

Die beiden Schamlippen vereinigen sich im oberen und unteren Schamwinkel und begrenzen die Schamspalte. Von der Vulva zum After hin erstreckt sich eine muskulös-bindegewebige Brücke, die als **Damm** (Perineum) bezeichnet wird.

Kitzler

Der Kitzler (Clitoris) liegt im ventralen (bauchwärts gerichteten) Schamwinkel. Er entspricht dem Penis des männlichen Tieres und ist diesem in seinem Aufbau sehr ähnlich.

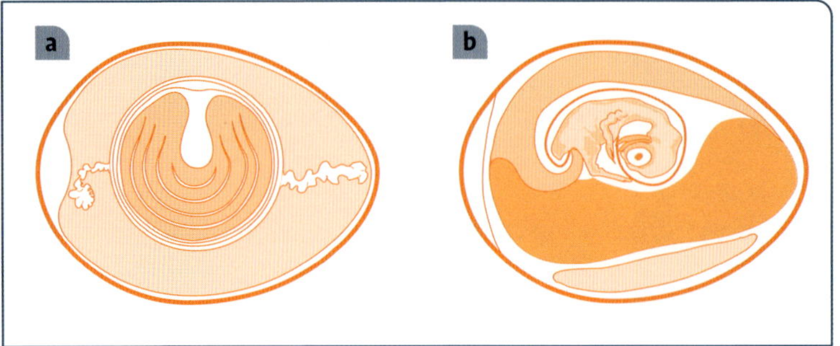

Vogelei
a) unbefruchtet; b) befruchtet.

11.1.6 Geschlechtsorgane des weiblichen Vogels

Dem traubenförmigen (nur auf der rechten Körperseite vorhandenen) Eierstock schließt sich der Eileiter (Oviductus) an. Er verläuft vom Eierstock bis zur Scheide. Im Eileiter erfolgt die Entwicklung zum Ei.

Der Eileiter wird in 4 Abschnitte unterteilt:

- **Infundibulum (Eileitertrichter)**
  Es handelt sich um eine trichterförmige Erweiterung des obersten Eileiterteils um den Eierstock. Seine Aufgabe ist das Auffangen und der Weitertransport der Eizellen.
- **Magnus**
  Das Magnum ist der längste Teil des Eileiters. Hier befinden sich Drüsenzellen, die den Hauptteil des späteren Eiweißes produzieren. Dieser Grundsubstanz des Eiweißes wird in der nachfolgenden Gebärmutter noch Wasser hinzugefügt.

Eileiter beim Vogel mit Ei.

- **Isthmus (Eileiterenge)**
  In diesem Abschnitt des Eileiters wird um die Eizelle (sowie um die Grundsubstanz des Eiweißes) eine besonders stabile doppelschichtige Schalenhaut aus hitzebeständigen Eiweißen gelegt. Zwischen den beiden Blättern der Schalenhaut verbleibt am stumpfen Eipol ein Hohlraum, die Luftkammer.
- **Gebärmutterteil des Eileiters**
  Im Gebärmutterabschnitt des Eileiters wird der Eiweißgrundsubstanz Wasser hinzugefügt. Dadurch quillt sie zum (uns bekannten) Eiweiß auf. Gleichzeitig wird das Ei mit einer kalkhaltigen Schale umgeben. Die dazu benötigten speziellen „Rohstoffe“ (Kalziumkarbonat und andere Kalziumsalze) werden von Epithelzellen des Eileiteruterus sezerniert (ausgeschieden).

11.2 Männliche Fortpflanzungsorgane

Zu den männlichen Geschlechtsorganen gehören:

- Hoden (lat. testis, griech. Orchis)
- Nebenhoden (Epididymis)
- Samenleiter (Ductus deferens)
- Vorsteherdrüse (Prostata)
- Männliches Glied (lat. Penis, griech Phallus)

11.2.1 Hoden

Die Hoden sind das männliche Gegenstück zu den Eierstöcken des weiblichen Tieres. Hier werden die männlichen **Samenzellen** (Spermien) sowie **männliche Sexualhormone** (Androgene) produziert. Die Hoden sind kugelig bis eiförmig. Nicht selten unterscheiden sich die beiden Hoden eines Tieres geringgradig in ihrer Größe, ohne dass dies als Krankheitszeichen zu werten ist.

Funktion der Hoden

- Produktion der Samenzellen (Spermien)
- Produktion männlicher Sexualhormone (Androgene)

11.2.2 Hodensack

Der Hodensack (Scrotum) beherbergt den Hoden, den Nebenhoden und den Anfangsabschnitt des Samenstrangs.

Vor der Geburt liegen die Hoden innerhalb der Bauchhöhle. Kurz nach der Geburt steigen sie beim Fleischfresser über den Leistenspalt in den Hodensack (Scrotum) ab und sind dort tastbar. Der Hodenabstieg sollte beim Fleischfresser kurz nach der Geburt beendet sein. Bleiben ein oder beide Hoden in der Bauchhöhle oder im Leistenspalt liegen und steigen nicht in den Hodensack ab, spricht man von ein- oder beidseitigem **Kryptorchismus** (griech.: kryptos = verborgen).

Im Gegensatz zu den Fleischfressern sind Kaninchen und Meerschweinchen sowie manche Kleinsäuger (Hamster) v. a. in Stresssituationen in der Lage, die Hoden schützend in die Bauchhöhle zurückzuziehen, sodass man sie nicht mehr tasten kann. Das hat den Vorteil, dass diese empfindlichen Organe im Kampf nicht verletzt werden können. Die Verlagerung der Hoden nach außen erfolgt bei diesen Tieren nicht in einen Hodensack, sondern in hodensackähnliche Hauttaschen.

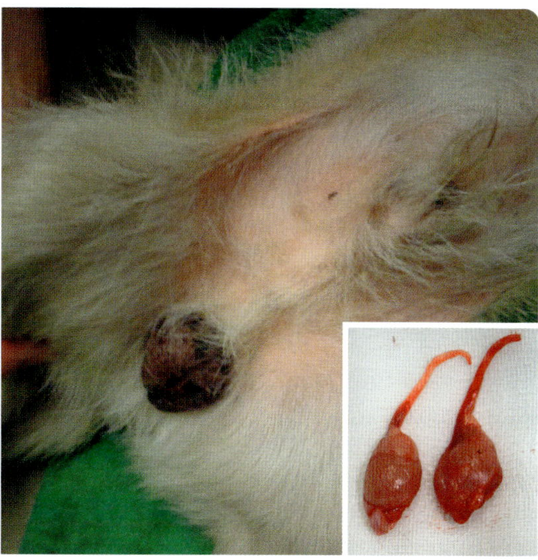

Geschlechtsorgane: männliches Tier:
Hoden im Hodensack (Hund)
kleines Bild: Hoden nach Kastration (Kater)

11.2.3 Nebenhoden

Der Nebenhoden (Epididymis) ist mit dem Hoden fest durch ein Band verbunden. Er wird in einen Nebenhodenkopf, Nebenhodenkörper und Nebenhodenschwanz unterteilt. Die einzelnen Abschnitte kann man durch die Wand des Hodensacks (besonders gut beim Hund) ertasten. Die Aufgabe des Nebenhodens ist, die Spermien zu speichern und über den Nebenhodenkanal weiterzutransportieren. Der Nebenhodenkanal verläuft stark geschlängelt und setzt sich im Samenleiter fort. Im Nebenhoden finden weiterhin Reifungsprozesse an den Spermien statt. Dadurch erhalten sie ihre Beweglichkeit und Befruchtungsfähigkeit.

11.2.4 Samenleiter

Der Samenleiter (Ductus deferens) ist die Fortsetzung des Nebenhodenkanals. Zusammen mit den Gefäßen und Nerven des Hodens und einer Umhüllung aus Bindegewebe und

Fett bildet er den **Samenstrang.** Beide Samenleiter und Samenstränge treten durch den Leistenkanal in die Beckenhöhle ein.

11.2.5 Vorsteherdrüse

Die Vorsteherdrüse (Prostata) liegt in der Beckenhöhle der Harnröhre direkt an.

Sie produziert ein Sekret, das als Transportmedium und der Ernährung der Spermien dient. Zusammen mit den Spermien wird es bei der **Ejakulation** (Samenerguss) als **Sperma** nach außen abgegeben.

Die Vorsteherdrüse ist beim Fleischfresser relativ groß und kann v. a. beim Hund rectal (durch die Darmwand) palpiert werden. Eine krankhaft vergrößerte Prostata kann Druck auf den Darm ausüben und zu oft massiven Kotabsatzbeschwerden führen.

Neben der Prostata gibt es weitere drei akzessorische (zusätzliche) Geschlechtsdrüsen (Samenleiterampulle, Samenblasendrüse, Harnröhrenzwiebeldrüse), die bei den einzelnen Tierarten in unterschiedlicher Ausprägung oder gar nicht vorhanden sind. Sie dienen, ähnlich wie die Prostata der Bildung von Sekreten, die dem Ejakulat beigemengt werden.

11.2.6 Männliches Glied

Das männliche Glied (Penis, griech. Phallus) ist das männliche Begattungsorgan. Er zeigt eine tierartlich unterschiedliche Form. Grundsätzlich kann man ihn jedoch in **Peniswurzel, Peniskörper** und **Penisspitze** unterteilen. An der Penisspitze findet man die **Eichel** (glans penis). Die Eichel des Katers trägt über 100 reihenförmig angeordnete Penisstacheln.

Der Penis besteht im Wesentlichen aus drei **Schwellkörpern**:

- **Penischwellkörper** Bei Hund und Katze verknöchert der Penisschwellkörper im Bereich der Eichel zum Penisknochen (Os penis). Beim Hund entsteht der Penisknochen in den ersten Lebenswochen. Er ist bei der Palpation deutlich zu tasten und im Röntgenbild gut zu erkennen. Bei der Katze bildet sich der Penisknochen etwa im 3. Lebensmonat und erreicht nur eine Länge von wenigen Millimetern.
- **Harnröhrenschwellkörper** Er liegt im Bereich der Peniswurzel und umschließt die Harnröhre.
- **Eichelschwellkörper** Er befindet sich an der Spitze des Penis (in der Eichel) und ist eine Fortsetzung des Harnröhrenschwellkörpers.

Unter Schwellkörper versteht man ein schwammartiges (mit Hohlräumen durchsetztes) Gewebe. Im erschlafften Zustand drückt eine dünne Muskelschicht die Hohlräume zusammen, sodass sie sich nicht (oder nur wenig) mit Blut füllen. Bei der sexuellen Erregung erschlafft diese Muskulatur und die Hohlräume weiten sich. Durch die sich gleichzeitig weitenden Arterien fließt vermehrt Blut in den Penis und in die Hohlräume der Schwellkörper. Diese schwellen an und drücken die Venen, durch die das Blut normalerweise wieder aus dem Penis abfließt, fast vollständig zusammen. Es entsteht ein hoher Druck in den Schwellkörpern, der den Penis steif werden lässt. Die **Erektion** (Aufrichten) und Erschlaffung des Penis wird vom vegetativen Nervensystem gesteuert.

Vorhaut

Als Vorhaut (Präputium) bezeichnet man die Haut, welche die Eichel des Penis umgibt. Im erschlafften Zustand des Penis liegt die Penisspitze in der Vorhaut. Während der Erektion des Penis zieht sich die Vorhaut hinter die Eichel zurück und der Penis wird ausgeschachtet.

Das Präputium besteht aus einem Außenblatt und einem Innenblatt, die gegeneinander verschiebbar sind. Zwischen Außen- und Innenblatt befindet sich die Vorhauthöhle. Das Außenblatt ist wie die äußere Haut aufgebaut. Das Innenblatt besitzt eine Schleimhaut mit

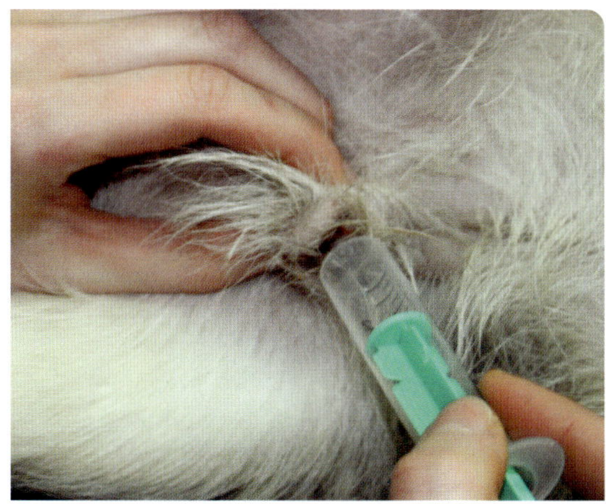

Spülung der Vorhaut beim Präputialkatarrh.

Schweiß- und Talgdrüsen sowie spezielle Nervenendigungen (Genitalkörperchen). Durch den Zerfall von Schleimhautzellen (Epithelzellen) bildet sich, zusammen mit den Drüsensekreten (Schweiß- und Talg), das weißliche bis leicht gelbliche Smegma (griech. smégma = Seife). Es dient dazu, die Eichel feucht und geschmeidig zu halten.

Der **Vorhautkatarrh** (Präputialkatarrh) ist eine häufige Erkrankung beim Hund (Rüden). Er schachtet bei Aufregung, sexueller Erregung oder aus Angst oft den Penis aus dem Präputium aus. Beim Zurückziehen des Begattungsorgans in die relativ großvolumige Vorhauthöhle können Schmutz und Bakterien von außen in die Vorhauthöhle mit eingeschleppt werden und dort zu Entzündungen führen.

11.2.7 Männliche Geschlechtsorgane des Vogels

Die männlichen Geschlechtsorgane des Vogels bestehen aus:

Hoden des Vogels

Die Hoden des Vogels sind (im Gegensatz zum Eierstock des weiblichen Vogels) paarig, d. h. der männliche Vogel besitzt zwei Hoden. Sie liegen lebenslang in der Leibeshöhle cranial (schwanzwärts) der Nieren. Es erfolgt kein Hodenabstieg. Die Größe der Hoden unterliegt saisonalen Schwankungen. Während der Balzperiode können sie ein Vielfaches der Größe der Nieren erreichen.

Nebenhoden des Vogels

Die Nebenhoden sind dem Hoden über 2/3 seiner Länge angelagert. Sie sind nicht (wie beim Säugetier) in Kopf-, Körper- und Schwanzteil gegliedert. In ihrem Verlauf nehmen sie stetig an Dicke zu und gehen dann in die Samenleiter der jeweiligen Körperseite über.

Samenleiter

Hier erfolgt der Transport der Spermien. Die Samenleiter verlaufen stark geschlängelt und münden in die Kloake.

Kopulationsorgan

Der Penis des männlichen Vogels ist Teil der Kloake (gemeinsamer Ausführungsgang für Urin, Kot, Spermien und Eier). Nur bei wenigen Vogelarten (z. B. Gänsen- und Entenvögeln) ist er ausstülpbar und ähnelt in seiner Funktion dem des Säugetiers. Bei den meisten Vogelarten besteht er aus zwei kleinen Körperchen, zwischen denen in der Mitte ein Höckerchen hervorsteht.

11.3 Hoden und Eierstöcke als Hormondrüsen

Hoden und Eierstöcke (Gonaden) gehören nicht nur zu den Geschlechtsorganen, sondern auch zu den endokrinen Drüsen, da sie Hormone (Progesteron, Östrogen, Testosteron) an die Blutbahn abgeben. Dadurch, sowie durch die Rückkopplung der übergeordneten Hormondrüsen (Hypophyse, Hypothalamus), wird die Funktion der Geschlechtsorgane gesteuert (siehe auch Kap. Endokrines System).

11.3.1 Sexualzyklus des weiblichen Tieres

Der Zyklus des weiblichen Tieres wird in 4 Phasen unterteilt:

- Proöstrus
- Östrus
- Metöstrus
- Anöstrus

Proöstrus

Im **Proöstrus** (Vorbereitungsstadium, Vorbrunst) reifen in den Eierstöcken die **Follikel** (Eibläschen) heran. Ein Follikel besteht aus einer Eizelle, ein die Eizelle umgebendes Epithelgewebe sowie Bindegewebe. Jedes Tier verfügt von Geburt an über eine ganz bestimmte Anzahl von Follikeln, die bis zur Geschlechtsreife in einer Vorstufenform (Primordialfollikel) im Eierstock ruhen. Erst ab Erreichen der Geschlechtsreife entwickelt sich bei jedem Sexualzyklus (im Proöstrus) eine tierartlich unterschiedliche Anzahl dieser ruhenden Primordialfollikel unter dem Einfluss des follikelstimulierenden Hormons (FSH) aus der Hypophyse über verschiedene Stadien (Primär-, Sekundär- und Tertiärfollikel) bis hin zum **Graafschen Follikel**. Dieser besteht nun aus der Eizelle sowie ein die Eizelle umgebendes Gewebe, dessen Zellen **Östrogen** produzieren.

Das Östrogen bewirkt eine Verdickung und Durchsaftung der Gebärmutterschleimhaut und Ausbildung von Gebärmutterdrüsen als Vorbereitung für die Einnistung eventuell befruchteter Eier. Bei der Hündin kommt es dabei zum Austritt von Blut aus der stark durchbluteten Schleimhaut des Uterus. Dadurch entsteht ein blutiger Scheidenausfluss.

Östrus

Während des **Östrus** (Brunst) nehmen die Graafschen Follikel in den Eierstöcken immer mehr an Größe zu. Dadurch wird auch zunehmend Östrogen gebildet. Über eine Rückkopplung zur Hypophyse bewirkt das Östrogen dort die Ausschüttung des luteinisierenden Hormons (LH). Dies bewirkt gegen Ende des Östrus den **Eisprung** (Ovulation). Dabei löst sich die Eizelle vom umliegenden Gewebe ab und wird von der Eileiterampulle aufgenommen.

Im Östrus ist das weibliche Tier **deckbereit**. Die Vulva ist stark durchblutet und geschwollen. Hündinnen „büchsen" in dieser Zeit auf der Suche nach einem Geschlechtspartner gerne aus. Sie sind „läufig". Kätzinnen geben gurrende Laute von sich, legen den Schwanz (als Zeichen der Deckbereitschaft) zur Seite und rollen sich auf dem Boden. Sie sind „rollig". Aufgrund der charakteristischen Lautgebung der Katze während des Östrus spricht man auch von „Raunze". Beim Kaninchen, Meerschweinchen und den Kleinnagern sind die äußeren Anzeichen der Brunst nicht so deutlich zu erkennen.

Bei der Hündin, beim Pferd und Rind kommt es (unabhängig von äußeren Gegebenheiten) am Ende des Östrus automatisch zum Eisprung. Man spricht hier von einem **spontanen Eisprung**.

Bei der Katze, Meerschweinchen und beim Kaninchen wird der Eisprung normalerweise nur durch den Deckakt ausgelöst. Dies wird als **provozierter Eisprung** bezeichnet. Kommt es nicht zur Begattung, bilden sich die Graafschen Follikel in den Eierstöcken wieder zurück und der Zyklus beginnt nach einer kurzen Ruhepause wieder von vorne mit dem Proöstrus.

Metöstrus

Der **Metöstrus** wird auch als Nachbrunst bezeichnet. In dieser Zeit verschwinden nach und nach alle Brunstsymptome. In den Eierstöcken bilden sich aus den Follikelresten (das Gewebe, das nach dem Eisprung zurückbleibt) die **Gelbkörper** (Corpus luteum). Sie produzieren das Hormon **Progesteron,** das unter anderem für die Aufrechterhaltung der Trächtigkeit zuständig ist. Es verhindert, dass die zuvor für die Einnistung des befruchteten Eies und die Ernährung des Fötus vorbereitete Gebärmutterschleimhaut wieder abgebaut wird.

Kommt es nicht zur Befruchtung und Trächtigkeit, bilden sich die Gelbkörper sowie die Gebärmutterschleimhaut nach einiger Zeit (bei der Hündin nach etwa 60 Tagen) wieder zurück.

Anöstrus

Unter Anöstrus versteht man eine längere „Eierstockruhe" ohne hormonelle Aktivität in den Eierstöcken.

11.3.2 Sexualzyklen einzelner Tierarten

Sexualzyklus der Hündin

Proöstrus

Der Proöstrus dauert etwa 9 – 12 Tage. Die Vulva schwillt an. Die Hündin hat blutigen Ausfluss, der sich bis zum Ende der Vorbrunst immer mehr aufhellt. Die Stärke der Blutung variiert von Tier zu Tier und hat keine Aussagekraft in Bezug auf den ordnungsgemäßen Verlauf der Läufigkeit. Die Hündin setzt häufig kleinere Mengen Urin ab, um Pheromone (Geschlechtsduftstoffe) zu verteilen und damit die Rüden auf sich aufmerksam zu machen. Sie spielt mit einem oder mehren Rüden, ist jedoch noch nicht deckbereit.

Östrus

Der Östrus dauert durchschnittlich 9 Tage. Der Eisprung erfolgt normalerweise am 1.– 4. Tag des Östrus. Der Ausfluss aus der Scheide ist fast hell und enthält nur noch wenig Blut, das mit dem bloßen Auge kaum zu erkennen ist. Die Hündin ist nur während einer kurzen Zeit des Östrus (ca. 24 – 36 Stunden) deckbereit.

Metöstrus

Der Metöstrus dauert etwa 60 Tage. Der Ausfluss verringert sich nach und nach, bis er völlig versiegt. Auch die Schwellung der Vulva verschwindet. Wird die Hündin nicht gedeckt, entsteht gegen Ende des Metöstrus eine Scheinträchtigkeit, die häufig ohne Symptome verläuft.

Anöstrus

Die Ruhephase dauert durchschnittlich 4 Monate. Es gibt allerdings Hunderassen, wie z. B. die afrikanischen Basenjii, die nur einmal im Jahr läufig werden und damit eine wesentlich längere Ruhephase aufweisen.

Sexualzyklus der Kätzin

Anders als bei der Hündin, bei der in bestimmten Zeitabständen ein Eisprung spontan erfolgt, kommt es bei der Katze erst beim Deckakt zum Eisprung (provozierter Eisprung). Der Östrus dauert ca. 2 – 5 Tage. Wird die Katze in dieser Zeit nicht gedeckt, bilden sich die Graafschen Follikel im Eierstock zurück und neue Follikel reifen heran. Die Follikelreifung vom Primordialfollikel zum „sprungbereiten" Graafschen Follikel dauert ca. 10 Tage. Danach wird die Katze erneut rollig.

Im Frühjahr bis Frühherbst treten die Rolligkeiten (wenn die Katze nicht gedeckt wird) etwa alle 14 Tage auf. Ab September werden sie seltener und fallen schließlich ganz aus. Es tritt Winterruhe ein. Diese Vorgänge werden bei der Katze durch die Länge des Tageslichtes beeinflusst. Je länger das Tageslicht einwirkt (im Frühjahr und Sommer länger als im Herbst und Winter), desto häufiger reifen Eier in den Eierstöcken der Katze und desto häufiger wird sie rollig. Wohnungskatzen, die im Winter elektrischem Licht ausgesetzt sind, können auch im Winter rollig werden. Je nach Persönlichkeit und Temperament ist das Verhalten rolliger Katzen recht unterschiedlich. Meist sind sie in dieser Zeit sehr anhänglich und fordern demonstrativ Streicheleinheiten. Sie rollen sich auf dem Boden (Rolligkeit), heben das Hinterteil mit zur Seite gelegtem Schwanz als Aufforderung zum Deckakt und „singen" mit unterschiedlichsten Tönen (Raunze).

Wird die Katze gedeckt, erfolgt der Eisprung. Etwa 4 – 6 Eizellen lösen sich aus den

Rollige Katze.

Follikeln und wandern im Eileiter in Richtung Gebärmutter. Dort werden sie von dem aufsteigenden Samen des Katers befruchtet. Die befruchteten Eier nisten sich in der Gebärmutter ein und entwickeln sich innerhalb 63 Tagen bis zu Geburt der Katzenwelpen.

In manchen Fällen kann durch intensives Streicheln während des Östrus bei der Katze ebenfalls ein Eisprung (wie beim Deckakt) provoziert werden. Da die Eizellen jedoch nicht befruchtet werden, entsteht dadurch in der Regel eine **Scheinträchtigkeit**.

Sexualzyklus des Meerschweinchens

Weibliche Meerschweinchen sind ab etwa der 5. Lebenswoche geschlechtsreif.

Normalerweise ist die Scheide (Vagina) des Meerschweinchens durch eine feste Membran aus Bindegewebe verschlossen. Lediglich während des Östrus (der maximal 24 Stunden andauert) reißt diese Membran ein und das Tier ist deckbereit. Der Eisprung wird durch den Deckakt provoziert. Wird das Tier nicht gedeckt, bilden sich die Graafschen Follikel auf den Eierstöcken zurück und es reifen neue heran. Der nächste Östrus tritt etwa 18 Tage später auf. Kommt es durch die Paarung zur Befruchtung, erfolgt nach 62–70 Tagen die Geburt, die meist ohne sichtbare Vorzeichen verläuft. Schon 13 Stunden nach einer Geburt wird das Weibchen wieder brünstig und kann, wenn es gedeckt wird, erneut trächtig werden.

Sexualzyklus des Kaninchens

Zyklische Veränderungen kann man beim Kaninchen im Abstand von 5–7 Tagen das ganze Jahr über beobachten. Die Östrusphasen zeigen sich durch Unruhe, Rötung und feuchte Schwellung der Vulva und der sichtbaren Schleimhäute (nach Spreizen des Scheidenvorhofs), sowie häufigen Harnabsatz.

Die Ovulation (Eisprung) wird durch den Deckakt provoziert und erfolgt etwa 9–13 Stunden danach. Kommt es nicht zum Eisprung, bilden sich die Graafschen Follikel zurück und neue Follikel reifen heran. Ein Eisprung kann auch durch äußere Reize (z. B. intensives Streicheln, Aufsitzen durch ein dominantes weibliches Tier oder kastriertes Männchen) ausgelöst werden. Werden die Eizellen nach dem Eisprung befruchtet, entsteht eine Trächtigkeit. Sie dauert zwischen 28 und 33 Tage. Werden die Eizellen nach dem Eisprung nicht befruchtet (z. B. bei einem sterilen Deckakt oder beim Eisprung durch äußere Reize), kommt es zur Scheinträchtigkeit.

Sexualzyklus von Kleinsäugern

Goldhamster und Maus sind mit ungefähr 31 Tagen geschlechtsreif, die Ratte mit etwa 5 Wochen. Die Zykluslänge beträgt 4–5 Tage, d. h. der Östrus (Hitzigkeit) tritt bei diesen Tierarten alle 4–5 Tage periodisch auf.

Der Eisprung beim Hamster und bei der Maus erfolgt nach dem Deckakt und ist damit eine provozierte Ovulation. Bei der Ratte findet man eine spontane Ovulation auch ohne Begattung. Die Trächtigkeitsdauer beträgt bei Ratte und Maus ca. 20 – 24 Tage, beim Goldhamster lediglich 16 Tage.

11.4 Spermiogenese und Spermienreifung

Spermiogenese

Unter Spermiogenese versteht man die Entstehung von männlichen Samenzellen (Spermien) in den Hoden. Bereits vor der Geburt liegen die Vorstufen (Spermatogonien) der Spermien in den Hoden vor. Nach Erreichen der Geschlechtsreife reifen diese Spermatogonien während des gesamten Lebens des männlichen Tieres kontinuierlich über verschiedene Zwischenstufen zu Spermien heran. Während dieser Entwicklung wird der Chromosomensatz in den Samenzellen geteilt (siehe Kap. Zelle, Meiose). Bei der Verschmelzung mit der Eizelle eines weiblichen Tieres (deren Chromosomensatz ebenfalls nur zur Hälfte vorliegt) wird er wieder zu einem Ganzen (je zur Hälfte aus den Chromosomen der Mutter und des Vaters bestehend) zusammenfügt.

Spermienreifung

Die Spermien gelangen in noch unreifem Zustand in den Nebenhoden. Hier erhalten sie ihren „letzten Schliff", d. h. sie reifen zu befruchtungsfähigen Samenzellen heran. Über den Samenleiter wandern sie dann in Richtung Harnröhre und werden bei der **Ejakulation** (Samenerguss) zusammen mit den Sekreten der akzessorischen Geschlechtsdrüsen aktiv aus dem Samenleiter in die Harnröhre und über sie in die Scheide des weiblichen Tieres ausgestoßen.

Die Zeit vom Entwicklungsbeginn der Spermien im Hoden bis zum Auftreten von befruchtungsfähigen Samenzellen im **Ejakulat** (Samenflüssigkeit) ist tierartlich unterschiedlich lang. Beim Hund dauert dies ca. 8 Wochen.

11.5 Entwicklung des befruchteten Eies

Nach dem **Eisprung (Ovulation)** erfolgt die **Befruchtung (Konzeption)** der Eizelle durch die aufsteigenden männlichen Samenzellen im Eileiter. Während der Wanderung der befruchteten Eizelle im Eileiter in Richtung Gebärmutter beginnt die **embryonale Entwicklung**. Die befruchtete Eizelle teilt sich mehrmals. Es entsteht zunächst die Morula (kugeliger Zellhaufen von 8 – 32 Zellen), dann die Blastocyste (Keimblase, ein frühes Embryonalstadium, in dem sich die Zellen bereits in einer bestimmten Position anordnen) sowie später die **Keimschichten** (Ektoderm, Mesoderm, Entoderm), aus denen sich die einzelnen Organe des Embryos entwickeln:

- **Ektoderm** Haut, Hautdrüsen, Haare, Nervensystem, Sinnesorgane
- **Mesoderm**
- Bewegungsapparat, Bindegewebe, Blutgefäße, innere Körperhäute (Serosa), Teile des Harn- und Geschlechtsapparates (Nieren, Keimdrüsen)
- **Endoderm**
- Verdauungskanal, Leber, Bauchspeicheldrüse, Atemwege, Thymus, Schilddrüse, Milz, Knochenmark

Kurz vor Eintritt in die Gebärmutter bildet sich die Eihaut. Mit ihr verankert sich die Frucht an der dafür (unter dem Einfluss des Trächtigkeitshormons Progesteron) vorbereiteten Gebärmutterschleimhaut und bildet mit ihr zusammen den **Mutterkuchen (Plazenta).** Dies wird als **Plazentation** bezeichnet. Über die Plazenta wird die Frucht bis zur Geburt ernährt. Der allgemeinere Begriff **Einnistung (Nidation)** wird für den gesamten Vorgang (Eintritt des Embryos in die Gebärmutter und Verankerung in der Gebärmutterschleimhaut) verwendet.

Unter **Trächtigkeit (Gravidiät)** versteht man die Heranreifung eines neuen Lebewesens im Körper der Mutter. Sie dauert von der

Befruchtung der Eizelle durch die Spermien bis zur Geburt.

11.5.1 Embryo und Fetus

- **Embryo** = Frucht bis zum Abschluss der Organentwicklung
- **Fötus (Fetus)** = Frucht nach Abschluss der Organentwicklung

11.6 Geburt

Die Dauer der Geburt und das Verhalten der Mutter vor und während der Geburt sind tierartlich sehr unterschiedlich. Grundsätzlich lässt sich der Verlauf einer Geburt in drei Phasen einteilen, dargestellt am Beispiel von Hund und Katze:

- **Eröffnungsphase**
  In dieser Phase treten Wehen (rhythmische Kontraktionen der Gebärmuttermuskulatur zur Austreibung des Fötus) in immer kürzeren Abständen auf, bis die Geburtswege so weit geöffnet sind, dass die erste Frucht hindurch treten kann. Während der Eröffnungsphase tritt meist dünnflüssiger Schleim aus der Vulva (Scham).
- **Austreibungsphase**
  Die Eröffnungsphase geht unmittelbar in die Austreibungsphase über. Mit Hilfe von Presswehen wird dann die erste Frucht geboren. Sie steckt in einem Fruchtwasserbeutel (Amnion), den die Mutter sofort nach der Geburt aufbeißt. Danach durchtrennt sie mit den Zähnen die Nabelschnur und leckt das Neugeborene trocken. Die Jungen können mit dem Kopf zuerst oder in Steißlage geboren werden. Zwischen den Geburten der einzelnen Früchte können längere Pausen (bei Hund und Katze bis zu mehreren Stunden) auftreten, in denen keine Presswehentätigkeit beobachtet wird. Dies ist ein normaler Vorgang und sollte nicht beunruhigen, solange die ständig zunehmende Pausenlänge nicht deutlich überschritten wird und der Kreislauf des Muttertiers nicht stark abfällt. Presswehen jedoch, die länger als 30 Minuten andauern, ohne dass ein Welpe geboren wird, deuten auf eine Geburtsstörung hin. In diesem Fall muss unverzüglich ein Tierarzt hinzugezogen werden. Ist ein Jungtier geboren, so folgt ihm nach einigen Presswehen gleich die dazugehörige **Nachgeburt**. Sie besteht aus Eihäuten und Mutterkuchen (Plazenta) und wird in der Regel von der Mutter gefressen.
- **Nachwehenstadium**
  Haben alle Neugeborenen den Geburtskanal verlassen, kontrahiert sich noch einige Zeit die Muskulatur der nun leeren Gebärmutter.

Nach Abschluss der Geburt beginnt die **Nachgeburtsperiode (Puerperium).** Darunter versteht man die Zeitspanne vom Ende der Geburt bis zur abgeschlossenen Rückbildung der Gebärmutter.

? Trächtigkeitsdauer einzelner Tierarten (in Tagen)

- Pferd 336
- Rind 283
- Hund 63
- Katze 58
- Kaninchen 28–33
- Meerschwein 62–70
- Ratte 20–24
- Maus 18–21
- Hamster 16

11.7 Laktation

Unter Laktation versteht man die **Milchabsonderung aus dem Gesäuge** nach einer Trächtigkeit und Aufrechterhaltung des Milchflusses durch den Saugakt des Jungtieres oder durch Melken. Die Milch dient über eine gewisse (tierärztlich unterschiedlich lange) Zeit der Ernährung eines Jungtieres und versorgt es mit den notwendigen Nährstoffen. Milch von Kühen, Ziegen, Schafen (in anderen Ländern auch Kamelen, Pferden, Eseln) wird von Menschen als Lebensmittel genutzt. Der Milchfluss wird durch das Hormon **Oxytocin** in Gang gesetzt (siehe auch Kap. Endokrines System).

Die **Kolostralmilch** ist die erste abgesonderte Milch nach der Geburt. Sie ist besonders reich an Nährstoffen und Antikörpern und liefert dem Neugeborenen, dessen Immunsystem noch nicht ausgebildet ist, einen ersten Schutz gegen verschiedene Infektionskrankheiten.

? Durchschnittliche Säugezeit einzelner Tierarten (in Wochen)

Pferd 20	Kaninchen 3
Hund 6–8	Meerschwein 3
Katze 8–10	Hamster 3

11.8 Milchdrüse

Die Milchdrüse (Mamma) gehört streng genommen **nicht** zu den Geschlechtsorganen. Sie ist eine modifizierte (veränderte) Schweißdrüse. Da sie ihr Sekret nach außen abgibt, zählt sie zu den exokrinen Drüsen.

Vom Drüsenepithel im Innern der Milchdrüse wird die Milch (Sekret der Milchdrüse) gebildet und in die Milchgänge abgegeben. Die Milchgänge vereinigen sich zu einem gemeinsamen Ausführungsgang, der Zitze.

11.9 Fertilität und Sterilität

Fertilität ist der Fachbegriff für die Fruchtbarkeit eines Lebewesens. Bei einem männlichen Tier spricht man von fruchtbar (fertil), wenn

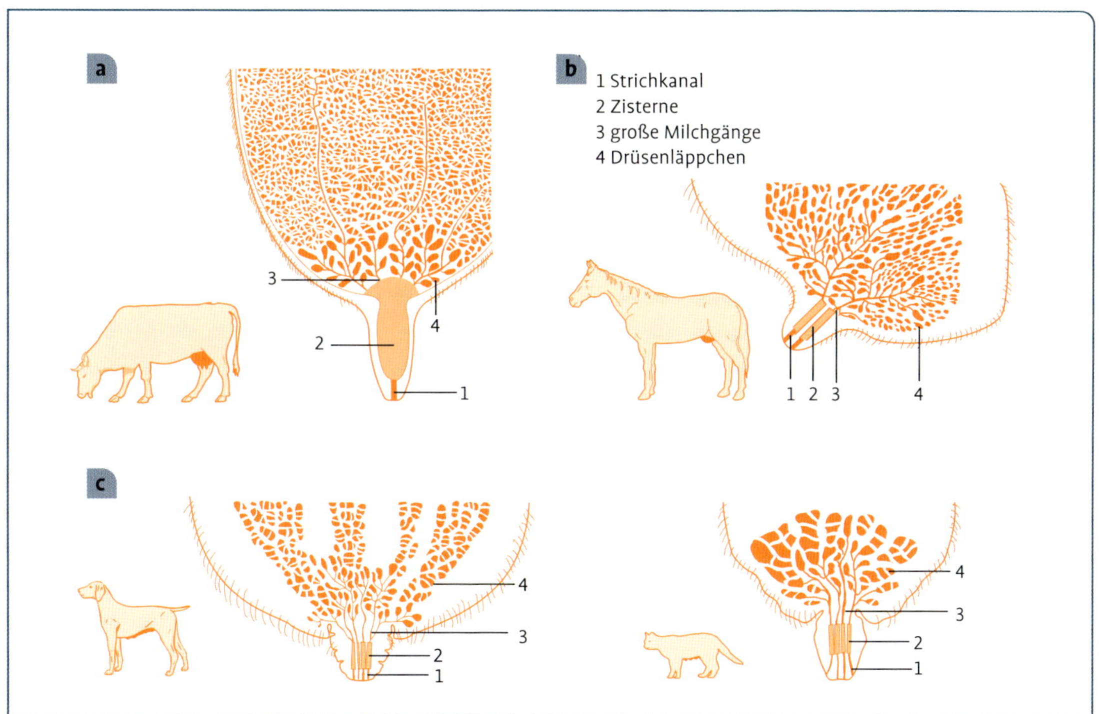

Schnitt durch eine Milchdrüse. a) Rind, b) Pferd, c) Hund), d) Katze: 1) Strichkanal, 2) Zisterne, 3) große Milchgänge, 4) Drüsenläppchen.

Künstliche Besamung bei einer Kuh.

die Spermien befruchtungsfähig sind und nach einem Deckakt (oder künstlicher Besamung mit diesen Spermien) eine Trächtigkeit folgt. Beim weiblichen Tier versteht man unter Fruchtbarkeit, dass nach einem Deckakt (oder künstlicher Besamung) das Tier trächtig wird.

Sterilität bedeutet Unfruchtbarkeit. Unfruchtbare (sterile) männliche Tiere können keine Nachkommen zeugen. Unfruchtbare weibliche Tiere können nicht trächtig werden.

11.10 Künstliche Besamung

Bei der künstlichen Besamung wird mithilfe einer Besamungspipette verdünntes Ejakulat (Samenflüssigkeit) in den Gebärmutterhals (Zervix) eines weiblichen Tieres eingebracht (instrumentelle Insemination). Der beste Zeitpunkt für die künstliche Befruchtung ist kurz vor der Ovulation (Eisprung).

Die Samenflüssigkeit wird (meist von prämierten) Vatertieren gewonnen und mikroskopisch auf Anzahl- und Beweglichkeit (Lebensfähigkeit) der Samenzellen (Spermien) und eventuell vorhandenen Krankheitserregern untersucht. Frisch gewonnenes Sperma wird verdünnt und in Besamungspipetten gelagert. Als Frischsperma kann es vier Tage lang gekühlt (im Kühlschrank) aufbewahrt werden. Für eine längere Lagerung müssen die Pipetten in **flüssigem Stickstoff** tiefgekühlt werden.

Die künstliche Besamung wird vor allem in der Rinderzucht weltweit zum Aufbau eines gesunden und leistungsfähigen Rinderbestandes angewandt. Durch diese Methode können mehrere Kühe in kurzer Zeit mit einem Ejakulat eines Stiers besamt werden. Da die Samenflüssigkeit vor der Konservierung mikroskopisch untersucht wird und das Vatertier (ein gesunder Zuchtbulle in einer Zuchtstation) meist unter tierärztlicher Kontrolle steht, werden durch die künstliche Besamung Infektionen, die durch den Deckakt übertragen werden, weitgehend vermieden.

11.11 Embryotransfer

Beim Embryotransfer werden befruchtete Eizellen eines Spendertieres in die Gebärmutter eines Empfängertiers übertragen. Damit sich die Frucht im Uterus einnisten und ausgetragen werden kann, muss sich das Empfängertier im gleichen Zyklusstand wie das Spendertier befinden. Embryotransfer wird hauptsächlich in der Rinderzucht angewandt, um viele befruchtete Eizellen von einer Kuh auf mehrere Empfängerkühe zu verteilen und damit die Fortpflanzungsleistung zu verbessern.

11.12 Untersuchungsmethoden

11.12.1 Adspektion und Palpation

Die Untersuchung des Geschlechtsapparates beinhaltet die Adspektion (Anschauen) der äußeren Geschlechtsteile, die Palpation (Abtasten) von Hoden und Milchdrüse, sowie beim Hund der Prostata durch eine rektale (in den Darm eingehende) Untersuchung.

11.12.2 Röntgen und Ultraschall

Röntgen- und Ultraschalluntersuchungen ergänzen sich bei der Beurteilung des Gesundheitsstatus der Gebärmutter, sowie der Eierstöcke und der Eileiter. Eine Trächtigkeit kann durch diese Verfahren sicher diagnostiziert werden. Beim männlichen Hund wird der Zustand der Prostata neben der rektalen Palpation mit Hilfe einer Ultraschalluntersuchung am besten beurteilt.

11.12.3 Laboruntersuchungen

Allgemeine Blutuntersuchung

Durch eine allgemeine Blutuntersuchung können Entzündungsvorgänge im Körper diagnostiziert (z. B. Anstieg der Leukozyten) sowie die Funktion der inneren Organe (z. B. durch Bestimmung der Leber-, Nieren- und Schilddrüsenwerte) und damit der allgemeine Gesundheitszustand eines Tieres beurteilt werden.

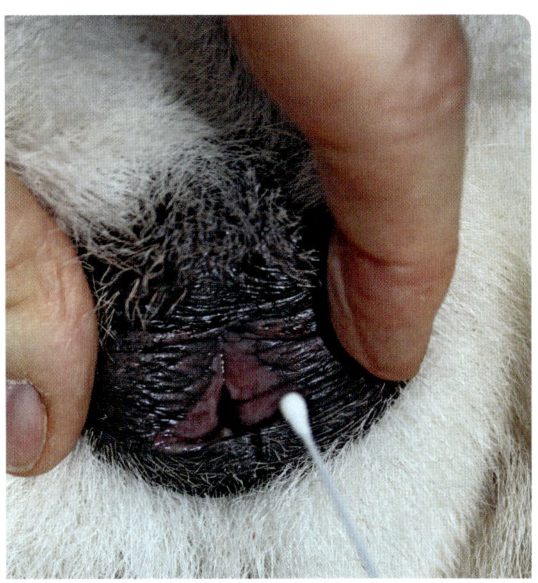

Scheidenabstrich bei einer Hündin.

Spezielle Laboruntersuchungen

- Die bakteriologische Untersuchung eines Scheidenausfluss gibt Auskunft darüber, ob, und wenn ja, welche Bakterien am Krankheitsgeschehen beteiligt sind.
- Durch Bestimmung der Progesteronmenge im Blut einer läufigen Hündin ist es möglich, den günstigsten Deckzeitpunkt festzulegen, um sicher Nachwuchs zu erhalten.
- Mit Hilfe der mikroskopischen Untersuchung eines Scheidenabstrichs kann man (anhand der vorhandenen Zellen) den Zyklusstand bei der Hündin bestimmen.
- Durch die mikroskopische Untersuchung der Samenflüssigkeit, einem **Spermiogramm**, werden die Anzahl, das Aussehen und die Beweglichkeit der darin enthaltenen Spermien und damit die Befruchtungsfähigkeit des männlichen Tieres beurteilt.

11.13 Fachbegriffe zum Thema Fortpflanzungsorgane

Ovarium (Ovar) = Eierstock
Tubus = Eileiter
Uterus = Gebärmutter
Zervix = Gebärmutterhals
Vagina = Scheide
Vestibulum = Scheidenvorhof
Vulva = Scham
Östrogen = weibliches Sexualhormon (bewirkt u. a. den Eisprung)
Progesteron = weibliches Sexualhormon (erhält die Trächtigkeit, Trächtigkeitshormon)
Testis = Hoden
Epididymis = Nebenhoden
Ductus deferens = Samenleiter
Prostata = Vorsteherdrüse
Penis (Phallus) = männliches Glied
Testosteron = männliches Sexualhormon
Scrotum = Hodensack
Ejakulation = Samenerguss
Ejakulat = Samenflüssigkeit
Erektion = Aufrichten des Penis
Präputium = Vorhaut
Präputialkatarrh = Vorhautentzündung
Spermien = Samenzellen
Gonaden = Keimdrüsen (Hoden, Eierstöcke)
Follikel = Eibläschen (auf dem Eierstock)
Östrus = Brunst (Zustand kurz vor dem Eisprung)
Ovulation = Eisprung
Konzeption = Befruchtung
Plazenta = Mutterkuchen
Plazentation = Aufbau der Plazenta und Verankerung in der Gebärmutterschleimhaut
Nidation = Einnisten der befruchteten Eizelle in der Gebärmutterschleimhaut
Gravidität = Schwangerschaft
Embryo = Frucht bis zum Abschluss der Organentwicklung
Fetus (Fötus) = Frucht nach Abschluss der Organentwicklung
Laktation = Milchabsonderung aus der Milchdrüse (Gesäuge)
Mamma = Milchdrüse
Mastitis = Milchdrüsenentzündung
Kolostralmilch = erste Milch nach der Geburt (reich an Antikörper und Nährstoffen)
Oxytocin = Hormon, das den Milchfluss anregt
Instrumentelle Insemination = künstliche Befruchtung mithilfe eines Instrumentes (Besamungspipette)
Fertilität = Fruchtbarkeit
Sterilität = Unfruchtbarkeit
Embryotransfer = Übertragung befruchteter Eizellen von einem Spendertier auf ein Empfängertier
Spermiogramm = mikroskopische Untersuchung von Samenflüssigkeit

12 Haut und Hautanhangsgebilde

12.1 Haut

Das Organ Haut (griech. Derma, lat. Cutis) umhüllt den gesamten Körper. Es ist (von innen nach außen betrachtet) aus drei Schichten aufgebaut:

- Unterhaut (Subcutis)
- Lederhaut (Corium)
- Oberhaut (Epidermis)

Lederhaut und Oberhaut bilden zusammen die eigentliche Haut (Cutis).

Unterhaut

Die Unterhaut (Subcutis, sub = unter; cutis = Haut) ist die verschiebbare Unterlage der eigentlichen Haut. Sie besteht aus einer Fettschicht und einer Schicht aus grobfaserigem Bindegewebe. Die Fettschicht kann an bestimmten Körperstellen (z. B. Bauch, Rücken) erheblich dick sein und dient als Energiespeicher (Fettdepot, Fettpolster) und zur Wärmeisolation. Im Innern der Subcutis sind Nervenzellen eingelagert, die auf Druckreize reagieren. Hier verlaufen auch die Blutgefäße, durch welche die Haut ernährt wird.

Lederhaut

Die Lederhaut (Corium) von Nutztieren wird durch Gerben zu Leder verarbeitet und hat daher ihren Namen erhalten. Sie besteht vorwiegend aus kollagenen und elastischen Bindegewebsfasern und einem Netz aus feinen Blutgefäßen. Ihre Aufgabe besteht vor allem in der Ernährung der darüber liegenden

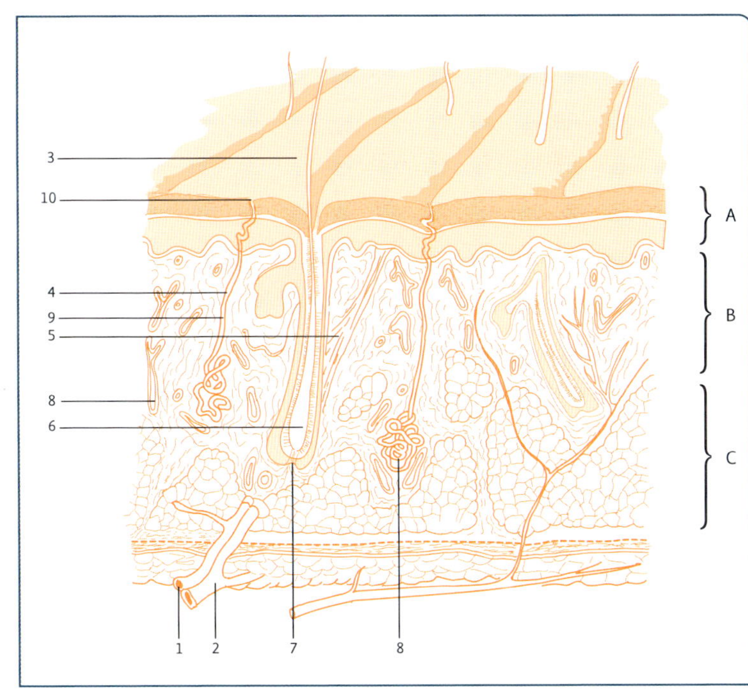

Querschnitt durch die Haut.

A = Oberhaut (Epidermis)
B = Lederhaut (Corium)
C = Unterhaut (Subcutis)

1) Arterie
2) Vene
3) Haarschaft
4) Talgdrüse
5) Haarmuskel
6) Haarzwiebel
7) Haarpapille
8) Schweißdrüse
9) Ausführungsgang der Schweißdrüse
10) Pore der Schweißdrüse

gefäßfreien Oberhaut, mit der sie fest verankert ist.

Die kollagenen und elastischen Fasern sorgen dafür, dass die Haut geschmeidig, dehn- und anpassungsfähig ist.

Oberhaut

Die Oberhaut (Epidermis) besteht aus Epithelgewebe (mehrschichtiges, nach außen verhornendes Plattenepithel. An behaarten Stellen der Haut ist es nur wenig, an unbehaarten Bereichen (z. B. Ballen) sehr stark verhornt.

12.2 Aufgaben der Haut

Die äußere Haut hat folgende Aufgaben zu erfüllen:

- **Schutzfunktion**
  Die Haut schützt den Körper vor Flüssigkeitsverlust. Sie dient der Temperaturregelung und verhindert weitgehend das Eindringen von Mikroorganismen (Bakterien, Parasiten, Pilze, Viren).
- **Kommunikation mit der Umwelt**
  Über ein weit verzweigtes System von Hautnerven werden Reize (z. B. Druckreize, Temperatur) aus der Umwelt aufgenommen. Durch zahlreiche Hautdrüsen, deren Sekrete Duftstoffe enthalten, können Tiere markieren sowie Artgenossen oder Tiere anderer Spezies erkennen. Sicherlich ist das Spektrum der Kommunikation über Duftstoffe sehr viel weitreichender als nur Erkennung und Markieren. Für Menschen (mit einem im Vergleich zu vielen Tieren unterentwickelten Geruchssinn) ist diese Form der Kommunikation jedoch kaum nachvollziehbar und daher noch wenig erforscht.
- **Ausscheidung und Speicherung**
  Die Ausscheidung aus der Haut erfolgt über Drüsen (z. B. Talg- und Schweißdrüsen, Milchdrüse). Die Speicherfunktion wird durch das subkutane Fettgewebe (z. B. Speicherung von Depotfetten) sowie durch vermehrte Füllung der Hautgefäße (Speicherung von Wasser) übernommen.

12.3 Hauterneuerung

Die Haut unterliegt an ihrer Oberfläche starker Belastung durch die Umwelt. Die Hornplatten der äußersten Schicht der Epidermis (Hornschicht) werden abgeschilfert und die Zellen aus den darunter liegenden Schichten schieben nach. Um einen ständigen Nachschub zu garantieren, erfolgt dort durch Zellteilung die Neubildung von Hautzellen, die nach und nach verhornen, nach oben wandern und so für die Neubildung der oberen Hautschicht sorgen.

Es dauert insgesamt etwa 30 Tage, bis die aus der Zellteilung entstandenen neuen Zellen als Hornplatten an die Oberfläche der Haut gelangen. Medikamente, die systemisch (über den Magen-Darm-Trakt oder durch Injektion) zur Behandlung z. B. einer Hautpilzerkrankung eingesetzt werden, müssen daher mindestens einen Monat verabreicht werden, bis neue, mit dem Medikament behaftete Hautzellen die Oberfläche erreichen und den dort vorliegenden Hautpilz abtöten können.

12.4 Tast- Temperatur- und Schmerzsinn der Haut

Durch den **Tastsinn** erhält das Gehirn Informationen über mechanische Kräfte, die auf die Haut und die Haare einwirken. Die Aufnahme dieser Empfindungen erfolgt über Rezeptoren, die in die Haut eingebettet sind und kleinste Deformationen des Hautgewebes registrieren. Die Redewendung „einen Eindruck von etwas erhalten“ beschreibt den Zusammenhang zwischen Verformung der Haut und Empfindung sehr anschaulich.

Haare haben in diesem Zusammenhang die

Funktion von Übertragungshebeln und können damit die Reize auf die Haut verstärken. Die Wirkung von Sinushaaren (Tasthaaren) wird durch einen Blutsinus um die Haarzwiebel dieser Haarart unterstützt. Bei Berührung und Bewegung der Tasthaare kommt es im blutgefüllten Sinus zu einer Druckwelle, die von den umliegenden Rezeptoren besonders deutlich wahrgenommen wird.

Der Temperatursinn der Haut vermittelt dem Gehirn Informationen über Kälte- und Wärmeeinwirkungen. Dazu verfügt der Körper über zwei unterschiedliche Rezeptorarten. Auf der Haut lassen sich sowohl Kalt – als auch Warmpunkte nachweisen.

Die **Temperaturregulation** wird vom Gehirn aus reguliert. Bei Kälte wird der Blutstrom in den Hautgefäßen reduziert und damit den Wärmeverlust durch die Haut reduziert. Bei hoher Umgebungstemperatur wird die Schweißproduktion (um Verdunstungskälte zu erzeugen) angeregt.

Bei unseren Haussäugetieren sowie bei Vögeln sind nur wenige (bei Vögeln gar keine) Schweißdrüsen vorhanden. Hier werden zusätzlich noch andere Mechanismen zur Wärmeabgabe (z. B. Hecheln, Flügelabspreizen) in Gang gesetzt, die jedoch nicht immer ausreichend sind, um großer Hitze (z. B. im Sommer in einem abgeschlossenen Transportkorb!) entgegenzuwirken. Aus diesem Grunde kann eine hohe Umgebungstemperatur bei den Tieren zu lebensgefährlicher Überhitzung führen.

Für das **Schmerzempfinden** sind etwa 200 Schmerzpunkte pro cm^2 Haut verantwortlich. Sie liegen ganz dicht unter der Hautoberfläche. Während durch den Tast- und Temperatursinn dem Individuum vorwiegend Informationen über seine Umgebung vermittelt werden, ist der Schmerzsinn ein wichtiges **Warnsystem**, der den Körper vor Schädigung durch äußere Einwirkung bewahrt oder ihn zur Schonung bereits beschädigter Körperteile veranlasst.

12.5 Hautanhangsgebilde

12.5.1 Haare

Die Haare (Pili) bilden in ihrer Gesamtheit beim Tier das **Fell**. Zusammen mit der zwischen den Haaren eingeschlossenen Luft wirkt das Fell als eine wichtige **Isolations- und Schutzschicht**, welche die Haut umschließt. Nach ihrer Form, ihrer Größe und ihrer Funktion unterscheidet man Deckhaare, Wollhaare, Borstenhaare, Tasthaare.

Deckhaare

Deckhaare sind die für das Fell charakteristischen Haaren, die auf den ersten Blick auffallen. Sie sind durch ihre Pigmentation auch für die Fellfarbe verantwortlich. Es gibt zwei Arten von Deckhaaren:

- **Leithaare**
  Leithaare sind große, relativ lange Deckhaare, die von mehreren kleineren und kürzeren Haaren umgeben sind, die als Nebenhaare bezeichnet werden.
- **Grannenhaare**
  Grannenhaare sind kräftige, etwas dickere Deckhaare, die an ihrer Spitze eine leichte Verdickung aufweisen und dadurch einer Grasgranne ähnlich sehen.

Wollhaare

Wollhaare sind dünne, häufig mehr oder weniger stark gekräuselte Haare. Sie stehen dicht beieinander und bilden dadurch das wärmeisolierende Unterfell. Zur kalten Jahreszeit hin bilden sich vermehrt Wollhaare. Bei höheren Temperaturen (z. B. im Sommer, in geheizten Räumen) fallen sie teilweise aus, sodass sich das Unterfell verdünnt.

Borstenhaare

Borstenhaare sind Schutzhaare. Es handelt sich um Deckhaare mit gespaltener Spitze. Borstenhaare findet man vor allem an den Körperöffnungen des Kopfes (Wimpern,

Borstenhaare des Außenohrs, Haare des Naseneingangs).

Tasthaare

Tasthaare sind eine besondere Art von Haaren, die zum Tastsinn der Haut gehören. In den Haarfollikeln von Tasthaaren ist jeweils ein Blutraum (Blutsinus) eingebaut, der das Haar wie ein Mantel umgibt. An der Innen- und Außenseite dieses blutgefüllten Raums befinden sich Nervenfasern. Durch Bewegungen der Sinushaare werden Druckwellen im Blutsinus erzeugt, die von den Nervenfasern registriert und in Bruchteilen von Sekunden an das Gehirn weitergeleitet werden.

Tasthaare befinden sich im Bereich der Mund- und Nasenöffnung, in der Nähe der Augen sowie bei einigen Tierarten (z. B. Katze) auch an den Beinen.

Aufbau eines Haares

Das einzelne Haar (Pilus) besteht aus einem aus der Haut herausragenden Teil, der als **Schaft** bezeichnet wird, und einem in die Haut eingesenkten Teil, **Haarwurzel** genannt, die sich an ihrem unteren Ende zur **Haarzwiebel** weitet.

Als **Haarbalg** oder **Haarfollikel** wird eine Einstülpung der Oberhaut bezeichnet, welche die Haarwurzel wie eine Scheide umgibt. Der Hohlraum dieser Einstülpung, in der sich die Haarwurzel befinden, wird **Haarbalgtrichter** genannt.

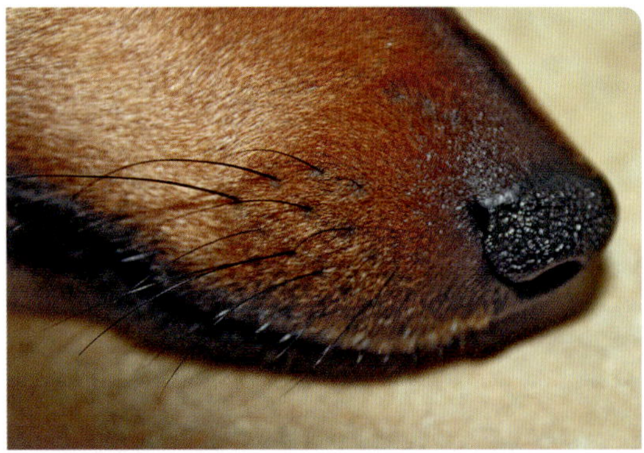

Tasthaare.

Aufbau eines Haares

- Haarzwiebel
- Haarwurzel
- Haarschaft

In den Haarbalg mündet eine **sackähnliche Talgdrüse**, deren **öliges Sekret** das Haar und die umgebende Haut mit einer dünnen Fettschicht überzieht, und sie so vor schädigenden Einflüssen von außen und vor Wasserverlust von innen und damit vor dem Austrocknen schützt. Diese Schutzschicht, durch die das Haar Glanz und Geschmeidigkeit erhält, sollte (bei einem hautgesunden Tier) möglichst nicht (z. B. durch Baden oder Waschen mit Schampons oder Seifen) entfernt werden.

Jedes Haar besitzt eine **Schweißdrüse**. Sie ist **schlauchförmig** und oft stark geschlängelt. Das **wässrige Sekret** (Schweiß) wird in den Haarbalgtrichter abgegeben. Die Schweißdrüsen vieler Tierarten sind nur an wenigen Stellen des Körpers funktionsfähig (z. B. in den Zehenzwischenräumen der Pfoten). Im Fell sind sie außer beim Pferd nur rudimentär (stark verkümmert) ausgebildet. Beim Pferd sind intakte Schweißdrüsen über den ganzen Körper verteilt. Vögel besitzen **keine** Schweißdrüsen.

An den Leithaaren der Deckhaare ist jeweils ein Muskel aus glatten Muskelfasern (Musculus arrector pili) vorhanden. Durch Kontraktion (Zusammenziehen) der Muskeln richten sich die Haare auf (das Fell sträubt sich). Dies kann im Zusammenhang mit Erregung aus Wut oder Angst geschehen oder bei Kälte, um den von den Haaren umschlossenen Luftraum zu vergrößern und damit eine bessere Isolation zu erreichen.

Bei Vögeln nennt man das Sträuben der Federn Plustern. Bei dieser Tierart ist dies das anfänglich erste und häufig einzige Zeichen einer bestehenden Erkrankung.

Unterschied zwischen Talg- und Schweißdrüsen der Haare

- **Talgdrüsen**
- haben eine sackähnliche Form. Ihr Sekret (Talg) ist fetthaltig, ölig.
- **Schweißdrüsen**
- haben eine schlauchähnliche Form. Ihr Sekret (Schweiß) ist wässrig.

Das Haar selbst besitzt eine äußere **Rinde** aus dicht nebeneinander liegenden abgeplatteten und verhornten Zellen. Im Innern dieser Rinde befindet sich das **Mark,** das aus einem lockeren Verband teilweise zerfallener Zellen sowie luftgefüllter Hohlräume besteht. Am unteren Ende des Haares (im Bereich der Haarzwiebel) befinden sich lebende Epithelzellen, aus denen heraus das Haar durch Teilung dieser Zellen wächst. Die Epithelschicht besitzt selbst keine Blutgefäße. Sie wird durch die Blutgefäße der an der Basis der Haarzwiebel liegenden Haarpapille ernährt.

Verankerung des Haares

Das Haar besitzt an der Außenfläche seiner Rinde zackenartig abgeplattete Zellen, deren Zacken zur Haarspitze hin ausgerichtet sind. Die Wurzelscheide, von der die Haarwurzel umgeben ist, besitzt an ihrer zum Haar ausgerichteten Seite ebenfalls ähnliche Zellen, deren Zacken jedoch entgegengesetzt, d. h. zur Haarzwiebel hin gerichtet sind. Diese entgegengerichteten Zellen von Haar und Haarscheide sind miteinander verzahnt und bilden somit eine feste Verankerung des Haares im Haarbalgtrichter.

Haardichte und Haarstrich

Die Menge der Haare pro cm^2 ist je nach Tierart verschieden. Bei der Katze findet man z. B. bis zu 25.000 Haare, beim Hund um 5.000 Haare pro cm^2. Nicht alle Körperteile sind gleich stark behaart. Je nach Region kann die Anzahl der Haare um einige Tausend pro cm^2 variieren. Manche Körperregionen (z. B. Nasenspiegel, Hufen, Pfotenballen, Krallen) besitzen gar keine Haaranlagen. Unter dem Begriff **Haarstrich** versteht man den schräg nach kaudal (schwanzwärts) gerichteten Stand der Fellhaare.

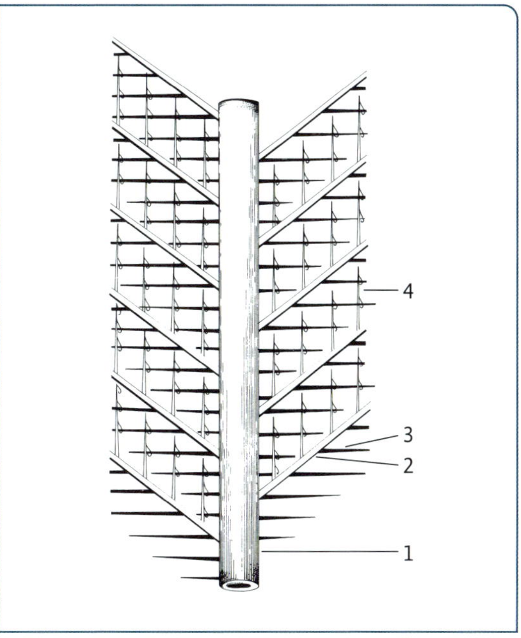

Aufbau einer Deckfeder.
1) Federschaft, 2) Federast, 3) Bogenstrahl, 4) Hakenstrahl

Aufgaben der Haare

- **Tarnung** (durch Farbe)
- **Erhaltung der Körpertemperatur** (Verhinderung übermäßiger Wärmeabgabe und Schutz vor niedrigen Außentemperaturen)

Haarwachstum

Das Haarwachstum verläuft in drei Phasen:

- **Anagenphase**
  In dieser, auch als Wachstumsphase bezeichneten Zeit kommt es zu einer starken

Durchblutung der Haarpapille. Nährstoffe können so zu den Zellen der Wachstumsschicht gelangen. Die Zellen teilen sich, schieben sich weiter in Richtung Hautoberfläche und verhornen. Durch weitere Zellteilung wird der verhornte Teil des Haares langsam nach außen geschoben. Dadurch wird das Haar länger.

- **Katagenphase**
  In dieser zweiten Phase wird die Durchblutung der Papille gedrosselt und das Wachstum des Haares gestoppt.
- **Telogenphase**
  Die telogene Phase wird als Ruhephase bezeichnet. In dieser Phase verhornen auch die Zellen der Haarwurzel. Es findet keine Zellteilung und kein Wachstum mehr statt.

Nach der Ruhephase wird die Papille wieder durchblutet. Durch erneute Zellteilung wächst in der gleichen Wurzelscheide unter der verhornten Haarwurzel des alten Haares ein neues Haar heran und bringt das alte zum Ausfallen.

Haarwechsel

Bei Hund und Katze, Kaninchen und Meerschweinchen erfolgt der Haarwechsel in der Regel zweimal im Jahr (im Frühjahr und Herbst). Dabei werden im Frühjahr viele Wollhaare (Unterhaare) abgestoßen. Es bildet sich das dünnere Sommerfell. Im Winter erscheinen dagegen vermehrt Wollhaare, so dass ein dickes wärmeisolierendes Winterfell entsteht.

Der Fellwechsel wird überwiegend durch Lichteinfluss (Tageslichtlänge), aber auch durch die Umgebungstemperatur gesteuert. Bei Tieren, die in der Wohnung leben, bildet sich durch die gleichmäßigen und höheren Innentemperaturen normalerweise kein oder nur ein dünnes Winterfell. Daher ist bei kurzhaarigen Hunderassen im Winter ein Schutzmantel im Freien erforderlich, um sie vor Kälteeinwirkung zu schützen. Kaninchen und Meerschweinchen, die in der Wohnung gehalten wurden, dürfen im Herbst und Winter nicht nach draußen verbracht werden, da sie kein ausreichend isolierendes Winterfell ausgebildet haben.

Die Einwirkung von Kunstlicht unserer Wohnungen führt häufig dazu, dass Haustiere unregelmäßig und verzögert das Fell wechseln und oft über längere Zeit „haaren".

Beim Meerschweinchen kommt es 1 – 4 Wochen lang nach der Geburt zu einem starken, überstürzten, hormonell bedingten Haarausfall. Dabei werden die während der Trächtigkeit sich in der Ruhephase befindenden Haare aus den Haarbälgen verdrängt und fallen aus. Es entsteht für einige Zeit (bis die neuen Haare nachgewachsen sind) ein meist symmetrischer, flächenhafter Haarausfall an den Flanken, am Bauch und an den Innenschenkeln. Dieser Haarausfall ist ein physiologischer (natürlicher, normaler) Vorgang und kein Zeichen für eine Erkrankung.

Ähnliche Symptome findet man jedoch auch bei Meerschweinchen mit stark hormonproduzierenden Eierstockszysten.

Bei Kleinnagern (Ratte, Maus, Hamster) erfolgt der Fellwechsel nicht saisonal. Für den Tierhalter oft unauffällig, werden die Haare nur in eng begrenzten Arealen nacheinander über das ganze Jahr hin gewechselt, während sich die Haare andere Körperzonen dabei in anderen Wachstumsphasen befinden.

Haarfarbe

Die Haarfarbe wird durch die Menge der in der Haarrinde eingelagerten Pigmente bestimmt. Bei hellen (oder weißen) Haaren ist nur wenig (oder gar kein) Pigment, bei dunklen Haaren viel Pigment in der Haarrinde eingelagert. Sehr dunkle oder schwarze Haare zeigen häufig auch Pigmenteinlagerungen im Haarmark.

12.5.2 Federn

Eines der charakteristischen Merkmale, die den Vogel vom Säugetier unterscheiden, ist sein Gefieder. Seine Hauptaufgabe ist es, die beim Vogel relativ hohe Körpertemperatur gegenüber Temperaturschwankungen der Umwelt aufrecht zu erhalten. Gleichzeitig hat es eine wichtige Funktion beim Flug und dient der Verständigung zwischen den Individuen (z. B. bei der Balz oder zum Imponieren bei der Revierverteidigung gegen Rivalen). Durch farbliche Anpassung an die Umwelt kann das Gefieder auch als Tarnung beim Überlebenskampf dienen.

Man unterscheidet:

Deck- oder Konturfedern

Die Deckfedern bilden den typischen Körperumriss und werden daher auch Konturfedern genannt. Dachziegelartig übereinander geschoben bedecken sie den Vogelkörper und schützen ihn so vor Nässe, Kälte und schädlicher UV-Strahlung. Als Schwungfedern haben sie eine besondere, dem Flug dienliche Aufteilung. Als Steuerungsfedern sind sie am Schwanz, beim Flug, beim Start und bei der Landung richtungslenkend.

Der Aufbau einer Deckfeder, so verschieden ihre Größe an den einzelnen Körperteilen auch sein mag, ist immer gleich. Sie besteht aus Kiel und Fahne. Am Kiel unterscheidet man den sich nach oben verjüngenden Schaft und die im Federbalg (in der Haut) steckende Spule. Der Zusammenhalt der Fahne wird durch die vom Schaft ausgehenden Äste mittels von ihnen abzweigenden Bogen- und Hakenstrahlen hervorgerufen. Die Häkchen der Hakenstrahlen greifen fest in die Bogenstrahlen, sodass die Fahne wie eine steife, geschlossene Decke wirkt. Wird dieser Zusammenhalt durch äußere Einflüsse auseinander gerissen, kann ihn der Vogel wieder herstellen, indem er die Feder durch den Schnabel zieht.

Werden jedoch Teile der Fahne zerstört (z. B. durch ständige Reibung an den Gitterstäben zu kleiner Käfige, durch falsches Einfangen oder Festhalten), ist eine Reparatur nicht mehr möglich. Auch deshalb ist die artgerechte Haltung und der sorgsame Umgang mit dem Federkleid des Vogels überaus wichtig.

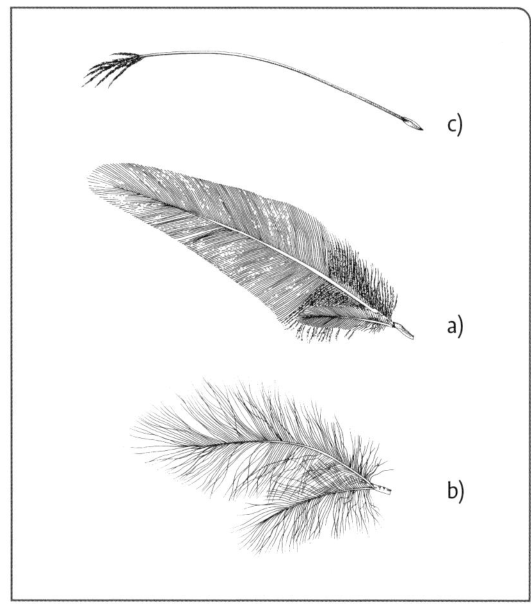

a) Deck-, b) Flaum- und c) Fadenfedern.

Flaumfedern (Daunenfedern, Dunenfedern)

Die Flaumfedern liegen unter den Deckfedern der Körperoberfläche direkt auf und verhindern, dass die Körpertemperatur verloren geht. Sie sind klein und weich, da ihrer Fahne die stabilisierenden, häkchenförmigen Fortsätze fehlen. Nestlinge sind nur mit Dunenfedern bedeckt. Durch Zerfall alter, abgenutzter Dunen entsteht, zusammen mit der abgeschilferten äußeren Hornschicht der Haut, der Federpuder.

Fadenfedern

Die Fadenfedern haben nur eine gering ausgebildete oder gar keine Fahne. Man findet sie bei vielen Vogelarten vereinzelt am Schnabelgrund, an den Augenlidern und an den Nasenöffnungen. Möglicherweise haben sie eine ähnliche Funktion wie die Tasthaare bei Säugetieren.

Mauser

Die Federn der Vögel unterliegen starker Abnutzung und müssen daher von Zeit zu Zeit erneuert werden. Das Abwerfen alter und das Nachwachsen neuer Federn nennt man Mauser. Die Mauser wird durch Hormone der Schilddrüse und der Geschlechtsorgane beeinflusst. Manche Vogelarten (z. B. Kanarienvögel) wechseln zu bestimmten Jahreszeiten das gesamte Gefieder abrupt und vollständig durch. Andere Arten wiederum (z. B. Papageienvögel) mausern während des ganzen Jahres hindurch. Sie wechseln dabei nicht alle Federn gleichzeitig, sondern nacheinander Kopf-, Körper- und schließlich die Schwanzfedern.

Mausernde Vögel kratzen, picken und putzen sich besonders intensiv, um die nachwachsenden Federn von der sie anfangs noch umhüllenden dünnen Hornschicht zu befreien. (Vorsicht: nicht mit Parasitenbefall verwechseln!).

Der Schaft noch im Wachstum befindlicher Federn ist „lebendig", d. h. er ist mit Blutgefäßen versorgt. Brechen solche Federn ab, entstehen starke Blutungen. Ausgewachsene Federn sind „trocken". Wenn sie brechen, bluten sie nicht mehr.

Die Mauser ist keine Erkrankung, sondern ein natürlicher Vorgang. Für einen gesunden Vogel stellt sie kein Problem dar. Mangelerscheinungen treten jedoch während der Mauser, in der der Vogel zur Neubildung der Federn hochwertige Nährstoffe benötigt, deutlicher in Erscheinung. Aus diesem Grund sind einseitig ernährte Vögel während der Mauser müde, teilweise apathisch und für Krankheiten besonders anfällig.

Schreckmauser

Unter Schreckmauser versteht man ein Phänomen, das für freilebende Vögel durchaus lebensrettend sein kann. In Angstsituationen (z. B. beim Herausfangen aus dem Käfig) verliert der Vogel spontan die Schwanzfedern. Die Schwungfedern sind von der Schreckmauser nicht betroffen. In freier Natur kann die Schreckmauser unter Umständen sehr wichtig sein. Von einem Fressfeind angegriffen und festgehalten, kann der Vogel durch Abwurf seiner Schwanzfedern manchmal noch entkommen. Die abgeworfenen Schwanzfedern wachsen relativ schnell (innerhalb 2–3 Wochen) wieder nach. Das plötzliche Abwerfen von Schwanzfedern ist demnach keine Erkankung. Die Schreckmauser kann bei ängstlichen Vögeln auch bei vorsichtiger Handhabung auftreten.

12.5.3 Krallen, Huf, Klaue

Kralle, Huf und Klaue werden in der anatomischen Sprache als **Zehenendorgan** bezeichnet (siehe Kap. Bewegungsapparat). Sie bestehen aus einem zentralen Stützteil (Knochen) und einem modifizierten (veränderten) Hautüberzug. Dieser Hautüberzug ist zwar ähnlich aufgebaut wie die Haut anderer Körperteile. **Die Oberhaut (Epidermis) ist jedoch extrem stark verhornt und dick.** Das Wachstum des Horns ist vom Körper weg gerichtet und bildet so das Krallenhorn (beim Pferd Hufhorn, beim Rind Klauenhorn).

12.5.4 Spezifische Hautdrüsen

Spezifische Hautdrüsen sind Drüsen, die in größerer Zahl an bestimmten Körperstellen auftreten. Ihre Sekrete enthalten **Pheromone** (Duftstoffe). Sie dienen vor allem der Kommunikation zwischen den Tieren innerhalb einer Art. Mit den Sekreten der spezifischen Hautdrüsen werden Duftmarken gesetzt (markiert), die von Artgenossen wahrscheinlich individuell zugeordnet werden können. Zusätzlich gibt es weitere Hautdrüsen, die andere Funktionen erfüllen (z. B. Ohrenschmalzdrüse, Milchdrüse).

Zirkumoraldrüsen der Katze

Diese Drüsen liegen rund um die Mundspalte (vermehrt an der Unterlippe) der Katze. Es handelt sich dabei um vergrößerte Talgdrüsen. Die Zirkumoraldrüsen werden auch als Putzdrüsen bezeichnet. Die Pheromone dieser Drüsen werden inzwischen synthetisch (künstlich) hergestellt und in der Verhaltenstherapie der Katze (z. B. gegen unerwünschtes Markieren mit Urin, zur Harmonisierung von Katzengruppen) in Form von Spray oder Vernebler (z. B. Feliway®) eingesetzt.

Analbeuteldrüsen

Die Analbeutel von Hund und Katze sind zwei kleine Bindegewebsbeutel unter der Haut beiderseits des Anus, deren Ausführungsgänge in das Endstück des Darms münden. Sie enthalten ein für den Menschen übelriechendes Sekret, das mit jedem Kotabsatz (durch Kontraktion der umliegenden Muskulatur) in die Außenwelt abgegeben wird. Das Analbeutelsekret (ein Produkt aus Talg- und Schlauchdrüsen, das in den Beuteln gesammelt wird) verleiht dem Kot eine für das Individuum hoch spezifische Duftnote.

Die Ausführungsgänge der Analbeutel können verstopfen, so dass das Sekret nicht oder nur unvollständig entleert wird. Dadurch können sich die Beutel entzünden und Abszesse entstehen

Zirkumanaldrüsen des Hundes

Zirkumanaldrüsen sind Ansammlungen von Talg-und Schweißdrüsen um den After. Die meisten dieser Drüsen haben keinen Ausführungsgang. Ihre Funktion ist bisher noch nicht eindeutig geklärt. Sie sollen jedoch Hormone produzieren und in das Blut abgeben. Über die Wirkung dieser Hormone ist wenig bekannt. Die Drüsen können jedoch entarten, nach außen aufbrechende und schwer zu behandelnde Geschwüre verursachen. Große Hunderassen, besonders der Deutsche Schäferhund, sind häufiger davon betroffen.

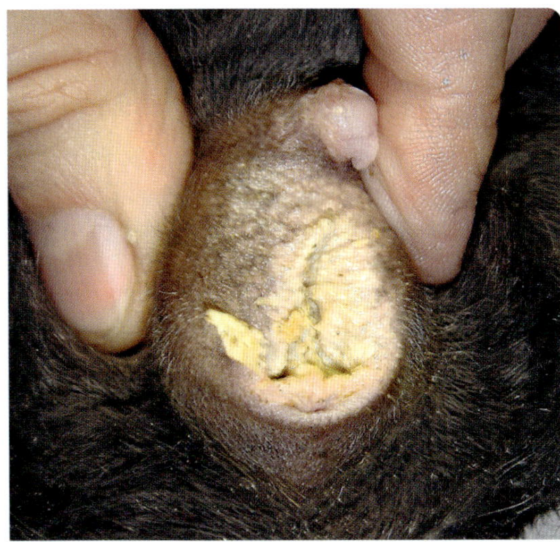

Perinealdrüsen Meerschweinchen.

Perinealdrüsen des Meerschweinchens und Kaninchens

Die Perinealdrüsen sind Drüsen im Bereich des Damms (Zone zwischen After und äußeren Geschlechtsorganen), deren Sekret sich in den Perinealsack unterhalb des Anus entleert. Der Perinealsack ist beim männlichen Tier stärker ausgeprägt als beim weiblichen. Das Sekret wird erst ab der Geschlechtsreife produziert. Die darin enthaltenen Duftstoffe verstärken sich in dem durch dicke Hautwülste nach außen abgeschlossenen Perinealsack.

Beim Meerschweinchen befinden sich die Perinealdrüsen beiderseits der Geschlechtsöffnung. Sie sondern ein sehr stark riechendes Sekret ab, das wahrscheinlich Sexualduftstoffe enthält. Aufgrund ihrer Lage werden sie auch als Geschlechtsecken bezeichnet. Bei älteren und schwachen Tieren sollten die Geschlechtsecken regelmäßig kontrolliert und gereinigt werden, um Entzündungen zu vermeiden.

Dorsales Schwanzorgan

Auf der Oberseite (dorsal) des Schwanzes befindet sich bei einigen Tierarten das dorsale Schwanzorgan (Kaudalorgan, Violische

Drüse). Es besteht vorwiegend aus großen Talgdrüsen, deren Sekret zur Markierung dient. Bei der Katze liegt das Kaudalorgan etwa im Bereich der Schwanzwurzel, beim Hund über dem 9. Schwanzwirbel. Beim Hund (häufig bei Tieren mit einer Unterfunktion der Schilddrüse) kommt es manchmal zu entzündlichen Veränderungen und Vergrößerung der Drüse mit talgig fettigen Auflagerungen auf dem Schwanz.

Erstmals beschrieben wurde das dorsale Schwanzorgan beim Fuchs. Bei dieser Tierart riecht das Sekret nach Auszupfen von Haaren aus dem Bereich der Drüse nach Veilchen (= Viola). Aus diesem Grund wird das Kaudalorgan auch Violische Drüse genannt.

Das Kaudalorgan von Meerschweinchen liegt am Ende des Rückens kurz über dem Anus. Es sondert ein gelblich-fettiges Sekret ab. Beim geschlechtsreifen Männchen ist die Drüse deutlich ausgeprägter als beim weiblichen Tier. Das Fell über dem Kaudalorgan ist meist verklebt und schmutzig verfärbt.

Karpalorgan bei der Katze

An den Vorderbeinen befindet sich bei der Katze im Bereich des Karpalgelenkes (Vorderfußwurzelgelenk) ein zusätzlicher Ballen (Karpalballen). Etwa 2 cm unterhalb des Karpalballens liegt das Karpalorgan. Neben Ausführungsgängen von Drüsen findet man an dieser Stelle auch einige Sinushaare. Es wird vermutet, dass durch das Sekret der Drüsen beim Laufen Duftmarken gesetzt und durch die Sinushaare (Tasthaare) ein besseres Tastempfinden beim Klettern ermöglicht wird.

Präputialdrüsen

Bei allen männlichen Haussäugetieren findet man im Präputium (Vorhaut) die Präputialdrüsen. Es sind Talgdrüsen, deren Sekret zusammen mit abgestorbenen Hautzellen an der Bildung des Smegmas beteiligt ist. **Smegma** ist eine Art natürliche „Salbe“, durch die empfindliche Teile der Geschlechtsorgane, deren Häute aufeinanderliegen, geschmeidig und gleitfähig gehalten werden. Das Sekret der Präputialdrüsen dient ebenfalls zur Markierung und Erkennung von Geschlechtspartnern.

Bauchdrüse bei Rennmäusen und Zwerghamstern

Rennmäuse und Zwerghamster besitzen am Bauch (im Bereich des Nabels) eine Bauchdrüse, die orange bis bräunlich gefärbt sein kann. Es handelt sich um eine Talgdrüse, deren Sekret für die Reviermarkierung und bei der Paarung eine wichtige Rolle spielt.

Die gesunde Bauchdrüse wird manchmal (von Tierbesitzern, die nicht wissen, dass ihr Tier eine solche Drüse besitzt) mit einem Tumor verwechselt. Sie kann sich in seltenen Fällen entzünden oder tumorös verändern.

Flankendrüsen bei Hamstern

Rechts und links an den Flanken (seitliche Bauchregion) befinden sich zwei dunkle Flecken, die als Flankendrüsen bezeichnet werden. Auch hier handelt es sich um Talgdrüsen, deren Sekret bei der Wahl des Geschlechtspartners oder zur Markierung Verwendung findet.

Ohrenschmalzdrüsen

Ohrenschmalzdrüsen kommen bei allen Haussäugetieren und bei Vögeln vor. Ihr Sekret bildet zusammen mit Hautschuppen das Ohrenschmalz (Cerumen). Ohrenschmalz hält den äußeren Gehörgang geschmeidig und reinigt ihn von Staub und Fremdkörpern.

Milchdrüse

Die Milchdrüse (Mamma) ist eine spezialisierte Hautdrüse, deren Sekret zur Aufzucht der Neugeborenen dient. Es handelt sich um eine modifizierte (veränderte) Schweißdrüse.

Bürzeldrüse der Vögel

Die Bürzeldrüse befindet sich am hinteren Ende des Vogelkörpers etwa in der Höhe, in der die Schwanz- bzw. Steuerfedern in der Haut befestigt sind. Es handelt sich um eine zweigeteilte Hautdrüse, die zu einem Organ verschmolzen ist. Die beiden Teile der Drüse haben einen gemeinsamen Ausführungsgang, die **Bürzelpapille**. Auf der Papille sitzt ein Docht aus Dunenfedern. Sobald der Vogel den Docht mit dem Schnabel berührt, fließt ein wachsartiges Sekret aus der Papille. Mit diesem Sekret fettet der Vogel sein Gefieder mehrmals täglich während der Körperpflege ein.

Die Funktion der Bürzeldrüse mit ihrem Ausscheidungsprodukt ist bis heute noch nicht vollständig geklärt. Es steht jedoch fest, dass die Wasser abweisende Wirkung des Sekretes eine der wichtigsten Funktionen ist. Außerdem machen die Hauptinhaltsstoffe (Fette, Wachse) die Federn flexibler, sodass sie weniger leicht brechen und sich nicht so schnell abnutzen. Daneben wird der Bürzeldrüsenabsonderung eine bakterienregulierende und pilzabtötende Wirkung zugesprochen.

Durch die Zersetzung der Fette entsteht ein intensiver Geruch. Vermutlich dient er, ähnlich wie die Pheromone aus den Hautdrüsen der Säugetiere, als Erkennungsmerkmal zwischen den einzelnen Individuen.

Ein weiterer Inhaltsstoff des Bürzeldrüsensekretes ist 7-Dehydrocholesterol. Diese Substanz wandelt sich unter Einfluss von Sonnenlicht in Provitamin D (Vorvitamin D) um. Daraus wird im Vogelkörper Vitamin D gebildet. Vögel nehmen das Provitamin D bei der Körperpflege mit dem Schnabel auf und sind dadurch, vorausgesetzt, sie erhalten ausreichend UV-Licht, optimal mit Vitamin D versorgt.

Einige Papageienarten (sowie Spechte und verschiedene Taubenrassen) besitzen keine Bürzeldrüse. Zum Schutz der Federn wird bei diesen Vögeln vermehrt Federpuder gebildet.

12.6 Untersuchungsmethoden

Einige Ursachen für Hauterkrankungen und Haarerkrankungen

- Verletzungen durch Hitze, Kälte, chemische Stoffe, Strahlen
- Allergien und Autoimmunerkrankungen (Erkrankungen, bei denen das Immunsystem gegen körpereigenes Gewebe „wütet“)
- Parasitenbefall
- Bakterien, Pilze
- Hormonelle Fehlfunktionen (z. B. Unterfunktion der Schilddrüse, Überproduktion von Östrogen in den Eierstöcken)
- Immunschwäche
- Falsche Haltungsbedingungen
- Hautfalten (z. B. beim Mops)
- Organerkrankungen
- Fehl- und Mangelernährung

12.6.1 Adspektion (Betrachten)

Effloreszenz

Krankhafte Veränderungen der Haut können in vielen Erscheinungsformen auftreten. Sie werden mit dem Überbegriff **Effloreszenz** (Ausschlag, „Hautblüte“) zusammengefasst. In der Tiermedizin gibt es mehr als 20 Bezeichnungen, um Effloreszenen zu charakterisieren und einzuordnen. Die wichtigsten werden nachfolgend aufgeführt:

- **Makula**
  = abgegrenzte Farbveränderung in der Haut ohne Schwellung oder Verdickung
- **Collaretten**
  = rötlich abgegrenzte Hautareale, umgeben mit einem Kranz aus kleinsten Schuppen
- **Papel** (Papula)
  = kleine, gut abgegrenzte und tastbare Verdickung, die über das Hautniveau hinausreicht
- **Knötchen** (Nodulus)
  = Verdickung in der Haut bis zu einer Größe von 1 cm
- **Knoten** (Nodus)

= Verdickung in der Haut größer als 1 cm
- **Bläschen** (Vesicula)
  = Vorwölbung der Haut durch Flüssigkeitsansammlung (z. B. Blut, Serum) in der Haut
- **Blase** (Bulla)
  = mehr als linsengroßer, mit Blut oder Serum gefüllter Raum in der Haut
- **Pustel** (Pustula)
  = mit Eiter gefülltes Bläschen oder Blase
- **Quaddel** (Urtica)
  = flächenhafte blasse bis hellrote Anschwellung der Haut, meist mit Juckreiz einhergehend
- **Furunkel** (Furunculus)
  = tiefe, schmerzhafte, entzündliche Verdickung des Haarbalges und des umliegenden Gewebes
- **Hautschuppe** (Squama)
  = gut sichtbare, weißliche, trockene oder fettige Hornabschilferung
- **Kruste, Borke** (Crusta)
  = Auflagerung von getrocknetem Sekret auf der Haut (oder Wunde)
- **Geschwür** (Ulcus)
  = tiefe Gewebsläsion, die bis in die Unterhaut (und tiefer) vordringt und in der Regel nur unter Narbenbildung abheilt
- **Erythem**
  = größere flächige Rötung der Haut

Juckreiz

Juckreiz (Pruritus) ist eine häufige Erscheinung einer Hauterkrankung. Er wird definiert als hautreizende, unangenehme Empfindung, die in der Haut auftritt und Anlass zum Kratzen, Scheuern und Lecken gibt.

Der Juckreiz ist sehr unangenehm für den betroffenen Patienten.

Kahlheit

Kahlheit (Alopezie) ist das Fehlen von Haaren an Körperstellen, an denen normalerweise Haare vorhanden sind. Man unterscheidet generalisierte (über den ganzen Körper verteilte) und lokale (auf einen oder wenige Bereiche beschränkte) Kahlheit.

Unangenehmer Hautgeruch

Normalerweise wird der Hautgeruch eines gesunden Tieres als angenehm empfunden. Er entsteht durch Zersetzung von Talg und Schweiß durch Hautbakterien. Aus unterschiedlichen Gründen (z. B. Parasitenbefall, hormonelle Veränderung, falsche Ernährung) kann es zu einer Verschiebung der Hautkeime zugunsten aggressiver Eiterbakterien kommen. Als Abwehrmaßnahme produziert die Haut zunächst vermehrt Talg. Der Talg enthält im Gegensatz zu normalem Hautdrüsentalg wesentlich mehr freie Fettsäuren. Sie sind für den veränderten Hautgeruch verantwortlich. Ein unangenehmer Hautgeruch (häufig bei Hunden) ist ein Alarmzeichen für eine sich eventuell anbahnende Hauterkrankung.

Äußere Parasiten

Äußere Parasiten (Ektoparasiten) der Haut sind z. B. Flöhe, Zecken, Läuse, Milben, Haarlinge (beim Vogel Federlinge). Milben können in Grabmilben (Sarkoptesmilben), Haarbalgmilben (Demodexmilben), Saugmilben (Psoroptesmilben) und Herbstgrasmilben unterschieden werden (siehe Kap. Hygiene, Ektoparasiten). Der Befall mit Sarkoptesmilben beim Hund wird als **Räude** bezeichnet. Bei Befall mit Läusen findet man im Fell des betroffenen Tieres kleine weiße schuppenähnliche Gebilde, die fest mit den Haaren verklebt sind. Es handelt sich dabei um die **Nissen**

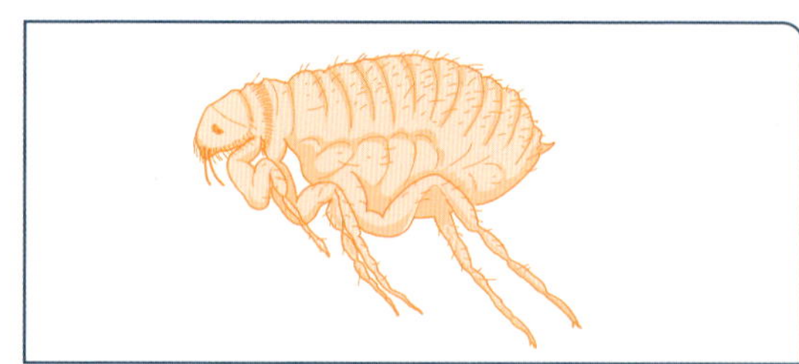

Flöhe ernähren sich vom Blut ihrer Wirte.

(Eier) von Läusen. Sie lassen sich nur mit Mühe von den Haaren ablösen. Schuppen dagegen sitzen auf den Haaren auf und lassen sich leicht beseitigen.

12.6.2 Laboruntersuchungen der Haut

Hautgeschabsel

Ein Hautgeschabsel wird meist durchgeführt, um Parasiten in der Haut (z. B. Sarcoptes-Milben, Demodex-Milben) zu diagnostizieren. Dabei wird mit einem scharfen Löffel (Curette) mehrmals über das vorab desinfizierte, veränderte Hautareal geschabt. Will man tiefere Hautschichten mit einbeziehen, schabt man solange, bis ein wenig Blut aus der Wunde austritt.

Das gewonnene Material wird im Labor mit Kalilauge (KOH) aufbereitet, um Hautschuppen aufzulösen, und unter dem Mikroskop auf Milbenbefall untersucht.

Hautbiopsie

Bei einer Hautbiopsie wird mit Hilfe einer Stanze eine Gewebeprobe aus tieferen Schichten des veränderten Hautbezirk entnommen und histologisch (feingeweblich) untersucht. Dazu wird das entnommene Gewebe in hauchdünne Scheiben geschnitten, gefärbt, auf einen Objektträger übertragen und unter dem Mikroskop beurteilt. Die Art der Zellveränderungen gibt Auskunft über die Ursache der Hauterkrankung. Durch die Untersuchung einer Hautbiopsie können auch gesunde Hautzellen von Hautkrebszellen unterschieden werden.

Bakteriologische Untersuchung

Bei entzündlich-eitrigen Hautprozessen wird häufig ein Antibiogramm mit Resistenzprüfung durchgeführt, um das richtige Antibiotikum zur Behandlung einsetzen zu können. Dazu wird Sekret mit einem Tupfer aus den Effloreszenzen der Haut entnommen und auf eine Nährbodenplatte aufgetragen. Danach

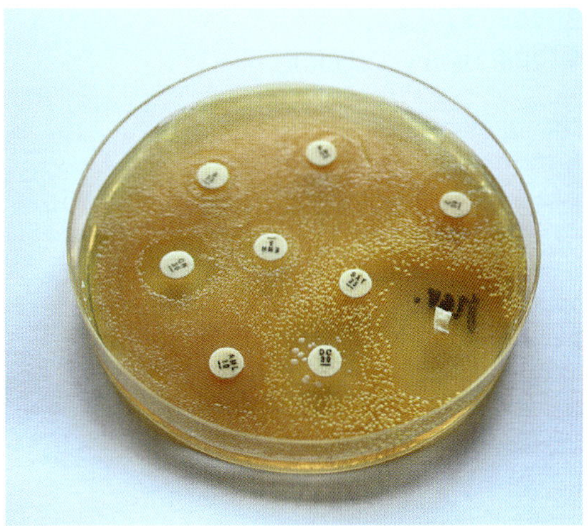

Bakteriologische Untersuchung mit Antibiogramm.

werden mit verschiedenen Antibiotika getränkte Testplättchen auf der Platte verteilt und die Nährbodenplatte in einen Brutschrank verbracht.

Bei einer Temperatur von 37 °C vermehren sich die Bakterien aus dem Hautsekret auf dem Nährboden und bilden auf der Nährbodenplatte einen Bakterienrasen. Um die Papierplättchen, die mit einem ausreichend wirksamen Antibiotikum getränkt wurden, verbleibt jedoch ein mehr oder weniger großer freier Kreis, in dem kein Bakterienwachstum erfolgt. Dadurch erhält man die Information, welches Antibiotikum gegen die speziellen Hautkeime wirksam ist und gegen welches die Keime resistent (unempfindlich) sind.

Mit diesem Wissen kann man die Hauterkrankung gezielt mit dem richtigen Präparat behandeln.

Mykologische Untersuchung

Für die mykologische Untersuchung (Untersuchung auf Pilze) werden mit einer sterilen Pinzette einige Haare aus den veränderten Hautbereichen herausgezupft und auf einen speziellen Pilznährboden verbracht. Der so „beimpfte“ Nährboden wird bei etwa 32 °C im

Brutschrank bebrütet. Bei bestehender Hautpilzerkrankung dauert es ungefähr 3 – 14 Tage, bis die Pilze auf dem Nährboden wachsen und damit zur Diagnose (z. B. charakteristischer Farbumschlag des Nährbodens) herangezogen werden können.

Eine weitere Möglichkeit ist die Untersuchung des Patienten selbst mit Hilfe der Wood'schen Lampe. Diese spezielle Lichtquelle erzeugt UV-Licht bis 365 nm. Der Patient wird in einen abgedunkelten Raum mit der Wood'schen Lampe angeleuchtet. In etwa 50 – 80 % der Fälle fluoreszieren die mit Hautpilz befallenen Hautbezirke gelbgrün.

12.7 Fachbegriffe zum Thema Haut und Hautanhangsgebilde

Cutis (Derma) = Haut
Dermatitis = Hautentzündung
Subcutis = Unterhaut
Corium = Lederhaut
Epidermis = Oberhaut
Pili = Haare
Pheromone = Duftstoffe zur Kommunikation unter Artgenossen
Effloreszenz = Hautausschlag (z. B. Pusteln, Quaddeln, Bläschen, Krusten)
Pruritus = Juckreiz
Alopezie = Haarausfall
Erythem = Hautrötung
Räude = Grabmilbenbefall
Nissen = Eier von Läusen (im Fell betroffener Tiere)
Wood'sche Lampe = Lichtquelle (UV-Licht) zur Diagnose von Hautpilzen

13 Immunsystem

Im Körper höherer Lebewesen herrscht ein Dauerkrieg, so friedliebend manche dieser Lebewesen in ihrem äußeren Verhalten auch sein mögen. 24 Stunden am Tag kämpft das Immunsystem des Körpers (bewaffnet bis an die „Zähne") gegen Bakterien, Viren, Parasiten und andere Angreifer von außen oder entartete körpereigene Zellen im Innern. Nur so ist ein Überleben in einer Umwelt möglich, in der jedes Individuum auf Schritt und Tritt mit bedrohlichen Einflüssen zurechtkommen muss. Zwischen Angreifern und Abwehrsystem regiert das Gesetz des Stärkeren. Wenn das Immunsystem eines Lebewesens diesen Kampf verliert, verliert der gesamte Körper. Er wird krank – im schlimmsten Fall stirbt er.

Als **Immunsystem** (lat. immunis = unberührt, rein, frei) wird das körperliche Abwehrsystem von Menschen und Tieren bezeichnet, das äußere und innere Angreifer bekämpft.

Alle Lebewesen sind den Einflüssen ihrer Umwelt ständig ausgesetzt. Viele dieser Einflüsse stellen eine Bedrohung dar, gegen die sie sich wehren müssen, um überleben und sich fortpflanzen zu können. Dabei gilt es:

- Das Eindringen von Krankheitserregern (Viren, Bakterien, Pilze, Parasiten, Protozoen) in den Organismus zu verhindern.
- Bereits eingedrungene Mikroorganismen unschädlich zu machen.
- Fehlerhafte körpereigene Zellen (z. B. Krebszellen) zu zerstören und abzubauen.

Dazu hat sich im Laufe der Evolution ein ausgeklügeltes Abwehrsystem entwickelt. Bereits die ersten einfachen Lebewesen in der Erdgeschichte besaßen ein effektives Immunsystem, das sich gegen Angreifer jeder Art richtete, ohne die „Feinde" direkt zu identifizieren. Dieses ursprüngliche Abwehrsystem hat sich im Laufe der Entwicklung vom Einzeller zu den hoch entwickelten Säugern und Vögeln stets weiterentwickelt. Dabei blieben die „alten" Fähigkeiten des Immunsystems weiter bestehen und neue (z. B. die Identifizierung und damit gezielte Bekämpfung spezifischer Krankheitserreger) kamen hinzu.

Bei den höher entwickelten Lebewesen unterscheidet man das **unspezifische** Immunsystem und das **spezifische** Immunsystem. Beide Abwehrsysteme arbeiten eng zusammen und unterstützen sich gegenseitig.

13.1 Unspezifisches Immunsystem

Das unspezifische Immunsystem wird auch als **angeborenes körpereigenes Abwehrsystem** bezeichnet, da es bereits bei der Geburt eines Lebewesens vorhanden ist und nicht erst durch den Kontakt mit einem Krankheitserreger entsteht. Es ist unspezifisch, d. h. es richtet sich nicht gegen einen speziellen, ihm bekannten Erreger, sondern es greift alle Feinde an, die den Organismus von außen oder innen bedrohen, ohne sie vorher zu identifizieren.

Das unspezifische Immunsystem besteht aus folgenden Mechanismen:

- Natürliche Barrieren
- Zelluläre Anteile
- Humorale Anteile

13.1.1 Natürliche Barrieren des unspezifischen Abwehrsystems

Die Barrieren (Begrenzungen) des Immunsystems sind die ersten Verteidigungslinien im „Krieg" der körpereigenen Abwehr gegen Krankheitserreger. Sie sorgen dafür, dass die Feinde erst gar nicht in den Körper eindringen können oder, wenn doch, dann möglichst schnell wieder herausgeschleust werden. Barrieren findet man an allen Stellen des Körpers, die im direkten Kontakt mit der Außenwelt stehen (Körperöffnungen), oder indirekt (z. B. der Darm über die Nahrung) mit ihr in Kontakt kommen. Sie verfügen über verschiedene, überaus wirksame Waffen, mit denen Angreifern Einhalt geboten wird. Beispiele für natürliche Barrieren sind:

Keimflora auf der Haut und den Schleimhäuten

Die individuelle Keimflora wird während und kurz nach der Geburt beim ersten Kontakt mit der Körperflora der Mutter und der keimhaltigen Umwelt erworben. Es handelt sich dabei um eine Vielzahl von Mikroorganismen, die einen Wirt besiedeln, ohne ihn zu schädigen. Zusätzlich enthält die Keimflora auch geringe Mengen an Organismen, die, wenn sie in größerer Anzahl auftreten, zu Erkrankungen führen könnten (z. B. Eiterbakterien, Pilze). Zwischen Wirt und Mikroorganismen entwickelt sich jedoch ein Gleichgewicht, von dem beide Parteien profitieren. Die Mikroorganismen auf der Haut und den Schleimhäuten bilden ein Ökosystem, in dem die Vermehrung einzelner Mitglieder der Keimflora soweit unter Kontrolle gehalten wird, dass sie weder den Wirt noch sich gegenseitig schädigen und das Gleichgewicht erhalten bleibt. Gleichzeitig wird durch die Keimflora ein Eindringen von Fremdkeimen weitgehend verhindert.

Wenn sich die Keimflora im Gleichgewicht befindet, spricht man von **Eubiose**. Kommt es zu einem Ungleichgewicht im Ökosystem der Keimflora, wobei sich vor allem solche Organismen vermehren, die den Wirt schädigen können, wird dies **Dysbiose** genannt.

Ein Ökosystem aus verschiedenen Mikroorganismen findet man:

- Auf der Haut (Schutzmantel der Haut).
- In der Mundhöhle (auf der Mundschleimhaut).
- Im Darm (auf der Schleimhaut des Dünn- und Dickdarms).
- Im Atemtrakt (auf der Schleimhaut der Nasenhöhle).
- Im Genitaltrakt (auf der Schleimhaut der Vagina und Vorhaut).
- Im Harntrakt (auf der Schleimhaut der Harnröhre).

Schleim

Durch den von Schleimhautzellen gebildeten Schleim werden pathogene (krankmachende) Fremdkeime gebunden und aus dem Körper ausgeschleust.

Flimmerhärchen

In der Schleimhaut des oberen Atemtraktes finden sich Flimmerhärchen, deren Fortsätze (Zilien) so ausgerichtet sind, dass sie eindringende Fremdkörper durch ihre Flimmerbewegungen wieder nach außen transportieren können.

Tränen

Durch die Tränenflüssigkeit werden Fremdkörper und Bakterien aus den Augen gespült.

Magensäure

Durch die aggressive Magensäure werden viele über die Nahrung in den Körper eindringende Krankheitskeime abgetötet und damit unschädlich gemacht.

Enzyme

Eiweißspaltende Enzyme (Lysozym im Speichel und in der Tränenflüssigkeit, sowie Pepsin im Magen) zerstören eine Vielzahl der den Organismus bedrohenden Mikroorganismen.

Entleerungsfunktion

Durch die regelmäßige Entleerung des Darminhaltes, sowie die Durchspülung des Harntraktes mit Urin werden krankmachende Keime ausgeschieden und damit deren Vermehrung im Körper verhindert.

Körpertemperatur

Die Temperatur, bei der sich Krankheitserreger von Säugetieren am besten vermehren können, liegt zwischen 36,5 °C und 39 °C. Ein Anstieg der Körpertemperatur (Fieber) kann die Bedingungen für die Vermehrung von Erregern drastisch verschlechtern. Fieber ist daher ein sinnvoller Abwehrmechanismus des unspezifischen Immunsystems.

Die normale Körpertemperatur von Ziervögeln liegt zwischen 40 °C und 42 °C. Bei einem Anstieg der Temperatur über diese Grenze hinaus würde das Körpereiweiß koagulieren (ausflocken) und der Vogel sterben. **Daher haben Vögel niemals Fieber**. Das Abwehrsystem des Vogels reagiert (anders als das der Säugetiere) mit einer Absenkung der Temperatur, um die Bedingungen für die Vermehrung von Krankheitserregern zu verschlechtern. Kranke Vögel haben daher in der Regel Untertemperatur.

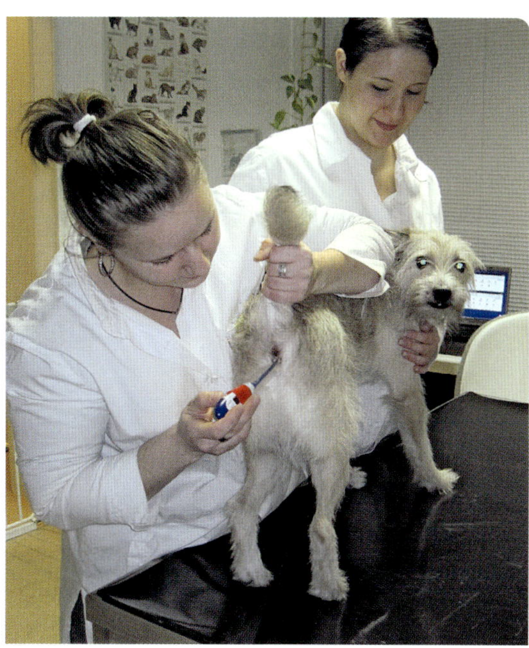

Messen der Körpertemperatur im Enddarm.

13.1.2 Abwehrzellen des unspezifischen Abwehrsystems

Wenn es dem Feind trotz natürlicher Barrieren gelingt, in den Körper einzudringen, treten innere Teile des unspezifischen Abwehrsystems in Aktion. Die Abwehrzellen des Immunsystems zirkulieren in den Blutgefäßen und Lymphbahnen und kommen auch in Körperweben vor. Zu den Abwehrzellen gehören:

Fresszellen

Es handelt sich dabei um Granulozyten, Monozyten und Makrophagen. Diese Zellen sind als erste zur Stelle, wenn ein Angreifer gesichtet wird. Sie werden daher auch als „Polizei des Körpers“ bezeichnet. Während Granulozyten und Monozyten im Blut zirkulieren, halten sich Makrophagen vorwiegend im Körpergewebe auf.

Die Fresszellen haben die Fähigkeit, Fremdstoffe einfach „aufzufressen“. Der medizinische Fachbegriff dafür ist **phagozytieren**. Dabei werden die Eindringlinge von baumartig verzweigten Ausläufern („Füßchen“) der Abwehrzellen umschlossen und dann in die Zellen aufgenommen (phagozytiert). Innerhalb der Zelle werden die Feinde durch Enzyme verdaut und damit unschädlich gemacht.

Natürliche Killerzellen

Natürliche Killerzellen (NK-Zellen) sind gekörnte Lymphozyten (siehe Kap. Blut), die sich auf die Vernichtung von Viren und Tumorzellen spezialisiert haben. Die NK-Zellen werden durch **Interferone** (Botenstoffe, siehe S. 468) angelockt, die von virusinfizierten oder mit Tumor befallenen Zellen abgesondert werden und wie „Hilfeschreie“ auf sie wirken.

Die natürlichen Killerzellen zerstören die erkrankten Körperzellen, indem sie die Zellmembran durchlöchern, sodass sich die in der Zelle befindlichen Viren nicht mehr vermehren können bzw. sich ein Tumor nicht mehr weiterverbreiten kann.

13.1.3 Humorale Anteile des unspezifischen Abwehrsystems

Die humorale unspezifische Abwehr besteht aus einer großen Anzahl von Immunbotenstoffen, die als **Zytokine** (z. B. Interferon) bezeichnet werden, sowie einem System aus ca. 30 verschiedenen Eiweißen, das **Komplementsystem** genannt wird.

Da es sich bei diesen Abwehrstoffen nicht um Zellen, sondern um (ähnlich wie Hormone) im Blut lösliche Botenstoffe handelt, wurde dafür der Begriff humorale Abwehr (hormongesteuerte Abwehr) geprägt. Sie fördern u. a. das Wachstum und die Spezialisierung von Abwehrzellen, alarmieren und aktivieren die Fresszellen und natürlichen Killerzellen beim Eindringen von Feinden in den Körper und zerstören Tumorzellen. Zusätzlich vermitteln und steuern sie die Zusammenarbeit zwischen unspezifischem und spezifischem Immunsystem.

Die Botenstoffe der unspezifischen Abwehr sind jedoch nicht identisch mit den Hormonen der endokrinen Drüsen.

13.2 Spezifisches Immunsystem

Als spezifisches Immunsystem wird der Teil der körpereigenen Abwehr bezeichnet, der im Gegensatz zur unspezifischen Abwehr in der Lage ist, typische Strukturen von Angreifern zu erkennen und speziell darauf gezielte Abwehrmechanismen (z. B. Antikörper) zu bilden. Die spezifische Abwehr ist damit lernfähig und richtet sich nicht gegen alle den Körper bedrohende Eindringlinge, sondern nur gegen besondere, bereits bekannte Feinde.

Die spezifische Abwehr besteht aus zellulären Anteilen und humoralen Anteilen.

13.2.1 Zelluläre Anteile des spezifischen Abwehrsystems

Die zellulären Bestandteile des spezifischen Immunsystems gehören zu den Leukozyten (weißen Blutkörperchen, siehe Kap. Blut). Man unterscheidet T-Lymphozyten (T-Zellen) und B-Lymphozyten (B-Zellen).

- **T-Lymphozyten**
  T-Lymphozyten (T-Zellen) sind speziell geschulte Abwehrzellen. Sie werden im Knochenmark von platten Knochen (Becken-, Schädelknochen, Brustbein), sowie bei Jungtieren auch in den Röhrenknochen gebildet.
  Anschließend wandern sie zum Thymus (siehe Kap. Endokrines System). Dadurch haben sie ihren Namen T-Lymphozyten (T = Thymus) erhalten. Im Thymus werden die Zellen für ihre zukünftigen Aufgaben „geschult." Ein Teil der T-Lymphozyten sind sehr langlebig und können sich an feindliche Eindringlinge erinnern, mit denen sie bereits einmal Kontakt hatten. Treffen sie erneut auf den gleichen Krankheitserreger, vermehren sie sich innerhalb Sekunden und aktivieren durch Abgabe ihrer Botenstoffe (Zytokine) das Immunsystem.
- **B-Lymphozyten**
  B-Lymphozyten (B-Zellen) gehören wie die T-Lymphozyten zu den weißen Blutkörperchen (Leukozyten). Sie sind als einzige Abwehrzellen in der Lage, spezifische, gegen einen bestimmten Erreger gerichtete Antikörper zu bilden. Einige der B-Lymphozyten entwickeln sich zu sehr langlebigen B- Gedächtniszellen. Diese können sich an die Struktur eines Krankheitserregers, mit dem sie einmal konfrontiert wurden, lebenslang erinnern. Bei einem erneuten Kontakt mit demselben Erreger sind sie in der Lage, sich innerhalb sehr kurzer Zeit mit der Produktion spezifischer Antikörper zu reagieren. Die Immunantwort auf einen

Angriff erfolgt dadurch schneller und effektiver als beim ersten Zusammentreffen. Dieses Phänomen wird bei der **Impfung** (siehe S. 472) genutzt. B-Lymphozyten werden bei Vögeln in der **Bursa Fabricii** (ein sackförmiges lymphatisches Organ am Dach der Kloake bei Vögeln) gebildet. Daher stammt ursprünglich die Bezeichnung B-Zellen. Bei Säugetieren (und dem Menschen) werden die B- Zellen jedoch ebenso wie die T-Lymphozyten im Knochenmark produziert. Aus diesem Grund erhielt der Buchstabe B nachträglich die Bedeutung bone marrow (engl. Knochenmark).

13.2.2 Humorale Anteile des spezifischen Abwehrsystems

Nach Kontakt mit einem Krankheitserreger werden von den B-Lymphozyten spezifische, gegen diesen einen speziellen Eindringling gerichtete **Antikörper** gebildet. Diese humoralen Stoffe heften sich (wie ein Schlüssel ins Schloss) an den Erreger und zerstören ihn. Antikörper zirkulieren unterschiedlich lange im Blut und sorgen bei erneutem Eindringen des Erregers für eine schnelle Abwehr.

? Körpereigenes Immunsystem

Unspezifisches Immunsystem

Natürliche Barrieren:

- Keimflora auf der Haut und den Schleimhäuten
- Schleim
- Flimmerhärchen
- Tränenflüssigkeit
- Magensäure
- Enzyme (Lysozym in Speichel und Tränenflüssigkeit)
- Mechanische Entleerungsfunktion (Darm, Harntrakt)
- Körpertemperatur

Zelluläre Bestandteile:

- Fresszellen (Makrophagen, Granulozyten, Monozyten)
- Natürliche Killerzellen (NK -Zellen)

Humorale Bestandteile:

- Zytokine (Botenstoffe)
- Komplementsystem (lösliche Eiweiße)

Spezifisches Immunsystem

Zelluläre Bestandteile:

- T-Lymphozyten
- B-Lymphozyten

Humorale Bestandteile:

- Antikörper

13.3 Beeinflussung des Immunsystems

13.3.1 Einfluss der Psyche auf das Immunsy,stem

Tiere, die unter lang andauerndem Stress stehen, sind für Infektionskrankheiten, Allergien, Tumoren oder Autoimmunerkrankungen besonders empfänglich. Dieses Phänomen ist seit langem bekannt. Seit einigen Jahren beschäftigt sich nun eine relativ neue medizinische Disziplin (Psychoimmunologie) mit den Wechselwirkungen zwischen dem Nerven – und Immunsystem. Es wurde nachgewiesen, dass Botenstoffe des Nervensystems auf das Immunsystem wirken, sowie Botenstoffe des Immunsystems das Nervensystem beeinflussen. Damit wurde die Wirkung der Psyche auf die körpereigene Abwehr wissenschaftlich erklärbar.

Bei chronischem Stress kommt es zudem im Körper zu vermehrter Ausschüttung von Cortisol (Stresshormon) in den Nebennieren. Cortisol hemmt die Zytokin-Produktion (Botenstoffe des Abwehrsystems), mindert die Reaktionsfähigkeit von T- und B-Lymphozyten sowie die Aktivität der natürlichen Killerzellen. Damit wird die Leistungsfähigkeit des Immunsystems stark herabgesetzt und dem Feind (Krankheitserreger, Tumorzellen) Tür und Tor geöffnet. Dies kann die Entstehung von Krankheiten begünstigen, sowie (bei bereits bestehender Erkrankung) den Heilungsprozess verzögern oder verhindern. Im medizinischen Sprachgebrauch wird dieser Zusammenhang als „Open-Window-Phänomen" (engl. offenes Fenster-Phänomen) bezeichnet, da das Abwehrsystem Lücken aufweist.

Im Gegensatz dazu können positive Gefühle und Erlebnisse die Ausschüttung von Glückshormonen (Endorphinen) im Gehirn verursachen. Diese Botenstoffe wirken stimulierend auf Teile des Immunsystems und stärken damit die Abwehr.

Die psychische Ausgeglichenheit von Tieren durch artgerechte Haltung, vollwertige Ernährung und der liebevolle Umgang mit ihnen bilden damit eine wichtige Grundlage für die Funktion ihres Abwehrsystems und sind eine der Säulen der **Gesundheitsprophylaxe** (Gesundheitsvorbeugung).

13.3.2 Therapeutische Beeinflussung des Immunsystems

Grundsätzlich gilt es, die körpereigene Abwehr soweit zu stärken, dass sie ihre Aufgabe als Bollwerk gegen das Eindringen von Krankheitserregern in den Körper optimal bewältigen sowie bereits eingedrungene Feinde unschädlich machen kann, bevor sie Schaden anrichten.

Bei einer **überschießenden Immunreaktion** dagegen (z. B. bei Allergien, Autoimmunerkrankungen) muss das Immunsystem gedämpft (unterdrückt) werden, um die Krankheitssymptome unter Kontrolle zu halten.

Stimulation des unspezifischen Immunsystems

Schon in der Frühzeit der Menschheit wurden Tätowierungen (tahitianisch: „ta tatan" = Wunden schlagen) zum Schutz vor „bösen Geistern" durchgeführt. Man hatte recht schnell erkannt, dass diejenigen Menschen, die solche Tätowierungen trugen, seltener erkrankten. Der Schutz vor Krankheit und Tod, der durch die Tätowierungen entstand und einige Zeit anhielt, wurde auf die Einwirkung von Geistern und Göttern zurückgeführt. Ohne Wissen der biologischen Zusammenhänge hatten die Menschen jedoch bereits damals das Prinzip der Stimulation des unspezifischen Immunsystems gefunden:

Es wurden mit Dornen, Haizähnen oder Ähnlichem Wunden in die Haut geritzt oder geschnitten, die sich durch Infektion mit Umweltkeimen entzündeten. Die lokalen Entzündungen waren in der Regel nicht so ausgeprägt, dass sie dem Gesamtorganismus hätten schaden können. Das Immunsystem des Tätowierten jedoch wurde durch die Entzündungsvorgänge auf der Haut alarmiert. Durch die relativ kleinen Entzündungsherde in der Haut wurden massenhaft Abwehrzellen (z. B. Makrophagen, T-Lymphozyten) und Botenstoffe (Zytokine) aktiviert. Sie sorgten nicht nur für eine schnelle Abheilung der Tätowierungswunden, sondern verhinderten allein durch ihr vermehrtes und aktiviertes Vorhandensein das Eindringen anderer, gefährlicher Krankheitserreger. Dadurch war der Tätowierte vor anderen schweren Erkrankungen gefeit.

Das Prinzip, das an diesem Beispiel deutlich wird, lautet:

Durch Reize, die dem Körper von außen zugeführt werden ohne ihn ernsthaft zu schädigen, wird das unspezifische Immunsystem alarmiert und aktiviert und damit gegen Angriffe gefährlicher Krankheitserreger gestärkt.

Im Fall der Tätowierung sind es die entzündeten Wunden, die einen Reiz auf das Abwehrsystem auslösen.

Weitere Beispiele für therapeutische eingesetzte Reize zur Steigerung der körpereigenen Abwehr, die bei Tieren angewandt werden, sind:

Purpurroter Sonnenhut (Echinacea purpurea)

Diese Pflanze hat in den letzten Jahren durch ihre steigernde Wirkung auf das unspezifische Immunsystem große Popularität im Kampf gegen Infektionskrankheiten erhalten. Es handelt sich um eine Giftpflanze mit milder Giftwirkung. Der Einsatz (in geringen Mengen) des Giftes als Therapeutikum verursacht einen Reiz auf den Organismus, wodurch die Abwehrkräfte mobilisiert werden.

Eigenbluttherapie

Bei der Eigenbluttherapie wird dem Patienten Blut aus der Vene entnommen und (eventuell nach Anreicherung mit einem Medikament) sofort unter die Haut gespritzt. Das Blut wirkt an der Injektionsstelle wie ein Fremdkörper, der jedoch (da es sich um körpereigenes Material handelt) keinen großen Schaden anrichtet. Es entsteht in der Regel lediglich eine unbedeutende, meist unsichtbare Entzündung, durch die das Abwehrsystem alarmiert wird.

Der gleiche Effekt wird durch Medikamente erreicht, die Zusatzstoffe (z. B. Konservierungsstoffe) enthalten und unter die Haut injiziert werden. Hier wirken die Zusatzstoffe als Fremdkörper und verursachen eine immunstimulierende Reizung. Bei Impfstoffen wird dieser Effekt zur Verbesserung der Impfwirkung genutzt. Die Zusatzstoffe werden hier auch als **Wirkungsverstärker** bezeichnet, da sie über die Aktivierung des unspezifischen Immunsystems einen positiven Einfluss auf die Antikörperbildung des spezifischen Abwehrsystems haben.

Paramunitätsinducer

Medikamente zur Steigerung der unspezifischen Abwehr werden als Paramunitätsinducer bezeichnet.

Ein in der Veterinärmedizin häufig angewandtes Medikament ist z. B. Zylexis®. Es handelt sich dabei um ein Präparat, das aus inaktiviertem Rinderpockenvirus hergestellt wird. Dieses Virus ist zum einen für andere Tierarten nicht pathogen (krankmachend) und zum anderen inaktiviert (abgetötet). Durch die Injektion von Zylexis® bei Hund, Katze, Heimtieren und Vögeln erhält deren Immunsystem daher zwar die Warnung „Virusangriff", ohne dass jedoch eine wirkliche Gefahr der Infektion besteht. Zylexis® aktiviert, neben anderen Anteilen des unspezifischen Abwehrsystems, besonders die natürlichen Killerzellen, die gegen Viren und auch gegen Tumorzellen gerichtet sind. Daher wird das Medikament therapeutisch auch bei Tumorerkrankungen eingesetzt.

Training des Immunsystems

Tiere, die keimfrei aufgezogen werden, sterben oft an Infektionskrankheiten, die unter normalen Bedingungen für die betreffende Tierart als völlig harmlos gelten. Der Grund dafür ist die Unflexibilität und Untrainiertheit ihres Abwehrsystems. Zu einem gesunden Immunsystem gehört die ständige Auseinandersetzung mit einer keimhaltigen Umwelt. Das Abwehrsystem wird durch den Kontakt mit unterschiedlichen (relativ harmlosen) Umweltkeimen ähnlich wie ein Muskel trainiert. Dadurch bleibt es flexibel und kann sich in der Regel auch gegen gefährlichere Erreger durchsetzen.

Durch den ausgeweiteten Tierhandel ist es möglich geworden, dass ein Lebewesen, das in einem eng begrenzten Biotop (z. B. Käfig) mit den dort ansässigen Keimen geboren wurde, innerhalb weniger Stunden in ein völlig andersartiges Biotop gelangt. Es muss sich nun mit einer Vielzahl unbekannter Erreger auseinandersetzen. Gleichzeitig bringt es eigene Keime mit und gefährdet damit eventuell die im neuen Zuhause lebenden Artgenossen.

Hier empfiehlt es sich, das Abwehrsystem der Tiere beider Biotope mit den jeweiligen Umweltkeimen des anderen vertraut zu machen, indem einige Tage vor dem Einzug des „Neuen" (z. B. bei Nagern) eine kleine Menge mit Kot und Urin verunreinigtes Heu ausgetauscht wird. Dadurch kann sich das Immunsystem aller Beteiligten stressfrei mit den unbekannten Erregern auseinandersetzen.

> **? Steigerung des unspezifischen Abwehrsystems**
> Der Schutz, den die unspezifische Abwehr einem Organismus bietet, wird Paramunität genannt. Therapeutische Maßnahmen zur Steigerung der unspezifischen Abwehr werden als Paramunisierung, die verwendeten Therapeutika als Paramunitätsinducer bezeichnet.

Stimulation des spezifischen Immunsystems
Die Stimulation der spezifischen Abwehr, also der Abwehr, die sich gegen ganz bestimmte Krankheitserreger richtet, erfolgt durch **Impfungen**.

Der englische Arzt Eduard Jenner (1749–1823) entdeckte durch Zufall das Wirkungsprinzip einer Impfung. Er beobachtete, dass Menschen, die sich mit den für sie relativ harmlosen Kuhpocken infiziert hatten, nicht mehr an dem tödlichen Pockenvirus erkrankten, das zu dieser Zeit weltweit viele Menschenleben kostete. Durch den Kontakt mit den Kuhpockenerregern hatten sich im Körper der Patienten Antikörper gebildet, die vor einer Infektion mit dem verwandten Erreger der menschlichen Pocken schützten. Eduard Jenner wusste damals noch nichts von Antikörpern. Er kannte nur ihre Wirkung: Die von ihm mit dem Sekret aus Kuhpockenblasen geimpften Menschen blieben bei einer Pockenepidemie gesund.

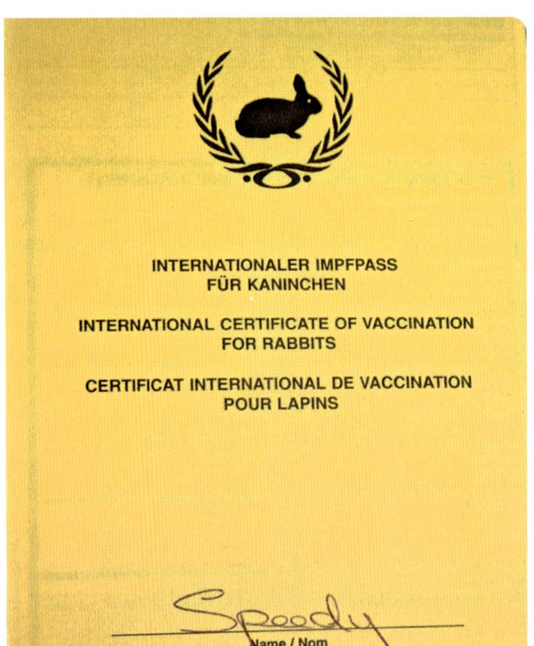

Impfpass Kaninchen.

Dem französischen Chemiker Louis Pasteur (1822–1895) gelang (auf der Grundlage der Erkenntnisse von Eduard Jenner) die Entwicklung eines Impfstoffes gegen Cholera bei Hühnern. Wenige Jahre später wurden bereits Impfstoffe gegen Milzbrand und Tollwut hergestellt.

Heute weiß man über das Immunsystem eines Organismus sicherlich mehr, als zu Zeiten von Eduard Jenner und Louis Pasteur, und kann wirksamere und nebenwirkungsärmere Impfstoffe herstellen. Das Grundprinzip der Vaccination (Impfung) ist jedoch das gleiche geblieben:

Den Patienten werden abgeschwächte oder abgetötete Keime oder auch nur charakteristische Teilstücke eines Krankheitserregers eingeimpft. Obwohl diese „verkrüppelten“ Impfkeime in der Regel keine Krankheit mehr

> **? Stimulation des spezifischen Immunsystems**
> Der Schutz, den ein Organismus durch das spezifische Immunsystem erhält, wird als Immunität bezeichnet. Therapeutische Maßnahmen (aktive und passive Impfung), die angewandt werden, um die Funktion der spezifischen Abwehr zu steigern, werden Immunisierung genannt.

auslösen können, reagiert das Immunsystem mit der Bildung spezifischer, gegen den Impfkeim gerichteter Antikörper. Die Menge der im Blut vorhandenen Antikörper ist der Antikörpertiter. Die Antikörper zirkulieren für eine gewisse (für jeden Erreger unterschiedlich lange) Zeit im Blut und verhindern die Infektion mit potenten Erregern der Erkrankung, gegen die geimpft wurde. Diese Form der Impfung wird als **aktive Impfung** bezeichnet, da der Körper nach Stimulation mit dem Impferreger aktiv Antikörper bildet.

Maternale (mütterliche) Antikörper und passive Impfung
Bei Jungtieren ist das Immunsystem noch nicht ausgereift. Es haben sich noch nicht genügend B-Zellen gebildet, um durch die Antikörperproduktion einem Angriff gefährlicher Krankheitskeime standhalten zu können. Aus diesem Grunde erhalten Säugetiere vor allem über das Kolostrum (erste Phase der Muttermilch), aber auch noch einige Zeit über die normale Muttermilch maternale Antikörper (mütterliche Antikörper). Durch diese Antikörper der Mutter sind die Jungtiere tierartlich unterschiedlich lange (z. B. bei Hund und Katze etwa 8 Wochen) geschützt. Während dieser Zeit darf keine Impfung erfolgen, da sonst die Impferreger von den mütterlichen Antikörpern angegriffen und unwirksam werden.

Wurde das Muttertier vor der Trächtigkeit nicht geimpft und hat daher keine Antikörper gegen die gefährlichen Infektionskrankheiten in der Muttermilch, kann man die Jungtiere durch ein antikörperhaltiges Serum schützen. Mit der Verabreichung des Serums werden den Tieren die Antikörper injiziert, die sie normalerweise über die Muttermilch aufnehmen würden. Diese therapeutische Maßnahme wird **passive Impfung** genannt. Der Schutz, der dadurch entsteht, hält etwa 6 Wochen an, d. h. solange, bis die injizierten Antikörper ihre Wirkung verlieren und vom Körper abgebaut werden. Dann erst kann die aktive Impfung erfolgen.

> **? Unterschied zwischen aktiver und passiver Impfung**
> - **Aktive Impfung**
>   Es werden abgeschwächte, abgetötete Keime oder Bruchstücke von Krankheitserregern injiziert. Dadurch angeregt, bildet das spezifische Immunsystem (B-Lymphozyten) aktiv
>   Antikörper.
> - **Passive Impfung**
>   Es werden Antikörper gegen einige gefährliche Infektionskrankheiten in Form eines Serums injiziert. Das Immunsystem bleibt dabei passiv.

Unterdrückung des Immunsystems
Eine Minderung der Reaktionsfähigkeit des Immunsystems wird in der medizinischen Fachsprache als **Immunsuppression** bezeichnet. Sie kann für kurze Zeit oder dauerhaft durch äußere oder innere Einwirkung schädigender Faktoren (z. B. Stress, Fehl- und Mangelernährung, FIV = „Katzenaids“) ungewollt hervorgerufen, sowie zur Behandlung bestimmter Erkrankungen des Immunsystems (z. B. Allergien, Asthma der Katze) durch spezielle Medikamente mit Absicht herbeigeführt werden.

13.4 Erkrankungen des Immunsystems

13.4.1 Allergie

Unter Allergie versteht man eine Überreaktion des Immunsystems, die zu Krankheitserscheinungen führt. Das Charakteristische dabei ist, dass die Reaktion gegen (harmlose) Substanzen gerichtet ist (z. B. Futterbestandteile, Pollen, Hausstaub, Medikamente), die normalerweise keine krankhaften Veränderungen im Körper hervorrufen würden. Allergieauslösende Substanzen werden als **Allergene** bezeichnet.

Eine Allergie verläuft in zwei Phasen ab:

Sensibilisierungsphase

Beim Erstkontakt des Körpers mit einem Allergen kommt es zur Bildung von Immunzellen des spezifischen und unspezifischen Abwehrsystems. In dieser Phase der Allergie treten noch keine Krankheitszeichen auf.

Effektorphase

Je nach Menge der gebildeten Immunzellen kommt es bei einem erneuten Kontakt mit dem Allergen zu unterschiedlich stark ausgeprägten Symptomen:

- Ödeme (Anschwellen von Körperteilen, z. B. Gesicht, Ohren, Pfoten)
- Urtikaria und Pruritus („Nesselsucht" = Quaddelbildung auf der Haut und Juckreiz)
- Magen-Darm-Symptomatik (Erbrechen, Durchfall)
- Akute Atemnot (Anschwellen der Schleimhaut im Atemtrakt)
- Tachykardie (Stark beschleunigter Herzschlag, „Herzrasen")
- Anaphylaktischer Schock (allergischer Schock)

Bei jedem erneuten Kontakt mit dem Allergen werden weitere Abwehrzellen gebildet. Dadurch kommt es zu immer stärker ausgeprägten Immunreaktionen, sodass sich auch eine zunächst milde verlaufende Allergie nach unterschiedlich langer Zeit bis hin zum **allergischen Schock** verschlimmern kann. Der allergische Schock ist eine lebensbedrohliche Notfallsituation, der innerhalb weniger Minuten zum Tode führen kann.

13.4.2 Autoimmun- und Autoaggressionserkrankungen

Als **Autoimmunerkrankungen** werden Krankheiten bezeichnet, die entstehen, wenn das Immunsystem normales, gesundes, körpereigenes Gewebe angreift. Ein solches grundsätzliches Fehlverhalten des Abwehrsystems ist meist angeboren. Ein Beispiel für eine erblich bedingte Autoimmunerkrankung ist der **Lupus erythematodes** beim Hund.

Autoaggressionserkrankungen werden Krankheiten genannt, die entstehen, wenn das Immunsystem körpereigenes Gewebe angreift, das durch irgendwelche Einflüsse verändert wurde und deshalb als „fremd" bekämpft wird. Autoaggressionserkrankungen können z. B. nach Infektionen mit bestimmten Krankheitserregern durch die Bildung von Antikörpern gegen diesen Erreger entstehen. Die Antikörper lagern sich in verschiedenen Körpergeweben ab und verändern dort die Struktur des Gewebes. Das Immunsystem erkennt das ihm zuvor bekannte Gewebe durch die Veränderung nicht mehr als körpereigen an und bekämpft es wie einen Feind.

Beispiel für eine Autoaggressionserkrankung

Hunde, die eine Gehirnstaupe überlebten, entwickeln häufig (manchmal erst nach Jahren) Verhaltensticks (Stereotypien), wie z. B. Schmatzen, ruckartige Kopfbewegungen oder Zuckungen. Hier wird die Einlagerung von Antikörpern gegen das Staupevirus in das Gehirnnervengewebe diskutiert. Dadurch wird das Nervengewebe verändert und vom Immunsystem als fremd eingeordnet und bekämpft.

13.5 Untersuchungsmethoden

Blutuntersuchung

Die Erhöhung der **eosinophilen Granulozyten** (siehe Kap. Blut) ist verdächtig für das Vorliegen einer Erkrankung des Immunsystems.

Haut- und Schleimhautbiopsie

Durch die mikroskopische Untersuchung einer Gewebeprobe kann man in vielen Fällen allergische Reaktionen der Haut und Schleimhaut diagnostizieren.

Allergietest

Beim Allergietest werden dem Patienten Substanzen, die verdächtig sind, eine Allergie auszulösen (z. B. Blütenpollen), unter die Haut injiziert. Eine Hautreaktion (z. B. Rötungen, Quaddeln) um die Injektionsstelle beweist, dass die eingespritzte Substanz eine Allergie auslösen kann. Es ist auch möglich, durch eine Blutuntersuchung Antikörper gegen Allergene nachzuweisen. Tiermedizinische Labors bieten die Auswertung an.

Ausschließende Verfahren

Vielfach ist es nur möglich, durch Ausschluss aller anderen Krankheiten, die ähnliche Symptome (wie die bestehende) hervorrufen können, eine Erkrankung des Immunsystems festzustellen.

13.6 Fachbegriffe zum Thema Immunsystem

Immunsystem = Körpereigenes Abwehrsystem
Eubiose = Gleichgewicht der Mikroorganismen der Keimflora
Dysbiose = Ungleichgewicht der Mikroorganismen der Keimflora
phagozytieren = „fressen“
Interferon = Botenstoff des unspezifischen Immunsystems
Zytokine = Gesamtheit der Botenstoffe des unspezifischen Immunsystems
Bursa Fabricii = Bildungsort der B-Lymphozyten beim Vogel
Antikörper = Abwehrzellen gegen spezifische Krankheitserreger
Gesundheitsprophylaxe = Vorbeugende Maßnahmen zur Erhaltung der Gesundheit
Paramunitätsinducer = Medikamente zur Steigerung der unspezifischen Abwehr
Impfung = Stimulation der spezifischen Abwehr
Maternale Antikörper = Antikörper, die über die Muttermilch auf das Jungtier übertragen werden
Immunsuppression = Unterdrückung der Reaktionsfähigkeit des Immunsystems
Allergie = Überreaktion des Immunsystems
Anaphylaktischer Schock = Allergischer Schock
Autoimmunerkrankung = Das Immunsystem greift gesundes körpereigenes Gewebe an
Autoaggressionserkrankung = Das Immunsystem greift verändertes körpereigenes Gewebe an

14 Atmungsorgane (Respirationstrakt)

Alle Lebewesen auf unserem Planeten atmen. Ein Gas, das für den Stoffwechsel erforderlich ist, wird dabei durch unterschiedlichste Organe (**Lungen** bei Säugetieren, Vögeln und Reptilien; **Kiemen** bei Fischen und **Tracheen** bei Insekten) aus der Luft (bei Fischen aus dem Wasser) aufgenommen, zu den Körperzellen transportiert und ein weiteres, durch Abbauvorgänge des Zellstoffwechsels entstandenes Gas wieder aus dem Körper ausgeschieden. Tiere (auch der Mensch) atmen Sauerstoff ein und Kohlendioxid aus. Die meisten Pflanzen atmen dagegen Kohlendioxid ein und Sauerstoff aus, wodurch sie die Lebensgrundlage für Lebewesen schaffen, die auf Sauerstoff angewiesen sind.

Zu den Atmungsorganen zählen die **oberen** und **unteren** Atemwege.

Äußere Nase des Hundes.

Obere Atemwege
- Äußere Nase
- Nasenhöhle
- Nasennebenhöhlen
- Nasenrachen

Untere Atemwege
- Kehlkopf
- Luftröhre
- Lungen

14.1 Obere Atemwege

14.1.1 Äußere Nase

Die äußere Nase unserer Haussäugetiere wird unterteilt in:
- Nasenwurzel
- Nasenrücken
- Nasenspitze
- Nasenflügel
- Nasenlöcher

Die Nasenlöcher führen in die Nasenhöhle, die durch ein teilweise knorpeliges, in der Mitte liegendes **Septum** (Nasenscheidewand, Septum nasale) zweigeteilt ist.

Gestalt und Größe der Nase sind tierartlich unterschiedlich und normalerweise den Anforderungen der jeweiligen Tierart angepasst. Durch Rückzüchtung der äußeren Nase (bis fast zum völligen Verschwinden) bei manchen Hunde- und Katzenrassen zur Betonung des Kindchenschemas (z. B. Mops, Perserkatze) kommt es nicht selten zu extremen Atemproblemen und aufgrund einer Deformation des Tränen-Nasen-Gangs (Verbindung zwischen Augen und Nase zur Ableitung der Tränenflüssigkeit) zu chronisch tränenden und entzündeten Augen.

Die Nasenlöcher liegen beim **Vogel** an der Schnabelbasis über dem Schnabelhorn. Je nach Vogelart kann ihr Aussehen stark variieren. Eine äußere Nase, wie bei den Haussäugetieren, ist nicht vorhanden.

14.1.2 Nasenhöhle

Der Anfangsteil der Nasenhöhle wird als **Nasenvorhof** bezeichnet. Er ist mit teils behaarter äußerer Haut ausgekleidet. Im Anschluß an den Nasenvorhof folgt die eigentliche **Nasenhöhle**, die von einer Schleimhaut mit Flimmerepithel überzogen ist. An der Grenze zwischen Nasenvorhof und Nasenhöhle liegt die Mündung des **Tränen-Nasen-Kanals**, durch den die Tränenflüssigkeit vom inneren Augenwinkel über die Nase abfließen kann. Am Nasenhöhlengrund ist die Nasenhöhle mit einer **Riechschleimhaut**, bestehend aus Riechzellen und Drüsen, ausgekleidet. Das seröse (dünnflüssige, serumartige) Sekret der Drüsen hat die Aufgabe, Geruchspartikel zu lösen und damit für die Riechzellen wahrnehmbar zu machen, sowie die Riechschleimhaut danach wieder frei zu spülen, um Raum für neue Gerüche zu schaffen.

Durch eine mittlere Scheidewand, **Nasenscheidewand**, wird die Nasenhöhle in eine rechte und eine linke Abteilung getrennt. In jeder Abteilung befindet sich eine untere, eine mittlere und eine obere knöcherne Leiste, die zusammen als **Nasenmuscheln** bezeichnet werden. Die Nasenmuscheln sind von einem gefäßreichen Schwellgewebe (Venengeflecht) überzogen, das die Atemluft erwärmt. Bei Infektionen (Schnupfen) oder Allergien kann dieses Gewebe stark anschwellen und das Atmen erschweren.

Bei den meisten Vogelarten befindet sich im Nasengang, direkt im Anschluss an den Nasenvorhof, die Nasendrüse. Ihr Sekret dient der Befeuchtung des Naseneingangs. Bei Seevögeln wird durch diese Drüse überschüssiges Salz aus dem Blut entfernt. Seevögel sind daher in der Lage, ohne Schaden zu erleiden, salziges Meerwasser zu trinken.

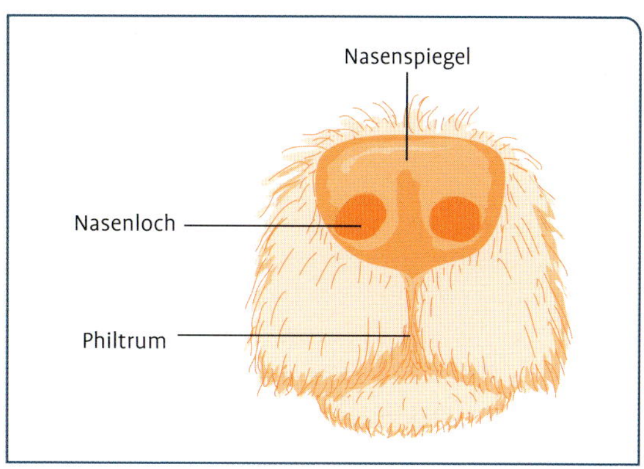

Äußere Nase des Hundes.

Jakobson-Organ

Das Jakobson-Organ liegt beiderseits der Nasenscheidewand am Nasenhöhlenboden. Es handelt sich um röhrenförmiges Gebilde, dessen Epithel aus Riechzellen besteht. Die Funktion des Jakobson- Organs wurde bereits 1811 durch den dänischen Anatomen Jacobson (daher der Name) bei Schlangen entdeckt. Diese Tiere können durch Züngeln (schnelles Herausstrecken und Einziehen der Zunge) mit Hilfe des Jakobson-Organs die Umgebung erschmecken. Bei Säugetieren und beim Menschen dient das Organ zur Wahrnehmung von **Pheromonen** (Duftstoffe, die eine wichtige Rolle bei der Kommunikation und dem Sexualverhalten der Tiere spielen).

14.1.3 Nasennebenhöhlen

Die Nasennebenhöhlen (Sinus) sind luftgefüllte Schleimhautaussackungen, die in die der Nase benachbarten Knochen reichen und mit der Nasenhöhle in Verbindung stehen. Die Funktion der Nasennebenhöhlen besteht hauptsächlich darin, die Knochen des Schädels zu **pneumatisieren** (mit Luft zu füllen), um damit das Gewicht des Kopfes zu verringern.

Durch die offene Verbindung mit der Nasenhöhle können sich Infektionen leicht in die Nasennebenhöhlen ausbreiten. Die Öffnungen zur Nasenhöhle sind relativ eng, so dass Entzündungssekrete nur schlecht abfließen können. Entzündungen im Bereich der Nasennebenhöhlen (Sinusitis) sind daher therapeutisch meist schwer zu beeinflussen und entwickeln sich nicht selten zu einer chronischen Erkrankung.

Die Anzahl, Ausbildung und Bedeutung der einzelnen Nasennebenhöhlen ist von Tierart zu Tierart unterschiedlich. Vögel besitzen nur eine Nasennebenhöhle. Meerschweinchen besitzen keine Nasennebenhöhlen.

14.1.4 Nasenrachen

Der Rachen (Pharynx) wird durch das Gaumensegel unterteilt in den Nasen- oder Atmungsrachen und den Mundrachen. Der Nasenrachen ist die obere Abteilung des Rachens.

Das Gaumensegel wird während des Schluckvorgangs angehoben und gibt den Weg in Richtung Speiseröhre frei. Gleichzeitig verschließt es den Mundrachen gegenüber dem Nasenrachen, so dass kein Speisebrei in die Atemwege gelangen kann.

Choanen

Als Choanen bezeichnet man zwei Öffnungen am hinteren Ende der Nasenhöhle, durch die der Luftstrom von der Nasenhöhle in den Nasenrachen geleitet wird.

Eustachische Röhre

Vom Nasenrachen aus gibt es eine röhrenförmige Verbindung zum Mittelohr. Der italienische Anatom Bartolomeo Eustachi hat sie erstmals beschrieben. Deshalb wurde sie Eustachische Röhre genannt. Die deutsche Bezeichnung ist **Ohrtrompete**. Die Ohrtrompete kommt bei allen Säugetieren, Vögeln und Reptilien vor. Ihre Aufgabe ist es, einen Ausgleich zwischen dem Luftdruck im Mittelohr und dem Druck in der Außenwelt herzustellen. Dies geschieht in der Regel automatisch durch Gähnen oder Schlucken, wodurch sich die Eustachische Röhre öffnet.

Druckveränderungen entstehen z. B. beim Fliegen, Tauchen oder schnellem Durchfahren von Tunnels. Ohne Druckausgleich durch die Eustachische Röhre (z. B. bei Verstopfung der Röhre oder Schleimhautschwellung infolge eines Schnupfens) wölbt sich das Trommelfell (eine Scheidewand zwischen Außen- und Mittelohr) bei Erhöhung des Außendrucks nach innen und bei Absenkung des Außendrucks nach außen. In extremen Fällen kann das Trommelfell auch zerreißen.

Bei Erkrankungen der oberen Atemwege können Krankheitserreger über die Eustachische Röhre ins Mittelohr gelangen und dort eine Mittelohrentzündung verursachen.

14.2 Untere Atemwege

14.2.1 Kehlkopf

Der Kehlkopf (Larynx) liegt am Halsanfang und verbindet den Nasenrachen mit der Luftröhre. Er ist bei unseren Haussäugetieren im vorderen Halsbereich tastbar.

Der Kehlkopf dient als Weg für die Atemluft und als letzte Schutzinstanz gegen das Eindringen von Fremdkörpern in die unteren Atemwege. Zusätzlich ist er an der Lauterzeugung (außer bei Vögeln!) beteiligt.

Der Innenraum des Kehlkopfes (Glottis) ist mit einer Schleimhaut überzogen. Bei Anschwellen dieser Schleimhaut (Glottisödem) aufgrund Verletzung, Infektionen, Allergien oder Tumoren kann es zu akuter Atemnot kommen.

Der Kehlkopf besteht aus vier großen Kehlkopfknorpeln, die durch Gelenke, Muskeln und Bänder miteinander verbunden sind:

- **Schildknorpel**
  Der Schildknorpel ist der größte Kehlkopfknorpel. Er bildet die vordere und die seitlichen Wände des Kehlkopfes. Nach dorsal (rückenwärts) ist der Schildknorpel offen. An der Vorderseite befindet sich eine (bei Tieren nicht so ausgeprägte) Verdickung, die von außen ertastet werden kann und dem Adamsapfel des Menschen entspricht.
- **Kehldeckelknorpel**
  Auf dem oberen Rand des Schildknorpels sitzt der Kehldeckelknorpel, auch Kehldeckel oder **Epiglottis** genannt. Er verschließt während des Schluckens die unteren Atemwege und verhindert, dass Futterbestandteile in die Luftröhre oder die Bronchien gelangen. Beim Atmen ist der Kehldeckel offen und erlaubt damit den ungehinderten Strom der Atemluft.
- **Ringknorpel**
  Am unteren Rand des Schildknorpels schließt sich der Ringknorpel an. Er hat die Form eines Siegelrings. Ringknorpel und Schildknorpel sind durch Gelenke miteinander verbunden.
- **Gießkannenknorpel (Stellknorpel)**
  Der Gießkannenknorpel (Stellknorpel)ist paarig ausgebildet, d. h. es handelt sich um zwei Knorpelteile, die jedoch unterschiedliche Gestalt haben. Sie können durch kleine Kehlkopfmuskeln in mehrere Richtungen bewegt werden. Sie regulieren die Bewegungen der Stimmbänder und haben damit wesentlichen Anteil an der Lautbildung (außer bei Vögeln!).

Stimmapparat

Etwa in der Mitte des Kehlkopfinnern legt sich die Schleimhaut des Kehlkopfs (Larynx) in zwei Falten, die als **Stimmfalten** bezeichnet werden. In diesen Stimmfalten verlaufen zwei **Stimmbänder**. Die Stimmbänder gehen von der Innenfläche des Schildknorpels aus und reichen bis zu den Stellknorpeln. Die Stellknorpel sind Ansatzstellen für mehrere kleinere Muskeln, durch welche die Stimmbänder bewegt werden. Dadurch wird die Stimme erzeugt.

Zwischen den beiden Stimmfalten liegt die Stimmritze. Je nach Bewegung der Kehlkopfmuskulatur ist die Öffnung der Stimmritze unterschiedlich weit, wodurch zusammen mit dem Luftstrom der Klang der Stimme erzeugt wird.

Stimmkopf (Syrinx) der Vögel

Das stimmbildende Organ des Vogels ist der Stimmkopf (Syrinx). Er ist vollkommen vom Kehlkopf getrennt und liegt bei den meisten Vogelarten an der Aufspaltungsstelle der Luftröhre in die beiden Hauptbronchien. Daher wird der Syrinx auch „unterer Kehlkopf“ genannt.

Der wissenschaftliche Name Syrinx stammt aus der griechischen Mythologie. Er leitet sich von der nach einer Nymphe benannten Panflöte Syrinx ab, entsprechen dem Gesang der Vögel, der durch den Stimmkopf erzeugt wird.

Pharynx = Rachen
Larynx = Kehlkopf
Syrinx = stimmbildendes Organ des Vogels

14.2.2 Luftröhre

Die Luftröhre (Trachea) schließt sich an den Kehlkopf an. Sie endet in der Brusthöhle, etwas oberhalb des Herzens mit der **Luftröhrengabelung** (Bifurcatio).Dort teilt sie sich in die beiden **Hauptbronchien**.Man unterscheidet einen Halsteil und einen Brustteil der Luftröhre. Im vorderen Halsabschnitt (direkt unter dem Kehlkopf) liegt die Schilddrüse der Trachea direkt an (siehe Kap. Endokrinologie, Schilddrüse).

Die Wand der Luftröhre wird von einer tierartlich unterschiedlichen Anzahl Knorpelspangen gestützt. Sie verhindern, dass die Luftröhre kollabiert (in sich zusammenfällt).

Vorwiegend bei kleinen Hunderassen sind einige der Knorpelspangen so weich, dass dies zum kurzzeitigen **Trachealkollaps** führen kann. Die betroffenen Tiere husten und haben Atemnot.

Die Knorpelspangen sind nach dorsal (rückenwärts) offen und durch elastische Bänder und glatte Muskulatur miteinander verbunden. Dadurch kann sich die Trachea flexibel an Längenveränderungen (z. B. bei Streckung des Halses) anpassen.

In der Schleimhaut der Luftröhre befinden sich zahlreiche Drüsen, deren Sekret einen dünnflüssigen Schleimfilm in der gesamten Trachea bildet. Mit diesem Schleim werden z. B. Staubpartikel oder Krankheitserreger gebunden, um dann durch Husten wieder aus dem Körper entfernt werden zu können. Bei Entzündungen in der Luftröhre kommt es häufig zu vermehrter Schleimproduktion.

14.2.3 Lungen

Die Lungen (Pulmones) liegen in der Brusthöhle (Thorax). Sie sind paarig angelegt, d. h. man unterscheidet eine rechte Lunge (Pulmo dexter) und eine linke Lunge (Pulmo sinister).

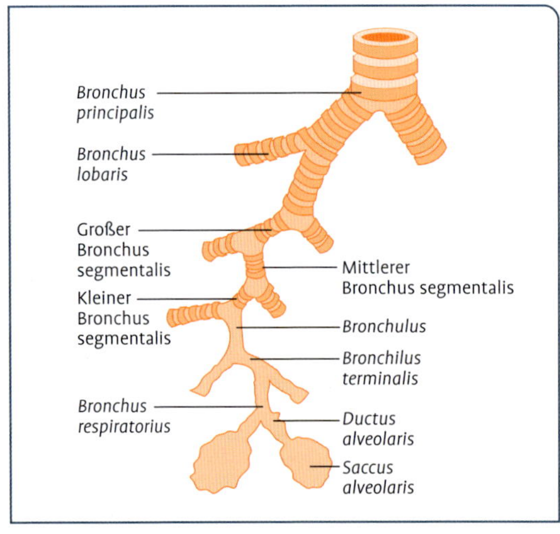

Aufzweigung des Bronchialbaums.

Die beiden Lungen sind weiterhin in Lungenlappen untergliedert. Die Anzahl der Lungenlappen ist tierartlich unterschiedlich.

Die Lungenoberfläche ist mit einem dünnen Häutchen, dem **Lungenfell** (Pleura visceralis) bedeckt. An der Lungenwurzel (Eintrittsstelle der Bronchien in die Lungen = Lungenhilus) schlägt dieses Häutchen um und geht in das **Rippenfell** (Pleura parietalis) über, das den Brustraum tapetenähnlich auskleidet. Zwischen Lungenfell und Rippenfell liegt ein Spaltraum, in dem Unterdruck herrscht. Damit wird verhindert, dass die Lungen kollabieren (zusammenfallen). Bei einer Verletzung des Brustkorbes mit Eröffnung des Spaltraums kann Luft einströmen, der Unterdruck zusammenbrechen und dadurch die Lungen zusammenfallen. Man spricht in diesem Fall von einem **Pneumothorax**.

Die beiden Lungen sind im Lungenfell frei beweglich (außer bei Vögeln!). Nur die Lungenwurzeln sind an der Pleura befestigt. Die Beweglichkeit der Lunge innerhalb des Lungenfells ist deshalb wichtig, damit sich das Organ beim Ein- und Ausatmen ausdehnen und wieder zusammenziehen kann.

Die Größe der Lungen ist vom Atemvolumen abhängig. Bei tiefer Einatmung sind sie etwa doppelt so groß wie bei maximaler Ausatmung. Dies ist z. B. bei der Beurteilung eines Röntgenbildes von Bedeutung.

Feinbau der Lungen

Das Lungengewebe besteht aus lockerem Bindegewebe. Das Grundgerüst der Lunge ist der **Bronchialbaum**. Er zweigt sich auf wie die Äste eines Baumes. Vom Ende der Luftröhre ausgehend gabelt er sich zunächst in zwei Hauptbronchien, von denen einer in die rechte und der andere in die linke Lunge führt. An der Eintrittsstelle der Hauptbronchien (Lungenhilus) ziehen auch Blutgefäße und Nerven mit in die Lungen ein.

Die Hauptbronchien verzweigen sich zunächst in die **Lappenbronchien**. Die Anzahl der Lappenbronchien entspricht der Anzahl der Lungenlappen. Die Lappenbronchien teilen sich weiter in die **Segmentbronchien**. Die Segmentbronchien gehen in die **Bronchuli** über, die sich wiederum in die kleinsten Verzweigungen, die so genannten **Bronchiuli** aufspalten.

In der Wand der Bronchiuli befinden sich Millionen von kleinen dünnwandigen **Lungenbläschen** (Alveolen). Hier findet der Gasaustausch über kleinste Blutgefäße (Blutkapillaren, welche die Alveolen wie ein Netz umgeben) zwischen Lunge und Blut statt.

Aufbau des Bronchialbaums

- Hauptbronchien
- Lappenbronchien
- Segmentbronchien
- Bronchuli
- Bronchiuli
- Lungenbläschen (Alveolen)

Surfactant

Bei Surfactant handelt es sich um eine dünne Schicht aus einer eiweiß- und fetthaltigen Flüssigkeit, welche die Lungenbläschen überzieht. Ihre Aufgabe ist es, zu verhindern, dass die Alveolen in sich zusammenfallen und verkleben. Der Surfactant wird im letzten Drittel der Trächtigkeit gebildet. Bei Frühgeburten kann er noch nicht ausreichend ausgebildet sein, sodass es zu Verklebungen der Lungenbläschen und damit zu einer dauerhaften Einschränkung der Lungenfunktion kommen kann.

Vogellungen

Die beiden Lungen der Vögel liegen dorsal (rückenwärts) rechts und links der Wirbelsäule. Sie sind im Gegensatz zu den Lungen der Säugetiere durch Bindegewebe mit den Rippen und den Brustwirbeln fest verwachsen.

Durch die Befestigung im Brustkorb können sich die Lungen nicht ausdehnen. Das

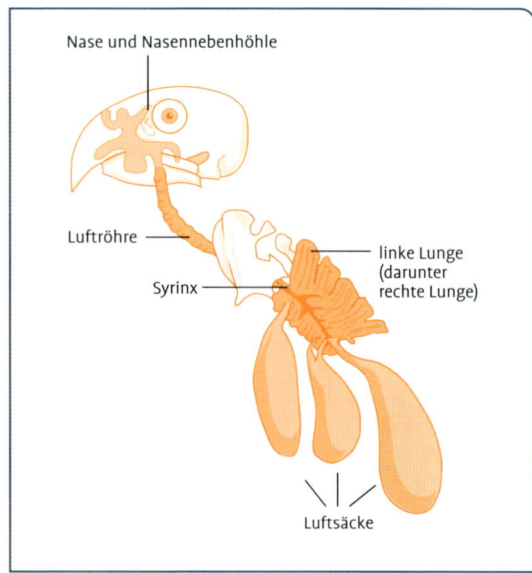

Atemtrakt mit Luftsäcken beim Vogel.

Lungenvolumen (das Fassungsvermögen der Lungen für Luft) ist dadurch nur ein Zehntel so groß wie das einer Säugetierlunge. Das ist auf den ersten Blick ein großer Nachteil, doch ohne die feste Verwachsung an Rippen und Wirbelsäule würden die Lungen zusammenfallen. Warum ist das so? Im Brustkorb von Vögeln herrscht anders als bei Säugetieren kein Unterdruck, denn Brust- und Bauchhöhle sind bei dieser Tierart nicht abgeschlossen voneinander getrennt. Es gibt kein durchgehendes, trennendes Zwerchfell, so dass alle Organe in einer gemeinsamen lufthaltigen Körperhöhle liegen.

Dennoch ist die Vogellunge in ihrer Fähigkeit, die Atemluft auszunutzen und den darin enthaltenen Sauerstoff aufzunehmen, sehr effektiv. Dazu verhelfen ihr die **Luftsäcke**. Luftsäcke sind Hohlräume, die wie Blasebälge der Lunge angeschlossen sind. Teilweise sind sie mit angrenzenden Organen durch Bindegewebe verwachsen oder ziehen in die Knochen (z. B. Oberarm, Wirbelkanal der Halswirbelsäule) hinein. Durch die pneumatisierten (luftgefüllten) Knochen wird der Vogelkörper leichter und dadurch auch das Fliegen erleichtert.

Die Wände der Luftsäcke sind hauchdünn. Durch Einlagerung von elastischen Fasern und glatter Muskulatur sind sie dehnbar. Die Luftsäcke enden blind, d. h. die Atemluft, die zu den Luftsäcken strömt, muss wieder zurück über die Lungen in die Außenwelt. Dadurch fließt sie zweimal durch die Lungen, wodurch der darin enthaltene Sauerstoff besser ausgenutzt werden kann.

Beachte:
Durch die optimale Ausnutzung der Atemluft durch die Luftsäcke sind Vögel bei einer Konzentrationserhöhung von giftigen Gasen (z. B. Kohlenmonoxid) besonders gefährdet. Häufige Gefahrenquellen für die Gesundheit von Wohnungsvögeln sind v. a. Zigarettenrauch oder die Gase, die aus überhitzten Teflonpfannen entweichen.

In früheren Zeiten nahmen Bergleute Kanarienvögel mit in die Grube. Bereits bei einer für den Menschen noch relativ ungefährlichen Anreicherung der Atemluft mit giftigen Gasen starben die Tiere. Da die menschlichen Lungen das Giftgas nicht so schnell aufnehmen wie Vögel, konnten sich die Bergleute dann meist noch rechtzeitig in Sicherheit bringen. Dieses „Frühwarnsystem" ist heute erfreulicherweise durch moderne Technik ersetzt worden.

Die weite Ausdehnung des Atemtraktes bei Vögeln durch die Luftsäcke bietet auch Krankheitserregern (Pilze, Bakterien, Viren) eine große Angriffsfläche. Vor allem die Aspergillose (Schimmelpilzbefall der Atemwege) bei Großpapageien und Sittichen ist in der Vogelhaltung ein häufiges Problem.

14.3 Funktion der Atmungsorgane

- Beim Einatmen wird frische, sauerstoffreiche Luft durch **Nase, Nasenrachen, Kehlkopf, Luftröhre und Bronchien (bei Vögeln auch durch die Luftsäcke) in die Lungen** und von dort über die Lungenbläschen ins Blut geleitet. Beim Ausatmen strömt verbrauchte, sauerstoffarme und kohlendioxidreiche Luft aus dem Blut über die Lungen auf dem umgekehrten Weg wieder in die Außenwelt. Dieser Vorgang wird als **äußere Atmung** bezeichnet.
- In den oberen Atemwegen wird die Atemluft auf Körpertemperatur angewärmt und mit Wasserdampf angefeuchtet. Dadurch werden die Lungen vor zu kalter Luft (z. B. bei niedrigen Außentemperaturen im Winter) und vor dem Austrocknen geschützt.
- Die Schleimhaut der oberen und unteren Atemwege besitzt schleimbildende Becherzellen sowie Flimmerepithelzellen. Schädliche Partikel werden im Schleim eingefangen und durch den Schlag feinster Härchen der Flimmerzellen in Richtung Rachen transportiert. Dort werden sie entweder abgeschluckt oder zusammen mit Schleim und abgestoßenen Zellen der Schleimhaut als Sputum ausgehustet.
- Mit der Atemluft werden auch große Mengen krankmachender Keime eingeatmet. In den Lungenbläschen (Alveolen) werden diese Krankheitserreger von Fresszellen (Makrophagen) und anderen Abwehrzellen abgefangen und unschädlich gemacht. Die Lunge verfügt damit über ein sehr wirksames Abwehrsystem.
- Durch die Riechzellen in der Nasenhöhle dienen die Atemwege auch der Wahrnehmung von Gerüchen. Dadurch können gefährliche Substanzen und Gase von ungefährlichen unterschieden sowie Artgenossen, Sexualpartner und Feinde erkannt werden.
- Durch den Stimmapparat im Kehlkopf

(beim Vogel Syrinx) werden Laute erzeugt, die für das soziale Verhalten der Tiere von großer Bedeutung sind.
- Die Atemluft spielt eine große Rolle bei der Temperaturregulation des Körpers (siehe „Hecheln“, S. 486).

14.3.1 Gasaustausch

In den Lungenbläschen (Alveolen) tritt der Sauerstoff aus der Atemluft in das Blut über. Zu diesem Zweck sind die Alveolen von einem dichten Netz kleinster Blutgefäße (Kapillarnetz) umgeben. Gleichzeitig nimmt Kohlendioxid (das Endprodukt aus dem Zellstoffwechsel) den umgekehrten Weg aus den Kapillaren in die Lungen und wird beim Ausatmen abgeatmet. Der Übertritt von Sauerstoff und Kohlendioxid erfolgt ohne Energieaufwand passiv durch Diffusion.

Diffusion

Unter Diffusion versteht man den passiven Transport eines Stoffes durch eine Membran. Die Teilchen eines Stoffes (z. B. Sauerstoff oder Kohlendioxid) wandern dabei vom Ort, in dem sie in hoher Konzentration vorliegen, durch eine durchgängige Wand (Membran) in den Raum mit der niedrigeren Konzentration. Das erfolgt automatisch und solange, bis auf beiden Seiten der Membran ein Gleichgewicht herrscht.

In der frisch eingeatmeten Luft ist der Sauerstoffgehalt höher als im Blut, so dass Sauerstoff in den Raum der niedrigeren Konzentration, d. h. von der Lunge in das Blut diffundiert. Umgekehrt ist der Kohlendioxidgehalt im Blut höher als in der Atemluft, so dass Kohlendioxid vom Blut in die Lunge wandert. Als Membran dienen hier die Gefäßwände der kleinen Blutgefäße (Kapillaren) in den Lungenbläschen.

14.3.2 Gastransport

Der eingeatmete und über die Alveolen ins Blut diffundierte Sauerstoff wird dort an den **Blutfarbstoff** (Hämoglobin) der roten Blutkörperchen (Erythrozyten) gebunden und mit diesen zu den Körperzellen transportiert.

Kohlendioxid dagegen wird zum überwiegenden Teil ungebunden im Blut zur Lunge transportiert. Nur ein kleiner Teil (ca. 20 %) wird ebenfalls in rote Blutkörperchen eingebunden befördert.

Der Gasaustausch von Sauerstoff und Kohlendioxid in die Körperzellen erfolgt ebenfalls durch Diffusion durch die Zellwand.

14.4 Äußere und innere Atmung

Äußere Atmung

Unter äußerer Atmung versteht man:
- die Passage der Atemluft durch die Atemwege bis zu den Alveolen,
- den Übertritt von Sauerstoff über die Alveolen ins Blut,
- den Transport des an den Blutfarbstoff (Hämoglobin) der roten Blutkörperchen gebundenen Sauerstoffs zu den Körperzellen,
- den Transport des von den Körperzellen erzeugten Kohlendioxids über das Blut zu den Alveolen der Lunge,
- den Abtransport des Gases über die Atemwege in die Außenwelt.

Innere Atmung

Unter innerer Atmung versteht man:
- den Übertritt des Sauerstoffs aus dem Blut in die Körperzellen,
- den Übertritt des beim Zellstoffwechsel erzeugten Kohlendioxids von den Körperzellen ins Blut.

Der Gasaustausch in und aus den Körperzellen erfolgt ebenfalls durch Diffusion.

14.5 Nasenatmung und Mundatmung

Nasenatmung

Bei der Nasenatmung wird die Atemluft durch die Nasenhöhle ins Körperinnere geleitet. Dabei wird sie auf dem Weg zur Lunge bis auf Körpertemperatur angewärmt und auf eine Luftfeuchtigkeit von fast 100 % gebracht. Schmutz- und Staubpartikel werden durch Millionen von Flimmerhärchen zurückgehalten und wieder nach außen transportiert.

Die Mundhöhle ist bei der Nasenatmung entweder durch die Lippen oder durch Andrücken der Zunge an den Gaumen geschlossen.

Mundatmung

Bei der Mundatmung wird die Atemluft durch die Mundhöhle über den Rachen in die Atemwege geleitet. Die Mundatmung wird eingesetzt bei erhöhtem Sauerstoffverbrauch (z. B. bei körperlicher Anstrengung), bei akuter Atemnot (z. B. Lungenerkrankungen) sowie bei Verschluss der Nase (z. B. bei Schnupfen). Die Vorteile der Nasenatmung (Anfeuchtung und Anwärmung der Luft, Entfernen von Schmutz- und Staubpartikel) fehlen zum Teil bei der Mundatmung.

Kaninchen sind Nasenatmer.

Beachte:
Kaninchen und Meerschweinchen atmen normalerweise nur durch die Nase. Wenn diese Tiere aufgrund eines vollkommenen Verschlusses der Nasenhöhle (z. B. bei Schnupfen) gezwungen sind, durch den Mund zu atmen, stehen sie massiv unter Stress. Die Tiere haben Todesangst und können durch zusätzlichen Stress (z. B. durch lang andauernde Manipulation bei der Untersuchung) an akutem Kreislaufversagen (Schock) sterben.

14.6 Brustatmung und Bauchatmung

Der Einstrom und Ausstrom von Luft in die Atemwege wird durch Volumenveränderung (Vergrößerung und Verkleinerung) der Brusthöhle (Thorax) erreicht.

Brustatmung

Bei der Brustatmung werden die Rippen durch die Brustwandmuskeln (Zwischenrippenmuskeln, Mm. intercostales) angehoben und damit die Brusthöhle vergrößert. Die Atemluft strömt ein.

Die Ausatmung erfolgt durch Erschlaffung der Brustwandmuskeln, wodurch sich die Rippen senken und die Brusthöhle wieder verkleinert wird. Die Luft wird (bei Säugetieren) dadurch passiv, d. h. ohne Muskelanstrengung aus den Atemwegen gepresst.

Bauchatmung
Bei der Bauchatmung wird die Brusthöhle durch Kontraktion (Zusammenziehen) des Zwerchfells vergrößert. Das Zwerchfell (Diaphragma) ist eine muskulös-sehnige Platte zwischen der Brust- und der Bauchhöhle. Es wölbt sich kuppelförmig in den Brustraum vor und trennt die Brusthöhle von der Bauchhöhle. Lediglich die Luft- und die Speiseröhre treten durch das Zwerchfell hindurch. Die Einatmung erfolgt beim Säugetier durch Anspannung des Zwerchfells, die Ausatmung durch Entspannung des Zwerchfells.

Säugetiere verwenden normalerweise bei jedem Atemzug gleichzeitig die Brust- und Bauchatmung. Nach dem Einatmen hebt sich zunächst der Brustkorb sichtbar an. Unmittelbar im Anschluss daran dehnt sich die Bauchwand seitlich und nach oben aus.

Bei Erkrankungen kann sich das Verhältnis zwischen Brust- und Bauchatmung ändern. Ein aufmerksamer Untersucher kann daraus die ersten Schlüsse über den Sitz der krankhaften Veränderung ziehen:

- Bei Störungen im Brustraum (z. B. Rippenfrakturen, Lungenödem) dominiert die Bauchatmung.
- Bei Erkrankungen im Bauchraum (z. B. Magenüberladung) dominiert die Brustatmung.

Beachte
Vögel besitzen im Gegensatz zu den Säugetieren kein Zwerchfell, das die Brusthöhle von der Bauchhöhle trennt. Bei dieser Tierart gibt es daher auch keine Unterscheidung zwischen Bauch- und Brustatmung. Lediglich die Zwischenrippenmuskeln und die Bauchmuskeln stehen dem Vogel für die Atmung zur Verfügung.

Wichtig
Wenn man einen Vogel in die Hand nehmen muss (z. B. beim Herausfangen aus dem Käfig) muss immer der Brustkorb frei bleiben, um die Zwischenrippenmuskeln nicht einzuengen. Werden diese relativ schwachen Atemmuskeln durch Druck in ihrer Funktion behindert, kann der Vogel ersticken.

Korrekte Handhabung eines Vogels.

14.6.3 Angestrengte Atmung

Bei starker körperlicher Anstrengung werden sowohl bei der Einatmung als auch bei der Ausatmung zusätzliche Muskeln (Atemhilfsmuskeln) eingesetzt. Die Ausatmung ist bei Anstrengung oder Atemnot damit nicht mehr nur (wie bei der Ruheatmung) passiv. Sie wird durch die zusätzlichen Hilfsmuskeln verstärkt.

Bei Tieren mit Lungenerkrankungen und akuter Atemnot wird die erschwerte Ausatmung zusätzlich durch die Bauchmuskeln unterstützt. Man erkennt bei der Adspektion (Betrachten des Tieres während des Untersuchungsgangs) deutlich eine pumpende Bewegung des Bauches bei der Ausatmung.

14.6.4 Atemfrequenz

Unter Atemfrequenz versteht man die Anzahl der Atemzüge innerhalb einer Minute. Die Atemfrequenz steigt bei körperlicher und psychischer Belastung, bei Schmerz, Angst und Freude. Die Atemfrequenz ist von Tierart zu Tierart verschieden:

Atemzüge (Atemfrequenz) pro Minute

Pferd	9–14
Rind	15–35
Hund :	20–40
Katze:	20–40
Kaninchen:	50–100
Meerschweinchen:	100–150
Hamster:	60–135
Maus:	84–230
Ratte:	70–150
Wellensittich:	75–95
Graupapagei:	35–45

14.6.5 Schnurren der Katze

Das Schnurren der Katze wird durch schnelles Zucken der Kehlkopfmuskeln erzeugt. Durch das schnelle Zusammenziehen und Erschlaffen dieser Muskeln verengt und erweitert sich die Glottis (Innenraum des Kehlkopfes), wodurch die durchströmende Atemluft beim Ein- und Ausatmen in niederfrequente Schwingungen gebracht wird. Man kann die Kontraktionen der Kehlkopfmuskeln sehr gut fühlen, wenn man einer schnurrenden Katze sacht einen Finger von außen an den Kehlkopf legt.

14.6.6 Hecheln

Das Hecheln hat für viele Tierarten, die über sehr wenige Schweißdrüsen verfügen, eine wichtige Funktion bei der Temperaturregulation. Über das Hecheln wird überschüssige Wärme aus dem Körper entfernt.

In den Atemwegen ist immer ein gewisser Anteil an Luft vorhanden, der nicht am Gasaustausch in den Lungenbläschen beteiligt ist. Diese Luftsäule, die auch als physiologischer Totraum bezeichnet wird, wird beim Hecheln schnell hin und her bewegt. Die in der Totraumluft enthaltene fast 100 %-ige Luftfeuchtigkeit verdunstet, wodurch die Luft abgekühlt und überschüssige Körperwärme abgegeben wird.

Durch das Hecheln kommt es nicht, wie beim Schwitzen, zum Verlust von Elektrolyten. Allerdings benötigen Tiere, die viel Hecheln (z. B. Hunde), vermehrt Trinkwasser, um den entstehenden Flüssigkeitsverlust auszugleichen.

14.6.7 Schnarchen

Vor allem brachyocephale Hunderassen (Hunderassen mit kurzem Kopf, z. B. Bulldogen, Mops) schnarchen häufig. Ursache ist u. a. ein verlängertes und verdicktes Gaumensegel, das in der Ruhephase den Eingang zur Luftröhre behindert.

14.7 Niesen und Husten

Niesen

Niesen ist ein unwillkürlicher Reflex, ausgelöst durch Reizung der Nasenschleimhaut. Die Luft wird dabei explosionsartig durch die Nase ausgestoßen, um Staub, Fremdkörper, Krankheitserreger und übermäßiges Sekret (z. B. beim Schnupfen) aus der Nase zu entfernen. Durch Niesen können auch Krankheitserreger im weiten Umkreis des Niesenden verteilt werden. Aus diesem Grunde sind infektiöse Atemwegserkrankungen häufig sehr ansteckend.

Husten

Beim Husten wird die Luft mit einer Geschwindigkeit bis zu 450 km/h aus den Atemwegen ausgestoßen. Die Funktion des Hustens besteht darin, die Atemorgane von schädlichen Substanzen und übermäßig gebildetem

Schleim zu reinigen. Ausgelöst wird ein Husten durch eine Reizung der unteren Atemwege.

Ein Husten ist keine eigenständige Erkrankung, sondern lediglich ein Symptom. Er kann vielfältige Ursachen haben.

14.8 Untersuchungsmethoden

14.8.1 Adspektion

Bei der Adspektion (beim Betrachten des Patienten von außen) kann man häufig schon an der Art der Atmung und der Körperhaltung Hinweise für das Vorliegen einer Atemwegserkrankung finden:

- Mundatmung = verstopfte Nasenhöhle
- Verstärkte Bauchatmung = Sitz der Krankheit im Brustbereich
- Pumpende Bauchatmung = Massive Atemnot
- Sitzen mit hoch gestrecktem Kopf und aufgestellten Vordergliedmaßen = massive Atemnot
- Einhängen des Oberschnabels in das Käfiggitter = massive Atemnot bei Vögeln
- Nasenausfluss = Schnupfen
- Atemgeräusche
- Husten
- Niesen

14.8.2 Auskultation

Bei der Auskultation (Abhören) der Atemwege wird das Stethoskop fest auf die Haut (das Fell, die Federn) aufgelegt, um Nebengeräusche durch Haar- oder Federbewegungen zu vermeiden. Es werden nacheinander die Lungen, die Bronchien, die Luftröhre und der Kehlkopf auskultiert, um den Sitz und die Ausbreitung der Erkrankung zu beurteilen.

Atemgeräusche entstehen, wenn in den Atemwegen Luftwirbel entstehen.

Viele Hunde hecheln bei der Untersuchung vor Aufregung, wodurch normale und krankhafte Atemgeräusche durch die Geräusche der sich schnell bewegenden Totraumluft überdeckt werden. Bei der Auskultation muss der Mund des Patienten deshalb vorsichtig mit einer Hand, die den Fang umfasst, geschlossen werden.

Manche Katzen schnurren während der Auskultation, wodurch alle Geräusche im Brustkorb überlagert werden. Dies kann man für eine kurze Zeit unterbrechen, indem man dem Tier einen in Desinfektionsmittel oder Alkohol getränkten Wattebausch vor die Nase hält.

Bei kleinen Tierarten ist eine genaue Lokalisation einer Störung in den Atemwegen durch Auskultation wegen des geringen Abstandes zwischen den einzelnen Teilabschnitten kaum möglich.

14.8.3 Perkussion

Die Perkussion (das Abklopfen) ist eine alte Technik, die einem erfahrenen Untersucher auch heute noch wichtige Informationen über den Zustand der Lungen vermitteln kann. Die Perkussion des Brustkorbes ist nur bei größeren Tieren (z. B. bei Rinder, Pferden, großen Hunden) möglich. Mit Hilfe der Perkussion kann man die Lungengrenzen bestimmen sowie krankhafte Luft- und Flüssigkeitsansammlungen im Brustbereich diagnostizieren.

14.8.4 Ultraschall

Luftgefüllte Räume können durch Ultraschall nur sehr eingeschränkt bis gar nicht beurteilt werden. Da jedoch auch Erkrankungen der angrenzenden Organe (z. B. Herz) oder Veränderungen in der Brusthöhle (Flüssigkeitsansammlung, Tumoren) die Atmungsorgane beeinträchtigen können, kommt hier die Ultraschalldiagnostik dennoch häufig zum Einsatz.

14.8.5 Röntgen

Durch Röntgen können Nasenhöhle, Nasennebenhöhlen, Kehlkopf, Luftröhre, Bronchien und das Lungengewebe bildlich sehr gut dargestellt werden. Die Röntgentechnik ist bislang in der tierärztlichen Praxis die am häufigsten angewandte technische Methode zur Diagnose von Erkrankungen der Atmungsorgane.

14.8.6 Bronchoskopie

Bei der Bronchoskopie wird ein Endoskop* über den unteren Nasengang in die Luftwege eingeführt. Eine Lichtquelle sowie optische Linsen und Verstärker im Gerät ermöglichen es dem Untersucher, das Innere der Atmungsorgane bis tief in den Bronchialbaum hinein zu beurteilen. Neuere Geräte übertragen die Bilder auf einen Bildschirm.

Durch aufgesetzte Fasszangen können bei der Endoskopie Fremdkörper aus den Atemwegen entfernt sowie Gewebeproben entnommen und z. B. auf das Vorhandensein von Tumorzellen untersucht werden.

14.8.7 Lungenspülung

Im Rahmen einer Bronchoskopie wird auch in der Tiermedizin immer häufiger (in großen Tierkliniken) eine Lungenspülung (Bronchoalveoläre Lavage) durchgeführt. Dabei wird eine kleine Menge physiologischer Kochsalzlösung im Bereich der Alveolen in die Lunge eingebracht und wieder abgezogen. Die Spülflüssigkeit wird auf Krankheitserreger oder Tumorzellen untersucht.

* Ein Endoskop (griech. éndon = innen, skopein = beobachten) ist ein Gerät (für die Bronchoskopie ein flexibles Rohr), mit dem man das Innere von Körperhöhlen untersuchen kann.

14.8.8 Punktion der Brusthöhle

Bei einer Flüssigkeitsansammlung (z. B. Wasser, Blut, Eiter) in der Brusthöhle (Thorax) kommt es häufig durch Druck auf die Lungen zu massiver Atemnot. Durch das Anstechen des Thorax mit einer Hohlnadel (Punktion) kann die Flüssigkeit aus der Brusthöhle abgezogen und dem Patienten Erleichterung verschafft werden. Die Untersuchung des gewonnenen Materials in einem Labor bringt Aufschluss über die Ursache des Krankheitsgeschehens.

14.9 Fachbegriffe zum Thema Atmungsorgane

Rhinitis = Schnupfen
Sinus = Nasennebenhöhlen
Sinusitis = Nasennebenhöhlenentzündung
Pharynx = Rachen
Pharyngitis = Rachenentzündung
Larynx = Kehlkopf
Laryngitis = Kehlkopfentzündung
Choanen = Öffnungen am hinteren Ende der Nasenhöhle, durch die die Luft von der Nasenhöhle in den Rachen strömt
Eustachische Röhre = Ohrtrompete, röhrenförmige Verbindung vom Nasenrachen zum Mittelohr
Epiglottis = Kehldeckel
Syrinx = Stimmbildendes Organ des Vogels
Bifurcatio = Gabelung (z. B. der Luftröhre)
Trachea = Luftröhre
Tracheitis = Luftröhrenentzündung
Bronchitis = Entzündung der Bronchien
Pneumonie = Lungenentzündung
Pneumothorax = Luft zwischen Rippen- und Lungenfell mit Zusammenfallen der Lungen
Alveolen = Lungenbläschen
Hämoglobin = Blutfarbstoff (Transport von Sauerstoff zu den Körperzellen)
Auskultation = Abhören (z. B. der Lunge)
Perkussion = Abklopfen

15 Sinnesorgane

15.1 Sehorgan

Das Sehorgan (Organum visus) besteht aus:
- Auge (Oculus).
- Sehnerv (Nervus opticus)
- Hilfsorganen des Auges
- Muskeln des Augapfels
- Augenlider
- Bindehaut (Conjunktiva)
- Tränenapparat

Säugetiere und Vögel besitzen jeweils zwei in ihrem anatomischen Aufbau gleiche Augen. Zur besseren Verständnis wird bei der Beschreibung des Sehorgans im Folgenden von dem Auge (Einzahl) gesprochen.

15.1.1 Auge

Das Auge (Oculus) hat eine nahezu kugelige Form und wird daher in seiner Gesamtheit auch als **Augapfel** (Bulbus oculi) bezeichnet. Es liegt in einer knöchernen Ausbuchtung des Gesichtschädels (bestehend aus Nasenbein, Schläfenbein, Stirnbein, Oberkieferbein, Tränenbein), die als **Augenhöhle** (Orbita) bezeichnet wird. Am Auge unterscheidet man die **Augenhäute** (äußere, mittlere und innere Augenhaut), die **Augenkammern** (vordere und hintere Augenkammer), die **Linse**, das **Kammerwasser**, den **Glaskörper** und den **Sehnerv**.

15.1.1.1 Augenhäute

Äußere Augenhaut

Die äußere Augenhaut besteht aus der weißen Augenhaut (Sklera, Lederhaut) und der Hornhaut (Cornea).

- **Weiße Augenhaut** Die Sklera wird wegen ihrer weißen Farbe „weiße Augenhaut" und ihrer lederartigen Beschaffenheit „Lederhaut" genannt. Sie umschließt den Augapfel vom Eintritt des Sehnervs bis zur Hornhaut und stabilisiert und schützt das Auge durch ihre feste Struktur. Die weiße Augenhaut selbst ist undurchsichtig. Veränderungen der Sklera können ein Zeichen für Erkrankungen des Auges selbst (z. B. Rötung) oder einer bestehenden Allgemeinerkrankung (gelbliche Verfärbung z. B. bei Gelbsucht = Icterus) sein.
- **Hornhaut** Die Hornhaut (Cornea) ist der vollkommen durchsichtige vordere Teil der äußeren Augenhaut. Sie ist je nach Tierart mehr oder weniger stark nach außen gewölbt und stets mit Tränenflüssigkeit benetzt. Durch die Cornea dringt der Lichtstrahl in das Innere des Augapfels. Die Hornhaut ist an der Lichtbrechung beteiligt und wird als Fenster des Augapfels bezeichnet. Aufgrund ihrer exponierten Lage und ihrer Wölbung nach außen kann

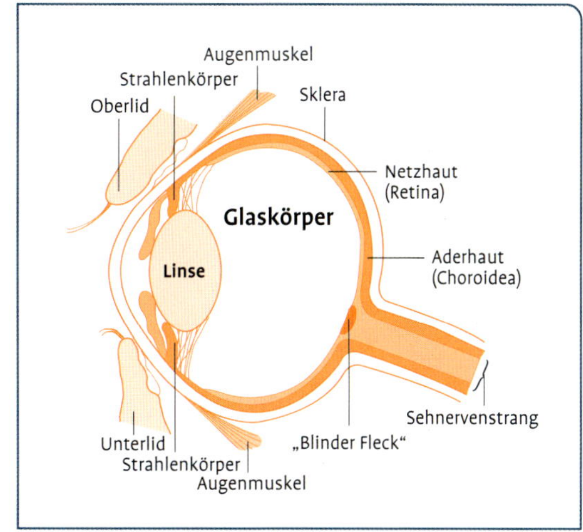

Auge.

sie leicht verletzt werden und wird deshalb von den Augenlidern geschützt. Eine Entzündung (z. B. nach einer Verletzung) der Augenhornhaut wird als **Keratitis** bezeichnet.

Aufgaben der äußeren Augenhaut

- **Weiße Augenhaut (Sklera)**
  Formgebung des Augapfels
- **Hornhaut (Cornea)**
  Beteiligung an der Lichtbrechung („Fenster des Augapfels")

Mittlere Augenhaut

Die mittlere Augenhaut wird in der Fachsprache **Uvea** genannt. Sie besteht aus der **Aderhaut** und der **Regenbogenhaut** und dem **Strahlenkörper**.

- **Aderhaut**
  Die Aderhaut (Chorioidea) durchlaufen viele Blutgefäße. Ihre Hauptaufgabe besteht in der Ernährung der inneren Augenhaut (Netzhaut, siehe S. 492). Die Aderhaut stellt das am stärksten durchblutete Gewebe des Körpers dar. Im Gegensatz zu der weißen Augenhaut sind in der Aderhaut Pigmente eingelagert.Zusammen mit der pigmentierten inneren Regenbogenhaut (siehe unten) sorgt sie für die Abdunklung des inneren Auges und verhindert damit, dass die ins Auge eindringenden Lichtstrahlen abgelenkt (gestreut) werden.
  Bei vielen Säugetieren befindet sich in der Aderhaut (im hinteren Augenbereich) das **Tapetum lucidum** (lat. leuchtender Teppich). Dieser „leuchtende Teppich" ist aus mehreren Lagen flacher Zellen aufgebaut. In den Zellen sind Kristalle eingelagert. Ein Teil des einfallenden Lichtstrahls wird auf der Netzhaut gebrochen und rückreflektiert. Dieses reflektierte Restlicht trifft dabei auf das davor liegende Tapetum lucidum. Von dort wird es ein zweites Mal auf die Netzhaut zurückgeworfen und kann dadurch wesentlich besser ausgenutzt werden. Das Tapetum lucidum wirkt somit als Lichtverstärker. Es ist bei dämmerungsaktiven Tieren besonders stark ausgeprägt. Bei nächtlichen Fahrten mit dem Auto über Landstraßen kann man manchmal fluoreszierende Punkte am Straßen- oder Waldrand erkennen. Es handelt sich dabei um Tieraugen, in deren Augen der Augenhintergrund durch das einfallende Scheinwerferlicht über das Tapetum lucidum metallisch gelb- bis blaugrün aufleuchtet. Kaninchen und Vögel besitzen kein Tapetum lucidum.
- **Regenbogenhaut**
  Die Regenbogenhaut (Iris) ist ein flacher Gewebering, der durch die Hornhaut von außen gut sichtbar ist. Er umschließt die zentrale Öffnung des Auges, durch die das Licht in das Augeninnere eindringt. Diese Öffnung wird als **Pupille** bezeichnet. Im Irisgewebe, in der Nähe des Pupillenrandes, liegen zwei Muskeln, mittels derer sich die Pupille verengen und erweitern kann. Dadurch wird der Lichteinfall ins Auge reguliert. Bei starkem Lichteinfall (z. B. in der Sonne) wird die Pupille verengt. Bei schwachem Lichteinfall (z. B. in der Nacht) wird die Pupille erweitert. Die Iris wirkt somit wie eine Blende (ähnlich wie beim Fotoapparat). Diese Funktion wird als **Adaptation** bezeichnet.
  Die Veränderung der Pupillenöffnung wird bei der Narkoseüberwachung genutzt. Sie zeigt an, in welchem Narkosestadium sich das Tier befindet. Durch Einbringen von bestimmten Medikamenten (Atropintropfen) weitet sich die Pupille, sodass der Augenhintergrund untersucht werden kann (siehe Untersuchungsmethoden).
  Weitstellung (Mydriasis) und Engstellung (Miosis) der Pupille werden durch Nerven des vegetativen Nervensystems reguliert. Vögel (v. a. Papageienvögel), die keine

Mimikmuskulatur besitzen, zeigen Veränderungen ihrer Stimmungslage häufig durch Größenveränderung der Pupillen an. In die Regenbogenhaut eingelagerte Pigmente sind für die **Augenfarbe** verantwortlich. Die Augenfarbe zeigt tierartliche, rassebedingte und individuelle Unterschiede. Je nach Menge der Pigmente findet man als Augenfarbe:

- Dunkelbraun bei starker Pigmentierung.
- Hellbraun bis gelblich bei geringer Pigmentierung.
- Blau bei Pigmentarmut (immer bei Neugeborenen).
- Rot bei absolutem Pigmentmangel (Hindurchscheinen der Blutgefäße, z. B. bei Albinos).
- Flecken (durch Fetteinlagerung, stellenweise auch eine Verdickung des Irisgewebes).

Augenfarbe.

- **Strahlenkörper**
  Der Strahlenkörper (Ziliarkörper) besteht aus pigmentiertem, stark mit Gefäßen durchsetztem Bindegewebe und Muskulatur. Er beginnt an der Basis der Regenbogenhaut, sitzt der weißen Augenhaut von innen auf und bildet einen kreisförmigen Ring um die Linse (siehe S. 493), mit der er durch Bänder verbunden ist. Der Ziliarkörper ist stark gefaltet. Die strahlenförmig angeordneten Falten (Strahlenring) führten zur Namensgebung Strahlenkörper.
  Die Aufgabe des Strahlenkörpers ist die Akkommodation, d. h. die **Formveränderung der Linse** und damit Anpassung der Brechkraft des Auges zur Scharfstellung des Bildes:
  Richtet sich der Blick z. B. auf einen Gegenstand in der Nähe, kontrahiert die Muskulatur (zieht sich zusammen) des Strahlenkörpers. Der Strahlenring verengt sich und die an der Linse befestigten Bänder entspannen sich. Dadurch wird die Linse kugelförmig.
  Richtet sich der Blick zu einem Gegenstand in die Ferne, entspannt sich die Muskulatur des Ziliarkörpers. Der Strahlenring wird weiter und die Bänder spannen sich. Dadurch wird die Linse abgeflacht.
  Neben der Akkommodation produziert der Strahlenkörper das **Kammerwasser** und gibt es in die Augenkammern ab. Der Strahlenkörpermuskel reguliert über den Schlemmschen Kanal (Ableitungskanal für das Kammerwasser) den Kammerwasserabfluss und damit den Augeninnendruck. Ist der Kammerwasserabfluss gestört, kommt es zur Erhöhung des Augeninnendrucks (= Grüner Star, Glaukom, siehe ausgewählte Erkrankungen, S. 500).

? Aufgaben der mittleren Augenhaut

Aderhaut (Chorioidea)
- Ernährung der Inneren Augenhaut
- Sitz des Tapetum lucidum

Regenbogenhaut (Iris)
- Adaptation (Eng- und Weitstellung der Pupille)
- Verantwortlich für die Augenfarbe

Strahlenkörper
- Akkomodation (= Formveränderung der Linse)
- Produktion des Kammerwassers

Innere Augenhaut

Die Innere Augenhaut wird von der **Netzhaut** (Retina, lat. rete = Netz) gebildet. Die Netzhaut ist ein Teil des Gehirns, mit dem sie durch den Sehnerv verbunden ist. Sie besteht aus zwei Schichten, der dünnen pigmentierten Epithelschicht und der dicken Schicht aus Nervengewebe.

Dünne pigmentierte Epithelschicht.

Die Epithelschicht der Netzhaut ist bei Säugetieren von einer geringen Anzahl von Blutgefäßen durchzogen. Der Hauptteil der Ernährung erfolgt jedoch durch die Aderhaut. Beim Vogel ist die Retina vollständig gefäßfrei. Sie wird bei dieser Tierart von der Aderhaut sowie durch den Augenfächer (siehe S. 493) versorgt.

Dicke Schicht aus Nervengewebe

Die Schicht aus Nervengewebe besteht aus Lichtrezeptoren (Photorezeptoren, lichtempfindliches Nervengewebe). Diese wandeln das auf der Retina auftreffende Licht in Nervenimpulse um, die über den Sehnerv ins Gehirn weitergeleitet und dort zu einem Bild verarbeitet werden. Die Lichtrezeptoren bestehen aus **Stäbchen** für das Hell-Dunkel-Sehen (Dämmerungssehen) und **Zapfen** für das Tages- und Farbensehen.

In der Nähe der Austrittsstelle des Sehnervs befindet sich die **Macula**, die Stelle des schärfsten Sehens. Hier befinden sich besonders viele Lichtrezeptoren.

Das Areal rund um die Austrittsstelle des Sehnervs ist frei von Lichtrezeptoren. Diese Zone wird daher als **blinder Fleck** bezeichnet.

Aufgaben der inneren Augenhaut

Netzhaut (Retina)

- Schwarz-Weißsehen und Farbensehen

15.1.1.2 Augenkammern

Man unterscheidet die vordere und die hintere Augenkammer.

Vordere Augenkammer

Die vordere Augenkammer liegt unter der Hornhaut und reicht bis zur Iris. Im Randbereich der vorderen Augenkammer fließt das Kammerwasser ab. Dies wird als **Kammerwinkel** bezeichnet.

Hintere Augenkammer

Unter hinterer Augenkammer versteht man einen engen, ringförmigen Spaltraum zwischen der Irishinterfläche, dem Strahlenkörper und der Vorderfläche der Linse.

15.1.1.3 Kammerwasser

Das Kammerwasser ist eine klare nährstoffhaltige Flüssigkeit in der vorderen und hinteren Augenkammer. Sie wird fortwährend im Strahlenkörper (Ziliarkörper) gebildet, in die hintere Augenkammer abgegeben und über die Pupille in die vordere Augenkammer transportiert. Das Kammerwasser dient der Lichtbrechung, der Ernährung von Hornhaut und Linse sowie der Aufrechterhaltung des Augeninnendrucks. Durch den Augeninnendruck wird die Spannung des Augapfels aufrechterhalten. Ohne das Kammerwasser würde der Augapfel in sich zusammenfallen. Der Abfluss des Kammerwassers über den Kammerwinkel wird durch die Muskulatur des Strahlenkörpers reguliert.

Aufgaben des Kammerwassers

- Lichtbrechung
- Ernährung der Hornhaut und Linse
- Aufrechterhaltung des Augeninnendrucks und Spannung des Augapfels

15.1.1.4 Linse

Die Linse (Lens) befindet sich zwischen den beiden Augenkammern (vordere und hintere Augenkammer). Sie ist bikonvex geformt, d. h. sie ist sowohl auf ihrer Vorderfläche als auch auf ihrer Hinterfläche nach außen gewölbt (konvex gekrümmt). Die Linse ist glasklar und enthält weder Blutgefäße noch Nerven. Ihre Ernährung erfolgt ausschließlich über das Kammerwasser.

Durch ihre bikonvexe Gestalt wirkt die Augenlinse als Sammellinse, die das durch sie hindurch tretende Licht so bündelt, dass auf der Netzhaut ein scharfes Bild entsteht.

Die Linse ist durch Bänder mit dem Strahlenkörper verbunden. Durch Zusammenziehen oder Entspannung der Strahlenkörpermuskulatur wird die Linse rundlich oder flächig verformt. Dadurch wird ihre Brechkraft zum Sehen in der Nähe und in der Ferne angepasst. Diese Brechkraftänderung wird als **Akkommodation** bezeichnet. Sie ermöglicht das Scharfsehen beim Blickwechsel (siehe Strahlenkörper).

Eine milchig-weiße Trübung der Linse wird als **Katarakt (grauer Star**) bezeichnet.

Aufgabe der Linse

- Nah- und Fernsehen

15.1.1.5 Glaskörper

Der Glaskörper ist eine gelartige, durchsichtige Substanz, die sich im Innern des Auges zwischen Linse und Netzhaut befindet. Sie besteht zum überwiegenden Teil aus Wasser (98 %) sowie Hyaluronsäure und einem Netz aus Kollagenfasern. Durch den Glaskörper wird die Augenform aufrechterhalten.

Aufgabe des Glaskörpers

- Aufrechterhaltung der Augenform

15.1.1.6 Sehnerv

Der Sehnerv (Nervus opticus) ist der zweite Hirnnerv. Er enthält etwa eine Million Nervenbahnen aus der Netzhaut, die als einheitlicher Sehnerv gebündelt aus dem Sehloch im hinteren Augapfelbereich austreten. Der Sehnerv hat eine runde Form und eine, je nach Tierart, unterschiedliche Dicke (z. B. bei der Katze 1 mm). Die Sehnerven beider Augen kreuzen sich im Gehirn und liefern damit Eindrücke des rechten Auges an die linke Gehirnhälfte und die des linken Auges an die rechte Gehirnhälfte. Die Kreuzungsstelle wird als Chiasma opticum (griech. chiasma = Kreuzung) bezeichnet.

Eine Schädigung des Sehnervs führt zur dauerhaften Sehbehinderung oder Erblindung. Der Sehnerv kann sich nach einer Schädigung nicht mehr regenerieren.

15.1.1.7 Tierartliche Besonderheiten

Augenfächer im Vogelauge

Der Augenfächer (Augenkamm) ist eine Eigenart des Vogelauges. Er erhebt sich im Augeninneren über der Austrittsstelle des Sehnervs und ragt in den Glaskörper hinein. Der Fächer besteht, abhängig von der Vogelart, aus Falten unterschiedlicher Gestalt. Die Falten bestehen aus Bindegewebe, das mit einem dichten Netz von kleinen Blutgefäßen durchzogen ist. Nicht alle Funktionen des Augenfächers sind bis heute eindeutig geklärt. Sicher ist jedoch, dass er mit seinen unzähligen Blutgefäßen zur Ernährung der Netzhaut (Retina) dient.

Wird der Augenfächer durch ein Trauma verletzt (z. B. beim Flug eines Vogels gegen eine Fensterscheibe), entstehen häufig Sickerblutungen, die bei dem betroffenen Tier zur vollständigen Erblindung führen können.

Öltröpfchen in der Netzhaut von Vögeln

In den für das Farbensehen verantwortlichen Zapfenzellen der Netzhaut sind bei Vögeln far-

Gesunde Augen einer Katze.

bige und transparente Öltropfen eingelagert. Die farbigen Öltröpfchen filtern die Farben aus der Umwelt. Dadurch sehen Vögel die Welt in anderen Farben als Säugetiere und zudem möglicherweise wesentlich bunter. Die transparenten Öltröpfchen in der Retina werden mit der Fähigkeit der Vögel in Verbindung gebracht, ultraviolettes Licht sehen zu können.

15.1.2 Hilfsorgane des Auges

Zu den Hilfsorganen des Auges gehören die **Augenmuskeln**, die **Augenlider**, die **Bindehaut**, der **Tränenapparat und** die **ableitenden Tränenwege**.

Muskeln des Augapfels

Die Augenmuskeln ermöglichen die fließenden und fein aufeinander abgestimmten Bewegungen beider Augäpfel. Zusätzlich stabilisieren sie die Lage des Augapfels in der Augenhöhle. Man unterscheidet:

- **Gerade Augenmuskeln**
  Durch vier gerade Augenmuskeln kann sich das Auge in vertikaler und horizontaler Richtung bewegen.
- **Schiefe Augenmuskeln**
  Durch zwei schiefe Augenmuskeln kann das Auge um die Achse rotieren (Augenrollen).

Ein Zittern des Augapfels wird als **Nystagmus** bezeichnet. Es kann bei Erkrankungen des Zentralnervensystem (Gehirn) auftreten.

Aufgaben der Augenmuskeln

- Gerade Augenmuskeln
  = Bewegung des Auges in vertikaler und horizontaler Richtung
- Schiefe Augenmuskeln
  Bewegung des Auges um die eigene Achse (Augenrollen)

Augenlider

Man unterscheidet ein **oberes Augenlid** und ein **unteres Augenlid**.

Sie werden durch zwei dünne Falten, die aus Muskeln, Bindegewebe und Haut bestehen, gebildet. An ihrer Innenfläche sind die Augenlider von Bindehaut bedeckt. Wenn sie geschlossen sind, bedecken sie die Vorderfläche des Auges vollständig. Die Augenlider schützen das Auge vor Verletzung, reinigen die Augapfeloberfläche von

Fremdkörpern (z. B. Staubpartikel) und verhindern ihre Austrocknung, indem sie die Tränenflüssigkeit mit jedem Lidschlag verteilen. Zusätzlich werden sie von Säugetieren als mimische Ausdrucksmöglichkeit bei der Kommunikation mit Artgenossen (und dem Menschen) verwendet.

Der Lidschluss ist ein Reflex (Lidschlussreflex), der bei Gefahr unwillkürlich erfolgt. Zusätzlich können die Augenlider auch willkürlich (z. B. zum Schlafen) geschlossen werden.

An der Lidkante beider Lider befindet sich eine tierartlich unterschiedliche Anzahl von steifen **Wimpernhaaren**. Zu den Wimpern gehören mehrere Drüsen (Moll-Drüsen, Zeis-Drüsen, Meibom-Drüsen). Die Drüsen bilden ein fettiges Sekret, das als **Augenbutter** bezeichnet wird. Die Augenbutter verhindert das Überfließen der Tränenflüssigkeit über die Lidränder hinaus.

Drittes Augenlid

Als drittes Augenlid (Nickhaut) wird eine im inneren Augenwinkel liegende Bindehautfalte bezeichnet, die sich über die gesamte Vorderfläche des Auges legen kann. Die Nickhaut wird von einem T-förmigen Knorpel (Blinzknorpel) verstärkt.

Katzen und viele Vogelarten können die Nickhaut aktiv (bewusst) zum Schutz der Hornhaut vor das Auge verlagern. Passiv (unbewusst) kommt es zum Nickhautvorfall bei unterschiedlichen Gesundheitsstörungen (z. B. bei chronischen Darmerkrankungen oder Nervenlähmung), in Folge von Schmerzzuständen oder nach Anwendung von Medikamenten, die das vegetative Nervensystem beeinflussen. Bei Katzen sieht man einen Vorfall des dritten Augenlides häufig bei starkem Bandwurmbefall.

Bindehaut

Unter Bindehaut (Konjunktiva) versteht man eine Schleimhaut im vorderen Augenbereich. Sie überzieht die Augenlider von innen als Lidbindehaut, schlägt von dort auf die Hornhaut des Auges um und umgrenzt diese kreisförmig als Augapfelbindehaut. Der Raum, der durch das Umschlagen der Bindehaut von den Augenlidern zum Augapfel entsteht, wird Bindehautsack genannt. Hier münden die Ausführungsgänge des Tränenapparates.

Die Farbe sowie die Gefäßzeichnung der Bindehaut haben eine große Bedeutung bei der Untersuchung eines Tieres (z. B. gelbliche Farbe bei Gelbsucht (Ikterus), weiße Augenbindehaut bei Schock oder Mangel an roten Blutkörperchen (Anämie), viele sichtbare Gefäße und Rötung bei einer Bindehautentzündung (Conjunktivitis).

Tränenapparat

Der Tränenapparat besteht aus verschiedenen Tränendrüsen (einer Haupt – und mehreren Nebentränendrüsen).

Die Tränendrüsen produzieren eine wässrige Flüssigkeit, die **Tränenflüssigkeit,** die über mehrere Ausführungsgänge in den Bindehautsack abgegeben wird. Die Tränenflüssigkeit wird mit jedem Lidschluss wie ein Film über die Augenvorderfläche verteilt und dient der Reinigung der Hornhaut und Bindehaut, der Ernährung der Hornhaut sowie dem Schutz des Auges vor Austrocknung.

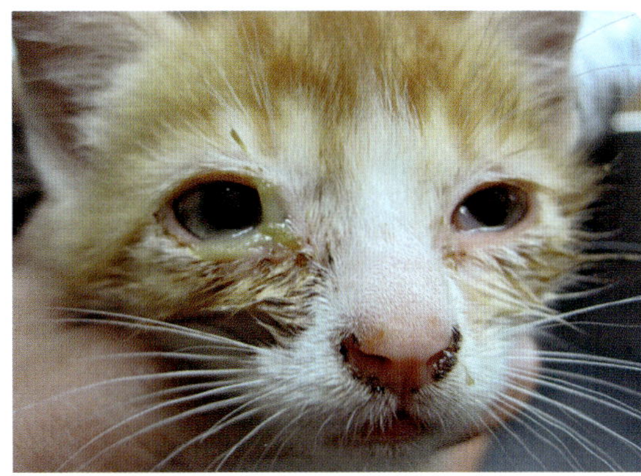

Eitrige Bindehautentzündung als Folge eines Katzenschnupfens.

Ableitende Tränenwege

Nachdem die Tränenflüssigkeit die Augenvorderfläche umspült hat, sickert sie im Bereich zwischen Augenlidrand und dem Augapfel an der Vorderfläche des Auges wieder herunter in der Tränenrinne. Durch das fettige Sekret der Augenliddrüsen vom Übertreten über den Lidrand gehindert, fließt sie in den inneren Augenwinkel und sammelt sich dort in einem Tränensee.

Im Augenwinkel befindet sich, jeweils am Lidrand des oberen und unteren Augenlides, eine schlitzförmige Öffnung, die **Tränenpunkt** genannt wird. Vom oberen und unteren Tränenpunkt verlaufen kurze, dünnwandige Tränenkanälchen zu einem unter der äußeren Haut (unter dem Auge) liegenden Tränensack. Vom Tränensack aus wird die Tränenflüssigkeit über den Tränennasenkanal in die Nasenhöhle abgeführt.

„Rote Tränen"

Kleinnager (Ratten, Mäuse, Hamster) besitzen als zusätzliche Tränendrüsen die **Harder'schen Drüsen**. Sie produzieren ein fettiges, **rötliches Sekret**, das über einen gemeinsamen Ausführungsgang auf der Innenseite des dritten Augenlides (in den inneren Augenwinkel) abgegeben wird.

Das Sekret wird beim sich Putzen auf das Fell des ganzen Körpers verteilt. Es dient dem Befeuchten der Augenhornhaut, der Fellpflege und enthält Pheromone (Sexualduftstoffe).

Bei übermäßiger Sekretion und mangelnder Fellpflege können durch die „Bluttränen" rötliche Verfärbungen um die Augen und im Nasenbereich auftreten. Mit Hilfe von UV-Licht kann man die roten Tränen von tatsächlichem Blut gut unterscheiden. Das Sekret der Harder'schen Drüsen enthält Farbstoffe, die unter UV-Licht fluoreszieren.

Eine übermäßige Bildung und Ausschüttung des Sekretes sowie eine Verfärbung von Augen- und Naseneingang durch die Bluttränen sind keine eigenständige Erkrankung sondern ein Begleitsymptom für verschiedene Gesundheitsstörungen und Stress. Sie sollten als Alarmsignal gewertet werden und Anlass für einen Gesundheitscheck sowie für die Überprüfung der Haltungsbedingungen geben.

15.1.3 Sehvorgang

Lichtstrahlen gehen von einer Lichtquelle (z. B. Sonne, Lampe) aus, verbreiten sich in alle Richtungen und treffen auf ihrem Weg auf Materie (z. B. einen Gegenstand). Ein Teil des Lichtes wird von der Materie „verschluckt" (absorbiert), ein anderer Teil zurückgeworfen (reflektiert). Sehen kann man nur den Teil des Lichtes, der von der Materie reflektiert wird.

Die reflektierten Lichtstrahlen dringen durch die durchsichtige Oberfläche des Auges (Hornhaut, Cornea), dann weiter durch die Linse (Lens) und den Glaskörper (Corpus vitreum) bis zur lichtempfindlichen Netzhaut (Retina). Durch die Wölbung der Hornhaut nach außen und der bikonvexen (zweiseitig nach außen gewölbten) Linse werden die Lichtstrahlen so gebündelt, dass sie genau auf der Netzhaut zusammenlaufen. Dadurch wird es erst möglich, einen Gegenstand scharf zu sehen.

In der Netzhaut werden die Lichtstrahlen in Nervenimpulse umgewandelt und über den Sehnerv (und weitere Nervenbahnen) in das Sehzentrum des Gehirns weitergeleitet. Dort findet das eigentliche Sehen statt. Die ankommenden Reize werden hier mit bereits als Erinnerung gespeicherten Bildern verglichen, diesen zugeordnet oder (wenn es neue Eindrücke sind) als „neue Dateien" angelegt.

Für den Vergleich der Nervenimpulse mit bereits vorhandenen Erinnerungen („Dateien") ist das Sehzentrum mit anderen Bereichen des Gehirns vernetzt. Sehen ist damit ein „interdisziplinärer" (fachübergreifender) Vorgang, bei dem mehrere Hirnareale eng zusammenarbeiten.

Dadurch ist es auch möglich, trotz unvollständig ankommender Lichtreize im Auge (z. B. bei einer kleinen Narbe auf der Hornhaut) einen Gegenstand dennoch relativ klar zu erkennen. Das Gehirn „rechnet" (ähnlich wie ein CD-Player bei einer leicht defekten CD) die fehlenden Daten zu den vorhandenen dazu, so dass wieder ein vollständiges Bild entsteht. Das funktioniert (ebenso wie bei einer CD) jedoch nur bis zu einem gewissen Maße. Bei schweren Augendefekten ist eine Kompensation (Ausgleichen) durch das Gehirn nicht mehr möglich und die Sehfähigkeit ist dann beeinträchtigt.

Menschen und Tiere müssen das Sehen erst erlernen. Dabei wird das erstmalig Gesehene als Erinnerung im Gehirn gespeichert. Später werden alle aufgenommenen Lichtreize mit den gespeicherten Erinnerungen verglichen, sowie diese mit neuen Informationen ergänzt.

Farbensehen

Das Farbensehen ist die Fähigkeit, Licht verschiedener Wellenlänge als Farben wahrzunehmen und voneinander zu unterscheiden.

Weißes (Sonnen-) Licht enthält alle Farben, sowohl im sichtbaren als auch im unsichtbaren (infrarot- und ultravioletten) Bereich. Eine spezielle Farbe, z. B. Grün ist dabei ein Licht einer bestimmten Wellenlänge (grün entspricht 532 nm =Nanometer).

Fällt nun weißes Licht auf einen Gegenstand, wird dieses Licht teilweise von dem Gegenstand absorbiert (geschluckt) und teilweise von ihm zurückgeworfen (reflektiert). Der Teil des Lichtes, der von dem Gegenstand reflektiert wird und in das Auge des Betrachters fällt, ist die Farbe, in der er gesehen wird. Absorbiert der Gegenstand z. B. alle Spektralfarben außer „Rot", trifft nur Licht mit der Wellenlänge „Rot" auf das betrachtende Auge. Der Gegenstand erscheint rot. Voraussetzung dafür ist jedoch, dass der Betrachter in seiner Netzhaut über die notwendigen Rezeptoren (Zapfen) verfügt, um das eindringende rote Licht überhaupt wahrnehmen zu können.

Menschen sehen Licht (und Farben) in einem Wellenbereich von 380 bis 780 nm. Über die Fähigkeit der Farbwahrnehmung bei Tieren gibt es unterschiedliche Meinungen. Nach letzten Untersuchungen sollen Katzen Rot, Grün und Gelb überhaupt nicht, sowie Grün und Blau nur eingeschränkt unterscheiden können. Hunden wird das Farbensehen vollkommen abgesprochen. Sie sollen lediglich farblich bedingte Helligkeitsstufen erkennen können. Dieser Meinung widersprechen jedoch wiederum Versuche, bei denen Hunde rote, grüne und gelbe Futternäpfe von solchen unterschiedlicher Grautöne sehr wohl unterschieden haben.

Mit Sicherheit weiß man jedoch, dass Vögel in der Lage sind, Farben im ultravioletten Bereich zu erkennen. Viele Vogelarten haben UV-Licht reflektierende Muster in ihrem Gefieder. Menschen können diese Muster mit dem bloßen Auge nicht erkennen, da für sie dieser Bereich des Farbspektrums nicht sichtbar ist. Für Vögel leuchten sie jedoch über weite Distanzen und helfen ihnen, z. B. Artgenossen von Feinden zu unterscheiden oder Sexualpartner zu finden.

Reife Früchte reflektieren mehr UV-Licht als unreife. Vögel können dies im Gegensatz zum Menschen erkennen. Dies erklärt das Phänomen, dass rote Beeren (z. B. von der Eberesche), die dem Menschen gleich rot erscheinen, von Käfigvögeln unterschiedlich gerne gegessen werden. Sie bevorzugen die Beeren, die mehr UV-Licht reflektieren, d. h. reifer sind. Die rote Farbe, die auch der Mensch sehen kann, ist dabei für Vögel weniger wichtig.

Mäuse-Urin leuchtet im UV-Bereich. Greifvögel sehen den Urin bereits aus sehr großer Höhe beim Überfliegen einer Wiese und wissen dadurch, ob es sich für sie lohnt, weiter in der Luft zu verharren und nach Beute Ausschau zu halten.

Die zumeist dämmerungs- und nachtaktiven kleinen Nagetiere besitzen vorwiegend Stäbchen und nur wenige Zapfen in der Netzhaut. Sie sind damit in der Lage, bei geringem Lichteinfall optimal zu sehen. Dafür ist bei diesen Tierarten die Fähigkeit, Farben zu unterscheiden, wenig ausgeprägt.

Distanz- und Bewegungssehen

Tiere sehen bewegliche Dinge wesentlich besser als ruhende. Zum Beispiel können Hunde eine Person in Bewegung bis auf 900 m wahrnehmen. Bleibt die Person jedoch unbeweglich stehen, wird sie frühestens erkannt, wenn der Abstand nicht größer als 200 m ist. Will man einen Hund zurückrufen, der mehr als 200 m entfernt ist, sollte man dies durch deutliche Körperbewegungen (z. B. Winken mit den Armen) unterstützen. Andernfalls wird man von ihm nicht bemerkt.

Katzen sind fähig, kleinste Bewegungen (z. B. von einer Maus unter Laub) zu erkennen. Bei dieser Tierart hat man spezielle Nervenzellen für das Bewegungssehen in der Netzhaut nachgewiesen.

Gesichtsfeld

Als Gesichtsfeld wird der Bereich bezeichnet, den ein Lebewesen mit beiden Augen (bei gerader Kopfhaltung) gleichzeitig sehen kann, ohne die Augen und den Kopf zu bewegen. Man unterscheidet das monokulare Gesichtsfeld eines Auges (bei Fehlen oder Abdecken eines Auges) vom binokularen Gesichtsfeld, das durch den Einsatz beider Augen erreicht wird.

Das Gesichtsfeld ist abhängig von der Lage der Augen am Kopf. Tiere, deren Augen im vorderen Kopfbereich liegen (z. B. Katze) haben ein kleineres Gesichtsfeld als Tiere, bei denen sich die Augen seitlich am Kopf befinden.

Das Gesichtfeld der Katze umfasst 200°, das des Hundes ca. 250°. Beide Tierarten sind Jäger, deren Blick bei der Jagd vermehrt nach vorne (auf die Beute) gerichtet ist.

Kleinnager (Hamster, Mäuse und Ratten) sowie Kaninchen und Meerschweinchen können aufgrund ihrer seitlich liegenden Augen einen Bereich von nahezu 360° erkennen. Das ermöglicht ihnen, heranpirschende Feinde frühzeitig zu erkennen.

Das Gesichtsfeld von Vögeln ist aufgrund der seitlichen Platzierung ihrer Augen ebenfalls sehr groß (bis 360°) und bis in die Randbezirke gleichmäßig scharf. Zusätzlich erlaubt die Beweglichkeit des Kopfes bei einigen Vogelarten eine Drehung bis 270°, wodurch sie fast rundum sehen können.

15.1.4 Untersuchungsmethoden

Augenhintergrundspiegelung

Bei der Augenhintergrundspiegelung (Ophthalmoskopie) wird mit Hilfe eines Augenspiegels (Ophthalmoskop) der Augenhintergrund (Fundus) betrachtet. Dabei wird über eine Lichtquelle am Ophthalmoskop ein Lichtstrahl durch die Hornhaut, die Linse und den Glaskörper geschickt, der den hinteren Teil des Augeninnern ausleuchtet. Eine Vergrößerungslinse am Augenspiegel ermöglicht es dem Betrachter, den beleuchteten Augenhintergrund auf krankhafte Veränderungen zu untersuchen. In der Regel wird die Pupille vor der Untersuchung durch spezielle pupillenerweiternde Augentropfen (Mydriatika) zur besseren Einsicht in das Auge erweitert.

Unterschiedliche Gesichtsfelder: a) Katze – die Augen liegen vorne. b) Kaninchen – Die Augen liegen seitlich.

Augeninnendruckmessung
Mit dem Ophthalmotonometer wird die Spannung des Augapfels und damit der Augeninnendruck gemessen. Dies wird als Tonometrie bezeichnet. Es handelt sich um die wichtigste Untersuchungsmethode zur Erkennung eines **Glaukoms** (grüner Star, Augeninnendruckerhöhung, siehe S. 500). Für diese Untersuchung muss das Ophthalmotonometer direkt auf die Vorderfläche des Auges aufgelegt werden. Dazu wird die druck- und schmerzempfindliche Hornhaut durch ein Oberflächenanästhetikum (Mittel zur Betäubung der Augenoberfläche) vor der Untersuchung unempfindlich gemacht.

Röntgen
Durch Röntgenaufnahmen können Abszesse (häufig bei Kaninchen) oder Tumoren in der Augenhöhle diagnostiziert werden.

Ultraschalluntersuchung
Mit Hilfe von Ultraschall kann man z. B. Blutungen, Fremdkörper oder Tumoren im Augeninnern oder Ablösungen der Netzhaut diagnostizieren. Besonders hilfreich ist die Ultraschalluntersuchung, wenn das Auge z. B. aufgrund von Trübungen der Linse oder Hornhaut mit dem Augenspiegel nicht mehr einsehbar ist.

Schirmer-Test
Durch den Schirmer-Test wird die Menge der produzierten Tränenflüssigkeit gemessen. Ein Papierteststäbchen mit Strichmarkierungen wird dazu in die Bindehaut des Auges gelegt. Die vorhandene Tränenflüssigkeit wird in das Papier eingesaugt. Nach etwa 5 Minuten kann man das Ergebnis durch Anhalten des Teststäbchens auf einer Tabelle ablesen.

Fluoreszin-Test
Durch Anfärben der Augenhornhaut mit einer fluoreszierenden Flüssigkeit können Aufrauungen oder Defekte der Hornhaut sichtbar gemacht werden.

Pupillenreflexprüfung
Die Pupille erweitert sich normalerweise bei geringem Lichteinfall (in der Nacht) sowie bei Aufregung, Schreck, Angst und Schmerz. Die Pupille verengt sich bei starkem Lichteinfall. Manche Vogelarten (v. a. Papageienvögel) kommunizieren miteinander durch Veränderungen der Pupillengröße.

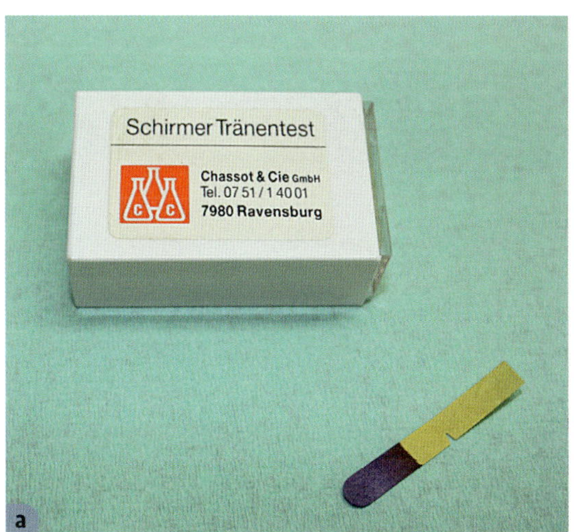

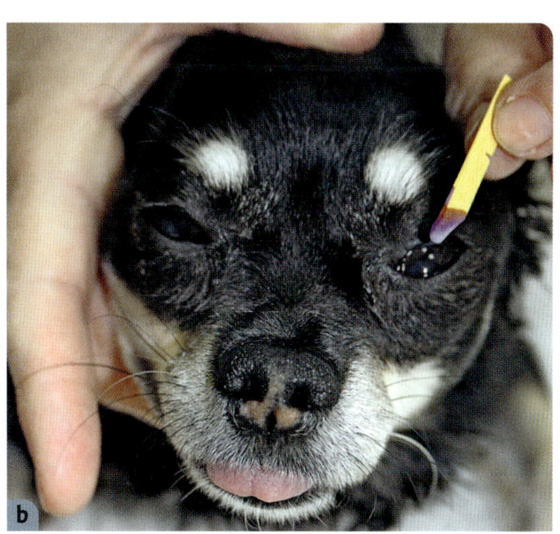

a) Schirmer-Test, b) Anwendung des Schrimer-Tests.

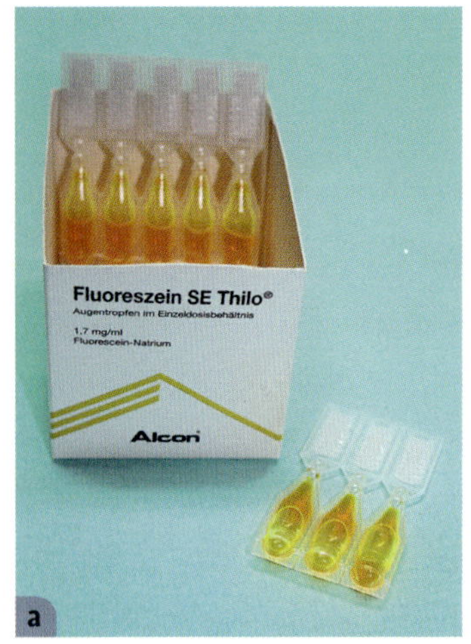

a) Fluoreszin-Test, b) Anwendung des Fluoreszin-Tests.

Eine Störung des Pupillenreflexes (z. B. starre Pupille eines oder beider Augen, unterschiedlich große Pupillen) ist ein Anzeichen für eine Erkrankung der Augen oder anderer Organe (z. B. starre Pupillen bei Netzhautablösung, verschieden große Pupillen bei Gehirnerkrankungen oder einseitig erhöhtem Augeninnendruck).

Für die Beurteilung des Pupillenreflexes werden beide Augen abgedeckt. Dann werden zunächst ein Auge und dann das zweite Auge durch eine Lichtquelle (z. B. Taschenlampe) beleuchtet, während das jeweils andere dabei bedeckt bleibt. Bei einfallendem Licht muss sich die Pupille des beleuchteten Auges (die sich zuvor durch die Abdeckung und der Dunkelheit erweitert hatte) in Sekundenschnelle verengen.

Sehtests

Beim Menschen wird die Sehschärfe mit Hilfe von unterschiedlich großen Buchstaben, Ziffern oder Bildern bestimmt, die vom Patienten erkannt werden sollen. Bei Tieren ist dies aufgrund fehlender verbaler Rückmeldung nicht möglich.

Sehtests sind daher bei Tieren nur im Falle ausgeprägter Sehstörungen oder Blindheit möglich. Sie beschränken sich auf Beobachtungen der Körperhaltung, der Kopfbewegung sowie des Verhaltens eines Tieres bei in den Weg gelegten Hindernissen.

15.1.5 Augennotfall Grüner Star

Ein nicht selten auftretender Augennotfall ist das **Glaukom** (Grüner Star). Der Name bezeichnet eine Augenerkrankung, bei der durch erhöhten Augeninnendruck der Sehnerv geschädigt wird. Die Erhöhung des Augeninnendrucks entsteht meist durch eine Abflussstörung des Kammerwassers, das vom Ziliarkörper ständig neu produziert wird. Die Ursachen der Abflussstörung sind vielfältig und können sowohl auf Entzündungen im Auge selbst, als auch auf Allgemeinerkrankungen (z. B. Diabetes mellitus) zurückgeführt werden.

Symptome

Das betroffene Auge (die weiße Augenhaut und Bindehaut) ist stark gerötet und fühlt sich prall an. Die Tiere haben durch den Druck auf den Sehnerv starke Schmerzen und **können innerhalb weniger Stunden erblinden**.

Das Verhalten der Patienten ist verändert. Je nach Charakter (und Tierart) sind sie aggressiv oder verkriechen sich. Sie verweigern Nahrung und Flüssigkeitsaufnahme, kratzen am erkrankten Auge oder drücken den Kopf zur Schmerzlinderung gegen Gegenstände.

Ein Glaukom kann sich schleichend entwickeln oder auch akut, ohne vorherige Ankündigung, auftreten.

Das Glaukom ist eine Notfallsituation, die sofortiges Handeln erfordert, um das Augenlicht des Patienten zu erhalten. Besteht bei einem Patienten der Verdacht auf Vorliegen eines Glaukoms, muss die/der Tiermedizinische Fachangestellte sofort den Tierarzt informieren.

15.2 Ohr

Das Ohr (Auris) vereinigt **Gehör- und Gleichgewichtsorgan** in einem Organsystem. Ohren sind paarig angelegt. Zum besseren Verständnis wird im Folgenden jedoch nur von einem Ohr gesprochen werden.

Das Ohr wird eingeteilt in **äußeres Ohr, Mittelohr und Innenohr**.

15.2.1 Äußeres Ohr

Das äußere Ohr (Auris externa) wird untergliedert in die **Ohrmuschel**, den **äußeren Gehörgang** und das Trommelfell.

? **Das Ohr besteht aus:**

Äußeres Ohr
- Ohrmuschel
- Äußerer Gehörgang
- Trommelfell

Mittelohr
- Paukenhöhle
- Gehörknöchelchen
- Paukenblase
- Ohrtrompete

Innenohr

Knöchernes Labyrinth

Häutiges Labyrinth

Perilymphe und Endolymphe
- Vorhof
- Bogengänge
- Schnecke

Ohrmuschel

Die Ohrmuschel der Tiere ist, im Gegensatz zu der des Menschen, zum großen Teil behaart. Gestützt wird die Ohrmuschel durch einen elastischen Knorpel, der ihr die typische Ohrform verleiht. Je nachdem, ob der Knorpel relativ fest oder sehr weich ist, bilden sich Steh- Hänge- oder Kippohren.

Die Ohrmuschel ist von vielen Gefäßen durchzogen. Dadurch dient sie auch der Wärmeabgabe und trägt zur Temperaturregulation des Körpers bei.

Die Ohrmuscheln sind von vielen Gefäßen durchzogen.

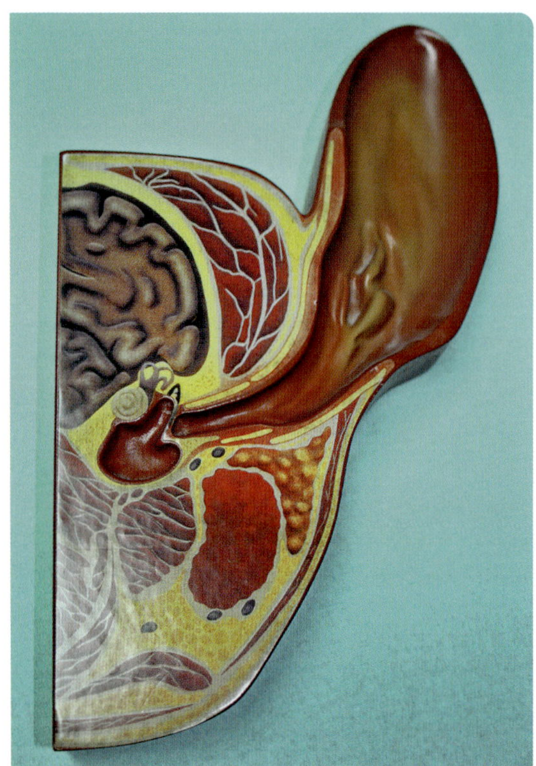

Modell Ohr.

Bei hohem Fieber (über 40 °C) kann man mit Hilfe kalter Tücher an den Ohren die Hitze aus dem Körper des Patienten „herausziehen" (ähnlich den Wadenwickeln, die beim fiebernden Menschen angewandt werden) und damit das Fieber senken.

Die trichterförmige Ohrmuschel hat die Aufgabe, den Schall aufzufangen. Beide Ohrmuscheln können durch eine Anzahl kleiner Muskeln unabhängig voneinander bewegt werden. Dadurch ist eine genaue Schallortung möglich, ohne dabei den Kopf zu bewegen.

Bewegungen der Ohrmuscheln werden als „Ohrspiel" bezeichnet. Sie dienen bei vielen Tierarten auch zur Kommunikation und haben damit eine große Bedeutung für das Sozialverhalten (und den Kontakt zum Menschen).

Vögel besitzen keine Ohrmuscheln.

Äußerer Gehörgang

Der äußere Gehörgang beginnt noch im Bereich des Ohrknorpels und geht dann in einen durch Knochen gestützten Teil über. Er verläuft zunächst senkrecht nach ventral (unten, bauchwärts) und biegt dann waagerecht medial (zur Körpermitte hin) ab.

Um den Gehörgang mit dem **Otoskop** (Instrument zur Untersuchung des äußeren Gehörgangs) untersuchen zu können, muss man die Ohrmuschel vorsichtig nach oben und etwas vom Körper wegziehen. Nur so kann der Lichtstrahl den Knick überwinden und bis zum Trommelfell Einblick verschaffen.

Auf der Haut des Gehörgangs befinden sich **Schutzhaare** (Tragi), die ein Eindringen von Fremdkörpern erschweren.

Die Schutzhaare sollten (auch wenn einige Hunderassen wie z. B. Kleinpudel sehr viele Tragi besitzen) grundsätzlich nicht gezupft werden. Zum einen nimmt man den Tieren durch die Entfernung der Haare den Schutz vor Fremdkörpern, zum anderen entstehen durch das Ausreißen Mikroverletzungen, auf die sich Bakterien setzen und zu schweren Entzündungen des äußeren Gehörgangs führen können.

In der Haut des Gehörgangs liegen **Ohrschmalzdrüsen**. Sie sondern ein Sekret ab, das zusammen mit Hautschuppen das **Ohrenschmalz** (Cerumen) bilden. Die Aufgabe des Ohrenschmalzes ist, den Gehörgang geschmeidig zu erhalten und von Staub, abgestorbenen Hautzellen oder Fremdkörpern zu befreien. Zudem enthält das Cerumen Stoffe (Lysozym), die Bakterien abtöten und Insekten das Eindringen verwehren. Eine Überproduktion von Ohrenschmalz ist ein Zeichen für eine Erkrankung des äußeren Gehörgangs. Eine Entzündung des äußeren Gehörgangs wird als **Otitis externa** bezeichnet.

Trommelfell

Das Trommelfell (Membrana tympani) ist zwischen äußerem Gehörgang und Mittelohr eingespannt und trennt die beiden Ohrabschnitte voneinander ab. Es besteht aus einer Schicht sehr dünnem und beweglichem Bindegewebe, die auf der Außenseite mit der Haut des äußeren Gehörgangs und auf Innenseite mit der Schleimhaut des Mittelohrs überzogen ist.

Die Aufgabe des Trommelfells besteht darin, die durch die Ohrmuschel aufgefangenen Schallwellen in mechanische Schwingungen umzuwandeln und diese an das Mittelohr weiterzugeben. Durch seine große Beweglichkeit reagiert das Trommelfell bereits auf kleinste Schallwellen durch Bewegung.

15.2.2 Mittelohr

Das Mittelohr besteht aus **Paukenhöhle, Gehörknöchelchen, Paukenblase** und **Ohrtrompete**.

Paukenhöhle

Als Paukenhöhle wird der Hohlraum im Mittelohr bezeichnet. Er dient als Resonanzraum zur Verstärkung der eintreffenden Schwingungen. In der Paukenhöhle befinden sich die Gehörknöchelchen, eine Öffnung zur Ohrtrompete (siehe unten), sowie am Boden der Paukenhöhle eine Aussackung (Paukenblase, Bulla tympanica). Die Paukenblase vergrößert den Luftraum in der Paukenhöhle und begünstigt dadurch das Hören tiefer Töne.

Die Paukenhöhle ist zum äußeren Gehörgang hin durch das Trommelfell und zum Innenohr hin durch eine Wand aus dünnem Bindegewebe getrennt. Die zum Innenohr gerichtete Wand wird von **zwei Fenstern** durchbrochen:

- **Ovales Fenster**
  Das ovale Fenster ist von der Steigbügelfußplatte (Teil eines Gehörknöchelchens) verschlossen. Diese überträgt die Schwingungen der Gehörknöchelchen ins Innenohr.
- **Rundes Fenster**
  Das runde Fenster ist durch eine dünne, bewegliche Membran verschlossen, die auch als „zweites Trommelfell“ bezeichnet wird. Es hat eine ausgleichende Funktion, indem es „alte“ Schwingungen im Innenohr abdämpft, damit es für „neue“ Schwingungen, die über das ovale Fenster aus dem Mittelohr ankommen, wieder empfänglich ist.

Gehörknöchelchen

Man unterscheidet drei Gehörknöchelchen, die durch Gelenke miteinander verbunden sind und eine Kette in der Paukenhöhle bilden. Sie verstärken die Trommelfellschwingungen und leiten sie über das ovale Fenster zum Innenohr weiter. Die Namen der kleinen Knochen, **Hammer**, **Amboss** und **Steigbügel**, wurden aufgrund ihres Aussehens gewählt.

Die Kette der Gehörknöchelchen beginnt mit dem Hammer (Malleus). Er ist mit seinem Stiel mit dem Trommelfell verwachsen, nimmt von dort die Schwingungen auf und gibt sie an den Amboss (Incus), mit dem er verbunden ist, weiter. Vom Amboss werden die Schwingungen zum letzten Glied der Kette, dem Steigbügel (Stapes) weitergeleitet. Die Steigbügelfußplatte ist mit dem ovalen Fenster verwachsen, das zum Innenohr führt.

Vögel besitzen nur ein einziges Gehörknöchelchen. Es erstreckt sich vom Trommelfell (mit dem es durch drei knorpelige Fortsätze verwachsen ist) bis zum ovalen Fenster.

Ohrtrompete

Die Ohrtrompete (Tuba auditiva) wird auch als **Eustachische Röhre** bezeichnet. Sie verbindet die Paukenhöhle mit dem Rachen und dient dem **Druckausgleich** zwischen Außenwelt und Mittelohr. Beim Pferd ist die Ohrtrompete stark ausgeweitet und wird als **Luftsack** bezeichnet. Über die Ohrtrompete können Sekrete aus dem Mittelohr abfließen, aber auch Krankheitserreger (z. B. durch eine Mandelentzündung) in das Mittelohr eindringen.

Bei Entzündungen der oberen Atemwege kann sich die Eustachische Röhre durch Anschwellen der Schleimhaut, durch Sekrete oder Eiter verschließen, sodass kein Druckausgleich mehr möglich ist. Kommt es in einem solchen Fall zu starken Außendruckveränderungen (z. B. beim Starten und Landen in einem Flugzeug), kann im Extremfall dadurch das Trommelfell reißen.

15.2.3 Innenohr

Das Innenohr besteht aus einem **knöchernen**, einem **häutigen** und einem **flüssigen** Anteil:

Knöchernes Labyrinth (knöcherner Anteil des Innenohrs)

Das knöcherne Labyrinth ist ein Hohlraumsystem aus Knochengewebe, das aufgrund seiner verzweigten Form Labyrinth genannt wird. Es besteht aus einem zentralen Hohlraum, dem **Vorhof**, von dem aus **drei Bogengänge** und die Schnecke ausgehen.

Bogengänge

Die drei Bogengänge sind in alle drei Raumebenen hinein angeordnet.

Schnecke

Die Schnecke besteht aus einer knöchernen Röhre, die sich (je nach Tierart) in 1,5 bis 5 Windungen um einen zentralen Knochenstab windet.

Für das Hören ist im Innenohr nur die Schnecke von Bedeutung. Vorhof und Bogengänge werden auch als Vestibularapparat bezeichnet und dienen ausschließlich dem Gleichgewichtssinn.

Häutiges Labyrinth (häutiger Anteil des Innenohrs)

Gehörteil des häutigen Labyrinths

Im Innern des knöchernen Labyrinths liegt (ähnlich wie ein Fahrradschlauch im Reifen) das häutige Labyrinth eingebettet. Es ist mit einer Flüssigkeit gefüllt (Endolymphe). An der Innenwand des häutigen Labyrinths der Schnecke befinden sich zwei Schichten feiner Haarzellen (Rezeptorzellen), durch welche die eintreffenden Schwingungen aufgenommen und an das Gehirn weitergegeben werden. Die Haarzellen in der Schnecke sind sehr empfindlich und können durch sehr laute Geräusche (z. B. einen Knall, überlaute Musik) geschädigt werden.

Gleichgewichtsteil des häutigen Labyrinths

In dem häutigen Labyrinth der Bogengänge (sowie in kleinen Ausbuchtungen des Vorhofs) sitzen die Rezeptorzellen für den Gleichgewichtssinn. Sie unterscheiden sich in ihrer Form deutlich von den Haarzellen der Schnecke. Aufgrund ihrer auffallend langen Fortsätze (Zilien) werden sie auch „Sinneskämmchen“ genannt. Die Fortsätze sind in eine Gallertschicht eingebettet, die mit feinen **Ohrsteinchen** (Calciumcarbonatkristallen) bedeckt ist.

Durch Bewegungen kommt es zu Strömungsänderungen der Endolymphe sowie zur Verlagerung der Ohrsteinchen. Dadurch werden die Sinneszellen des Vorhofs und der Bogengänge gereizt. Diese Reize werden in elektrische Impulse umgewandelt und an das Gehirn weitergeleitet.

Perilymphe und Endolymphe (flüssiger Anteil des Innenohrs)

Als Peri- und Endolymphe werden Flüssigkeiten im Innenohr bezeichnet.

Die **Perilymphe** (griech. peri = um etwas herum) befindet sich zwischen knöchernem und häutigem Labyrinth (um das häutige Labyrinth herum) und dient dem Schutz und der Ernährung des häutigen Labyrinths.

Die **Endolymphe** (griech. endo = innen) befindet sich im Innern des häutigen Labyrinths. Durch die über das ovale Fenster ins Innenohr eindringenden Schwingungen sowie Lageveränderungen des Körpers werden in der Endolymphe Wellenbewegungen ausgelöst.

Diese Wellenbewegungen werden von den feinen Nervenzellen (Haarzellen) im häutigen Labyrinth registriert,in Nervenimpulse umgewandelt und an das Gehirn weitergeleitet.

15.2.4 Hörvorgang

Durch die Ohrmuschel werden die Schallwellen aus der Außenwelt gebündelt und in den äußeren Gehörgang gelenkt. Dort treffen sie auf das Trommelfell und bringen es in Schwingung. Die Schwingungen werden durch den am Trommelfell befestigten Hammer aufgenommen und über den Amboss und Steigbügel zum ovalen Fenster transportiert. Von dort setzt sich die Schwingung als Welle in der Flüssigkeit (Endolymphe) innerhalb der Schnecke fort. Durch die Wellenbewegungen werden die feinen Haarzellen im Innern der **Schnecke** gereizt. Als Nervenzellen des Gehörsinns wandeln sie die Bewegungen in elektrische Signale um, die über die Hörbahn in das Hörzentrum des Gehirns geleitet und dort verarbeitet werden.

15.2.5 Gleichgewichtsempfinden

Der **Vorhof** und die **drei Bogengänge** im Innenohr stellen das Gleichgewichtsorgan (Vestibularapparat) dar. Die Sinneszellen (Rezeptorzellen) der Bogengänge und des Vorhofs registrieren Bewegung und Lage des Körpers durch Strömungsänderungen der Endolymphe sowie Verlagerung der Ohrsteinchen und geben diese Informationen an das Kleinhirn weiter. Das Kleinhirn, als Zentralstelle des Gleichgewichtssinns, ist u. a. für die Koordination von Bewegungsabläufen verantwortlich.

Aufgaben des Innenohrs

Schnecke
= Gehörsinn

Vorhof und Bogengänge
= Gleichgewichtssinn

15.2.6 Hörfrequenz

Unter Frequenz versteht man die Anzahl von Ereignissen, die sich innerhalb eines bestimmten Zeitraums wiederholen. Auf Schallwellen bezogen bedeutet Frequenz die Anzahl von Schallwellen pro Sekunde. Die Maßeinheit für die Frequenz ist Hertz (Hz), nach dem deutschen Physiker Heinrich Rudolf Hertz benannt.

Tiefe Töne haben eine niedrige, hohe Töne eine hohe Frequenz.

Hohe Töne über 20 000 Hz werden als Ultraschall bezeichnet.

Die Hörfrequenz eines Lebewesens ist der Bereich, in dem Schallwellen als Töne wahrgenommen werden. Die Hörfrequenz liegt beim Menschen zwischen 16 und 24000 Hz. Die Schallwellen im unteren Teil dieses Frequenzbereiches werden als tiefe, dunkle Töne wahrgenommen. 64 Hz entsprechen z. B. dem niedrigsten Ton auf einem Klavier. Mit Aufsteigen in der Frequenzskala werden die Töne nach und nach immer höher und heller wahrgenommen.

Hörfrequenzen der einzelnen Tierarten*

- Pferd: bis 38 000 Hz
- Hund: 60 bis 45 000 Hz
- Katze: 40 bis 65 000 Hz
- Kaninchen: 360 bis 42 000 Hz
- Meerschweinchen: 16 bis 33 000 Hz
- Ratte: 200 bis 80 000 Hz
- Hamster: 200 bis 75 000 Hz
- Maus: 1000 bis 90 000 Hz
- Vogel: 40 bis 40 000 Hz

* Die Zahlen sind ungefähre Angaben, die je nach Studien variieren können.

Im Vergleich zum Menschen hören Tiere tiefe und hohe Töne, die in wesentlich weiteren Frequenzbereichen angesiedelt sind. Dies kann für Haustiere im Alltag mit dem Menschen eine große Belastung sein. Manche Ne-

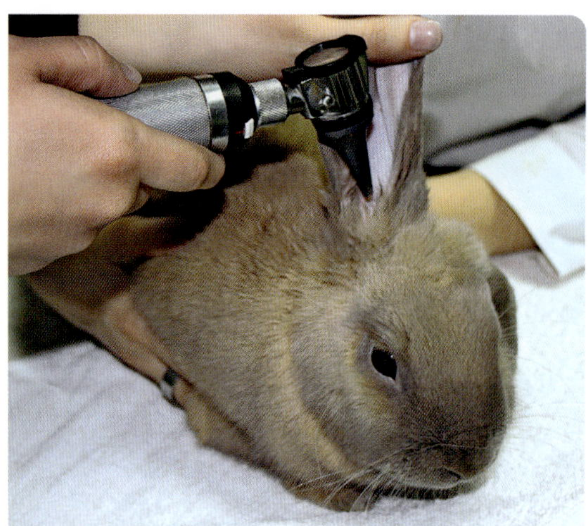

Untersuchung des äußeren Gehörgangs mit dem Otoskop

bengeräusche (z. B. aus elektrischen Geräten wie Fernsehen, Radio oder Computer) liegen in Schwingungsbereichen, die Menschen nicht, aber die Tiere hören können. Sie verursachen bei Haustieren, die keine Möglichkeit haben, der Situation auszuweichen, Dauerstress und unter Umständen mit der Zeit schwere Gesundheitsstörungen.

Halsbandanhänger, die bei jeder Bewegung klimpern, Geräte zur Abwehr von Moskitos, die Ultraschall aussenden oder Lichtschalter, die über Ultraschall gesteuert werden, können für Tiere eine wahre Folter bedeuten.

15.2.7 Lautstärke

Die Lautstärke wird in der Maßeinheit Dezibel (dB) gemessen. Ein raschelndes Blatt hat z. B. die Lautstärke von 20 dB, Flüstern etwa 30 dB. Die in diesem Buch besprochenen Haustiere hören wesentlich besser als der Mensch. Ein Hund hört z. B. einen Flüsterton aus einer dreimal so großen Entfernung, die Katze das Rascheln von Laub, verursacht durch eine Maus, aus einer sechsmal so großen Entfernung als der Mensch. Geräusche (z. B. Musik), die vom Menschen als angenehm empfunden werden, sind daher für unsere Haustiere meist viel zu laut. Die Beschallung von Tieren mit lauter Musik ist als Tierquälerei zu werten.

15.2.8 Untersuchungsmethoden

Ohrspiegelung

Die Untersuchung des äußeren Gehörgangs sowie des Trommelfells wird mit Hilfe einer Ohrspiegelung durchgeführt. Dazu wird ein Otoskop verwendet. Es handelt sich dabei um ein Instrument, das aus Ohrtrichter, Griff, Beleuchtungsquelle und starker Vergrößerungslinse besteht.

Durch die Otoskopie kann man Entzündungen, Parasiten, Fremdkörper und Tumoren im Gehörgang erkennen, sowie den Zustand des Trommelfells beurteilen (z. B. vorgewölbtes, leicht gelbliches Trommelfell bei Mittelohrentzündung, Verletzung des Trommelfells). Es gibt Otoskope, die mithilfe eines USB-Anschlusses an einen Computer angeschlossen werden können (z. B. WelchAllyn). Die Betrachtung des Gehörgangs erfolgt auf dem Bildschirm.

Laboruntersuchungen

Bei Entzündungen des äußeren Gehörgangs (Otitis externa) wird ein Ohrabstrich entnommen und mikroskopisch auf Parasitenbefall (z. B. Ohrmilben) und bakteriologisch auf krankmachende Bakterien untersucht (siehe Kap. Laboruntersuchungen), um den für die Entzündung verantwortlichen Erreger gezielt behandeln zu können.

Prüfung der Hörfähigkeit

Die Prüfung des Grades der Hörfähigkeit ist bei Tieren nur eingeschränkt möglich. Im Gegensatz zum Menschen erhält man von tierischen Patienten keine verbale (mündliche) Rückmeldung, ob und wie ein Ton gehört wird. Der Untersucher kann lediglich anhand körperlicher Reaktionen (wie z. B. keinerlei

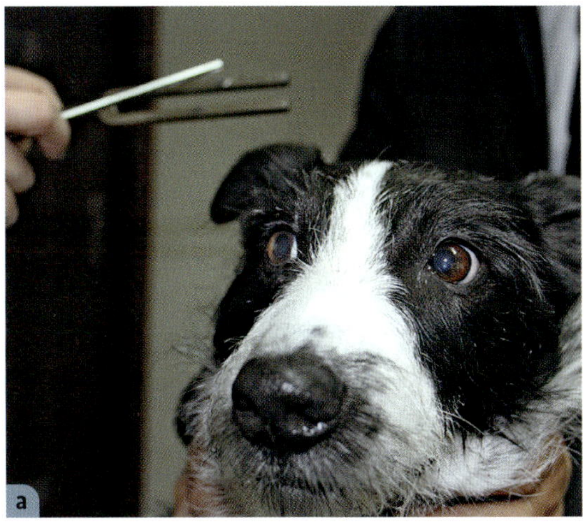
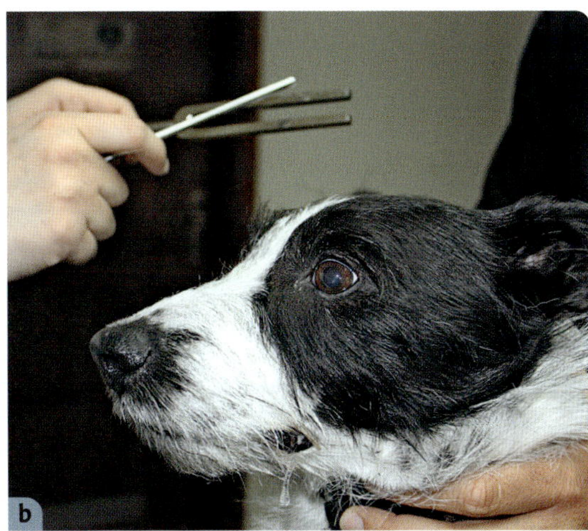

a) Hörtest mit Stimmgabel, b) der Hund dreht sich in Richtung der Geräuschquelle.

Reaktion oder drehen des Kopfes in Richtung der Tonquelle) auf eine allgemeine Hörfähigkeit oder Taubheit des untersuchten Tieres schließen. Dabei ist bei der Untersuchung darauf zu achten, dass das Tier nicht die Quelle des Geräusches sieht.

Die Bestimmung der Hörfähigkeit durch Messung von Hirnströmen bei Beschallung der Ohren wird nur in neurologischen Spezialpraxen oder Kliniken durchgeführt.

CT und MRT

Die Untersuchung des Ohres mit Computertomographie (CT) und Magnetresonanztomographie (MRT) zur Beurteilung des Mittel- und Innenohrs ist aufgrund des technischen Aufwandes den größeren Tierkliniken vorbehalten.

15.3 Geruchssinn

Die Sinneszellen für den Geruchssinn (olfaktorischen Sinn) befinden sich im Innern der Nase im Bereich der oberen Nasenmuschel. Dort hat sich eine tierartlich unterschiedlich große Fläche der Schleimhaut zu einer **Riechschleimhaut** (Regio olfactoria) spezialisiert. Sie besteht aus Basal-, Stütz- und Sinneszellen und ist dunkel pigmentiert.

Die Riechschleimhaut des Menschen besetzt ein Areal von 5 cm^2. Bei den meisten Säugetieren bedeckt sie jedoch eine viel größere Fläche des Naseninnern (z. B. bei Hund ca. 150 cm^2) und besitzt erheblich mehr Sinneszellen. Dadurch ist ihr Geruchssinn bedeutend stärker ausgeprägt als der des Menschen.

Vögel besitzen zwar ebenfalls eine Riechschleimhaut. Sie ist jedoch wesentlich kleiner als bei den in diesem Buch besprochenen Säugetieren und besitzt nur wenige Sinneszellen. Man vermutet daher, dass der Geruchssinn bei Vögeln eine geringere Bedeutung als bei Säugetieren hat.

Die Erkennung von Duftstoffen durch die Sinneszellen in der Nase ist nur möglich, wenn sie in einer Flüssigkeit gelöst sind. Zu diesem Zweck befinden sich in der Riechschleimhaut spezielle Drüsen (Bowmann'sche Drüsen), die ein dünnflüssiges Sekret ausscheiden. Damit wird die Schleimhaut befeuchtet, in der sich die Duftstoffe lösen.

Spezielle Duftstoffe (Pheromone, siehe

S. 509), die für soziale und sexuelle Kommunikation innerhalb einer Spezies von großer Bedeutung sind, werden von einem eigenen Sinnesorgan in der Nase wahrgenommen, das als **Jacobson-Organ** bezeichnet wird. Das Jakobson-Organ ist ein auf beiden Seiten der unteren Nasenscheidewand liegendes röhrenförmiges Organ, dessen Epithel aus mehreren Tausend Riechzellen besteht.

15.3.1 Der Riechvorgang

Duftstoffe, die auf die Riechschleimhaut gelangen, lösen sich zunächst im dünnflüssigen Sekret der Bowmann'schen Drüsen. Nur im gelösten Zustand können sie die Sinneszellen (Riechzellen) erreichen. Um die Riechzellen zu erregen und dadurch einen Geruch wahrnehmen zu können, muss eine Wahrnehmungsschwelle überschritten werden. Das bedeutet, dass eine bestimmte Anzahl von Molekülen eines Duftes in der eingeatmeten Luft vorhanden sein muss, damit er überhaupt bemerkt wird. Die Wahrnehmungsschwelle hängt von der Größe der Riechschleimhaut, der Anzahl der vorhandenen Sinneszellen sowie von Temperatur und Luftfeuchtigkeit ab.

In den Sinneszellen wird die Geruchsinformation in Nervenimpulse umgewandelt und zum Riechkolben im Gehirn geleitet. Dort werden die Informationen verarbeitet und zum Großhirn und Limbischen System gesandt. Das Limbische System beeinflusst u. a. das vegetative Nervensystem und die Hormondrüsen. Das erklärt den engen Zusammenhang von Gerüchen mit Körperreaktionen (z. B. Speichelfluss beim Geruch guten Essens, sexuelle Erregung beim Geruch von Sexualduftstoffen), die vom vegetativen Nervensystem sowie durch Ausschüttung von Hormonen hervorgerufen werden. Die Geruchsinformationen, die zum Limbischen System gelangen, führen zu unbewussten Reaktionen des Körpers. Die Informationen, die das Großhirn erreichen, bewirken bewusste Reaktionen des Lebewesens. Das Limbische System ist ein Teil des Gehirns.

Nutzen des Geruchssinns

Das Riechen ist nicht nur für Tiere mit ausgeprägtem Geruchssinn (Makrosmaten) von großer Bedeutung. Die Wahrnehmungsfähigkeit für Gerüche ist unentbehrlich für die:

- Suche und Auswahl des Futters (oder der Beute)
- Abgrenzung des Reviers
- Unterscheidung von Artgenossen und Feinden
- Auswahl des Geschlechtspartners
- Zugehörigkeit (Herdengeruch, Stallgeruch)
- Kommunikation mit Artgenossen
- Kontakt zwischen Mutter und Jungtier

Die sprichwörtliche „Gute Nase" von Hunden hilft dem Menschen bei der Lösung von Aufgaben im Polizei-, Jagd- und Rettungsdienst. Manche Hunde sind in der Lage, einige Krankheiten bei Menschen oder Artgenossen (z. B. Krebs, Blasenentzündung) zu riechen.

Alle Lebewesen (auch Pflanzen) haben einen ganz spezifischen Eigengeruch. Er entsteht bei Säugetieren durch Sekrete von Talg- und Schweißdrüsen der Haut, die sich durch Luft und Bakterien zersetzen. Viele Tiere besitzen neben diesen geruchstragenden Hautdrüsen zusätzliche spezielle „Duftdrüsen", deren Ausscheidungsprodukte Geruchsstoffe enthalten. Beispiele solcher Duftdrüsen sind die Analbeutel von Hund und Katze, die Zirkumoraldrüsen an Ober- und Unterlippen der Katze oder die Bauch- und Flankendrüsen von Mäusen und Hamstern (siehe Kap.Haut). Auch der Geruch von Urin und Kot spielt im Sozialverhalten vieler Säugetiere eine bedeutende Rolle.

Adaption

Wirkt ein Geruch über eine gewisse Zeit andauernd auf die Riechzellen ein, wird er nicht mehr wahrgenommen. Dieses Phänomen wird als **Adaption** (lat. adaptare = anpassen) bezeichnet. Wahrscheinlich ist dies ein biologischer Vorteil, da er einer Reizflutung vorbeugt. Gerüche, die ständig vorhanden sind, haben meist keine große Bedeutung in Bezug auf Gefahr, Nahrungsbeschaffung oder Partnersuche und können daher ignoriert werden. Sie würden lediglich neue, für das Überleben und die Fortpflanzung wichtigere Gerüche überdecken.

Untersuchungen haben gezeigt, dass bei der Adaption die Sinneszellen der Riechschleimhaut zwar noch erregt und die Geruchsinformationen an das Gehirn weitergegeben, im Gehirn jedoch nicht mehr verarbeitet werden. Die Geruchshemmung erfolgt demnach nicht auf der Riechschleimhaut, sondern erst auf höherer Ebene.

Pheromone

„Pheromone sind Substanzen, die von einem Individuum nach außen abgegeben werden und bei einem anderen Individuum der gleichen Art spezifische Reaktionen auslösen."

Diese Definition des Begriffes Pheromone formulierten die Biologen P.Karlson und M. Lüscher im Jahre 1959, im gleichen Jahr, in dem der Biochemiker Adolf Butenandt erstmals ein Pheromon bei Insekten entdeckte.

Pheromone (griech. pherein = überbringen, erregen und hormon = bewegen) dienen der Kommunikation innerhalb einer Tierart. Sie können von anderen Tierarten nicht wahrgenommen werden. Pheromone werden durch das Jakobson-Organ wahrgenommen und wirken unbewusst über das Limbische System im Gehirn. Sie beeinflussen damit das Hormonsystem und die Gefühle (siehe Kap. Nervensystem).

Nach der Entdeckung des ersten Pheromons bei Insekten wurden bis heute bei vielen Tierarten (und dem Menschen) Pheromone nachgewiesen. Einige davon werden inzwischen synthetisch hergestellt und z. B. im Rahmen der Verhaltenstherapie bei Katzen und Hunden angewandt:

Das Präparat Feliway® z. B. enthält synthetische Geruchsstoffe, die die gleichen Eigenschaften wie die Pheromone aus den Lippendrüsen (Zirkumoraldrüsen) der Katzen besitzen, mit denen die Tiere durch Reiben mit dem Mundwinkel Gegenstände und Reviere markieren. Diese synthetischen Geruchsstoffe wirken auf Katzen beruhigend und harmonisierend. Sie werden gegen Harnmarkieren in der Wohnung, gegen Streitigkeiten innerhalb einer Katzengruppe, zur Erleichterung der Eingewöhnung in einer neuen Umgebung nach einem Umzug oder auch in Tierarztpraxen und Kliniken angewandt, um den Katzen die Angst zu nehmen und das Gefühl zu vermitteln, zu Hause zu sein.

Bei ängstlichen Hunden (z. B. „Angstbeißern") stärken Pheromon- Halsbänder das Selbstbewusstsein der Tiere und unterstützen damit verhaltenstherapeutische Maßnahmen.

15.3.2 Untersuchungsmethoden

Riechprüfung

Mit der Riechprüfung (Olfaktometrie) kann man feststellen, ob überhaupt ein Geruchssinn vorhanden ist. Man verwendet dazu intensiv wirkende Geruchsstoffe (z. B. Pfefferminz) und hält sie dem zu untersuchenden Patienten vor die Nase. Bei vorhandenem Geruchssinn erfolgt eine abwehrende Reaktion.

Um den Grad einer noch vorhandenen Geruchswahrnehmung zu diagnostizieren, wird der verwendete Geruchsstoff nach und nach verdünnt. Anhand des Verdünnungsgrades, bei dem gerade noch eine Reaktion des Tieres erfolgt, wird die Riechfähigkeit eingeschätzt.

In der Praxis wird die graduelle Prüfung der Geruchswahrnehmung bei Haustieren selten überprüft. Hier sind lediglich die Futteraufnahme und die Fähigkeit eines Patienten, sich sozial richtig zu verhalten, von Bedeutung.

15.3.3 Ausgewählte Erkrankungen des Geruchssinns

Anosomie, Hyposomie, Parosmie

Unter **Anosomie** versteht man das vollständige Fehlen des Geruchssinns. Als **Hyposomie** wird die Einschränkung des Geruchssinns verstanden. Als **Parosmie** bezeichnet man das Phänomen, bei dem Gerüche plötzlich anders riechen als gewohnt. Als Ursachen kommen infrage:

- Entzündungen und Anschwellen der Nasenschleimhaut durch Infektionskrankheiten (z. B. Katzenschnupfen, Zwingerhusten, Staupe) oder Allergien
- Tumoren in der Nase
- Nebenwirkungen von Medikamenten
- Schädelverletzungen mit Abriss der Riechnerven (Axone)
- Schlaganfall
- Gehirntumoren

15.4 Geschmackssinn

Die Rezeptoren (Sinneszellen) für den Geschmack sind bei Säugetieren in den **Geschmacksknospen** lokalisiert, die sich im Epithel der Mund- und Rachenschleimhaut (v. a. auf der Zunge) befinden. Die Gesamtzahl der Geschmacksknopsen ist tierartlich verschieden:

- Rind: 35000
- Pferd: 35000
- Hund: 1700
- Katze: 473
- Kaninchen: 17000
- Meerschweinchen 20000
- Papagei 350

(Im Vergleich dazu der Mensch: 9000)

Die Anzahl der Geschmacksknospen bleibt nicht das gesamte Leben hinweg konstant. Bei der Geburt und während der ersten Lebenstage sind bei vielen Säugetieren noch gar keine Sinneszellen für das Geschmacksempfinden vorhanden. Sie entwickeln sich erst nach und nach und erreichen ihre maximale Zahl kurz vor der Geschlechtsreife. Danach nimmt die Zahl der Geschmacksknospen wieder kontinuierlich ab. Bei sehr alten Tieren ist die Anzahl bis auf ein Drittel geschrumpft. Dadurch wird das Geschmacksempfinden mit zunehmendem Alter geringer.

Pflanzenessende Säugetiere gehören zu den Tieren mit den meisten Geschmacksknospen. Dadurch sind sie in der Lage, viele Giftpflanzen (z. B. auf einer Wiese) von bekömmlichen Pflanzen zu unterscheiden.

Ein anschauliches Beispiel dafür liefern uns Rinder auf Bergwiesen. Obwohl sie auf den ersten Blick scheinbar alles essen, bleiben bei genauerem Hinsehen doch viele Pflanzen (oft büschelweise) zwischen abgegrasten Flächen stehen. Es handelt sich bei den verschmähten Gewächsen in der Regel um hochgiftige Pflanzen und Blüten wie z. B. Hahnenfuß, den die Tiere aufgrund ihres hochsensiblen Geschmacksinns identifizieren können.

Unter **Geschmacksinn** (Gustatorik) versteht man die einzelnen Geschmacksqualitäten, die von der Zunge wahrgenommen werden. Man unterscheidet fünf Hauptqualitäten des Geschmacksinns:

- Süß
- Salzig
- Sauer
- Bitter
- Umami (jap. = fleischig, herzhaft)

Besonders eiweißreiche Nahrungsmittel weisen die Geschmacksqualität „umami“ auf. Die natürliche Nahrung von Hunden und Katzen sind Beutetiere. Diese bestehen zu einem hohen Prozentsatz aus Muskelfleisch und Innereien, d. h. Eiweiß (Protein). Daher bevorzugen beide Tierarten den fleischigen umami-Geschmack.

Der Geschmacksverstärker Mononatriumglutamat (Abkürzung: Glutamat) verstärkt den Umami-Geschmack und täuscht damit

Viele Tierarten wählen das Futter nach Geschmack aus.

einen höheren Eiweißgehalt in der Nahrung vor, als tatsächlich darin enthalten ist. Geschmacksverstärker werden häufig industriell gefertigtem minderwertigem Futter für Hunde und Katzen zugefügt, um die **Akzeptanz** (Annahme) des Futters zu erhöhen.

15.4.1 Funktion des Geschmackssinns

Der Geschmackssinn beeinflusst die Aufnahme des Futters. Mit seiner Hilfe ist es Tieren offensichtlich möglich, die Nahrung nach Bekömmlichkeit und Bedarf auszuwählen. In diesem Punkt unterscheiden sich jedoch Wild- und Haustiere erheblich. Während wildlebende Tiere tatsächlich (sofern verfügbar) nur artgerechtes Futter aufnehmen, können jedoch Tiere, die zusammen mit Menschen leben, auch deren Geschmacksvorlieben annehmen.

15.4.2 Untersuchungsmethoden

Untersuchungen zum Geschmacksempfinden von Tieren basieren fast ausschließlich auf Prüfungen darauf, welchem Nahrungsmittel der Vorzug gegeben wird. Dieses Testverfahren wird als **Präferenz-Prüfung** bezeichnet. Es werden dabei den Testtieren zwei Flüssigkeiten oder Futterproben angeboten, denen der Stoff zugesetzt ist, dessen geschmackliche Wirkung geprüft werden soll. Dabei wird beobachtet, welche der beiden Proben bevorzugt aufgenommen wird.

Dieses Verfahren ist nicht sehr zuverlässig, da besonders Haustiere individuelle und (manchmal von Tag zu Tag) wechselnde Geschmacksneigungen haben können. Dennoch konnten über solche, über einen längeren Zeitraum durchgeführte Geschmacksprüfungen wesentliche Erkenntnisse über das Geschmacksempfinden von Tieren gesammelt werden.

15.5 Tastsinn

Unter Tastsinn versteht man das Berührungs-, Druck- und Vibrationsempfinden eines Lebewesens. Ausgelöst wird diese Wahrnehmung durch Deformation der Haut, in der spezielle für den Tastsinn zuständige Rezeptoren (Sinneszellen) eingebettet sind.

15.6 Zusätzliche Sinne

Neben dem besprochenen Gesichts-, Hör-, Geschmacks- und Geruchssinn wird bei **Vögeln** über das Vorhandensein eines **magnetischen Sinns** zur Orientierung beim Flug (z. B. bei Zugvögeln, Brieftauben) vermutet. Die Vögel orientieren sich am Magnetfeld der Erde.

15.7 Fachbegriffe zum Thema Sinnesorgane

Oculus = Auge
Nervus opticus = Sehnerv
Konjunktiva = Augenbindehaut
Konjunkitivitis = Augenbindehautentzündung
Bulbus (oculi) = Augapfel
Sklera = Weiße Augenhaut
Cornea = (Augen-) Hornhaut
Keratitis = Entzündung der Augenhornhaut
Uvea = Mittlere Augenhaut
Uveitis = Entzündung der mittleren Augenhaut
Tapetum lucidum = „leuchtender Teppich" – Lichtverstärker in der Aderhaut vieler Säugetierarten
Iris = Regenbogenhaut
Pupille = Zentrale Öffnung des Auges
Adaptation = Weit- und Engstellung der Pupille zur Anpasssung an das Licht der Umgebung
Akkommodation = Formveränderung der Linse zum Scharfstellen des Bildes
Retina = Netzhaut
Macula = Stelle des schärfsten Sehens (auf der Netzhaut)
Blinder Fleck = Stelle ohne Sinneszellen für die Wahrnehmung von Licht auf der Netzhaut
Lens = Linse
Katarakt = Grauer Star
Nystagmus = Augenzittern
Harder'sche Drüsen = Produktionsstelle der „Roten Tränen" bei kleinen Heimtieren
Ophtalmoskopie = Augenhintergrundspiegelung
Ophtalmoskop = Augenspiegel
Fundus = Augenhintergrund
Tonometrie = Messung des Augeninnendrucks
Glaukom = Grüner Star – Augennotfall!
Schirmer Test = Messung der Tränenflüssigkeitsmenge
Otoskop = Instrument zur Untersuchung des äußeren Gehörgangs
Cerumen = Ohrenschmalz
Hammer, Amboss, Steigbügel = Gehörknöchelchen
Eustachische Röhre = Verbindung zwischen Mittelohr und Rachen zum Druckausgleich
Otitis externa = Entzündung des äußeren Gehörgangs
Gustatorik = Geschmackssinn
Akzeptanz = Annahme, etwas für gut befinden
Präferenz-Prüfung = Prüfung des Geschmackempfindens

16 Nervensystem

Das Nervensystem unserer Haustiere (und des Menschen) ist im Prinzip eine Einheit, deren Strukturen sich anatomisch und in ihrer Funktion häufig überlappen und „Hand in Hand" arbeiten. Zum besseren Verständnis wird es jedoch in die Abschnitte **zentrales Nervensystem**, **peripheres Nervensystem** und **vegetatives Nervensystem** unterteilt.

- Zum zentralen Nervensystem (ZNS) werden das **Gehirn** und das **Rückenmark** gerechnet.
- Zum peripheren Nervensystem (PNS) gehören **die Spinalnerven** und die **peripheren** (außerhalb des ZNS liegenden) **Nerven**.
- Das vegetative Nervensystem entzieht sich dem Willen und kann nicht durch das Bewusstsein gesteuert werden. Es wird daher auch als Innenweltsystem oder unwillkürliches Nervensystem bezeichnet. Unter Kontrolle des vegetativen Nervensystems stehen lebenswichtige Funktionen des Körpers wie Atmung, Verdauung, Stoffwechsel, Herz und Kreislauf. Das unwillkürliche Nervensystem arbeitet auch dann, wenn das Bewusstsein ausgeschaltet ist (z. B. Schlaf, Narkose, Bewusstlosigkeit). Man unterscheidet zwei, in ihrer Funktion entgegengesetzte Anteile des vegetativen Nervensystems, den **Sympathikus** und den **Parasympathikus**.

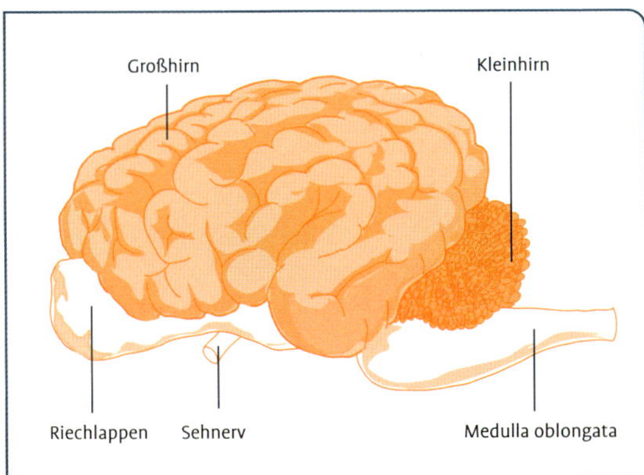

Aufbau des Gehirns.

16.1 Zentrales Nervensystem

Das zentrale Nervensystem besteht aus **Gehirn** und **Rückenmark**.

16.1.1 Gehirn

Die medizinische Bezeichnung für Gehirn ist **Encephalon**. Das Gehirn liegt in der Schädelhöhle und besteht aus einer Ansammlung von Nervengewebe, das jedoch aufgrund seines Aufbaus, seiner Funktion und seiner Entwicklungsgeschichte in 6 unterschiedliche Anteile gegliedert wird:

- Verlängertes Mark (Medulla oblongata)
- Brücke (Pons)
- Mittelhirn (Mesencephalon)
- Kleinhirn (Cerebellum)
- Zwischenhirn (Diencephalon)
- Großhirn (Cerebrum)

Stammhirn

Das verlängerte Mark, die Brücke und das Mittelhirn werden als **Stammhirn** (auch Hirnstamm genannt) zusammengefasst. Das Stammhirn ist für lebenserhaltende Funktionen (z. B, Atmung, Regulierung der Körpertemperatur) verantwortlich.

- **Verlängertes Mark**
  Das verlängerte Mark (Medulla oblongata) schließt sich an der Schädelbasis direkt dem Rückenmark an. Es ist damit der am

weitesten caudal (schwanzwärts) liegende Abschnitt des Gehirns.

- **Brücke.**
  Die Brücke (Pons) schließt sich unmittelbar an das verlängerte Mark an.
- **Mittelhirn.**
  Das Mittelhirn (Mesencephalon) ist der kleinste Gehirnabschnitt. Er liegt direkt über der Brücke.

 **Stammhirn**

Das Stammhirn ist für lebenserhaltende Funktionen (z. B. Atmung, Regulierung der Körpertemperatur) verantwortlich.

Kleinhirn

Das Kleinhirn (Cerebellum) besteht, wie das Großhirn (siehe S. 515), aus einer **Rinde** und einem **Mark**. Das Cerebellum zeigt zahlreiche Windungen, so dass es (mit dem bloßen Auge betrachtet), wie das Großhirn, gefurchtes Aussehen besitzt. Die Windungen des Kleinhirns sind jedoch feiner als die des Großhirns. Durch die Windungen wird die Oberfläche des Organs und damit seine Leistungsfähigkeit stark vergrößert. Das gleiche Prinzip (Leistungssteigerung durch Oberflächenvergrößerung) findet man im Körper häufig. Beispiele dafür sind neben dem Groß – und Kleinhirn, die Nasenmuscheln, die Darmzotten, die Blätter des Psalters (im Magen des Wiederkäuers) sowie in den Nieren die Nierenkanälchen.

Das Kleinhirn ist das Kontrollzentrum für die Motorik, da es die Körperhaltung, die regelmäßige Ausführung und Koordination von Bewegungsabläufen sowie die Muskelspannung (Muskeltonus) kontrolliert.

Bei einer Schädigung des Kleinhirns (z. B. beim Katzenfoetus, wenn das Muttertier während der Trächtigkeit an Parvovirose = Katzenseuche erkrankt) kommt es zu Gleichgewichtsstörungen, Ataxie (Störungen von Bewegungsabläufen), Intensionstremor (Zittern bei zielgerichteten Bewegungen) und mangelnder Muskelkraft (durch verminderte Muskelspannung).

 **Kleinhirn**

Das Kleinhirn (Cerebellum) ist das Kontrollzentrum für die Bewegung.

Zwischenhirn

Das Zwischenhirn (Diencephalon) liegt zwischen Hirnstamm und Großhirn. Es besteht im Wesentlichen aus dem **Thalamus** (Sehhügel) und den **Hypothalamus** (übergeordnetes Zentrum des vegetativen Nervensystems). An der Unterfläche des Zwischenhirns hängt an einem Stiel die Hypophyse, deren hinterer Teil (Hypophysenhinterlappen) zum Zentralnervensystem gerechnet wird, während der vordere Teil (Hypophysenvorderlappen) als übergeordnete Hormondrüse zum endokrinen System (siehe Kap. Endokrines System) zählt.

- **Thalamus**
  Alle Reize, die über die Außenwelt eintreffen (z. B. über die Augen, Ohren, Nase, Haut), sowie aus dem Innern des Körpers (z. B. Schmerz, Empfindungen, die durch Bewegungen der inneren Organe ausgelöst werden) gelangen über aufsteigende Nervenbahnen zum Thalamus. Dort werden sie verarbeitet und in unwichtige und wichtige Reize unterschieden. Nur die wichtigen Reize gelangen weiter über Nervenbahnen zur bewussten Wahrnehmung an das Großhirn. Der Thalamus wird daher als „Tor des Bewusstseins“ bezeichnet. Er wirkt als Filter, damit das Großhirn nicht von Informationen, die für das Leben eines Individuums unbedeutend sind, überschwemmt wird.

 **Thalamus**

Der Thalamus des Zwischenhirns ist das „Tor des Bewusstseins“.

- **Hypothalamus**
  Der Hypothalamus ist das übergeordnete Zentrum des vegetativen Nervensystems. Durch den Hypothalamus wird das innere Milieu des Körpers (durch Kontrolle der Körpertemperatur, des Kreislaufs, der Wasser- und Nahrungsaufnahme) gesteuert. Gleichzeitig ist er auch die übergeordnete Hormondrüse des Körpers, die zum einen Freisetzungs- und Hemmungshormone über die Blutbahn an den Hypophysenvorderlappen, sowie zum anderen das antidiuretische Hormon (Vasopressin, ADH), das den Wasserhaushalt reguliert, an den Hypophysenhinterlappen abgibt (siehe Kap. Endokrinologie). Damit stellt der Hypothalamus eine wichtige Verbindung zwischen Nerven- und Hormonsystem dar.

? Hypothalamus

Der Hypothalamus stellt sowohl eine übergeordnete Hormondrüse als auch ein übergeordnetes Zentrum des vegetativen Nervensystems dar. Damit ist er eine wichtige Schaltstelle zwischen Nerven- und Hormonsystem.

Großhirn

Das Großhirn (Cerebrum) stellt den größten Hirnabschnitt dar. Es stülpt sich (wie ein Hut) über die anderen Hirnteile und ist entwicklungsgeschichtlich der jüngste Teil des Gehirns. Je nach Tierart ist es unterschiedlich groß und schwer. Das Hirngewicht liegt zwischen 4 kg beim Elefanten und 0,4 g bei der Maus.

Das Großhirn ist der Sitz des Bewusstseins. Das bedeutet, dass alle Reize aus der Umwelt und aus dem Körper selbst, die bewusst werden sollen, das Großhirn erreichen müssen, wie auch alle Befehle zu bewussten Handlungen und Bewegungen von hier ihren Ausgang nehmen.

Im Inneren des Großhirns liegt die weiße Substanz, die aus durchziehenden Nervenfasern besteht, in die Nervenzellkerne wie Inseln eingelagert sind. Die randständige graue Substanz (Großhirnrinde) besteht hauptsächlich aus Nervenzellkernen mit unterschiedlichen Funktionen. Die Außenfläche des Gehirns besitzt viele Windungen (Gyri) und Furchen (Sulci). Dadurch wird ihre Oberfläche stark vergrößert.

Das Großhirn wird durch eine tiefe Längsspalte (Fissura longitudinalis cerebri) in zwei Hälften (Hemisphären) geteilt, die an der Unterseite des Gehirns jedoch wieder über den Balken miteinander verbunden sind. Rechte und linke Gehirnhälfte haben beim Menschen (wie auch beim Tier) unterschiedliche intellektuelle Aufgaben (z. B. Sprache, räumliches Vorstellungsvermögen, Harmonie- und Musikverständnis). Mit Hilfe der Hirnforschung (und leider unzähliger Tierversuche!) konnten „Landkarten" der Großhirnrinde erstellt und einzelne Funktionen ganz bestimmten Hirnarealen zugeordnet werden.

Neben dieser großen Längsspalte gibt es weitere kleinere Spalten (Fissuren), die das Großhirn in 4 Lappen unterteilen:

Stirnlappen

Der Stirnlappen ist für die willkürliche Bewegung (Willkürmotorik) verantwortlich.

- **Scheitellappen**
  Hier werden Empfindungen aus dem Körper (z. B. Schmerz-, Tast- und Druckempfindungen) bewusst.
- **Hinterhauptlappen**
  Der Hinterhauptlappen enthält das Sehzentrum.
- **Schläfenlappen**
  Im Schläfenlappen befindet sich das Hörzentrum, in dem die Reize aus dem Hör- und Gleichgewichtsorgan verarbeitet werden.

Limbisches System

Das limbische System ist ein Zusammenschluss von Teilstücken verschiedener Gehirnstrukturen zu einer funktionellen Einheit. Es fällt daher nicht unter die oben beschriebene anatomische Systematik und wird daher hier gesondert besprochen. Das limbische System wird aus Teilen des Großhirns, des Zwischenhirns und des Mittelhirns gebildet und verbindet die beiden Gehirnhälften wie ein Saum. Die lateinische Bezeichnung für Saum ist Limbus. Dadurch hat diese funktionelle Einheit ihren Namen erhalten.

Das limbische System wird als **emotionales Gehirn** (Emotion = Gefühl) bezeichnet. Hier entstehen Gefühle wie Aggression, Angst, Wut oder Trauer. Wie dies geschieht, ist bislang noch nicht eindeutig geklärt.

Weitere Strukturen des Gehirns sind:

- Hirnhäute
- Ventrikelsystem
- Liquor
- Blut-Hirn-Schranke
- Blutgefäße des Gehirns

Hirnhäute (Meningen)

Das Gehirn und das Rückenmark sind von bindegewebigen Häuten, den Hirnhäuten (Meningen) umgeben. Nach Festigkeit, Dicke und Aussehen unterscheidet man:

- **Harte Hirnhaut**
  Die harte Hirnhaut (Dura mater) besteht aus festem kollagenem Bindegewebe. Sie liegt dem inneren Schädelknochen (ähnlich wie eine Knochenhaut) an. Im Bereich des Gehirns befindet sich zwischen Knochen und der Dura mater lediglich ein schmaler Spalt, der als **Epiduralraum** bezeichnet wird. Im Bereich des Rückenmarks ist dieser Spalt mit Fettgewebe und Blutgefäßen (Venen) gefüllt. Zwischen den beiden Großhirnhälften und zwischen Großhirn und Kleinhirn löst sie sich vom Knochen ab und schiebt sich sichelförmig zwischen die Großhirnhemisphären sowie zwischen Groß- und Kleinhirn.
- **Spinnwebenhaut**
  Die Spinnwebenhaut (Arachnoidea) ist ein dünnes Häutchen, das sich von innen der Dura mater her anschließt. Sie besteht aus einer Membran, die sich (wie die Dura mater) über alle Windungen und Furchen des Gehirns und des Rückenmarks legt, sowie aus feinen „spinngewebsartigen" Bindegewebszügen, die bis hin zur untersten Hirnhaut (weichen Hirnhaut) ziehen und mit ihr verbunden sind. Der Raum zwischen Dura mater und Arachnoidea wird als **Subduralraum** (sub = unter) bezeichnet.
- **Weiche Hirnhaut**
  Die weiche Hirnhaut (Pia mater) liegt als dünnes und mit einem Netzwerk aus Blutgefäßen ausgestattetes Häutchen der Gehirn- und Rückenmarksoberfläche direkt auf. Der Raum zwischen Spinnwebenhaut und weicher Hirnhaut wird als **Subarachnoidalraum** bezeichnet. Der Subarachnoidalraum enthält den Liquor (Gehirn-/Rückenmarkswasser).

Ventrikelsystem

Das Ventrikelsystem des Gehirns ist ein System von Hohlräumen, die alle miteinander in Verbindung stehen. Es handelt sich um mit Gehirn- und Rückenmarkswasser (Liquor) gefüllte Ventrikel (Gehirnkammern).

Liquor

Der Liquor umspült das Gehirn und das Rückenmark. Seine Aufgabe ist, das Gehirn (und das Rückenmark) bei Stößen oder Schlägen von außen davor zu schützen, an die harten Knochen der Schädeldecke (und der Wirbelsäule) aufzuprallen, indem es (wie ein Wasserbett) die Erschütterungen auffängt und abdämpft. Man vermutet, dass der Liquor, neben dieser dämmenden Wirkung, auch eine Rolle bei der Ernährung der Gehirnzellen spielt.

Der Liquor spielt in der Diagnostik von Infektionskrankheiten des Gehirns durch Viren, Bakterien oder Parasiten eine wichtige Rolle. Dazu wird mittels Punktion eine kleine Menge Gehirn- und Rückenmarkswasser aus dem Subarachnoidalraum des Rückenmarks entnommen und im Labor untersucht. Man kann dabei verschiedene Krankheitserreger selbst, sowie bei Entzündungen große Mengen weißer Blutkörperchen (Leukozyten) im Liquor finden. Eine kleine Menge Leukozyten sind auch dann im Liquor nachweisbar, wenn keine Krankheitszeichen vorliegen.

Blut-Hirn-Schranke

Alle Stoffe, die aus dem Blut über die Wände der Gehirngefäße zu den Gehirnzellen transportiert werden, müssen die Blut-Hirn-Schranke passieren. Diese Schranke wird von den Endothelzellen (Zellen der Gefäßinnenauskleidung) der Kapillaren (kleinsten Aufzweigungen der Blutgefäße) sowie von Nervenzellausläufern gebildet, die wie ein fester Mantel um die Kapillaren liegen. Durch die Verbindung zwischen Blutgefäß- und Nervensystem werden die Blutinhaltsstoffe kontrolliert, bevor sie aus den Kapillaren zur Versorgung des Gehirns austreten können. Diese Schutzeinrichtung soll verhindern, dass schädliche Substanzen zu den Nervenzellen gelangen. Therapeutisch hat die Blut-Hirn-Schranke den Nachteil, dass auch Medikamente (bis auf wenige Ausnahmen) diese Schranke nicht passieren können. Durch verschiedene Ursachen (z. B. Gifte, Fieber, Sauerstoffmangel) kann die Blut-Hirn-Schranke geschädigt werden. Dann ist es bestimmten Krankheitserregern (z. B. Viren, Bakterien, Parasiten) möglich, bis in das Gehirn vorzudringen.

Blutgefäße des Gehirns

Die Blutversorgung des Gehirns erfolgt durch die paarig angelegte innere **Halsschlagader** (A.carotis interna), sowie durch zwei weitere Blutgefäße, die Wirbelschlagadern (Arteriae vertebrales), die durch das Hinterhauptsloch von der Wirbelsäule in den Schädelraum eintreten und sich an der Hirnbasis zur Schädelbasisarterie (A. basilaris) vereinigen. Die A. carotis interna der rechten und linken Kopfseite, sowie die A. basilaris zweigen sich innerhalb des Gehirns in immer kleiner werdende Äste bis hin zu den Kapillaren auf. Das sauerstoffarme, venöse Blut wird über die ebenfalls paarig angelegte **Drosselvene** (Vena jugularis) zum Herzen geleitet.

16.1.2 Rückenmark

Das Rückenmark (Medulla spinalis) schließt sich dem verlängerten Mark caudal (schwanzwärts) an. Es handelt sich dabei um einen Teil des Zentralnervensystems, der im knöchernen Wirbelkanal der Wirbelsäule eingeschlossen verläuft und sich vom caudalen Rand des verlängerten Marks bis hin zum 1. und 2. Lendenwirbel erstreckt.

Das Rückenmark ist (so wie das Gehirn) von 3 Häuten und der Gehirn-Rückenmarksflüssigkeit umgeben. So wird es ernährt und sogleich vor Erschütterungen geschützt. Im Querschnitt weist das Rückenmark eine ovale Form auf. Man unterscheidet auch hier (ebenso wie im Gehirn) eine graue Substanz aus Nervenzellkörpern und eine weiße Substanz aus durchziehenden Nervenfasern.

16.2 Peripheres Nervensystem

Zum peripheren Nervensystem gehören die **Spinalnerven** und die **peripheren Nerven**.

16.2.1 Spinalnerven

Aus dem oberen und unteren Bereich des Rückenmarks entspringen über seine gesamte Länge verteilt 31 **Rückenmarksnervenpaare**, die zu den peripheren Nerven gerechnet werden. Diese Nervenpaare verlaufen eine kurze Strecke innerhalb des Wirbelkanals und treten

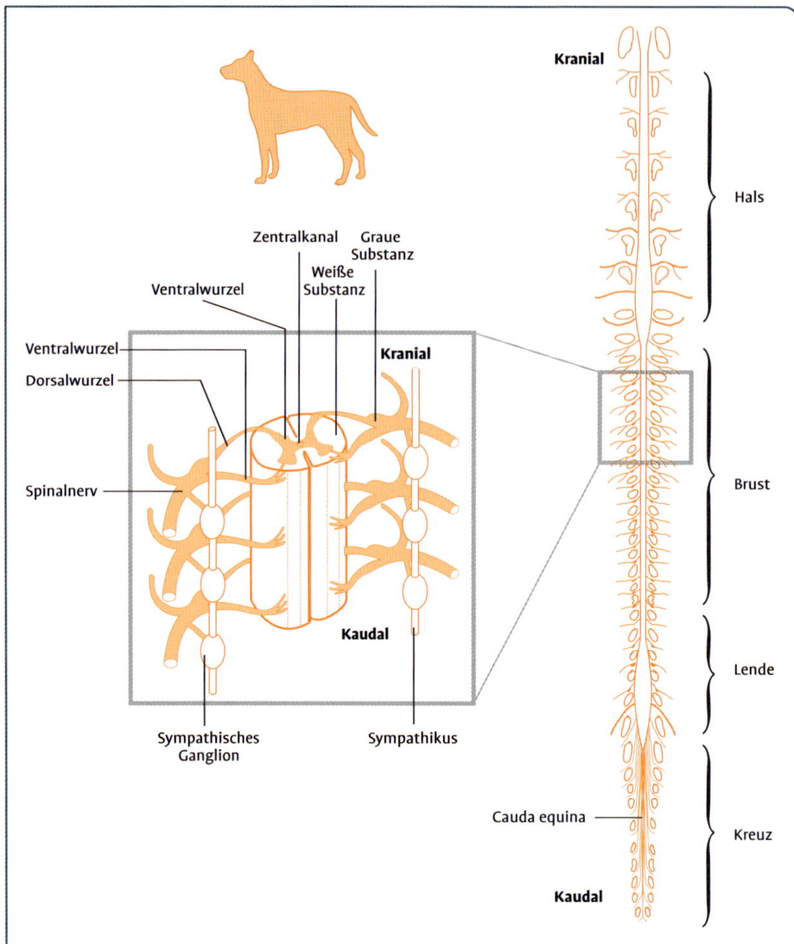

Austrittsstellen der Spinalnerven.

dann weiter kaudal durch spezielle Öffnungen aus der knöchernen Wirbelsäule aus.

Bei den aus dem Rückenmark entspringenden Nervenpaaren handelt es sich um die Fortsätze der im Rückenmark liegenden Nervenzellen.

Nach ihrer Austrittsstelle aus der knöchernen Wirbelsäule werden die 31 Spinalnerven unterteilt in:

- 8 Halsnervenpaare
- 12 Brustnervenpaare
- 5 Lendennervenpaare
- 5 Kreuzbeinnervenpaare
- 1 Schwanznervenpaar

16.2.2 Periphere Nerven

Die peripheren Nerven sind Nerven, die sich aus verschiedenen Fasern zusammensetzen. Sie enthalten motorische (für die Bewegung zuständige), sensible(für Empfindungen zuständige) und vegetative (zum vegetativen Nervensystem gehörende) Fasern.

- **Afferente (aufsteigende) Nervenfasern**
  Sie leiten die elektrische Erregung (Reiz) von der Peripherie zum Gehirn.
- **Efferente (absteigende) Nervenfasern**
  Sie leiten die elektrische Erregung vom Gehirn in die Peripherie.

16.3 Nervensysteme

16.3.1 Willkürliches Nervensystem

Durch das willkürliche Nervensystem werden alle Funktionen des Körpers geregelt, die dem bewussten Willen unterliegen. Darunter fallen die Wahrnehmung und Verarbeitung von Reizen sowie die Steuerung der Willkürbewegung. Damit ein Reiz bewusst werden kann, muss er im Gehirn verarbeitet werden.

16.3.2 Unwillkürliches Nervensystem

Das unwillkürliche Nervensystem wird auch als autonomes (unabhängiges) oder als **vegetatives Nervensystem** bezeichnet. Es handelt sich dabei um Nervengewebe, dessen Funktion nicht durch den Willen und das Bewusstsein beeinflusst werden kann. Zum vegetativen Nervensystem gehören:
- Sympathikus
- Parasympathikus

Sympathikus
Die Aufgabe des Sympathikus ist es, Energie zur Auseinandersetzung mit der Umwelt (Kampf und Flucht) und damit zur Selbsterhaltung zu mobilisieren. Durch Einwirkung des Sympathikus kommt es zu verschiedenen Effekten, die Gehirn, Herz und Skelettmuskulatur vermehrt mit Sauerstoff und Nährstoffen versorgen sowie die Körperfunktionen hemmen, welche die Flucht- oder Kampfsituationen stören könnten:
- Beschleunigung von Herzschlag und Atmung
- Erweiterung der Bronchien sowie die das Herz und die Skelettmuskulatur versorgenden Blutgefäße
- Anstieg des Blutdrucks durch Verengung der kleineren peripheren Blutgefäße
- Hemmung der Darmbewegung
- Hemmung der Tätigkeit der Verdauungsdrüsen
- Hemmung der Blasen- und Darmentleerung
- Erweiterung der Pupille (Mydriasis)

Der Sympathikus entspringt im Hals-, Brust- und Lendenwirbelsäulenbereich aus dem Rückenmark.

Parasympathikus
Der Parasympathikus hat seinen Ursprung im Hirnstamm sowie im Kreuzbeinrückenmark (Sakralmark). Hauptbestandteil des Parasympathikus ist der **Nervus vagus**.

Der Parasympathikus ist der Gegenspieler des Sympathikus. Unter Einwirkung des Parasympathikus kommt es zu körperlichen Effekten, die der Erholung und des Aufbaus des Organismus dienen:
- Verlangsamung von Herzschlag und Atmung
- Verengung von Bronchien sowie die Blutgefäße, die Herz- und Skelettmuskulatur versorgen
- Senkung des Blutdrucks durch Erweiterung der kleinen peripheren Blutgefäße
- Steigerung der Magen-Darm-Bewegung
- Förderung der Blasen- und Darmentleerung
- Pupillenverengung (Miosis)

16.4 Reflexe

Unter Reflex versteht man eine stets gleich bleibende (stereotype) unwillkürliche Reaktion auf einen Reiz. Diesen Reiz erhält das Zentralnervensystem entweder aus der Umgebung oder aus dem Körperinneren. Reflexe laufen (vom Eintreffen des Reizes bis zur Reaktion gerechnet) sehr schnell ab. Sie ermöglichen dem Organismus in bestimmten Situationen rasch zu reagieren, um z. B. beim Stolpern nicht hinzufallen.

Reflexe können normal, verstärkt und abgeschwächt sein. Die Beurteilung von Reflexen wird zur Diagnostik von Erkrankungen des Nervensystems herangezogen.

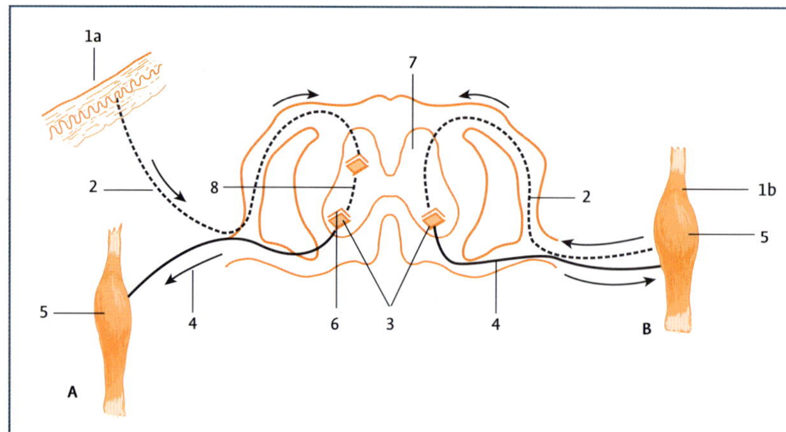

Reflexbogen.

A = Fremdreflex
B = Eigenreflex

1a) Rezeptor der Haut
1b) Rezeptor des Muskels
2) afferente Nervenbahn
3) motorische Vorderhornzelle
4) efferente Nervenbahn
5) Effektor
6) Vorderhorn
7) Hinterhorn
8) Schaltzelle

Reflexbogen

Bei einer Reflexreaktion liegen der Ursprungsort des Reizes und der Ort der Reaktion meist nahe beieinander oder befinden sich sogar an gleicher Stelle. Der elektrische Impuls verläuft auf kürzestem Weg bogenförmig vom Entstehungsort, d. h. dem Ort, an dem der Reiz auf den Rezeptor (= Sinneszelle, die den Reiz aufnimmt) trifft, über das Rückenmark zum Reaktionsort (Effektor, z. B. Muskel, der auf den Reflex reagiert). Daher spricht man hier von einem Reflex**bogen**. Der Reiz, der einen Reflex auslöst, erreicht nicht das Gehirn, sondern wird direkt vom Rückenmark beantwortet.

16.5 Schmerz

Bis vor Jahren wurde der Schmerzdiagnostik und -therapie in der Tiermedizin noch wenig Aufmerksamkeit geschenkt. Heute gehört eine angemessene Schmerztherapie aus ethischen und gesetzlichen (Tierschutzgesetz!) Gründen zur Standardtherapie in der Veterinärmedizin. Hierzu stehen für alle Tierarten wirksame Schmerzmittel zur Verfügung.

Bedeutung des Schmerzes

Es ist inzwischen durch wissenschaftlich fundierte Untersuchungen belegt, dass Tiere Schmerzen in ähnlicher Weise empfinden und verarbeiten wie der Mensch, sowie die Schmerzantwort des Organismus vergleichbar mit der des Menschen ist.

Der Schmerz ist eine Warnfunktion des Körpers. Er ist in der Regel kurz und lokal begrenzt. Seine Aufgabe ist es, Beschädigungen des Organismus an das Zentralnervensystem zu melden, um durch eine entsprechende (von dort aus befohlene) Abwehreaktion größere Schäden zu vermeiden.

Einteilung des Schmerzes

Nach der Dauer der Schmerzen

- **Akute Schmerzen**
  Akute Schmerzen sind die Folge einer Gewebeschädigung. Sie verursachen Reaktionen wie Flucht, Haltungsänderung (Schonhaltung) oder ein „Schmerzgesicht". Postoperative Schmerzen (Schmerzen nach einer Operation) gehören zu den akuten Schmerzen. Sie verschwinden in der Regel nach der Heilung und können durch Schmerzmittel (Analgetika) gelindert oder vollkommen ausgeschaltet werden.
- **Chronische Schmerzen**
  Von chronischen Schmerzen spricht man, wenn sie länger als 3 Monate andauern.

Sie sind durch Schmerzmittel nur wenig oder gar nicht beeinflussbar. Chronische Schmerzen sind ein eigenes Krankheitsbild, bei dem sich der Schmerz verselbständigt hat. Er hat keine Warnfunktion mehr, denn die ursprüngliche Gewebeschädigung ist meist nicht mehr vorhanden oder die Intensität der Schmerzen ist höher als die tatsächliche Schädigung des Körpergewebes. Chronische Schmerzen sind damit physiologisch gesehen sinnlos. Sie verschlechtern dauerhaft die Lebensqualität. Eine Ursache für die Entstehung chronischer Schmerzen ist häufig die Ausbildung eines Schmerzgedächtnisses. Ein Schmerzgedächtnis entsteht, wenn Schmerzen über einen längeren Zeitraum bestehen und unbehandelt bleiben. Die Nervenbahnen, die den Schmerzimpuls zum Gehirn leiten, werden dadurch ständig gereizt. Die Nervenzellen im Gehirn reagieren nach und nach immer stärker auf die ständig eintreffenden Schmerzimpulse. Die Folge ist, dass der Schmerz immer stärker wird, obwohl die Ursache (Schädigung von Körpergewebe) irgendwann nicht oder kaum mehr vorhanden ist. Die frühzeitige Behandlung jeglicher Schmerzen ist daher (auch bei Tieren) unbedingt erforderlich, um die Ausbildung eines Schmerzgedächtnisses zu verhindern.

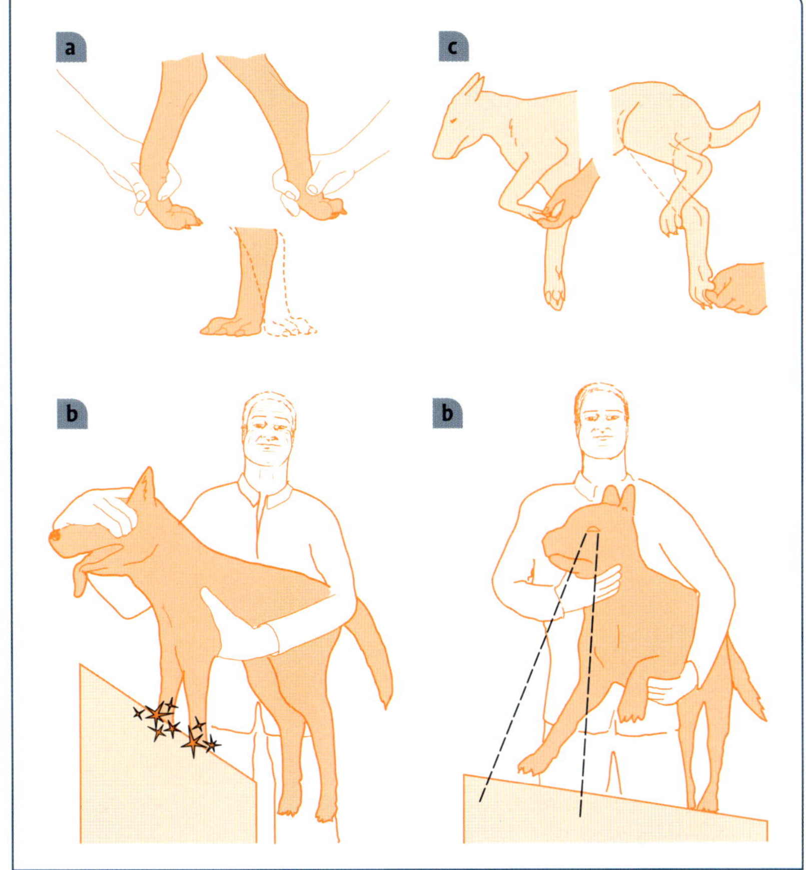

Neurologische Untersuchung bei einem Hund. Doppeltreten, Platzierungsreaktionen:
a) taktil,
b) optisch,
c) Beugereflex.

Nach dem Entstehungsort

Nach dem Entstehungsort unterscheidet man:

- **Oberflächenschmerz**
  Der Oberflächenschmerz ist die Reaktion auf eine Schädigung der Haut.
- **Tiefenschmerz**
  Sein Ursprung liegt im Bindegewebe, den Muskeln, Knochen und Gelenke.
- **Nervenschmerzen**
  Er ist die Folge einer Schädigung von Nervengewebe.
- **Eingeweideschmerz**
  Der Eingeweideschmerz entsteht durch Verletzung oder Schädigung (z. B. Entzündung) von Eingeweiden.

16.6 Untersuchungsmethoden

Neurologischer Untersuchungsgang

Mit dem neurologischen Untersuchungsgang kann der Tierarzt eingrenzen, welcher Bereich des Nervensystems des Tieres von einer Störung oder Krankheit betroffen ist. Neurologische Symptome können vielfältig sein: Lähmungen, Sensibilitätsstörungen, Blindheit, Taubheit, Bewegungs- und Haltungssstörungen, übersteigerte oder verlangsamte Reflexe, Bewusstseinsstörungen, Verhaltensstörungen, Zuckungen, Veränderung der Pupillengröße, u. v. m.

Weitere Untersuchungen

Weitere Untersuchungen zur Unterscheidung primärer Erkrankungen des Nervensystems von Erkrankungen anderer Organsysteme sind:

- Blutuntersuchungen
- Röntgen
- Computertomographie (CT)
- Liquoruntersuchung auf das Vorhandensein von Bakterien, Viren, Entzündungs- oder Tumorzellen
- Herzultraschalluntersuchung
- Magnetresonanztomographie (MRT)

16.7 Fachbegriffe zum Thema Nervensystem

Encephalon = Gehirn
Medulla oblongata = verlängertes Mark
Pons = Brücke
Mesencephalon = Mittelhirn
Cerebellum = Kleinhirn
Diencephalon = Zwischenhirn
Cerebrum = Großhirn
Thalamus = „Tor des Bewusstseins“, (Sehhügel)
Dura mater = Harte Gehirnhaut
Arachnoidea = Spinnwebenhaut
Pia mater = Weiche Gehirnhaut
Epiduralraum = Raum zwischen Schädelknochen und harter Gehirnhaut
Subduralraum = Raum zwischen harter Gehirnhaut und Spinnwebenhaut
Subarachnoidalraum = Raum zwischen Spinnwebenhaut und weicher Gehirnhaut
Liquor = Gehirn- und Rückenmarkswasser
Rezeptor = Sinneszelle, die Reize aus der Umgebung aufnimmt
Effektor = Zelle (meist Muskelzelle), die auf Reize aus dem ZNS reagiert
Meningitis = Gehirnhautentzündung
Enzephalitis = Gehirnentzündung
Kommotio = Gehirnerschütterung
Apoplex = Schlaganfall
Parese = unvollständige Lähmung
Hemiparese = einseitige Lähmung
Paralyse = vollständige (schlaffe) Lähmung
Ataxie = Störung der Bewegungskoordination
Nystagmus = Augenzittern
Tremor = Zittern

Service

Literaturverzeichnis

Aspinall V, Capello M. Introduction to Veterinary Anatomy and Physiology Textbook, 2nd ed. Oxford: Elsevier/Butterworth Heinemann 2009

Bierbach E (Hrsg.). Naturheilpraxis heute, 4. Aufl. München: Elsevier GmbH/Urban & Fischer 2009

Brunnberg L. Lahmheitsdiagnostik beim Hund. Singhofen: Parey 1999

Bundesinstitut für Berufsbildung, Tiermedizinische Fachangestellte/Tiermedizinischer Fachangestellter, 1. Auflage 2007, Verlag BW Bildung und Wissen, Verlag und Software GmbH, Nürnberg

Day C. Homöopathie in der Kleintierpraxis. Grundlagen und Praxis. Stuttgart: Sonntag 2004

Driesch A v. Geschichte der Tiermedizin: 5.000 Jahre Tierheilkunde, 2. Aufl. Stuttgart: Schattauer 2003

Ewrigmann A, Glöckner B. Leitsymptome bei Hamster, Ratte, Maus und Rennmaus. Diagnostischer Leitfaden und Therapie. Stuttgart: Enke 2008

Ewerigmann A. Leitsymptome beim Kaninchen. Diagnostischer Leitfaden und Therapie, 2. Aufl. Stuttgart: Sonntag 2010

Fintelmann V, Weiss RF. Lehrbuch Phytotherapie, 12. Aufl. Stuttgart: Hippokrates 2009

Forth W, Henschler D, Rummel W. Allgemeine und spezielle Pharmakologie und Toxikologie, 10. Aufl. München: Elsevier GmbH/Urban & Fischer 2009

Gabrisch K, Fehr M, Sassenburg L, Zwart P (Hrsg.). Krankheiten der Heimtiere, 7. Aufl. Hannover: Schlütersche Verlagsgesellschaft 2007

Geyer S, Grabner A. Die Tierarzthelferin. Lehrbuch und Leitfaden für die Ausbildung zur Tierarzthelferin und zum Tierarzthelfer, 7. Aufl. Hannover: Schlütersche Verlagsgesellschaft 2005

Gorrel C. Zahnmedizin bei Klein- und Heimtieren. München: Elsevier GmbH/Urban & Fischer 2006

Grimm H-U. Katzen würden Mäuse kaufen. Schwarzbuch Tierfutter, 11. Aufl. München: Heyne 2007

Grünbaum E-G, Schimke E, Christoph H-J. Klinik der Hundekrankheiten. Stuttgart: Enke 2007

Jecklin E. Arbeitsbuch Anatomie und Physiologie, 13. Aufl. München: Elsevier GmbH/Urban & Fischer 2008

Kaleta EF, Krautwald-Junghanns M-E. Kompendium der Ziervogelkrankheiten: Papageien, Tauben, Sperlingsvögel. Für Studium und Praxis. Hannover: Schlütersche Verlagsgesellschaft 2006

Kessler M. Kleintieronkologie. Diagnose und Therapie von Tumorerkrankungen bei Hunden und Katzen, 2. Aufl. Singhofen: Parey 2005

König HE, Korbel R, Liebich H-G. Anatomie der Vögel, 2. Aufl. Stuttgart: Schattauer 2008

Kraft W, Dürr M (Hrsg.). Klinische Labordiagnostik in der Tiermedizin, 6. Aufl., Stuttgart: Schattauer 2005

O'Malley B. Klinische Anatomie und Physiologie bei kleinen Heimtieren, Vögeln, Reptilien und Amphibien. München: Elsevier GmbH/Urban & Fischer 2008

Messika B, Schäfer S. B.A.R.F. – artgerechte Rohernährung für Hunde. Ein praktischer Ratgeber, 3. Aufl. Nerdlen/Daun: Kynos 2006

Pees M. Leitsymptome bei Papageien und Sittichen. Diagnostischer Leitfaden und Therapie, 2. Aufl. Stuttgart: Enke 2010

Quinten D. Kranker Hund – was tun? Krank-

heiten erkennen, heilen, vorbeugen. Stuttgart: Eugen Ulmer 2011
Quinten D. Ziervogelkrankheiten, 2. Aufl. Stuttgart: Eugen Ulmer 2007
Quinten D, Malkusch F. Meerschweinchenkrankheiten. Stuttgart: Eugen Ulmer 2007
Quinten D. Gesundheitsratgeber Katzen: Vorsorge, Erste Hilfe, Behandlung, Naturheilkunde, 2. Aufl. München: BLV 2004
Richter I. Lehrbuch für Heilpraktiker, 7. Aufl. München: Elsevier GmbH/Urban & Fischer 2009
Rijnberg A, De Vries H. Anamnese und körperliche Untersuchung kleiner Haus- und Heimtiere, 2. Aufl. Stuttgart: Enke 2004
Rolle M, Mayr A. Medizinische Mikrobiologie, Infektions- und Seuchenlehre, 8. Aufl. Stuttgart: Enke 2006
Salomon F-V, Geyer H, Gille U. Anatomie für die Tiermedizin. Stuttgart: Enke 2005
Sandersleben J v, Dämmrich K, Dahme E. Histologie der Haustiere, 3. Aufl. München: Urban & Fischer 1995
Schoen AM, Wynn SG (Hrsg.). Naturheilverfahren in der Tiermedizin. Grundlagen und Praxis der Klein- und Großtierbehandlung. München: Elsevier GmbH/Urban & Fischer 2005
Striezel A (Hrsg.). Geriatrie in der naturheilkundlichen Tiermedizin. Gesundheit für ältere Haustiere. Stuttgart: Sonntag 2004
Walde I, Nell B, Schäffer EH. Augenheilkunde. Lehrbuch und Atlas Hund, Katze, Kaninchen und Meerschweinchen, 3. Aufl. Stuttgart: Schattauer 2008

Wichtige Adressen

Verband medizinischer Fachberufe e. V.
Postfach 100464
44004 Dortmund
Tel.: 0231/5569590
Fax: 0231/553559
Internet: www.vmf-online.de
E-Mail: info@vmf-online.de

Tierärztekammer Sachsen-Anhalt
Freiimfelder Str. 4
06112 Halle
Tel.: 0345/575412 - 0
Fax: 0345/575412 - 20
Internet: www.tieraerztekammer-sachsen-anhalt.de
E-Mail: poststelle@taek-Isa.de

Bayerische Landestierärztekammer
Bavariastraße 7a
80336 München
Tel.: 089/219908 - 0
Fax: 089/219908 - 33
Internet: www.bltk.de
E-Mail: kontakt@bltk.de

Tierärztekammer Berlin
Littenstr. 108
10179 Berlin
Tel.: 030/31509178
Fax: 030/3126052
Internet: www.tieraerztekammer-berlin.de
E-Mail: tieraerztekammer-berlin@gmx.de

Landestierärztekammer Brandenburg
Am Halbleiterwerk 1
15236 Frankfurt (Oder)
Tel.: 0335/28492848
Fax: 0335/28492850
Internet: www.ltk-brandenburg.de
E-Mail: kontakt@ltk-brandenburg.de

Tierärztekammer Bremen
Lötzener Straße 3
28207 Bremen
Tel.: 0421/3614037
Fax: 0421/36117466
Internet: www.bundestieraerztekammer.de/btk/mitglieder/bremen
E-Mail: Elisabeth.Oltmann@veterinaer.bremen.de

Tierärztekammer Hamburg
Sternstraße 106
20357 Hamburg
Tel.: 040/4391623
Fax: 040/43250577
Internet: www.tieraerztekammer-hamburg.de
E-Mail: post@tieraerztekammer-hamburg.de

Landestierärztekammer Hessen
Bahnhofstraße 13
65527 Niedernhausen
Tel.: 06127/9075-0
Fax: 06127/9075-23
Internet: www.ltk-hessen.de
E-Mail: info@ltk-hessen.de

Landestierärztekammer Mecklenburg-Vorpommern
Griebnitzer Weg 2
18196 Dummerstorf
Tel.: 038208/60541
Fax: 038208/80316
Internet: www.landestieraerztekammer-mv.de
E-Mail: LTK.MV@t-online.de

Tierärztekammer Niedersachsen
Fichtestraße 13
30625 Hannover
Tel.: 0511/65511820
Fax: 0511/65511828
Internet: www.tknds.de
E-Mail: mail@tknds.de

Tierärztekammer Nordrhein
St.-Töniser-Str. 15
47906 Kempen
Tel.: 02152/20558-0
Fax: 02152/20558-50
Internet: www.tieraerztekammer-nordrhein.de
E-Mail: info@tk-nr.de

Tierärztekammer Westfalen-Lippe
Göbenstraße 50
48151 Münster
Tel.: 0251/53594-0
Fax: 0251/53595-24
Internet: www.tieraerztekammer-wl.de
E-Mail: info@tieraerztekammer-wl.de

Landestierärztekammer Rheinland-Pfalz
Bahnhofstraße 6-8
66869 Kusel
Tel.: 06381/429195
Fax: 06381/429196
Internet: www.ltk-rlp.de
E-Mail: ltk.rheinland.pfalz@t-online.de

Landestierärztekammer Baden-Württemberg
Am Kräherwald 219
70193 Stuttgart
Tel.: 0711/7228632-0
Fax: 0711/7228632-20
Internet: www.ltk-bw.de
E-Mail: info@ltk-bw.de

Sächsische Landestierärztekammer
Schützenhöhe 16
01099 Dresden
Tel.: 0351/8267-0
Fax: 0351/8267-412
Internet: www.slaek.de
E-Mail: dresden@slaek.de

Tierärztekammer Schleswig-Holstein
Hamburger Str. 99a
25746 Heide
Tel.: 0481/5542
Fax: 0481/88335
Internet: www.tieraerztekammer-schleswig-holstein.de
E-Mail: schleswig-holstein@tieraerztekammer.de

Tierärztekammer Thüringen
Buchholzgasse 1
99425 Weimar
Tel.: 03643/904653
Fax: 03643/904656
Internet: www.ltkt.de
E-Mail: info@ltkt.de

Tierärztekammer des Saarlandes
Henri-Dunant-Weg 7
66564 Ottweiler
Tel.: 06824/700118
Fax: 06824/6640
Internet: www.tierarzt-saar.de
E-Mail: tieraerztekammer@t-online.de

Bildquellen

Titelbild: iStock.com/FatCamera
Bayerische Landestierärztekammer: Seite 29, 113.
Frank Bloch: Seite 232 links.
Firma Eickemeyer: Seite 265.
Kerstin Heß: Seite 82, 455,457.
Alle anderen Fotos stammen, wenn nicht anders vermerkt, von den Autoren.
Die Zeichnungen fertigte Artur Piestricow, Stuttgart, nach Vorlagen der Autoren.

Sachregister

A

L

M

N

O

P

Q

R

S

T

U

V

W

Z

Die in diesem Buch enthaltenen Empfehlungen und Angaben sind von den Autoren mit größter Sorgfalt zusammengestellt und geprüft worden. Eine Garantie für die Richtigkeit der Angaben kann aber nicht gegeben werden. Autoren und Verlag übernehmen keine Haftung für Schäden und Unfälle. Bitte setzen Sie bei der Anwendung der in diesem Buch enthaltenen Empfehlungen Ihr persönliches Urteilsvermögen ein.
Der Verlag Eugen Ulmer ist nicht verantwortlich für die Inhalte der im Buch genannten Websites.

Anmerkung zur Schreibweise (Gendering) der weiblichen, männlichen und unbestimmten Form: Ausschließlich aufgrund der deutlich besseren Lesbarkeit wird in diesem Werk auf die jeweilige Mehrfachnennung oder Anpassung der Schreibweise bestimmter Bezeichnungen verzichtet.

Bibliografische Information der Deutschen Nationalbibliothek
Die Deutsche Nationalbibliothek verzeichnet diese Publikation in der Deutschen Nationalbibliografie; detaillierte bibliografische Daten sind im Internet über http://dnb.d-nb.de abrufbar.

Wollgrasweg 41, 70599 Stuttgart (Hohenheim)
E-Mail: info@ulmer.de
Internet: www.ulmer.de
Lektorat: Pia Fehrenbach, Werner Baumeister
Herstellung: Ulla Stammel, Stephanie Haun
Umschlagentwurf: Verlag Eugen Ulmer
Satz: r&p digitale medien, Echterdingen
Druck und Bindung: Livonia Print, Riga, Lettland
Printed in Latvia

ISBN 978-3-8186-1175-0